"中国生态系统研究网络（CERN）长期观测数据"丛书·样地信息卷

中国科学院野外站基础研究项目（KFJ-SW-YW043-4）

科技基础资源调查专项（2021FY100705）　　　　资助

CERN 生物长期监测样地本底与植被特征

（自然生态系统册）

Background Information and Vegetation Classification Characteristics of Long-term Ecological Plots in CERN （Natural Ecosystem Volume）

张 琳　吴冬秀　主编

中国环境出版集团·北京

图书在版编目（CIP）数据

CERN 生物长期监测样地本底与植被特征. 自然生态系统册 / 张琳，吴冬秀主编. —北京：中国环境出版集团，2023.12
ISBN 978-7-5111-5644-0

Ⅰ. ① C⋯　Ⅱ. ①张⋯②吴⋯　Ⅲ. ①生态系—生物监测 ②生态系—植被—研究　Ⅳ. ①X835②Q948.1

中国国家版本馆 CIP 数据核字（2023）第 196498 号

审图号：京审字（2023）G 第 2330 号

出 版 人　武德凯
责任编辑　宾银平
封面设计　岳　帅

出版发行　中国环境出版集团
　　　　　（100062　北京市东城区广渠门内大街 16 号）
　　　　　网　　　址：http://www.cesp.com.cn
　　　　　电子邮箱：bjgl@cesp.com.cn
　　　　　联系电话：010-67112765（编辑管理部）
　　　　　发行热线：010-67125803，010-67113405（传真）
印　　刷　北京鑫益晖印刷有限公司
经　　销　各地新华书店
版　　次　2023 年 12 月第 1 版
印　　次　2023 年 12 月第 1 次印刷
开　　本　787×1092　1/16
印　　张　47
字　　数　1000 千字
定　　价　298.00 元（全两册）

中国环境出版集团郑重承诺：
中国环境出版集团合作的印刷单位、材料单位均具有中国环境标志产品认证。

序 言

　　地球系统及生物圈正经历和发生着重大变化，影响着人类生存环境及社会可持续发展。地球生态系统作为人类赖以生存和发展的基础保障，其结构和功能状态变化及其对人类福祉的影响受到学术界的广泛关注。在全球变化影响日趋严重的背景下，生态系统保护利用、生态环境治理都迫切需要有宏观生态系统科学理论及知识的指导，更需要及时准确、长期动态、科学权威的观测实验数据支撑。

　　多尺度联网观测是获取区域生态信息的基础手段，是精确把握区域生态系统质量和演变状态、理解生态系统变化过程机制、认识生态系统与全球环境变化及人类活动的相互关系，评估生态系统变化服务及对人类福祉影响的数据源泉。因此，随着社会经济和科学技术发展，不同区域、不同学科的观测研究站及其网络也应运而生，特别是近40年来得到快速发展，为理解全球生态系统的功能状态、质量演变以及生态过程机制提供了基础数据，也为理解生态系统与全球环境变化及人类活动的相互作用关系提供了科学认知。

　　为了全面、深入地认识我国生态系统的动态变化规律，研究生态系统建设与保护的重大科学问题，中国科学院于 1988 年开始筹建中国生态系统研究网络（Chinese Ecological Research Network，CERN）。CERN 的目标是以代表我国重要生态系统类型的野外观测试验站为基地，开展生态系统长期试验观测和联网综合研究，建立生态系统优化管理示范模式，为国家生态环境建设决策提供科学理论、技术和数据支撑。实现这一目标的基础保障就是要长期获取规范的、可比较的观测实验数据。因此，CERN 建立之初，就开始了网络层面的观测指标体系和观测规范研究制定，组织编写出版了系列"中国生态系统研究网络（CERN）长期观测规范"丛书，并为各野外站统一配置了完整的仪器设备。1998 年开始，CERN 的野外站采用统一指标和方法规范，对我国重要典型生态系统的生物、土壤、水分、大气要素开展长期联网观测，至今已持续了 25 年，积累了丰富的生态系统动态变化监测数据，开展了生态系统结构和功能动态变化规律综合研究，为国家生态文明建设重大决策提供科技服务。

为了促进 CERN 长期监测数据的开放共享，CERN 系统地组织了监测数据汇聚整理和挖掘分析工作，出版了系列数据产品，为生态系统科学研究及我国生态文明建设提供了重要数据支撑。很高兴看到本部"中国生态系统研究网络（CERN）长期观测数据"丛书·样地信息卷的问世，该专著系统梳理和整编了 CERN 的长期监测样地本底信息，是"中国生态系统研究网络（CERN）长期观测数据"丛书的重要组成部分。

野外样地是开展长期监测的场所，样地选址的合理性和长期稳定性是开展生态系统长期监测、高质量数据获取的基本保障。CERN 作为集生态监测、科学研究和科技示范为一体的国家尺度生态系统观测研究网络，一直致力于整个网络的标准化、规范化和制度化的联网观测和联网实验，在建立之初就对野外站的长期监测样地进行了系统规划和统一设计。CERN 长期监测样地包括气象观测场、综合观测场样地、辅助观测场样地、站区调查点四大类，共有 300 余个。"中国生态系统研究网络（CERN）长期观测数据"丛书·样地信息卷，系统介绍了 CERN 长期监测样地的建立时间、地理位置、代表性、样地设计、观测实验内容、基础设备配置，以及初始环境背景和植被特征等基础信息。我相信，该专著的出版将有助于公众更加充分地了解 CERN 长期观测和实验研究的样地系统及基础设施，更便于数据利用者理解诠释长期观测实验研究数据的科学价值及应用条件，促进 CERN 科学数据的共享服务事业的发展，为国家生态环境变化监测及生态治理作出贡献。

中国科学院院士

于贵瑞

2023 年 6 月于北京

前 言

现代生态学的不断发展，越来越强调不同来源观测研究数据的共享和集成分析。CERN 于 1998 年开始，采用统一的仪器，按照统一的指标和统一的方法规范，对我国重要生态系统开展长期联网观测，积累了丰富的长时间序列数据，是研究揭示生态系统动态过程和变化规律的宝贵数据资源。长期监测样地作为长期监测的场地，其地理位置、初始环境背景和植被特征等本底信息对监测数据使用者更好地理解和诠释数据具有重要意义。因此，CERN 生物分中心组织编写了《CERN 生物长期监测样地本底与植被特征》。

本书对 CERN 约 250 个生物长期监测数据样地的地理位置、地形地貌、气候条件、土壤条件、水分条件、代表性、样地配置与观测内容、耕作制度（农田）、样地管理等本底信息，以及自然生态系统样地建立之初的物种组成、群落结构、植被分类地位等，进行系统阐述，包括 37 个野外生态站，涵盖森林、草地、荒漠、沼泽、农田五大类生态系统。

本书分 6 篇 39 章。第一篇概述，简要介绍 CERN 生物长期监测样地概况、样地本底信息的描述内容与术语等；第二篇至第六篇，分别对森林、草地、荒漠、沼泽、农田五大类生态系统研究站的生物长期监测样地本底及其植被特征/耕作制度进行介绍，共 38 章，每个生态站 1 章，原则上每个样地 1 节。

本书由张琳和吴冬秀任主编，宋创业、杜娟、王志波和王书伟任副主编，负责大纲设计、编写要求和范式编制、全书统稿、各章样地布局图修改或重新绘制、相关章节撰写等。本书参与编写人员达 40 余人。各章编写人员如下：第 1 章，吴冬秀、张琳、宋创业、袁伟影；第 2 章，戴冠华；第 3 章，孙一荣；第 4 章，白帆；第 5 章，赵常明；第 6 章，周志琼；第 7 章，冉飞；第 8 章，黄苛；第 9 章，蔡先立；第 10 章，刘世忠；第 11 章，饶兴权；第 12 章，徐志雄；第 13 章，赵蓉；第 14 章，王小亮；第 15 章，兰玉婷；第 16 章，马健；第 17 章，李向义、林丽莎；第 18 章，杜明武；第 19 章，宋光；第 20 章，杜娟；第 21 章，王立龙；第 22 章，谭稳稳；第 23 章，侯志勇；第 24 章，王守宇；第 25 章，樊月玲；第 26 章，闫振兴；第 27 章，王吉顺；第 28 章，马力；第 29 章，吴瑞俊、王志波；第 30 章，张万红；第 31 章，王书伟；第 32 章，刘晓利；第 33 章，杨风亭；第 34 章，陈春兰；第 35 章，刘坤平；第 36 章，王艳强；第 37 章，李少伟；第 38 章，祁天会；第 39 章，吴冬秀。第 2 章～第 23 章各样地的"植被分类地位"部分由吴冬秀、张琳根据中国植被分类系统（2020 修订版）整理和编写。

本书样地本底的数据来源为 2004—2005 年 CERN 各生态站集中填报的样地背景信息表，以及后续补充的样地背景信息表。CERN 样地背景信息表模板由 CERN 综合中心及生物、土壤、水分、大气、水体 5 个分中心联合编制。此外，由于工作的变更，部分台站的样地背景信息表填写人没有参与本书稿的编写。在读研究生贾元和桑佳文绘制了部分插图。第 2 章～第 23 章各样地的植被分类地位信息经中国科学院郭柯研究员审核，植物名录信息经中国科学院植物研究所毕业博士生刘博依据《中国植物志》英文修订版（*Flora of China*）和"中国植物志"数据库审核。因此，本书凝聚了诸多专家和一线操作技术人员的智慧和辛劳，在此一并致谢。

样地背景信息涉及内容广泛，编者水平有限，书中错误和疏漏在所难免，希望使用者提出宝贵意见，以便进一步修订和完善（电子邮件请发至：zhanglin@ibcas.ac.cn）。

编　者

2023 年 6 月于北京

目　录

第五篇　沼泽生态系统

农田生态系统册

第六篇　农田生态系统

第一篇

概　述

1 CERN 长期监测与长期样地概况*

1.1 CERN 生态系统长期监测

1.1.1 CERN 概况

中国生态系统研究网络（Chinese Ecosystem Research Network，CERN）由中国科学院于 1988 年创建，建设目标为监测中国生态环境变化，综合研究资源和生态环境方面的重大问题，发展资源科学、环境科学和生态学。CERN 的三大核心任务为监测、研究、示范，即对我国各类典型生态系统进行长期联网监测，研究生态系统结构和功能动态变化规律，开展生态系统可持续性管理试验示范，为我国农业生产和生态环境建设提供理论基础、技术支撑和示范样板。CERN 是我国生态系统监测和生态环境研究基地。CERN 与美国长期生态研究网络（US-LTER）、英国环境变化网络（ECN）并称为世界上 3 个最重要的国家级生态网络，也是国际长期生态系统研究网络（ILTER）和全球陆地观测系统生态网络（GTN-E）的发起成员网络和重要组成部分（Zhao，1994；孙鸿烈等，2005；傅伯杰等，2004；Fu et al.，2010；杨萍等，2008；陈宜瑜等，2009）。

CERN 由 1 个综合中心/数据中心、5 个专业分中心（生物、土壤、水分、大气、水体）和 44 个生态站组成。CERN 在建立初期的 1990 年，首批遴选了 29 个生态站，随后经过几次增补，到 2022 年生态站数量达到 44 个（孙鸿烈等，2009）。CERN 生态站隶属 20 余个不同的研究所，分布于全国各地，包括农田、森林、草地、荒漠、沼泽、城市、湖泊、海湾八大类生态系统，其中前六类均属于陆地生态系统，共计 38 个生态站，覆盖全国主要陆地类型和区域（图 1-1）。

---

* 编写：吴冬秀、张琳、宋创业、袁伟影（中国科学院植物研究所）

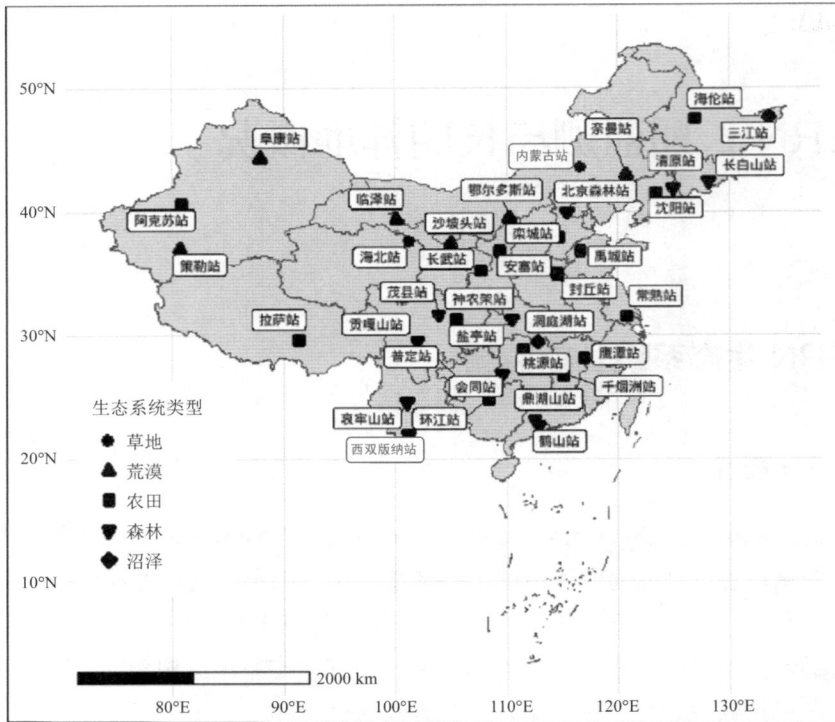

图 1-1　CERN 陆地生态站分布

1.1.2　CERN 生物长期监测目标与内容

CERN 生物长期监测于 1998 年正式开始，其最大的特点是顶层设计，具有联网性、规范性和统一性，即所有同类生态站采用统一的仪器和统一的方法规范，对统一的指标参数进行长期、联网观测。长期监测的目的是通过对我国典型生态系统的生物、土壤、水分、大气四大要素重要参量的长期观测，获得反映主要生态系统状况与动态变化的基础数据，为深入研究我国典型生态系统动态变化规律及其机制，探究其与环境变化和人类活动的关系，以及为生态系统的适应性管理提供基础数据和科学依据。

CERN 陆地生态系统生物监测的内容，就森林、草地、荒漠、沼泽四大类自然生态系统而言，主要包括每木调查、植物群落种类组成与分层特征、树种更新状况、叶面积指数、物候、凋落物回收量季节动态、凋落物现存量、短命植物生活周期、各层优势植物和凋落物的元素含量与能值、鸟类种类与数量、大型野生动物种类与数量、家畜种类与数量、啮齿动物种类与数量、重要昆虫种类与数量、沼泽底栖动物种类与数量、土壤微生物生物量和植被季相变化等；就农田生态系统而言，主要包括作物种类组成、复种指数与轮作体系、肥料/农药/除草剂等投入量、灌溉制度、生长发育动态、叶面积指数与地上生物量动态、根生物量与根系分布、收获期植株性状与测产、产量与产值、元素含量与热值、土壤微生物生物量、病虫害记录等（吴冬秀等，2019）。

CERN 陆地生态系统土壤要素主要观测：表层土壤养分和酸度、表层土壤缓效钾、表层土壤阳离子交换量和交换性阳离子、表层土壤速效微量元素、表层容重、土壤剖面养分全量、微量元素全量、重金属、机械组成、土壤矿质全量、剖面下层容重等（潘贤章等，2019）；水分要素主要观测：穿透降水量、地表径流量、树干径流量、土壤分层含水量、土壤水分特征参数、枯落物含水量、水面蒸发量、地表蒸发量、地下水位、沼泽积水水深，以及地表水和地下水的温度、溶解氧、pH 和电导率等（袁国富等，2019）；大气要素主要观测：空气温度、空气湿度、风速、风向、大气压、降水量、总辐射、净辐射、反射辐射、地温等（胡波等，2019）。

1.1.3　CERN 生态站样地体系

样地是开展长期监测的场所，样地的合理选址和长期稳定是长期监测数据质量的基本保障。CERN 作为集生态监测、科学研究和科技示范为一体的标准化、规范化和制度化的国家尺度生态系统观测研究网络，在建立之初，就对生态站的科研样地进行了统一规划和设计（赵士洞，2001）。每个生态站的科研样地主要有长期监测样地、试验/实验样地、示范样地等。其中长期监测样地共计 300 余个，包括气象观测场、综合观测场、辅助观测场、站区调查点四大类。每个生态站有气象观测场 1 个；综合观测场 1～2 个，综合观测场设置在最具代表性的生态系统类型的中心区域，用于对典型生态系统开展生物、土壤、水分和大气全要素的综合观测和研究；辅助观测场多个，用于对其他重要生态系统类型或不同管理方式的观测研究；站区调查点若干个，用于针对区域调查项目或专项观测的定点观测。试验/实验样地和示范样地不做统一规定，由每个生态站根据本站研究特点设立（杨萍等，2020）。原则上，观测场地的数目随研究区域的均质性而定，每个站的综合观测场、辅助观测场和站区调查点 3 类观测场合在一起应该包括生态站所在区域的主要群落类型/种植类型和主要利用方式/耕作方式。

为了保证长期研究计划的持续实施，综合观测场需要达到一定面积，要科学规划，以保证各项监测项目的长期实施。辅助观测场是指对综合观测场以外其他重要类型实施长期固定监测的场所。从长期观测角度考虑，辅助观测场是综合观测场的一种必要补充，可以是综合观测场群落类型的补充，或综合观测场群落类型不同演替阶段、不同管理方式的对照，也可以是某种监测项目设置上的补充。设置辅助观测场的目的是拓宽观测类型的代表性，或开展对比研究，或完成某些单项调查，或提高综合观测场数据的可靠性。辅助观测场的设计与监测项目原则上与综合观测场相同。站区调查点是指生态站用于了解其所代表区域中综合观测场和辅助观测场代表类型之外的其他重要群落类型（种植类型），或周围居民正常利用方式（耕作方式），或完成某些区域调查项目的固定观测（调查）场所。设置站区调查点的目的是进一步拓宽观测类型的区域代表性，或完成某些调查项目，从而获得生态站所代表区域的整体变化信息。生态站在站区调查点进行有关监测，但不实行任何管理干预措施（吴冬秀等，2019）。

1.1.4　CERN 长期监测规范体系

为了保证监测工作的科学性、规范性、统一性、一致性，CERN 从建立之初就非常重视监测指标与规范的制定和持续完善。早在 1991 年，CERN 就开始了监测指标体系的研究制定，1996 年编制了"中国生态系统研究网络观测与分析标准方法"丛书，1997 年正式出版，并编写了农田、森林、草地、水体生态站系列监测手册，于 1998 年正式实施。在 2001 年，基于上述方法丛书和监测手册在实施中发现的一些问题，如指标体系的有效性、观测的空间和时间频度等，CERN 开始了监测指标体系和规范的一系列研讨，2004 年各专业分中心根据专家研讨新形成的指标体系和方法规范要求，编写了农田、森林、草地、荒漠、沼泽、湖泊、海湾生态系统系列操作手册，于 2004 年在野外台站实施，并于 2007 年出版"中国生态系统研究网络（CERN）长期观测规范"丛书。至此，较为完善的 CERN 监测规范正式发布，成为国内其他生态系统监测体系的蓝本。2012 年，CERN 各专业分中心又出版了"中国生态系统研究网络（CERN）长期观测质量管理规范"丛书，完善了 CERN 长期监测质量保证体系。从 2016 年开始，在 2007 年版规范正式实施近 10 年后，为了进一步分析 CERN 各监测指标的有效性和合理性，由 CERN 各专业分中心组织专家对监测指标体系和方法规范进行了广泛的讨论，形成了第二次修订稿，于 2019 年正式出版"中国生态系统研究网络（CERN）长期观测规范"丛书（修订版），CERN 长期监测规范得到进一步完善，并迈入常态化、规范化发展。

1.1.5　CERN 长期监测质量管理体系

CERN 长期监测质量管理体系由 CERN 科学委员会、CERN 主管办公室、1 个综合中心/数据中心、5 个专业分中心和 CERN 44 个生态站等 50 余个机构共同完成，这些机构既有明确的分工，也相互协作，形成了一个四级结构质量管理体系（图 1-2）。

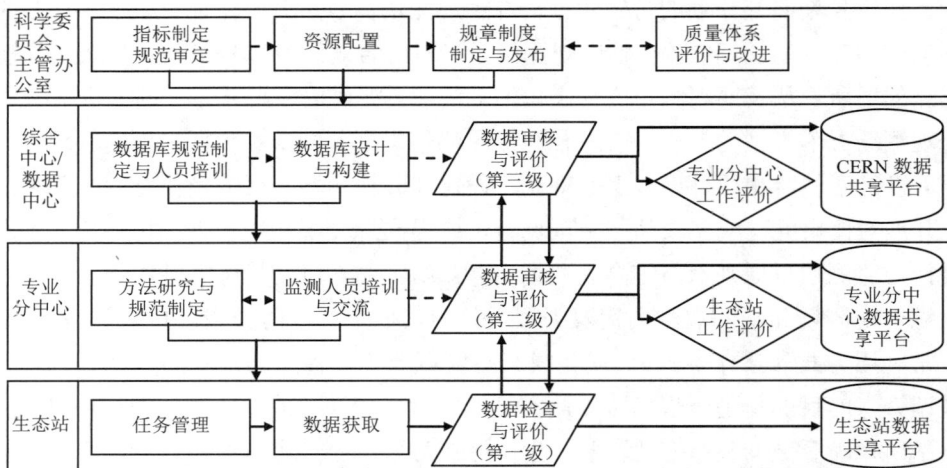

图 1-2　CERN 长期监测质量管理体系构成

注：实线箭头表示工作流程；虚线箭头表示具有影响作用。

CERN 科学委员会和 CERN 主管办公室处于 CERN 长期监测质量管理体系的顶层,行使管理职能,主要负责观测指标的制定、观测规范的审定、资源的配置、规章制度的制定与发布、工作督查与质量管理体系评价与改进。CERN 数据的获取与审核工作由生态站、专业分中心、综合中心/数据中心三级组织协同完成。

生态站是 CERN 长期监测工作的具体实施单位,是数据的生产者,是整个质量管理体系中的第一级。在 CERN 长期监测质量管理体系中,生态站的职责是实施数据获取过程中的质量管理工作,包括计划制订、数据获取、数据检查与纠错、数据质量自我评价、数据入库管理与共享等。生态站除了开展生物、土壤、水分、大气四个要素监测外,还承担着研究与示范两大职能,是 CERN 的基石。

生物、土壤、水分、大气、水体 5 个专业分中心,是质量管理体系中的第二级组织,主要负责观测方法研究与观测规范制定、生态站仪器采购规划与仪器标定、生态站观测人员培训与指导、数据审核、数据质量评价、生态站工作督查与评价、CERN 生物观测数据入库管理与共享等。

综合中心/数据中心是 CERN 质量管理的第三级组织,主要负责数据库规范制定、数据审核、数据库设计、数据入库管理与共享、专业分中心工作督查与评价等(吴冬秀等,2012)。

1.2 样地本底与植被特征描述

1.2.1 主要概念

（1）植物群落与植被

植物群落是占有一定空间的多种植物种群的集合,也可以理解为生态系统中植物成分的总和。植被是某一地段内所有植物群落的集合。植被是地球表面最显著的特征,是人类赖以生存、不可替代的物质资源和生活资源。植物群落是植被的基本单元,它可大可小,可以集中连片分布在同一地段,也可以散布于环境条件相似但空间不同的地段。植被具有一定的种类组成、空间结构、外貌特征、动态变化规律及相应的功能,它受环境条件的深刻影响,但也对环境产生改造作用(吴征镒等,1980;方精云等,2020)。中国地域辽阔,自然条件复杂,孕育了非常高复杂性和高多样性的中国植被,几乎出现了北半球所有的自然植被类型(张新时等,2007)。

（2）群落物种组成

群落物种组成是指构成群落的各种生物种类成分。一个群落各种类成分以及每个种的个体数量多少,是度量群落生物多样性的基础。群落种类组成是植物群落最基本的特征,也是塑造群落外貌、结构及动态特征的核心要素,还是划分植被类型的最重要依据(孙儒泳等,2004;方精云等,2020)。

（3）群落结构

群落结构是区别不同群落的重要特征，主要包括群落垂直方向上的分层性（垂直结构）、水平方向上的镶嵌性（水平结构）、时间上的季相变化（时间结构），以及物种之间的营养结构等（孙儒泳等，2004）。

（4）植物生活型

植物生活型是指植物对于综合环境条件的长期适应，在外貌上反映出来的植物类型，包括植物在大小、性状、分枝和生命期长短等方面的特征。通常，人们把植物分为乔木、灌木、半灌木、藤本、多年生草本、一年生草本、垫状植物等。生活型具有不同的分类体系，我国的植物生活型分类系统包含四级，共 70 余个类型（吴征镒等，1980；曲仲湘等，1986）。

（5）优势种与建群种

优势种是指对群落结构和群落环境的形成有明显控制作用的植物种。它们通常是那些个体数量多、盖度大、生物量多、体积较大、生活能力较强的植物种类。优势种对整个群落具有控制性影响，如果把群落中的优势种去除，必然导致群落性质和环境的变化。群落的不同层次可有各自的优势种，如森林群落中，乔木层、灌木层、草本层和地被层分别存在各自的优势种，其中优势层的优势种（森林为乔木层）常被称为建群种（孙儒泳等，2004）。

（6）植被分类与中国植被分类系统

植被分类是根据植物群落特征及其与环境的关系，按照一定的划分原则和等级系统进行逐级组合归类。由于全球植被的复杂多样性，全世界尚未形成一个统一的植被分类体系。中国植被分类采用"植物群落学-生态学"分类原则，分类依据主要包括外貌、结构、生态地理特征、植物生态特性、种类组成、动态特征等（吴征镒等，1980；张新时等，2007）。根据最新的修订方案，中国植被分类系统的三级主要分类单位为植被型（Vegetation Formation）、群系（Alliance）和群丛（Association），在各主要单位之上增加同级的"组"，在植被型和群系之下根据实际需要可分别增加一个亚级辅助单位（郭柯等，2020），分类系统如下：

植被型组（Vegetation Formation Group）

植被型（Vegetation Formation）

植被亚型（Vegetation Subformation）

群系组（Alliance Group）

群系（Alliance）

亚群系（Suballiance）

群丛组（Association Group）

群丛（Association）

根据最新修订方案，中国植被可划分为森林、灌丛、草本植被（草地）、荒漠、高山冻原与稀疏植被、沼泽与水生植被（湿地）、农业植被、城市植被和无植被地段 9 个植被型组，下分为 48 个植被型，自然植被中有 23 个植被型进一步划分出 81 个植被亚型，另外 25 个植被型不分亚型。

1.2.2 数据源及获取方法

对于生态学研究和长期观测而言，除主体观测数据外，观测场地、人员、方法、过程、质控措施等各种辅助信息也是不可或缺的基础资料，其中，样地的各种背景信息尤为重要。为了确保长期监测数据的高质量和有效性，CERN 对样地背景信息的采集进行了严格的规范，明确要求每个长期监测样地建立后，均需对样地的背景信息进行收集和调查，填写样地背景信息表，样地发生重大变更时需及时更新样地背景信息表及其他相关背景信息，对具体观测内容与方法做了明确规定。

样地背景信息的调查内容主要包括建立时间和面积大小、地理位置（包括行政位置、经度、纬度、海拔高度）、代表性与选址说明、地形地貌（包括地貌特征、坡向、坡位、坡度）、气候条件、土壤条件（土壤母质、土壤类型、土壤剖面特征，以及土壤 pH、土壤有机碳、土壤全氮、土壤全磷等土壤理化特征）、水分状况、土地利用方式、样地设置方案、样地建立前历史、样地管理措施等。对于自然生态系统，样地背景信息还需包括植被类型、植物群落名称、群落分层特征、群落高度、郁闭度、群落演替背景等群落特征信息。对于农田生态系统，样地背景信息还需包括样地建立前后的轮作体系、种植结构、耕作措施、施肥制度、灌溉制度等耕作制度信息。样地背景信息的调查方法统一按照 CERN 的规范要求进行，调查数据填入统一规范的样地背景信息调查记录表，具体参见《陆地生态系统生物观测指标与规范》（吴冬秀等，2019）。

2004—2005 年，CERN 首次制定样地背景信息调查规范，并在各生态站执行。本书主要以 2004—2005 年及后续填写的样地背景信息为数据源，具体内容为背景信息表里面的条目内容，书稿编写过程中，对样地背景信息表中相关数据和信息进行系统梳理以及必要的补充和订正。缺失信息根据文献或样地观测数据做必要补充，补充的数据以样地建立时间或填报时间（2004—2005 年）为节点，以求尽量体现样地建立之初或者填表之时的背景信息。样地建立至 2022 年的大事件（如设施变化、样地面积变化、样地变更等）也在书中进行了说明。涉及个别样地因土地流转等原因搬迁的，搬迁前后样地背景信息在本书中均涵盖。个别样地监测很短时间就废弃，因此监测时间少于 5 年的，未纳入本书内容，但将新增已开始监测的长期样地纳入了本书内容。

1.2.3 自然生态系统样地描述

对 CERN 22 个自然生态系统台站的 98 个长期监测样地进行了系统梳理，包括 24 个综合观测场样地，42 个辅助观测场样地，32 个站区调查点样地，涵盖森林、草地、荒漠、沼泽四大类生态系统，分别有 67 个、7 个、19 个、5 个样地（表 1-1）。每个样地的描述内容包括样地代表性、自然环境背景与管理、物种组成、群落结构、植被分类地位、样地配置与观测内容等。

表 1-1   CERN 自然生态系统生态站名称、地理位置及样地数量等信息

生态站代码	生态站简称	生态站名称	生态系统类型	地理位置	生物长期监测样地数量/个
ALF	哀牢山站	哀牢山亚热带森林生态系统研究站	森林	101°01′41″E，24°32′53″N	5
BJF	北京森林站	北京森林生态系统定位研究站	森林	115°24′36″E，39°57′0″N	5
BNF	西双版纳站	西双版纳热带雨林生态系统定位研究站	森林	101°12′0.4″E，21°57′39.4″N	10
CBF	长白山站	长白山森林生态系统定位研究站	森林	128°05′41″E，42°24′10″N	6
DHF	鼎湖山站	鼎湖山森林生态系统定位研究站	森林	112°30′39″E，23°09′21″N	6
GGF	贡嘎山站	贡嘎山高山生态系统观测试验站	森林	101°59′19″E，29°34′23″N	4
HSF	鹤山站	鹤山丘陵综合开放试验站	森林	112°53′51″E，22°40′35″N	6
HTF	会同站	会同森林生态系统定位研究站	森林	109°36′15.1″E，26°51′0.2″N	3
MXF	茂县站	茂县山地生态系统定位研究站	森林	103°53′41″E，31°41′38″N	3
PDF	普定站	普定喀斯特生态系统观测研究站	森林	105°45′50″E，26°14′45″N	7
QYF	清原站	清原森林生态系统观测研究站	森林	124°55′39.2″E，41°50′43.5″N	7
SNF	神农架站	神农架生物多样性定位研究站	森林	110°28′26.1″E，31°18′18.7″N	5
HBG	海北站	海北高寒草甸生态系统定位研究站	草地	101°18′51.2″E，37°36′39.3″N	3
NMG	内蒙古站	内蒙古草原生态系统定位研究站	草地	116°40′25″E，43°32′54″N	4
CLD	策勒站	策勒沙漠研究站	荒漠农田复合	80°42′18″E，37°00′18″N	3
ESD	鄂尔多斯站	鄂尔多斯沙地草地生态研究站	荒漠	110°12′3.18″E，39°29′43.70″N	2
FKD	阜康站	阜康荒漠生态系统观测试验站	荒漠农田复合	87°55′9.4″E，44°20′42.9″N	5
LZD	临泽站	临泽内陆河流域研究站	荒漠农田复合	100°07′06.1″E，39°24′49.8″N	4
NMD	奈曼站	奈曼沙漠化研究站	荒漠农田复合	120°41′18″E，42°55′43″N	3
SPD	沙坡头站	沙坡头沙漠研究试验站	荒漠农田复合	104°59′56″E，37°28′04″N	2
DTM	洞庭湖站	洞庭湖湿地生态系统观测研究站	沼泽	112°47′8.6″E，29°27′22.7″N	3
SJM	三江站	三江平原沼泽湿地生态试验站	沼泽农田复合	133°30′6.9″E，47°35′18.5″N	2

（1）样地代表性

依据样地背景信息表的条目编写，内容包括样地植被类型、群落外貌（彩图统一附在书后）、林龄、演替阶段、利用方式等方面在研究区域的代表性，以及样地选址依据、管理方式等。

（2）自然环境背景与管理

依据样地背景信息表的条目编写，内容包括地貌、地形（坡向、坡度、坡位）、气候条件（年均温、年降水、>10℃有效积温、风速、蒸发量、日照时数等）、土壤条件（土壤母质、类型、剖面特征）、水分条件（地下水位、年均湿度）、侵蚀情况（类别与强度）、动物活动、人类干扰、管理方式等。

（3）物种组成

依据样地建立之初或填报背景信息表时的样地群落调查数据编写，内容包括植物种、隶属科和属、主要的科名和属名、植物种名录表等。植物种名录表统一用表格形式体现，逐一列出植物种中文名、学名、生活型，原则上体现全部物种，优势种排在前面，其中文名右上角标星号（"*"）。植物种名依据的文献为 *Flora of China* 和"中国植物志"数据库，经植物分类专家统一审定。

（4）群落结构

依据样地建立之初或填报背景信息表时的样地群落调查数据编写，内容包括群落外貌、垂直结构、水平结构、季相变化特征等。垂直结构描述各层物种数、优势种、高度、盖度、胸径（乔木）等，以及地表裸露度、凋落物厚度和覆盖度等。

（5）植被分类地位

依据样地建立之初或填报背景信息表时的植物群落调查数据，参照最新的中国植被分类系统和命名原则（郭柯等，2020；王国宏等，2020），对每个样地植物群落所属的植被型组、植被型、植被亚型进行明确划分，并依据每个样地乔、灌、草各层优势种名单，对样地植被所属群系和群丛进行鉴定和命名。数据集整理和构建过程中，通过多轮的专家审核—台站核查—专家复审—台站接受等过程。本书中的 98 个样地，涵盖森林、灌丛、草本植被（草地）、荒漠、沼泽与水生植被 6 个植被型组、18 个植被型、29 个植被亚型、76 个群系、89 个群丛。

（6）样地配置与观测内容

依据实际情况描述样地建立以来所配置的仪器设备及主要观测内容。

1.2.4　农田生态系统样地描述

对 CERN 15 个农田生态系统台站和 6 个复合站的 146 个农田长期监测样地进行了系统梳理，包括 24 个综合观测场样地，68 个辅助观测场样地，54 个站区调查点样地（表 1-2）。每个样地的描述内容包括样地代表性、自然环境背景、耕作制度、作物性状与产量、样地配置与观测内容等。

（1）样地代表性

依据样地背景信息表的条目编写，内容包括样地农田类型、作物类别、种植方式、耕作制度等方面在研究区域的代表性，以及管理方式、选址依据等。

表1-2　CERN农田及农田复合生态系统台站名称、地理位置及样地数量等信息

生态站代码	生态站简称	生态站名称	生态系统类型	地理位置	生物长期监测样地数量/个
AKA	阿克苏站	阿克苏水平衡试验站	农田	80°49′46″E，40°37′04″N	3
ASA	安塞站	安塞水土保持综合试验站	农田	109°20′32″E，36°48′44″N	14
CSA	常熟站	常熟农业生态实验站	农田	120°41′52″E，31°32′55″N	6
CWA	长武站	长武黄土高原农业生态试验站	农田	107°40′59″E，35°14′24″N	6
FQA	封丘站	封丘农业生态实验站	农田	114°32′53″E，35°01′07″N	10
HJA	环江站	环江喀斯特生态系统观测研究站	农田	108°19′24″E，24°44′20″N	8
HLA	海伦站	海伦农田生态系统观测研究站	农田	126°55′30″E，47°27′16″N	6
LCA	栾城站	栾城农业生态系统试验站	农田	114°41′34″E，37°53′19.6″N	7
LSA	拉萨站	拉萨农业生态试验站	农田	91°20′34″E，29°40′35″N	13
QYA	千烟洲站	千烟洲红壤丘陵综合开发试验站	农田	115°04′3″E，26°44′44″N	3
SYA	沈阳站	沈阳农田生态系统研究站	农田	123°22′3″E，41°31′5″N	10
TYA	桃源站	桃源农业生态试验站	农田	111°26′26″E，28°55′47″N	13
YCA	禹城站	禹城综合试验站	农田	116°34′9″E，36°49′39″N	6
YGA	盐亭站	盐亭紫色土农业生态试验站	农田	105°27′22″E，31°16′16″N	8
YTA	鹰潭站	鹰潭红壤生态实验站	农田	116°55′40″E，28°12′21″N	9
CLD	策勒站	策勒沙漠研究站	荒漠农田复合	80°42′18″E，37°00′18″N	7
FKD	阜康站	阜康荒漠生态系统观测试验站	荒漠农田复合	87°55′9.4″E，44°20′42.9″N	4
LZD	临泽站	临泽内陆河流域研究站	荒漠农田复合	100°07′06.1″E，39°24′49.8″N	4
NMD	奈曼站	奈曼沙漠化试验站	荒漠农田复合	120°41′18″E，42°55′43″N	3
SPD	沙坡头站	沙坡头沙漠研究试验站	荒漠农田复合	104°59′56″E，37°28′04″N	4
SJM	三江站	三江平原沼泽湿地生态试验站	沼泽农田复合	133°30′6.9″E，47°35′18.5″N	2

（2）自然环境背景

依据样地背景信息表的条目编写，内容包括地貌、地形（坡向、坡度、坡位）、气候条件（年均温、年降水、＞10℃有效积温等）、土壤条件、侵蚀情况（类别与强度）、动物活动、人类干扰等。

（3）耕作制度

依据样地背景信息表的条目编写，内容包括样地建立前和建立后的作物种类、种植方

式、轮作体系、施肥、灌溉等耕作制度。

（4）作物性状与产量

依据样地建立之初或填报背景信息表时的调查数据编写，内容包括作物品种、群体株高、种植密度、产量、结实率、百粒重等。

（5）样地配置与观测内容

依据实际情况描述样地建立以来所配置的仪器设备及主要观测内容。

参考文献

陈宜瑜，于贵瑞，欧阳华，等，2009. 生态系统定位研究[M]. 北京：科学出版社，33-38.

方精云，郭柯，王国宏，等，2020.《中国植被志》的植被分类系统、植被类型划分及编排体系[J]. 植物生态学报，44（2）：96-110.

傅伯杰，牛栋，于贵瑞，2004. 生态系统观测研究网络在地球系统科学中的作用[J]. 地球科学进展，26（1）：1-16.

郭柯，方精云，王国宏，等，2020. 中国植被分类系统修订方案[J]. 植物生态学报，44（2）：111-127.

胡波，刘广仁，王跃思，等，2019. 陆地生态系统大气环境观测指标与规范[M]. 北京：中国环境出版集团.

潘贤章，郭志英，潘恺，等，2019. 陆地生态系统土壤观测指标与规范[M]. 北京：中国环境出版集团.

曲仲湘，吴玉树，王焕校，等，1986. 植物生态学[M]. 北京：高等教育出版社.

孙鸿烈，沈善敏，陈灵芝，等，2005. 中国生态系统[M]. 北京：科学出版社，1785-1822.

孙鸿烈，于贵瑞，沈善敏，等，2009. 生态系统综合研究[M]. 北京：科学出版社，1-22.

孙儒泳，李庆芬，牛翠娟，等，2004. 基础生态学[M]. 北京：高等教育出版社.

王国宏，方精云，郭柯，等，2020.《中国植被志》研编内容与规范[J]. 植物生态学报，44（2）：128-178.

吴冬秀，韦文珊，宋创业，等，2012. 陆地生态系统生物观测数据质量保证与质量控制[M]. 北京：中国环境科学出版社.

吴冬秀，张琳，宋创业，等，2019. 陆地生态系统生物观测指标与规范[M]. 北京：中国环境出版集团.

吴征镒，王献溥，刘昉勋，等，1980. 中国植被[M]. 北京：科学出版社.

杨萍，白永飞，宋长春，等，2020. 野外站科研样地建设的思考、探索与展望[J]. 中国科学院院刊，35（1）：125-134.

杨萍，于秀波，庄绪亮，等，2008. 中国科学院中国生态系统研究网络（CERN）的现状及未来发展思路[J]. 中国科学院院刊，23（6）：555-561.

袁国富，朱治林，张心昱，等，2019. 陆地生态系统水环境观测指标与规范[M]. 北京：中国环境出版集团.

张新时，孙世洲，雍世鹏，等，2007. 中国植被及其地理格局[M]. 北京：地质出版社.

赵士洞，2001. 国际长期生态研究网络（ILTER）——背景、现状和前景[J]. 植物生态学报，25（4）：510-512.

FU B J，LI S G，YU X B，et al.，2010. Chinese ecosystem research network：progress and perspectives [J]. Ecological Complexity，7：225-233.

ZHAO J P，1994. The Chinese ecological research network [J]. Chinese Geographic Science，4：81-94.

第二篇

森林生态系统

2　长白山站生物监测样地本底与植被特征*

2.1　生物监测样地概况

2.2.1　概况与区域代表性

长白山森林生态系统定位研究站（以下简称长白山站）隶属中国科学院沈阳应用生态研究所，创建于 1979 年，同年加入联合国人与生物圈计划（MAB 计划）。1989 年长白山站被批准为中国科学院开放站，1992 年被批准为 CERN 重点站，1993 年加入 ILTER，2000 年被批准为国家重点开放实验站试点站，2005 年被批准为国家野外站，定名为吉林长白山森林生态系统国家野外科学观测研究站。

长白山是世界上公认的欧亚大陆北半部最具代表性的典型自然综合体，山地森林生态系统保存着最完好和最丰富的物种基因库，是世界上同纬度地区保存最完好、面积最大的原始森林分布区。其巨大的海拔差异，导致水热条件在山体北坡沿海拔表现出明显不同，显著的环境梯度变化造就了长白山垂直分布特征明显的自然植被，构成了独特的自然景观格局，成为欧亚大陆从中温带到寒带主要植被类型的缩影，是森林生态学研究得天独厚的天然实验场。阔叶红松林是温带典型地带性顶极森林类型，具有十分突出的典型性和区域代表性。目前，分布在长白山地区的阔叶红松林是我国温带面积最大、保护最为完整的森林生态系统，一直以来作为东北温带森林资源保护、恢复和可持续经营的重要参照系统，备受国内外学者关注。

2.2.2　生物监测样地设置

1998 年，长白山站按照 CERN 总体要求和技术规范，在研究区域内建立了 6 个长期生物监测样地，全面覆盖了包括阔叶红松林在内的长白山北坡不同海拔高度的原始植被类型。这 6 个观测场分别为长白山站阔叶红松林观测场、长白山站白桦林观测场、长白山站暗针叶林（红松云冷杉林）观测场、长白山站暗针叶林（岳桦云冷杉林）观测场、长白山站岳桦林观测场、长白山站高山苔原观测场。具体信息详见表 2-1。观测场分布情况详见图 2-1，观测场群落外貌详见彩图 2-1～彩图 2-9。

* 编写：戴冠华（中国科学院沈阳应用生态研究所）
　审稿：王安志（中国科学院沈阳应用生态研究所）

表 2-1 长白山站生物长期观测样地基本信息

序号	样地代码	样地名称	样地类别	植被类型	地理位置	海拔/m	面积及形状/(m×m)	建立时间与计划使用年数
1	CBFZH01ABC_01	长白山站阔叶红松林观测场	综合观测场	阔叶红松林	128°05′41″～128°05′46″E,42°24′10″～42°24′12″N	784	40×40	1998年,100年
2	CBFFZ01AB0_01	长白山站白桦林观测场	辅助观测场	次生白桦混交林	128°05′57″～128°05′58″E,42°24′7″～42°24′8″N	777	20×30	2004年,100年
3	CBFZQ01AB0_01	长白山站暗针叶林（红松云冷杉林）观测场	站区调查点	暗针叶林	128°07′54″～128°07′55″E,42°08′38″～42°08′39″N	1 258	20×30	1998年,100年
4	CBFZQ02AB0_01	长白山站暗针叶林（岳桦云冷杉林）观测场	站区调查点	暗针叶林	128°03′55″～128°03′56″E,42°04′38″～42°04′39″N	1 682	20×30	1998年,100年
5	CBFZQ03AB0_01	长白山站岳桦林观测场	站区调查点	亚高山岳桦林	128°04′03″～128°04′04″E,42°03′41″～42°03′42″N	1 928	20×30	1998年,100年
6	CBFZQ04AB0_01	长白山站高山苔原观测场	站区调查点	高山苔原	128°04′02″～128°04′03″E,42°02′27″～42°02′28″N	2 268	20×30	1998年,100年

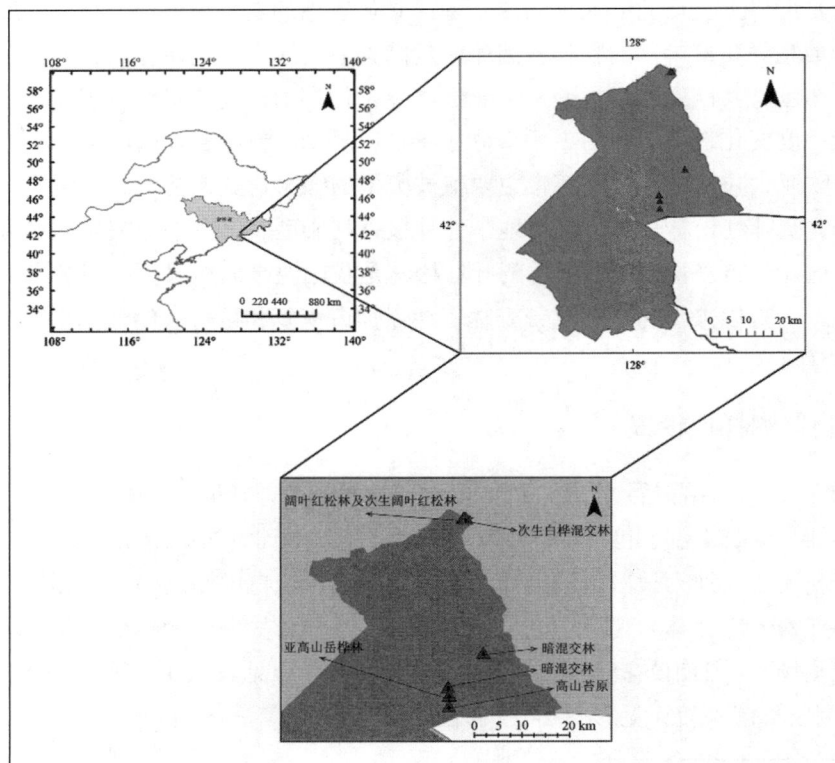

图 2-1 长白山站生物长期观测样地布局

2.2　长白山站阔叶红松林观测场

2.2.1　样地代表性

长白山站阔叶红松林观测场位于长白山自然保护区内，地理位置为 128°05′41″～128°05′46″E、42°24′10″～42°24′12″N，海拔 784 m，观测场面积为 1 600 m²，呈正方形。监测对象为温带顶极植被群落——阔叶红松林生态系统。该观测场旨在通过长期定位监测，进一步揭示原始森林生态系统结构、功能及其演变过程，以及人类活动和环境变化的影响及其对环境的反馈作用，并为阔叶红松林的优化管理提供理论依据。阔叶红松林是长白山地区最具代表性和典型性的植被类型，分布面积广，林分结构复杂，野生动物繁多，生态系统结构、功能成熟稳定。观测场内的阔叶红松林生态系统是发育在长白山北坡海拔 780 m 的玄武岩台地上，为火山喷发后自然演替形成的地带性顶极群落。观测场地保护措施完善，人为干扰少。目前，长白山站阔叶红松林观测场承担多项国家级重大科研项目，为科研院所和高校培养了大量的科研人才和研究生，是长白山站科研活动最为活跃、任务最为繁重的观测研究场地之一。

2.2.2　自然环境背景与管理

观测场地貌为山前玄武岩台地，地势平坦，坡度为 2°，坡位为坡中。气候条件：年均气温 3.5℃，年降水量 700～800 mm，＞10℃有效积温高于 2 300℃，无霜期 100～120 d，年平均湿度 71%～72%，湿润系数小于 2。土壤母质为黄土，土壤属于棕色针叶林土土类、白浆化棕色针叶林土亚类（全国第二次土壤普查）。土壤剖面特征：0～5 cm，枯枝落叶及半腐败枯枝落叶层；5～11 cm，深灰色或深灰棕色腐殖质层；11～25 cm，浅灰色粉砂黏壤土；40～50 cm，浅灰色黏土；60 cm 以下，暗棕色黏土。样地内无水蚀、重力侵蚀、风蚀以及盐碱化情况。动物活动主要为小型啮齿类、鸟类（较为常见）取食和栖居行为，偶见大型兽类脚印。人类活动主要为采摘野菜、蘑菇、松子和养蜂等，无任何采伐活动。观测场周围围挂铁丝网，并设立警示牌，人类干扰程度较轻。

2.2.3　植被特征

2.2.3.1　物种组成

长白山站阔叶红松林观测场包含 78 个植物种，分属 47 科、67 属，其中物种数最多的科为毛茛科（7 种），其次为百合科（6 种）和槭树科（6 种）。观测场植物名录详见表 2-2。

表 2-2　长白山站阔叶红松林观测场植物名录

序号	层次	物种中文名	物种学名	生活型
1	乔木层	红松*	*Pinus koraiensis* Sieb. & Zucc.	常绿针叶乔木
2	乔木层	水曲柳*	*Fraxinus mandshurica* Rupr.	落叶阔叶乔木
3	乔木层	紫椴*	*Tilia amurensis* Rupr.	落叶阔叶乔木
4	乔木层	蒙古栎*	*Quercus mongolica* Fisch. ex Ledeb.	落叶阔叶乔木
5	乔木层	五角枫*	*Acer pictum* subsp. *mono*（Maxim.）H. Ohashi	落叶阔叶乔木
6	乔木层	春榆	*Ulmus davidiana* var. *japonica*（Rehder）Nakai	落叶阔叶乔木
7	乔木层	糠椴	*Tilia mandshurica* Rupr. & Maxim.	落叶阔叶乔木
8	乔木层	黄檗	*Phellodendron amurense* Rupr.	落叶阔叶乔木
9	乔木层	朝鲜槐	*Maackia amurensis* Rupr. & Maxim.	落叶阔叶乔木
10	乔木层	山荆子	*Malus baccata*（L.）Borkh.	落叶阔叶乔木
11	乔木层	暴马丁香	*Syringa reticulata* subsp. *amurensis*（Rupr.）P. S. Green & M. C. Chang	落叶阔叶乔木
12	乔木层	髭脉槭	*Acer barbinerve* Maxim.	落叶阔叶乔木
13	乔木层	紫花槭	*Acer pseudosieboldianum*（Pax）Kom.	落叶阔叶乔木
14	乔木层	青楷槭	*Acer tegmentosum* Maxim.	落叶阔叶乔木
15	乔木层	三花槭	*Acer triflorum* Kom.	落叶阔叶乔木
16	乔木层	东北槭	*Acer mandshuricum* Maxim.	落叶阔叶乔木
17	乔木层	鼠李	*Rhamnus davurica* Pall.	落叶阔叶乔木
18	乔木层	乌苏里鼠李	*Rhamnus ussuriensis* J. J. Vassil.	落叶阔叶乔木
19	灌木层	东北山梅花*	*Philadelphus schrenkii* Rupr.	落叶阔叶灌木
20	灌木层	长白忍冬*	*Lonicera ruprechtiana* Regel	落叶阔叶灌木
21	灌木层	毛榛*	*Corylus mandshurica* Maxim.	落叶阔叶灌木
22	灌木层	东北溲疏	*Deutzia parviflora* var. *amurensis* Regel	落叶阔叶灌木
23	灌木层	瘤枝卫矛	*Euonymus verrucosus* Scop.	落叶阔叶灌木
24	灌木层	长白茶藨子	*Ribes komarovii* Pojark.	落叶阔叶灌木
25	灌木层	刺五加	*Eleutherococcus senticosus*（Rupr. & Maxim.）Maxim.	落叶阔叶灌木
26	灌木层	翅卫矛	*Euonymus phellomanus* Loes.	落叶阔叶灌木
27	灌木层	卫矛	*Euonymus alatus*（Thunb.）Sieber	落叶阔叶灌木
28	灌木层	狗枣猕猴桃	*Actinidia kolomikta*（Maxim. & Rupr.）Maxim.	落叶藤本
29	灌木层	五味子	*Schisandra chinensis*（Turcz.）Baill.	落叶藤本
30	灌木层	山葡萄	*Vitis amurensis* Rupr.	落叶藤本
31	灌木层	黄芦木	*Berberis amurensis* Rupr.	落叶灌木
32	灌木层	接骨木	*Sambucus williamsii* Hance	落叶灌木
33	灌木层	鸡树条	*Viburnum opulus* subsp. *calvescens*（Rehder）Sugim.	落叶阔叶灌木
34	灌木层	修枝荚蒾	*Viburnum burejaeticum* Regel & Herd.	落叶阔叶灌木
35	灌木层	珍珠梅	*Sorbaria sorbifolia*（L.）A. Braun	落叶阔叶灌木
36	草本层	白花碎米荠*	*Cardamine leucantha*（Tausch）O. E. Schulz	直立茎杂类草
37	草本层	荨麻叶龙头草*	*Meehania urticifolia*（Miq.）Makino	直立茎杂类草
38	草本层	毛缘薹草*	*Carex pilosa* Scop.	丛生草密丛的薹草
39	草本层	山茄子*	*Brachybotrys paridiformis* Maxim. ex Oliv.	春性一年生草本

序号	层次	物种中文名	物种学名	生活型
40	草本层	猴腿蹄盖蕨	*Athyrium multidentatum*（Döll）Ching	蕨类
41	草本层	荚果蕨	*Matteuccia struthiopteris*（L.）Todaro	直立茎杂类草
42	草本层	丝引薹草	*Carex remotiuscula* Wahlenb.	丛生草密丛的薹草
43	草本层	蚊子草	*Filipendula palmata*（Pall.）Maxim.	直立茎杂类草
44	草本层	舞鹤草	*Maianthemum bifolium*（L.）F. W. Schmidt	直立茎杂类草
45	草本层	粗茎鳞毛蕨	*Dryopteris crassirhizoma* Nakai	蕨类
46	草本层	细叶孩儿参	*Pseudostellaria sylvatica*（Maxim.）Pax	春性一年生草本
47	草本层	种阜草	*Moehringia lateriflora*（L.）Fenzl	春性一年生草本
48	草本层	毛茛	*Ranunculus japonicus* Thunb.	直立茎杂类草
49	草本层	宽叶山蒿	*Artemisia stolonifera*（Maxim.）Komar.	直立茎杂类草
50	草本层	和尚菜	*Adenocaulon himalaicum* Edgew.	直立茎杂类草
51	草本层	铃兰	*Convallaria majalis* L.	春性一年生草本
52	草本层	鸡腿堇菜	*Viola acuminata* Ledeb.	直立茎杂类草
53	草本层	缬草	*Valeriana officinalis* L.	直立茎杂类草
54	草本层	北乌头	*Aconitum kusnezoffii* Rehder	直立茎杂类草
55	草本层	林大戟	*Euphorbia lucorum* Rupr.	直立茎杂类草
56	草本层	山尖子	*Parasenecio hastatus*（L.）H. Koyama	直立茎杂类草
57	草本层	东北羊角芹	*Aegopodium alpestre* Ledeb.	春性一年生草本
58	草本层	红花变豆菜	*Sanicula rubriflora* F. Schmidt ex Maxim.	直立茎杂类草
59	草本层	东北南星	*Arisaema amurense* Maxim.	直立茎杂类草
60	草本层	酢浆草	*Oxalis corniculata* L.	春性一年生草本
61	草本层	深山唐松草	*Thalictrum tuberiferum* Maxim.	直立茎杂类草
62	草本层	短果茴芹	*Pimpinella brachycarpa*（Kom.）Nakai	短生植物
63	草本层	北重楼	*Paris verticillata* M. Bieb.	直立茎杂类草
64	草本层	东北风毛菊	*Saussurea manshurica* Kom.	直立茎杂类草
65	草本层	薄叶荠苨	*Adenophora remotiflora* Miq.	直立茎杂类草
66	草本层	龙常草	*Diarrhena mandshurica* Maxim.	春性一年生草本
67	草本层	尖萼耧斗菜	*Aquilegia oxysepala* Trautv. & C. A. Mey.	直立茎杂类草
68	草本层	透骨草	*Phryma leptostachya* subsp. *asiatica*（Hara）Kitam.	直立茎杂类草
69	草本层	吉林延龄草	*Trillium camschatcense* Ker Gawl.	直立茎杂类草
70	草本层	大叶柴胡	*Bupleurum longiradiatum* Turcz.	直立茎杂类草
71	草本层	草芍药	*Paeonia obovata* Maxim.	直立茎杂类草
72	草本层	东北猪殃殃	*Galium dahuricum* var. *lasiocarpum*（Makino）Nakai	草质藤本植物
73	草本层	展枝沙参	*Adenophora divaricata* Franch & Sav.	春性一年生草本
74	草本层	水金凤	*Impatiens noli-tangere* L.	春性一年生草本
75	草本层	东北百合	*Lilium distichum* Nakai ex Kamib.	直立茎杂类草
76	草本层	藜芦	*Veratrum nigrum* L.	直立茎杂类草
77	草本层	侧金盏花	*Adonis amurensis* Regel & Radde	短生植物
78	草本层	菟葵	*Eranthis stellata* Maxim.	短生植物

注：*为各层优势种。

2.2.3.2　群落结构

观测场植被类型属于针叶与阔叶混交林。乔木层种数 18 种，优势种 5 种，分别为红松、水曲柳、紫椴、蒙古栎和五角枫，优势种平均高度 26 m，郁闭度 0.8；中下层乔木包括糠椴、紫花槭、髭脉槭、青楷槭等落叶阔叶伴生种类。灌木层种数 17 种，优势种 3 种，分别为东北山梅花、长白忍冬和毛榛，优势种平均高度 0.8 m，盖度约 50%。草本层种数 43 种，优势种 4 种，分别为白花碎米荠、荨麻叶龙头草、毛缘薹草和山茄子，优势种平均高度 0.3 m，盖度约 40%。林相外貌特征见彩图 2-1～彩图 2-3。群落水平分布均匀，季相分明，每年 4—5 月返青，5—10 月为生长季，9—10 月为色叶季。乔、灌、草三层的成层特征明显。

2.2.3.3　植被分类地位

样地植物群落按照中国植被分类系统分类如下：

植被型组：森林 Forest

　　植被型：针叶与阔叶混交林 Mixed Needleleaf and Broadleaf Forest

　　　　植被亚型：温性针叶与落叶阔叶混交林 Temperate Mixed Needleleaf and Deciduous Broadleaf Forest

　　　　　群系：红松+水曲柳+紫椴针阔混交林 *Pinus koraiensis* + *Fraxinus mandshurica* + *Tilia amurensis* Mixed Needleleaf and Broadleaf Forest Alliance

　　　　　　群丛：红松+水曲柳+紫椴-东北山梅花-白花碎米荠 针叶与阔叶混交林 *Pinus koraiensis* + *Fraxinus mandshurica* + *Tilia amurensis* - *Philadelphus schrenkii* - *Cardamine leucantha* Mixed Needleleaf and Broadleaf Forest

2.2.4　样地配置与观测内容

长白山站阔叶红松林观测场属于综合观测场，观测内容涵盖水、土、气、生 4 个部分。其中生物观测主要观测物候、乔灌草调查、叶面积、林下更新、细根周转、林木生长等内容。同时设有生物采样样地，主要进行土壤动物、土壤微生物、凋落物收集等采样性质的生物观测。主要观测设施包括 1989 年建立的气象观测系统、2002 年配置的通量观测系统、2004 年配置的大气降水观测系统、2008 年建立的冠层观测系统、2016 年配置的土壤含水量自动观测系统和树木径向生长自动观测系统、2018 年配置的土壤温湿盐自动观测系统和植物物候自动观测系统、2020 年配置的植物根系观测系统微根管。

2.3　长白山站白桦林观测场

2.3.1　样地代表性

观测场位于长白山北坡，地理位置为 128°05′57″～128°05′58″E、42°24′7″～42°24′8″N，

海拔为 777 m，面积为 600 m²，长度为 30 m，宽度为 20 m。植被类型为阔叶红松林火烧后形成的天然次生白桦林，是以先锋树种白桦为优势树种的次生森林生态系统，主林层下有红松幼苗更新。次生白桦林群落为阔叶红松林生态系统演替的初级阶段，在一定的条件下，最终演替为该区域的顶极群落——落叶阔叶红松混交林，是长白山阔叶红松林综合观测场植物群落类型的前一演替阶段。长白山站白桦林观测场与阔叶红松林观测场的气候条件、土壤发育、分类地位、人为干扰程度等条件极为相似，是对综合观测场监测内容的必要补充，对开展与阔叶红松林生态系统比较研究具有重要意义。

2.3.2　自然环境背景与管理

长白山站白桦林观测场地貌为玄武岩台地，地势平坦，样地坡度为 2°，坡向为北偏东，位于坡中。气候条件：年均气温 3.5℃，年降水量 700～800 mm，>10℃有效积温>2 335℃，无霜期 100～120 d，年平均湿度 71%，湿润系数小于 2，日照时数为 2 024 h，地下水位深度年平均为 9 m。土壤母质为黄土，土壤属于暗棕壤土类、白浆化暗棕壤亚类（全国第二次土壤普查）。剖面特征：0～3 cm，枯枝落叶层；3～5 cm，半腐败枯枝落叶层；5～11 cm，深灰色或深灰棕色腐殖质层；11～25 cm，浅灰色粉砂黏壤土；40～50 cm，浅灰色黏土；60 cm 以下，暗棕色黏土。主要动物活动为小型野生动物和鸟类采食、栖居行为，偶见大型野生动物。地处保护区，有较轻程度的野菜、蘑菇、松果等采集活动。观测场周围围挂铁丝网，并设立警示牌，人类影响程度轻度。

2.3.3　植被特征

2.3.3.1　物种组成

长白山站白桦林观测场包含 68 个植物种，分属 36 科、56 属，其中物种数较多的科为槭树科（6 种），其次为百合科、菊科、蔷薇科、伞形科，物种数均为 4 种。观测场植物名录详见表 2-3。

表 2-3　长白山站白桦林观测场植物名录

序号	层次	物种中文名	物种学名	生活型
1	乔木层	白桦*	*Betula platyphylla* Sukaczev	落叶阔叶乔木
2	乔木层	红松	*Pinus koraiensis* Sieb. & Zucc.	常绿针叶乔木
3	乔木层	水曲柳	*Fraxinus mandshurica* Rupr.	落叶阔叶乔木
4	乔木层	紫椴	*Tilia amurensis* Rupr.	落叶阔叶乔木
5	乔木层	糠椴	*Tilia mandshurica* Rupr. & Maxim.	落叶阔叶乔木
6	乔木层	蒙古栎	*Quercus mongolica* Fisch. ex Ledeb.	落叶阔叶乔木
7	乔木层	五角枫	*Acer pictum* subsp. *mono*（Maxim.）H. Ohashi	落叶阔叶乔木
8	乔木层	髭脉槭	*Acer barbinerve* Maxim.	落叶阔叶乔木
9	乔木层	紫花槭	*Acer pseudosieboldianum*（Pax）Kom.	落叶阔叶乔木
10	乔木层	青楷槭	*Acer tegmentosum* Maxim.	落叶阔叶乔木
11	乔木层	三花槭	*Acer triflorum* Kom.	落叶阔叶乔木

序号	层次	物种中文名	物种学名	生活型
12	乔木层	茶条枫	*Acer tataricum* subsp. *ginnala*（Maxim.）Wesm.	落叶阔叶乔木
13	乔木层	春榆	*Ulmus davidiana* var. *japonica*（Rehder）Nakai	落叶阔叶乔木
14	乔木层	黄檗	*Phellodendron amurense* Rupr.	落叶阔叶乔木
15	乔木层	朝鲜槐	*Maackia amurensis* Rupr. & Maxim.	落叶阔叶乔木
16	乔木层	山荆子	*Malus baccata*（L.）Borkh.	落叶阔叶乔木
17	乔木层	暴马丁香	*Syringa reticulata* subsp. *amurensis*（Rupr.）P. S. Green & M. C. Chang	落叶阔叶乔木
18	乔木层	鼠李	*Rhamnus davurica* Pall.	落叶阔叶乔木
19	灌木层	石蚕叶绣线菊*	*Spiraea chamaedryfolia* L.	落叶阔叶灌木
20	灌木层	东北山梅花*	*Philadelphus schrenkii* Rupr.	落叶阔叶灌木
21	灌木层	毛榛*	*Corylus mandshurica* Maxim.	落叶阔叶灌木
22	灌木层	长白忍冬	*Lonicera ruprechtiana* Regel	落叶阔叶灌木
23	灌木层	东北溲疏	*Deutzia parviflora* var. *amurensis* Regel	落叶阔叶灌木
24	灌木层	瘤枝卫矛	*Euonymus verrucosus* Scop.	落叶阔叶灌木
25	灌木层	长白茶藨子	*Ribes komarovii* Pojark.	落叶阔叶灌木
26	灌木层	翅卫矛	*Euonymus phellomanus* Loes.	落叶阔叶灌木
27	灌木层	卫矛	*Euonymus alatus*（Thunb.）Sieber	落叶阔叶灌木
28	灌木层	五味子	*Schisandra chinensis*（Turcz.）Baill.	落叶藤本
29	灌木层	山葡萄	*Vitis amurensis* Rupr.	落叶藤本
30	灌木层	黄芦木	*Berberis amurensis* Rupr.	落叶灌木
31	灌木层	鸡树条	*Viburnum opulus* subsp. *calvescens*（Rehder）Sugim.	落叶阔叶灌木
32	灌木层	修枝荚蒾	*Viburnum burejaeticum* Regel & Herd.	落叶阔叶灌木
33	灌木层	库页悬钩子	*Rubus sachalinensis* H. Lév.	落叶阔叶灌木
34	草本层	白花碎米荠*	*Cardamine leucantha*（Tausch）O. E. Schulz	直立茎杂类草
35	草本层	毛缘薹草*	*Carex pilosa* Scop.	丛生草密丛的薹草
36	草本层	丝引薹草*	*Carex remotiuscula* Wahlenb.	丛生草密丛的薹草
37	草本层	木贼*	*Equisetum hyemale* L.	直立茎杂类草
38	草本层	如意草	*Viola arcuata* Blume	直立茎杂类草
39	草本层	尾叶香茶菜	*Isodon excisus*（Maxim.）Kudô	直立茎杂类草
40	草本层	玉竹	*Polygonatum odoratum*（Mill.）Druce	春性一年生草本
41	草本层	荨麻叶龙头草	*Meehania urticifolia*（Miq.）Makino	直立茎杂类草
42	草本层	山茄子	*Brachybotrys paridiformis* Maxim. ex Oliv.	春性一年生草本
43	草本层	猴腿蹄盖蕨	*Athyrium multidentatum*（Döll）Ching	蕨类
44	草本层	荚果蕨	*Matteuccia struthiopteris*（L.）Todaro	直立茎杂类草
45	草本层	蚊子草	*Filipendula palmata*（Pall.）Maxim.	直立茎杂类草
46	草本层	舞鹤草	*Maianthemum bifolium*（L.）F. W. Schmidt	直立茎杂类草
47	草本层	粗茎鳞毛蕨	*Dryopteris crassirhizoma* Nakai	蕨类
48	草本层	细叶孩儿参	*Pseudostellaria sylvatica*（Maxim.）Pax	春性一年生草本
49	草本层	种阜草	*Moehringia lateriflora*（L.）Fenzl	春性一年生草本
50	草本层	毛茛	*Ranunculus japonicus* Thunb.	直立茎杂类草
51	草本层	宽叶山蒿	*Artemisia stolonifera*（Maxim.）Komar.	直立茎杂类草

序号	层次	物种中文名	物种学名	生活型
52	草本层	和尚菜	*Adenocaulon himalaicum* Edgew.	直立茎杂类草
53	草本层	铃兰	*Convallaria majalis* L.	春性一年生草本
54	草本层	鸡腿堇菜	*Viola acuminata* Ledeb.	直立茎杂类草
55	草本层	缬草	*Valeriana officinalis* L.	直立茎杂类草
56	草本层	北乌头	*Aconitum kusnezoffii* Rehder	直立茎杂类草
57	草本层	林大戟	*Euphorbia lucorum* Rupr.	直立茎杂类草
58	草本层	山尖子	*Parasenecio hastatus*（L.）H. Koyama	直立茎杂类草
59	草本层	东北羊角芹	*Aegopodium alpestre* Ledeb.	春性一年生草本
60	草本层	红花变豆菜	*Sanicula rubriflora* F. Schmidt ex Maxim.	直立茎杂类草
61	草本层	短果茴芹	*Pimpinella brachycarpa*（Kom.）Nakai	短生植物
62	草本层	北重楼	*Paris verticillata* M. Bieb.	直立茎杂类草
63	草本层	东北风毛菊	*Saussurea manshurica* Kom.	直立茎杂类草
64	草本层	透骨草	*Phryma leptostachya* subsp. *asiatica*（Hara）Kitam.	直立茎杂类草
65	草本层	大叶柴胡	*Bupleurum longiradiatum* Turcz.	直立茎杂类草
66	草本层	深山露珠草	*Circaea alpina* subsp. *caulescens*（Kom.）Tatew.	春性一年生草本
67	草本层	水珠草	*Circaea canadensis* subsp. *quadrisulcata*（Maxim.）Boufford	春性一年生草本
68	草本层	东北猪殃殃	*Galium dahuricum* var. *lasiocarpum*（Makino）Nakai	草质藤本植物

注：*为各层优势种。

2.3.3.2　群落结构

长白山站白桦林观测场属于落叶阔叶林，乔木层种数 18 种，优势种 1 种，以白桦为建群种和优势种，平均高度 17 m 左右，郁闭度 0.5；中下层乔木包括红松、紫椴、水曲柳、蒙古栎和五角枫等，以及其他针叶和落叶阔叶伴生种类。灌木层种数 15 种，优势种 3 种，石蚕叶绣线菊、东北山梅花和毛榛等占优势，优势种平均高度 0.4 m，盖度 40%。草本层种数 35 种，优势种 4 种，以白花碎米荠、丝引薹草、毛缘薹草和木贼等占优势，优势种平均高度 0.25 m，盖度 30%。林相外貌特征见彩图 2-4。群落水平分布均匀，季相分明，每年 4—5 月返青，5—10 月为生长季，9—10 月为色叶季。乔、灌、草三层的成层特征明显。

2.3.3.3　植被分类地位

样地植物群落按照中国植被分类系统分类如下：

植被型组：森林 Forest

植被型：落叶阔叶林 Deciduous Broadleaf Forest

植被亚型：温性落叶阔叶林 Temperate Deciduous Broadleaf Forest

群系：白桦林 *Betula platyphylla* Deciduous Broadleaf Forest Alliance（次生林）

群丛：白桦-石蚕叶绣线菊-白花碎米荠 落叶阔叶林 *Betula platyphylla - Spiraea chamaedryfolia - Cardamine leucantha* Deciduous Broadleaf Forest（次生林）

2.3.4　样地配置与观测内容

长白山站白桦林观测场属于辅助观测场，观测内容涵盖水、土、气、生 4 个部分。其中生物观测主要观测物候、乔灌草调查、叶面积、林下更新、细根周转等内容。同时设有生物采样样地，主要进行土壤动物、土壤微生物、凋落物收集等采样性质的生物观测。主要观测设施有植物根系观测系统微根管、土壤温湿盐自动观测系统、小气候观测系统等。

2.4　长白山站暗针叶林（红松云冷杉林）观测场

2.4.1　样地代表性

长白山站暗针叶林（红松云冷杉林）观测场位于长白山北坡垂直分布带中下部，海拔为 1 258 m，地理位置为 128°07′54″～128°07′55″E、42°08′38″～42°08′39″N，面积为 600 m²，长度为 30 m，宽度为 20 m。植被类型为暗针叶林。暗针叶林是长白山地区分布较广的森林植被，具有一定的典型性和代表性，是长白山地区主要的用材林之一，其主要树种组成多为针叶树种，包括多种云杉属、冷杉属树种，其在林分中占据绝对优势，阔叶树种类很少，多为林下伴生。暗针叶林在长白山北坡的主要分布海拔为 1 100～1 700 m，林分结构典型，灌草植被类型独特，是长白山北坡垂直分布带的重要组成部分。

2.4.2　自然环境背景与管理

长白山站暗针叶林（红松云冷杉林）观测场地貌为山麓倾斜玄武岩高原，坡度为 2°，坡向为北偏西，坡位位于坡中。气候条件：6—9 月平均气温 14.6℃，年降水量 800～1 000 mm，年平均湿度 73%。土壤母质或母岩为火山灰沙，土壤属于棕色针叶林土土类、灰化棕色针叶林土亚类（全国第二次土壤普查）。土壤剖面特征：0～4 cm，藓类枯枝落叶层；4～15 cm，浅灰色砾质沙壤；15 cm 以下，暗棕色砾质沙土。动物活动主要为小型兽类（紫貂等）、啮齿类（松鼠、花鼠等）和鸟类的取食、栖居行为，偶见大型野生动物。偶有采集野菜和松果的人为活动，观测场周围围挂铁丝网，并设立警示牌，人类活动影响程度轻微。

2.4.3　植被特征

2.4.3.1　物种组成

长白山站暗针叶林（红松云冷杉林）观测场包含植物种 31 个，分属 17 科、25 属，其中物种数较多的科为松科（5 种），其次为槭树科、虎耳草科、忍冬科，物种均为 3 种。观测场植物名录详见表 2-4。

表 2-4 暗针叶林（红松云冷杉林）观测场植物名录

序号	层次	物种中文名	物种学名	生活型
1	乔木层	红松*	*Pinus koraiensis* Sieb. & Zucc.	常绿针叶乔木
2	乔木层	黄花落叶松*	*Larix olgensis* A. Henry	落叶针叶乔木
3	乔木层	赤松*	*Pinus densiflora* Sieb. & Zucc.	常绿针叶乔木
4	乔木层	长白鱼鳞云杉*	*Picea jezoensis* var. *komarovii*（V. N. Vassil.）W. C. Cheng & L. K. Fu	常绿针叶乔木
5	乔木层	臭冷杉*	*Abies nephrolepis*（Trautv. ex Maxim.）Maxim.	常绿针叶乔木
6	乔木层	花楸树	*Sorbus pohuashanensis*（Hance）Hedl.	落叶阔叶乔木
7	乔木层	小楷槭	*Acer komarovii* Pojark.	落叶阔叶乔木
8	乔木层	青楷槭	*Acer tegmentosum* Maxim.	落叶阔叶乔木
9	乔木层	花楷槭	*Acer ukurundense* Trautv. & C. A. Mey.	落叶阔叶乔木
10	灌木层	北极花*	*Linnaea borealis* L.	常绿葡匐亚灌木
11	灌木层	紫枝忍冬*	*Lonicera.maximowiczii*（Rupr.）Regel	落叶阔叶灌木
12	灌木层	蓝靛果*	*Lonicera caerulea* var. *edulis* Turcz. ex Herder	落叶阔叶灌木
13	灌木层	瘤枝卫矛	*Euonymus verrucosus* Scop.	落叶阔叶灌木
14	灌木层	长白茶藨子	*Ribes komarovii* Pojark.	落叶阔叶灌木
15	灌木层	刺蔷薇	*Rosa acicularis* Lindl.	落叶阔叶灌木
16	草本层	唢呐草*	*Mitella nuda* L.	直立茎杂类草
17	草本层	舞鹤草*	*Maianthemum bifolium*（L.）F. W. Schmidt	直立茎杂类草
18	草本层	丝引薹草*	*Carex remotiuscula* Wahlenb.	丛生草密丛的薹草
19	草本层	肾叶鹿蹄草*	*Pyrola renifolia* Maxim.	直立茎杂类草
20	草本层	长白虎耳草	*Saxifraga laciniata* Nakai & Takeda	莲座植物
21	草本层	欧洲羽节蕨	*Gymnocarpium dryopteris*（L.）Newman	蕨类
22	草本层	单侧花	*Orthilia secunda*（L.）House	垫状小半灌木
23	草本层	对叶兰	*Neottia puberula*（Maxim.）Szlachetko	直立茎杂类草
24	草本层	如意草	*Viola arcuata* Blume	直立茎杂类草
25	草本层	深山露珠草	*Circaea alpina* subsp. *caulescens*（Kom.）Tatew.	春性一年生草本
26	草本层	掌叶铁线蕨	*Adiantum pedatum* L.	一年生蕨类
27	草本层	早熟禾	*Poa annua* L.	根茎草禾草
28	草本层	七瓣莲	*Trientalis europaea* L.	春性一年生草本
29	草本层	毛果一枝黄花	*Solidago virgaurea* var. *dahurica* Kitag.	春性一年生草本
30	草本层	七筋姑	*Clintonia udensis* Trautv. & C. A. Mey.	莲座植物
31	草本层	羊须草	*Carex callitrichos* V. I. Krecz.	丛生草密丛的薹草

注：*为各层优势种。

2.4.3.2 群落结构

长白山站暗针叶林（红松云冷杉林）观测场属于常绿针叶林。乔木层物种 9 种，优势种 5 种，主林层树种主要有红松、黄花落叶松、赤松、长白鱼鳞云杉和臭冷杉等，优势种平均高度 22 m，郁闭度 0.9；下层为花楸树、花楷槭、小楷槭和青楷槭等阔叶树种。灌木层物种 6 种，优势种 3 种，北极花、紫枝忍冬和蓝靛果等占优势地位，平均高度 0.5 m，盖度 25%。草本层物种 16 种，优势种有 4 种，唢呐草、舞鹤草、丝引薹草和肾叶鹿蹄草等占优势地位，平均高度 0.15 m，盖度 35%。季相不明显，落叶松和阔叶树落叶时有季相变化，林相外貌特征见彩图 2-5。

2.4.3.3　植被分类地位

样地植物群落按照中国植被分类系统分类如下：

植被型组：森林 Forest

植被型：常绿针叶林 Evergreen Needleleaf Forest

植被亚型：温性常绿针叶林 Temperate Evergreen Needleleaf Forest

群系：红松+长白鱼鳞云杉+臭冷杉林 *Pinus koraiensis* + *Picea jezoensis* var. *komarovii* + *Abies nephrolepis* Evergreen Needleleaf Forest Alliance

群丛：红松+长白鱼鳞云杉+臭冷杉-北极花-唢呐草 常绿针叶林 *Pinus koraiensis* + *Picea jezoensis* var. *komarovii* + *Abies nephrolepis* - *Linnaea borealis* - *Mitella nuda* Evergreen Needleleaf Forest

2.4.4　样地配置与观测内容

长白山站暗针叶林（红松云冷杉林）观测场属于站区调查点，主要以暗针叶林生态系统为观测对象。进行气候、土壤、生物三类观测，生物监测主要观测物候、林下更新、野生动物、土壤动物、叶面积指数、凋落物、生长模型等内容。样地内配置有小气候观测系统。

2.5　长白山站暗针叶林（岳桦云冷杉林）观测场

2.5.1　样地代表性

长白山站暗针叶林（岳桦云冷杉林）观测场位于长白山北坡垂直分布带中部，海拔为 1 682 m，地理位置为 128°03′55″～128°03′56″E、42°04′38″～42°04′39″N，面积为 600 m²，长度为 30 m，宽度为 20 m。植被类型为暗针叶林。在林分组成上，长白山站暗针叶林（岳桦云冷杉林）观测场与长白山站暗针叶林（红松云冷杉林）观测场相比发生明显变化，其中红松减少和岳桦增加是重要变化特征，长白山站暗针叶林（岳桦云冷杉林）观测场处在长白山北坡垂直分布带上暗针叶林向岳桦林的过渡地带，地势逐渐变陡峭，林分组成、结构发生明显变化。

2.5.2　自然环境背景与管理

长白山站暗针叶林（岳桦云冷杉林）观测场地貌属于玄武岩台地，地势平坦，坡度小于 5°，坡向为北坡，坡位为坡中。气候条件：6—9 月平均气温 12.6℃，年降水量 800～1 000 mm，年平均湿度 73%。土壤母质或母岩为火山灰，土壤属于棕色针叶林土土类、白浆化棕色针叶林土亚类（全国第二次土壤普查）。土壤剖面特征：0～4 cm，藓类枯枝落叶层；4～15 cm，浅灰色砾质沙壤；15 cm 以下，暗棕色砾质沙土。动物活动主要为啮齿类和鸟类的取食、栖居行为，偶见大型兽类。观测场周围围挂铁丝网，并设立警示牌，人类活动影响程度轻微。

2.5.3　植被特征

2.5.3.1　物种组成

长白山站暗针叶林（岳桦云冷杉林）观测场包含 31 个植物种，分属 19 科、29 属，物种数较多的科为菊科，物种数为 4 种，其次为松科和蔷薇科，各 3 种。观测场植物名录详见表 2-5。

表 2-5　长白山站暗针叶林（岳桦云冷杉林）观测场植物名录

序号	层次	物种中文名	物种学名	生活型
1	乔木层	黄花落叶松*	*Larix olgensis* A. Henry	落叶针叶乔木
2	乔木层	长白鱼鳞云杉*	*Picea jezoensis* var. *komarovii*（V. N. Vassil.）W. C. Cheng & L. K. Fu	常绿针叶乔木
3	乔木层	岳桦*	*Betula ermanii* Cham.	落叶阔叶乔木
4	乔木层	臭冷杉*	*Abies nephrolepis*（Trautv. ex Maxim.）Maxim.	常绿针叶乔木
5	乔木层	花楸树	*Sorbus pohuashanensis*（Hance）Hedl.	落叶阔叶乔木
6	乔木层	小楷槭	*Acer komarovii* Pojark.	落叶阔叶乔木
7	乔木层	花楷槭	*Acer ukurundense* Trautv. & C. A. Mey.	落叶阔叶乔木
8	灌木层	密刺茶藨子*	*Ribes horridum* Rupr. ex Maxim.	落叶阔叶灌木
9	灌木层	蓝靛果	*Lonicera caerulea* var. *edulis* Turcz. ex Herder	落叶阔叶灌木
10	灌木层	刺蔷薇	*Rosa acicularis* Lindl.	落叶阔叶灌木
11	灌木层	鸡树条	*Viburnum opulus* subsp. *calvescens*（Rehder）Sugim.	落叶阔叶灌木
12	草本层	大叶蟹甲草*	*Parasenecio firmus*（Kom.）Y. L. Chen	直立茎杂类草
13	草本层	深山露珠草*	*Circaea alpina* subsp. *caulescens*（Kom.）Tatew.	春性一年生草本
14	草本层	舞鹤草*	*Maianthemum bifolium*（L.）F. W. Schmidt	直立茎杂类草
15	草本层	林地早熟禾*	*Poa nemoralis* L.	根茎草禾草
16	草本层	斑点虎耳草	*Saxifraga nelsoniana* D. Don	莲座植物
17	草本层	缬草	*Valeriana officinalis* L.	直立茎杂草类
18	草本层	东方草莓	*Fragaria orientalis* Losinsk.	蔓生茎杂类草
19	草本层	七筋姑	*Clintonia udensis* Trautv. & C. A. Mey.	莲座植物
20	草本层	林风毛菊	*Saussurea sinuata* Kom.	莲座植物
21	草本层	龙常草	*Diarrhena mandshurica* Maxim.	春性一年生草本
22	草本层	酢浆草	*Oxalis corniculata* L.	春性一年生草本
23	草本层	山尖子	*Parasenecio hastatus*（L.）H. Koyama	直立茎杂类草
24	草本层	丝梗扭柄花	*Streptopus koreanus*（Kom.）Ohwi	春性一年生草本
25	草本层	深山唐松草	*Thalictrum tuberiferum* Maxim.	直立茎杂类草
26	草本层	橐吾	*Ligularia sibirica*（L.）Cass.	直立茎杂类草
27	草本层	如意草	*Viola arcuata* Blume	直立茎杂类草
28	草本层	七瓣莲	*Trientalis europaea* L.	春性一年生草本

序号	层次	物种中文名	物种学名	生活型
29	草本层	毛果一枝黄花	*Solidago virgaurea* var. *dahurica* Kitag.	春性一年生草本
30	草本层	粗茎鳞毛蕨	*Dryopteris crassirhizoma* Nakai	蕨类
31	草本层	唢呐草	*Mitella nuda* L.	直立茎杂类草

注：*为各层优势种。

2.5.3.2　群落结构

长白山站暗针叶林（岳桦云冷杉林）观测场属于暗针叶林与岳桦林过渡带，物种组成以针叶树种为主，伴生少量岳桦。乔木层物种 7 种，优势种 4 种，黄花落叶松、长白鱼鳞云杉、岳桦和臭冷杉等占据优势地位，乔、灌、草三层的成层特征明显。花楸树、花楷槭等落叶阔叶树种下层伴生，优势种平均高度 22 m，郁闭度 0.9。灌木层物种 4 种，优势种 1 种，为密刺茶藨子，平均高度 0.8 m，盖度 20%。草本层共有物种 20 种，优势种 4 种，大叶蟹甲草、深山露珠草、舞鹤草和林地早熟禾等占据优势地位，优势种平均高度 0.7 m，盖度 45%。季相不明显，林相外貌特征见彩图 2-6。

2.5.3.3　植被分类地位

样地植物群落按照中国植被分类系统分类如下：

植被型组：森林 Forest

植被型：落叶与常绿针叶混交林 Mixed Deciduous and Evergreen Needleaf Forest

群系：黄花落叶松+长白鱼鳞云杉林 *Larix olgensis*+*Picea jezoensis* var. *komarovii* Mixed Deciduous and Evergreen Needleleaf Forest Alliance

群丛：黄花落叶松+长白鱼鳞云杉-密刺茶藨子-大叶蟹甲草 落叶与常绿针叶混交林 *Larix olgensis* + *Picea jezoensis* var. *komarovii* - *Ribes horridum* - *Parasenecio firmus* Mixed Deciduous and Evergreen Needleaf Forest

2.5.4　样地配置与观测内容

长白山站暗针叶林（岳桦云冷杉林）观测场属于站区调查点，主要以暗针叶林生态系统为观测对象。进行气候、土壤、生物三类观测，生物监测主要进行物候、林下更新、野生动物、土壤动物、叶面积指数、凋落物、林木生长等观测。样地内配置有小气候观测系统。

2.6　长白山站岳桦林观测场

2.6.1　样地代表性

长白山站岳桦林观测场位于长白山北坡垂直分布带中上部，海拔为 1 928 m，地理位置为 128°04′03″～128°04′04″E、42°03′41″～42°03′42″N，面积为 600 m²，长度为 30 m，宽度为 20 m。植被类型为岳桦林，主要分布于长白山北坡海拔 1 700～2 000 m，呈单层林相，是一种以单一乔木树种为主的林线植被，构成了独特的亚高山地带森林景观，其垂直地带具有显著的代表性。

2.6.2 自然环境背景与管理

长白山站岳桦林观测场地貌为火山椎体下部，坡度约 25°。气候条件：6—9 月平均气温 11℃，＞10℃积温 500～1 000℃，降水量 1 000～1 100 mm，全年相对湿度 74%。土壤母质或母岩为火山灰土壤，属于草甸森林土、亚高山草甸森林土亚类（全国第二次土壤普查）。土壤剖面特征：0～2 cm，枯枝落叶层；2～12 cm，棕灰色沙壤土；12～20 cm，暗棕灰色沙壤土；20 cm 以下，棕色沙壤土，含有小石砾。常见动物活动有小型啮齿类和鸟类的取食和栖居行为，稀见大型兽类。人类活动极少。

2.6.3 植被特征

2.6.3.1 物种组成

长白山站岳桦林观测场包含 27 个植物种，分属 14 科、25 属，其中物种数最多的为菊科（6 种），其次为毛茛科和百合科，分别为 4 种和 3 种。观测场植物名录详见表 2-6。

表 2-6 长白山站岳桦林观测场植物名录

序号	层次	物种中文名	物种学名	生活型
1	乔木层	岳桦*	*Betula ermanii* Cham.	落叶阔叶乔木
2	乔木层	花楸树	*Sorbus pohuashanensis*（Hance）Hedl.	落叶阔叶乔木
3	灌木层	牛皮杜鹃*	*Rhododendron aureum* Gemerk	常绿阔叶灌木
4	灌木层	笃斯越橘	*Vaccinium uliginosum* L.	落叶阔叶灌木
5	灌木层	蓝靛果	*Lonicera caerulea* var. *edulis* Turcz. ex Herder	落叶阔叶灌木
6	灌木层	西伯利亚刺柏	*Juniperus sibirica* Burgsd.	落叶阔叶灌木
7	草本层	大叶章*	*Deyeuxia purpurea*（Trin.）Kunth	根茎草禾草
8	草本层	耳叶蟹甲草*	*Parasenecio auriculatus*（DC.）H. Koyama	直立茎杂类草
9	草本层	兴安升麻*	*Cimicifuga dahurica*（Turcz. ex Fisch. & C. A. Mey.）Maxim.	直立茎杂类草
10	草本层	舞鹤草*	*Maianthemum bifolium*（L.）F. W. Schmidt	直立茎杂类草
11	草本层	长白山风毛菊	*Saussurea tenerifolia* Kitag.	直立茎杂类草
12	草本层	大白花地榆	*Sanguisorba stipulata* Raf.	直立茎杂类草
13	草本层	长白山橐吾	*Ligularia jamesii*（Hemsl.）Kom.	直立茎杂类草
14	草本层	朝鲜当归	*Angelica gigas* Nakai	直立茎杂类草
15	草本层	高岭风毛菊	*Saussurea tomentosa* Kom.	直立茎杂类草
16	草本层	高山芹	*Coelopleurum saxatile*（Turcz. ex Ledeb.）Drude	直立茎杂类草
17	草本层	高山乌头	*Aconitum monanthum* Nakai	直立茎杂类草
18	草本层	聚花风铃草	*Campanula glomerata* subsp. *speciosa*（Hornem. ex Spreng.）Domin	直立茎杂类草
19	草本层	老鹳草	*Geranium wilfordii* Maxim.	直立茎杂类草
20	草本层	毛茛	*Ranunculus japonicus* Thunb.	直立茎杂类草

序号	层次	物种中文名	物种学名	生活型
21	草本层	烟管蓟	*Cirsium pendulum* Fisch. ex DC.	直立茎杂类草
22	草本层	长白金莲花	*Trollius japonicus* Miq.	直立茎杂类草
23	草本层	丝梗扭柄花	*Streptopus koreanus*（Kom.）Ohwi	春性一年生草本
24	草本层	毛果一枝黄花	*Solidago virgaurea* var. *dahurica* Kitag.	春性一年生草本
25	草本层	七瓣莲	*Trientalis europaea* L.	春性一年生草本
26	草本层	缬草	*Valeriana officinalis* L.	直立茎杂类草
27	草本层	藜芦	*Veratrum nigrum* L.	直立茎杂类草

注：*为各层优势种。

2.6.3.2　群落结构

长白山站岳桦林观测场的植被类型属于亚高山岳桦林，以岳桦为建群种和优势种。主林层岳桦占据明显优势地位，单一林层，平均高度 12 m，郁闭度 0.6，林下有少量花楸树伴生。灌木层灌木有 4 种，优势种为牛皮杜鹃，占据绝对优势地位，盖度 90%。草本层物种 21 种，大叶章、耳叶蟹甲草、兴安升麻和舞鹤草等占据优势地位，盖度 40%。季相特征明显，每年 5—6 月返青，7—9 月为生长季，9 月为色叶季，乔、灌、草三层特征明显。林相外貌特征参见彩图 2-7。

2.6.3.3　植被分类地位

样地植物群落按照中国植被分类系统分类如下：

植被型组：森林　Forest

　植被型：落叶阔叶林　Deciduous Broadleaf Forest

　　植被亚型：寒温性落叶阔叶林　Cold-Temperate Deciduous Broadleaf Forest

　　　群系：岳桦林　*Betula ermanii* Deciduous Broadleaf Forest Alliance

　　　　群丛：岳桦-牛皮杜鹃-大叶章 落叶阔叶林 *Betula ermanii - Rhododendron aureum - Deyeuxia purpurea* Deciduous Broadleaf Forest

2.6.4　样地配置与观测内容

长白山站岳桦林观测场属于站区调查点，主要以亚高山岳桦林生态系统为观测对象。进行气候、土壤、生物三类观测，生物监测主要进行物候、林下更新、野生动物、土壤动物、叶面积指数、凋落物、林木生长等观测。样地内配置有小气候观测系统。

2.7　长白山站高山苔原观测场

2.7.1　样地代表性

长白山站高山苔原观测场位于长白山北坡顶端，海拔为 2 268 m，地理位置为 128°04′02″～128°04′03″E、42°02′27″～42°02′28″N，面积为 600 m²，长度为 30 m，宽度为

20 m。植被类型为高山苔原。长白山北坡高山苔原带主要分布于海拔 2 000～2 600 m，气候严寒，冬季漫长多暴风雪，夏季短促，热量不足，土壤冻结。长白山高山苔原带存在多种地貌过程，使之形成了多种不同的、独特的微环境。苔藓、地衣、多年生草本植物和矮小灌木组成了典型的苔原植被特征，形成了独特、典型的高山苔原景观。

2.7.2　自然环境背景与管理

长白山站高山苔原观测场地貌为火山椎体上部，坡度为 18°，坡向为北坡，坡位为坡中。气候条件：7—9 月平均气温为 8～10℃，>10℃活动积温为 300～500℃，年降水量 1 000～1 300 mm，年平均湿度 74%。土壤母质或母岩为火山灰沙砾，土壤属于山地苔原土亚类（全国第二次土壤普查）。土壤剖面特征：0～6 cm，地衣、苔藓根层；6～14 cm，暗灰棕色轻壤到沙壤土；14～27 cm，暗棕红色沙壤土；27 cm 以下，暗棕色沙砾层，单粒结构。常见动物活动为啮齿类和鸟类的取食和栖居行为，几乎没有人类活动。

2.7.3　植被特征

2.7.3.1　物种组成

长白山站高山苔原观测场共有 27 个植物种，分属 15 科、24 属，其中物种数最多的科为杜鹃花科，物种数为 6 种，其次为禾本科和伞形科，物种均为 3 种。观测场植物名录详见表 2-7。

表 2-7　长白山站高山苔原观测场植物名录

序号	层次	物种中文名	物种学名	生活型
1	灌木层	笃斯越橘*	*Vaccinium uliginosum* L.	落叶阔叶灌木
2	灌木层	毛毡杜鹃*	*Rhododendron confertissimum* Nakia	落叶阔叶灌木
3	灌木层	松毛翠*	*Phyllodoce caerulea*（L.）Bab.	常绿针叶灌木
4	灌木层	牛皮杜鹃*	*Rhododendron aureum* Gemerk	常绿阔叶灌木
5	灌木层	苞叶杜鹃	*Rhododendron redowskianum* Maxim.	落叶阔叶灌木
6	灌木层	红北极果	*Arctous ruber*（Rehd. & Wils.）Nakai.	落叶阔叶灌木
7	草本层	东亚仙女木*	*Dryas octopetala* L. var. *asiatica*（Nakai）Nakai	直立茎杂类草
8	草本层	高山茅香*	*Anthoxanthum monticola*（Bigelow）Veldkamp	直立茎杂类草
9	草本层	长白岩菖蒲*	*Tofieldia coccinea* Richards.	直立茎杂类草
10	草本层	冻原薹草*	*Carex siroumensis* Koidz.	丛生草密丛的薹草
11	草本层	细柄茅*	*Ptilagrostis mongholica*（Turcz. ex Trin.）Griseb.	直立茎杂类草
12	草本层	高岭风毛菊*	*Saussurea tomentosa* Kom.	直立茎杂类草
13	草本层	白山罂粟*	*Papaver radicatum* var. *pseudo-radicatum*（Kitag.）Kitag.	直立茎杂类草
14	草本层	倒根蓼*	*Polygonum ochotense* V. Petr. ex Kom.	直立茎杂类草
15	草本层	白山蓼	*Polygonum ocreatum* L.	直立茎杂类草
16	草本层	长白棘豆	*Oxytropis anertii* Nakai ex Kitag.	丛生草密丛的薹草
17	草本层	长白山羊茅	*Festuca subalpina* Chang & Skvort. ex S. L. Lu	直立茎杂类草

序号	层次	物种中文名	物种学名	生活型
18	草本层	白山龙胆	*Gentiana jamesii* Hemsl.	直立茎杂类草
19	草本层	高山芹	*Coelopleurum saxatile*（Turcz. ex Ledeb.）Drude	直立茎杂类草
20	草本层	高山龙胆	*Gentiana algida* Pall.	直立茎杂类草
21	草本层	长白红景天	*Rhodiola angusta* Nakai	春性一年生草本
22	草本层	长白米努草	*Minuartia macrocarpa* var. *koreana*（Nakai）Hara	直立茎杂类草
23	草本层	拟蚕豆岩黄耆	*Hedysarum ussuriense* Schischk. & Kom.	直立茎杂类草
24	草本层	长白耧斗菜	*Aquilegia flabellata* var. *pumila* Kudo	直立茎杂类草
25	草本层	大苞柴胡	*Bupleurum euphorbioides* Nakai	直立茎杂类草
26	草本层	长白虎耳草	*Saxifraga laciniata* Nakai & Takeda	莲座植物
27	草本层	高山瞿麦	*Dianthus superbus* subsp. *alpestris* Kablikova ex Celakovsky	直立茎杂类草

注：*为各层优势种。

2.7.3.2　群落结构

长白山站高山苔原观测场植被属于高山冻原与稀疏植被，样地微环境差异较大，物种分布不均匀。物种组成为低矮灌木和草本。灌木和草本层次不明显。灌木层物种 6 种，笃斯越橘、毛毡杜鹃、松毛翠和牛皮杜鹃占据优势地位，平均高度 0.13 m，盖度 90%。草本层物种 21 种，东亚仙女木、高山茅香、长白岩菖蒲、冻原薹草、细柄茅、高岭风毛菊、白山罂粟和倒根蓼等物种占据优势地位，平均高度 0.15 m，盖度 50%。季相明显，每年 5—6 月返青，7—9 月为生长季，8—9 月为色叶季，林相外貌特征见彩图 2-8 和彩图 2-9。

2.7.3.3　植被分类地位

样地植物群落按照中国植被分类系统分类如下：

植被型组：高山冻原与稀疏植被 Alpine Tundra and Sparse Vegetation

　植被型：高山冻原 Alpine Tundra

　　植被亚型：矮灌木高山冻原 Alpine Dwarf Shrub Tundra

　　　群系：笃斯越橘+毛毡杜鹃高山冻原 *Vaccinium uliginosum* + *Rhododendron confertissimum* Alpine Tundra Alliance

　　　　群丛：笃斯越橘+毛毡杜鹃-东亚仙女木+高山茅香 高山冻原 *Vaccinium uliginosum* + *Rhododendron confertissimum* - *Dryas octopetala* var. *asiatica* + *Anthoxanthum monticola* Alpine Tundra

2.7.4　样地配置与观测内容

长白山站高山苔原观测场属于站区调查点，主要以矮灌木高山冻原生态系统为观测对象。进行气候、土壤、生物 3 类观测，生物监测主要进行物候、林下更新、野生动物、土壤动物等观测。样地内配置有小气候观测系统。

3 清原站生物监测样地本底与植被特征[*]

3.1 生物监测样地概况

3.1.1 概况与区域代表性

清原森林生态系统观测研究站（以下简称清原站）隶属中国科学院沈阳应用生态研究所，建于 2002 年，2014 年加入 CERN，2020 年成为国家野外科学观测研究站。清原站位于长白山余脉的辽东山区、龙岗山北麓，以山地为主，坡度为 15°～35°。具体站址为辽宁省抚顺市清原满族自治县大苏河乡长沙村大湖工区（124°55′39.2″E、41°50′43.5″N）。清原站属于温带森林（次生林）代表性区域和重要生态屏障区（"三区四带"，原"两屏三带"）唯一森林带，涉及天然林保护、退耕还林和"三北"防护林等重大生态工程。

清原站所处区域植被类型属于温带针阔叶混交林和暖温带落叶阔叶林的过渡地带，是长白植物区系向华北植物区系的过渡地带，拥有种类丰富的植物，木本植物 100 多种，草本植物 280 多种。清原站的植被为原始阔叶红松（*Pinus koraiensis*）林经过长期干扰后形成的次生落叶阔叶混交林，包括恢复较好的蒙古栎（*Quercus mongolica*）林、胡桃楸（*Juglans mandshurica*）林等，处于次生演替的山杨（*Populus davidiana*）-白桦（*Betula platyphylla*）林、山杨-蒙古栎林等，以及残存天然阔叶红松林；另外，还有落叶松（*Larix* sp.）人工林、红松人工林和针阔叶混交林等，具有明显的温带森林生态系统的地带性特征，代表了东北地区典型的次生林生态系统（次生林及镶嵌于其内的人工林）。

3.1.2 生物监测样地设置

自 2014 年开始，清原站设置了 6 个生物长期观测样地，分别为清原站综合观测场天然次生林永久样地、清原站辅助观测场落叶松人工林永久样地、清原站辅助观测场红松人工林永久样地、清原站站区调查点天然次生林永久样地、清原站站区调查点落叶松人工林永久样地和清原站站区调查点红松人工林永久样地，另外，清原站辅助观测场落叶松人工林永久样地在 2014—2019 年开展监测，后废弃，重新选址建设样地，样地植被类型不变，样地代码改为 QYFFZ03ABC_01（表 3-1）。样地布局如图 3-1 所示。

---

* 编写：孙一荣（中国科学院沈阳应用生态研究所）
　审稿：于立忠（中国科学院沈阳应用生态研究所）

表 3-1 清原站生物长期观测样地清单

序号	样地代码	样地名称	样地类别	植被类型	地理位置	海拔/m	面积及形状/（m×m）	建立时间与计划使用年数
1	QYFZH01ABC_01	清原站综合观测场天然次生林永久样地	综合观测场	天然次生林	124°55′37.87″E，41°50′41.23″N	660～706	100×100	2014 年，长期
2	QYFFZ01ABC_01	清原站辅助观测场落叶松人工林永久样地	辅助观测场	落叶松人工林	124°56′42.53″E，41°50′44.34″N	598～615	50×50	2014 年，2020 年废弃
3	QYFFZ02ABC_01	清原站辅助观测场红松人工林永久样地	辅助观测场	红松人工林	124°55′59.56″E，41°50′46.12″N	640～665	50×50	2014 年，长期
4	QYFFZ03ABC_01	清原站辅助观测场落叶松人工林永久样地	辅助观测场	落叶松人工林	124°55′58.81″E，41°50′59.28″N	595～617	50×50	2020 年，长期
5	QYFZQ01AB0_01	清原站站区调查点天然次生林永久样地	站区调查点	天然次生林	124°56′45.62″E，41°50′48.90″N	633	30×30	2014 年，长期
6	QYFZQ02AB0_01	清原站站区调查点落叶松人工林永久样地	站区调查点	落叶松人工林	124°56′44.77″E，41°50′48.68″N	630	30×30	2014 年，长期
7	QYFZQ03AB0_01	清原站站区调查点红松人工林永久样地	站区调查点	红松人工林	124°56′28.14″E，41°51′00.50″N	615	30×30	2014 年，长期

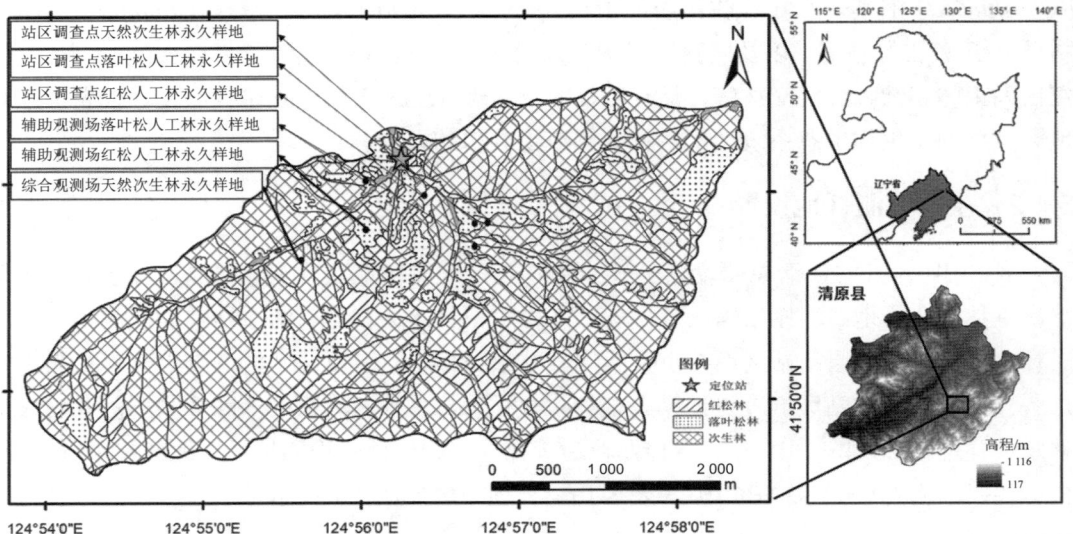

图 3-1 清原站生物长期观测样地布局

3.2　清原站综合观测场天然次生林永久样地

3.2.1　样地代表性

样地（QYFZH01ABC_01）建于 2014 年，面积为 100 m × 100 m，地理位置为 124°55′37.87″E、41°50′41.23″N，海拔为 660～706 m。样地为天然次生林，是干扰后自然演替形成的群落，属于温性落叶阔叶林。天然次生林是清原站地带性植被类型，林分结构较为复杂，可代表清原站次生林群落。通过长期动态观测、研究，对了解该区顶极群落阔叶红松林的演替规律和合理永续利用森林资源具有重要意义。

3.2.2　自然环境背景与管理

清原站位于长白山脉之西南边缘，地貌特征属于侵蚀的壮年期低山丘陵和山地。主要地貌单元是 1 000 m 以下的低山和 550 m 以上的高丘陵，山地上有较陡的山坡和峻峭山峰、山脊。样地位于北坡，坡度 15°，位于坡下，地势南高北低，内无溪流通过。年均气温 4.7℃，年降水量 810～1 200 mm，＞10℃有效积温 3 153.4℃，无霜期 120～135 d。年均湿度 65%～78%，年干燥度 1.23。土壤母质或母岩为花岗岩、片麻岩的残积风化物，在中国土壤系统分类体系中的名称为湿润淋溶土，根据全国第二次土壤普查名称，土壤属于棕壤土类、棕壤性土亚类。土壤剖面特征：0～6 cm，上部为枯枝落叶层，下部为明显半腐解层，具弹性；6～13 cm，暗棕色中壤土，团粒状结构，多孔隙，极疏松，细根较多；13～40 cm，暗棕色中壤土，不明显团粒状结构，多孔隙，砂石较多，极疏松，根系较多；40～60 cm，浅棕色砂壤土，不明显团粒状结构，砂石较多，较紧实，根系较少；60～100 cm，黄棕色砂壤土，核粒状结构，砂石较多，较紧实，少量粗根；100 cm 以下为黄棕色砂壤土，团状结构，砂石多，紧实，少根系。样地周边具有水蚀中的细沟侵蚀和切沟侵蚀形态，也有重力侵蚀中的滑坡形态，无风蚀及盐碱化情况。动物活动主要为小型啮齿类和鸟类（较为常见）的取食和栖居行为，偶见大型兽类脚印。人类活动等级为轻度，主要为采摘野菜、蘑菇，捡拾胡桃楸果实等，无任何采伐活动。样地位于辽宁浑河源省级自然保护区内，建立前后人类干扰均较少。

3.2.3　植被特征

3.2.3.1　物种组成

据 2020 年的调查，样地内共有 56 个植物种，隶属 37 科、47 属，含物种数较多的 6 个科为桦木科（5 种）、木樨科（5 种）、槭树科（4 种）、虎耳草科（3 种）、蔷薇科（3 种）、鼠李科（3 种）。样地植物名录详见表 3-2。

表 3-2　清原站综合观测场天然次生林永久样地植物名录

序号	层次	物种中文名	物种学名	生活型
1	乔木层	千金榆*	*Carpinus cordata* Bl.	落叶阔叶乔木
2	乔木层	紫花槭*	*Acer pseudosieboldianum*（Pax）Kom.	落叶阔叶乔木
3	乔木层	五角枫*	*Acer pictum* subsp. *mono*（Maxim.）H. Ohashi	落叶阔叶乔木
4	乔木层	青楷槭*	*Acer tegmentosum* Maxim.	落叶阔叶乔木
5	乔木层	胡桃楸*	*Juglans mandshurica* Maxim.	落叶阔叶乔木
6	乔木层	紫椴	*Tilia amurensis* Rupr.	落叶阔叶乔木
7	乔木层	裂叶榆	*Ulmus laciniata*（Trautv.）Mayr	落叶阔叶乔木
8	乔木层	花楷槭	*Acer ukurundense* Trautv. & C. A. Mey.	落叶阔叶乔木
9	乔木层	花曲柳	*Fraxinus chinensis* subsp. *rhynchophylla*（Hance）E. Murray	落叶阔叶乔木
10	乔木层	黄檗	*Phellodendron amurense* Rupr.	落叶阔叶乔木
11	乔木层	辽东楤木	*Aralia elata* var. *glabrescens*（Franch. & Sav.）Pojark.	落叶阔叶乔木
12	乔木层	日本落叶松	*Larix kaempferi*（Lamb.）Carrière	落叶针叶乔木
13	乔木层	蒙古栎	*Quercus mongolica* Fisch. ex Ledeb.	落叶阔叶乔木
14	乔木层	朝鲜槐	*Maackia amurensis* Rupr.& Maxim.	落叶阔叶乔木
15	乔木层	水曲柳	*Fraxinus mandshurica* Rupr.	落叶阔叶乔木
16	乔木层	水榆花楸	*Sorbus alnifolia*（Sieb. & Zucc.）C. Koch	落叶阔叶乔木
17	乔木层	瓜木	*Alangium platanifolium*（Sieb. & Zucc.）Harms	落叶阔叶乔木
18	乔木层	白桦	*Betula platyphylla* Sukaczev	落叶阔叶乔木
19	乔木层	暴马丁香	*Syringa reticulata* subsp. *amurensis*（Rupr.）P. S. Green & M. C. Chang	落叶阔叶乔木
20	乔木层	稠李	*Padus avium* Mill.	落叶阔叶乔木
21	乔木层	春榆	*Ulmus davidiana* var. *japonica*（Rehder）Nakai	落叶阔叶乔木
22	乔木层	灯台树	*Cornus controversa* Hemsl.	落叶阔叶乔木
23	乔木层	硕桦	*Betula costata* Trautv.	落叶阔叶乔木
24	乔木层	红松	*Pinus koraiensis* Sieb. & Zucc.	常绿针叶乔木
25	灌木层	刺五加*	*Eleutherococcus senticosus*（Rupr. & Maxim.）Maxim.	落叶阔叶灌木
26	灌木层	长白忍冬*	*Lonicera ruprechtiana* Regel	落叶阔叶灌木
27	灌木层	东北山梅花*	*Philadelphus schrenkii* Rupr.	落叶阔叶灌木
28	灌木层	光萼溲疏	*Deutzia glabrata* Kom.	落叶阔叶灌木
29	灌木层	鼠李	*Rhamnus davurica* Pall.	落叶阔叶灌木
30	灌木层	毛榛	*Corylus mandshurica* Maxim.	落叶阔叶灌木
31	灌木层	稠李	*Padus avium* Mill.	落叶阔叶乔木（幼苗）
32	灌木层	辽东丁香	*Syringa villosa* subsp. *wolfii*（C. K. Schneid.）Jin Y. Chen & D. Y. Hong	落叶阔叶灌木
33	灌木层	暴马丁香	*Syringa reticulata* subsp. *amurensis*（Rupr.）P. S. Green & M. C. Chang	落叶阔叶乔木（幼苗）
34	灌木层	修枝荚蒾	*Viburnum burejaeticum* Regel & Herd.	落叶阔叶灌木

序号	层次	物种中文名	物种学名	生活型
35	灌木层	东北茶藨子	*Ribes mandshuricum*（Maxim.）Kom.	落叶阔叶灌木
36	灌木层	卫矛	*Euonymus alatus*（Thunb.）Sieber	落叶阔叶灌木
37	灌木层	瓜木	*Alangium platanifolium*（Sieb. & Zucc.）Harms	落叶阔叶乔木（幼苗）
38	草本层	透骨草*	*Phryma leptostachya* subsp. *asiatica*（Hara）Kitam.	多年生草本植物
39	草本层	荨麻叶龙头草*	*Meehania urticifolia*（Miq.）Makino	多年生草本植物
40	草本层	山茄子*	*Brachybotrys paridiformis* Maxim. ex Oliv.	多年生草本植物
41	草本层	白花碎米荠*	*Cardamine leucantha*（Tausch）O. E. Schulz	多年生草本植物
42	草本层	二苞黄精	*Polygonatum involucratum*（Franch. & Sav.）Maxim.	多年生草本植物
43	草本层	猴腿蹄盖蕨	*Athyrium multidentatum*	多年生蕨类植物
44	草本层	鸡腿堇菜	*Viola acuminata* Ledeb.	多年生草本植物
45	草本层	类叶升麻	*Actaea asiatica* H. Hara	多年生草本植物
46	草本层	毛缘薹草	*Carex pilosa* Scop.	多年生草本植物
47	草本层	球子蕨	*Onoclea sensibilis* var. *interrupta* Maxim.	多年生蕨类植物
48	草本层	沙参	*Adenophora stricta* Miq.	多年生草本植物
49	草本层	山尖子	*Parasenecio hastatus*（L.）H. Koyama	多年生草本植物
50	草本层	草芍药	*Paeonia obovata* Maxim.	多年生草本植物
51	草本层	粗茎鳞毛蕨	*Dryopteris crassirhizoma* Nakai	多年生蕨类植物
52	草本层	细辛	*Asarum heterotropoides* Fr. Schmidt	多年生草本植物
53	草本层	狭叶荨麻	*Urtica angustifolia* Fisch. ex Hornem.	多年生草本植物
54	草本层	兴安鹿药	*Maianthemum dahuricum*（Turcz. ex Fisch. & C. A. Mey.）LaFrankie	多年生草本植物
55	草本层	东北羊角芹	*Aegopodium alpestre* Ledeb.	多年生草本植物
56	草本层	掌叶铁线蕨	*Adiantum pedatum* L.	多年生蕨类植物
57	草本层	中华蹄盖蕨	*Athyrium sinense* Rupr.	多年生蕨类植物
58	草本层	珠芽艾麻	*Laportea bulbifera*（Sieb. & Zucc.）Wedd.	多年生草本植物
59	草本层	宽叶薹草	*Carex siderosticta* Hance	多年生草本植物

注：*为各层优势种。

3.2.3.2　群落结构

样地植被为落叶阔叶林，林相外貌特征可参见彩图 3-1。群落水平分布随机，季相分明，每年 4 月中下旬返青，5—10 月为生长季，9—10 月为落叶季。样地植被垂直分层明显，包含乔木层、灌木层和草本层。乔木层种数 24 种，优势种 5 种，以千金榆、紫花槭、色木槭、青楷槭和胡桃楸占优势，优势种平均高度 9.8 m，郁闭度 0.67。灌木层种数 13 种，优势种 3 种，以刺五加、长白忍冬和东北山梅花占优势，优势种平均高度 0.93 m，盖度 72%。草本层种数 22 种，优势种 4 种，以透骨草、荨麻叶龙头草、山茄子和白花碎米荠占优势，优势种平均高度 0.43 m，盖度 29.5%。

3.2.3.3　植被分类地位

样地植物群落按照中国植被分类系统分类如下：

植被型组：森林 Forest

植被型：落叶阔叶林 Deciduous Broadleaf Forest

植被亚型：温性落叶阔叶林 Temperate Deciduous Broadleaf Forest

群系：千金榆+紫花槭林 *Carpinus cordata* + *Acer pseudosieboldianum* Deciduous Broadleaf Forest Alliance（次生林）

群丛：千金榆+紫花槭-刺五加-透骨草 落叶阔叶林 *Carpinus cordata* + *Acer pseudosieboldianum* - *Eleutherococcus senticosus* - *Phryma leptostachya* subsp. *asiatica* Deciduous Broadleaf Forest（次生林）

3.2.4　样地配置与观测内容

样地配置了植物物候自动观测系统、植物根系观测系统微根管、地表径流自动观测系统、树干径流自动观测系统和穿透雨自动观测系统。样地按照 CERN 综合观测场统一观测指标开展生物、土壤和水分 3 项观测。

生物调查设计：将综合观测场划分为 100 个 10 m × 10 m 的 Ⅱ 级样方。调查在综合观测场所有 Ⅱ 级样方中开展乔木调查，在 13 个固定 Ⅱ 级样方中开展灌木调查，在每个灌木样方中设置 2 个 2 m × 2 m 的小样方中进行草本植物调查；树种更新调查在 13 个灌木调查样方中进行。

土壤取样设计：随机取 6 个样方，每个样方按"W"形取 10 个点混合，表层土壤分两层：0～10 cm、11～20 cm。土壤剖面调查在该样地附近的破坏样地进行，深度为 1.0 m。

3.3　清原站辅助观测场落叶松人工林永久样地

3.3.1　样地代表性

样地（QYFFZ01ABC_01）建于 2014 年，面积为 50 m × 50 m，地理位置为 124°56′42.53″E、41°50′44.34″N，海拔为 598～615 m。样地植被为日本落叶松人工林，属于寒温性与温性落叶针叶林。为满足国家对木材日益增长的需要，自 20 世纪 60 年代初，大面积次生林被皆伐，在清原站土壤条件较好的地方营造了落叶松人工林。落叶松人工林群落是清原站代表性植被类型，林分结构较为简单。开展落叶松人工林长期动态观测与研究，对了解人工林生态系统生产力与生态功能形成驱动机制，探明影响人工林生态功能提升的关键因素具有重要意义。该样地可代表清原站第一代落叶松人工林类型。该样地在 2014—2019 年开展监测，后废弃，重新选址建设样地 QYFFZ03ABC_01，样地植被类型不变。

3.3.2　自然环境背景与管理

样地的地貌特征、气候条件和土壤类型与综合观测场相同，详见 3.2.2 节相关内容。土壤剖面特征为：0～4 cm，上部为枯枝落叶层，下部为明显半腐解层，具弹性；4～13 cm，暗棕色中壤土，团粒状结构，多孔隙，极疏松，细根较多；13～30 cm，暗棕色中壤土，不明显团粒状结构，多孔隙，砂石较多，极疏松，根系较多；30～60 cm，浅棕色砂壤土，不明显团粒状结构，砂石较多，较紧实，根系较少；60～110 cm，黄棕色砂壤土，核粒状结构，砂石较多，较紧实，少量粗根；110 cm 以下，黄棕色砂壤土，团状结构，砂石多，紧实，少根系。样地无风蚀、水蚀、重力侵蚀及盐碱化情况。动物活动主要为小型啮齿类和鸟类（较为常见）采食、栖居行为，偶见大型兽类脚印。人类活动等级为轻度，主要为采集野菜、蘑菇等，无采伐干扰。样地位于辽宁浑河源省级自然保护区核心区，禁止任何放牧及森林砍伐，人为干扰活动较少。

3.3.3　植被特征

3.3.3.1　物种组成

根据 2014 年的调查，样地内共有 49 个植物种，隶属 30 科、42 属，含物种数较多的 6 个科为木樨科（4 种）、槭树科（4 种）、蔷薇科（4 种）、百合科（4 种）、桦木科（3 种）和忍冬科（3 种）。样地植物名录详见表 3-3。

表 3-3　清原站辅助观测场落叶松人工林永久样地植物名录

序号	层次	物种中文名	物种学名	生活型
1	乔木层	日本落叶松*	*Larix kaempferi*（Lamb.）Carrière	落叶针叶乔木
2	乔木层	五角枫*	*Acer pictum* subsp. *mono*（Maxim.）H. Ohashi	落叶阔叶乔木
3	乔木层	花曲柳*	*Fraxinus chinensis* subsp. *rhynchophylla*（Hance）E. Murray	落叶阔叶乔木
4	乔木层	青楷槭*	*Acer tegmentosum* Maxim.	落叶阔叶乔木
5	乔木层	春榆	*Ulmus davidiana* var. *japonica*（Rehder）Nakai	落叶阔叶乔木
6	乔木层	三花槭	*Acer triflorum* Kom.	落叶阔叶乔木
7	乔木层	灯台树	*Cornus controversa* Hemsl.	落叶阔叶乔木
8	乔木层	裂叶榆	*Ulmus laciniata*（Trautv.）Mayr	落叶阔叶乔木
9	乔木层	水曲柳	*Fraxinus mandshurica* Rupr.	落叶阔叶乔木
10	乔木层	稠李	*Padus avium* Mill.	落叶阔叶乔木
11	乔木层	水榆花楸	*Sorbus alnifolia*（Sieb. & Zucc.）C. Koch	落叶阔叶乔木
12	乔木层	黄檗	*Phellodendron amurense* Rupr.	落叶阔叶乔木
13	乔木层	暴马丁香	*Syringa reticulata* subsp. *amurensis*（Rupr.）P. S. Green & M. C. Chang	落叶阔叶乔木
14	乔木层	紫花槭	*Acer pseudosieboldianum*（Pax）Kom.	落叶阔叶乔木
15	乔木层	硕桦	*Betula costata* Trautv.	落叶阔叶乔木
16	乔木层	千金榆	*Carpinus cordata* Blume	落叶阔叶乔木
17	乔木层	蒙古栎	*Quercus mongolica* Fisch. ex Ledeb.	落叶阔叶乔木
18	乔木层	山杨	*Populus davidiana* Dode	落叶阔叶乔木
19	乔木层	瓜木	*Alangium platanifolium*（Sieb. & Zucc.）Harms	落叶阔叶乔木
20	乔木层	胡桃楸	*Juglans mandshurica* Maxim.	落叶阔叶乔木
21	乔木层	朝鲜槐	*Maackia amurensis* Rupr.	落叶阔叶乔木
22	乔木层	辽东楤木	*Aralia elata* var. *glabrescens* (Franch. & Sav.) Pojark.	落叶阔叶乔木
23	乔木层	山荆子	*Malus baccata*（L.）Borkh.	落叶阔叶乔木

序号	层次	物种中文名	物种学名	生活型
24	灌木层	刺五加*	*Eleutherococcus senticosus*（Rupr. & Maxim.）Maxim.	落叶阔叶灌木
25	灌木层	卫矛*	*Euonymus alatus*（Thunb.）Sieber	落叶阔叶灌木
26	灌木层	毛榛*	*Corylus mandshurica* Maxim.	落叶阔叶灌木
27	灌木层	暴马丁香	*Syringa reticulata* subsp. *amurensis*（Rupr.）P. S. Green & M. C. Chang	落叶阔叶乔木（幼苗）
28	灌木层	东北茶藨子	*Ribes mandshuricum*（Maxim.）Kom.	落叶阔叶灌木
29	灌木层	鸡树条	*Viburnum opulus* subsp. *calvescens*（Rehder）Sugim.	落叶阔叶灌木
30	灌木层	接骨木	*Sambucus williamsii* Hance	落叶阔叶灌木
31	灌木层	金银忍冬	*Lonicera maackii*（Rupr.）Maxim.	落叶阔叶灌木
32	灌木层	长白忍冬*	*Lonicera ruprechtiana* Regel	落叶阔叶灌木
33	灌木层	鼠李	*Rhamnus davurica* Pall.	落叶阔叶灌木
34	灌木层	星毛珍珠梅	*Sorbaria sorbifolia* var. *stellipila* Maxim.	落叶阔叶灌木
35	草本层	苦荬菜*	*Ixeris polycephala* Cass.	多年生草本植物
36	草本层	二苞黄精*	*Polygonatum involucratum*（Franch. & Sav.）Maxim.	多年生草本植物
37	草本层	大披针薹草*	*Carex lanceolata* Boott	多年生草本植物
38	草本层	盘果菊	*Nabalus tatarinowii*（Maxim.）Nakai	多年生草本植物
39	草本层	金刚草	*Euphorbia neriifolia* L.	多年生草本植物
40	草本层	宽叶薹草	*Carex siderosticta* Hance	多年生草本植物
41	草本层	鹿药	*Maianthemum dahuricum*（A. Gray）LaFrankie	多年生草本植物
42	草本层	荨麻叶龙头草	*Meehania urticifolia*（Miq.）Makino	多年生草本植物
43	草本层	半夏	*Pinellia ternata*（Thunb.）Breitenb.	多年生草本植物
44	草本层	北重楼	*Paris verticillata* M. Bieb.	多年生草本植物
45	草本层	东北百合	*Lilium distichum* Nakai ex Kamib.	多年生草本植物
46	草本层	假扁果草	*Enemion raddeanum* Regel	多年生草本植物
47	草本层	红毛七	*Caulophyllum robustum* Maxim.	多年生草本植物
48	草本层	深山堇菜	*Viola selkirkii* Pursh ex Goldie	多年生草本植物
49	草本层	透骨草	*Phryma leptostachya* L. subsp. *asiatica*（Hara）Kitam.	多年生草本植物
50	草本层	掌叶铁线蕨	*Adiantum pedatum* L.	多年生蕨类植物

注：*为各层优势种。

3.3.3.2　群落结构

　　样地的植被为日本落叶松人工林，林相外貌特征可参见彩图 3-2。群落水平分布均匀，季相分明，每年 4 月中下旬返青，5—10 月为生长季，9—10 月为落叶季。样地植被有明显垂直分层结构，包含乔木层、灌木层和草本层。乔木层种数 23 种，优势种 4 种，以日本落叶松、色木槭、花曲柳和青楷槭占优势，优势种平均高度 20.9 m，郁闭度 0.85。灌木层种数 11 种，优势种 3 种，以刺五加、卫矛和毛榛占优势，优势种平均高度 0.70 m，盖度 15%。草本层种数 16 种，优势种 3 种，以苦荬菜、二苞黄精和大披针薹草占优势，优势种平均高度 0.23 m，盖度 25.6%。

3.3.3.3　植被分类地位

样地植物群落按照中国植被分类系统分类如下：

植被型组：森林 Forest

　植被型：落叶针叶林 Deciduous Needleleaf Forest

　　植被亚型：寒温性与温性落叶针叶林 Cold-Temperate and Temperate Deciduous Needleleaf Forest

　　　群系：日本落叶松林 *Larix kaempferi* Deciduous Needleleaf Forest Alliance（人工林）

　　　　群丛：日本落叶松-刺五加-苦荬菜 落叶针叶林 *Larix kaempferi - Eleutherococcus senticosus - Ixeridium polycephala* Deciduous Needleleaf Forest（人工林）

3.3.4　样地配置与观测内容

样地配置了地表径流自动观测系统、树干径流自动观测系统和穿透雨自动观测系统。样地按照 CERN 辅助观测场统一观测指标开展生物、土壤和水分 3 项观测。

生物调查设计：样地被划分为 25 个 10 m × 10 m 的 II 级样方。在综合观测场所有 II 级样方中开展乔木调查，在 6 个固定 II 级样方中开展灌木调查，在每个灌木调查样方中设置 2 个 2 m × 2 m 的小样方进行草本植物调查；树种更新调查在 6 个灌木调查样方中进行。

土壤取样设计：随机取 6 个样方，每个样方按"W"形取 10 个点混合，表层土壤分两层：0～10 cm、10～20 cm。土壤剖面调查在该样地附近的破坏样地进行，深度为 1.0 m。

3.4　清原站辅助观测场红松人工林永久样地

3.4.1　样地代表性

样地（QYFFZ02ABC_01）建于 2014 年，面积为 50 m × 50 m，地理位置为 124°55′59.56″E、41°50′46.12″N，海拔为 640～665 m。样地植被类型为红松人工林，属于温带针叶林。为了恢复顶极群落中的建群物种——红松，清原站在土壤条件较好的地方营造了少量红松人工林。红松人工林除提供木材外，还可采摘松子，为农民致富提供了一条途径。红松人工林群落是清原站代表性植被类型，林分结构较为简单。开展红松人工林长期动态观测与研究，对了解红松林结构与功能关系、更新、演替动态与格局等具有重要意义，为精准提升人工林生产与生态功能奠定了基础。

3.4.2　自然环境背景与管理

样地的地貌特征、气候条件和土壤类型与综合观测场相同，见 3.2.2 节相关内容。土壤剖面特征为：0～3 cm，上部为枯枝落叶层，下部为明显半腐解层，具弹性；3～10 cm，暗棕色中壤土，团粒状结构，多孔隙，极疏松，细根较多；10～37 cm，暗棕色中壤土，不明显团粒状结构，多孔隙，砂石较多，极疏松，根系较多；37～60 cm，浅棕色砂壤土，不明显团粒状结构，砂石较多，较紧实，根系较少；60～120 cm，黄棕色砂壤土，核粒状结构，砂石较多，较紧实，少量粗根；120 cm 以下为黄棕色砂壤土，团状结构，砂石多，紧实，少根系。样地周边有水蚀中的细沟侵蚀和切沟侵蚀形态，无风蚀及盐碱化情况。动物活动主要为小型啮齿类的松鼠（较为常见）和鸟类等采食、栖居等，偶见大型兽类脚印。人类活动等级为中度，主要为采集野菜、采摘红松果实等，无任何采伐，但是每年或隔一年在人工采摘松果时进行林下灌木层刈割。

3.4.3　植被特征

3.4.3.1　物种组成

根据 2020 年的调查，样地内共有 39 个植物种，隶属 27 科、33 属，含物种数较多的 6 个科为槭树科（3 种）、蔷薇科（3 种）、百合科（2 种）、木樨科（2 种）、桦木科（2 种）和忍冬科（2 种）。样地植物名录详见表 3-4。

表 3-4　清原站辅助观测场红松人工林永久样地植物名录

序号	层次	物种中文名	物种学名	生活型
1	乔木层	红松*	*Pinus koraiensis* Sieb. & Zucc.	常绿针叶乔木
2	乔木层	五角枫	*Acer pictum* subsp. *mono*（Maxim.）H. Ohashi	落叶阔叶乔木
3	乔木层	灯台树	*Cornus controversa* Hemsl.	落叶阔叶乔木
4	乔木层	胡桃楸	*Juglans mandshurica* Maxim.	落叶阔叶乔木
5	乔木层	花楷槭	*Acer ukurundense* Trautv. & C. A. Mey.	落叶阔叶乔木
6	乔木层	花曲柳	*Fraxinus chinensis* subsp. *rhynchophylla*（Hance）E. Murray	落叶阔叶乔木
7	乔木层	紫花槭	*Acer pseudosieboldianum*（Pax）Kom.	落叶阔叶乔木
8	乔木层	裂叶榆	*Ulmus laciniata*（Trautv.）Mayr	落叶阔叶乔木
9	乔木层	青楷槭	*Acer tegmentosum* Maxim.	落叶阔叶乔木
10	乔木层	瓜木	*Alangium platanifolium*（Sieb. & Zucc.）Harms	落叶阔叶乔木
11	乔木层	水榆花楸	*Sorbus alnifolia*（Sieb. & Zucc.）C. Koch	落叶阔叶乔木
12	灌木层	瓜木*	*Alangium platanifolium*（Sieb. & Zucc.）Harms	落叶阔叶乔木（幼苗）
13	灌木层	暴马丁香	*Syringa reticulata* subsp. amurensis（Rupr.）P. S. Green & M. C. Chang	落叶阔叶乔木（幼苗）
14	灌木层	稠李	*Padus avium* Mill.	落叶阔叶乔木（幼苗）
15	灌木层	刺五加	*Eleutherococcus senticosus*（Rupr. & Maxim.）Maxim.	落叶阔叶灌木
16	灌木层	东北茶藨子	*Ribes mandshuricum*（Maxim.）Kom.	落叶阔叶灌木
17	灌木层	接骨木	*Sambucus williamsii* Hance	落叶阔叶灌木
18	灌木层	毛榛	*Corylus mandshurica* Maxim.	落叶阔叶灌木
19	灌木层	鼠李	*Rhamnus davurica* Pall.	落叶阔叶灌木
20	灌木层	卫矛	*Euonymus alatus*（Thunb.）Sieber	落叶阔叶灌木

序号	层次	物种中文名	物种学名	生活型
21	灌木层	长白忍冬	*Lonicera ruprechtiana* Regel	落叶阔叶灌木
22	草本层	宽叶荨麻*	*Urtica laetevirens* Maxim.	多年生草本植物
23	草本层	牧根草*	*Asyneuma japonicum*（Miq.）Briq.	多年生草本植物
24	草本层	鸡腿堇菜	*Viola acuminata* Ledeb.	多年生草本植物
25	草本层	类叶升麻	*Actaea asiatica* H. Hara	多年生草本植物
26	草本层	林艾蒿	*Artemisia sylvatica* Maxim.	多年生草本植物
27	草本层	鹿药	*Maianthemum japonicum*（A. Gray）La Frankie	多年生草本植物
28	草本层	毛缘薹草	*Carex pilosa* Scop.	多年生草本植物
29	草本层	珠果黄堇	*Corydalis speciosa* Maxim.	多年生草本植物
30	草本层	球子蕨	*Onoclea sensibilis* var. *interrupta* Maxim.	多年生蕨类植物
31	草本层	三叶委陵菜	*Potentilla freyniana* Bornm.	多年生草本植物
32	草本层	山茄子	*Brachybotrys paridiformis* Maxim. ex Oliv.	多年生草本植物
33	草本层	深山堇菜	*Viola selkirkii* Pursh ex Goldie	多年生草本植物
34	草本层	透骨草	*Phryma leptostachya* subsp. *asiatica*（Hara）Kitam.	多年生草本植物
35	草本层	荨麻叶龙头草	*Meehania urticifolia*（Miq.）Makino	多年生草本植物
36	草本层	羊须草	*Carex callitrichos* V. I. Krecz.	多年生草本植物
37	草本层	玉竹	*Polygonatum odoratum*（Mill.）Druce	多年生草本植物
38	草本层	中国茜草	*Rubia chinensis* Regel & Maack	多年生草本植物
39	草本层	珠芽艾麻	*Laportea bulbifera*（Sieb. & Zucc.）Wedd.	多年生草本植物

注：*为各层优势种。

3.4.3.2　群落结构

　　样地的植被是红松人工林，林相外貌特征可参见彩图 3-3。群落水平分布均匀，为常绿针叶林，每年 5—10 月为生长季。样地植被具有明显垂直分层结构，包含乔木层、灌木层和草本层。乔木层种数 11 种，优势种 1 种，以红松占优势，优势种平均高度 20.2 m，郁闭度 0.62。灌木层种数 10 种，优势种 1 种，以瓜木占优势，优势种平均高度 0.84 m，盖度 60%。草本层种数 18 种，优势种 2 种，以宽叶荨麻和牧根草占优势，优势种平均高度 0.49 m，盖度 36.3%。

3.4.3.3　植被分类地位

　　样地植物群落按照中国植被分类系统分类如下：

植被型组：森林 Forest

　植被型：常绿针叶林 Evergreen Needleleaf Forest

　　植被亚型：温性常绿针叶林 Temperate Evergreen Needleleaf Forest

　　　群系：红松林 *Pinus koraiensis* Evergreen Needleleaf Forest Alliance（人工林）

　　　　群丛：红松-瓜木-宽叶荨麻 常绿针叶林 *Pinus koraiensis - Alangium platanifolium - Urtica laetevirens* Evergreen Needleleaf Forest（人工林）

3.4.4　样地配置与观测内容

样地配置了植物根系观测系统微根管、地表径流自动观测系统、树干径流自动观测系统和穿透雨自动观测系统。样地按照 CERN 辅助观测场统一观测指标开展生物、土壤和水分 3 项观测。生物调查设计和土壤取样设计与辅助观测场落叶松人工林永久样地相同（参见 3.3.4 节），土壤剖面观测深度为 1.2 m。

3.5　清原站辅助观测场落叶松人工林永久样地

3.5.1　样地代表性

样地（QYFFZ03ABC_01）建于 2020 年，面积为 50 m×50 m，地理位置为124°55′58.81″E、41°50′59.28″N，海拔为 595～617 m。该样地是 QYFFZ01ABC_01 废弃后，2020 年重新选址建设的样地，其植被类型及样地代表性与 QYFFZ01ABC_01 相同，详见 3.3.1 节。

3.5.2　自然环境背景与管理

样地的地貌特征、气候条件和土壤类型与综合观测场相同，见 3.2.2 节相关内容。土壤剖面特征为：0～5 cm，上部为枯枝落叶层，下部为明显半腐解层，具弹性；5～12 cm，暗棕色中壤土，团粒状结构，多孔隙，极疏松，细根较多；12～30 cm，暗棕色中壤土，不明显团粒状结构，多孔隙，砂石较多，极疏松，根系较多；30～65 cm，浅棕色砂壤土，不明显团粒状结构，砂石较多，较紧实，根系较少；65～110 cm，黄棕色砂壤土，核粒状结构，砂石较多，较紧实，少量粗根；110 cm 以下为黄棕色砂壤土，团状结构，砂石多，紧实，少根系。无风蚀、水蚀、重力侵蚀及盐碱化情况。动物活动主要为小型啮齿类和鸟类（较为常见）采食、栖居行为，偶见大型兽类脚印。人类活动轻度，主要为采集野菜、蘑菇等，近 10 年无任何采伐。样地位于辽宁浑河源省级自然保护区核心区，禁止任何放牧及森林砍伐，人为干扰活动较少。

3.5.3　植被特征

3.5.3.1　物种组成

根据 2020 年的调查，样地内共有 42 个植物种，隶属 28 科、34 属，含物种数较多的 6 个科为槭树科（5 种）、蔷薇科（4 种）、忍冬科（3 种）、木樨科（4 种）、桦木科（2 种）和卫矛科（2 种）。样地植物名录详见表 3-5。

表 3-5　清原站辅助观测场落叶松人工林永久样地植物名录

序号	层次	物种中文名	物种学名	生活型
1	乔木层	日本落叶松*	*Larix kaempferi*（Lamb.）Carrière	落叶针叶乔木
2	乔木层	三花槭	*Acer triflorum* Kom.	落叶阔叶乔木
3	乔木层	五角枫	*Acer pictum* subsp. *mono*（Maxim.）H. Ohashi	落叶阔叶乔木
4	乔木层	花楷槭	*Acer ukurundense* Trautv. & C. A. Mey.	落叶阔叶乔木
5	乔木层	花曲柳	*Fraxinus chinensis* subsp. *rhynchophylla*（Hance）E. Murray	落叶阔叶乔木
6	乔木层	黄檗	*Phellodendron amurense* Rupr.	落叶阔叶乔木
7	乔木层	紫花槭	*Acer pseudosieboldianum*（Pax）Kom.	落叶阔叶乔木
8	乔木层	裂叶榆	*Ulmus laciniata*（Trautv.）Mayr	落叶阔叶乔木
9	乔木层	春榆	*Ulmus davidiana* var. *japonica*（Rehder）Nakai	落叶阔叶乔木
10	乔木层	蒙古栎	*Quercus mongolica* Fisch. ex Ledeb.	落叶阔叶乔木
11	乔木层	胡桃楸	*Juglans mandshurica* Maxim.	落叶阔叶乔木
12	乔木层	千金榆	*Carpinus cordata* Blume	落叶阔叶乔木
13	乔木层	青楷槭	*Acer tegmentosum* Maxim.	落叶阔叶乔木
14	乔木层	稠李	*Padus avium* Mill.	落叶阔叶乔木
15	乔木层	朝鲜槐	*Maackia amurensis* Rupr. & Maxim.	落叶阔叶乔木
16	乔木层	山杨	*Populus davidiana* Dode	落叶阔叶乔木
17	乔木层	水曲柳	*Fraxinus mandshurica* Rupr.	落叶阔叶乔木
18	乔木层	水榆花楸	*Sorbus alnifolia*（Sieb. & Zucc.）C. Koch	落叶阔叶乔木
19	乔木层	紫椴	*Tilia amurensis* Rupr.	落叶阔叶乔木
20	灌木层	卫矛*	*Euonymus alatus*（Thunb.）Sieber	落叶阔叶灌木
21	灌木层	刺五加*	*Eleutherococcus senticosus*（Rupr. & Maxim.）Maxim.	落叶阔叶灌木
22	灌木层	瓜木	*Alangium platanifolium*（Sieb. & Zucc.）Harms	落叶阔叶乔木（幼苗）
23	灌木层	东北茶藨子	*Ribes mandshuricum*（Maxim.）Kom.	落叶阔叶灌木
24	灌木层	鼠李	*Rhamnus davurica* Pall.	落叶阔叶灌木
25	灌木层	东北山梅花	*Philadelphus schrenkii* Rupr.	落叶阔叶灌木
26	灌木层	接骨木	*Sambucus williamsii* Hance	落叶阔叶灌木
27	灌木层	毛榛	*Corylus mandshurica* Maxim.	落叶阔叶灌木
28	灌木层	星毛珍珠梅	*Sorbaria sorbifolia* var. *stellipila* Maxim.	落叶阔叶灌木
29	灌木层	长白忍冬	*Lonicera ruprechtiana* Regel	落叶阔叶灌木
30	草本层	荨麻叶龙头草*	*Meehania urticifolia*（Miq.）Makino	多年生草本植物
31	草本层	透骨草*	*Phryma leptostachya* subsp. *asiatica*（Hara）Kitam.	多年生草本植物
32	草本层	东北羊角芹	*Aegopodium alpestre* Ledeb.	多年生草本植物
33	草本层	猴腿蹄盖蕨	*Athyrium multidentatum*	多年生蕨类植物
34	草本层	宽叶荨麻	*Urtica laetevirens* Maxim.	多年生草本植物
35	草本层	类叶升麻	*Actaea asiatica* H. Hara	多年生草本植物
36	草本层	牧根草	*Asyneuma japonicum*（Miq.）Briq.	多年生草本植物
37	草本层	球子蕨	*Onoclea sensibilis* var. *interrupta* Maxim.	多年生蕨类植物
38	草本层	三叶委陵菜	*Potentilla freyniana* Bornm.	多年生草本植物
39	草本层	山罗花	*Melampyrum roseum* Maxim.	多年生草本植物

序号	层次	物种中文名	物种学名	生活型
40	草本层	鹿药	*Maianthemum japonicum*（A. Gray）La Frankie	多年生草本植物
41	草本层	五福花	*Adoxa moschatellina* L.	多年生草本植物
42	草本层	中华蹄盖蕨	*Athyrium sinense* Rupr.	多年生蕨类植物

注：*为各层优势种。

3.5.3.2　群落结构

样地的植被为日本落叶松人工林。群落水平分布均匀，季相分明，每年4月中下旬返青，5—10月为生长季，9—10月为落叶季，林相外貌特征可参见彩图3-4。样地植被有明显的垂直分层结构，包含乔木层、灌木层和草本层。乔木层种数19种，优势种1种，以日本落叶松占优势，优势种平均高度20.7 m，郁闭度0.67。灌木层种数10种，优势种2种，以刺五加和卫矛占优势，优势种平均高度1.11 m，盖度51%。草本层种数13种，优势种2种，以荨麻叶龙头草和透骨草占优势，优势种平均高度0.28 m，盖度26.3%。

3.5.3.3　植被分类地位

样地植物群落按照中国植被分类系统分类如下：

植被型组：森林　Forest

　　植被型：落叶针叶林　Deciduous Needleleaf Forest

　　　　植被亚型：寒温性与温性落叶针叶林　Cold-Temperate and Temperate Deciduous Needleleaf Forest

　　　　　　群系：日本落叶松林　*Larix kaempferi* Deciduous Needleleaf Fores Alliance（人工林）

　　　　　　　　群丛：日本落叶松-卫矛+刺五加-荨麻叶龙头草 落叶针叶林 *Larix kaempferi - Euonymus alatus + Eleutherococcus senticosus - Meehania urticifolia* Deciduous Needleleaf Forest（人工林）

3.5.4　样地配置与观测内容

样地配置了植物根系观测系统微根管、地表径流自动观测系统、树干径流自动观测系统和穿透雨自动观测系统。样地按照CERN辅助观测场统一观测指标开展生物、土壤和水分3项观测。生物调查设计和土壤取样设计与辅助观测场落叶松人工林永久样地相同（参见3.3.4节）。

3.6　清原站站区调查点天然次生林永久样地

3.6.1　样地代表性

样地（QYFZQ01AB0_01）建于2014年，面积为30 m × 30 m，地理位置为124°56′45.62″E、41°50′48.90″N，海拔为633 m。样地植被为天然次生林，为干扰后自然演

替形成的群落，属于温性落叶阔叶林。天然次生林群落是清原站代表性植被类型，林分结构较为复杂，可代表清原站次生林群落。开展天然次生林长期动态观测与研究，对于了解天然次生林的演替规律和合理永续利用森林资源具有重要意义。

3.6.2　自然环境背景与管理

样地的地貌特征、气候条件和土壤类型与综合观测场相同，见 3.2.2 节相关内容。无风蚀、水蚀、重力侵蚀以及盐碱化情况。动物活动主要为小型啮齿类和鸟类（较为常见）采食、栖居行为，偶见大型兽类脚印。人类活动等级为轻度，主要为采集野菜、蘑菇，捡拾胡桃楸果实等，无任何采伐活动。样地为天然次生林，位于辽宁浑河源省级自然保护区核心区，建立前后人类干扰均较少。

3.6.3　植被特征

3.6.3.1　物种组成

根据 2020 年的调查（灌木层和草本层的调查为 2015 年），样地内共有 28 个植物种，隶属 17 科、21 属，含物种数较多的 4 个科为木樨科（3 种）、槭树科（3 种）、忍冬科（2 种）和卫矛科（2 种）。样地植物名录详见表 3-6。

表 3-6　清原站站区调查点天然次生林永久样地植物名录

序号	层次	物种中文名	物种学名	生活型
1	乔木层	紫花槭*	*Acer pseudosieboldianum*（Pax）Kom.	落叶阔叶乔木
2	乔木层	花曲柳*	*Fraxinus chinensis* subsp. *rhynchophylla*（Hance）E. Murray	落叶阔叶乔木
3	乔木层	胡桃楸	*Juglans mandshurica* Maxim.	落叶阔叶乔木
4	乔木层	春榆	*Ulmus davidiana* var. *japonica*（Rehder）Nakai	落叶阔叶乔木
5	乔木层	黄檗	*Phellodendron amurense* Rupr.	落叶阔叶乔木
6	乔木层	暴马丁香	*Syringa reticulata* subsp. *amurensis*（Rupr.）P. S. Green & M. C. Chang	落叶阔叶乔木
7	乔木层	蒙古栎	*Quercus mongolica* Fisch. ex Ledeb.	落叶阔叶乔木
8	乔木层	三花槭	*Acer triflorum* Kom.	落叶阔叶乔木
9	乔木层	五角枫	*Acer pictum* subsp. *mono*（Maxim.）H. Ohashi	落叶阔叶乔木
10	乔木层	朝鲜槐	*Maackia amurensis* Rupr. & Maxim.	落叶阔叶乔木
11	乔木层	水曲柳	*Fraxinus mandshurica* Rupr. & Maxim.	落叶阔叶乔木
12	乔木层	水榆花楸	*Sorbus alnifolia*（Sieb. & Zucc.）C. Koch	落叶阔叶乔木
13	乔木层	紫椴	*Tilia amurensis* Rupr.	落叶阔叶乔木
14	灌木层	长白忍冬*	*Lonicera ruprechtiana* Regel	落叶阔叶灌木
15	灌木层	卫矛*	*Euonymus alatus*（Thunb.）Sieber	落叶阔叶灌木
16	灌木层	鼠李*	*Rhamnus davurica* Pall.	落叶阔叶灌木
17	灌木层	毛榛	*Corylus mandshurica* Maxim.	落叶阔叶灌木
18	灌木层	光萼溲疏	*Deutzia glabrata* Kom.	落叶阔叶灌木

序号	层次	物种中文名	物种学名	生活型
19	灌木层	辽东丁香	*Syringa villosa* subsp. *wolfii*（C. K. Schneid.）Jin Y. Chen & D. Y. Hong	落叶阔叶灌木
20	灌木层	稠李	*Padus avium* Mill.	落叶阔叶乔木（幼苗）
21	灌木层	瓜木	*Alangium platanifolium*（Sieb. & Zucc.）Harms	落叶阔叶乔木（幼苗）
22	草本层	鸡腿堇菜*	*Viola acuminata* Ledeb.	多年生草本植物
23	草本层	白花碎米荠*	*Cardamine leucantha*（Tausch）O. E. Schulz	多年生草本植物
24	草本层	毛缘薹草*	*Carex pilosa* Scop.	多年生草本植物
25	草本层	类叶升麻	*Actaea asiatica* H. Hara	多年生草本植物
26	草本层	二苞黄精	*Polygonatum involucratum*（Franch. & Sav.）Maxim.	多年生草本植物
27	草本层	猴腿蹄盖蕨	*Athyrium multidentatum*	多年生蕨类植物
28	草本层	山尖子	*Parasenecio hastatus*（L.）H. Koyama	多年生草本植物

注：*为各层优势种。

3.6.3.2　群落结构

样地的植被是落叶阔叶林。群落水平分布随机，季相分明，每年4月中下旬返青，5—10月为生长季，9—10月为落叶季。样地植被垂直分层明晰，包含乔木层、灌木层和草本层。乔木层种数13种，优势种2种，以紫花槭和花曲柳占优势，优势种平均高度10.3 m，郁闭度0.57。灌木层种数8种，优势种3种，以长白忍冬、卫矛和鼠李占优势，优势种平均高度1.25 m，盖度63%。草本层种数7种，优势种3种，以鸡腿堇菜、白花碎米荠和毛缘薹草占优势，优势种平均高度0.43 m，盖度29.6%。

3.6.3.3　植被分类地位

样地植物群落按照中国植被分类系统分类如下：

植被型组：森林　Forest

　　植被型：落叶阔叶林　Deciduous Broadleaf Forest

　　　植被亚型：温性落叶阔叶林 Temperate Deciduous Broadleaf Forest

　　　　群系：紫花槭+花曲柳林 *Acer pseudosieboldianum* + *Fraxinus chinensis* subsp. *rhynchophylla* Deciduous Broadleaf Forest Alliance（次生林）

　　　　　群丛：紫花槭+花曲柳-长白忍冬-鸡腿堇菜 落叶阔叶林 *Acer pseudosieboldianum* + *Fraxinus chinensis* subsp. *rhynchophylla* - *Lonicera ruprechtiana* - *Viola acuminata* Deciduous Broadleaf Forest（次生林）

3.6.4　样地配置与观测内容

样地按照CERN站区调查点统一观测指标开展生物和土壤两项观测。生物调查设计：样地被分为9个10 m×10 m的Ⅱ级样方。在样地所有Ⅱ级样方中进行生物群落调查。土壤取样设计与辅助观测场落叶松人工林永久样地相同（参见 3.3.4 节），未做土壤剖面观测。

3.7 清原站站区调查点落叶松人工林永久样地

3.7.1 样地代表性

样地（QYFZQ02AB0_01）建于 2014 年，面积为 30 m × 30 m，地理位置为 124°56′44.77″E、41°50′48.68″N，海拔为 630 m。样地植被代表性与辅助观测场落叶松人工林永久样地（QYFFZ01ABC_01）相同，详见 3.3.1 节。

3.7.2 自然环境背景与管理

样地的地貌特征、气候条件和土壤类型与综合观测场相同，见 3.2.2 节相关内容。样地无风蚀、水蚀、重力侵蚀及盐碱化情况。动物活动主要为小型啮齿类和鸟类（较为常见）采食、栖居行为，偶见大型兽类脚印。人类活动等级为轻度，主要为采集野菜、蘑菇等，近 10 年无任何采伐活动。样地位于辽宁浑河源省级自然保护区核心区，禁止任何放牧及森林砍伐，人为干扰活动较少。

3.7.3 植被特征

3.7.3.1 物种组成

根据 2020 年的调查（灌木层和草本层的调查为 2015 年），样地内共有 32 种植物，隶属 19 科 23 属，含物种数较多的 6 个科为槭树科（4 种）、木樨科（2 种）、蔷薇科（2 种）、榆科（2 种）、忍冬科（2 种）和卫矛科（2 种）。样地植物名录详见表 3-7。

表 3-7　清原站站区调查点落叶松人工林永久样地植物名录

序号	层次	物种中文名	物种学名	生活型
1	乔木层	日本落叶松*	*Larix kaempferi*（Lamb.）Carrière	落叶针叶乔木
2	乔木层	花曲柳	*Fraxinus chinensis* subsp. *rhynchophylla*（Hance）E. Murray	落叶阔叶乔木
3	乔木层	三花槭	*Acer triflorum* Kom.	落叶阔叶乔木
4	乔木层	胡桃楸	*Juglans mandshurica* Maxim.	落叶阔叶乔木
5	乔木层	花楷槭	*Acer ukurundense* Trautv. & C. A. Mey.	落叶阔叶乔木
6	乔木层	稠李	*Padus avium* Mill.	落叶阔叶乔木
7	乔木层	黄檗	*Phellodendron amurense* Rupr.	落叶阔叶乔木
8	乔木层	紫花槭	*Acer pseudosieboldianum*（Pax）Kom.	落叶阔叶乔木
9	乔木层	裂叶榆	*Ulmus laciniata*（Trautv.）Mayr	落叶阔叶乔木
10	乔木层	春榆	*Ulmus davidiana* var. *japonica*（Rehder）Nakai	落叶阔叶乔木
11	乔木层	蒙古栎	*Quercus mongolica* Fisch. ex Ledeb.	落叶阔叶乔木
12	乔木层	暴马丁香	*Syringa reticulata* subsp. *amurensis*（Rupr.）P. S. Green & M. C. Chang	落叶阔叶乔木

序号	层次	物种中文名	物种学名	生活型
13	乔木层	千金榆	*Carpinus cordata* Blume	落叶阔叶乔木
14	乔木层	五角枫	*Acer pictum* subsp. *mono*（Maxim.）H. Ohashi	落叶阔叶乔木
15	乔木层	山杨	*Populus davidiana* Dode	落叶阔叶乔木
16	乔木层	水榆花楸	*Sorbus alnifolia*（Sieb. & Zucc.）C. Koch	落叶阔叶乔木
17	灌木层	卫矛*	*Euonymus alatus*（Thunb.）Sieber	落叶阔叶灌木
18	灌木层	暴马丁香*	*Syringa reticulata* subsp. *amurensis*（Rupr.）P. S. Green & M. C. Chang	落叶阔叶乔木（幼苗）
19	灌木层	长白忍冬*	*Lonicera ruprechtiana* Regel	落叶阔叶灌木
20	灌木层	毛榛	*Corylus mandshurica* Maxim.	落叶阔叶灌木
21	灌木层	东北山梅花	*Philadelphus schrenkii* Rupr.	落叶阔叶灌木
22	灌木层	鼠李	*Rhamnus davurica* Pall.	落叶阔叶灌木
23	灌木层	接骨木	*Sambucus williamsii* Hance	落叶阔叶灌木
24	灌木层	修枝荚蒾	*Viburnum burejaeticum* Regel & Herd.	落叶阔叶灌木
25	灌木层	瓜木	*Alangium platanifolium*（Sieb. & Zucc.）Harms	落叶阔叶乔木（幼苗）
26	草本层	透骨草*	*Phryma leptostachya* subsp. *asiatica*（Hara）Kitam.	多年生草本植物
27	草本层	大披针薹草*	*Carex lanceolata* Boott	多年生草本植物
28	草本层	山茄子*	*Brachybotrys paridiformis* Maxim. ex Oliv.	多年生草本植物
29	草本层	宽叶荨麻	*Urtica laetevirens* Maxim.	多年生草本植物
30	草本层	类叶升麻	*Actaea asiatica* H. Hara	多年生草本植物
31	草本层	牧根草	*Asyneuma japonicum*（Miq.）Briq.	多年生草本植物
32	草本层	山罗花	*Melampyrum roseum* Maxim.	多年生草本植物
33	草本层	鹿药	*Maianthemum japonicum*（A. Gray）La Frankie	多年生草本植物

注：*为各层优势种。

3.7.3.2 群落结构

样地的植被是落叶针叶林。群落水平分布均匀，季相分明，每年 4 月中下旬返青，5—10 月为生长季，9—10 月为落叶季。样地植被垂直分层明晰，包含乔木层、灌木层和草本层。乔木层种数 16 种，优势种 1 种，以日本落叶松占优势，优势种平均高度 21.2 m，郁闭度 0.70。灌木层种数 9 种，优势种 3 种，以卫矛、暴马丁香和长白忍冬占优势，优势种平均高度 1.76 m，盖度 42%。草本层种数 8 种，优势种 3 种，以透骨草、大披针薹草和山茄子占优势，优势种平均高度 0.93 m，盖度 30.8%。

3.7.3.3 植被分类地位

样地植物群落按照中国植被分类系统分类如下：

植被型组：森林 Forest

  植被型：落叶针叶林 Deciduous Needleleaf Forest

    植被亚型：寒温性与温性落叶针叶林 Cold-Temperate and Temperate Deciduous Needleleaf Forest

      群系：日本落叶松林 *Larix kaempferi* Deciduous Needleleaf Forest Alliance（人工林）

群丛：日本落叶松-卫矛-透骨草 落叶针叶林 *Larix kaempferi - Euonymus alatus - Phryma leptostachya* subsp. *asiatica* Deciduous Needleleaf Forest（人工林）

3.7.4　样地配置与观测内容

样地按照 CERN 站区调查点统一观测指标开展生物和土壤两项观测。生物调查设计与站区调查点天然次生林永久样地相同（参见 3.6.4 节），土壤取样设计与辅助观测场落叶松人工林永久样地相同（参见 3.3.4 节），未做土壤剖面观测。

3.8　清原站站区调查点红松人工林永久样地

3.8.1　样地代表性

样地（QYFZQ03AB0_01）建于 2014 年，面积为 30 m × 30 m，地理位置为 124°56′28.14″E、41°51′00.50″N，海拔为 615 m。样地植被为红松人工林，属于温带针叶林。为了恢复顶极群落中的建群物种——红松，清原站在土壤条件较好的地方营造了少量红松人工林。红松人工林除提供木材外，还可采摘松子，为农民致富提供了一条途径。红松人工林群落是清原站代表性植被类型，林分结构较为简单。开展红松人工林长期动态观测与研究，对了解红松人工林结构与功能关系、更新、演替动态与格局等具有重要意义，为红松人工林功能精准提升提供科技支撑。

3.8.2　自然环境背景与管理

样地的地貌特征、气候条件和土壤类型与综合观测场相同，见 3.2.2 节相关内容。没有风蚀和盐碱化情况，没有水蚀、重力侵蚀情况。动物活动主要为小型啮齿类松鼠（较为常见）和鸟类的采食、栖居行为，偶见大型兽类脚印。人类干扰等级为中度，主要为采集野菜、采摘红松果实等，无任何采伐活动，但是每年或隔一年在人工采摘松果时进行林下灌木层刈割。

3.8.3　植被特征

3.8.3.1　物种组成

根据 2020 年在样地范围的调查（灌木层和草本层的调查为 2015 年），样地共有 18 个植物种，隶属 16 科、16 属，含物种数较多的为槭树科（3 种）。样地植物名录详见表 3-8。

表 3-8　清原站站区调查点红松人工林永久样地植物名录

序号	层次	物种中文名	物种学名	生活型
1	乔木层	红松*	*Pinus koraiensis* Sieb. & Zucc.	常绿针叶乔木
2	乔木层	三花槭	*Acer triflorum* Kom.	落叶阔叶乔木
3	乔木层	青楷槭	*Acer tegmentosum* Maxim.	落叶阔叶乔木
4	灌木层	瓜木*	*Alangium platanifolium*（Sieb. & Zucc.）Harms	落叶阔叶乔木（幼苗）
5	灌木层	暴马丁香*	*Syringa reticulata* subsp. *amurensis*（Rupr.）P. S. Green & M. C. Chang	落叶阔叶乔木（幼苗）
6	灌木层	刺五加	*Eleutherococcus senticosus*（Rupr. & Maxim.）Maxim.	落叶阔叶灌木
7	灌木层	接骨木	*Sambucus williamsii* Hance	落叶阔叶灌木
8	灌木层	东北茶藨子	*Ribes mandshuricum*（Maxim.）Kom.	落叶阔叶灌木
9	灌木层	卫矛	*Euonymus alatus*（Thunb.）Sieber	落叶阔叶灌木
10	草本层	宽叶荨麻*	*Urtica laetevirens* Maxim.	多年生草本植物
11	草本层	鹿药*	*Maianthemum japonicum*（A. Gray）La Frankie	多年生草本植物
12	草本层	林艾蒿*	*Artemisia sylvatica* Maxim.	多年生草本植物
13	草本层	类叶升麻	*Actaea asiatica* H. Hara	多年生草本植物
14	草本层	山茄子	*Brachybotrys paridiformis* Maxim. ex Oliv.	多年生草本植物
15	草本层	球子蕨	*Onoclea sensibilis* var. *interrupta* Maxim.	多年生蕨类植物
16	草本层	三叶委陵菜	*Potentilla freyniana* Bornm.	多年生草本植物
17	草本层	透骨草	*Phryma leptostachya* subsp. *asiatica*（Hara）Kitam.	多年生草本植物
18	草本层	羊须草	*Carex callitrichos* V. I. Krecz.	多年生草本植物

注：*为各层优势种。

3.8.3.2　群落结构

样地的植被是常绿针叶林。群落水平分布均匀，5—10 月为生长季。样地植被垂直分层明晰，包含乔木层、灌木层和草本层。乔木层种数 3 种，优势种红松 1 种，优势种平均高度 22 m，郁闭度 0.66。灌木层种数 6 种，优势种 2 种，以瓜木和暴马丁香占优势，优势种平均高度 1.87 m，盖度 38.2%。草本层种数 9 种，优势种 3 种，以宽叶荨麻、鹿药和林艾蒿占优势，优势种平均高度 0.79 m，盖度 23.4%。

3.8.3.3　植被分类地位

样地植物群落按照中国植被分类系统分类如下：

植被型组：森林 Forest

植被型：常绿针叶林 Evergreen Needleleaf Forest

植被亚型：温性常绿针叶林 Temperate Evergreen Needleleaf Forest

群系：红松林 *Pinus koraiensis* Evergreen Needleleaf Forest Alliance（人工林）

群丛：红松-瓜木-宽叶荨麻 常绿针叶林 *Pinus koraiensis - Alangium platanifolium - Urtica laetevirens* Evergreen Needleleaf Forest（人工林）

3.8.4　样地配置与观测内容

样地按照 CERN 站区调查点统一观测指标开展生物和土壤两项观测。生物调查设计与站区调查点天然次生林永久样地相同（参见 3.6.4 节），土壤取样设计与辅助观测场落叶松人工林永久样地相同（参见 3.3.4 节），未做土壤剖面观测。

4　北京森林站生物监测样地本底与植被特征*

4.1　生物监测样地概况

4.1.1　概况与区域代表性

北京森林生态系统定位研究站（以下简称北京森林站）隶属中国科学院植物研究所，位于北京市门头沟区清水镇小龙门村小龙门国家森林公园内，属于百花山国家级自然保护区核心区域（115°24′36″E、39°57′0″N，海拔为1 100 m），于1990年建立并加入CERN。

北京森林站所在区域属于太行山脉小五台山的余脉，其境内有北京市最高峰东灵山（海拔为2 303 m），海拔为400～2 303 m，平均海拔为1 100 m。该区地处我国暖温带落叶阔叶林区，属于暖温带大陆性季风气候，区内山地落叶阔叶林是中国气候和自然植被区划中的重要地带性森林类型（马克平等，1995）。北京森林站拥有京津冀乃至华北地区保存最完好的暖温带落叶阔叶林和完整的植被垂直带谱（陈灵芝等，1997），基本囊括了华北山地广泛分布的次生林生态系统类型（马克明等，1999），包括气候顶极演替群落辽东栎（*Quercus wutaishanica*）林、处于次生演替中期的落叶阔叶林、演替先锋群落山杨（*Populus davidiana*）＋白桦（*Betula platyphylla*）林等。另外，还有华北落叶松（*Larix principis-rupprechtii*）人工林、油松（*Pinus tabuliformis*）人工林和人工阔叶林等（董世仁等，1987），以及高海拔的高山草甸和亚高山草甸。

4.1.2　生物观测样地设置

北京森林站以代表性植被暖温带落叶阔叶林作为综合观测场的监测研究对象，于1992年设置了北京森林站综合观测场土壤生物水分采样地。按照人工植被、本地原生性植被以及次生性植被3种不同植被，选取各自代表类型先后设置了4个辅助观测场永久性样地：北京森林站油松林辅助观测场Ⅰ土壤生物水分采样地、北京森林站落叶松林辅助观测场Ⅱ土壤生物水分采样地、北京森林站辽东栎林辅助观测场Ⅲ土壤生物水分采样地、北京森林站白桦林辅助观测场Ⅳ土壤生物水分采样地（表4-1）。样地布局见图4-1，各样地群落外貌见彩图4-1～彩图4-5。

＊编写：白　帆（中国科学院植物研究所）
　审稿：王　杨（中国科学院植物研究所）

表 4-1　北京森林站生物长期观测样地清单

序号	样地代码	样地名称	样地类别	植被类型	地理位置	海拔/m	面积及形状/（m×m）	建立时间与计划使用年数
1	BJFZH01ABC_01	北京森林站综合观测场土壤生物水分采样地	综合观测场	暖温带落叶阔叶林	115°25′46″～115°25′51″E，39°57′46″～39°57′49″N	1 259～1 269	70×30	1992年，100年
2	BJFFZ01ABC_01	北京森林站油松林辅助观测场Ⅰ土壤生物水分采样地	辅助观测场	油松林	115°25′67″～115°25′69″E，39°57′55″～39°57′58″N	1 248～1 257	26×26	1992年，100年
3	BJFFZ02ABC_01	北京森林站落叶松林辅助观测场Ⅱ土壤生物水分采样地	辅助观测场	落叶松林	115°25′48″～115°25′56″E，39°57′36″～39°57′51″N	1 249～1 262	40×30	1992年，100年
4	BJFFZ03ABC_01	北京森林站辽东栎林辅助观测场Ⅲ土壤生物水分采样地	辅助观测场	辽东栎林	115°25′40″～115°25′43″E，39°57′40″～39°57′43″N	1 320	20×30	2005年，100年
5	BJFFZ04ABC_01	北京森林站白桦林辅助观测场Ⅳ土壤生物水分采样地	辅助观测场	白桦林	115°25′65″～115°25′67″E，39°57′08″～39°57′58″N	1 380	20×30	2005年，100年

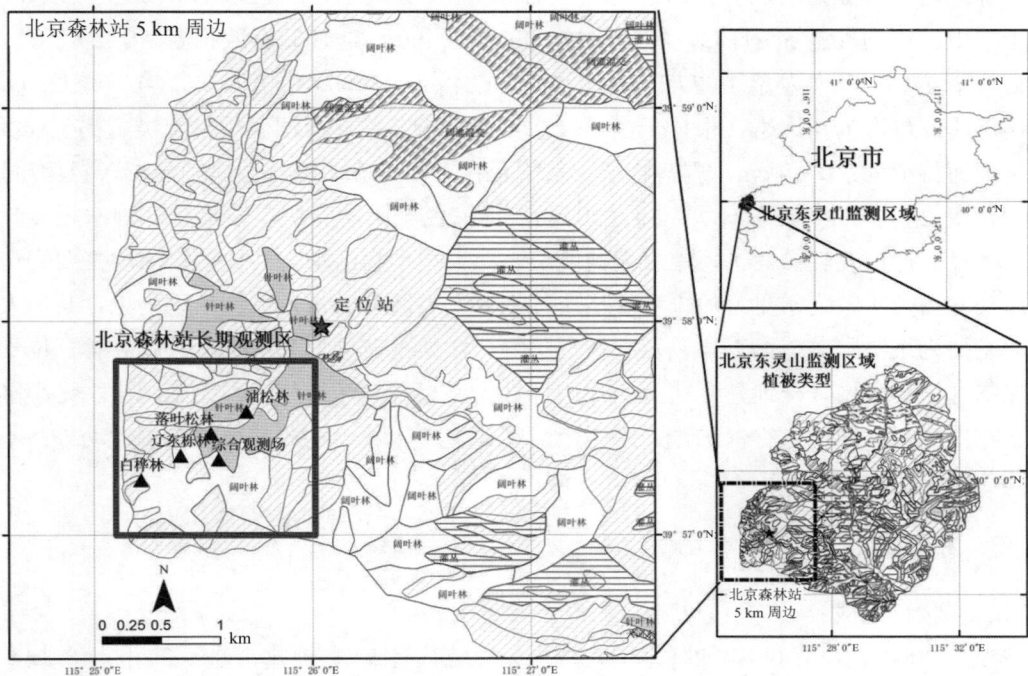

图 4-1　北京森林站生物长期观测样地布局

4.2　北京森林站综合观测场土壤生物水分采样地

4.2.1　样地代表性

　　样地（BJFZH01ABC_01）建于 1992 年，面积为 70 m × 30 m，地理位置为 115°25′46″～115°25′51″E、39°57′46″～39°57′49″N，海拔为 1 259～1 269 m。植被类型为反映该地区水热条件的地带性植被——暖温带落叶阔叶林，其在我国暖温带森林生态系统具有显著的代表性（谢晋阳等，1994）。暖温带地区落叶阔叶林的代表性类型多为栎、椴、槭等组成的阔叶混交林。辽东栎林是标志性群落类型，见于海拔较高处。随着经济的发展，大多数暖温带落叶阔叶林遭到不同程度的干扰，成为干扰后的恢复林地，残存的天然森林已很少有大面积分布（陈灵芝等，1997a）。质量较好的林地大多分布于 600 m 以上较高海拔山区而呈现不连续的破碎化割裂状态，且多为次生林（高贤明等，2001）。样地设置遵循代表性、综合性、均质性、便利性的原则，以代表性植被暖温带落叶阔叶林作为监测研究对象，对土壤、水分和大气等因素进行综合分析研究，对揭示暖温带森林生态系统结构和功能的变化过程及其机理，支持华北地区森林资源合理永续利用和生态环境改善具有重要意义。

4.2.2　自然环境背景与管理

　　样地地貌特征为山地侵蚀构造地貌，地势陡峭。样地位于西北坡 NW35°，坡度 30°，位于坡中。年均气温 5～11℃，年降水量 500～650 mm，＞10℃有效积温＞2 157.7℃，日照百分率 45%，年蒸发量 1 077.3 mm，水汽压 7.4 mb。年平均湿度 66%，年干燥度 0.66。土壤母质或母岩为花岗岩，根据全国第二次土壤普查名称，土壤属于褐土类、褐土亚类。土壤剖面特征为：0～3 cm，凋落物层，灰褐色；3～18 cm，暗褐色腐殖质层，轻壤质地、团粒、疏松、多细根、有石块；18～50 cm，褐棕色壤质，团块、较疏松、灌木根多量、石块多量。样地有轻微片蚀，地表无盐碱斑。无大型动物活动，其他动物活动主要为小型啮齿类和鸟类（较为常见）的采食和栖居行为。人类活动以常规监测活动为主，其他人类活动主要为采集野菜或蘑菇，以及林场巡护等。样地植被类型为次生落叶阔叶林，位于自然保护区核心区内，样地建立前无历史破坏性灾害事件、无耕作史、无施肥史、无小区试验。建立围栏对样地进行保护，采用完全封闭式管理。除一些非破坏性监测活动外，不进行其他实验活动。

4.2.3　植被特征

4.2.3.1　物种组成

　　根据 2004 年和 2005 年的样地调查数据，样地共有 52 种植物，分属 27 科、46 属。其中，含有物种数最多的科是菊科（6 种），其次是毛茛科（4 种）、百合科（4 种）、蔷薇科

（3种）、桦木科（3种）和堇菜科（3种）。样地植物名录如表 4-2 所示。

表 4-2　北京森林站综合观测场土壤生物水分采样地植物名录

序号	层次	物种中文名	物种学名	生活型
1	乔木层	辽东栎*	*Quercus wutaishanica* Mayr	落叶阔叶乔木
2	乔木层	黑桦*	*Betula dahurica* Pall.	落叶阔叶乔木
3	乔木层	五角枫*	*Acer pictum* subsp. *mono*（Maxim.）H. Ohashi	落叶阔叶乔木
4	乔木层	糠椴	*Tilia mandshurica* Rupr. & Maxim.	落叶阔叶乔木
5	乔木层	花曲柳	*Fraxinus chinensis* subsp. *rhynchophylla*（Hance）A. E. Murray	落叶阔叶乔木
6	乔木层	白桦	*Betula platyphylla* Sukaczev	落叶阔叶乔木
7	乔木层	胡桃楸	*Juglans mandshurica* Maxim.	落叶阔叶乔木
8	乔木层	北京花楸	*Sorbus discolor*（Maxim.）Maxim.	落叶阔叶乔木
9	乔木层	蒿柳	*Salix schwerinii* E. L. Wolf	落叶阔叶乔木
10	灌木层	六道木*	*Zabelia biflora*（Turcz.）Makino	落叶阔叶灌木
11	灌木层	大花溲疏*	*Deutzia grandiflora* Bunge	落叶阔叶灌木
12	灌木层	小花溲疏*	*Deutzia parviflora* Bunge	落叶阔叶灌木
13	灌木层	毛榛*	*Corylus mandshurica* Maxim.	落叶阔叶灌木
14	灌木层	金花忍冬	*Lonicera chrysantha* Turcz. ex Ledeb.	落叶阔叶灌木
15	灌木层	巧玲花	*Syringa pubescens* Turcz.	落叶阔叶灌木
16	灌木层	土庄绣线菊	*Spiraea pubescens* Turcz.	落叶阔叶灌木
17	灌木层	卫矛	*Euonymus alatus*（Thunb.）Sieber	落叶阔叶灌木
18	灌木层	小叶鼠李	*Rhamnus parvifolia* Bunge	落叶阔叶灌木
19	灌木层	胡枝子	*Lespedeza bicolor* Turcz.	落叶阔叶灌木
20	灌木层	迎红杜鹃	*Rhododendron mucronulatum* Turcz.	落叶阔叶灌木
21	灌木层	照山白	*Rhododendron micranthum* Turcz.	落叶阔叶灌木
22	草本层	野青茅*	*Deyeuxia pyramidalis*（Host）Veldkamp	丛生草
23	草本层	蒙古风毛菊*	*Saussurea mongolica*（Franch.）Franch.	直立茎杂类草
24	草本层	三脉紫菀*	*Aster trinervius* subsp. *ageratoides*（Turcz.）Grierson	陆生春性一年生草本
25	草本层	银背风毛菊*	*Saussurea nivea* Turcz.	直立茎杂类草
26	草本层	白颖薹草	*Carex duriuscula* subsp. *rigescens*（Franch.）S. Y. Liang & Y. C. Tang	丛生草
27	草本层	斑叶堇菜	*Viola variegata* Fisch. ex Link	类短生植物
28	草本层	半钟铁线莲	*Clematis sibirica* var. *ochotensis*（Pall.）S. H. Li & Y. Hui Huang	落叶藤本
29	草本层	北柴胡	*Bupleurum chinense* DC.	直立茎杂类草
30	草本层	北乌头	*Aconitum kusnezoffii* Rehder	直立茎杂类草
31	草本层	贝加尔唐松草	*Thalictrum baicalense* Turcz. ex Ledeb.	直立茎杂类草
32	草本层	苍术	*Atractylodes lancea*（Thunb.）DC.	直立茎杂类草

序号	层次	物种中文名	物种学名	生活型
33	草本层	糙苏	*Phlomis umbrosa* Turcz.	直立茎杂类草
34	草本层	穿龙薯蓣	*Dioscorea nipponica* Makino	草质藤本
35	草本层	大油芒	*Spodiopogon sibiricus* Trin.	根茎草
36	草本层	华北耧斗菜	*Aquilegia yabeana* Kitag.	直立茎杂类草
37	草本层	黄菜	*Phedimus aizoon*（L.）'t Hart	莲座植物
38	草本层	鸡腿堇菜	*Viola acuminata* Ledeb.	类短生植物
39	草本层	宽叶薹草	*Carex siderosticta* Hance	丛生草
40	草本层	蓝萼毛叶香茶菜	*Isodon japonicus* var. *glaucocalyx*（Maxim.）H. W. Li	直立茎杂类草
41	草本层	藜芦	*Veratrum nigrum* L.	直立茎杂类草
42	草本层	铃兰	*Convallaria majalis* L.	类短生植物
43	草本层	龙须菜	*Asparagus schoberioides* Kunth	直立茎杂类草
44	草本层	龙芽草	*Agrimonia pilosa* Ledeb.	直立茎杂类草
45	草本层	蒙古蒿	*Artemisia mongolica*（Fisch. ex Bess.）Nakai	直立茎杂类草
46	草本层	茜草	*Rubia cordifolia* L.	草质藤本
47	草本层	球果堇菜	*Viola collina* Bess.	类短生植物
48	草本层	歪头菜	*Vicia unijuga* A. Braun	直立茎杂类草
49	草本层	线叶拉拉藤	*Galium linearifolium* Turcz.	直立茎杂类草
50	草本层	小红菊	*Chrysanthemum chanetii* H. Lév.	类短生植物
51	草本层	玉竹	*Polygonatum odoratum*（Mill.）Druce	类短生植物
52	草本层	展枝沙参	*Adenophora divaricata* Franch & Sav.	直立茎杂类草

注：*为各层优势种。

4.2.3.2　群落结构

样地植被是次生落叶阔叶林，以辽东栎为建群种，林相外貌特征可参见彩图 4-1。群落水平分布均匀，季相分明，每年 4 月返青，5—10 月为生长季，9—10 月为色叶季。乔、灌、草三层的成层特征明显。乔木层种数 9 种，优势种 3 种，以辽东栎、黑桦和五角枫占优势地位，优势种平均高度 8.4 m，郁闭度 0.5；中下层乔木包括糠椴、花曲柳、蒿柳、北京花楸和白桦等其他落叶阔叶伴生种类。灌木层种数 12 种，优势种 4 种，以六道木、大花溲疏、小花溲疏和毛榛等占优势地位，优势种平均高度 1.6 m，盖度 54.2%。草本层种数 31 种，优势种 4 种，以野青茅、蒙古风毛菊、三脉紫菀和银背风毛菊等占优势地位，优势种平均高度 23 cm，盖度 41.6%。

4.2.3.3　植被分类地位

样地植物群落按照中国植被分类系统分类如下：

植被型组：森林 Forest

　植被型：落叶阔叶林 Deciduous Broadleaf Forest

　　植被亚型：温性落叶阔叶林 Temperate Deciduous Broadleaf Forest

　　　群系：辽东栎林 *Quercus wutaishanica* Deciduous Broadleaf Forest Alliance

群丛：辽东栎-六道木-野青茅 落叶阔叶林 *Quercus wutaishanica - Zabelia biflora - Deyeuxia pyramidalis* Deciduous Broadleaf Forest

4.2.4　样地配置与观测内容

样地设置初期主要观测设施包括凋落物框、雨量筒、中子管、树干径流接收器、叶面积仪、气候和物候观测铁塔和地表径流场。中子管 2018 年停止使用；2016 年配置树木径向生长自动观测系统，2018 年配置土壤温湿盐自动监测系统和植物物候自动观测系统，2020 年配置植物根系观测系统微根管。观测内容包括生物、水分、土壤和大气等，均按照 CERN 规定的综合观测场样地的指标要求观测。

样地 30 m × 70 m 样方为Ⅰ级样方。在Ⅰ级样方内，进一步划分为 21 个 10 m × 10 m Ⅱ级样方。生物观测的取样设计方案如下：乔木层及更新层调查在Ⅰ级样方内进行；灌木层调查在Ⅱ级样方内进行，采用机械布点，对固定的 10 个样方进行长期观测；草本层观测在灌木调查选择的Ⅱ级样方内进行，在每个被选择的Ⅱ级样方内设置 1 个 2 m × 2 m 的固定小样方（2022 年之前为 1 m × 1 m），用于年际间草本监测。动物调查采用样线法。

4.3　北京森林站油松林辅助观测场Ⅰ土壤生物水分采样地

4.3.1　样地代表性

样地（BJFFZ01ABC_01）建于 1992 年，面积为 26 m × 26 m，地理位置为 115°25′67″～115°25′69″E、39°57′55″～39°57′58″N，海拔为 1 248～1 257 m，植被为油松林。华北地区的森林生态系统以地带性的暖温带落叶阔叶林为主，同时有针叶林分布。人类经济活动干扰后的恢复林地，多为次生林或混生有人工恢复造林的针叶林。东灵山中山带的一种常见人工林是以油松为建群种的针叶纯林，其内以油松占绝对优势。北京森林站油松林辅助观测场Ⅰ以此为研究对象，是对综合观测场周边代表性植被进行的一种必要补充，拓宽观测类型的代表性，以便开展与综合观测场的对比研究，提高观测的可比性。

4.3.2　自然环境背景与管理

地貌特征为山地侵蚀构造地貌，地势陡峭。样地位于东北坡 NE60°，坡度 34°，位于坡下。气候条件和土壤类型与综合观测场基本相同，具体参见 4.2.2 节。土壤剖面特征为：0～3 cm，凋落物层，暗灰色；3～25 cm，暗棕色腐殖质层，轻壤质地，剖面形态特点团粒、疏松、少量细根；25～40 cm，棕色中壤质，剖面形态特点团块、稍紧实、少量根系。侵蚀程度：有轻微片蚀；地表无盐碱斑。无大型动物活动，主要为小型啮齿类和鸟类的取食和栖居行为（较为常见）。人类活动以常规监测为主，另有采集野菜或蘑菇、林场巡护等活动。样地为人工次生针叶林，位于保护区核心区内，建立前无历史破坏性灾害事件、无耕作史、无施肥史、无小区试验。建立围栏对样地进行保护，采用完全封闭式管理。除一些非破坏性监测活动外，不进行其他实验活动。

4.3.3 植被特征

4.3.3.1 物种组成

根据 2004 年和 2005 年的样地调查数据，样地共有 34 种植物，分属 24 科、31 属，其中，包含物种数最多的科是菊科（5 种），其次是百合科（3 种）、蔷薇科（2 种）、堇菜科（2 种）、忍冬科（2 种）、豆科（2 种）和唇形科（2 种）。样地植物名录如表 4-3 所示。

表 4-3　北京森林站油松林辅助观测场Ⅰ土壤生物水分采样地植物名录

序号	层次	物种中文名	物种学名	生活型
1	乔木层	油松*	*Pinus tabuliformis* Carrière	常绿针叶乔木
2	乔木层	大果榆	*Ulmus macrocarpa* Hance	落叶阔叶乔木
3	乔木层	花曲柳	*Fraxinus chinensis* subsp. *rhynchophylla* （Hance）A. E. Murray	落叶阔叶乔木
4	乔木层	糠椴	*Tilia mandshurica* Rupr. & Maxim.	落叶阔叶乔木
5	乔木层	山桃	*Amygdalus davidiana*（Carrière）de Vos ex Henry	落叶阔叶乔木
6	灌木层	六道木*	*Zabelia biflora*（Turcz.）Makino	落叶阔叶乔木
7	灌木层	大花溲疏*	*Deutzia grandiflora* Bunge	落叶阔叶乔木
8	灌木层	胡枝子	*Lespedeza bicolor* Turcz.	落叶阔叶灌木
9	灌木层	巧玲花	*Syringa pubescens* Turcz.	落叶阔叶灌木
10	灌木层	鼠李	*Rhamnus davurica* Pall.	落叶阔叶灌木
11	灌木层	土庄绣线菊	*Spiraea pubescens* Turcz.	落叶阔叶灌木
12	草本层	野青茅*	*Deyeuxia pyramidalis*（Host）Veldkamp	落叶阔叶灌木
13	草本层	蒙古蒿*	*Artemisia mongolica*（Fisch. ex Bess.）Nakai	落叶阔叶灌木
14	草本层	蓝萼毛叶香茶菜*	*Isodon japonicus* var. *glaucocalyx*（Maxim.）H. W. Li	丛生草
15	草本层	斑叶堇菜	*Viola variegata* Fisch. ex Link	直立茎杂类草
16	草本层	抱茎小苦荬	*Ixeridium sonchifolium*（Maxim.）C. Shih	直立茎杂类草
17	草本层	北柴胡	*Bupleurum chinense* DC.	类短生植物
18	草本层	贝加尔唐松草	*Thalictrum baicalense* Turcz. ex Ledeb.	直立茎杂类草
19	草本层	糙苏	*Phlomis umbrosa* Turcz.	直立茎杂类草
20	草本层	大叶野豌豆	*Vicia pseudorobus* Fisch. & C. A. Mey.	直立茎杂类草
21	草本层	二苞黄精	*Polygonatum involucratum*（Franch. & Sav.）Maxim.	直立茎杂类草
22	草本层	甘菊	*Chrysanthemum lavandulifolium*（Fisch. ex Trautv.）Makino	直立茎杂类草
23	草本层	黄菜	*Phedimus aizoon*（L.）'t Hart	类短生植物

序号	层次	物种中文名	物种学名	生活型
24	草本层	白颖薹草	*Carex duriuscula* subsp. *rigescens*（Franch.）S. Y. Liang & Y. C. Tang	直立茎杂类草
25	草本层	龙须菜	*Asparagus schoberioides* Kunth	莲座植物
26	草本层	茜草	*Rubia cordifolia* L.	丛生草
27	草本层	球果堇菜	*Viola collina* Bess.	直立茎杂类草
28	草本层	三脉紫菀	*Aster trinervius* subsp. *ageratoides*（Turcz.）Grierson	草质藤本植物
29	草本层	小红菊	*Chrysanthemum chanetii* H. Lév.	类短生植物
30	草本层	小花糖芥	*Erysimum cheiranthoides* L.	陆生春性一年生草本植物
31	草本层	黄花地丁	*Corydalis raddeana* Regel	类短生植物
32	草本层	野鸢尾	*Iris dichotoma* Pall.	陆生春性一年生草本植物
33	草本层	异叶败酱	*Patrinia heterophylla* Bunge	陆生春性一年生草本植物
34	草本层	玉竹	*Polygonatum odoratum*（Mill.）Druce	类短生植物

注：*为各层优势种。

4.3.3.2　群落结构

样地的植被是以油松为主的常绿针叶人工林，林相外貌特征可参见彩图 4-2。群落水平分布均匀，乔、灌、草三层的成层特征明显。乔木层种数 5 种，优势种 1 种，以油松占优势；中下层乔木包括大果榆、花曲柳、糠椴和山桃等落叶阔叶伴生种类，优势种平均高度 10 m，郁闭度 0.4。灌木层种数 6 种，优势种 2 种，以六道木和大花溲疏等占优势，优势种平均高度 1.62 m，盖度 54.2%。草本层种数 23 种，优势种 3 种，以野青茅、蒙古蒿和蓝萼毛叶香茶菜等占优势，优势种平均高度 35 cm，盖度 80%。

4.3.3.3　植被分类地位

样地植物群落按照中国植被分类系统分类如下：

植被型组：森林　Forest

　　植被型：常绿针叶林　Evergreen Needleleaf Forest

　　　　植被亚型：温性常绿针叶林　Temperate Evergreen Needleleaf Forest

　　　　　　群系：油松林 *Pinus tabuliformis* Evergreen Needleleaf Forest Alliance（人工林）

　　　　　　　　群丛：油松-六道木-野青茅 常绿针叶林 *Pinus tabuliformis - Zabelia biflora - Deyeuxia pyramidalis* Evergreen Needleleaf Forest（人工林）

4.3.4　样地配置与观测内容

样地设置初期主要观测设施包括凋落物框、雨量筒、中子管、树干径流接收器和气候观测铁塔。气候观测塔和中子管 2018 年停止使用；2016 年配置树木径向生长自动观测系统，2018 年配置土壤温湿盐自动监测系统和植物物候自动观测系统，2021 年配置植物根系观测系统微根管。观测内容包括生物、土壤、水分和大气等，均按照 CERN 规定的辅助观测场样地的指标要求观测。

样地 26 m × 26 m 样方为 Ⅰ 级样方。在 Ⅰ 级样方内，进一步划分为 9 个 Ⅱ 级样方。生物观测的取样设计方案如下：乔木层及更新层调查在 Ⅰ 级样方内进行；灌木层调查在 Ⅱ 级样方内进行，采用机械布点，对固定的 5 个样方进行长期观测；草本层观测在灌木调查选择的 Ⅱ 级样方内进行，在每个被选择的 Ⅱ 级样方内设置 1 个 2 m × 2 m 的固定小样方（2022 年之前为 1 m × 1 m），用于年际间草本监测。

4.4　北京森林站落叶松林辅助观测场Ⅱ土壤生物水分采样地

4.4.1　样地代表性

样地（BJFFZ02ABC_01）建于 1992 年，面积为 40 m × 30 m，地理位置为 115°25′48″～115°25′56″E、39°57′36″～39°57′51″N，海拔为 1 249～1 262 m，植被为落叶松林。东灵山中山带的另一种常见人工林是以华北落叶松为建群种的针叶林，林内以华北落叶松为绝对优势树种，伴有少量黑桦，是暖温带地区落叶针叶林的主要代表之一。北京森林站落叶松林辅助观测场Ⅱ以此为研究对象，是对综合观测场进行的必要补充，拓宽观测类型的代表性，便于开展与综合观测场的对比研究，以提高观测的可比性。

4.4.2　自然环境背景与管理

样地地貌特征为山地侵蚀构造地貌，地势陡峭。样地位于西北坡 NW40°，坡度 29°，位于坡中。气候条件与综合观测场基本相同，具体参见 4.2.2 节。土壤类型与剖面特征与北京森林站油松林辅助观测场Ⅰ土壤生物水分采样地基本相同，具体参见 4.3.2 节。存在轻微片蚀；地表无盐碱斑。无大型动物活动，主要为小型啮齿类、鸟类（较为常见）取食和栖居行为。人类活动以常规监测为主，为轻度干扰。另有采集野菜或蘑菇、林场巡护等活动。样地为人工次生针阔混交林，位于保护区核心区内，建立前无历史破坏性灾害事件、无耕作史、无施肥史、无小区试验。建立围栏对样地进行保护，采用完全封闭式管理。除一些非破坏性监测活动外，不进行其他实验活动。

4.4.3　植被特征

4.4.3.1　物种组成

根据 2004 年和 2005 年的样地调查数据，样地共有 45 种植物，分属 28 科、40 属，其中，含有物种数最多的科是蔷薇科（4 种），其次是菊科（3 种）、桦木科（3 种）、虎耳草科（3 种）、毛茛科（3 种）和椴树科（2 种）。样地植物名录如表 4-4 所示。

表 4-4　北京森林站落叶松林辅助观测场 II 土壤生物水分采地植物名录

序号	层次	物种中文名	物种学名	生活型
1	乔木层	华北落叶松*	*Larix gmelinii* var. *principis-rupprechtii*（Mayr）Pilg.	落叶针叶乔木
2	乔木层	五角枫	*Acer pictum* subsp. *mono*（Maxim.）H. Ohashi	落叶阔叶乔木
3	乔木层	黑桦	*Betula dahurica* Pall.	落叶阔叶乔木
4	乔木层	蒙椴	*Tilia mongolica* Maxim.	落叶阔叶乔木
5	乔木层	花曲柳	*Fraxinus chinensis* subsp. *Rhynchophylla*（Hance）A. E. Murray	落叶阔叶乔木
6	乔木层	胡桃楸	*Juglans mandshurica* Maxim.	落叶阔叶乔木
7	乔木层	糠椴	*Tilia mandshurica* Rupr. & Maxim.	落叶阔叶乔木
8	乔木层	辽东栎	*Quercus wutaishanica* Mayr	落叶阔叶乔木
9	乔木层	山杨	*Populus davidiana* Dode	落叶阔叶乔木
10	乔木层	白桦	*Betula platyphylla* Sukaczev	落叶阔叶乔木
11	乔木层	北京花楸	*Sorbus discolor*（Maxim.）Maxim.	落叶阔叶乔木
12	乔木层	蒿柳	*Salix schwerinii* E. L. Wolf	落叶阔叶乔木
13	灌木层	六道木*	*Zabelia biflora*（Turcz.）Makino	落叶阔叶灌木
14	灌木层	小花溲疏*	*Deutzia parviflora* Bunge	落叶阔叶灌木
15	灌木层	卫矛*	*Euonymus alatus*（Thunb.）Sieber	落叶阔叶灌木
16	灌木层	毛榛*	*Corylus mandshurica* Maxim.	落叶阔叶灌木
17	灌木层	美丽茶藨子	*Ribes pulchellum* Turcz.	落叶阔叶灌木
18	灌木层	巧玲花	*Syringa pubescens* Turcz.	落叶阔叶灌木
19	灌木层	大花溲疏	*Deutzia grandiflora* Bunge	落叶阔叶灌木
20	灌木层	接骨木	*Sambucus williamsii* Hance	落叶阔叶灌木
21	灌木层	沙梾	*Cornus bretschneideri* L. Henry	落叶阔叶灌木
22	灌木层	鼠李	*Rhamnus davurica* Pall.	落叶阔叶灌木
23	灌木层	土庄绣线菊	*Spiraea pubescens* Turcz.	落叶阔叶灌木
24	灌木层	迎红杜鹃	*Rhododendron mucronulatum* Turcz.	落叶阔叶灌木
25	灌木层	照山白	*Rhododendron micranthum* Turcz.	落叶阔叶灌木
26	草本层	蒙古风毛菊*	*Saussurea mongolica*（Franch.）Franch.	直立茎杂类草
27	草本层	三脉紫菀*	*Aster trinervius* subsp. *ageratoides*（Turcz.）Grierson	陆生春性一年生草本植物
28	草本层	白颖薹草	*Carex duriuscula* subsp. *rigescens*（Franch.）S. Y. Liang & Y. C. Tang	丛生草
29	草本层	斑叶堇菜	*Viola variegata* Fisch. ex Link	类短生植物
30	草本层	半钟铁线莲	*Clematis sibirica* var. *ochotensis*（Pall.）S. H. Li & Y. Hui Huang	落叶藤本
31	草本层	贝加尔唐松草	*Thalictrum baicalense* Turcz. ex Ledeb.	直立茎杂类草
32	草本层	糙苏	*Phlomis umbrosa* Turcz.	直立茎杂类草
33	草本层	穿龙薯蓣	*Dioscorea nipponica* Makino	草质藤本植物
34	草本层	鸡腿堇菜	*Viola acuminata* Ledeb.	类短生植物
35	草本层	荚果蕨	*Matteuccia struthiopteris*（L.）Todaro	蕨类

序号	层次	物种中文名	物种学名	生活型
36	草本层	宽叶薹草	*Carex siderosticta* Hance	丛生草
37	草本层	龙须菜	*Asparagus schoberioides* Kunth	直立茎杂类草
38	草本层	龙芽草	*Agrimonia pilosa* Ledeb.	直立茎杂类草
39	草本层	华北耧斗菜	*Aquilegia yabeana* Kitag.	直立茎杂类草
40	草本层	蒙古蒿	*Artemisia mongolica*（Fisch. ex Bess.）Nakai	直立茎杂类草
41	草本层	茜草	*Rubia cordifolia* L.	草质藤本植物
42	草本层	三叶委陵菜	*Potentilla freyniana* Bornm.	蔓生茎杂类草
43	草本层	水金凤	*Impatiens noli-tangere* L.	陆生春性一年生草本植物
44	草本层	中国繁缕	*Stellaria chinensis* Regel	蔓生茎杂类草
45	草本层	野青茅	*Deyeuxia pyramidalis*（Host）Veldkamp	丛生草

注：*为各层优势种。

4.4.3.2　群落结构

样地植被是以华北落叶松为主的落叶针叶林，林相外貌特征参见彩图 4-3。群落水平分布均匀，季相分明，每年 4 月返青，5—10 月为生长季，9—10 月为色叶季。乔、灌、草三层的成层特征明显。乔木层种数 12 种，优势种为华北落叶松，优势种平均高度 11 m，郁闭度 0.3；中下层乔木包括黑桦、五角枫、胡桃楸、辽东栎、糠椴、花曲柳、蒿柳、北京花楸、白桦、蒙椴和山杨等阔叶伴生种类。灌木层种数 13 种，优势种 4 种，分别是六道木、小花溲疏、卫矛和毛榛，优势种平均高度 1.1 m，盖度 54.4%。草本层种数 20 种，优势种 2 种，分别是蒙古风毛菊和三脉紫菀，优势种平均高度 31 cm，盖度 29.6%。

4.4.3.3　植被分类地位

样地植物群落按照中国植被分类系统分类如下：

植被型组：森林 Forest

　植被型：落叶针叶林 Deciduous Needleleaf Forest

　　植被亚型：寒温性与温性落叶针叶林 Cold-Temperate and Temperate Deciduous Needleleaf Forest

　　　群系：华北落叶松林 *Larix gmelinii* var. *principis-rupprechtii* Deciduous Needleleaf Forest Alliance（人工林）

　　　　群丛：华北落叶松-六道木-蒙古风毛菊 落叶针叶林 *Larix gmelinii* var. *principis-rupprechtii* - *Zabelia biflora* - *Saussurea mongolica* Deciduous Needleleaf Forest（人工林）

4.4.4　样地配置与观测内容

样地设置初期主要观测设施包括凋落物框、雨量筒、中子管、树干径流接收器。中子管 2018 年停止使用；2016 年配置树木径向生长自动观测系统，2018 年配置土壤温湿盐自动监测系统和植物物候自动观测系统，2020—2021 年配置植物根系观测系统微根管。观测内容包括生物、土壤、水分和大气等，均按照 CERN 规定的辅助观测场样地的指标要求观测。

样地 30 m × 40 m 样方为 I 级样方。在 I 级样方内，进一步划分为 12 个 10 m × 10 m 的 II 级样方。生物观测的取样设计方案如下：乔木层及更新层调查在 I 级样方内进行；灌木层调查在 II 级样方内进行，采用机械布点，对固定的 6 个样方进行长期观测；草本层观测在灌木调查选择的 II 级样方内进行，在每个被选择的 II 级样方内设置 1 个 2 m × 2 m 的固定小样方（2022 年之前为 1 m × 1 m），用于年际间草本监测。

4.5 北京森林站辽东栎林辅助观测场III土壤生物水分采样地

4.5.1 样地代表性

样地（BJFFZ03ABC_01）建于 2005 年，面积为 20 m × 30 m，地理位置为 115°25′40″～115°25′43″E、39°57′40″～39°57′43″N，海拔为 1 320 m，植被为辽东栎林。在暖温带落叶阔叶林中部区域，以辽东栎为主的落叶阔叶林是该地区分布最广泛的植物群落之一。东灵山中山带天然次生林顶极演替群落是以辽东栎为建群种的落叶阔叶林（刘海丰等，2011）。北京森林站辽东栎林辅助观测场III以辽东栎林为监测对象，是对综合观测场的必要补充。

4.5.2 自然环境背景与管理

样地地貌特征为山地侵蚀构造地貌，地势陡峭。样地位于西北坡，坡度 40°，位于坡中。气候条件与综合观测场基本相同，具体参见 4.2.2 节。土壤母质或母岩为坡积物，在中国土壤系统分类体系中的名称为简育湿润雏形土，根据全国第二次土壤普查名称，土壤属于山地棕壤土类、山地棕壤亚类。土壤剖面特征为：0～3 cm，凋落物层；3～20 cm，黑棕色腐殖质层，轻壤质地，剖面形态特点构造疏松，植物根较多，较潮；20 cm 以下，黄棕色壤质，剖面形态特点构造较紧、较干。侵蚀程度：轻微片蚀；地表无盐碱斑。无大型动物活动，主要为小型啮齿类、鸟类（较为常见）取食和栖居活动。人类活动以常规监测为主，干扰程度轻，另有采集野菜或蘑菇、林场巡护等活动。样地为次生落叶阔叶林，位于保护区核心区内，建立前无历史破坏性灾害事件、无耕作史、无施肥史、无小区试验。建立围栏对样地进行保护，采用完全封闭式管理。除一些非破坏性监测活动外，不进行其他实验活动。

4.5.3 植被特征

4.5.3.1 物种组成

根据 2005 年的样地调查数据，样地共有 35 种植物，分属 28 科、33 属，其中，含有物种数最多的科是菊科（5 种），其次是椴树科（2 种）、木樨科（2 种）、虎耳草科（2 种）、禾本科（2 种）和毛茛科（2 种）等。样地植物名录如表 4-5 所示。

表 4-5　北京森林站辽东栎林辅助观测场 III 土壤生物水分采样地植物名录

序号	层次	物种中文名	物种学名	生活型
1	乔木层	辽东栎*	*Quercus wutaishanica* Mayr	落叶阔叶乔木
2	乔木层	五角枫	*Acer pictum* subsp. *mono*（Maxim.）H. Ohashi	落叶阔叶乔木
3	乔木层	大果榆	*Ulmus macrocarpa* Hance	落叶阔叶乔木
4	乔木层	黑桦	*Betula dahurica* Pall.	落叶阔叶乔木
5	乔木层	花曲柳	*Fraxinus chinensis* subsp. *rhynchophylla*（Hance）A. E. Murray	落叶阔叶乔木
6	乔木层	蒙椴	*Tilia mongolica* Maxim.	落叶阔叶乔木
7	乔木层	糠椴	*Tilia mandshurica* Rupr. & Maxim.	落叶阔叶乔木
8	乔木层	山杨	*Populus davidiana* Dode	落叶阔叶乔木
9	灌木层	小花溲疏*	*Deutzia parviflora* Bunge	落叶阔叶灌木
10	灌木层	大花溲疏*	*Deutzia grandiflora* Bunge	落叶阔叶灌木
11	灌木层	六道木	*Zabelia biflora*（Turcz.）Makino	落叶阔叶灌木
12	灌木层	土庄绣线菊	*Spiraea pubescens* Turcz.	落叶阔叶灌木
13	灌木层	鼠李	*Rhamnus davurica* Pall.	落叶阔叶灌木
14	灌木层	巧玲花	*Syringa pubescens* Turcz.	落叶阔叶灌木
15	灌木层	胡枝子	*Lespedeza bicolor* Turcz.	落叶阔叶灌木
16	灌木层	蚂蚱腿子	*Myripnois dioica* Bunge	落叶阔叶灌木
17	草本层	野青茅*	*Deyeuxia pyramidalis*（Host）Veldkamp	丛生草
18	草本层	白颖薹草*	*Carex duriuscula* subsp. *rigescens*（Franch.）S. Y. Liang & Y. C. Tang	丛生草
19	草本层	三脉紫菀*	*Aster trinervius* subsp. *ageratoides*（Turcz.）Grierson	陆生春性一年生草本植物
20	草本层	银背风毛菊*	*Saussurea nivea* Turcz.	直立茎杂类草
21	草本层	半钟铁线莲	*Clematis sibirica* var. *ochotensis*（Pall.）S. H. Li & Y. Hui Huang	落叶藤本
22	草本层	北柴胡	*Bupleurum chinense* DC.	直立茎杂类草
23	草本层	贝加尔唐松草	*Thalictrum baicalense* Turcz. ex Ledeb.	直立茎杂类草
24	草本层	穿龙薯蓣	*Dioscorea nipponica* Makino	草质藤本植物
25	草本层	大油芒	*Spodiopogon sibiricus* Trin.	根茎草
26	草本层	宽叶薹草	*Carex siderosticta* Hance	丛生草
27	草本层	蓝萼毛叶香茶菜	*Isodon japonicus* var. *glaucocalyx*（Maxim.）H. W. Li	直立茎杂类草
28	草本层	蒙古风毛菊	*Saussurea mongolica*（Franch.）Franch.	直立茎杂类草
29	草本层	蒙古蒿	*Artemisia mongolica*（Fisch. ex Bess.）Nakai	直立茎杂类草
30	草本层	茜草	*Rubia cordifolia* L.	草质藤本植物
31	草本层	球果堇菜	*Viola collina* Bess.	类短生植物
32	草本层	小红菊	*Chrysanthemum chanetii* H. Lév.	类短生植物
33	草本层	玉竹	*Polygonatum odoratum*（Mill.）Druce	类短生植物
34	草本层	早开堇菜	*Viola prionantha* Bunge	类短生植物
35	草本层	展枝沙参	*Adenophora divaricata* Franch & Sav.	直立茎杂类草

注：*为各层优势种。

4.5.3.2 群落结构

样地植被是落叶阔叶林，以辽东栎为建群种，林相外貌特征可参见彩图 4-4。群落水平分布均匀，季相分明，每年 4 月返青，5—10 月为生长季，9—10 月为色叶季。乔、灌、草三层的成层特征明显。乔木层种数 8 种，优势种辽东栎，优势种平均高度 7.2 m，郁闭度 0.8；中下层乔木包括五角枫、花曲柳、黑桦、椴树、青杨等阔叶伴生种类。灌木层种数 8 种，优势种 2 种，以小花溲疏和大花溲疏占优势地位，优势种平均高度 1.1 m，盖度 54.4%。草本层种数 19 种，优势种 4 种，以野青茅、白颖薹草、三脉紫菀和银背风毛菊等占优势地位，优势种平均高度 32 cm，盖度 31.6%。

4.5.3.3 植被分类地位

样地植物群落按照中国植被分类系统分类如下：

植被型组：森林 Forest

植被型：落叶阔叶林 Deciduous Broadleaf Forest

植被亚型：温性落叶阔叶林 Temperate Deciduous Broadleaf Forest

群系：辽东栎林 *Quercus wutaishanica* Deciduous Broadleaf Forest Alliance

群丛：辽东栎-小花溲疏-野青茅 落叶阔叶林 *Quercus wutaishanica - Deutzia parviflora - Deyeuxia pyramidalis* Deciduous Broadleaf Forest

4.5.4 样地配置与观测内容

样地观测内容包括生物和土壤要素，均按照 CERN 规定的辅助观测场样地的指标要求观测。样地 20 m×30 m，样方为 I 级样方，在 I 级样方内，进一步划分为 6 个 10 m×10 m 的 II 级样方。生物观测的取样设计方案如下：乔木层及更新层调查在 I 级样方内进行；灌木层调查在 II 级样方内进行，采用机械布点，对固定的 3 个样方进行长期观测；草本层观测在灌木调查选择的 II 级样方内进行，在每个被选择的 II 级样方内设置 1 个 2 m×2 m 的固定小样方（2022 年之前为 1 m×1 m），用于年际间草本监测。

4.6 北京森林站白桦林辅助观测场 Ⅳ 土壤生物水分采样地

4.6.1 样地代表性

样地（BJFFZ04ABC_01）建于 2005 年，面积为 20 m×30 m，地理位置为 115°25′65″～115°25′67″E、39°57′08″～39°57′58″N，海拔为 1 380 m，植被为白桦林。华北地区的森林生态系统以地带性的暖温带落叶阔叶林为主，人类活动干扰后恢复的林地多为次生林。东灵山中山带天然次生林初级演替群落是以白桦为建群种的阔叶林。北京森林站白桦林辅助观测场 Ⅳ 土壤生物水分采样地以植被受干扰后自然演替的先锋群落白桦林为监测对象，是对综合观测场的必要补充。

4.6.2　自然环境背景与管理

样地地貌特征为山地侵蚀构造地貌，地势陡峭。样地位于北坡，坡度 4°，位于坡下。气候条件与综合观测场基本相同，具体参见 4.2.2 节。土壤类型和剖面特征与辽东栎林辅助观测场Ⅲ土壤生物水分采样地基本相同，具体参见 4.5.2 节。存在轻微片蚀；地表无盐碱斑。无大型动物活动，有小型啮齿类、鸟类（较为常见）采食和栖居活动。人类活动以常规监测为主，另有采集野菜或蘑菇、林场巡护等活动。样地为次生落叶阔叶林，位于保护区核心区内，建立前无历史破坏性灾害事件、无耕作史、无施肥史、无小区试验。建立围栏对样地进行保护，采用完全封闭式管理。除一些非破坏性监测活动外，不进行其他实验活动。

4.6.3　植被特征

4.6.3.1　物种组成

根据 2005 年的样地调查数据，样地共有 41 种植物，分属 22 科、36 属，其中，含有物种数最多的科是百合科（6 种），其次是忍冬科（4 种）、毛茛科（4 种）、菊科（3 种）、桦木科（3 种）和虎耳草科（2 种）等。样地植物名录如表 4-6 所示。

表 4-6　北京森林站白桦林辅助观测场Ⅳ土壤生物水分采样地植物名录

序号	层次	物种中文名	物种学名	生活型
1	乔木层	白桦*	*Betula platyphylla* Sukaczev	落叶阔叶乔木
2	乔木层	黑桦	*Betula dahurica* Pall.	落叶阔叶乔木
3	乔木层	山杨	*Populus davidiana* Dode	落叶阔叶乔木
4	乔木层	五角枫	*Acer pictum* subsp. *mono*（Maxim.）H. Ohashi	落叶阔叶乔木
5	乔木层	辽东栎	*Quercus wutaishanica* Mayr	落叶阔叶乔木
6	乔木层	花曲柳	*Fraxinus chinensis* subsp. *rhynchophylla*（Hance）A. E. Murray	落叶阔叶乔木
7	乔木层	北京花楸	*Sorbus discolor*（Maxim.）Maxim.	落叶阔叶乔木
8	灌木层	毛榛*	*Corylus mandshurica* Maxim.	落叶阔叶灌木
9	灌木层	大花溲疏	*Deutzia grandiflora* Bunge	落叶阔叶灌木
10	灌木层	金花忍冬	*Lonicera chrysantha* Turcz. ex Ledeb.	落叶阔叶灌木
11	灌木层	六道木	*Zabelia biflora*（Turcz.）Makino	落叶阔叶灌木
12	灌木层	美丽茶藨子	*Ribes pulchellum* Turcz.	落叶阔叶灌木
13	灌木层	蒙古荚蒾	*Viburnum mongolicum*（Pall.）Rehder	落叶阔叶灌木
14	灌木层	巧玲花	*Syringa pubescens* Turcz.	落叶阔叶灌木
15	灌木层	沙梾	*Cornus bretschneideri* L. Henry	落叶阔叶灌木
16	灌木层	鼠李	*Rhamnus davurica* Pall.	落叶阔叶灌木
17	灌木层	土庄绣线菊	*Spiraea pubescens* Turcz.	落叶阔叶灌木
18	灌木层	小叶鼠李	*Rhamnus parvifolia* Bunge	落叶阔叶灌木
19	草本层	蒙古风毛菊*	*Saussurea mongolica*（Franch.）Franch.	直立茎杂类草

序号	层次	物种中文名	物种学名	生活型
20	草本层	三脉紫菀*	*Aster trinervius* subsp. *ageratoides*（Turcz.）Grierson	陆生春性一年生草本植物
21	草本层	白颖薹草	*Carex duriuscula* subsp. *rigescens*（Franch.）S. Y. Liang & Y. C. Tang	丛生草
22	草本层	半钟铁线莲	*Clematis sibirica* var. *ochotensis*（Pall.）S. H. Li & Y. Hui Huang	落叶藤本
23	草本层	贝加尔唐松草	*Thalictrum baicalense* Turcz. ex Ledeb.	直立茎杂类草
24	草本层	糙苏	*Phlomis umbrosa* Turcz.	直立茎杂类草
25	草本层	穿龙薯蓣	*Dioscorea nipponica* Makino	草质藤本植物
26	草本层	茖葱	*Allium victorialis* L.	丛生草
27	草本层	华北耧斗菜	*Aquilegia yabeana* Kitag.	直立茎杂类草
28	草本层	鸡腿堇菜	*Viola acuminata* Ledeb.	类短生植物
29	草本层	荚果蕨	*Matteuccia struthiopteris*（L.）Todaro	蕨类
30	草本层	宽叶薹草	*Carex siderosticta* Hance	丛生草
31	草本层	铃兰	*Convallaria majalis* L.	类短生植物
32	草本层	龙须菜	*Asparagus schoberioides* Kunth	直立茎杂类草
33	草本层	鹿药	*Maianthemum japonicum*（A. Gray）La Frankie	类短生植物
34	草本层	棉团铁线莲	*Clematis hexapetala* Pall.	落叶藤本
35	草本层	山芹	*Ostericum sieboldii*（Miq.）Nakai	直立茎杂类草
36	草本层	舞鹤草	*Maianthemum bifolium*（L.）F. W. Schmidt	类短生植物
37	草本层	野青茅	*Deyeuxia pyramidalis*（Host）Veldkamp	丛生草
38	草本层	银背风毛菊	*Saussurea nivea* Turcz.	直立茎杂类草
39	草本层	玉竹	*Polygonatum odoratum*（Mill.）Druce	类短生植物
40	草本层	展枝沙参	*Adenophora divaricata* Franch & Sav.	直立茎杂类草
41	草本层	中国繁缕	*Stellaria chinensis* Regel	蔓生茎杂类草

注：*为各层优势种。

4.6.3.2 群落结构

样地植被是落叶阔叶林，以白桦为建群种，林相外貌特征可参见彩图 4-5。群落水平分布均匀，季相分明，每年 4 月返青，5—10 月为生长季，9—10 月为色叶季。乔、灌、草三层的成层特征明显。乔木层种数 7 种，优势种为白桦，优势种平均高度 10.9 m，郁闭度 0.3；中下层乔木包括辽东栎、黑桦、五角枫、花曲柳、北京花楸和山杨等阔叶伴生种类；灌木层种数 11 种，优势种为毛榛，优势种平均高度 2.15 m，盖度 69.41%；草本层种数 23 种，蒙古风毛菊和三脉紫菀占优势，优势种平均高度 19 cm，盖度 30.07%。

4.6.3.3 植被分类地位

样地植物群落按照中国植被分类系统分类如下：

植被型组：森林 Forest

植被型：落叶阔叶林 Deciduous Broadleaf Forest

植被亚型：温性落叶阔叶林 Temperate Deciduous Broadleaf Forest

群系：白桦林 *Betula platyphylla* Deciduous Broadleaf Forest Alliance（次生林）

群丛：白桦-毛榛-蒙古风毛菊 落叶阔叶林 *Betula platyphylla - Corylus mandshurica - Saussurea mongolica* Deciduous Broadleaf Forest（次生林）

4.6.4　样地配置与观测内容

样地观测内容包括生物和土壤要素，均按照 CERN 规定的辅助观测场样地的指标要求观测。样地 20 m × 30 m 样方为 I 级样方。在 I 级样方内，进一步划分为 6 个 10 m × 10 m 的 II 级样方。生物观测的取样设计方案如下：乔木层及更新层调查在 I 级样方内进行；灌木层调查在 II 级样方内进行，采用机械布点，对固定的 3 个样方进行长期观测；草本层观测在灌木调查选择的 II 级样方内进行，在每个被选择的 II 级样方内设置 1 个 2 m × 2 m 的固定小样方（2022 年之前为 1 m × 1 m），用于年际间草本监测。

参考文献

陈灵芝，陈清朗，刘文华，1997a. 中国森林多样性及其地理分布[M]. 北京：科学出版社.

陈灵芝，黄建辉，1997b. 暖温带森林生态系统结构与功能的研究[M]. 北京：科学出版社.

董世仁，郭景唐，满荣洲，1987. 华北油松人工林的透流、干流和树冠截留[J]. 北京林业大学学报，9（1）：58-67.

高贤明，马克平，陈灵芝，2001. 暖温带若干落叶阔叶林群落物种多样性及其与群落动态的关系植物[J]. 生态学报，25（3）：283-290.

刘海丰，李亮，桑卫国，2011. 东灵山暖温带落叶阔叶次生林动态监测样地：物种组成与群落结构[J]. 生物多样性，19：232-242.

马克明，傅伯杰，周华锋，1999. 北京东灵山地区森林的物种多样性和景观格局多样性研究[J]. 生态学报，19：1-7.

马克平，黄建辉，于顺利，1995. 北京东灵山地区植物群落多样性的研究[J]. 生态学报，15：268-277.

谢晋阳，陈灵芝，1994. 暖温带落叶阔叶林的物种多样性特征[J]. 生态学报，14（4）：337-344.

5 神农架站生物监测样地本底与植被特征[*]

5.1 生物监测样地概况

5.1.1 概况与区域代表性

神农架生物多样性定位研究站（以下简称神农架站）隶属中国科学院植物研究所，坐落在神农架南坡，位于湖北省兴山县南阳镇龙门河林场（110°29′E、31°19′N，海拔为1 290 m）。1994 年由中国科学院植物研究所、动物研究所和武汉植物研究所 3 所共建，2005年成为国家野外科学观测研究站，2008 年加入 CERN。

神农架站位于鄂西神农架地区（110°03′～110°34′E、31°19′～31°36′N，海拔为 420 m～3 106.2 m），属于秦巴山地常绿-落叶阔叶林生态区，以北亚热带常绿落叶阔叶混交林为主，代表了秦巴山地地带性森林生态系统类型。神农架位于大巴山脉东端余脉，最高峰为神农顶（3 106.2 m），为"华中第一峰"。神农架垂直高差近 3 000 m，从低海拔到高海拔完整的山地植被垂直带系统，自下而上依次发育有常绿阔叶林、常绿落叶阔叶混交林、落叶阔叶林、针阔混交林、亚高山针叶林和亚高山灌丛草甸。神农架是我国和世界生物多样性保护关键地，是我国三峡和南水北调两大水利工程集水区的关键地段，关系着国家生态安全。

5.1.2 生物观测样地设置

神农架站自 2001 年开始，先后设置了 3 个生物长期观测样地和 2 个站区调查点，分别为神农架站常绿落叶阔叶混交林综合观测场永久样地、神农架站亚高山针叶林辅助观测场永久样地、神农架站常绿落叶阔叶混交林辅助观测场永久样地、神农架站站区动物调查点和神农架站站区植物物候观测点。其中，生物长期观测样地附近还设置破坏性采样地和其他辅助观测设施；神农架站站区动物调查点包含 2 个动物调查样地；神农架站站区植物物候观测点包含 2 个植物物候观测点（表 5-1）。观测样地布局如图 5-1 所示。

---

* 编写：赵常明（中国科学院植物研究所）
 审稿：徐文婷、谢宗强（中国科学院植物研究所）

表 5-1 神农架站生物长期观测样地清单

序号	样地代码	样地名称	样地类别	植被类型	地理位置（样地中心点）	海拔/m	面积及形状/（m×m）	建立时间与计划使用年数
1	SNFZH01ABC_01	神农架站常绿落叶阔叶混交林综合观测场永久样地	综合观测场	常绿落叶阔叶混交林	110°28′26.08″E，31°18′18.75″N	1 670	100×100	2008 年，长期
2	SNFFZ01ABC_01	神农架站亚高山针叶林辅助观测场永久样地	辅助观测场	亚高山针叶林	110°18′38.36″E，31°28′22.79″N	2 570	100×100	2001 年，长期
3	SNFFZ02ABC_01	神农架站常绿落叶阔叶混交林辅助观测场永久样地	辅助观测场	常绿落叶阔叶混交林	110°29′42″E，31°19′01.92″N	1 750	50×40	2015 年，长期
4	SNFZQ01A00_01	神农架站站区动物调查点	站区调查点	常绿落叶阔叶混交林	110°28′43.36″E，31°18′36.15″N；110°29′45.41″E，31°19′21.45″N	1 300～1 800	5 000×1 000；3 000×1 000	2010 年，长期
5	SNFZQ02 A00_01	神农架站站区植物物候观测点	站区调查点	常绿落叶阔叶混交林	110°28′21.06″E，31°18′25.96″N；110°28′23.10″E，31°18′20.26″N	1 650～1 700	40×40；100×5 000	2010 年，长期

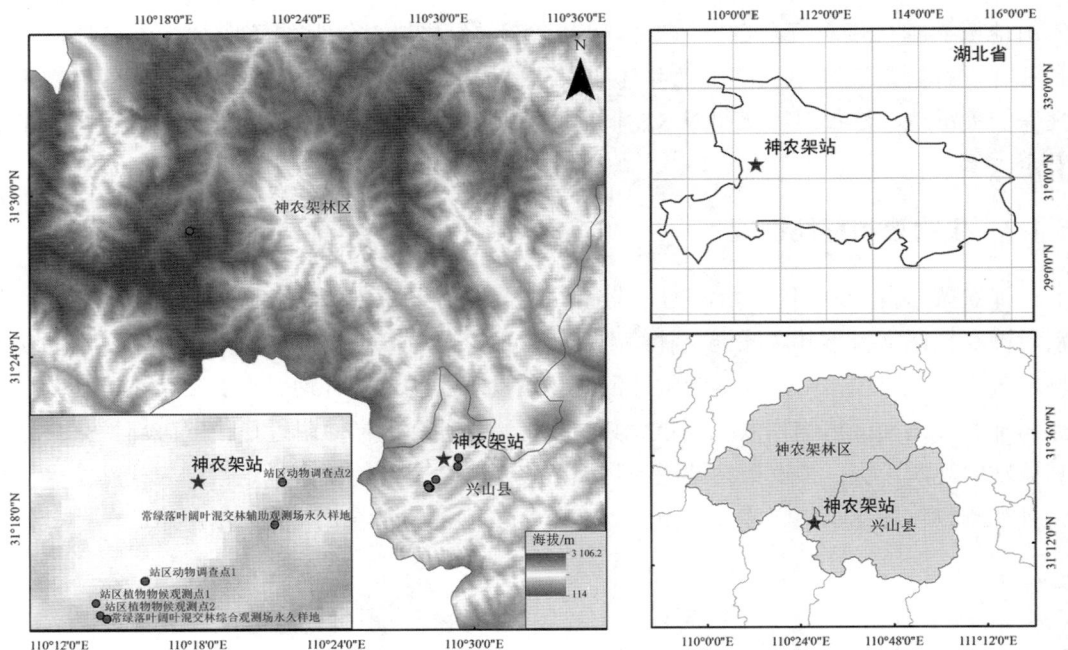

图 5-1 神农架站生物长期观测样地布局

5.2 神农架站常绿落叶阔叶混交林综合观测场永久样地

5.2.1 样地代表性

样地（SNFZH01ABC_01）建于 2008 年，面积为 100 m × 100 m，地理位置为 110°28′26.08″E、31°18′18.75″N，海拔为 1 670 m。植被类型为常绿落叶阔叶混交林，是干扰后自然演替的顶极群落形成的天然森林生态系统。神农架地区植被随着海拔的升高出现明显的垂直分布，其中常绿落叶阔叶混交林是我国北亚热带代表性的地带性植被类型，分布面积广，林分结构复杂，对其进行长期监测和研究，对了解神农架站所在的北亚热带森林生态系统的生态功能、合理永续利用森林资源，对全球气候变化的响应、生态服务功能具有重要意义。

5.2.2 自然环境背景与管理

样地位于神农架南坡，坡向 NE 5°，坡度 25°，位于山坡上部。地貌特征为山地斜坡，地势较陡峭。年均气温 9.9℃，年降水约 1 450 mm，>10℃有效积温>3 290℃，无霜期 180～200 d。年平均湿度 85%，年干燥度 0.37。土壤母质或母岩为石灰岩和页岩，土壤剖面特征为：0～20 cm 为沙壤，颜色褐色；30～50 cm，过渡层，颜色浅黄；50～80 cm 为黄胶土，黄色；80 cm 以下为白浆岩，灰白色。土壤 pH 为 5.63（2010 年 8 月 15 日），土壤有机质含量为 40.94 g/kg（2010 年 8 月 15 日，0～20 cm），土壤全氮含量为 1.57 g/kg（2010 年 8 月 15 日，0～20 cm），土壤全磷含量为 0.39 g/kg（2010 年 8 月 15 日，0～20 cm）。水蚀、重力侵蚀和风蚀情况较弱，无盐碱化情况。动物活动主要为当地野生动物的取食和栖居行为。野生动物是固定样地自然生态系统的组成部分，野生动物的活动对于该生态系统的维持和动态具有重要作用，对植物群落的不良影响程度较轻。样地位于自然保护区的中心地带，人类活动很少，对观测几乎没有影响，较好地保持了自然状态。

5.2.3 植被特征

5.2.3.1 物种组成

根据 2010 年调查，样地共有维管束植物 238 种，隶属 76 科、158 属，其中木本植物 162 种，草本植物 76 种。乔木层物种数 103 种，隶属 42 科、69 属，主要来自壳斗科、杜鹃花科、桦木科、山茱萸科等；其中，常绿阔叶树种 25 种，落叶阔叶树种 75 种，常绿针叶树种 3 种。灌木层（含乔木幼树）物种数 119 种，隶属 43 科、78 属，优势种 2 种。草本层有维管束植物 76 种，隶属 31 科、65 属。样地主要植物名录见表 5-2。

表5-2 神农架站常绿落叶阔叶混交林综合观测场永久样地主要植物名录

序号	层次	物种中文名	物种学名	生活型
1	乔木层	米心水青冈*	*Fagus engleriana* Seem.	落叶阔叶乔木
2	乔木层	短柄枹栎*	*Quercus serrata* var. *brevipetiolata*（A. DC.）Nakai	落叶阔叶乔木
3	乔木层	川陕鹅耳枥*	*Carpinus fargesiana* H. Winkl.	落叶阔叶乔木
4	乔木层	四照花*	*Cornus kousa* subsp. *chinensis*（Osborn）Q. Y. Xiang	落叶阔叶乔木
5	乔木层	巴东栎*	*Quercus engleriana* Seem.	常绿阔叶乔木
6	乔木层	粉白杜鹃*	*Rhododendron hypoglaucum* Hemsl.	常绿阔叶乔木
7	乔木层	曼青冈*	*Cyclobalanopsis oxyodon*（Miquel）Oersted	常绿阔叶乔木
8	乔木层	多脉青冈*	*Cyclobalanopsis multinervis* W. C. Cheng & T. Hong	常绿阔叶乔木
9	乔木层	川钓樟	*Lindera pulcherrima* var. *hemsleyana*（Diels）H. P. Tsui	常绿阔叶乔木
10	乔木层	化香树	*Platycarya strobilacea* Sieb. & Zucc.	落叶阔叶乔木
11	乔木层	香桦	*Betula insignis* Franch.	落叶阔叶乔木
12	乔木层	城口桤叶树	*Clethra fargesii* Franch.	落叶阔叶乔木
13	乔木层	五裂槭	*Acer oliverianum* Pax	落叶阔叶乔木
14	乔木层	领春木	*Euptelea pleiospermum* Hook. f. & Thomson	落叶阔叶乔木
15	乔木层	灯笼吊钟花	*Enkianthus chinensis* Franch.	落叶阔叶乔木
16	乔木层	台湾水青冈	*Fagus hayatae* Palib.	落叶阔叶乔木
17	乔木层	红桦	*Betula albosinensis* Burkill	落叶阔叶乔木
18	乔木层	耳叶杜鹃	*Rhododendron auriculatum* Hemsl.	常绿阔叶乔木
19	乔木层	皂柳	*Salix wallichiana* Andersson	落叶阔叶乔木
20	乔木层	石灰花楸	*Sorbus folgneri*（C. K. Schneid.）Rehder	落叶阔叶乔木
21	乔木层	绢毛稠李	*Padus wilsonii* C. K. Schneid.	落叶阔叶乔木
22	乔木层	血皮槭	*Acer griseum*（Franch.）Pax	落叶阔叶乔木
23	灌木层	箭竹*	*Fargesia spathacea* Franch.	丛生型直立竹类
24	灌木层	阔叶箬竹*	*Indocalamus latifolius*（Keng）McClure	丛生型直立竹类
25	草本层	藏薹草*	*Carex thibetica* Franch.	多年生密丛薹草及嵩草
26	草本层	三枝九叶草*	*Epimedium sagittatum*（Sieb. & Zucc.）Maxim.	多年生直立茎杂草植物
27	草本层	大叶贯众*	*Cyrtomium macrophyllum*（Makino）Tagawa	多年生蕨类草本植物
28	草本层	革叶耳蕨*	*Polystichum neolobatum* Nakai	多年生蕨类草本植物
29	草本层	大披针薹草	*Carex lancifolia* Boott	多年生密丛薹草及嵩草
30	草本层	卵叶报春	*Primula ovalifolia* Franch.	多年生直立茎杂草植物
31	草本层	野鹅脚板	*Sanicula orthacantha* S. Moore	多年生直立茎杂草植物
32	层间层	五月瓜藤	*Holboellia angustifolia* Wallich	常绿木质藤本植物
33	层间层	黑蕊猕猴桃	*Actinidia melanandra* Franchet	落叶木质藤本植物
34	层间层	桦叶葡萄	*Vitis betulifolia* Diels & Gilg	落叶木质藤本植物
35	层间层	桑寄生	*Taxillus sutchuenensis*（Lecomte）Danser	寄生木本植物
36	层间层	鸡矢藤	*Paederia foetida* L.	落叶木质藤本植物
37	层间层	峨眉双蝴蝶	*Tripterospermum cordatum*（C. Marquand）Harry Sm.	多年生草质藤本植物
38	层间层	穿龙薯蓣	*Dioscorea nipponica* Makino	多年生草质藤本植物

注：*为各层优势种。

5.2.3.2　群落结构

根据 2010 年调查，样地的植被类型为以米心水青冈、粉白杜鹃为优势种的常绿落叶阔叶混交林，群落外貌见彩图 5-1。群落水平分布比较均匀，季相分明，每年 4—5 月落叶树种返青、常绿树种换叶，5—10 月为生长季，9—10 月为色叶季，10—11 月落叶树种落叶。群落有明显分层结构，包含乔木层、灌木层、草本层和地被层，层间植物包括藤本植物和寄生植物。乔木层盖度约 80%，平均胸径 10.9 cm，最大胸径 59.5 cm，平均高度 8.3 m，最大高度 25 m，平均冠层高 20.4 m，优势种平均高度 12 m，密度 4 347 株/hm^2。乔木层可分三层，第一层优势种主要为短柄枹栎、川陕鹅耳枥和米心水青冈等落叶阔叶树种，高度 13～25 m；第二层优势种主要为米心水青冈（落叶阔叶）、粉白杜鹃（常绿阔叶）、四照花（落叶阔叶）和巴东栎（常绿阔叶）等，高度 8.4～13 m；第三层优势种主要为粉白杜鹃（常绿阔叶）、米心水青冈（落叶阔叶）、曼青冈（常绿阔叶）和川钓樟（常绿阔叶）等，高度 5～8.4 m。灌木层盖度约 66%，平均高度 1.5 m，平均密度 145 269 株/hm^2，优势种 2 种，为箭竹和阔叶箬竹。草本层盖度 15%，平均高度 30 cm，平均密度 4 株/m^2，优势种包括藏薹草、披针薹草、三枝九叶草、大叶贯众和革叶耳蕨等。层间包括藤本植物五月瓜藤、黑蕊猕猴桃、桦叶葡萄、鸡矢藤、峨眉双蝴蝶、穿龙薯蓣和寄生植物桑寄生等。地表层为苔藓，盖度约 25%，高度约 2 cm。

5.2.3.3　植被分类地位

样地的植物群落按照中国植被分类系统分类如下：

植被型组：森林 Forest

植被型：常绿与落叶阔叶混交林 Mixed Evergreen and Deciduous Broadleaf Forest

植被亚型：北亚热带常绿与落叶阔叶混交林 Northern Subtropical Mixed Evergreen and Deciduous Broadleaf Forest

群系：米心水青冈+巴东栎林 *Fagus engleriana* + *Quercus engleriana* Mixed Evergreen and Deciduous Broadleaf Forest Alliance

群丛：米心水青冈+巴东栎-箭竹-藏薹草 常绿与落叶阔叶混交林 *Fagus engleriana* + *Quercus engleriana-Fargesia spathacea - Carex thibetica* Mixed Evergreen and Deciduous Broadleaf Forest

5.2.4　样地配置与观测内容

样地附近设置一个 40 m × 40 m 的破坏性采样地（SNFZH01ABC_02）和其他辅助监测设施。在破坏性采样地安装的设施包括树木径向生长自动观测系统、植物根系观测系统微根管、森林小气候自动观测站，在人工径流场安装土壤温湿盐自动观测系统。样地观测生物、土壤和水分等要素，全部按照 CERN 综合观测场指标体系观测。

5.3 神农架站亚高山针叶林辅助观测场永久样地

5.3.1 样地代表性

样地（SNFFZ01ABC_01）建于 2001 年，面积为 100 m×100 m，地理位置为 110°18′38.36″E、31°28′22.79″N，海拔为 2 570 m。植被类型为亚高山针叶林，是自然演替的顶极群落形成的天然森林生态系统。亚高山针叶林是神农架山地垂直带谱上部典型的植被类型，分布面积大，保存有大面积的天然原始林。对其进行长期动态监测和研究，对了解神农架站所在的北亚热带山地上部亚高山针叶林森林生态系统的生态功能，对全球气候变化的响应、生态服务功能等具有重要意义。

5.3.2 自然环境背景与管理

样地位于神农架北坡，坡向 NE 30°，坡度 20°，位于山坡上部。地貌特征为山地斜坡中下部，地势较平缓。年均气温 4.8℃，年降水量约 1 700 mm。土壤母质或母岩为花岗岩和页岩，土壤属于淋溶土纲、湿暖温淋溶土亚纲、棕壤土类、棕壤亚类。土壤剖面特征为：0～20 cm 表土层，棕褐色；20～40 cm 过渡层，棕黄色；40～70 cm 淋溶层，黄色；70 cm 以下为母岩花岗岩。土壤 pH 为 5.17（2010 年 8 月 15 日），土壤有机质含量为 86.18 g/kg（2010 年 8 月 15 日，0～20 cm），土壤全氮含量为 3.90 g/kg（2010 年 8 月 15 日，0～20 cm），土壤全磷含量为 0.44 g/kg（2010 年 8 月 15 日，0～20 cm）。水蚀、重力侵蚀、风蚀情况较弱，无盐碱化情况。动物活动主要为当地野生动物（如野猪、川金丝猴、多种鸟类等）的取食和栖居行为，对植物群落的不良影响程度很轻。样地位于自然保护区的中心地带，几乎没有人类活动，对固定样地影响很小，很好地保持了自然状态。

5.3.3 植被特征

5.3.3.1 物种组成

根据 2010 年调查，样地共有维管束植物 105 种，隶属 47 科、90 属，其中木本植物 40 种，草本维管束植物 65 种。乔木层物种数 31 种，隶属 15 科、26 属，主要来自松科、桦木科、槭树科、杜鹃花科等；其中常绿针叶树种 1 种，常绿阔叶树种 4 种，落叶阔叶树种 26 种。灌木层（含乔木幼树）物种数 25 种，隶属 16 科、20 属。草本层有维管束植物 65 种，隶属 34 科、57 属。层间植物由藤本植物组成。样地主要植物名录见表 5-3。

表 5-3　神农架站亚高山针叶林辅助观测场永久样地主要植物名录

序号	层次	物种中文名	物种学名	生活型
1	乔木层	巴山冷杉*	*Abies fargesii* Franch.	常绿针叶乔木
2	乔木层	多齿长尾槭*	*Acer caudatum* Wall. var. *multiserratum*（Maxim.）Rehd.	落叶阔叶乔木

序号	层次	物种中文名	物种学名	生活型
3	乔木层	四蕊枫*	*Acer stachyophyllum* subsp. *betulifolium* （Maxim.）P. C. de Jong	落叶阔叶乔木
4	乔木层	红桦*	*Betula albosinensis* Burkill	落叶阔叶乔木
5	乔木层	粉红杜鹃*	*Rhododendron oreodoxa* var. *fargesii*（Franch.）Chamb. ex Cullen & Chamb.	常绿阔叶乔木
6	乔木层	太白深灰槭	*Acer caesium* subsp. *giraldii*（Pax）E. Murr.	落叶阔叶乔木
7	乔木层	山杨	*Populus davidiana* Dode	落叶阔叶乔木
8	灌木层	箭竹*	*Fargesia spathacea* Franch.	丛生型直立竹类
9	灌木层	尖瓣瑞香*	*Daphne acutiloba* Rehd.	常绿阔叶灌木
10	灌木层	冷地卫矛*	*Euonymus frigidus* Wallich	落叶阔叶灌木
11	灌木层	垂丝丁香*	*Syringa komarowii* subsp. *reflexa*（C. K. Schneid.）P. S. Green & M. C. Chang	落叶阔叶灌木
12	灌木层	绢毛山梅花	*Philadelphus sericanthus* Koehne	落叶阔叶灌木
13	灌木层	糖茶藨子*	*Ribes himalense* Royle ex Decaisne	落叶阔叶灌木
14	灌木层	唐古特忍冬*	*Lonicera tangutica* Maxim.	落叶阔叶灌木
15	草本层	陕川婆婆纳*	*Veronica tsinglingensis* D. Y. Hong	多年生直立茎杂草植物
16	草本层	山酢浆草*	*Oxalis griffithii* Edgew. & Hook. f.	多年生直立茎杂草植物
17	草本层	钝叶楼梯草*	*Elatostema obtusum* Wedd.	多年生直立茎杂草植物
18	草本层	神农架凤仙花*	*Impatiens shennongensis* Q. Wang & H. P. Deng	多年生直立茎杂草植物
19	草本层	盾果草*	*Thyrocarpus sampsonii* Hance	多年生直立茎杂草植物
20	草本层	柔毛金腰*	*Chrysosplenium pilosum* var. *valdepilosum* Ohwi	多年生蔓生性杂草植物
21	层间层	华中五味子	*Schisandra sphenanthera* Rehder & E. H. Wilson	多年生草质藤本植物
22	层间层	钝萼铁线莲	*Clematis peterae* Hand. -Mazz.	多年生木质藤本植物

注：*为各层优势种。

5.3.3.2　群落结构

根据 2010 年调查，样地植被类型为以巴山冷杉为优势种的亚高山针叶林，群落外貌见彩图 5-2。群落水平分布均匀，群落冠层为常绿针叶树种，季相不明显，每年 6—10 月为生长季。群落有明显分层结构，包含乔木层、灌木层、草本层和地被层，层间植物包括藤本植物。乔木层盖度约 70%，平均胸径 37.7 cm，最大胸径 98.0 cm，平均高度 19.2 m，最大高度约 32 m，平均冠层高 29 m，优势种平均高度 19 m，密度 393 株/hm²。乔木层可分三层，第一层优势种主要为巴山冷杉，高度 26～32 m；第二层优势种主要为巴山冷杉，伴生有红桦，高度 15～26 m；第三层优势种主要为巴山冷杉，伴生有粉红杜鹃，高度 6～15 m。灌木层盖度约 30%，平均高度 0.8 m，平均密度 30 615 株/hm²，优势种有箭竹、尖瓣瑞香、冷地卫矛、垂丝丁香、绢毛山梅花、糖茶藨子和唐古特忍冬等。草本层盖度约 95%，平均高度 10 cm，平均密度 227 株/m²，优势种有陕川婆婆纳、山酢浆草、钝叶楼梯草、神农架凤仙花、盾果草和柔毛金腰等。层间植物有藤本植物华中五味子、钝萼铁线莲等。地被植物主要为苔藓，盖度约 70%，高度约 3 cm。

5.3.3.3   植被分类地位

样地植物群落按照中国植被分类系统分类如下：

植被型组：森林 Forest

植被型：常绿针叶林 Evergreen Needleleaf Forest

植被亚型：寒温性常绿针叶林 Cold-Temperate Evergreen Needleleaf Forest

群系：巴山冷杉林 *Abies fargesii* Evergreen Needleleaf Forest Alliance

群丛：巴山冷杉-箭竹-陕川婆婆纳 常绿针叶林 *Abies fargesii - Fargesia spathacea - Veronica tsinglingensis* Evergreen Needleleaf Forest

5.3.4   样地配置与观测内容

样地附近设置一个 30 m × 30 m 的破坏性采样地（SNFFZ01ABC_02）和其他辅助观测设施。在破坏性采样地安装的设施包括植物根系观测系统微根管、土壤温湿盐自动观测系统、森林小气候自动观测站。样地观测生物、土壤和水分等要素，全部按照 CERN 综合观测场指标体系观测。

5.4   神农架站常绿落叶阔叶混交林辅助观测场永久样地

5.4.1   样地代表性

样地（SNFFZ02ABC_01）建于 2015 年，面积为 50 m × 40 m，地理位置为 110°29′42″E、31°19′01.92″N，海拔为 1 750 m。植被类型为常绿落叶阔叶混交林，是干扰后自然演替的顶极群落形成的天然森林生态系统。常绿落叶阔叶混交林是我国北亚热带的地带性植被类型。本样地与综合观测场样地都属于常绿落叶阔叶混交林，但物种组成、群落结构和立地条件等方面存在一些差异。因此，本样地是综合观测场永久样地的重要补充。

5.4.2   自然环境背景与管理

样地位于神农架南坡，坡向 NW 60°，坡度 30°，位于山坡上部。地貌特征为山地斜坡，地势较陡峭。年均气温 9.5℃，年降水量 1 500 mm 左右，>10℃有效积温>3 200℃，无霜期 175～190 d。年平均湿度 80%，年干燥度 0.40。土壤母质或母岩为石灰岩和页岩，土壤属于淋溶土纲、湿暖淋溶土亚纲、黄棕壤土类、黄棕壤亚类。土壤剖面特征与神农架站常绿落叶阔叶混交林综合观测场永久样地相似。土壤 pH 为 5.67（2015 年 8 月 15 日），土壤有机质含量为 78.44 g/kg（2015 年 8 月 15 日，0～20 cm），土壤全氮含量为 3.58 g/kg（2015年 8 月 15 日，0～20 cm），土壤全磷含量为 0.49 g/kg（2015 年 8 月 15 日，0～20 cm）。水蚀、重力侵蚀、风蚀情况较弱，无盐碱化情况。动物活动主要为当地野生动物的取食和栖居行为。野生动物是固定样地自然生态系统的组成部分，野生动物的活动对于该生态系统的维持和动态具有重要作用，对植物群落的不良影响程度较轻。样地位于自然保护区的中心地带，人类活动很少，对观测几乎没有影响，样地较好地保持了自然状态。

5.4.3　植被特征

5.4.3.1　物种组成

根据 2015 年调查，样地共有维管束植物 80 种，隶属 41 科、61 属，其中木本植物 64 种，草本植物 16 种。乔木层物种数 48 种，隶属 24 科、34 属，主要来自壳斗科、杜鹃花科和山茱萸科等；其中，常绿阔叶树种 16 种，落叶阔叶树种 31 种，常绿针叶树种 1 种。灌木层（含乔木幼树）物种数 32 种，隶属 20 科、28 属。草本层有维管束植物 16 种，隶属 15 科、15 属。层间植物由藤本植物组成。样地主要植物名录见表 5-4。

表 5-4　神农架站常绿落叶阔叶混交林辅助观测场永久样地主要植物名录

序号	层次	物种中文名	物种学名	生活型
1	乔木层	多脉青冈*	*Cyclobalanopsis multinervis* W. C. Cheng & T. Hong	常绿阔叶乔木
2	乔木层	米心水青冈*	*Fagus engleriana* Seem.	落叶阔叶乔木
3	乔木层	粉白杜鹃*	*Rhododendron hypoglaucum* Hemsl.	常绿阔叶乔木
4	乔木层	四照花*	*Cornus kousa* subsp. *chinensis*（Osborn）Q. Y. Xiang	落叶阔叶乔木
5	乔木层	短柄枹栎	*Quercus serrata* var. *brevipetiolata*（A. DC.）Nakai	落叶阔叶乔木
6	灌木层	箭竹*	*Fargesia spathacea* Franch.	丛生型直立竹类
7	灌木层	阔叶箬竹*	*Indocalamus latifolius*（Keng）McClure	丛生型直立竹类
8	草本层	褐果薹草*	*Carex brunnea* Thunb.	多年生疏丛薹草
9	草本层	革叶耳蕨*	*Polystichum neolobatum* Nakai	多年生蕨类草本植物
10	草本层	银兰	*Cephalanthera erecta*（Thunb. ex A. Murray）Blume	多年生直立茎杂草植物
11	层间层	桦叶葡萄	*Vitis betulifolia* Diels & Gilg	落叶木质藤本植物
12	层间层	短梗南蛇藤	*Celastrus rosthornianus* Loesener	落叶木质藤本植物
13	层间层	串果藤	*Sinofranchetia chinensis*（Franchet）Hemsl.	落叶木质藤本植物
14	层间层	淡红忍冬	*Lonicera acuminata* Wall.	常绿木质藤本植物

注：*为各层优势种。

5.4.3.2　群落结构

根据 2015 年调查，样地的植被类型为以米心水青冈、多脉青冈为优势种的常绿落叶阔叶混交林，群落外貌见彩图 5-3。群落水平分布比较均匀，季相分明，每年 4—5 月落叶树种返青、常绿树种换叶，5—10 月为生长季，9—10 月为色叶季，10—11 月落叶树种落叶。群落有明显分层结构，包含乔木层、灌木层、草本层和地被层，层间植物包括藤本植物。乔木层盖度约 80%，平均胸径 14.9 cm，最大胸径 47.1 cm，平均高度 10.6 m，最大高度 23.5 m，平均冠层高 20.2 m，优势种平均高度 12 m，密度 2 610 株/hm²。乔木层分为三层，第一层优势种主要为短柄枹栎、米心水青冈等落叶阔叶树种和多脉青冈等常绿阔叶树种，高度 13.4～23.5 m；第二层优势种主要为多脉青冈（常绿阔叶）、四照花（落叶阔叶）和米心水青冈（落叶阔叶）等，高度 9.5～13.4 m；第三层优势种主要为多脉青冈（常绿阔叶）、粉白杜鹃（常绿阔叶）和四照花（落叶阔叶）等，高度 5.9～9.5 m。灌木层盖度约 68%，平均高度 1.3 m，平均密度 281 033 株/hm²，优势种为箭竹和阔叶箬竹。草本层盖度 12%，平均高度 22 cm，平均密度 18 株/m²，优势种有褐果薹草、革叶耳蕨和银兰等。层间包括桦叶葡萄、短梗南蛇藤、串果藤和淡红忍冬等藤本植物。

5.4.3.3　植被分类地位

样地植物群落按照中国植被分类系统分类如下：

植被型组：森林 Forest

　植被型：常绿与落叶阔叶混交林 Mixed Evergreen and Deciduous Broadleaf Forest

　　植被亚型：北亚热带常绿与落叶阔叶混交林 Northern Subtropical Mixed Evergreen and Deciduous Broadleaf Forest

　　群系：米心水青冈+多脉青冈林 *Fagus engleriana* + *Cyclobalanopsis multinervis* Mixed Evergreen and Deciduous Broadleaf Forest Alliance

　　群丛：米心水青冈+多脉青冈-箭竹-褐果薹草 常绿与落叶阔叶混交林 *Fagus engleriana* + *Cyclobalanopsis multinervis* - *Fargesia spathacea* - *Carex brunnea* Mixed Evergreen and Deciduous Broadleaf Forest

5.4.4　样地配置与观测内容

样地附近设置有 20 m × 20 m 的破坏性采样地（SNFFZ02ABC_02）和其他辅助监测设施。在破坏性采样地安装的设施包括土壤温湿盐自动观测系统和森林小气候自动观测站。本样地观测生物、土壤、水分和大气等要素，全部按照 CERN 综合观测场指标体系观测。

5.5　神农架站站区动物调查点

5.5.1　样地代表性

样地（SNFZQ01A00_01）建于 2010 年，有两个调查点，面积分别为 5 000 m × 1 000 m、3 000 m × 1 000 m，用于动物监测。植被类型为常绿落叶阔叶混交林，是干扰后自然演替过程中的次生林和顶极群落形成的天然森林生态系统。

5.5.2　自然环境背景与管理

样地位于神农架南坡，地貌特征为山地斜坡，地势较陡峭。动物主要为当地野生动物，如野猪、豪猪、岩松鼠、毛冠鹿、棕足鼯鼠、豹猫、果子狸、猪獾、中华竹鼠、黑熊、鼬羚、斑羚、林麝、猕猴以及红腹锦鸡、红嘴蓝鹊、勺鸡、珠颈斑鸠、黑耳鸢、白颈鸦、勺鸡、红腹锦鸡、大嘴乌鸦、红腹角雉、白冠长尾雉和雉鸡等，是观测场自然生态系统的组成部分。野生动物的活动对于该生态系统的维持和动态具有重要作用，对植物群落的不良影响程度较轻。样地位于自然保护区，人类活动较少，对动物观测影响较小。

5.5.3　样地配置与观测内容

站区调查点用于动物监测，包括神农架站动物调查点 1 号和神农架站动物调查点 2 号，开展动物长期定位观测。

神农架站动物调查点 1 号，位于 110°28′43.36″E、31°18′36.15″N 附近，海拔为 1 300～1 700 m，长约 5 km，宽 1 km。2010 年建立，从神农架站到黄连坝（综合观测场），沿途定期开展动物观测。

神农架站动物调查点 2 号，位于 110°29′45.41″E、31°19′21.45″N 附近，海拔为 1 300～1 800 m，长约 3 km，宽 1 km。2010 年建立，从神农架站到三十六拐（辅助观测场 2 号），沿途定期开展动物观测。

5.6　神农架站站区植物物候观测点

5.6.1　样地代表性

样地（SNFZQ02 A00_01）建于 2010 年，有两个位点，面积分别为 40 m × 40 m、100 m × 5 000 m，用于植物物候观测。植被类型为常绿落叶阔叶混交林，是干扰后自然演替的顶极群落形成的天然森林生态系统。

5.6.2　自然环境背景与管理

样地位于神农架南坡，地貌特征为山地斜坡，地势较陡峭。动物活动主要为当地野生动物取食和栖居行为，对植物群落的不良影响程度较轻。样地位于自然保护区，人类活动较少，对物候观测影响很小，较好地保持了自然状态。

5.6.3　样地配置与观测内容

观测点用于植物物候观测，包括神农架站物候观测点 1 号和神农架站物候观测点 2 号。

神农架站物候观测点 1 号，地理位置为 110°28′21.06″E、31°18′25.96″N，海拔为 1 660 m，面积为 40 m × 40 m。观测点设置草本植物物候观测点，选择黄水枝（*Tiarella polyphylla*）、七叶鬼灯檠（*Rodgersia aesculifolia*）、卵叶报春（*Primula ovalifolia*）、普通鹿蹄草（*Pyrola decorata*）、三枝九叶草、茜草（*Rubia cordifolia*）和蕺菜（*Houttuynia cordata*）等草本植物群落作为观测对象，每个物种选择 3～5 个观测点，设立标签，定点长期观测其物候。

神农架站物候观测点 2 号，地理位置为 110°28′23.10″E、31°18′20.26″N，海拔为 1 650～

1 700 m，长约 5 km，沿途设置木本植物物候观测点，选择米心水青冈、短柄枹栎、多脉青冈、粉白杜鹃、四照花、箭竹、猫儿刺（*Ilex pernyi*）、短柱柃（*Eurya brevistyla*）、卷毛梾木（*Cornus ulotricha*）和宜昌荚蒾（*Viburnum erosum*）等木本植物作为观测对象，每个物种选择 3～5 棵树木作为观测对象，每株挂牌，定点长期观测其物候。此外，还安装了 4 套植物物候自动观测系统，长期定点监测植物群落和优势植物（台湾水青冈、多脉青冈、米心水青冈、四照花、短柱柃、短柄枹栎和粉白杜鹃）的物候。

6 茂县站生物监测样地本底与植被特征[*]

6.1 生物监测样地概况

6.1.1 概况与区域代表性

茂县山地生态系统定位研究站（以下简称茂县站）隶属中国科学院成都生物研究所，行政上属于四川省阿坝藏族羌族自治州茂县凤仪镇（103°53′41″E、31°41′38″N，海拔为1 820 m），距成都 210 km，1986 年建站。从 1989 年开始，建立了较完备的监测与实验设施，2003 年 4 月加入 CERN。

茂县站位于岷江上游中部的大沟流域，岷山山系九顶山脉西坡，处于长江上游生态屏障的核心位置。区域海拔为 1 500～4 200 m，山高谷深，山地气候立体分异明显，植被垂直带谱比较完整，是青藏高原东部高山峡谷区山地生态系统的缩影，是开展高山峡谷区山地垂直生态系统研究的理想地段。该区域的亚高山森林是我国西南高山林区（川西、滇西北、西藏、青海南部、甘南）的主体，于 1950—1990 年一直是我国森工企业木材生产的主要采伐对象，形成了大面积块状皆伐迹地。随后，森林工人在采伐迹地上坚持不懈地开展了人工造林与抚育更新实践，绝大多数采伐迹地形成次生林，包括造林形成的人工林和自然更新形成的落叶阔叶林。天然林保护工程与退耕还林工程实施以来新增了大面积的人工林。

历史上，茂县站区（大沟流域）森林长期遭受人为砍伐，植被严重退化，水土流失加剧，生态恶化，这些反映了西南林区森林开发历史过程及植被退化状况。建站前的 1986 年大沟流域森林覆盖率不足 11%，建站后，中国科学院成都生物研究所与地方政府紧密合作开展了人工造林与次生灌丛保育，到 2000 年，大沟流域森林覆盖率提高到 67%，水土流失得到有效控制，生态环境得到有效改善（孙书存等，2005）。因此，大沟流域森林恢复重建过程和现状比较充分地反映了我国长江上游防护林建设和经营管理的发展历史和现状。茂县站自建站起就确立了以次生林生态系统为研究对象，开展次生植被结构、功能、生物多样性等动态演替规律以及林区资源培育和持续利用研究，为次生林科学经营管理提供科学依据。

---

[*] 编写：周志琼（中国科学院成都生物研究所）
 审稿：石福孙（中国科学院成都生物研究所）

6.1.2   生物观测样地设置

茂县站于 2003 年设置了 3 个生物长期观测样地，分别为茂县站综合观测场针叶林永久样地、茂县站辅助观测场灌木林永久样地和茂县站站区调查点油松人工林永久样地（表 6-1）。样地布局如图 6-1 所示，样地群落外貌见彩图 6-1～彩图 6-3。

表 6-1   茂县站生物长期观测样地清单

序号	样地代码	样地名称	样地类别	植被类型	地理位置（样地中心点）	海拔/m	面积及形状/（m×m）	建立时间与计划使用年数
1	MXFZH01AC0_01	茂县站综合观测场针叶林永久样地	综合观测场	华山松、油松针叶林（人工林）	103°53′41″E，31°41′38″N	1 891	50 × 50	2003 年，100 年
2	MXFFZ01ABC_01	茂县站辅助观测场灌木林永久样地	辅助观测场	榛、锐齿槲栎灌丛（自然林）	103°53′33″E，31°41′41″N	1 860	30 × 50	2003 年，50 年
3	MXFZQ01A00_01	茂县站站区调查点油松人工林永久样地	站区调查点	油松林	103°53′54″E，31°41′49″N	1 838	30 × 40	2003 年，50 年

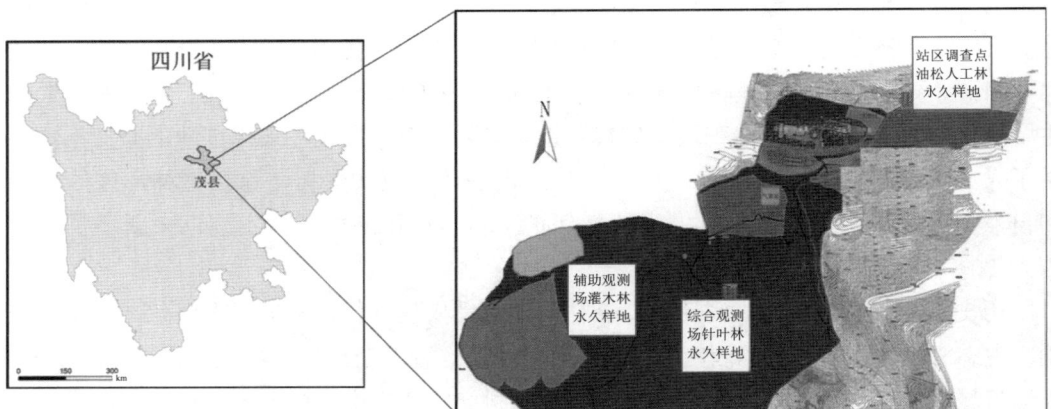

图 6-1   茂县站生物长期观测样地布局

6.2   茂县站综合观测场针叶林永久样地

6.2.1   样地代表性

样地（MXFZH01AC0_01）建于 2003 年，面积为 50 m × 50 m，地理位置为 103°53′41″E、

31°41′38″N，海拔为 1 891 m，植被为华山松和油松人工林。样地位于岷江上游大沟流域，是山地森林砍伐后人工植被恢复的代表区域，华山松和油松林是该区域人工林的主要类型。该区域人工林至 2022 年约有 17 年的历史，经过多年的封山育林，植被生长旺盛，生物多样性丰富，已显示出良好的水土保持功能和人文景观效果，本区域的东部已被选为国家级森林公园。在综合考虑了土地使用权、林型、土壤、管理等因素后，选择了该场地作为综合观测场。

6.2.2 自然环境背景与管理

样地地貌特征为中山，地势陡峭。坡度 29°～37°，坡向 NE15°～45°，位于中坡。年均气温 8.6℃，年降水量 919.5 mm，＞10℃有效积温＞2 690.8℃，无霜期 200 d，年蒸发量 795.8 mm，年均日照时数 1 139.8 h，年平均湿度 82%，年干燥度 0.5。土壤母质或母岩为坡积物，根据全国第二次土壤普查名称，土壤属于褐土土类、淋溶褐土亚类。土壤剖面特征为：0～6 cm，枯枝落叶及半腐败枯枝落叶层；0～12 cm，深灰色腐殖质层；12～60 cm，淀积层；60 cm 以下为母质层。具有轻度重力侵蚀及地表盐碱斑。动物活动主要有野猪、鼠类等哺乳动物以及雉鸡、池鹭、山斑鸠等鸟类的取食和栖居行为。人类活动属于轻度，偶尔有当地村民挖药，采集野菜、蘑菇等。样地建立前有轻度积肥、砍伐等人为干扰，无施肥史。

6.2.3 植被特征

6.2.3.1 物种组成

根据 2005 年调查，样地共有维管束植物 87 种，隶属 47 科、75 属，其中乔木层 12 种，灌木层 33 种，草本植物 27 种，层间藤本 15 种，含物种数最多的科是蔷薇科（11 种）、其次为百合科（4 种）、豆科（4 种）、桦木科（4 种）、毛茛科（4 种）和忍冬科（4 种）。样地主要植物名录见表 6-2。

表 6-2 茂县站综合观测场针叶林永久样地主要植物名录

序号	层次	物种中文名	物种学名	生活型
1	乔木层	华山松*	*Pinus armendii* Franch.	常绿针叶乔木
2	乔木层	油松	*Pinus tabuliformis* Carrère	常绿针叶乔木
3	乔木层	漆树	*Toxicodendron varnicifluum*（Stokes）F. A. Barkl.	落叶阔叶乔木
4	乔木层	日本落叶松	*Larix kaempferi*（Lamb.）Carrère	落叶针叶乔木
5	乔木层	红桦	*Betula albo-sinensis* Burk.	落叶阔叶乔木
6	乔木层	山楂	*Crataegus pinnatifida* Bunge.	落叶阔叶乔木
7	乔木层	连香树	*Cercidiphyllum japonicum* Sieb. & Zucc.	落叶阔叶乔木
8	乔木层	泡吹叶花楸	*Sorbus meliosmifolia* Rehder	落叶阔叶乔木
9	灌木层	榛*	*Corylus heterophylla* Fisch. ex Trautv.	落叶阔叶灌木
10	灌木层	锐齿槲栎	*Quercus aliena* var. *acuteserrata* Maxim.	落叶阔叶灌木

序号	层次	物种中文名	物种学名	生活型
11	灌木层	毛榛	*Corylus mandshurica* Maxim.	落叶阔叶灌木
12	灌木层	四川蜡瓣花	*Corylopsis willmottiae* Rehder & .E H. Wilson	落叶阔叶灌木
13	灌木层	长叶溲疏	*Deutzia longifolia* Franch.	落叶阔叶灌木
14	草本层	华西箭竹*	*Fargesia nitida*（Mitford）Keng f. ex T. P. Yi	直立竹类
15	草本层	西南鬼灯檠	*Rodgersia sambucifolia* Hemsl.	
16	草本层	假升麻	*Aruncus sylvester* Kostel. ex Maxim.	直立茎杂类草
17	草本层	具芒灰帽薹草	*Carex mitrata* var. *aristata* Ohwi	丛生草
18	草本层	淫羊藿	*Epimedium grandiflorum* Morr.	直立茎杂类草
19	草本层	中日金星蕨	*Parathelypteris nipponica*（Franch. & Sav.）Ching	蕨类
20	层间层	葛	*Pueraria lobata*（Wald）Ohwi.	落叶藤本
21	层间层	美花铁线莲	*Clematis potaninii* Maxim.	落叶藤本
22	层间层	防己叶菝葜	*Smilax menispermoidea* A. DC.	落叶攀缘灌木

注：*为各层优势种。

6.2.3.2　群落结构

样地植被为华山松和油松人工林，样地群落外貌见彩图 6-1。样地群落有明显分层结构，包含乔木层、灌木层、草本层和地被层，层间植物主要为藤本植物。乔木层盖度约 55%，平均胸径 7.3 cm，最大胸径 19.9 cm，平均高度 5.6 m，最大高度 10 m，平均冠层高 5.7 m，优势种平均高度 5.5 m，密度 1 756 株/hm²，优势种为华山松。灌木层盖度约 63%，平均高度 1.3 m，平均密度 74 320 株/hm²，优势种为榛。草本层盖度 20%，平均高度 0.2 m，平均密度 52 457 株/hm²，优势种为华西箭竹。层间包括藤本植物葛、美花铁线莲、粉背南蛇藤和防己叶菝葜等。

6.2.3.3　植被分类地位

样地植物群落按照中国植被分类系统分类如下：

植被型组：森林 Forest

　　植被型：常绿针叶林 Evergreen Needleleaf Forest

　　　　植被亚型：暖性常绿针叶林 Subtropical Evergreen Needleleaf Forest

　　　　　　群系：华山松林 *Pinus armandii* Evergreen Needleleaf Forest Alliance（人工林）

　　　　　　　　群丛：华山松-榛-华西箭竹 常绿针叶林 *Pinus armandii - Corylus heterophylla - Fargesia nitida* Evergreen Needleleaf Forest（人工林）

6.2.4　样地配置与观测内容

样地设置初期主要观测设施包括凋落物框、雨量槽、中子管、树干径流接收器和叶面积指数、气候和物候观测铁塔和地表径流场。2015 年配置树木径向生长自动观测系统，2014 年安装土壤含水量自动观测系统，2018 年增加土壤温湿盐自动观测系统和植物物候自动观测系统，2020 年安装植物根系观测系统微根管。观测内容包括生物、土壤、水分和大气四大要素,全部按照 CERN 综合观测场规定的指标体系观测。采样设计按照 CERN 统一规范进行。

6.3　茂县站辅助观测场灌木林永久样地

6.3.1　样地代表性

样地(MXFFZ01ABC_01)建于 2003 年,面积为 30 m×50 m,地理位置为 103°53′33″E、31°41′41″N,海拔为 1 860 m,植被为榛和锐齿槲栎次生灌丛。样地作为岷江上游高山峡谷区自然次生灌丛生态系统的代表,是对综合观测场不同植被类型的补充。样地内植被生长旺盛,生物多样性较丰富,有良好的水土保持功能和人文景观效果。样地具有独立土地使用权,植物群落类型和土壤类型具有区域代表性,管理便利,是较为理想的观测场地之一。

6.3.2　自然环境背景与管理

地貌特征为中山,地势较陡。样地坡度 22°～35°,坡向 NE4°,位于中坡。样地距离综合观测场约 100 m,气候和水分条件与综合观测场一致,详细可参见 6.2.2 节。土壤母质或母岩为坡积物,根据全国第二次土壤普查名称,土壤属于棕壤土类、棕壤亚类。土壤剖面分层不明显,大致可以分为:0～5 cm,枯枝落叶及半腐败枯枝落叶层;0～40 cm,深灰色腐殖质层;40～100 cm,淀积层;100 cm 以下为母质层。具有轻度重力侵蚀及地表盐碱斑。动物活动主要为野猪、鼠类等哺乳动物以及雉鸡、池鹭、山斑鸠等鸟类的取食和栖居行为。人类活动轻度,偶尔有当地村民挖药,采集野菜、蘑菇等。样地建立前的 1995 年有砍伐干扰的次生灌丛,1997 年在砍伐带上种植了槭树,2001 年又补种了槭树,无人工施肥史。

6.3.3　植被特征

6.3.3.1　物种组成

根据 2005 年调查,样地共有维管束植物 72 种,隶属 37 科、57 属,其中乔木层 11 种,灌木层 30 种,草本植物 23 种,层间藤本 8 种,含物种数最多的科是蔷薇科(11 种)、其次为菊科(7 种)、百合科(6 种)、豆科(5 种)、桦木科(4 种)和虎耳草科(3 种)。样地主要植物名录见表 6-3。

表 6-3　茂县站辅助观测场灌木林永久样地主要植物名录

序号	层次	物种中文名	物种学名	生活型
1	乔木层	青榨槭*	*Acer davidii* Franch.	落叶阔叶乔木
2	乔木层	槐	*Sophora japonica* L.	落叶阔叶乔木
3	乔木层	中华槭	*Acer sinense* Pax	落叶阔叶乔木

序号	层次	物种中文名	物种学名	生活型
4	乔木层	华山松	*Pinus armendii* Franch.	常绿针叶乔木
5	乔木层	油松	*Pinus tabuliformis* Carrère	常绿针叶乔木
6	乔木层	泡吹叶花楸	*Sorbus meliosmifolia* Rehder	落叶阔叶乔木
7	乔木层	亮叶桦	*Betula luminifera* H. J. P. Winkl.	落叶阔叶乔木
8	乔木层	连香树	*Cercidiphyllaceae japonicum* Sieb. & Zucc.	落叶阔叶乔木
9	灌木层	榛*	*Corylus heterophylla* Fisch. ex Trautv.	落叶阔叶灌木
10	灌木层	锐齿槲栎*	*Quercus aliena* var. *acuteserrata* Maxim.	落叶阔叶灌木
11	灌木层	桦叶荚蒾	*Viburnum betulifolium* Batalin	落叶阔叶灌木
12	灌木层	毛榛	*Corylus mandshurica* Maxim.	落叶阔叶灌木
13	灌木层	小雀花	*Campylotropis polyantha*（Franch.）Schindl.	落叶阔叶灌木
14	草本层	中日金星蕨*	*Parathelypteris nipponica*（Franch. & Sav.）Ching	蕨类
15	草本层	西南鬼灯檠*	*Rodgersia sambucifolia* Hemsl.	
16	草本层	蕨	*Pteridium aquilinum* var. *latiusculum*（Desv.）Underw. ex A. Heller	蕨类
17	草本层	具芒灰帽薹草	*Carex mitrata* var. *aristata* Ohwi	丛生草
18	草本层	珠光香青	*Anaphalis margaritacea*（L.）Benth. & Hook. f.	直立茎杂类草
19	草本层	假升麻	*Aruncus sylvester* Kostel. ex Maxim.	直立茎杂类草
20	层间层	淡红忍冬	*Lonicera acuminata* Wall.	落叶藤本
21	层间层	黄山药	*Dioscorea panthaica* Prain & Burkill	落叶藤本
22	层间层	美花铁线莲	*Clematis potaninii* Maxim.	落叶藤本

注：*为各层优势种。

6.3.3.2 群落结构

样地植被为榛和锐齿槲栎次生灌丛，样地群落外貌见彩图 6-2。样地有明显分层结构，包含乔木层、灌木层、草本层和地被层，层间植物主要为藤本植物。乔木层盖度约 20%，平均胸径 3.1 cm，最大胸径 17.3 cm，平均高度 2.2 m，最大高度 8.6 m，平均冠层高 2.0 m，密度 3 587 株/hm²，优势种为青榨槭，优势种平均高度 2.0 m。灌木层盖度约 90%，平均高度 1.1 m，平均密度 154 520 株/hm²，优势种为榛和锐齿槲栎。草本层盖度 37%，平均高度 0.26 m，平均密度 770 000 株/hm²，优势种为中日金星蕨和西南鬼灯檠。层间包括藤本植物淡红忍冬、黄山药和美花铁线莲等。

6.3.3.3 植被分类地位

样地植物群落按照中国植被分类系统分类如下：

植被型组：灌丛 Shrubland

植被型：落叶阔叶灌丛 Deciduous Broadleaf Shrubland

植被亚型：暖性落叶阔叶灌丛 Subtropical Deciduous Broadleaf Shrubland

群系：榛+锐齿槲栎灌丛 *Corylus heterophylla* + *Quercus aliena* var. *acuteserrata* Deciduous Broadleaf Shrubland Alliance（次生灌丛）

群丛：榛+锐齿槲栎-中日金星蕨+西南鬼灯擎 落叶阔叶灌丛 *Corylus heterophylla + Quercus aliena* var. *acuteserrata - Parathelypteris nipponica + Rodgersia sambucifolia* Deciduous Broadleaf Shrubland（次生灌丛）

6.3.4　样地配置与观测内容

样地设置初期主要观测设施包括凋落物框、雨量槽、中子管、气候观测铁塔和地表径流场。2014 年安装土壤含水量自动观测系统，2018 年增加土壤温湿盐自动观测系统两套和植物物候自动观测系统。观测内容包括生物、土壤、水分和大气四大要素，全部按照 CERN 辅助观测场规定的指标体系观测。采样设计按照 CERN 统一规范进行。

6.4　茂县站站区调查点油松人工林永久样地

6.4.1　样地代表性

样地（MXFZQ01A00_01）建于 2003 年，面积为 30 m × 40 m，地理位置为 103°53′54″E、31°41′49″N，海拔为 1 838 m，植被为油松人工林。油松林是该区域人工林的代表林型之一，是对综合观测场不同植被类型的补充，具有良好的水土保持功能和人文景观效果。场地植物群落类型和土壤类型具有区域代表性、管理便利，是较理想的观测场地之一。

6.4.2　自然环境背景与管理

地貌特征为中山，地势较陡。样地坡度 21°，坡向 S31°，位于中坡。样地至综合观测场距离较近，气候与水分条件与综合观测场一致，详见 6.2.2 节。土壤母质或母岩为坡积物，根据全国第二次土壤普查名称，土壤属于棕壤土类，棕壤亚类。土壤剖面分层不明显，大致可以分为：0～1 cm，枯枝落叶及半腐败枯枝落叶层；0～30 cm，深灰色或棕褐色腐殖质层；30～60 cm，淀积层；60 cm 以下为母质层。具有轻度重力侵蚀及地表盐碱斑。动物活动主要有野猪、鼠类等哺乳动物以及雉鸡、池鹭、山斑鸠等鸟类的取食和栖居行为。样地建立时，其植被为 17 年历史的油松人工林，建立前有积肥等人为干扰，之后人为干扰较小，无施肥史。

6.4.3　植被特征

6.4.3.1　物种组成

根据 2005 年调查，样地共有维管束植物 72 种，隶属 33 科、61 属，其中乔木层 3 种，灌木层 28 种，草本植物 34 种，层间藤本 7 种，含物种数最多的科是蔷薇科（11 种），其次为菊科（10 种）、百合科（4 种）、豆科（4 种）、毛茛科（4 种）和忍冬科（3 种）。本样地主要植物名录见表 6-4。

表 6-4   茂县站站区调查点油松人工林永久样地主要植物名录

序号	层次	物种中文名	物种学名	生活型
1	乔木层	油松*	*Pinus tabuliformis* Carrère	常绿针叶乔木
2	乔木层	华山松	*Pinus armendii* Franch.	常绿针叶乔木
3	乔木层	漆树	*Toxicodendron varnicifluum*（Stokes）F. A. Barkl.	落叶阔叶乔木
4	灌木层	亮叶忍冬*	*Lonicera ligustrina* var. *yunnanensis* Franch.	常绿阔叶灌木
5	灌木层	多苞蔷薇	*Rosa multibracteata* Hemsl. & E. H. Wilson	落叶阔叶灌木
6	灌木层	榛	*Corylus heterophylla* Fisch. ex Trautv.	落叶阔叶灌木
7	灌木层	川莓	*Rubus setchuenensis* Bureau & Franch.	落叶阔叶灌木
8	灌木层	雀儿舌头	*Leptopus chinensis*（Bunge）Pojark.	落叶阔叶灌木
9	灌木层	腺梗蔷薇	*Rosa filipes* Rehd. & Wils.	落叶阔叶灌木
10	灌木层	陇东海棠	*Maluskansuensis*（Batalin）C. K. Schneid.	落叶阔叶灌木
11	灌木层	唐古特瑞香	*Daphne tangutica* axi.	常绿阔叶灌木
12	灌木层	小雀花	*Campylotropis polyantha*（Franch.）Schindl.	落叶阔叶灌木
13	灌木层	金丝梅	*Hypericum patulum* Thunb.	落叶阔叶灌木
14	草本层	东亚唐松草*	*Thalictrum minus* var. *hypoleucum*（Sieb. & Zucc.）Miq.	直立茎杂类草
15	草本层	具芒灰帽薹草*	*Carex mitrata* var. *aristata* Ohwi	丛生草
16	草本层	大火草	*Aneone toentosa*（Maxim.）C.Pei	直立茎杂类草
17	草本层	糙苏	*Phlomis umbrosa* Turcz.	直立茎杂类草
18	草本层	掌叶橐吾	*Ligularia przewalskii*（Maxim.）Diels.	直立茎杂类草
19	草本层	沿阶草	*Ophiopogon bodinieri* H. Lév.	丛生草
20	层间层	淡红忍冬	*Lonicera acuminata* Wall.	落叶藤本
21	层间层	防己叶菝葜	*Smilax menispermoidea* A.DC.	落叶攀缘灌木
22	层间层	粉背南蛇藤	*Celastrus hypoleucus*（Oliv.）Warb. ex Loes.	落叶藤本

注：*为各层优势种。

6.4.3.2   群落结构

　　植被为油松人工林，样地群落外貌见彩图 6-3。样地有明显分层结构，包含乔木层、灌木层、草本层和地被层，层间植物主要为藤本植物。乔木层盖度约 78%，平均胸径 11.1 cm，最大胸径 22.1 cm，平均高度 8.7 m，最大高度 12 m，平均冠层高 8.3 m，平均密度 2 258 株/hm²，优势为油松，优势种平均高度 8.4 m。灌木层盖度约 34%，平均高度 0.7 m，平均密度 38 480 株/hm²，优势种为亮叶忍冬。草本层盖度 15%，平均高度 0.14 m，平均密度 484 000 株/hm²，优势种为东亚唐松草和具芒灰帽薹草。层间包括藤本植淡红忍冬、防己叶菝葜、粉背南蛇藤和美花铁线莲等。

6.4.3.3   植被分类地位

　　样地植物群落按照中国植被分类系统分类如下：

　　植被型组：森林 Forest

　　　植被型：常绿针叶林 Evergreen Needleleaf Forest

植被亚型：暖性常绿针叶林 Subtropical Evergreen Needleleaf Forest

 群系：油松林 *Pinus tabulaeformis* Evergreen Needleleaf Forest Alliance（人工林）

  群丛：油松-亮叶忍冬-东亚唐松草+具芒灰帽薹草 常绿针叶林 *Pinus tabuliformis - Lonicera ligustrina* var. *yunnanensis - Thalictrum minus* var. *hypoleucum + Carex mitrata* var. *aristata* Evergreen Needleleaf Forest（人工林）

6.4.4 样地配置与观测内容

样地开展生物要素观测，按照 CERN 生物指标体系进行观测。

参考文献

孙书存，包维楷，2005. 恢复生态学[M]. 北京：化学工业出版社.

7 贡嘎山站生物监测样地本底与植被特征[*]

7.1 生物监测样地概况

7.1.1 概况与区域代表性

贡嘎山高山生态系统观测试验站（以下简称贡嘎山站）隶属中国科学院成都山地灾害与环境研究所，位于青藏高原东南缘，横断山区最高峰——贡嘎山东坡，四川省甘孜州泸定县磨西镇境内，距成都约 300 km，距泸定县城约 60 km。贡嘎山站建于 1987 年，1990年进入 CERN，2005 年成为国家野外科学观测研究站。

贡嘎山站的监测和研究区域分布于海拔 1 600 m 的农业区到海拔 4 500 m 的高山草甸，其中 1 600～1 900 m 为农业区，1 900～2 200 m 为阔叶林带，2 200～2 800 m 为针阔混交林带，2 800～3 600 m 为针叶林带，3 600～4 200 m 为高山灌丛带，4 200～4 500 m 为高山草甸带。贡嘎山站的监测和研究区域无论从山体高度和垂直高差，还是自然垂直带谱的完整性在世界上也堪称独特。贡嘎山地区是高亚洲海洋性季风气候带的冰川—森林发育区，具有从干热河谷—农业区—阔叶林—针叶林—高山灌丛—高寒草甸—高山流石滩稀疏植被带完整的垂直带谱，贡嘎山地区自然地理和生态类型在青藏高原东缘具有典型性和代表性，属于典型的垂直地带性生境类型。同时，区域内生态系统的自然性保持完好、山地环境要素多样、生物多样性丰富，是开展山地森林生态系统研究理想的场地。

7.1.2 生物观测样地设置

贡嘎山站自 1987 年建站以来，已在贡嘎山东坡海螺沟和北坡雅家埂构建了系统的高山/亚高山野外观测试验研究平台，其中长期生物监测样地有 4 个，分别为峨眉冷杉成熟林观景台综合观测场永久样地、次生峨眉冷杉冬瓜杨演替林辅助观测场永久样地、峨眉冷杉成熟林辅助观测场永久样地和次生峨眉冷杉演替中龄林干河坝站区永久样地（表 7-1）。样地布局见图 7-1，样地群落外貌见彩图 7-1～彩图 7-4。

---

[*] 编写：冉　飞（中国科学院、水利部成都山地灾害与环境研究所）
　 审稿：常瑞英（中国科学院、水利部成都山地灾害与环境研究所）

表 7-1　贡嘎山站生物长期观测样地清单

序号	样地代码	样地名称	样地类别	植被类型	地理位置（样地中心点）	海拔/m	面积及形状/（m×m）	建立时间与计划使用年数
1	GGFZH01AC0_01	贡嘎山站峨眉冷杉成熟林观景台综合观测场永久样地	综合观测场	亚高山暗针叶林-峨眉冷杉成熟林（天然林）	101°59′19″E，29°34′23″N	3 160	50×50	2005 年，100 年
2	GGFFZ01AC0_01	贡嘎山站次生峨眉冷杉冬瓜杨演替林辅助观测场永久样地	辅助观测场	次生峨眉冷杉、冬瓜杨演替林（天然林）	101°59′54″E，29°34′34″N	3 000	30×40	1999 年，100 年
3	GGFFZ02A00_01	贡嘎山站峨眉冷杉成熟林辅助观测场永久样地	辅助观测场	亚高山暗针叶林-原生峨眉冷杉成熟林（天然林）	101°59′51″E，29°34′27″N	3 000	50×50	1999 年，100 年
4	GGFZQ01A00_01	贡嘎山站次生峨眉冷杉演替中龄林干河坝站区永久样地	站区调查点	亚高山暗针叶林-次生峨眉冷杉演替中龄林（天然林）	101°59′42″E，29°34′33″N	3 010	30×40	1999 年，100 年

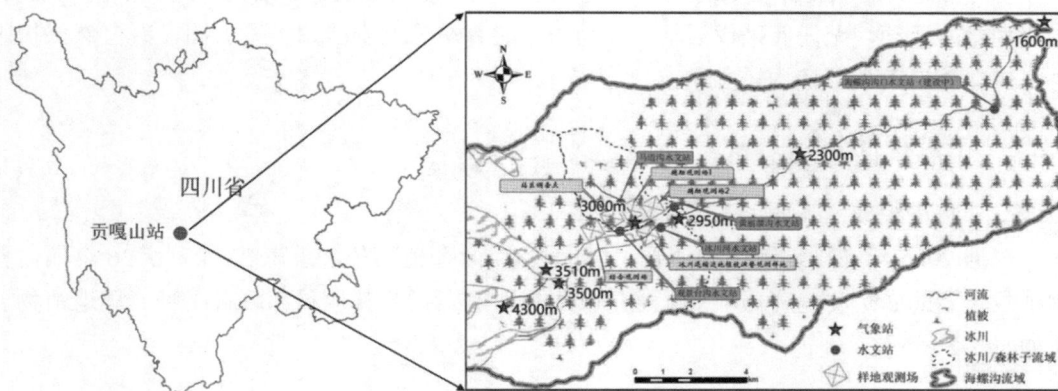

图 7-1　贡嘎山站长期生物观测样地布局

7.2　贡嘎山站峨眉冷杉成熟林观景台综合观测场永久样地

7.2.1　样地代表性

样地（GGFZH01AC0_01）建于 2005 年，面积为 50 m×50 m，地理位置为 101°59′19″E、

29°34′23″N，海拔为 3 160 m。样地植被为天然峨眉冷杉 [*Abies fabri*（Mast.）Craib] 林，为自然演替顶极群落。亚高山暗针叶林是青藏高原东缘山地森林植被的主体，是该区域分布最广、面积最大、生物量最高的地带性森林类型，属于西南低纬度高海拔山地独具特色的植被类型。以亚高山暗针叶林为主要类型的山地森林生态系统分布区，是我国西南地区以涵养水源、水土保持和生物多样性保护为主的国家主体功能区的重要组成部分，也是国家生态建设的重点区域。峨眉冷杉林是川西、滇西北和藏东南等地亚高山暗针叶林最主要的两大森林类型之一，对其开展长期监测与动态研究，可为合理开发利用山地自然资源，保护和改善山地生态环境，促进山区可持续发展，构建青藏高原东缘生态屏障提供科学依据。

7.2.2   自然环境背景与管理

样地地貌特征为高山，坡度 30°～35°，坡向 SE，坡位中下部。样地年均气温 4.2℃，年降水量 1 757.8～2 175.4 mm，＞10℃有效积温 992.3～1 304.8℃，年均无霜期 177.1 d。年均日照时数 845.8 h，年均蒸发量 418.4 mm。地下水位深度 1.36 m（坡底），年平均湿度90%。土壤母质为坡积物，根据全国第二次土壤普查，土类为棕色针叶林土，亚类为灰化棕色针叶林土。土壤剖面分层情况为：0～22 cm 为腐殖质层（A_1），腐殖质积累，灰黑色；22～55 cm 为沉积层（B），颗粒较细，质地黏重，棕色；55～100 cm 为母质层（C），灰白色，以大理石为主，母岩为新冰期冰碛物。无侵蚀情况。动物活动主要为小型啮齿类、鸟类（较为常见）的取食和栖居行为，偶见大型兽类（短尾藏酋猴）活动。人类干扰程度轻，主要为旅游活动，无任何采伐活动。样地为原始森林，位于四川贡嘎山国家级自然保护区内，建立前后人类干扰均较少。

7.2.3   植被特征

7.2.3.1   物种组成

根据 2005 年在样地范围的调查，样地共有 28 个植物种，隶属 22 个科、26 个属，含物种数较多的 2 个科为蔷薇科（6 种）和桦木科（2 种），其他科都只有 1 种。样地植物名录如表 7-2 所示。

表 7-2   贡嘎山站峨眉冷杉成熟林观景台综合观测场永久样地植物名录

序号	层次	物种中文名	物种学名	生活型
1	乔木层	冷杉*（俗名峨眉冷杉）	*Abies fabri*（Mast.）Craib	常绿针叶乔木
2	乔木层	糙皮桦*	*Betula utilis* D. Don	落叶阔叶乔木
3	乔木层	红桦	*Betula albosinensis* Burkill	落叶阔叶乔木
4	乔木层	五尖槭	*Acer maximowiczii* Pax	落叶阔叶乔木
5	乔木层	华西臭樱	*Maddenia wilsonii* Koehne	落叶阔叶乔木
6	乔木层	托叶樱桃	*Cerasus stipulacea*（Maxim.）T. T. Yu & C. L. Li	落叶阔叶乔木
7	灌木层	宝兴茶藨子*	*Ribes moupinense* Franch.	落叶阔叶灌木

序号	层次	物种中文名	物种学名	生活型
8	灌木层	针刺悬钩子*	*Rubus pungens* Cambess.	落叶阔叶灌木
9	灌木层	刺五加	*Eleutherococcus senticosus*（Rupr. & Maxim.）Maxim.	落叶阔叶灌木
10	灌木层	木通	*Akebia quinata*（Houtt.）Decne.	落叶阔叶灌木
11	灌木层	鞘柄菝葜	*Smilax stans* Maxim.	落叶阔叶灌木
12	灌木层	峨眉蔷薇	*Rosa omeiensis* Rolfe	落叶阔叶灌木
13	灌木层	多对花楸	*Sorbus multijuga* Koehne	落叶阔叶灌木
14	灌木层	华西忍冬	*Lonicera webbiana* Wall. ex DC.	落叶阔叶灌木
15	灌木层	美容杜鹃	*Rhododendron calophytum* Franch.	常绿阔叶灌木
16	灌木层	山梅花	*Philadelphus incanus* Koehne	落叶阔叶灌木
17	灌木层	显脉荚蒾	*Viburnum nervosum* Hook. & Arn.	落叶阔叶灌木
18	灌木层	紫花卫矛	*Euonymus porphyreus* Loes.	落叶阔叶灌木
19	草本层	犬形鼠尾草*	*Salvia cynica* Dunn	立茎杂类草
20	草本层	钝叶楼梯草	*Elatostema obtusum* Wedd.	茎平卧或渐升草本
21	草本层	膜边轴鳞蕨	*Dryopsis clarkei*（Baker）Holttum & P. J. Edwards	多年生蕨类草本
22	草本层	凉山悬钩子	*Rubus fockeanus* Kurz	多年生匍匐草本
23	草本层	六叶葎	*Galium asperuloides* subsp. *hoffmeisteri*（Klotzsch）Hara	立茎杂类草
24	草本层	矛叶荩草	*Arthraxon prionodes*（Steud.）Dandy	立茎杂类草
25	草本层	川滇薹草	*Carex schneideri* Nelmes	立茎杂类草
26	草本层	山酢浆草	*Oxalis griffithii* Edgew. & Hook. f.	立茎杂类草
27	草本层	细辛	*Asarum heterotropoides* Fr. Schmidt	立茎杂类草
28	草本层	独根草	*Oresitrophe rupifraga* Bunge	立茎杂类草

注：*为各层优势种。

7.2.3.2 群落结构

样地植被为亚高山暗针叶林，林相外貌特征可参见彩图 7-1。群落水平分布均匀，季相分明，每年 4 月返青，5—10 月为生长季，9—10 月为色叶季。植物群落有明显分层结构，包含乔木层、灌木层、草本层和地被层，层间植物包括藤本植物和寄生植物。乔木层盖度为 52%，平均胸径 30.5 cm，最大胸径 127.0 cm，平均高度 16.0 m，最大高度 46.0 m，平均密度 360 株/hm²。乔木层可分两层，第一层优势种为峨眉冷杉，平均高度 36.1 m；第二层优势种为糙皮桦，平均高度 17.0 m。灌木层盖度为 42.8%，平均高度 2.1 m，平均密度 2 468 株/hm²，优势种 2 种，为宝兴茶藨子和针刺悬钩子。草本层盖度 56.6%，平均高度 0.11 m，平均密度 17.4 株/m²，优势种为犬形鼠尾草。

7.2.3.3 植被分类地位

样地植物群落按照中国植被分类系统分类如下：

植被型组：森林 Forest

　植被型：常绿针叶林 Evergreen Needleleaf Forest

　　植被亚型：寒温性常绿针叶林 Cold-Temperate Evergreen Needleleaf Forest

群系：峨眉冷杉林 *Abies fabri* Evergreen Needleleaf Forest Alliance

群丛：峨眉冷杉-宝兴茶藨子-犬形鼠尾草 常绿针叶林 *Abies fabri - Ribes moupinense - Salvia cynica* Evergreen Needleleaf Forest

7.2.4 样地配置与观测内容

样地设置初期主要观测设施包括凋落物框、中子管、树干径流接收器和地表径流场。中子管 2018 年停止使用，同年安装土壤温湿盐自动观测系统，2021 年安装植物根系观测系统微根管。样地主要开展生物、土壤、水分和大气四大要素的观测，观测和采样方法及指标按照 CERN 综合观测场指标体系进行。

7.3 贡嘎山站次生峨眉冷杉冬瓜杨演替林辅助观测场永久样地

7.3.1 样地代表性

样地（GGFFZ01AC0_01）建于 1999 年，面积为 30 m × 40 m，地理位置为 101°59′54″E、29°34′34″N，海拔为 3 000 m。样地位于 20 世纪 40—50 年代形成的泥石流扇，系演替序列中期。对其进行监测，是对综合观测场永久样地监测内容的必要补充与对比。

7.3.2 自然环境背景与管理

样地地貌特征为泥石流扇，坡度 5°，坡向东坡，位于坡中。样地气温、降水、湿度等气候特征与综合观测场相同，参见 7.2.2 节。地下水位深度 2.53 m。土壤母质为泥石流堆积物，根据全国第二次土壤普查，土类为粗骨土，亚类为酸性泥石流粗骨土。土壤剖面分层情况为：0～6 cm 为枯枝落叶层（O），疏松、富有弹性，蓄水透水性强；6～18 cm 为腐殖质层（A_1），腐殖质积累，灰黑色；18～32 cm 为淋溶层到母质层过渡层（AC），兼具淋溶层和母质层的特征；32～65 cm 为母质层（C），以花岗岩为主。动物活动主要为小型啮齿类、鸟类（较为常见）的取食和栖居行为，偶见大型兽类（短尾藏酋猴）活动。人类干扰程度轻，主要为台站监测人员日常监测和采样，无任何采伐活动。样地位于四川贡嘎山国家级自然保护区内，建立前后人类干扰均较少。

7.3.3 植被特征

7.3.3.1 物种组成

根据 2005 年在样地范围的调查，样地共有 37 个植物种，隶属 24 个科、31 个属，含物种数较多的 8 个科为蔷薇科（7 种）、茶藨子科（2 种）、杜鹃花科（2 种）、桦木科（2 种）、茜草科（2 种）、忍冬科（2 种）、五福花科（2 种）和杨柳科（2 种），其他科都只有 1 种。样地植物名录如表 7-3 所示。

表 7-3 贡嘎山站次生峨眉冷杉冬瓜杨演替林辅助观测场永久样地植物名录

序号	层次	物种中文名	物种学名	生活型
1	乔木层	冷杉*（俗名峨眉冷杉）	*Abies fabri*（Mast.）Craib	常绿针叶乔木
2	乔木层	冬瓜杨*	*Populus purdomii* Rehder	落叶阔叶乔木
3	乔木层	糙皮桦	*Betula utilis* D. Don	落叶阔叶乔木
4	乔木层	红桦	*Betula albosinensis* Burkill	落叶阔叶乔木
5	乔木层	华西臭樱	*Maddenia wilsonii* Koehne	落叶阔叶乔木
6	乔木层	五尖槭	*Acer maximowiczii* Pax	落叶阔叶乔木
7	乔木层	托叶樱桃	*Cerasus stipulacea*（Maxim.）T. T. Yu & C. L. Li	落叶阔叶乔木
8	乔木层	稠李	*Padus avium* Mill.	落叶阔叶乔木
9	乔木层	沙棘	*Hippophae rhamnoides* L.	落叶阔叶乔木
10	乔木层	大叶柳	*Salix magnifica* Hemsl.	落叶阔叶乔木
11	乔木层	丝毛柳	*Salix luctuosa* H. Lév.	落叶阔叶乔木
12	灌木层	桦叶荚蒾*	*Viburnum betulifolium* Batalin	落叶阔叶灌木
13	灌木层	多对花楸*	*Sorbus multijuga* Koehne	落叶阔叶灌木
14	灌木层	华西忍冬	*Lonicera webbiana* Wall. ex DC.	落叶阔叶灌木
15	灌木层	显脉荚蒾	*Viburnum nervosum* Hook. & Arn.	落叶阔叶灌木
16	灌木层	宝兴茶藨子	*Ribes moupinense* Franch.	落叶阔叶灌木
17	灌木层	泡叶栒子	*Cotoneaster bullatus* Bois	落叶阔叶灌木
18	灌木层	豪猪刺	*Berberis julianae* C. K. Schneid.	常绿阔叶灌木
19	灌木层	鞘柄菝葜	*Smilax stans* Maxim.	落叶阔叶灌木
20	灌木层	针刺悬钩子	*Rubus pungens* Cambess.	落叶阔叶灌木
21	灌木层	美容杜鹃	*Rhododendron calophytum* Franch.	常绿阔叶灌木
22	灌木层	山梅花	*Philadelphus incanus* Koehne	落叶阔叶灌木
23	灌木层	长序茶藨子	*Ribes longiracemosum* Franch.	落叶阔叶灌木
24	灌木层	桦叶荚蒾	*Viburnum betulifolium* Batalin	落叶阔叶灌木
25	灌木层	紫花卫矛	*Euonymus porphyreus* Loes.	落叶阔叶灌木
26	灌木层	山光杜鹃	*Rhododendron oregdoxa* Franch.	常绿阔叶灌木
27	灌木层	青荚叶	*Helwingia japonica*（Thunb.）F. Dietr.	落叶阔叶灌木
28	草本层	圆叶鹿蹄草*	*Pyrola rotundifolia* L.	常绿草本
29	草本层	膜边轴鳞蕨	*Dryopsis clarkei*（Baker）Holttum & P. J. Edwards	多年生蕨类草本
30	草本层	凉山悬钩子	*Rubus fockeanus* Kurz	多年生匍匐草本
31	草本层	六叶葎	*Galium asperuloides* subsp. *hoffmeisteri*（Klotzsch）Hara	立茎杂类草
32	草本层	矛叶荩草	*Arthraxon prionodes*（Steud.）Dandy	立茎杂类草
33	草本层	川滇薹草	*Carex schneideri* Nelmes	立茎杂类草
34	草本层	管花鹿药	*Maianthemum henryi*（Baker）LaFrankie	立茎杂类草
35	草本层	七叶一枝花	*Paris polyphylla* Sm.	立茎杂类草
36	草本层	茜草	*Rubia cordifolia* L.	立茎杂类草
37	草本层	多脉报春	*Primula polyneura* Franch.	立茎杂类草

注：*为各层优势种。

7.3.3.2 群落结构

样地植被为次生峨眉冷杉、冬瓜杨演替林，林相外貌参见彩图 7-2。群落水平分布均匀，季相分明，每年 4 月返青，5—10 月为生长季，9—10 月为色叶季。植物群落有明显分层结构，包含乔木层、灌木层、草本层和地被层，层间植物包括藤本植物和寄生植物。乔木层盖度为 76%，平均胸径 11.6 cm，最大胸径 32.3 cm，平均高度 10.1 m，最大高度20.2 m，密度 1 767 株/hm²。乔木层可分两层，第一层优势种为冬瓜杨，平均高度 14.19 m；第二层优势种为峨眉冷杉，平均高度 10.51 m。灌木层盖度为 74.8%，平均高度 2.7 m，平均密度 2 742 株/hm²，优势种 2 种，为桦叶荚蒾和多对花楸。草本层盖度 57.1%，平均高度 0.09 m，平均密度 19.7 株/m²，优势种为圆叶鹿蹄草。

7.3.3.3 植被分类地位

样地植物群落按照中国植被分类系统分类如下：

植被型组：森林 Forest

　植被型：针叶与阔叶混交林 Mixed Needleleaf and Broadleaf Forest

　　植被亚型：亚热带山地针叶与阔叶混交林 Subtropical Montane Mixed Needleleaf and Broadleaf Forest

　　　群系：峨眉冷杉+冬瓜杨针阔混交林 *Abies fabri* + *Populus purdomii* Mixed Needleleaf and Broadleaf Forest Alliance

　　　　群丛：峨眉冷杉+冬瓜杨-桦叶荚蒾-圆叶鹿蹄草 针叶与阔叶混交林 *Abies fabri* + *Populus purdomii* - *Viburnum betulifolium* - *Pyrola rotundifolia* Mixed Needleleaf and Broadleaf Forest

7.3.4 样地配置与观测内容

样地设置初期主要观测设施包括凋落物框、中子管、树干径流接收器和地表径流场。2018 年安装土壤温湿盐自动观测系统和植物物候自动观测系统，2021 年安装植物根系观测系统微根管。样地主要开展生物、土壤、水分和大气四大要素的观测，观测和采样方法及指标按照 CERN 辅助观测场指标体系进行。

7.4　贡嘎山站峨眉冷杉成熟林辅助观测场永久样地

7.4.1　样地代表性

样地（GGFFZ02A00_01）建于 1999 年，面积为 50 m×50 m，地理位置为 101°59′51″E、29°34′27″N，海拔为 3 000 m，植被为亚高山暗针叶林-原生峨眉冷杉成熟林。样地原为综合观测场，因海螺沟景区修建马道而受到干扰，加之土样取样困难，从 2004 年开始仅作为生物和水分辅助观测场使用，植被类型和代表性与峨眉冷杉成熟林观景台综合观测场永久样地极为相似，参见 7.2.1 节。

7.4.2　自然环境背景与管理

样地地貌特征为古冰川侧碛堤，坡度 28°，坡向北坡，位于坡中。气温、降水和湿度等气候特征与综合观测场相同，参见 7.2.2 节。林内积雪 4 个月以上。样地枯枝落叶层（A_0）厚度约为 10 cm，疏松，富有弹性，蓄水透水性强，其下为母质层（C），母岩为新冰期冰碛物。动物活动主要为小型啮齿类、鸟类（较为常见）取食和栖居行为，偶见大型兽类（短尾藏酋猴）活动。人类活动属于轻度，主要为旅游活动及台站监测人员日常监测和采样，无任何采伐活动。样地为峨眉冷杉成熟林，位于四川贡嘎山国家级自然保护区内，建立前后人类干扰均较少。

7.4.3　植被特征

7.4.3.1　物种组成

样地建立时植被类型为峨眉冷杉成熟林。根据 2005 年在样地范围的调查，样地共有 22 个植物种，隶属 15 个科、18 个属，含物种数较多的 4 个科为蔷薇科（5 种）、杜鹃花科（2 种）、忍冬科（2 种）和五福花科（2 种），其他科都只有 1 种。样地植物名录如表 7-4 所示。

表 7-4　贡嘎山站峨眉冷杉成熟林辅助观测场永久样地植物名录

序号	层次	物种中文名	物种学名	生活型
1	乔木层	冷杉*（俗名峨眉冷杉）	*Abies fabri*（Mast.）Craib	常绿针叶乔木
2	乔木层	红桦*	*Betula albosinensis* Burkill	落叶阔叶乔木
3	乔木层	五尖槭	*Acer maximowiczii* Pax	落叶阔叶乔木
4	乔木层	托叶樱桃	*Cerasus stipulacea*（Maxim.）T. T. Yu & C. L. Li	落叶阔叶乔木
5	灌木层	桦叶荚蒾*	*Viburnum betulifolium* Batalin	落叶阔叶灌木
6	灌木层	宝兴茶藨子	*Ribes moupinense* Franch.	落叶阔叶灌木
7	灌木层	杯萼忍冬	*Lonicera inconspicua* Batalin	落叶阔叶灌木
8	灌木层	长鳞杜鹃	*Rhododendron longesquamatum* Schneid.	常绿阔叶灌木
9	灌木层	针刺悬钩子	*Rubus pungens* Cambess.	落叶阔叶灌木
10	灌木层	野蔷薇	*Rosa multiflora* Thunb.	落叶阔叶灌木
11	灌木层	多对花楸	*Sorbus multijuga* Koehne	落叶阔叶灌木
12	灌木层	华西忍冬	*Lonicera webbiana* Wall. ex DC.	落叶阔叶灌木
13	灌木层	太平花	*Philadelphus pekinensis* Rupr.	落叶阔叶灌木
14	灌木层	显脉荚蒾	*Viburnum nervosum* Hook. & Arn.	落叶阔叶灌木
15	灌木层	紫花卫矛	*Euonymus porphyreus* Loes.	落叶阔叶灌木
16	草本层	多穗石松*	*Lycopodium annotinum* L.	多年生匍匐草本
17	草本层	圆叶鹿蹄草	*Pyrola rotundifolia* L.	多年生匍匐草本
18	草本层	钝叶楼梯草	*Elatostema obtusum* Wedd.	茎平卧或渐升草本
19	草本层	膜边轴鳞蕨	*Dryopsis clarkei*（Baker）Holttum & P. J. Edwards	多年生蕨类草本

序号	层次	物种中文名	物种学名	生活型
20	草本层	凉山悬钩子	*Rubus fockeanus* Kurz	多年生匍匐草本
21	草本层	茜草	*Rubia cordifolia* L.	立茎杂类草
22	草本层	山酢浆草	*Oxalis griffithii* Edgew. & Hook. f.	立茎杂类草

注：*为各层优势种。

7.4.3.2 群落结构

样地植被为亚高山暗针叶林，林相外貌见彩图 7-3。群落水平分布均匀，季相变化不显著，有明显分层结构，包含乔木层、灌木层、草本层和地被层，层间植物包括藤本植物和寄生植物。乔木层盖度为 62%，平均胸径 34.9 cm，最大胸径 74.8 cm，平均高度 23 m，最大高度 39 m，平均密度 236 株/hm²。乔木层可分两层，第一层优势种为峨眉冷杉，平均高度 27 m；第二层优势种为红桦，平均高度 7 m。灌木层盖度为 59.1%，平均高度 1.7 m，平均密度 10 480 株/hm²，优势种为桦叶荚蒾。草本层盖度 49.8%，平均高度 0.08 m，平均密度 35.28 株/m²，优势种为多穗石松。苔藓类地被层较为发达，厚度约 15 cm，盖度约 80%。

7.4.3.3 植被分类地位

样地植物群落按照中国植被分类系统分类如下：

植被型组：森林 Forest

  植被型：常绿针叶林 Evergreen Needleleaf Forest

    植被亚型：寒温性常绿针叶林 Cold-Temperate Evergreen Needleleaf Forest

      群系：峨眉冷杉林 *Abies fabri* Evergreen Needleleaf Forest Alliance

        群丛：峨眉冷杉-桦叶荚蒾-多穗石松 常绿针叶林 *Abies fabri - Viburnum betulifolium - Lycopodium annotinum* Evergreen Needleleaf Forest

7.4.4 样地配置与观测内容

样地设置初期主要观测设施包括凋落物框、中子管、树干径流接收器和地表径流场，2018 年安装树木径向生长自动观测系统。样地原为综合观测场，因海螺沟景区修建马道而受到干扰，加之土样取样困难，从 2004 年开始仅作为生物和水分辅助观测场使用，观测和采样方法及指标按照 CERN 辅助观测场指标体系进行。

7.5 贡嘎山站次生峨眉冷杉演替中龄林干河坝站区永久样地

7.5.1 样地代表性

样地（GGFZQ01A00_01）建于 1999 年，面积为 30 m×40 m，地理位置为 101°59′42″E、29°34′33″N，海拔为 3 010 m。样地位于 20 世纪 40—50 年代形成的泥石流扇，为次生峨眉冷杉演替中龄林，系演替序列中期。对其进行土壤和生物监测，是对综合观测场永久样地监测内容的必要补充。

7.5.2　自然环境背景与管理

样地地貌特征为泥石流扇，坡度 7°～10°，坡向 SE，位于坡中。样地气温、降水、湿度等气候特征与综合观测场相同，参见 7.2.2 节。地下水位深度 2.53 m，年干燥度 0.093。土壤母质为泥石流堆积物，根据全国第二次土壤普查，土类为粗骨土，亚类为泥石流粗骨土。土壤剖面分层情况为：0～10 cm 为枯枝落叶层（A_0），疏松、富有弹性，蓄水透水性强；10～22 cm 为腐殖质层（A_1），腐殖质积累，灰黑色；22～33 cm 为淋溶层到母质层过渡层（AC），兼具淋溶层和母质层的特征；33～78 cm 为母质层（C），以花岗岩为主，灰白色，母岩为新冰期冰碛物。无侵蚀情况。动物活动主要为小型啮齿类、鸟类（较为常见）的取食和栖居行为，偶见大型兽类（短尾藏酋猴）活动。人类干扰程度轻，主要为旅游活动及台站监测人员日常监测和采样，无任何采伐活动。样地为次生峨眉冷杉演替中龄林，位于四川贡嘎山国家级自然保护区内，建立前后人类干扰均较少。

7.5.3　植被特征

7.5.3.1　物种组成

样地建立时植被类型为次生峨眉冷杉演替中龄林。根据 2005 年在样地范围的调查，样地共有 24 个植物种，隶属 15 个科、20 个属，含物种数较多的 5 个科为蔷薇科（6 种）、杜鹃花科（2 种）、桦木科（2 种）、忍冬科（2 种）和五福花科（2 种），其他科都只有 1 种。样地植物名录如表 7-5 所示。

表 7-5　贡嘎山站次生峨眉冷杉演替中龄林干河坝站区永久样地植物名录

序号	层次	物种中文名	物种学名	生活型
1	乔木层	冷杉*（俗名峨眉冷杉）	*Abies fabri*（Mast.）Craib	常绿针叶乔木
2	乔木层	冬瓜杨	*Populus purdomii* Rehder	落叶阔叶乔木
3	乔木层	红桦	*Betula albosinensis* Burkill	落叶阔叶乔木
4	乔木层	糙皮桦	*Betula utilis* D. Don	落叶阔叶乔木
5	乔木层	五尖槭	*Acer maximowiczii* Pax	落叶阔叶乔木
6	乔木层	托叶樱桃	*Cerasus stipulacea*（Maxim.）T. T. Yu & C. L. Li	落叶阔叶乔木
7	乔木层	稠李	*Padus avium* Mill.	落叶阔叶乔木
8	灌木层	桦叶荚蒾*	*Viburnum betulifolium* Batalin	落叶阔叶灌木
9	灌木层	长鳞杜鹃	*Rhododendron longesquamatum* Schneid.	落叶阔叶灌木
10	灌木层	宝兴茶藨子	*Ribes moupinense* Franch.	落叶阔叶灌木
11	灌木层	泡叶栒子	*Cotoneaster bullatus* Bois	落叶阔叶灌木
12	灌木层	多对花楸	*Sorbus multijuga* Koehne	落叶阔叶灌木
13	灌木层	华西忍冬	*Lonicera webbiana* Wall. ex DC.	落叶阔叶灌木
14	灌木层	野蔷薇	*Rosa multiflora* Thunb.	落叶阔叶灌木
15	灌木层	显脉荚蒾	*Viburnum nervosum* Hook. & Arn.	落叶阔叶灌木

序号	层次	物种中文名	物种学名	生活型
16	灌木层	紫花卫矛	*Euonymus porphyreus* Loes.	落叶阔叶灌木
17	灌木层	杯萼忍冬	*Lonicera inconspicua* Batalin	落叶阔叶灌木
18	草本层	凉山悬钩子*	*Rubus fockeanus* Kurz	多年生匍匐草本
19	草本层	川滇薹草	*Carex schneideri* Nelmes	立茎杂类草
20	草本层	圆叶鹿蹄草	*Pyrola rotundifolia* L.	多年生匍匐草本
21	草本层	高山唐松草	*Thalictrum alpinum* L.	立茎杂类草
22	草本层	多穗石松	*Lycopodium annotinum* L.	多年生匍匐草本
23	草本层	山酢浆草	*Oxalis griffithii* Edgew. & Hook. f.	立茎杂类草
24	草本层	管花鹿药	*Maianthemum henryi*（Baker）LaFrankie	立茎杂类草

注：*为各层优势种。

7.5.3.2 群落结构

样地植被为亚高山暗针叶林，林相外貌特征参见彩图 7-4。群落水平分布均匀，季相变化不显著，有明显分层结构，包含乔木层、灌木层、草本层和地被层，层间植物包括藤本植物和寄生植物。乔木层盖度为 90%，平均胸径 17.3 cm，最大胸径 37.6 cm，平均高度 16 m，最大高度 22.8 m，平均密度 1 816.67 株/hm^2。灌木层盖度为 3.4%，平均高度 2.1 m，平均密度 1 475 株/hm^2，优势种为桦叶荚蒾。草本层盖度 21.8%，平均高度 0.05 m，平均密度 20.3 株/m^2，优势种为凉山悬钩子。苔藓类地被层较为发达，厚度约 5 cm，盖度约 60%。

7.5.3.3 植被分类地位

样地植物群落按照中国植被分类系统分类如下：

植被型组：森林 Forest

植被型：常绿针叶林 Evergreen Needleleaf Forest

植被亚型：寒温性常绿针叶林 Cold-Temperate Evergreen Needleleaf Forest

群系：峨眉冷杉林 *Abies fabri* Evergreen Needleleaf Forest Alliance

群丛：峨眉冷杉-桦叶荚蒾-凉山悬钩子 常绿针叶林 *Abies fabri - Viburnum betulifolium - Rubus fockeanus* Evergreen Needleleaf Forest

7.5.4 样地配置与观测内容

样地设置初期主要观测设施包括凋落物框、树干径流接收器和地表径流场。2018 年安装土壤温湿盐自动观测系统和树木径向生长自动观测系统。样地主要开展生物、土壤和水分三大要素的观测，观测和采样方法及指标按照 CERN 辅助观测场指标体系进行。

8　会同站生物监测样地本底与植被特征[*]

8.1　生物监测样地概况

8.1.1　台站概况与区域代表性

　　会同森林生态系统定位研究站（以下简称会同站）位于湖南省西南部的会同县广坪镇磨哨大队林场（109°36′15.1″E、26°51′0.2″N，海拔 300～564 m）。会同站由中国科学院沈阳应用生态研究所（原林业土壤研究所）于 1960 年建立，1990 年加入 CERN，2005 年成为国家野外科学观测研究站。

　　会同站的监测和研究区域地处长江水系之沅江上游，东枕雪峰山脉，西倚云贵高原，为云贵高原向江南丘陵延伸的过渡带，在地理位置上有过渡和交会的特点，属于典型中亚热带气候区。地层古老，以震旦纪的板溪系灰绿色板岩、变质页岩、砂页岩为主，局部地区为第三纪红色岩层和石灰岩。该区域水热和立地等条件非常适合杉木生长，盛行人工种植杉木，是国家杉木的中心产区。同时，该区域温湿多雨的气候条件和特定的地质地貌，孕育了具有代表性和典型性的地带性亚热带常绿阔叶林，林内结构完整，功能齐全，是我国中亚热带地区生物多样性最丰富的地区之一。

8.1.2　生物监测样地设置

　　自会同站建站以来，以中亚热带常绿阔叶林和杉木人工林为主要监测和研究对象，先后设置了 3 个生物监测永久样地，包括杉木人工林综合观测场永久样地、常绿阔叶林综合观测场永久样地和杉木人工林 1 号辅助观测场永久样地；在 2 个综合观测场附近的相似地段分别设置破坏性采样地，用于破坏性采样观测（表 8-1）。样地布局见图 8-1。

---

* 编写：黄　苛（中国科学院沈阳应用生态研究所）
　审稿：颜绍馗（中国科学院沈阳应用生态研究所）

表 8-1　会同站生物长期观测样地清单

序号	样地代码	样地名称	样地类别	植被类型	地理位置	海拔/m	面积及形状/（m×m）	建立时间与计划使用年数
1	HTFZH01ABC_01	会同站杉木人工林综合观测场永久样地	综合观测场	人工栽植杉木人工纯林	109°36′15.1″～109°36′21″E，26°51′0.2″～26°51′5.6″N	500～540	40×50	1997 年，长期
2	HTFZH02ABC_01	会同站常绿阔叶林综合观测场永久样地	综合观测场	天然次生常绿阔叶林	109°36′36.0569″～109°36′33.5711″E，26°50′52.7105″～26°50′55.3809″N	300～415	2 500 m²，多边形	1997 年，长期
3	HTFFZ01AB0_01	会同站杉木人工林 1 号辅助观测场永久样地	辅助观测场	人工栽植杉木人工纯林	109°36′19.1091″～109°36′16.0110″E，26°51′9.8148″～26°51′9.4575″N	529～564	2 000 m²，多边形	1997 年，长期

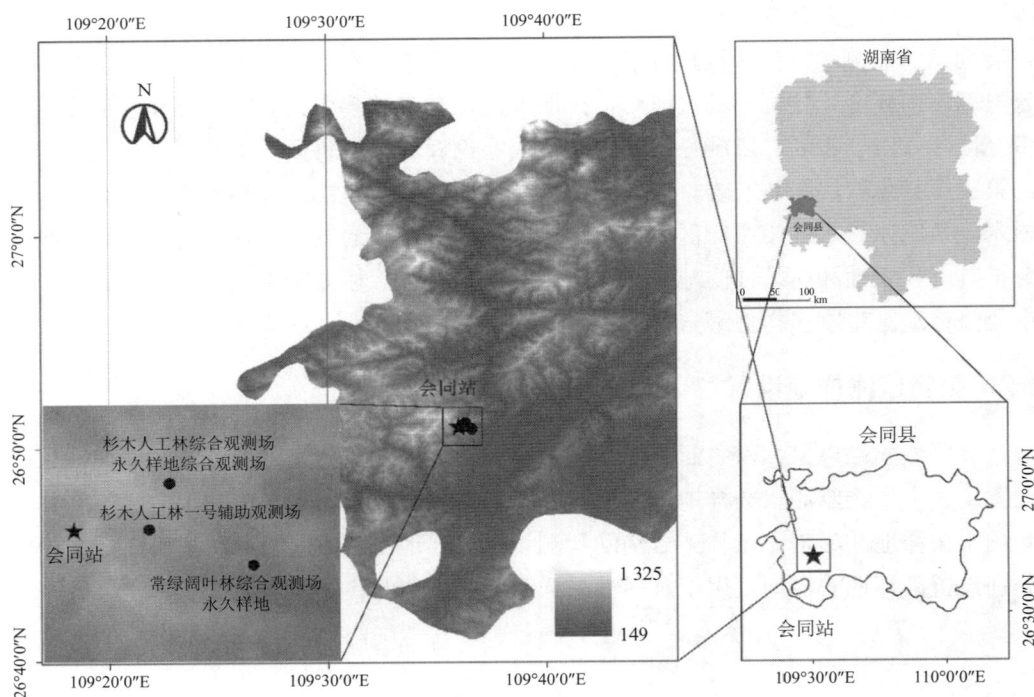

图 8-1　会同站生物长期观测样地布局

8.2 会同站杉木人工林综合观测场永久样地

8.2.1 样地代表性

样地（HTFZH01ABC_01）建于 1997 年，面积为 40 m×50 m，地理位置为 109°36′15.1″～109°36′21″E、26°51′0.2″～26°51′5.6″N，海拔 500～540 m。样地植被为中亚热带杉木人工林，1983 年栽植杉木，样地建立时为中龄林。杉木作为我国特有的重要用材树种，已有1 000 多年的栽培历史，广泛分布在南方亚热带地区。样地位于湖南省西南部会同县，属于中国杉木中带分布区，是杉木的中心产区之一，杉木栽植极为广泛。在该区域进行杉木人工林的长期监测，能为继续发展杉木人工林提供基础数据，对木材增产、生态安全和绿色发展具有重要战略意义。

8.2.2 自然环境背景与管理

样地地貌特征为山地中丘陵，地势相对平缓，坡向为东南坡，坡度 20°，中坡。年均气温 16.5℃，年降水量 1 200～1 400 mm，＞10.0℃有效积温 5 100.0℃，无霜期约 350 d，年平均相对湿度 80%以上，年干燥度 0.6～0.7。土壤母岩属板页岩，根据全国第二次土壤普查名称，土壤属于黄壤土类、黄壤亚类。土层表面凋落物较多。土壤机械组成：0～80 cm均为粉（砂）质黏土。土壤剖面特征：层次发育明显，表层疏松，心土层紧实；从心土层开始，半风化物逐渐增加；亮棕色—橙色—黄橙色；质地均一，粉砂质黏土，黏粒含量＞400.0 g/kg，细粉砂/黏粒比＞1；B 层 pH（H_2O）＜5.0，pH（KCl）＜4.0，部分亚层表观阳离子交换量＜24.0 cmol（+）/kg，黏粒，游离铁含量＞20 g/kg，盐基饱和度＜10.0%，铝饱和度＞60%，交换性铝＜12.0 cmol（+）/kg；表层 pH 3.9，向下逐渐增加；表层有机碳含量 30.3 g/kg，阳离子交换量 15.7 cmol（+）/kg，向下逐渐减少；全剖面游离铁含量较一致，为 23.6～24.7 g/kg。水蚀情况较弱，无重力和风力侵蚀，地表无盐碱化情况。样地为杉木人工林，造林时整个样地进行过炼山处理，同时做了梯形带。除了鼠类、蛇类和鸟类，其他动物活动较为少见。观测场永久样地四周均围有铁丝网，人类活动除了正常科研监测，其他人为干扰活动较少。样地属于二耕土（栽植第二代杉木），在 1983 年人工栽植杉木纯林，栽植时由于原始栽植密度较大，分别于 1997 年和 2003 年进行了两次抚育间伐，之后处于自然演替状态。

8.2.3 植被特征

8.2.3.1 物种组成

根据 2005 年在样地范围的调查，样地共有植物 92 种，隶属 50 科、76 属，其中木本植物 55 种，草本植物 37 种。样地中含物种数量较多的科为蔷薇科（10 种）、菊科（6 种）、大戟科（5 种）、百合科（4 种）、凤尾蕨科（4 种）和禾本科（4 种）。乔木层物种数 1 种，隶属杉科、杉木属。灌木层（含乔木幼树）物种数 55 种，隶属 34 科、43 属，优势种 3 种。草本层（含灌木幼树）植物 38 种，隶属 25 科、41 属，优势种 3 种。样地植物名录见表 8-2。

表 8-2 会同站杉木人工林综合观测场永久样地植物名录

序号	层次	物种中文名	物种学名	生活型
1	乔木层	杉木*	*Cunninghamia lanceolata*（Lamb.）Hook.	常绿针叶乔木
2	灌木层	空心藨*	*Rubus rosifolius* Sm.	落叶阔叶灌木
3	灌木层	枇杷*	*Eriobotrya japonica*（Thunb.）Lindl.	常绿阔叶乔木
4	灌木层	大叶白纸扇*	*Mussaenda shikokiana* Makino	落叶阔叶灌木
5	灌木层	杜茎山	*Maesa japonica*（Thunb.）Moritzi & Zoll.	常绿阔叶灌木
6	灌木层	杉木	*Cunninghamia lanceolata*（Lamb.）Hook.	常绿针叶乔木
7	灌木层	紫麻	*Oreocnide frutescens*（Thunb.）Miq.	常绿阔叶灌木
8	灌木层	鲫鱼胆	*Maesa perlarius*（Lour.）Merr.	常绿阔叶灌木
9	灌木层	楤木	*Aralia elata*（Miq.）Seem.	落叶阔叶灌木
10	灌木层	山莓	*Rubus corchorifolius* L. f.	常绿阔叶灌木
11	灌木层	毛叶木姜子	*Litsea mollis* Hemsl.	落叶阔叶乔木
12	灌木层	红柴枝	*Meliosma oldhamii* Miq. ex Maxim.	落叶阔叶乔木
13	灌木层	刺楸	*Kalopanax septemlobus*（Thunb.）Koidz.	落叶阔叶乔木
14	灌木层	山乌桕	*Triadica cochinchinensis* Lour.	落叶阔叶乔木
15	灌木层	紫珠	*Callicarpa bodinieri* H. Lév.	常绿阔叶灌木
16	灌木层	深山含笑	*Michelia maudiae* Dunn	常绿阔叶乔木
17	灌木层	细齿叶柃	*Eurya nitida* Korth.	常绿阔叶灌木
18	灌木层	小叶青冈	*Cyclobalanopsis myrsinifolia*（Blume）Oerst.	常绿阔叶乔木
19	灌木层	黄牛奶树	*Symplocos cochinchinensis* var. *laurina*（Retz.）Raizada	常绿阔叶灌木
20	灌木层	赤杨叶	*Alniphyllum fortunei*（Hemsl.）Makino	落叶阔叶乔木
21	灌木层	白叶莓	*Rubus innominatus* S. Moore	落叶阔叶灌木
22	灌木层	盐麸木	*Rhus chinensis* Mill.	落叶阔叶灌木
23	灌木层	长柄山蚂蝗	*Hylodesmum podocarpum*（DC.）H.Ohashi & R.R.Mill	直立草本
24	灌木层	楮	*Broussonetia kazinoki* Sieb. & Zucc.	落叶阔叶灌木
25	灌木层	杨梅	*Myrica rubra*（Lour.）Sieb. & Zucc.	常绿阔叶乔木
26	灌木层	白饭树	*Flueggea virosa*（Roxb. ex Willd.）Voigt	常绿阔叶灌木
27	灌木层	野漆	*Toxicodendron succedaneum*（L.）Kuntze	落叶阔叶乔木
28	灌木层	油茶	*Camellia oleifera* C.Abel	常绿阔叶灌木
29	灌木层	刨花润楠	*Machilus pauhoi* Kaneh.	常绿阔叶乔木
30	灌木层	广东紫珠	*Callicarpa kwangtungensis* Chun	落叶阔叶灌木
31	灌木层	异叶榕	*Ficus heteromorpha* Hemsl.	落叶阔叶灌木
32	灌木层	油桐	*Vernicia fordii*（Hemsl.）Airy Shaw	落叶阔叶乔木
33	灌木层	毛桐	*Mallotus barbatus*（Wall.）Müll. Arg.	落叶阔叶乔木

序号	层次	物种中文名	物种学名	生活型
34	灌木层	宽卵叶长柄山蚂蝗	*Hylodesmum podocarpum* subsp. *fallax* （Schindl.）H. Ohashi & R. R. Mill	多年生直立草本
35	灌木层	山胡椒	*Lindera glauca*（Sieb. & Zucc.）Blume	落叶阔叶灌木
36	灌木层	亮叶桦	*Betula luminifera* H. J. P. Winkl.	落叶阔叶乔木
37	灌木层	醉香含笑	*Michelia macclurei* Dandy	常绿阔叶乔木
38	灌木层	朴树	*Celtis sinensis* Pers.	落叶阔叶乔木
39	灌木层	常山	*Dichroa febrifuga* Lour.	常绿阔叶灌木
40	灌木层	山柳	*Salix pseudotangii* C. Wang & C. Y. Yu	落叶阔叶乔木
41	灌木层	野柿	*Diospyros kaki* var. *silvestris* Makino	落叶阔叶乔木
42	灌木层	枫香树	*Liquidambar formosana* Hance	落叶阔叶乔木
43	灌木层	湖北算盘子	*Glochidion wilsonii* Hutch.	常绿阔叶灌木
44	灌木层	乌桕	Triadica sebifera（L.）Small	落叶阔叶乔木
45	灌木层	枳椇	*Hovenia acerba* Lindl.	落叶阔叶乔木
46	灌木层	中华石楠	*Photinia beauverdiana* C. K. Schneid.	落叶阔叶乔木
47	灌木层	菝葜	*Smilax china* L.	落叶藤本
48	灌木层	钩藤	*Uncaria rhynchophylla*（Miq.）Miq. ex Havil.	落叶藤本
49	灌木层	土茯苓	*Smilax glabra* Roxb.	常绿藤本
50	灌木层	宜昌悬钩子	*Rubus ichangensis* Hemsl. & Ktze.	落叶或半常绿攀援灌木
51	灌木层	华中五味子	*Schisandra sphenanthera* Rehder & .E. H. Wilson	常绿藤本
52	灌木层	藤构	*Broussonetia kaempferi* var. australis T. Suzuki	落叶阔叶灌木
53	灌木层	高粱藨	*Rubus lambertianus* Ser.	半落叶藤状灌木
54	灌木层	黄毛猕猴桃	*Actinidia fulvicoma* Hance	落叶藤本
55	灌木层	忍冬	*Lonicera japonica* Thunb.	半灌木
56	灌木层	短梗菝葜	*Smilax scobinicaulis* C. H. Wright	落叶藤本
57	草本层	淡竹叶*	*Lophatherum gracile* Brongn.	冬性一年生草本
58	草本层	粟米草*	*Mollugo stricta* L.	冬性一年生草本
59	草本层	边缘鳞盖蕨*	*Microlepia marginata*（Panz.）C. Chr.	多年生蕨类
60	草本层	中日金星蕨	*Parathelypteris nipponica*（Franch. & Sav.）Ching	多年生蕨类
61	草本层	梵天花	*Urena procumbens* L.	落叶半灌木
62	草本层	牛膝	*Achyranthes bidentata* Blume	多年生直立茎杂类草
63	草本层	黑足鳞毛蕨	*Dryopteris fuscipes* C. Chr.	多年生蕨类
64	草本层	狗脊	*Woodwardia japonica*（L. f.）Sm.	多年生蕨类
65	草本层	山姜	*Alpinia japonica*（Thunb.）Miq.	多年生草本
66	草本层	蹄盖蕨	*Athyrium filix-femina*（L.）Roth	多年生蕨类
67	草本层	芒	*Miscanthus sinensis* Andersson	冬性一年生草本
68	草本层	紫萁	*Osmunda japonica* Thunb.	多年生蕨类
69	草本层	委陵菜	*Potentilla chinensis* Ser.	多年生蔓生茎杂类草
70	草本层	见血青	*Liparis nervosa*（Thunb. ex A. Murray）Lindl.	多年生直立草本
71	草本层	求米草	*Oplismenus undulatifolius*（Ard.）P. Beauv.	冬性一年生草本

序号	层次	物种中文名	物种学名	生活型
72	草本层	毛毡草	*Blumea hieraciifolia*（Spreng.）DC. in Wight	一年生草本
73	草本层	下田菊	*Adenostemma lavenia*（L.）Kuntze	冬性一年生草本
74	草本层	黄精	*Polygonatum sibiricum* Redouté	多年生直立茎杂类草
75	草本层	野茼蒿	*Crassocephalum crepidioides*（Benth.）S. Moore	冬性一年生草本
76	草本层	金毛狗蕨	*Cibotium barometz*（L.）J. Sm.	多年生蕨类
77	草本层	白酒草	*Eschenbachia japonica*（Thunb.）J. Kost.	冬性一年生草本
78	草本层	阔片金星蕨	*Parathelypteris pauciloba* Ching ex S. H. Wu	多年生蕨类
79	草本层	平羽凤尾蕨	*Pteris kiuschiuensis* Hieron.	多年生蕨类
80	草本层	小旱稗	*Echinochloa crus-galli* var. *austrojaponensis* Ohwi	多年生丛生草
81	草本层	三脉紫菀	*Aster trinervius* subsp. *ageratoides*（Turcz.）Grierson	多年生直立茎杂类草
82	草本层	杏香兔儿风	*Ainsliaea fragrans* Champ.	多年生蔓生茎杂类草
83	草本层	乌蕨	*Sphenomeris chinensis*（L.）Maxon	多年生蕨类
84	草本层	凤尾蕨	*Pteris cretica* var. intermedia（Christ）C. Chr.	多年生蕨类
85	草本层	红马蹄草	*Hydrocotyle nepalensis* Hook.	多年生直立茎杂类草
86	草本层	虹鳞肋毛蕨	*Ctenitis membranifolia* Ching & C. H. Wang	多年生蕨类
87	草本层	蕨	*Pteridium aquilinum* var. *latiusculum*（Desv.）Underw. ex A. Heller	一年生蕨类
88	草本层	露珠珍珠菜	*Lysimachia circaeoides* Hemsl.	多年生直立茎杂类草
89	草本层	龙芽草	*Agrimonia pilosa* Ledeb.	多年生直立茎杂类草
90	草本层	龙葵	*Solanum nigrum* L.	冬性一年生草本
91	草本层	欧洲凤尾蕨	*Pteris cretica* L.	多年生蕨类
92	草本层	扇叶铁线蕨	*Adiantum flabellulatum* L.	多年生蕨类
93	草本层	腺毛莓	*Rubus adenophorus* Rolfe	常绿藤本
94	草本层	紫珠	*Callicarpa bodinieri* H. Lév.	常绿阔叶灌木

注：*为各层优势种。

8.2.3.2 群落结构

样地植被有明显的分层结构，包含乔木层、灌木层和草本层。群落外貌见彩图 8-1。乔木层物种单一，完全由杉木占据，四季常绿，季相变化不明显，盖度约 65%，高度为 8.0～21.6 m，平均高度 16.3 m，胸径为 14.5～32.8 cm，平均胸径 21.8 cm，平均密度 1 035 株/hm²。灌木层盖度约 51.3%，平均高度 0.8 m，平均密度 18 375 株/hm²，优势种包括空心藨、枇杷（乔木幼苗）和大叶白纸扇。灌木层分层明显，大灌木层主要为落叶阔叶灌木大叶白纸扇，中灌木层由常绿灌木紫麻、杜茎山、鲫鱼胆、紫珠和一些乔木幼树（如深山含笑、杉木）组成，小灌木层主要为空心藨。草本层分层不明显，盖度约 33.5%，平均高度 0.7 m，平均密度 5.44 株（丛）/m²，优势种为淡竹叶、粟米草和边缘鳞盖蕨。冬性一年生草本（如禾本科、粟米草科）和蕨类植物分布较多，偶见珍稀蕨类金毛狗。由于杉木枝叶不易分解，地表凋落物较厚，无地被层植物分布。

8.2.3.3　植被分类地位

样地植物群落按照中国植被分类系统分类如下：

植被型组：森林 Forest

　植被型：常绿针叶林 Evergreen Needleleaf Forest

　　植被亚型：暖性常绿针叶林 Subtropical Evergreen Needleleaf Forest

　　　群系：杉木林 *Cunninghamia lanceolata* Evergreen Needleleaf Forest Alliance（人工林）

　　　　群丛：杉木-空心藨+枇杷-淡竹叶　常绿针叶林 *Cunninghamia lanceolata - Rubus rosifolius + Eriobotrya japonica - Lophatherum gracile* Evergreen Needleleaf Forest（人工林）

8.2.4　样地配置与观测内容

样地主要观测设施有凋落物框、地表径流场、百叶箱、穿透雨十字槽收集器、TDR 仪测管、中子仪测管、土壤温湿盐自动观测系统、植物物候自动观测系统、植物径向生长自动观测系统、植物根系观测系统微根管。样地按照 CERN 综合观测场指标体系要求，观测生物、土壤、水分和大气四大要素，采样设计按照 CERN 统一规范。

8.3　会同站常绿阔叶林综合观测场永久样地

8.3.1　样地代表性

样地（HTFZH02ABC_01）建于 1997 年，面积为 2 500 m²，多边形，地理位置为 109°36′36.0569″~109°36′33.5711″E、26°50′52.7105″~26°50′55.3809″N，海拔为 300~415 m。植被为中亚热带常绿阔叶林天然森林，是干扰后自然演替形成的顶极群落。因地理位置和气候条件特殊，中亚热带常绿阔叶林既是我国亚热带地区最典型的地带性植被类型，也是世界上较为罕见的植被类型。样地建立在该区域的湖南省西南部会同县，保存了较为完整的中亚热带次生常绿阔叶林，林分结构复杂，功能齐全。在该区域进行长期监测，对了解中亚热带常绿阔叶林的生物多样性、生态功能及服务等具有重要意义。

8.3.2　自然环境背景与管理

样地地貌特征为山地中丘陵，坡向为东北坡，地势陡峭，坡度为 30°~35°，中坡偏下位置。气候特征与杉木人工林样地相似，具体参见 8.2.2 节。土壤为母岩属板页岩，根据全国第二次土壤普查名称，土壤属于黄壤土类、黄壤亚类。土层表面凋落物较多。土壤机械组成为：0~40 cm，粉（砂）质黏土；40~80 cm，黏土。土壤剖面特征：层次清楚，从发生层 B_1 开始，母质特征逐渐增强，风化岩屑逐渐增多，橙色；粉（砂）质黏壤土-黏土，心土层黏粒含量>400.0 g/kg，细粉砂/黏粒比>1；B 层 pH（H_2O）<5.0，pH（KCl）<4.0，

表观阳离子交换量＞24.0 cmol（＋）/kg，黏粒，游离铁含量＞20.0 g/kg，盐基饱和度＜10.0%，铝饱和度＞60.0%，交换性铝含量＜12 cmol（＋）/kg；表层 pH 4.0，向下逐渐增加；表层有机碳含量为 21.6 g/kg，阳离子交换量为 14.4 cmol（＋）/kg，向下逐渐减少；全剖面游离铁含量一致，21.0～23.0 g/kg。有轻度水蚀和重力侵蚀，无风力侵蚀，地表无盐碱斑。样地内无大型野生动物活动，偶见中华竹鼠，果子狸、隐纹花栗鼠、蛇类等小型野生动物活动，鸟类活动频繁。样地四周有铁网保护，周围人迹罕至，除了正常科研监测，其他人为干扰影响程度较小。样地为天然次生林，无人工经营管理，较好地保持了自然状态，目前处于自然演替状态。

8.3.3　植被特征

8.3.3.1　物种组成

根据 2005 年样地范围的调查，样地共有植物 58 种，隶属 32 科、50 属，其中木本植物 54 种，草本植物 4 种。样地中含物种数量较多的科为樟科（8 种）、壳斗科（6 种）、山茶科（6 种）、豆科（5 种）、大戟科（4 种）、蔷薇科（4 种）和紫金牛科（4 种）。乔木层植物 31 种，隶属 20 科、29 属，按重要值排序，优势种 11 种，主要来自壳斗科、清风藤科、樟科、胡桃科、山茶科等。灌木层（含乔木幼苗）植物 37 种，隶属 21 科、32 属，优势种 1 种。草本层植物 4 种，隶属 4 科、4 属，优势种 1 种。样地植物名录见表 8-3。

表 8-3　会同站常绿阔叶林综合观测场永久样地植物名录

序号	层次	物种中文名	物种学名	生活型
1	乔木层	栲*	*Castanopsis fargesii* Franch	常绿阔叶乔木
2	乔木层	笔罗子*	*Meliosma rigida* Sieb. & Zucc.	常绿阔叶乔木
3	乔木层	青冈*	*Cyclobalanopsis glauca*（Thunb.）Oerst.	常绿阔叶乔木
4	乔木层	刨花润楠*	*Machilus pauhoi* Kaneh.	常绿阔叶乔木
5	乔木层	黄杞*	*Engelhardia roxburghiana* Wall.	常绿阔叶乔木
6	乔木层	细齿叶柃*	*Eurya nitida* Korth.	常绿阔叶灌木
7	乔木层	山乌桕*	*Triadica cochinchinensis* Lour.	落叶阔叶乔木
8	乔木层	柯*	*Lithocarpus glaber*（Thunb.）Nakai	常绿阔叶乔木
9	乔木层	油茶*	*Camellia oleifera* C. Abel	常绿阔叶灌木
10	乔木层	酸味子*	*Antidesma japonicum* Sieb. & Zucc.	常绿阔叶灌木
11	乔木层	石灰花楸*	*Sorbus folgneri*（C. K. Schneid.）Rehder	落叶阔叶乔木
12	乔木层	椆木	*Cornus macrophylla* Wall.	常绿阔叶灌木
13	乔木层	栓叶安息香	*Styrax suberifolius* Hook. & Arn.	落叶阔叶乔木
14	乔木层	野柿	*Diospyros kaki* var. *silvestris* Makino	落叶阔叶乔木
15	乔木层	毛豹皮樟	*Litsea coreana* var. *lanuginosa*（Migo）Yang & P. H. Huang	常绿阔叶乔木
16	乔木层	中华石楠	*Photinia beauverdiana* C. K. Schneid.	落叶阔叶乔木

序号	层次	物种中文名	物种学名	生活型
17	乔木层	四川山矾	*Symplocos setchuensis* Brand	常绿阔叶乔木
18	乔木层	枇杷	*Eriobotrya japonica*（Thunb.）Lindl.	常绿阔叶乔木
19	乔木层	枫香	*Liquidambar formosana* Hance	落叶阔叶乔木
20	乔木层	亮叶桦	*Betula luminifera* H. J. P. Winkl.	落叶阔叶乔木
21	乔木层	南酸枣	*Choerospondias axillaris*（Roxb.）B. L. Burtt & A. W. Hill	落叶阔叶乔木
22	乔木层	沉水樟	*Cinnamomum micranthum*（Hayata）Hayata	常绿阔叶乔木
23	乔木层	黄棉木	*Metadina trichotoma*（Zoll. & Moritzi）Bakh. f.	常绿阔叶乔木
24	乔木层	小瘤果茶	*Camellia parvimuricata* H. T. Chang	常绿阔叶灌木
25	乔木层	响叶杨	*Populus adenopoda* Maxim.	落叶阔叶乔木
26	乔木层	杨梅	*Myrica rubra*（Lour.）Sieb. & Zucc.	常绿阔叶乔木
27	乔木层	黄樟	*Cinnamomum parthenoxylon*（Jack.）Meissn	常绿阔叶乔木
28	乔木层	香花鸡血藤	*Callerya dielsiana*（Harms）P. K. Loc ex Z. Wei & Pedley	常绿藤本
29	乔木层	粗糠柴	*Mallotus philippinensis*（Lam.）Müll. Arg.	常绿阔叶乔木
30	乔木层	冬青	*Ilex chinensis* Sims	常绿阔叶乔木
31	乔木层	虎皮楠	*Daphniphyllum oldhami*（Hemsl.）K. Rosenthal	常绿阔叶乔木
32	灌木层	箬叶竹*	*Indocalamus longiauritus* Hand.-Mazz.	散生型直立竹
33	灌木层	栲	*Castanopsis fargesii* Franch	常绿阔叶乔木
34	灌木层	杜茎山	*Maesa japonica*（Thunb.）Moritzi & Zoll.	常绿阔叶灌木
35	灌木层	柯	*Lithocarpus glaber*（Thunb.）Nakai	常绿阔叶乔木
36	灌木层	笔罗子	*Meliosma rigida* Sieb. & Zucc.	常绿阔叶乔木
37	灌木层	黄杞	*Engelhardia roxburghiana* Wall.	常绿阔叶乔木
38	灌木层	细齿叶柃	*Eurya nitida* Korth.	常绿阔叶灌木
39	灌木层	酸味子	*Antidesma japonicum* Sieb. & Zucc.	常绿阔叶灌木
40	灌木层	油茶	*Camellia oleifera* C.Abel	常绿阔叶灌木
41	灌木层	刨花润楠	*Machilus pauhoi* Kaneh.	常绿阔叶乔木
42	灌木层	鲫鱼胆	*Maesa perlarius*（Lour.）Merr.	常绿阔叶灌木
43	灌木层	黄牛奶树	*Symplocos cochinchinensis* var. *laurina*（Retz.）Raizada	常绿阔叶灌木
44	灌木层	小瘤果茶	*Camellia parvimuricata* H. T. Chang	常绿阔叶灌木
45	灌木层	西南卫矛	*Euonymus hamiltonianus* Wall. & Roxb.	落叶阔叶乔木
46	灌木层	峨眉鼠刺	*Itea omeiensis* C. K. Schneid.	常绿阔叶灌木
47	灌木层	沉水樟	*Cinnamomum micranthum*（Hayata）Hayata	常绿阔叶乔木
48	灌木层	粗叶木	*Lasianthus chinensis*（Champ.）Benth.	常绿阔叶灌木
49	灌木层	黄棉木	*Metadina trichotoma*（Zoll. & Moritzi）Bakh. f.	常绿阔叶乔木
50	灌木层	毛豹皮樟	*Litsea coreana* var. *lanuginosa*（Migo）Yang & P. H. Huang	常绿阔叶乔木
51	灌木层	匍茎榕	*Ficus sarmentosa* Buch.-Ham. ex Sm.	常绿藤本
52	灌木层	青冈	*Cyclobalanopsis glauca*（Thunb.）Oerst.	常绿阔叶乔木
53	灌木层	锐尖山香圆	*Turpinia arguta* Seem.	常绿阔叶灌木

序号	层次	物种中文名	物种学名	生活型
54	灌木层	野漆	*Toxicodendron succedaneum*（L.）Kuntze	落叶阔叶乔木
55	灌木层	山血丹	*Ardisia lindleyana* D. Dietr.	常绿阔叶灌木
56	灌木层	胡颓子	*Elaeagnus pungens* Thunb.	常绿阔叶灌木
57	灌木层	香叶树	*Lindera communis* Hemsl.	常绿阔叶灌木
58	灌木层	菝葜	*Smilax china* L.	落叶藤本
59	灌木层	黑老虎	*Kadsura coccinea*（Lem.）A. C. Sm.	常绿藤本
60	灌木层	网脉酸藤子	*Embelia rudis* Hand.-Mazz.	常绿阔叶灌木
61	灌木层	南蛇藤	*Celastrus orbiculatus* Thunb.	落叶藤本
62	灌木层	香花鸡血藤	*Callerya dielsiana*（Harms）P. K. Loc ex Z. Wei & Pedley	常绿藤本
63	灌木层	短梗菝葜	*Smilax scobinicaulis* C. H. Wright	落叶藤本
64	灌木层	土茯苓	*Smilax glabra* Roxb.	常绿藤本
65	灌木层	鄂羊蹄甲	*Bauhinia glauca* subsp. *hupehana*（Graib）T. C. Chen	常绿阔叶灌木
66	灌木层	灰毛鸡血藤	*Callerya cinerea*（Benth.）Schot	常绿藤本
67	灌木层	棠叶悬钩子	*Rubus malifolius* Focke	常绿藤本
68	灌木层	藤黄檀	*Dalbergia hancei* Benth.	落叶藤本
69	草本层	狗脊*	*Woodwardia japonica*（L. f.）Sm.	多年生蕨类
70	草本层	黑足鳞毛蕨	*Dryopteris fuscipes* C. Chr.	多年生蕨类
71	草本层	朱砂根	*Ardisia crenata* Sims	常绿阔叶灌木
72	草本层	落地梅	*Lysimachia paridiformis* Franch.	多年生直立茎杂类草

注：*为各层优势种。

8.3.3.2　群落结构

样地植被主要由常绿阔叶乔木和少部分落叶阔叶乔木树种组成，植被有明显分层结构，包含乔木层、灌木层和草本层。群落外貌见彩图 8-2。乔木层平均盖度 66.1%，平均高度 7.7 m，最大高度 25.5 m；平均密度 1 372 株/hm²；平均胸径 12.6 cm，最大胸径 111.2 cm；优势种平均胸径 7.2 cm，平均高度 12.0 m。乔木层可分三层，主要优势种在每层都有分布。第一层主要由栲、刨花润楠、山乌桕、青冈、黄杞和枫香等组成，平均高度约 22.6 m，高度为 20.5～26.5 m；第二层主要有栲、刨花润楠、山乌桕、青冈、黄杞、石灰花楸和栓叶安息香等，平均高度约 14.0 m，高度为 10～19.2 m；第三层主要有栲、刨花润楠、山乌桕、青冈、黄杞、笔罗子、酸味子和柯等，平均高度 4.9 m，高度为 1.4～9.7 m。灌木层盖度 27.0%，平均高度 1.1 m，平均密度 19 660 株/hm²。箬叶竹在灌木层中占据绝对优势，建群种栲更新较快，其幼苗数量较多，另外藤本植物（如黑老虎、菝葜）也是灌木层重要的组成部分。林下草本层植物稀少，盖度约 3.4%，平均高度 0.7 m，平均密度 1 406 株（丛）/hm²，优势种为狗脊。样地内枯枝落叶较多，但由于坡度较大，地表凋落物分布不均匀，地表裸露点较多。

8.3.3.3　植被分类地位

样地植物群落按照中国植被分类系统分类如下：

植被型组：森林 Forest

植被型：常绿阔叶林 Evergreen Broadleaf Forest

植被亚型：典型常绿阔叶林 Typical Evergreen Broadleaf Forest

群系：栲+笔罗子+青冈常绿阔叶林 *Castanopsis fargesii* + *Meliosma rigida* + *Cyclobalanopsis glauca* Evergreen Broadleaf Forest Alliance

群丛：栲+笔罗子+青冈-箬叶竹-狗脊 常绿阔叶林 *Castanopsis fargesii* + *Meliosma rigida* + *Cyclobalanopsis glauca* - *Indocalamus longiauritus* - *Woodwardia japonica* Evergreen Broadleaf Forest

8.3.4　样地配置与观测内容

样地主要观测设施有凋落物框、地表径流场、穿透雨十字槽收集器、TDR 仪测管、中子仪测管、土壤温湿盐自动观测系统、通量塔（涡度相关、森林小气候观测系统）、植物物候自动观测系统、树木径向生长自动观测系统、植物根系观测系统微根管。样地按照CERN 综合观测场指标体系观测要求，观测生物、土壤、水分和大气四大要素，采样设计按照 CERN 统一规范。

8.4　会同站杉木人工林 1 号辅助观测场永久样地

8.4.1　样地代表性

样地（HTFFZ01AB0_01）建于 1997 年，面积为 2 000 m²，多边形，地理位置为109°36′19.1091″～109°36′16.0110″E、26°51′9.8148″～26°51′9.4575″N，海拔为 529～564 m。样地代表性与杉木人工林综合观测场永久样地相同，详细信息参见 8.2.1 节。

8.4.2　自然环境背景与管理

样地地貌特征为山地中丘陵，地势较为陡峭，坡向为东南坡，坡度 27°，中坡偏上位置。气候特征与杉木人工林样地相似，详细可参见 8.2.2 节。土壤母岩为板页岩，根据全国第二次土壤普查名称，土壤属于黄壤土类、黄壤亚类。土层表面凋落物较多。土壤机械组成：0～80 cm，粉（砂）质黏土。土壤剖面层次发育明显，表层疏松，心土层紧实；从心土层开始，半风化物逐渐增加；亮棕色—橙色—黄橙色；质地均一，粉（砂）质黏土，黏粒含量＞400.0 g/kg，细粉砂/黏粒比＞1.0；B 层 pH（H₂O）＜5.0，pH（KCl）＜4.0，部分亚层表观阳离子交换量＜24.0 cmol（+）/kg，黏粒，游离铁含量＞20.0 g/kg，盐基饱和度＜10%，铝饱和度＞60%，交换性铝含量＜12.0 cmol（+）/kg；表层 pH 为 3.9，向下逐渐增加；表层有机碳含量为 30.3 g/kg，阳离子交换量为 15.7 cmol（+）/kg，向下逐渐减少；全剖面游离铁含量较一致，为 23.6～24.7 g/kg。水蚀程度较轻，无明显重力和风力侵蚀，地表无盐碱斑情况。样地为杉木人工林，造林时进行过炼山处理，除了鼠类、蛇类和鸟类，其他动物活动较为少见。因样地为开放性样地，无围栏保护，偶有附近村庄的牛羊进入样地，干扰程度较大。样地附近栽植了醉香含笑纯林以及醉香含笑-杉木混交林，醉香含笑的幼苗在林下更新较多。人类活动除了正常科研监测，偶有外来人员采集药材，人为干扰影响程度中等。样地属于二耕土（栽植第二代杉木），在 1983 年人工栽植杉木纯林，栽植时由于原始栽植密度较大，分别于 1997 年和 2003 年进行了两次抚育间伐，之后处于自然演替状态。

8.4.3　植被特征

8.4.3.1　物种组成

根据 2005 年样地范围的调查，样地共有植物 106 种，隶属 59 科、90 属，含物种数量较多的科为菊科（9 种）、蔷薇科（8 种）、百合科（5 种）、禾本科（4 种）和樟科（4 种）。其中木本植物 64 种，草本植物 42 种。乔木层物种数 1 种，隶属杉科杉木属。灌木层（含乔木幼苗）物种数 63 种，隶属 37 科、49 属，优势种 3 种。草本层物种数 43 种，隶属 25 科、41 属，优势种 3 种。样地植物名录见表 8-4。

表 8-4　会同站杉木人工林 1 号辅助观测场永久样地植物名录

序号	层次	物种中文名	物种学名	生活型
1	乔木层	杉木*	*Cunninghamia lanceolata*（Lamb.）Hook.	常绿针叶乔木
2	灌木层	空心藨*	*Rubus rosifolius* Sm.	落叶阔叶灌木
3	灌木层	醉香含笑*	*Michelia macclurei* Dandy	常绿阔叶乔木
4	灌木层	杜茎山*	*Maesa japonica*（Thunb.）Moritzi ex Zoll.	常绿阔叶灌木
5	灌木层	大叶白纸扇	*Mussaenda shikokiana* Makino	落叶阔叶灌木
6	灌木层	刺楸	*Kalopanax septemlobus*（Thunb.）Koidz.	落叶阔叶乔木
7	灌木层	紫珠	*Callicarpa bodinieri* H. Lév.	常绿阔叶灌木
8	灌木层	杉木	*Cunninghamia lanceolata*（Lamb.）Hook.	常绿针叶乔木
9	灌木层	楤木	*Aralia elata*（Miq.）Seem.	落叶阔叶灌木
10	灌木层	广东紫珠	*Callicarpa kwangtungensis* Chun	常绿阔叶灌木
11	灌木层	鲫鱼胆	*Maesa perlarius*（Lour.）Merr.	常绿阔叶灌木
12	灌木层	野漆	*Toxicodendron succedaneum*（L.）Kuntze	落叶阔叶灌木
13	灌木层	满树星	*Ilex aculeolata* Nakai	落叶阔叶灌木
14	灌木层	油桐	*Vernicia fordii*（Hemsl.）Airy Shaw	落叶阔叶乔木
15	灌木层	紫麻	*Oreocnide frutescens*（Thunb.）Miq.	常绿阔叶灌木
16	灌木层	山莓	*Rubus corchorifolius* L. f.	常绿阔叶灌木
17	灌木层	异叶榕	*Ficus heteromorpha* Hemsl.	落叶阔叶灌木
18	灌木层	楮	*Broussonetia kazinoki* Sieb. & Zucc.	落叶阔叶灌木
19	灌木层	中华石楠	*Photinia beauverdiana* C. K. Schneid.	落叶阔叶乔木
20	灌木层	山橿	*Lindera reflexa* Hemsl.	落叶阔叶乔木
21	灌木层	红柴枝	*Meliosma oldhamii* Miq. ex Maxim.	落叶阔叶乔木
22	灌木层	山乌桕	*Triadica cochinchinensis* Lour.	落叶阔叶乔木
23	灌木层	杨梅	*Myrica rubra*（Lour.）Sieb. & Zucc.	常绿阔叶乔木
24	灌木层	白饭树	*Flueggea virosa*（Roxb. ex Willd.）Voigt	常绿阔叶灌木

序号	层次	物种中文名	物种学名	生活型
25	灌木层	华中樱桃	*Cerasus conradinae*（Koehne）T. T. Yu & C. L. Li	落叶阔叶乔木
26	灌木层	黄牛奶树	*Symplocos cochinchinensis* var. *laurina*（Retz.）Raizada	常绿阔叶灌木
27	灌木层	刨花润楠	*Machilus pauhoi* Kaneh.	常绿阔叶乔木
28	灌木层	虎皮楠	*Daphniphyllum oldhami*（Hemsl.）K. Rosenthal	常绿阔叶乔木
29	灌木层	油茶	*Camellia oleifera* C.Abel	常绿阔叶灌木
30	灌木层	细齿叶柃	*Eurya nitida* Korth.	常绿阔叶灌木
31	灌木层	冬青	*Ilex chinensis* Sims	常绿阔叶乔木
32	灌木层	红紫珠	*Callicarpa rubella* Lindl.	常绿阔叶灌木
33	灌木层	云南桤叶树	*Clethra delavayi* Franch.	落叶阔叶灌木
34	灌木层	常山	*Dichroa febrifuga* Lour.	常绿阔叶灌木
35	灌木层	荚蒾	*Viburnum dilatatum* Thunb.	落叶阔叶灌木
36	灌木层	宜昌胡颓子	*Elaeagnus henryi* Warb. ex Diels	常绿阔叶灌木
37	灌木层	草珊瑚	*Sarcandra glabra*（Thunb.）Nakai	多年生直立茎杂类草
38	灌木层	樟	*Cinnamomum camphora*（L.）J. Presl	常绿阔叶乔木
39	灌木层	薄叶鼠李	*Rhamnus leptophylla* C. K. Schneid.	落叶阔叶灌木
40	灌木层	笔罗子	*Meliosma rigida* Sieb. & Zucc.	常绿阔叶乔木
41	灌木层	朴树	*Celtis sinensis* Pers.	落叶阔叶乔木
42	灌木层	盐麸木	*Rhus chinensis* Mill.	落叶阔叶灌木
43	灌木层	野鸦椿	*Euscaphis japonica*（Thunb.）Dippel	落叶阔叶灌木
44	灌木层	黄樟	*Cinnamomum parthenoxylon*（Jack.）Meissn	常绿阔叶乔木
45	灌木层	小果冬青	*Ilex micrococca* Maxim.	常绿阔叶乔木
46	灌木层	野柿	*Diospyros kaki* var. *silvestris* Makino	落叶阔叶乔木
47	灌木层	白栎	*Quercus fabri* Hance	落叶阔叶灌木
48	灌木层	枳	*Citrus trifoliata* L.	常绿阔叶乔木
49	灌木层	宽卵叶长柄山蚂蝗	*Hylodesmum podocarpum* subsp. *fallax*（Schindl.）H. Ohashi & R. R. Mill	多年生直立草本
50	灌木层	赤杨叶	*Alniphyllum fortunei*（Hemsl.）Makino	落叶阔叶乔木
51	灌木层	深山含笑	*Michelia maudiae* Dunn	常绿阔叶乔木
52	灌木层	六月雪	*Serissa japonica*（Thunb.）Thunb.	落叶阔叶灌木
53	灌木层	灯台树	*Cornus controversa* Hemsl.	落叶阔叶乔木
54	灌木层	麻栎	*Quercus acutissima* Carruth.	落叶阔叶乔木
55	灌木层	白背叶	*Mallotus apelta*（Lour.）Müll. Arg.	落叶阔叶灌木
56	灌木层	菝葜	*Smilax china* L.	落叶藤本
57	灌木层	粗叶悬钩子	*Rubus alceifolius* Poir.	常绿阔叶灌木
58	灌木层	肖菝葜	*Heterosmilax japonica* Kunth	落叶藤本
59	灌木层	宜昌悬钩子	*Rubus ichangensis* Hemsl. & Ktze.	常绿阔叶灌木
60	灌木层	红果菝葜	*Smilax polycolea* Warb.	落叶藤本
61	灌木层	西南菝葜	*Smilax biumbellata* T. Koyama	落叶藤本
62	灌木层	白木通	*Akebia trifoliata*（Thunb.）Koidz.	落叶藤本
63	灌木层	软条七蔷薇	*Rosa henryi* Boulenger	落叶藤本
64	灌木层	忍冬	*Lonicera japonica* Thunb.	半灌木

序号	层次	物种中文名	物种学名	生活型
65	草本层	求米草*	*Oplismenus undulatifolius*（Ard.）P.Beauv.	冬性一年生草本
66	草本层	淡竹叶*	*Lophatherum gracile* Brongn.	冬性一年生草本
67	草本层	中日金星蕨*	*Parathelypteris nipponica*（Franch. & Sav.）Ching	多年生蕨类
68	草本层	野茼蒿	*Crassocephalum crepidioides*（Benth.）S. Moore	冬性一年生草本
69	草本层	乌蕨	*Sphenomeris chinensis*（L.）Maxon	多年生蕨类
70	草本层	边缘鳞盖蕨	*Microlepia marginata*（Panz.）C. Chr.	多年生蕨类
71	草本层	蕨	*Pteridium aquilinum* var. *latiusculum*（Desv.）Underw. ex A. Heller	一年生蕨类
72	草本层	黑足鳞毛蕨	*Dryopteris fuscipes* C. Chr.	多年生蕨类
73	草本层	狗脊	*Woodwardia japonica*（L. f.）Sm.	多年生蕨类
74	草本层	下田菊	*Adenostemma lavenia*（L.）Kuntze	冬性一年生草本
75	草本层	铁芒萁	*Dicranopteris linearis*（Burm. f.）Underw.	多年生蕨类
76	草本层	芒	*Miscanthus sinensis* Andersson	冬性一年生草本
77	草本层	梵天花	*Urena procumbens* L.	落叶半灌木
78	草本层	牛膝	*Achyranthes bidentata* Blume	多年生直立茎杂类草
79	草本层	紫萁	*Osmunda japonica* Thunb.	多年生蕨类
80	草本层	三脉紫菀	*Aster trinervius* subsp. *ageratoides*（Turcz.）Grierson	多年生直立茎杂类草
81	草本层	露珠珍珠菜	*Lysimachia circaeoides* Hemsl.	多年生直立茎杂类草
82	草本层	田麻	*Corchoropsis crenata* Sieb. & Zucc.	冬性一年生草本
83	草本层	碎米莎草	*Cyperus iria* L.	多年生丛生草
84	草本层	毛毡草	*Blumea hieraciifolia*（Spreng.）DC. in Wight	一年生草本
85	草本层	龙芽草	*Agrimonia pilosa* Ledeb.	多年生直立茎杂类草
86	草本层	香科科	*Teucrium simplex* Vaniot	多年生直立茎杂类草
87	草本层	黄精	*Polygonatum sibiricum* Redouté	多年生草本
88	草本层	山姜	*Alpinia japonica*（Thunb.）Miq.	多年生草本
89	草本层	青绿薹草	*Carex breviculmis* R. Br.	多年生丛生草
90	草本层	短毛金线草	*Antenoron filiforme* var. *neofiliforme*（Nakai）A. J. Li	多年生直立茎杂类草
91	草本层	见血青	*Liparis nervosa*（Thunb. ex A. Murray）Lindl.	多年生直立草本
92	草本层	甜根子草	*Saccharum spontaneum* L.	多年生根茎草
93	草本层	蹄盖蕨	*Athyrium filix-femina*（L.）Roth	多年生蕨类
94	草本层	千里光	*Senecio scandens* Buch.-Ham. ex D. Don	多年生蔓生茎杂类草
95	草本层	东风草	*Blumea megacephala*（Randeria）C. C. Chang & Y. Q. Tseng	常绿藤本
96	草本层	稀羽鳞毛蕨	*Dryopteris sparsa*（Buch.-Ham. ex D. Don）Kuntze	多年生蕨类
97	草本层	豨莶	*Sigesbeckia orientalis* L.	一年生草本
98	草本层	小蓬草	*Erigeron canadensis* L.	冬性一年生草本
99	草本层	苘麻	*Abutilon theophrasti* Medik.	冬性一年生草本
100	草本层	红马蹄草	*Hydrocotyle nepalensis* Hook.	多年生直立茎杂类草
101	草本层	平羽凤尾蕨	*Pteris kiuschiuensis* Hieron.	多年生蕨类
102	草本层	日本薯蓣	*Dioscorea japonica* Thunb.	多年生蔓生茎杂类草

序号	层次	物种中文名	物种学名	生活型
103	草本层	团叶鳞始蕨	*Lindsaea orbiculata*（Lam.）Mett. ex Kuhn	多年生蕨类
104	草本层	乌毛蕨	*Blechnum orientale* L. C. Presl	多年生蕨类
105	草本层	鼠曲草	*Pseudognaphalium affine*（D. Don）Anderb.	多年生直立茎杂类草
106	草本层	铜锤玉带草	*Lobelia nummularia* Lam.	多年生草本
107	草本层	中华里白	*Diplopterygium chinense*（Rosenst.）De Vol	多年生蕨类

注：*为各层优势种。

8.4.3.2　群落结构

样地植被有明显的分层结构，包含乔木层、灌木层和草本层。群落外貌见彩图 8-3。乔木层物种单一，完全由杉木占据，乔木层盖度约 55.2%；高度范围 5.5～21.5 m，平均高度 15.5 m；胸径为 12.7～35.2 cm，平均胸径 22.5 cm；平均密度 910 株/hm²。灌木层盖度约 67.0%，平均高度 0.7 m，平均密度 28 675 株/hm²，优势种包括空心藨、醉香含笑（乔木幼树和幼苗）和杜茎山。灌木层分层明显，大灌木层主要为大叶白纸扇、醉香含笑幼苗以及藤本植物菝葜，中灌木层由常绿灌木杜茎山、鲫鱼胆和紫珠等组成，小灌木层的物种主要为空心藨。草本层盖度约 46.7%，平均高度 0.8 m，平均密度 5.44 株（丛）/m²，大草本层主要为禾本科植物芒，中草本层为冬性一年生植物野茼蒿，小草本层禾本科（如求米草、淡竹叶）和蕨类植物（如边缘鳞盖蕨、黑足鳞毛蕨、中日金星蕨和狗脊等）较常见，优势种为求米草、淡竹叶和中日金星蕨。地表凋落物较厚，未见苔藓植物分布。

8.4.3.3　植被分类地位

样地植物群落按照中国植被分类系统分类如下：

植被型组：森林 Forest

植被型：常绿针叶林 Evergreen Needleleaf Forest

植被亚型：暖性常绿针叶林 Subtropical Evergreen Needleleaf Forest

群系：杉木林 *Cunninghamia lanceolata* Evergreen Needleleaf Forest Alliance（人工林）

群丛：杉木-空心藨+醉香含笑-求米草 常绿针叶林 *Cunninghamia lanceolata - Rubus rosifolius + Michelia macclurei - Oplismenus undulatifolius* Evergreen Needleleaf Forest（人工林）

8.4.4　样地配置与观测内容

样地主要观测设施有凋落物框、地表径流场、树木径向生长自动观测系统。样地按照 CERN 综合观测场指标体系要求，观测生物、土壤和水分要素，采样设计按照 CERN 统一规范。

9　普定站生物监测样地本底与植被特征*

9.1　生物监测样地概况

9.1.1　概况与区域代表性

普定喀斯特生态系统观测研究站（以下简称普定站）位于贵州省普定县定南街道（旧属城关镇）陇财村沙湾（105°45′50″E、26°14′45″N，海拔为 1 158 m），隶属中国科学院地球化学研究所，2007 年开始建站，2014 年 7 月加入 CERN，2021 年成为国家野外科学观测研究站。

普定站所在的普定县地处云贵高原东部，为亚热带季风气候区，处于中国西南地区喀斯特分布的中心区（刘丛强等，2009）。该气候带的地带性植被为亚热带常绿落叶阔叶混交林，但喀斯特特殊的地质背景造成土壤发育及理化性质比较特殊，加上该地区人口压力较大，导致该区域现有主要的植被类型为灌草丛和常绿落叶阔叶混交的次生林，原生常绿落叶阔叶混交林仅有极少的零星分布。

9.1.2　生物观测样地设置

为掌握喀斯特生态系统的演替过程和规律，并结合该地区经济和社会发展变化等方面的需要，普定站设置了包括退耕地、放牧干扰、自然恢复的灌丛、自然恢复的次生林、火烧自然恢复灌丛、火烧人工砍伐干扰的灌丛及该区域的近顶极群落等类型的监测样地，2012 年之前仅有部分监测，2012—2013 年开始样地重新建设并开展第一次调查。样地清单见表 9-1，样地布局见图 9-1，样地群落外貌见彩图 9-1～彩图 9-7。

---

* 编写：蔡先立（中国科学院地球化学研究所）
　审稿：倪　健（浙江师范大学）
　　　　彭　韬（中国科学院地球化学研究所）

表 9-1　普定站生物长期观测样地清单

序号	样地代码	样地名称	样地类别	植被类型	地理位置	海拔/m	面积及形状/（m×m）	建立时间与计划使用年数
1	PDFZH01ABC_01	普定站天龙山综合观测场喀斯特常绿落叶阔叶混交林永久样地	综合观测场	喀斯特常绿落叶阔叶混交林，天然（次生林）生态系统	105°45′42″～105°45′50″E，26°14′40″～26°14′43″N	1 402～1 512	200×100	2012年，100年
2	PDFFZ01ABC_01	普定站陈旗辅助观测场灌草丛火烧迹地（自然恢复）样地	辅助观测场	喀斯特常绿落叶阔叶混交林，天然（次生）生态系统	105°46′28″～105°46′29″E，26°15′40″N	1 454～1 482	10×30	2013年，100年
3	PDFFZ02ABC_02	普定站陈旗辅助观测场灌草丛火烧迹地（人工干预恢复）样地	辅助观测场	喀斯特灌草丛，人工干扰（次生）生态系统	105°46′25″～105°46′26″E，26°15′37″～26°15′38″N	1 462～1 477	10×20	2013年，20年
4	PDFFZ03ABC_01	普定站陈旗辅助观测场常绿落叶阔叶混交林次生林（自然恢复）样地	辅助观测场	喀斯特常绿落叶阔叶混交林，天然（次生）生态系统	105°46′10″～105°46′11″E，26°15′41″～26°15′42″N	1 376～1 396	10×30	2013年，100年
5	PDFFZ04ABC_01	普定站陈旗辅助观测场坡耕地人工林（人工恢复）样地	辅助观测场	喀斯特常绿落叶阔叶林，人工生态系统	105°46′12″～105°46′13″E，26°15′45″～26°15′46″N	1 340～1 355	10×30	2013年，100年
6	PDFFZ05ABC_01	普定站陈旗辅助观测场灌丛（放牧干扰）样地	辅助观测场	喀斯特灌草丛，天然（次生）生态系统	105°46′35″～105°46′36.02″E，26°16′13″N	1 382～1 394	10×20	2013年，30年
7	PDFFZ06ABC_01	普定站陈旗辅助观测场常绿落叶阔叶混交林幼林（自然恢复）样地	辅助观测场	喀斯特常绿落叶阔叶混交林，天然（次生）生态系统	105°46′36″E，26°16′1″N	1 391～1 410	10×20	2013年，20年

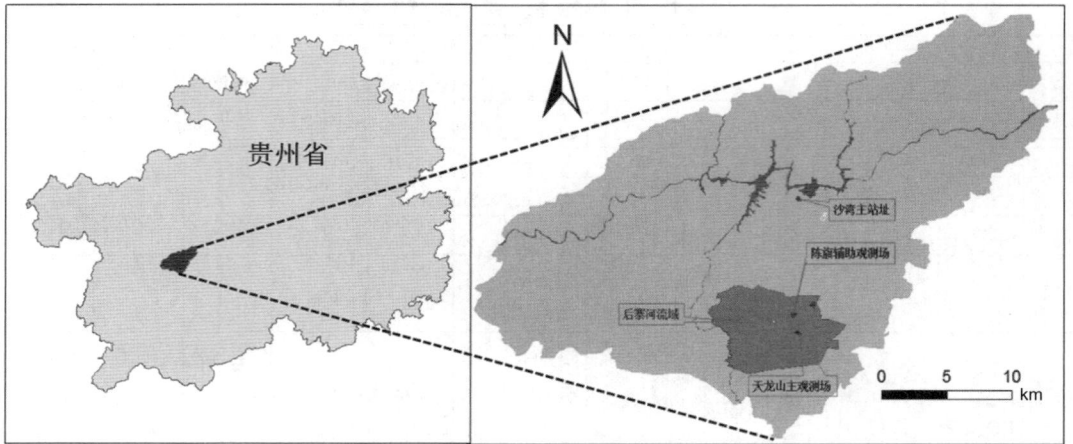

图 9-1　普定站生物长期观测样地布局

9.2　普定站天龙山综合观测场喀斯特常绿落叶阔叶混交林永久样地

9.2.1　样地代表性

样地（PDFZH01ABC_01）建于 2012 年，面积为 200 m×100 m，地理位置为 105°45′42″～105°45′50″E、26°14′40″～26°14′43″N，海拔为 1 402～1 512 m。样地为喀斯特常绿落叶阔叶混交林，植被为干扰后自然演替约 55 年的顶极群落，该类型群落为黔中喀斯特森林演替顶极的代表性植被，具有明显的分层特征，结构较为稳定。样地是在对整个普定县森林进行大量踏查后确定的最具代表性地段，对其进行长期观测研究有利于掌握喀斯特生态系统演替后期的结构和功能等的变化，对喀斯特植被恢复有指导意义。

9.2.2　自然环境背景与管理

样地地貌为石灰岩山地，坡度约 35°，东北向中坡。年均气温为 15.1℃，极端最高气温 34.7℃，极端最低气温 −11.1℃，无霜期 289 d，年平均降水量 1 185.7 mm（2013 年仅为760.8 mm），＞10℃有效积温 5 004℃（2013 年），年平均湿度 84%，年干燥度 0.96。成土母岩为石灰岩，土壤为石灰土类中黑色石灰土亚类，总厚度 40～60 cm，壤土，紧实，粒状结构，容重为 1.10 g/cm³。土壤剖面分为 A、AB、B 3 层，其中 A 层厚度为 0～3.5 cm，黄黑色，石砾含量 15%，紧实，壤土，根系多，粒状结构；AB 层厚度为 3.5～31.5 cm，棕色，石砾含量 12%，紧实。主要侵蚀方式为水蚀，侵蚀强度轻微，每年在 4—6 月可能会遭受 1～2 次冰雹灾害。动物活动主要为小型啮齿类和鸟类的取食和栖居行为，活动强度较轻。人类干扰为轻度，主要为采集中药材，无任何采伐。样地建设之前约 55 年遭到严重砍伐，仅样地顶部具有少量大树残存，后自然恢复，2012 年以铁丝网围栏围封，禁止破坏。

9.2.3　植被特征

9.2.3.1　物种组成

根据 2012 年在样地范围内的调查，样地有植物 125 种（表中部分物种在乔木层和灌木层重复出现），隶属 56 个科、约 103 个属（有部分未鉴定），含物种较多的 6 个科为蔷薇科（10 种）、禾本科（8 种）、菊科（8 种）、樟科（8 种）、芸香科（7 种）和豆科（5 种）。样地植物名录见表 9-2。

表 9-2　普定站天龙山综合观测场喀斯特常绿落叶阔叶混交林永久样地植物名录

序号	层次	物种中文名	物种学名	生活型
1	乔木层	化香树*	*Platycarya strobilacea* Sieb. & Zucc.	落叶阔叶乔木
2	乔木层	窄叶柯*	*Lithocarpus confinis* C. C. Huang ex Y. C. Hsu & H. W. Jen	常绿阔叶乔木
3	乔木层	滇鼠刺*	*Itea yunnanensis* Franch.	常绿阔叶乔木
4	乔木层	安顺润楠*	*Machilus cavaleriei* H. Lév.	常绿阔叶乔木
5	乔木层	云贵鹅耳枥*	*Carpinus pubescens* Burk.	落叶阔叶乔木
6	乔木层	短萼海桐*	*Pittosporum brevicalyx*（Oliv.）Gagnep.	常绿阔叶乔木
7	乔木层	多脉猫乳	*Rhamnella martini*（H. Lév.）C. K. Schneid.	落叶阔叶乔木
8	乔木层	猴樟	*Cinnamomum bodinieri* H. Lév.	常绿阔叶乔木
9	乔木层	香叶树	*Lindera communis* Hemsl.	常绿阔叶乔木
10	乔木层	黑弹树	*Celtis bungeana* Blume	落叶阔叶乔木
11	乔木层	大果冬青	*Ilex macrocarpa* Oliv.	落叶阔叶乔木
12	乔木层	白蜡树	*Fraxinus chinensis* Roxb.	落叶阔叶乔木
13	乔木层	山樱花	*Prunus serrulata*（Lindl.）G. Don ex London	落叶阔叶乔木
14	乔木层	珊瑚冬青	*Ilex corallina* Franch.	常绿阔叶乔木
15	乔木层	朴树	*Celtis sinensis* Pers.	落叶阔叶乔木
16	乔木层	狭叶润楠	*Machilus rehderi* C.K.Allen	常绿阔叶乔木
17	乔木层	云南旌节花	*Stachyurus yunnanensis* Franch.	常绿阔叶灌木
18	乔木层	山槐	*Albizia kalkora*（Roxb.）Prain	落叶阔叶乔木
19	乔木层	刺异叶花椒	*Zanthoxylum dimorphophyllum* var. *spinifolium* Rehder & E. H. Wilson	常绿阔叶灌木
20	乔木层	刺楸	*Kalopanax septemlobus*（Thunb.）Koidz.	落叶阔叶乔木
21	乔木层	野柿	*Diospyros kaki* var. *silvestris* Makino	落叶阔叶乔木
22	乔木层	香椿	*Toona sinensis*（A. Juss.）Roem.	落叶阔叶乔木
23	乔木层	枇杷	*Eriobotrya japonica*（Thunb.）Lindl.	常绿阔叶乔木
24	乔木层	小果润楠	*Machilus microcarpa* Hemsl.	常绿阔叶乔木
25	乔木层	竹叶花椒	*Zanthoxylum armatum* DC.	常绿阔叶灌木
26	乔木层	沙梨	*Pyrus pyrifolia*（Burm. f.）Nakai	落叶阔叶灌木
27	乔木层	小冻绿树	*Rhamnus rosthornii* Pritz.	常绿阔叶灌木

序号	层次	物种中文名	物种学名	生活型
28	乔木层	红叶木姜子	*Litsea rubescens* Lec.	落叶阔叶乔木
29	乔木层	砚壳花椒	*Zanthoxylum dissitum* Hemsl.	落叶阔叶灌木
30	乔木层	盐麸木	*Rhus chinensis* Mill.	落叶阔叶乔木
31	乔木层	阔叶十大功劳	*Mahonia bealei*（Fort.）Carr.	常绿阔叶灌木
32	乔木层	川钓樟	*Lindera pulcherrima* var. *hemsleyana*（Diels）H. P. Tsui	常绿阔叶乔木
33	乔木层	灯台树	*Cornus controversa* Hemsl.	落叶阔叶乔木
34	乔木层	川榛	*Corylus heterophylla* var. *sutchuanensis* Franchet	落叶阔叶乔木
35	乔木层	灰栒子	*Cotoneaster acutifolius* Turcz.	常绿阔叶灌木
36	乔木层	齿叶黄皮	*Clausena dunniana* H. Lév.	落叶阔叶灌木
37	乔木层	小蜡	*Ligustrum sinense* Lour.	常绿阔叶灌木
38	乔木层	薄叶鼠李	*Rhamnus leptophylla* C.K.Schneid.	落叶阔叶灌木
39	乔木层	翅荚香槐	*Cladrastis platycarpa*（Maxim.）Makino	落叶阔叶乔木
40	乔木层	火棘	*Pyracantha fortuneana*（Maxim.）Li	常绿阔叶灌木
41	乔木层	贵州花椒	*Zanthoxylum esquirolii* H. Lév.	常绿阔叶灌木
42	乔木层	皂荚	*Gleditsia sinensis* Lam.	落叶阔叶乔木
43	乔木层	独山石楠	*Photinia tushanensis* Yü	常绿阔叶乔木
44	乔木层	石山花椒	*Zanthoxylum calcicola* Huang	常绿阔叶灌木
45	乔木层	青麸杨	*Rhus potaninii* Maxim.	落叶阔叶乔木
46	乔木层	瑞香	*Daphne odora* Thunb.	常绿阔叶灌木
47	乔木层	女贞	*Ligustrum lucidum* Aiton	常绿阔叶乔木
48	乔木层	九里香	*Murraya exotica* L.	落叶阔叶灌木
49	乔木层	杭子梢	*Campylotropis macrocarpa*（Bunge）Rehde.	落叶阔叶灌木
50	乔木层	小果蔷薇	*Rosa cymosa* Tratt.	落叶阔叶灌木
51	乔木层	青荚叶	*Helwingia japonica*（Thunb.）F. Dietr.	常绿阔叶灌木
52	乔木层	金丝桃	*Hypericum monogynum* L.	落叶阔叶灌木
53	乔木层	绒毛润楠	*Machilus velutina* Champ. ex Benth.	常绿阔叶乔木
54	乔木层	河北木蓝	*Indigofera bungeana* Walp.	落叶阔叶灌木
55	乔木层	马桑	*Coriaria nepalensis* Wall.	落叶阔叶乔木
56	乔木层	珍珠荚蒾	*Viburnum foetidum* var. *ceanothoides*（C. H. Wright）Hand.-Mazz.	落叶阔叶灌木
57	乔木层	柞木	*Xylosma congesta*（Lour.）Merr.	落叶阔叶乔木
58	灌木层	化香树*	*Platycarya strobilacea* Sieb. & Zucc.	落叶阔叶乔木幼苗
59	灌木层	窄叶柯*	*Lithocarpus confinis* C. C. Huang ex Y. C. Hsu & H. W. Jen	常绿阔叶乔木幼苗
60	灌木层	小冻绿树	*Rhamnus rosthornii* Pritz.	常绿阔叶灌木
61	灌木层	小叶菝葜	*Smilax microphylla* C. H. Wright	常绿阔叶灌木
62	灌木层	山槐	*Albizia kalkora*（Roxb.）Prain	落叶阔叶乔木幼苗
63	灌木层	安顺润楠	*Machilus cavaleriei* H. Lév.	常绿阔叶乔木幼苗
64	灌木层	云南旌节花	*Stachyurus yunnanensis* Franch.	常绿阔叶灌木
65	灌木层	刺异叶花椒	*Zanthoxylum dimorphophyllum* var. *spinifolium* Rehder & E. H. Wilson	常绿阔叶灌木

序号	层次	物种中文名	物种学名	生活型
66	灌木层	香叶树	*Lindera communis* Hemsl.	常绿阔叶乔木幼苗
67	灌木层	贵州花椒	*Zanthoxylum esquirolii* H. Lév.	常绿阔叶灌木
68	灌木层	云贵鹅耳枥	*Carpinus pubescens* Burk.	落叶阔叶乔木幼苗
69	灌木层	铁仔	*Myrsine africana* L.	常绿阔叶灌木
70	灌木层	黑弹树	*Celtis bungeana* Blume	落叶阔叶乔木幼苗
71	灌木层	小蜡	*Ligustrum sinense* Lour.	常绿阔叶灌木
72	灌木层	珊瑚冬青	*Ilex corallina* Franch.	常绿阔叶乔木幼苗
73	灌木层	滇鼠刺	*Itea yunnanensis* Franch.	常绿阔叶乔木幼苗
74	灌木层	短萼海桐	*Pittosporum brevicalyx*（Oliv.）Gagnep.	常绿阔叶乔木幼苗
75	灌木层	石山花椒	*Zanthoxylum calcicola* Huang	常绿阔叶灌木
76	灌木层	多脉猫乳	*Rhamnella martini*（H. Lév.）C. K. Schneid.	落叶阔叶乔木幼苗
77	灌木层	金丝桃	*Hypericum monogynum* L.	落叶阔叶灌木
78	灌木层	灰栒子	*Cotoneaster acutifolius* Turcz.	常绿阔叶灌木
79	灌木层	瑞香	*Daphne odora* Thunb.	常绿阔叶灌木
80	灌木层	薄叶鼠李	*Rhamnus leptophylla* C.K.Schneid.	落叶阔叶灌木
81	灌木层	阔叶十大功劳	*Mahonia bealei*（Fort.）Carr.	常绿阔叶灌木
82	灌木层	川钓樟	*Lindera pulcherrima* var. *hemsleyana*（Diels）H. P. Tsui	常绿阔叶乔木幼苗
83	灌木层	朴树	*Celtis sinensis* Pers.	落叶阔叶乔木幼苗
84	灌木层	刺楸	*Kalopanax septemlobus*（Thunb.）Koidz.	落叶阔叶乔木幼苗
85	灌木层	杭子梢	*Campylotropis macrocarpa*（Bunge）Rehd.	落叶阔叶灌木
86	灌木层	石山棕	*Guihaia argyrata*（S. K. Lee & F. N. Wei）S. K. Lee, F. N. Wei & J.	常绿阔叶灌木
87	灌木层	针齿铁仔	*Myrsine semiserrata* Wall.	常绿阔叶灌木
88	灌木层	青麸杨	*Rhus potaninii* Maxim.	落叶阔叶乔木幼苗
89	灌木层	中华绣线菊	*Spiraea chinensis* Maxim.	落叶阔叶灌木
90	灌木层	女贞	*Ligustrum lucidum* Aiton	常绿阔叶乔木幼苗
91	灌木层	猴樟	*Cinnamomum bodinieri* H. Lév.	常绿阔叶乔木幼苗
92	灌木层	香椿	*Toona sinensis*（A. Juss.）Roem.	落叶阔叶乔木幼苗
93	灌木层	大果冬青	*Ilex macrocarpa* Oliv.	落叶阔叶乔木幼苗
94	灌木层	川榛	*Corylus heterophylla* var. *sutchuanensis* Franchet	落叶阔叶乔木幼苗
95	灌木层	石山巴豆	*Croton euryphyllus* W. W. Sm.	落叶阔叶乔木幼苗
96	灌木层	火棘	*Pyracantha fortuneana*（Maxim.）Li	常绿阔叶灌木
97	灌木层	野柿	*Diospyros kaki* var. *silvestris* Makino	落叶阔叶乔木幼苗
98	灌木层	地果	*Ficus tikoua* Bur.	常绿阔叶灌木
99	灌木层	野扇花	*Sarcococca ruscifolia* Stapf	常绿阔叶灌木
100	灌木层	槲栎	*Quercus aliena* Blume	落叶阔叶乔木幼苗
101	灌木层	栒子	*Cotoneaster hissaricus* Pojark.	落叶阔叶灌木
102	灌木层	锦葵科	*Malvaceae* Juss.	落叶阔叶灌木
103	灌木层	白蜡树	*Fraxinus chinensis* Roxb.	落叶阔叶乔木幼苗
104	灌木层	黄脉莓	*Rubus xanthoneurus* Focke ex Diels	落叶阔叶灌木
105	灌木层	金丝梅	*Hypericum patulum* Thunb.	落叶阔叶灌木

序号	层次	物种中文名	物种学名	生活型
106	灌木层	青荚叶	*Helwingia japonica*（Thunb.）F. Dietr.	常绿阔叶灌木
107	灌木层	紫金牛	*Ardisia japonica*（Thunb.）Blume	常绿阔叶灌木
108	灌木层	山樱花	*Prunus serrulata*（Lindl.）G. Don ex London	落叶阔叶乔木幼苗
109	灌木层	珍珠荚蒾	*Viburnum foetidum* var. *ceanothoides*（C. H. Wright）Hand.-Mazz.	落叶阔叶灌木
110	草本层	柄状薹草*	*Carex pediformis* C. A. Mey.	多年生根茎草
111	草本层	求米草*	*Oplismenus undulatifolius*（Ard.）P.Beauv.	多年生直立茎草
112	草本层	野雉尾金粉蕨	*Onychium japonicum*（Thunb.）Kze.	多年生蕨类
113	草本层	顶芽狗脊	*Woodwardia unigemmata*（Makino）Nakai	多年生蕨类
114	草本层	千里光	*Senecio scandens* Buch.-Ham. ex D. Don	多年生蔓生茎杂类草
115	草本层	长穗兔儿风	*Ainsliaea henryi* Diels	多年生匍匐茎杂类草
116	草本层	阔叶山麦冬	*Liriope muscari*（Decaisne）L. H. Bailey	多年生根茎杂类草
117	草本层	石韦	*Pyrrosia lingua*（Thunb.）Farwell	多年生蕨类
118	草本层	紫花络石	*Trachelospermum axillare* Hook. f.	多年生木质藤本
119	草本层	台南大油芒	*Spodiopogon tainanensis* Hayata	多年生丛生草
120	草本层	铁角蕨	*Asplenium trichomanes* L.	多年生蕨类
121	草本层	大披针薹草	*Carex lanceolata* Boott	多年生根茎草
122	草本层	对马耳蕨	*Polystichum tsus-simense*（Hook.）	多年生蕨类
123	草本层	金剑草	*Rubia alata* Roxb.	多年生草质藤本
124	草本层	禾本科一种	Poaceae sp.	多年生丛生草
125	草本层	堇菜属一种	*Viola* sp.	多年生匍匐茎杂类草
126	草本层	井栏边草	*Pteris multifida* Poir.	多年生蕨类
127	草本层	蕙兰	*Cymbidium faberi* Rolfe	多年生根茎杂类草
128	草本层	贯众	*Cyrtomium fortunei* J. Sm.	多年生蕨类
129	草本层	十字薹草	*Carex cruciata* Wahlenb.	多年生根茎草
130	草本层	铁线蕨	*Adiantum capillus-veneris* L.	多年生蕨类
131	草本层	画笔南星	*Arisaema penicillatum* N. E. Brown	多年生根茎杂类草
132	草本层	东亚唐松草	*Thalictrum minus* var. *hypoleucum*（Sieb.& Zucc.）Miq.	多年生直立茎杂类草
133	草本层	星宿菜	*Lysimachia fortunei* Maxim.	多年生直立茎杂类草
134	草本层	萱草	*Hemerocallis fulva*（L.）L.	多年生根茎杂类草
135	草本层	五节芒	*Miscanthus floridulus*（Lab.）Warb. ex Schum & Laut.	多年生丛生草
136	草本层	多花黄精	*Polygonatum cyrtonema* Hua	多年生根茎杂类草
137	草本层	银粉背蕨	*Aleuritopteris argentea*（Gmél.）Fée	多年生蕨类
138	草本层	硬秆子草	*Capillipedium assimile*（Steud.）A. Camus	多年生丛生草
139	草本层	黄鹌菜	*Youngia japonica*（L.）DC.	一年生直立茎杂类草
140	草本层	鳞毛蕨科	Dryopteridaceae Hene	多年生蕨类
141	草本层	莎草科	Cyperaceae Juss.	多年生根茎草
142	草本层	蕨	*Pteridium aquilinum* var. *latiusculum*（Desv.）Underw. ex Heller	多年生蕨类
143	草本层	半夏	*Pinellia ternata*（Thunb.）Breit.	多年生根茎杂类草
144	草本层	小花舌唇兰	*Platanthera minutiflora* Schltr.	多年生直立茎杂类草

序号	层次	物种中文名	物种学名	生活型
145	草本层	吉祥草	*Reineckea carnea*（Andrews）Kunth	多年生根茎杂类草
146	草本层	爵床	*Justicia procumbens* L.	多年生直立茎杂类草
147	草本层	节节草	*Equisetum ramosissimum* Desf.	多年生蕨类植物
148	草本层	牡蒿	*Artemisia japonica* Thunb.	多年生直立茎杂类草
149	草本层	艾	*Artemisia argyi* H. Lév. & Van.	多年生直立茎杂类草
150	草本层	禾本科一种	Poaceae sp	多年生丛生草
151	草本层	舌叶薹草	*Carex ligulata* Nees ex Wight	多年生根茎草
152	草本层	天南星科一种	Araceae sp.	多年生根茎杂类草
153	草本层	蜈蚣凤尾蕨	*Pteris vittata* L.	多年生蕨类
154	草本层	山麦冬	*Liriope spicata*（Thunb.）Lour.	多年生根茎杂类草
155	草本层	茼蒿	*Glebionis coronaria*（L.）Cass. ex Spach	一年生直立茎杂类草
156	草本层	鸭跖草科一种	Commelinaceae sp.	多年生蔓生茎杂类草
157	草本层	苦苣菜属一种	*Sonchus* sp.	多年生直立茎杂类草
158	草本层	降龙草	*Hemiboea subcapitata* Clarke	多年生直立茎杂类草
159	草本层	矛叶荩草	*Arthraxon lanceolatus*（Roxb.）Hochst.	多年生直立茎草
160	草本层	大丁草	*Leibnitzia anandria*（L.）Turcz.	多年生匍匐茎杂类草
161	草本层	狭叶沿阶草	*Ophiopogon stenophyllus*（Merr.）Rodrig.	多年生根茎杂类草
162	草本层	庐山香科	*Teucrium pernyi* Franch.	多年生直立茎杂类草
163	草本层	竹叶草	*Oplismenus compositus*（L.）P.Beauv.	多年生直立茎草
164	草本层	毛茛科一种	Ranunculaceae sp.	多年生直立茎杂类草

注：*为各层优势种。

9.2.3.2 群落结构

　　样地群落为亚热带常绿落叶阔叶混交林顶极群落，群落外貌可参见彩图 9-1。群落优势种在样地内分布不均匀，随海拔变化有较为明显的分异，样地下部优势种为化香树，上部优势种为窄叶柯，左上部优势种为云贵鹅耳枥。样地下部及左上部可见较明显的季相变化，每年 3—4 月返青，4—10 月为生长季，10—12 月为落叶期。乔、灌、草三层分层较为明显，其中乔木层又较为清晰地分为 2 个亚层。乔木层共有物种 57 种，盖度为 68%～88%，共有植株 16 178 株，平均密度约为 8 089 株/hm²，其中第一亚层平均高度约为 9 m，郁闭度约为 0.8，有优势种 3 种，分别为化香树、窄叶柯和云贵鹅耳枥。在乔木第一亚层还分布有部分的缠绕和攀援藤本，主要为黑龙骨等。第二亚层平均高度为 4～7 m，郁闭度约为 0.35，优势种 3 种，分别为滇鼠刺、安顺润楠和短萼海桐，其余物种数量较少，均呈现一定的集群分布特征。灌木层共有物种 52 种，平均高度约为 0.4 m，盖度约为 7%，优势种 2 种，为化香树和窄叶柯，其余物种主要有小冻绿树、刺异叶花椒、香叶树和铁仔等，它们在样地中较为均匀地分布，小叶菝葜、云南旌节花等有一定集中分布的趋势。草本层共有物种 54 种，平均高度约为 0.2 m，盖度约为 2%，优势种为柄状薹草和求米草，其余主要物种有野雉尾金粉蕨、顶芽狗脊和千里光等。

9.2.3.3 植被分类地位

样地植物群落按照中国植被分类系统分类如下：

植被型组：森林 Forest

植被型：常绿与落叶阔叶混交林 Mixed Evergreen and Deciduous Broadleaf Forest

植被亚型：亚热带石灰岩山地常绿与落叶阔叶混交林 Subtropical Limestone Montane Mixed Evergreen and Deciduous Broadleaf Forest

群系：化香树+窄叶柯林 *Platycarya strobilacea* + *Lithocarpus confinis* Mixed Evergreen and Deciduous Broadleaf Forest

群丛：化香树+窄叶柯-化香树-薹草 常绿与落叶阔叶混交林 *Platycarya strobilacea* + *Lithocarpus confinis* - *Platycarya strobilacea* - *Carex* spp. Mixed Evergreen and Deciduous Broadleaf Forest

9.2.4 样地配置与观测内容

样地配置有植物物候自动观测系统。样地开展生物和土壤指标观测，均按照 CERN 综合观测场指标体系和监测规范进行。

9.3 普定站陈旗辅助观测场灌草丛火烧迹地（自然恢复）样地

9.3.1 样地代表性

样地（PDFFZ01ABC_01）建于 2013 年，面积为 10 m×30 m，地理位置为 105°46′28″～105°46′29″E、26°15′40″N，海拔为 1 454～1 482 m。样地植被为次生的喀斯特常绿落叶阔叶混交林，经过火烧后自然恢复约 8 年。本地区人口密度大，耕地较为紧张，耕种过程中经常使用烧荒积肥，加上植被恢复前期主要以生长茂密的草本植物为主，极容易引起火灾。因此，火烧是喀斯特地区的重要干扰因素（刘丛强等，2009），对火烧后植被恢复进程的监测具有较为广泛的代表意义，对其结构和功能的持续监测有利于促进喀斯特植被恢复的研究。该样地与后面介绍的 5 个样地分布在同一个小流域内，不仅方便监测，而且监测结果的可比性也较好。

9.3.2 自然环境背景与管理

样地地貌为石灰岩山地，坡度约 27°，西北向中上坡。年均气温约 14.8℃，极端最高气温 34.7℃，极端最低气温 –11.1℃，无霜期 289 d，年平均降水量 1 185.7 mm（根据最近站 2007—2013 年均值），>10℃有效积温 4 853℃，年平均湿度 82%，年干燥度 0.96。成土母岩为泥质石灰岩，土壤为石灰土类中黑色石灰土亚类。土壤剖面分为 A、AB、B 3 层，其中 A 层厚度为 0～7 cm，黑色，石砾极少，壤土，根多；AB 层厚度为 5～32 cm，黄棕色，较紧实；B 层为黄壤，厚度为 0～100 cm，黏壤土。主要侵蚀方式为水蚀，侵蚀强度轻微，每年在 4—6 月可能会遭受 1～2 次冰雹灾害。动物活动主要为小型啮齿类和鸟类的取食、栖居行为，干扰程度较轻。人类活动属于轻度，主要为采集中药材，无采伐活动。样地在 2006 年 10 月前后遭到火烧，仅部分植株和地下部分残存，2012 年以铁丝网围栏围封，禁止破坏。

9.3.3　植被特征

9.3.3.1　物种组成

根据 2013 年在样地范围内的调查，样地有植物 35 种（表中部分物种在乔木层和灌木层重复出现），隶属 26 个科、约 33 个属，含物种较多的 6 个科为蔷薇科（4 种）、禾本科（3 种）、凤尾蕨科（2 种）、莎草科（2 种）、五福花科（2 种）和芸香科（2 种）。样地植物名录见表 9-3。

表 9-3　普定站陈旗辅助观测场灌草丛火烧迹地（自然恢复）样地植物名录

序号	层次	物种中文名	物种学名	生活型
1	灌木层（上层）	红叶木姜子*	*Litsea rubescens* Lec.	落叶阔叶乔木
2	灌木层（上层）	川榛*	*Corylus heterophylla* var. *sutchuanensis* Franchet	落叶阔叶乔木
3	灌木层（上层）	大果冬青	*Ilex macrocarpa* Oliv.	落叶阔叶乔木
4	灌木层（上层）	盐麸木	*Rhus chinensis* Mill.	落叶阔叶乔木
5	灌木层（上层）	杭子梢	*Campylotropis macrocarpa*（Bunge）Rehd.	落叶阔叶灌木
6	灌木层（上层）	吴茱萸	*Tetradium ruticarpum*（A. Jussieu）T. G. Hartley	落叶阔叶乔木
7	灌木层（下层）	红叶木姜子*	*Litsea rubescens* Lec.	落叶阔叶乔木幼苗
8	灌木层（下层）	云南旌节花*	*Stachyurus yunnanensis* Franch.	常绿阔叶灌木
9	灌木层（下层）	川榛	*Corylus heterophylla* var. *sutchuanensis* Franchet	落叶阔叶乔木幼苗
10	灌木层（下层）	川莓	*Rubus setchuenensis* Bureau & Franch.	落叶阔叶灌木
11	灌木层（下层）	南五味子	*Kadsura longipedunculata* Finet & Gagnep.	多年生木质藤本
12	灌木层（下层）	竹叶花椒	*Zanthoxylum armatum* DC.	常绿阔叶灌木
13	灌木层（下层）	杭子梢	*Campylotropis macrocarpa*（Bunge）Rehd.	落叶阔叶灌木
14	灌木层（下层）	滇鼠刺	*Itea yunnanensis* Franch.	常绿阔叶乔木幼苗
15	灌木层（下层）	沙梨	*Pyrus pyrifolia*（Burm. f.）Nakai	落叶阔叶灌木
16	灌木层（下层）	湖北算盘子	*Glochidion wilsonii* Hutch.	落叶阔叶乔木幼苗
17	灌木层（下层）	皂柳	*Salix wallichiana* Andersson	落叶阔叶灌木
18	灌木层（下层）	火棘	*Pyracantha fortuneana*（Maxim.）Li	常绿阔叶灌木
19	灌木层（下层）	香椿	*Toona sinensis*（A. Juss.）Roem.	落叶阔叶乔木幼苗
20	灌木层（下层）	盐麸木	*Rhus chinensis* Mill.	落叶阔叶乔木幼苗
21	灌木层（下层）	珍珠荚蒾	*Viburnum foetidum* var. *ceanothoides*（C. H. Wright）Hand.-Mazz.	落叶阔叶灌木
22	灌木层（下层）	荚蒾属一种	*Viburnum* sp.	落叶阔叶灌木
23	灌木层（下层）	杨梅叶蚊母树	*Distylium myricoides* Hemsl.	常绿阔叶乔木幼苗
24	灌木层（下层）	铁仔	*Myrsine africana* L.	常绿阔叶灌木
25	灌木层（下层）	金丝桃	*Hypericum monogynum* L.	落叶阔叶灌木
26	灌木层（下层）	地果	*Ficus tikoua* Bur.	常绿阔叶灌木
27	灌木层（下层）	茅莓	*Rubus parvifolius* L.	落叶阔叶灌木

序号	层次	物种中文名	物种学名	生活型
28	草本层	毛轴蕨*	*Pteridium revolutum*（Blume）Nakai	多年生蕨类
29	草本层	中国蕨*	*Aleuritopteris grevilleoides*（Christ）G. M. Zhang ex X. C. Zhang	多年生蕨类
30	草本层	蕨*	*Pteridium aquilinum* var. *latiusculum*（Desv.）Underw.ex Heller	多年生蕨类
31	草本层	顶芽狗脊	*Woodwardia unigemmata*（Makino）Nakai	多年生蕨类
32	草本层	大披针薹草	*Carex lanceolata* Boott	多年生根茎草
33	草本层	糙野青茅	*Deyeuxia scabrescens*（Griseb.）Munro ex Duthie	多年生丛生草
34	草本层	画笔南星	*Arisaema penicillatum* N. E. Brown	多年生根茎杂类草
35	草本层	禾本科一种	Poaceae sp.	多年生丛生草
36	草本层	薹草属一种	*Carex* sp.	多年生根茎草
37	草本层	细柄草	*Capillipedium parviflorum*（R. Br.）Stapf	多年生丛生草
38	草本层	野雉尾金粉蕨	*Onychium japonicum*（Thunb.）Kze.	多年生蕨类
39	草本层	野艾蒿	*Artemisia lavandulifolia* Candolle	多年生直立茎杂类草

注：*为各层优势种。

9.3.3.2 群落结构

样地群落为亚热带退化后自然恢复的灌丛，群落水平分布不均匀，群落外貌可参见彩图 9-2。植被每年 3—4 月返青，7 月后逐渐变黄，但不落叶，样地上部每年 11 月后变黄并落叶。灌木层共有物种 23 种，其中灌木层（上层）共有物种 6 种，郁闭度约为 0.3，平均高度约为 2 m，密度约为 3 100 株/hm²，优势种为红叶木姜子和川榛，其余物种仅少量分布。灌木层（下层）共有物种 21 种，盖度约为 4%，平均高度约为 1 m，密度约为 11 350 株/hm²，优势种是云南旌节花和红叶木姜子，其余物种少量分布。草本层共有物种 12 种，平均高度约为 1 m，盖度约为 70%，主要为毛轴蕨、中国蕨和蕨。

9.3.3.3 植被分类地位

样地植物群落按照中国植被分类系统分类如下：

植被型组：灌丛 Shrubland

　植被型：落叶阔叶灌丛 Deciduous Broadleaf Shrubland

　　植被亚型：暖性落叶阔叶灌丛 Subtropical Deciduous Broadleaf Shrubland

　　　群系：红叶木姜子+云南旌节花灌丛 *Litsea rubescens + Stachyurus yunnanensis* Deciduous Broadleaf Shrubland Alliance

　　　　群丛：红叶木姜子+云南旌节花-毛轴蕨 落叶阔叶灌丛 *Litsea rubescens + Stachyurus yunnanensis - Pteridium revolutum* Deciduous Broadleaf Shrubland

9.3.4 样地配置与观测内容

样地配置有全坡面径流场，观测地表径流和土壤侵蚀状况。样地按照 CERN 辅助观测场指标体系观测生物和土壤指标。

9.4 普定站陈旗辅助观测场灌草丛火烧迹地（人工干预恢复）样地

9.4.1 样地代表性

样地（PDFFZ02ABC_02）建于 2013 年，面积为 10 m×20 m，地理位置为 105°46′25″~105°46′26″E、26°15′37″~26°15′38″N，海拔为 1 462~1 477 m。该样地的代表性与火烧自然恢复样地具有一定相似性，可参见 9.3.1 节。设置人工砍伐干扰主要是因为当地百姓还较多地采用木材作为燃料（2012 年之前），对火烧迹地上植被有较大的破坏作用，但是随着劳动力的外出务工，该种破坏方式的强度已逐渐减弱。

9.4.2 自然环境背景与管理

地貌为石灰岩山地，坡度约 27°，西北向中上坡；年均气温为 15.2℃，极端最高气温 34.7℃，极端最低气温 −11.1℃，无霜期 289 d，年平均降水量 1 185.7 mm，＞10℃有效积温 5 027℃，年平均湿度 77%，年干燥度 0.96。成土母岩为泥质石灰岩，土壤为石灰土类中黑色石灰土亚类，黑色石灰土。土壤剖面分为 A、AB、B 3 层，其中 A 层厚度为 0~3 cm，黑色，石砾极少，壤土，根多；AB 层厚度为 3~20 cm，黄棕色，较紧实；B 层为黄壤，厚度为 0~100 cm，为黏壤土。主要侵蚀方式为水蚀，侵蚀强度轻微，每年在 4—6 月可能会遭受 1~2 次冰雹灾害。动物活动主要为小型啮齿类和鸟类的取食、栖居行为，干扰强度较轻。样地于 2013 年建立，2006 年 10 月前后遭到火烧，仅部分植株和地下部分残存。每年人为砍伐，至 2017 年停止，仅有监测人员及采集药材、野果和菌类的人员进入。

9.4.3 植被特征

9.4.3.1 物种组成

根据 2013 年在样地范围内的调查，样地有植物 48 种（表中部分物种在乔木层和灌木层重复出现），隶属 32 个科、约 46 个属，含物种较多的 6 个科为禾本科（5 种）、蔷薇科（5 种）、菊科（4 种）、豆科（3 种）、桑科（2 种）和莎草科（2 种）。样地植物名录见表 9-4。

表 9-4 普定站陈旗辅助观测场灌草丛火烧迹地（人工干预恢复）样地植物名录

序号	层次	物种中文名	物种学名	生活型
1	灌木层（上层）	响叶杨*	*Populus adenopoda* Maxim.	落叶阔叶乔木
2	灌木层（上层）	马桑*	*Coriaria nepalensis* Wall.	落叶阔叶乔木
3	灌木层（上层）	大果冬青*	*Ilex macrocarpa* Oliv.	落叶阔叶乔木
4	灌木层（上层）	红叶木姜子	*Litsea rubescens* Lec.	落叶阔叶乔木
5	灌木层（上层）	火棘	*Pyracantha fortuneana*（Maxim.）Li	常绿阔叶灌木
6	灌木层（上层）	安顺润楠	*Machilus cavaleriei* H. Lév.	常绿阔叶乔木

序号	层次	物种中文名	物种学名	生活型
7	灌木层（上层）	竹叶花椒	*Zanthoxylum armatum* DC.	常绿阔叶灌木
8	灌木层（上层）	老虎刺	*Pterolobium punctatum* Hemsl.	常绿阔叶灌木
9	灌木层（上层）	楮	*Broussonetia kazinoki* Sieb.	落叶阔叶乔木
10	灌木层（上层）	滇鼠刺	*Itea yunnanensis* Franch.	常绿阔叶乔木
11	灌木层（上层）	盐麸木	*Rhus chinensis* Mill.	落叶阔叶乔木
12	灌木层（上层）	杭子梢	*Campylotropis macrocarpa*（Bunge）Rehd.	落叶阔叶灌木
13	灌木层（上层）	川榛	*Corylus heterophylla* var. *sutchuanensis* Franchet	落叶阔叶乔木
14	灌木层（下层）	珍珠荚蒾*	*Viburnum foetidum* var. *ceanothoides*（C. H. Wright）Hand.-Mazz.	落叶阔叶灌木
15	灌木层（下层）	铁仔*	*Myrsine africana* L.	常绿阔叶灌木
16	灌木层（下层）	滇鼠刺*	*Itea yunnanensis* Franch.	常绿阔叶乔木幼苗
17	灌木层（下层）	响叶杨*	*Populus adenopoda* Maxim.	落叶阔叶乔木幼苗
18	灌木层（下层）	云南旌节花*	*Stachyurus yunnanensis* Franch.	常绿阔叶灌木
19	灌木层（下层）	茅莓	*Rubus parvifolius* L.	落叶阔叶灌木
20	灌木层（下层）	盐麸木	*Rhus chinensis* Mill.	落叶阔叶乔木幼苗
21	灌木层（下层）	火棘	*Pyracantha fortuneana*（Maxim.）Li	常绿阔叶灌木
22	灌木层（下层）	杭子梢	*Campylotropis macrocarpa*（Bunge）Rehd.	落叶阔叶灌木
23	灌木层（下层）	马桑	*Coriaria nepalensis* Wall.	落叶阔叶乔木幼苗
24	灌木层（下层）	香椿	*Toona sinensis*（A. Juss.）Roem.	落叶阔叶乔木幼苗
25	灌木层（下层）	云实	*Caesalpinia decapetala*（Roth）Alston	落叶木质藤本
26	灌木层（下层）	化香树	*Platycarya strobilacea* Sieb. & Zucc.	落叶阔叶乔木幼苗
27	灌木层（下层）	红叶木姜子	*Litsea rubescens* Lec.	落叶阔叶乔木幼苗
28	灌木层（下层）	竹叶花椒	*Zanthoxylum armatum* DC.	常绿阔叶灌木
29	灌木层（下层）	小冻绿树	*Rhamnus rosthornii* Pritz.	常绿阔叶灌木
30	灌木层（下层）	地果	*Ficus tikoua* Bur.	常绿阔叶灌木
31	灌木层（下层）	金丝桃	*Hypericum monogynum* L.	落叶阔叶灌木
32	灌木层（下层）	川榛	*Corylus heterophylla* var. *sutchuanensis* Franchet	落叶阔叶乔木幼苗
33	灌木层（下层）	楮	*Broussonetia kazinoki* Sieb.	落叶阔叶乔木幼苗
34	灌木层（下层）	老虎刺	*Pterolobium punctatum* Hemsl.	常绿阔叶灌木
35	灌木层（下层）	朴树	*Celtis sinensis* Pers.	落叶阔叶乔木幼苗
36	灌木层（下层）	黄脉莓	*Rubus xanthoneurus* Focke ex Diels	落叶阔叶灌木
37	灌木层（下层）	菰腺忍冬	*Lonicera hypoglauca* Miq.	多年生草质藤本
38	灌木层（下层）	杏	*Armeniaca vulgaris* Lam.	落叶阔叶乔木幼苗
39	灌木层（下层）	蔷薇科一种	Rosaceae sp.	落叶阔叶灌木
40	草本层	细柄草*	*Capillipedium parviflorum*（R. Br.）Stapf	多年生丛生草
41	草本层	糙野青茅*	*Deyeuxia scabrescens*（Griseb.）Munro ex Duthie	多年生丛生草
42	草本层	五节芒	*Miscanthus floridulus*（Lab.）Warb. ex Schum & Laut.	多年生丛生草
43	草本层	火绒草	*Leontopodium leontopodioides*（Willd.）Beauv.	多年生直立茎杂类草
44	草本层	蕨	*Pteridium aquilinum* var. *latiusculum*（Desv.）Underw. ex Heller	多年生蕨类
45	草本层	旱茅	*Schizachyrium delavayi*（Hackel）Bor	多年生丛生草

序号	层次	物种中文名	物种学名	生活型
46	草本层	中国蕨	*Aleuritopteris grevilleoides*（Christ）G. M. Zhang ex X. C. Zhang	多年生蕨类
47	草本层	大披针薹草	*Carex lanceolata* Boott	多年生根茎草
48	草本层	矛叶荩草	*Arthraxon lanceolatus*（Roxb.）Hochst.	多年生直立茎草
49	草本层	菊科一种	Asteraceae sp.	多年生直立茎杂类草
50	草本层	细叶薹草	*Carex duriuscula* subsp. *stenophylloides*（V. I. Kreczetowicz）S. Yun Liang & Y. C. Tang	多年生根茎草
51	草本层	白薇	*Cynanchum atratum* Bunge	多年生根茎杂类草
52	草本层	金剑草	*Rubia alata* Roxb.	多年生草质藤本
53	草本层	牡蒿	*Artemisia japonica* Thunb.	多年生直立茎杂类草
54	草本层	野拔子	*Elsholtzia rugulosa* Hemsl.	多年生直立茎杂类草
55	草本层	堇菜属一种	*Viola* sp	多年生匍匐茎杂类草
56	草本层	冷水花属	*Pilea* Lindl.	多年生直立茎杂类草
57	草本层	一年蓬	*Erigeron annuus*（L.）Pers.	一年生直立茎杂类草
58	草本层	乌蔹莓	*Cayratia japonica*（Thunb.）Gagnep.	多年生草质藤本

注：*为各层优势种。

9.4.3.2 群落结构

样地植物群落为亚热带常绿阔叶林遭人为砍伐干扰后形成的灌丛，群落外貌见彩图9-3。群落有较为明显的季相变化，每年 4 月左右返青，10 月后变色并开始落叶，同时存在较多的半常绿和常绿物种。灌木层共有物种 29 种，其中灌木层（上层）共有物种 13 种，平均高度约为 1.5 m，盖度约为 30%，密度约为 3 600 株/hm²，优势种为响叶杨、马桑和大果冬青。此外，红叶木姜子、火棘、安顺润楠和竹叶花椒等也较多。灌木层（下层）共有物种 26 种，平均高度约为 0.64 m，盖度约为 20%，密度约为 61 250 株/hm²，优势物种为珍珠荚蒾、铁仔、滇鼠刺、响叶杨和云南旌节花。此外，盐麸木、火棘和杭子梢也较多。草本层共有物种 19 种，平均高度约为 0.37 m，盖度约为 40%，优势种为细柄草、糙野青茅。此外，五节芒、蕨和旱茅等也较多。

9.4.3.3 植被分类地位

样地植物群落按照中国植被分类系统分类如下：

植被型组：灌丛 Shrubland

　植被型：落叶阔叶灌丛 Deciduous Broadleaf Shrubland

　　植被亚型：暖性落叶阔叶灌丛 Subtropical Deciduous Broadleaf Shrubl

　　　群系：响叶杨+珍珠荚蒾灌丛 *Populus adenopoda* + *Viburnum foetidum* var. *ceanothoides* Deciduous Broadleaf Shrubland Alliance

　　　　群丛：响叶杨+珍珠荚蒾-细柄草+糙野青茅 落叶阔叶灌丛 *Populus adenopoda* + *Viburnum foetidum* var. *ceanothoides* - *Capillipedium parviflorum* + *Deyeuxia scabrescens* Deciduous Broadleaf Shrubland

9.4.4　样地配置与观测内容

样地配置有全坡面径流场、观测地表径流和土壤侵蚀，还配置有小型气象站，观测降水量、温度、土壤湿度等环境指标。样地按照 CERN 辅助观测场指标体系进行生物和土壤要素观测。

9.5　普定站陈旗辅助观测场常绿落叶阔叶混交林次生林（自然恢复）样地

9.5.1　样地代表性

样地（PDFFZ03ABC_01）建于 2013 年，面积为 10 m×30 m，地理位置为 105°46′10″～105°46′11″E、26°15′41″～26°15′42″N，海拔为 1 376～1 396 m。样地植被为次生的喀斯特常绿落叶阔叶混交林，是经过彻底破坏后自然恢复约 20 年的生态系统，处在从灌丛向森林演化、向顶极群落过渡的关键时期，群落结构和功能正处于快速变化的阶段，在整个区域内该类型生态系统的分布面积也较大。对其进行长期监测有利于了解物种结构和群落特征等在这个阶段的变化特点，明晰其变化的原因和机理有利于喀斯特植被恢复研究。

9.5.2　自然环境背景与管理

样地地貌为石灰岩山地，坡度约 23°，西北向中坡。年均气温为 14.7℃，极端最高气温 34.7℃，极端最低气温 −11.1℃，无霜期 289 d，年平均降水量 1 185.7 mm，>10℃有效积温 4 875℃，年平均湿度 88%，年干燥度 0.96。成土母岩为泥质石灰岩，土壤为石灰土类中黑色石灰土亚类，黑色石灰土。土壤剖面分为 A、AB、B 3 层，其中 A 层厚度为 0～4 cm，黑色，石砾较少，壤土，根多；AB 层厚度为 3～25 cm，黄棕色，较紧实；B 层为黄壤，厚度为 0～70 cm，黏壤土。主要侵蚀方式为水蚀，侵蚀强度轻微，每年在 4—6 月可能会遭受 1～2 次冰雹灾害。动物活动主要为小型啮齿类和鸟类的取食、栖居行为，干扰强度较轻。样地于 2013 年建立，建立后仅有监测人员及采集药材、野果和菌类的人员进入。

9.5.3　植被特征

9.5.3.1　物种组成

根据 2013 年在样地范围内的调查，样地有植物 99 种（表中部分物种在乔木层和灌木层重复出现），隶属 52 个科、约 81 个属，含物种较多的 6 个科为蔷薇科（10 种）、菊科（7 种）、樟科（7 种）、凤尾蕨科 4 种）、桑科（4 种）和芸香科（4 种）。样地植物名录见表 9-5。

表 9-5 普定站陈旗辅助观测场常绿落叶阔叶混交林次生林（自然恢复）样地植物名录

序号	层次	物种中文名	物种学名	生活型
1	乔木层	槲栎*	*Quercus aliena* Blume	落叶阔叶乔木
2	乔木层	响叶杨*	*Populus adenopoda* Maxim.	落叶阔叶乔木
3	乔木层	香椿*	*Toona sinensis*（A. Juss.）Roem.	落叶阔叶乔木
4	乔木层	吴茱萸*	*Tetradium ruticarpum*（A. Jussieu）T. G. Hartley	落叶阔叶乔木
5	乔木层	竹叶花椒	*Zanthoxylum armatum* DC.	常绿阔叶灌木
6	乔木层	湖北算盘子	*Glochidion wilsonii* Hutch.	落叶阔叶乔木
7	乔木层	滇鼠刺	*Itea yunnanensis* Franch.	常绿阔叶乔木
8	乔木层	阴香	*Cinnamomum burmannii*（Nees & T.Nees）Blume	常绿阔叶乔木
9	乔木层	盐麸木	*Rhus chinensis* Mill.	落叶阔叶乔木
10	乔木层	花椒	*Zanthoxylum bungeanum* Maxim.	常绿阔叶灌木
11	乔木层	合欢	*Albizia julibrissin* Durazz.	落叶阔叶乔木
12	乔木层	薄叶鼠李	*Rhamnus leptophylla* C.K.Schneid.	落叶阔叶灌木
13	乔木层	缫丝花	*Rosa roxburghii* Tratt.	落叶阔叶灌木
14	乔木层	黑弹树	*Celtis bungeana* Blume	落叶阔叶乔木
15	乔木层	河北木蓝	*Indigofera bungeana* Walp.	落叶阔叶灌木
16	乔木层	大果冬青	*Ilex macrocarpa* Oliv.	落叶阔叶乔木
17	乔木层	沙梨	*Pyrus pyrifolia*（Burm. f.）Nakai	落叶阔叶灌木
18	乔木层	火棘	*Pyracantha fortuneana*（Maxim.）Li	常绿阔叶灌木
19	乔木层	胡颓子属一种	*Elaeagnus* sp.	常绿木质藤本
20	乔木层	小冻绿树	*Rhamnus rosthornii* Pritz.	常绿阔叶灌木
21	乔木层	朴树	*Celtis sinensis* Pers.	落叶阔叶乔木
22	乔木层	杭子梢	*Campylotropis macrocarpa*（Bunge）Rehd.	落叶阔叶灌木
23	乔木层	马桑	*Coriaria nepalensis* Wall.	落叶阔叶乔木
24	乔木层	云南旌节花	*Stachyurus yunnanensis* Franch.	常绿阔叶灌木
25	乔木层	女贞	*Ligustrum lucidum* Aiton	常绿阔叶乔木
26	乔木层	扁核木	*Prinsepia utilis* Royle	落叶阔叶灌木
27	乔木层	香叶树	*Lindera communis* Hemsl.	常绿阔叶乔木
28	乔木层	红叶木姜子	*Litsea rubescens* Lec.	落叶阔叶乔木
29	乔木层	构树	*Broussonetia papyrifera*（L.）L' Hér. ex Vent.	落叶阔叶乔木
30	灌木层	忍冬*	*Lonicera japonica* Thunb.	多年生木质藤本
31	灌木层	马桑*	*Coriaria nepalensis* Wall.	落叶阔叶乔木幼苗
32	灌木层	小冻绿树*	*Rhamnus rosthornii* Pritz.	常绿阔叶灌木
33	灌木层	火棘	*Pyracantha fortuneana*（Maxim.）Li	常绿阔叶灌木
34	灌木层	菰腺忍冬*	*Lonicera hypoglauca* Miq.	多年生草质藤本
35	灌木层	竹叶花椒*	*Zanthoxylum armatum* DC.	常绿阔叶灌木
36	灌木层	扁核木	*Prinsepia utilis* Royle	落叶阔叶灌木
37	灌木层	朴树	*Celtis sinensis* Pers.	落叶阔叶乔木幼苗
38	灌木层	茅莓	*Rubus parvifolius* L.	落叶阔叶灌木
39	灌木层	杭子梢	*Campylotropis macrocarpa*（Bunge）Rehd.	落叶阔叶灌木
40	灌木层	河北木蓝	*Indigofera bungeana* Walp.	落叶阔叶灌木

序号	层次	物种中文名	物种学名	生活型
41	灌木层	槲栎	*Quercus aliena* Blume	落叶阔叶乔木幼苗
42	灌木层	阴香	*Cinnamomum burmannii*（Nees & T. Nees）Blume	常绿阔叶乔木幼苗
43	灌木层	薄叶鼠李	*Rhamnus leptophylla* C.K.Schneid.	落叶阔叶灌木
44	灌木层	鸡桑	*Morus australis* Poir.	落叶阔叶乔木幼苗
45	灌木层	珍珠荚蒾	*Viburnum foetidum* var. *ceanothoides*（C. H. Wright）Hand.-Mazz.	落叶阔叶灌木
46	灌木层	贵州花椒	*Zanthoxylum esquirolii* H. Lév.	常绿阔叶灌木
47	灌木层	花椒	*Zanthoxylum bungeanum* Maxim.	常绿阔叶灌木
48	灌木层	刺楸	*Kalopanax septemlobus*（Thunb.）Koidz.	落叶阔叶乔木幼苗
49	灌木层	白木通	*Akebia trifoliata* subsp. *australis*（Diels）T. Shimizu	多年生落叶藤本
50	灌木层	铁仔	*Myrsine africana* L.	常绿阔叶灌木
51	灌木层	吴茱萸	*Tetradium ruticarpum*（A. Jussieu）T. G. Hartley	落叶阔叶乔木幼苗
52	灌木层	香椿	*Toona sinensis*（A. Juss.）Roem.	落叶阔叶乔木幼苗
53	灌木层	滇桐	*Craigia yunnanensis* W. W. Sm. & W. E. Evans	落叶阔叶乔木幼苗
54	灌木层	胡颓子属	*Elaeagnus* L.	常绿木质藤本
55	灌木层	六月雪	*Serissa japonica*（Thunb.）Thunb.	落叶阔叶灌木
56	灌木层	滇鼠刺	*Itea yunnanensis* Franch.	常绿阔叶乔木幼苗
57	灌木层	大果冬青	*Ilex macrocarpa* Oliv.	落叶阔叶乔木幼苗
58	灌木层	黑龙骨	*Periploca forrestii* Schltr.	多年生草质藤本
59	灌木层	楮	*Broussonetia kazinoki* Sieb.	落叶阔叶乔木幼苗
60	灌木层	湖北算盘子	*Glochidion wilsonii* Hutch.	落叶阔叶乔木幼苗
61	灌木层	香叶树	*Lindera communis* Hemsl.	常绿阔叶乔木幼苗
62	灌木层	黄脉莓	*Rubus xanthoneurus* Focke ex Diels	落叶阔叶灌木
63	灌木层	化香树	*Platycarya strobilacea* Sieb. & Zucc.	落叶阔叶乔木幼苗
64	灌木层	地果	*Ficus tikoua* Bur.	常绿阔叶灌木
65	灌木层	湖北算盘子	*Glochidion wilsonii* Hutch.	落叶阔叶乔木幼苗
66	灌木层	安顺润楠	*Machilus cavaleriei* H. Lév.	常绿阔叶乔木幼苗
67	灌木层	樟科一种	Lauraceae sp.	常绿阔叶乔木幼苗
68	灌木层	小蜡	*Ligustrum sinense* Lour.	常绿阔叶灌木
69	灌木层	云南旌节花	*Stachyurus yunnanensis* Franch.	常绿阔叶灌木
70	灌木层	樟	*Cinnamomum camphora*（L.）J.Presl	常绿阔叶乔木幼苗
71	灌木层	南五味子	*Kadsura longipedunculata* Finet & Gagnep.	多年生木质藤本
72	灌木层	女贞	*Ligustrum lucidum* Aiton	常绿阔叶乔木幼苗
73	灌木层	野山楂	*Crataegus cuneata* Sieb. & Zucc.	落叶阔叶乔木幼苗
74	灌木层	猴樟	*Cinnamomum bodinieri* H. Lév.	常绿阔叶乔木幼苗
75	灌木层	沙梨	*Pyrus pyrifolia*（Burm. f.）Nakai	落叶阔叶灌木
76	灌木层	结香	*Edgeworthia chrysantha* Lindl.	常绿阔叶灌木
77	灌木层	川榛	*Corylus heterophylla* var. *sutchuanensis* Franchet	落叶阔叶乔木幼苗
78	灌木层	红叶木姜子	*Litsea rubescens* Lec.	落叶阔叶乔木幼苗
79	灌木层	棱果海桐	*Pittosporum trigonocarpum* H. Lév.	常绿阔叶乔木幼苗
80	灌木层	盐麸木	*Rhus chinensis* Mill.	落叶阔叶乔木幼苗

序号	层次	物种中文名	物种学名	生活型
81	灌木层	桃	*Amygdalus persica* L.	落叶阔叶乔木幼苗
82	灌木层	珊瑚冬青	*Ilex corallina* Franch.	常绿阔叶乔木幼苗
83	草本层	繁缕属一种*	*Stellaria* sp.	多年生蔓生茎杂类草
84	草本层	大披针薹草*	*Carex lanceolata* Boott	多年生根茎草
85	草本层	渐尖毛蕨*	*Cyclosorus acuminatus*（Houtt.）Nakai	多年生蕨类
86	草本层	矛叶荩草	*Arthraxon lanceolatus*（Roxb.）Hochst.	多年生直立茎草
87	草本层	牛尾蒿	*Artemisia dubia* Wall. ex Bess.	多年生直立茎杂类草
88	草本层	一年蓬	*Erigeron annuus*（L.）Pers.	一年生直立茎杂类草
89	草本层	金剑草	*Rubia alata* Roxb.	多年生草质藤本
90	草本层	活血丹	*Glechoma longituba*（Nakai）Kupr.	多年生直立茎杂类草
91	草本层	十字薹草	*Carex cruciata* Wahlenb.	多年生根茎草
92	草本层	蒿属一种	*Artemisia* sp.	多年生直立茎杂类草
93	草本层	崖爬藤属一种	*Tetrastigma* sp.	多年生木质藤本
94	草本层	射干	*Belamcanda chinensis*（L.）Redouté	多年生直立茎杂类草
95	草本层	野雉尾金粉蕨	*Onychium japonicum*（Thunb.）Kze.	多年生蕨类
96	草本层	铁线莲属一种	*Clematis* sp.	多年生草质藤本
97	草本层	千里光	*Senecio scandens* Buch.-Ham. ex D. Don	多年生蔓生茎杂类草
98	草本层	蛇莓	*Duchesnea indica*（Andrews）Focke	多年生蔓生茎杂类草
99	草本层	糙野青茅	*Deyeuxia scabrescens*（Griseb.）Munro ex Duthie	多年生丛生草
100	草本层	黑龙骨	*Periploca forrestii* Schltr.	多年生草质藤本
101	草本层	龙芽草	*Agrimonia pilosa* Ldb.	多年生直立茎杂类草
102	草本层	画笔南星	*Arisaema penicillatum* N. E. Brown	多年生根茎杂类草
103	草本层	千里光属一种	*Senecio* sp.	多年生直立茎杂类草
104	草本层	对马耳蕨	*Polystichum tsus-simense*（Hook.）	多年生蕨类
105	草本层	天南星属一种	*Arisaema* sp.	多年生根茎杂类草
106	草本层	求米草	*Oplismenus undulatifolius*（Ard.）P.Beauv.	多年生直立茎草
107	草本层	未鉴定一种		多年生直立茎杂类草
108	草本层	麦冬	*Ophiopogon japonicus*（L. f.）Ker-Gawl.	多年生根茎杂类草
109	草本层	剑叶凤尾蕨	*Pteris ensiformis* Burm.	多年生蕨类
110	草本层	贯众	*Cyrtomium fortunei* J. Sm.	多年生蕨类
111	草本层	堇菜属一种	*Viola* sp.	多年生匍匐茎杂类草
112	草本层	野拔子	*Elsholtzia rugulosa* Hemsl.	多年生直立茎杂类草
113	草本层	黄精	*Polygonatum sibiricum* Redoute	多年生根茎杂类草
114	草本层	舌叶薹草	*Carex ligulata* Nees ex Wight	多年生根茎草
115	草本层	天门冬	*Asparagus cochinchinensis*（Lour.）Merr.	多年生根茎杂类草
116	草本层	黄鹌菜	*Youngia japonica*（L.）DC.	一年生直立茎杂类草
117	草本层	兰科一种	Orchidaceae sp.	多年生根茎杂类草
118	草本层	天名精	*Carpesium abrotanoides* L.	多年生直立茎杂类草
119	草本层	井栏边草	*Pteris multifida* Poir.	多年生蕨类

序号	层次	物种中文名	物种学名	生活型
120	草本层	蜈蚣凤尾蕨	*Pteris vittata* L.	多年生蕨类
121	草本层	波缘冷水花	*Pilea cavaleriei* H. Lév.	多年生直立茎杂类草
122	草本层	车前	*Plantago asiatica* L.	多年生匍匐茎杂类草
123	草本层	薯蓣属	*Dioscorea* L.	多年生草质藤本
124	草本层	酢浆草	*Oxalis corniculata* L.	多年生根茎杂类草
125	草本层	马鞭草科一种	Verbenaceae sp.	多年生直立茎杂类草

注：*为各层优势种。

9.5.3.2　群落结构

样地植物群落为次生的亚热带常绿落叶阔叶混交林，群落外貌可参见彩图 9-4。群落在样地内分布较为均匀，群落外观上可见明显的季相变化，每年 3—4 月返青，10 月开始变色，12 月后叶基本落完。群落可较为明显地分为乔、灌、草三层。乔木层共有物种 29 种，郁闭度约为 0.78，密度约为 6 266 株/hm²，优势种为槲栎、响叶杨、吴茱萸和香椿，优势种平均高度约为 7 m。此外，竹叶花椒、湖北算盘子和滇鼠刺等在乔木层也较多。灌木层共有物种 53 种，平均高度约为 1.2 m，盖度约为 10%，平均密度约为 20 466 株/hm²，优势种为忍冬、马桑、小冻绿树、火棘和竹叶花椒等。此外，扁核木、朴树和杭子梢等在灌木层也有较多分布。草本层共有物种 43 种，平均高度约为 0.28 m，盖度约为 15%，优势种为一种繁缕属植物、大披针薹草和渐尖毛蕨。此外，矛叶荩草、牛尾蒿和一年蓬等也有较多分布。

9.5.3.3　植被分类地位

样地植物群落按照中国植被分类系统分类如下：

植被型组：森林 Forest

　植被型：常绿与落叶阔叶混交林 Mixed Evergreen and Deciduous Broadleaf Forest

　　植被亚型：亚热带石灰岩山地常绿与落叶阔叶混交林 Subtropical Limestone Montane Mixed Evergreen and Deciduous Broadleaf Forest

　　　群系：槲栎+响叶杨林 *Quercus aliena* + *Populus adenopoda* Mixed Evergreen and Deciduous Broadleaf Forest Alliance

　　　　群丛：槲栎+响叶杨-忍冬+马桑-大披针薹草 常绿与落叶阔叶混交林 *Quercus aliena* + *Populus adenopoda* - *Lonicera japonica* + *Coriaria nepalensis* - *Carex lanceolata* Mixed Evergreen and Deciduous Broadleaf Forest

9.5.4　样地配置与观测内容

样地配置有全坡面径流场、观测地表径流和土壤侵蚀，还配置小型气象站，观测温度和土壤湿度等环境指标。样地按照 CERN 辅助观测场指标体系进行生物和土壤要素观测。

9.6　普定站陈旗辅助观测场坡耕地人工林（人工恢复）样地

9.6.1　样地代表性

样地（PDFFZ04ABC_01）建于 2013 年，面积为 10 m×30 m，地理位置为 105°46′12″～105°46′13″E、26°15′45″～26°15′46″N，海拔为 1 340～1 355 m。坡耕地在贵州喀斯特地区耕地中占绝大多数，而坡度大于 25°的陡坡耕地也占有相当大的比例。随着国家实施退耕还林等措施，在坡耕地地埂边种植经济果林，不仅能够有效地防治水土流失，也能够产生一定的经济效益，其面积迅速扩大。近年来，随着劳动力外出务工，坡耕地人工林逐渐弃耕，转入自然恢复过程，代表了该地区人工干扰向自然恢复的生态系统。对其进行长期监测能够增强对人工林向自然恢复转变的过程和机制的认识，甚至人工促进该过程。

9.6.2　自然环境背景与管理

样地地貌为石灰岩山地，坡度约 20°，西北向中下坡。年均气温为 14.9℃，极端最高气温 34.7℃，极端最低气温 −11.1℃，无霜期 289 d，年平均降水量 1 185.7 mm，＞10℃有效积温 4 875℃，年平均湿度 78%，年干燥度 0.96。成土母岩为泥质石灰岩，土壤为石灰土类中黑色石灰土亚类，黑色石灰土。土壤剖面分为 AB、B 两层，其中 AB 层厚度为 3～22 cm，黄棕色，较紧实；B 层为黄壤，厚度为 0～90 cm，黏壤土。主要侵蚀方式为水蚀，侵蚀强度前期较强，逐渐减弱，每年在 4—6 月可能会遭受 1～2 次冰雹灾害。动物活动主要为小型啮齿类、鸟类的取食和栖居行为以及少量放牧干扰，干扰程度较轻。样地于 2013 年建立，样地建立前及建立初期均为耕地，耕作历史长达 30 年，2015 年后逐渐弃耕，至 2017年完全弃耕，仅有监测人员及采集药材、野果和菌类的人员进入。

9.6.3　植被特征

9.6.3.1　物种组成

根据 2013 年在样地范围内的调查，样地有植物 49 种，隶属 25 个科、约 45 个属，含物种较多的 6 个科为菊科（8 种）、蔷薇科（6 种）、豆科（4 种）、禾本科（4 种）、桑科（3 种）和唇形科（2 种）。样地植物名录见表 9-6。

表 9-6　普定站陈旗辅助观测场坡耕地人工林（人工恢复）样地植物名录

序号	层次	物种中文名	物种学名	生活型
1	乔木层	沙梨*	*Pyrus pyrifolia*（Burm. f.）Nakai	落叶阔叶灌木
2	乔木层	香椿*	*Toona sinensis*（A. Juss.）Roem.	落叶阔叶乔木
3	乔木层	槲栎	*Quercus aliena* Blume	落叶阔叶乔木
4	乔木层	梓	*Catalpa ovata* G. Don	落叶阔叶乔木
5	乔木层	灰楸	*Catalpa fargesii* Bur.	落叶阔叶乔木

序号	层次	物种中文名	物种学名	生活型
6	乔木层	盐麸木	*Rhus chinensis* Mill.	落叶阔叶乔木
7	乔木层	构树	*Broussonetia papyrifera*（L.）L' Hér. ex Vent.	落叶阔叶乔木
8	乔木层	杭子梢	*Campylotropis macrocarpa*（Bunge）Rehd.	落叶阔叶灌木
9	乔木层	火棘	*Pyracantha fortuneana*（Maxim.）Li	常绿阔叶灌木
10	灌木层	香椿*	*Toona sinensis*（A. Juss.）Roem.	落叶阔叶乔木幼苗
11	灌木层	盐麸木*	*Rhus chinensis* Mill.	落叶阔叶乔木幼苗
12	灌木层	杭子梢	*Campylotropis macrocarpa*（Bunge）Rehd.	落叶阔叶灌木
13	灌木层	构树	*Broussonetia papyrifera*（L.）L' Hér. ex Vent.	落叶阔叶乔木幼苗
14	灌木层	茅莓	*Rubus parvifolius* L.	落叶阔叶灌木
15	灌木层	槲栎	*Quercus aliena* Blume	落叶阔叶乔木幼苗
16	灌木层	楮	*Broussonetia kazinoki* Sieb.	落叶阔叶乔木幼苗
17	灌木层	红叶木姜子	*Litsea rubescens* Lec.	落叶阔叶乔木幼苗
18	灌木层	河北木蓝	*Indigofera bungeana* Walp.	落叶阔叶灌木
19	灌木层	火棘	*Pyracantha fortuneana*（Maxim.）Li	常绿阔叶灌木
20	灌木层	珍珠荚蒾	*Viburnum foetidum* var. *ceanothoides*（C. H. Wright）Hand.-Mazz.	落叶阔叶灌木
21	灌木层	李	*Prunus salicina* Lindl.	落叶阔叶乔木幼苗
22	灌木层	梓	*Catalpa ovata* G. Don	落叶阔叶乔木幼苗
23	灌木层	沙梨	*Pyrus pyrifolia*（Burm. f.）Nakai	落叶阔叶灌木
24	灌木层	六月雪	*Serissa japonica*（Thunb.）Thunb.	落叶阔叶灌木
25	灌木层	缫丝花	*Rosa roxburghii* Tratt.	落叶阔叶灌木
26	灌木层	地果	*Ficus tikoua* Bur.	常绿阔叶灌木
27	灌木层	山槐	*Albizia kalkora*（Roxb.）Prain	落叶阔叶乔木幼苗
28	灌木层	多脉猫乳	*Rhamnella martini*（H. Lév.）C. K. Schneid.	落叶阔叶乔木幼苗
29	草本层	细柄草*	*Capillipedium parviflorum*（R. Br.）Stapf	多年生丛生草
30	草本层	矛叶荩草*	*Arthraxon lanceolatus*（Roxb.）Hochst.	多年生直立茎草
31	草本层	牛尾蒿	*Artemisia dubia* Wall. ex Bess.	多年生直立茎杂类草
32	草本层	一年蓬	*Erigeron annuus*（L.）Pers.	一年生直立茎杂类草
33	草本层	艾	*Artemisia argyi* H. Lév. & Van.	多年生直立茎杂类草
34	草本层	白茅	*Imperata cylindrica*（L.）P.Beauv.	多年生根茎草
35	草本层	窃衣	*Torilis scabra*（Thunb.）DC.	多年生直立茎杂类草
36	草本层	野雉尾金粉蕨	*Onychium japonicum*（Thunb.）Kze.	多年生蕨类
37	草本层	毛蕨	*Cyclosorus interruptus*（Willd.）H. Ito	多年生蕨类
38	草本层	鬼针草	*Bidens pilosa* L.	一年生直立茎杂类草
39	草本层	苦苣菜	*Sonchus oleraceus* L.	多年生直立茎杂类草
40	草本层	糙野青茅	*Deyeuxia scabrescens*（Griseb.）Munro ex Duthie	多年生丛生草
41	草本层	野老鹳草	*Geranium carolinianum* L.	多年生直立茎杂类草
42	草本层	三脉紫菀	*Aster trinervius* subsp. *ageratoides*（Turcz.）Grierson	多年生直立茎杂类草
43	草本层	贯众	*Cyrtomium fortunei* J. Sm.	多年生蕨类

序号	层次	物种中文名	物种学名	生活型
44	草本层	唇形科一种	Lamiaceae sp.	多年生直立茎杂类草
45	草本层	薹草属一种	Carex sp.	多年生根茎草
46	草本层	酢浆草	Oxalis corniculata L.	多年生根茎杂类草
47	草本层	天名精	Carpesium abrotanoides L.	多年生直立茎杂类草
48	草本层	野豌豆	Vicia sepium L.	多年生蔓生茎杂类草
49	草本层	蛇莓	Duchesnea indica（Andrews）Focke	多年生蔓生茎杂类草
50	草本层	堇菜属一种	Viola sp.	多年生匍匐茎杂类草
51	草本层	渐尖毛蕨	Cyclosorus acuminatus（Houtt.）Nakai	多年生蕨类
52	草本层	唇形科一种	Lamiaceae sp.	多年生直立茎杂类草
53	草本层	剑叶凤尾蕨	Pteris ensiformis Burm.	多年生蕨类
54	草本层	大披针薹草	Carex lanceolata Boott	多年生根茎草
55	草本层	阴行草	Siphonostegia chinensis Benth.	多年生直立茎杂类草
56	草本层	蒲公英	Taraxacum mongolicum Hand.-Mazz.	多年生匍匐茎杂类草
57	草本层	花魔芋	Amorphophallus konjac K. Koch	多年生根茎杂类草
58	草本层	画笔南星	Arisaema penicillatum N. E. Brown	多年生根茎杂类草

注：*为各层优势种。

9.6.3.2　群落结构

样地植物群落为坡耕地人工林群落，可分为乔、灌、草三层。群落中木本植物主要是落叶树种，每年3—4月开花返青，9月后叶开始变色掉落。乔木层共有物种9种，平均高度约为3 m，盖度约为25%，密度约为2 266 株/hm^2。乔木层主要是人工种植的沙梨以及生长在地埂上的香椿等物种，呈条带状水平分布，另外还有槲栎、梓和灰楸等物种分布。灌木层共有物种19种，平均高度约为1 m，盖度约为17%，平均密度约为12 866 株/hm^2，优势种为香椿和盐麸木，杭子梢、构树、茅莓和槲栎等也有较多分布。草本层共有物种约30种，平均高度约为0.38 m，盖度约为25%，优势种为细柄草、矛叶荩草，一年蓬、牛尾蒿、艾和白茅等也有较多分布。

9.6.3.3　植被分类地位

样地植物群落按照中国植被分类系统分类如下：

植被型组：森林 Forest

植被型：落叶阔叶林 Deciduous Broadleaf Forest

植被亚型：暖性落叶阔叶林 Subtropical Deciduous Broadleaf Forest

群系：沙梨+香椿林 Pyrus pyrifolia + Toona sinensis Deciduous Broadleaf Forest Alliance（人工林）

群丛：沙梨+香椿-盐麸木-细柄草 落叶阔叶林 Pyrus pyrifolia + Toona sinensis - Rhus chinensis - Capillipedium parviflorum Deciduous Broadleaf Forest（人工林）

9.6.4　样地配置与观测内容

样地配置有全坡面径流场、观测地表径流和土壤侵蚀。样地按照 CERN 辅助观测场指标体系进行生物和土壤要素观测。

9.7　普定站陈旗辅助观测场灌丛（放牧干扰）样地

9.7.1　样地代表性

样地（PDFFZ05ABC_01）建于 2013 年，面积为 10 m×20 m，地理位置为 105°46′35″～105°46′36.02″E、26°16′13″N，海拔为 1 382～1 394 m。灌丛是喀斯特地区被破坏生态系统恢复前期阶段的植被，其物种组成以耐旱的藤刺类和矮小灌木类为主，在喀斯特地区占有较大的比例，并且其物种组成较为复杂，变化也极快，藤刺的阻拦作用，调查的难度很大。灌丛分布地区通常受到耕作及采樵等影响较小，所以灌丛之间存在小片草地，成为该区域放牧的主要场地（避免牲畜毁坏庄稼）。因此，被放牧干扰的灌丛（2012 年左右）在该区域能代表一种特定的生态系统，对其进行观测能够掌握在放牧干扰的喀斯特灌丛恢复前期系统结构和功能的变化过程，对评估干扰和合理利用灌丛具有指导意义。随着劳动力外出务工，牲畜养殖数量急速下降，干扰已极其微弱。

9.7.2　自然环境背景与管理

样地地貌为石灰岩山地，坡度约 23°，东南向下坡。年均气温为 15.1℃，极端最高气温 34.7℃，极端最低气温 –11.1℃，无霜期 289 d，年平均降水量 1 183.4 mm，>10℃有效积温 5 012℃，年平均湿度 77%，年干燥度 0.96。成土母岩为泥质石灰岩，土壤为石灰土类中黑色石灰土亚类。土壤剖面分为 A、AB 两层，其中 A 层厚度为 5～35 cm，壤土，石砾含量较高。主要侵蚀方式为水蚀，侵蚀强度在 2017 年之前为中度，之后逐渐减弱，至 2019 年后已很轻微，每年在 4—6 月可能会遭受 1～2 次冰雹灾害。早期干扰活动以放牧（牛、羊）干扰为主，2017 年后减少，2019 年后几乎无。动物活动主要为小型啮齿类、鸟类取食和栖居，干扰程度较轻。样地于 2013 年建立，2019 年之后无放牧，自然恢复，仅有监测人员及采集药材、野果和菌类的人员进入。

9.7.3　植被特征

9.7.3.1　物种组成

根据 2013 年在样地范围内的调查，样地约有植物 55 种（表中部分物种在乔木层和灌木层重复出现），隶属 31 个科、约 52 个属，含物种较多的 6 个科为菊科（6 种）、蔷薇科（6 种）、禾本科（5 种）、唇形科（3 种）、鼠李科（3 种）和樟科（3 种）。样地植物名录见表 9-7。

表 9-7 普定站陈旗辅助观测场灌丛（放牧干扰）样地植物名录

序号	层次	物种中文名	物种学名	生活型
1	灌木层（上层）	火棘*	*Pyracantha fortuneana*（Maxim.）Li	常绿阔叶灌木
2	灌木层（上层）	化香树*	*Platycarya strobilacea* Sieb. & Zucc.	落叶阔叶乔木
3	灌木层（上层）	杭子梢*	*Campylotropis macrocarpa*（Bunge）Rehd.	落叶阔叶灌木
4	灌木层（上层）	云南旌节花	*Stachyurus yunnanensis* Franch.	常绿阔叶灌木
5	灌木层（上层）	竹叶花椒	*Zanthoxylum armatum* DC.	常绿阔叶灌木
6	灌木层（上层）	小冻绿树	*Rhamnus rosthornii* Pritz.	常绿阔叶灌木
7	灌木层（上层）	十大功劳	*Mahonia fortunei*（Lindl.）Fedde	常绿阔叶灌木
8	灌木层（上层）	刺楸	*Kalopanax septemlobus*（Thunb.）Koidz.	落叶阔叶乔木
9	灌木层（上层）	薄叶鼠李	*Rhamnus leptophylla* C.K.Schneid.	落叶阔叶灌木
10	灌木层（上层）	香椿	*Toona sinensis*（A. Juss.）Roem.	落叶阔叶乔木
11	灌木层（下层）	竹叶花椒*	*Zanthoxylum armatum* DC.	常绿阔叶灌木
12	灌木层（下层）	小冻绿树*	*Rhamnus rosthornii* Pritz.	常绿阔叶灌木
13	灌木层（下层）	火棘*	*Pyracantha fortuneana*（Maxim.）Li	常绿阔叶灌木
14	灌木层（下层）	云南旌节花	*Stachyurus yunnanensis* Franch.	常绿阔叶灌木
15	灌木层（下层）	大果冬青	*Ilex macrocarpa* Oliv.	落叶阔叶乔木幼苗
16	灌木层（下层）	化香树	*Platycarya strobilacea* Sieb. & Zucc.	落叶阔叶乔木幼苗
17	灌木层（下层）	杭子梢	*Campylotropis macrocarpa*（Bunge）Rehd.	落叶阔叶灌木
18	灌木层（下层）	铁仔	*Myrsine africana* L.	常绿阔叶灌木
19	灌木层（下层）	薄叶鼠李	*Rhamnus leptophylla* C.K.Schneid.	落叶阔叶灌木
20	灌木层（下层）	安顺润楠	*Machilus cavaleriei* H. Lév.	常绿阔叶乔木幼苗
21	灌木层（下层）	六月雪	*Serissa japonica*（Thunb.）Thunb.	落叶阔叶灌木
22	灌木层（下层）	中华绣线菊	*Spiraea chinensis* Maxim.	落叶阔叶灌木
23	灌木层（下层）	刺楸	*Kalopanax septemlobus*（Thunb.）Koidz.	落叶阔叶乔木幼苗
24	灌木层（下层）	珍珠荚蒾	*Viburnum foetidum* var. *ceanothoides*（C. H. Wright）Hand.-Mazz.	落叶阔叶灌木
25	灌木层（下层）	朴树	*Celtis sinensis* Pers.	落叶阔叶乔木幼苗
26	灌木层（下层）	棱果海桐	*Pittosporum trigonocarpum* H. Lév.	常绿阔叶乔木幼苗
27	灌木层（下层）	石榴	*Punica granatum* L.	落叶阔叶乔木幼苗
28	灌木层（下层）	樱桃	*Cerasus pseudocerasus*（Lindl.）Loudon	落叶阔叶乔木幼苗
29	灌木层（下层）	李	*Prunus salicina* Lindl.	落叶阔叶乔木幼苗
30	灌木层（下层）	十大功劳	*Mahonia fortunei*（Lindl.）Fedde	常绿阔叶灌木
31	灌木层（下层）	匍匐栒子	*Cotoneaster adpressus* Bois	常绿阔叶灌木
32	灌木层（下层）	马桑	*Coriaria nepalensis* Wall.	落叶阔叶乔木幼苗
33	灌木层（下层）	吴茱萸	*Tetradium ruticarpum*（A. Jussieu）T. G. Hartley	落叶阔叶乔木幼苗
34	灌木层（下层）	短萼海桐	*Pittosporum brevicalyx*（Oliv.）Gagnep.	常绿阔叶乔木幼苗
35	灌木层（下层）	河北木蓝	*Indigofera bungeana* Walp.	落叶阔叶灌木
36	灌木层（下层）	地果	*Ficus tikoua* Bur.	常绿阔叶灌木
37	灌木层（下层）	金丝桃	*Hypericum monogynum* L.	落叶阔叶灌木
38	灌木层（下层）	猴樟	*Cinnamomum bodinieri* H. Lév.	常绿阔叶乔木幼苗

序号	层次	物种中文名	物种学名	生活型
39	灌木层（下层）	多脉猫乳	*Rhamnella martini*（H. Lév.）C. K. Schneid.	落叶阔叶乔木幼苗
40	灌木层（下层）	构树	*Broussonetia papyrifera*（L.）L' Hér. ex Vent.	落叶阔叶乔木幼苗
41	灌木层（下层）	女贞	*Ligustrum lucidum* Aiton	常绿阔叶乔木幼苗
42	灌木层（下层）	红叶木姜子	*Litsea rubescens* Lec.	落叶阔叶乔木幼苗
43	灌木层（下层）	茅莓	*Rubus parvifolius* L.	落叶阔叶灌木
44	灌木层（下层）	野扇花	*Sarcococca ruscifolia* Stapf	常绿阔叶灌木
45	草本层	牛尾蒿*	*Artemisia dubia* Wall. ex Bess.	多年生直立茎杂类草
46	草本层	糙野青茅*	*Deyeuxia scabrescens*（Griseb.）Munro ex Duthie	多年生丛生草
47	草本层	禾本科一种*	Poaceae sp.	多年生丛生草
48	草本层	黄茅	*Heteropogon contortus*（L.）P. Beauv. ex Roem. & Schult.	多年生丛生草
49	草本层	大披针薹草	*Carex lanceolata* Boott	多年生根茎草
50	草本层	薹草属一种	*Carex* sp.	多年生根茎草
51	草本层	堇菜属一种	*Viola* sp.	多年生匍匐茎杂类草
52	草本层	千里光	*Senecio scandens* Buch.-Ham. ex D. Don	多年生蔓生茎杂类草
53	草本层	荩草	*Arthraxon hispidus*（Trin.）Makino	多年生丛生草
54	草本层	狗肝菜	*Dicliptera chinensis*（L.）Juss.	一年生直立茎杂类草
55	草本层	蕨	*Pteridium aquilinum* var. *latiusculum*（Desv.）Underw.ex Heller	多年生蕨类
56	草本层	蒲公英	*Taraxacum mongolicum* Hand.-Mazz.	多年生匍匐茎杂类草
57	草本层	兔儿风属一种	*Ainsliaea* sp.	多年生匍匐茎杂类草
58	草本层	禾本科一种	Poaceae sp.	多年生丛生草
59	草本层	菊科	Asteraceae Bercht. & J. J.Presl	多年生直立茎杂类草
60	草本层	金剑草	*Rubia alata* Roxb.	多年生草质藤本
61	草本层	苦荬菜	*Ixeris polycephala* Cass.	多年生直立茎杂类草
62	草本层	牛至	*Origanum vulgare* L.	多年生直立茎杂类草
63	草本层	普通凤丫蕨	*Coniogramme intermedia* Hieron.	多年生蕨类
64	草本层	活血丹	*Glechoma longituba*（Nakai）Kupr.	多年生直立茎杂类草
65	草本层	野拔子	*Elsholtzia rugulosa* Hemsl.	多年生直立茎杂类草

注：*为各层优势种。

9.7.3.2　群落结构

样地植物群落为放牧干扰的次生灌丛，演替 7 年后群落外貌可见彩图 9-6。群落高度约 1.6 m，盖度约为 75%。木本植物呈小聚落状分布，草本植物在木本分布区之间较均匀分布。木本植物以落叶、半常绿植物为主，每年 3 月中旬左右返青，10 月后落叶。草本约在 3 月返青并于 9 月后开始黄枯。灌木层共有物种 35 种，其中灌木层（上层）共有物种 10 种，平均高度约为 1.6 m，盖度约为 22%，平均密度约为 3 300 株/hm²，优势种为火棘、化香树和杭子梢，云南旌节花、竹叶花椒和小冻绿树等也有较多分布。灌木层（下层）共有物种 34 种，平均高度约为 1.1 m，盖度约为 15%，平均密度约为 33 650 株/hm²，优势种为竹叶花椒、小冻绿树和火棘，云南旌节花、大果冬青、化香树、杭子梢和铁仔等物种也有较多分布。草本层共有物种 21 种，平均高度约为 0.37 m，盖度约为 53%，优势种为牛尾蒿、糙野青茅，其他黄茅、大披针薹草等分布也较多。

9.7.3.3　植被分类地位

样地植物群落按照中国植被分类系统分类如下：

植被型组：灌丛 Shrubland

　植被型：落叶阔叶灌丛 Deciduous Broadleaf Shrubland

　　植被亚型：暖性落叶阔叶灌丛 Subtropical Deciduous Broadleaf Shrubland

　　　群系：竹叶花椒+小冻绿树灌丛 *Zanthoxylum armatum + Rhamnus rosthornii* Deciduous Broadleaf Shrubland Alliance

　　　　群丛：竹叶花椒+小冻绿树-牛尾蒿+糙野青茅 落叶阔叶灌丛 *Zanthoxylum armatum + Rhamnus rosthornii - Artemisia dubia + Deyeuxia scabrescens* Deciduous Broadleaf Shrubland

9.7.4　样地配置与观测内容

样地配置有全坡面径流场、观测地表径流和土壤侵蚀，还配置有小型气象站，观测降水量、气温、土壤温湿度等环境指标。样地按照 CERN 辅助观测场指标体系进行生物和土壤要素观测。

9.8　普定站陈旗辅助观测场常绿落叶阔叶混交林幼林（自然恢复）样地

9.8.1　样地代表性

样地（PDFFZ06ABC_01）建于 2013 年，面积为 10 m×20 m，地理位置为 105°46′36″E、26°16′1″N，海拔为 1 391～1 410 m。样地植被是喀斯特植被自然恢复过程中从灌丛向次生林过渡的类型，具有植株密度大、物种丰富等特点。总体来说该过渡类型存在的时间较短，可能随着干扰的变化以及植被的演化而在空间上进行迁移或者逐渐消失，但是，该过渡类型起到了承前启后的作用，对演替过程中养分及生物量等要素的累积起到了重要的作用。

9.8.2　自然环境背景与管理

样地地貌为石灰岩山地，坡度约 23°，西北向中下坡。年均气温为 14.8℃，极端最高气温 34.7℃，极端最低气温 −11.1℃，无霜期 289 d，年平均降水量 1 165.6 mm，>10℃有效积温 4 986℃，年平均湿度 82%，年干燥度 0.96。成土母岩为泥质石灰岩，土壤为石灰土类中黑色石灰土亚类。土壤剖面分为 A、AB、B 3 层，其中 A 层厚度为 0～8 cm，黑色，石砾较少，壤土，根多；AB 层厚度为 5～27 cm，黄棕色，较紧实；B 层为黄壤，厚度为 0～100 cm，黏壤土。主要侵蚀方式为水蚀，侵蚀强度弱，每年在 4—6 月可能会遭受 1～2 次冰雹灾害。早期干扰活动以采樵干扰为主，程度轻微，样地建立后几乎无。动物活动主要为小型啮齿类、鸟类的取食和栖居行为，干扰程度较轻。样地于 2013 年建立，之后仅有监测人员及采集药材、野果和菌类的人员进入。

9.8.3 植被特征

9.8.3.1 物种组成

根据 2013 年在样地范围内的调查，样地约有植物 99 种（表中部分物种在乔木层和灌木层重复出现），隶属 50 个科、约 83 个属，含物种较多的 6 个科为蔷薇科（8 种）、禾本科（7 种）、芸香科（5 种）、樟科（5 种）、冬青科（4 种）和菊科（4 种）。样地植物名录见表 9-8。

表 9-8 普定站陈旗辅助观测场常绿落叶阔叶混交林幼林（自然恢复）样地植物名录

序号	层次	物种中文名	物种学名	生活型
1	乔木层	化香树*	*Platycarya strobilacea* Sieb. & Zucc.	落叶阔叶乔木
2	乔木层	云南旌节花*	*Stachyurus yunnanensis* Franch.	常绿阔叶灌木
3	乔木层	野漆*	*Toxicodendron succedaneum*（L.）Kuntze	落叶阔叶乔木
4	乔木层	沙梨	*Pyrus pyrifolia*（Burm. f.）Nakai	落叶阔叶灌木
5	乔木层	浆果楝	*Cipadessa baccifera*（Roth）Miq.	落叶阔叶乔木
6	乔木层	猴樟	*Cinnamomum bodinieri* H. Lév.	常绿阔叶乔木
7	乔木层	马桑	*Coriaria nepalensis* Wall.	落叶阔叶乔木
8	乔木层	刺楸	*Kalopanax septemlobus*（Thunb.）Koidz.	落叶阔叶乔木
9	乔木层	香椿	*Toona sinensis*（A. Juss.）Roem.	落叶阔叶乔木
10	乔木层	竹叶花椒	*Zanthoxylum armatum* DC.	常绿阔叶灌木
11	乔木层	火棘	*Pyracantha fortuneana*（Maxim.）Li	常绿阔叶灌木
12	乔木层	小冻绿树	*Rhamnus rosthornii* Pritz.	常绿阔叶灌木
13	乔木层	响叶杨	*Populus adenopoda* Maxim.	落叶阔叶乔木
14	乔木层	安顺润楠	*Machilus cavaleriei* H. Lév.	常绿阔叶乔木
15	乔木层	川榛	*Corylus heterophylla var. sutchuanensis* Franchet	落叶阔叶乔木
16	乔木层	吴茱萸	*Tetradium ruticarpum*（A. Jussieu）T. G. Hartley	落叶阔叶乔木
17	乔木层	薄叶鼠李	*Rhamnus leptophylla* C.K.Schneid.	落叶阔叶灌木
18	乔木层	胡颓子	*Elaeagnus pungens* Thunb.	落叶阔叶灌木
19	乔木层	中国旌节花	*Stachyurus chinensis* Franch.	落叶阔叶灌木
20	乔木层	川钓樟	*Lindera pulcherrima* var. *hemsleyana*（Diels）H. P. Tsui	常绿阔叶乔木
21	乔木层	槲栎	*Quercus aliena* Blume	落叶阔叶乔木
22	乔木层	红叶木姜子	*Litsea rubescens* Lec.	落叶阔叶乔木
23	乔木层	滇鼠刺	*Itea yunnanensis* Franch.	常绿阔叶乔木
24	乔木层	棱果海桐	*Pittosporum trigonocarpum* H. Lév.	常绿阔叶乔木

序号	层次	物种中文名	物种学名	生活型
25	乔木层	杭子梢	*Campylotropis macrocarpa*（Bunge）Rehd.	落叶阔叶灌木
26	乔木层	梁王茶	*Metapanax delavayi*（Franchet）J. Wen & Frodin	落叶阔叶灌木
27	乔木层	地果	*Ficus tikoua* Bur.	常绿阔叶灌木
28	乔木层	小果蔷薇	*Rosa cymosa* Tratt.	落叶阔叶灌木
29	乔木层	朴树	*Celtis sinensis* Pers.	落叶阔叶乔木
30	乔木层	香叶树	*Lindera communis* Hemsl.	常绿阔叶乔木
31	乔木层	珊瑚冬青	*Ilex corallina* Franch.	常绿阔叶乔木
32	乔木层	十大功劳	*Mahonia fortunei*（Lindl.）Fedde	常绿阔叶灌木
33	乔木层	小叶女贞	*Ligustrum quihoui* Carr.	落叶阔叶乔木
34	乔木层	亮叶桦	*Betula luminifera* H. Winkl.	落叶阔叶乔木
35	乔木层	小蜡	*Ligustrum sinense* Lour.	常绿阔叶灌木
36	乔木层	女贞	*Ligustrum lucidum* Aiton	常绿阔叶乔木
37	乔木层	珍珠荚蒾	*Viburnum foetidum* var. *ceanothoides*（C. H. Wright）Hand.-Mazz.	落叶阔叶灌木
38	乔木层	盐麸木	*Rhus chinensis* Mill.	落叶阔叶乔木
39	灌木层	小冻绿树*	*Rhamnus rosthornii* Pritz.	常绿阔叶灌木
40	灌木层	地果*	*Ficus tikoua* Bur.	常绿阔叶灌木
41	灌木层	马桑*	*Coriaria nepalensis* Wall.	落叶阔叶乔木幼苗
42	灌木层	竹叶花椒*	*Zanthoxylum armatum* DC.	常绿阔叶灌木
43	灌木层	云南旌节花*	*Stachyurus yunnanensis* Franch.	常绿阔叶灌木
44	灌木层	川榛*	*Corylus heterophylla* var. *sutchuanensis* Franchet	落叶阔叶乔木幼苗
45	灌木层	火棘	*Pyracantha fortuneana*（Maxim.）Li	常绿阔叶灌木
46	灌木层	薄叶鼠李	*Rhamnus leptophylla* C. K. Schneid.	落叶阔叶灌木
47	灌木层	珍珠荚蒾	*Viburnum foetidum* var. *ceanothoides*（C. H. Wright）Hand.-Mazz.	落叶阔叶灌木
48	灌木层	化香树	*Platycarya strobilacea* Sieb. & Zucc.	落叶阔叶乔木幼苗
49	灌木层	杭子梢	*Campylotropis macrocarpa*（Bunge）Rehd.	落叶阔叶灌木
50	灌木层	浆果楝	*Cipadessa baccifera*（Roth）Miq.	落叶阔叶乔木幼苗
51	灌木层	滇鼠刺	*Itea yunnanensis* Franch.	常绿阔叶乔木幼苗
52	灌木层	安顺润楠	*Machilus cavaleriei* H. Lév.	常绿阔叶乔木幼苗
53	灌木层	香叶树	*Lindera communis* Hemsl.	常绿阔叶乔木幼苗
54	灌木层	刺楸	*Kalopanax septemlobus*（Thunb.）Koidz.	落叶阔叶乔木幼苗
55	灌木层	中国旌节花	*Stachyurus chinensis* Franch.	落叶阔叶灌木
56	灌木层	槲栎	*Quercus aliena* Blume	落叶阔叶乔木幼苗
57	灌木层	香椿	*Toona sinensis*（A. Juss.）Roem.	落叶阔叶乔木幼苗
58	灌木层	川钓樟	*Lindera pulcherrima* var. *hemsleyana*（Diels）H. P. Tsui	常绿阔叶乔木幼苗
59	灌木层	吴茱萸	*Tetradium ruticarpum*（A. Jussieu）T. G. Hartley	落叶阔叶乔木幼苗
60	灌木层	花椒属	*Zanthoxylum* L.	常绿阔叶灌木
61	灌木层	红叶木姜子	*Litsea rubescens* Lec.	落叶阔叶乔木幼苗
62	灌木层	贵州花椒	*Zanthoxylum esquirolii* H. Lév.	常绿阔叶灌木

序号	层次	物种中文名	物种学名	生活型
63	灌木层	野扇花	*Sarcococca ruscifolia* Stapf	常绿阔叶灌木
64	灌木层	六月雪	*Serissa japonica*（Thunb.）Thunb.	落叶阔叶灌木
65	灌木层	铁仔	*Myrsine africana* L.	常绿阔叶灌木
66	灌木层	朴树	*Celtis sinensis* Pers.	落叶阔叶乔木幼苗
67	灌木层	金丝桃	*Hypericum monogynum* L.	落叶阔叶灌木
68	灌木层	响叶杨	*Populus adenopoda* Maxim.	落叶阔叶乔木幼苗
69	灌木层	短萼海桐	*Pittosporum brevicalyx*（Oliv.）Gagnep.	常绿阔叶乔木幼苗
70	灌木层	河北木蓝	*Indigofera bungeana* Walp.	落叶阔叶灌木
71	灌木层	黄脉莓	*Rubus xanthoneurus* Focke ex Diels	落叶阔叶灌木
72	灌木层	棱果海桐	*Pittosporum trigonocarpum* H. Lév.	常绿阔叶乔木幼苗
73	灌木层	豪猪刺	*Berberis julianae* C.K.Schneid.	落叶阔叶灌木
74	灌木层	猴樟	*Cinnamomum bodinieri* H. Lév.	常绿阔叶乔木幼苗
75	灌木层	忍冬	*Lonicera japonica* Thunb.	多年生木质藤本
76	灌木层	匍匐栒子	*Cotoneaster adpressus* Bois	常绿阔叶灌木
77	灌木层	小蜡	*Ligustrum sinense* Lour.	常绿阔叶灌木
78	灌木层	十大功劳	*Mahonia fortunei*（Lindl.）Fedde	常绿阔叶灌木
79	灌木层	菝葜	*Smilax china* L.	多年生落叶藤本
80	灌木层	花椒	*Zanthoxylum bungeanum* Maxim.	常绿阔叶灌木
81	灌木层	薄叶冬青	*Ilex fragilis* Hook. f.	落叶阔叶乔木幼苗
82	灌木层	沙梨	*Pyrus pyrifolia*（Burm. f.）Nakai	落叶阔叶灌木
83	灌木层	小叶女贞	*Ligustrum quihoui* Carr.	落叶阔叶乔木幼苗
84	灌木层	珊瑚冬青	*Ilex corallina* Franch.	常绿阔叶乔木幼苗
85	灌木层	缫丝花	*Rosa roxburghii* Tratt.	落叶阔叶灌木
86	灌木层	胡颓子属	*Elaeagnus* L.	常绿木质藤本
87	灌木层	茅莓	*Rubus parvifolius* L.	落叶阔叶灌木
88	灌木层	胡颓子	*Elaeagnus pungens* Thunb.	落叶阔叶灌木
89	灌木层	细叶小檗	*Berberis poiretii* C.K.Schneid.	落叶阔叶灌木
90	灌木层	大果冬青	Ilex macrocarpa Oliv.	落叶阔叶乔木幼苗
91	灌木层	刺叶珊瑚冬青	*Ilex corallina* var. *loeseneri* H. Lév.	常绿阔叶乔木幼苗
92	灌木层	漆树	*Toxicodendron vernicifluum*（Stokes）F. A. Barkl.	落叶阔叶乔木幼苗
93	灌木层	侧柏	*Platycladus orientalis*（L.）Franco	常绿针叶乔木幼苗
94	灌木层	樱桃	*Cerasus pseudocerasus*（Lindl.）Loudon	落叶阔叶乔木幼苗
95	灌木层	络石	*Trachelospermum jasminoides*（Lindl.）Lem.	常绿阔叶灌木
96	灌木层	臭椿	*Ailanthus altissima*（Mill.）Swingle	落叶阔叶乔木幼苗
97	草本层	顶芽狗脊[*]	*Woodwardia unigemmata*（Makino）Nakai	多年生蕨类
98	草本层	禾本科一种[*]	Poaceae sp.	多年生丛生草
99	草本层	假俭草[*]	*Eremochloa ophiuroides*（Munro）Hack.	多年生丛生草
100	草本层	蕨[*]	*Pteridium aquilinum* var. *latiusculum*（Desv.）Underw. ex Heller	多年生蕨类
101	草本层	野拔子[*]	*Elsholtzia rugulosa* Hemsl.	多年生直立茎杂类草
102	草本层	求米草	*Oplismenus undulatifolius*（Ard.）P.Beauv.	多年生直立茎草

序号	层次	物种中文名	物种学名	生活型
103	草本层	大披针薹草	*Carex lanceolata* Boott	多年生根茎草
104	草本层	薹草属一种	*Carex* sp.	多年生根茎草
105	草本层	荩草	*Arthraxon hispidus*（Trin.）Makino	多年生丛生草
106	草本层	野雉尾金粉蕨	*Onychium japonicum*（Thunb.）Kze.	多年生蕨类
107	草本层	细柄草	*Capillipedium parviflorum*（R. Br.）Stapf	多年生丛生草
108	草本层	画笔南星	*Arisaema penicillatum* N. E. Brown	多年生根茎杂类草
109	草本层	天门冬	*Asparagus cochinchinensis*（Lour.）Merr.	多年生根茎杂类草
110	草本层	淫羊藿	*Epimedium brevicornu* Maxim.	多年生直立茎杂类草
111	草本层	糙野青茅	*Deyeuxia scabrescens*（Griseb.）Munro ex Duthie	多年生丛生草
112	草本层	翠云草	*Selaginella uncinata*（Desv.）Spring	多年生蕨类
113	草本层	莎草科一种	Cyperaceae sp.	多年生根茎草
114	草本层	禾本科一种	Poaceae sp.	多年生丛生草
115	草本层	兔儿风属一种	*Ainsliaea* sp.	多年生匍匐茎杂类草
116	草本层	唇形科一种	Lamiaceae sp.	多年生直立茎杂类草
117	草本层	金剑草	*Rubia alata* Roxb.	多年生草质藤本
118	草本层	苦苣菜	*Sonchus oleraceus* L.	多年生直立茎杂类草
119	草本层	兰科一种	Orchidaceae sp.	多年生根茎杂类草
120	草本层	麦冬	*Ophiopogon japonicus*（L. f.）Ker-Gawl.	多年生根茎杂类草
121	草本层	南蛇藤属一种	*Celastrus* sp.	落叶藤本
122	草本层	堇菜属一种	*Viola* sp.	多年生匍匐茎杂类草
123	草本层	贯众	*Cyrtomium fortunei* J. Sm.	多年生蕨类
124	草本层	普通凤丫蕨	*Coniogramme intermedia* Hieron.	多年生蕨类
125	草本层	酢浆草	*Oxalis corniculata* L.	多年生根茎杂类草
126	草本层	粉条儿菜	*Aletris spicata*（Thunb.）Franch.	多年生根茎杂类草
127	草本层	井栏边草	*Pteris multifida* Poir.	多年生蕨类
128	草本层	野菊	*Chrysanthemum indicum* L.	多年生直立茎杂类草
129	草本层	蒲公英	*Taraxacum mongolicum* Hand.-Mazz.	多年生匍匐茎杂类草
130	草本层	活血丹	*Glechoma longituba*（Nakai）Kupr.	多年生直立茎杂类草
131	草本层	乌蔹莓	*Cayratia japonica*（Thunb.）Gagnep.	多年生草质藤本
132	草本层	藤榕	*Ficus hederacea* Roxb.	常绿阔叶藤本

注：*为各层优势种。

9.8.3.2 群落结构

样地植物群落为自然恢复灌草丛向次生林过渡群落，群落高度约为 5.5 m，盖度约为 80%，演替 7 年后群落外貌可参见彩图 9-7。样地物种分布随海拔和干扰程度变化而变化，样地下部主要为半常绿和落叶灌木，季相变换不显著；样地上部主要为落叶乔木，每年 3—4 月开始返青，到 10 月变色并开始落叶。乔、灌、草三层分化随海拔升高而逐渐明显。乔木层共有物种 38 种，平均密度约为 6 600 株/hm²，乔木层优势种平均高度约为 5.5 m，盖度约为 40%，优势种为化香树、云南旌节花和野漆，沙梨、浆果楝、猴樟和马桑等分布也较多。灌木层共有物种 58 种，平均高度约为 1.25 m，盖度约为 26%，平均密度约为 36 366 株/hm^2，优势种为小冻绿树、地果、马桑、竹叶花椒、云南旌节花和川榛，火棘、薄叶鼠李和珍珠荚蒾等也有较多分布。草本层共有物种 36 种，平均高度约为 0.2 m，盖度约为 17%，优势种为顶芽狗脊蕨、旱茅、假俭草、蕨和野拔子，求米草、大披针薹草、荩草和野雉尾金粉蕨等也有较多分布。

9.8.3.3　植被分类地位

样地植物群落按照中国植被分类系统分类如下：

植被型组：森林 Forest

植被型：常绿与落叶阔叶混交林 Mixed Evergreen and Deciduous Broadleaf Forest

植被亚型：亚热带石灰岩山地常绿与落叶阔叶混交林 Subtropical Limestone Montane Mixed Evergreen and Deciduous Broadleaf Forest

群系：化香树+云南旌节花林 *Platycarya strobilacea + Stachyurus yunnanensis* Mixed Evergreen and Deciduous Broadleaf Forest Alliance

群丛：化香树+云南旌节花-小冻绿树+地果-顶芽狗脊 常绿与落叶阔叶混交林 *Platycarya strobilacea + Stachyurus yunnanensis - Rhamnus rosthornii + Ficus tikoua - Woodwardia unigemmata* Mixed Evergreen and Deciduous Broadleaf Forest

9.8.4　样地配置与观测内容

样地配置有全坡面径流场、观测地表径流和土壤侵蚀，还配置有小型气象站，观测降水量、气温、土壤温湿度等环境指标（气象监测 2013 年后破坏未恢复）。样地按照 CERN 辅助观测场指标体系进行生物和土壤要素观测。

参考文献

刘丛强，等，2009. 生物地球化学过程与地表物质循环[M]. 北京：科学出版社.

10　鼎湖山站生物监测样地本底与植被特征[*]

10.1　生物监测样地概况

10.1.1　概况与区域代表性

鼎湖山森林生态系统定位研究站（以下简称鼎湖山站）隶属中国科学院华南植物园，建立于 1978 年，1990 年加入 CERN，1999 年成为首批国家野外科学观测研究站试点站，2006 年正式成为国家野外科学观测研究站。鼎湖山站位于鼎湖山国家级自然保护区内，地处广东省肇庆市鼎湖区坑口街道，地理位置为 112°30′39″～112°33′41″E、23°09′21″～23°11′30″N。鼎湖山站地处南亚热带季风气候区，受湿润季风性气候影响，水热丰富，植被类型众多，其中马尾松林针叶林、针阔叶混交林、季风常绿阔叶林为鼎湖山主要植被类型，分别代表了南亚热带地区森林演替序列的前期、中期和后期阶段，为森林生态系统植被演替过程及其功能的研究提供了理想的研究基地，也为退化生态系统的恢复研究提供了天然的参照，是华南地区重要的森林生态学研究基地。

10.1.2　生物监测样地设置

从 1978 年开始，基于站区不同演替阶段和不同海拔梯度的主要植被类型，鼎湖山站陆续建立了 6 个长期监测样地，其中包括 1 个综合观测场样地（季风常绿阔叶林永久样地）、2 个辅助观测场样地（马尾松林永久样地和针阔叶混交林 II 号永久样地）和 3 个站区调查点样地（针阔叶混交林 I 号永久样地、山地常绿阔叶林永久样地、针阔叶混交林 III 号永久样地）。样地概况见表 10-1，样地布局见图 10-1。

---

* 编写：刘世忠（中国科学院华南植物园）
　审稿：张德强（中国科学院华南植物园）

表 10-1　鼎湖山站生物长期观测样地清单

序号	样地代码	样地名称	样地类别	植被类型	地理位置（样地中心点）	海拔/m	面积及形状/（m×m）	建立时间与计划使用年数
1	DHFZH01ABC_01	鼎湖山站综合观测场季风常绿阔叶林永久样地	综合观测场	亚热带季风常绿阔叶林	112°32′21.84″E，23°10′08.40″N	230～350	100×100	1982 年，100 年
2	DHFFZ01ABC_01	鼎湖山站辅助观测场马尾松林永久样地	辅助观测场	热性针叶林	112°33′21.24″E，23°9′59.04″N	50～150	20 个 10×10，非连续样方	1990 年，100 年
3	DHFFZ02ABC_01	鼎湖山站辅助观测场针阔叶混交林Ⅱ号永久样地	辅助观测场	针阔混交林	112°32′54.60″E，23°10′25.32″N	100～200	100×100	1999 年，100 年
4	DHFZQ01AB0_01	鼎湖山站站区调查点针阔叶混交林Ⅰ号永久样地	站区调查点	针阔混交林	112°32′29.04″E，23°10′2.28″N	200～300	40×30	1978 年，100 年
5	DHFZQ02AB0_01	鼎湖山站站区调查点山地常绿阔叶林Ⅰ号永久样地	站区调查点	山地常绿阔叶林	112°31′12.72″E，23°10′32.16″N	560～600	40×30	1996 年，100 年
6	DHFZQ03AB0_01	鼎湖山站站区调查点针阔混交林Ⅲ号永久样地	站区调查点	针阔混交林	112°32′3.84″E，23°10′24.24″N	330～350	60×20	2002 年，100 年

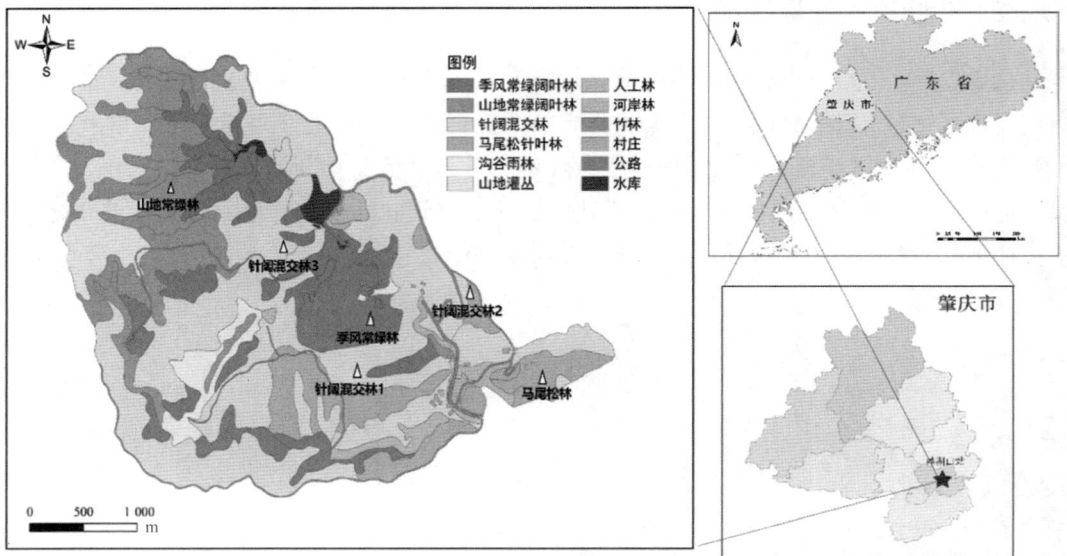

图 10-1　鼎湖山站生物长期观测样地布局

10.2　鼎湖山站综合观测场季风常绿阔叶林永久样地

10.2.1　样地代表性

样地（DHFZH01ABC_01）建于 1982 年，面积为 100 m×100 m，地理位置为 112°32′21.84″E、23°10′08.40″N，海拔为 230～350 m。样地植被为南亚热带地带性植被类型，有 400 多年的历史，是自然演替的顶极群落。样地群落生物多样性丰富、群落结构复杂，对了解地带性森林生态系统的服务功能、可持续利用，以及对地方经济发展的生态服务作用等有重要意义。

10.2.2　自然环境背景与管理

样地地貌为低山山地，坡面相对平坦，有少量裸露岩石。坡向为东北，坡度 25°～35°，中坡。年均气温 21.0℃，年降水量约 1 996 mm，＞10℃有效积温＞7 495.7℃，年平均相对湿度 82%，年干燥度 0.58，全年无霜。土壤成土母岩为砂页岩，根据全国第二次土壤普查名称，土壤属于赤红壤土类、赤红壤亚类。土层大多为 30～90 cm，表土（0～15 cm）有机质含量约 5%。土壤孔隙度较大，贮水性能较差，在特大暴风雨的情况下，局部地方常有滑坡、崩塌等自然灾害发生，对样地和监测设施有一定的破坏。动物活动主要为鸟类及小型啮齿类动物的取食和栖居行为，偶见大型兽类（如野猪、赤麂等）活动。样地位于鼎湖山自然保护区核心区，受到保护区管理机构的严格保护，人类活动主要为科研和监测人员的工作，干扰程度轻微。2001 年因受尺蠖虫害影响，样地内黄果厚壳桂（*Cryptocarya concinna* Hance）成树全部死亡。2002 年 8 月特大暴雨导致局部滑坡，集水区被冲毁。

10.2.3　植被特征

10.2.3.1　物种组成

根据 2004 年 1 hm² 样地的调查结果，样地共有植物 139 种，隶属 64 科、108 属，含物种较多的有茜草科（11 种）、大戟科（10 种）、樟科（10 种）、豆科（7 种）、百合科（4 种）、葡萄科（4 种）、桑科（4 种）、桃金娘科（4 种）和梧桐科（4 种）。样地植物名录见表 10-2。

表 10-2　鼎湖山站综合观测场季风常绿阔叶林永久样地植物名录

序号	层次	物种中文名	物种学名	生活型
1	乔木层	桂林栲*	*Castanopsis chinensis*（Spreng.）Hance	常绿阔叶乔木
2	乔木层	木荷*	*Schima superba* Gardn. & Champ.	常绿阔叶乔木
3	乔木层	云南银柴*	*Aporosa yunnanensis*（Pax & K. Hoffm.）F. P. Metcalf	常绿阔叶乔木

序号	层次	物种中文名	物种学名	生活型
4	乔木层	香楠*	*Aidia canthioides*（Champ. ex Benth.）Masam.	常绿阔叶乔木
5	乔木层	肖蒲桃*	*Syzygium acuminatissimum*（Blume）DC.	常绿阔叶乔木
6	乔木层	鼎湖血桐*	*Macaranga sampsonii* Hance	常绿阔叶乔木
7	乔木层	白颜树*	*Gironniera subaequalis* Planch.	常绿阔叶乔木
8	乔木层	红枝蒲桃*	*Syzygium rehderianum* Merr. & Perry	常绿阔叶乔木
9	乔木层	褐叶柄果木	*Mischocarpus pentapetalus*（Roxb.）Radlk	常绿阔叶乔木
10	乔木层	光叶红豆	*Ormosia glaberrima* Y. C. Wu	常绿阔叶乔木
11	乔木层	厚壳桂	*Cryptocarya chinensis*（Hance）Hemsl.	常绿阔叶乔木
12	乔木层	窄叶半枫荷	*Pterospermum lanceifolium* Roxb.	常绿阔叶乔木
13	乔木层	黄叶树	*Xanthophyllum hainanense* Hu	常绿阔叶乔木
14	乔木层	肉实树	*Sarcosperma laurinum*（Benth.）Hook. f.	常绿阔叶乔木
15	乔木层	黄杞	*Engelhardia roxburghiana* Wall.	常绿阔叶乔木
16	乔木层	橄榄	*Canarium album*（Lour.）Rauesch.	常绿阔叶乔木
17	乔木层	臀果木	*Pygeum topengii* Merr.	常绿阔叶乔木
18	乔木层	鼎湖钓樟	*Lindera chunii* Merr.	常绿阔叶乔木
19	乔木层	华润楠	*Machilus chinensis*（Champ. ex Benth.）Hemsl.	常绿阔叶乔木
20	乔木层	鹅掌柴	*Schefflera heptaphylla*（L.）Frodin	常绿阔叶乔木
21	乔木层	黄毛榕	*Ficus esquiroliana* H. Lév.	常绿阔叶乔木
22	乔木层	观光木	*Michelia odora*（Chun）Noot. & B. L. Chen	常绿阔叶乔木
23	乔木层	黄果厚壳桂	*Cryptocarya concinna* Hance	常绿阔叶乔木
24	乔木层	笔罗子	*Meliosma rigida* Sieb. & Zucc.	常绿阔叶乔木
25	乔木层	白楸	*Mallotus paniculatus*（Lam.）Muell. Arg.	常绿阔叶乔木
26	乔木层	广东假木荷	*Craibiodendron scleranthum* var. *kwangtungense*（S. Y. Hu）Judd	常绿阔叶乔木
27	乔木层	假鱼骨木	*Psydrax dicocca* Gaertn.	常绿阔叶乔木
28	乔木层	山蒲桃	*Syzygium levinei*（Merr.）Merr. & Perry	常绿阔叶乔木
29	乔木层	山油柑	*Acronychia pedunculata*（L.）Miq.	常绿阔叶乔木
30	乔木层	岭南山竹子	*Garcinia oblongifolia* Champ. ex Benth.	常绿阔叶乔木
31	乔木层	土沉香	*Aquilaria sinensis*（Lour.）Spreng.	常绿阔叶乔木
32	乔木层	小盘木	*Microdesmis caseariifolia* Planch.	常绿阔叶乔木
33	乔木层	谷木	*Memecylon ligustrifolium* Champ.	常绿阔叶乔木
34	乔木层	韶子	*Nephelium chryseum* Blume	常绿阔叶乔木
35	乔木层	轮苞血桐	*Macaranga andamanica* Kurz	常绿阔叶乔木
36	乔木层	猪肚木	*Canthium horridum* Blume	常绿阔叶乔木
37	乔木层	鱼尾葵	*Caryota maxima* Blume ex Martius	棕榈型乔木
38	乔木层	乌材	*Diospyros eriantha* Champ. ex Benth.	常绿阔叶乔木
39	乔木层	金叶树	*Chrysophyllum lanceolatum* var. *stellatocarpon* P. Royen	常绿阔叶乔木
40	乔木层	轮叶木姜子	*Litsea verticillata* Hance	常绿阔叶乔木
41	乔木层	禾串树	*Bridelia balansae* Tutcher	常绿阔叶乔木
42	乔木层	滇粤山胡椒	*Lindera metcalfiana* C. K. Allen	常绿阔叶乔木
43	乔木层	越南冬青	*Ilex cochinchinensis*（Lour.）Loes.	常绿阔叶乔木

序号	层次	物种中文名	物种学名	生活型
44	乔木层	亮叶猴耳环	*Archidendron lucidum*（Benth）I. C. Nielsen	常绿阔叶乔木
45	乔木层	毛菍	*Melastoma sanguineum* Sims.	常绿阔叶乔木
46	乔木层	白背算盘子	*Glochidion wrightii* Benth.	常绿阔叶乔木
47	乔木层	山杜英	*Elaeocarpus sylvestris*（Lour.）Poir.	常绿阔叶乔木
48	乔木层	沙坝冬青	*Ilex chapaensis* Merr.	落叶阔叶乔木
49	乔木层	二色波罗蜜	*Artocarpus styracifolius* Pierre	常绿阔叶乔木
50	乔木层	假苹婆	*Sterculia lanceolata* Cav.	常绿阔叶乔木
51	乔木层	毛叶脚骨脆	*Casearia velutina* Blume	常绿阔叶乔木
52	乔木层	子凌蒲桃	*Syzygium championii*（Benth.）Merr. & Perry	常绿阔叶乔木
53	乔木层	大叶臭花椒	*Zanthoxylum myriacanthum* Wall. ex Hook. f.	常绿阔叶乔木
54	乔木层	短序润楠	*Machilus breviflora*（Benth.）Hemsl.	常绿阔叶乔木
55	乔木层	长花厚壳树	*Ehretia longiflora* Champ. ex Benth.	落叶阔叶乔木
56	乔木层	山乌桕	*Triadica cochinchinensis* Lour.	落叶阔叶乔木
57	乔木层	软荚红豆	*Ormosia semicastrata* Hance	常绿阔叶乔木
58	乔木层	香皮树	*Meliosma fordii* Hemsl.	常绿阔叶乔木
59	乔木层	水东哥	*Saurauia tristyla* DC.	常绿阔叶乔木
60	乔木层	竹节树	*Carallia brachiata*（Lour.）Merr.	常绿阔叶乔木
61	乔木层	翻白叶树	*Pterospermum heterophyllum* Hance	常绿阔叶乔木
62	乔木层	海红豆	*Adenanthera microsperma* Teijsm. & Binn.	常绿阔叶乔木
63	乔木层	九丁榕	*Ficus nervosa* Heyne ex Roth	常绿阔叶乔木
64	乔木层	乌榄	*Canarium pimela* K.D.Koenig	常绿阔叶乔木
65	乔木层	光叶山矾	*Symplocos lancifolia* Sieb. & Zucc.	常绿阔叶乔木
66	乔木层	狗骨柴	*Diplospora dubia*（Lindl.）Masam.	常绿阔叶乔木
67	乔木层	广东山胡椒	*Lindera kwangtungensis*（Liou）C.K.Allen	常绿阔叶乔木
68	乔木层	鲫蒴锥	*Castanopsis fissa*（Champ. ex Benth.）Rehd. & Wils.	常绿阔叶乔木
69	乔木层	球花脚骨脆	*Casearia glomerata* Roxb.	常绿阔叶乔木
70	乔木层	三桠苦	*Melicope pteleifolia*（Champ. ex Benth.）T. G. Hartley	常绿阔叶乔木
71	乔木层	山黄麻	*Trema tomentosa*（Roxb.）H. Hara	常绿阔叶乔木
72	乔木层	山牡荆	*Vitex quinata*（Lour.）Will.	常绿阔叶乔木
73	乔木层	水同木	*Ficus fistulosa* Reinw. ex Blume	常绿阔叶乔木
74	乔木层	天料木	*Homalium cochinchinense*（Lour.）Druce	落叶阔叶乔木
75	乔木层	乌檀	*Nauclea officinalis*（Pirre ex Pitard）Merr.	常绿阔叶乔木
76	乔木层	越南山矾	*Symplocos cochinchinensis*（Lour.）S. Moore	常绿阔叶乔木
77	乔木层	绒毛润楠	*Machilus velutina* Champ. ex Benth.	常绿阔叶乔木
78	灌木层	柏拉木*	*Blastus cochinchinensis* Lour.	常绿阔叶灌木
79	灌木层	九节*	*Psychotria asiatica* L.	常绿阔叶灌木
80	灌木层	罗伞树*	*Ardisia quinquegona* Blume	常绿阔叶灌木
81	灌木层	粗叶木	*Lasianthus chinensis*（Champ.）Benth.	常绿阔叶灌木
82	灌木层	薄叶红厚壳	*Calophyllum membranaceum* Gardn. & Champ.	常绿阔叶灌木
83	灌木层	红背山麻杆	*Alchornea trewioides*（Benth.）Müll. Arg.	常绿阔叶灌木
84	灌木层	柳叶杜茎山	*Maesa salicifolia* E. Walker	常绿阔叶灌木

序号	层次	物种中文名	物种学名	生活型
85	灌木层	酸味子	*Antidesma japonicum* Sieb. & Zucc.	常绿阔叶灌木
86	灌木层	紫玉盘	*Uvaria macrophylla* Roxb.	常绿阔叶灌木
87	灌木层	白花灯笼	*Clerodendrum fortunatum* L.	常绿阔叶灌木
88	灌木层	毛果算盘子	*Glochidion eriocarpum* Champ. ex Benth.	常绿阔叶灌木
89	灌木层	菝葜	*Smilax china* L.	常绿阔叶灌木
90	灌木层	筐条菝葜	*Smilax corbularia* Kunth	常绿阔叶灌木
91	灌木层	土茯苓	*Smilax glabra* Roxb.	常绿阔叶灌木
92	灌木层	浅裂锈毛莓	*Rubus reflexus* var. *hui*（Diels ex Hu）Metc.	常绿阔叶灌木
93	灌木层	玉叶金花	*Mussaenda pubescens* W. T. Aiton	常绿阔叶灌木
94	灌木层	福建胡颓子	*Elaeagnus oldhami* Maxim.	常绿阔叶灌木
95	草本层	沙皮蕨*	*Tectaria harlandii*（Hook.）C. M. Kuo	多年生蕨类草本
96	草本层	双盖蕨*	*Diplazium donianum*（Mott.）Tard.-Blot.	多年生蕨类草本
97	草本层	华山姜*	*Alpinia oblongifolia* Hayata	直立茎杂类草
98	草本层	金毛狗蕨*	*Cibotium barometz*（L.）J. Sm.	多年生蕨类草本
99	草本层	刺头复叶耳蕨	*Arachniodes aristata*（G. Forst.）Tindale	多年生蕨类草本
100	草本层	华南毛蕨	*Cyclosorus parasiticus*（L.）Farwell	多年生蕨类草本
101	草本层	长囊薹草	*Carex harlandii* Boott	多年生丛生草本
102	层间层	杖藤*	*Calamus rhabdocladus* Burret	常绿藤本
103	层间层	蔓九节*	*Psychotria serpens* L.	常绿藤本
104	层间层	丁公藤*	*Erycibe obtusifolia* Benth.	常绿藤本
105	层间层	石柑子*	*Pothos chinensis*（Raf.）Merr.	常绿藤本
106	层间层	扁担藤*	*Tetrastigma planicaule*（Hook. f.）Gagnep.	常绿藤本
107	层间层	白叶瓜馥木*	*Fissistigma glaucescens*（Hance）Merr.	常绿藤本
108	层间层	薯莨	*Dioscorea cirrhosa* Lour.	常绿藤本
109	层间层	宽药青藤	*Illigera celebica* Miq.	常绿藤本
110	层间层	乌蔹莓	*Cayratia japonica*（Thunb.）Gagnep.	常绿藤本
111	层间层	山蒟	*Piper hancei* Maxim.	常绿藤本
112	层间层	锡叶藤	*Tetracera sarmentosa*（L.）Vahl.	常绿藤本
113	层间层	三叶崖爬藤	*Tetrastigma hemsleyanum* Diels & Gilg	常绿藤本
114	层间层	百足藤	*Pothos repens*（Lour.）Druce	常绿藤本
115	层间层	厚叶素馨	*Jasminum pentaneurum* Hand.-Mazz.	常绿藤本
116	层间层	罗浮买麻藤	*Gnetum luofuense* C. Y. Cheng	常绿藤本
117	层间层	酸藤子	*Embelia laeta*（L.）Mez	常绿藤本
118	层间层	牛白藤	*Hedyotis hedyotidea*（DC.）Merr.	常绿藤本
119	层间层	楠藤	*Mussaenda erosa* Champ. ex Benth.	常绿藤本
120	层间层	亮叶鸡血藤	*Callerya nitida*（Bentham）R. Geesink	常绿藤本
121	层间层	独行千里	*Capparis acutifolia* Sweet	常绿藤本
122	层间层	小叶买麻藤	*Gnetum parvifolium*（Warb.）W. C. Cheng	常绿藤本
123	层间层	暗色菝葜	*Smilax lanceifolia* var. *opaca* A. DC.	常绿藤本
124	层间层	小叶红叶藤	*Rourea microphylla*（Hook. & Arn.）Planch.	常绿藤本
125	层间层	狮子尾	*Rhaphidophora hongkongensis* Schott	常绿藤本

序号	层次	物种中文名	物种学名	生活型
126	层间层	华南胡椒	*Piper austrosinense* Tseng	常绿藤本
127	层间层	扭肚藤	*Jasminum elongatum*（Bergius）Willd.	常绿藤本
128	层间层	寄生藤	*Dendrotrophe varians*（Blume）Miq.	常绿藤本
129	层间层	海金沙	*Lygodium japonicum*（Thunb.）Sw.	常绿藤本
130	层间层	尖山橙	*Melodinus fusiformis* Champ. ex Benth.	常绿藤本
131	层间层	绞股蓝	*Gynostemma pentaphyllum*（Thunb.）Makino	常绿藤本
132	层间层	龙须藤	*Bauhinia championii*（Benth.）Benth.	常绿藤本
133	层间层	广东蛇葡萄	*Ampelopsis cantoniensis*（Hook. & Arn.）Planch.	常绿藤本
134	层间层	野木瓜	*Stauntonia chinensis* DC.	常绿藤本
135	层间层	刺果藤	*Byttneria grandifolia* DC.	常绿藤本
136	层间层	独子藤	*Celastrus monospermus* Roxb.	常绿藤本
137	层间层	香花鸡血藤	*Callerya dielsiana*（Harms）P. K. L ex Z. Wei	常绿藤本
138	层间层	小果微花藤	*Iodes vitiginea*（Hance）Hemsl.	常绿藤本
139	层间层	眼树莲	*Dischidia chinensis* Champ. ex Benth.	常绿藤本

注：*为各层优势种。

10.2.3.2　群落结构

样地植被类型为亚热带季风常绿阔叶林，有 400 多年的历史。群落终年常绿。乔木层盖度约 95%，可分 3 层，第一层优势种主要为锥、木荷和厚壳桂等，高度 20～30 m；第二层优势种主要为肖蒲桃、白颜树和红枝蒲桃等，高度 12～18 m；第三层优势种主要为云南银柴、香楠、肉实树和光叶红豆等，高度 5～10 m。在乔木层中常伴生有较多的层间藤本植物，主要有杖藤、蔓九节、丁公藤、石柑子、扁担藤和白叶瓜馥木等，以及高大乔木上的附生植物眼树莲。灌木层盖度约 60%，优势种平均高度 1.5 m，优势种有柏拉木、九节和罗伞树等，并有较多的黄果厚壳桂、香楠、光叶红豆和肖蒲桃等乔木幼树，以及高大的草本，如金毛狗蕨。草本层盖度约 40%，优势种平均高度 0.8 m，优势种主要有沙皮蕨、双盖蕨、华山姜和金毛狗蕨等，并有较多的黄果厚壳桂、香楠、肖蒲桃和罗伞树等乔灌木幼苗。

10.2.3.3　植被分类地位

样地植物群落按照中国植被分类系统分类如下：

植被型组：森林 Forest

　植被型：常绿阔叶林 Evergreen Broadleaf Forest

　　植被亚型：季风常绿阔叶林 Monsoon Evergreen Broadleaf Forest

　　　群系：桂林栲+木荷林 *Castanopsis chinensis*+*Schima superba* Evergreen Broadleaf Forest Alliance

　　　　群丛：桂林栲+木荷+云南银柴-柏拉木-沙皮蕨 常绿阔叶林 *Castanopsis chinensis*＋*Schima superba*＋*Aprosa yunnanensis*-*Blastus cochinchinensis*-*Tectaria harlandii* Evergreen Broadleaf Forest

10.2.4 样地配置与观测内容

样地是鼎湖山站的综合观测场，按照 CERN 观测规范进行生物、土壤和水分指标观测。2015—2018 年开展乔木径向生长自动监测（2018 年因仪器损坏停止观测），2017 年开始植物物候自动观测，2021 年开始植物根系生长原位观测。

样地面积为 1 hm²，划分为 100 个 10 m×10 m 的 II 级样方。灌木样方为随机布设的 25 个 5 m×5 m 的小样方，2015 年开始根据生物观测规范要求调整为调查 13 个 II 级样方。草本样方为在每个灌木样方中随机设置 1 个 1 m×1 m 的小样方，2010 年调整为调查 2 m×2 m 的小样方，2015 年起在每个灌木样方中调查 2 个 2 m×2 m 的小样方。

10.3 鼎湖山站辅助观测场马尾松林永久样地

10.3.1 样地代表性

样地（DHFFZ01ABC_01）来源于 1990 年中美合作项目建立的 20 个间断对照样方，样方大小为 10 m×10 m，非连续样方，地理位置为 112°33′21.24″E、23°9′59.04″N，海拔为 50～150 m。样地植被为马尾松针叶林，处于森林演替的前期阶段，为所在地区大面积营造的主要人工林类型。群落组成单一、结构简单，主要作为群落演替早期阶段植被的参照，对了解森林植被在演替过程中种类、结构、功能的变化及其影响因素等有重要意义。

10.3.2 自然环境背景与管理

样地地貌为低山丘陵山地，坡面平坦，坡向为东南，坡度为 15°～25°，中坡。气温、降水、湿度等气候特征与综合观测场相同，详见 10.2.2 节。土壤成土母岩为砂页岩，根据全国第二次土壤普查名称，土壤属于赤红壤土类、砖红壤性红壤亚类。土层大多为 30～70 cm，表土（0～15 cm）有机质含量为 2%～3%。动物活动主要为鸟类及小型啮齿类的取食和栖居行为。样地位于自然保护区边缘，邻近村落，早期偶有村民割草拾薪活动，后期主要为科研和监测人员活动，干扰程度轻微。

10.3.3 植被特征

10.3.3.1 物种组成

根据 2004 年 2 000 m² 样地的调查结果，样地共有植物 34 种，隶属 25 科、31 属，含物种较多的有茜草科（3 种）和大戟科（3 种）。样地植物名录见表 10-3。

表 10-3　鼎湖山站辅助观测场马尾松林永久样地植物名录

序号	层次	物种中文名	物种学名	生活型
1	乔木层	马尾松*	*Pinus massoniana* Lamb.	常绿针叶乔木
2	乔木层	三桠苦*	*Melicope pteleifolia*（Champ. ex Benth.）T. G. Hartley	常绿阔叶乔木
3	乔木层	黄牛木	*Cratoxylum cochinchinense*（Lour.）Blume	常绿阔叶乔木
4	乔木层	豺皮樟	*Litsea rotundifolia* var. *oblongifolia*（Nees）C. K. Allen	常绿阔叶乔木
5	乔木层	野漆	*Toxicodendron succedaneum*（L.）Kuntze	落叶阔叶乔木
6	乔木层	白楸	*Mallotus paniculatus*（Lam.）Muell. Arg.	常绿阔叶乔木
7	乔木层	鹅掌柴	*Schefflera heptaphylla*（L.）Frodin	常绿阔叶乔木
8	乔木层	桉	*Eucalyptus robusta* Sm.	常绿阔叶乔木
9	乔木层	毛菍	*Melastoma sanguineum* Sims.	常绿阔叶乔木
10	乔木层	山鸡椒	*Litsea cubeba*（Lour.）Pers.	落叶阔叶乔木
11	乔木层	黧蒴锥	*Castanopsis fissa*（Champ. ex Benth.）Rehd. & Wils.	常绿阔叶乔木
12	乔木层	狭叶山黄麻	*Trema angustifolia*（Planch.）Blume	常绿阔叶乔木
13	乔木层	银柴	*Aporosa dioica*（Roxb.）Müll. Arg.	常绿阔叶乔木
14	灌木层	桃金娘*	*Rhodomyrtus tomentosa*（Aiton）Hassk.	常绿阔叶灌木
15	灌木层	白花灯笼*	*Clerodendrum fortunatum* L.	常绿阔叶灌木
16	灌木层	岗柃*	*Eurya groffii* Merr.	常绿阔叶灌木
17	灌木层	龙船花*	*Ixora chinensis* Lam.	常绿阔叶灌木
18	灌木层	九节	*Psychotria asiatica* L.	常绿阔叶灌木
19	灌木层	粗叶榕	*Ficus hirta* Vahl	常绿阔叶灌木
20	灌木层	毛果算盘子	*Glochidion eriocarpum* Champ. ex Benth.	常绿阔叶灌木
21	灌木层	变叶榕	*Ficus variolosa* Lindl. ex Benth.	常绿阔叶灌木
22	灌木层	石斑木	*Rhaphiolepis indica*（L.）Lindl.	常绿阔叶灌木
23	灌木层	野牡丹	*Melastoma malabathricum* L.	常绿阔叶灌木
24	灌木层	栀子	*Gardenia jasminoides* J. Ellis	常绿阔叶灌木
25	草本层	芒萁*	*Dicranopteris pedata*（Houtt.）Nakaike	多年生蕨类草本
26	草本层	乌毛蕨*	*Blechnopsis orientalis* L. C. Presl	多年生蕨类草本
27	草本层	山菅	*Dianella ensifolia*（L.）Redouté	直立茎杂类草
28	草本层	芒	*Miscanthus sinensis* Andersson	多年生丛生草本
29	草本层	华南紫萁	*Osmunda vachellii* Hook.	多年生蕨类草本
30	草本层	剑叶鳞始蕨	*Lindsaea ensifolia* Sw.	多年生蕨类草本
31	草本层	刺头复叶耳蕨	*Arachniodes aristata*（G. Forst.）Tindale	多年生蕨类草本
32	草本层	双盖蕨	*Diplazium donianum*（Mott.）Tard.-Blot.	多年生蕨类草本
33	草本层	淡竹叶	*Lophatherum gracile* Brongn.	多年生丛生草本
34	草本层	扇叶铁线蕨	*Adiantum flabellulatum* L.	多年生蕨类草本

注：*为各层优势种。

10.3.3.2　群落结构

样地植被类型为亚热带热性针叶林，林龄约 60 年。乔木层优势种仅有马尾松和三桠苦，优势种高度 15 m，郁闭度 0.7。灌木层盖度约 40%，优势种高度为 1.0 m，优势种有桃金娘、白花灯笼、岗枞和龙船花等。草本层盖度约 60%，高度 0.7 m，优势种为芒萁和乌毛蕨。

10.3.3.3 植被分类地位

样地植物群落按照中国植被分类系统分类如下：

植被型组：森林 Forest

植被型：常绿针叶林 Evergreen Needleleaf Forest

植被亚型：暖性常绿针叶林 Subtropical Evergreen Needleleaf Forest

群系：暖性马尾松林 *Pinus massoniana* Evergreen Needleleaf Forest Alliance（人工半自然林）

群丛：马尾松-桃金娘+白花灯笼-芒萁 常绿针叶林 *Pinus massoniana - Rhodomyrtus tomentosa + Clerodendrum fortunatum - Dicranopteris pedata* Evergreen Needleleaf Forest（人工半自然林）

10.3.4 样地配置与观测内容

样地是辅助观测样地，开展生物、土壤和水分指标观测。2015—2018 年开展乔木径向生长自动监测（2018 年因仪器损坏停止观测），2017 年开始植物物候自动观测，2021 年开始植物根系生长原位观测。

样地面积为 2 000 m²，为 20 个非相连的 10 m×10 m 的 Ⅱ 级样方。灌木样方在其中的 10 个 Ⅱ 级样方中各选取 1 个 5 m×5 m 的小样方进行调查，2020 年开始调查 5 个固定 Ⅱ 级样方。草本样方为在灌木样方中随机设置的 1 个 1 m×1 m 的小样方，2020 年开始在灌木调查样方中分别设置 2 个 2 m×2 m 的小样方用于草本植物调查。

10.4 鼎湖山站辅助观测场针阔叶混交林 Ⅱ 号永久样地

10.4.1 样地代表性

样地（DHFFZ02ABC_01）属于辅助观测场，1999 年建立，面积为 100 m×100 m，地理位置为 112°32′54.60″E、23°10′25.32″N，海拔为 100～200 m。样地植被类型为针阔叶混交林，林龄约 60 年，属于森林演替的中期阶段，是站区分布面积最大的植被类型。对样地进行长期观测对于深入了解不同演替阶段森林植被恢复过程中的物种多样性、结构和功能的变化及影响因素等有重要的意义。

10.4.2 自然环境背景与管理

样地地貌为低山山地，坡向为西南，坡度为 30°～45°，中坡。气温、降水、湿度等气候特征与综合观测场相同，详见 10.2.2 节。土壤成土母岩为砂页岩，根据全国第二次土壤普查名称，土壤属于赤红壤土类、赤红壤亚类。土层大多为 30～100 cm，表土（0～15 cm）

有机质含量为2%～4%。动物活动主要为鸟类取食和栖居行为，偶见大型兽类（如野猪）活动。样地位于鼎湖山自然保护区核心区，人类活动主要为科研和监测人员的活动，因样地邻近游览区道路，偶尔有其他人员捡拾落果等活动，影响轻微。

10.4.3　植被特征

10.4.3.1　物种组成

根据2004年1 hm² 样地的调查结果，样地共有植物63种，隶属34科、54属，含物种较多的有樟科（8种）、茜草科（6种）、大戟科（4种）、山茶科（3种）、桃金娘科（3种）和紫金牛科（3种）。样地植物名录见表10-4。

表 10-4　鼎湖山站辅助观测场针阔叶混交林 II 号永久样地植物名录

序号	层次	物种中文名	物种学名	生活型
1	乔木层	桂林栲*	*Castanopsis chinensis*（Spreng.）Hance	常绿阔叶乔木
2	乔木层	木荷*	*Schima superba* Gardn. & Champ.	常绿阔叶乔木
3	乔木层	马尾松*	*Pinus massoniana* Lamb.	常绿针叶乔木
4	乔木层	黄牛木	*Cratoxylum cochinchinense*（Lour.）Blume	常绿阔叶乔木
5	乔木层	罗浮柿	*Diospyros morrisiana* Hance	常绿阔叶乔木
6	乔木层	鹅掌柴	*Schefflera heptaphylla*（L.）Frodin	常绿阔叶乔木
7	乔木层	野漆	*Toxicodendron succedaneum*（L.）Kuntze	落叶阔叶乔木
8	乔木层	银柴	*Aporosa dioica*（Roxb.）Müll. Arg.	常绿阔叶乔木
9	乔木层	鼠刺	*Itea chinensis* Hook. & Arn.	常绿阔叶乔木
10	乔木层	华润楠	*Machilus chinensis*（Champ. ex Benth.）Hemsl.	常绿阔叶乔木
11	乔木层	黄果厚壳桂	*Cryptocarya concinna* Hance	常绿阔叶乔木
12	乔木层	山油柑	*Acronychia pedunculata*（L.）Miq.	常绿阔叶乔木
13	乔木层	白背算盘子	*Glochidion wrightii* Benth.	常绿阔叶乔木
14	乔木层	橄榄	*Canarium album*（Lour.）Rauesch.	常绿阔叶乔木
15	乔木层	香楠	*Aidia canthioides*（Champ. ex Benth.）Masam.	常绿阔叶乔木
16	乔木层	山鸡椒	*Litsea cubeba*（Lour.）Pers.	落叶阔叶乔木
17	乔木层	广东假木荷	*Craibiodendron scleranthum* var. *kwangtungense*（S. Y. Hu）Judd	常绿阔叶乔木
18	乔木层	土沉香	*Aquilaria sinensis*（Lour.）Spreng.	常绿阔叶乔木
19	乔木层	三桠苦	*Melicope pteleifolia*（Champ. ex Benth.）T. G. Hartley	常绿阔叶乔木
20	乔木层	假鱼骨木	*Psydrax dicocca* Gaertn.	常绿阔叶乔木
21	乔木层	黧蒴锥	*Castanopsis fissa*（Champ. ex Benth.）Rehd. & Wils.	常绿阔叶乔木
22	乔木层	山乌桕	*Triadica cochinchinensis* Lour.	落叶阔叶乔木
23	乔木层	密花树	*Myrsine seguinii* H. Lév.	常绿阔叶乔木
24	乔木层	山蒲桃	*Syzygium levinei*（Merr.）Merr. & Perry	常绿阔叶乔木
25	乔木层	白楸	*Mallotus paniculatus*（Lam.）Muell. Arg.	常绿阔叶乔木
26	乔木层	毛菍	*Melastoma sanguineum* Sims.	常绿阔叶乔木
27	乔木层	桃叶石楠	*Photinia prunifolia* Lindl.	常绿阔叶乔木

序号	层次	物种中文名	物种学名	生活型
28	乔木层	狗骨柴	*Diplospora dubia*（Lindl.）Masam.	常绿阔叶乔木
29	乔木层	谷木	*Memecylon ligustrifolium* Champ.	常绿阔叶乔木
30	乔木层	绒毛润楠	*Machilus velutina* Champ. ex Benth.	常绿阔叶乔木
31	乔木层	锈叶新木姜子	*Neolitsea cambodiana* Lec.	常绿阔叶乔木
32	乔木层	圆叶豺皮樟	*Litsea rotundifolia* Hemsl.	常绿阔叶乔木
33	乔木层	白颜树	*Gironniera subaequalis* Planch.	常绿阔叶乔木
34	乔木层	鼎湖钓樟	*Lindera chunii* Merr.	常绿阔叶乔木
35	乔木层	枫香树	*Liquidambar formosana* Hance	落叶阔叶乔木
36	乔木层	岗柃	*Eurya groffii* Merr.	常绿阔叶乔木
37	乔木层	红枝蒲桃	*Syzygium rehderianum* Merr. & Perry	常绿阔叶乔木
38	乔木层	假苹婆	*Sterculia lanceolata* Cav.	常绿阔叶乔木
39	乔木层	岭南山竹子	*Garcinia oblongifolia* Champ. ex Benth.	常绿阔叶乔木
40	乔木层	毛果柃	*Eurya trichocarpa* Korth	常绿阔叶乔木
41	乔木层	臀果木	*Pygeum topengii* Merr.	常绿阔叶乔木
42	乔木层	猪肚木	*Canthium horridum* Blume	常绿阔叶乔木
43	灌木层	罗伞树*	*Ardisia quinquegona* Blume	常绿阔叶灌木
44	灌木层	九节*	*Psychotria asiatica* L.	常绿阔叶灌木
45	灌木层	豺皮樟*	*Litsea rotundifolia* var. *oblongifolia*（Nees）C.K.Allen	常绿阔叶灌木
46	灌木层	变叶榕*	*Ficus variolosa* Lindl. ex Benth.	常绿阔叶灌木
47	灌木层	桃金娘	*Rhodomyrtus tomentosa*（Aiton）Hassk.	常绿阔叶灌木
48	灌木层	粗叶榕	*Ficus hirta* Vahl	常绿阔叶灌木
49	灌木层	龙船花	*Ixora chinensis* Lam.	常绿阔叶灌木
50	灌木层	山血丹	*Ardisia lindleyana* D. Dietr.	常绿阔叶灌木
51	灌木层	紫玉盘	*Uvaria macrophylla* Roxb.	常绿阔叶灌木
52	灌木层	白花灯笼	*Clerodendrum fortunatum* L.	常绿阔叶灌木
53	灌木层	假鹰爪	*Desmos chinensis* Lour.	常绿阔叶灌木
54	灌木层	毛冬青	*Ilex pubescens* Hook. & Arn.	常绿阔叶灌木
55	草本层	芒萁*	*Dicranopteris pedata*（Houtt.）Nakaike	多年生蕨类草本
56	草本层	淡竹叶*	*Lophatherum gracile* Brongn.	多年生丛生草本
57	草本层	剑叶鳞始蕨*	*Lindsaea ensifolia* Sw.	多年生蕨类草本
58	草本层	山菅*	*Dianella ensifolia*（L.）DC.	直立茎杂类草
59	草本层	黑莎草*	*Gahnia tristis* Nees	多年生丛生草本
60	草本层	团叶鳞始蕨	*Lindsaea orbiculata*（Lam.）Mett. ex Kuhn	多年生蕨类草本
61	草本层	芒	*Miscanthus sinensis* Andersson	多年生丛生草本
62	草本层	井栏边草	*Pteris multifida* Poir.	多年生蕨类草本
63	草本层	扇叶铁线蕨	*Adiantum flabellulatum* L.	多年生蕨类草本

注：*为各层优势种。

10.4.3.2　群落结构

样地植被的乔木层郁闭度约 0.9，优势种主要为桂林栲、木荷和马尾松，高度约 12 m。灌木层种类较少，盖度约 20%，优势种平均高度为 0.9 m，优势种有罗伞树、九节、豺皮樟和变叶榕等。草本层种类稀少，盖度约 30%，优势种平均高度为 0.5 m，优势种主要有芒萁、淡竹叶、剑叶鳞始蕨、山菅和黑莎草等。

10.4.3.3　植被分类地位

样地植物群落按照中国植被分类系统分类如下：

植被型组：森林 Forest

　植被型：针叶阔叶混交林 Mixed Needleleaf and Broadleaf Forest

　　植被亚型：亚热带山地针叶阔叶混交林 Subtropical Montane Mixed Needleleaf and Broadleaf Forest

　　　群系：桂林栲+木荷+马尾松针阔混交林 *Castanopsis chinensis + Schima superba + Pinus massoniana* Mixed Needleleaf and Broadleaf Forest Alliance

　　　　群丛：桂林栲+木荷+马尾松-罗伞树-芒萁 针叶与阔叶混交林 *Castanopsis chinensis + Schima superba + Pinus massoniana - Ardisia quinquegona - Dicranopteris pedata* Mixed Needleleaf and Broadleaf Forest

10.4.4　样地配置与观测内容

针阔混交林Ⅱ号永久样地为辅助观测场，主要开展生物、土壤和水分指标观测。2015—2018 年开展乔木径向生长自动监测（2018 年因仪器损坏停止观测），2021 年开始进行植物根系生长原位观测。

样地面积 1 hm^2，划分为 100 个 10 m×10 m 的Ⅱ级样方。灌木样方在 25 个Ⅱ级样方中随机设置，样方大小为 5 m×5 m；2020 年开始固定调查 5 个Ⅱ级样方。草本样方在灌木样方中随机设置，样方大小为 1 m×1 m，2010 年草本样方面积改为 2 m×2 m，2020 年开始在灌木调查样方中分别设置 2 个 2 m×2 m 的小样方用于草本固定调查。

10.5　鼎湖山站站区调查点针阔叶混交林Ⅰ号永久样地

10.5.1　样地代表性

样地（DHFZQ01AB0_01）面积为 40 m×30 m，地理位置为 112°32′29.04″E、23°10′2.28″N，海拔为 200~300 m。样地植被为针阔叶混交林，为站区分布面积最大的植被类型，是自然演替的中期群落。样地于 1978 年建立，是最早开始监测的针阔混交林观测样地和辅助观测场，1999 年后更改为站区调查点，研究历史较长，对研究森林植被演替过程中种类、结构和功能的变化以及演替的进程等有重要意义。

10.5.2　自然环境背景与管理

样地地貌为低山山地，坡面相对平坦，坡向为东南，坡度为 30°~45°，中坡。气温、降水、湿度等气候特征与综合观测场相同，详见 10.2.2 节。土壤成土母岩为砂页岩，根据全国第二次土壤普查名称，土壤属于赤红壤土类、赤红壤亚类。土层大多为 30～70 cm，表土（0～15 cm）有机质含量为 3%～4%。动物活动主要为鸟类取食和栖居行为，偶见大型兽类（如野猪、赤麂）活动。样地位于鼎湖山自然保护区核心区，受到保护区管理机构的严格保护，人类活动主要为科研和监测人员的工作，干扰程度轻微。

10.5.3　植被特征

10.5.3.1　物种组成

根据 2004 年 1 200 m² 样地的调查结果，样地共有植物 46 种，隶属 24 科、38 属，含物种较多的有樟科（8 种）、茜草科（6 种）、大戟科（4 种）、桃金娘科（3 种）和紫金牛科（3 种）。样地植物名录见表 10-5。

表 10-5　鼎湖山站站区调查点针阔混交林 Ⅰ 号永久样地植物名录

序号	层次	物种中文名	物种学名	生活型
1	乔木层	木荷*	*Schima superba* Gardn. & Champ.	常绿阔叶乔木
2	乔木层	桂林栲*	*Castanopsis chinensis*（Spreng.）Hance	常绿阔叶乔木
3	乔木层	马尾松*	*Pinus massoniana* Lamb.	常绿针叶乔木
4	乔木层	鼊蕲锥	*Castanopsis fissa*（Champ. ex Benth.）Rehd. & Wils.	常绿阔叶乔木
5	乔木层	黄果厚壳桂	*Cryptocarya concinna* Hance	常绿阔叶乔木
6	乔木层	广东假木荷	*Craibiodendron scleranthum* var. *kwangtungense*（S. Y. Hu）Judd	常绿阔叶乔木
7	乔木层	罗浮柿	*Diospyros morrisiana* Hance	常绿阔叶乔木
8	乔木层	山油柑	*Acronychia pedunculata*（L.）Miq.	常绿阔叶乔木
9	乔木层	红枝蒲桃	*Syzygium rehderianum* Merr. & Perry	常绿阔叶乔木
10	乔木层	鼎湖钓樟	*Lindera chunii* Merr.	常绿阔叶乔木
11	乔木层	假鱼骨木	*Psydrax dicocca* Gaertn.	常绿阔叶乔木
12	乔木层	云南银柴	*Aporosa yunnanensis*（Pax & K. Hoffm.）F. P. Metcalf	常绿阔叶乔木
13	乔木层	短序润楠	*Machilus breviflora*（Benth.）Hemsl.	常绿阔叶乔木
14	乔木层	狗骨柴	*Diplospora dubia*（Lindl.）Masam.	常绿阔叶乔木
15	乔木层	黄牛木	*Cratoxylum cochinchinense*（Lour.）Blume	常绿阔叶乔木
16	乔木层	岭南山竹子	*Garcinia oblongifolia* Champ. ex Benth.	常绿阔叶乔木
17	乔木层	白背算盘子	*Glochidion wrightii* Benth.	常绿阔叶乔木
18	乔木层	绒毛润楠	*Machilus velutina* Champ. ex Benth.	常绿阔叶乔木
19	乔木层	五月茶	*Antidesma bunius*（L.）Spreng.	常绿阔叶乔木
20	乔木层	香楠	*Aidia canthioides*（Champ. ex Benth.）Masam.	常绿阔叶乔木
21	乔木层	肖蒲桃	*Syzygium acuminatissimum*（Blume）DC.	常绿阔叶乔木
22	乔木层	银柴	*Aporosa dioica*（Roxb.）Müll. Arg.	常绿阔叶乔木
23	乔木层	凤凰润楠	*Machilus phoenicis* Dunn	常绿阔叶乔木
24	乔木层	橄榄	*Canarium album*（Lour.）Raeusch.	常绿阔叶乔木
25	乔木层	厚壳桂	*Cryptocarya chinensis*（Hance）Hemsl.	常绿阔叶乔木

序号	层次	物种中文名	物种学名	生活型
26	乔木层	灰白新木姜子	*Neolitsea pallens*（D. Don）Momiyama & Hara	常绿阔叶乔木
27	乔木层	破布叶	*Microcos paniculata* L.	常绿阔叶乔木
28	乔木层	山蒲桃	*Syzygium levinei*（Merr.）Merr. & Perry	常绿阔叶乔木
29	乔木层	野漆	*Toxicodendron succedaneum*（L.）Kuntze	落叶阔叶乔木
30	乔木层	猪肚木	*Canthium horridum* Blume	常绿阔叶乔木
31	灌木层	罗伞树*	*Ardisia quinquegona* Blume	常绿阔叶灌木
32	灌木层	山血丹*	*Ardisia lindleyana* D. Dietr.	常绿阔叶灌木
33	灌木层	龙船花*	*Ixora chinensis* Lam.	常绿阔叶灌木
34	灌木层	九节*	*Psychotria asiatica* L.	常绿阔叶灌木
35	灌木层	柳叶杜茎山	*Maesa salicifolia* E. Walker	常绿阔叶灌木
36	灌木层	豺皮樟	*Litsea rotundifolia* var. *oblongifolia*（Nees）C.K.Allen	常绿阔叶灌木
37	灌木层	紫玉盘	*Uvaria macrophylla* Roxb.	常绿阔叶灌木
38	灌木层	假鹰爪	*Desmos chinensis* Lour.	常绿阔叶灌木
39	灌木层	薄叶红厚壳	*Calophyllum membranaceum* Gardn. & Champ.	常绿阔叶灌木
40	灌木层	变叶榕	*Ficus variolosa* Lindl. ex Benth.	常绿阔叶灌木
41	灌木层	草珊瑚	*Sarcandra glabra*（Thunb.）Nakai	常绿阔叶灌木
42	灌木层	毛冬青	*Ilex pubescens* Hook. & Arn.	常绿阔叶灌木
43	草本层	淡竹叶*	*Lophatherum gracile* Brongn.	多年生丛生草本
44	草本层	黑莎草*	*Gahnia tristis* Nees	多年生丛生草本
45	草本层	芒萁	*Dicranopteris pedata*（Houtt.）Nakaike	多年生蕨类草本
46	草本层	团叶鳞始蕨	*Lindsaea orbiculata*（Lam.）Mett. ex Kuhn	多年生蕨类草本

注：*为各层优势种。

10.5.3.2 群落结构

样地林龄约60年，终年常绿。乔木层郁闭度约0.9，高度15 m，优势种主要为木荷、桂林栲和马尾松等。灌木层盖度约30%，优势种平均高度为1.0 m，优势种有罗伞树、山血丹、龙船花和九节等。草本层植物稀少，盖度约20%，优势种平均高度为0.4 m，主要有淡竹叶和黑莎草等。

10.5.3.3 植被分类地位

样地植物群落按照中国植被分类系统分类如下：

植被型组：森林 Forest

植被型：针叶阔叶混交林 Mixed Needleleaf and Broadleaf Forest

植被亚型：亚热带山地针叶阔叶混交林 Subtropical Montane Mixed Needleleaf and Broadleaf Forest

群系：木荷+桂林栲+马尾松针阔混交林 *Schima superba* + *Castanopsis chinensis* + *Pinus massoniana* Mixed Needleleaf and Broadleaf Forest

群丛：木荷+桂林栲+马尾松-罗伞树-淡竹叶 针叶与阔叶混交林 *Schima superba* + *Castanopsis chinensis* + *Pinus massoniana* - *Ardisia quinquegona* - *Lophatherum gracile* Mixed Needleleaf and Broadleaf Forest

10.5.4　样地配置与观测内容

针阔叶混交林 1 号永久样地是站区调查点，仅进行群落各层植物种类组成和凋落物动态监测，以及土壤养分含量监测。

10.6　鼎湖山站站区调查点山地常绿阔叶林Ⅰ号永久样地

10.6.1　样地代表性

样地（DHFZQ02AB0_01）建于 1996 年，面积为 40 m×30 m，地理位置为112°31′12.72″E、23°10′32.16″N，海拔为 560～600 m。样地植被类型为亚热带山地常绿阔叶林，是自然演替的顶极群落。样地为南亚热带地区的特殊生境——山地植被类型，既有南亚热带森林植被的特征，又有一定的中亚热带植被成分的入侵。基于海拔梯度森林群落的研究而建立样地，对于比较研究南亚热带不同海拔梯度森林群落的组成、结构等有重要意义。

10.6.2　自然环境背景与管理

样地地貌为低山山地，有少量裸露岩石，坡向为东北，坡度为 20°～30°，中坡。气温、降水、湿度等气候特征与综合观测场相同，详见 10.2.2 节。土壤成土母岩为砂页岩，根据全国第二次土壤普查名称，土壤属于黄壤土类、黄壤亚类。土层为 30～60 cm，表土（0～15 cm）有机质含量约为 4%。动物活动主要为鸟类取食和栖居行为，偶见大型兽类［如野猪、赤麂（黄猄）］活动。样地位于鼎湖山自然保护区核心区偏远高山，受到保护区的严格保护，仅有科研监测人员活动，干扰程度轻微。

10.6.3　植被特征

10.6.3.1　物种组成

根据 2004 年 1 200 m² 样地的调查结果，样地共有植物 70 种，隶属 35 科、51 属，含物种较多的有樟科（9 种）、茜草科（7 种）、冬青科（4 种）、杜鹃花科（4 种）和山茶科（4 种）。样地植物名录见表 10-6。

表 10-6　鼎湖山站站区调查点山地常绿阔叶林Ⅰ号永久样地植物名录

序号	层次	物种中文名	物种学名	生活型
1	乔木层	黄杞*	*Engelhardia roxburghiana* Wall.	常绿阔叶乔木
2	乔木层	短序润楠*	*Machilus breviflora*（Benth.）Hemsl.	常绿阔叶乔木
3	乔木层	弯蒴杜鹃*	*Rhododendron henryi* Hance	常绿阔叶乔木
4	乔木层	凯里杜鹃*	*Rhododendron westlandii* Hemsl.	常绿阔叶乔木
5	乔木层	三花冬青*	*Ilex triflora* Blume	常绿阔叶乔木

序号	层次	物种中文名	物种学名	生活型
6	乔木层	粗壮润楠	*Machilus robusta* W. W. Sm.	常绿阔叶乔木
7	乔木层	密花树	*Myrsine seguinii* H. Lév.	常绿阔叶乔木
8	乔木层	滇粤山胡椒	*Lindera metcalfiana* C.K.Allen	常绿阔叶乔木
9	乔木层	红枝蒲桃	*Syzygium rehderianum* Merr. & Perry	常绿阔叶乔木
10	乔木层	光叶山矾	*Symplocos lancifolia* Sieb. & Zucc.	常绿阔叶乔木
11	乔木层	黑柃	*Eurya macartneyi* Champ.	常绿阔叶乔木
12	乔木层	鸭公树	*Neolitsea chui* Merr.	常绿阔叶乔木
13	乔木层	大叶合欢	*Archidendron turgidum*（Merr.）Nielsen	常绿阔叶乔木
14	乔木层	广东假木荷	*Craibiodendron scleranthum* var. *kwangtungense*（S. Y. Hu）Judd	常绿阔叶乔木
15	乔木层	亮叶猴耳环	*Archidendron lucidum*（Benth）I. C. Nielsen	常绿阔叶乔木
16	乔木层	鹅掌柴	*Schefflera heptaphylla*（L.）Frodin	常绿阔叶乔木
17	乔木层	广东冬青	*Ilex kwangtungensis* Merr.	常绿阔叶乔木
18	乔木层	广东蒲桃	*Syzygium kwangtungense*（Merr.）Merr. & Perry	常绿阔叶乔木
19	乔木层	广东润楠	*Machilus kwangtungensis* Yang	常绿阔叶乔木
20	乔木层	广东山龙眼	*Helicia kwangtungensis* W. T. Wang	常绿阔叶乔木
21	乔木层	黄牛奶树	*Symplocos cochinchinensis* var. *laurina*（Retz.）Raizada	常绿阔叶乔木
22	乔木层	三桠苦	*Melicope pteleifolia*（Champ. ex Benth.）T. G. Hartley	常绿阔叶乔木
23	乔木层	天料木	*Homalium cochinchinense*（Lour.）Druce	常绿阔叶乔木
24	乔木层	硬壳柯	*Lithocarpus hancei*（Benth.）Rehd.	常绿阔叶乔木
25	乔木层	鼎湖钓樟	*Lindera chunii* Merr.	常绿阔叶乔木
26	乔木层	二色波罗蜜	*Artocarpus styracifolius* Pierre	常绿阔叶乔木
27	乔木层	港柯	*Lithocarpus harlandii*（Hance ex Walp.）Rehder	常绿阔叶乔木
28	乔木层	厚皮香	*Ternstroemia gymnanthera*（Wight & Arn.）Beddome	常绿阔叶乔木
29	乔木层	黄叶树	*Xanthophyllum hainanense* Hu	常绿阔叶乔木
30	乔木层	灰白新木姜子	*Neolitsea pallens*（D. Don）Momiyama & Hara	常绿阔叶乔木
31	乔木层	两广棱罗	*Reevesia thyrsoidea* Lindl.	常绿阔叶乔木
32	乔木层	罗浮柿	*Diospyros morrisiana* Hance	常绿阔叶乔木
33	乔木层	绒毛润楠	*Machilus velutina* Champ. ex Benth.	常绿阔叶乔木
34	乔木层	榕叶冬青	*Ilex ficoidea* Hemsl.	常绿阔叶乔木
35	乔木层	鼠刺	*Itea chinensis* Hook. & Arn.	常绿阔叶乔木
36	乔木层	网脉山龙眼	*Helicia reticulata* W. T. Wang	常绿阔叶乔木
37	乔木层	香楠	*Aidia canthioides*（Champ. ex Benth.）Masam.	常绿阔叶乔木
38	灌木层	柃叶连蕊茶*	*Camellia euryoides* Lindl.	常绿阔叶灌木
39	灌木层	疏花卫矛*	*Euonymus laxiflorus* Champ. & Benth.	常绿阔叶灌木
40	灌木层	栀子*	*Gardenia jasminoides* J. Ellis	常绿阔叶灌木
41	灌木层	毛果巴豆*	*Croton lachnocarpus* Benth.	常绿阔叶灌木
42	灌木层	细轴荛花*	*Wikstroemia nutans* Champ. ex Benth.	常绿阔叶灌木
43	灌木层	柳叶杜茎山	*Maesa salicifolia* E. Walker	常绿阔叶灌木
44	灌木层	白花苦灯笼	*Tarenna mollissima*（Hook. & Arn.）Rob.	常绿阔叶灌木
45	灌木层	茶	*Camellia sinensis*（L.）O. Kuntze	常绿阔叶灌木
46	灌木层	豺皮樟	*Litsea rotundifolia* var. *oblongifolia*（Nees）C. K. Allen	常绿阔叶灌木

序号	层次	物种中文名	物种学名	生活型
47	灌木层	小叶五月茶	*Antidesma montanum* var. *microphyllum* Petra ex Hoffm.	常绿阔叶灌木
48	灌木层	光叶海桐	*Pittosporum glabratum* Lindl.	常绿阔叶灌木
49	灌木层	九节	*Psychotria asiatica* L.	常绿阔叶灌木
50	灌木层	北江荛花	*Wikstroemia monnula* Hance	落叶阔叶灌木
51	灌木层	常绿荚蒾	*Viburnum sempervirens* K. Koch	常绿阔叶灌木
52	灌木层	秤星树	*Ilex asprella*（Hook. & Arn.）Champ. ex Benth.	落叶阔叶灌木
53	灌木层	粗叶木	*Lasianthus chinensis*（Champ.）Benth.	常绿阔叶灌木
54	灌木层	粗叶榕	*Ficus hirta* Vahl	常绿阔叶灌木
55	灌木层	了哥王	*Wikstroemia indica*（L.）C. A. Mey.	常绿阔叶灌木
56	灌木层	酸味子	*Antidesma japonicum* Sieb. & Zucc.	常绿阔叶灌木
57	灌木层	龙船花	*Ixora chinensis* Lam.	常绿阔叶灌木
58	灌木层	马银花	*Rhododendron ovatum*（Lindl.）Planch. ex Maxim.	常绿阔叶灌木
59	灌木层	野牡丹	*Melastoma malabathricum* L.	常绿阔叶灌木
60	草本层	华山姜*	*Alpinia oblongifolia* Hayata	直立茎杂类草
61	草本层	刺头复叶耳蕨*	*Arachniodes aristata*（G. Forst.）Tindale	多年生蕨类草本
62	草本层	金毛狗蕨*	*Cibotium barometz*（L.）J. Sm.	多年生蕨类草本
63	草本层	花葶薹草*	*Carex scaposa* C. B. Clarke	多年生丛生草本
64	草本层	鼎湖耳草*	*Hedyotis effusa* Hance	直立茎杂类草
65	草本层	淡竹叶	*Lophatherum gracile* Brongn.	多年生丛生草本
66	草本层	扇叶铁线蕨	*Adiantum flabellulatum* L.	多年生蕨类草本
67	草本层	大叶石上莲	*Oreocharis benthamii* Clarke	多年生莲座草本
68	草本层	狗脊	*Woodwardia japonica*（L. f.）Sm.	多年生蕨类草本
69	草本层	割鸡芒	*Hypolytrum nemorum*（Vahl.）Spreng.	多年生丛生草本
70	草本层	深绿卷柏	*Selaginella doederleinii* Hieron.	多年生蕨类草本

注：*为各层优势种。

10.6.3.2　群落结构

样地植被终年常绿。乔木层郁闭度约0.9，优势种主要有黄杞、短序润楠、弯蒴杜鹃、凯里杜鹃和三花冬青等，优势种平均高度为10 m。灌木层盖度约30%，优势种平均高度为1.2 m，优势种有柃叶连蕊茶、疏花卫矛、栀子、毛果巴豆和细轴荛花等。草本层盖度约30%，优势种平均高度为0.8 m，优势种主要有华山姜、刺头复叶耳蕨、金毛狗蕨、花葶薹草和鼎湖耳草等。

10.6.3.3　植被分类地位

样地植物群落按照中国植被分类系统分类如下：

植被型组：森林 Forest

　植被型：常绿阔叶林 Evergreen Broadleaf Forest

　　植被亚型：山地常绿阔叶林 Montane Evergreen Broadleaf Forest

　　　群系：黄杞+短序润楠常绿阔叶林 *Engelhardia roxburghiana*+*Machilus breviflora* Evergreen Broadleaf Forest Alliance

群丛：黄杞+短序润楠-枝叶连蕊茶-华山姜 常绿阔叶林 *Engelhardia roxburghiana* + *Machilus breviflora - Camellia euryoides - Alpinia oblongifolia* Evergreen Broadleaf Forest

10.6.4　样地配置与观测内容

山地常绿阔叶林为站区调查点，仅进行乔灌草种类组成的生物监测。

10.7　鼎湖山站站区调查点针阔叶混交林Ⅲ号永久样地

10.7.1　样地代表性

样地（DHFZQ03AB0_01）建于2002年，面积为60 m×20 m，地理位置为112°32′3.84″E、23°10′24.24″N，海拔为 330～350 m。样地植被为针阔叶混交林，为鼎湖山分布面积最大的过渡性植被类型，处于自然演替的中期。因2002年在此建立水汽通量观测塔而建立，为配合通量观测的需要进行下垫面植被种类组成、群落结构特征等方面的长期监测，包括叶面积指数、郁闭度等指标用于参数的地面校正。

10.7.2　自然环境背景与管理

样地地貌为低山山地，坡面平坦，坡向为南坡，坡度为25°～30°，中坡。气温、降水、湿度等气候特征与综合观测场相同，详见10.2.2节。土壤成土母岩为砂页岩，根据全国第二次土壤普查名称，土壤属于赤红壤土类、赤红壤亚类。土层大多为30～100 cm，表土（0～15 cm）有机质含量为 3%～4%。动物活动主要为鸟类及小型啮齿类动物的取食和栖居行为，偶见大型兽类（如野猪）活动。样地位于鼎湖山自然保护区核心区，受到保护区管理机构的严格保护，人类活动主要为科研和监测人员的工作，干扰程度轻微。

10.7.3　植被特征

10.7.3.1　物种组成

根据2002年1 200 m² 样地的调查结果，样地共有植物60种，隶属31科、48属，含物种较多的有樟科（10种）、茜草科（5种）、紫金牛科（4种）和大戟科（3种）。样地植物名录见表10-7。

表10-7　鼎湖山站站区调查点针阔叶混交林Ⅲ号永久样地植物名录

序号	层次	物种中文名	物种学名	生活型
1	乔木层	马尾松[*]	*Pinus massoniana* Lamb.	常绿针叶乔木
2	乔木层	桂林栲[*]	*Castanopsis chinensis*（Spreng.）Hance	常绿阔叶乔木
3	乔木层	木荷[*]	*Schima superba* Gardn. & Champ.	常绿阔叶乔木

序号	层次	物种中文名	物种学名	生活型
4	乔木层	滇粤山胡椒*	*Lindera metcalfiana* C. K. Allen	常绿阔叶乔木
5	乔木层	黄果厚壳桂*	*Cryptocarya concinna* Hance	常绿阔叶乔木
6	乔木层	狗骨柴	*Diplospora dubia*（Lindl.）Masam.	常绿阔叶乔木
7	乔木层	罗浮柿	*Diospyros morrisiana* Hance	常绿阔叶乔木
8	乔木层	红枝蒲桃	*Syzygium rehderianum* Merr. & Perry	常绿阔叶乔木
9	乔木层	华润楠	*Machilus chinensis*（Champ. ex Benth.）Hemsl.	常绿阔叶乔木
10	乔木层	短序润楠	*Machilus breviflora*（Benth.）Hemsl.	常绿阔叶乔木
11	乔木层	锈叶新木姜子	*Neolitsea cambodiana* Lec.	常绿阔叶乔木
12	乔木层	鼎湖钓樟	*Lindera chunii* Merr.	常绿阔叶乔木
13	乔木层	香楠	*Aidia canthioides*（Champ. ex Benth.）Masam.	常绿阔叶乔木
14	乔木层	厚壳桂	*Cryptocarya chinensis*（Hance）Hemsl.	常绿阔叶乔木
15	乔木层	岭南山竹子	*Garcinia oblongifolia* Champ. ex Benth.	常绿阔叶乔木
16	乔木层	谷木	*Memecylon ligustrifolium* Champ.	常绿阔叶乔木
17	乔木层	鹅掌柴	*Schefflera heptaphylla*（L.）Frodin	常绿阔叶乔木
18	乔木层	肉实树	*Sarcosperma laurinum*（Benth.）Hook. f.	常绿阔叶乔木
19	乔木层	山油柑	*Acronychia pedunculata*（L.）Miq.	常绿阔叶乔木
20	乔木层	显脉杜英	*Elaeocarpus dubius* A. DC.	常绿阔叶乔木
21	乔木层	白背算盘子	*Glochidion wrightii* Benth.	常绿阔叶乔木
22	乔木层	广东假木荷	*Craibiodendron scleranthum* var. *kwangtungense*（S. Y. Hu）Judd	常绿阔叶乔木
23	乔木层	褐叶柄果木	*Mischocarpus pentapetalus*（Roxb.）Radlk	常绿阔叶乔木
24	乔木层	灰白新木姜子	*Neolitsea pallens*（D. Don）Momiyama & Hara	常绿阔叶乔木
25	乔木层	假鱼骨木	*Psydrax dicocca* Gaertn.	常绿阔叶乔木
26	乔木层	桃叶石楠	*Photinia prunifolia* Lindl.	常绿阔叶乔木
27	乔木层	绒毛润楠	*Machilus velutina* Champ. ex Benth.	常绿阔叶乔木
28	乔木层	三花冬青	*Ilex triflora* Blume	常绿阔叶乔木
29	乔木层	韶子	*Nephelium chryseum* Blume	常绿阔叶乔木
30	乔木层	黑柃	*Eurya macartneyi* Champ.	常绿阔叶乔木
31	乔木层	金叶树	*Chrysophyllum lanceolatum* var. *stellatocarpon* P. Royen	常绿阔叶乔木
32	乔木层	毛叶脚骨脆	*Casearia velutina* Blume	常绿阔叶乔木
33	乔木层	山杜英	*Elaeocarpus sylvestris*（Lour.）Poir.	常绿阔叶乔木
34	乔木层	肖蒲桃	*Syzygium acuminatissimum*（Blume）DC.	常绿阔叶乔木
35	乔木层	竹节树	*Carallia brachiata*（Lour.）Merr.	常绿阔叶乔木
36	乔木层	黄牛木	*Cratoxylum cochinchinense*（Lour.）Blume	常绿阔叶乔木
37	乔木层	毛菍	*Melastoma sanguineum* Sims.	常绿阔叶乔木
38	乔木层	弯蒴杜鹃	*Rhododendron henryi* Hance	常绿阔叶乔木
39	乔木层	银柴	*Aporosa dioica*（Roxb.）Müll. Arg.	常绿阔叶乔木
40	乔木层	越南紫金牛	*Ardisia waitakii* C. M. Hu	常绿阔叶乔木
41	乔木层	云南银柴	*Aporosa yunnanensis*（Pax & K. Hoffm.）F. P. Metcalf	常绿阔叶乔木
42	灌木层	薄叶红厚壳*	*Calophyllum membranaceum* Gardn. & Champ.	常绿阔叶灌木
43	灌木层	山血丹*	*Ardisia lindleyana* D. Dietr.	常绿阔叶灌木

序号	层次	物种中文名	物种学名	生活型
44	灌木层	九节*	*Psychotria asiatica* L.	常绿阔叶灌木
45	灌木层	柳叶杜茎山*	*Maesa salicifolia* E. Walker	常绿阔叶灌木
46	灌木层	豺皮樟	*Litsea rotundifolia* var. *oblongifolia*（Nees）C. K. Allen	常绿阔叶灌木
47	灌木层	变叶榕	*Ficus variolosa* Lindl. ex Benth.	常绿阔叶灌木
48	灌木层	粗叶榕	*Ficus hirta* Vahl	常绿阔叶灌木
49	灌木层	细轴荛花	*Wikstroemia nutans* Champ. ex Benth	常绿阔叶灌木
50	灌木层	毛冬青	*Ilex pubescens* Hook. & Arn.	常绿阔叶灌木
51	灌木层	白花苦灯笼	*Tarenna mollissima*（Hook. & Arn.）Rob.	常绿阔叶灌木
52	灌木层	草珊瑚	*Sarcandra glabra*（Thunb.）Nakai	常绿阔叶灌木
53	灌木层	疏花卫矛	*Euonymus laxiflorus* Champ. ex Benth.	常绿阔叶灌木
54	灌木层	罗伞树	*Ardisia quinquegona* Blume	常绿阔叶灌木
55	草本层	芒萁*	*Dicranopteris pedata*（Houtt.）Nakaike	多年生蕨类草本
56	草本层	华山姜*	*Alpinia oblongifolia* Hayata	直立茎杂灯草
57	草本层	团叶鳞始蕨	*Lindsaea orbiculata*（Lam.）Mett. ex Kuhn	多年生蕨类草本
58	草本层	黑莎草	*Gahnia tristis* Nees	多年生丛生草本
59	草本层	芒	*Miscanthus sinensis* Andersson	多年生丛生草本
60	草本层	高杆珍珠茅	*Scleria terrestris*（L.）Fass	多年生丛生草本

注：*为各层优势种。

10.7.3.2 群落结构

样地林龄约 65 年，中龄林。乔木层优势种为马尾松、桂林栲、木荷、滇粤山胡椒、黄果厚壳桂等，郁闭度为 0.9，优势种平均高度为 18 m。灌木层优势种为薄叶红厚壳、山血丹、九节和柳叶杜茎山，并有较多的黄果厚壳桂等乔木幼树，郁闭度为 0.3，优势种平均高度为 0.8 m。草本层优势种为芒萁和华山姜，盖度为 40%，平均高度为 0.6 m。

10.7.3.3 植被分类地位

样地植物群落按照中国植被分类系统分类如下：

植被型组：森林 Forest

植被型：针叶阔叶混交林 Mixed Needleleaf and Broadleaf Forest

植被亚型：亚热带山地针阔叶混交林 Subtropical Montane Mixed Needleleaf and Broadleaf Forest

群系：桂林栲+木荷+马尾松针阔混交林 *Castanopsis chinensis* + *Schima superba* + *Pinus massoniana* Mixed Needleleaf and Broadleaf Forest Alliance

群丛：桂林栲+木荷+马尾松-薄叶红厚壳-芒萁 针叶与阔叶混交林 *Castanopsis chinensis* + *Schima superba* + *Pinus massoniana* - *Calophyllum membranaceum* - *Dicranopteris pedata* Mixed Needleleaf and Broadleaf Forest

10.7.4   样地配置与观测内容

针阔叶混交林Ⅲ号永久样地是站区调查点,进行样地群落各层植物种类组成、凋落物动态和叶面积指数监测,2018 年开始进行乔木层优势种物候自动观测,以及土壤养分和剖面特征监测。

11　鹤山站生物监测样地本底与植被特征[*]

11.1　生物监测样地概况

11.1.1　概况与区域代表性

鹤山丘陵综合开放试验站（以下简称鹤山站），位于广东省鹤山市桃源镇马山管理区（112°53′51″E、22°40′35″N）。1984 年由中国科学院华南植物园（原中国科学院华南植物研究所）与鹤山市林业科学研究所合作共建，1991 年成为中国科学院重点台站，1997 年成为中国科学院野外开放试验站，2005 年成为国家野外科学观测研究站。鹤山站以人工森林生态系统为研究对象，围绕恢复生态学学科方向开展长期定位监测与研究工作。

鹤山站位于南亚热带红壤低山丘陵山地带，原生森林植被为亚热带季风常绿阔叶林。由于长期开垦砍伐，原生植被遭受严重破坏，20 世纪 80 年代以前，不断增长的人类活动造成该区域大面积的植被退化、水土流失、土壤贫瘠，除村边风水林和中高山脉保留少量的原生植被外，大部分为飞播的马尾松疏林及稀疏草坡。类似严重退化的丘陵荒坡遍布华南、东南地区。鹤山站居于严重退化的亚热带荒草坡，因地制宜地以小集水区为基本单元，进行生态学设计，构建了一系列人工森林生态系统，旨在创建一个生态与经济持续、协调发展的丘陵综合开发利用示范样板，并深入研究退化生态系统植被恢复的过程和演替发展的动态与机理，人工森林生态系统的物种多样性与稳定性、结构与功能的相互关系（余作岳等，1996）。

11.1.2　生物观测样地设置

建站初期，鹤山站人工种植了马占相思纯林、大叶相思纯林、豆科树种混交林、桉树混交林、针叶树种混交林、乡土树种混交林和针阔混交林等多种人工森林生态系统，并保留荒草坡作为对照。1988 年在各林分中选点设置了多个生物长期观测固定样地用于开展长期生物定位监测工作，包括鹤山站马占相思林综合观测场永久样地、鹤山站乡土林辅助观测场永久样地、鹤山站针叶林站区调查点永久样地、鹤山站桉林站区调查点永久样地、鹤

* 编写：饶兴权（中国科学院华南植物园）
　审稿：林永标（中国科学院华南植物园）

山站豆科混交林站区调查点和鹤山站草坡站区调查点（表 11-1）。随着 CERN 监测规范的不断完善，2005 年后，鹤山站对上述样地的面积进行了扩大。鹤山站马占相思林综合观测场永久样地受台风影响，样地内多数树木受损，2005 年在马占相思林内进行重新选址设置；2009 年，鹤山站草坡站区调查点永久样地内新增土壤要素监测项目。具体样地布局如图 11-1 所示。

表 11-1　鹤山站生物长期观测样地清单

序号	样地代码	样地名称	样地类别	植被类型	地理位置	海拔/m	面积及形状/（m×m）	建立时间与计划使用年数
1	HSFZH01A00_01	鹤山站马占相思林综合观测场永久样地	综合观测场	马占相思林（其他人工林型）	112°53′55.236″～112°53′56.484″E，22°40′38.112″～22°40′40.02″N	63	4 个 20×20	1988 年，100 年
2	HSFFZ01A00_01	鹤山站乡土林辅助观测场永久样地	辅助观测场	乡土树种混交林（其他人工林型）	112°54′2.3712″E，22°40′45.6132″N（左下角）	57	30×30	1988 年，100 年
3	HSFZQ01A00_01	鹤山站针叶林站区调查点永久样地	站区调查点	针叶混交林（其他人工林型）	112°54′1.0602″E，22°40′50.5128″N（左下角）	55	30×30	1988 年，100 年
4	HSFZQ02A001_01	鹤山站桉林站区调查点永久样地	站区调查点	桉树混交林（其他人工林型）	112°54′3.438″E，22°40′40.518″N（左下角）	62	30×30	1988 年，100 年
5	HSFZQ04A00_01	鹤山站豆科混交林站区调查点永久样地	站区调查点	豆科混交林（其他人工林型）	112°53′59.19″E，22°40′48.51″N（左下角）	65	30×30	1988 年，100 年
6	HSFZQ05AB0_01	鹤山站草坡站区调查点永久样地	站区调查点	南亚热带灌草丛	112°54′6.29″E，22°40′55.30″N（左下角）	55.3	20×60	1988 年，100 年

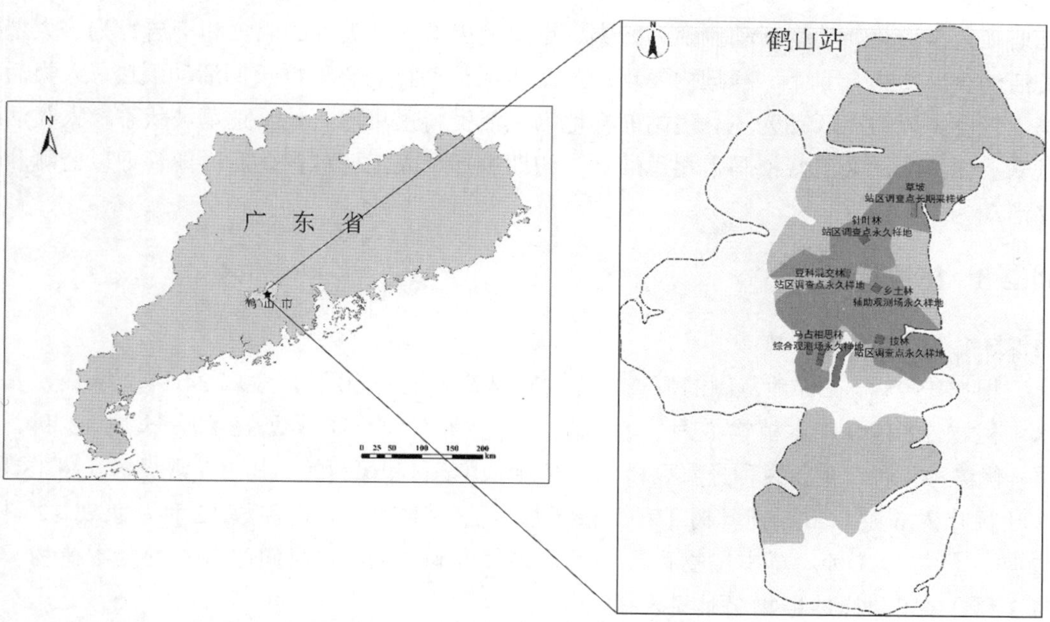

图 11-1　鹤山站生物长期观测样地布局

11.2　鹤山站马占相思林综合观测场永久样地

11.2.1　样地代表性

样地（HSFZH01A00_01）建于 1988 年，由 4 个 20 m×20 m 的样方组成，地理位置为112°53′55.236″～112°53′56.484″E、22°40′38.112″～22°40′40.02″N，海拔为 63 m。样地植被为人工引种栽植的马占相思纯林。马占相思是豆科植物，喜光、喜温暖湿润气候，耐贫瘠土壤，生长较快，固氮活性强，曾被广泛用作退化丘陵植被恢复的先锋种。中国于 1979 年从澳大利亚引种本植物，在海南、广东、广西、福建和云南等地栽培。对马占相思林进行长期动态观测及群落生态学研究，探究南方人工纯林的演变规律及动态变化，对热带、亚热带退化生态系统植被恢复生态学研究和实践具有重要意义。

11.2.2　自然环境背景与管理

样地地貌特征为低山丘陵，分布于丘陵山脊的两侧，东坡与西坡，坡度为 18°～23°，坡中至上坡位。年均气温 21.7℃，7 月平均气温 28.7℃，1 月平均气温 13.1℃，极端最高气温 37.5℃，极端最低气温 0℃，年平均>10℃有效积温 7 597.2℃，年均降水量 1 700 mm，年蒸发量 1 600 mm，年干燥度 0.94。土壤母质或母岩为砂页岩，根据全国第二次土壤普查名称，土壤属于赤红壤土类，典型赤红壤亚类。土壤剖面分层情况（1995 年）为 A 层 0～40 cm，AB 层 40～60 cm，B_1 层 60～80 cm，B_2 层 80～120 cm。水蚀、重力侵蚀及风蚀情况弱，无盐碱化。动物活动主要为蛇类、小型啮齿类、鸟类等的取食和栖居行为，大型兽类活动少。2020 年前后，样地内发现国家二级保护动物豹猫种群长期活动痕迹。人类活动属于轻度，以科研活动为主。建站前样地为生活资料采集地，处于荒草坡状态，人类活动频繁。建站后，人工栽植马占相思纯林，初期进行了人工抚育，之后样地管理以监测和研究活动为主。

11.2.3 植被特征

11.2.3.1 物种组成

根据 1995 年在样地范围的调查，样地有维管束植物 30 种，隶属 24 科、29 属，其中木本植物 22 种，草本植物 8 种。乔木层（含灌木树种）物种数 16 种，隶属 13 科、15 属，优势种 1 种，主要树种分属豆科、冬青科、山茶科和樟科等。其中，常绿阔叶树 13 种，落叶阔叶树 2 种，常绿针叶树 1 种。灌木层（含乔木幼树）物种数 12 种，隶属 12 科、12 属，优势种 3 种。草本层物种数 8 种，隶属 8 科、8 属。层间层有 2 种藤本植物，隶属 2 科、2 属。样地植物名录见表 11-2。

表 11-2 鹤山站马占相思林综合观测场永久样地主要植物名录

序号	层次	物种中文名	物种学名	生活型
1	乔木层	马占相思*	*Acacia mangium* Willd.	常绿阔叶乔木
2	乔木层	三桠苦	*Melicope pteleifolia*（Champ. ex Benth.）Hartley	常绿阔叶乔木
3	乔木层	楝叶吴萸	*Tetradium glabrifolium*（Champ. ex Benth.）T. G. Hartley	落叶阔叶乔木
4	乔木层	三花冬青	*Ilex triflora* Blume	常绿阔叶灌木或乔木
5	乔木层	马尾松	*Pinus massoniana* Lamb.	常绿针叶乔木
6	乔木层	山鸡椒	*Litsea cubeba*（Lour.）Pers.	落叶阔叶乔木
7	乔木层	白背叶	*Mallotus apelta*（Lour.）Müll. Arg.	落叶阔叶灌木或小乔木
8	乔木层	光叶山黄麻	*Trema cannabina* Lour.	落叶阔叶灌木或小乔木
9	乔木层	九节	*Psychotria asiatica* L.	常绿阔叶灌木或小乔木
10	乔木层	粗叶榕	*Ficus hirta* Vahl	常绿阔叶灌木
11	灌木层	白花灯笼*	*Clerodendrum fortunatum* L.	落叶阔叶灌木
12	灌木层	米碎花*	*Eurya chinensis* R. Br.	常绿阔叶灌木
13	灌木层	秤星树*	*Ilex asprella*（Hook. & Arn.）Champ. ex Benth.	落叶阔叶灌木
14	灌木层	栀子	*Gardenia jasminoides* J. Ellis	常绿阔叶灌木
15	灌木层	地桃花	*Urena lobata* L.	多年生直立亚灌木状草本
16	灌木层	算盘子	*Glochidion puberum*（L.）Hutch.	常绿阔叶灌木
17	灌木层	野漆	*Toxicodendron succedaneum*（L.）Kuntze	落叶阔叶小乔木
18	灌木层	黄牛木	*Cratoxylum cochinchinense*（Lour.）Blume	落叶阔叶灌木或乔木
19	灌木层	桃金娘	*Rhodomyrtus tomentosa*（Aiton）Hassk.	常绿阔叶灌木
20	灌木层	野牡丹	*Melastoma malabathricum* L.	常绿阔叶灌木
21	草本层	乌毛蕨*	*Blechnopsis orientalis*（L.）C. Presl	多年生蕨类草本

序号	层次	物种中文名	物种学名	生活型
22	草本层	弓果黍	*Cyrtococcum patens*（L.）A. Camus	多年生茎杂类草
23	草本层	芒萁	*Dicranopteris pedata*（Houtt.）Nakaike	多年生蕨类草本
24	草本层	山香	*Hyptis suaveolens*（L.）Poit.	一年生直立茎杂类草
25	草本层	扇叶铁线蕨	*Adiantum flabellulatum* L.	多年生蕨类草本
26	草本层	细毛鸭嘴草	*Ischaemum ciliare* Retz.	多年生丛生草本
27	草本层	华南毛蕨	*Cyclosorus parasiticus*（L.）Farw.	多年生蕨类草本
28	草本层	山菅	*Dianella ensifolia*（L.）Redouté	多年生丛生草本
29	层间层	玉叶金花	*Mussaenda pubescens* Dryand.	常绿阔叶攀援灌木
30	层间层	酸藤子	*Embelia laeta*（L.）Mez	常绿阔叶攀援灌木

注：*为各层优势种。

11.2.3.2　群落结构

根据 1995 年调查，样地植被包括乔木层、灌木层、草本层与地被层，存在少数层间植物（藤本植物）。乔木层主要为林龄约 10 年的豆科树种马占相思，总盖度为 70%，高度为 8～10 m，最大高度为 12.7 m，胸径约 15 cm，优势种平均高度为 8.6 m。层内有华南地区常见次生植被乔木物种（三桠苦、楝叶吴萸、山鸡椒、九节等）自然更新。灌木层高度为 30～150 cm，总盖度为 40%，以白花灯笼、米碎花和秤星树为主。草本层以乌毛蕨占绝对优势，株高达 1.5 m。

11.2.3.3　植被分类地位

样地植物群落按照中国植被分类系统分类如下：

植被型组：森林 Forest

植被型：常绿阔叶林 Evergreen Broadleaf Forest

植被亚型：季风常绿阔叶林 Monsoon Evergreen Broadleaf Forest

群系：马占相思林 *Acacia mangium* Evergreen Broadleaf Forest（人工林）

群丛：马占相思-白花灯笼+米碎花+秤星树-乌毛蕨　常绿阔叶林 *Acacia mangium - Clerodendrum fortunatum + Eurya chinensis + Ilex asprella - Blechnum orientale* Evergreen Broadleaf Forest（人工林）

11.2.4　样地配置与观测内容

样地由 4 个 20 m×20 m 的样方组成，主要开展长期非破坏性的生物监测内容。

本样地旁边设置有破坏性采样地，增设了相关仪器设施（树干径流收集装置、穿透雨收集装置、土壤水分观测系统、地表径流场、小气象自动观测站、物候及动物监测相机、凋落物收集框、树木径向生长自动观测系统、植物根系原位观测系统等），开展生物、土壤、水分和大气监测工作。

11.3 鹤山站乡土林辅助观测场永久样地

11.3.1 样地代表性

样地（HSFFZ01A00_01）建于 1988 年，面积为 30 m×30 m，地理位置为 112°54′2.3712″E、22°40′45.6132″N，海拔为 57 m。样地为人工栽植的乡土树种混交林，选择主要的乡土阔叶树种，构建乡土树种人工群落，促进自然更新，加快人工林向自然林演替进程。营造乡土树种混交人工林是退化生态系统人工恢复的良好实践途径，对其开展长期监测与动态研究，对南亚热带退化森林生态系统的可持续发展具有重要的生态学意义和实际应用价值。

11.3.2 自然环境背景与管理

地貌特征为丘陵。样地位于山体东坡，坡度为 18°～23°，坡中。样地的气候条件及土壤类型等特征与综合观测场相似，具体内容参见 11.2.2 节。土壤剖面分层情况（1995 年）为 A 层 0～12 cm，AB 层 12～19 cm，B_1 层 19～30 cm，B_2 层 30～70 cm，BC 层 70～120 cm。水蚀、重力侵蚀、风蚀情况弱，无盐碱化。动物活动主要为蛇类、小型啮齿类和鸟类等的取食和栖居行为，大型兽类活动少。2020 年前后，样地内发现国家二级保护动物豹猫种群长期活动痕迹。人类活动轻度，主要以科研活动为主。建站前，样地为生活燃料采集地，处于荒草坡状态，人类活动频繁。建站后，人工栽植乡土树种，栽植行株距为 2.5 m×2.5 m，初期进行了人工抚育。

11.3.3 植被特征

11.3.3.1 物种组成

根据 1995 年在样地范围的调查，样地有维管束植物 31 种，隶属 19 科、28 属，其中木本植物 24 种，草本植物 7 种。乔木层（含灌木树种）物种数 13 种，隶属 12 科、13 属，优势种 1 种，树种分属山茶科、桃金娘科，其中常绿阔叶树 11 种，落叶阔叶树 1 种，常绿针叶树 1 种。灌木层（含乔木幼树）物种数 18 种，隶属 12 科、16 属，优势种 1 种。草本层物种数 8 种，隶属 7 科、8 属。层间层有 2 种藤本植物，隶属 1 科、2 属。样地植物主要名录见表 11-3。

表 11-3　鹤山站乡土林辅助观测场永久样地主要植物名录

序号	层次	物种中文名	物种学名	生活型
1	乔木层	红木荷*	*Schima wallichii*（DC.）Korth.	常绿阔叶乔木
2	乔木层	光叶山黄麻	*Trema cannabinua* Lour.	落叶阔叶灌木或小乔木
3	乔木层	三桠苦	*Melicope pteleifolia*（Champ. ex Benth.）T. G. Hartley	常绿阔叶乔木

序号	层次	物种中文名	物种学名	生活型
4	乔木层	马尾松	*Pinus massoniana* Lamb.	常绿针叶乔木
5	灌木层	桃金娘*	*Rhodomyrtus tomentosa*（Aiton）Hassk.	常绿阔叶灌木
6	灌木层	山芝麻	*Helicteres angustifolia* L.	常绿阔叶灌木
7	灌木层	栀子	*Gardenia jasminoides* J. Ellis	常绿阔叶灌木
8	灌木层	野牡丹	*Melastoma malabathricum* L.	常绿阔叶灌木
9	灌木层	了哥王	*Wikstroemia indica*（L.）C. A. Mey.	常绿阔叶灌木
10	灌木层	秤星树	*Ilex asprella* Champ. ex Benth.	落叶阔叶灌木
11	灌木层	石斑木	*Rhaphiolepis indica*（L.）Lindl.	常绿阔叶灌木
12	灌木层	豺皮樟	*Litsea rotundifolia* var. *oblongifolia*（Nees）C. K. Allen	常绿阔叶灌木
13	灌木层	米碎花	*Eurya chinensis* R. Br.	常绿阔叶灌木
14	灌木层	岗松	*Baeckea frutescens* L.	常绿针叶灌木
15	灌木层	算盘子	*Glochidion puberum*（L.）Hutch.	常绿阔叶灌木
16	灌木层	九节	*Psychotria asiatica* L.	常绿阔叶灌木或乔木
17	灌木层	黑面神	*Breynia fruticosa*（L.）Müll.Arg.	常绿阔叶灌木
18	灌木层	白花灯笼	*Clerodendrum fortunatum* L.	落叶阔叶灌木
19	灌木层	白背叶	*Mallotus apelta*（Lour.）Müll. Arg.	落叶阔叶灌木或小乔木
20	灌木层	潺槁木姜子	*Litsea glutinosa*（Lour.）C. B. Rob.	常绿阔叶乔木
21	灌木层	毛果算盘子	*Glochidion eriocarpum* Champ. ex Benth.	常绿阔叶灌木
22	草本层	山菅*	*Dianella ensifolia*（L.）Redouté	多年生丛生草本
23	草本层	弓果黍*	*Cyrtococcum patens*（L.）A. Camus	多年生茎杂类草
24	草本层	华南毛蕨	*Cyclosorus parasiticus*（L.）Farw.	多年生蕨类草本
25	草本层	地稔	*Melastoma dodecandrum* Lour.	匍匐常绿阔叶灌木
26	草本层	狗尾草	*Setaria viridis*（L.）P.Beauv.	多年生丛生草本
27	草本层	细毛鸭嘴草	*Ischaemum ciliare* Retz.	多年生丛生草本
28	草本层	团叶鳞始蕨	*Lindsaea orbiculata*（Lam.）Mett. ex Kuhn	多年生蕨类草本
29	草本层	积雪草	*Centella asiatica*（L.）Urb.	多年生茎杂类草本
30	层间层	玉叶金花*	*Mussaenda pubescens* Dryand.	常绿阔叶攀援灌木
31	层间层	鸡眼藤	*Morinda parvifolia* Bartl. ex DC.	常绿阔叶攀援藤本

注：*为各层优势种。

11.3.3.2　群落结构

根据 1995 年调查，样地的植被类型是以红木荷为优势种的常绿阔叶人工林。样地植被包括乔木层、灌木层、草本层与地被层，分层特征明显，存在少数层间植物（藤本植物）。乔木层以红木荷为主，高度为 4～7 m，平均高度为 5.3 m，最高达 7.5 m，总盖度为 95%。灌木层以桃金娘为优势种，多数植株高度超过 1.5 m，总盖度为 50%，优势种平均高度为 1.3 m，原有的野牡丹和岗松已逐渐消失。草本层植物较少，芒萁已近枯亡，草本层下分布较多桃金娘、石斑木和米碎花等灌木幼苗，草本植物以山菅和弓果黍占优势，优势种平均高度为 0.2 m，总盖度为 40%。层间植物以玉叶金花为主。

11.3.3.3　植被分类地位

样地植物群落按照中国植被分类系统分类如下：

植被型组：森林 Forest

植被型：常绿阔叶林 Evergreen Broadleaf Forest

植被亚型：季风常绿阔叶林 Monsoon Evergreen Broadleaf Forest

群系：红木荷林 *Schima wallichii* Evergreen Broadleaf Forest Alliance

群丛：红木荷-桃金娘-山菅+弓果黍 常绿阔叶林 *Schima wallichii - Rhodomyrtus tomentosa - Dianella ensifolia + Cyrtococcum patens* Evergreen Broadleaf Forest

11.3.4　样地配置与观测内容

样地大小为 30 m×30 m，主要开展非破坏性的生物监测内容。样地旁边设置了破坏性采样地，布设了相关仪器设施（树干径流收集装置、穿透雨收集装置、土壤水分观测系统、地表径流场、小气象自动观测站、物候及动物监测相机、凋落物收集框、树木径向生长自动观测系统、植物根系观测系统微根管等），开展生物、土壤、水分和大气等监测工作。

11.4　鹤山站针叶林站区调查点永久样地

11.4.1　样地代表性

样地（HSFZQ01A00_01）建于 1988 年，面积为 30 m×30 m，地理位置为 112°54′1.060 2″E、22°40′50.512 8″N，海拔为 55 m。样地为人工栽植的针叶林。树种以马尾松、湿地松和杉木为主，均为我国南方绿化荒山与植被恢复的先锋树种，分布极广，遍布于华中、华南各地。该植被是南亚热带退化森林生态系统恢复的主要类型之一，极具代表性。鹤山站对其进行长期动态观测和生态学研究，为南方人工林生态系统不同发展阶段提供现代化管理的理论基础，对可持续发展研究和实践具有重要作用。

11.4.2　自然环境背景与管理

样地地貌特征为丘陵，位于山体东北坡，坡度为 18°。本样地的气候条件及土壤类型等特征与综合观测场相似，具体内容参见 11.2.2 节。土壤剖面特征（1995 年）为 A 层 0～18 cm，AB 层 18～27 cm，B_1 层 27～100 cm，B_2 层 100～120 cm。水蚀、重力侵蚀、风蚀情况较弱，无盐碱化。动物活动主要为蛇类、小型啮齿类、鸟类等的取食和栖居行为，大型兽类活动少。2020 年前后，样地内发现国家二级保护动物豹猫种群长期活动痕迹。人类活动属于轻度，以科研活动为主。建站前，样地为生活燃料采集地，处于荒草坡状态，人类活动频繁。建站后，人工栽植针叶林，栽植株行距为 2.5 m×2.5 m，初期进行了人工抚育。

11.4.3 植被特征

11.4.3.1 物种组成

根据 1995 年在样地范围的调查，样地有维管束植物 31 种，隶属 21 科、30 属，其中木本植物 23 种，草本植物 8 种。乔木层（含灌木树种）物种数 16 种，隶属 12 科、15 属，优势种 2 种，主要树种分属松科、杉科、冬青科和桃金娘科，其中常绿针叶树 3 种，常绿阔叶树 12 种，落叶阔叶树 1 种。灌木层（含乔木幼树）物种数 10 种，隶属 8 科、10 属，优势种 2 种。草本层物种数 9 种，隶属 7 科、9 属。层间层有 4 种藤本植物，隶属 3 科、4 属。样地主要植物名录见表 11-4。

表 11-4 鹤山站针叶林站区调查点永久样地主要植物名录

序号	层次	物种中文名	物种学名	生活型
1	乔木层	马尾松*	*Pinus massoniana* Lamb.	常绿针叶乔木
2	乔木层	杉木*	*Cunninghamia lanceolata*（Lamb.）Hook.	常绿针叶乔木
3	乔木层	木荷	*Schima superba* Gardn. & Champ.	常绿阔叶乔木
4	乔木层	三桠苦	*Melicope pteleifolia*（Champ. ex Benth.）T. G. Hartley	常绿阔叶乔木
5	乔木层	湿地松	*Pinus elliottii* Engelm.	常绿针叶乔木
6	乔木层	白背叶	*Mallotus apelta*（Lour.）Müll. Arg.	落叶阔叶灌木或小乔木
7	灌木层	白花灯笼*	*Clerodendrum fortunatum* L.	落叶阔叶灌木
8	灌木层	桃金娘*	*Rhodomyrtus tomentosa*（Aiton）Hassk.	常绿阔叶灌木
9	灌木层	秤星树	*Ilex asprella* Champ. ex Benth.	落叶阔叶灌木
10	灌木层	米碎花	*Eurya chinensis* R. Br.	常绿阔叶灌木
11	灌木层	栀子	*Gardenia jasminoides* J. Ellis	常绿阔叶灌木
12	灌木层	岗松	*Baeckea frutescens* L.	常绿针叶灌木
13	灌木层	算盘子	*Glochidion puberum*（L.）Hutch.	常绿阔叶灌木
14	灌木层	黑面神	*Breynia fruticosa*（L.）Müll. Arg.	常绿阔叶灌木
15	灌木层	了哥王	*Wikstroemia indica*（L.）C. A. Mey.	常绿阔叶灌木
16	灌木层	野漆	*Toxicodendron succedaneum*（L.）O. Kuntze	落叶阔叶小乔木
17	灌木层	石斑木	*Rhaphiolepis indica*（L.）Lindl.	常绿阔叶灌木
18	灌木层	山芝麻	*Helicteres angustifolia* L.	常绿阔叶灌木
19	草本层	芒萁*	*Dicranopteris pedata*（Houtt.）Nakaike	多年生蕨类草本
20	草本层	细毛鸭嘴草	*Ischaemum ciliare* Retz.	多年生丛生草本
21	草本层	三脉紫菀	*Aster trinervius* subsp. *ageratoides*（Turcz.）Grierson	直立茎杂类草
22	草本层	地稔	*Melastoma dodecandrum* Lour.	匍匐常绿阔叶灌木
23	草本层	多须公	*Eupatorium chinense* L.	直立茎杂类草
24	草本层	弓果黍	*Cyrtococcum patens*（L.）A. Camus	多年生茎杂类草

序号	层次	物种中文名	物种学名	生活型
25	草本层	乌毛蕨	*Blechnopsis orientalis*（L.）C. Presl	多年生蕨类草本
26	草本层	地桃花	*Urena lobata* L.	多年生直立亚灌木状草本
27	草本层	垂穗石松	*Palhinhaea cernua*（L.）Vasc. & Franco	多年生蕨类草本
28	层间层	粗叶悬钩子	*Rubus alceifolius* Poir.	落叶阔叶攀援灌木
29	层间层	小果蔷薇	*Rosa cymosa* Tratt.	落叶阔叶攀援灌木
30	层间层	玉叶金花	*Mussaenda pubescens* Dryand.	常绿阔叶攀援灌木
31	层间层	酸藤子	*Embelia laeta*（L.）Mez	常绿阔叶攀援灌木

注：*为各层优势种。

11.4.3.2　群落结构

根据 1995 年调查，样地的植被类型是以马尾松、杉木为优势种的常绿针叶人工林。样地植被包括乔木层、灌木层、草本层与地被层，存在少数层间植物（藤本植物）。乔木层群落高度为 5.5 m，主要树种为马尾松和杉木，少数木荷与湿地松，优势种平均高度为 3.7 m，总盖度为 70%，层内存在较多生长旺盛的灌木桃金娘和秤星树，高度达 2.5 m。灌木层以白花灯笼、桃金娘为主，优势种平均高度为 0.9 m，总盖度为 60%。草本层以芒萁为主，局部盖度达 100%，但林地内芒萁总盖度为 40%。

11.4.3.3　植被分类地位

样地植物群落按照中国植被分类系统分类如下：

植被型组：森林 Forest

　植被型：常绿针叶林 Evergreen Needleleaf Forest

　　植被亚型：暖性常绿针叶林 Subtropical Evergreen Needleleaf Forest

　　　群系：马尾松+杉木暖性常绿针叶林 *Pinus massoniana + Cunninghamia lanceolata* Subtropical Evergreen Needleleaf Forest Alliance（人工林）

　　　　群丛：马尾松+杉木-桃金娘+白花灯笼-芒萁 暖性常绿针叶林 *Pinus massoniana+ Cunninghamia lanceolata-Rhodomyrtus tomentosa + Clerodendrum fortunatum-Dicranopteris pedate* Subtropical Evergreen Needleleaf Forest（人工林）

11.4.4　样地配置与观测内容

样地大小为 30 m×30 m，主要开展长期非破坏性的生物监测。样地旁边为破坏性采样地，布设了相关仪器设施（树干径流收集装置、穿透雨收集装置、土壤水分观测系统、地表径流场、凋落物收集框等），开展生物、土壤和水分监测和采样工作。

11.5　鹤山站桉林站区调查点永久样地

11.5.1　样地代表性

样地（HSFZQ02A001_01）建于 1988 年，面积为 30 m×30 m，地理位置为 112°54′3.438″E、22°40′40.518″N，海拔为 62 m。样地植被为人工引种栽植的桉树林。桉树原产于澳大利亚，在极端贫瘠的土地上能快速生长，是热带、亚热带常见的绿化树种，大面积种植于广东、广西和福建等地区，是我国木材加工、造纸等重要原材料，也具有很好的医学价值；同时，作为当时重要的造林树种，近年来大面积推广种植引发的一系列对生态问题的争论，引起社会的普遍关注。鹤山站在南亚热带荒草坡退化生态系统上建设桉林样地，对其进行长期动态观测与研究，监测研究长期动态及演变规律，为合理利用桉树及其可持续发展，提供了理论基础和应用探索。

11.5.2　自然环境背景与管理

样地地貌特征为丘陵，位于山体东坡，坡度为 25°，坡中。本样地的气候条件及土壤类型等特征与综合观测场相似，具体内容参见 11.2.2 节。土壤剖面分层特征（1995 年）为 A 层 0～9 cm，AB 层 9～20 cm，B_1 层 20～40 cm，B_2 层 40～70 cm，BC 层 70～80 cm，C 层 80～100 cm。水蚀、重力侵蚀和风蚀弱，无盐碱化情况。动物活动主要为蛇类、小型啮齿类、鸟类的取食和栖居行为，无大型兽类活动。人类活动属于轻度，以科研活动为主。建站前，样地为生活燃料采集地，处于荒草坡状态，人类活动频繁。建站后，人工栽植桉属树种并进行初期抚育。

11.5.3　植被特征

11.5.3.1　物种组成

根据 1995 年在样地范围的调查，样地有维管束植物 26 种，隶属 18 科、22 属，其中木本植物 24 种，草本植物 2 种。乔木层（含灌木树种）物种数 17 种，隶属 13 科、14 属，优势种 2 种，主要树种分属桃金娘科、芸香科，其中常绿阔叶树 14 种，落叶阔叶树 3 种。灌木层（含乔木幼树）物种数 8 种，隶属 7 科、8 属，优势种 1 种。草本层物种数 3 种，隶属 3 科、3 属。层间层有 2 种藤本植物，隶属 2 科、2 属。样地主要植物名录见表 11-5。

表 11-5　鹤山站桉林站区调查点永久样地主要植物名录

序号	层次	物种中文名	物种学名	生活型
1	乔木层	窿缘桉*	*Eucalyptus exserta* F. V. Muell.	常绿阔叶乔木
2	乔木层	赤桉*	*Eucalyptus camaldulensis* Dehnh.	常绿阔叶乔木

序号	层次	物种中文名	物种学名	生活型
3	乔木层	三桠苦	*Melicope pteleifolia*（Champ. ex Benth.）T. G. Hartley	常绿阔叶乔木
4	乔木层	桉	*Eucalyptus robusta* Sm.	常绿阔叶乔木
5	乔木层	麻栎	*Quercus acutissima* Carruth.	落叶阔叶乔木
6	乔木层	白背叶	*Mallotus apelta*（Lour.）Müll. Arg.	落叶阔叶灌木或小乔木
7	乔木层	光叶山黄麻	*Trema cannabina* Lour.	落叶阔叶灌木或小乔木
8	乔木层	盐麸木	*Rhus chinensis* Mill.	落叶阔叶乔木
9	乔木层	尾叶桉	*Eucalyptus urophylla* S. T. Blake	常绿阔叶乔木
10	乔木层	山鸡椒	*Litsea cubeba*（Lour.）Pers.	落叶阔叶乔木
11	乔木层	大叶相思	*Acacia auriculiformis* A. Cunn. ex Benth.	常绿阔叶乔木
12	乔木层	木荷	*Schima superba* Gardn. & Champ.	常绿阔叶乔木
13	乔木层	黄毛楤木	*Aralia chinensis* L.	常绿阔叶灌木
14	灌木层	白花灯笼*	*Clerodendrum fortunatum* L.	落叶阔叶灌木
15	灌木层	秤星树	*Ilex asprella* Champ. ex Benth.	落叶阔叶灌木
16	灌木层	桃金娘	*Rhodomyrtus tomentosa*（Aiton）Hassk.	常绿阔叶灌木
17	灌木层	野牡丹	*Melastoma malabathricum* L.	常绿阔叶灌木
18	灌木层	野漆	*Toxicodendron succedaneum*（L.）Kuntze	落叶阔叶乔木
19	灌木层	石斑木	*Rhaphiolepis indica*（L.）Lindl.	常绿阔叶灌木
20	灌木层	山芝麻	*Helicteres angustifolia* L.	常绿阔叶灌木
21	灌木层	算盘子	*Glochidion puberum*（L.）Hutch.	常绿阔叶灌木
22	草本层	芒萁*	*Dicranopteris pedata*（Houtt.）Nakaike	多年生蕨类草本
23	草本层	乌毛蕨	*Blechnopsis orientalis*（L.）C. Presl	多年生蕨类草本
24	草本层	地稔	*Melastoma dodecandrum* Lour.	匍匐常绿阔叶灌木
25	层间层	粗叶悬钩子	*Rubus alceifolius* Poir.	落叶阔叶攀援灌木
26	层间层	玉叶金花	*Mussaenda pubescens* Dryand.	常绿阔叶攀援灌木

注：*为各层优势种。

11.5.3.2　群落结构

根据 1995 年调查，样地的植被类型是以窿缘桉、赤桉为优势种的常绿阔叶林。样地植被包括乔木层、灌木层、草本层和地被层。乔木层以窿缘桉、赤桉为优势种，少量的桉和尾叶桉，树高多为 9～10 m，最高达 13 m，优势种平均高度为 7.7 m，总盖度为 60%，层内还分布有木荷、麻栎和三桠苦等常绿阔叶树种。灌木层以白花灯笼为主，优势种平均高度为 1.1 m，总盖度为 30%。草本层以芒萁占绝对优势，株高达 1.8 m，优势种平均高度为 1.3 m，盖度为 100%。

11.5.3.3　植被分类地位

样地植物群落按照中国植被分类系统分类如下：

植被型组：森林 Forest

　　植被型：常绿阔叶林 Evergreen Broadleaf Forest

　　　　植被亚型：季风常绿阔叶林 Monsoon Evergreen Broadleaf Forest

群系：窿缘桉+赤桉林 *Eucalyptus exserta + Eucalyptus camaldulensis* Evergreen Broadleaf Forest Alliance

群丛：窿缘桉+赤桉-白花灯笼-芒萁 常绿阔叶林 *Eucalyptus exserta + Eucalyptus camaldulensis - Clerodendrum fortunatum - Dicranopteris pedata* Evergreen Broadleaf Forest

11.5.4 样地配置与观测内容

样地大小为 30 m×30 m，主要开展长期非破坏性的生物监测。样地旁边设置了破坏性采样地，安装了辅助监测设施，开展土壤和水分监测工作。

11.6 鹤山站豆科混交林站区调查点永久样地

11.6.1 样地代表性

样地（HSFZQ04A00_01）建于 1988 年，面积为 30 m×30 m，地理位置为 112°53′59.19″E、22°40′48.51″N，海拔为 65 m。样地植被为人工引种栽植的豆科树种林，主要引种了马占相思与大叶相思，还间种了台湾相思、肯氏相思、绢毛相思和海南红豆等豆科树种。豆科植物一般喜光、喜温暖湿润气候，耐贫瘠土壤，固氮活性强，是绿化荒山与水土保持的优良树种。鹤山站构建的该植被类型比马占相思纯林更复杂，通过对样地进行长期动态观测，进行生态学比较研究，以丰富退化森林生态系统恢复的现代化管理的理论基础和实践。

11.6.2 自然环境背景与管理

样地地貌特征为丘陵，位于山体西坡，坡度为 15°，坡中。本样地的气候条件及土壤类型等特征与综合观测场相似，具体内容参见 11.2.2 节。土壤剖面分层特征（1995 年）为 A 层 0～19 cm，AB 层 19～38 cm，B₁ 层 38～60 cm，B₂ 层 60～85 cm，BC 层 85～120 cm。水蚀、重力侵蚀、风蚀情况弱，无盐碱化情况。动物活动主要为蛇类、小型啮齿类、鸟类的取食和栖居行为，无大型兽类活动。人类活动属于轻度，以科研活动为主。建站前，样地为生活燃料采集地，处于荒草坡状态，人类活动频繁。建站后，人类干扰较少。

11.6.3 植被特征

11.6.3.1 物种组成

根据 1995 年在样地范围的调查，样地有维管束植物 23 种，隶属 16 科、19 属，其中木本植物 19 种，草本植物 4 种。乔木层（含灌木树种）物种数 12 种，隶属 7 科、8 属，优势种 2 种，主要树种分属豆科（4 种）、大麻科和冬青科，其中常绿阔叶树 10 种，落叶阔叶树 1 种，常绿针叶树 1 种。灌木层（含乔木幼树）物种数 8 种，隶属 7 科、8 属，优势种 1 种。草本层物种数 3 种，隶属 3 科、3 属。层间层有 2 种藤本植物，隶属 2 科、2 属。样地主要植物名录见表 11-6。

表 11-6　鹤山站豆科混交林站区调查点永久样地主要植物名录

序号	层次	物种中文名	物种学名	生活型
1	乔木层	大叶相思*	*Acacia auriculiformis* A. Cunn. ex Benth.	常绿阔叶乔木
2	乔木层	马占相思*	*Acacia mangium* Willd.	常绿阔叶乔木
3	乔木层	肯氏相思	*Acacia cunninghamii* Steud.	常绿阔叶乔木
4	乔木层	光叶山黄麻	*Trema cannabina* Lour.	落叶阔叶灌木或小乔木
5	乔木层	台湾相思	*Acacia confusa* Merr.	常绿阔叶乔木
6	乔木层	海南红豆	*Ormosia pinnata*（Lour.）Merr.	常绿阔叶乔木
7	乔木层	三桠苦	*Melicope pteleifolia*（Champ. ex Benth.）T. G. Hartley	常绿阔叶乔木
8	乔木层	马尾松	*Pinus massoniana* Lamb.	常绿针叶乔木
9	乔木层	绢毛相思	*Acacia holosericea* G. Don	常绿阔叶乔木
10	灌木层	白花灯笼*	*Clerodendrum fortunatum* L.	落叶阔叶灌木
11	灌木层	栀子	*Gardenia jasminoides* J. Ellis	常绿阔叶灌木
12	灌木层	秤星树	*Ilex asprella* Champ. ex Benth.	落叶阔叶灌木
13	灌木层	九节	*Psychotria asiatica* L.	常绿阔叶灌木或乔木
14	灌木层	野牡丹	*Melastoma malabathricum* L.	常绿阔叶灌木
15	灌木层	算盘子	*Glochidion puberum*（L.）Hutch.	常绿阔叶灌木
16	灌木层	桃金娘	*Rhodomyrtus tomentosa*（Aiton）Hassk.	常绿阔叶灌木
17	灌木层	米碎花	*Eurya chinensis* R. Br.	常绿阔叶灌木
18	灌木层	黑面神	*Breynia fruticosa*（L.）Müll.Arg.	常绿阔叶灌木
19	灌木层	了哥王	*Wikstroemia indica*（L.）C. A. Mey.	常绿阔叶灌木
20	草本层	芒萁*	*Dicranopteris pedata*（Houtt.）Nakaike	多年生蕨类草本
21	草本层	乌毛蕨*	*Blechnopsis orientalis*（L.）C. Presl	多年生蕨类草本
22	草本层	扇叶铁线蕨	*Adiantum flabellulatum* L.	多年生蕨类草本
23	草本层	山菅	*Dianella ensifolia*（L.）Redouté	多年生丛生草本

注：*为各层优势种。

11.6.3.2　群落结构

根据 1995 年调查，样地的植被类型是以大叶相思、马占相思为优势种的常绿阔叶林。样地植被包括乔木层、灌木层、草本层与地被层。乔木层以大叶相思和马占相思为主，生长最好，优势种平均高度为 5.7 m，总盖度为 75%，此外还栽植有少量肯氏相思、绢毛相思和海南红豆等多个种类，生长一般。灌木层林下灌木较少，以白花灯笼为主，优势种平均高度为 0.9 m，盖度为 30%。草本层以芒萁和乌毛蕨为主，优势种平均高度为 1.5 m，盖度为 98%。

11.6.3.3　植被分类地位

样地植物群落按照中国植被分类系统分类如下：

植被型组：森林 Forest

植被型：常绿阔叶林 Evergreen Broadleaf Forest

植被亚型：季风常绿阔叶林 Monsoon Evergreen Broadleaf Forest

群系：大叶相思+马占相思林 *Acacia auriculiformis* + *Acacia mangium* Evergreen Broadleaf Forest Alliance

群丛：大叶相思+马占相思-白花灯笼-芒萁+乌毛蕨 常绿阔叶林 *Acacia auriculiformis* + *Acacia mangium* - *Clerodendrum fortunatum* - *Dicranopteris pedata* + *Blechnum orientale* Mixed Evergreen Broadleaf Forest

11.6.4 样地配置与观测内容

样地大小为 30 m×30 m，主要开展长期非破坏性的生物监测。

11.7 鹤山站草坡站区调查点永久样地

11.7.1 样地代表性

样地（HSFZQ05AB0_01）建于 1988 年，面积为 20 m×60 m，地理位置为 112°54′6.29″E、22°40′55.30″N，海拔为 55.3 m。样地为南亚热带低山丘陵荒草坡。为建站初期开展退化生态系统恢复保留的试验对照区，反映当时森林植被在人类频繁的干扰活动后形成的退化生态系统的基本状态。在停止对样地的人为高强度干扰活动后，样地封禁自然演变过程。对其进行长期动态观测与研究，为鹤山站开展退化生态系统恢复提供参照，具有重要意义。

11.7.2 自然环境背景与管理

样地地貌特征为丘陵，位于东坡，坡度为 20°～25°，坡中。本样地的气候条件及土壤类型等特征与综合观测场相似，具体内容参见 11.2.2 节。土壤剖面分层特征（1995 年）为 A 层 0～19 cm，AB 层 19～30 cm，B$_1$ 层 30～50 cm，B$_2$ 层 50～70 cm，BC 层 70～120 cm。水蚀、重力侵蚀、风蚀情况较弱，无盐碱化情况。动物活动主要为蛇类、小型啮齿类、鸟类的取食和栖居行为，无大型兽类活动。人类活动属于轻度，以科研活动为主。建站前，样地为生活燃料采集地，处于荒草坡状态，人类活动频繁。建站后，人类干扰较少。

11.7.3 植被特征

11.7.3.1 物种组成

根据 1993 年调查，样地有维管束植物 18 种，隶属 15 科、18 属，其中木本植物 11 种，草本植物 7 种。灌木层（含乔木幼树）物种数 10 种，隶属 8 科、10 属，优势种 3 种。草本层物种数 7 种，隶属 7 科、7 属。层间层有 1 种藤本植物。样地主要植物名录见表 11-7。

表 11-7   鹤山站草坡站区调查点永久样地主要植物名录

序号	层次	物种中文名	物种学名	生活型
1	灌木层	桃金娘*	*Rhodomyrtus tomentosa*（Aiton）Hassk.	常绿阔叶灌木
2	灌木层	秤星树*	*Ilex asprella* Champ. ex Benth.	落叶阔叶灌木
3	灌木层	米碎花*	*Eurya chinensis* R. Br.	常绿阔叶灌木
4	灌木层	栀子	*Gardenia jasminoides* J. Ellis	常绿阔叶灌木
5	灌木层	石斑木	*Rhaphiolepis indica*（L.）Lindl.	常绿阔叶灌木
6	灌木层	岗松	*Baeckea frutescens* L.	常绿针叶灌木
7	灌木层	马尾松	*Pinus massoniana* Lamb.	常绿针叶乔木
8	灌木层	九节	*Psychotria asiatica* L.	常绿阔叶灌木或乔木
9	灌木层	三桠苦	*Melicope pteleifolia*（Champ. ex Benth.）T. G. Hartley	常绿阔叶乔木
10	灌木层	变叶榕	*Ficus variolosa* Lindl. ex Benth.	常绿阔叶灌木
11	草本层	芒萁*	*Dicranopteris pedata*（Houtt.）Nakaike	多年生蕨类草本
12	草本层	乌毛蕨*	*Blechnopsis orientalis*（L.）C. Presl	多年生蕨类草本
13	草本层	华南毛蕨	*Cyclosorus parasiticus*（L.）Farw.	多年生蕨类草本
14	草本层	地稔	*Melastoma dodecandrum* Lour.	匍匐常绿阔叶灌木
15	草本层	扇叶铁线蕨	*Adiantum flabellulatum* L.	多年生蕨类草本
16	草本层	山菅	*Dianella ensifolia*（L.）Redouté	多年生丛生草本
17	草本层	弓果黍	*Cyrtococcum patens*（L.）A. Camus	多年生茎杂类草
18	层间层	玉叶金花	*Mussaenda pubescens* Dryand.	常绿阔叶攀援藤本

注：*为各层优势种。

11.7.3.2   群落结构

根据 1993 年调查，样地的植被类型是以桃金娘、秤星树为优势种的低山丘陵常绿阔叶灌丛，为季风常绿阔叶林采伐后发展起来的灌丛。群落分灌木层、草本层和地被层。灌木层植物数量少，以桃金娘、秤星树和米碎花为主，并出现了马尾松和三桠苦等自然更新的乔木树种，优势种平均高度为 0.9 m，总盖度为 5%。草本层以芒萁和乌毛蕨占优势，优势种平均高度为 1.1 m，盖度为 98%。

11.7.3.3   植被分类地位

样地植物群落按照中国植被分类系统分类如下：

植被型组：灌丛 Shrubland

　植被型：常绿阔叶灌丛 Evergreen Broadleaf Shrub

　　植被亚型：暖性常绿阔叶灌丛 Subtropical Evergreen Broadleaf Shrubland

　　　群系：桃金娘灌丛 *Rhodomyrtus tomentosa* Evergreen Broadleaf Shrubland Alliance

　　　　群丛：桃金娘+秤星树+米碎花-芒萁+乌毛蕨 常绿阔叶灌丛 *Rhodomyrtus tomentosa + Ilex asprella + Eurya chinensis - Dicranopteris pedata + Blechnum orientale* Evergreen Broadleaf Shrubland

11.7.4　样地配置与观测内容

样地大小为 30 m×40 m，按照 CERN 监测规范设置样方，主要开展生物和土壤监测。

参考文献

余作岳，彭少麟，1996. 热带亚热带退化生态系统植被恢复生态学研究[M]. 广州：广东科技出版社.

12   哀牢山站生物监测样地本底与植被特征[*]

12.1   生物监测样地概况

12.1.1   概况与区域代表性

哀牢山亚热带森林生态系统研究站（以下简称哀牢山站）位于云南省普洱市景东彝族自治县太忠镇徐家坝（101°01′41″E、24°32′53″N，海拔为 2 450 m）。哀牢山站于 1981 年在吴征镒院士和朱彦丞教授的领导下创建，隶属中国科学院昆明分院，1997 年开始隶属中国科学院西双版纳热带植物园，2002 年加入 CERN，2005 年成为国家野外科学观测研究站。

哀牢山站位于哀牢山国家级自然保护区内，保护区林区面积为 67 700 hm²，是我国原始中山湿性常绿阔叶林面积最大的区域。该区域所在的哀牢山位于云贵高原、横断山地、青藏高原三大自然地理区域的接合部，地处西南季风气候区，属于亚热带山地气候；综合地理和气候等因素，哀牢山形成了不同海拔梯度的植被垂直带谱：干热河谷植被（1 200 m 以下）、季风常绿阔叶林和思茅松林（1 140～2 000 m）、半湿润常绿阔叶林和云南松林（1 200～2 400 m）、中山湿性常绿阔叶林（2 400～2 600 m）、山顶苔藓矮林（2 600～2 700 m），也成为中国西部的一个生物多样性交会区。根据朱华主编的《云南哀牢山地区种子植物区系研究》，哀牢山地区共记录种子植物 199 科、945 属、2 238 种和 215 变种（亚种）（闫丽春等，2009）。哀牢山站的长期监测研究区域主要集中在海拔 2 400～2 700 m，植被类型为中山湿性常绿阔叶林和山顶苔藓矮林，林内物种主要由壳斗科、山茶科、樟科和木兰科等组成，林中藤本植物和附生植物丰富，布满在较大的树干、树杈和树枝上，形成奇特的森林景观。总体上，该地区植物种类丰富，区系成分复杂，群落类型多样，垂直带谱完整，过渡性特征明显，林相完整，结构复杂，生物资源丰富，并且地势平坦，是开展中国西部亚热带森林生态系统定位研究的重要基地。

---

[*] 编写：徐志雄（中国科学院西双版纳热带植物园）

审稿：范泽鑫（中国科学院西双版纳热带植物园）、杨效东（中国科学院西双版纳热带植物园）、鲁志云（中国科学院西双版纳热带植物园）

12.1.2 生物监测样地设置

哀牢山站自 1981 年建站以来，先后设置了 5 个生物长期观测样地，分别为 1 个综合观测场：哀牢山站综合观测场中山湿性常绿阔叶林长期观测样地及设立在附近的土壤生物采样地；3 个辅助观测场：哀牢山站山顶苔藓矮林辅助长期观测样地、哀牢山站滇南山杨次生林辅助长期观测样地、哀牢山站尼泊尔桤木次生林辅助长期观测样地；1 个站区调查点：哀牢山站茶叶人工林站区观测点（表 12-1）。样地布局如图 12-1 所示。

表 12-1 哀牢山站生物长期观测样地清单

序号	样地代码	样地名称	样地类别	植被类型	地理位置（样地中心点）	海拔/m	面积及形状/（m×m）	建立时间与计划使用年数
1-1	ALFZH01AC0_01	哀牢山站综合观测场中山湿性常绿阔叶林长期观测样地	综合观测场	亚热带中山湿性常绿阔叶林	101°01′41″E，24°32′53″N	2 488	100×100	2003 年，长期
1-2	ALFZH01ABC_02	哀牢山站综合观测场中山湿性常绿阔叶林土壤生物采样地	综合观测场	亚热带中山湿性常绿阔叶林	101°01′40.8″E，24°32′52.8″N	2 488	50×60	2003 年，长期
2	ALFFZ01ABC_01	哀牢山站山顶苔藓矮林辅助长期观测样地	辅助观测场	山顶苔藓矮林	101°02′5.6″E，24°31′48″N	2 655	30×40	2003 年，长期
3	ALFFZ02ABC_01	哀牢山站滇南山杨次生林辅助长期观测样地	辅助观测场	滇山杨次生林	101°01′4.8″E，24°33′25.2″N	2 450	30×40	2003 年，长期
4	ALFFZ03A00_01	哀牢山站尼泊尔桤木次生林辅助长期观测样地	辅助观测场	尼泊尔桤木次生林	100°53′31.2″E，24°33′32.4″N	2 300	30×40	2003 年，长期
5	ALFZQ01ABC_01	哀牢山站茶叶人工林站区观测点	站区调查点	人工茶树林	101°01′40.8″E，24°32′49″N	2 500	20×30	2004 年，长期

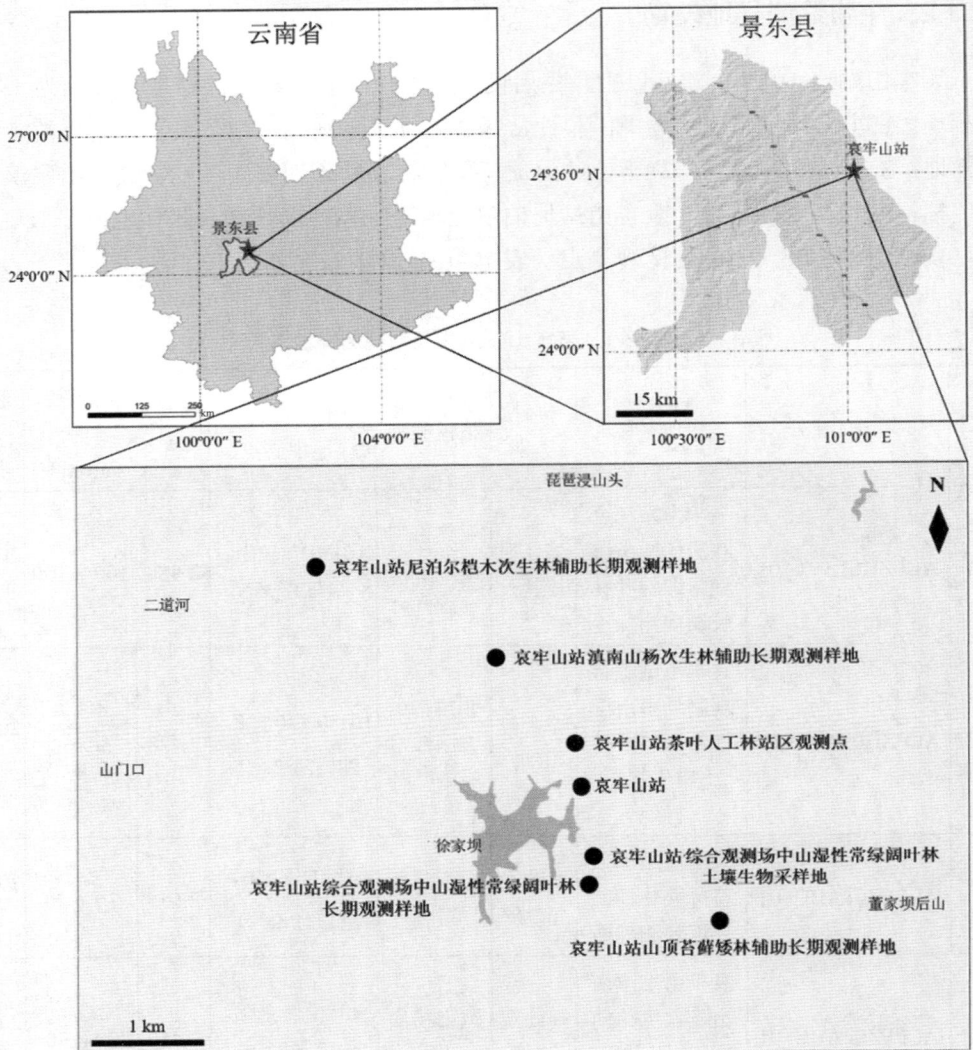

图 12-1 哀牢山站生物长期观测样地布局

12.2 哀牢山站综合观测场中山湿性常绿阔叶林长期观测样地

12.2.1 样地代表性

样地（ALFZH01AC0_01）建于 2003 年，面积为 100 m×100 m，地理位置为 101°01′41″E、24°32′53″N，海拔为 2 488 m。样地位于哀牢山国家级自然保护区内（徐家坝地区杜鹃湖水库旁），植被类型为中山湿性常绿阔叶林，该区域为保存完好的天然森林，而且人为干扰极少，可代表哀牢山地区原始的中山湿性常绿阔叶林的植被类型。因此，在此处设立综合观测场，开展生物、土壤和水分等要素的长期监测和研究。

12.2.2　自然环境背景与管理

样地位于哀牢山徐家坝中心地带，地形开阔，附近有一座水库，周围山地海拔为2 400～2 700 m。样地位于西坡，山顶丘陵坡下部，坡度为5°～25°。年均气温为11℃，极端最低温为−8℃，最热月（7月）气温为15.3℃，最冷月（1月）气温为5.0℃，≥10℃积温为3 420℃，年降水量为1 931 mm，年均太阳总辐射量为90 kJ/cm²，平均温减率为0.77℃/100 m。年均相对湿度为86%，最干月均相对湿度为48%，最湿月均相对湿度为97%（气象数据来源于2008年样地本底信息）。气候特征是长冬（5个月）无夏，春秋（7个月）相连。样地无风蚀和盐碱化情况，周边有浅沟侵蚀形态。土壤类型为黄棕壤，成土母质为石英岩类及泥质岩类残积风化物。0～5 cm土层上部为枯枝落叶，下部为明显半腐解层，具有弹性；5～12 cm土层为暗棕色中壤土，团粒状结构，多空隙，潮，极疏松，多细根系，呈网络状；12～45 cm土层为暗棕色中壤土，不明显团粒状结构，有少量虫孔和填充穴，潮，极疏松，根系较多；45～68 cm土层为浅棕色中壤土，不明显团粒状结构，有少量虫孔和填充穴，潮，紧实，根系较多；68～120 cm土层为黄棕色中壤土，核粒状结构，潮，较疏松，根系中量；120～160 cm土层为黄棕色中壤土，团块状结构，潮，较疏松，少量粗根；>160 cm土层为黄棕色中壤土，团块状结构，潮，较疏松，有少量根穴，根系较少。动物和人类干扰为轻度，无关人员禁止进入样地。样地设专人负责管理，不安排与CERN监测和研究无关的项目在观测场内进行，破坏性监测项目安排在哀牢山综合观测场中山湿性常绿阔叶林土壤生物采样地（ALFZH01ABC_02）中实施。

12.2.3　植被特征

12.2.3.1　物种组成

样地内共有100种植物，其中乔木层包括13科、28属、38种，灌木层包括9科、10属、12种，草本层包括26科、35属、40种，层间藤本包括8科、9属、10种。包含物种数较多的科有蔷薇科（8种）、樟科（6种）、山茶科（6种）、鳞毛蕨科（5种）和壳斗科（3种）。样地植物名录如表12-2所示。

表12-2　哀牢山站综合观测场中山湿性常绿阔叶林长期观测样地植物名录

序号	层次	物种中文名	物种学名	生活型
1	乔木层	硬壳柯*	*Lithocarpus hancei*（Benth.）Rehd.	常绿阔叶乔木
2	乔木层	变色锥*	*Castanopsis wattii*（King ex　Hook.f.）A. Camus	常绿阔叶乔木
3	乔木层	木果柯*	*Lithocarpus xylocarpus*（Kurz）Markg	常绿阔叶乔木
4	乔木层	南洋木荷*	*Schima noronhae* Reinw. ex Blume	常绿阔叶乔木
5	乔木层	黄心树	*Machilus gamblei* King ex Hook. f.	常绿阔叶乔木
6	乔木层	云南柃	*Eurya yunnanensis* Hsu	常绿阔叶灌木或乔木
7	乔木层	多花山矾	*Symplocos ramosissima* Wall. ex G. Don	常绿阔叶乔木

序号	层次	物种中文名	物种学名	生活型
8	乔木层	珊瑚冬青	*Ilex corallina* Franch.	常绿阔叶乔木
9	乔木层	黄丹木姜子	*Litsea elongata*（Wall. ex Nees）Benth. & Hook. f.	常绿阔叶乔木
10	乔木层	多果新木姜子	*Neolitsea polycarpa* H. Liou	常绿阔叶乔木
11	乔木层	蒙自连蕊茶	*Camellia forrestii*（Diels）Cohen-Stuart	常绿阔叶乔木
12	乔木层	南亚枇杷	*Eriobotrya bengalensis*（Roxb.）Hook. f.	落叶阔叶乔木
13	乔木层	红花木莲	*Manglietia insignis*（Wall.）Blume	常绿阔叶乔木
14	乔木层	大花八角	*Illicium macranthum* A. C. Sm.	常绿阔叶灌木或乔木
15	乔木层	瓦山安息香	*Styrax perkinsiae* Rehder	常绿阔叶乔木
16	乔木层	翅柄紫茎	*Stewartia pteropetiolata* W. C. Cheng	常绿阔叶乔木
17	乔木层	山青木	*Meliosma kirkii* Hemsl. & Wils.	常绿阔叶乔木
18	乔木层	乔木茵芋	*Skimmia arborescens* Anders.	常绿阔叶灌木或乔木
19	乔木层	薄叶山矾	*Symplocos anomala* Brand	落叶阔叶乔木
20	乔木层	云南越橘	*Vaccinium duclouxii*（H. Lév.）Hand. -Mazz.	落叶阔叶乔木
21	乔木层	景东冬青	*Ilex gintungensis* H. W. Li ex Y. R. Li	落叶阔叶乔木
22	乔木层	鸭公树	*Neolitsea chui* Merr.	常绿阔叶乔木
23	乔木层	多花含笑	*Michelia floribunda* Finet & Gagn.	常绿阔叶小乔木
24	乔木层	滇润楠	*Machilus yunnanensis* Lecomte	常绿阔叶乔木
25	乔木层	山鸡椒	*Litsea cubeba*（Lour.）Pers.	常绿阔叶灌木
26	乔木层	景东柃	*Eurya jintungensis* Hu & L. K. Ling	常绿阔叶灌木或小乔木
27	乔木层	丛花山矾	*Symplocos poilanei* Guill.	常绿阔叶灌木或小乔木
28	乔木层	贵州花椒	*Zanthoxylum esquirolii* H. Lév.	常绿阔叶灌木或小乔木
29	乔木层	高盆樱桃	*Cerasus cerasoides*（Buch.-Ham. ex D. Don）S. Y. Sokolov	落叶阔叶灌木或小乔木
30	乔木层	斜基叶柃	*Eurya obliquifolia* Hemsl.	落叶阔叶灌木或小乔木
31	乔木层	桃叶珊瑚	*Aucuba chinensis* Benth.	常绿阔叶灌木或小乔木
32	乔木层	宿鳞稠李	*Padus perulata*（Koehne）T. T. Yu & T. C. Ku	常绿阔叶灌木或小乔木
33	乔木层	尖叶桂樱	*Laurocerasus undulata*（Buch.-Ham. ex D. Don）M. Roem.	落叶阔叶灌木或小乔木
34	乔木层	中缅八角	*Illicium burmanicum* Wilson	常绿阔叶灌木或小乔木
35	乔木层	细齿桃叶珊瑚	*Aucuba chlorascens* F. T. Wang	常绿阔叶灌木或小乔木
36	乔木层	云南樱桃	*Cerasus yunnanensis*（Franch.）Yu & Li	常绿阔叶灌木或小乔木
37	乔木层	粗梗稠李	*Padus napaulensis*（Ser.）C. K. Schneid.	常绿阔叶灌木或小乔木
38	乔木层	山矾	*Symplocos sumuntia* Buch.-Ham. ex D. Don	常绿阔叶灌木或小乔木
39	灌木层	华西箭竹*	*Fargesia nitida*（Mitford）Keng f. ex T. P. Yi	常绿阔叶灌木或小乔木
40	灌木层	朱砂根	*Ardisia crenata* Sims	常绿阔叶灌木或小乔木
41	灌木层	长柱十大功劳	*Mahonia duclouxiana* Gagnep.	常绿阔叶灌木或乔木
42	灌木层	白瑞香	*Daphne papyracea* Wall. ex Steud.	常绿阔叶灌木
43	灌木层	黄泡	*Rubus pectinellus* Maxim.	常绿阔叶草本或亚灌木
44	灌木层	四川冬青	*Ilex szechwanensis* Loes.	常绿阔叶灌木
45	灌木层	瑞丽鹅掌柴	*Schefflera shweliensis* W. W. Sm.	常绿阔叶灌木
46	灌木层	圆锥悬钩子	*Rubus paniculatus* Sm.	常绿阔叶灌木

序号	层次	物种中文名	物种学名	生活型
47	灌木层	紫药女贞	*Ligustrum delavayanum* Har.	常绿阔叶攀援灌木
48	灌木层	川素馨	*Jasminum urophyllum* Hemsl.	常绿阔叶灌木
49	灌木层	假柄掌叶树	*Euaraliopsis palmipes*（Forrest ex W. W. Sm.）Hutch.	常绿阔叶攀援灌木
50	灌木层	无量山小檗	*Berberis wuliangshanensis* C. Y. Wu ex S. Y. Bao	常绿阔叶灌木
51	草本层	曲序马蓝*	*Strobilanthes helicta* T. Anderson	茎直立多年生草本
52	草本层	密叶瘤足蕨*	*Plagiogyria pycnophylla*（Kunze）Mettenius	多年生蕨类草本
53	草本层	疣果冷水花	*Pilea verrucosa* Hand.-Mazz.	茎匍匐多年生草本
54	草本层	红纹凤仙花	*Impatiens rubrostriata* Hook. f.	茎直立一年生草本
55	草本层	钝叶楼梯草	*Elatostema obtusum* Wedd.	茎平卧多年生草本
56	草本层	宽叶兔儿风	Ainsliaea latifolia（D. Don）Sch.-Bip.	茎直立多年生草本
57	草本层	白花酢浆草	*Oxalis acetosella* L.	茎横生多年生丛生草本
58	草本层	四回毛枝蕨	*Leptorumohra quadripinnata*（Hayata）H. Ito	多年生蕨类草本
59	草本层	沿阶草	*Ophiopogon bodinieri* H. Lév.	多年生丛生草本
60	草本层	宝铎草	*Disporum sessile* D. Don	茎直立多年生草本
61	草本层	长穗柄薹草	*Carex longipes* D. Don	多年生丛生草本
62	草本层	长穗兔儿风	*Ainsliaea henryi* Diels	茎直立多年生草本
63	草本层	锡金堇菜	*Viola sikkimensis* W. Becker	多年生草本
64	草本层	鱼鳞蕨	*Acrophorus stipellatus*（Wall.）Moore	多年生蕨类草本
65	草本层	平卧蓼	*Polygonum strindbergii* Schust.	茎匍匐多年生草本
66	草本层	单花红丝线	*Lycianthes lysimachioides*（Wall.）Bitter	茎匍匐多年生草本
67	草本层	肉刺蕨	*Nothoperanema squamisetum*（Hook.）Ching	多年生蕨类草本
68	草本层	异被赤车	*Pellionia heteroloba* Wedd.	茎直立多年生草本
69	草本层	弯蕊开口箭	*Tupistra wattii* C. B. Clarke	多年生草本
70	草本层	球序蓼	*Polygonum wallichii* Meisn.	茎直立多年生草本
71	草本层	一把伞南星	*Arisaema erubescens*（Wall.）Schott	茎直立一年生草本
72	草本层	吉祥草	*Reineckia carnea*（Andrews）Kunth	茎匍匐多年生草本
73	草本层	疏花穿心莲	*Andrographis laxiflora*（Blume）Lindau	茎直立一年生草本
74	草本层	袋果草	*Peracarpa carnosa*（Wall.）Hook. f. & Thomson	茎直立多年生草本
75	草本层	羊齿天门冬	*Asparagus filicinus* D. Don	茎直立多年生草本
76	草本层	金凤花	*Impatiens cyathiflora* Hook. f.	茎直立一年生草本
77	草本层	绞股蓝	*Gynostemma pentaphyllum*（Thunb.）Makino	草质攀援藤本
78	草本层	散斑竹根七	*Disporopsis aspera*（Hua）Engl. ex Krause	茎直立多年生草本
79	草本层	四叶葎	*Galium bungei* Steud.	茎直立多年生丛生草本
80	草本层	六叶葎	*Galium asperuloides* subsp. *hoffmeisteri*（Klotzsch）Hara	茎直立一年生草本
81	草本层	柄花茜草	*Rubia podantha* Diels	草质攀援藤本
82	草本层	大羽鳞毛蕨	*Dryopteris wallichiana*（Spreng.）Hyl.	多年生蕨类草本
83	草本层	盘托楼梯草	*Elatostema dissectum* Wedd.	茎直立多年生草本
84	草本层	光萼斑叶兰	*Goodyera henryi* Rolfe	茎匍匐多年生草本
85	草本层	黑鳞鳞毛蕨	*Dryopteris lepidopoda*	多年生蕨类草本
86	草本层	华中蹄盖蕨	*Athyrium wardii*（Hook.）Makino	多年生蕨类草本

序号	层次	物种中文名	物种学名	生活型
87	草本层	假排草	*Lysimachia ardisioides* Masam.	茎直立多年生草本
88	草本层	红毛竹叶子	*Streptolirion volubile* subsp. *khasianum*（C. B. Clarke）D. Y. Hong	多年生攀援草本
89	草本层	长管黄芩	*Scutellaria macrosiphon* C. Y. Wu	茎直立多年生草本
90	草本层	临时就	*Lysimachia congestiflora* Hemsl.	茎匍匐多年生草本
91	层间层	冷饭藤	*Kadsura oblongifolia* Merr.	常绿阔叶攀援灌木
92	层间层	毛狭叶崖爬藤*	*Tetrastigma serrulatum* var. *pubinerium* W. T. Wang	常绿阔叶攀援灌木
93	层间层	长托菝葜	*Smilax ferox* Wall. ex Kunth	常绿阔叶攀援灌木
94	层间层	匍匐酸藤子	*Embelia procumbens* Hemsl.	常绿阔叶攀援灌木
95	层间层	华肖菝葜	*Heterosmilax chinensis* F.T.Wang	常绿阔叶攀援灌木
96	层间层	八月瓜	*Holboellia latifolia* Franch	常绿阔叶木质藤本
97	层间层	硬毛南蛇藤	*Celastrus hirsutus* Comber	常绿阔叶木质藤本
98	层间层	游藤卫矛	*Euonymus vagans* Wall.	常绿阔叶攀援灌木
99	层间层	黑老虎	*Kadsura coccinea*（Lem.）A. C. Sm.	常绿阔叶木质藤本
100	层间层	冠盖绣球	*Hydrangea anomala* D. Don	常绿阔叶攀援灌木

注：*为各层优势种。

12.2.3.2　群落结构

样地植被类型为亚热带中山湿性常绿阔叶林，有明显分层结构，包含乔木层、灌木层、草本层和层间层。乔木层的优势种为硬壳柯、腾冲栲、木果柯和南洋木荷等，高度为15～30 m，盖度＞80%。乔木亚层主要由黄心树、云南栒和多花山矾等组成，无明显的优势种，高度为 5～15 m，盖度＞50%。灌木层主要由禾本科的华西箭竹为优势种组成显著层片，高度为1～3.5 m，盖度＞80%。草本层主要由曲序马蓝、密叶瘤足蕨等物种组成，高度为30～80 cm，盖度＞80%。层间层由藤本及附生植物组成，优势种为毛狭叶崖爬藤，盖度约为3%。

12.2.3.3　植被分类地位

样地植物群落按照中国植被分类系统分类如下：

植被型组：森林 Forest

　植被型：常绿阔叶林 Evergreen Broadleaf Forest

　　植被亚型：山地常绿阔叶林 Montane Evergreen Broadleaf Forest

　　　群系：硬壳柯+变色锥林 *Lithocarpus hancei* + *Castanopsis rufescens* Evergreen Broadleaf Forest Alliance

　　　　群丛：硬壳柯+变色锥+木果柯-华西箭竹-曲序马蓝 常绿阔叶林 *Lithocarpus hancei* + *Castanopsis rufescens* + *Lithocarpus xylocarpus* - *Fargesia nitida* - *Strobilanthes helicta* Evergreen Broadleaf Forest

12.2.4 样地配置与观测内容

样地配置有凋落物框、土壤温湿盐自动观测系统,按照 CERN 综合观测场指标体系要求观测生物和水分要素,采样设计按照 CERN 统一规范。

12.3 哀牢山站综合观测场中山湿性常绿阔叶林土壤生物采样地

12.3.1 样地代表性

样地(ALFZH01ABC_02)建于 2003 年,面积为 50 m×60 m,地理位置为 101°01′40.8″E、24°32′52.8″N,海拔为 2 488 m。样地位于哀牢山国家级自然保护区内(徐家坝地区杜鹃湖水库旁),植被类型为中山湿性常绿阔叶林。样地位于综合观测场中山湿性常绿阔叶林长期观测样地旁,其代表性与后者相同,详见 12.2.1 节。

12.3.2 自然环境背景与管理

样地位于哀牢山杜鹃湖水库旁,地形开阔,样地周围山地海拔为 2 400~2 700 m,样地位于西坡,山顶丘陵坡下部,坡度为 5°~25°。气象背景数据来源于 2008 年样地本底信息,详见 12.2.2 节。样地无风蚀和盐碱化情况,周边有浅沟侵蚀形态。土壤类型为黄棕壤,成土母质为石英岩类及泥质岩类残积风化物。0~5 cm 土层上部为枯枝落叶,下部为明显半腐解层,具有弹性;5~12 cm 土层为暗棕色中壤土,团粒状结构,多空隙,潮,极疏松,多细根系,呈网络状;12~45 cm 土层为暗棕色中壤土,不明显团粒状结构,有少量虫孔和填充穴,潮,极疏松,根系较多;45~68 cm 土层为浅棕色中壤土,不明显团粒状结构,有少量虫孔和填充穴,潮,紧实,根系较多;68~120 cm 土层为黄棕色中壤土,核粒状结构,潮,较疏松,根系中量;120~160 cm 土层为黄棕色中壤土,团块状结构,潮,较疏松,少量粗根;>160 cm 土层为黄棕色中壤土,团块状结构,潮,较疏松,有少量根穴,根系较少。动物和人类干扰为轻度,无关人员禁止进入样地。样地设专人负责管理,不安排与 CERN 监测和研究无关的项目在观测场内进行,破坏性监测项目安排在此样地中实施。

12.3.3 植被特征

12.3.3.1 物种组成

样地内共有 78 种植物,其中乔木层包括 13 科、25 属、38 种,灌木层包括 8 科、8 属、9 种,草本层包括 15 科、22 属、24 种,层间层包括 6 科、7 属、7 种。包含物种数较多的科有蔷薇科(8 种)、天门冬科(5 种)、冬青科(5 种)、壳斗科(4 种)和山矾科(4 种)。样地植物名录如表 12-3 所示。

表 12-3   哀牢山站综合观测场中山湿性常绿阔叶林土壤生物采样地植物名录

序号	层次	物种中文名	物种学名	生活型
1	乔木层	硬壳柯*	*Lithocarpus hancei*（Benth.）Rehd.	常绿阔叶乔木
2	乔木层	木果柯*	*Lithocarpus xylocarpus*（Kurz）Markg	常绿阔叶乔木
3	乔木层	南洋木荷*	*Schima noronhae* Reinw. ex Blume	常绿阔叶乔木
4	乔木层	变色锥	*Castanopsis wattii*（King ex Hook. f.）A. Camus	常绿阔叶乔木
5	乔木层	黄心树	*Machilus gamblei* King ex Hook. f.	常绿阔叶乔木
6	乔木层	多花山矾	*Symplocos ramosissima* Wall. ex G. Don	常绿阔叶灌木或乔木
7	乔木层	珊瑚冬青	*Ilex corallina* Franch.	落叶阔叶乔木
8	乔木层	宿鳞稠李	*Padus perulata*（Koehne）T. T. Yu & T. C. Ku	常绿阔叶乔木
9	乔木层	黄丹木姜子	*Litsea elongata*（Wall. ex Nees）Benth. & Hook. f.	常绿阔叶乔木
10	乔木层	多果新木姜子	*Neolitsea polycarpa* H. Liou	常绿阔叶乔木
11	乔木层	蒙自连蕊茶	*Camellia forrestii*（Diels）Cohen-Stuart	常绿阔叶乔木
12	乔木层	南亚枇杷	*Eriobotrya bengalensis*（Roxb.）Hook. f.	常绿阔叶乔木
13	乔木层	红花木莲*	*Manglietia insignis*（Wall.）Blume	落叶阔叶乔木
14	乔木层	大花八角	*Illicium macranthum* A. C. Sm.	常绿阔叶乔木
15	乔木层	瓦山安息香	*Styrax perkinsiae* Rehder	常绿阔叶灌木或乔木
16	乔木层	翅柄紫茎	*Stewartia pteropetiolata* W. C. Cheng	常绿阔叶乔木
17	乔木层	山青木	*Meliosma kirkii* Hemsl. & Wils.	常绿阔叶乔木
18	乔木层	栎叶枇杷	*Eriobotrya prinoides* Rehder & .E H. Wilson	常绿阔叶乔木
19	乔木层	薄叶山矾	*Symplocos anomala* Brand	落叶阔叶乔木
20	乔木层	云南越橘	*Vaccinium duclouxii*（H. Lév.）Hand. -Mazz.	落叶阔叶灌木或乔木
21	乔木层	景东冬青	*Ilex gintungensis* H.W. Li ex Y. R. Li	落叶阔叶乔木
22	乔木层	鸭公树	*Neolitsea chui* Merr.	常绿阔叶灌木或乔木
23	乔木层	多花含笑	*Michelia floribunda* Finet & Gagn.	落叶阔叶乔木
24	乔木层	滇润楠	*Machilus yunnanensis* Lecomte	常绿阔叶灌木或乔木
25	乔木层	红河冬青	*Ilex manneiensis* S. Y. Hu	落叶阔叶乔木
26	乔木层	小果冬青	*Ilex micrococca* Maxim.	常绿阔叶乔木
27	乔木层	丛花山矾	*Symplocos poilanei* Guill.	常绿阔叶乔木
28	乔木层	吴茱萸五加	*Gamblea ciliata* var. *evodiifolia*（Franchet）C. B. Shang et al.	常绿阔叶小乔木
29	乔木层	高盆樱桃	*Cerasus cerasoides*（Buch.-Ham. ex D. Don）S. Y. Sokolov	常绿阔叶灌木或小乔木
30	乔木层	斜基叶柃	*Eurya obliquifolia* Hemsl.	常绿阔叶灌木或小乔木
31	乔木层	尖叶桂樱	*Laurocerasus undulata*（Buch.-Ham. ex D. Don）M. Roem.	常绿阔叶灌木或小乔木
32	乔木层	中缅八角	*Illicium burmanicum* Wilson	落叶阔叶灌木或小乔木
33	乔木层	鼠李叶花楸	*Sorbus rhamnoides*（Decne.）Rehder	常绿阔叶灌木或小乔木
34	乔木层	木犀	*Osmanthus fragrans*（Thunb.）Lour.	常绿阔叶灌木或小乔木
35	乔木层	毛齿藏南槭	*Acer campbellii* var. *serratifolium* Banerji	常绿阔叶灌木或小乔木

序号	层次	物种中文名	物种学名	生活型
36	乔木层	山矾	*Symplocos sumuntia* Buch.-Ham. ex D. Don	常绿阔叶灌木或小乔木
37	乔木层	褐叶青冈	*Cyclobalanopsis stewardiana*（A. Camus）Y. C. Hsu & H. W. Jen	常绿阔叶灌木或小乔木
38	乔木层	乔木茵芋	*Skimmia arborescens* Anders.	常绿阔叶灌木或小乔木
39	灌木层	华西箭竹*	*Fargesia nitida*（Mitford）Keng f. ex T. P. Yi	常绿阔叶灌木
40	灌木层	朱砂根	*Ardisia crenata* Sims	常绿阔叶灌木
41	灌木层	长柱十大功劳	*Mahonia duclouxiana* Gagnep.	常绿阔叶灌木
42	灌木层	白瑞香	*Daphne papyracea* Wall. ex Steud.	常绿阔叶灌木
43	灌木层	川素馨	*Jasminum urophyllum* Hemsl.	常绿阔叶攀援灌木
44	灌木层	四川冬青	*Ilex szechwanensis* Loes.	常绿阔叶灌木或小乔木
45	灌木层	瑞丽鹅掌柴	*Schefflera shweliensis* W. W. Sm.	常绿阔叶灌木或小乔木
46	灌木层	圆锥悬钩子	*Rubus paniculatus* Sm.	常绿阔叶攀援灌木
47	灌木层	黄泡	*Rubus pectinellus* Maxim.	常绿阔叶草本或亚灌木
48	草本层	曲序马蓝*	*Strobilanthes helicta* T. Anderson	茎直立多年生草本
49	草本层	密叶瘤足蕨*	*Plagiogyria pycnophylla*（Kunze）Mettenius	多年生蕨类草本
50	草本层	疣果冷水花	*Pilea verrucosa* Hand.-Mazz.	茎匍匐多年生草本
51	草本层	红纹凤仙花	*Impatiens rubrostriata* Hook. f.	茎直立一年生草本
52	草本层	钝叶楼梯草	*Elatostema obtusum* Wedd.	茎平卧多年生草本
53	草本层	四回毛枝蕨	*Leptorumohra quadripinnata*（Hayata）H. Ito	多年生蕨类草本
54	草本层	沿阶草	*Ophiopogon bodinieri* H. Lév.	多年生丛生草本
55	草本层	长穗柄薹草	*Carex longipes* D. Don	多年生丛生草本
56	草本层	长穗兔儿风	*Ainsliaea henryi* Diels	茎直立多年生草本
57	草本层	锡金堇菜	*Viola sikkimensis* W.Becker	多年生草本
58	草本层	平卧蓼	*Polygonum strindbergii* Schust.	茎匍匐多年生草本
59	草本层	异被赤车	*Pellionia heteroloba* Wedd.	茎直立多年生草本
60	草本层	弯蕊开口箭	*Tupistra wattii* C. B. Clarke	多年生草本
61	草本层	球序蓼	*Polygonum wallichii* Meisn.	茎直立多年生草本
62	草本层	一把伞南星	*Arisaema erubescens*（Wall.）Schott	茎直立一年生草本
63	草本层	吉祥草	*Reineckia carnea*（Andrews）Kunth	茎匍匐多年生草本
64	草本层	羊齿天门冬	*Asparagus filicinus* D. Don	茎直立多年生草本
65	草本层	散斑竹根七	*Disporopsis aspera*（Hua）Engl. ex Krause	茎直立多年生草本
66	草本层	柄花茜草	*Rubia podantha* Diels	草质攀援藤本
67	草本层	黑鳞鳞毛蕨	*Dryopteris lepidopoda*	多年生蕨类草本
68	草本层	华中蹄盖蕨	*Athyrium wardii*（Hook.）Makino	多年生蕨类草本
69	草本层	长管黄芩	*Scutellaria macrosiphon* C. Y. Wu	茎直立多年生草本
70	草本层	临时就	*Lysimachia congestiflora* Hemsl.	茎匍匐多年生草本
71	草本层	宽叶兔儿风	*Ainsliaea latifolia*（D. Don）Sch.-Bip.	茎直立多年生草本
72	层间层	毛狭叶崖爬藤*	*Tetrastigma serrulatum* var. *pubinerium* W. T. Wang	常绿阔叶攀援灌木
73	层间层	匍匐酸藤子	*Embelia procumbens* Hemsl.	常绿阔叶攀援灌木
74	层间层	八月瓜	*Holboellia latifolia* Franch	常绿阔叶木质藤本

序号	层次	物种中文名	物种学名	生活型
75	层间层	硬毛南蛇藤	*Celastrus hirsutus* Comber	常绿阔叶木质藤本
76	层间层	游藤卫矛	*Euonymus vagans* Wall.	常绿阔叶攀援灌木
77	层间层	黑老虎	*Kadsura coccinea*（Lem.）A. C. Sm.	常绿阔叶木质藤本
78	层间层	冠盖绣球	*Hydrangea anomala* D. Don	常绿阔叶攀援灌木

注：*为各层优势种。

12.3.3.2 群落结构

样地植被类型为亚热带中山湿性常绿阔叶林，有明显分层结构，包含乔木层、灌木层、草本层和层间层。乔木层的优势种为硬壳柯、木果柯和南洋木荷等，高度为 15～30 m，盖度＞80%。乔木亚层主要由黄心树和多花山矾等组成，无明显的优势种，高度为 5～15 m，盖度＞50%。灌木层主要由禾本科的华西箭竹为优势种组成显著层片，高度为 1～3.5 m，盖度＞80%。草本层主要由曲序马蓝、密叶瘤足蕨等组成，高度为 30～80 cm，盖度＞80%。层间层由藤本及附生植物组成，优势种为毛狭叶崖爬藤，盖度约为 3%。

12.3.3.3 植被分类地位

样地植物群落按照中国植被分类系统分类如下：

植被型组：森林 Forest

　植被型：常绿阔叶林 Evergreen Broadleaf Forest

　　植被亚型：山地常绿阔叶林 Montane Evergreen Broadleaf Forest

　　　群系：硬壳柯+木果柯林 *Lithocarpus hancei + Lithocarpus xylocarpus* Evergreen Broadleaf Forest Alliance

　　　　群丛：硬壳柯+木果柯+南洋木荷-华西箭竹-曲序马蓝 常绿阔叶林 *Lithocarpus hancei + Lithocarpus xylocarpus + Schima noronhae - Fargesia nitida - Strobilanthes helicta* Evergreen Broadleaf Forest

12.3.4 样地配置与观测内容

样地配置有凋落物框、土壤温湿盐自动观测系统，按照 CERN 综合观测场指标体系要求观测生物、土壤和水分要素，采样设计按照 CERN 统一规范。

12.4 哀牢山站山顶苔藓矮林辅助长期观测样地

12.4.1 样地代表性

样地（ALFFZ01ABC_01）建于 2003 年，面积为 30 m×40 m，地理位置为 101°02′5.6″E、24°31′48″N，海拔为 2 655 m。样地位于哀牢山国家级自然保护区内（徐家坝地区的山顶），样地植被类型为山顶苔藓矮林，是哀牢山地区海拔在 2 600～2 700 m 的典型植被类型，是区别于中山湿性常绿阔叶林的又一典型植被，是该区域保存完好的天然森林，而且人为干扰极少。因此，以所在区域的代表性植被作为辅助观测场的研究对象，对生物、土壤和水分等要素开展长期监测和综合分析。

12.4.2　自然环境背景与管理

样地位于哀牢山 2 600 m 以上的山顶和山脊上，地貌为中山山顶丘陵。样地位于西坡山顶顶部及山脊处，凹形坡，平均坡度为 43°。气象背景数据来源于 2008 年样地本底信息，详见 12.2.2 节。样地无风蚀和盐碱化情况，周边有浅沟侵蚀形态。土壤类型为棕壤，成土母质为石英岩类及泥质岩类残积风化物。0～5 cm 土层上部为枯枝落叶，下部为明显半腐解层，具有弹性；5～21 cm 土层为暗灰棕色砂壤土，团粒状结构，多空隙，潮，极疏松，多细根系，呈网络状交织；21～38 cm 土层为暗棕色砂壤土，粒状结构，潮湿，极疏松，木本粗根系较多；38～62 cm 土层为黄棕色轻壤土，块状结构，潮湿，较疏松，根系较多；>62 cm 黄红色半风化物，紧实。动物干扰主要是水鹿及老鼠的活动，人类活动主要为研究人员的监测和取样，偶尔有当地农民及游客进入。样地设专人负责管理，无关人员禁止进入样地，不安排与 CERN 监测和研究无关的项目在观测场内进行。

12.4.3　植被特征

12.4.3.1　物种组成

样地内共有 43 种植物，其中乔木层包括 8 科、10 属、11 种，灌木层包括 12 科、15 属、16 种，草本层包括 11 科、11 属、12 种，层间层包括 4 科、4 属、4 种。其中包含物种数较多的科有鳞毛蕨科（3 种）、冬青科（3 种）、壳斗科（2 种）、杜鹃花科（2 种）和五加科（2 种）。样地植物名录如表 12-4 所示。

表 12-4　哀牢山站山顶苔藓矮林辅助长期观测样地植物名录

序号	层次	物种中文名	物种学名	生活型
1	乔木层	硬叶柯*	*Lithocarpus crassifolius* A. Camus	常绿阔叶乔木
2	乔木层	云南越橘*	*Vaccinium duclouxii*（H. Lév.）Hand. -Mazz.	常绿阔叶乔木
3	乔木层	珊瑚冬青	*Ilex corallina* Franch.	常绿阔叶灌木或乔木
4	乔木层	多果新木姜子	*Neolitsea polycarpa* H. Liou	常绿阔叶乔木
5	乔木层	红花木莲	*Manglietia insignis*（Wall.）Blume	常绿阔叶乔木
6	乔木层	南洋木荷	*Schima noronhae* Reinw. ex Blume	常绿阔叶乔木
7	乔木层	硬壳柯	*Lithocarpus hancei*（Benth.）Rehd.	常绿阔叶乔木
8	乔木层	云南桤叶树	*Clethra delavayi* Franch.	常绿阔叶灌木或小乔木
9	乔木层	红河冬青	*Ilex manneiensis* S. Y. Hu	常绿阔叶灌木或小乔木
10	乔木层	四川冬青	*Ilex szechwanensis* Loes.	常绿阔叶灌木或小乔木
11	乔木层	坚木山矾	*Symplocos dryophila* Clarke	落叶阔叶灌木或小乔木
12	灌木层	露珠杜鹃*	*Rhododendron irroratum* Franch.	常绿阔叶灌木或小乔木
13	灌木层	瑞丽鹅掌柴*	*Schefflera shweliensis* W. W. Sm.	常绿阔叶灌木或小乔木
14	灌木层	文山鹅掌柴	*Schefflera fengii* Tseng & Hoo	常绿阔叶灌木或小乔木

序号	层次	物种中文名	物种学名	生活型
15	灌木层	防己叶菝葜	*Smilax menispermoidea* A. DC.	常绿阔叶灌木
16	灌木层	白瑞香	*Daphne papyracea* Wall. ex Steud.	落叶攀援灌木
17	灌木层	圆锥悬钩子	*Rubus paniculatus* Sm.	常绿阔叶攀援灌木
18	灌木层	尾叶白珠	*Gaultheria griffithiana* Wight	常绿阔叶灌木或小乔木
19	灌木层	景东柃	*Eurya jintungensis* Hu & L. K. Ling	常绿阔叶灌木或小乔木
20	灌木层	厚皮香	*Ternstroemia gymnanthera*（Wight & Arn.）Beddome	常绿阔叶灌木或小乔木
21	灌木层	水红木	*Viburnum cylindricum* Buch. -Ham. ex D. Don	常绿阔叶灌木或小乔木
22	灌木层	红果树	*Stranvaesia davidiana* Dcne.	常绿或落叶阔叶灌木或小乔木
23	灌木层	珍珠花	*Lyonia ovalifolia*（Wall.）Drude	常绿阔叶灌木或小乔木
24	灌木层	小叶乌药	*Lindera aggregata* var. *playfairii*（Hemsl.）H. P. Tsui	常绿阔叶灌木
25	灌木层	铁仔	*Myrsine africana* L.	常绿阔叶灌木
26	灌木层	假朝天罐	*Osbeckia crinita* Benth. ex C. B. Clarke	茎直立多年生草本
27	灌木层	紫茎泽兰	*Eupatorium adenophora* Spreng.	多年生蕨类草本
28	草本层	密叶瘤足蕨*	*Plagiogyria pycnophylla*（Kunze）Mettenius	多年生蕨类草本
29	草本层	四回毛枝蕨	*Leptorumohra quadripinnata*（Hayata）H. Ito	多年生丛生草本
30	草本层	长穗柄薹草	*Carex longipes* D. Don	多年生丛生草本
31	草本层	沿阶草	*Ophiopogon bodinieri* H. Lév.	多年生草本
32	草本层	锡金堇菜	*Viola sikkimensis* W. Becker	茎直立多年生草本
33	草本层	长穗兔儿风	*Ainsliaea henryi* Diels	多年生蕨类草本
34	草本层	华中蹄盖蕨	*Athyrium wardii*（Hook.）Makino	多年生蕨类草本
35	草本层	肉刺蕨	*Nothoperanema squamisetum*（Hook.）Ching	多年生丛生草本
36	草本层	麦冬	*Ophiopogon japonicus*（L. f）Ker Gawl.	茎直立多年生草本
37	草本层	斑叶兰	*Goodyera schlechtendaliana* Rchb. f.	茎匍匐多年生草本
38	草本层	平卧蓼	*Polygonum strindbergii* Schust.	多年生蕨类草本
39	草本层	黑鳞耳蕨	*Polystichum makinoi*	常绿阔叶攀援灌木
40	层间层	毛狭叶崖爬藤*	*Tetrastigma serrulatum* var. *pubinerium* W. T. Wang	常绿阔叶攀援灌木
41	层间层	华肖菝葜	*Heterosmilax chinensis* F. T. Wang	常绿阔叶攀援灌木
42	层间层	大果假瘤蕨	*Phymatopteris griffithiana*（Hook.）Pic. Serm.	常绿阔叶攀援灌木
43	层间层	蔍蕨	*Mecodium badium*（Hook. & Grev.）Cop.	常绿阔叶攀援灌木

注：*为各层优势种。

12.4.3.2　群落结构

样地植被为典型的山顶苔藓矮林，树木弯曲变形甚至匍匐地面，地表和树干上有厚苔藓。植被有明显分层结构，包含乔木层、灌木层、草本层和层间层。乔木层以硬叶柯和云南越橘为优势种，高度为 3～8 m，盖度＞80%。灌木层以露珠杜鹃和瑞丽鹅掌柴为优势种，高度为 0.5～3 m，盖度约为 10%。草本层以密叶瘤足蕨为优势种，高度为 30～80 cm，盖度约为 5%。层间层的优势种为毛狭叶崖爬藤，盖度约为 2%。

12.4.3.3 植被分类地位

样地植物群落按照中国植被分类系统分类如下：

植被型组：森林 Forest

植被型：常绿阔叶林 Evergreen Broadleaf Forest

植被亚型：山顶常绿阔叶矮林 Montane Ridge Evergreen Broadleaf Dwarf Forest

群系：硬叶柯林 *Lithocarpus crassifolius* Evergreen Broadleaf Forest Alliance

群丛：硬叶柯+云南越橘-露珠杜鹃-密叶瘤足蕨 常绿阔叶林 *Lithocarpus crassifolius + Vaccinium duclouxii - Rhododendron irroratum - Plagiogyria pycnophylla* Evergreen Broadleaf Forest

12.4.4 样地配置与观测内容

样地配置有凋落物框、土壤温湿盐自动观测系统，按照 CERN 辅助观测场指标体系要求观测生物、土壤和水分要素，采样设计按照 CERN 统一规范。

12.5 哀牢山站滇南山杨次生林辅助长期观测样地

12.5.1 样地代表性

样地（ALFFZ02ABC_01）建于 2003 年，面积为 30 m×40 m，地理位置为 101°01′4.8″E、24°33′25.2″N，海拔为 2 450 m。样地位于哀牢山国家级自然保护区内，样地植被是以滇南山杨（*Populus rotundifolia*）为先锋种的次生林，是木果柯林遭受砍伐、火烧后恢复过程中出现的先锋树种，演替成为以滇山杨为优势种的次生林，主要分布在徐家坝周围的低丘和缓坡地带，在海拔 2 550 m 以下呈零星小片分布。因此，滇南山杨次生林可作为原始的中山湿性常绿阔叶林植被类型的辅助观测和研究对象，对生物、土壤和水分等要素开展长期监测和综合分析。

12.5.2 自然环境背景与管理

样地地貌为中山山顶丘陵，凸坡为 10°～19°，南坡，山顶丘陵坡下部。气象背景数据来源于 2008 年样地本底信息，详见 12.2.2 节。样地无风蚀和盐碱化情况，周边有浅沟侵蚀形态。土壤类型为黄棕壤，成土母质为石英岩类及泥质岩类残积风化物。0～3 cm 土层上部为枯枝落叶，下部为明显半腐解层，具有弹性；3～9 cm 土层为暗棕色中壤土，团粒状结构，多空隙，潮，极疏松，多细根系，呈网络状；9～45 cm 土层为浅棕色中壤土，不明显团粒状结构，潮，极疏松，根系较多；45～58 cm 土层为浅棕色中壤土，不明显团粒状结构，潮，疏松，根系较多；58～120 cm 土层为黄棕色中壤土，核粒状结构，潮，紧实，根系中量；120～150 cm 土层为黄棕色中壤土，团块状结构，潮，较紧实，少量粗根；>150 cm

土层为黄棕色中壤土，团块状结构，潮，极紧实。存在片蚀，无地表盐碱斑。动物及人类干扰主要是水鹿及老鼠的活动，以及研究人员的监测和取样活动，偶尔有当地农民出现。样地设专人负责管理，无关人员禁止进入样地，不安排与 CERN 监测和研究无关的项目在观测场内进行。

12.5.3 植被特征

12.5.3.1 物种组成

样地内共有 50 种植物，其中乔木层包括 9 科、12 属、14 种，灌木层包括 11 科、13属、16 种，草本层包括 8 科、12 属、12 种，层间层包括 6 科、6 属、8 种。其中包含物种数量较多的科有蔷薇科（6 种）、樟科（3 种）、菊科（3 种）、报春花科（3 种）、木樨科（3 种）、菝葜科（3 种）和杨柳科（1 种）。样地植物名录如表 12-5 所示。

表 12-5　哀牢山站滇南山杨次生林辅助长期观测样地植物名录

序号	层次	物种中文名	物种学名	生活型
1	乔木层	滇南山杨*	*Populus rotundifolia* var. *bonatii*（H. Lév.）C. Wang & S. L. Tung	落叶阔叶乔木
2	乔木层	黄心树	*Machilus gamblei* King ex Hook. f.	常绿阔叶乔木
3	乔木层	多果新木姜子	*Neolitsea polycarpa* H. Liou	常绿阔叶乔木
4	乔木层	南亚枇杷	*Eriobotrya bengalensis*（Roxb.）Hook. f.	常绿阔叶乔木
5	乔木层	红花木莲	*Manglietia insignis*（Wall.）Blume	常绿阔叶乔木
6	乔木层	瓦山安息香	*Styrax perkinsiae* Rehder	常绿阔叶灌木或乔木
7	乔木层	珊瑚冬青	*Ilex corallina* Franch.	常绿阔叶乔木
8	乔木层	硬壳柯	*Lithocarpus hancei*（Benth.）Rehd.	落叶阔叶乔木
9	乔木层	多花山矾	*Symplocos ramosissima* Wall. ex G. Don	落叶阔叶乔木
10	乔木层	山青木	*Meliosma kirkii* Hemsl. & Wils.	常绿阔叶灌木
11	乔木层	高盆樱桃	*Cerasus cerasoides*（Buch.-Ham. ex D. Don）S. Y. Sokolov	落叶阔叶灌木或小乔木
12	乔木层	山鸡椒	*Litsea cubeba*（Lour.）Pers.	常绿阔叶灌木或小乔木
13	乔木层	丛花山矾	*Symplocos poilanei* Guill.	常绿阔叶灌木或小乔木
14	乔木层	齿叶冬青	*Ilex crenata* Thunb.	常绿阔叶灌木或小乔木
15	灌木层	华西箭竹*	*Fargesia nitida*（Mitford）Keng f. ex T. P. Yi	常绿阔叶灌木
16	灌木层	长柱十大功劳	*Mahonia duclouxiana* Gagnep.	常绿阔叶灌木
17	灌木层	瑞丽鹅掌柴	*Schefflera shweliensis* W. W. Sm.	常绿阔叶灌木或小乔木
18	灌木层	白瑞香	*Daphne papyracea* Wall. ex Steud.	常绿阔叶灌木
19	灌木层	紫药女贞	*Ligustrum delavayanum* Har.	常绿阔叶灌木
20	灌木层	红花悬钩子	*Rubus inopertus*（Diels）Focke	常绿阔叶攀援灌木
21	灌木层	丛林素馨	*Jasminum duclouxii*（H. Lév.）Rehd.	常绿阔叶攀援灌木
22	灌木层	西藏鼠李	*Rhamnus xizangensis* Y. L. Chen & P. K. Chou	常绿阔叶灌木或小乔木
23	灌木层	长尖叶蔷薇	*Rosa longicuspis* Bertol.	常绿阔叶攀援灌木
24	灌木层	圆锥悬钩子	*Rubus paniculatus* Sm.	落叶攀援灌木植物

序号	层次	物种中文名	物种学名	生活型
25	灌木层	水红木	*Viburnum cylindricum* Buch. -Ham. ex D. Don	常绿阔叶灌木或小乔木
26	灌木层	川素馨	*Jasminum urophyllum* Hemsl.	常绿阔叶攀援灌木
27	灌木层	无量山小檗	*Berberis wuliangshanensis* C. Y. Wu ex S. Y. Bao	常绿阔叶灌木
28	灌木层	西域青荚叶	*Helwingia himalaica* Hook. f. & Thomson ex C. B. Clarke	落叶阔叶灌木
29	灌木层	漾濞荚蒾	*Viburnum chingii* Hsu	常绿阔叶灌木或小乔木
30	灌木层	铁仔	*Myrsine africana* L.	常绿阔叶灌木
31	草本层	四回毛枝蕨*	*Leptorumohra quadripinnata*（Hayata）H. Ito	多年生蕨类草本
32	草本层	霹雳薹草	*Carex perakensis* C. B. Clarke	多年生草本
33	草本层	锡金堇菜	*Viola sikkimensis* W.Becker	多年生草本
34	草本层	沿阶草	*Ophiopogon bodinieri* H. Lév.	多年生丛生草本
35	草本层	吉祥草	*Reineckia carnea*（Andrews）Kunth	茎匍匐多年生草本
36	草本层	紫茎泽兰	*Eupatorium adenophora* Spreng.	茎直立多年生草本
37	草本层	圆舌粘冠草	*Myriactis nepalensis* Less.	茎直立多年生草本
38	草本层	菊状千里光	*Senecio laetus* Edgew.	茎直立多年生草本
39	草本层	红纹凤仙花	*Impatiens rubrostriata* Hook. f.	茎直立一年生草本
40	草本层	六叶葎	*Galium asperuloides* subsp. *hoffmeisteri*（Klotzsch）Hara	茎直立一年生草本
41	草本层	柄花茜草	*Rubia podantha* Diels	草质攀援藤本
42	草本层	临时就	*Lysimachia congestiflora* Hemsl.	茎匍匐多年生草本
43	层间层	毛狭叶崖爬藤*	*Tetrastigma serrulatum*. var. *pubinerium* W. T. Wang	常绿阔叶攀援灌木
44	层间层	华肖菝葜	*Heterosmilax chinensis* F. T. Wang	常绿阔叶攀援灌木
45	层间层	匍匐酸藤子	*Embelia procumbens* Hemsl.	常绿阔叶攀援灌木
46	层间层	短柱肖菝葜	*Heterosmilax yunnanensis* Gagnep.	常绿阔叶攀援灌木
47	层间层	八月瓜	*Holboellia latifolia* Franch	常绿阔叶木质藤本
48	层间层	硬毛南蛇藤	*Celastrus hirsutus* Comber	常绿阔叶木质藤本
49	层间层	长托菝葜	*Smilax ferox* Wall. ex Kunth	常绿阔叶攀援灌木
50	层间层	黑老虎	*Kadsura coccinea*（Lem.）A. C. Sm.	常绿阔叶木质藤本

注：*为各层优势种。

12.5.3.2　群落结构

样地植被为以滇南山杨为优势种的次生林，有明显分层结构，包含乔木层、灌木层、草本层和层间层。乔木层以滇南山杨为优势种，高度为 15～25 m，盖度＞80%。灌木层以华西箭竹为优势种，高度为 2～3 m，盖度约为 50%。草本层以四回毛枝蕨为优势种，高度为 30～60 cm，盖度约为 5%。层间层的优势种为毛狭叶崖爬藤，盖度约为 3%。

12.5.3.3　植被分类地位

样地植物群落按照中国植被分类系统分类如下：

植被型组：森林 Forest

植被型：落叶阔叶林 Deciduous Broadleaf Forest

植被亚型：暖性落叶阔叶林 Subtropical Deciduous Broadleaf Forest

群系：滇南山杨林 *Populus rotundifolia* Deciduous Broadleaf Forest Alliance

群丛：滇南山杨-华西箭竹-四回毛枝蕨 落叶阔叶林 *Populus rotundifolia - Fargesia nitida - Leptorumohra quadripinnata* Deciduous Broadleaf Forest

12.5.4 样地配置与观测内容

样地配置有凋落物框、土壤温湿盐自动观测系统，按照 CERN 辅助观测场指标体系要求观测生物、土壤和水分要素，采样设计按照 CERN 统一规范。

12.6 哀牢山站尼泊尔桤木次生林辅助长期观测样地

12.6.1 样地代表性

样地（ALFFZ03A00_01）建于 2003 年，面积为 30 m×40 m，地理位置为 100°53′31.2″E、24°33′32.4″N，海拔为 2 300 m。样地植被类型为以尼泊尔桤木（*Clethropsis nepalensis*）为建群种的次生林，周围地势平坦，是常绿阔叶林破坏后形成的次生林，可作为对哀牢山地区原始的中山湿性常绿阔叶林的辅助观测样地，对生物、土壤和水分等要素开展长期监测和综合分析。

12.6.2 自然环境背景与管理

尼泊尔桤木次生林分布于徐家坝东北角，面积不大，是常绿阔叶林破坏后形成的次生林。样地周围主要是保护完好的亚热带中山湿性常绿阔叶林。样地地貌为中山地貌，坡度为 5°～10°，西坡中、上部。气象背景数据来源于 2008 年样地本底信息，详见 12.2.2 节。样地无风蚀和盐碱化情况，周边有浅沟侵蚀形态。土壤类型为黄棕壤，成土母质为石英岩类及泥质岩类残积风化物。0～8 cm 土层为中壤土，团粒状结构，潮，黑色，含细根；8～18 cm 土层为棕黄色，含中系细根，土松，团粒状结构，淋溶状浸湿；18～71 cm 土层为深棕黄色，团粒状结构，含中根，小石英石块，团块状结构；71～95 cm 土层为黄色，含沙页岩分解母质，小石英石，紧实团块状结构，潮，根系极少；>95 cm 土层为紧湿团块状结构，潮，含石英石，含白色淋溶，沙页岩分解母质。存在片蚀情况，无地表盐碱斑。样地为集体山林，放牧（猪、牛、羊）严重，有轻度森林砍伐。样地设专人负责管理，无关人员禁止进入样地，不安排与 CERN 监测和研究无关的项目在样地内进行。

12.6.3 植被特征

12.6.3.1 物种组成

样地内共有 44 种植物，其中乔木层包括 4 科、4 属、4 种，灌木层包括 8 科、9 属、9

种，草本层包括 21 科、25 属、25 种，层间层包括 3 科、4 属、6 种。其中包含物种数量较多的科有报春花科（5 种）、禾本科（3 种）、菝葜科（3 种）和桦木科（1 种）。样地植物名录如表 12-6 所示。

表 12-6　哀牢山站尼泊尔桤木次生辅助长期观测样地植物名录

序号	层次	物种中文名	物种学名	生活型
1	乔木层	尼泊尔桤木*	*Alnus nepalensis* D. Don	落叶阔叶乔木
2	乔木层	截果柯	*Lithocarpus truncatus*（King）Rehd. & Wils.	常绿阔叶乔木
3	乔木层	野柿	*Diospyros kaki*var. *silvestris* Makino	落叶阔叶乔木
4	乔木层	森林榕	*Ficus neriifolia* J. E. Sm.	常绿阔叶乔木
5	灌木层	常山*	*Dichroa febrifuga* Lour.	常绿阔叶灌木
6	灌木层	荷包山桂花	*Polygala arillata* Buch.-Ham. ex D. Don	落叶阔叶灌木或小乔木
7	灌木层	匙萼金丝桃	*Hypericum uralum* Buch.-Ham. ex D. Don	常绿阔叶灌木
8	灌木层	玉山竹	*Yushania niitakayamensis*（Hayata）Keng f.	常绿阔叶灌木
9	灌木层	景东柃	*Eurya jintungensis* Hu & L. K. Ling	常绿阔叶灌木或小乔木
10	灌木层	野桐	*Mallotus tenuifolius* Pax	常绿阔叶灌木或小乔木
11	灌木层	朱砂根	*Ardisia crenata* Sims	常绿阔叶灌木
12	灌木层	铁仔	*Myrsine africana* L.	常绿阔叶灌木
13	灌木层	圆锥悬钩子	*Rubus paniculatus* Sm.	落叶阔叶攀援灌木
14	草本层	肉刺蕨*	*Nothoperanema squamisetum*（Hook.）Ching	多年生蕨类草本
15	草本层	箐姑草*	*Stellaria vestita* Kurz	常绿阔叶灌木
16	草本层	赤胫散	*Polygonum runcinatum* var. *sinense* Hemsl.	多年生缠绕草本
17	草本层	柳叶箬	*Isachne globosa*（Thunb.）Kuntze	茎直立一年生或多年生草本
18	草本层	鸭跖草	*Commelina communis* L.	茎直立多年生草本
19	草本层	紫背天葵	*Begonia fimbristipula* Hance	一年生披散草本
20	草本层	临时就	*Lysimachia congestiflora* Hemsl.	多年生无茎草本
21	草本层	鸡矢藤	*Paederia foetida* L.	茎匍匐多年生草本
22	草本层	淡竹叶	*Lophatherum gracile* Brongn.	多年生草质藤本
23	草本层	菊三七	*Gynura japonica*（Thunb.）Juel.	茎直立多年生丛生草本
24	草本层	蕨	*Pteridium aquilinum* var. *latiusculum*（Desv.）Underw. ex Heller	高大多年生草本
25	草本层	铜锤玉带草	*Lobelia nummularia* Lam.	多年生蕨类草本
26	草本层	宜昌过路黄	*Lysimachia henryi* Hemsl.	茎平卧多年生草本
27	草本层	紫金龙	*Dactylicapnos scandens*（D. Don）Hutch.	茎匍匐多年生草本
28	草本层	土牛膝	*Achyranthes aspera* L.	茎攀援多年生草质藤本
29	草本层	黄花香茶菜	*Isodon sculponeatus*（Vaniot）Kud ô	茎直立多年生草本
30	草本层	尼泊尔蓼	*Polygonum nepalense* Fenzl.	茎直立多年生丛生草本
31	草本层	包疮叶	*Maesa indica*（Roxb.）A. DC.	茎斜生一年生草本

序号	层次	物种中文名	物种学名	生活型
32	草本层	锡金堇菜	*Viola sikkimensis* W. Becker	多年生草本
33	草本层	红纹凤仙花	*Impatiens rubrostriata* Hook. f.	茎直立一年生草本
34	草本层	云南蔓龙胆	*Crawfurdia campanulacea* Wall. & Griff. ex C. B. Clarke	茎直立多年生草本
35	草本层	弯蕊开口箭	*Tupistra wattii* C. B. Clarke	多年生草本
36	草本层	袋果草	*Peracarpa carnosa*（Wall.）Hook. f. & Thomson	茎直立多年生草本
37	草本层	金凤花	*Impatiens cyathiflora* Hook. f.	茎直立一年生草本
38	草本层	绞股蓝	*Gynostemma pentaphyllum*（Thunb.）Makino	草质攀援藤本
39	层间层	毛狭叶崖爬藤*	*Tetrastigma serrulatum* var. *pubinerium* W. T. Wang	常绿攀援灌木
40	层间层	短柱肖菝葜	*Heterosmilax yunnanensis* Gagnep.	常绿攀援灌木
41	层间层	华肖菝葜	*Heterosmilax chinensis* F. T. Wang	常绿攀援灌木
42	层间层	小叶菝葜	*Smilax microphylla* C. H. Wright	常绿攀援灌木
43	层间层	细圆藤	*Pericampylus glaucus*（Lam.）Merr.	常绿攀援灌木
44	层间层	翅果藤	*Myriopteron extensum*（Wight）K. Schnum.	常绿攀援灌木

注：*为各层优势种。

12.6.3.2 群落结构

样地植被为以尼泊尔桤木为优势种的次生林，有明显分层结构，包含乔木层、灌木层、草本层和层间层。乔木层的优势种为尼泊尔桤木，高度为 10～25 m，盖度＞80%。林下形成了以常山为优势种的灌木层，高度为 2～35 m，盖度约为 10%。草本层的优势种为肉刺蕨和箐姑草，高度为 30～60 cm，盖度约为 40%。层间层的优势种为毛狭叶崖爬藤，盖度约为 2%。

12.6.3.3 植被分类地位

样地植物群落按照中国植被分类系统分类如下：

植被型组：森林 Forest

  植被型：落叶阔叶林 Deciduous Broadleaf Forest

    植被亚型：暖性落叶阔叶林 Subtropical Deciduous Broadleaf Forest

      群系：尼泊尔桤木林 *Clethropsis nepalensis* Deciduous Broadleaf Forest Alliance

        群丛：尼泊尔桤木-常山-肉刺蕨 落叶阔叶林 *Clethropsis nepalensis - Dichroa febrifuga - Nothoperanema squamisetum* Deciduous Broadleaf Forest

12.6.4 样地配置与观测内容

样地配置有凋落物框，按照 CERN 辅助观测场指标体系要求观测生物和土壤要素，采样设计按照 CERN 统一规范。

12.7 哀牢山站茶叶人工林站区观测点

12.7.1 样地代表性

样地（ALFZQ01ABC_01）建于 2004 年，面积为 20 m×30 m，地理位置为 101°01′40.8″E、24°32′49″N，海拔为 2 500 m。样地位于哀牢山国家级自然保护区内，1995 年开始在由火灾形成的林中旷地上开垦种植软枝乌龙，每年均进行锄草和旱季浇水活动。样地植被类型为人工茶林，是该区域分布广泛的人工林，可作为对哀牢山地区原始的中山湿性常绿阔叶林的辅助观测样地，对生物、土壤和水分等要素开展长期监测和综合分析。

12.7.2 自然环境背景与管理

样地位于徐家坝中心地带，海拔为 2 500 m，是哀牢山国家级自然保护区周边海拔最高茶叶人工林，地势开阔。样地地貌为中山山顶丘陵，直形坡，平均坡度为 28°，南坡，山顶丘陵部下部。气象背景数据来源于 2008 年样地本底信息，详见 12.2.2 节。样地无风蚀和盐碱化情况，周边有浅沟侵蚀形态。土壤类型为黄棕壤，成土母质为石英岩类及泥质岩类残积风化物。0～35 cm 土层为暗棕色中壤土，团粒状结构，多空隙，潮，极疏松，多根系；35～70 cm 土层为浅棕色中壤土，团粒状结构，潮，紧实，根系中量；70～110 cm 土层为黄棕色中壤土，团块状结构，潮，较疏松，根系中量；＞110 cm 土层为棕色中壤土，团块状结构，潮，较疏松。存在片蚀，无地表盐碱斑情况。动物及人类干扰主要为水鹿和老鼠的活动、研究人员监测和取样活动，偶尔有当地农民出现。每年 3—4 月机器抽水浇地，6—9 月锄草追施氮、磷、钾复合肥 1 次，10—12 月剪枝卖苗，详细记录施肥、锄草、剪枝等农作过程。

12.7.3 植被特征

12.7.3.1 物种组成

样地内共有 30 种植物，其中灌木层包括 4 科、4 属、5 种，草本层包括 13 科、23 属、25 种。其中包含物种数较多的有菊科（9 种）、禾本科（3 种）、莎草科（3 种）。样地植物名录如表 12-7 所示。

表 12-7 哀牢山站茶叶人工林站区观测点植物名录

序号	层次	物种中文名	物种学名	生活型
1	灌木层	茶*	*Camellia sinensis*（L.）O. Ktze.	常绿阔叶灌木或小乔木
2	灌木层	匙萼金丝桃	*Hypericum uralum* Buch.-Ham. ex D. Don	常绿阔叶灌木
3	灌木层	金凤花	*Impatiens cyathiflora* Hook. f.	常绿阔叶灌木或小乔木
4	灌木层	马缨杜鹃	*Rhododendron delavayi* Franch.	常绿阔叶灌木
5	灌木层	玉山竹	*Yushania niitakayamensis*（Hayata）Keng f.	茎直立多年生草本

序号	层次	物种中文名	物种学名	生活型
6	草本层	箐姑草*	*Stellaria vestita* Kurz	茎直立多年生草本
7	草本层	西伯利亚剪股颖*	*Agrostis stolonifera* L.	茎直立一年生草本
8	草本层	大车前	*Plantago major* L.	二年生或多年生草本
9	草本层	尼泊尔蓼	*Polygonum nepalense* Fenzl	茎斜生一年生草本
10	草本层	紫茎泽兰	*Eupatorium adenophora* Spreng.	茎直立多年生草本
11	草本层	碎米荠	*Cardamine hirsuta* L.	茎直立一年生草本
12	草本层	小蓬草	*Erigeron canadensis* L.	茎直立一年生草本
13	草本层	紫雀花	*Parochetus communis* Buch.-Ham ex D. Don Prodr.	茎匍匐多年生草本
14	草本层	黄鹌菜	*Youngia japonica*（L.）DC.	茎直立一年生草本
15	草本层	牛膝菊	*Galinsoga parviflora* Cav.	茎直立一年生草本
16	草本层	鼠曲草	*Gnaphalium affine* D. Don	茎直立一年生草本
17	草本层	岩生香薷	*Elsholtzia saxatilis*（Kom.）Nakai	茎直立一年生草本
18	草本层	柳叶箬	*Isachne globosa*（Thunb.）Kuntze	茎直立多年生草本
19	草本层	霹雳薹草	*Carex perakensis* C. B. Clarke	多年生草本
20	草本层	鞭打绣球	*Hemiphragma heterophyllum* Wall.	多年生铺散匍匐草本
21	草本层	云雾薹草	*Carex nubigena* D. Don	茎直立多年生丛生草本
22	草本层	寸金草	*Clinopodium megalanthum*（Diels）C. Y. Wu & Hsuan ex H. W. Li	多年生草本
23	草本层	翼齿六棱菊	*Laggera crispata*（Vahl）Hepper & J. R. I. Wood	茎直立多年生草本
24	草本层	鱼眼草	*Dichrocephala integrifolia*（L.f.）Kuntze	茎直立一年生草本
25	草本层	四叶律	*Galium bungei* Steud.	茎直立多年生丛生草本
26	草本层	圆舌粘冠草	*Myriactis nepalensis* Less.	茎直立多年生草本
27	草本层	滇龙胆草	*Gentiana rigescens* Franch. ex Hemsl.	茎直立多年生草本
28	草本层	菊状千里光	*Senecio laetus* Edgew.	茎直立多年生草本
29	草本层	三色凤尾蕨	*Pteris aspericaulis* var. *tricolor* Moore	多年生蕨类草本
30	草本层	长柱头薹草	*Carex teinogyna* Boott	多年生丛生草本

注：*为各层优势种。

12.7.3.2 群落结构

样地植被是以茶为主的人工林，茶林高度为 1～1.2 m。由于人为干扰较大，仅在茶林边缘分布有少量草本植物而形成草本层，偶见少部分灌木植物。草本层的优势种为箐姑草和西伯利亚剪股颖，盖度约为 12%。

12.7.3.3 植被分类地位

样地的植物群落按照中国植被分类系统分类如下：

植被型组：灌丛 Shrubland

    植被型：常绿阔叶灌丛 Evergreen Broadleaf Shrubland

        植被亚型：暖性常绿阔叶灌丛 Subtropical Evergreen Broadleaf Shrubland

群系：茶灌丛 *Camellia sinensis* Evergreen Broadleaf Shrubland Alliance（人工林）

群丛：茶-箐姑草 常绿阔叶灌丛 *Camellia sinensis - Stellaria vestita* Evergreen Broadleaf Shrubland（人工林）

12.7.4　样地配置与观测内容

样地配置有土壤温湿盐自动观测系统，按照 CERN 辅助观测场指标体系要求观测生物、土壤和水分要素，采样设计按照 CERN 统一规范。

参考文献

闫丽春，施济普，朱华，等，2009. 云南哀牢山地区种子植物区系研究[J]. 热带亚热带植物学报，17（3）：283-291.

13   西双版纳站生物监测样地本底与植被特征[*]

13.1   生物监测样地概况

13.1.1   概况与区域代表性

西双版纳热带雨林生态系统定位研究站（以下简称西双版纳站）位于中国科学院西双版纳热带植物园内，云南省西双版纳傣族自治州勐腊县勐仑镇（101°12′00.4″E、21°57′39.4″N，海拔为 570 m），其前身为 1958 年成立的云南热带森林生物地理群落定位研究站和 1959 年成立的中国科学院昆明植物研究所实验植物群落研究室，于 1964 年，站、室合并组建成立，1993 年，作为首批野外台站加入 CERN，2006 年，成为国家野外科学观测研究站，现隶属中国科学院西双版纳热带植物园。

该区的地带性植被类型为热带雨林和季雨林，是我国大陆热带雨林集中分布的重要区域，同时是东南亚热带雨林分布的最北缘。由于地处古热带植物区系向泛北极植物区系的过渡区、东亚植物区系向喜马拉雅植物区系的过渡区，该区的生物区系成分十分复杂、物种多样性高度富集。西双版纳拥有超过 5 000 种维管植物，占全国的 16%，是印-缅生物多样性热点地区的一部分，属于印度-马来西亚植物区系。西双版纳地区有种子植物 4 150 种（包括亚种和变种）、1 240 属、183 科，与东南亚大陆和马来西亚植物区系有 80%的相同科和 64%的相同属，且大多数的优势科也一样，如龙脑香科、番荔枝科、玉蕊科、藤黄科和肉豆蔻科等。西双版纳站研究工作自然区域覆盖西双版纳地区原生林、次生林、人工林等不同的森林类型，研究区域具有热带典型的自然特征，是热带地区不可取代的重要生态学研究基地。

13.1.2   生物观测样地设置

自 1982 年开始，西双版纳站按照不同的森林植被类型，先后设置了 10 个长期观测样地，分别为 1 个综合观测场：西双版纳热带季雨林综合观测场土壤生物采样地 1 号永久样地；2 个辅助观测场：西双版纳热带次生林辅助观测场（迁地保护区）土壤生物采样地 1 号永久样地、西双版纳热带人工雨林辅助观测场（望江亭）土壤生物采样地 1 号永久样地；

* 编写：赵　蓉（中国科学院西双版纳热带植物园）
　审稿：卢华正（中国科学院西双版纳热带植物园）、林露湘（中国科学院西双版纳热带植物园）

7 个站区调查点：西双版纳石灰山季雨林站区调查点土壤生物采样地 1 号永久样地、西双版纳窄序崖豆树热带次生林站区调查点土壤生物采样地 1 号永久样地、西双版纳曼安热带次生林站区调查点土壤生物采样地 1 号永久样地、西双版纳次生常绿阔叶林站区调查点土壤生物采样地 1 号永久样地、西双版纳热带人工橡胶林（双排行种植）站区调查点土壤生物采样地 1 号永久样地、西双版纳热带人工橡胶林（单排行种植）站区调查点土壤生物采样地 1 号永久样地和西双版纳刀耕火种撂荒地（现为橡胶幼林地）站区调查点土壤采样地 1 号永久样地，以下样地名称中省略 1 号永久样地。样地清单如表 13-1 所示，样地布局如图 13-1 所示，典型样地见彩图 13-1～彩图 13-10。

表 13-1　西双版纳站生物长期观测样地清单

序号	样地代码	样地名称	样地类别	植被类型	地理位置（样地中心点）	海拔/m	面积及形状/（m×m）	建立时间与计划使用年数
1	BNFZH01ABC_01	西双版纳站热带季雨林综合观测场土壤生物采样地	综合观测场	热带季雨林	101°12′00.4″E，21°57′39.4″N	730	100×100	1993 年，长期
2	BNFFZ01ABC_01	西双版纳站热带次生林辅助观测场（迁地保护区）土壤生物采样地	辅助观测场	热带次生林	101°16′24.3″E，21°55′06.2″N	580	100×50	2002 年，长期
3	BNFFZ02ABC_01	西双版纳站热带人工雨林辅助观测场（望江亭）土壤生物采样地	辅助观测场	热带人工雨林	101°16′03.7″E，21°55′24.4″N	560	30×30	1992 年，长期
4	BNFZQ01ABC_01	西双版纳站石灰山季雨林站区调查点土壤生物采样地	站区调查点	石灰山热带季雨林	101°16′59.1″E，21°54′41.5″N	665	50×50	2002 年，长期
5	BNFZQ02ABC_01	西双版纳站窄序崖豆树热带次生林站区调查点土壤生物采样地	站区调查点	热带次生林	101°16′10.6″E，21°55′15.8″N	560	50×50	1982 年，长期

序号	样地代码	样地名称	样地类别	植被类型	地理位置（样地中心点）	海拔/m	面积及形状/（m×m）	建立时间与计划使用年数
6	BNFZQ03ABC_01	西双版纳站曼安热带次生林站区调查点土壤生物采样地	站区调查点	热带次生林	101°16′23.8″E，21°54′48.1″N	610	50×50	1982年，长期
7	BNFZQ04AB0_01	西双版纳站次生常绿阔叶林站区调查点土壤生物采样地	站区调查点	季风常绿阔叶次生林	101°12′11.2″E，21°57′57.3″N	820	50×50	2002年，长期
8	BNFZQ05ABC_01	西双版纳站热带人工橡胶林（双排行种植）站区调查点土壤生物采样地	站区调查点	热带人工橡胶林	101°16′03.7″E，21°55′24.4″N	575	30×30	1998年，长期
9	BNFZQ06ABC_01	西双版纳站热带人工橡胶林（单排行种植）站区调查点土壤生物采样地	站区调查点	热带人工橡胶林	101°16′26.2″E，21°54′37.5″N	580	30×30	2001年，长期
10	BNFZQ07ABC_01	西双版纳站刀耕火种撂荒地（现为橡胶幼林地）站区调查点土壤采样地	站区调查点	刀耕火种撂荒地	101°12′01.6″E，21°58′18.4″N	690	30×30	2001年，长期

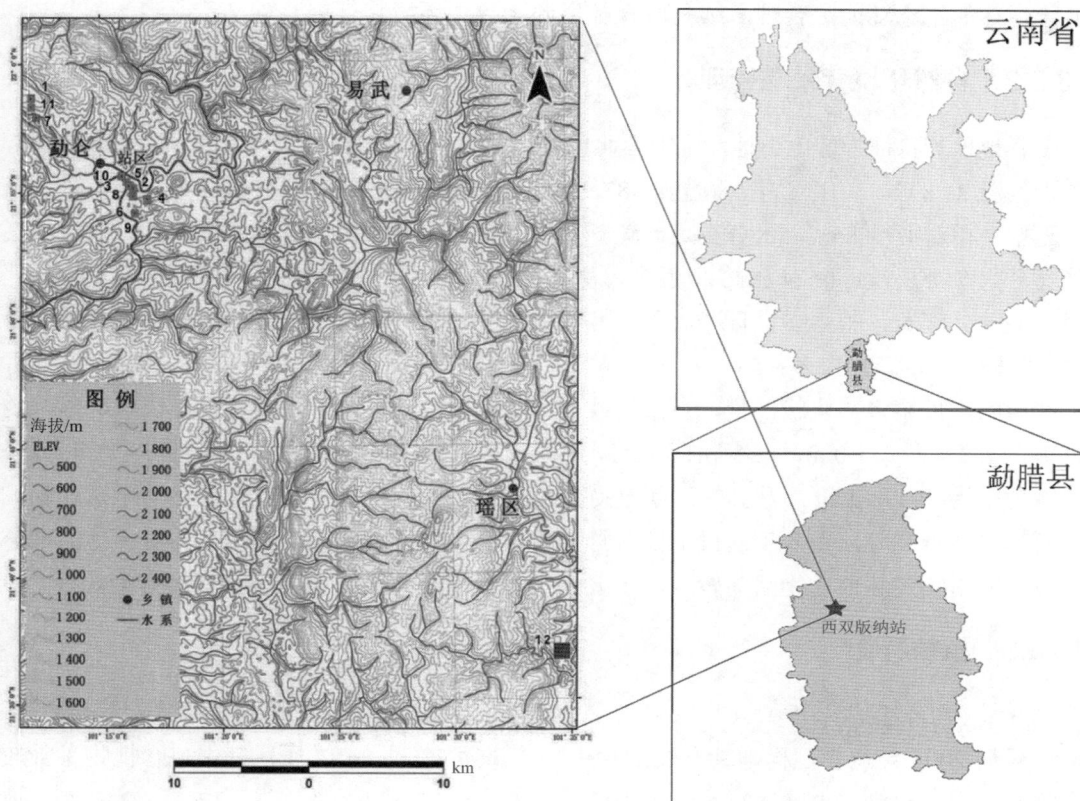

样地名称：

1. 西双版纳站热带季节雨林综合观测场
2. 西双版纳站热带次生林辅助观测场
3. 西双版纳站热带人工雨林辅助观测场
4. 西双版纳站石灰山热带季雨林站区调查点
5. 西双版纳站窄序崖豆树热带次生林站区调查点
6. 西双版纳站曼安热带次生林站区调查点
7. 西双版纳站次生常绿阔叶林站区调查点
8. 西双版纳站热带人工橡胶林（双排行种植）站区调查点
9. 西双版纳站热带人工橡胶林（单排行种植）站区调查点
10. 西双版纳站综合气象观测场
11. 西双版纳站刀耕火种撂荒地站区调查点

图 13-1　西双版纳站生物长期观测样地布局

13.2　西双版纳站热带季雨林综合观测场土壤生物采样地

13.2.1　样地代表性

样地（BNFZH01ABC_01）建于 1993 年，面积为 100 m×100 m，位于西双版纳国家级自然保护区内，地理位置为 101°12′00.4″E、21°57′39.4″N，海拔为 730 m。热带季雨林是一种独特的森林生态系统，是地球上生物多样性最高的植被类型之一，面临生物多样性迅速消失与生态功能严重退化等问题。西双版纳热带季雨林分布面积广，林分结构复杂，是西双版纳地区最具代表性的植被类型。对样地进行长期的定位监测研究，对了解西双版纳地区森林的生态功能、合理永续利用森林资源、改善环境具有重要意义。

13.2.2　自然环境背景与管理

样地地貌特征为低山山地，位于西北坡坡中部，坡度 18°～25°。年降水量 1 506.3 mm，年均气温 21.8℃，＞10℃有效积温 4 387.9℃，蒸发量 1 467.9 mm，日照时数 1 838.2 h，全年无霜，相对湿度 85%，水分充足，潮。土壤类型为砖红壤，母质为白垩黄色砂岩。土壤剖面分为 7 个层次：0～4 cm，根系多，潮，松，有虫孔；4～6 cm，褐黄，根系多，松；6～28 cm，红黄，根系多，团粒，松，壤，孔穴多；28～53 cm，黄红，根系多，棱块小块，较松，黏壤，孔穴多；53～93 cm，黄红，根系多，块状棱块，稍紧，黏；93～127 cm，黄红相间，根系多，块状，紧，黏，锈纹多；127～183 cm 以下，根系少，块状，紧，锈纹多。土层厚度＞1.0 m，土壤 pH 为 5.1，有机质含量为 21.33 g/kg，全氮含量为 1.24 g/kg，全磷含量为 0.398 g/kg。无水蚀、重力侵蚀、风蚀以及盐碱化情况。人类活动干扰较轻，主要为采集野菜等，无人工砍伐。目前野猪的种群数量增加，活动频繁，并对样地的部分地段有所影响，其他动物活动较少，主要为小型啮齿类、鸟类的取食和栖居行为。

13.2.3　植被特征

13.2.3.1　物种组成

根据 2005 年调查，样地共有 321 种植物，隶属 73 科、187 属，其中包含植物种数较多的 6 个科为樟科（8 属、36 种）、大戟科（16 属、26 种）、茜草科（17 属、24 种）、楝科（7 属、16 种）、桑科（3 属、15 种）和豆科（7 属、13 种）。乔木层物种数 257 种，隶属 51 科、150 属；灌木层物种数 122 种，隶属 42 科、102 属；草本层物种数 72 种，隶属 48 科、66 属。样地植物名录见表 13-2。

表 13-2　西双版纳站热带季雨林综合观测场土壤生物采样地植物名录

序号	层次	中文名	学名	生活型
1	乔木层	番龙眼*	*Pometia pinnata* J. R. Forst. & G. Forst.	常绿阔叶乔木
2	乔木层	玉蕊*	*Barringtonia racemosa*（L.）Spreng.	常绿阔叶乔木
3	乔木层	白颜树*	*Gironniera subaequalis* Planch.	常绿阔叶乔木
4	乔木层	蚁花*	*Orophea laui* Leonardía & P. J. A. Kessler	常绿阔叶乔木
5	乔木层	溪桫*	*Chisocheton cumingianus* subsp. *balansae*（C. DC.）Mabb.	常绿阔叶乔木
6	乔木层	千果榄仁*	*Terminalia myriocarpa* Van Heurck & Müll. Arg.	常绿阔叶乔木
7	乔木层	细罗伞*	*Ardisia affinis* Hemsl.	常绿阔叶乔木
8	乔木层	毛猴欢喜*	*Sloanea tomentosa*（Benth.）Rehd. & Wils.	常绿阔叶乔木
9	乔木层	染木树*	*Saprosma ternata*（Wall.）Hook. f.	常绿阔叶乔木
10	乔木层	多花白头树*	*Garuga floribunda* var. *gamblei*（King ex Sm.）Kalkman	常绿阔叶乔木
11	乔木层	毛麻楝*	*Chukrasia tabularis* var. *velutina* King	常绿阔叶乔木
12	乔木层	云树*	*Garcinia cowa* Roxb.	常绿阔叶乔木
13	乔木层	常绿苦树*	*Picrasma javanica* Blume	常绿阔叶乔木

序号	层次	中文名	学名	生活型
14	乔木层	毒鼠子*	*Dichapetalum gelonioides*（Roxb.）Engl.	常绿阔叶乔木
15	乔木层	金钩花*	*Pseuduvaria trimera*（Craib）Y. C. F. Su & R. M. K. Saunders	常绿阔叶乔木
16	乔木层	龙果*	*Pouteria grandifolia*（Wall.）Baehni	常绿阔叶乔木
17	乔木层	滇印杜英*	*Elaeocarpus varunua* Buch.-Ham.	常绿阔叶乔木
18	乔木层	木奶果*	*Baccaurea ramiflora* Lour.	常绿阔叶乔木
19	乔木层	棒柄花*	*Cleidion brevipetiolatum* Pax & K. Hoffm.	常绿阔叶乔木
20	乔木层	思茅崖豆*	*Millettia leptobotrya* Dunn	常绿阔叶乔木
21	乔木层	核果木*	*Drypetes indica*（Müll. Arg.）Pax & K. Hoffm.	常绿阔叶乔木
22	乔木层	多毛茜树	*Aidia pycnantha*（Drake）Tirveng.	常绿阔叶乔木
23	乔木层	勐仑翅子树	*Pterospermum menglunense* Hsue	常绿阔叶乔木
24	乔木层	思茅锥	*Castanopsis ferox*（Roxb.）Spach	常绿阔叶乔木
25	乔木层	割舌树	*Walsura robusta* Roxb.	常绿阔叶乔木
26	乔木层	红果樫木	*Dysoxylum gotadhora*（Buch.-Ham.）Mabb.	常绿阔叶乔木
27	乔木层	韶子	*Nephelium chryseum* Blume	常绿阔叶乔木
28	乔木层	网脉肉托果	*Semecarpus reticulata* Lecomte	常绿阔叶乔木
29	乔木层	披针叶楠	*Phoebe lanceolata*（Nees）Nees	常绿阔叶乔木
30	乔木层	普文楠	*Phoebe puwenensis* Cheng	常绿阔叶乔木
31	乔木层	假海桐	*Pittosporopsis kerrii* Craib	常绿阔叶乔木
32	乔木层	毗黎勒	*Terminalia bellirica*（Gaertn.）Roxb.	常绿阔叶乔木
33	乔木层	香港大沙叶	*Pavetta hongkongensis* Bremek.	常绿阔叶乔木
34	乔木层	腺叶暗罗	*Polyalthia simiarum*（Buch.-Ham. ex Hook. f. & Thomson）Hook. f. & Thomson	常绿阔叶乔木
35	乔木层	红光树	*Knema tenuinervia* W. J. de Wilde	常绿阔叶乔木
36	乔木层	假多瓣蒲桃	*Syzygium polypetaloideum* Merr. & L. M. Perry	常绿阔叶乔木
37	乔木层	网脉核果木	*Drypetes perreticulata* Gagnep.	常绿阔叶乔木
38	乔木层	青藤公	*Ficus langkokensis* Drake	常绿阔叶乔木
39	乔木层	越南山矾	*Symplocos cochinchinensis*（Lour.）S. Moore	常绿阔叶乔木
40	乔木层	斯里兰卡天料木	*Homalium ceylanicum*（Gardner）Benth.	常绿阔叶乔木
41	乔木层	樱叶杜英	*Elaeocarpus prunifolioides* Hu	常绿阔叶乔木
42	乔木层	假山萝	*Harpullia cupanioides* Roxb.	常绿阔叶乔木
43	乔木层	白穗柯	*Lithocarpus craibianus* Barnett	落叶阔叶乔木
44	乔木层	见血封喉	*Antiaris toxicaria* Lesch.	常绿阔叶乔木
45	乔木层	樟科一种	Lauraceae sp.	常绿阔叶乔木
46	乔木层	阔叶蒲桃	*Syzygium megacarpum*（Craib）Rathakr. & .N C. Nair	常绿阔叶乔木
47	乔木层	微毛布惊	*Vitex quinata* var. *puberula*（H. J. Lam）Moldenke	常绿阔叶乔木
48	乔木层	石山银钩花	*Mitrephora calcarea* Diels ex Weeras. & R. M. K. Saunders	常绿阔叶乔木
49	乔木层	思茅木姜子	*Litsea szemaois*（H. Liu）J. Li & H. W. Li	常绿阔叶乔木
50	乔木层	圆锥木姜子	*Litsea liyuyingii* H. Liou	常绿阔叶乔木
51	乔木层	长梗三宝木	*Trigonostemon thyrsoideus* Stapf	常绿阔叶乔木
52	乔木层	火桐	*Firmiana colorata*（Roxb.）R. Br.	常绿阔叶乔木

序号	层次	中文名	学名	生活型
53	乔木层	银钩花	*Mitrephora tomentosa* J. D. Hooker & Thomson	常绿阔叶乔木
54	乔木层	黑皮柿	*Diospyros nigricortex* C. Y. Wu	常绿阔叶乔木
55	乔木层	粗丝木	*Gomphandra tetrandra*（Wall.）Sleum.	常绿阔叶乔木
56	乔木层	假玉桂	*Celtis timorensis* Span.	常绿阔叶乔木
57	乔木层	云南风吹楠	*Horsfieldia prainii*（King）Warb.	常绿阔叶乔木
58	乔木层	灰岩棒柄花	*Cleidion bracteosum* Gagnep.	常绿阔叶乔木
59	乔木层	橄榄	*Canarium album*（Lour.）Raeusch.	常绿阔叶乔木
60	乔木层	云南肉豆蔻	*Myristica yunnanensis* Y. H. Li	常绿阔叶乔木
61	乔木层	鹅掌柴	*Schefflera heptaphylla*（L.）Frodin	常绿阔叶乔木
62	乔木层	紫叶琼楠	*Beilschmiedia purpurascens* H. W. Li	常绿阔叶乔木
63	乔木层	红梗润楠	*Machilus rufipes* H. W. Li	常绿阔叶乔木
64	乔木层	合果木	*Michelia baillonii*（Pierre）Finet & Gagnep.	常绿阔叶乔木
65	乔木层	大花哥纳香	*Goniothalamus calvicarpus* Craib	常绿阔叶乔木
66	乔木层	望谟崖摩	*Lasianthus chinensis*（Champ.）Benth.	落叶阔叶乔木
67	乔木层	南酸枣	*Choerospondias axillaris*（Roxb.）B. L. Burtt & A. W. Hill	落叶阔叶乔木
68	乔木层	岭罗麦	*Tarennoidea wallichii*（Hook. f.）Tirveng. & Sastre	常绿阔叶乔木
69	乔木层	勐腊核果木	*Drypetes hoaensis* Gagnep.	常绿阔叶乔木
70	乔木层	碧绿米仔兰	*Aglaia perviridis* Hiern	常绿阔叶乔木
71	乔木层	山油柑	*Acronychia pedunculata*（L.）Miq.	常绿阔叶乔木
72	乔木层	蓝果谷木	*Memecylon cyanocarpum* C. Y. Wu & C. Chen	落叶阔叶乔木
73	乔木层	毛泡花树	*Meliosma velutina* Rehder & .E H. Wilson	常绿阔叶乔木
74	乔木层	窄叶半枫荷	*Pterospermum lanceifolium* Roxb.	常绿阔叶乔木
75	乔木层	多脉樫木	*Dysoxylum grande* Hiern	常绿阔叶乔木
76	乔木层	滇南杜英	*Elaeocarpus austroyunnanensis* Hu	常绿阔叶乔木
77	乔木层	高檐蒲桃	*Syzygium oblatum*（Roxb.）Wall. ex Steud.	常绿阔叶乔木
78	乔木层	紫麻	*Oreocnide frutescens*（Thunb.）Miq.	常绿阔叶乔木
79	乔木层	印度锥	*Castanopsis indica*（Roxb. ex Lindl.）A. DC.	常绿阔叶乔木
80	乔木层	泰国黄叶树	*Xanthophyllum flavescens* Roxb.	常绿阔叶乔木
81	乔木层	臀果木	*Pygeum topengii* Merr.	常绿阔叶乔木
82	乔木层	光序肉实树	*Sarcosperma kachinense* var. *simondii*（Gagnep.）H. J. Lam & P. Royen	常绿阔叶乔木
83	乔木层	叶轮木	*Ostodes paniculata* Blume	常绿阔叶乔木
84	乔木层	琴叶风吹楠	*Horsfieldia pandurifolia* Hu	常绿阔叶乔木
85	乔木层	土沉香	*Aquilaria sinensis*（Lour.）Spreng.	常绿阔叶乔木
86	乔木层	构棘	*Maclura cochinchinensis*（Lour.）Corner	常绿阔叶乔木
87	乔木层	乌墨	*Syzygium cumini*（L.）Skeels	常绿阔叶乔木
88	乔木层	望谟崖摩	*Aglaia lawii*（Wight）C. J. Saldanha & Ramamorthy	常绿阔叶乔木
89	乔木层	厚壳桂	*Cryptocarya chinensis*（Hance）Hemsl.	常绿阔叶乔木
90	乔木层	藏药木	*Hyptianthera stricta*（Roxb.）Wight & Arn.	常绿阔叶乔木
91	乔木层	梯脉紫金牛	*Ardisia scalarinervis* E. Walker	常绿阔叶乔木

序号	层次	中文名	学名	生活型
92	乔木层	圆果杜英	*Elaeocarpus angustifolius* Blume	常绿阔叶乔木
93	乔木层	尖叶厚壳桂	*Cryptocarya acutifolia* H. W. Li	常绿阔叶乔木
94	乔木层	云南厚壳桂	*Cryptocarya yunnanensis* H. W. Li	常绿阔叶乔木
95	乔木层	五月茶	*Antidesma bunius*（L.）Spreng.	落叶阔叶乔木
96	乔木层	大参	*Macropanax dispermus*（Blume）Kuntze	常绿阔叶乔木
97	乔木层	红花木犀榄	*Olea rosea* Craib	常绿阔叶乔木
98	乔木层	椴叶山麻杆	*Alchornea tiliifolia*（Benth.）Müll. Arg.	落叶阔叶灌木
99	乔木层	弯管花	*Chassalia curviflora*（Wall.）Thwaites	常绿阔叶灌木
100	乔木层	滇谷木	*Memecylon polyanthum* H. L. Li	常绿阔叶乔木
101	乔木层	重阳木	*Bischofia polycarpa*（H. Lév.）Airy Shaw	常绿阔叶乔木
102	乔木层	越南山香圆	*Turpinia cochinchinensis*（Lour.）Merr.	常绿阔叶乔木
103	乔木层	滇琼楠	*Beilschmiedia yunnanensis* Hu	常绿阔叶乔木
104	乔木层	柴桂	*Cinnamomum tamala*（Buch.-Ham.）Nees & Eberm.	常绿阔叶乔木
105	乔木层	丛花厚壳桂	*Cryptocarya densiflora* Blume	常绿阔叶乔木
106	乔木层	香花木姜子	*Litsea panamanja*（Buch.-Ham. ex Nees）Hook. f.	常绿阔叶乔木
107	乔木层	常绿臭椿	*Ailanthus fordii* Noot.	常绿阔叶乔木
108	乔木层	异色假卫矛	*Microtropis discolor*（Wall.）Wall. ex Meisn.	常绿阔叶乔木
109	乔木层	光叶合欢	*Albizia lucidior*（Steud.）I. C. Nielsen	常绿阔叶乔木
110	乔木层	龙山龙船花	*Ixora longshanensis* Tao Chen	常绿阔叶乔木
111	乔木层	鸡嗉子榕	*Ficus semicordata* Buch.-Ham. ex Sm.	常绿阔叶乔木
112	乔木层	小萼菜豆树	*Radermachera microcalyx* C. Y. Wu	常绿阔叶乔木
113	乔木层	滇糙叶树	*Aphananthe cuspidata*（Blume）Planch.	常绿阔叶乔木
114	乔木层	风吹楠	*Horsfieldia amygdalina*（Wall. ex Hook. f. & Thomson）Warb.	常绿阔叶乔木
115	乔木层	山矾	*Symplocos sumuntia* Buch.-Ham. ex D. Don	常绿阔叶乔木
116	乔木层	睫毛粗叶木	*Lasianthus hookeri* var. *dunniana*（H. Lév.）H. Zhu	常绿阔叶乔木
117	乔木层	云南银柴	*Aporosa yunnanensis*（Pax & K. Hoffm.）F. P. Metcalf	常绿阔叶乔木
118	乔木层	短柄苹婆	*Sterculia brevissima* H. H. Hsue ex Y. Tang M. G. Gilbert & Dorr	常绿阔叶乔木
119	乔木层	云南棋子豆	*Albizia yunnanensis* T. L. Wu	落叶阔叶乔木
120	乔木层	火烧花	*Mayodendron igneum*（Kurz）Kurz	常绿阔叶乔木
121	乔木层	水麻	*Debregeasia orientalis* C. J. Chen	常绿阔叶乔木
122	乔木层	黄丹木姜子	*Litsea elongata*（Wall. ex Ness）Benth. & Hook. f.	常绿阔叶乔木
123	乔木层	艾胶算盘子	*Glochidion lanceolarium*（Roxb.）Voigt	常绿阔叶乔木
124	乔木层	包疮叶	*Maesa indica*（Roxb.）A. DC.	常绿阔叶乔木
125	乔木层	山小橘	*Glycosmis pentaphylla*（Retz.）DC.	常绿阔叶乔木
126	乔木层	单羽火筒树	*Leea asiatica*（L.）Ridsdale	常绿阔叶乔木
127	乔木层	越南巴豆	*Croton kongensis* Gagnep.	常绿阔叶灌木
128	乔木层	碟腺棋子豆	*Archidendron kerrii*（Gagnep.）I. C. Nielsen	常绿阔叶乔木
129	乔木层	粗壮润楠	*Machilus robusta* W. W. Sm.	常绿阔叶乔木
130	乔木层	假樱叶杜英	*Elaeocarpus prunifolioides* Hu	落叶阔叶乔木

序号	层次	中文名	学名	生活型
131	乔木层	白背桐	*Mallotus paniculatus*（Lam.）Muell. Arg.	常绿阔叶乔木
132	乔木层	四蕊朴	*Celtis tetrandra* Roxb.	常绿阔叶乔木
133	乔木层	乌榄	*Canarium pimela* K. D. Koenig	常绿阔叶乔木
134	乔木层	锡金粗叶木	*Lasianthus sikkimensis* Hook. f.	常绿阔叶乔木
135	乔木层	黑木姜子	*Litsea salicifolia*（J. Roxb. ex Nees）Hook. f.	常绿阔叶乔木
136	乔木层	多籽五层龙	*Salacia polysperma* Hu	常绿阔叶乔木
137	乔木层	腺叶山矾	*Symplocos adenophylla* Wall. ex G. Don	常绿阔叶乔木
138	乔木层	厚叶琼楠	*Beilschmiedia percoriacea* C. K. Allen	常绿阔叶乔木
139	乔木层	假苹婆	*Sterculia lanceolata* Cav.	常绿阔叶乔木
140	乔木层	勐仑琼楠	*Beilschmiedia brachythyrsa* H. W. Li	常绿阔叶乔木
141	乔木层	云南叶轮木	*Ostodes katharinae* Pax & Hoffm.	常绿阔叶乔木
142	乔木层	五桠果叶木姜子	*Litsea dilleniifolia* P. Y. Pai & P. H. Huang	常绿阔叶乔木
143	乔木层	糖胶树	*Alstonia scholaris*（L.）R. Br.	常绿阔叶乔木
144	乔木层	齿叶猫尾木	*Dolichandrone stipulata* var. *velutina*（Kurz）Clarke	常绿阔叶乔木
145	乔木层	金叶树	*Chrysophyllum lanceolatum* var. *stellatocarpon* P. Royen	常绿阔叶乔木
146	乔木层	麻楝	*Chukrasia tabularis* A. Juss.	常绿阔叶乔木
147	乔木层	银叶巴豆	*Croton cascarilloides* Raeusch.	常绿阔叶乔木
148	乔木层	焰序山龙眼	*Helicia pyrrhobotrya* Kurz	常绿阔叶乔木
149	乔木层	喙果皂帽花	*Dasymaschalon rostratum* Merr. & Chun	常绿阔叶乔木
150	乔木层	波缘大参	*Macropanax undulatus*（Wall. ex G. Don）Seem.	常绿阔叶乔木
151	乔木层	樫木	*Dysoxylum excelsum* Blume	常绿阔叶乔木
152	乔木层	齿叶黄杞	*Engelhardia serrata* var. *cambodica* W. E. Manning	常绿阔叶乔木
153	乔木层	红椿	*Toona ciliata* M. Roem.	常绿阔叶乔木
154	乔木层	显脉棋子豆	*Archidendron dalatense*（Kosterm.）I. C. Nielsen	常绿阔叶乔木
155	乔木层	大果山香圆	*Turpinia pomifera*（Roxb.）DC.	常绿阔叶乔木
156	乔木层	密花樫木	*Dysoxylum densiflorum*（Blume）Miq.	常绿阔叶乔木
157	乔木层	毛叶油丹	*Alseodaphne andersonii*（King ex Hook. f.）Kosterm.	常绿阔叶乔木
158	乔木层	滨木患	*Arytera littoralis* Blume	常绿阔叶乔木
159	乔木层	滇赤才	*Lepisanthes senegalensis*（Juss. ex Poir.）Leenh.	常绿阔叶乔木
160	乔木层	火麻树	*Dendrocnide urentissima*（Gagnep.）Chew	常绿阔叶乔木
161	乔木层	赪桐	*Clerodendrum japonicum*（Thunb.）Sweet	常绿阔叶乔木
162	乔木层	肥荚红豆	*Ormosia fordiana* Oliv.	常绿阔叶乔木
163	乔木层	杜英	*Elaeocarpus decipiens* F.B.Forbes & Hemsl.	常绿阔叶乔木
164	乔木层	坚叶樟	*Cinnamomum chartophyllum* H. W. Li	常绿阔叶乔木
165	乔木层	大果臀果木	*Pygeum macrocarpum* T. T. Yu & L. T. Lu	常绿阔叶乔木
166	乔木层	思茅黄肉楠	*Actinodaphne henryi* Gamble	常绿阔叶乔木
167	乔木层	滇南红厚壳	*Calophyllum polyanthum* Wall. ex Choisy	常绿阔叶乔木
168	乔木层	山香圆	*Turpinia montana*（Blume）Kurz	常绿阔叶乔木
169	乔木层	笔管榕	*Ficus subpisocarpa* Gagnep.	常绿阔叶乔木
170	乔木层	云南臀果木	*Pygeum henryi* Dunn	常绿阔叶乔木
171	乔木层	盆架树	*Alstonia rostrata* C. E. C. Fisch.	常绿阔叶乔木

序号	层次	中文名	学名	生活型
172	乔木层	大萼木姜子	*Litsea baviensis* Lecomte	常绿阔叶乔木
173	乔木层	山地五月茶	*Antidesma montanum* Blume	常绿阔叶乔木
174	乔木层	山桂花	*Bennettiodendron* leprosipes（Clos）Merr.	常绿阔叶乔木
175	乔木层	阔叶肖榄	*Platea latifolia* Blume	常绿阔叶乔木
176	乔木层	金毛榕	*Ficus fulva* Reinw. ex Blume	常绿阔叶乔木
177	乔木层	粗糠柴	*Ehretia dicksonii* Hance	常绿阔叶乔木
178	乔木层	粗毛榕	*Ficus hirta* Vahl.	常绿阔叶乔木
179	乔木层	狭叶一担柴	*Colona thorelii*（Gagnep.）Burret	常绿阔叶乔木
180	乔木层	一担柴	*Colona floribunda*（Wall. ex Kurz）Craib	常绿阔叶乔木
181	乔木层	腺缘山矾	*Symplocos glandulifera* Brand	常绿阔叶乔木
182	乔木层	山楝	*Aglaia elaeagnoidea*（A. Juss.）Benth.	常绿阔叶乔木
183	乔木层	长叶棋子豆	*Archidendron alternifoliolatum*（T. L. Wu）I. C. Nielsen	常绿阔叶乔木
184	乔木层	野漆	*Toxicodendron succedaneum*（L.）Kuntze	常绿阔叶乔木
185	乔木层	新乌檀	*Neonauclea griffithii*（Hook. f.）Merr.	常绿阔叶乔木
186	乔木层	卵叶水麻	*Debregeasia libera* Chien & C. J. Chen	常绿阔叶乔木
187	乔木层	细毛樟	*Cinnamomum tenuipile* Kosterm.	常绿阔叶乔木
188	乔木层	山地五月茶	*Antidesma montanum* Blume	常绿阔叶乔木
189	乔木层	羽叶白头树	*Garuga pinnata* Roxb.	常绿阔叶乔木
190	乔木层	钝叶桂	*Cinnamomum bejolghota*（Buch.-Ham.）Sweet	常绿阔叶乔木
191	乔木层	坚核桂樱	*Laurocerasus jenkinsii*（Hook. f.）Browicz	常绿阔叶乔木
192	乔木层	毛果猴欢喜	*Sloanea dasycarpa*（Benth.）Hemsl.	落叶阔叶乔木
193	乔木层	斜叶黄檀	*Dalbergia pinnata*（Lour.）Prain	常绿阔叶乔木
194	乔木层	四裂算盘子	*Glochidion ellipticum* Wight	常绿阔叶乔木
195	乔木层	版纳柿	*Diospyros xishuangbannaensis* C. Y. Wu & H. Chu	常绿阔叶乔木
196	乔木层	云南茜树	*Albizia yunnanensis* T. L. Wu	常绿阔叶乔木
197	乔木层	异株木犀榄	*Olea dioica* Roxb.	常绿阔叶乔木
198	乔木层	十蕊槭	*Acer laurinum* Hassk.	常绿阔叶乔木
199	乔木层	长叶紫珠	*Callicarpa longifolia* Lam.	常绿阔叶乔木
200	乔木层	木蝴蝶	*Oroxylum indicum*（L.）Benth. ex Kurz	常绿阔叶乔木
201	乔木层	香胶蒲桃	*Syzygium balsameum*（Wight）Wall. ex Walp.	常绿阔叶乔木
202	乔木层	短绢毛波罗蜜	*Artocarpus petelotii* Gagnep.	常绿阔叶乔木
203	乔木层	潺槁木姜子	*Litsea glutinosa*（Lour.）C. B. Rob.	常绿阔叶乔木
204	乔木层	网叶山胡椒	*Lindera metcalfiana* var. *dictyophylla*（C. K. Allen）H. P. Tsui	常绿阔叶乔木
205	乔木层	异叶榕	*Ficus heteromorpha* Hemsl.	常绿阔叶乔木
206	乔木层	蓝树	*Wrightia laevis* Hook. f.	常绿阔叶乔木
207	乔木层	柔毛聚果榕	*Ficus racemosa* var. *miquelli*（King）Corner	常绿阔叶乔木
208	乔木层	笔罗子	*Meliosma rigida* Sieb. & Zucc.	常绿阔叶乔木
209	乔木层	倒卵叶黄肉楠	*Actinodaphne obovata*（Nees）Blume	常绿阔叶乔木
210	乔木层	硬皮榕	*Ficus callosa* Willd.	常绿阔叶乔木
211	乔木层	大叶桂樱	*Laurocerasus zippeliana*（Miq.）T. T. Yu & L. T. Lu	常绿阔叶乔木

序号	层次	中文名	学名	生活型
212	乔木层	算盘子	*Glochidion puberum*（L.）Hutch.	常绿阔叶乔木
213	乔木层	大叶木兰	*Lirianthe henryi*（Dunn）N. H. Xia & C. Y. Wu	常绿阔叶乔木
214	乔木层	杜虹花	*Callicarpa formosana* Rolfe	常绿阔叶乔木
215	乔木层	红紫麻	*Oreocnide rubescens*（Blume）Miq.	常绿阔叶乔木
216	乔木层	毛瓣无患子	*Sapindus rarak* DC.	常绿阔叶乔木
217	乔木层	大叶鼠刺	*Itea macrophylla* Wall.	常绿阔叶乔木
218	乔木层	山蕉	*Mitrephora maccluer* Weeras. & R. M. K. Saunders	常绿阔叶乔木
219	乔木层	异株木樨榄	*Olea dioica* Roxb.	常绿阔叶乔木
220	乔木层	短药蒲桃	*Syzygium globiflorum*（Craib）Chantar. & J. Parnell	常绿阔叶乔木
221	乔木层	窄叶枇杷	*Eriobotrya henryi* Nakai	常绿阔叶乔木
222	乔木层	西蜀苹婆	*Sterculia lanceifolia* Roxb. ex Roxb.	常绿阔叶乔木
223	乔木层	腋球苎麻	*Boehmeria glomerulifera* Miq.	常绿阔叶灌木
224	乔木层	长柱山丹	*Duperrea pavettifolia*（Kurz）Pit.	常绿阔叶乔木
225	乔木层	黑风藤	*Fissistigma polyanthum*（Hook. f. & Thomson）Merr.	常绿阔叶乔木
226	乔木层	银叶锥	*Castanopsis argyrophylla* King ex Hook. f.	常绿阔叶乔木
227	乔木层	海南樫木	*Dysoxylum mollissimum* Blume	常绿阔叶乔木
228	乔木层	黄杞	*Engelhardia roxburghiana* Wall.	半常绿阔叶乔木
229	乔木层	隐翼木	*Crypteronia paniculata* Blume	常绿阔叶乔木
230	乔木层	林生芒果	*Mangifera sylvatica* Roxb.	常绿阔叶乔木
231	乔木层	北酸脚杆	*Medinilla septentrionalis*（W. W. Sm.）H. L. Li	常绿阔叶乔木
232	乔木层	辛果漆	*Drimycarpus racemosus*（Roxb.）Hook. f.	落叶阔叶乔木
233	乔木层	云南黄杞	*Engelhardia spicata* Lesch. ex Blume	常绿阔叶乔木
234	乔木层	滇南九节	*Psychotria henryi* H. Lév.	常绿阔叶乔木
235	乔木层	轮叶戟	*Lasiococca comberi* var. *pseudoverticillata*（Merr.）H. S. Kiu	常绿阔叶乔木
236	乔木层	石柯	*Lithocarpus pasania* Huang & Y. T. Chang	常绿阔叶乔木
237	乔木层	滇南新乌檀	*Neonauclea tsaiana* S. Q. Zou	常绿阔叶乔木
238	乔木层	海南破布叶	*Microcos chungii*（Merr.）Chun	常绿阔叶乔木
239	乔木层	云南沉香	*Aquilaria yunnanensis* S. C. Huang	常绿阔叶乔木
240	乔木层	台湾榕	*Ficus formosana* Maxim.	常绿阔叶乔木
241	乔木层	河口五层龙	*Salacia obovatilimba* S. Y. Pao	常绿阔叶乔木
242	乔木层	白肉榕	*Ficus vasculosa* Wall. ex Miq.	常绿阔叶乔木
243	乔木层	刺通草	*Trevesia palmata*（DC.）Vis.	常绿阔叶乔木
244	乔木层	枝花李榄	*Linociera ramiflora*（Roxb.）Wall. ex G. Don	常绿阔叶乔木
245	乔木层	披针叶桂木	*Artocarpus nitidus* subsp. *griffithii*（King）Jarr.	常绿阔叶乔木
246	乔木层	水同木	*Ficus fistulosa* Reinw. ex Blume	常绿阔叶乔木
247	乔木层	锥头麻	*Poikilospermum* suaveolens（Blume）Merr.	落叶阔叶乔木
248	乔木层	西南猫尾木	*Markhamia stipulata*（Wall.）Seem. ex K. Schum.	常绿阔叶乔木
249	乔木层	三桠苦	*Melicope pteleifolia*（Champ. ex Benth.）T. G. Hartley	常绿阔叶乔木
250	乔木层	厚果崖豆藤	*Millettia pachycarpa* Benth.	常绿阔叶乔木
251	乔木层	巴豆	*Croton tiglium* L.	常绿阔叶乔木

序号	层次	中文名	学名	生活型
252	乔木层	假辣子	*Litsea balansae* Lecomte	常绿阔叶乔木
253	乔木层	野波罗蜜	*Artocarpus lakoocha* Wall. ex Roxb.	常绿阔叶乔木
254	乔木层	云南蒲桃	*Syzygium yunnanense* Merr. & L. M. Perry	常绿阔叶乔木
255	乔木层	泡竹	*Pseudostachyum polymorphum* Munro	常绿阔叶乔木
256	乔木层	纤梗腺萼木	*Mycetia gracilis* Craib	常绿阔叶灌木
257	乔木层	林地山龙眼	*Helicia silvicola* W. W. Sm.	常绿阔叶乔木
258	灌木层	核果木*	*Drypetes indica*（Müll. Arg.）Pax & K. Hoffm.	常绿阔叶乔木
259	灌木层	蚁花*	*Orophea laui* Leonardía & P. J. A. Kessler	常绿阔叶乔木
260	灌木层	染木树*	*Saprosma ternata*（Wall.）Hook. f.	常绿阔叶灌木
261	灌木层	南方紫金牛*	*Ardisia thyrsiflora* D. Don	常绿阔叶灌木
262	灌木层	金钩花*	*Pseuduvaria trimera*（Craib）Y. C. F. Su & R. M. K. Saunders	常绿阔叶乔木
263	灌木层	假海桐*	*Pittosporopsis kerrii* Craib	常绿阔叶灌木
264	灌木层	木奶果*	*Baccaurea ramiflora* Lour.	常绿阔叶乔木
265	灌木层	常绿苦树*	*Picrasma javanica* Blume	常绿阔叶乔木
266	灌木层	泰国黄叶树*	*Xanthophyllum flavescens* Roxb.	常绿阔叶乔木
267	灌木层	番龙眼*	*Pometia pinnata* J. R. Forst. & G. Forst.	常绿阔叶乔木
268	灌木层	越南山矾*	*Symplocos cochinchinensis*（Lour.）S. Moore	常绿阔叶乔木
269	灌木层	纤梗腺萼木*	*Mycetia gracilis* Craib	常绿阔叶灌木
270	灌木层	银钩花*	*Mitrephora tomentosa* J. D. Hooker & Thomson	常绿阔叶乔木
271	灌木层	白穗石栎*	*Lithocarpus variolosus* (Franch.) Chun	常绿阔叶灌木
272	灌木层	灰岩棒柄花*	*Cleidion bracteosum* Gagnep.	常绿阔叶乔木
273	灌木层	大花哥纳香*	*Goniothalamus calvicarpus* Craib	常绿阔叶乔木
274	灌木层	腺缘山矾*	*Symplocos glandulifera* Brand	常绿阔叶乔木
275	灌木层	玉蕊*	*Barringtonia racemosa*（L.）Spreng.	常绿阔叶乔木
276	灌木层	云南棋子豆*	*Albizia yunnanensis* T. L. Wu	落叶阔叶乔木
277	灌木层	黄木巴戟*	*Morinda angustifolia* Roxb.	常绿阔叶灌木
278	灌木层	韶子*	*Nephelium chryseum* Blume	常绿阔叶乔木
279	灌木层	多毛茜树*	*Aidia pycnantha*（Drake）Tirveng.	常绿阔叶灌木
280	灌木层	见血封喉	*Antiaris toxicaria* Lesch.	常绿阔叶乔木
281	灌木层	木紫珠	*Callicarpa arborea* Roxb.	常绿阔叶乔木
282	灌木层	割舌树	*Walsura robusta* Roxb.	常绿阔叶乔木
283	灌木层	斜基粗叶木	*Lasianthus attenuatus* Jack	常绿阔叶灌木
284	灌木层	包疮叶	*Maesa indica*（Roxb.）A. DC.	常绿阔叶乔木
285	灌木层	山壳骨	*Pseuderanthemum latifolium*（Vahl）B. Hansen	多年生草本
286	灌木层	勐仑翅子树	*Pterospermum menglunense* Hsue	常绿阔叶乔木
287	灌木层	云南厚壳桂	*Cryptocarya yunnanensis* H. W. Li	常绿阔叶乔木
288	灌木层	异色假卫矛	*Microtropis discolor*（Wall.）Wall. ex Meisn.	常绿阔叶灌木
289	灌木层	鹅掌柴	*Schefflera heptaphylla*（L.）Frodin	常绿阔叶乔木
290	灌木层	新乌檀	*Neonauclea griffithii*（Hook. f.）Merr.	常绿阔叶乔木
291	灌木层	黑皮柿	*Diospyros nigricortex* C. Y. Wu	常绿阔叶乔木

序号	层次	中文名	学名	生活型
292	灌木层	思茅木姜子	*Litsea szemaois*（H. Liu）J. Li & H. W. Li	常绿阔叶乔木
293	灌木层	阔叶蒲桃	*Syzygium megacarpum*（Craib）Rathakr. & N. C. Nair	常绿阔叶乔木
294	灌木层	溪桫	*Chisocheton cumingianus* subsp. *balansae*（C. DC.）Mabb.	常绿阔叶乔木
295	灌木层	毒鼠子	*Dichapetalum gelonioides*（Roxb.）Engl.	常绿阔叶乔木
296	灌木层	楔叶野独活	*Miliusa cuneata* Craib	常绿阔叶灌木
297	灌木层	长叶柞木	*Xylosma longifolia* Clos	常绿阔叶灌木
298	灌木层	光序肉实树	*Sarcosperma kachinense* var. *simondii*（Gagnep.）H. J. Lam & P. Royen	常绿阔叶乔木
299	灌木层	思茅崖豆	*Millettia leptobotrya* Dunn	常绿阔叶乔木
300	灌木层	厚果崖豆藤	*Millettia pachycarpa* Benth.	常绿阔叶乔木
301	灌木层	缩序米仔兰	*Aglaia abbreviata* C. Y. Wu	常绿阔叶灌木
302	灌木层	弯管花	*Chassalia curviflora*（Wall.）Thwaites	常绿阔叶灌木
303	灌木层	香港大沙叶	*Pavetta hongkongensis* Bremek.	常绿阔叶灌木
304	灌木层	云南叶轮木	*Ostodes katharinae* Pax & Hoffm.	常绿阔叶乔木
305	灌木层	四蕊朴	*Celtis tetrandra* Roxb.	常绿阔叶乔木
306	灌木层	假山萝	*Harpullia cupanioides* Roxb.	常绿阔叶乔木
307	灌木层	椴叶山麻杆	*Alchornea tiliifolia*（Benth.）Müll. Arg.	落叶阔叶灌木
308	灌木层	山油柑	*Acronychia pedunculata*（L.）Miq.	常绿阔叶乔木
309	灌木层	海南破布叶	*Microcos chungii*（Merr.）Chun	常绿阔叶乔木
310	灌木层	碧绿米仔兰	*Aglaia perviridis* Hiern	常绿阔叶乔木
311	灌木层	长叶棋子豆	*Archidendron alternifoliolatum*（T. L. Wu）I. C. Nielsen	常绿阔叶乔木
312	灌木层	印度锥	*Castanopsis indica*（Roxb. ex Lindl.）A. DC.	常绿阔叶乔木
313	灌木层	云树	*Garcinia cowa* Roxb.	常绿阔叶乔木
314	灌木层	金叶树	*Chrysophyllum lanceolatum* var. *stellatocarpon* P. Royen	常绿阔叶乔木
315	灌木层	长梗三宝木	*Trigonostemon thyrsoideus* Stapf	常绿阔叶灌木
316	灌木层	勐仑琼楠	*Beilschmiedia brachythyrsa* H. W. Li	常绿阔叶乔木
317	灌木层	油茶	*Camellia oleifera* C. Abel	常绿阔叶灌木
318	灌木层	云南倒吊笔	*Wrightia coccinea*（Lodd.）Sims	常绿阔叶灌木
319	灌木层	紫叶琼楠	*Beilschmiedia purpurascens* H. W. Li	常绿阔叶乔木
320	灌木层	五瓣子楝树	*Decaspermum parviflorum*（Lam.）A. J. Scott	常绿阔叶灌木
321	灌木层	短柄苹婆	*Sterculia brevissima* H. H. Hsue ex Y. Tang，M. G. Gilbert & Dorr	常绿阔叶乔木
322	灌木层	番荔枝科一种	Annonaceae sp.	常绿阔叶灌木
323	灌木层	网脉肉托果	*Semecarpus reticulata* Lecomte	常绿阔叶乔木
324	灌木层	云南银柴	*Aporosa yunnanensis*（Pax & K. Hoffm.）F. P. Metcalf	常绿阔叶乔木
325	灌木层	大果杜英	*Elaeocarpus sikkimensis* Masters	常绿阔叶灌木
326	灌木层	尖叶厚壳桂	*Cryptocarya acutifolia* H. W. Li	常绿阔叶乔木
327	灌木层	棱枝杜英	*Elaeocarpus glabripetalus* var. *alatus*（Kunth）H. T. Chang	常绿阔叶灌木
328	灌木层	网脉核果木	*Drypetes perreticulata* Gagnep.	常绿阔叶乔木

序号	层次	中文名	学名	生活型
329	灌木层	腋球苎麻	*Boehmeria glomerulifera* Miq.	常绿阔叶灌木
330	灌木层	斯里兰卡天料木	*Homalium ceylanicum*（Gardner）Benth.	常绿阔叶乔木
331	灌木层	异株木樨榄	*Olea dioica* Roxb.	常绿阔叶灌木
332	灌木层	粗叶木	*Lasianthus chinensis*（Champ.）Benth.	常绿阔叶乔木
333	灌木层	大叶木兰	*Lirianthe henryi*（Dunn）N. H. Xia & C. Y. Wu	常绿阔叶乔木
334	灌木层	单羽火筒树	*Leea asiatica*（L.）Ridsdale	常绿阔叶乔木
335	灌木层	粗糠柴	*Ehretia dicksonii* Hance	常绿阔叶乔木
336	灌木层	滇赤才	*Lepisanthes senegalensis*（Juss. ex Poir.）Leenh.	常绿阔叶乔木
337	灌木层	睫毛粗叶木	*Lasianthus hookeri* var. *dunniana*（H. Lév.）H. Zhu	常绿阔叶乔木
338	灌木层	四裂算盘子	*Glochidion ellipticum* Wight	常绿阔叶乔木
339	灌木层	西蜀苹婆	*Sterculia lanceifolia* Roxb. ex Roxb.	常绿阔叶灌木
340	灌木层	小绿刺	*Capparis urophylla* F. Chun	常绿阔叶灌木
341	灌木层	皱枣	*Ziziphus rugosa* Lam.	常绿阔叶灌木
342	灌木层	火绳藤	*Fissistigma poilanei*（Ast）Tsiang & P. T. Li	攀援灌木
343	灌木层	西南猫尾木	*Markhamia stipulata*（Wall.）Seem. ex K. Schum.	常绿阔叶乔木
344	灌木层	波缘大参	*Macropanax undulatus*（Wall. ex G. Don）Seem.	常绿阔叶乔木
345	灌木层	腺叶暗罗	*Polyalthia simiarum*（Buch.-Ham. ex Hook. f. & Thomson）Hook. f. & Thomson	常绿阔叶乔木
346	灌木层	粗丝木	*Gomphandra tetrandra*（Wall.）Sleum.	常绿阔叶乔木
347	灌木层	钝叶桂	*Cinnamomum bejolghota*（Buch.-Ham.）Sweet	常绿阔叶乔木
348	灌木层	风轮桐	*Epiprinus siletianus*（Baill.）Croizat	常绿阔叶灌木
349	灌木层	河口五层龙	*Salacia obovatilimba* S. Y. Pao	常绿阔叶乔木
350	灌木层	枝花李榄	*Linociera ramiflora*（Roxb.）Wall. ex G. Don	常绿阔叶灌木
351	灌木层	马钱子	*Strychnos nux-vomica* L.	常绿阔叶乔木
352	灌木层	三对节	*Clerodendrum serratum*（L.）Moon	常绿阔叶灌木
353	灌木层	细齿扁担杆	*Grewia lacei* J.R. Drumm. & Craib	常绿阔叶灌木
354	灌木层	细毛润楠	*Machilus tenuipilis* H. W. Li	常绿阔叶乔木
355	灌木层	香花木姜子	*Litsea panamanja*（Buch.-Ham. ex Nees）Hook. f.	常绿阔叶乔木
356	灌木层	异色假卫矛	*Microtropis discolor*（Wall.）Wall. ex Meisn.	常绿阔叶灌木
357	灌木层	越南巴豆	*Croton kongensis* Gagnep.	常绿阔叶灌木
358	灌木层	白颜树	*Gironniera subaequalis* Planch.	常绿阔叶乔木
359	灌木层	蒲桃属一种	*Syzygium* sp.	常绿阔叶灌木
360	灌木层	常绿榆	*Ulmus lanceifolia* Roxb.	常绿阔叶乔木
361	灌木层	乌墨	*Syzygium cumini*（L.）Skeels	常绿阔叶乔木
362	灌木层	柴桂	*Cinnamomum tamala*（Buch.-Ham.）Nees & Eberm.	常绿阔叶乔木
363	灌木层	多脉樫木	*Dysoxylum grande* Hiern	常绿阔叶乔木
364	灌木层	多脉桂花	*Osmanthus polyneurus* P. Y. Bai	常绿阔叶灌木
365	灌木层	灰背叉柱花	*Staurogyne hypoleuca* Benoist	常绿阔叶灌木
366	灌木层	亮叶龙船花	*Ixora fulgens* Roxb.	常绿阔叶灌木
367	灌木层	牛目椒	*Prismatomeris connata* Y. Z. Ruan	常绿阔叶灌木

序号	层次	中文名	学名	生活型
368	灌木层	网叶山胡椒	*Lindera metcalfiana* var. *dictyophylla*（C. K. Allen）H. P. Tsui	常绿阔叶灌木
369	灌木层	山小橘	*Glycosmis pentaphylla*（Retz.）DC.	常绿阔叶灌木
370	灌木层	银叶锥	*Castanopsis argyrophylla* King ex Hook. f.	常绿阔叶乔木
371	灌木层	樟科一种	Lauraceae sp.	常绿阔叶灌木
372	灌木层	大叶藤黄	*Garcinia xanthochymus* Hook. f. ex T. Anderson	常绿阔叶乔木
373	灌木层	美果九节	*Psychotria calocarpa* Kurz	常绿阔叶灌木
374	灌木层	毛叶榄	*Canarium subulatum* Guillaumin	常绿阔叶灌木
375	灌木层	象鼻藤	*Dalbergia mimosoides* Franch.	常绿阔叶灌木
376	灌木层	南山花	*Prismatomeris connata* Y. Z. Ruan	常绿阔叶灌木
377	灌木层	多裂黄檀	*Dalbergia rimosa* Roxb.	常绿阔叶灌木
378	灌木层	岭罗麦	*Tarennoidea wallichii*（Hook. f.）Tirveng. & Sastre	常绿阔叶乔木
379	灌木层	披针叶楠	*Phoebe lanceolata*（Nees）Nees	常绿阔叶乔木
380	草本层	三叉蕨*	*Tectaria subtriphylla*（Hook. & Arn.）Copel.	多年生草本
381	草本层	薄叶卷柏*	*Selaginella delicatula*（Desv.）Alston	多年生草本
382	草本层	柊叶*	*Phrynium rheedei* Suresh & Nicolson	多年生草本
383	草本层	马钱子*	*Strychnos nux-vomica* L.	常绿阔叶乔木
384	草本层	核果木*	*Drypetes indica*（Müll. Arg.）Pax & K. Hoffm.	常绿阔叶乔木幼苗
385	草本层	柔枝莠竹*	*Microstegium vimineum*（Trin.）A. Camus	一年生草本
386	草本层	番龙眼*	*Pometia pinnata* J. R. Forst. & G. Forst.	常绿阔叶乔木幼苗
387	草本层	玉蕊	*Barringtonia racemosa*（L.）Spreng.	常绿阔叶乔木幼苗
388	草本层	染木树	*Saprosma ternata*（Wall.）Hook. f.	常绿阔叶乔木幼苗
389	草本层	金钩花	*Pseuduvaria trimera*（Craib）Y. C. F. Su & R. M. K. Saunders	常绿阔叶乔木幼苗
390	草本层	多苞冷水花	*Pilea bracteosa* Wedd.	多年生草本
391	草本层	老虎须	*Tylophora arenicola* Merr.	多年生草本
392	草本层	毒鼠子	*Dichapetalum gelonioides*（Roxb.）Engl.	常绿阔叶乔木幼苗
393	草本层	蚁花	*Orophea laui* Leonardía & P. J. A. Kessler	常绿阔叶乔木幼苗
394	草本层	弯管花	*Chassalia curviflora*（Wall.）Thwaites	常绿阔叶灌木幼苗
395	草本层	荜茇	*Piper longum* L.	藤本
396	草本层	小叶楼梯草	*Elatostema parvum*（Blume）Miq.	多年生草本
397	草本层	多序楼梯草	*Elatostema macintyrei* Dunn	多年生草本
398	草本层	思茅木姜子	*Litsea szemaois*（H. Liu）J. Li & H. W. Li	常绿阔叶乔木幼苗
399	草本层	细罗伞	*Ardisia affinis* Hemsl.	常绿阔叶乔木幼苗
400	草本层	鹅掌柴	*Schefflera heptaphylla*（L.）Frodin	常绿阔叶乔木幼苗
401	草本层	滇印杜英	*Elaeocarpus varunua* Buch.-Ham.	常绿阔叶乔木幼苗
402	草本层	泰国黄叶树	*Xanthophyllum flavescens* Roxb.	常绿阔叶乔木幼苗
403	草本层	丛花厚壳桂	*Cryptocarya densiflora* Blume	常绿阔叶乔木幼苗
404	草本层	短柄胡椒	*Piper stipitiforme* C. C. Chang ex Y. C. Tseng	藤本
405	草本层	见血封喉	*Antiaris toxicaria* Lesch.	常绿阔叶乔木幼苗
406	草本层	木奶果	*Baccaurea ramiflora* Lour.	常绿阔叶乔木幼苗

序号	层次	中文名	学名	生活型
407	草本层	黄木巴戟	*Morinda angustifolia* Roxb.	常绿阔叶灌木幼苗
408	草本层	素馨属	*Jasminum* sp.	藤本
409	草本层	地柑	*Pothos pilulifer* Buchet ex Gagnep.	常绿阔叶林幼苗
410	草本层	纤毛马唐	*Digitaria ciliaris*（Retz.）Koeler	一年生草本
411	草本层	假海桐	*Pittosporopsis kerrii* Craib	常绿阔叶灌木幼苗
412	草本层	野漆	*Toxicodendron succedaneum*（L.）Kuntze	常绿阔叶乔木幼苗
413	草本层	纤梗腺萼木	*Mycetia gracilis* Craib	常绿阔叶灌木幼苗
414	草本层	常绿苦树	*Picrasma javanica* Blume	常绿阔叶林幼苗
415	草本层	滇南九节	*Psychotria henryi* H. Lév.	常绿阔叶灌木幼苗
416	草本层	毛枝翼核果	*Ventilago calyculata* var. *trichoclada* Y. L. Chen & P. K. Chou	常绿阔叶林幼苗
417	草本层	网脉核果木	*Drypetes perreticulata* Gagnep.	常绿阔叶乔木幼苗
418	草本层	穿鞘花	*Amischotolype hispida*（A. Rich.）D. Y. Hong	多年生草本
419	草本层	密花素馨	*Jasminum tonkinense* Gagnep.	藤本
420	草本层	网脉肉托果	*Semecarpus reticulata* Lecomte	常绿阔叶乔木幼苗
421	草本层	阔叶蒲桃	*Syzygium megacarpum*（Craib）Rathakr. & N. C. Nair	常绿阔叶乔木幼苗
422	草本层	斜基粗叶木	*Lasianthus attenuatus* Jack	常绿阔叶灌木幼苗
423	草本层	黑皮柿	*Diospyros nigricortex* C. Y. Wu	常绿阔叶乔木幼苗
424	草本层	楝科一种	Meliaceae sp.	常绿阔叶林幼苗
425	草本层	细毛樟	*Cinnamomum tenuipile* Kosterm.	常绿阔叶乔木幼苗
426	草本层	大叶藤黄	*Garcinia xanthochymus* Hook. f. ex T. Anderson	常绿阔叶乔木幼苗
427	草本层	凤尾蕨	*Pteris cretica* var. *intermedia*（Christ）C. Chr.	多年生草本
428	草本层	胡椒属一种	*Piper* sp.	藤本
429	草本层	虎克粗叶木	*Lasianthus hookeri* C. B. Clarke ex Hook. f.	常绿阔叶林幼苗
430	草本层	蒲桃	*Syzygium jambos*（L.）Alston	常绿阔叶乔木幼苗
431	草本层	砂仁	*Amomum villosum* Lour.	多年生草本
432	草本层	十蕊槭	*Acer laurinum* Hassk.	常绿阔叶乔木幼苗
433	草本层	双籽棕	*Arenga caudata*（Lour.）H. E. Moore	常绿阔叶灌木幼苗
434	草本层	铜锤玉带草	*Lobelia nummularia* Lam.	多年生草本
435	草本层	大花哥纳香	*Goniothalamus calvicarpus* Craib	常绿阔叶乔木幼苗
436	草本层	椴叶山麻杆	*Alchornea tiliifolia*（Benth.）Müll. Arg.	落叶阔叶灌木幼苗
437	草本层	多毛茜树	*Aidia pycnantha*（Drake）Tirveng.	常绿阔叶灌木幼苗
438	草本层	菲律宾朴树	*Celtis philippensis* Blanco	常绿阔叶乔木幼苗
439	草本层	蓝果谷木	*Memecylon cyanocarpum* C. Y. Wu & C. Chen	常绿阔叶乔木幼苗
440	草本层	蒲桃属一种	*Syzygium* sp.	常绿阔叶林幼苗
441	草本层	思茅崖豆	*Millettia leptobotrya* Dunn	常绿阔叶乔木幼苗
442	草本层	无毛砂仁	*Amomum glabrum* S. Q. Tong	多年生草本
443	草本层	胡椒属一种	*Piper* sp.	藤本
444	草本层	云南棋子豆	*Albizia yunnanensis* T. L. Wu	常绿阔叶乔木幼苗
445	草本层	割舌树	*Walsura robusta* Roxb.	常绿阔叶乔木幼苗
446	草本层	灰岩棒柄花	*Cleidion bracteosum* Gagnep.	常绿阔叶乔木幼苗

序号	层次	中文名	学名	生活型
447	草本层	勐仑翅子树	*Pterospermum menglunense* Hsue	常绿阔叶乔木幼苗
448	草本层	纽子果	*Ardisia virens* Kurz	常绿阔叶林幼苗
449	草本层	云南黄杞	*Engelhardia spicata* Lesch. ex Blume	常绿阔叶乔木幼苗
450	草本层	云树	*Garcinia cowa* Roxb.	常绿阔叶乔木幼苗
451	草本层	红花砂仁	*Amomum scarlatinum* Tsai & P. S. Chen	多年生草本

注：*为各层优势种。

13.2.3.2　群落结构

样地植被是以番龙眼和千果榄仁等为标志种的热带季雨林，属于成熟林，是热带北缘的顶极群落类型。群落最大高度为 40 m，垂直结构可分为乔木层、灌木层、草本层和层间植物，其中乔木层可分为 3 个亚层（Ⅰ、Ⅱ、Ⅲ）。乔木层郁闭度为 0.9，平均胸径 7.4 cm，最大胸径为 149.04 cm，平均高度为 6.7 m，最大高度为 60.5 m，平均密度为 2 538 株/hm²，优势种 21 种，数量 1 107 株，主要优势种为番龙眼、玉蕊、白颜树、蚁花、溪桫和千果榄仁等，优势种平均胸径为 9.43 cm，平均高度为 7.52 m。灌木层盖度为 50%，平均高度为 1.8 m，平均密度为 3 923 株/hm²，优势种 22 种，包括核果木、蚁花、染木树、南方紫金牛、金钩花、假海桐和木奶果等，优势种数量 296 株，平均高度为 1.6 m。草本层盖度为 40%，平均高度为 0.37 m，平均密度为 251 153 株/hm²，优势种 7 种，包括三叉蕨、薄叶卷柏、柊叶、马钱子、核果木、柔枝莿竹和番龙眼，优势种数量 315 株，平均高度为 0.4 m。层间植物包含藤本植物和寄生植物，层间藤本主要为白花酸藤子、薄叶山橙、垂子买麻藤、刺果藤、大叶钩藤和大叶瓜馥木等。

13.2.3.3　植被分类地位

样地植物群落按照中国植被分类系统分类如下：

植被型组：森林 Forest

　植被型：雨林 Rainforest

　　植被亚型：雨林 Rainforest

　　　群系：番龙眼+千果榄仁雨林 *Pometia pinnata* + *Terminalia myriocarpa* Rainforest Alliance

　　　　群丛：番龙眼+千果榄仁-核果木+蚁花-三叉蕨 雨林 *Pometia pinnata* + *Terminalia myriocarpa* - *Drypetes indica* + *Orophea laui* - *Tectaria subtriphylla* Rainforest

13.2.4　样地配置与观测内容

样地配置有凋落物收集框、地表径流场、侧流堰、土壤温湿盐自动观测系统、植物根系观测系统微根管，监测和采样设计按照 CERN 监测统一规范设置，开展生物、土壤和水分长期定位监测。

13.3　西双版纳站热带次生林辅助观测场（迁地保护区）土壤生物采样地

13.3.1　样地代表性

样地（BNFFZ01ABC_01）建于 2002 年，面积为 100 m×50 m，地理位置为 101°16′24.3″E、21°55′06.2″N，海拔为 580 m。西双版纳热带次生林辅助观测场（迁地保护区）位于云南省勐腊县勐仑镇中国科学院西双版纳热带植物园内，属于原始森林经人为干扰后发育起来的次生植物群落。对样地进行长期的定位研究，对了解人为干扰后的次生植物群落的恢复具有重要的意义。

13.3.2　自然环境背景与管理

样地地势陡峭，坡度 20°～27°，坡向西，坡位下坡。本样地气温、降水等气候特征，土壤类型及土壤母质与综合观测场相似，具体见 13.2.2 节。土壤剖面分层情况为：0～10 cm，灰棕色中壤土，团粒结构，疏松，大量细根，少量粗根，少量石砾，少量管状虫孔，潮；10～20 cm，黄棕色中壤土，核块状结构，疏松，中量细根，少量粗根，大量铁结核，少量管状孔，潮，有碎岩屑；20～47 cm，棕红色重壤土，块核状结构，紧实，根系少，结核少量，潮，岩屑少量；47～60 cm，棕红色重壤土，块核状结构，紧实，根系极少，大量结核，潮，见大量碎岩屑；60～100 cm，基岩，少量红棕色黏土，块状结构，紧实，根系极少，潮。土层厚度＞1.0 m，土壤 pH 为 6.11，有机质含量为 35.7 g/kg，全氮含量为 1.86 g/kg，全磷含量为 0.879 g/kg。无水蚀、重力侵蚀、风蚀以及盐碱化情况。样地动物活动主要是鼠类、鸟类（较为常见）的取食和栖居行为，偶见大型兽类脚印。样地处于植物园迁地保护区内，人类活动属于轻度，无任何采伐活动。

13.3.3　植被特征

13.3.3.1　物种组成

根据 2005 年调查，样地共有 148 个植物种，隶属 51 科、109 属，其中包含植物种数较多的 6 个科为大戟科（13 属、23 种）、楝科（6 属、13 种）、豆科（7 属、11 种）、番荔枝科（8 属、11 种）、杜英科（2 属、8 种）和茜草科（5 属、6 种）。乔木层物种数 112 种，隶属 38 科、78 属；灌木层物种数 33 种，隶属 19 科、30 属；草本层物种数 50 种，隶属 31 科、46 属。样地植物名录见表 13-3。

表 13-3　西双版纳站热带次生林辅助观测场（迁地保护区）土壤生物采样地植物名录

序号	层次	物种中文名	物种学名	生活型
1	乔木层	番龙眼*	*Pometia pinnata* J. R. Forst. & G. Forst.	常绿阔叶乔木
2	乔木层	木奶果*	*Baccaurea ramiflora* Lour.	常绿阔叶乔木

序号	层次	物种中文名	物种学名	生活型
3	乔木层	玉蕊*	*Barringtonia racemosa*（L.）Spreng.	常绿阔叶乔木
4	乔木层	见血封喉*	*Antiaris toxicaria* Lesch.	常绿阔叶乔木
5	乔木层	勐仑翅子树*	*Pterospermum menglunense* Hsue	常绿阔叶乔木
6	乔木层	假海桐*	*Pittosporopsis kerrii* Craib	常绿阔叶乔木
7	乔木层	思茅崖豆*	*Millettia leptobotrya* Dunn	常绿阔叶乔木
8	乔木层	红果樫木*	*Dysoxylum gotadhora*（Buch.-Ham.）Mabb.	常绿阔叶乔木
9	乔木层	云树*	*Garcinia cowa* Roxb.	常绿阔叶乔木
10	乔木层	大花哥纳香*	*Goniothalamus calvicarpus* Craib	常绿阔叶乔木
11	乔木层	多毛茜树*	*Aidia pycnantha*（Drake）Tirveng.	常绿阔叶乔木
12	乔木层	黑皮柿*	*Diospyros nigricortex* C. Y. Wu	常绿阔叶乔木
13	乔木层	樫木	*Dysoxylum excelsum* Blume	常绿阔叶乔木
14	乔木层	五月茶	*Antidesma bunius*（L.）Spreng.	常绿阔叶乔木
15	乔木层	藤榕	*Ficus hederacea* Roxb.	常绿阔叶乔木
16	乔木层	小叶红光树	*Knema globularia*（Lam.）Warb.	常绿阔叶乔木
17	乔木层	四数木	*Tetrameles nudiflora* R. Br.	落叶阔叶乔木
18	乔木层	紫叶琼楠	*Beilschmiedia purpurascens* H. W. Li	常绿阔叶乔木
19	乔木层	楔叶野独活	*Miliusa cuneata* Craib	常绿阔叶灌木
20	乔木层	溪桫	*Chisocheton cumingianus* subsp. *balansae*（C. DC.）Mabb.	常绿阔叶乔木
21	乔木层	假山萝	*Harpullia cupanioides* Roxb.	常绿阔叶乔木
22	乔木层	青藤公	*Ficus langkokensis* Drake	常绿阔叶乔木
23	乔木层	微毛布惊	*Vitex quinata* var. *puberula*（H. J. Lam）Moldenke	常绿阔叶乔木
24	乔木层	糖胶树	*Alstonia scholaris*（L.）R. Br.	常绿阔叶乔木
25	乔木层	橄榄	*Canarium album*（Lour.）Raeusch.	常绿阔叶乔木
26	乔木层	网脉肉托果	*Semecarpus reticulata* Lecomte	常绿阔叶乔木
27	乔木层	大叶木兰	*Lirianthe henryi*（Dunn）N. H. Xia & C. Y. Wu	常绿阔叶乔木
28	乔木层	睫毛粗叶木	*Lasianthus hookeri* var. *dunniana*（H. Lév.）H. Zhu	常绿阔叶乔木
29	乔木层	歪叶榕	*Ficus cyrtophylla*（Wall. ex Miq.）Miq.	常绿阔叶乔木
30	乔木层	印度锥	*Castanopsis indica*（Roxb. ex Lindl.）A. DC.	常绿阔叶乔木
31	乔木层	柴桂	*Cinnamomum tamala*（Buch.-Ham.）Nees & Eberm.	常绿阔叶乔木
32	乔木层	风吹楠	*Horsfieldia amygdalina*（Wall. ex Hook. f. & Thomson）Warb.	常绿阔叶乔木
33	乔木层	光叶白头树	*Garuga pierrei* Guillaumin	常绿阔叶乔木
34	乔木层	山地五月茶	*Antidesma montanum* Blume	常绿阔叶乔木
35	乔木层	腺叶暗罗	*Polyalthia simiarum*（Buch.-Ham. ex Hook. f. & Thomson）Hook. f. & Thomson	常绿阔叶乔木
36	乔木层	披针叶楠	*Phoebe lanceolata*（Nees）Nees	常绿阔叶乔木
37	乔木层	粗毛刺果藤	*Byttneria pilosa* Roxb.	常绿阔叶乔木
38	乔木层	南方紫金牛	*Ardisia thyrsiflora* D. Don	常绿阔叶灌木
39	乔木层	羽叶白头树	*Garuga pinnata* Roxb.	常绿阔叶乔木
40	乔木层	长芒杜英	*Elaeocarpus apiculatus* Masters	常绿阔叶乔木

序号	层次	物种中文名	物种学名	生活型
41	乔木层	海南樫木	*Dysoxylum mollissimum* Blume	常绿阔叶乔木
42	乔木层	滇南新乌檀	*Neonauclea tsaiana* S. Q. Zou	常绿阔叶乔木
43	乔木层	红光树	*Knema tenuinervia* W. J. de Wilde	常绿阔叶乔木
44	乔木层	麻楝	*Chukrasia tabularis* A. Juss.	常绿阔叶乔木
45	乔木层	皮孔樫木	*Dysoxylum lenticellatum* C. Y. Wu & H. Li	常绿阔叶乔木
46	乔木层	厚叶琼楠	*Beilschmiedia percoriacea* C. K. Allen	常绿阔叶乔木
47	乔木层	碟腺棋子豆	*Archidendron kerrii*（Gagnep.）I. C. Nielsen	常绿阔叶乔木
48	乔木层	高檐蒲桃	*Syzygium oblatum*（Roxb.）Wall. ex Steud.	常绿阔叶乔木
49	乔木层	滇印杜英	*Elaeocarpus varunua* Buch.-Ham.	常绿阔叶乔木
50	乔木层	密花樫木	*Dysoxylum densiflorum*（Blume）Miq.	常绿阔叶乔木
51	乔木层	海红豆	*Adenanthera microsperma* Teijsm. & Binn.	落叶阔叶乔木
52	乔木层	波缘大参	*Macropanax undulatus*（Wall. ex G. Don）Seem.	常绿阔叶乔木
53	乔木层	稠琼楠	*Beilschmiedia roxburghiana* Nees	常绿阔叶乔木
54	乔木层	五桠果叶木姜子	*Litsea dilleniifolia* P. Y. Pai & P. H. Huang	常绿阔叶乔木
55	乔木层	长叶棋子豆	*Archidendron alternifoliolatum*（T. L. Wu）I. C. Nielsen	常绿阔叶乔木
56	乔木层	云南风吹楠	*Horsfieldia prainii*（King）Warb.	常绿阔叶乔木
57	乔木层	对叶榕	*Ficus hispida* L. f.	常绿阔叶乔木
58	乔木层	黄丹木姜子	*Litsea elongata*（Wall. ex Ness）Benth. & Hook. f.	常绿阔叶乔木
59	乔木层	云南银柴	*Aporosa yunnanensis*（Pax & K. Hoffm.）F. P. Metcalf	常绿阔叶乔木
60	乔木层	藤漆	*Pegia nitida* Colebr.	常绿阔叶乔木
61	乔木层	望谟崖摩	*Aglaia lawii*（Wight）C. J. Saldanha & Ramamorthy	常绿阔叶乔木
62	乔木层	野漆	*Toxicodendron succedaneum*（L.）Kuntze	常绿阔叶乔木
63	乔木层	碧绿米仔兰	*Aglaia perviridis* Hiern	常绿阔叶乔木
64	乔木层	大果山香圆	*Turpinia pomifera*（Roxb.）DC.	常绿阔叶乔木
65	乔木层	假苹婆	*Sterculia lanceolata* Cav.	常绿阔叶乔木
66	乔木层	刺通草	*Trevesia palmata*（DC.）Vis.	常绿阔叶乔木
67	乔木层	绒毛紫薇	*Lagerstroemia tomentosa* C. Presl	常绿阔叶乔木
68	乔木层	网叶山胡椒	*Lindera metcalfiana* var. *dictyophylla*（C. K. Allen）H. P. Tsui	常绿阔叶乔木
69	乔木层	野波罗蜜	*Artocarpus lakoocha* Wall. ex Roxb.	常绿阔叶乔木
70	乔木层	金钩花	*Pseuduvaria trimera*（Craib）Y. C. F. Su & R. M. K. Saunders	常绿阔叶乔木
71	乔木层	木瓜榕	*Ficus auriculata* Lour.	常绿阔叶乔木
72	乔木层	云南石梓	*Gmelina arborea* Roxb.	落叶阔叶乔木
73	乔木层	齿叶黄杞	*Engelhardia serrata* var. *cambodica* W. E. Manning	常绿阔叶乔木
74	乔木层	白肉榕	*Ficus vasculosa* Wall. ex Miq.	常绿阔叶乔木
75	乔木层	齿叶猫尾木	*Dolichandrone stipulata* var. *velutina*（Kurz）Clarke	常绿阔叶乔木
76	乔木层	滇南杜英	*Elaeocarpus austroyunnanensis* Hu	常绿阔叶乔木
77	乔木层	越南山矾	*Symplocos cochinchinensis*（Lour.）S. Moore	常绿阔叶乔木
78	乔木层	枝花李榄	*Linociera ramiflora*（Roxb.）Wall. ex G. Don	常绿阔叶乔木

序号	层次	物种中文名	物种学名	生活型
79	乔木层	银钩花	*Mitrephora tomentosa* J. D. Hooker & Thomson	常绿阔叶乔木
80	乔木层	多籽五层龙	*Salacia polysperma* Hu	常绿阔叶乔木
81	乔木层	硬皮榕	*Ficus callosa* Willd.	常绿阔叶乔木
82	乔木层	三桠苦	*Melicope pteleifolia*（Champ. ex Benth.）T. G. Hartley	常绿阔叶乔木
83	乔木层	合果木	*Michelia baillonii*（Pierre）Finet & Gagnep.	常绿阔叶乔木
84	乔木层	圆果杜英	*Elaeocarpus angustifolius* Blume	常绿阔叶乔木
85	乔木层	红梗润楠	*Machilus rufipes* H. W. Li	常绿阔叶乔木
86	乔木层	滇边蒲桃	*Syzygium forrestii* Merr. & L. M. Perry	常绿阔叶乔木
87	乔木层	酸苔菜	*Ardisia solanacea* Roxb.	常绿阔叶乔木
88	乔木层	大叶藤黄	*Garcinia xanthochymus* Hook. f. ex T. Anderson	常绿阔叶乔木
89	乔木层	水同木	*Ficus fistulosa* Reinw. ex Blume	常绿阔叶乔木
90	乔木层	越南巴豆	*Croton kongensis* Gagnep.	常绿阔叶灌木
91	乔木层	大叶桂樱	*Laurocerasus zippeliana*（Miq.）T. T. Yu & L. T. Lu	常绿阔叶乔木
92	乔木层	爪哇桂樱	*Laurocerasus javanica*（Teijsm. & Binn.）C. K. Schneid.	常绿阔叶乔木
93	乔木层	香花木姜子	*Litsea panamanja*（Buch.-Ham. ex Nees）Hook. f.	常绿阔叶乔木
94	乔木层	香港大沙叶	*Pavetta hongkongensis* Bremek.	常绿阔叶乔木
95	乔木层	粗毛榕	*Ficus hirta* Vahl.	常绿阔叶乔木
96	乔木层	盆架树	*Alstonia rostrata* C. E. C. Fisch.	常绿阔叶乔木
97	乔木层	泰国黄叶树	*Xanthophyllum flavescens* Roxb.	常绿阔叶乔木
98	乔木层	琴叶风吹楠	*Horsfieldia pandurifolia* Hu	常绿阔叶乔木
99	乔木层	弯管花	*Chassalia curviflora*（Wall.）Thwaites	常绿阔叶灌木
100	乔木层	棒柄花	*Cleidion brevipetiolatum* Pax & K. Hoffm.	常绿阔叶乔木
101	乔木层	小芸木	*Micromelum integerrimum*（Buch.-Ham. ex Colebr.）M. Roem.	常绿阔叶乔木
102	乔木层	滇南木姜子	*Litsea martabanica*（Kurz）Hook. f.	常绿阔叶乔木
103	乔木层	华溪桫	*Chisocheton chinensis* Merr.	常绿阔叶乔木
104	乔木层	河口五层龙	*Salacia obovatilimba* S. Y. Pao	常绿阔叶乔木
105	乔木层	柴龙树	*Apodytes dimidiata* E. Mey. ex Arn.	常绿阔叶乔木
106	乔木层	琼榄	*Gonocaryum lobbianum*（Miers）Kurz	常绿阔叶乔木
107	乔木层	鹅掌柴	*Schefflera heptaphylla*（L.）Frodin	常绿阔叶乔木
108	乔木层	柞木	*Xylosma congesta*（Lour.）Merr.	常绿阔叶乔木
109	乔木层	滇短萼齿木	*Brachytome hirtellata* Hu	常绿阔叶乔木
110	乔木层	单羽火筒树	*Leea asiatica*（L.）Ridsdale	常绿阔叶乔木
111	乔木层	密花火筒树	*Leea compactiflora* Kurz	常绿阔叶乔木
112	乔木层	滇赤才	*Lepisanthes senegalensis*（Juss. ex Poir.）Leenh.	常绿阔叶乔木
113	灌木层	见血封喉*	*Antiaris toxicaria* Lesch.	常绿阔叶乔木
114	灌木层	大花哥纳香*	*Goniothalamus calvicarpus* Craib	常绿阔叶乔木
115	灌木层	假海桐*	*Pittosporopsis kerrii* Craib	常绿阔叶灌木
116	灌木层	假山萝*	*Harpullia cupanioides* Roxb.	常绿阔叶乔木
117	灌木层	思茅崖豆*	*Millettia leptobotrya* Dunn	常绿阔叶乔木

序号	层次	物种中文名	物种学名	生活型
118	灌木层	黑皮柿*	*Diospyros nigricortex* C. Y. Wu	常绿阔叶乔木
119	灌木层	云树*	*Garcinia cowa* Roxb.	常绿阔叶乔木
120	灌木层	紫叶琼楠	*Beilschmiedia purpurascens* H. W. Li	常绿阔叶乔木
121	灌木层	玉蕊	*Barringtonia racemosa*（L.）Spreng.	常绿阔叶乔木
122	灌木层	笔管榕	*Ficus subpisocarpa* Gagnep.	常绿阔叶乔木
123	灌木层	多毛茜树	*Aidia pycnantha*（Drake）Tirveng.	常绿阔叶灌木
124	灌木层	五月茶	*Antidesma bunius*（L.）Spreng.	常绿阔叶乔木
125	灌木层	勐仑翅子树	*Pterospermum menglunense* Hsue	常绿阔叶乔木
126	灌木层	印度锥	*Castanopsis indica*（Roxb. ex Lindl.）A. DC.	常绿阔叶乔木
127	灌木层	红果樫木	*Dysoxylum gotadhora*（Buch.-Ham.）Mabb.	常绿阔叶乔木
128	灌木层	铁屎米	*Canthium parviflorum* Lam.	常绿阔叶乔木
129	灌木层	高檐蒲桃	*Syzygium oblatum*（Roxb.）Wall. ex Steud.	常绿阔叶乔木
130	灌木层	腺叶暗罗	*Polyalthia simiarum*（Buch.-Ham. ex Hook. f. & Thomson）Hook. f. & Thomson	常绿阔叶乔木
131	灌木层	木紫珠	*Callicarpa arborea* Roxb.	常绿阔叶乔木
132	灌木层	弯管花	*Chassalia curviflora*（Wall.）Thwaites	常绿阔叶灌木
133	灌木层	野独活	*Miliusa balansae* Finet & Gagnep.	常绿阔叶灌木
134	灌木层	木奶果	*Baccaurea ramiflora* Lour.	常绿阔叶乔木
135	灌木层	罗伞树	*Ardisia quinquegona* Blume	常绿阔叶灌木
136	灌木层	红光树	*Knema tenuinervia* W. J. de Wilde	常绿阔叶乔木
137	灌木层	小叶红光树	*Knema globularia*（Lam.）Warb.	常绿阔叶灌木
138	灌木层	长叶棋子豆	*Archidendron alternifoliolatum*（T. L. Wu）I. C. Nielsen	常绿阔叶乔木
139	灌木层	假广子	*Knema elegans* Warb.	常绿阔叶灌木
140	灌木层	黄木巴戟	*Morinda angustifolia* Roxb.	常绿阔叶灌木
141	灌木层	厚果崖豆藤	*Millettia pachycarpa* Benth.	常绿阔叶乔木
142	灌木层	披针叶楠	*Phoebe lanceolata*（Nees）Nees	常绿阔叶乔木
143	灌木层	歪叶榕	*Ficus cyrtophylla*（Wall. ex Miq.）Miq.	常绿阔叶灌木
144	灌木层	滇南九节	*Psychotria henryi* H. Lév.	常绿阔叶灌木
145	灌木层	双籽棕	*Arenga caudata*（Lour.）H. E. Moore	常绿阔叶灌木
146	草本层	假斜叶榕*	*Ficus subulata* Blume	常绿阔叶乔木幼苗
147	草本层	见血封喉*	*Antiaris toxicaria* Lesch.	常绿阔叶乔木幼苗
148	草本层	长叶实蕨*	*Bolbitis heteroclita*（C. Presl）Ching	多年生草本
149	草本层	红果樫木*	*Dysoxylum gotadhora*（Buch.-Ham.）Mabb.	常绿阔叶乔木幼苗
150	草本层	三叉蕨*	*Tectaria subtriphylla*（Hook. & Arn.）Copel.	多年生草本
151	草本层	轴脉蕨*	*Tectaria sagenioides*（Mett.）Christenh.	多年生草本
152	草本层	柊叶*	*Phrynium rheedei* Suresh & Nicolson	多年生草本
153	草本层	小叶楼梯草*	*Elatostema parvum*（Blume）Miq.	多年生草本
154	草本层	大叶沿阶草*	*Ophiopogon latifolius* L. Rodrigues	多年生草本
155	草本层	番龙眼	*Pometia pinnata* J. R. Forst. & G. Forst.	常绿阔叶乔木幼苗
156	草本层	阔羽三叉蕨	*Tectaria fengii* Ching & Chu H. Wang	多年生草本
157	草本层	观音座莲属一种	*Angiopteris* sp.	多年生草本

序号	层次	物种中文名	物种学名	生活型
158	草本层	千年健	*Homalomena occulta*（Lour.）Schott	多年生草本
159	草本层	歪叶榕	*Ficus cyrtophylla*（Wall. ex Miq.）Miq.	常绿阔叶灌木幼苗
160	草本层	山壳骨	*Pseuderanthemum latifolium*（Vahl）B. Hansen	多年生草本
161	草本层	多毛茜树	*Aidia pycnantha*（Drake）Tirveng.	常绿阔叶灌木幼苗
162	草本层	胡椒属一种	Piper sp.	藤本
163	草本层	大花哥纳香	*Goniothalamus calvicarpus* Craib	常绿阔叶乔木幼苗
164	草本层	溪桫	*Chisocheton cumingianus* subsp. *balansae*（C. DC.）Mabb.	常绿阔叶乔木幼苗
165	草本层	菜蕨	*Callipteris esculenta*（Retz.）J. Sm. ex T. Moore & Houlst.	多年生草本
166	草本层	美果九节	*Psychotria calocarpa* Kurz	常绿阔叶灌木幼苗
167	草本层	滇南鳞毛蕨	*Dryopteris austro-yunnanensis*	多年生草本
168	草本层	粗糙短肠蕨	*Allantodia aspera*（Blume）Ching	多年生草本
169	草本层	单边铁角蕨	*Asplenium cataractarum* Rosenst.	多年生草本
170	草本层	毛瓜馥木	*Fissistigma maclurei* Merr.	常绿阔叶乔木幼苗
171	草本层	糯米香	*Strobilanthes tonkinensis* Lindau	多年生草本
172	草本层	长柄山姜	*Alpinia kwangsiensis* T. L. Wu & S. J. Chen	多年生草本
173	草本层	高檐蒲桃	*Syzygium oblatum*（Roxb.）Wall. ex Steud.	常绿阔叶乔木幼苗
174	草本层	紫叶琼楠	*Beilschmiedia purpurascens* H. W. Li	常绿阔叶乔木幼苗
175	草本层	刺通草	*Trevesia palmata*（DC.）Vis.	常绿阔叶乔木幼苗
176	草本层	黑皮柿	*Diospyros nigricortex* C. Y. Wu	常绿阔叶乔木幼苗
177	草本层	滇南九节	*Psychotria henryi* H. Lév.	常绿阔叶乔木幼苗
178	草本层	野独活	*Miliusa balansae* Finet & Gagnep.	常绿阔叶灌木
179	草本层	玉蕊	*Barringtonia racemosa*（L.）Spreng.	常绿阔叶乔木幼苗
180	草本层	爬树龙	*Rhaphidophora decursiva*（Roxb.）Schott	藤本
181	草本层	假山萝	*Harpullia cupanioides* Roxb.	常绿阔叶乔木幼苗
182	草本层	笔管榕	*Ficus subpisocarpa* Gagnep.	常绿阔叶乔木幼苗
183	草本层	假海桐	*Pittosporopsis kerrii* Craib	常绿阔叶灌木幼苗
184	草本层	木奶果	*Baccaurea ramiflora* Lour.	常绿阔叶乔木幼苗
185	草本层	思茅崖豆	*Millettia leptobotrya* Dunn	常绿阔叶乔木幼苗
186	草本层	北酸脚杆	*Medinilla septentrionalis*（W. W. Sm.）H. L. Li	常绿阔叶乔木幼苗
187	草本层	穿鞘花	*Amischotolype hispida*（A. Rich.）D. Y. Hong	多年生草本
188	草本层	独子藤	*Celastrus monospermus* Roxb.	藤本
189	草本层	金钩花	*Pseuduvaria trimera*（Craib）Y. C. F. Su & R. M. K. Saunders	常绿阔叶乔木幼苗
190	草本层	羽叶金合欢	*Acacia pennata*（L.）Willd.	藤本
191	草本层	版纳轴脉蕨	*Ctenitopsis xishuangbannaensis*	多年生草本
192	草本层	红光树	*Knema tenuinervia* W. J. de Wilde	常绿阔叶乔木幼苗
193	草本层	黄丹木姜子	*Litsea elongata*（Wall. ex Ness）Benth. & Hook. f.	常绿阔叶乔木幼苗
194	草本层	黄木巴戟	*Morinda angustifolia* Roxb.	常绿阔叶灌木幼苗
195	草本层	弯管花	*Chassalia curviflora*（Wall.）Thwaites	常绿阔叶灌木幼苗

注：*为各层优势种。

13.3.3.2 群落结构

样地植被为原始森林经人为干扰后发育起来的次生植物群落，群落高 20～25 m，属于热带次生林中龄林，处于建群期的中后期阶段。群落的垂直结构可分为乔木层、灌木层和草本层，其中乔木层又可分为 2 个亚层（乔木Ⅰ、Ⅱ层），层间植物包含藤本植物和寄生植物。乔木层郁闭度 0.85，平均胸径 8.28 cm，最大胸径 119.27 cm，平均高度 6.3 m，最大高度 30 m，平均密度 2 566 株/hm²，优势种 12 种，包括番龙眼、木奶果、玉蕊、见血封喉、勐仑翅子树和假海桐等，优势种数量 744 株，平均胸径 5.93 cm，平均高度 5.93 m。灌木层盖度 50%，平均高度 2 m，平均密度 1 800 株/hm²，优势种 7 种，包括见血封喉、大花哥纳香、假海桐、假山萝、思茅崖豆、黑皮柿和云树，优势种数量 79 株，平均高度 2 m。草本层盖度 40%，平均高度 0.51 m，平均密度 275 000 株/hm²，优势种 9 种，包括假斜叶榕、见血封喉、长叶实蕨、红果樫木、三叉蕨、轴脉蕨、柊叶、小叶楼梯草和大叶沿阶草，优势种数量 301 株，平均高度 0.37 m。层间植物由藤本植物和寄生植物组成，层间藤本包括扁担藤、刺果藤、大叶钩藤、大叶藤、盾苞藤和贵州瓜馥木等。

13.3.3.3 植被分类地位

样地植物群落按照中国植被分类系统分类如下：

植被型组：森林 Forest

植被型：雨林 Rainforest

植被亚型：雨林 Rainforest

群系：番龙眼+木奶果雨林 *Pometia pinnata + Baccaurea ramiflora* Rainforest Alliance（次生林）

群丛：番龙眼+木奶果-见血封喉+大花哥纳香-假斜叶榕 雨林 *Pometia pinnata + Baccaurea ramiflora - Antiaris toxicaria + Goniothalamus griffithii - Ficus subulata* Rainforest（次生林）

13.3.4 样地配置与观测内容

样地配置有凋落物收集框、地表径流场、侧流堰、土壤温湿盐自动观测系统、植物根系原位观测系统，监测和采样设计按照 CERN 监测统一规范设置，开展生物、土壤和水分监测。

13.4 西双版纳站热带人工雨林辅助观测场（望江亭）土壤生物采样地

13.4.1 样地代表性

样地（BNFFZ02ABC_01）建于 1992 年，面积为 30 m×30 m，地理位置为 101°16′03.7″E、21°55′24.4″N，海拔为 560 m。样地位于云南省勐腊县勐仑镇西双版纳植物园内。样地植被是在橡胶林的基础上，通过引入大量季雨林树种而形成的多种类、多层次的人工雨林。对样地进行长期监测和动态研究，对了解经人工改造形成的次生森林的生态功能具有重要意义。

13.4.2 自然环境背景与管理

样地地势平坦，坡度 0°～5°，坡向西坡。本样地气温、降水等气候特征，土壤类型及土壤母质与综合观测场相似，具体见 13.2.2 节。土壤剖面分层情况：0～15 cm，暗红褐色砂壤土，团粒结构，疏松，根系多，大量管状孔隙，干；15～40 cm，红褐色砂壤土，核粒结构，疏松，细根中量，少量管状孔，干；40～78 cm，红褐色砂壤土，核粒结构，疏松，细根少量，少量管状孔，少量熟化土团，少量小石砾，润；78～100 cm，亮红褐色砂壤土，核粒结构，极少量根系，少量动物孔隙，少量小石砾。土层厚度＞1.0 m，土壤 pH 为 4.64，有机质含量为 26.03 g/kg，全氮含量为 1.31 g/kg，全磷含量为 0.879 g/kg。无水蚀、重力侵蚀、风蚀，以及盐碱化情况。因橡胶树老化，现已不再割胶，人为活动大量减少，影响程度轻。动物主要有鼠类等，影响程度轻。

13.4.3 植被特征

13.4.3.1 物种组成

根据 2005 年调查，样地共有 89 个植物种，隶属 38 科、73 属，其中包含植物种数较多的 6 个科为茜草科（14 属、18 种）、樟科（4 属、10 种）、蔷薇科（3 属、6 种）、漆树科（5 属、6 种）、肉豆蔻科（3 属、5 种）和大戟科（4 属、4 种）。乔木层物种数 38 种，隶属 20 科、33 属；灌木层物种数 56 种，隶属 25 科、49 属；草本层物种数 17 种，隶属 14 科、16 属。样地植物名录见表 13-4。

表 13-4 西双版纳站热带人工雨林辅助观测场（望江亭）土壤生物采样地植物名录

序号	层次	物种中文名	物种学名	生活型
1	乔木层	橡胶树*	*Hevea brasiliensis*（Willd. ex A. Juss.）Müll. Arg.	落叶阔叶乔木
2	乔木层	木奶果*	*Baccaurea ramiflora* Lour.	常绿阔叶乔木
3	乔木层	萝芙木*	*Rauvolfia verticillata*（Lour.）Baill.	常绿阔叶灌木
4	乔木层	思茅木姜子	*Litsea szemaois*（H. Liu）J. Li & H. W. Li	常绿阔叶乔木
5	乔木层	盆架树	*Alstonia rostrata* C. E. C. Fisch.	常绿阔叶乔木
6	乔木层	云南银柴	*Aporosa yunnanensis*（Pax & K. Hoffm.）F. P. Metcalf	常绿阔叶乔木
7	乔木层	粗毛榕	*Ficus hirta* Vahl.	常绿阔叶乔木
8	乔木层	鹅掌柴	*Schefflera heptaphylla*（L.）Frodin	常绿阔叶乔木
9	乔木层	假鹊肾树	*Streblus indicus*（Bureau）Corner	落叶阔叶乔木
10	乔木层	火烧花	*Mayodendron igneum*（Kurz）Kurz	常绿阔叶乔木
11	乔木层	大花哥纳香	*Goniothalamus calvicarpus* Craib	常绿阔叶乔木
12	乔木层	伞花木姜子	*Litsea umbellata*（Lour.）Merr.	常绿阔叶乔木
13	乔木层	大叶藤黄	*Garcinia xanthochymus* Hook. f. ex T. Anderson	常绿阔叶乔木
14	乔木层	破布叶	*Microcos paniculata* L.	落叶阔叶乔木

序号	层次	物种中文名	物种学名	生活型
15	乔木层	木棉	*Bombax ceiba* L.	常绿阔叶乔木
16	乔木层	尖叶漆	*Toxicodendron acuminatum*（DC.）C. Y. Wu & T. L. Ming	常绿阔叶乔木
17	乔木层	合果木	*Michelia baillonii*（Pierre）Finet & Gagnep.	常绿阔叶乔木
18	乔木层	艾胶算盘子	*Glochidion lanceolarium*（Roxb.）Voigt	常绿阔叶乔木
19	乔木层	大胡椒	*Piper umbellatum* L.	常绿阔叶乔木
20	乔木层	黑皮柿	*Diospyros nigricortex* C. Y. Wu	常绿阔叶乔木
21	乔木层	波罗蜜	*Artocarpus heterophyllus* Lam.	常绿阔叶乔木
22	乔木层	椴叶山麻杆	*Alchornea tiliifolia*（Benth.）Müll. Arg.	落叶阔叶灌木
23	乔木层	枳椇	*Hovenia acerba* Lindl.	常绿阔叶乔木
24	乔木层	九里香	*Murraya exotica* L.	常绿阔叶乔木
25	乔木层	笔管榕	*Ficus subpisocarpa* Gagnep.	常绿阔叶乔木
26	乔木层	林生杧果	*Mangifera sylvatica* Roxb.	常绿阔叶乔木
27	乔木层	苏木	*Caesalpinia sappan* L.	常绿阔叶乔木
28	乔木层	潺槁木姜子	*Litsea glutinosa*（Lour.）C. B. Rob.	常绿阔叶乔木
29	乔木层	白花羊蹄甲	*Bauhinia acuminata* L.	落叶阔叶乔木
30	乔木层	盐麸木	*Rhus chinensis* Mill.	常绿阔叶乔木
31	乔木层	蒲桃	*Syzygium jambos*（L.）Alston	常绿阔叶乔木
32	乔木层	茶	*Camellia sinensis*（L.）O. Kuntze	常绿阔叶乔木
33	乔木层	榕属一种	Ficus sp.	常绿阔叶乔木
34	乔木层	滇刺枣	*Ziziphus mauritiana* Lam.	常绿阔叶乔木
35	乔木层	乌墨	*Syzygium cumini*（L.）Skeels	落叶阔叶乔木
36	乔木层	番石榴	*Psidium guajava* L.	常绿阔叶乔木
37	乔木层	苹婆	*Sterculia monosperma* Vent.	常绿阔叶乔木
38	乔木层	大粒咖啡	*Coffea liberica* W. Bull ex Hiern	常绿阔叶乔木
39	灌木层	橡胶树*	*Hevea brasiliensis*（Willd. ex A. Juss.）Müll. Arg.	落叶阔叶乔木
40	灌木层	小粒咖啡*	*Coffea arabica* L.	常绿阔叶灌木
41	灌木层	香港大沙叶*	*Pavetta hongkongensis* Bremek.	常绿阔叶灌木
42	灌木层	矮龙血树*	*Dracaena terniflora* Roxb.	常绿阔叶灌木
43	灌木层	山壳骨*	*Pseuderanthemum latifolium*（Vahl）B. Hansen	多年生草本
44	灌木层	大花哥纳香*	*Goniothalamus calvicarpus* Craib	常绿阔叶灌木
45	灌木层	假鹊肾树*	*Streblus indicus*（Bureau）Corner	落叶阔叶乔木
46	灌木层	九里香*	*Murraya exotica* L.	常绿阔叶乔木
47	灌木层	椴叶山麻杆*	*Alchornea tiliifolia*（Benth.）Müll. Arg.	落叶阔叶灌木
48	灌木层	野波罗蜜	*Artocarpus lakoocha* Wall. ex Roxb.	常绿阔叶乔木
49	灌木层	弯管花	*Chassalia curviflora*（Wall.）Thwaites	常绿阔叶灌木
50	灌木层	木奶果	*Baccaurea ramiflora* Lour.	常绿阔叶乔木
51	灌木层	假苹婆	*Sterculia lanceolata* Cav.	常绿阔叶乔木
52	灌木层	云南银柴	*Aporosa yunnanensis*（Pax & K. Hoffm.）F. P. Metcalf	常绿阔叶乔木
53	灌木层	香花木姜子	*Litsea panamanja*（Buch.-Ham. ex Nees）Hook. f.	常绿阔叶乔木
54	灌木层	小花楠	*Phoebe minutiflora* H. W. Li	常绿阔叶灌木

序号	层次	物种中文名	物种学名	生活型
55	灌木层	木锥花	*Gomphostemma arbusculum* C. Y. Wu	常绿阔叶灌木
56	灌木层	黄丹木姜子	*Litsea elongata*（Wall. ex Ness）Benth. & Hook. f.	常绿阔叶乔木
57	灌木层	小芸木	*Micromelum integerrimum*（Buch.-Ham. ex Colebr.）M. Roem.	常绿阔叶乔木
58	灌木层	坚叶樟	*Cinnamomum chartophyllum* H. W. Li	常绿阔叶乔木
59	灌木层	假鹰爪	*Desmos chinensis* Lour.	常绿阔叶灌木
60	灌木层	刺通草	*Trevesia palmata*（DC.）Vis.	常绿阔叶乔木
61	灌木层	大果臀果木	*Pygeum macrocarpum* T. T. Yu & L. T. Lu	常绿阔叶乔木
62	灌木层	潺槁木姜子	*Litsea glutinosa*（Lour.）C. B. Rob.	常绿阔叶乔木
63	灌木层	番石榴	*Psidium guajava* L.	常绿阔叶灌木
64	灌木层	酸苔菜	*Ardisia solanacea* Roxb.	常绿阔叶灌木
65	灌木层	海红豆	*Adenanthera microsperma* Teijsm. & Binn.	落叶阔叶灌木
66	灌木层	大参	*Macropanax dispermus*（Blume）Kuntze	常绿阔叶灌木
67	灌木层	短柄苹婆	*Sterculia brevissima* H. H. Hsue ex Y. Tang，M. G. Gilbert & Dorr	常绿阔叶乔木
68	灌木层	思茅蒲桃	*Syzygium szemaoense* Merr. & L. M. Perry	常绿阔叶灌木
69	灌木层	美登木	*Maytenus hookeri* Loes.	常绿阔叶灌木
70	灌木层	钝叶桂	*Cinnamomum bejolghota*（Buch.-Ham.）Sweet	常绿阔叶乔木
71	灌木层	买麻藤	*Gnetum montanum* Markgr.	藤本
72	灌木层	短序鹅掌柴	*Schefflera bodinieri*（H. Lév.）Rehder	常绿阔叶灌木
73	灌木层	大粒咖啡	*Coffea liberica* W. Bull ex Hiern	常绿阔叶乔木
74	灌木层	滇南九节	*Psychotria henryi* H. Lév.	常绿阔叶灌木
75	灌木层	萝芙木	*Rauvolfia verticillata*（Lour.）Baill.	常绿阔叶灌木
76	灌木层	甜菜	*Beta vulgaris* L.	常绿阔叶灌木
77	灌木层	假黄皮	*Clausena excavata* Burm.	常绿阔叶灌木
78	灌木层	鹧鸪花	*Heynea trijuga* Roxb.	常绿阔叶灌木
79	灌木层	思茅木姜子	*Litsea szemaois*（H. Liu）J. Li & H. W. Li	常绿阔叶乔木
80	灌木层	三桠苦	*Melicope pteleifolia*（Champ. ex Benth.）T. G. Hartley	常绿阔叶乔木
81	灌木层	印度锥	*Castanopsis indica*（Roxb. ex Lindl.）A. DC.	常绿阔叶乔木
82	灌木层	斑果藤	*Stixis suaveolens*（Roxb.）Pierre	藤本
83	灌木层	倒卵叶黄肉楠	*Actinodaphne obovata*（Nees）Blume	常绿阔叶乔木
84	灌木层	披针叶楠	*Phoebe lanceolata*（Nees）Nees	常绿阔叶乔木
85	灌木层	蒲桃	*Syzygium jambos*（L.）Alston	常绿阔叶乔木
86	灌木层	尖叶漆	*Toxicodendron acuminatum*（DC.）C. Y. Wu & T. L. Ming	常绿阔叶乔木
87	灌木层	包疮叶	*Maesa indica*（Roxb.）A. DC.	常绿阔叶乔木
88	灌木层	青藤公	*Ficus langkokensis* Drake	常绿阔叶乔木
89	灌木层	波罗蜜	*Artocarpus heterophyllus* Lam.	常绿阔叶乔木
90	灌木层	海南崖豆藤	*Millettia pachyloba* Drake	藤本
91	灌木层	光叶合欢	*Albizia lucidior*（Steud.）I. C. Nielsen	常绿阔叶乔木

序号	层次	物种中文名	物种学名	生活型
92	灌木层	破布叶	*Microcos paniculata* L.	落叶阔叶灌木
93	灌木层	白花羊蹄甲	*Bauhinia acuminata* L.	落叶阔叶乔木
94	灌木层	毛果翼核果	*Ventilago calyculata* Tulasne	藤本
95	草本层	橡胶树*	*Hevea brasiliensis*（Willd. ex A. Juss.）Müll. Arg.	落叶阔叶乔木幼苗
96	草本层	砂仁*	*Amomum villosum* Lour.	多年生草本
97	草本层	纤毛马唐*	*Digitaria ciliaris*（Retz.）Koeler	一年生草本
98	草本层	山壳骨*	*Pseuderanthemum latifolium*（Vahl）B. Hansen	多年生草本
99	草本层	假蒟*	*Piper sarmentosum* Roxb.	藤本
100	草本层	云南银柴	*Aporosa yunnanensis*（Pax & K. Hoffm.）F. P. Metcalf	常绿阔叶乔木幼苗
101	草本层	酸模叶蓼	*Polygonum lapathifolium* L.	多年生草本
102	草本层	千年健*	*Homalomena occulta*（Lour.）Schott	多年生草本
103	草本层	糯米香	*Strobilanthes tonkinensis* Lindau	多年生草本
104	草本层	岭罗麦	*Tarennoidea wallichii*（Hook. f.）Tirveng. & Sastre	常绿阔叶乔木幼苗
105	草本层	爱地草	*Geophila repens*（L.）I. M. Johnst.	多年生葡匐草本
106	草本层	小粒咖啡	*Coffea arabica* L.	常绿阔叶灌木幼苗
107	草本层	凤尾蕨	*Pteris cretica* var. *intermedia*（Christ）C. Chr.	多年生草本
108	草本层	河畔狗肝菜	*Dicliptera riparia* Nees.	多年生草本
109	草本层	思茅崖豆	*Millettia leptobotrya* Dunn	常绿阔叶乔木幼苗
110	草本层	木姜子属一种	Litsea sp.	常绿阔叶乔木幼苗
111	草本层	小芸木	*Micromelum integerrimum*（Buch.-Ham. ex Colebr.）M. Roem.	常绿阔叶乔木幼苗

注：*为各层优势种。

13.4.3.2 群落结构

样地群落高度 25～30 m，有明显分层结构，包含乔木层、灌木层、草本层。其中乔木层可以分为两个亚层（Ⅰ、Ⅱ亚层），乔木Ⅰ亚层（乔木上层）主要由橡胶树组成；乔木Ⅱ亚层（乔木下层）主要由萝芙木、木奶果、思茅木姜子等组成。乔木层郁闭度 0.9，平均高度 8.7 m，最大高度 25 m，平均胸径 13.6 cm，最大胸径 59.84 cm，平均密度 1 656 株/hm^2，优势种 3 种，包括橡胶树、木奶果和萝芙木，优势种数量 48 株，平均胸径 26.9 cm，平均高度 17.88 m。灌木层平均高度 0.8 m，平均密度 35 320 株/hm^2，优势种 9 种，包括橡胶树、小粒咖啡、香港大沙叶、矮龙血树、山壳骨、大花哥纳香、假鹊肾树、九里香和椴叶山麻杆，优势种数量 1 434 株，平均高度 0.8 m。草本层平均高度 0.54 m，平均密度 197 000 株/hm^2，优势种 5 种，包括橡胶树（幼苗）、砂仁、纤毛马唐、山壳骨和假蒟，优势种数量 114 株，平均高度 0.53 m。

13.4.3.3 植被分类地位

样地植物群落按照中国植被分类系统分类如下：

　　植被型组：森林 Forest

　　　　植被型：雨林 Rainforest

　　　　　　植被亚型：雨林 Rainforest

群系：橡胶树+萝芙木雨林 *Hevea brasiliensis + Rauvolfia verticillata* Rainforest Alliance（人工林）

群丛：橡胶树+萝芙木-小粒咖啡-千年健 雨林 *Hevea brasiliensis + Rauvolfia verticillata - Coffea arabica - Homalomena occulta* Rainforest（人工林）

13.4.4　样地配置与观测内容

样地配置有土壤温湿盐自动观测系统，监测和采样设计按照 CERN 监测统一规范设置，开展生物、土壤和水分监测。

13.5　西双版纳站石灰山季雨林站区调查点土壤生物采样地

13.5.1　样地代表性

样地（BNFZQ01ABC_01）建于 2002 年，面积为 50 m×50 m，位于云南省勐腊县勐仑镇西双版纳植物园内，地理位置为 101°16′59.1″E、21°54′41.5″N，海拔为 665 m。样地是在石灰岩湿润沟谷这一特殊生境下发育的热带季雨林，是西双版纳的另一地带性顶极群落类型。由于石灰岩基质保水力差，土层浅薄，在热带季风气候下，土壤淋溶作用强，有机质分解循环速率快，林内养分和水分供应紧张，群落比较脆弱，一旦遭到破坏，生境条件将发生剧烈变化，森林的恢复将极为困难。对样地进行长期的定位研究，对研究石灰山季雨林群落结构、组成随时间的变化具有现实意义。

13.5.2　自然环境背景与管理

样地地势陡峭，坡度 15°～20°，坡向南坡，坡位坡中。本样地气温、降水等气候特征与综合观测场相似，具体参见 13.2.2 节。土壤类型为典型的石灰岩母质发育的石灰性砖红壤，母质为石灰岩。土壤剖面特征为：0～2 cm，枯枝落叶层；2～10 cm，黑黄，根极多，团粒，粒状，核状，壤土，稍松，稍潮；10～48 cm，棕黄，根极多，小块，小棱块，壤土，稍紧，稍潮；48～95 cm，棕黄，根多，小块，小棱块，壤土，紧，稍潮。土层厚度＞1.0 m，土壤 pH 为 6.81，有机质含量为 63.1 g/kg，全氮含量为 4.12 g/kg，全磷含量为 0.65 g/kg。无水蚀、重力侵蚀、风蚀以及盐碱化情况。动物活动主要为小型啮齿类、鸟类（较为常见）的取食和栖居行为。由于样地所处区域为西双版纳自然保护区，保护较好，本站工作人员经常对样地进行巡护，人类活动属于轻度。

13.5.3　植被特征

13.5.3.1　物种组成

根据 2005 年调查，样地共有 45 个植物种，隶属 21 科、36 属，其中包含植物种数较多的 6 个科为大戟科（6 属、7 种）、番荔枝科（4 属、6 种）、豆科（4 属、5 种）、桑科（3

属、5 种）、桃金娘科（3 属、3 种）和樟科（1 属、3 种）。乔木层物种数 41 种，隶属 15 科、33 属；灌木层物种数 6 种，隶属 4 科、6 属；草本层物种数 7 种，隶属 6 科、7 属。样地植物名录见表 13-5。

表 13-5　西双版纳站石灰山季雨林站区调查点土壤生物采样地植物名录

序号	层次	物种中文名	物种学名	生活型
1	乔木层	闭花木*	*Cleistanthus sumatranus*（Miq.）Müll. Arg.	常绿阔叶乔木
2	乔木层	轮叶戟*	*Lasiococca comberi* var. *pseudoverticillata*（Merr.）H. S. Kiu	常绿阔叶乔木
3	乔木层	斜叶黄檀*	*Dalbergia obtusifolia*（Baker）Prain	常绿阔叶乔木
4	乔木层	菲律宾朴树*	*Celtis philippensis* Blanco	常绿阔叶乔木
5	乔木层	岩生厚壳桂*	*Cryptocarya calcicola* H. W. Li	落叶阔叶乔木
6	乔木层	绒毛紫薇	*Lagerstroemia tomentosa* C. Presl	常绿阔叶乔木
7	乔木层	勐仑三宝木	*Trigonostemon bonianus* Gagnep.	常绿阔叶乔木
8	乔木层	黑毛柿	*Diospyros hasseltii* Zoll.	常绿阔叶乔木
9	乔木层	藤春	*Alphonsea monogyna* Merr. & Chun	落叶阔叶乔木
10	乔木层	毛叶岭南酸枣	*Spondias lakonensis* var. *hirsuta* C. Y. Wu & T. L. Ming	落叶阔叶乔木
11	乔木层	银毛山黄麻	*Trema nitidum* C. J. Chen	常绿阔叶乔木
12	乔木层	勐仑琼楠	*Beilschmiedia brachythyrsa* H. W. Li	常绿阔叶乔木
13	乔木层	石岩枫	*Mallotus repandus*（Willd.）Müll. Arg.	常绿阔叶乔木
14	乔木层	锈毛山小橘	*Glycosmis esquirolii*（H. Lév.）Tanaka	落叶阔叶乔木
15	乔木层	火烧花	*Mayodendron igneum*（Kurz）Kurz	常绿阔叶乔木
16	乔木层	少花琼楠	*Beilschmiedia pauciflora* H. W. Li	常绿阔叶乔木
17	乔木层	棒柄花	*Cleidion brevipetiolatum* Pax & K. Hoffm.	常绿阔叶乔木
18	乔木层	望谟崖摩	*Aglaia lawii*（Wight）C. J. Saldanha & Ramamorthy	落叶阔叶乔木
19	乔木层	粗糠柴	*Ehretia dicksonii* Hance	常绿阔叶乔木
20	乔木层	糙叶树	*Aphananthe aspera*（Thunb.）Planch.	落叶阔叶乔木
21	乔木层	羽叶楸	*Stereospermum colais*（Buch.-Ham. ex Dillwyn）Mabb.	落叶阔叶乔木
22	乔木层	景洪暗罗	*Polyalthia cheliensis* H.	常绿阔叶乔木
23	乔木层	石山银钩花	*Mitrephora calcarea* Diels ex Weeras. & R. M. K. Saunders	常绿阔叶乔木
24	乔木层	粗壮琼楠	*Beilschmiedia robusta* C. K. Allen	常绿阔叶乔木
25	乔木层	浆果棟	*Cipadessa baccifera*（Roth）Miq.	常绿阔叶乔木
26	乔木层	老挝天料木	*Homalium ceylanicum* var. *laoticum*（Gagnep.）G. S. Fan	常绿阔叶乔木
27	乔木层	海红豆	*Adenanthera microsperma* Teijsm. & Binn.	落叶阔叶乔木
28	乔木层	常绿榆	*Ulmus lanceifolia* Roxb.	常绿阔叶乔木
29	乔木层	清香木	*Pistacia weinmannifolia* J. Poiss. ex Franch.	常绿阔叶乔木
30	乔木层	香合欢	*Albizia odoratissima*（L. f.）Benth.	常绿阔叶乔木
31	乔木层	假黄皮	*Clausena excavata* Burm.	常绿阔叶灌木
32	乔木层	蒙自合欢	*Albizia bracteata* Dunn	落叶阔叶乔木
33	乔木层	延辉巴豆	*Croton yanhuii* Y. T. Chang	常绿阔叶乔木

序号	层次	物种中文名	物种学名	生活型
34	乔木层	光叶山小橘	*Glycosmis ovoidea* Pierre	常绿阔叶乔木
35	乔木层	细基丸	*Polyalthia cerasoides*（Roxb.）Benth. & Hook. f. ex Bedd.	落叶阔叶乔木
36	乔木层	粗糠树	*Ehretia macrophylla* Wall.	落叶阔叶乔木
37	乔木层	锈荚藤	*Bauhinia erythropoda* Hayata	常绿阔叶乔木
38	乔木层	毛叶藤春	*Alphonsea mollis* Dunn	常绿阔叶乔木
39	乔木层	槟榔青	*Spondias pinnata*（L. f.）Kurz	常绿阔叶乔木
40	乔木层	滇赤才	*Lepisanthes senegalensis*（Juss. ex Poir.）Leenh.	常绿阔叶乔木
41	乔木层	假桂乌口树	*Tarenna attenuata*（Voigt）Hutch.	常绿阔叶乔木
42	灌木层	闭花木*	*Cleistanthus sumatranus*（Miq.）Müll. Arg.	常绿阔叶乔木
43	灌木层	勐仑三宝木*	*Trigonostemon bonianus* Gagnep.	常绿阔叶灌木
44	灌木层	菲律宾朴树	*Celtis philippensis* Blanco	常绿阔叶乔木
45	灌木层	毛叶藤春	*Alphonsea mollis* Dunn	常绿阔叶乔木
46	灌木层	滇谷木	*Memecylon polyanthum* H. L. Li	常绿阔叶乔木
47	灌木层	石山银钩花	*Mitrephora calcarea* Diels ex Weeras. & R. M. K. Saunders	常绿阔叶乔木
48	草本层	闭花木*	*Cleistanthus sumatranus*（Miq.）Müll. Arg.	常绿阔叶乔木幼苗
49	草本层	菲律宾朴树	*Celtis philippensis* Blanco	常绿阔叶乔木幼苗
50	草本层	轮叶戟	*Lasiococca comberi* var. *pseudoverticillata*（Merr.）H. S. Kiu	常绿阔叶乔木幼苗
51	草本层	滇谷木	*Memecylon polyanthum* H. L. Li	常绿阔叶乔木幼苗
52	草本层	山壳骨	*Pseuderanthemum latifolium*（Vahl）B. Hansen	多年生草本
53	草本层	石山银钩花	*Mitrephora calcarea* Diels ex Weeras. & R. M. K. Saunders	常绿阔叶乔木幼苗
54	草本层	双籽棕	*Arenga caudata*（Lour.）H. E. Moore	常绿阔叶灌木幼苗

注：*为各层优势种。

13.5.3.2　群落结构

　　石灰山季雨林是本地区地带性森林类型，属于成熟林，是热带北缘的顶极群落类型之一，郁闭度达 0.9。样地植被有明显分层结构，包含乔木层、灌木层和草本层，层间植物包含藤本植物和寄生植物。乔木层平均胸径 7.7 cm，最大胸径 81.78 cm，平均高度 7 m，最大高度 26 m，平均密度 3 172 株/hm²，优势种 5 种，包括闭花木、轮叶戟、斜叶黄檀、菲律宾朴树、岩生厚壳桂，数量 649 株，平均胸径 7.91 cm，平均高度 7.12 m。灌木层平均高度 1.3 m，平均密度 1 250 株/hm²，优势种 2 种，包括闭花木和勐仑三宝木，数量 55 株，平均高度 1.5 m。草本层平均高度 0.27 m，平均密度 68 333 株/hm²，优势种为闭花木，数量 60 株，平均高度 0.23 m。层间植物由藤本植物和寄生植物组成，层间藤本包括白叶藤、边荚鱼藤、扁担藤、二籽扁蒴藤、阔叶风车子、毛咀签、毛枝崖爬藤和毛枝翼核果。

13.5.3.3　植被分类地位

样地植物群落按照中国植被分类系统分类如下：

植被型组：森林 Forest

植被型：季雨林 Monsoon Rainforest

群系：闭花木+轮叶戟季雨林 *Cleistanthus sumatranus + Lasiococca comberi* var. *pseudoverticillata* Monsoon Rainforest Alliance

群丛：闭花木+轮叶戟+菲律宾朴树-勐仑三宝木 季雨林 *Cleistanthus sumatranus + Lasiococca comberi* var. *pseudoverticillata + Celtis philippensis - Trigonostemon bonianus* Monsoon Rainforest

13.5.4　样地配置与观测内容

样地配置有土壤温湿盐自动观测系统，监测和采样设计按照 CERN 监测统一规范设置，开展生物、土壤和水分要素监测。

13.6　西双版纳站窄序崖豆树热带次生林站区调查点土壤生物采样地

13.6.1　样地代表性

样地（BNFZQ02ABC_01）建于 1982 年，面积为 50 m×50 m，地理位置为 101°16′10.6″E、21°55′15.8″N，海拔为 560 m。样地位于云南省勐腊县勐仑镇西双版纳植物园内，周边环境为各类次生林和人工橡胶林。样地的次生群落代表热带雨林次生演替过程中的一个重要阶段，且位于西双版纳植物园管辖的土地上，人为干扰较少。因为环境因子和人为干扰对演替的影响是十分明显和直接的，所以在研究方法上，考虑到涉及演替各生态因素的多样性和演替本身的复杂性，排除环境因素及干扰等不确定性对演替过程及结果所产生的影响，对样地进行长期动态研究，可以较好地研究处于次生演替初期的次生林的演替规律。

13.6.2　自然环境背景与管理

样地地势平缓，坡度 10°～13°，坡向北坡，坡位坡顶。样地气温、降水等气候特征与综合观测场相似，具体参见 13.2.2 节。土壤类型为砖红壤，母质为紫色砂岩。土壤剖面特征：0～3 cm，枯枝落叶层，半未分解的枯枝落叶；3～6 cm，黑色，团粒，须根多，疏松，潮；6～28 cm，黑棕色，团粒状，小块状，细根多，稍松；28～60 cm，灰棕色，小块状，棱块状，根少，紧；60～100 cm，棕红色，棱块状，根少，紧。土层厚度＞1.0 m，土壤pH 为 4.33，有机质含量为 35.7 g/kg，全氮含量为 1.78 g/kg，全磷含量为 0.255 g/kg。无水蚀、重力侵蚀、风蚀以及盐碱化情况。样地鼠类活动相对较多，其他动物活动较少。该站区调查点位于西双版纳植物园内，工作人员经常巡护，对群落不进行任何人工抚育，任其自然更新和演替，人类活动较少，人类活动轻度。

13.6.3　植被特征

13.6.3.1　物种组成

　　根据 2005 年调查，样地共有 70 个植物种，隶属 28 科、42 属，其中包含植物种数较多的 6 个科为桑科（4 属、16 种）、桃金娘科（1 属、7 种）、茜草科（3 属、3 种）、无患子科（3 属、3 种）、樟科（1 属、3 种）和豆科（1 属、1 种）。乔木层物种数 53 种，隶属 26 科、45 属；灌木层物种数 12 种，隶属 9 科、12 属；草本层物种数 16 种，隶属 8 科、9 属。样地植物名录见表 13-6。

表 13-6　西双版纳站窄序崖豆树热带次生林站区调查点土壤生物采样地植物名录

序号	层次	物种中文名	物种学名	生活型
1	乔木层	短药蒲桃*	*Syzygium globiflorum*（Craib）Chantar. & J. Parnell	常绿阔叶乔木
2	乔木层	思茅崖豆*	*Millettia leptobotrya* Dunn	常绿阔叶乔木
3	乔木层	印度锥*	*Castanopsis indica*（Roxb. ex Lindl.）A. DC.	常绿阔叶乔木
4	乔木层	披针叶楠*	*Phoebe lanceolata*（Nees）Nees	常绿阔叶乔木
5	乔木层	西南猫尾木*	*Markhamia stipulata*（Wall.）Seem. ex K. Schum.	常绿阔叶乔木
6	乔木层	鹅掌柴	*Schefflera heptaphylla*（L.）Frodin	落叶阔叶乔木
7	乔木层	大花安息香	*Styrax grandiflorus* Griff.	落叶阔叶乔木
8	乔木层	椴叶山麻杆	*Alchornea tiliifolia*（Benth.）Müll. Arg.	落叶阔叶灌木
9	乔木层	云南银柴	*Aporosa yunnanensis*（Pax & K. Hoffm.）F. P. Metcalf	常绿阔叶乔木
10	乔木层	风吹楠	*Horsfieldia amygdalina*（Wall. ex Hook. f. & Thomson）Warb.	常绿阔叶乔木
11	乔木层	云树	*Garcinia cowa* Roxb.	常绿阔叶乔木
12	乔木层	山油柑	*Acronychia pedunculata*（L.）Miq.	落叶阔叶乔木
13	乔木层	越南安息香	*Styrax tonkinensis*（Pierre）Craib ex Hartw.	常绿阔叶乔木
14	乔木层	假海桐	*Pittosporopsis kerrii* Craib	落叶阔叶乔木
15	乔木层	假苹婆	*Sterculia lanceolata* Cav.	常绿阔叶乔木
16	乔木层	云南樟	*Cinnamomum glanduliferum*（Wall.）Meisn.	常绿阔叶乔木
17	乔木层	常绿臭椿	*Ailanthus fordii* Noot.	常绿阔叶乔木
18	乔木层	云南黄杞	*Engelhardia spicata* Lesch. ex Blume	常绿阔叶乔木
19	乔木层	大花哥纳香	*Goniothalamus calvicarpus* Craib	常绿阔叶乔木
20	乔木层	黄杞	*Engelhardia roxburghiana* Wall.	半常绿阔叶乔木
21	乔木层	泰国黄叶树	*Xanthophyllum flavescens* Roxb.	常绿阔叶乔木
22	乔木层	勐仑琼楠	*Beilschmiedia brachythyrsa* H. W. Li	常绿阔叶乔木
23	乔木层	光叶扁担杆	*Grewia multiflora* Juss.	常绿阔叶乔木
24	乔木层	腺叶暗罗	*Polyalthia simiarum*（Buch.-Ham. ex Hook. f. & Thomson）Hook. f. & Thomson	落叶阔叶乔木

序号	层次	物种中文名	物种学名	生活型
25	乔木层	八角枫	*Alangium chinense*（Lour.）Harms	落叶阔叶乔木
26	乔木层	粗毛榕	*Ficus hirta* Vahl.	常绿阔叶乔木
27	乔木层	染色水锦树	*Wendlandia tinctoria*（Roxb.）DC.	常绿阔叶乔木
28	乔木层	杜鹃叶榕	*Ficus maclellandi* var. *rhododendrifolia* Corner	常绿阔叶乔木
29	乔木层	黄牛木	*Cratoxylum cochinchinense*（Lour.）Blume	落叶阔叶乔木
30	乔木层	猴耳环	*Archidendron clypearia*（Jack）I. C. Nielsen	落叶阔叶乔木
31	乔木层	白背桐	*Mallotus paniculatus*（Lam.）Muell. Arg.	常绿阔叶乔木
32	乔木层	白肉榕	*Ficus vasculosa* Wall. ex Miq.	常绿阔叶乔木
33	乔木层	小叶红光树	*Knema globularia*（Lam.）Warb.	常绿阔叶乔木
34	乔木层	泥柯	*Lithocarpus fenestratus*（Roxb.）Rehd.	常绿阔叶乔木
35	乔木层	毛瓜馥木	*Fissistigma maclurei* Merr.	常绿阔叶乔木
36	乔木层	大参	*Macropanax dispermus*（Blume）Kuntze	常绿阔叶乔木
37	乔木层	绒毛紫薇	*Lagerstroemia tomentosa* C. Presl	常绿阔叶乔木
38	乔木层	云南棋子豆	*Albizia yunnanensis* T. L. Wu	常绿阔叶乔木
39	乔木层	猪肚木	*Canthium horridum* Blume	常绿阔叶乔木
40	乔木层	勐海柯	*Lithocarpus fohaiensis*（Hu）A. Camus	常绿阔叶乔木
41	乔木层	盐麸木	*Rhus chinensis* Mill.	常绿阔叶乔木
42	乔木层	粗叶木	*Lasianthus chinensis*（Champ.）Benth.	常绿阔叶乔木
43	乔木层	越南巴豆	*Croton kongensis* Gagnep.	常绿阔叶灌木
44	乔木层	铁屎米	*Canthium parviflorum* Lam.	常绿阔叶乔木
45	乔木层	网脉肉托果	*Semecarpus reticulata* Lecomte	常绿阔叶乔木
46	乔木层	毛八角枫	*Alangium kurzii* Craib	常绿阔叶乔木
47	乔木层	坚叶樟	*Cinnamomum chartophyllum* H. W. Li	常绿阔叶乔木
48	乔木层	大粒咖啡	*Coffea liberica* W. Bull ex Hiern	常绿阔叶乔木
49	乔木层	中平树	*Macaranga denticulata*（Blume）Müll. Arg.	常绿阔叶乔木
50	乔木层	玉蕊	*Barringtonia racemosa*（L.）Spreng.	常绿阔叶乔木
51	乔木层	橄榄	*Canarium album*（Lour.）Raeusch.	常绿阔叶乔木
52	乔木层	柳叶润楠	*Machilus salicina* Hance	常绿阔叶乔木
53	乔木层	红梗楠	*Phoebe rufescens* H. W. Li	常绿阔叶乔木
54	灌木层	思茅崖豆*	*Millettia leptobotrya* Dunn	常绿阔叶乔木
55	灌木层	滇南九节*	*Psychotria henryi* H. Lév.	常绿阔叶灌木
56	灌木层	南山花*	*Prismatomeris connata* Y. Z. Ruan	常绿阔叶灌木
57	灌木层	大花哥纳香	*Goniothalamus calvicarpus* Craib	常绿阔叶乔木
58	灌木层	弯管花	*Chassalia curviflora*（Wall.）Thwaites	常绿阔叶灌木
59	灌木层	短药蒲桃	*Syzygium globiflorum*（Craib）Chantar. & J. Parnell	常绿阔叶乔木
60	灌木层	披针叶楠	*Phoebe lanceolata*（Nees）Nees	常绿阔叶乔木
61	灌木层	印度锥	*Castanopsis indica*（Roxb. ex Lindl.）A. DC.	常绿阔叶乔木
62	灌木层	香花木姜子	*Litsea panamanja*（Buch.-Ham. ex Nees）Hook. f.	常绿阔叶乔木
63	灌木层	见血封喉	*Antiaris toxicaria* Lesch.	常绿阔叶乔木

序号	层次	物种中文名	物种学名	生活型
64	灌木层	云南银柴	*Aporosa yunnanensis*（Pax & K. Hoffm.）F. P. Metcalf	常绿阔叶乔木
65	灌木层	假海桐	*Pittosporopsis kerrii* Craib	常绿阔叶灌木
66	草本层	纤毛马唐*	*Digitaria ciliaris*（Retz.）Koeler	一年生草本
67	草本层	思茅崖豆*	*Millettia leptobotrya* Dunn	常绿阔叶乔木幼苗
68	草本层	铜锤玉带草*	*Lobelia nummularia* Lam.	多年生草本
69	草本层	短柄胡椒*	*Piper stipitiforme* C. C. Chang ex Y. C. Tseng	藤本
70	草本层	越南万年青*	*Aglaonema simplex*（Blume）Blume	多年生草本
71	草本层	南山花*	*Prismatomeris connata* Y. Z. Ruan	常绿阔叶灌木幼苗
72	草本层	高檐蒲桃	*Syzygium oblatum*（Roxb.）Wall. ex Steud.	常绿阔叶乔木幼苗
73	草本层	仙茅	*Curculigo orchioides* Gaertn.	多年生草本
74	草本层	云南草蔻	*Alpinia blepharocalyx* K. Schum.	多年生草本
75	草本层	假海桐	*Pittosporopsis kerrii* Craib	常绿阔叶灌木幼苗
76	草本层	金刚藤	*Smilax indica* Burm.f.	藤本
77	草本层	腺叶素馨	*Jasminum subglandulosum* Kurz	藤本
78	草本层	弯管花	*Chassalia curviflora*（Wall.）Thwaites	常绿阔叶灌木幼苗
79	草本层	荜拨	*Piper longum* L.	藤本
80	草本层	柔枝莠竹	*Microstegium vimineum*（Trin.）A. Camus	一年生草本
81	草本层	长叶菝葜	*Smilax lanceifolia* var. *lanceolata*（J. B. Norton）T. Koyama	藤本

注：*为各层优势种。

13.6.3.2　群落结构

样地植被类型为热带次生林，作为原始森林经人为干扰后发育起来的植物群落，现处于先锋阶段后的建群早期阶段，属于幼龄林。群落高度 10～15 m，群落的垂直结构可分为乔木层、灌木层和草本层。乔木层郁闭度 0.8，平均高度 4.9 m，最大高度 40 m，平均胸径 6.62 cm，最大胸径 37.26 cm，平均密度 2 432 株/hm^2，优势种包括思茅崖豆、披针叶楠和短药蒲桃等，数量 398 株，平均胸径 6.36 cm，平均高度 4.92 m。灌木层盖度 50%，平均高度 1.3 m，平均密度 1 083 株/hm^2，优势种 3 种，包括思茅崖豆、滇南九节和南山花，数量 44 株，平均高度 0.8 m。草本层盖度 40%，平均高度 0.68 m，平均密度 31 666 株/hm^2，优势种 6 种，包括纤毛马唐、思茅崖豆、铜锤玉带草、短柄胡椒、越南万年青和南山花，数量 15 株，平均高度 0.92 m。

13.6.3.3　植被分类地位

样地植物群落按照中国植被分类系统分类如下：

植被型组：森林 Forest

　　植被型：雨林 Rainforest

　　　　植被亚型：雨林 Rainforest

　　　　　　群系：思茅崖豆+披针叶楠次生雨林 *Millettia leptobotrya + Phoebe lanceolata* Rainforest Alliance（次生林，建群早期阶段）

群丛：思茅崖豆+披针叶楠+短药蒲桃-滇南九节-纤毛马唐 次生雨林 *Millettia leptobotrya + Phoebe lanceolata + Syzygium globiflorum - Psychotria henryi - Digitaria ciliaris* Rainforest（次生林，建群早期阶段）

13.6.4 样地配置与观测内容

样地监测和采样设计按照 CERN 监测统一规范设置，开展生物和土壤要素监测。

13.7 西双版纳站曼安热带次生林站区调查点土壤生物采样地

13.7.1 样地代表性

样地（BNFZQ03ABC_01）建于 1982 年，面积为 50 m×50 m，位于西双版纳热带植物园内，地理位置为 101°16′23.8″E、21°54′48.1″N，海拔为 610 m。样地于 1982 年开始自然更新和次生演替，无任何人工抚育，对样地进行长期动态监测，可以为研究次生林的演替规律提供基础数据。

13.7.2 自然环境背景与管理

样地地势平坦，坡度 15°～20°，坡向西坡，坡位坡中。样地气温、降水等气候特征与综合观测场相似，具体参见 13.2.2 节。土壤类型为砖红壤，母质为河漫滩沉积物。土壤剖面分层情况为：0～10 cm，灰褐色中壤土，团粒结构，疏松，根系多，蜂窝状孔穴多，润；10～38 cm，红褐色中壤土，不明显团粒结构，稍紧实，少量根系，少量熟化土团，润；38～76 cm，红褐色中壤土，核粒结构，紧实，根系极少，润；76～98 cm，红褐色中壤土，核粒结构，紧实，有明显的红色淀积层，岩屑多，少量根系，润；98～110 cm，亮红褐色重壤土，核块结构，紧实，少量根系，润。土层厚度＞1.0 m，土壤 pH 为 4.69，有机质含量为 31.93 g/kg，全氮含量为 1.56 g/kg，全磷含量为 0.22 g/kg。无水蚀、重力侵蚀、风蚀以及盐碱化情况。主要为鼠类活动，其他动物活动较少。

13.7.3 植被特征

13.7.3.1 物种组成

根据 2005 年调查，样地共有 109 个植物种，隶属 35 科、75 属，其中包含植物种数较多的 6 个科为樟科（9 属、31 种）、梧桐科（3 属、7 种）、荨麻科（5 属、7 种）、茜草科（5 属、5 种）、大戟科（5 属、5 种）和五加科（3 属、4 种）。乔木层物种数 90 种，隶属 32 科、61 属；灌木层物种数 16 种，隶属 11 科、16 属；草本层物种数 21 种，隶属 14 科、20 属。样地植物名录见表 13-7。

表 13-7 西双版纳站曼安热带次生林站区调查点土壤生物采样地植物名录

序号	层次	物种中文名	物种学名	生活型
1	乔木层	鹅掌柴*	*Schefflera heptaphylla*（L.）Frodin	常绿阔叶乔木
2	乔木层	披针叶楠*	*Phoebe lanceolata*（Nees）Nees	常绿阔叶乔木
3	乔木层	印度锥*	*Castanopsis indica*（Roxb. ex Lindl.）A. DC.	常绿阔叶乔木
4	乔木层	南酸枣*	*Choerospondias axillaris*（Roxb.）B. L. Burtt & A. W. Hill	落叶阔叶乔木
5	乔木层	瑞丽润楠*	*Machilus shweliensis* W. W. Sm.	常绿阔叶乔木
6	乔木层	西南猫尾木*	*Markhamia stipulata*（Wall.）Seem. ex K. Schum.	常绿阔叶乔木
7	乔木层	云南银柴*	*Aporosa yunnanensis*（Pax & K. Hoffm.）F. P. Metcalf	常绿阔叶乔木
8	乔木层	玉蕊*	*Barringtonia racemosa*（L.）Spreng.	常绿阔叶乔木
9	乔木层	金毛榕*	*Ficus fulva* Reinw. ex Blume	常绿阔叶乔木
10	乔木层	云南樟*	*Cinnamomum glanduliferum*（Wall.）Meisn.	常绿阔叶乔木
11	乔木层	短药蒲桃*	*Syzygium globiflorum*（Craib）Chantar. & J. Parnell	常绿阔叶乔木
12	乔木层	杜鹃叶榕	*Ficus maclellandi* var. *rhododendrifolia* Corner	常绿阔叶乔木
13	乔木层	青藤公	*Ficus langkokensis* Drake	常绿阔叶乔木
14	乔木层	柴龙树	*Apodytes dimidiata* E. Mey. ex Arn.	常绿阔叶乔木
15	乔木层	伞花木姜子	*Litsea umbellata*（Lour.）Merr.	常绿阔叶乔木
16	乔木层	粗毛榕	*Ficus hirta* Vahl.	常绿阔叶乔木
17	乔木层	常绿臭椿	*Ailanthus fordii* Noot.	常绿阔叶乔木
18	乔木层	毛叶木姜子	*Litsea mollis* Hemsl.	常绿阔叶乔木
19	乔木层	腺叶暗罗	*Polyalthia simiarum*（Buch.-Ham. ex Hook. f. & Thomson）Hook. f. & Thomson	常绿阔叶乔木
20	乔木层	光叶合欢	*Albizia lucidior*（Steud.）I. C. Nielsen	常绿阔叶乔木
21	乔木层	铁屎米	*Canthium parviflorum* Lam.	常绿阔叶乔木
22	乔木层	八角枫	*Alangium chinense*（Lour.）Harms	落叶阔叶乔木
23	乔木层	大花哥纳香	*Goniothalamus calvicarpus* Craib	常绿阔叶乔木
24	乔木层	椴叶山麻杆	*Alchornea tiliifolia*（Benth.）Müll. Arg.	落叶阔叶灌木
25	乔木层	假苹婆	*Sterculia lanceolata* Cav.	常绿阔叶乔木
26	乔木层	勐仑琼楠	*Beilschmiedia brachythyrsa* H. W. Li	常绿阔叶乔木
27	乔木层	黄丹木姜子	*Litsea elongata*（Wall. ex Ness）Benth. & Hook. f.	常绿阔叶乔木
28	乔木层	香合欢	*Albizia odoratissima*（L. f.）Benth.	常绿阔叶乔木
29	乔木层	盐麸木	*Rhus chinensis* Mill.	落叶阔叶乔木
30	乔木层	泥柯	*Lithocarpus fenestratus*（Roxb.）Rehd.	常绿阔叶乔木
31	乔木层	橄榄	*Canarium album*（Lour.）Raeusch.	落叶阔叶乔木
32	乔木层	微毛布惊	*Vitex quinata* var. *puberula*（H. J. Lam）Moldenke	常绿阔叶乔木
33	乔木层	合果木	*Michelia baillonii*（Pierre）Finet & Gagnep.	常绿阔叶乔木
34	乔木层	假海桐	*Pittosporopsis kerrii* Craib	常绿阔叶乔木
35	乔木层	尖叶漆	*Toxicodendron acuminatum*（DC.）C. Y. Wu & T. L. Ming	常绿阔叶乔木
36	乔木层	越南巴豆	*Croton kongensis* Gagnep.	常绿阔叶灌木
37	乔木层	思茅崖豆	*Millettia leptobotrya* Dunn	常绿阔叶乔木

序号	层次	物种中文名	物种学名	生活型
38	乔木层	印度血桐	*Macaranga indica* Wight	常绿阔叶乔木
39	乔木层	猴耳环	*Archidendron clypearia*（Jack）I. C. Nielsen	落叶阔叶乔木
40	乔木层	中平树	*Macaranga denticulata*（Blume）Müll. Arg.	常绿阔叶乔木
41	乔木层	盆架树	*Alstonia rostrata* C. E. C. Fisch.	常绿阔叶乔木
42	乔木层	云南棋子豆	*Albizia yunnanensis* T. L. Wu	常绿阔叶乔木
43	乔木层	黄杞	*Engelhardia roxburghiana* Wall.	半常绿阔叶乔木
44	乔木层	黄木巴戟	*Morinda angustifolia* Roxb.	常绿阔叶乔木
45	乔木层	木奶果	*Baccaurea ramiflora* Lour.	常绿阔叶乔木
46	乔木层	香花木姜子	*Litsea panamanja*（Buch.-Ham. ex Nees）Hook. f.	常绿阔叶乔木
47	乔木层	山乌桕	*Triadica cochinchinensis* Lour.	落叶阔叶乔木
48	乔木层	风吹楠	*Horsfieldia amygdalina*（Wall. ex Hook. f. & Thomson）Warb.	常绿阔叶乔木
49	乔木层	云南石梓	*Gmelina arborea* Roxb.	落叶阔叶乔木
50	乔木层	苹果榕	*Ficus oligodon* Miq.	常绿阔叶乔木
51	乔木层	山楝	*Aphanamixis polystachya*（Wall.）R. Parker	常绿阔叶乔木
52	乔木层	云南黄杞	*Engelhardia spicata* Lesch. ex Blume	常绿阔叶乔木
53	乔木层	长梗杨桐	*Adinandra elegans* F.C. How & Ko ex H. T. Chang	常绿阔叶乔木
54	乔木层	黄心树	*Machilus gamblei* King ex Hook. f.	常绿阔叶乔木
55	乔木层	白肉榕	*Ficus vasculosa* Wall. ex Miq.	常绿阔叶乔木
56	乔木层	红椿	*Toona ciliata* M. Roem.	常绿阔叶乔木
57	乔木层	野波罗蜜	*Artocarpus lakoocha* Wall. ex Roxb.	常绿阔叶乔木
58	乔木层	高檐蒲桃	*Syzygium oblatum*（Roxb.）Wall. ex Steud.	常绿阔叶乔木
59	乔木层	破布叶	*Microcos paniculata* L.	落叶阔叶乔木
60	乔木层	圆锥木姜子	*Litsea liyuyingi* H. Liou	常绿阔叶乔木
61	乔木层	山鸡椒	*Litsea cubeba*（Lour.）Pers.	常绿阔叶乔木
62	乔木层	裂果金花	*Schizomussaenda dehiscens*（Craib）H. L. Li	落叶阔叶乔木
63	乔木层	长序荆	*Vitex peduncularis* Wall. ex Schauer	常绿阔叶乔木
64	乔木层	染色水锦树	*Wendlandia tinctoria*（Roxb.）DC.	常绿阔叶乔木
65	乔木层	老挝天料木	*Homalium ceylanicum* var. *laoticum*（Gagnep.）G. S. Fan	常绿阔叶乔木
66	乔木层	枝花李榄	Linociera ramiflora（Roxb.）Wall. ex G. Don	常绿阔叶乔木
67	乔木层	勐仑山胡椒	*Lindera nacusua* var. *menglungensis* H. P. Tsui	常绿阔叶乔木
68	乔木层	石楠	*Photinia serratifolia*（Desf.）Kalkman	常绿阔叶乔木
69	乔木层	白穗柯	*Lithocarpus craibianus* Barnett	常绿阔叶乔木
70	乔木层	歪叶榕	*Ficus cyrtophylla*（Wall. ex Miq.）Miq.	常绿阔叶乔木
71	乔木层	余甘子	*Phyllanthus emblica* L.	落叶阔叶乔木
72	乔木层	普文楠	*Phoebe puwenensis* Cheng	常绿阔叶乔木
73	乔木层	粗壮琼楠	*Beilschmiedia robusta* C. K. Allen	常绿阔叶乔木
74	乔木层	艾胶算盘子	*Glochidion lanceolarium*（Roxb.）Voigt	常绿阔叶乔木
75	乔木层	扁担藤	*Tetrastigma planicaule*（Hook. f.）Gagnep.	落叶阔叶乔木
76	乔木层	木瓜榕	*Ficus auriculata* Lour.	常绿阔叶乔木

序号	层次	物种中文名	物种学名	生活型
77	乔木层	大果山香圆	*Turpinia pomifera*（Roxb.）DC.	常绿阔叶乔木
78	乔木层	云南风吹楠	*Horsfieldia prainii*（King）Warb.	常绿阔叶乔木
79	乔木层	大参	*Macropanax dispermus*（Blume）Kuntze	常绿阔叶乔木
80	乔木层	红梗楠	*Phoebe rufescens* H. W. Li	常绿阔叶乔木
81	乔木层	山香圆	*Turpinia montana*（Blume）Kurz	常绿阔叶乔木
82	乔木层	红锥	*Castanopsis hystrix* Hook. f. & Thomson ex A. DC.	常绿阔叶乔木
83	乔木层	蕊木	*Kopsia arborea* Blume	常绿阔叶乔木
84	乔木层	短柄苹婆	*Sterculia brevissima* H. H. Hsue ex Y. Tang，M. G. Gilbert & Dorr	常绿阔叶乔木
85	乔木层	粗糠柴	*Ehretia dicksonii* Hance	常绿阔叶乔木
86	乔木层	黄毛榕	*Ficus esquiroliana* H. Lév.	常绿阔叶乔木
87	乔木层	小芸木	*Micromelum integerrimum*（Buch.-Ham. ex Colebr.）M. Roem.	常绿阔叶乔木
88	乔木层	思茅木姜子	*Litsea szemaois*（H. Liu）J. Li & H. W. Li	常绿阔叶乔木
89	乔木层	假柿木姜子	*Litsea monopetala*（Roxb.）Pers.	常绿阔叶乔木
90	乔木层	包疮叶	*Maesa indica*（Roxb.）A. DC.	常绿阔叶乔木
91	灌木层	云南银柴*	*Aporosa yunnanensis*（Pax & K. Hoffm.）F. P. Metcalf	常绿阔叶乔木
92	灌木层	大花哥纳香*	*Goniothalamus calvicarpus* Craib	常绿阔叶乔木
93	灌木层	粗叶榕*	*Ficus hirta* Vahl	常绿阔叶灌木
94	灌木层	弯管花*	*Chassalia curviflora*（Wall.）Thwaites	常绿阔叶灌木
95	灌木层	南山花*	*Prismatomeris connata* Y. Z. Ruan	常绿阔叶灌木
96	灌木层	黄木巴戟	*Morinda angustifolia* Roxb.	常绿阔叶灌木
97	灌木层	玉蕊	*Barringtonia racemosa*（L.）Spreng.	常绿阔叶乔木
98	灌木层	披针叶楠	*Phoebe lanceolata*（Nees）Nees	常绿阔叶乔木
99	灌木层	鹅掌柴	*Schefflera heptaphylla*（L.）Frodin	常绿阔叶乔木
100	灌木层	假海桐	*Pittosporopsis kerrii* Craib	常绿阔叶灌木
101	灌木层	假苹婆	*Sterculia lanceolata* Cav.	常绿阔叶乔木
102	灌木层	印度锥	*Castanopsis indica*（Roxb. ex Lindl.）A. DC.	常绿阔叶乔木
103	灌木层	椴叶山麻杆	*Alchornea tiliifolia*（Benth.）Müll. Arg.	落叶阔叶灌木
104	灌木层	香花木姜子	*Litsea panamanja*（Buch.-Ham. ex Nees）Hook. f.	常绿阔叶乔木
105	灌木层	泥柯	*Lithocarpus fenestratus*（Roxb.）Rehd.	常绿阔叶乔木
106	灌木层	假黄皮	*Clausena excavata* Burm.	常绿阔叶灌木
107	草本层	大花哥纳香*	*Goniothalamus calvicarpus* Craib	常绿阔叶林乔木苗
108	草本层	观音座莲属*	*Angiopteris* Hoffm. sp.	多年生草本
109	草本层	纤毛马唐*	*Digitaria ciliaris*（Retz.）Koeler	一年生草本
110	草本层	睫毛粗叶木*	*Lasianthus hookeri* var. *dunniana*（H. Lév.）H. Zhu	常绿阔叶乔木幼苗
111	草本层	铜锤玉带草*	*Lobelia nummularia* Lam.	多年生草本
112	草本层	滇南鳞毛蕨*	*Dryopteris austro-yunnanensis*	多年生草本
113	草本层	柔枝莠竹*	*Microstegium vimineum*（Trin.）A. Camus	一年生草本
114	草本层	火绳藤*	*Fissistigma poilanei*（Ast）Tsiang & P. T. Li	攀援灌木
115	草本层	粗叶榕*	*Ficus hirta* Vahl	常绿阔叶灌木幼苗

序号	层次	物种中文名	物种学名	生活型
116	草本层	蕨属一种	*Pteridium* sp.	多年生草本
117	草本层	柊叶	*Phrynium rheedei* Suresh & Nicolson	多年生草本
118	草本层	清香木姜子	*Litsea euosma* W. W. Sm.	常绿阔叶林乔木苗
119	草本层	弯管花	*Chassalia curviflora*（Wall.）Thwaites	常绿阔叶灌木幼苗
120	草本层	鸭跖草	*Commelina communis* L.	多年生草本
121	草本层	凤尾蕨	*Pteris cretica* var. *intermedia*（Christ）C. Chr.	多年生草本
122	草本层	腺叶素馨	*Jasminum subglandulosum* Kurz	藤本
123	草本层	越南万年青	*Aglaonema simplex*（Blume）Blume	多年生草本
124	草本层	猪肚木	*Canthium horridum* Blume	常绿阔叶乔木幼苗
125	草本层	披针叶楠	*Phoebe lanceolata*（Nees）Nees	常绿阔叶乔木幼苗
126	草本层	椴叶山麻杆	*Alchornea tiliifolia*（Benth.）Müll. Arg.	落叶阔叶灌木幼苗
127	草本层	南山花	*Prismatomeris connata* Y. Z. Ruan	常绿阔叶灌木幼苗

注：*为各层优势种。

13.7.3.2　群落结构

样地植被类型为热带次生林，林龄为幼龄林，处于先锋阶段后的建群早期阶段，群落郁闭度达到 0.85，群落高度 10～12 m。样地植被有明显分层结构，包含乔木层、灌木层和草本层，层间植物包含藤本植物和寄生植物。乔木层郁闭度 0.8，平均高度 5.5 m，最大高度 15 m，平均胸径 6.84 cm，最大胸径 66.56 cm，平均密度 2 688 株/hm^2，优势种包括鹅掌柴、披针叶楠、印度锥、南酸枣和云南银柴等，数量 355 株，平均胸径 6.93 cm，平均高度 5.57 m。灌木层盖度 0，平均高度 1.4 m，平均密度 600 株/hm^2，优势种 5 种，包括云南银柴、大花哥纳香、粗叶榕、弯管花和南山花，数量 16 株，平均高度 1.7 m。草本层盖度 40%，平均高度 0.29 m，平均密度 44 166 株/hm^2，优势种 8 种，包括大花哥纳香、一种观音座莲属植物、纤毛马唐、睫毛粗叶木、铜锤玉带草、滇南鳞毛蕨、柔枝莃竹和火绳藤，数量 24 株，平均高度 0.31 m。层间植物由藤本植物和寄生植物组成，层间藤本包括白花合欢、白花酸藤子、斑果藤、盾苞藤、多裂黄檀、多籽五层龙、瓜馥木和海南崖豆藤等。

13.7.3.3　植被分类地位

样地植物群落按照中国植被分类系统分类如下：

植被型组：森林 Forest

　植被型：雨林 Rainforest

　　植被亚型：雨林 Rainforest

　　　群系：鹅掌柴+披针叶楠次生雨林 *Schefflera heptaphylla* + *Phoebe lanceolata* Rainforest Alliance（次生林，建群早期阶段）

　　　　群丛：鹅掌柴+披针叶楠+印度锥-粗叶榕-纤毛马唐 次生雨林 *Schefflera heptaphylla* + *Phoebe lanceolata* + *Castanopsis indica* - *Ficus hirta* - *Digitaria ciliaris* Rainforest（次生林，建群早期阶段）

13.7.4　样地配置与观测内容

样地配置有土壤温湿盐自动观测系统，监测和采样设计按照 CERN 监测统一规范设置，开展生物、土壤和水分要素监测。

13.8　西双版纳站次生常绿阔叶林站区调查点土壤生物采样地

13.8.1　样地代表性

样地（BNFZQ04AB0_01）建于 2002 年，面积为 50 m×50 m，地理位置为 101°12′11.2″E、21°57′57.3″N，海拔为 820 m。样地植被为热带山地常绿阔叶林，是分布于热带非石灰岩山地的常绿阔叶林，其常绿乔木无论在种数还是个体数上均达乔木总数的 90%以上。西双版纳的热带山地常绿阔叶林在群落结构和生态表现上比较一致，但在种类组成特别是优势树种组成上却较为多样化，反映了按优势种区分的不同类型群落可能是处于不同的演替阶段。对样地进行长期动态监测，可以为研究热带山地常绿阔叶林的演替规律提供基础数据。

13.8.2　自然环境背景与管理

样地地势起伏小，平均坡度 18°，坡向东坡，坡顶。年降水量 1 506.3 mm，年均气温 21.8℃，＞10℃有效积温 4 387.9℃，蒸发量 1 467.9 mm，日照时数 1 838.2 h，全年无霜，相对湿度 85%。水分状况：潮。土壤为黄色、紫红色砂岩为母质发育起来的砖红壤。土壤剖面分层情况为：0～5 cm，灰棕色砂壤土，团粒结构，疏松，根系多，呈网状分布，管状孔穴多，干；5～30 cm，灰黄棕色砂壤土，团粒结构，疏松，根系多，有未分解碳粒，少量土壤动物孔穴，润；30～50 cm，灰棕色砂壤土，核粒结构，紧实，少量根系，管状动物孔穴少，润；50～75 cm，红棕色重壤土，核块结构，紧实，红棕色结核多，润；75～110 cm，红棕色重壤土，核块结构，稍紧实，少量根系，少量发育完全的灰棕色土团，润。土层厚度＞1.0 m，土壤 pH 为 4.72，有机质含量为 20.6 g/kg，全氮含量为 0.81 g/kg，全磷含量为 0.443 g/kg。无水蚀、重力侵蚀、风蚀以及盐碱化情况。有鼠类活动，其他动物活动较少，影响程度轻。样地位于自然保护区，人为干扰较少，且与本站的综合观测场在同一区域内，对群落不进行任何人工抚育，任其自然更新和演替。

13.8.3　植被特征

13.8.3.1　物种组成

根据 2005 年调查，样地共有 91 个植物种，隶属 34 科、73 属，其中包含植物种数较多的 6 个科为樟科（6 属、13 种）、茜草科（6 属、8 种）、大戟科（6 属、7 种）、壳斗科（2 属、6 种）、漆树科（5 属、6 种）和豆科（5 属、5 种）。乔木层物种数 80 种，隶属 34

科、60属；灌木层物种数21种，隶属13科、20属；草本层物种数12种，隶属10科、12属。样地植物名录见表13-8。

表13-8 西双版纳站次生常绿阔叶林站区调查点土壤生物采样地植物名录

序号	层次	物种中文名	物种学名	生活型
1	乔木层	红锥*	*Castanopsis hystrix* Hook. f. & Thomson ex A. DC.	常绿阔叶乔木
2	乔木层	红木荷*	*Schima wallichii*（DC.）Korth.	常绿阔叶乔木
3	乔木层	思茅崖豆*	*Millettia leptobotrya* Dunn	常绿阔叶乔木
4	乔木层	云南银柴*	*Aporosa yunnanensis*（Pax & K. Hoffm.）F. P. Metcalf	常绿阔叶乔木
5	乔木层	枹丝锥*	*Castanopsis calathiformis*（Skan）Rehder & E. H. Wilson	常绿阔叶乔木
6	乔木层	红花木犀榄	*Olea rosea* Craib	常绿阔叶乔木
7	乔木层	耳叶柯	*Lithocarpus grandifolius*（D. Don）S. N. Biswas	常绿阔叶乔木
8	乔木层	红皮水锦树	*Wendlandia tinctoria* subsp. *intermedia*（F. C. How）W. C. Chen	常绿阔叶乔木
9	乔木层	黄牛木	*Cratoxylum cochinchinense*（Lour.）Blume	落叶阔叶乔木
10	乔木层	盆架树	*Alstonia rostrata* C. E. C. Fisch.	落叶阔叶乔木
11	乔木层	肋果茶	*Sladenia celastrifolia* Kurz	常绿阔叶乔木
12	乔木层	尖叶漆	*Toxicodendron acuminatum*（DC.）C. Y. Wu & T. L. Ming	常绿阔叶乔木
13	乔木层	大参	*Macropanax dispermus*（Blume）Kuntze	常绿阔叶乔木
14	乔木层	羽叶白头树	*Garuga pinnata* Roxb.	常绿阔叶乔木
15	乔木层	白穗柯	*Lithocarpus craibianus* Barnett	常绿阔叶乔木
16	乔木层	铁屎米	*Canthium parviflorum* Lam.	常绿阔叶乔木
17	乔木层	云南黄杞	*Engelhardia spicata* Lesch. ex Blume	常绿阔叶乔木
18	乔木层	山楝	*Aphanamixis polystachya*（Wall.）R. Parker	常绿阔叶乔木
19	乔木层	思茅黄肉楠	*Actinodaphne henryi* Gamble	常绿阔叶乔木
20	乔木层	香花木姜子	*Litsea panamanja*（Buch.-Ham. ex Nees）Hook. f.	常绿阔叶乔木
21	乔木层	柴龙树	*Apodytes dimidiata* E. Mey. ex Arn.	常绿阔叶乔木
22	乔木层	华南吴萸	*Tetradium austrosinense*（Hand.-Mazz.）T. G. Hartley	落叶阔叶乔木
23	乔木层	黄棉木	*Metadina trichotoma*（Zoll. & Moritzi）Bakh. f.	常绿阔叶乔木
24	乔木层	裂果金花	*Schizomussaenda dehiscens*（Craib）H. L. Li	落叶阔叶乔木
25	乔木层	山鸡椒	*Litsea cubeba*（Lour.）Pers.	常绿阔叶乔木
26	乔木层	白背桐	*Mallotus paniculatus*（Lam.）Muell. Arg.	常绿阔叶乔木
27	乔木层	伞花冬青	*Ilex godajam*（Colebr. ex Wall.）Wall. ex Hook. f.	常绿阔叶乔木
28	乔木层	粗丝木	*Gomphandra tetrandra*（Wall.）Sleum.	常绿阔叶乔木
29	乔木层	橄榄	*Canarium album*（Lour.）Raeusch.	常绿阔叶乔木
30	乔木层	常绿榆	*Ulmus lanceifolia* Roxb.	常绿阔叶乔木
31	乔木层	毛八角枫	*Alangium kurzii* Craib	常绿阔叶乔木
32	乔木层	羽叶楸	*Stereospermum colais*（Buch.-Ham. ex Dillwyn）Mabb.	落叶阔叶乔木
33	乔木层	伞花木姜子	*Litsea umbellata*（Lour.）Merr.	常绿阔叶乔木

序号	层次	物种中文名	物种学名	生活型
34	乔木层	越南安息香	*Styrax tonkinensis*（Pierre）Craib ex Hartw.	常绿阔叶乔木
35	乔木层	阔叶蒲桃	*Syzygium megacarpum*（Craib）Rathakr. & N. C. Nair	常绿阔叶乔木
36	乔木层	黄果朴	*Celtis tetrandra* subsp. *sinensis*	常绿阔叶乔木
37	乔木层	黄肉楠	*Actinodaphne reticulata* Meisn.	常绿阔叶乔木
38	乔木层	越南巴豆	*Croton kongensis* Gagnep.	常绿阔叶灌木
39	乔木层	黄杞	*Engelhardia roxburghiana* Wall.	半常绿阔叶乔木
40	乔木层	浆果乌桕	*Balakata baccata*（Roxb.）Esser	常绿阔叶乔木
41	乔木层	艾胶算盘子	*Glochidion lanceolarium*（Roxb.）Voigt	常绿阔叶乔木
42	乔木层	猴耳环	*Archidendron clypearia*（Jack）I. C. Nielsen	落叶阔叶乔木
43	乔木层	南方紫金牛	*Ardisia thyrsiflora* D. Don	常绿阔叶灌木
44	乔木层	滇边蒲桃	*Syzygium forrestii* Merr. & L. M. Perry	常绿阔叶乔木
45	乔木层	草鞋木	*Macaranga henryi*（Pax & K. Hoffm.）Rehder	常绿阔叶乔木
46	乔木层	称杆树	*Maesa ramentacea*（Roxb.）A. DC.	落叶阔叶乔木
47	乔木层	高檐蒲桃	*Syzygium oblatum*（Roxb.）Wall. ex Steud.	常绿阔叶乔木
48	乔木层	黄丹木姜子	*Litsea elongata*（Wall. ex Ness）Benth. & Hook. f.	常绿阔叶乔木
49	乔木层	厚果崖豆藤	*Millettia pachycarpa* Benth.	常绿阔叶乔木
50	乔木层	光叶合欢	*Albizia lucidior*（Steud.）I. C. Nielsen	常绿阔叶乔木
51	乔木层	三桠苦	*Melicope pteleifolia*（Champ. ex Benth.）T. G. Hartley	常绿阔叶乔木
52	乔木层	白毛算盘子	*Glochidion arborescens* Blume	落叶阔叶乔木
53	乔木层	密花树	*Myrsine seguinii* H. Lév.	常绿阔叶乔木
54	乔木层	华夏蒲桃	*Syzygium cathayense* Merr. & L. M. Perry	常绿阔叶乔木
55	乔木层	黑皮柿	*Diospyros nigricortex* C. Y. Wu	落叶阔叶乔木
56	乔木层	五月茶	*Antidesma bunius*（L.）Spreng.	常绿阔叶乔木
57	乔木层	滇南杜英	*Elaeocarpus austroyunnanensis* Hu	落叶阔叶乔木
58	乔木层	西桦	*Betula alnoides* Buch.-Ham. ex D. Don	落叶阔叶乔木
59	乔木层	硬核	*Scleropyrum wallichianum*（Wight & Arn.）Arn.	常绿阔叶乔木
60	乔木层	木姜子属一种	*Litsea* sp.	常绿阔叶乔木
61	乔木层	勐海柯	*Lithocarpus fohaiensis*（Hu）A. Camus	常绿阔叶乔木
62	乔木层	细毛润楠	*Machilus tenuipilis* H. W. Li	常绿阔叶乔木
63	乔木层	阔叶厚皮香	*Ternstroemia gymnanthera* var. *wightii*（Choisy）Hand.-Mazz.	常绿阔叶乔木
64	乔木层	茶梨	*Anneslea fragrans* Wall.	常绿阔叶乔木
65	乔木层	大萼木姜子	*Litsea baviensis* Lecomte	常绿阔叶乔木
66	乔木层	大叶红光树	*Knema linifolia*（Roxb.）Warb.	常绿阔叶乔木
67	乔木层	波缘大参	*Macropanax undulatus*（Wall. ex G. Don）Seem.	常绿阔叶乔木
68	乔木层	老挝棋子豆	*Archidendron laoticum*（Gagnep.）I. C. Nielsen	常绿阔叶乔木
69	乔木层	龙果	*Pouteria grandifolia*（Wall.）Baehni	常绿阔叶乔木
70	乔木层	合果木	*Michelia baillonii*（Pierre）Finet & Gagnep.	常绿阔叶乔木
71	乔木层	云南红豆	*Ormosia yunnanensis* Prain	常绿阔叶乔木
72	乔木层	伞花冬青	*Ilex godajam*（Colebr. ex Wall.）Wall. ex Hook. f.	常绿阔叶乔木
73	乔木层	风吹楠	*Horsfieldia amygdalina*（Wall. ex Hook. f. & Thomson）Warb.	常绿阔叶乔木

序号	层次	物种中文名	物种学名	生活型
74	乔木层	斜基粗叶木	*Lasianthus attenuatus* Jack	常绿阔叶灌木
75	乔木层	思茅蒲桃	*Syzygium szemaoense* Merr. & L. M. Perry	常绿阔叶乔木
76	乔木层	十蕊槭	*Acer laurinum* Hassk.	常绿阔叶乔木
77	乔木层	滇赤才	*Lepisanthes senegalensis*（Juss. ex Poir.）Leenh.	常绿阔叶乔木
78	乔木层	山油柑	*Acronychia pedunculata*（L.）Miq.	常绿阔叶乔木
79	乔木层	圆锥木姜子	*Litsea liyuyingi* H. Liou	常绿阔叶乔木
80	乔木层	毛果算盘子	*Glochidion eriocarpum* Champ. ex Benth.	常绿阔叶灌木
81	灌木层	红锥*	*Castanopsis hystrix* Hook. f. & Thomson ex A. DC.	常绿阔叶乔木
82	灌木层	枹丝锥*	*Castanopsis calathiformis*（Skan）Rehder & E. H. Wilson	常绿阔叶乔木
83	灌木层	罗伞树*	*Ardisia quinquegona* Blume	常绿阔叶灌木
84	灌木层	云南银柴*	*Aporosa yunnanensis*（Pax & K. Hoffm.）F. P. Metcalf	常绿阔叶乔木
85	灌木层	思茅崖豆	*Millettia leptobotrya* Dunn	常绿阔叶乔木
86	灌木层	红花木犀榄	*Olea rosea* Craib	常绿阔叶灌木
87	灌木层	银钩花	*Mitrephora tomentosa* J. D. Hooker & Thomson	常绿阔叶乔木
88	灌木层	盆架树	*Alstonia rostrata* C. E. C. Fisch.	常绿阔叶乔木
89	灌木层	睫毛粗叶木	*Lasianthus hookeri* var. *dunniana*（H. Lév.）H. Zhu	常绿阔叶乔木
90	灌木层	橄榄	*Canarium album*（Lour.）Raeusch.	常绿阔叶乔木
91	灌木层	鹅掌柴	*Schefflera heptaphylla*（L.）Frodin	常绿阔叶乔木
92	灌木层	毛果算盘子	*Glochidion eriocarpum* Champ. ex Benth.	常绿阔叶灌木
93	灌木层	染色水锦树	*Wendlandia tinctoria*（Roxb.）DC.	常绿阔叶乔木
94	灌木层	草鞋木	*Macaranga henryi*（Pax & K. Hoffm.）Rehder	常绿阔叶乔木
95	灌木层	多裂黄檀	*Dalbergia rimosa* Roxb.	常绿阔叶灌木
96	灌木层	猴耳环	*Archidendron clypearia*（Jack）I. C. Nielsen	落叶阔叶乔木
97	灌木层	披针叶楠	*Phoebe lanceolata*（Nees）Nees	常绿阔叶乔木
98	灌木层	尖叶漆	*Toxicodendron acuminatum*（DC.）C. Y. Wu & T. L. Ming	常绿阔叶乔木
99	灌木层	滇南九节	*Psychotria henryi* H. Lév.	常绿阔叶灌木
100	灌木层	山鸡椒	*Litsea cubeba*（Lour.）Pers.	常绿阔叶灌木
101	灌木层	割舌树	*Walsura robusta* Roxb.	常绿阔叶乔木
102	草本层	红锥*	*Castanopsis hystrix* Hook. f. & Thomson ex A. DC.	常绿阔叶乔木幼苗
103	草本层	枹丝锥*	*Castanopsis calathiformis*（Skan）Rehder & E . H. Wilson	常绿阔叶乔木幼苗
104	草本层	蕨属一种	*Pteridium* sp.	多年生草本
105	草本层	南方紫金牛	*Ardisia thyrsiflora* D. Don	常绿阔叶灌木幼苗
106	草本层	猴耳环	*Archidendron clypearia*（Jack）I. C. Nielsen	落叶阔叶乔木幼苗
107	草本层	鹅掌柴	*Schefflera heptaphylla*（L.）Frodin	常绿阔叶乔木幼苗
108	草本层	白穗柯	*Lithocarpus craibianus* Barnett	常绿阔叶灌木幼苗
109	草本层	厚果崖豆藤	*Millettia pachycarpa* Benth.	常绿阔叶乔木幼苗
110	草本层	盆架树	*Alstonia rostrata* C. E. C. Fisch.	常绿阔叶乔木幼苗
111	草本层	思茅崖豆	*Millettia leptobotrya* Dunn	常绿阔叶乔木幼苗
112	草本层	红花木犀榄	*Olea rosea* Craib	常绿阔叶灌木幼苗
113	草本层	山鸡椒	*Litsea cubeba*（Lour.）Pers.	常绿阔叶灌木幼苗

注：*为各层优势种。

13.8.3.2 群落结构

样地植被现处于先锋阶段后的建群早期阶段，群落高度 15～20 m，盖度约 85%。群落的垂直结构层次可分为乔木层、灌木层和草本层，其中乔木层又可分为 2 个亚层（乔木 Ⅰ、Ⅱ亚层），层间植物包含藤本植物和寄生植物。乔木层郁闭度为 0.9，平均高度 6.5 m，最大高度 16.5 m，平均胸径 7.23 cm，最大胸径 70 cm，平均密度 3 520 株/hm^2，优势种包括红锥、红木荷、思茅崖豆、云南银柴和枹丝锥，数量 491 株，平均胸径 8.22 cm，平均高度 6.91 m。灌木层盖度 50%，平均高度 1.5 m，平均密度 2 517 株/hm^2，优势种 4 种，包括红锥、枹丝锥、罗伞树和云南银柴，数量 109 株，平均高度 1.3 m。草本层盖度 40%，平均高度 0.45 m，平均密度 94 166 株/hm^2，优势种 2 种，包括红锥（幼苗）和枹丝锥（幼苗），数量 97 株，平均高度 0.4 m。层间藤本包括巴豆藤、白花酸藤子、独子藤、间序油麻藤、尼泊尔鼠李、香花鸡血藤和斜叶黄檀。

13.8.3.3 植被分类地位

样地植物群落按照中国植被分类系统分类如下：

植被型组：森林 Forest

　植被型：常绿阔叶林 Evergreen Broadleaf Forest

　　植被亚型：季风常绿阔叶林 Monsoon Evergreen Broadleaf Forest

　　　群系：红锥+红木荷常绿阔叶林 *Castanopsis hystrix + Schima wallichii* Evergreen Broadleaf Forest Alliance（次生林，建群早期阶段）

　　　　群丛：红锥+红木荷思茅崖豆-罗伞树-蕨 常绿阔叶林 *Castanopsis hystrix + Schima wallichii + Millettia leptobotrya - Ardisia quinquegona - Pteridium sp.* Evergreen Broadleaf Forest（次生林，建群早期阶段）

13.8.4 样地配置与观测内容

样地配置有土壤温湿盐自动观测系统，监测和采样设计按照 CERN 监测统一规范设置，开展生物、土壤和水分要素监测。

13.9 西双版纳站热带人工橡胶林（双排行种植）站区调查点土壤生物采样地

13.9.1 样地代表性

样地（BNFZQ05ABC_01）建于 1998 年，面积为 30 m×30 m，地理位置为 101°16′03.7″E，21°55′24.4″N，海拔为 575 m。样地为原始森林经人为干扰后人工单一种植的双排橡胶林。单一种植橡胶导致诸多生态环境问题，如易受病虫害和极端环境的影响。对样地进行长期动态监测，可以为人工橡胶林的维护管理以及可持续利用研究提供基础数据。

13.9.2 自然环境背景与管理

样地地势平缓，起伏小，坡度 7°，北坡，坡中。本样地气温、降水等气候特征与综合观测场相似，具体参见 13.2.2 节。土壤为砖红壤，土壤母质为河漫滩沉积物。土壤剖面分层情况为：0～2 cm，上部有大量橡胶叶，下部有少量半分解的凋落物；2～10 cm，灰棕色中壤土，团粒结构，疏松，大量根系，呈网络状分布，蜂窝状孔穴多，少量碳粒，潮；10～46 cm，棕红色中壤土，核粒结构，疏松，中量根系，有大量白蚁洞及卵，潮；46～95 cm，棕红色中壤土，核粒结构，疏松，少量根系，有动物孔穴，少量熟化土团，潮。土层厚度＞1.0 m，土壤 pH 为 4.61，有机质含量为 29.23 g/kg，全氮含量为 1.3 g/kg，全磷含量为 0.422 g/kg。无水蚀、重力侵蚀、风蚀以及盐碱化情况。动物活动很少，人类活动相对较多，除平常割胶外，还对林分进行人工抚育管理。

13.9.3 植被特征

13.9.3.1 物种组成

根据 2005 年调查，样地共有 8 个植物种，隶属 6 科、8 属，其中包含植物种树较多的 6 个科为禾本科（4 属、4 种）、大戟科（1 属、1 种）、菊科（1 属、1 种）、木棉科（1 属、1 种）、薯蓣科（1 属、1 种）和桃金娘科（1 属、1 种）。乔木层物种数 1 种，草本层物种数 7 种，隶属 6 科、7 属。样地植物名录见表 13-9。

表 13-9　西双版纳站热带人工橡胶林（双排行种植）站区调查点土壤生物采样地植物名录

序号	层次	物种中文名	物种学名	生活型
1	乔木层	橡胶树*	*Hevea brasiliensis*（Willd. ex A. Juss.）Müll. Arg.	落叶阔叶乔木
2	草本层	苦竹*	*Pleioblastus amarus*（Keng）Keng f.	多年生草本
3	草本层	皱叶狗尾草	*Setaria plicata*（Lam.）T. Cooke	一年生草本
4	草本层	纤毛马唐	*Digitaria ciliaris*（Retz.）Koeler	一年生草本
5	草本层	光叶薯蓣	*Dioscorea glabra* Roxb.	藤本
6	草本层	蒲桃	*Syzygium jambos*（L.）Alston	常绿阔叶乔木幼苗
7	草本层	柔枝莠竹	*Microstegium vimineum*（Trin.）A. Camus	一年生草本
8	草本层	藿香蓟	*Ageratum conyzoides* L.	多年生草本

注：*为各层优势种。

13.9.3.2 群落结构

样地植被类型为人工林，林龄为中龄林。群落以橡胶树为单优种，采用双排宽行种植，群落高度 20～25 m，盖度约 90%。群落的垂直结构可分为 2 个层次，即乔木层和草本层。乔木层物种数仅 1 种，即橡胶树，乔木层郁闭度 0.7，平均高度 14.8 m，最大高度 19 m，平均胸径 29.04 cm，最大胸径 41.66 cm，平均密度 467 株/hm²。草本层盖度 40%，平均高度 0.46 m，平均密度 27 000 株/hm²，优势种为苦竹，平均高度 0.74 m。

13.9.3.3　植被分类地位

样地植物群落按照中国植被分类系统分类如下：

植被型组：森林 Forest

植被型：常绿阔叶林 Evergreen Broadleaf Forest

植被亚型：季风常绿阔叶林 Monsoon Evergreen Broadleaf Forest

群系：橡胶树林 *Hevea brasiliensis* Evergreen Broadleaf Forest Alliance（人工林，中龄林）

群丛：橡胶树-苦竹　常绿阔叶林 *Hevea brasiliensis - Pleioblastus amarus* Evergreen Broadleaf Forest（人工林，中龄林）

13.9.4　样地配置与观测内容

样地配置有土壤温湿盐自动观测系统，监测和采样设计按照 CERN 监测统一规范设置，开展生物、土壤和水分要素监测。

13.10　西双版纳站热带人工橡胶林（单排行种植）站区调查点土壤生物采样地

13.10.1　样地代表性

样地（BNFZQ06ABC_01）建于 2001 年，面积为 30 m×30 m，地理位置为 101°16′26.2″E、21°54′37.5″N，海拔为 580 m。样地为人工种植的橡胶林样地，采用单排行种植，与热带人工橡胶林（双排行种植）站区调查点形成对比。对样地进行长期动态监测，可以较好地为研究人工橡胶林提供基础数据。

13.10.2　自然环境背景与管理

样地坡度 15°～18°，北坡，坡中。本样地气温、降水等气候特征与综合观测场相似，具体参见 13.2.2 节。土壤为砖红壤，土壤母质为河漫滩沉积物。土壤剖面分层情况为：0～3 cm，上部有大量橡胶叶，下部有少量半分解的凋落物；3～23 cm，灰褐色中壤土，团粒结构，疏松，少量管状孔隙，根系丰富，少量蚂蚁；23～60 cm，暗红棕色重壤土，不明显团粒结构，细根多，大根少，有少量动物孔穴和小孔隙，紧实，润；60～88 cm，暗红棕色重壤土，核粒结构，少量根系，有少量动物孔穴和小孔隙，少量碳粒，少量铁结核，紧实，润；88～110 cm，红棕色重壤土，核块状结构，紧实，根系极少，有少量锈斑，中量铁结核，润。土层厚度>1.0 m，土壤 pH 为 5.79，有机质含量为 21.9 g/kg，全氮含量为 1.07 g/kg，全磷含量为 0.33 g/kg。无水蚀、重力侵蚀、风蚀以及盐碱化情况。动物活动很少，影响程度较轻。工作人员经常对样地进行巡护，人类活动相对较多，除平常的割胶外，还对林分进行人工抚育管理，如除去橡胶窄行间的杂草等，不进行施肥。

13.10.3 植被特征

13.10.3.1 物种组成

根据 2005 年调查,样地共有 9 个植物种,隶属 9 科、10 属,其中包含植物种树较多的 6 个科为禾本科(2 属、2 种)、大戟科(1 属、1 种)、凤尾蕨科(1 属、1 种)、菊科(1 属、1 种)、卷柏科(1 属、1 种)和莎草科(1 属、1 种)。乔木层物种数 1 种,草本层物种数 8 种,隶属 5 科、8 属。样地植物名录见表 13-10。

表 13-10 西双版纳站热带人工橡胶林(单排行种植)站区调查点土壤生物采样地植物名录

序号	层次	物种中文名	物种学名	生活型
1	乔木层	橡胶树*	*Hevea brasiliensis*(Willd. ex A. Juss.)Müll. Arg.	落叶阔叶乔木
2	草本层	薄叶卷柏*	*Selaginella delicatula*(Desv.)Alston	多年生草本
3	草本层	柔枝莠竹*	*Microstegium vimineum*(Trin.)A. Camus	一年生草本
4	草本层	疏穗莎草	*Cyperus distans* L. f.	多年生草本
5	草本层	凤尾蕨	*Pteris cretica* var. *intermedia*(Christ)C. Chr.	多年生草本
6	草本层	马蹄金	*Dichondra micrantha* Urb.	多年生草本
7	草本层	飞机草	*Chromolaena odorata*(L.)R. King & H. Rob.	多年生草本
8	草本层	纤毛马唐	*Digitaria ciliaris*(Retz.)Koeler	一年生草本
9	草本层	潺槁木姜子	*Litsea glutinosa*(Lour.)C. B. Rob.	常绿阔叶乔木幼苗

注:*为各层优势种。

13.10.3.2 群落结构

样地植被的垂直结构可分为 2 个层次,即乔木层和草本层。乔木层郁闭度 0.8,平均高度 12.5 m,最大高度 15 m,平均胸径 23 cm,最大胸径 37.17 cm,平均密度 400 株/hm^2。草本层平均高度 0.2 m,盖度 80%,平均密度 19 000 株/hm^2,优势种 2 种,包括薄叶卷柏和柔枝莠竹。

13.10.3.3 植被分类地位

样地植物群落按照中国植被分类系统分类如下:

植被型组:森林 Forest

  植被型:常绿阔叶林 Evergreen Broadleaf Forest

    植被亚型:季风常绿阔叶林 Monsoon Evergreen Broadleaf Forest

      群系:橡胶树林 *Hevea brasiliensis* Evergreen Broadleaf Forest Alliance(人工林,中龄林)

        群丛:橡胶树-薄叶卷柏+柔枝莠竹 常绿阔叶林 *Hevea brasiliensis - Selaginella delicatula + Microstegium vimineum* Evergreen Broadleaf Forest(人工林,中龄林)

13.10.4　样地配置与观测内容

样地配置有土壤温湿盐自动观测系统，监测和采样设计按照 CERN 监测统一规范设置，开展生物、土壤和水分要素监测。

13.11　西双版纳站刀耕火种撂荒地（现为橡胶幼林地）站区调查点土壤采样地

13.11.1　样地代表性

样地（BNFZQ07ABC_01）建于 2001 年，面积为 30 m×30 m，地理位置为 101°12′01.6″E、21°58′18.4″N，海拔为 690 m。西双版纳地区由于长期受刀耕火种利用方式的影响，次生林面积较大，多已成为演替速度和生长十分缓慢的次生矮林。这些矮林的生物量普遍较低，生物量的器官分配也严重失衡。例如，不断的人为干扰使群落中的萌生成分逐渐增多，根的生物量分配比例增加，退化极为严重。样地在 2004 年前为刀耕火种撂荒地，以飞机草为优势的草本群落，2005 年 3—4 月村民将其开垦种植橡胶树。对样地进行长期动态监测，可以较好地研究刀耕火种影响下橡胶林的演替规律。

13.11.2　自然环境背景与管理

样地地貌为低山山地，坡度 15°，坡向西南。样地气温、降水等气候特征与综合观测场相似，具体参见 13.2.2 节。土壤类型为砖红壤，土壤母质为河漫滩沉积物。土壤剖面分层情况为：0～20 cm，黑褐色壤土，团粒结构，润，疏松，孔隙多，残留细根多；20～50 cm，黑褐色中壤土，核粒结构，润，疏松，蜂窝状孔隙多，残留根少，有未熟化土体；50～70 cm，黄褐色中壤土，核粒结构，疏松，蜂窝状孔穴多，润；70～110 cm，黄褐色中壤土，核块结构，黄灰色铁锰胶膜少，少量铁结核，疏松，蜂窝状孔穴多，润。土层厚度＞1.0 m，土壤 pH 为 5.82，有机质含量为 9.87 g/kg，全氮含量为 2 g/kg，全磷含量为 0.84 g/kg。无水蚀、重力侵蚀、风蚀以及盐碱化情况。动物活动很少，工作人员经常对样地进行巡护，村民对样地进行人工抚育管理，如除去橡胶树窄行间的杂草、施肥等。

13.11.3　植被特征

13.11.3.1　物种组成

根据 2005 年调查，样地仅橡胶树 1 个植物种，为落叶阔叶乔木。

13.11.3.2　群落结构

样地为橡胶树人工林，单排行种植。种植规格：株距 2 m，行距 6 m。乔木层平均高度 1.2 m，最大高度 4 m，平均胸径 1.77 cm，最大胸径 2.62 cm，平均密度 180 株/hm²。

13.11.3.3　植被分类地位

样地植物群落按照中国植被分类系统分类如下：

植被型组：森林 Forest

　　植被型：常绿阔叶林 Evergreen Broadleaf Forest

　　　植被亚型：季风常绿阔叶林 Monsoon Evergreen Broadleaf Forest

　　　　群系：橡胶树人工林 *Hevea brasiliensis* Evergreen Broadleaf Forest Alliance（人工林，幼林）

　　　　　群丛：橡胶树 常绿阔叶林 *Hevea brasiliensis* Evergreen Broadleaf Forest（人工林，幼林）

13.11.4　样地配置与观测内容

样地监测和采样设计按照 CERN 监测统一规范设置，开展生物和土壤要素监测。

第三篇

草地生态系统

14　内蒙古站生物监测样地本底与植被特征[*]

14.1　生物监测样地概况

14.1.1　概况与区域代表性

内蒙古草原生态系统定位研究站（以下简称内蒙古站）建于 1979 年，隶属中国科学院植物研究所，1990 年成为 CERN 台站，2005 年晋升为国家野外科学观测研究站。内蒙古站设在内蒙古锡林郭勒盟锡林浩特市东南 70 km 的白音锡勒牧场嘎松乌拉分场，位于我国第一个草地类国家级自然保护区即锡林郭勒草原国家级自然保护区（1997 年建立）内，地理位置为 116°40′25″E、43°32′54″N。锡林郭勒草原是我国中温带半干旱典型草原的核心分布区，是我国北方地区重要的绿色生态屏障。内蒙古站对我国典型草原的植被地貌特征、社会经济问题和生态环境问题的监测与研究具有典型的区域代表性。

内蒙古站位于锡林河流域。流域内地势东南高、西北低，北半部丘陵与塔拉相间，地形波状起伏，南半部有多级玄武岩台地，还有分散的小型火山锥、浑圆的丘陵与平展的宽谷。锡林河自东南向西北流经以上差别较大的两个地貌单元。河流北岸有一条宽约 10 km、长约 40 km 的固定沙带。特定的地理位置和复杂的地貌为地带性草原的形成与分布提供了条件，发育了典型的草原植被。受地形和特定基质的影响，部分草原群落呈现垂直分布特点。而在河滩地和沙地上分别形成了沼泽、草甸和森林等隐域性植被（姜恕，1985，1988）。

14.1.2　生物监测样地设置

1979 年建站以来，内蒙古站先后设置了 4 个长期观测样地，分别为综合观测场羊草样地、辅助观测场大针茅样地和 2 个站区调查点样地（表 14-1）。样地布局如图 14-1 所示。样地群落外貌见彩图 14-1～彩图 14-4。

---

* 编写：王小亮（中国科学院植物研究所）
审稿：王　扬（中国科学院植物研究所）

表 14-1　内蒙古站生物长期观测样地清单

序号	样地代码	样地名称	样地类别	植被类型	地理位置	海拔/m	面积及形状/（m×m）	建立时间与计划使用年数
1	NMGZH01ABC_01	内蒙古站羊草样地	综合观测场	羊草为主的温带半干旱典型草原	116°40′25″~116°40′50″E，43°32′54″~43°33′18″N	1 250~1 280	600 × 400	1979 年，100 年
2	NMGFZ01ABC_01	内蒙古站大针茅样地	辅助观测场	大针茅为主的温带半干旱典型草原	116°33′06″~116°33′35″E，43°32′16″~43°33′35″N	1 130	500 × 500	1979 年，100 年
3	NMGZQ01	内蒙古站站区样地 1（自由放牧）	站区调查点	羊草为主的温带半干旱典型草原	116°40′38″~116°40′59″E，43°33′22″~43°33′31″N	1 250~1 280	500 × 300	2008 年，100 年
4	NMGZQ02	内蒙古站站区样地 2（站区气象观测场附近）	站区调查点	西北针茅为主的温带半干旱典型草原	116°46′32″~116°46′37″E，43°37′20″~43°37′22″N	1 170~1 200	200 × 100	2004 年，100 年

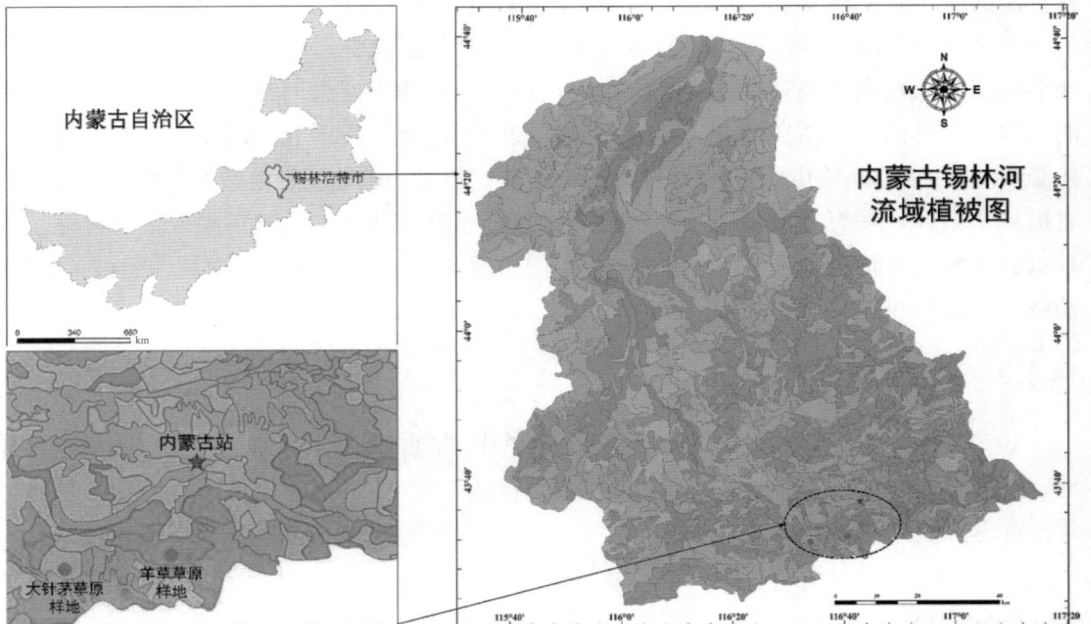

图 14-1　内蒙古站生物长期观测样地布局

14.2　内蒙古站羊草样地

14.2.1　样地代表性

样地（NMGZH01ABC_01）建于 1979 年，地理位置为 116°40′25″～116°40′50″E、43°32′54″～43°33′18″N，面积为 600 m × 400 m，位于国际地圈-生物圈计划（IGBP）中国东北样带（NECT）的中心区域。样地的植被类型为羊草草原。羊草草原是欧亚大陆草原区东部特有的群系，是蒙古高原东部分布面积最广的典型草原群系之一，是优良的天然放牧场与打草场，经济利用价值极高。

14.2.2　自然环境背景与管理

内蒙古站羊草样地设置在锡林河南岸、益和乌拉分场葛根萨拉以南、依和都贵北面的低丘宽谷地带。样地处于第二级玄武岩台地基础上形成的平缓丘陵宽谷，海拔 1 200～1 250 m。丘陵相对高度 20～30 m，顶部浑圆，谷坡漫长缓缓向东倾斜，坡度小于 5°，坡麓下接平坦的宽谷。样地设在谷坡中上部到中部地段上，小部分延伸到宽谷地段。谷坡草被较密，地面有枯枝落叶层。

根据白音锡勒牧场 1970—1982 年的观测资料，年均气温 –0.4℃，最冷月（1 月）平均气温 –22.3℃，极端最低气温 –47.5℃（1977 年），最热月（7 月）平均气温 18.8℃，≥10℃的积温为 1 597.9℃，持续 112 d。无霜期约 100 d，草原植物生长期约 150 d。年降水量约 350 mm，集中于 6—9 月，约占全年降水量的 80%。年均相对湿度 63.6%，年均风速 3.58 m/s，地下水位深度 4.39 m。年蒸发量 1 600～1 800 mm，相当于降水量的 4～5 倍。冬春降雪，稳定降雪日数约 90 d。深度适宜的积雪可为放牧牲畜提供"饮水"，增加土壤底墒有利于植物返青和初期生长，但积雪过厚或过薄，可能形成白灾或黑灾。

内蒙古站羊草样地的土壤母质为风积物，土壤类型为栗钙土。土层厚度达 1 m 以上，腐殖质层厚 20～30 cm，钙积层不显著或不存在，50～60 cm 以下时见微量假菌丝状的碳酸钙淀积物。土壤剖面中 0～4 cm 为暗灰色砂壤，粒状结构，疏松，有大量根系和植物残体；4～16 cm 为暗灰色砂壤，粒状+块状结构，较松，根系密集，羊草根交织成网，有少量动物孔穴；16～47 cm 为灰色砂壤，块状结构，较紧，根系较少；47～80 cm 为淡灰色砂壤，块状结构，紧，根系少；80～100 cm 为暗黄色砂土，块状结构，根甚少。样地无水蚀、重力侵蚀和风蚀，地表存在轻度盐碱斑。样地有轻度动物和人类干扰。样地建立前的利用方式为放牧，建立后围栏围封，人员看护，科学利用。

14.2.3　植被特征

14.2.3.1　物种组成

根据 1979 年的调查数据，样地有植物 86 种，隶属 29 科、68 属，其中菊科 13 种、豆科 8 种、禾本科 8 种、蔷薇科 6 种、百合科 6 种。植物种数最多的属为蒿属和葱属，均为5 种，其次为委陵菜属 4 种，体现了典型草原植物大科大属的特征。样地植物的生活型主要为草本，也包括一些灌木（含 2 个物种）和半灌木（含 2 个物种）。样地植物名录见表 14-2。

表 14-2 内蒙古站羊草样地植物名录

序号	物种中文名	物种学名	生活型
1	羊草*	*Leymus chinensis*（Trin. ex Bunge）Tzvelev	多年生根茎禾草
2	大针茅*	*Stipa grandis* P. A. Smirn.	多年生丛生禾草
3	根茎冰草*	*Agropyron michnoi* Roshev.	多年生根茎禾草
4	糙隐子草	*Cleistogenes squarrosa*（Trin.）Keng	多年生丛生禾草
5	羽茅	*Achnatherum sibiricum*（L.）Keng ex Tzvelev	多年生丛生禾草
6	黄囊薹草	*Carex korshinskii* Kom.	多年生杂类草
7	二裂委陵菜	*Potentilla bifurca* L.	多年生杂类草
8	阿尔泰狗娃花	*Aster altaicus* Willd.	多年生杂类草
9	小叶锦鸡儿	*Caragana microphylla* Lam.	落叶灌木
10	落草	*Koeleria macrantha*（Ledeb.）Schult.	多年生丛生禾草
11	早熟禾	*Poa annua* L.	多年生丛生禾草
12	野韭	*Allium ramosum* L.	多年生杂类草
13	矮韭	*Allium anisopodium* Ledeb.	多年生杂类草
14	砂韭	*Allium bidentatum* Fisch. ex Prokh. & Ikonn.-Gal.	多年生杂类草
15	山韭	*Allium senescens* L.	多年生杂类草
16	白婆婆纳	*Veronica incana* L.	多年生杂类草
17	瓣蕊唐松草	*Thalictrum petaloideum* L.	多年生杂类草
18	北点地梅	*Androsace septentrionalis* L.	一、二年生植物
19	北芸香	*Haplophyllum dauricum*（L.）G. Don	多年生杂类草
20	萹蓄	*Polygonum aviculare* L.	一、二年生植物
21	柄状薹草	*Carex pediformis* C. A. Mey.	多年生杂类草
22	草麻黄	*Ephedra sinica* Stapf	多年生杂类草
23	草木樨状黄耆	*Astragalus melilotoides* Pall.	多年生杂类草
24	叉分蓼	*Polygonum divaricatum* L.	多年生杂类草
25	刺藜	*Dysphania aristata*（L.）Mosyakin & Clemants	一、二年生植物
26	翠雀	*Delphinium grandiflorum* L.	多年生杂类草
27	寸草	*Carex duriuscula* C. A. Mey.	多年生杂类草
28	达乌里芯芭	*Cymbaria daurica* L.	多年生杂类草
29	大籽蒿	*Artemisia sieversiana* Ehrh. ex Willd.	一、二年生植物
30	地梢瓜	*Cynanchum thesioides*（Freyn）K. Schum.	一、二年生植物
31	独行菜	*Lepidium apetalum* Willd,	一、二年生植物
32	钝叶瓦松	*Orostachys malacophylla*（Pall.）Fisch.	多年生杂类草
33	多裂叶荆芥	*Nepeta multifida* L.	多年生杂类草
34	多叶棘豆	*Oxytropis myriophylla*（Pall.）DC.	多年生杂类草

序号	物种中文名	物种学名	生活型
35	二色补血草	*Limonium bicolor*（Bunge）Kuntze	一、二年生植物
36	防风	*Saposhnikovia divaricata*（Turcz.）Schischk.	多年生杂类草
37	费菜	*Phedimus aizoon*（L.）'t Hart	多年生杂类草
38	风毛菊	*Saussurea japonica*（Thunb.）DC.	多年生杂类草
39	伏毛山莓草	*Sibbaldia adpressa* Bunge	多年生杂类草
40	甘草	*Glycyrrhiza uralensis* Fisch. ex DC.	多年生杂类草
41	广布野豌豆	*Vicia cracca* L.	多年生杂类草
42	鹤虱	*Lappula myosotis* Moench	一、二年生植物
43	红纹马先蒿	*Pedicularis striata* Pall.	多年生杂类草
44	花苜蓿	*Medicago ruthenica*（L.）Trautv.	多年生杂类草
45	黄花韭	*Allium condensatum* Turcz.	多年生杂类草
46	石竹	*Dianthus chinensis* L.	多年生杂类草
47	丝叶小苦荬	*Ixeridium graminifolium*（Ledeb.）Tzvelev	多年生杂类草
48	宿根亚麻	*Linum perenne* L.	多年生杂类草
49	蝟菊	*Olgaea lomonosowii*（Trautv.）Iljin	多年生杂类草
50	菥蓂	*Thlaspi arvense* L.	多年生杂类草
51	细叶白头翁	*Pulsatilla turczaninovii* Krylov & Serg.	多年生杂类草
52	细叶韭	*Allium tenuissimum* L.	多年生杂类草
53	细叶鸢尾	*Iris tenuifolia* Pall.	多年生杂类草
54	小花花旗杆	*Dontostemon micranthus* C. A. Mey.	一、二年生植物
55	黄芩	*Scutellaria baicalensis* Georgi	多年生杂类草
56	灰绿藜	*Chenopodium glaucum* L.	一、二年生植物
57	火绒草	*Leontopodium leontopodioides*（Willd.）Beauv.	多年生杂类草
58	菊叶委陵菜	*Potentilla tanacetifolia* Willd. ex Schltdl.	多年生杂类草
59	卷茎蓼	*Fallopia convolvula*（L.）A. Love	一、二年生植物
60	块根糙苏	*Phlomis tuberosa* L.	多年生杂类草
61	狼毒	*Stellera chamaejasme* L.	多年生杂类草
62	冷蒿	*Artemisia frigida* Willd.	半灌木
63	楼斗菜叶绣线菊	*Spiraea aquilegiifolia* Pall.	落叶灌木
64	轮叶委陵菜	*Potentilla verticillaris* Stephan ex Willd.	多年生杂类草
65	麻花头	*Klasea centauroides*（L.）Cass. ex Kitag.	多年生杂类草
66	马蔺	*Iris lactea* var. *chinensis*（Fisch.）Koidz.	多年生杂类草
67	蒙古蒿	*Artemisia mongolica*（Fisch. ex Bess.）Nakai	多年生杂类草
68	蒙古黄耆	*Astragalus mongholicus* Bunge	多年生杂类草
69	迷果芹	*Sphallerocarpus gracilis*（Bess.）K.-Pol.	一、二年生植物
70	木地肤	*Kochia prostrata*（L.）Schrad.	半灌木
71	蓬子菜	*Galium verum* L.	多年生杂类草
72	柔毛蒿	*Artemisia pubescens* Ledeb.	一、二年生植物
73	乳浆大戟	*Euphorbia esula* L.	多年生杂类草
74	斜茎黄芪	*Astragalus laxmannii* Jacq.	多年生杂类草
75	星毛委陵菜	*Potentilla acaulis* L.	多年生杂类草

序号	物种中文名	物种学名	生活型
76	鸦葱	*Scorzonera austriaca* Willd.	多年生杂类草
77	野鸢尾	*Iris dichotoma* Pall.	多年生杂类草
78	翼茎风毛菊	*Saussurea alata* DC.	多年生杂类草
79	燥原荠	*Ptilotricum canescens*（DC.）C. A. Mey.	一、二年生植物
80	展枝唐松草	*Thalictrum squarrosum* Stephan ex Willd.	多年生杂类草
81	长柱沙参	*Adenophora stenanthina*（Ledeb.）Kitag.	多年生杂类草
82	知母	*Anemarrhena asphodeloides* Bunge	多年生杂类草
83	轴藜	*Axyris amaranthoides* L.	一、二年生植物
84	猪毛菜	*Salsola collina* Pall.	一、二年生植物
85	猪毛蒿	*Artemisia scoparia* Waldst. & Kit.	一、二年生植物
86	锥叶柴胡	*Bupleurum bicaule* Helm	多年生杂类草

注：*为优势种。

14.2.3.2　群落结构

根据 1979 年的调查数据，内蒙古站羊草样地植被是以羊草和小禾草为主体的温带半干旱典型草原植被。8 月群落盖度约 45%，平均高度 55 cm。最占优势的种为羊草，其次为大针茅、根茎冰草、糙隐子草和羽茅等旱生密丛型禾草。以上禾草构成群落的主体，生物量占比达 60%以上。杂类草占物种数的 87%，其中 80%以上是多年生草本，在生物量特别是地下部生物量中占重要地位。群落有明显的草层分化，羊草、大针茅等较高大禾草的生殖枝构成高度 50～60 cm 的高草层；较多的伴生小禾草形成高度约 30 cm 的中草层，二者之间夹杂着柔毛蒿、麻花头等杂类草；5～15 cm 为黄囊薹草、糙隐子草、星毛委陵菜、冷蒿等构成的低草层；地面有薄层凋落物覆盖。腐殖质层厚 20～30 cm。

14.2.3.3　植被分类地位

样地植物群落按照中国植被分类系统分类如下：

植被型组：草本植被（草地）Herbaceous Vegetation（Grassland）

　植被型：根茎草类草地 Rhizome Grassland

　　植被亚型：根茎草类典型草原 Rhizome Typical Steppe Grassland

　　　群系：羊草草原 *Leymus chinensis* Rhizome Typical Steppe Grassland Alliance

　　　　群丛：羊草+大针茅+根茎冰草 根茎草类典型草原 *Leymus chinensis* + *Stipa grandis* + *Agropyron michnoi* Rhizome Typical Steppe Grassland

14.2.4　样地配置与观测内容

内蒙古站羊草样地是内蒙古站的长期观测场。该观测场是内蒙古站开展草地生态系统生物、土壤、水分和气象长期观测的主要场地，配置的长期观测设施主要包括径流观测场、小气候观测系统、植物物候自动观测系统、植物根系观测系统微根管、土壤含水量自动观测系统和土壤温湿盐自动观测系统等。另外，针对全球气候变化、土地利用以及生物多样性丧失等区域生态环境问题，内蒙古站还在该样地设置有长期养分添加试验、割草试验、鼠类及蝗虫习性观测场等实验平台。

14.3　内蒙古站大针茅样地

14.3.1　样地代表性

样地（NMGFZ01ABC_01）建于 1979 年，地理位置为 116°33′06″～116°33′35″E、43°32′16″～43°33′35″N，面积为 500 m×500 m，设置在白音锡勒牧场额尔根陶勒盖以西、巴嘎乌拉以东的一级玄武岩台地上，位于内蒙古站羊草样地以西 10 km。样地植被类型为大针茅草原。大针茅草原是典型草原的主要群落类型之一，是区域内重要的地带性植被类型。

14.3.2　自然环境背景与管理

大针茅样地地势平坦、开阔，海拔约 1 130 m，局部有高 1 m 左右的火山喷发物堆积的小丘。气候条件与羊草样地相近（参见 14.2.2 节）。土壤为栗钙土，砂壤至壤砂质土。土层厚约 1 m 或更深，小丘附近较薄仅 40～50 cm。土壤剖面中夹有一些碎石块；腐殖质层较薄约 20 mm，灰棕色，有机质含量不到 3%；地面 50 cm 以下有明显的钙积层。冬春枯草季节时有野火（1980 年出现野火），地面几乎不见凋落物。冬春季较为干旱，加上大风的影响，风蚀较为严重。动物和人类干扰为轻度。样地建立前的利用方式为放牧，建立后围栏围封。

14.3.3　植被特征

14.3.3.1　物种组成

根据 1979 年的调查数据，内蒙古站大针茅样地有植物 61 种，隶属 24 科、51 属，其中菊科 10 种、豆科 9 种、禾本科 9 种、蔷薇科 7 种、百合科 5 种，最大的属为委陵菜属 5 种。样地植物的生活型主要为草本，也包括一些灌木（含 2 个物种）和半灌木（含 2 个物种）。样地植物名录见表 14-3。

表 14-3　内蒙古站大针茅样地植物名录

序号	物种中文名	物种学名	生活型
1	大针茅*	*Stipa grandis* P. A. Smirn.	多年生丛生禾草
2	根茎冰草*	*Agropyron michnoi* Roshev.	多年生根茎禾草
3	冷蒿*	*Artemisia frigida* Willd.	半灌木
4	阿尔泰狗娃花*	*Aster altaicus* Willd.	多年生杂类草
5	落草*	*Koeleria macrantha*（Ledeb.）Schult.	多年生丛生禾草
6	羊草	*Leymus chinensis*（Trin. ex Bunge）Tzvelev	多年生根茎禾草
7	羽茅	*Achnatherum sibiricum*（L.）Keng ex Tzvelev	多年生丛生禾草

序号	物种中文名	物种学名	生活型
8	二裂委陵菜	*Potentilla bifurca* L.	多年生杂类草
9	糙隐子草	*Cleistogenes squarrosa*（Trin.）Keng	多年生丛生禾草
10	寸草	*Carex duriuscula* C. A. Mey.	多年生杂类草
11	瓣蕊唐松草	*Thalictrum petaloideum* L.	多年生杂类草
12	达乌里秦艽	*Gentiana dahurica* Fisch.	多年生杂类草
13	达乌里芯芭	*Cymbaria daurica* L.	多年生杂类草
14	细叶韭	*Allium tenuissimum* L.	多年生杂类草
15	小叶锦鸡儿	*Caragana microphylla* Lam.	落叶灌木
16	猪毛蒿	*Artemisia scoparia* Waldst. & Kit.	一、二年生植物
17	多裂叶荆芥	*Nepeta multifida* L.	多年生杂类草
18	银灰旋花	*Convolvulus ammannii* Desr.	多年生杂类草
19	防风	*Saposhnikovia divaricata*（Turcz.）Schischk.	多年生杂类草
20	伏毛山莓草	*Sibbaldia adpressa* Bunge	多年生杂类草
21	草原石头花	*Gypsophila davurica* Turcz. ex Fenzl	多年生杂类草
22	鹤虱	*Lappula myosotis* Moench	一、二年生植物
23	花苜蓿	*Medicago ruthenica*（L.）Trautv.	多年生杂类草
24	画眉草	*Eragrostis pilosa*（L.）P. Beauv.	一、二年生植物
25	黄花韭	*Allium condensatum* Turcz.	多年生杂类草
26	黄芩	*Scutellaria baicalensis* Georgi	多年生杂类草
27	灰绿藜	*Chenopodium glaucum* L.	一、二年生植物
28	菊叶委陵菜	*Potentilla tanacetifolia* Willd. ex Schltdl.	多年生杂类草
29	矮韭	*Allium anisopodium* Ledeb.	多年生杂类草
30	耧斗菜叶绣线菊	*Spiraea aquilegiifolia* Pall.	灌木
31	轮叶委陵菜	*Potentilla verticillaris* Stephan ex Willd.	多年生杂类草
32	驴欺口	*Echinops davuricus* Fisch. ex Hornem.	多年生杂类草
33	麻花头	*Klasea centauroides*（L.）Cass. ex Kitag.	多年生杂类草
34	木地肤	*Kochia prostrata*（L.）Schrad.	半灌木
35	女娄菜	*Silene aprica* Turcx. ex Fisch. & C. A. Mey.	多年生杂类草
36	柔毛蒿	*Artemisia pubescens* Ledeb.	多年生杂类草
37	锥叶柴胡	*Bupleurum bicaule* Helm	多年生杂类草
38	野韭	*Allium ramosum* L.	多年生杂类草
39	砂韭	*Allium bidentatum* Fisch. ex Prokh. & Ikonn.-Gal.	多年生杂类草
40	山韭	*Allium senescens* L.	多年生杂类草
41	星毛委陵菜	*Potentilla acaulis* L.	多年生杂类草
42	硬毛棘豆	*Oxytropis hirta* Bunge	多年生杂类草
43	刺藜	*Dysphania aristata*（L.）Mosyakin & Clemants	一、二年生植物
44	燥原荠	*Ptilotricum canescens*（DC.）C. A. Mey.	一、二年生植物
45	粘毛黄芩	*Scutellaria viscidula* Bunge	多年生杂类草
46	知母	*Anemarrhena asphodeloides* Bunge	多年生杂类草
47	轴藜	*Axyris amaranthoides* L.	一、二年生植物
48	猪毛菜	*Salsola collina* Pall.	一、二年生植物

序号	物种中文名	物种学名	生活型
49	山蚂蚱草	*Silene jenisseensis* Willd.	多年生杂类草
50	丝叶小苦荬	*Ixeridium graminifolium*（Ledeb.）Tzvelev	多年生杂类草
51	宿根亚麻	*Linum perenne* L.	多年生杂类草
52	细叶白头翁	*Pulsatilla turczaninovii* Krylov & Serg.	多年生杂类草
53	小花花旗杆	*Dontostemon micranthus* C. A. Mey.	一、二年生植物
54	北芸香	*Haplophyllum dauricum*（L.）G. Don	多年生杂类草
55	野罂粟	*Papaver nudicaule* L.	多年生杂类草
56	翼茎风毛菊	*Saussurea alata* DC.	多年生杂类草
57	乳白花黄耆	*Astragalus galactites* Pall.	多年生杂类草
58	乳浆大戟	*Euphorbia esula* L.	多年生杂类草
59	反枝苋	*Amaranthus retroflexus* L.	一、二年生植物
60	大籽蒿	*Artemisia sieversiana* Ehrh. ex Willd.	一、二年生植物
61	鸦葱	*Scorzonera austriaca* Willd.	多年生杂类草

注：*为优势种。

14.3.3.2 群落结构

内蒙古站大针茅样地最占优势的植物种是大针茅，其次为根茎冰草、冷蒿、阿尔泰狗娃花和糙草等。8 月群落盖度约 40%，平均高度 62 cm。以大针茅为代表的旱生密丛型禾草占显著优势，生物量占比约 80%，杂类草中的蒿属植物生物量占比为 12.1%，阿尔泰狗娃花、知母和细叶韭等杂类草也占有一定比例。杂类草种类不如羊草样地丰富，冷蒿、柔毛蒿等旱生蒿属植物较占优势，葱属植物占有一定比重，其余种类较少。样地有明显的草层分化，包括由大针茅组成的旱生丛生型禾草层片（建群层片），由根茎冰草和糙隐子草等组成的旱生丛生型小禾草层片，由羊草组成的广旱生根茎禾草层片，由以冷蒿、燥原荠为主组成的旱生小半灌木层片，由柔毛蒿、阿尔泰狗娃花、北芸香等组成的多年生杂类草层片，由寸草组成的中旱生短根茎薹草层片，以及由猪毛菜、刺藜等组成的一、二年生杂类草层片等，此外还有小叶锦鸡儿灌木层片，但作用不显著。

14.3.3.3 植被分类地位

样地植物群落按照中国植被分类系统分类如下：

植被型组：草本植被（草地）Herbaceous Vegetation（Grassland）

　植被型：丛生草类草地 Tussock Grassland

　　植被亚型：丛生草类典型草原 Tussock Typical Steppe Grassland

　　　群系：大针茅草原 *Stipa grandis* Tussock Typical Steppe Grassland Alliance

　　　　群丛：大针茅+根茎冰草 丛生草类典型草原 *Stipa grandis* + *Agropyron michnoi* Tussock Typical Steppe Grassland

14.3.4 样地配置与观测内容

内蒙古站大针茅样地是内蒙古站的辅助观测场，是对内蒙古站所代表区域主要草地类型的重要补充。根据 CERN 的监测规范，该观测场主要开展草地生态系统生物、土壤、水分和气象等相关内容的长期观测，其配置的长期观测设施主要包括植物物候自动观测系统、植物根系观测系统微根管、土壤含水量自动观测系统和土壤温湿盐自动观测系统等。

14.4　内蒙古站站区样地 1（自由放牧）

14.4.1　样地代表性

样地（NMGZQ01）建于 2008 年，设置在综合观测场羊草样地以西约 500 m，地理位置为 116°40′38″～116°40′59″E、43°33′22″～43°33′31″N，面积为 500 m × 300 m，作为综合观测场的对照，监测牧民自由利用状态下的草地变化，主要利用方式为放牧和打草。

14.4.2　自然环境背景与管理

样地地貌特征、气候条件、土壤条件背景与羊草样地相同（参见 14.2.2 节）。样地监测区域以牧户的自由利用为主，主要由牧民自发调节家畜的种类与数量。2005 年以前利用方式主要为打草，之后的雨丰年份放牧兼打草，2008 年以后以放牧利用为主。家畜以蒙古羊为主。2015 年因牛、羊肉价格持续升高，在不减羊的情况下逐渐增加牛、马、驴等大畜的养殖，以致草场由中度退化向重度退化方向发展。过度放牧引起大针茅等丛生禾草的破碎化和小型化，一、二年生植物逐渐增加。2021 年生长季雨量偏丰，样地的主要利用方式为打草，8 月中旬打草后继续放牧。连年放牧或打草导致地表几乎没有凋落物。土壤为暗栗钙土，土层深厚达 1 m 以上，钙积层显著，见于 30 cm 以下。风蚀引起的水土流失严重。

14.4.3　植被特征

14.4.3.1　物种组成

根据 2008 年的调查数据，样地有植物约 39 种，隶属 14 科、32 属，其中禾本科 9 种、菊科 6 种、豆科 3 种、百合科 5 种、蔷薇科 3 种、藜科 4 种，植物种较多的属依次为葱属 4 种、蒿属 2 种、委陵菜属 3 种。样地植物的生活型主要为草本，也包括一些半灌木（含 2 个物种）。样地主要植物名录见表 14-4。

表 14-4　内蒙古站站区样地 1（自由放牧）主要植物名录

序号	物种中文名	物种学名	生活型
1	根茎冰草*	*Agropyron michnoi* Roshev.	多年生根茎禾草
2	冷蒿*	*Artemisia frigida* Willd.	半灌木
3	木地肤*	*Kochia prostrata*（L.）Schrad.	半灌木
4	二裂委陵菜*	*Potentilla bifurca* L.	多年生杂类草
5	大针茅	*Stipa grandis* P. A. Smirn.	多年生丛生禾草
6	寸草	*Carex duriuscula* C. A. Mey.	多年生杂类草

序号	物种中文名	物种学名	生活型
7	羊草	*Leymus chinensis*（Trin. ex Bunge）Tzvelev	多年生根茎禾草
8	糙隐子草	*Cleistogenes squarrosa*（Trin.）Keng	多年生丛生禾草
9	羽茅	*Achnatherum sibiricum*（L.）Keng ex Tzvelev	多年生丛生禾草
10	落草	*Koeleria macrantha*（Ledeb.）Schult.	多年生丛生禾草
11	猪毛蒿	*Artemisia scoparia* Waldst. & Kit.	一、二年生植物
12	细叶韭	*Allium tenuissimum* L.	多年生杂类草
13	砂韭	*Allium bidentatum* Fisch. ex Prokh. & Ikonn.-Gal.	多年生杂类草
14	野韭	*Allium ramosum* L.	多年生杂类草
15	阿尔泰狗娃花	*Aster altaicus* Willd.	多年生杂类草
16	星毛委陵菜	*Potentilla acaulis* L.	多年生杂类草
17	花苜蓿	*Medicago ruthenica*（L.）Trautv.	多年生杂类草
18	黄花韭	*Allium condensatum* Turcz.	多年生杂类草
19	块根糙苏	*Phlomis tuberosa* L.	多年生杂类草
20	瓣蕊唐松草	*Thalictrum petaloideum* L.	多年生杂类草
21	乳白花黄耆	*Astragalus galactites* Pall.	多年生杂类草
22	丝叶小苦荬	*Ixeridium graminifolium*（Ledeb.）Tzvelev	多年生杂类草
23	蝟菊	*Olgaea lomonosowii*（Trautv.）Iljin	多年生杂类草
24	细叶鸢尾	*Iris tenuifolia* Pall.	多年生杂类草
25	小花花旗杆	*Dontostemon micranthus* C. A. Mey.	一、二年生植物
26	鸦葱	*Scorzonera austriaca* Willd.	多年生杂类草
27	早熟禾	*Poa annua* L.	多年生丛生禾草
28	白萼委陵菜	*Potentilla betonicifolia* Poir.	多年生杂类草
29	长柱沙参	*Adenophora stenanthina*（Ledeb.）Kitag.	多年生杂类草
30	知母	*Anemarrhena asphodeloides* Bunge	多年生杂类草
31	独行菜	*Lepidium apetalum* Willd.	一、二年生植物
32	多叶棘豆	*Oxytropis myriophylla*（Pall.）DC.	多年生杂类草
33	反枝苋	*Amaranthus retroflexus* L.	一、二年生植物
34	狗尾草	*Setaria viridis*（L.）P. Beauv.	一、二年生植物
35	鹤虱	*Lappula myosotis* Moench	一、二年生植物
36	刺藜	*Dysphania aristata*（L.）Mosyakin & Clemants	一、二年生植物
37	灰绿藜	*Chenopodium glaucum* L.	一、二年生植物
38	轴藜	*Axyris amaranthoides* L.	一、二年生植物
39	猪毛菜	*Salsola collina* Pall.	一、二年生植物

注：*为优势种。

14.4.3.2　群落结构

样地的优势种有根茎冰草、冷蒿、木地肤和二裂委陵菜，次优势种为大针茅、寸草等，多年生杂类草如砂韭，一、二年生植物如猪毛蒿等在某些年份也占很大优势。8月中旬群落盖度约30%，平均高度37 cm。根茎冰草约占总生物量的40%。

14.4.3.3 植被分类地位

样地植物群落按照中国植被分类系统分类如下：

植被型组：草本植被（草地）Herbaceous Vegetation（Grassland）

植被型：根茎草类草地 Rhizome Grassland

植被亚型：根茎草类典型草原 Rhizome Typical Steppe Grassland

群系：羊草草原 *Leymus chinensis* Rhizome Typical Steppe Grassland Alliance（羊草草原退化草地）

群丛：根茎冰草+冷蒿 根茎草类典型草原 *Agropyron michnoi* + *Artemisia frigida* Rhizome Typical Steppe Grassland（羊草草原退化草地）

14.4.4 样地配置与观测内容

按照 CERN 站区调查点样地的指标和规范要求进行观测，观测内容包括生物和土壤要素。

14.5 内蒙古站站区样地2（站区气象观测场附近）

14.5.1 样地代表性

样地（NMGZQ02）建于 2004 年，设置在站区气象观测场西侧，地理位置为 116°46′32″～116°46′37″E、43°37′20″～43°37′22″N，面积为 200 m × 100 m。植被类型为西北针茅草原。西北针茅草原是典型草原的代表群系之一，是区分中温型森林草原亚带和典型草原亚带，以及典型草原亚带和荒漠草原亚带的重要标志。西北针茅草原在内蒙古草原的中西部半干旱地区有着广泛的分布，常与大针茅草原交错分布，成片出现于过牧地段。

14.5.2 自然环境背景与管理

样地位于锡林河中游的北岸，浑善达克沙地的北缘，海拔 1 200 m 以下，处于沙丘西部矮丘坡麓以及北部频繁放牧的退化草场上。

浑善达克沙地为小腾格里沙地的一部分，约形成于晚更新世，现已基本固定，具有与地带性的草原群落迥然不同的沙地景观（中国科学院内蒙古综合宁夏考察队，1985）。根据本站 1982—2015 年的观测资料，年均气温为 2.3℃，最冷月（1 月）平均气温 –21.2℃，极端最低气温为 –50.6℃（1988 年），最热月（7 月）平均气温 19.3℃，≥10℃ 的积温为 1 597.9℃，持续 112 d。无霜期约 100 d，草原植物生长期约 150 d。年降水量约 350 mm，集中于 6—9 月，约占年降水量的 80%。6—9 月正值气温较高季节，形成高温多湿的条件，有利于植物生长。降水的季节和年度变化非常大。少雨年份甚至呈现近似荒漠类型的气候，如 1980 年年降水量仅 182 mm，2005 年更是低至 166 mm；而在多雨的年份（如 1979 年和 2012 年）达 500 mm。年蒸发量 1 600～1 800 mm，相当于降水量的 4～5 倍。

土壤为沙壤土。土壤剖面中 0～15 cm 为沙土，块+粒状结构；15 cm 以下为沙土，块状结构。建站之前样地附近为放牧利用，1979 年围封后每年刈割处理以防止枯草过多引发火灾。2005 年对站西进行了二次围封，进行物候等观测。

14.5.3　植被特征

14.5.3.1　物种组成

样地附近有植物约 65 种，隶属 21 科、48 属，其中禾本科 15 种、菊科 8 种、蔷薇科 6 种、豆科 5 种、百合科 3 种，最大的属为蒿属 5 种。样地植物的生活型主要为草本，也包括一些乔木（含 1 个物种）、灌木（含 5 个物种）和半灌木（含 5 个物种）。样地主要植物名录见表 14-5。

表 14-5　内蒙古站站区样地 2（站区气象观测场附近）主要植物名录

序号	物种中文名	物种学名	生活型
1	西北针茅*	*Stipa sareptana* var. *krylovii*（Roshev.）P. C. Kuo & Y. H. Sun	多年生丛生禾草
2	冷蒿*	*Artemisia frigida* Willd.	半灌木
3	沙生冰草*	*Agropyron desertorum*（Fisch.）Schult.	多年生丛生禾草
4	羊草	*Leymus chinensis*（Trin. ex Bunge）Tzvelev	多年生根茎禾草
5	星毛委陵菜	*Potentilla acaulis* L.	多年生杂类草
6	寸草	*Carex duriuscula* C. A. Mey.	多年生杂类草
7	大针茅	*Stipa grandis* P. A. Smirn.	多年生丛生禾草
8	木地肤	*Kochia prostrata*（L.）Schrad.	半灌木
9	沙芦草	*Agropyron mongolicum* Keng	多年生丛生禾草
10	瓣蕊唐松草	*Thalictrum petaloideum* L.	多年生杂类草
11	阿尔泰狗娃花	*Aster altaicus* Willd.	多年生杂类草
12	糙隐子草	*Cleistogenes squarrosa*（Trin.）Keng	多年生丛生禾草
13	花苜蓿	*Medicago ruthenica*（L.）Trautv.	多年生杂类草
14	菊叶委陵菜	*Potentilla tanacetifolia* Willd. ex Schltdl.	多年生杂类草
15	根茎冰草	*Agropyron michnoi* Roshev.	多年生根茎禾草
16	二裂委陵菜	*Potentilla bifurca* L.	多年生杂类草
17	砂韭	*Allium bidentatum* Fisch. ex Prokh. & Ikonn.-Gal.	多年生杂类草
18	落草	*Koeleria macrantha*（Ledeb.）Schult.	多年生丛生禾草
19	猪毛蒿	*Artemisia scoparia* Waldst. & Kit.	一、二年生植物
20	羽茅	*Achnatherum sibiricum*（L.）Keng ex Tzvelev	多年生丛生禾草
21	野韭	*Allium ramosum* L.	多年生杂类草
22	羊茅	*Festuca ovina* L.	多年生丛生禾草
23	小叶锦鸡儿	*Caragana microphylla* Lam.	灌木
24	展枝唐松草	*Thalictrum squarrosum* Stephan ex Willd.	多年生杂类草
25	沙鞭	*Psammochloa villosa*（Trin.）Bor	多年生丛生禾草
26	二色补血草	*Limonium bicolor*（Bunge）Kuntze	一、二年生植物
27	叉分蓼	*Polygonum divaricatum* L.	多年生杂类草

序号	物种中文名	物种学名	生活型
28	硬阿魏	*Ferula bungeana* Kitagawa	多年生杂类草
29	锥叶柴胡	*Bupleurum bicaule* Helm	多年生杂类草
30	细叶鸢尾	*Iris tenuifolia* Pall.	多年生杂类草
31	西伯利亚蓼	*Polygonum sibiricum* Laxm.	多年生杂类草
32	女娄菜	*Silene aprica* Turcz. ex Fisch. & C. A. Mey.	一、二年生植物
33	赖草	*Leymus secalinus*（Georgi）Tzvelev	多年生根茎禾草
34	巴天酸模	*Rumex patientia* L.	多年生杂类草
35	百里香	*Thymus mongolicus* Ronn.	多年生杂类草
36	北点地梅	*Androsace septentrionalis* L.	一、二年生植物
37	萹蓄	*Polygonum aviculare* L.	一、二年生植物
38	刺藜	*Dysphania aristata*（L.）Mosyakin & Clemants	一、二年生植物
39	大籽蒿	*Artemisia sieversiana* Ehrh. ex Willd.	一、二年生植物
40	地梢瓜	*Cynanchum thesioides*（Freyn）K. Schum.	一、二年生植物
41	拂子茅	*Calamagrostis epigeios*（L.）Roth	多年生根茎禾草
42	狗尾草	*Setaria viridis*（L.）P. Beauv.	一、二年生植物
43	鹤虱	*Lappula myosotis* Moench	一、二年生植物
44	黑蒿	*Artemisia palustris* L.	一、二年生植物
45	灰绿藜	*Chenopodium glaucum* L.	一、二年生植物
46	火媒草	*Olgaea leucophylla*（Turcz.）Iljin	一、二年生植物
47	尖头叶藜	*Chenopodium acuminatum* Willd.	一、二年生植物
48	尖叶胡枝子	*Lespedeza hedysaroides*（Pall.）Kitag.	半灌木
49	耧斗菜叶绣线菊	*Spiraea aquilegiifolia* Pall.	落叶灌木
50	木岩黄耆	*Hedysarum fruticosum* Pall. var. *lignosum*（Trautv.）Kitagawa.	半灌木
51	柠条锦鸡儿	*Caragana korshinskii* Kom.	落叶灌木
52	山杏	*Armeniaca sibirica*（L.）Lam.	落叶灌木
53	石竹	*Dianthus chinensis* L.	多年生杂类草
54	丝叶小苦荬	*Ixeridium graminifolium*（Ledeb.）Tzvelev	多年生杂类草
55	无腺花旗干	*Dontostemon eglandulosus*（DC.）Ledeb.	一、二年生植物
56	雾冰藜	*Bassia dasyphylla*（Fisch. & C. A. Mey.）Kuntze	一、二年生植物
57	榆树	*Ulmus pumila* L.	落叶乔木
58	细叶小檗	*Berberis poiretii* C. K. Schneid.	落叶灌木
59	兴安虫实	*Corispermum chinganicum* Iljin	一、二年生植物
60	兴安天门冬	*Asparagus dauricus* Link	多年生杂类草
61	盐蒿	*Artemisia halodendron* Turcz. ex Besser	半灌木
62	硬质早熟禾	*Poa sphondylodes* Trin.	多年生丛生禾草
63	蓝盆花	*Scabiosa comosa* Fisch. ex Roem. & Schult.	多年生杂类草
64	轴藜	*Axyris amaranthoides* L.	一、二年生植物
65	猪毛菜	*Salsola collina* Pall.	一、二年生植物

注：*为优势种。

14.5.3.2 群落结构

样地的优势种为西北针茅，次优势种为冷蒿、沙生冰草，伴生种有羊草、星毛委陵菜、小叶锦鸡儿等。植被总盖度约 40%，平均高度 55 cm。由于样地临近固定沙丘，样地内出现过渡性沙地植物如盐蒿（褐沙蒿）、沙鞭等；样地北侧 50 m 附近有榆树疏林存在，乔木层由榆树组成，分布稀疏，不连续成层，郁闭度很低。沙地植物和榆树的防风固沙作用对样地和站区起到了充分的自然保护效果。

14.5.3.3 植被分类地位

样地植物群落按照中国植被分类系统分类如下：

植被型组：草本植被（草地）Herbaceous Vegetation（Grassland）

　植被型：丛生草类草地 Tussock Grassland

　　植被亚型：丛生草类典型草原 Tussock Typical Steppe Grassland

　　　群系：西北针茅草原 *Stipa sareptana* var. *krylovii* Tussock Typical Steppe Grassland Alliance

　　　　群丛：西北针茅+冷蒿+沙生冰草 丛生草类典型草原 *Stipa sareptana* var. *krylovii* + *Artemisia frigida* + *Agropyron desertorum* Tussock Typical Steppe Grassland

14.5.4 样地配置与观测内容

样地主要观测设施包括植物物候自动观测系统、植物根系观测系统微根管等。观测内容包括生物、水分和大气要素，生物监测指标包括物候观测、根系生长观测。

参考文献

姜恕，1988. 草地生态系统试验地的设置及其植被背景[M]//中国科学院内蒙古草原生态系统定位站. 草原生态系统研究（第 3 集）. 北京：科学出版社，1-12.

姜恕，1985. 中国科学院内蒙古草原生态系统定位站的建立和研究工作概述[M]//中国科学院内蒙古草原生态系统定位站. 草原生态系统研究（第 1 集）. 北京：科学出版社，1-11.

中国科学院内蒙古综合宁夏考察队，1985. 内蒙古植被[M]. 北京：科学出版社.

15   海北站生物监测样地本底与植被特征*

15.1   生物监测样地概况

15.1.1   概况与区域代表性

海北高寒草甸生态系统定位研究站（以下简称海北站）建于 1976 年，隶属中国科学院西北高原生物研究所，1990 年成为 CERN 台站，2005 年成为国家野外科学观测研究站。

海北站地处青藏高原东北隅祁连山北支冷龙岭南坡的大通河河谷地段，地理位置为 101°18′51.2″E、37°36′39.3″N。山地平均海拔 4 000 m 以上，冷龙岭主峰岗什卡峰海拔 5 254.5 m，发育着现代冰川。站区以丘陵、低山和滩地为主，滩地海拔 3 200～3 300 m。海北站位于青海省海北藏族自治州门源回族自治县种马场，距西宁市 160 km，是最早以高寒草地生态系统为研究对象的国家野外科学观测研究站。区域主要受东南暖湿气流和西伯利亚冷高压控制，属于典型的高原大陆性气候类型，主要分布着青藏高原典型的地带性植被高寒灌丛草甸、高寒嵩草草甸和高寒藏嵩草草甸（周兴民，2006）。海北站位于祁连山腹地，其气候、土壤、植被具有祁连山区的典型代表性特征。同时受高山气候和纬度的影响，具有高寒、强紫外和低氧环境的青藏高原生态系统代表性特征。

15.1.2   生物监测样地设置

海北站自 1993 年开始，先后设置了 3 个生物长期观测样地，分别为海北站高寒矮嵩草草甸综合观测场土壤生物水分综合采样地、海北站高寒金露梅灌丛草甸辅助观测场土壤生物采样地及海北站高寒小嵩草草甸站区调查点土壤生物采样地（表 15-1）。海北站生物长期观测样地布局如图 15-1 所示，样地群落外貌见彩图 15-1～彩图 15-3。

---

* 编写：兰玉婷（中国科学院西北高原生物研究所）
　审稿：张振华（中国科学院西北高原生物研究所）

表 15-1 海北站生物长期观测样地清单

序号	样地代码	样地名称	样地类别	植被类型	地理位置（样地中心点）	海拔/m	面积及形状/（m×m）	建立时间与计划使用年数
1	HBGZH01ABC_01	海北站高寒矮嵩草草甸综合观测场土壤生物水分综合采样地	综合观测场	高寒矮嵩草草甸	101°18′51″E，37°36′39″N	3 240	250 × 230	1993 年，100 年
2	HBGFZ01AB0_01	海北站高寒金露梅灌丛草甸辅助观测场土壤生物采样地	辅助观测场	高寒金露梅灌丛草甸	101°19′33″E，37°39′50″N	3 321～3 327	1 500 × 1 000	1998 年，100 年
3	HBGZQ01AB0_01	海北站高寒小嵩草草甸站区调查点土壤生物采样地	站区调查点	高寒小嵩草草甸	101°34′58″E，37°42′1″N	3 305	800 × 500	1998 年，100 年

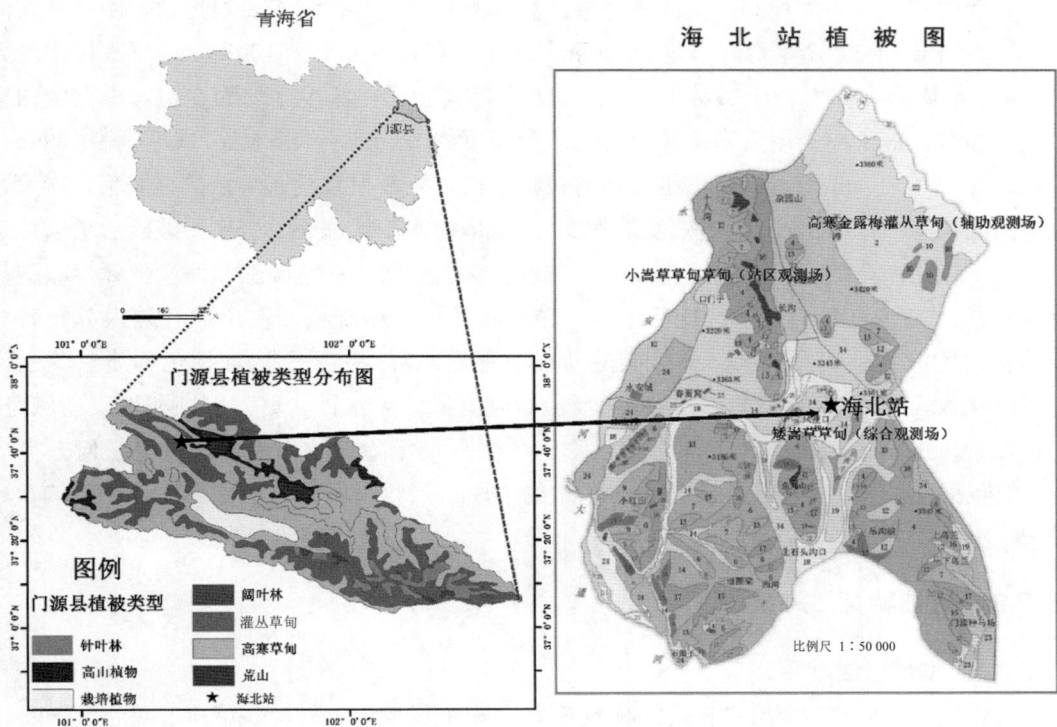

图 15-1 海北站生物长期观测样地布局

15.2　海北站高寒矮嵩草草甸综合观测场土壤生物水分综合采样地

15.2.1　样地代表性

样地（HBGZH01ABC_01）建于 1993 年，地理位置为 101°18′51″E、37°36′39″N，面积为 250 m × 230 m。嵩草草甸以莎草科植物占优势，能适应生长期短、冻融作用频繁及低温寒冷等不利条件，在青藏高原分布最广，是适应大陆性高原寒旱化生态环境的独特类型。高寒矮嵩草草甸是青藏高原典型的地带性植被之一，主要分布于高原面上的山间滩地和偏阴坡，气候条件相对较好，是优良的天然放牧场，常作为青藏高原冬季草场。样地位于祁连山冷龙岭南麓的山间滩地，具有地带性和利用方式的典型代表性，对于气候变化背景下青藏高原高寒矮嵩草草甸适应性管理和退化机制的研究具有重要意义。

15.2.2　自然环境背景与管理

样地位于青海省海北藏族自治州门源县种马场风匣口，地貌地形为祁连山山间滩地，地势东北略高，西南稍有低洼，坡度＜5°。属于典型的高原大陆性气候，主要受东南暖湿气流和西伯利亚冷高压控制，无四季之分，只有冷暖季之别，暖季凉温短暂，冷季严寒漫长。年均气温 −1.7℃。年均降水量 560 mm，＞10℃有效积温小于 100℃。地下水位深度大于 4 m。年均湿度 67%。土壤常年处于湿润水分状态，土壤湿度平均为 38%。根据全国第二次土壤普查，土壤类型为寒冻毡土类。土层厚度约 65 cm，草毡表层（O）厚约 8 cm。土壤剖面中 0～8 cm 为暗棕色黏壤土，屑粒状结构，死活根系紧密缠结，极坚韧，湿润，大量的细孔隙；8～32 cm 为浊棕色黏壤土，结构体被水平状冻裂纹分割，破碎后呈鳞片至小块状，疏松，在植物根孔或细孔隙内分布着少量的管状灰白色碳酸盐假菌丝体，碳酸盐反应较强；32～71 cm 为浊黄橙色壤土，粒块状结构，稍疏松，在土壤孔隙内分布着较多的灰白色管状碳酸盐假菌丝体，碳酸盐反应强烈；71～95 cm 为浊橙色砂质黏壤土，粉粒结构，疏松，有少量锈纹，碳酸盐反应较强。样地无水蚀、重力侵蚀和地表盐碱斑，但存在轻度的风蚀。样地为天然草地，作为冬春草场，除放牧作用外，再无任何人类活动。放牧强度较轻，控制在取食地上生物量的 50%。放牧时段为每年 9 月下旬—次年 6 月 10 日。

15.2.3　植被特征

15.2.3.1　物种组成

样地共调查到 76 个植物种。物种数较多的 6 个科为禾本科、莎草科、豆科、菊科、龙胆科和毛茛科。样地常见的物种 47 种，具体物种名录见表 15-2。

表 15-2　海北站高寒矮嵩草草甸综合观测场土壤生物水分综合采样地主要植物名录

序号	物种中文名	物种学名	生活型
1	矮生嵩草*	*Kobresia humilis*（C. A. Mey. & Trautv.）Sergiev.	多年生草本
2	垂穗披碱草*	*Elymus nutans* Griseb.	多年生草本
3	麻花艽*	*Gentiana straminea* Maxim.	多年生草本
4	刺芒龙胆*	*Gentiana aristata* Maxim.	一年生小草本
5	美丽风毛菊*	*Saussurea pulchra* Lipsch.	多年生草本
6	藏异燕麦	*Helictotrichon tibeticum*（Roshev.）Holub	多年生草本
7	草地早熟禾	*Poa pratensis* L.	多年生草本
8	线叶龙胆	*Gentiana lawrencei* var. *farreri*（Balf. f.）T. N. Ho	多年生草本
9	黄花棘豆	*Oxytropis ochrocephala* Bunge	多年生草本
10	蓝花棘豆	*Oxytropis caerulea*（Pall.）DC.	多年生草本
11	落草	*Koeleria macrantha*（Ledeb.）Schult.	多年生草本
12	刺参	*Morina chinensis*（Batalin ex Diels）Pai	多年生草本
13	披针叶野决明	*Thermopsis lanceolata* R. Br.	多年生草本
14	羊茅	*Festuca ovina* L.	多年生草本
15	异针茅	*Stipa aliena* Keng	多年生密丛型草本
16	双叉细柄茅	*Ptilagrostis dichotoma* Keng ex Tzvelev	多年生草本
17	钉柱委陵菜	*Potentilla saundersiana* Royle	多年生草本
18	阿拉善马先蒿	*Pedicularis alaschanica* Maxim.	多年生草本
19	矮火绒草	*Leontopodium nanum*（Hook. f. & Thomson）Hand.-Mazz.	多年生草本
20	甘肃黄芪	*Astragalus licentianus* Hand.-Mazz.	多年生草本
21	甘肃棘豆	*Oxytropis kansuensis* Bunge	多年生草本
22	高山豆	*Tibetia himalaica*（Baker）H. P. Tsui	多年生草本
23	美丽毛茛	*Ranunculus pulchellus* C. A. Mey.	多年生草本
24	钝苞雪莲	*Saussurea nigrescens* Maxim.	多年生草本
25	钝裂银莲花	*Anemone obtusiloba* D. Don	多年生草本
26	肉果草	*Lancea tibetica* Hook. f. & Thomson	多年生草本
27	三裂碱毛茛	*Halerpestes tricuspis*（Maxim.）Hand.-Mazz.	多年生草本
28	萎软紫菀	*Aster flaccidus* Bunge	多年生草本
29	二裂委陵菜	*Potentilla bifurca* L.	多年生草本
30	棉毛茛	*Ranunculus membranaceus* Royle	多年生草本
31	辐状肋柱花	*Lomatogonium rotatum*（L.）Fries ex Nyman	一年生草本
32	野青茅	*Deyeuxia pyramidalis*（Host）Veldkamp	多年生草本
33	高山唐松草	*Thalictrum alpinum* L.	多年生小草本
34	黑褐穗薹草	*Carex atrofusca* subsp. *minor*（Boott）T. Koyama	多年生草本
35	喉毛花	*Comastoma pulmonarium*（Turcz.）Toyok.	一年生草本
36	花苜蓿	*Medicago ruthenica*（L.）Trautv.	多年生草本
37	高山嵩草	*Kobresia pygmaea* C. B. Clarke	多年生草本
38	双柱头针蔺	*Trichophorum distigmaticum*（Kükenth.）Egorova	多年生草本
39	细叶亚菊	*Ajania tenuifolia*（Jacq.）Tzvelev	多年生草本
40	短腺小米草	*Euphrasia regelii* Wettst	一年生草本

序号	物种中文名	物种学名	生活型
41	婆婆纳	*Veronica polita* Fries	一年至二年生草本
42	三脉梅花草	*Parnassia trinervis* Drude	多年生草本
43	湿生扁蕾	*Gentianopsis paludosa*（Munro ex Hook. f.）Ma	一年生草本
44	伞花繁缕	*Stellaria umbellata* Turcz.	多年生草本
45	卷鞘鸢尾	*Iris potaninii* Maxim.	多年生草本
46	翠雀	*Delphinium grandiflorum* L.	多年生草本
47	高山韭	*Allium sikkimense* Baker	多年生草本

注：*为优势种。

15.2.3.2　群落结构

样地群落优势植物是矮生嵩草和垂穗披碱草。群落可分为比较明显的两层，处于群落上层的物种有垂穗披碱草、藏异燕麦、异针茅、草地早熟禾、羊茅、翠雀、落草和双叉细柄茅等，处于群落下层的物种有高山嵩草、肉果草、二裂委陵菜、矮火绒草和矮生嵩草等，共同形成典型的高寒矮嵩草草甸双层群落结构。群落叶层平均高度 10.3 cm，盖度 85%～90%。

15.2.3.3　植被分类地位

样地植物群落按照中国植被分类系统分类如下：

植被型组：草本植被（草地）Herbaceous Vegetation（Grassland）

植被型：丛生草类草地 Tussock Grassland

植被亚型：丛生草类高寒草甸 Tussock Alpine Meadow Grassland

群系：矮生嵩草高寒草甸 *Kobresia humilis* Tussock Alpine Meadow Grassland Alliance

群丛：矮生嵩草+垂穗披碱草 丛生草类高寒草甸 *Kobresia humilis* + *Elymus nutans* Tussock Alpine Meadow Grassland

15.2.4　样地配置与观测内容

样地主要观测设施包括植物物候自动观测系统、植物根系观测系统微根管、干湿沉降采样系统、水汽通量涡度相关系统、土壤含水量自动观测系统和土壤温湿盐自动观测系统等。按照 CERN 综合观测场样地的指标和规范要求进行观测，观测内容包括生物、土壤、水分和大气要素。

15.3　海北站高寒金露梅灌丛草甸辅助观测场土壤生物采样地

15.3.1　样地代表性

样地（HBGFZ01AB0_01）建于 1998 年，地理位置为 101°19′33″E、37°39′50″N，长

方形，面积为 1 500 m×1 000 m。金露梅灌丛草甸是青藏高原高寒地区重要的植被类型之一，面积仅次于高寒嵩草草甸，广泛分布于高原东部海拔 3 200～4 500 m 的山地阴坡、偏阴坡和山前洪积扇中上部。金露梅灌丛草甸植物群落结构简单，但植物种类丰富，生产力高，是青藏高原主要的夏秋牧场。对其进行长期动态研究，了解高寒金露梅灌丛草地的生态功能，可为退化植被恢复与重建提供理论依据。

15.3.2 自然环境背景与管理

样地位于祁连山南坡坡麓山前洪积扇上，冷龙岭以南，山体海拔 4 200～4 500 m。地形为祁连山山前洪积扇中部，地势平坦，平均海拔 3 320 m，北高南低，坡度＜5°。受高山微气候的影响，天气变化频繁。土层厚 60～80 cm，土壤母质为洪-冲积物。土壤剖面发育较差，雏形性强。土壤常年处于水分湿润的状态，土壤质量含水量为 42%～45%。土体冻融交替频繁，中部多形成鳞片状结构，下层有铁、锰锈纹锈斑，具有较强的淋溶作用，因此土壤剖面通体无石灰淀积现象。破坏性灾害主要是过度放牧草场退化后，鼠类活动增多，对草地的挖掘破坏加重。样地为天然草地，由于距居民点较远，气候条件相对较差，被作为夏秋季草场，放牧强度较重。放牧时间为每年 6 月 10 日—9 月 10 日，为成年家畜放牧地段。除放牧作用外，再无其他人类活动。

15.3.3 植被特征

15.3.3.1 物种组成

样地共调查到 77 个植物种。物种较多的 6 个科为禾本科、蔷薇科、莎草科、蓼科、菊科和毛茛科。样地有常见植物 42 种，如表 15-3 所示。

表 15-3　海北站高寒金露梅灌丛草甸辅助观测场土壤生物采样地主要植物名录

序号	物种中文名	物种学名	生活型
1	金露梅*	*Potentilla fruticosa* L.	落叶阔叶灌木
2	落草*	*Koeleria macrantha*（Ledeb.）Schult.	多年生草本
3	珠芽蓼*	*Polygonum viviparum* L.	多年生草本
4	西伯利亚蓼*	*Polygonum sibiricum* Laxm.	多年生草本
5	甘青老鹳草*	*Geranium pylzowianum* Maxim.	多年生草本
6	藏异燕麦	*Helictotrichon tibeticum*（Roshev.）Holub	多年生草本
7	黄帚橐吾	*Ligularia virgaurea*（Maxim.）Mattf.	多年生草本
8	钉柱委陵菜	*Potentilla saundersiana* Royle	多年生草本
9	钝苞雪莲	*Saussurea nigrescens* Maxim.	多年生草本
10	甘肃马先蒿	*Pedicularis kansuensis* Maxim.	多年生草本
11	羊茅	*Festuca ovina* L.	多年生草本
12	矮生嵩草	*Kobresia humilis*（C. A. Mey. & Trautv.）Sergiev.	多年生草本
13	钝裂银莲花	*Anemone obtusiloba* D. Don	多年生草本
14	垂穗披碱草	*Elymus nutans* Griseb.	多年生草本

序号	物种中文名	物种学名	生活型
15	矮火绒草	*Leontopodium nanum*（Hook. f. & Thomson）Hand.-Mazz.	多年生草本
16	宽叶羌活	*Notopterygium franchetii* H. Boissieu	多年生草本
17	刺芒龙胆	*Gentiana aristata* Maxim.	多年生草本
18	二裂委陵菜	*Potentilla bifurca* L.	多年生草本
19	麻花艽	*Gentiana straminea* Maxim.	多年生草本
20	萎软紫菀	*Aster flaccidus* Bunge	多年生草本
21	双叉细柄茅	*Ptilagrostis dichotoma* Keng ex Tzvelev	多年生草本
22	戟叶火绒草	*Leontopodium dedekensii*（Bur. & Franch.）Beauv.	多年生草本
23	箭叶橐吾	*Ligularia sagitta*（Maxim.）Mattf.	多年生草本
24	花苜蓿	*Medicago ruthenica*（L.）Trautv.	多年生草本
25	祁连獐牙菜	*Swertia przewalskii* Pissjauk.	多年生草本
26	线叶嵩草	*Kobresia capillifolia* C. B. Clarke	多年生草本
27	黑褐穗薹草	*Carex atrofusca* subsp. *minor*（Boott）T. Koyama	多年生草本
28	美丽毛茛	*Ranunculus pulchellus* C. A. Mey.	多年生草本
29	棉毛茛	*Ranunculus membranaceus* Royle	多年生草本
30	短腺小米草	*Euphrasia regelii* Wettst.	一年生草本
31	肉果草	*Lancea tibetica* Hook. f. & Thomson	多年生草本
32	三裂碱毛茛	*Halerpestes tricuspis*（Maxim.）Hand.-Mazz.	多年生草本
33	湿生扁蕾	*Gentianopsis paludosa*（Munro ex Hook. f.）Ma	一年生草本
34	双柱头针蔺	*Trichophorum distigmaticum*（Kükenth.）Egorova	多年生草本
35	高山唐松草	*Thalictrum alpinum* L.	多年生小草本
36	辐状肋柱花	*Lomatogonium rotatum*（L.）Fries ex Nyman	一年生草本
37	婆婆纳	*Veronica polita* Fries	一年至二年生草本
38	喉毛花	*Comastoma pulmonarium*（Turcz.）Toyok.	一年生草本
39	沙棘	*Hippophae rhamnoides* L.	落叶灌木或乔木
40	黄精	*Polygonatum sibiricum* Redouté	多年生草本
41	海乳草	*Glaux maritima* L.	多年生草本
42	小大黄	*Rheum pumilum* Maxim.	多年生小草本

注：*为优势种。

15.3.3.2 群落结构

样地群落优势植物种为金露梅和薹草等。群落结构比较简单，存在明显的双层片结构。样地内灌丛和草地呈斑块状分布。灌丛基部地表通常有较厚的苔藓和枯枝落叶。植被生长比较密集，群落盖度可达 70%～80%。上层为灌木层，叶层平均高度 38.7 cm，以金露梅为建群种，灌丛基部地表通常具有较厚的苔藓和枯枝落叶。下层为草本层，物种数较多，盖度 50%～70%，叶层平均高度 8.3 cm，以西伯利亚蓼、珠芽蓼等为优势种。伴生种包括双叉细柄茅、羊茅、钉柱委陵菜、藏异燕麦、珠芽蓼、甘肃马先蒿、高山唐松草等。

15.3.3.3 植被分类地位

样地植物群落按照中国植被分类系统分类如下：

植被型组：灌丛 Shrubland
　植被型：落叶阔叶灌丛 Deciduous Broadleaf Shrubland
　　植被亚型：高寒落叶阔叶灌丛 Alpine Deciduous Broadleaf Shrubland
　　　群系：金露梅高寒灌丛 *Potentilla fruticosa* Alpine Deciduous Broadleaf Shrubland Alliance
　　　　群丛：金露梅-落草+珠芽蓼 高寒落叶阔叶灌丛 *Potentilla fruticosa-Koeleria macrantha* + *Polygonum viviparum* Alpine Deciduous Broadleaf Shrubland

15.3.4　样地配置与观测内容

样地主要观测设施包括水汽通量涡度相关系统、土壤含水量自动观测系统、土壤温湿盐自动观测系统、植物物候自动观测系统和植物根系观测系统微根管等。按照 CERN 辅助观测场样地的指标和规范要求进行观测，观测内容主要包括生物、土壤和水分要素。

15.4　海北站高寒小嵩草草甸站区调查点土壤生物采样地

15.4.1　样地代表性

样地（HBGZQ01AB0_01）建于 1998 年，地理位置为 101°34′58″E、37°42′1″N，长方形，面积为 800 m × 500 m。小嵩草草甸是青藏高原典型的地带性植被之一，对高寒畜牧业的发展、农牧民的生产生活具有重要意义。样地位于祁连山山地偏阳坡，具有突出的地带性植被特点，也代表了典型的草地利用方式，对其长期监测能够认识高寒小嵩草草甸的退化演替过程及其机制，对指导退化草地的可持续发展具有重要价值。

15.4.2　自然环境背景与管理

样地设置于祁连山山地偏阳坡上，西南坡向，北高南低，平均海拔高度 3 305 m，落差 70 m。样地位于山地峡谷，天气变化频繁，气候寒冷，降水次数多，且常为冰雹。土层厚 50～60 cm，母质为洪-冲积物。土壤剖面发育较差，雏形性、砾质性强，地表有厚 10 cm 的草毡表层。土壤干燥，生长季土壤含水量约 28%。土壤退化严重、鼠类活动频繁，草地生产力低下，作为冬春草场，放牧时间较长，具有地带性植被和利用方式的典型代表性。破坏性灾害主要是鼠类活动对草地的破坏，鼠洞多位于草毡表层开裂的楔口上。样地为天然草地，除放牧作用外，再无其他人类活动。放牧时间为每年 9 月下旬—次年 6 月 10 日。2012 年后将样地分区进行划区轮牧，放牧强度较重。

15.4.3　植被特征

15.4.3.1　物种组成

样地调查到 62 个植物种。物种数较多的 6 个科为禾本科、莎草科、豆科、菊科、蔷薇科和龙胆科。样地常见植物种 32 种，如表 15-4 所示。

表 15-4　海北站高寒小嵩草草甸站区调查点土壤生物采样地主要植物名录

序号	物种中文名	物种学名	生活型
1	高山嵩草*（俗名小嵩草）	*Kobresia pygmaea* C. B. Clarke	多年生草本
2	矮生嵩草*	*Kobresia humilis*（C. A. Mey. & Trautv.）Sergiev.	多年生草本
3	异针茅*	*Stipa aliena* Keng	多年生草本
4	麻花艽*	*Gentiana straminea* Maxim.	多年生草本
5	二裂委陵菜*	*Potentilla bifurca* L.	多年生草本
6	美丽风毛菊*	*Saussurea pulchra* Lipsch.	多年生草本
7	高山豆	*Tibetia himalaica*（Baker）H. P. Tsui	多年生草本
8	藏异燕麦	*Helictotrichon tibeticum*（Roshev.）Holub	多年生草本
9	矮火绒草	*Leontopodium nanum*（Hook. f. & Thomson）Hand.-Mazz.	多年生草本
10	刺芒龙胆	*Gentiana aristata* Maxim.	多年生草本
11	钉柱委陵菜	*Potentilla saundersiana* Royle	多年生草本
12	双叉细柄茅	*Ptilagrostis dichotoma* Keng ex Tzvelev	多年生草本
13	钝裂银莲花	*Anemone obtusiloba* D. Don	多年生草本
14	萎软紫菀	*Aster flaccidus* Bunge	多年生草本
15	卷鞘鸢尾	*Iris potaninii* Maxim.	多年生草本
16	垂穗披碱草	*Elymus nutans* Griseb.	多年生草本
17	钝苞雪莲	*Saussurea nigrescens* Maxim.	多年生草本
18	双柱头针蔺	*Trichophorum distigmaticum*（Kükenth.）Egorova	多年生草本
19	紫花地丁	*Viola philippica* Cav.	多年生草本
20	短腺小米草	*Euphrasia regelii* Wettst.	一年生草本
21	花苜蓿	*Medicago ruthenica*（L.）Trautv.	多年生草本
22	婆婆纳	*Veronica polita* Fries	一年至二年生草本
23	黑褐穗薹草	*Carex atrofusca* subsp. *minor*（Boott）T. Koyama	多年生草本
24	辐状肋柱花	*Lomatogonium rotatum*（L.）Fries ex Nyman	一年生草本
25	微孔草	*Microula sikkimensis*（C. B. Clarke）Hemsl.	两年生草本
26	三脉梅花草	*Parnassia trinervis* Drude	多年生草本
27	喉毛花	*Comastoma pulmonarium*（Turcz.）Toyok.	一年生草本
28	棉毛茛	*Ranunculus membranaceus* Royle	多年生草本
29	肉果草	*Lancea tibetica* Hook. f. & Thomson	多年生草本
30	高山唐松草	*Thalictrum alpinum* L.	多年生草本
31	高山韭	*Allium sikkimense* Baker	多年生草本
32	岩生忍冬	*Lonicera rupicola* Hook. f. & Thomson	落叶灌木

注：*为优势种。

15.4.3.2　群落结构

样地优势植物为高山嵩草（俗名小嵩草）和矮生嵩草等。高山嵩草、矮生嵩草和草地生物结皮死亡黑斑镶嵌分布。伴生种有异针茅、美丽风毛菊、垂穗披碱草、矮火绒草、钉柱委陵菜、麻花艽、二裂委陵菜等。草毡表层死亡形成黑色秃斑，其盖度约 35%。叶层平均高度 5.3 cm，群落叶层高度对气候波动具有相对较高的稳定性。

15.4.3.3 植被分类地位

样地植物群落按照中国植被分类系统分类如下：

植被型组：草本植被（草地）Herbaceous Vegetation（Grassland）

植被型：丛生草类草地 Tussock Grassland

植被亚型：丛生草类高寒草甸 Tussock Alpine Meadow Grassland

群系：高山嵩草高寒草甸 *Kobresia pygmaea* Tussock Alpine Meadow Grassland Alliance

群丛：高山嵩草+矮生嵩草 丛生草类高寒草甸 *Kobresia pygmaea* + *Kobresia humilis* Tussock Alpine Meadow Grassland

15.4.4 样地配置与观测内容

样地主要观测设施包括植物物候自动观测系统、植物根系观测系统微根管、土壤含水量自动观测系统和土壤温湿盐自动观测系统等。样地按照 CERN 站区调查点的指标和规范要求进行观测，观测内容包括生物、土壤和水分要素。

参考文献

周兴民，吴珍兰，2006．中国科学院海北高寒草甸生态系统定位站植被与植物检索表[M]．西宁：青海人民出版社．

第四篇

荒漠生态系统

16 阜康站生物监测样地本底与植被特征*

16.1 生物监测样地概况

16.1.1 概况与区域代表性

阜康荒漠生态系统观测试验站（以下简称阜康站），建于 1987 年，隶属中国科学院新疆生态与地理研究所，1990 年正式加入 CERN，2005 年成为国家重点野外实验站。阜康站行政区划属于新疆维吾尔自治区阜康市境内的新疆生产建设兵团 222 团（北亭镇），距离乌鲁木齐市 86 km。阜康站所在区域属于温带大陆性干旱半干旱气候区，位居欧亚大陆中心地带，东临蒙古高原荒漠草原带，西接中亚哈萨克斯坦荒漠草原带，在世界干旱区中占据重要地位。阜康站所在区域基本具备干旱区所有的生态类型，在世界和中国荒漠-绿洲生态系统中具有典型代表性。

阜康站位于欧亚大陆腹地的准噶尔盆地南缘，属于温带荒漠区，气候受西风环流影响。研究区范围地理位置为 87°45′~88°05′E、43°45′~44°30′N，东至四工河，西以阜康市界为限，南至天山北坡东段最高峰博格达峰，北至古尔班通古特沙漠北沙窝。核心监测区域包括整个三工河流域的垂直景观带，涵盖山地、绿洲和沙漠三大地理单元，从海拔 5 445 m 的博格达峰到海拔 460 m 的古尔班通古特沙漠南缘直线距离 80 km，垂直落差 5 000 m，分布有高山冰雪苔原、亚高山草甸、中山森林、低山草原、平原荒漠、人工绿洲及沙漠等不同的生态景观，是研究内陆河流域生态系统变化的理想场所。

山地-绿洲-荒漠复合生态系统是我国干旱地区最重要的生态系统，山地是产水区，绿洲是耗水区，也是人类主要的居住场所，荒漠接纳绿洲回归水，形成屏障植被，保护绿洲的稳定。在干旱区，人类与荒漠处于长期、持续的对峙状态，由此形成荒漠-绿洲犬牙交错、交替消长的独特景观。观测研究荒漠-绿洲生态系统结构、功能和演变，对于抑制荒漠生态的恶化，促进绿洲生态的发展，改善人类的生存环境，具有重要科学和生产意义。

16.1.2 生物监测样地设置

阜康站自 1987 年开始，先后共设置了 9 个生物长期观测样地。其中荒漠生物长期观

---

* 编写：马健（中国科学院新疆生态与地理研究所）
  审稿：马健（中国科学院新疆生态与地理研究所）

测样地 5 个，包括阜康站荒漠综合观测场、阜康站荒漠辅助观测场——土壤生物要素长期观测采样地 2、阜康站荒漠辅助观测场——土壤生物要素长期观测采样地 3，以及 2 个站区调查点样地（表 16-1）。农田生物长期观测样地 4 个，包括阜康站农田综合观测场、阜康站农田辅助观测场——土壤生物要素长期观测采样地 1，以及 2 个站区调查点样地（表 16-2）。样地布局如图 16-1 所示，荒漠样地群落外貌见彩图 16-1，农田样地外貌见彩图 16-2。

表 16-1　阜康站荒漠生物长期观测样地清单

序号	样地代码	样地名称	样地类别	植被类型	地理位置（样地中心点）	海拔/m	面积及形状/（m×m）	建立时间与计划使用年数
1	FKDZH02ABC_01	阜康站荒漠综合观测场	综合观测场	天然梭梭为主的灌木植被	87°55′8″E，44°22′41″N	430	100×100	2004 年，长期
2	FKDFZ02AB0_01	阜康站荒漠辅助观测场——土壤生物要素长期观测采样地 2	辅助观测场	天然梭梭为主的灌木植被	87°55′11″E，44°22′43″N	430	200×50	2004 年，长期
3	FKDFZ03AB0_01	阜康站荒漠辅助观测场——土壤生物要素长期观测采样地 3	辅助观测场	天然梭梭为主的灌木植被	87°56′5.23″E，44°23′11″N	430	200×100	2004 年，长期
4	FKDZQ03A00_01	阜康站荒漠站区调查点——土壤生物要素长期观测采样地 1	站区调查点	天然梭梭为主的灌木植被	87°54′49″E，44°22′47.29″N	430	200×200	2004 年，长期
5	FKDZQ04A00_01	阜康站荒漠站区调查点——土壤生物要素长期观测采样地 2	站区调查点	天然梭梭为主的灌木植被	87°54′43″E，44°23′00″N	430	200×200	2004 年，长期

表 16-2　阜康站农田生物长期观测样地清单

序号	样地代码	样地名称	样地类别	轮作体系	地理位置（样地中心点）	海拔/m	面积及形状/（m×m）	建立时间与计划使用年数
1	FKDZH01ABC_01	阜康站农田综合观测场	综合观测场	棉花	87°55′56″E，44°17′28″N	460	100×135	2004 年，长期
2	FKDFZ01AB0_01	阜康站农田辅助观测场——土壤生物要素长期观测采样地 1	辅助观测场	棉花	87°55′43″E，44°17′28″N	470	100×70	2004 年，长期
3	FKDZQ01ABC_01	阜康站破城子村样地	站区调查点	玉米	88°2′46″E，44°10′46″N	528	90×80	2004 年，长期
4	FKDZQ02ABC_01	阜康站 222 团农七队样地	站区调查点	酿酒葡萄	87°50′8″E，44°21′35″N	438	300×150	2004 年，长期

图 16-1　阜康站荒漠生物长期观测样地布局

16.2　阜康站荒漠综合观测场

16.2.1　样地代表性

样地（FKDZH02ABC_01）建于 2004 年，面积为 100 m × 100 m，位于中国第二大沙漠古尔班通古特沙漠南缘，为新疆北部典型的沙漠生态系统。固定沙丘上植被覆盖度 40%～50%，半固定沙丘植被覆盖度 15%～25%，为优良的冬季牧场。为避免样地异质性过大，样地选择设置在沙丘之间的平地，其代表了古尔班通古特沙漠植被群落分布、土壤类型和土壤水分状况。样地周边用铁丝网围封，以免无关人员和牲畜进入。

16.2.2　自然环境背景与管理

样地地处古尔班通古特沙漠南缘。古尔班通古特沙漠地貌特征为起伏的南北向沙丘，沙丘间有大小不等的平地。坡向为南北向，西坡的坡度为 15°～24°，东坡为 19°～28°，样地位于丘间平地，海拔高度 430 m，地表大部分为细沙，微起伏，无岩石露出，无水蚀和龟裂。部分地表覆盖有荒漠结皮。地表盖度为 5%～40%。气候属于典型的温带大陆性荒漠气候，夏季炎热而冬季寒冷，年均气温 6℃，夏季最高气温可达 50℃，冬季最低气温达 −43℃，≥10℃的年积温可达到 3 000～3 500℃。年降水量为 70～150 mm，春季和初夏略多，年中分配较均匀，年潜在蒸发量 2 000 mm 以上，年平均湿度 5%～10%，年干燥度 12～15。冬季有积雪，最大积雪深度为 20 cm 以上，持续时间一般为 3～5 个月，3 月中上旬是积雪快速消融期。地下水位深度 8～30 m。按照全国第二次土壤普查的名称，土类为风沙土、亚类为荒漠流沙土。风沙土母质或母岩是风积沙，剖面为 C 形。通体以砂土为主，砂粒含量 95% 以上，土壤发育极微弱。表层生物累积作用十分微弱。全剖面石灰反应强烈，碳酸钙含量 13% 左右。土壤 pH 为 8.0～8.5，呈微碱性。土壤养分含量极低，仅为 2%～5%。

样地风蚀不严重，无水蚀发生，盐碱化不严重，个别积水的低洼地有盐碱斑。观测场建立前为当地群众的冬季牧场，主要是进行放牧、薪柴砍伐和采药，由当地林业局管理，防止大规模破坏。1998 年国家将古尔班通古特沙漠划为国家公益林保护区，沙漠边缘建设了铁丝围栏和管护站，严禁砍伐、放火等破坏性活动，现在有当地群众放牧羊、骆驼等牲畜，春季有人进入沙漠采集肉苁蓉。

16.2.3　植被特征

16.2.3.1　物种组成

根据 2005 年在样地周边的调查，共有 40 个植物种，隶属 13 个科、36 个属，含物种数较多的 6 个科为藜科（9 种）、菊科（9 种）、十字花科（5 种）、百合科（3 种）、禾本科（2 种）和豆科（2 种）。古尔班通古特沙漠南缘（阜康市）植物名录见表 16-3，此名录只为阜康站以北沙漠内采集到标本并且鉴定到种的植物，未鉴定到种的植物没有收录。

表 16-3　阜康站荒漠综合观测场主要植物名录

序号	层次	物种中文名	物种学名	生活型
1	乔木层	梭梭*	*Haloxylon ammodendron*（C. A. Mey.）Bunge	落叶灌木或小乔木
2	乔木层	白梭梭*	*Haloxylon persicum* Bunge ex Boiss. & Buhse	落叶灌木或小乔木
3	灌木层	淡枝沙拐枣	*Calligonum leucocladum*（Schrenk）Bunge	落叶灌木
4	草本层	沙漠绢蒿*	*Seriphidium santolinum*（Schrenk）Poljak.	多年生草本
5	草本层	角果藜	*Ceratocarpus arenarius* L.	一年生草本
6	草本层	粗柄独尾草	*Eremurus inderiensis*（M. Bieb.）Regel	多年生草本
7	草本层	小花荆芥	*Nepeta micrantha* Bunge	一年生草本
8	草本层	土大戟（矮生大戟）	*Euphorbia turczaninowii* Kar. & Kir.	一年生草本
9	草本层	羽毛三芒草	*Aristida pennata* Trin.	多年生草本
10	草本层	刺头菊	*Cousinia affinis* Schrenk	多年生草本
11	草本层	琉苞菊	*Centaurea pulchella* Ledeb.	一年生草本
12	草本层	倒披针叶虫实	*Corispermum lehmannianum* Bunge	一年生草本
13	草本层	沙蓬（沙米）	*Agriophyllum squarrosum*（L.）Moq	一年生草本
14	草本层	尖喙牻牛儿苗	*Erodium oxyrrhynchum* M. Bieb.	一年生草本
15	草本层	卷果涩芥	*Malcolmia scorpioides*	一年生草本
16	草本层	宽翅菘蓝	*Isatis violascens* Bunge	一年生草本
17	草本层	小花糖芥	*Erysimum cheiranthoides* L.	一年生草本
18	草本层	小山蒜	*Allium pallasii* Murray.	多年生草本
19	草本层	钠猪毛菜	*Salsola nitraria* Pall.	一年生草本
20	草本层	黑鳞顶冰花	*Gagea nigra* L. Z. Shue	多年生草本
21	草本层	东方旱麦草	*Eremopyrum orientale*（L.）Jaub. & Spach	一年生草本
22	草本层	河西苣	*Hexinia polydichotoma*（Ostenf.）H. L. Yang	一年生草本
23	草本层	砂蓝刺头	*Echinops gmelinii* Turcz.	一年生草本

序号	层次	物种中文名	物种学名	生活型
24	草本层	中亚婆罗门参	*Tragopogon kasahstanicus* S. Nikit.	一年生草本
25	草本层	小甘菊	*Cancrinia discoidea*（Ledeb.）Poljak.	二年生草本
26	草本层	蝎尾菊	*Koelpinia linearis* Pall.	一年生草本
27	草本层	兜藜	*Panderia turkestanica* Iljin	一年生草本
28	草本层	对节刺	*Horaninowia ulicina* Fisch. & Mey.	一年生草本
29	草本层	簇花芹	*Soranthus meyeri* Ledeb.	多年生草本
30	草本层	囊果苔草	*Carex physodes* M. Bieb.	多年生草本
31	草本层	播娘蒿	*Descurainia sophia*（L.）Webb ex Prantl	一年生草本
32	草本层	骆驼蓬	*Peganum harmala* L.	一年生草本
33	草本层	骆驼刺	*Alhagi sparsifolia* Shap.	半灌木或多年生草本
34	草本层	茧荚黄芪	*Astragalus lehmannianus*	多年生草本
35	草本层	翼果驼蹄瓣	*Zygophyllum pterocarpum* Bunge	一年生草本
36	草本层	花花柴（胖姑娘）	*Karelinia caspia*（Pall.）Less.	一年生草本
37	草本层	刺沙蓬	*Salsola tragus* L.	一年生草本
38	草本层	角茴香	*Hypecoum erectum* L.	一年生草本
39	草本层	小花角茴香	*Hypecoum parviflorum* Kar. & Kir	一年生草本
40	草本层	四齿芥	*Tetracme quadricornis*（Stephan）Bunge	一年生草本

注：*为各层优势种。

16.2.3.2　群落结构

植物区系成分位于中亚向亚洲中部荒漠的过渡。沙漠的西部和中部以中亚荒漠植被区系的种类占优势，植被类型是以 1～3 m 高的天然梭梭、白梭梭为主的灌木或小乔木群落，盖度 10%～30%；地表还有零星的草本分布（如蛇麻黄、独尾草、钠猪毛菜、羽毛三芒草、尖喙牻牛儿苗和角果藜等），草本层中以沙漠绢蒿、角果藜、尖喙牻牛儿苗为主，高度 10～50 cm，盖度 5%～20%。

16.2.3.3　植被分类地位

样地植物群落按照中国植被分类系统分类如下：

植被型组：荒漠 Desert

　　植被型：半乔木与灌木荒漠 Semi-Arbor and Shrub Desert

　　　　植被亚型：温性半乔木荒漠 Temperate Semi-Arbor Desert

　　　　　群系：梭梭荒漠 *Haloxylon ammodendron* Semi-Arbor and Shrub Desert Alliance

　　　　　　群丛：梭梭+白梭梭-沙漠娟蒿 半乔木与灌木荒漠 *Haloxylon ammodendron + Haloxylon persicum - Seriphidium santolinum* Semi-Arbor and Shrub Desert

16.2.4　样地配置与观测内容

样地建立初期安装了中子管测定土壤含水量。2015 年安装 1 套土壤温湿盐自动观测系统，用于自动观测土壤温度、湿度、盐分变化。样地中还有地下水观测井、植物物候自动观测系统，凋落物收集框。样地主要进行生物、土壤和水分监测。全部按照 CERN 监测指标体系进行观测。

16.3　阜康站荒漠辅助观测场——土壤生物要素长期观测采样地 2

16.3.1　样地代表性

样地（FKDFZ02AB0_01）建于 2004 年，面积为 200 m × 50 m，位于古尔班通古特沙漠南缘，与综合观测场邻近，选择设置在沙丘之间的平地上，避免异质性过大，其代表了古尔班通古特沙漠植被群落分布、土壤类型和土壤水分状况。样地周边不围封，以观测自然利用状态下荒漠生态系统动态变化。

16.3.2　自然环境背景与管理

样地距离综合观测场生物土壤长期采样地直线距离约 300 m，自然环境背景相同，详见 16.2.2 节。样地未围封，有当地牧民以及牲畜出入。

16.3.3　植被特征

根据 2005 年在样地周边的调查，共有 40 个植物种，隶属 13 个科、36 个属，含物种数较多的 6 个科为藜科（9 种）、菊科（9 种）、十字花科（5 种）、百合科（3 种）、禾本科（2 种）和豆科（2 种）。详情参见 16.2.3 节。

16.3.4　样地配置与观测内容

样地中未设置长期监测设备设施。样地主要进行生物监测，监测指标按照 CERN 辅助观测场指标体系进行观测。

16.4　阜康站荒漠辅助观测场——土壤生物要素长期观测采样地 3

16.4.1　样地代表性

样地（FKDFZ03AB0_01）建于 2004 年，面积为 200 m × 100 m，位于古尔班通古特沙漠南缘，选择设置在沙丘之间的平地上，避免异质性过大，其代表了古尔班通古特沙漠植被群落分布、土壤类型和土壤水分状况。样地不围封，以观测自然利用状态下荒漠生态系统动态变化。

16.4.2　自然环境背景与管理

样地距离综合观测场生物土壤长期采样地直线距离约 1 km，自然环境背景相同，详见
16.2.2 节。样地未围封，有当地牧民以及牲畜出入。

16.4.3　植被特征

根据 2005 年在样地周边的调查，共有 40 个植物种，隶属 13 个科、36 个属，含物种
数较多的 6 个科为藜科（9 种）、菊科（9 种）、十字花科（5 种）、百合科（3 种）、禾本科
（2 种）和豆科（2 种）。详情参见 16.2.3 节。

16.4.4　样地配置与观测内容

样地中未设置长期监测设备设施。样地主要进行生物监测，监测指标按照 CERN 辅助
观测场指标体系进行观测。

16.5　阜康站荒漠站区调查点——土壤生物要素长期观测采样地 1

16.5.1　样地代表性

样地（FKDZQ03A00_01）建于 2004 年，面积为 200 m × 200 m，位于古尔班通古特
沙漠南缘，离综合观测场不远，样地设置在沙丘之间的平地，避免异质性过大，其代表了
古尔班通古特沙漠植被群落分布、土壤类型和土壤水分状况。样地周边不围封，以观测自
然利用状态下，荒漠生态系统动态变化。

16.5.2　自然环境背景与管理

样地距离综合观测场生物土壤长期采样地直线距离约 900 m，自然环境背景相同，详
见 16.2.2 节。样地未围封，有当地牧民以及牲畜出入。

16.5.3　植被特征

根据 2005 年在样地周边的调查，共有 40 个植物种，隶属 13 个科、36 个属，含物种
数较多的 6 个科为藜科（9 种）、菊科（9 种）、十字花科（5 种）、百合科（3 种）、禾本科
（2 种）和豆科（2 种）。详情参见 16.2.3 节。

16.5.4　样地配置与观测内容

样地中未设置长期监测设备设施。样地主要进行生物监测，监测指标按照 CERN 辅助
观测场指标体系进行观测。

16.6 阜康站荒漠站区调查点——土壤生物要素长期观测采样地 2

16.6.1 样地代表性

样地（FKDZQ04A00_01）建于 2004 年，面积为 200 m × 200 m，位于古尔班通古特沙漠南缘，离综合观测场不远。为避免异质性过大，样地选择在沙丘之间的平地，其代表了古尔班通古特沙漠植被群落分布、土壤类型和土壤水分状况。样地周边不围封，以观测自然利用状态下，荒漠生态系统动态变化。

16.6.2 自然环境背景与管理

样地距离综合观测场生物土壤长期采样地直线距离约 900 m，自然环境背景相同，详见 16.2.2 节。样地未围封，有当地牧民以及牲畜出入。

16.6.3 植被特征

根据 2005 年在样地周边的调查，共有 40 个植物种，隶属 13 个科、36 个属，含物种数较多的 6 个科为藜科（9 种）、菊科（9 种）、十字花科（5 种）、百合科（3 种）、禾本科（2 种）和豆科（2 种）。详情参见 16.2.3 节。

16.6.4 样地配置与观测内容

样地中未设置长期监测设备设施。样地主要进行生物监测，监测指标按照 CERN 辅助观测场指标体系进行观测。

16.7 阜康站农田综合观测场

16.7.1 样地代表性

样地（FKDZH01ABC_01）建于 2004 年，面积为 100 m × 135 m，海拔为 460 m，位于阜康三工河流域下游（流域面积 304 km²），为 1964 年新疆生产建设兵团开垦荒地建设的新农田，是典型的新垦人工绿洲。样地所在区域代表着欧亚大陆腹地，温带内陆荒漠区绿洲农田。农田综合观测场是建站时（1987 年）由盐碱荒地开垦为耕地的。观测场周围有农田、学校和 222 团团部及居民住宅区。

16.7.2 自然环境背景

观测场位于阜康市 222 团团部阜康站站区内，为平坦的冲积平原中的绿洲农田，坡度为 0°。年均气温 6.6℃，年降水量 100～200 mm，＞10℃有效积温 3 574℃，年日照时数

2 931.3 h，年均无霜期 160 d。地下水位深度 1.7～4 m，灌溉水源类型以地下水为主，灌溉能力保证率大于 90%，排水能力保证率在 50%～70%。土壤母质为第三纪红色泥页岩，根据全国第二次土壤普查名称，土类为灰漠土，亚类为灌耕灰棕漠土。土壤剖面为 A_{11}-A_{12}-B-C 型。土层较厚，黏粒含量多在 30% 左右。耕作层厚约 20 cm，有机质含量为 0.6%～1.20%；其下多有较明显而坚实的亚耕层发育。通体均较紧实，石灰反应强烈，碳酸钙含量为 6%～12%，部分剖面底部可见石灰斑纹。土壤 pH 为 8.0～8.7，微碱性。土壤表层（0～20 cm）有机质含量为 1.106%，全氮含量为 0.061%，碱解氮含量为 26 mg/kg，速效磷含量为 4 mg/kg，速效钾含量为 274 mg/kg。风蚀为轻度。由于降水量很小，而且无河流等地表径流，故无水蚀发生。经过多年大水漫灌，土壤盐碱化不严重。

16.7.3　耕作制度

（1）建立前的耕作制度

1993 年以前是撂荒的盐碱地，自 1993 年重新改良（大水漫灌）后成为农田，1993—2003 年的利用方式一直是农业用地。2004 年以前轮作体系为西瓜→苜蓿→苜蓿→苜蓿→小麦→小麦→小麦→苜蓿→苜蓿→苜蓿，一直以机械耕作为主，人工耕作为辅。以固体肥料（尿素和磷酸二铵）的撒施为主。施肥量因当年种植作物而不同。

（2）建立后的耕作制度

自 2004 年综合观测场建立以后，一直种植棉花。土壤养分水平较低，需使用化肥，每年使用的肥料为尿素（施用量 260 kg/hm²）、磷酸二铵（施用量 200 kg/hm²）。水分条件差，需要进行人工灌溉，灌溉方式为大水漫灌，每次灌溉量为 1 200～1 500 m³/hm²，根据不同作物灌溉次数有所不同，一般为 4～6 次。耕作制度为一年一季，主要是机械耕作，同时辅以人工耕作。土壤剖面分层情况为耕作层、犁地层和心土层。无显著的破坏性灾害。

16.7.4　样地配置与观测内容

样地建立初期安装了中子管测定土壤含水量。2015 年安装 1 套土壤温湿盐自动观测系统，用于自动观测土壤温度、湿度和盐分变化。样地中还有地下水观测井、植物物候自动观测系统。观测内容包括生物、土壤和水分三大要素，全部按照 CERN 综合观测场指标体系观测，采样设计按照 CERN 统一规范进行。

16.8　阜康站农田辅助观测场——土壤生物要素长期观测采样地 1

16.8.1　样地代表性

样地（FKDFZ01AB0_01）建于 2004 年，面积为 100 m × 70 m。位于阜康市 222 团团部阜康站站区内，距离农田综合观测场 300 m，是建站时（1987 年）由盐碱荒地开垦来的耕地。样地代表性与农田综合观测场相同，详情参见 16.7.1 节。

16.8.2 自然环境背景

样地自然环境背景与农田综合观测场相同，参见 16.7.2 节。

16.8.3 耕作制度

样地建立前和建立后的耕作制度与农田综合观测场相同，参见 16.7.3 节。

16.8.4 样地配置与观测内容

样地中未设置长期监测设备设施。样地主要进行生物土壤监测采样，监测指标按照 CERN 统一规范进行。

16.9 阜康站破城子村样地

16.9.1 样地代表性

样地（FKDZQ01ABC_01）建于 2004 年，面积为 90 m × 80 m，位于阜康三工河流域中游（流域面积 304 km^2），为典型的古老人工绿洲。样地所在区域代表着欧亚大陆腹地，温带内陆荒漠区古老绿洲农田，自清朝康熙年间开始农业耕作。观测场周围有农田、学校和九运街镇政府及居民住宅区。调查点由农民自行管理，阜康站只进行相关的观测指标调查。

和兵团农场大面积耕地相比，破城子村调查点为地方农民的承包田，普遍面积较小。相比粮食作物，种植棉花投入多、生长期长、耗费人力较多，需要大面积种植才能保障一定的收入。因此，调查点当地历史上以种植粮食（小麦、玉米）作物为主，投入小，灌溉水源有保障。

16.9.2 自然环境背景

观测场位于阜康市九运街镇破城子村，为平坦的冲积平原中的绿洲农田，坡度为 0°。气候条件、土壤母质和类型与农田综合观测场相同（详见 16.7.2 节）。地下水位深度 50 m 左右，灌溉水源以河水为主，地下水为辅，灌溉能力保证率大于 90%，排水能力保证率在 90%。土壤剖面为 A$_{11}$-A$_{12}$-B-C 型。土层较厚，黏粒含量多在 30%左右。耕作层厚 20 cm 左右，有机质含量为 1.20%～1.92%，其下多有较明显而坚实的亚耕层发育。通体均较紧实，石灰反应强烈，碳酸钙含量 6%～12%，部分剖面底部可见石灰斑纹。土壤 pH 为 7.75，微碱性。土壤表层（0～20 cm）有机质含量为 1.914%，全氮含量为 0.151%，碱解氮含量为 76.1 mg/kg，速效磷含量为 5.87 mg/kg，速效钾含量为 271 mg/kg。风蚀为轻度。由于降水量很小，而且无河流等地表径流，故无水蚀发生。轻微盐碱化。

16.9.3 耕作制度

（1）建立前的耕作制度

2004 年以前的利用方式一直是农业用地。2004 年以前轮作体系为小麦→小麦和油葵→小麦和玉米→小麦和油葵→小麦和玉米→小麦→小麦→小麦→小麦→小麦，一直以机械耕作为主，人工耕作为辅。以固体肥料（尿素和磷酸二铵）的撒施为主，用量随不同作物而不同。灌溉用水为三工河、四工河河水。

（2）建立后的耕作制度

2004 年以后轮作体系为玉米→玉米。建立后耕作制度与综合观测场一致，参见 16.7.3 节。

16.9.4 样地配置与观测内容

样地中未设置长期监测设备设施。样地主要进行生物监测，监测指标按照 CERN 统一规范进行。

16.10 阜康站 222 团农七队样地

16.10.1 样地代表性

样地（FKDZQ02ABC_01）建于 2004 年，面积为 300 m × 150 m，海拔为 438 m。位于阜康三工河流域下游，为 1998 年新疆生产建设兵团开垦荒地建设的新农田，紧邻古尔班通古特沙漠，是典型的新垦人工绿洲。样地所在区域代表着欧亚大陆腹地，温带内陆荒漠区新开垦的绿洲农田。样地周围有农田、农七队队部及居民住宅区。样地由农民自行管理，阜康站只进行相关的观测指标调查。

16.10.2 自然环境背景

样地位于阜康市 222 团农七队，紧邻沙漠，为平坦的冲积平原中的绿洲农田，坡度为 0°。气候条件、土壤母质与类型与农田综合观测场相同（详见 16.7.2 节）。地下水位深度大于 4 m，灌溉水源以地下水为主，灌溉能力保证率大于 90%，排水能力保证率在 90%。土壤剖面为 A_{11}-A_{12}-B-C 型。土层较厚，黏粒含量多在 30%左右。耕作层厚约 20 cm，有机质含量为 0.6%～1.20%，其下多有较明显而坚实的亚耕层发育。通体均较紧实，石灰反应强烈，碳酸钙含量为 6%～12%，部分剖面底部可见石灰斑纹。土壤 pH 为 7.68，微碱性。土壤表层（0～20 cm）有机质含量为 0.769%，全氮含量为 0.059%，碱解氮含量为 32.6 mg/kg，速效磷含量为 9.85 mg/kg，速效钾含量为 382 mg/kg。风蚀为轻度。由于降水量很小，而且无河流等地表径流，故无水蚀发生。轻微盐碱化。

16.10.3　耕作制度

（1）建立前的耕作制度

2004 年以前的利用方式一直是农业用地。2004 年以前轮作体系为葡萄套棉花→棉花→西瓜→棉花→玉米→西瓜→小麦→小麦→小麦，一直以机械耕作为主，人工耕作为辅。以固体肥料（尿素和磷酸二铵）的撒施为主，用量随不同作物而不同。灌溉用水以机井抽取的地下水为主，辅以部分水库储存的三工河河水，灌溉方式为大水漫灌。

（2）建立后的耕作制度

2004 年以后种植酿酒葡萄。建立后耕作制度与综合观测场样地基本一致，灌溉次数稍多，一般为 6～8 次，参见 16.7.3 节。

16.10.4　样地配置与观测内容

样地中未设置长期监测设备设施。样地主要进行生物监测，监测指标按照 CERN 统一规范进行。

17 策勒站生物监测样地本底与植被特征*

17.1 生物监测样地概况

17.1.1 概况与区域代表性

策勒沙漠研究站（以下简称策勒站）建于 1983 年，隶属中国科学院新疆生态与地理研究所，2003 年加入 CERN，2005 年成为国家野外科学观测研究站。策勒站位于新疆塔里木盆地南缘和田地区的策勒县，地理位置为 80°42′18″E、37°00′18″N，研究区域处于以昆仑山脉为界的青藏高寒区和世界第二大流动沙漠——塔克拉玛干沙漠之间，是塔克拉玛干沙漠南缘 1 400 km 风沙线上唯一的沙漠研究站，生态区位十分重要。

该区域植被稀少，荒漠景观占绝对优势。水环境条件恶劣，地下水位低，降水量少，蒸发强烈，成土过程微弱，土壤贫瘠。生态系统结构简单，生产力低下，稳定性差，风沙危害和土地沙漠化的问题十分突出，是世界上最为脆弱的生态区之一，在我国乃至世界陆地生态系统中极具独特性和典型代表性。该地区自古以来就深受风沙危害，生态环境极为脆弱。汉唐以来，和田绿洲被迫向昆仑山南移 100～150 km，皮山、墨玉、策勒县城曾 3 次搬迁。该区域绿洲面积不足区域总面积的 10%，但承载着区域 90%以上的人口。绿洲生态系统的稳定维持，是该地区社会经济发展的重要基础和保障。

17.1.2 生物监测样地设置

2004 年开始，策勒站先后共设置了 10 个生物长期观测样地。为了开展长期生态学研究，治理沙漠化危害，在策勒绿洲前沿的荒漠区域设置了 3 个荒漠生物长期观测样地，分别为策勒站荒漠综合观测场、策勒站荒漠辅助观测场（四）与策勒站荒漠辅助观测场（五）（表 17-1）。

为研究耕作制度对绿洲农田生态系统作物产量、土壤肥力和土壤质地等长期变化的影响，先后设置了 7 块农田生物长期观测样地。其中策勒站本部设置 4 块，分别为策勒站绿洲农田综合观测场土壤生物采样地（常规）、策勒站绿洲农田辅助观测场（高产）土壤生物要素长期观测采样地、策勒站绿洲农田辅助观测场（对照）土壤生物要素长期观测采样地和策勒站绿洲农田辅助观测场（空白）土壤生物采样地，在绿洲农户家设置样地 3 块，

* 编写：李向义、林丽莎（中国科学院新疆生态与地理研究所）
审稿：曾凡江（中国科学院新疆生态与地理研究所）

作为绿洲农田长期的站区调查点样地（表 17-2）。

荒漠和农田样地布局及地理位置如图 17-1 所示。荒漠样地群落外貌见彩图 17-1 和彩图 17-2，农田样地外貌见彩图 17-3。

表 17-1　策勒站荒漠生态系统生物长期观测样地清单

序号	样地代码	样地名称	样地类别	植被类型	地理位置	海拔/m	面积及形状/(m×m)	建立时间与计划使用年数
1	CLDZH02ABC_01	策勒站荒漠综合观测场土壤生物采样地	综合观测场	骆驼刺群落	80°42′22″～80°42′28″E，37°00′26″～37°00′30″N	1 314	150×145	2004 年，100 年
2	CLDFZ04AB0_01	策勒站荒漠辅助观测场（四）土壤生物要素长期观测采样地	辅助观测场	骆驼刺群落	80°42′34″E，37°00′26″N	1 315	100×100	2004 年，100 年
3	CLDFZ05AB0_01	策勒站荒漠辅助观测场（五）土壤生物要素长期观测采样地	辅助观测场	骆驼刺群落	80°43′25″E，37°01′18″N	1 302	100×100	2004 年，100 年

表 17-2　策勒站农田生态系统生物长期观测样地清单

序号	样地代码	样地名称	样地类别	轮作体系	地理位置	海拔/m	面积及形状/(m×m)	建立时间与计划使用年数
1	CLDZH01ABC_01	策勒站绿洲农田综合观测场土壤生物采样地（常规）	综合观测场	棉花单作	80°43′37″～80°43′41″E，37°01′16″～37°01′20″N	1 315	100×100	2004 年，100 年
2	CLDFZ01AB0_01	策勒站绿洲农田辅助观测场（高产）土壤生物要素长期观测采样地	辅助观测场	棉花单作	80°43′42″～80°43′46″E，37°01′16″～37°01′20″N	1 305	100×100	2004 年，100 年
3	CLDFZ02AB0_01	策勒站绿洲农田辅助观测场（对照）土壤生物要素长期观测采样地	辅助观测场	棉花单作	80°43′37″～80°43′41″E，37°01′21″～37°01′25″N	1 310	100×100	2004 年，100 年
4	CLDFZ03AB0_01	策勒站绿洲农田辅助观测场（空白）土壤生物采样地	辅助观测场	自然环境	80°43′42″～80°43′46″E，37°01′21″～37°01′24″N	1 306	100×100	2004 年，100 年
5	CLDZQ01AB0_01	策勒站农户农田（一）土壤生物采样地	站区调查点	棉花-石榴间作	80°44′29″E，37°00′55″N	1 312	16×60	2004 年，100 年
6	CLDZQ02AB0_01	策勒站农户农田（二）土壤生物采样地	站区调查点	棉花-石榴间作	80°44′59″E，37°00′19″N	1 319	54×40；16×18	2004 年，100 年
7	CLDZQ03AB0_01	策勒站农户农田（三）土壤生物采样地	站区调查点	棉花-石榴间作	80°44′57″E，37°00′17″N	1 327	8×120；8×60；8×40	2004 年，100 年

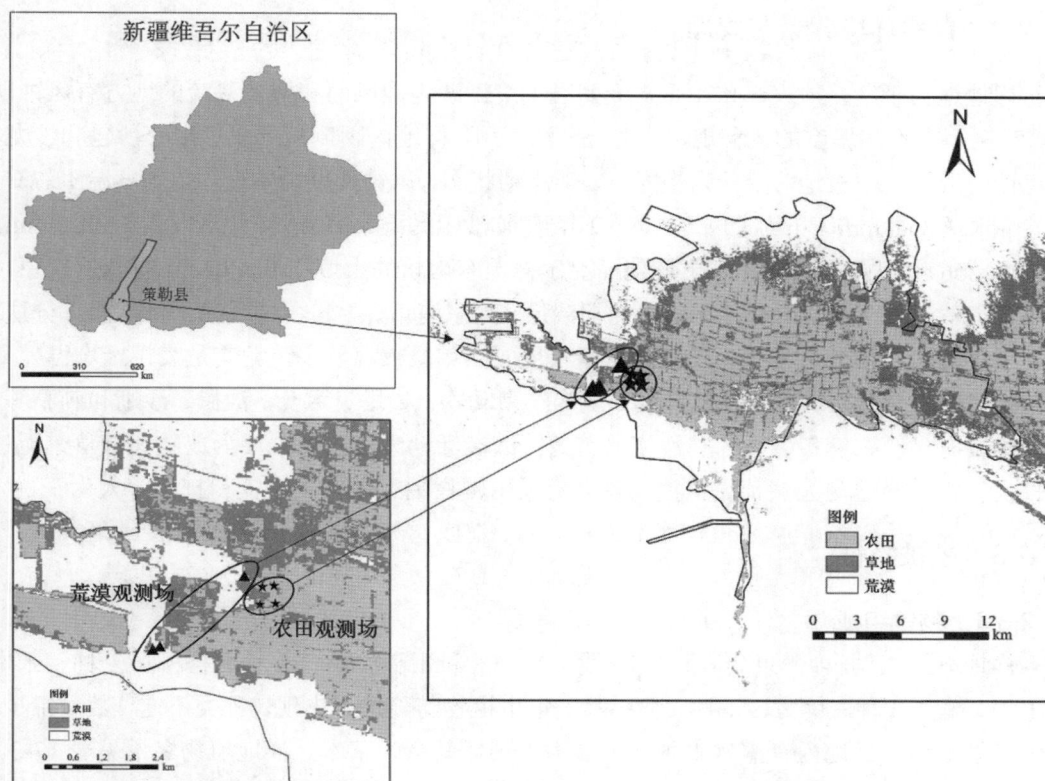

图 17-1　策勒站生态系统生物长期观测样地布局

17.2　策勒站荒漠综合观测场土壤生物采样地

17.2.1　样地代表性

样地（CLDZH02ABC_01）建于 2004 年，长方形（150 m×145 m），面积为 2.2 hm²，地理位置为 80°42′22″～80°42′28″E、37°00′26″～37°00′30″N。样地与站区的直线距离约 2.5 km，四周为自然荒漠。样地建立前为自然荒漠，沙丘为半固定、半流动状态，风蚀程度为中度。样地建立后采用稀疏的铁丝网进行围栏，限制放牧和砍伐等人为扰动，观测在自然状态下荒漠生态系统长期的变化规律和特点。

样地属于极端干旱地区荒漠生态系统类型，植被是以半灌木和多年生草本为优势种的非地带性、隐域性的荒漠草地，群落组成简单。土壤为风沙土，表层含水量极低，只有少量草本植物出现。对样地进行长期动态监测研究，对于了解荒漠生态系统植被结构和功能的变化、荒漠化发展对植物群落演替的影响以及植被保育修复和荒漠生态系统可持续发展等具有重要意义。

17.2.2　自然环境背景与管理

样地地势平缓，地表起伏不平，无明显坡度。沙包迎风面和植被稀疏的地方有风蚀现象，背风面有不同程度的风积现象。由于风沙作用，样地内因风积形成了多个沙包和沙龙，因风蚀形成了沟壑板地。沙丘为半固定、半流动状态，风蚀程度为中度。年均气温 11.7℃，年均降水量 35.0 mm，年均大风天数 4～9 d，年均沙尘暴天数 11 d，年均蒸发量 2 595.3 mm，无霜期 206 d，海拔 1 314 m。土壤剖面显示样地东南角的土壤在 0～70 cm 有分层现象，除了较细的风沙土外，还有几个明显的粗沙层。除东南角外，其余区域的土壤剖面无分层，上下都是均质较细的风沙土。土壤含水量很低。土壤昼夜温差大，尤其是表层土壤温差最大。样地建立前有多种荒漠动物活动，多为小型动物，如塔里木兔、沙鼠、沙蜥和刺猬等；鸟类主要有乌鸦、麻雀、秃鹫和沙漠伯劳等；人类活动为轻度，主要为放牧和打草，无任何采伐行为。样地为天然荒漠植被，建立后采用围栏围封，禁止放牧和打草等人为干扰。

17.2.3　植被特征

17.2.3.1　物种组成

样地有植物 10 种，隶属 6 科、10 属，其中豆科 1 种、菊科 2 种、柽柳科 1 种、禾本科 1 种、藜科 4 种、蒺藜科 1 种。藜科等一年生植物随降水而出现，种类不定、数量稀少。从生活型上看，样地内有灌木 1 种、半灌木 1 种，其余为草本。样地植物名录见表 17-3。

表 17-3　策勒站荒漠综合观测场土壤生物采样地植物名录

序号	物种中文名	物种学名	生活型
1	骆驼刺*	*Alhagi sparsifolia* Shap.	半灌木
2	花花柴*	*Karelinia caspica*（Pall.）Less.	多年生草本
3	拐轴鸦葱*	*Scorzonera divaricata* Turcz.	多年生草本
4	多枝柽柳	*Tamarix ramosissima* Lebed.	落叶灌木
5	芦苇	*Phragmites australis*（Cav.）Trin. ex Steud.	多年生杂类草
6	刺沙蓬	*Salsola tragus* L.	一年生杂类草
7	盐生草	*Halogeton glomeratus*（Bieb.）C. A. Mey.	一年生草本
8	蒙古虫实	*Corispermum mongolicum* Iljin.	一年生草本
9	猪毛菜	*Salsola collina* Pall.	一年生草本
10	蒺藜	*Tribulus terrestris* L.	一年生杂类草

注：*为优势种。

17.2.3.2　群落结构

样地植被为骆驼刺占绝对优势的半灌木群落。群落结构单一、物种数量稀少。由于土壤表层含水量极低，部分草本植物随季节降水变化而出现。局部分布有柽柳包。灌木层有植物 2 种，骆驼刺为优势种，数量最多、盖度最大，优势种平均高度 0.65 m，盖度 20%；草本层有植物 8 种，优势种为花花柴和拐轴鸦葱，优势种平均高度 45 cm，盖度 3%。

17.2.3.3　植被分类地位

样地植物群落按照中国植被分类系统分类如下：

植被型组：荒漠 Desert

植被型：半灌木与草本荒漠 Semi-Shrub and Herb Desert

植被亚型：温性半灌木与草本荒漠 Temperate Semi-Shrub and Herb Desert

群系：骆驼刺荒漠 *Alhagi sparsifolia* Semi-Shrub and Herb Desert Alliance

群丛：骆驼刺-花花柴+拐轴鸦葱 半灌木与草本荒漠 *Alhagi sparsifolia - Karelinia caspica + Scorzonera divaricata* Semi-Shrub and Herb Desert

17.2.4　样地配置与观测内容

样地内均匀选择 6 个 10 m×20 m 的样方用于生物和土壤长期监测与采样，每个样方相距 10 m 以上。样地建立初期安装了中子管测定土壤含水量。2015 年安装 1 套土壤温湿盐自动观测系统。样地开展生物、土壤和水分监测，各项监测根据 CERN 监测规范指标执行。

17.3　策勒站荒漠辅助观测场（四）土壤生物要素长期观测采样地

17.3.1　样地代表性

样地（CLDFZ04AB0_01）建于 2004 年，正方形（100 m×100 m），面积为 1 hm²，地理位置为 80°42′34″E、37°00′26″N，海拔为 1 305 m。样地位于策勒河的转弯处，策勒荒漠综合观测场附近，是荒漠生态系统的辅助观测样地，同属荒漠草地生态系统类型，植被类型及地形地貌与综合观测场样地基本一致。植物种类稀少，植被以骆驼刺为主，分布有少量多枝柽柳、拐轴鸦葱等。样地内人类活动为轻度，主要为放牧和打草。作为荒漠综合观测场的辅助观测场，样地不设置围栏，主要观测放牧、打草等人为扰动情况下荒漠生态系统植被和土壤的变化。

17.3.2　自然环境背景与管理

样地地貌是荒漠类型，地形较为平坦，无明显倾向性坡度，东侧较远处有深沟。裸露地面和植被稀疏的地方有明显的风蚀、风积现象，程度中度。气候条件参见 17.2.2 节。土壤剖面有分层现象，主要是较细的风沙土，分布少量粗沙层。土壤含水量很低，土壤温度变化大，尤其是表层昼夜温差最大。样地内有多种荒漠动物活动，多为小型动物，如塔里木兔、沙鼠、沙蜥和刺猬等。样地为天然荒漠，允许放牧和打草等适度人为干扰，可与围封的荒漠综合观测场样地进行对照。

17.3.3　植被特征

17.3.3.1　物种组成

样地有植物 7 种，隶属 5 科、7 属，其中豆科 1 种、菊科 1 种、柽柳科 1 种、藜科 3 种、蒺藜科 1 种。藜科等一年生草本植物随降水而出现，种类不定、数量稀少。植物的生活型包括灌木 1 种、半灌木 1 种，其余均为草本植物。草本植物中多年生草本占优势。样地植物名录见表 17-4。

表 17-4　策勒站荒漠辅助观测场（四）土壤生物要素长期观测采样地植物名录

序号	物种中文名	物种学名	生活型
1	骆驼刺*	*Alhagi sparsifolia* Shap.	半灌木
2	拐轴鸦葱*	*Scorzonera divaricata* Turcz.	多年生草本
3	多枝柽柳	*Tamarix ramosissima* Lebed.	落叶灌木
4	刺沙蓬	*Salsola tragus* L.	一年生杂类草
5	沙蓬	*Agriophyllum squarrosum*（L.）Moq.	一年生草本
6	蒙古虫实	*Corispermum mongolicum* Iljin.	一年生草本
7	蒺藜	*Tribulus terrestris* L.	一年生杂类草

注：*为优势种。

17.3.3.2　群落结构

样地植被为骆驼刺占绝对优势的半灌木群落。群落结构单一、物种数量稀少。土壤表层含水量极低，部分草本植物随季节降水变化而出现。灌木层中半灌木骆驼刺数量最多、盖度最大，在群落中占绝对优势地位，优势种盖度 5%，平均高度 41 cm。草本层植物 5 种，以拐轴鸦葱为优势种，优势种盖度 1%～2%，平均高度 30 cm。

17.3.3.3　植被分类地位

样地植物群落按照中国植被分类系统分类如下：

植被型组：荒漠 Desert

　　植被型：半灌木与草本荒漠 Semi-Shrub and Herb Desert

　　　　植被亚型：温性半灌木与草本荒漠 Temperate Semi-Shrub and Herb Desert

　　　　　群系：骆驼刺荒漠 *Alhagi sparsifolia* Semi-Shrub and Herb Desert Alliance

　　　　　　群丛：骆驼刺-拐轴鸦葱 半灌木与草本荒漠 *Alhagi sparsifolia - Scorzonera divaricata* Semi-Shrub and Herb Desert

17.3.4　样地配置与观测内容

样地内均匀选择 6 个 10 m×10 m 的样方用于生物和土壤长期监测与采样，每个样方相距 10 m 以上。2015 年安装 1 套土壤温湿盐自动观测系统。样地开展生物、土壤和水分监测，除缺少中子管测定土壤水分外，其余观测内容与综合观测场相同。各项监测根据 CERN

监测规范指标执行。

17.4　策勒站荒漠辅助观测场（五）土壤生物要素长期观测采样地

17.4.1　样地代表性

样地（CLDFZ05AB0_01）为正方形（100 m×100 m），面积为 1 hm²，地理位置为 80°43′25″E、37°01′18″N。样地与荒漠综合观测场直线距离约 2.5 km，植被类型及地形地貌与综合观测场大致相同，以骆驼刺为主，分布有少量多枝柽柳、花花柴、拐轴鸦葱等。样地主要人类活动为放牧和打草。作为荒漠综合观测场的辅助观测场，样地不设置围栏，主要观测人为干扰下荒漠生态系统植被和土壤的变化。

17.4.2　自然环境背景与管理

样地为荒漠地貌，地形起伏不平，具有明显的沙包和沙垄，无明显倾向性坡度。植被和沙包迎风面以及植被稀疏的地方有风蚀现象，背风面有不同程度的风积。沙丘为半固定状态，风蚀程度为中度偏弱。气候条件参见 17.2.2 节。土壤剖面以较细的风沙土为主，上下均质较为单一。土壤含水量低，土壤温度变化大。荒漠动物及人类活动干扰等可参见 17.3.2 节，也是荒漠综合观测场的有效补充及放牧、砍伐等人为干扰作用的对照。

17.4.3　植被特征

17.4.3.1　物种组成

样地有植物 8 种，隶属 6 科、8 属，其中豆科 1 种、菊科 2 种、柽柳科 1 种、禾本科 1 种、藜科 2 种、蒺藜科 1 种。藜科等草本植物随降水出现，种类不定、数量稀少。从生活型上看，灌木 1 种、半灌木 1 种，其余为草本。草本中多年生草本占优势。样地植物名录见表 17-5。

表 17-5　策勒站荒漠辅助观测场（五）土壤生物采样地主要植物名录

序号	物种中文名	物种学名	生活型
1	骆驼刺*	*Alhagi sparsifolia* Shap.	半灌木
2	拐轴鸦葱*	*Scorzonera divaricata* Turcz.	多年生草本
3	花花柴*	*Karelinia caspica*（Pall.）Less.	多年生草本
4	多枝柽柳	*Tamarix ramosissima* Lebed.	落叶灌木
5	刺沙蓬	*Salsola tragus* L.	一年生杂类草
6	芦苇	*Phragmites australis*（Cav.）Trin. ex Steud.	多年生杂类草
7	蒙古虫实	*Corispermum mongolicum* Iljin.	一年生草本
8	蒺藜	*Tribulus terrestris* L.	一年生杂类草

注：*为优势种。

17.4.3.2 群落结构

样地建立时植被类型为骆驼刺占绝对优势的半灌木群落，群落结构单一、物种稀少。土壤表层含水量极低，部分草本植物随季节降水变化出现。灌木（半灌木）层植物 2 种，优势种为骆驼刺，优势种盖度 10%，平均高度 48 cm。草本层植物 5 种，优势种为拐轴鸦葱和花花柴，优势种盖度 2%，平均高度 30 cm。

17.4.3.3 植被分类地位

样地植物群落按照中国植被分类系统分类如下：

植被型组：荒漠 Desert

植被型：半灌木与草本荒漠 Semi-Shrub and Herb Desert

植被亚型：温性半灌木与草本荒漠 Temperate Semi-Shrub and Herb Desert

群系：骆驼刺荒漠 *Alhagi sparsifolia* Semi-Shrub and Herb Desert Alliance

群丛：骆驼刺-拐轴鸦葱+花花柴半灌木与草本荒漠 *Alhagi sparsifolia - Scorzonera divaricata + Karelinia caspica* Semi-Shrub and Herb Desert

17.4.4 样地配置与观测内容

样地内均匀选择 6 个 10 m×10 m 的样方用于生物和土壤长期监测与采样，每个样方相距 10 m 以上。样地 2015 年安装 1 套土壤温湿盐自动观测系统。样地开展生物、土壤和水分监测，除缺少中子管测定土壤水分外，其余观测内容与综合观测场相同，各项监测根据 CERN 监测规范指标执行。

17.5 策勒站绿洲农田综合观测场土壤生物采样地（常规）

17.5.1 样地代表性

样地（CLDZH01ABC_01）位于站区北部、新垦绿洲和自然荒漠的交界处，地理位置为 80°43′37″～80°43′41″E、37°01′16″～37°01′20″N，正方形（100 m×100 m），四周留有保护行。样地为灌溉农田，采用当地农民传统的耕作方式，观测传统耕作方式对农田生态系统作物生长、产量和土壤质量、肥力等的长期影响。样地代表新疆南疆地区绿洲农田生态系统，特别是绿洲前沿荒漠化土地上新开垦的绿洲农田生态系统。绿洲农田是本地区粮食的主产区，农田开垦历史在南疆地区新开垦绿洲农地中具有典型代表性。

17.5.2 自然环境背景

样地位于策勒县策勒乡托帕村策勒站站区内，处于策勒河洪积扇前沿。全年无霜期 206 d，生长期约 180 d。年均气温 12℃，年降水量 35.1 mm，＞10℃有效积温 4 061℃。年均大风天数 4～9 d，年均沙尘暴天数 11 d。海拔高度 1 315 m。样地开垦前是自然荒漠半固定沙丘，植物主要有骆驼刺、花花柴、柽柳等。积沙和风蚀导致地形起伏不平，坡度坡向不明显。土壤类型为荒漠风沙土，母质为风成砂。土壤剖面无明显分层，0～100 cm 为均匀一致的粉砂土壤。土壤贫瘠，有机质匮乏，保水保肥能力差。降雨稀少，土壤干燥，水分条件差，植物靠地下水和悬浮水生存。策勒站建立后，平整土地，营造防护林，1994 年辟为农田。2004 年开始作为农田生态系统长期观测样地，主要种植棉花。地势平坦，灌溉以河水漫灌为主，机井井水为辅。农田周围是绿洲防护林带，外围是荒漠、沙漠景观。无历史破坏性灾害事件。

17.5.3　耕作制度

（1）建立前的耕作制度

样地 1994 年辟为农田。早期曾种植过玉米、苜蓿、阿拉伯茴香、棉花等，后期主要是棉花和玉米一年一次的定期轮作。样地农田早期由站上农民工管理，种植方式与当地农户一致，灌溉主要为河水漫灌。

（2）建立后的耕作制度

2005 年开始主要种植棉花。灌溉和施肥等依据当地农民的种植习惯，确定了清晰完善的耕作制度。采用中型拖拉机耕地，机械播种或者机械铺膜人工播种。施肥方式为底肥+追肥，底肥以有机肥牛羊粪为主，全层施肥，施肥量为 19 500 kg/hm^2，同时施用尿素 75 kg/hm^2 和磷酸二铵 225 kg/hm^2。每个生长季追施 2 次尿素，每次 225 kg/hm^2，沟施追肥后立即灌溉，此外还不定期叶面喷施磷酸二氢钾、尿素和生长调节物质等。采用井水或者策勒河河水漫灌，每年灌溉 6～7 次，每次灌溉 1 800～2 250 m^3/hm^2，6 月前一般用井水灌溉，7 月后一般用策勒河的河水灌溉。2019 年开始，灌溉方式调整为滴灌，每年灌溉 8～10 次，每次灌溉 600～900 m^3/hm^2。每年 7 月 5—10 日，棉花打顶，间隔 7～10 d 后，第二次打顶。

17.5.4　作物性状与产量

样地建立次年（2005 年）种植棉花"策科 1 号"，种植密度 35 株/m^2，株高 63.5 cm。霜前花百分率 87.9%，籽棉产量 5 795.6 kg/hm^2，皮棉产量 2 357.2 kg/hm^2。

17.5.5　样地配置与观测内容

样地内设置 40 m×40 m 的分区用于生物和土壤的长期采样，周边设置宽 2.5 m 的保护行，按照生物监测规范，将分区均分为 64 个 5 m×5 m 的采样区。样地建立初期主要安装中子管测定土壤水分。2015 年安装 1 套土壤温湿盐自动观测系统。2018 年安装植物物候自动观测系统，开展作物物候监测。2021 年在样地内安装 1 套植物根系观测系统微根管（1 个观测样方，3 根，根管长 1 m，45°安装；后续还将安装 2 个样方），同年开始观测样地内农作物根系的生长动态。

样地的观测内容包括生物、土壤和水分要素，全部按照 CERN 综合观测场指标体系观测，采样设计按照 CERN 统一规范进行。

17.6   策勒站绿洲农田辅助观测场（高产）土壤生物要素长期观测采样地

17.6.1   样地代表性

样地（CLDFZ01AB0_01）位于站区北部，地理位置为 80°43′42″～80°43′46″E、37°01′16″～37°01′20″N，正方形（100 m×100 m），四周留有保护行。样地东面和南面均为本站的农田，北面林带外为荒漠、沙漠景观。样地开垦前是自然荒漠，土壤类型属于风沙土。开垦后玉米和棉花轮作。2004 年 9 月建立农田生态系统长期观测辅助样地，种植棉花，作为农田高产模式进行观测。

样地的代表性与策勒站绿洲农田综合观测场基本一致，是农田综合观测场生物和环境长期观测、研究数据的有效重复和验证，区别在于本样地增加了有机肥和化肥的使用，作为高产栽培模式，观测长期增加肥料使用的情况下，农田生态系统作物产量和土壤质量、肥力等的变化。

17.6.2   自然环境背景

样地于 1992 年开垦成为农田。自然环境背景同 17.5.2 节。

17.6.3   耕作制度

（1）建立前的耕作制度

样地 1992 年辟为农田，早期主要种植玉米和棉花，两年一次轮作。样地建立前由站上农民工管理，种植方式与当地农户一致，灌溉主要靠河水漫灌。

（2）建立后的耕作制度

2005 年样地建立后开始种植棉花。依据策勒站棉花高产栽培模式，增加肥料并提高种植密度。底肥是牛羊粪为主的农家肥 30 000 kg/hm^2、尿素 150 kg/hm^2 和磷酸二铵 300 kg/hm^2，撒施表层后由拖拉机耕地翻入土层中。每个生长季追施尿素（沟施）两次，每次 300 kg/hm^2。灌溉方式和微肥、管理等耕作制度同于 17.5.3 节。

17.6.4   作物性状与产量

样地建立次年（2005 年）种植棉花"策科 1 号"，种植密度 37 株/m^2，株高 65.2 cm。霜前花百分率 86.6%，籽棉产量 7 205.9 kg/hm^2，皮棉产量 2 862.6 kg/hm^2。

17.6.5   样地配置与观测内容

样地未安装植物物候自动观测系统和植物根系观测系统微根管，其余配置与观测内容和 17.5.5 节一致。

17.7　策勒站绿洲农田辅助观测场（对照）土壤生物要素长期观测采样地

17.7.1　样地代表性

样地（CLDFZ02AB0_01）位于站区北部，地理位置为 80°43′37″～80°43′41″E、37°01′21″～37°01′25″N，正方形（100 m×100 m），四周留有保护行。2004 年以前为自然荒漠，植物主要包括骆驼刺、花花柴、拐轴鸦葱、芦苇和柽柳等。2004 年 11 月平整土地后设为观测样地，主要种植棉花。土壤类型属于荒漠风沙土。作为农田生态系统长期辅助观测样地，主要观测在不施肥情况下，农田作物生长、产量等生物要素和农田土壤肥力、质量等土壤要素的变化。灌溉方式为漫灌。样地是综合观测场农田生物和环境长期观测、研究数据的重要补充和有效验证，区别在于样地作为对照，观测长期不施用任何肥料的情况下，农田生态系统作物产量和土壤质量、肥力等的变化。

17.7.2　自然环境背景

样地 2004 年辟为农田。自然环境背景同 17.5.2 节。

17.7.3　耕作制度

（1）建立前的耕作制度

样地 2004 年建立前为天然荒漠、荒漠草地类型，无耕作制度。

（2）建立后的耕作制度

2005 年开始种植棉花，不使用任何肥料，灌溉方式与策勒站绿洲农田综合观测场（常规栽培模式）基本相同，但由于土壤结构、有机质缺乏等，有时增加灌溉量和灌溉次数。采用井水或策勒河的河水灌溉，一般 6 月前使用井水，7 月后利用策勒河的河水，每年灌溉 6～7 次，每次灌溉量 1 800～2 250 m^3/hm^2。2019 年开始，灌溉方式同样调整为滴灌，每年灌溉 8～10 次，每次灌溉 600～900 m^3/hm^2。其余管理措施和综合观测场一致，但无须对棉花打顶。

17.7.4　作物性状与产量

样地建立次年（2005 年）种植棉花"策科 1 号"，种植密度 28 株/m^2，株高 48.0 cm。霜前花百分率 85.9%，籽棉产量 2 324.2 kg/hm^2，皮棉产量 1 010.7 kg/hm^2。

17.7.5　样地配置与观测内容

样地配置与观测内容同 17.5.5 节。

17.8 策勒站绿洲农田辅助观测场（空白）土壤生物要素长期观测采样地

17.8.1 样地代表性

样地（CLDFZ03AB0_01）位于站区北部，地理位置为 80°43′42″～80°43′46″E、37°01′21″～37°01′24″N，正方形（100 m×100 m），四周留有保护行。样地位于策勒站绿洲农田综合观测场（常规栽培模式）的北侧，东侧为策勒站绿洲农田辅助观测场二（对照栽培模式），西面和北面均为自然荒漠。2004 年前样地为自然荒漠，植物包括骆驼刺、花花柴等。2004 年 11 月平整土地设为策勒站绿洲农田辅助观测场三（自然空白对照），未进行种植和管理，维持自然状态，作为不同栽培管理模式下的自然空白对照进行监测。

作为绿洲农田空白对照的辅助观测场，样地代表农田边缘不进行开垦耕作的土地，观测不开发、不耕种情况下，农田边缘荒漠草地生态系统生物、土壤等要素的长期变化。

17.8.2 自然环境背景

样地 2004 年设为策勒站绿洲农田辅助观测场，未进行农业种植，保持自然环境状况。样地自然环境背景基本等同 17.5.2 节。

17.8.3 耕作制度

作为空白对照，无耕作制度。

17.8.4 作物性状与产量

作为空白对照，无作物收获。

17.8.5 样地配置与观测内容

样地开展土壤和水分要素观测，无生物作物观测内容。样地土壤和水分配置与观测内容同 17.5.5 节。

17.9 策勒站农户农田土壤生物采样地

17.9.1 样地代表性

策勒农户农田土壤生物采样地包括 3 个绿洲农田生态系统站区调查点，均位于策勒原有绿洲的西北部，属于耕作年限较长的绿洲农田，但靠近绿洲的边缘。其中，策勒农户农田（一）土壤生物采样地（CLDZQ01AB0_01）在策勒乡托帕艾热克村，距离策勒站大约

600 m，海拔为 1 312 m。策勒农户农田（二、三）土壤生物采样地（CLDZQ02AB0_01、CLDZQ03AB0_01）在策勒乡托帕村，距离策勒站大约 3 km，海拔高度分别为 1 319 m 和 1 327 m。所有调查点地势平坦，地下水位约 17 m，土壤含水量低。土壤质地疏松，为轻质风沙土。根据当地农民的栽培习惯，样地以果树和棉花间作，一年种植 1 次。调查点由农民自行管理，策勒站只进行相关的观测指标调查。

站区农田调查点代表新疆南疆地区典型绿洲农田，特别是开垦种植时期较长的原有绿洲农田。观测较长时间尺度上，农民传统耕作方式对绿洲农田生态系统作物生长、产量和土壤质量、肥力等的影响，可与新开垦绿洲农田进行很好的对比。

17.9.2　自然环境背景

站区调查点均位于策勒乡西北部，样地自然环境背景基本相同。年均气温 12℃，>10℃有效积温 4 061℃，>0℃有效积温 4 507℃。年降水量 35.1 mm。无霜期 206 d。年均大风天数 4～9 d，年均沙尘暴天数 11 d。土壤为风沙土，荒漠风沙土亚类，母质为风成砂。土壤质地疏松，为轻质风沙土，地势平坦。雨季以地表水为主灌溉，其余时间（春季）以地下水为主。河水是主要水源。地下水埋深约 17 m。

17.9.3　耕作制度

站区调查点建立前后农户的耕作制度一致，为棉花和果树（石榴）间作，一年种植 1 次。

17.9.4　作物性状与产量

3 个调查点样地建立后，2005 年均种植棉花"新陆早 10 号"，其中调查点 1（CLDZQ01AB0_01）占农户土地面积的 40%，籽棉产量为 2 452.5 kg/hm^2；调查点 2（CLDZQ02AB0_01）占农户土地面积的 14.3%，籽棉产量为 3 647.1 kg/hm^2；调查点 3（CLDZQ03AB0_01）占农户土地面积的 35%，籽棉产量为 4 841.7 kg/hm^2。

17.9.5　样地配置与观测内容

样地内无观测设施，观测项目采用人工观测或问卷调查农户。观测内容包括生物、土壤和水分要素，全部按照 CERN 站区调查点观测指标体系进行观测，采样设计按照 CERN 统一规范。

18 临泽站生物监测样地本底与植被特征[*]

18.1 生物监测样地概况

18.1.1 概况与区域代表性

临泽内陆河流域研究站（以下简称临泽站）建于 1975 年，隶属中国科学院西北生态环境资源研究院。2003 年加入 CERN，2005 年成为国家野外科学观测研究站。2007 年成为第一批"水利部水土保持科技示范园区"。在几十年的发展过程中，临泽站在绿洲边缘防沙治沙、沙荒地改造利用、黑河流域水土资源合理开发利用和绿洲农业等方面取得了一大批成果，为河西走廊区域经济建设和社会可持续发展提供了重要的技术支撑。

临泽站位于黑河流域中游的甘肃省河西走廊中部的临泽县平川镇境内，地理位置为 100°07′06.1″E、39°24′49.8″N，海拔为 1 384 m，地处荒漠绿洲过渡带，区域上属于中温带干旱区河西走廊绿洲农业生态区。气候类型属于干旱荒漠气候，地带性土壤主要有灰棕漠土、风沙土、淤灌土，天然植被以泡泡刺（*Nitraria sphaerocarpa* Maxim.）、红砂（*Reaumuria soongarica* Pall.）等小灌木为主，绿洲区农田作物以春玉米和春小麦为主。

18.1.2 生物监测样地设置

临泽站自 2003 年开始，先后共设置了 8 个生物长期观测样地，其中 4 个为荒漠生态系统长期观测样地，4 个为绿洲农田生态系统长期观测样地。在荒漠区设置的 4 个荒漠生物长期监测样地分别为临泽站荒漠生态系统综合观测场土壤生物采样地、临泽站荒漠生态系统辅助观测场土壤生物采样地（先后 2 个）和临泽站荒漠生态系统站区调查点生物采样地（表 18-1）。在绿洲区设置的 4 个生物长期观测样地，分别为临泽站荒漠绿洲农田生态系统综合观测场土壤生物采样地、临泽站荒漠绿洲农田生态系统辅助观测场土壤生物采样地、临泽站新绿洲农田土壤生物采样地、临泽站老绿洲农田土壤生物采样地（表 18-2）。临泽站生物长期观测样地布局见图 18-1，荒漠样地群落外貌见彩图 18-1～彩图 18-4，农田样地外貌见彩图 18-5～彩图 18-8。

---

* 编写：杜明武（中国科学院西北生态环境资源研究院）
　审稿：何志斌（中国科学院西北生态环境资源研究院）

表 18-1　临泽站荒漠生物长期观测样地清单

序号	样地代码	样地名称	样地类别	植被类型	地理位置	海拔/m	面积及形状/（m×m）	建立时间与计划使用年数
1	LZDZH02ABC_01	临泽站荒漠生态系统综合观测场土壤生物采样地	综合观测场	天然荒漠植被	100°07′06″～100°07′12″E，39°24′50″～39°24′54″N	1 405	100×100	2003 年，100 年
2	LZDFZ02AB0_01	临泽站荒漠生态系统辅助观测场土壤生物采样地	辅助观测场	天然荒漠植被	100°06′48″～100°06′51″E，39°23′47″～39°23′51″N	1 400	50×100	2005 年，2014 年终止
3	LZDFZ03AB0_01	临泽站荒漠生态系统辅助观测场土壤生物采样地	辅助观测场	天然荒漠植被	100°07′15″～100°07′21″E，39°24′50″～39°24′54″N	1 403	100×100	2015 年，100 年
4	LZDZQ03A00_01	临泽站荒漠生态系统站区调查点生物采样地	站区调查点	天然荒漠植被	100°08′46″～100°08′48″E，39°22′01″～39°22′02″N	1 375	50×50	2005 年，100 年

表 18-2　临泽站农田生物长期观测样地清单

序号	样地代码	样地名称	样地类别	植被类型	地理位置	海拔/m	面积及形状/（m×m）	建立时间与计划使用年数
1	LZDZH01ABC_01	临泽站荒漠绿洲农田生态系统综合观测场土壤生物采样地	综合观测场	春小麦-春玉米	100°07′50.3″～100°07′52.2″E，39°20′56.6″～39°20′57.8″N	1 382	38×58	2004 年，100 年
2	LZDFZ01AB0_01	临泽站荒漠绿洲农田生态系统辅助观测场土壤生物采样地	辅助观测场	春玉米-春小麦	100°07′51.9″～100°07′53.8″E，39°20′55.7″～39°20′57.6″N	1 382	36×57	2004 年，100 年
3	LZDZQ01AB0_01	临泽站新绿洲农田土壤生物采样地	站区调查点	制种玉米-春小麦	100°08′34.8″～100°08′36.5″E，39°20′07.4″～39°20′08.8″N	1 382	30×60	2004 年，100 年
4	LZDZQ02AB0_01	临泽站老绿洲农田土壤生物采样地	站区调查点	春玉米-春小麦带田，带间轮作	100°07′50″～100°07′52″E，39°19′13″～39°19′14″N	1 399	40×70	2004 年，100 年

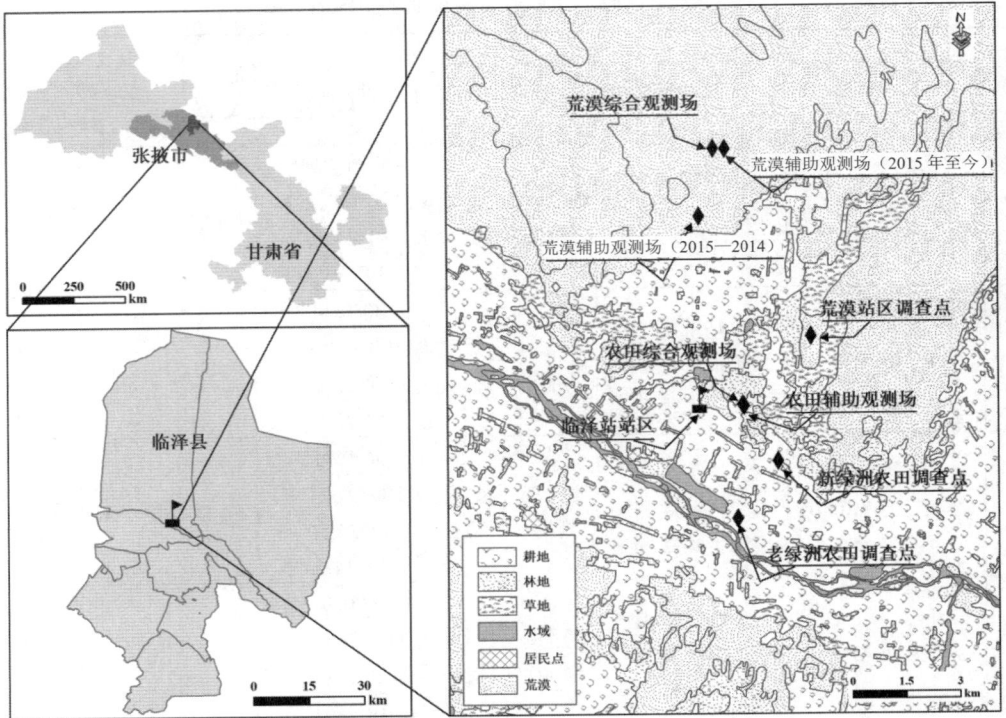

图 18-1 临泽站生物长期观测样地布局

18.2 临泽站荒漠生态系统综合观测场土壤生物采样地

18.2.1 样地代表性

样地（LZDZH02ABC_01）建于 2003 年，设计为百年尺度的长期荒漠生态系统观测样地，地理位置为 100°07′06″～100°07′12″E、39°24′50″～39°24′54″N，正方形（100 m×100 m），面积为 1 hm²。样地为山前砾质荒漠，植被类型是典型的干旱区荒漠植被，以稀疏的红砂+泡泡刺群落为主，偶有零星的一年生或多年生草本植物。

18.2.2 自然环境背景与管理

样地位于合黎山南麓洪积平原南缘，海拔为 1 405 m，地势平缓，地表少有起伏，地形平坦。坡度小于 3°，坡向南北，坡位下。年均气温 7.6℃，最高达 39.1℃，最低为 –27.3℃，≥10℃年积温为 3 085℃，无霜期 165 d；年均降水量 117.1 mm，最高可达 210.5 mm，最低只有 82.9 mm，多集中于 7—9 月，约占全年降水量的 65%；空气相对湿度 46%，年蒸发量 2 390 mm，年干燥度 4.2；年均大风天数 15 d，年均沙尘暴天数 11 d；地下水埋深 12.05～13.60 m。根据全国第二次土壤普查，土类为灰棕漠土，亚类为砾质灰棕漠土；中国土壤系统分类为钙积正常干旱土；母质为第四纪洪积-冲积物。土壤剖面具有灰棕漠土的一般特征，土质较粗，呈底砾、夹沙、漏沙型剖面。地表有粒径≤1 cm 砾石覆盖；1～20 cm 为粗砂覆盖层；20～32 cm 为小砾石层，过渡明显；32～40 cm 为粗砾石层；40～48 cm 为粗沙层；48～52 cm 为粗砾石层；52～66 cm 为粗砂层；66 cm 以下为细沙层。土壤颜色为黄灰和黄棕，片状或弱块状结构，坚实。风蚀程度为中等，地表有轻度盐碱斑。偶有小型动物活动，昆虫活动明显，鲜有人类活动干扰。该区域 20 世纪 80 年代列为禁牧封育区，2003 年样地建立后，以网围栏围封，建立之初面积为 100 m×100 m，后期向外围扩展 50 m 作为缓冲区，以网围栏围封。

18.2.3 植被特征

18.2.3.1 物种组成

样地植被是以稀疏、低矮的红砂+泡泡刺群落为主的天然荒漠植被，偶见大小不一的泡泡刺沙堆，零星分布有多年生或一年生草本植物，低浅水蚀沟内及周边草本种类较多。根据 2006 年在样地内开展的样方调查（10 个 10 m×10 m 样方），样地有植物 6 种，隶属 5 科、6 属。其中蒺藜科 2 种、柽柳科 1 种、藜科 1 种、菊科 1 种、百合科 1 种。从生活型上看，样地内有灌木 2 种，其余均为草本。样地植物名录见表 18-3。

表 18-3　临泽站荒漠生态系统综合观测场土壤生物采样地植物名录

序号	层次	物种中文名	物种学名	生活型
1	灌木层	红砂*	*Reaumuria songarica*（Pall.）Maxim.	落叶灌木
2	灌木层	泡泡刺*	*Nitraria sphaerocarpa* Maxim.	落叶灌木
3	草本层	甘肃霸王*	*Zygophyllum kansuense* Y. X. Liou	多年生草本植物
4	草本层	碱蓬	*Suaeda glauca*（Bunge）Bunge	一年生草本植物
5	草本层	猪毛蒿	*Artemisia scoparia* Waldst. & Kit.	一年生草本植物
6	草本层	蒙古韭*	*Allium mongolicum* Regel	多年生草本植物

注：*为各层优势种。

18.2.3.2 群落结构

样地植被分灌木层和草本层，灌木植物种 4 月下旬开始萌动，5—10 月为生长季，10 月中下旬进入叶变色期。草本植物对表层土壤水分状况响应明显，一年生草本植物有不萌发或萌发稀少的现象，多年生草本植物物候期波动较大。

灌木层由旱生红砂和泡泡刺组成，分布稀疏，总盖度 5%～10%，平均高度 0.25 m，平均密度 0.5 株/m²。偶见大小不一的泡泡刺沙堆。

草本层稀疏，盖度<5%，高度 2～20 cm。常见的草本植物有甘肃霸王、蒙古韭、猪毛蒿和碱蓬 4 种。甘肃霸王主要呈匍匐状，其他草本直立生长。

18.2.3.3 植被分类地位

样地植物群落按照中国植被分类系统分类如下：

植被型组：荒漠 Desert

    植被型：半灌木与草本荒漠 Semi-Shrub and Herb Desert

        植被亚型：温性半灌木与草本荒漠 Temperate Semi-Shrub and Herb Desert

            群系：红砂+泡泡刺荒漠 *Reaumuria songarica + Nitraria sphaerocarpa* Semi-Shrub and Herb Desert Alliance

                群丛：红砂+泡泡刺-甘肃霸王 半灌木与草本荒漠 *Reaumuria songarica + Nitraria sphaerocarpa - Zygophyllum kansuense* Semi-Shrub and Herb Desert

18.2.4 样地配置与观测内容

按照 CERN 综合观测场指标体系观测生物、土壤和水分要素。

18.3 临泽站荒漠生态系统辅助观测场土壤生物采样地

18.3.1 样地代表性

样地（LZDFZ02AB0_01）建于 2005 年，地理位置为 100°06′48″～100°06′51″E、39°23′47″～39°23′51″N。样地位于荒漠边缘的禁牧围封区外，允许放牧，代表有人类活动影响的自然荒漠生态系统。2014 年年底，由于禁牧围封区扩大，原样地所在区域被开垦种植防护林。2015 年，在综合观测场东侧 50 m 处重新设置辅助观测样地（LZDFZ03AB0_01），作为荒漠综合观测场的重复和补充。

18.3.2 自然环境背景与管理

样地与荒漠综合观测场土壤生物采样地相邻，自然环境背景相同，详见 18.2.2 节。不同之处在于样地未采取围封措施。

18.3.3 植被特征

样地植被同荒漠生态系统综合观测场土壤生物采样地，详见 18.2.3 节。

18.3.4 样地配置与观测内容

按照 CERN 辅助观测场指标体系观测生物和土壤要素。

18.4　临泽站荒漠生态系统站区调查点生物采样地

18.4.1　样地代表性

样地（LZDZQ03A00_01）建于 2015 年，正方形（100 m×100 m），地理位置为 100°08′46″～100°08′48″E、39°22′01″～39°22′02″N。临泽站研究区域有戈壁和沙漠两种荒漠类型，以砾质戈壁为主，绿洲东侧为沙漠。样地设在绿洲边缘固沙区，处于绿洲与沙漠交错区，沙丘为半固定状态，靠近绿洲的一侧为固定沙丘，覆盖着较为密集的人工梭梭 [*Haloxylon ammodendron*（C. A. Mey.）Bunge] 林，属于典型的绿洲边缘固沙区生态系统。

18.4.2　自然环境背景与管理

样地地形起伏，属于典型的风沙地貌。丘间地地下水埋深 3～4 m。气候条件与荒漠综合观测场土壤生物采样地相同，详见 18.2.2 节。根据全国第二次土壤普查，土类为风沙土，亚类为固定风沙土，母质为风积沙。土壤剖面具有固定风沙土的一般特征，表层有 0～5 mm 结皮，以下为风沙土，0～20 cm 较松散，下部紧实。风蚀程度较轻。偶有小型动物活动，时有人类活动干扰。该区域为 2005 年建立的固沙封育区，无人为干预管理。

18.4.3　植被特征

18.4.3.1　物种组成

样地有植物 4 种，隶属 3 科、4 属，其中藜科 2 属 2 种、蓼科 1 种、蒺藜科 1 种。从生活型上看，样地内有灌木 2 种、草本植物 2 种。样地植物名录见表 18-4。

表 18-4　临泽站荒漠生态系统站区调查点生物采样地植物名录

序号	层次	物种中文名	物种学名	生活型
1	草本层	沙蓬	*Agriophyllum squarrosum*（L.）Moq.	一年生草本植物
2	草本层	雾冰藜	*Bassia dasyphylla*（Fisch. & C. A. Mey.）Kuntze	一年生草本植物
3	灌木层	沙拐枣	*Calligonum mongolicum* Turcz.	落叶灌木
4	灌木层	泡泡刺	*Nitraria sphaerocarpa* Maxim.	落叶灌木

18.4.3.2　群落结构

样地是天然荒漠植被，以密集的沙漠先锋植物沙蓬和雾冰藜为主，沙坡中部以下零星分布天然生长的沙拐枣，丘间地有泡泡刺沙堆分布。样地植物群落有明显的垂直分层结构，可分为灌木层和草本层。灌木层主要由零星的沙拐枣组成，盖度≤1%，平均高度 0.8 m。偶见大小不一的泡泡刺沙堆。草本层主要由密集的沙漠先锋植物沙蓬和雾冰藜组成，对水分条件的响应明显，时有时无（枯死），盖度 0%～15%，平均高度 20 cm，密度 0～50 株/m²。

18.4.3.3　植被分类地位

样地植物群落按照中国植被分类系统分类如下：

植被型组：荒漠 Desert

　植被型：半灌木与草本荒漠 Semi-Shrub and Herb Desert

　　植被亚型：温性半灌木与草本荒漠 Temperate Semi-Shrub and Herb Desert

　　　群系：沙蓬+雾冰藜荒漠 *Agriophyllum squarrosum* + *Bassia dasyphylla* Semi-Shrub and Herb Desert Alliance

　　　群丛：沙蓬+雾冰藜 半灌木与草本荒漠 *Agriophyllum squarrosum* + *Bassia dasyphylla* Semi-Shrub and Herb Desert

18.4.4　样地配置与观测内容

按照 CERN 站区调查点指标体系观测生物要素。

18.5　临泽站荒漠绿洲农田生态系统综合观测场土壤生物采样地

18.5.1　样地代表性

样地（LZDZH01ABC_01）建于 2004 年，长方形（38 m×58 m），地理位置为 100°07′50.3″～100°07′52.2″E、39°20′56.6″～39°20′57.8″N。样地位于绿洲边缘的荒漠-绿洲过渡带，属于中温带干旱区绿洲农业区，是典型的绿洲灌溉农业区。该地区农耕历史悠久、技术完善，是干旱区绿洲农业的典型代表。

18.5.2　自然环境背景

样地位于甘肃省张掖市临泽县平川镇五里墩村，临泽站站区内，为沙丘平整后开垦的农地。海拔为 1 382 m。气候条件详见 18.2.2 节。根据全国第二次土壤普查，土类为风沙土，亚类为灌耕风沙土，母质为风积沙。土壤剖面发育不明显，由于长期灌溉和耕作，0～20 cm 形成灌淤表土层；20 cm 以下为细沙，土体结构均一，疏松，呈灰黄色。地下水埋深 4.0～5.7 m。在风沙防护林的保护下，风蚀程度较轻，地表有轻度盐碱斑。

1975 年由流动沙丘平整开垦为灌溉农地，栽植果树（苹果、梨）。2000 年果树砍伐后作为农业用地，种植带田玉米、西瓜、大豆等。由于种植果树时在点状分布的定植坑内集中施肥，导致地力不均。

18.5.3　耕作制度

（1）建立前的耕作制度

1975 年前为流动沙丘。1975—2000 年种植果树（苹果、梨），不翻耕，落叶后灌冬水，生长季内追施以碳酸氢铵为主的化肥，落叶后在树盘范围深施有机肥，全年灌水 5 次。

2000 年因经济效益低下且病虫害难以遏制，将果树砍伐后作为农业用地，2001—2003 年分别种植黄豆、小麦和玉米。作物收获后翻耕，灌冬水，翌年春季播种前耙平。施肥以化肥为主，肥料折合为纯氮 242 kg/hm^2，纯磷 74 kg/hm^2，纯钾 12.00 kg/hm^2，其中的 1/3 作为基肥于播种前施入，2/3 作为追肥施用。全年灌水 7 次。

（2）建立后的耕作制度

2004 年建立样地，2005 年起种植春小麦或春玉米年间轮作，条播，小麦行距 14 cm，玉米行距 50 cm。样地收获后翻耕，灌冬水，翌年春季播种前耙平。全年灌水 9～14 次。施肥以尿素、磷酸二铵和复合肥等化肥为主，氮肥的 1/3 作为基肥于播种前施入，2/3 作为追肥施用。施肥量折合为纯氮 419 kg/hm^2，纯磷 55 kg/hm^2。

18.5.4　作物性状与产量

2005 年种植春小麦"2014"，密度 559 穴/m^2，株高 70 cm，千粒重 48.44 g，产量 5 167 kg/hm^2；2006 年种植春玉米"8703"，密度 8 株/m^2，株高 258 cm，百粒重 29.84 g，产量 10 482 kg/hm^2。

18.5.5　样地配置与观测内容

按照 CERN 综合观测场指标体系和规范观测生物、土壤和水分要素。

18.6　临泽站荒漠绿洲农田生态系统辅助观测场土壤生物采样地

18.6.1　样地代表性

样地（LZDFZ01AB0_01）建于 2004 年，长方形（57 m×36 m），地理位置为 100°07′51.9″～100°07′53.8″E、39°20′55.7″～39°20′57.6″N。样地平均分为粮草间作区和粮食单作区。粮草间作是作物与苜蓿等豆科植物间作，是新垦沙荒地具有代表性的一种耕作方式，作物轮作顺序与综合观测场相反，作为综合观测场的对照和补充。

18.6.2　自然环境背景

与农田综合观测场相邻，自然环境背景详见 18.5.2 节。

18.6.3　耕作制度

（1）建立前的耕作制度

样地建立前与农田综合观测场为同一地块，耕作制度详见 18.5.3 节。

（2）建立后的耕作制度

2004 年建立农田辅助观测场，分为粮食单作和粮草间作两个处理区，粮食作物种类（春小麦和春玉米）与农田综合观测场轮换种植。

其他耕作制度同农田综合观测场，详见 18.5.3 节。

18.6.4 作物性状与产量

2005 年种植春玉米"豫玉 22 号",密度 8 株/m²,株高 282 cm,百粒重 29.69 g,产量 12 496 kg/hm²;2006 年种植春小麦"永良 15 号",密度 549 株/m²,株高 55 cm,千粒重 37.68 g,产量 5 223 kg/hm²。

18.6.5 样地配置与观测内容

按照 CERN 辅助观测场指标体系观测生物、土壤要素。

18.7 临泽站新绿洲农田土壤生物采样地

18.7.1 样地代表性

样地(LZDZQ01AB0_01)建于 2004 年,长方形(30 m×60 m),地理位置为 100°08′34.8″～100°08′36.5″E、39°20′07.4″～39°20′08.8″N。样地位于绿洲边缘的绿洲-荒漠过渡带,于 20 世纪 70 年代开垦,灌溉渠系完备,防护林体系完整,是绿洲扩张的典型代表。

18.7.2 自然环境背景

样地位于甘肃省张掖市临泽县平川镇五里墩村,为沙丘平整后开垦的农地,海拔为 1 382 m。气候条件详见 18.2.2 节。根据全国第二次土壤普查,土类为风沙土,亚类为灌耕风沙土,母质为风积沙。土壤剖面发育不明显,由于长期灌溉和耕作 0～20 cm 形成灌淤表土层;20 cm 以下为细沙,土体结构均一,疏松,呈灰黄色。在风沙防护林的保护下,风蚀程度较轻,地表有轻度盐碱斑。地下水埋深 4.0～5.7 m。

18.7.3 耕作制度

(1)建立前的耕作制度

样地建立前为当地传统的春小麦-春玉米带田,带间轮作,收获后翻耕,灌冬水,翌年春季播种前耙平。全年灌水 6 次。施肥以化肥为主,其中 1/3 作为基肥于播种前施入,2/3 作为追肥施用。

(2)建立后的耕作制度

2004 年建立样地,制种玉米单作,条播,行距 50 cm。收获后翻耕,灌冬水,翌年春季播种前耙平。全年灌水 6 次。施肥量折合为纯氮 174 kg/hm²,纯磷 45 kg/hm²。施肥以尿素、磷酸二铵和复合肥等化肥为主,氮肥的 1/3 作为基肥于播种前施入,2/3 作为追肥施用。

18.7.4 作物性状与产量

2004 年种植制种玉米,密度 27 株/m²,株高 140 cm,百粒重 30.67 g,产量 4 335 kg/hm²。

18.7.5　样地配置与观测内容

按照 CERN 站区调查点指标体系观测生物和土壤要素。

18.8　临泽站老绿洲农田土壤生物采样地

18.8.1　样地代表性

样地（LZDZQ02AB0_01）建于 2004 年，长方形（40 m×70 m），地理位置为 100°07′50.3″～100°07′52.0″E、39°19′12.9″～39°19′14.4″N。样地位于绿洲腹地，开垦历史悠久，属于典型的绿洲耕作土壤。样地灌溉设施完善，以春小麦-春玉米带田为主，是黑河灌区绿洲农业的典型代表。

18.8.2　自然环境背景

样地位于甘肃省张掖市临泽县平川镇五里墩村，海拔为 1 399 m。气候条件与综合观测场一致，详见 18.2.2 节。根据全国第二次土壤普查，土类为灰棕漠土，亚类为灌耕灰棕漠土，中国土壤系统分类名称为钙积正常干旱土，母质为第四纪砂砾洪积-冲积物。土壤剖面中 0～50 cm 由于长期灌溉和耕作形成灌耕堆积层，机械组成和结构均匀一致，有机质含量丰富；50 cm 以下为灰棕漠土，土壤颜色为黄灰和黄棕，片状或弱块状结构，质地坚实。地下水埋深 3.5～4.5 m。风蚀程度较轻，地表有轻度盐碱斑。

18.8.3　耕作制度

（1）建立前的耕作制度

样地建立前为传统的春小麦-春玉米带田，带间轮作，条播，春小麦行距 14 cm，春玉米行距 50 cm。收获后翻耕，灌冬水，翌年春季播种前耙平。全年灌水 6 次。施肥以化肥为主，其中 1/3 作为基肥于播种前施入，2/3 作为追肥施用。

（2）建立后的耕作制度

2004 年建立样地，种植作物、轮作方式、耕作制度和灌溉制度与样地建立前一致。2005 年开始制种玉米单作。施肥量折合为纯氮 368 kg/hm^2，纯磷 56 130 kg/hm^2。施肥以尿素、磷酸二铵和复合肥等化肥为主，氮肥的 1/3 作为基肥于播种前施入，2/3 作为追肥施用。

18.8.4　作物性状与产量

2004 年种植小麦"宁春 18 号"，株高 61 cm，千粒重 41.67 g，产量 5 490 kg/hm^2。

18.8.5　样地配置与观测内容

按照 CERN 站区调查点指标体系观测生物和土壤要素。

19 沙坡头站生物监测样地本底与植被特征[*]

19.1 生物监测样地概况

19.1.1 概况与区域代表性

沙坡头沙漠研究试验站（以下简称沙坡头站）建于 1955 年，现隶属中国科学院西北生态环境资源研究院，是中国科学院最早建立的野外台站之一。沙坡头站 1992 年成为 CERN 台站，2005 年成为国家野外科学观测研究站。沙坡头站位于宁夏中卫市境内，地处腾格里沙漠东南缘，地理位置为 104°59′56″E、37°28′04″N，海拔为 1 250 m，属于草原化荒漠带，降水是唯一的天然补给水资源。

沙坡头站所在区域是一个特殊的生态地理区。从气候分异特点来看，是干旱和半干旱区的过渡带；从自然景观来看，该地区以东主要为干草原，以西主要为荒漠；从农业生产方式来看，以东是灌溉农业，以西则逐渐出现旱作雨养型农业，是宁夏银川平原黄河灌区的开端，灌溉农业始于汉代；从沙尘物质的风沙运动特点来看，该区正处于蚀积过渡带；从固沙措施来看，正是无灌溉生物固沙的临界区，以西需要灌溉造林，以东则可采用无灌溉的生物固沙措施。特殊的生态地理位置，使沙坡头站具有对两类生态系统进行监测研究的优势条件，即同时对荒漠生态系统和沿黄灌区典型农田生态系统进行监测（李新荣，2010）。此外，沙坡头地区位于东部季风尾闾区，在自然地理、农业区划以及全球气候变化的研究中具有特殊的地位，在开展多学科综合分析研究、生态过程研究、区域环境与资源调查研究和对区域经济建设所进行的应用基础性研究中，具有重要的科学意义和地位。

沙坡头站注重沙区农业技术开发、试验示范和技术推广，为沿黄沙区农业生态系统研究提供研究平台。农田样地成土母质为风成沙，代表了宁夏中卫平原以风成沙为成土母质的沿黄灌区 20 年以上的灌溉地，该类型是本区域粮食产区主要的土地类型。农田类型有水田和旱田两种，栽培作物主要为水稻、小麦和玉米，一年一熟。

19.1.2 生物监测样地设置

1956 年以来，沙坡头站先后建立了 6 个生物长期观测样地。其中，荒漠生态系统生物

———————
* 编写：宋　光（中国科学院西北生态环境资源研究院）
　审稿：贾荣亮（中国科学院西北生态环境资源研究院）

长期观测样地 2 个,包括沙坡头站荒漠生态系统综合观测场生物土壤长期采样地(人工固沙植被)和沙坡头站荒漠生态系统辅助观测场生物土壤长期采样地(自然植被,即荒漠化草原)(表 19-1)。自 1995 年开始,先后设置了 4 个农田生态系统生物长期观测样地,分别为沙坡头站农田生态系统综合观测场生物土壤长期采样地、沙坡头站农田生态系统生物土壤辅助长期采样地、沙坡头站养分循环场生物土壤长期采样地和沙坡头站农田生态系统站区生物采样点(表 19-2)。

沙坡头站有 3 个农田监测样地位于站区内,其中生物土壤辅助长期采样地与综合观测场生物土壤长期采样地相邻,以便于同种作物分别施有机肥和化肥处理的对比监测。另有 1 个用于水稻监测的站区生物采样点(SPDZQ02A00_01)位于距沙坡头站约 20 km 的宁夏中卫市沙坡头区西园乡黑林村。

样地布局见图 19-1,荒漠样地群落外貌见彩图 19-1 和彩图 19-2,农田样地外貌见彩图 19-3~彩图 19-5。

表 19-1　沙坡头站荒漠生物长期观测样地清单

序号	样地代码	样地名称	样地类别	植被类型	地理位置	海拔/m	面积及形状/(m×m)	建立时间与计划使用年数
1	SPDZH02ABC_01	沙坡头站荒漠生态系统综合观测场生物土壤长期采样地	综合观测场	以油蒿为主的人工群落	104°59′56″~105°00′28″E,37°28′04″~37°28′18″N	1 350	675 × 330	1956 年,100 年
2	SPDFZ04ABC_01	沙坡头站荒漠生态系统辅助观测场生物土壤长期采样地	辅助观测场	以油蒿为主天然群落	104°46′57″E,37°26′58″N	1 328	500 ×500	2005 年,100 年

表 19-2　沙坡头站农田生物观测样地清单

序号	样地代码	样地名称	样地类别	轮作体系	地理位置	海拔/m	面积及形状/(m×m)	建立时间与计划使用年数
1	SPDZH01ABC_01	沙坡头站农田生态系统综合观测场生物土壤长期采样地	综合观测场	春小麦-玉米,轮作周期为两年	105°00′21″~105°00′25″E,37°27′15″~37°27′33″N	1 233	100×40	2001 年,100 年
2	SPDFZ02AB0_01	沙坡头站农田生态系统生物土壤辅助长期采样地	辅助观测场	春小麦-玉米,轮作周期为两年	105°00′21″~105°00′25″E,37°27′15″~37°27′33″N	1 230	40×20	2004 年,100 年
3	SPDZQ01AB0_01	沙坡头站养分循环场生物土壤长期采样地	站区调查点	玉米-春小麦,轮作周期为两年	105°00′37″~105°00′41″E,37°27′32″~105°27′37″N	1 244	100×30	1995 年,100 年
4	SPDZQ02A00_01	沙坡头站农田生态系统站区生物采样地	站区调查点	水稻	105°4′38″E,37°29′12″N	1 231	10 个 1×1	2003 年,长期

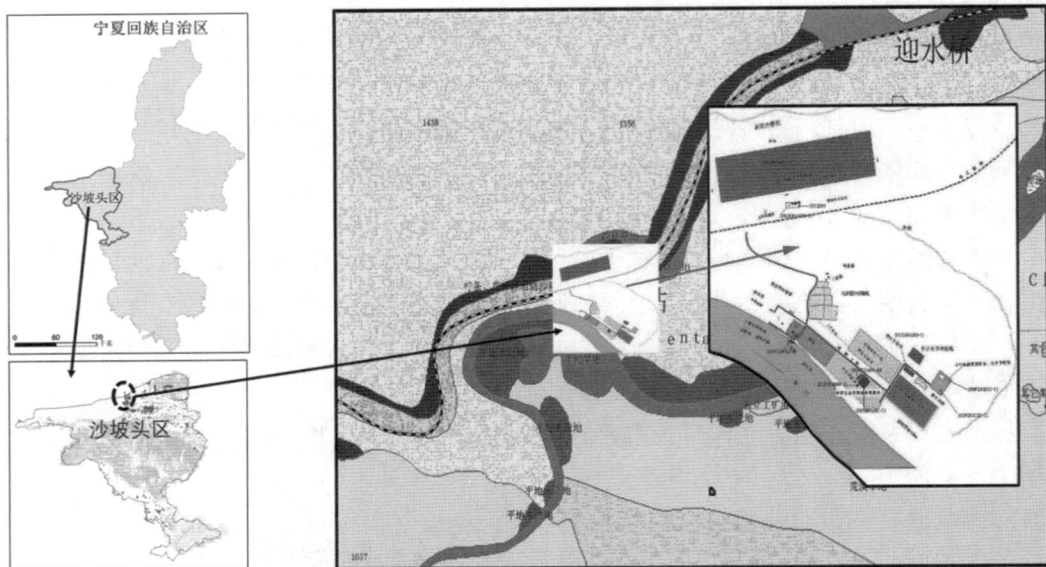

图 19-1   沙坡头站农田、荒漠生态系统生物长期观测样地布局

19.2   沙坡头站荒漠生态系统综合观测场生物土壤长期采样地

19.2.1   样地代表性

样地（SPDZH02ABC_01）建于 1956 年，位于宁夏中卫市沙坡头区沙坡头村，地理位置为 104°59′56″～105°00′28″E、37°28′04″～37°28′18″N。人工植被建立之前为高大流动格状沙丘，天然植被以细枝岩黄芪和沙米为主，盖度约 1%。为了确保包兰铁路沙坡头段的畅通无阻，自 1956 年开始，中国科学院和有关单位建立了"以固为主，固阻结合"的防护体系，在流沙上扎设 1 m×1 m 的麦草方格沙障作为固沙屏障，将沙面稳定后再栽植固沙植物。包兰铁路沙坡头地区植被防护体系的建立使得原来以流动沙丘为主的沙漠景观演变成了一个复杂的人工-天然复合生态系统。样地属于沙坡头铁路防护体系的一部分，代表了植被恢复过程中荒漠生态系统的正向演变过程。对年均降水量小于 200 mm 的腾格里沙漠东南缘人工植被体系进行长期监测，并通过生物、土壤、水分和大气要素的综合分析了解该区植被恢复重建中生态系统演变规律及其驱动因子，为我国干旱区荒漠化治理提供了科学依据和有效途径。

沙坡头植被防护体系模式开创了中国干旱区无灌溉人工植被建设与生态恢复的先河，60 余年来不仅原有的人工植被能够自我修复，维持稳定的状态，而且使局地环境发生了巨大的改变，原来以流沙为主的景观变成与生物气候带相符的荒漠植被景观，代表着一种干旱区生态恢复模式。

19.2.2　自然环境背景与管理

样地位于腾格里沙漠东南缘，属于草原化荒漠地带，也是沙漠与绿洲的过渡区。地貌为沙垄—蜂窝状和固定格状沙丘，沙地起伏，沙丘平缓。迎风坡为缓坡，背风坡为陡坡，坡向为西北—东南向，坡位为丘间地和迎风坡，海拔为 1 350 m。地表微起伏，无岩石出露，无水蚀和龟裂。地表植被盖度约 40%，裸露活化斑约 5%，砾石 5%，无凋落物。年均气温 9.6℃，年降水量 186.2 mm，年均大风天数 8 d，年均沙尘暴天数 10 d，年蒸发量3 000.7 mm，年均相对湿度 40%，年干燥度 2.4。地下水位深度＞80 m。根据全国第二次土壤普查，土类为风沙土，亚类为草原风沙土，母质为风成砂。土壤剖面上下分异明显，地表有弱生物结皮发育，厚度约 2 cm，结皮层下亚土层厚度约 3 cm，下层基质为流沙，土层间明显平整过渡。沙丘为格状固定沙丘，风蚀程度为强度侵蚀，地表有轻度盐碱斑。样地建立后采取的管理方式是围封条件下的自然演替，建立长期固定观测和采样地。围栏封育，小型动物较多，人类活动较少。历史破坏性灾害事件为流沙前缘的流沙入侵和人为破坏，需要不断维护前缘阻沙栅栏和扎设麦草方格沙障，并减少人为踩踏和破坏。

19.2.3　植被特征

19.2.3.1　物种组成

根据 2006 年的调查数据，样地有 13 种植物，隶属 6 科、11 属。其中，物种数最多的6 个科为豆科、禾本科、苋科、菊科、柽柳科、石蒜科。样地植物名录见表 19-3。

表 19-3　沙坡头站荒漠生态系统综合观测场生物土壤长期采样地植物名录

序号	层次	物种中文名	物种学名	生活型
1	灌木层	油蒿*	*Artemisia ordosica* Krasch.	小灌木
2	灌木层	细枝岩黄芪*	*Hedysarum scoparium* Fisch. & C. A. Mey.	半灌木
3	灌木层	柠条锦鸡儿	*Caragana korshinskii* Kom.	落叶灌木
4	灌木层	多枝柽柳	*Tamarix ramosissima* Ledeb.	落叶灌木
5	灌木层	小叶锦鸡儿	*Caragana microphylla* Lam.	落叶灌木
6	灌木层	圆头蒿	*Artemisia sphaerocephala* Krasch.	小灌木
7	草本层	小画眉草*	*Eragrostis minor* Host	一年生禾草
8	草本层	雾冰藜	*Bassia dasyphylla*（Fisch. & C. A. Mey.）Kuntze	一年生草本
9	草本层	虎尾草	*Chloris virgata* Sw.	一年生禾草
10	草本层	碟果虫实	*Corispermum patelliforme* Iljin	一年生草本
11	草本层	狗尾草	*Setaria viridis*（L.）P. Beauv.	一年生禾草
12	草本层	蒙古韭	*Allium mongolicum* Regel	多年生草本
13	草本层	沙蓬	*Agriophyllum squarrosum*（L.）Moq.	一年生草本

注：*为各层优势种。

19.2.3.2 群落结构

样地植被是人工固沙植被，群落盖度约 40%，群落外貌特征可参见彩图 19-1。群落水平分布为斑块状分布，季相分明，每年 4 月返青，5—10 月为生长季，9—10 月为叶变色期。灌草两层的成层特征明显，灌木层有植物 6 种，优势种 2 种，盖度 11%左右，以油蒿和细枝岩黄芪占优势，优势种盖度 3.69%，平均高度 1.34 m；草本层有植物 7 种，优势种盖度 30%，优势种 1 种，以小画眉草占优势，优势种盖度 12.8%，高度 8.5 cm。

19.2.3.3 植被分类地位

样地植物群落按照中国植被分类系统分类如下：

植被型组：荒漠 Desert

植被型：半灌木与草本荒漠 Semi-Shrub and Herb Desert

植被亚型：温性半灌木与草本荒漠 Temperate Semi-Shrub and Herb Desert

群系：油蒿荒漠 *Artemisia ordosica* Semi-Shrub and Herb Desert Alliance

群丛：油蒿+细枝岩黄芪-小画眉草 半灌木与草本荒漠 *Artemisia ordosica* + *Hedysarum scoparium* - *Eragrostis minor* Semi-Shrub and Herb Desert

19.2.4 样地配置与观测内容

样地初期设置的主要观测设施包括凋落物框、雨量筒、中子管。样地观测内容包括生物、土壤、水分和大气要素，均按照 CERN 规定综合观测场样地的指标要求观测。

19.3 沙坡头站荒漠生态系统辅助观测场生物土壤长期采样地

19.3.1 样地代表性

样地（SPDFZ04ABC_01）建于 2005 年，正方形，面积为 500 m × 500 m，位于宁夏回族自治区中卫市沙坡头区红卫村，地理位置为 104°46′57″E、37°26′58″N，海拔为 1 328 m，设计使用年限为 100 年。样地距离沙坡头站较远，位于以油蒿为主的天然植被区。植被以天然油蒿和柠条等半灌木、灌木为主。地势平坦，无微地形影响。地表状况和植被类型均类似于人工植被区，是对荒漠综合观测场一种必要的补充。

19.3.2 自然环境背景与管理

样地植被类型为砂质荒漠，地势相对平坦。气象条件与荒漠生态系统综合观测场生物土壤长期采样地一致，参见 19.2.2 节。地表为覆沙的固定状态，下层基质为流沙。根据全国第二次土壤普查，土类为风沙土，亚类为草原风沙土。土壤剖面上下分异明显，地表有弱生物结皮发育，厚度约 5 mm，结皮层以下为较厚的流沙层。植物生长完全依赖天然降水。

样地建立后的利用和管理方式是设置围栏禁止人员和牲畜进入，使植被在围封条件下进行自然演替，然而样地内仍存在人为踩踏、破坏地表的情况。

19.3.3　植被特征

19.3.3.1　物种组成

根据 2006 年的调查数据，样地有 19 种植物，隶属 9 科、16 属。其中，物种数最多的 6 个科为禾本科、豆科、菊科、石蒜科、苋科和白刺科。样地植物名录见表 19-4。

表 19-4　沙坡头站荒漠生态系统辅助观测场生物土壤长期采样地植物名录

序号	层次	物种中文名	物种学名	生活型
1	灌木层	驼绒藜*	*Krascheninnikovia ceratoides*（L.）Gueldenstaedt	半灌木
2	灌木层	柠条锦鸡儿*	*Caragana korshinskii* Kom.	落叶灌木
3	灌木层	狭叶锦鸡儿	*Caragana stenophylla* Pojark.	落叶小灌木
4	灌木层	白刺	*Nitraria tangutorum* Bobr.	落叶灌木
5	灌木层	猫头刺	*Oxytropis aciphylla* Ledeb.	矮小垫状半灌木
6	草本层	沙生针茅*	*Stipa caucasica* subsp. *glareosa*（P. A. Smirn.）Tzvelev	多年生草本
7	草本层	蒙古韭*	*Allium mongolicum* Regel	多年生草本
8	草本层	地锦	*Euphorbia humifusa* Willd. ex Schltdl.	木质落叶大藤本
9	草本层	蒺藜	*Tribulus terrestris* L.	一年生草本
10	草本层	冠芒草	*Enneapogon borealis*（Griseb.）Honda	一年生疏丛状小草本
11	草本层	沙地旋覆花	*Inula salsoloides*（Turcz.）Ostenf.	半灌木
12	草本层	小画眉草	*Eragrostis minor* Host	一年生禾草
13	草本层	狗尾草	*Sataria viridis*（L.）P. Beauv.	一年生草本
14	草本层	碱韭	*Allium polyrhizum* Turcz. ex Regel	多年生草本
15	草本层	地梢瓜	*Cynanchum thesioides*（Freyn）K. Schum.	草质或亚灌木状藤本
16	草本层	白草	*Pennisetum flaccidum* Griseb.	多年生草本
17	草本层	砂蓝刺头	*Echinops gmelinii* Turcz.	一年生草本
18	草本层	黄花棘豆	*Oxytropis ochrocephala* Bunge	多年生草本
19	草本层	拐轴鸦葱	*Scorzonera divaricate* Turcz.	多年生草本

注：*为各层优势种。

19.3.3.2　群落结构

样地是以油蒿为主的退化天然植被，盖度约 35%。群落外貌特征可参见彩图 19-2。灌草两层的成层特征明显，群落中灌木呈斑块状分布，草本均匀分布，季相分明，每年 4 月返青，5—10 月为生长季，9—10 月为叶变色期。灌木层有植物 5 种，优势种盖度 20.3%，优势种为驼绒藜和柠条锦鸡儿，优势种盖度 2.08%，平均高度 1.02 m，草本层有植物 14 种，优势种盖度 24.28%，优势种为沙生针茅和蒙古韭，优势种盖度 2%，平均高度 2.6 cm。

19.3.3.3　植被分类地位

样地植物群落按照中国植被分类系统分类如下：

植被型组：荒漠 Desert

 植被型：半灌木与草本荒漠 Semi-Shrub and Herb Desert

  植被亚型：温性半灌木与草本荒漠 Temperate Semi-Shrub and Herb Desert

   群系：驼绒藜+柠条锦鸡儿荒漠 *Krascheninnikovia ceratoides + Caragana korshinskii* Semi-Shrub and Herb Desert Alliance

    群丛：驼绒藜+柠条锦鸡儿-沙生针茅+蒙古韭 半灌木与草本荒漠 *Krascheninnikovia ceratoides + Caragana korshinskii - Stipa caucasica* subsp. *glareosa + Allium mongolicum* Semi-Shrub and Herb Desert

19.3.4 样地配置与观测内容

样地初期设置的主要观测设施包括凋落物框和中子管。样地观测内容包括生物、土壤和水分要素，均按照 CERN 规定的综合观测场样地的指标要求观测。

19.4 沙坡头站农田生态系统综合观测场土壤生物采样地

19.4.1 样地代表性

样地（SPDZH01ABC_01）建于 2001 年，长方形，面积为 100 m×40 m，地理位置为 105°00′21″～105°00′25″E、37°27′15″～37°27′33″N，设计使用年限 100 年。样地位于站区内（图 19-1），代表宁夏中卫平原以风成沙为成土母质的沿黄灌区 20 年以上的灌溉地，该类型是本区域粮食产区主要土地类型。土体结构具有本区 20 年以上的灌溉地的代表性特征，种植作物春小麦和玉米也是该区旱田水浇地中最为主要的两种农作物，耕作和施肥制度沿用本地沿黄灌区农民的方式，土地利用方式为一年一季作物。样地对沙坡头地区典型农业种植模式的农田生态系统和环境状况进行长期、全面的监测和研究，通过水肥试验，为沿黄灌区提供优化水肥模式，指导沿黄灌区农业生产，并通过生物、土壤、水分和大气要素的综合分析揭示生态系统变化过程及其机理，为我国干旱沙区农业提供自然资源持续利用的高产、优质、高效的优化模式。

19.4.2 自然环境背景

样地地势平坦，地形地貌属于黄河二级阶地，海拔为 1 233 m。年均气温 9.6℃，年降水量 186.2 mm，＞10℃有效积温 3 056.1℃，年蒸发量 3 000.7 mm，平均相对湿度 40%。成土母质为风成沙，土壤剖面明显平整过渡，0～30 cm 为黄河灌淤土，砂壤土；其下为砂土。根据全国第二次土壤普查，土类为灌淤土，亚类为灌淤土。该类型代表了本区 20 年以上的灌溉地，耕作层土壤容重 1.46 g/cm^3，pH 为 8.35，土壤有机质含量为 10.12 g/kg，全氮含量为 0.72 g/kg，全磷含量为 0.19 g/kg（参考 2005 年样地环境要素数据）。地下水埋深 20 m，2004 年年初附近新建水库蓄水，地下水位有所抬升。样地周围植被为沙生植被和葡萄园。样地内除观测必要的耕作和取样外无人为干扰，破坏性自然灾害主要为沙尘暴和霜冻，但由于防护较好，沙尘暴对农作物危害不大，霜冻则主要对果树产生影响。

19.4.3　耕作制度

（1）建立前的耕作制度

样地建立前为流动沙丘，植被盖度小于 1%，20 世纪 60 年代开始推平沙丘，开垦作为农业试验地，耕作和施肥制度沿用本地沿黄灌区农民的制度。样地建立前向上追溯 10 年，采用玉米-小麦轮作，一年一季，施肥为底肥+追肥的方式，施用尿素、复合肥和碳酸氢铵等无机肥，灌溉采用黄河水漫灌。

（2）建立后的耕作制度

样地自 2001 年设为农田综合观测场，严格按照 CERN 要求进行土地管理和利用。土地利用方式为一年一季作物，采用春小麦-玉米轮作体系，两年为一个轮作周期，种植结构为单作。一般春小麦为每年 3 月上旬播种，6 月下旬收获，玉米为 4 月中旬播种，9 月底—10 月初收获。施肥制度为底肥+追肥的方式，小麦一般在分蘖期（180 kg/hm²）、拔节期（195 kg/hm²）、抽穗期（180 kg/hm²）前后进行 3 次追肥，玉米一般在苗期（150 kg/hm²）、五叶期（150 kg/hm²）、拔节期（150 kg/hm²）、吐丝期（120 kg/hm²）前后进行 4 次追肥，肥料主要为尿素、磷酸二铵等。土壤耕作方式为麦茬平翻秋起垄，第二年播种玉米，玉米茬深翻秋起垄，第三年播种小麦。根据作物生长和需水适情灌溉，样地建立后主要采用畦灌方式，水源以地表水为主，灌排水保证率 70%～90%。

19.4.4　作物性状与产量

样地 2005 年种植春小麦"宁春 4 号"，种植密度 440 株/m²，群体株高 85 cm，千粒重 45 g，产量 7 359 kg/hm²。

19.4.5　样地配置与观测内容

样地建立初期主要观测设施包括中子管、小型气象站。2017 年 10 月增加了植物物候自动观测系统，2018 年开始进行样地内作物生长动态和物候的自动观测。2021 年在观测场内安装了植物根系观测系统微根管，开始观测样地内农作物根系的生长动态。样地观测内容包括生物、土壤和水分要素，按照 CERN 综合观测场指标体系进行观测，采样设计按照 CERN 统一规范。

19.5　沙坡头站农田生态系统生物土壤辅助长期采样地

19.5.1　样地代表性

样地（SPDFZ02AB0_01）建于 2004 年，位于农田生态系统综合观测场西侧（彩图 19-4），长方形，面积为 40 m×20 m，地势平坦，周围为农田，设计使用年限 100 年。样地与农田综合观测场相邻，同样代表了本区 20 年以上的灌溉地，环境背景一致，样地代表性可参见 19.4.1 节。将样地设置在农田综合观测样地附近的目的是便于在同一水平进行不同施肥处理的对照，将有利于对相同耕作制度的典型农业种植模式的农田生态系统和环境状况进行长期、全面对比，特别是针对综合观测场和土壤空白辅助长期采样地进行比较研究。

19.5.2　自然环境背景

样地气候条件、土壤类型、土壤元素含量、地下水状况、周边环境及干扰因素等与农田生态系统综合观测场土壤生物采样地一样，具体参见 19.4.2 节。

19.5.3　耕作制度

（1）建立前的耕作制度

样地建立前耕作制度同农田生态系统综合观测场生物土壤长期采样地相同，参见 19.4.3 节。

（2）建立后的耕作制度

样地建立后以有机肥为底肥，以化肥作为追肥，其他耕作制度与农田生态系统综合观测场生物土壤长期采样地相同，参见 19.4.3 节。

19.5.4　作物性状与产量

样地 2009 年种植春小麦"宁春 47 号"，种植密度 595 株/m^2，群体株高 61.5 cm，千粒重 40.8 g，产量 3 901 kg/hm^2。

19.5.5　样地配置与观测内容

样地内无观测设施，所有观测项目均为人工观测。样地观测项目包括生物和土壤要素，全部按照 CERN 农田指标体系观测，采样设计按照 CERN 统一规范。

19.6　沙坡头站养分循环场生物土壤长期采样地

19.6.1　样地代表性

样地（SPDZQ01AB0_01）建于 1995 年，长方形（100 m × 30 m），地理位置为 105°00′37″～105°00′41″E、37°27′32″～37°27′37″N，设计使用年限 100 年。样地位于站区内（彩图 19-5），分为 14 个试验小区，外围为保护行。土壤类型为灌淤土，基质为流沙。地下水位深，利用井水灌溉。每年进行主要农作物的水肥试验研究，以便了解该区不同的水肥配置对经济指数的影响，并补充综合观测场和辅助观测场无法体现的信息。

19.6.2　自然环境背景

样地位于沙坡头站站区，地势平坦，海拔为 1 244 m。气象要素与综合观测场相同（参见 19.4.2 节）。样地成土母质为风成沙，表层 0～30 cm 为砂黏土，其下均为流沙。土壤类型为人为灌淤土，地表土壤性质均一，剖面结构同农田综合观测场；耕作层土壤 pH 为 8.41，有机质含量为 11.82 g/kg，全氮含量为 0.83 g/kg，全磷含量为 0.17 g/kg（参考 2005 年样地环境要素数据）。样地周围设宽为 4 m 的保护行，无天然植被。地下水埋深 30 m，2004 年年初附近新建水库蓄水，地下水位有所抬升。样地周边环境及干扰因素同综合观测场。

19.6.3　耕作制度

（1）建立前的耕作制度

样地建于 1995 年，建立前为流动沙丘，植被盖度＜1%，无耕作制度。

（2）建立后的耕作制度

样地建立后 10 年内每年进行主要农作物不同的水肥试验研究，一年一季，根据实验需要选用每年的作物（春小麦或玉米）。施肥采用底肥+追肥的方式，播种期施底肥 180 kg/hm^2，返青期和拔节期追肥均为 150 kg/hm^2，吐丝期追肥 120 kg/hm^2；施肥品种、施肥量根据试验设计进行。灌溉用井水、灌溉时间和灌溉量根据试验设计进行。2004 年后采用玉米-春小麦轮作（每年作物与综合观测场相反），两年为一个轮作周期，种植结构为单作（种植时间和土壤耕作方式同综合观测场）。施肥采用底肥+追肥的方式，肥料类型为尿素和磷酸二铵。根据作物生长和需水适情灌溉，灌排水保证率 70%～90%，水源为井水。

19.6.4　作物性状与产量

2005 年种植春玉米"沈单 16 号"，种植密度 12 株/m^2，群体株高 230 cm，结穗高度 90 cm，果穗长度 24.2 cm，百粒重 28.67 g，产量 11 864 kg/hm^2。2006 年种植春小麦"宁春四号"，群体株高 67.5 cm，单株总茎数 2.4，每穗小穗数 14.2 穗，每穗结实小穗数 13.8 穗，每穗粒数 34.4 粒，千粒重 39.5 g，地上部总干重 2 g/株，籽粒干重 0.59 g/株。

19.6.5　样地配置与观测内容

样地内未安装观测设施，所有观测项目均为人工观测。样地属于站区调查点类别，观测项目包括生物和土壤要素，监测内容全部按照 CERN 农田指标体系观测，采样设计按照 CERN 统一规范。

19.7   沙坡头站农田生态系统站区生物采样地

19.7.1   样地代表性

样地（SPDZQ02A00_01）建于 2003 年，类型为水稻田。样地位于宁夏中卫市沙坡头区西园乡黑林村，距沙坡头站约 20 km，是沿黄灌区传统的水稻种植区，代表了宁夏沿黄灌区水稻种植区的主要土壤类型和种植模式。通过长期监测，可获取农田生态系统中水稻的相关长期变化数据。

19.7.2   自然环境背景

样地地势平坦，气候特征与站区相同（参见 19.4.2 节）。土壤类型为人为灌淤土，地表土壤性质均一，耕作层土壤 pH 为 8.45，土壤有机质含量为 9.89 g/kg，土壤全氮含量为 0.70 g/kg，全磷含量为 0.17 g/kg（参考 2005 年样地环境要素数据）。样地周围种植作物为水稻，种植方式与样地内一致。主要自然灾害为沙尘暴，但由于防护较好，对农作物危害不大。

19.7.3   耕作制度

（1）建立前的耕作制度

样地自 2003 年开始进行生物监测采样。样地建立前为一年一季的水稻田，耕作制度与样地建立后所执行的耕作制度大致相同，具体可参见建立后耕作制度。

（2）建立后的耕作制度

样地建立后一年一季种植水稻，连年单作。4 月中旬采用盘育（小拱棚苗床育秧）播种育苗，5 月中旬移入大田，10 月初收获。施肥采用底肥+追肥的方式，农户自行管理，移栽期底肥施肥量为 180 kg/hm^2，分蘖期和拔节期追肥量均为 150 kg/hm^2，拔节期第二次追肥 120 kg/hm^2；肥料类型为尿素、磷酸二铵和磷肥等化肥。根据作物生长和需水适情灌溉，作物生长期内间隔 3～5 d，灌溉采用黄河水漫灌。

19.7.4   作物性状与产量

2005 年种植水稻"花九 115"，种植密度 68 穴/m^2，群体株高 92.1 cm，千粒重 19.7 g，产量 13 590 kg/hm^2。

19.7.5   样地配置与观测内容

样地类型为站区调查点，监测项目包括农田生物要素，监测内容与沙坡头站农田生态系统综合观测场生物土壤长期采样地（SPDZH01ABC_01）的生物监测指标完全一致，不同的是每年种植的作物都为水稻，在水稻整个生长期进行调查。

参考文献

李新荣, 2010. 中国生态系统定位观测与研究数据集. 草地与荒漠生态系统卷. 宁夏沙坡头站[M]. 北京: 中国农业出版社.

中国科学院兰州沙漠研究所沙坡头沙漠科学研究站, 1991. 腾格里沙漠沙坡头地区流沙治理研究（二）[M]. 银川: 宁夏人民出版社.

LI X R, HE M Z, DUAN Z H, et al., 2007. Recovery of topsoil physicochemical properties in revegetated sites in the sand-burial ecosystems of the Tengger Desert, northern China [J]. Geomorphology, 88 (3): 254-265.

20 鄂尔多斯站生物监测样地本底与植被特征[*]

20.1 生物监测样地概况

20.1.1 概况与区域代表性

鄂尔多斯沙地草地生态研究站（以下简称鄂尔多斯站）位于内蒙古自治区鄂尔多斯市伊金霍洛旗，始建于 1991 年，隶属中国科学院植物研究所，包括石灰庙站区、石龙庙站区和恩格贝分站，2003 年加入 CERN，2005 年成为国家野外科学观测研究站。

鄂尔多斯站位于鄂尔多斯高原的毛乌素沙地边缘，地理位置为 110°12′3.18″E、39°29′43.70″N，所在区域为毛乌素沙地荒漠草原生态区，属于温带森林草原—典型草原—荒漠草原的过渡带，也是以草地放牧业为主的牧、林、农交错区。毛乌素沙地是鄂尔多斯高原的主体部分，总面积约 4 万 km²，海拔为 1 300～1 600 m，地势由西北向东南倾斜，地貌主要为镶嵌的硬梁、软梁、滩地及其覆沙形成的沙丘，沙丘高度一般低于 10 m。毛乌素沙地属于中温带季风气候的干旱-半干旱区，按 Holdrige 的生命地带，毛乌素沙地应在草原生命地带，属于欧亚大陆草原的一部分，应是覆盖草原植被的沙质草原，但由于长期的放牧、樵采与垦殖等人类活动引起风沙流动而导致荒漠化，形成了流沙遍地、沙丘涌起的沙地景观。毛乌素沙地主要的土壤类型是梁地上的栗钙土或淡栗钙土，沙地上的各类风沙土，以及滩地上的草甸土、盐碱土与沼泽潜育土，相对应的植被类型是梁地上的草原与灌丛植被，半固定、固定沙丘与沙地上的沙生灌丛，以及滩地上的草甸、盐生与沼泽植被。其中，地带性植被半干旱草原仅分布在梁地上部，油蒿（*Artemisia ordosica*）为建群种的半灌木群落是风沙土上最广布的植被类型。

20.1.2 生物监测样地设置

2004 年选择以油蒿为优势种的植物群落设置 2 个生物长期监测样地，分别为鄂尔多斯站综合观测场样地和鄂尔多斯站辅助观测场样地（表 20-1）。样地布局见图 20-1，样地群落外貌分别见彩图 20-1 和彩图 20-2。

---

* 编写：杜　娟（中国科学院植物研究所）
　审稿：黄振英（中国科学院植物研究所）

表 20-1　鄂尔多斯站生物长期观测样地清单

序号	样地代码	样地名称	样地类别	植被类型	地理位置	海拔/m	面积及形状/（m × m）	建立时间与计划使用年数
1	ESDZH01ABC_01	鄂尔多斯站综合观测场水土生联合长期观测采样地	综合观测场	半灌木沙地植被	110°11′58.31″～110°12′3.18″E，39°29′41.84″～39°29′46.76″N	1 288	100 × 100	2004 年，长期
2	ESDFZ01AB0_01	鄂尔多斯站辅助观测场土壤生物长期观测采样地	辅助观测场	半灌木沙地植被	110°11′55.81″～110°11′58.51″E，39°29′46.58″～39°29′48.97″N	1 275	50 × 50	2004 年，长期

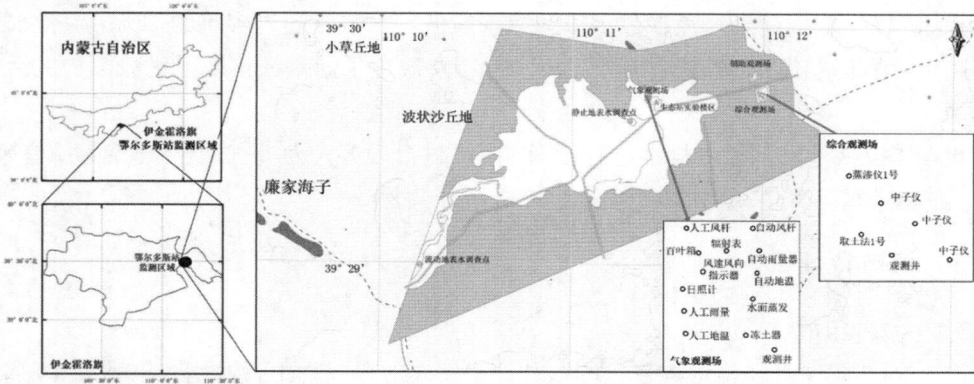

图 20-1　鄂尔多斯站生物长期观测样地布局

20.2　鄂尔多斯站综合观测场水土生联合长期观测采样地

20.2.1　样地代表性

样地（ESDZH01ABC_01）建于 2004 年，正方形，面积为 100 m ×100 m，地理位置为 110°11′58.31″～110°12′3.18″E、39°29′41.84″～39°29′46.76″N。样地代表区域为毛乌素沙地荒漠草原生态区，生态系统类型为温带草原地带沙地草地生态系统，植被类型是以油蒿为主的蒿类半灌木沙地植被。油蒿群落是毛乌素沙地最有代表性的天然沙生植物群落，占固定沙丘面积的 90% 以上，是当地气候条件沙地上维持稳定的偏途顶极植物群落。对样地油蒿群落进行长期监测，从各个层次上深入研究草地沙化产生、存在及演化的机理，对植被保育修复和荒漠生态系统可持续发展具有重要意义，可为地区经济持续发展、荒漠化防治与环境治理提供理论基础。

20.2.2　自然环境背景与管理

样地代表的半干旱区沙地所占比例为 100%，周围环境均为固定沙丘和半固定沙丘。

样地所在沙丘起伏平缓，高度<10 m，坡度 15°，坡向西北。年均气温 6.0～8.5℃，年均相对湿度 30%，年降水量 358 mm，年蒸发量 1 800～2 500 mm，年干燥度 1.1～1.5。年均大风天数 33 d，年均沙尘暴天数 26 d。地下水位深度 1.5～10 m。地表微起伏，有少量岩石出露，无水蚀、龟裂等。土壤母质为砂岩，根据全国第二次土壤普查，土壤类型为风沙土土类，荒漠风沙土亚类。根据 2008 年 10 月采集的土壤剖面标本鉴定，土壤母质为风积沙；剖面质地均一，由细砂土构成，单粒状结构。土壤剖面包括 A～C 层，其中 A 层为 0～3 cm，润态棕灰色（7.5YR6/1），砂土，单粒状结构，松散，有少量根系；C 层为 3～100 cm，润态棕灰色（7.5YR5/1），砂土，单粒状结构，松。风沙土黏结性差，疏松；颗粒间隙大，通气性好；腐殖质少，土壤微生物少，肥力低；热容量小，表土温度变化快，昼夜温差大；渗透性大，极少形成地表径流；最大田间持水量低，一般不超过容重的 4%；毛管水上升高度小，土壤蒸发较低。沙基质的分布和水分特点决定了灌木在该地区优势植物生活型的地位。

2004 年以铁丝网围栏对样地进行围封保护，封育后无人为干扰，无家畜活动，有野兔、野鸡、蛇和蜥蜴等野生动物的轻度活动。

20.2.3　植被特征

20.2.3.1　物种组成

根据 2005 年 9 月在样地内进行的植被调查，样地有植物 14 种，隶属 9 科、14 属。其中，木本及半木本植物 4 种，隶属 3 科、4 属，包括菊科、豆科和杨柳科；草本植物 10 种，隶属 7 科、10 属，包括禾本科、苋科、豆科、菊科、唇形科、石竹科、旋花科和大戟科。样地植物的生活型有半灌木 2 种，小灌木和灌木各 1 种，多年生草本 3 种，一年生草本 6 种，以及寄生植物 1 种。样地植物名录见表 20-2。

表 20-2　鄂尔多斯站综合观测场水土生联合长期观测采样地植物名录

序号	层次	物种中文名	物种学名	生活型
1	灌木层	油蒿*	*Artemisia ordosica* Krasch.	半灌木
2	灌木层	塔落岩黄耆*	*Hedysarum fruticosum* var. *leave*（Maxim.）H. C. Fu	半灌木
3	灌木层	兴安胡枝子	*Lespedeza davurica*（Laxm.）Schindl.	落叶阔叶小灌木
4	灌木层	北沙柳	*Salix psammophila* C. Wang & Chang Y. Yang	落叶阔叶大灌木
5	草本层	刺藜	*Dysphania aristata*（L.）Mosyakin & Clemants	春性一年生草本
6	草本层	狗尾草属一种	*Setaris* sp.	春性一年生草本
7	草本层	糙隐子草	*Cleistogenes squarrosa*（Trin.）Keng	多年生密丛禾草
8	草本层	硬质早熟禾	*Poa sphondylodes* Trin.	多年生密丛禾草
9	草本层	虫实一种	*Corispermum* sp.	春性一年生草本
10	草本层	地锦	*Euphorbia humifusa* Willd. ex Schltdl.	春性一年生草本
11	草本层	丝叶小苦荬	*Ixeridium graminifolium*（Ledeb.）Tzvelev	春性一年生草本
12	草本层	麦蓝菜	*Vaccaria hispanica*（Mill.）Rauschert	春性一年生草本
13	草本层	细叶益母草	*Leonurus sibiricus* L.	一年生草本
14	草本层	菟丝子	*Cuscuta chinensis* Lam.	寄生草本

注：*为各层优势种。

20.2.3.2　群落结构

样地植被类型为油蒿和羊柴为优势种的蒿类半灌木沙地植被。群落外貌如彩图 20-1。样地的植物群落具有明显垂直分层结构，包含灌木层和草本层。群落水平分布较为均匀，无明显斑块。群落季相较为分明，每年 4 月返青，进入芽开放期及展叶期，5—9 月为生长季，依次进入开花期和结实期，9—10 月为叶秋季变色期，11 月—翌年 3 月为落叶期。

灌木层植物盖度 53.4%，高度 0.84 m，密度 8.8 株（丛）/m²。优势种油蒿盖度 33.6%，高度 0.81 m，密度 1.3 株/m²。优势种塔落岩黄耆盖度 19.1%，高度 0.88 m，密度 7.5 株（丛）/m²。兴安胡枝子和北沙柳为偶见种。草本层植物盖度 9.3%，高度 17 cm，密度 146 株（丛）/m²，各种盖度都低于 10%，无明显优势种，常见种有刺藜和狗尾草等，其余 8 种为偶见种。层间植物有寄生植物菟丝子。

20.2.3.3　植被分类地位

样地植物群落按照中国植被分类系统分类如下：

植被型组：草本植被（草地）Herbaceous Vegetation（Grassland）

　植被型：半灌木草地 Semi-Shrubby Grassland

　　植被亚型：半灌木典型草原 Semi-Shrubby Typical Steppe Grassland

　　　群系：油蒿半灌木典型草原 *Artemisia ordosica* Semi-Shrubby Typical Steppe Grassland Alliance

　　　　群丛：油蒿+塔落岩黄耆 半灌木典型草原 *Artemisia ordosica + Hedysarum fruticosum* var. *leave* Semi-Shrubby Typical Steppe Grassland

20.2.4　样地配置与观测内容

样地生物观测设施包括 2004 年设置的凋落物收集框 10 个（1 m×1 m），2017 年设置的植物物候自动观测系统，2019 年设置的植物根系观测系统微根管 42 根（2 m，倾斜 45°）和 2020 年设置的固定样方 20 个。水分观测设施包括 2004 年设置的中子管 3 根（1.5 m），2014 年设置的土壤含水量自动观测系统和 2018 年设置的土壤温湿盐自动观测系统（1.5 m，10 层）。

样地按照 CERN 综合观测场指标体系进行生物、土壤和水分要素观测，观测和采样方法按照 CERN 统一规范进行。

20.3　鄂尔多斯站辅助观测场土壤生物长期观测采样地

20.3.1　样地代表性

样地（ESDFZ01AB0_01）建于 2004 年，正方形，面积为 50 m×50 m，地理位置为 110°11′55.81″～110°11′58.51″E、39°29′46.58″～39°29′48.97″N。毛乌素沙地位于我国北方农牧交错带上，生态环境具有较强的敏感性和脆弱性，很容易受到人类活动和自然的干扰影响而产生土地退化和荒漠化。油蒿是重要的牧草饲料，油蒿群落是毛乌素沙地主要的冬春牧场，在当地的牧业生产和沙地生态环境的保护方面发挥着极其重要的作用。因此，选择以油蒿为主的蒿类半灌木沙地植被建立辅助观测样地，不采取围封措施，适当人类放牧活动干扰，代表了当地一种重要的土地利用方式，也作为对围封的综合观测场样地的一种补充。

20.3.2 自然环境背景与管理

样地设置于 2004 年，仅在样地四角立柱，无围栏，不采取围封措施，有轻度干扰，包括牛、羊等家畜活动和野兔、野鸡、蛇和蜥蜴等野生动物活动。样地自然环境背景同综合观测场水土生联合长期观测采样地，详见 20.2.2 节。

20.3.3 植被特征

20.3.3.1 物种组成

根据 2005 年 9 月在样地内进行植被调查，样地有植物 16 种，隶属 7 科、14 属。其中木本及半木本植物 3 种，隶属 2 科、3 属，包括菊科和豆科。草本植物 13 种，隶属 7 科、13 属，包括禾本科、苋科、菊科、豆科、大戟科、萝藦科和石竹科。植物的生活型有半灌木 2 种、小灌木 1 种，多年生直立茎杂类草 5 种，多年生密丛禾草和草质藤本各 1 种，一年生草本 6 种。样地植物名录见表 20-3。

表 20-3 鄂尔多斯站辅助观测场土壤生物长期观测采样地植物名录

序号	层次	物种中文名	物种学名	生活型
1	灌木层	油蒿*	*Artemisia ordosica* Krasch.	半灌木
2	灌木层	塔落岩黄耆*	*Hedysarum fruticosum* var. *leave*（Maxim.）H. C. Fu	半灌木
3	灌木层	兴安胡枝子	*Lespedeza davurica*（Laxm.）Schindl.	落叶阔叶小灌木
4	草本层	狗尾草属一种	*Setaris* sp.	春性一年生草本
5	草本层	刺藜	*Dysphania aristata*（L.）Mosyakin & Clemants	春性一年生草本
6	草本层	蓼子朴	*Inula salsoloides*（Turcz.）Ostenf.	多年生直立茎杂类草（半灌木）
7	草本层	糙隐子草	*Cleistogenes squarrosa*（Trin.）Keng	多年生密丛禾草
8	草本层	丝叶小苦荬	*Ixeridium graminifolium*（Ledeb.）Tzvelev	多年生直立茎杂类草
9	草本层	地锦	*Euphorbia humifusa* Willd. ex Schltdl.	春性一年生草本
10	草本层	华北白前	*Cynanchum mongolicum*（Maxim.）Hemsl.	多年生直立茎草本（亚灌木）
11	草本层	茵陈蒿	*Artemisia capillaris* Thunb.	多年生直立茎杂类草（半灌木状草本）
12	草本层	虫实一种	*Corispermum* sp.	春性一年生草本
13	草本层	地梢瓜	*Cynanchum thesioides*（Freyn）K. Schum.	多年生草质藤本（或直立半灌木）

序号	层次	物种中文名	物种学名	生活型
14	草本层	麦蓝菜	*Vaccaria hispanica*（Mill.）Rauschert	一年生草本
15	草本层	野苜蓿	*Medicago falcata* L.	多年生直立茎杂类草
16	草本层	小藜	*Chenopodium ficifolium* Sm.	春性一年生草本

注：*为各层优势种。

20.3.3.2　群落结构

样地植被类型为以油蒿为优势种的蒿类半灌木沙地植被。群落外貌见彩图 20-2。样地植物群落分层结构、水平分布和季相与综合观测场样地相同，详见 20.2.3.2 节。

根据 2005 年 9 月在样地范围的调查，灌木层植被盖度 14.3%，高度 0.61 m，密度 1.95 株（丛）/m²。优势种油蒿盖度 13.8%，高度 0.78 m，密度 1.3 株（丛）/m²。优势种羊柴盖度 0.5%，高度 0.43 m，密度 6.4 株（丛）/m²。兴安胡枝子为偶见种。

草本层植被高度 10.5 cm，密度 382 株（丛）/m²，无明显优势种，常见种有狗尾草、刺藜、糙隐子草、丝叶小苦荬、蓼子朴和地锦等，其余 6 种为偶见种。

20.3.3.3　植被分类地位

样地植物群落的分类地位同综合观测场样地，详见 20.2.3.3 节。

20.3.4　样地配置与观测内容

样地生物观测设施有 2017 年设置的植物物候自动观测系统和 2020 年设置的固定样方 12 个。水分观测设施包括 2014 年设置的土壤含水量自动观测系统和 2018 年设置的土壤温湿盐自动观测系统。

样地按照 CERN 辅助观测场指标体系进行生物、土壤和水分要素观测，除缺少生物要素中的凋落物回收季节动态和植物根系观测系统微根管外，其他观测项目同综合观测场样地。观测和采样方法按照 CERN 统一规范进行。

21　奈曼站生物监测样地本底与植被特征[*]

21.1　生物监测样地概况

21.1.1　概况与区域代表性

奈曼沙漠化研究站（以下简称奈曼站）位于内蒙古自治区通辽市奈曼旗境内，建于1985年，隶属中国科学院西北生态环境资源研究院。该站位于蒙古高原与东北平原西部过渡区，地处中国四大沙地之一的科尔沁沙地腹地，地理位置为120°41′18″E、42°55′43″N，海拔为358 m。该站1990年加入CERN，1999年加入全球陆地观测系统，2003年加入国家林业局荒漠化监测网络，2005年成为国家野外科学观测研究站。

奈曼站是我国唯一专门研究科尔沁沙地土地沙漠化和农牧业资源开发利用的野外站。科尔沁沙地代表着我国东部60万～80万 km² 的半干旱-半湿润气候过渡区，处于东亚季风区边缘，降水时空波动大，生态环境极其脆弱，是包括四大沙地在内的北方半干旱风沙活动区的典型区域。此外，科尔沁沙地也是北方农牧交错带的典型区，区域内畜牧业和种植业契合发展，土地利用方式多样，人类活动干扰强烈，土地沙漠化问题尤为突出。科尔沁沙地主要的土壤类型为风沙土，母质为冲击洪积物，栽培作物有玉米、小麦、荞麦、糜谷和豆类等，实行以玉米为主的春小麦-玉米-大豆轮作制度。

21.1.2　生物监测样地设置

奈曼站先后设置了6个生物长期观测样地，其中荒漠生态系统样地和农田生态系统样地各3个。2005年围绕北方半干旱地区土地沙漠化的成因、过程及其治理等关键问题，在自然生态系统中建立了3个长期监测样地，分别为奈曼站沙地综合观测场生物土壤长期采样地、奈曼站固定沙丘辅助观测场生物土壤长期采样地和奈曼站流动沙丘辅助观测场生物土壤长期采样地（表21-1）。样地布局见图21-1，样地群落外貌特征见彩图21-1～彩图21-3。

1997年开始，在农田生态系统中先后建立了3个长期监测样地，分别为奈曼站农田综合观测场生物土壤采样地、奈曼站农田辅助观测场生物土壤采样地和奈曼站旱作农田生物

* 编写：王立龙　（中国科学院西北生态环境资源研究院）

审稿：刘新平　（中国科学院西北生态环境资源研究院）

土壤调查点（表 21-2）。所有农田监测样地都位于站区内，样地布局见图 21-1。其中前两个样地为灌溉农田，由同一地块分割出两个观测场，施行相同的施肥和灌溉制度，样地外貌见彩图 21-4。奈曼旱作农田生物土壤调查点为旱作农田，完全雨养，不施肥，样地外貌见彩图 21-5。

表 21-1　奈曼站荒漠生态系统生物长期观测样地清单

序号	样地代码	样地名称	样地类别	植被类型	地理位置	海拔/m	面积及形状/（m×m）	建立时间与计划使用年数
1	NMDZH02ABC_01	奈曼站沙地综合观测场生物土壤长期采样地	综合观测场	杂类草草甸	120°42′42″～120°42′50″E，42°55′37″～42°56′29″N	358	10 000 m², 多边形	2005 年，长期
2	NMDFZ02ABC_01	奈曼站固定沙丘辅助观测场生物土壤采样地	辅助观测场	固定沙丘植被	120°42′47″～120°42′50″E，42°55′53″～42°56′50″N	366	2 500 m², 多边形	2005 年，长期
3	NMDFZ03ABC_01	奈曼站流动沙丘辅助观测场生物土壤采样地	辅助观测场	流动沙丘植被	120°42′58″～120°43′00″E，42°55′50″～42°56′48″N	362	2 500 m², 多边形	2005 年，长期

表 21-2　奈曼站农田生态系统生物监测样地清单

序号	样地代码	样地名称	样地类别	轮作体系	地理位置	海拔/m	面积及形状/（m×m）	建立时间与计划使用年数
1	NMDZH01ABC_01	奈曼站农田综合观测场生物土壤采样地	综合观测场	春小麦-玉米	120°41′55″～120°42′2″E，42°55′45″～42°55′48″N	358	40 × 40	1997 年，长期
2	NMDFZ01ABC_01	奈曼站农田辅助观测场生物土壤采样地	辅助观测场	玉米	120°43′7″～120°43′12″E，42°56′45″～42°56′46″N	358	60 × 40	2005 年，长期
3	NMDZQ01ABC_01	奈曼站旱作农田生物土壤调查点	站区调查点	干旱年份弃耕，春季降雨较多时播种糜谷或豆类，春旱但夏季雨水较多时播种荞麦	120°42′2″～120°42′7″E，42°55′34″～42°55′48″N	362	40 × 40	2005 年，长期

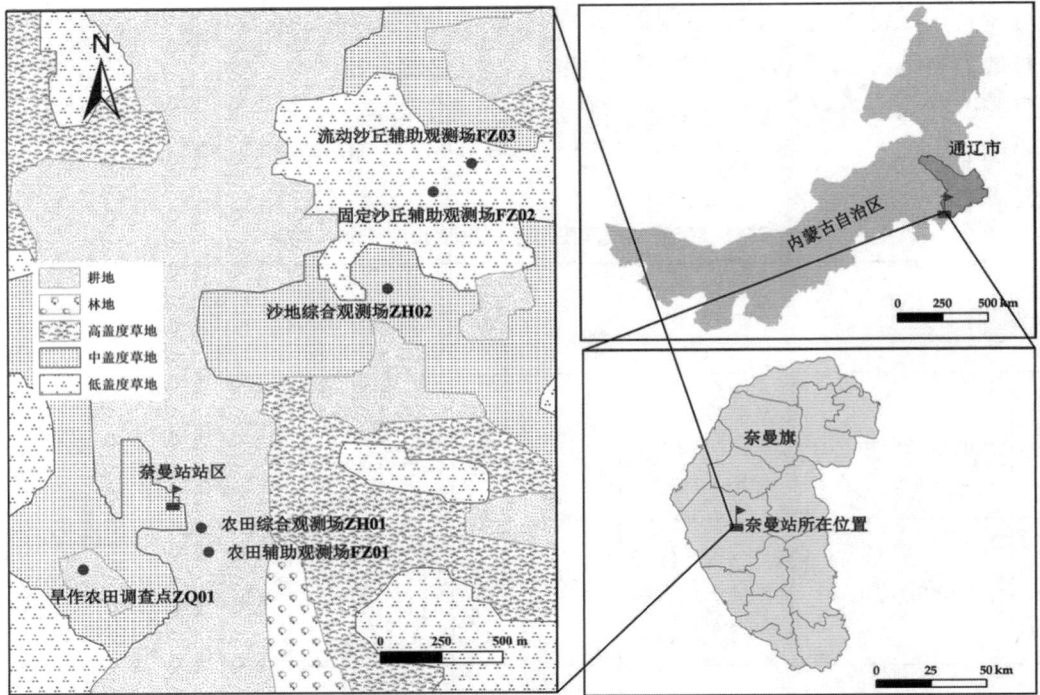

图 21-1　奈曼站生物长期观测样地布局

21.2　奈曼站沙地综合观测场生物土壤长期采样地

21.2.1　样地代表性

样地（NMDZH02ABC_01）建于 2005 年，面积为 1 hm²，地理位置为 120°42′42″～120°42′50″E、42°56′29″～42°55′37″N。样地代表区域为科尔沁沙地农牧交错带脆弱生态区，生态系统类型为半干旱沙质草地生态系统，植被为沙地封育后自然演替形成的温带半干旱区杂类草草甸。样地代表了科尔沁沙地沙质草地植被群落分布、土壤类型和土壤水分状况。

21.2.2　自然环境背景与管理

样地位于距站区东北部 1 km 的沙质草地，地势平坦，坡度小于 5°，坡向东北。样地所在 6 hm² 的沙质草地自 1991 年开始不同强度的放牧实验，1997 年开始围封恢复试验，围栏外是放牧场和草地开垦后的旱作农田。样地年均气温 6.4℃，年降水量 362 mm，>10℃有效积温 3 151.2℃，年均蒸发量 1 972.8 mm，年均相对湿度 50%～55%，干燥度 3.9。地下水位深度 8.5 m。年均大风天数 67.3 d，年均沙尘暴天数 12.7 d。土壤母质或母岩为冲积洪积物，根据全国第二次土壤普查，土壤属于风沙土类，草甸风沙土亚类。土壤无明显土壤发生层次。土壤剖面中 0～20 cm 为灰黄色，20 cm 以下为淡黄色。根系集中分布深度约为 25 cm，最大分布深度为 70 cm。沙丘类型为固定沙丘，地表有轻度风蚀和盐碱斑。样地建立后采用围栏围封，人员看护，有野兔、山鼠、蛇、鸟类和昆虫活动，人类活动主要为研究人员生物、土壤监测取样。

21.2.3　植被特征

21.2.3.1　物种组成

根据 2005 年在样地范围内的调查，样地有植物 18 种，均为草本植物，隶属 7 科、17 属。物种数大于 1 种的 4 个科为禾本科（7 种）、豆科（4 种）、菊科（2 种）、苋科（2 种）。样地植物名录见表 21-3。

表 21-3　奈曼站沙地综合观测场生物土壤长期采样地植物名录

序号	层次	物种中文名	物种学名	生活型
1	草本层	猪毛蒿*	*Artemisia scoparia* Waldst. & Kit.	一年生或二年生草本
2	草本层	芦苇	*Phragmites australis*（Cav.）Trin. ex Steud.	多年生草本
3	草本层	兴安胡枝子	*Lespedeza davurica*（Laxm.）Schindl.	小灌木
4	草本层	白草	*Pennisetum flaccidum* Griseb.	多年生草本
5	草本层	糙隐子草	*Cleistogenes squarrosa*（Trin.）Keng	多年生草本
6	草本层	狗尾草	*Setaria viridis*（L.）P. Beauv.	一年生草本
7	草本层	三芒草	*Aristida adscensionis* L.	一年生草本
8	草本层	薄翅猪毛菜	*Salsola pellucida* Litv.	一年生草本
9	草本层	花苜蓿	*Medicago ruthenica*（L.）Trautv.	多年生草本
10	草本层	虎尾草	*Chloris virgata* Sw.	一年生草本
11	草本层	牻牛儿苗	*Erodium stephanianum* Willd.	一年生或二年生草本
12	草本层	地梢瓜	*Cynanchum thesioides*（Freyn）K. Schum.	多年生草本
13	草本层	大籽蒿	*Artemisia sieversiana* Ehrh. ex Willd.	一年生或二年生草本
14	草本层	鸡眼草	*Kummerowia striata*（Thunb.）Schindl.	一年生草本
15	草本层	地肤	*Kochia scoparia*（L.）Schrad.	一年生草本
16	草本层	止血马唐	*Digitaria ischaemum*（Schreb.）Muhl.	一年生草本
17	草本层	少花米口袋	*Gueldenstaedtia verna*（Georgi）Boriss.	多年生草本
18	草本层	二裂委陵菜	*Potentilla bifurca* L.	多年生草本

注：*为各层优势种。

21.2.3.2　群落结构

样地是以草本植物为主的杂类草草甸，无明显分层结构，群落外貌特征可参见彩图 21-1。草本层盖度 60%，高度 42.3 cm，密度 145 株（丛）/m²，地上生物量 175.7 g/m²。其中，猪毛蒿为绝对优势种，高度 42.3 cm，密度 65 株/m²，地上生物量 123.4 g/m²，主要伴生种有芦苇（高度 55.23 cm，密度 10.3 株/m²，地上生物量 21.9 g/m²）、小灌木兴安胡枝子（高度 12.7 cm，密度 6.8 株/m²，地上生物量 11.0 g/m²）、白草（高度 22.2 cm，密度 15.0 株/m²，地上生物量 8.9 g/m²）、糙隐子草（高度 19.1 cm，密度 20 株/m²，地上生物量 9.2 g/m²）等。

21.2.3.3 植被分类地位

样地植物群落按照中国植被分类系统分类如下:

植被型组:草本植被(草地)Herbaceous Vegetation(Grassland)

植被型:杂类草草地 Forb Grassland

植被亚型:杂类草草甸草原 Forb Meadow Steppe Grassland

群系:猪毛蒿草甸草原 *Artemisia scoparia* Forb Meadow Steppe Grassland Alliance

群丛:猪毛蒿+芦苇 杂类草草甸草原 *Artemisia scoparia* + *Phragmites australis* Forb Meadow Steppe Grassland

21.2.4 样地配置与观测内容

样地设置初期的主要观测设施包括中子管和地下水观测水井。2018 年安装植物物候自动观测系统 1 套,用于观测样地内草本植物生长发育节律的变化动态,同年开始观测。2020年安装 18 根植物根系观测系统微根管(长度:1 m,安装角度:45°),用于观测样地内草本植物根系生长动态,2021 年开始观测。样地观测内容包括生物、水分和土壤要素,全部按照 CERN 综合观测场指标体系进行观测,采样设计由 CERN 统一规范。

21.3 奈曼站固定沙丘辅助观测场生物土壤采样地

21.3.1 样地代表性

样地(NMDFZ02ABC_01)建于 2005 年,面积为 2 500 m²,地理位置为 120°42′47″~120°42′50″E、42°55′53″~42°56′50″N。样地为半干旱沙质草地生态系统的固定沙丘景观,植被为沙地封育后自然演替形成的灌木+杂草类草甸,代表了科尔沁沙地固定沙丘植被群落分布、土壤类型和土壤水分状况。

21.3.2 自然环境背景与管理

样地位于距站区东北部 1 km 的固定沙丘。早期该区域由流动沙丘、固定沙丘和沙质草地组成,1996 年采用围栏围封后开始沙障和草方格固沙实验,用于观测流动沙丘的恢复过程。到 2005 年,样地内的流动沙丘已全部恢复为半固定沙丘和固定沙丘。同年,在围封区域内建立固定沙丘辅助观测场生物土壤采样地。样地与沙地综合观测场生物土壤长期采样地直线距离约 200 m,自然环境背景相同,详见 21.2.2 节。

21.3.3 植被特征

21.3.3.1 物种组成

根据 2005 年在样地范围内的调查,样地有植物 19 种,隶属 6 科、19 属。其中灌木层 2 种,隶属 2 科、2 属,草本层 17 种,隶属 6 科、17 属。物种数大于 1 的 4 个科为禾本科（6 种）、豆科（3 种）、菊科（3 种）和苋科（5 种）。样地植物名录见表 21-4。

表 21-4 奈曼站固定沙丘辅助观测场生物土壤采样地植物名录

序号	层次	物种中文名	物种学名	生活型
1	灌木层	盐蒿*	*Artemisia halodendron* Turcz. ex Besser	小灌木
2	灌木层	小叶锦鸡儿	*Caragana microphylla* Lam.	落叶灌木
3	草本层	花苜蓿*	*Medicago ruthenica*（L.）Trautv.	多年生草本
4	草本层	地锦	*Euphorbia humifusa* Willd. ex Schltdl.	一年生草本
5	草本层	止血马唐	*Digitaria ischaemum*（Schreb.）Muhl.	一年生草本
6	草本层	大果虫实	*Corispermum macrocarpum* Bunge ex Maxim.	一年生草本
7	草本层	雾冰藜	*Bassia dasyphylla*（Fisch. & C. A. Mey.）Kuntze	一年生草本
8	草本层	狗尾草	*Setaria viridis*（L.）P. Beauv.	一年生草本
9	草本层	画眉草	*Eragrostis pilosa*（L.）P. Beauv.	一年生草本
10	草本层	中华苦荬菜	*Ixeris chinensis*（Thunb.）Nakai	一年生草本
11	草本层	地梢瓜	*Cynanchum thesioides*（Freyn）K. Schum.	多年生草本
12	草本层	地肤	*Kochia scoparia*（L.）Schrad.	一年生草本
13	草本层	薄翅猪毛菜	*Salsola pellucida* Litv.	一年生草本
14	草本层	兴安胡枝子	*Lespedeza davurica*（Laxm.）Schindl.	小灌木
15	草本层	砂蓝刺头	*Echinops gmelinii* Turcz.	一年生草本
16	草本层	光梗蒺藜草	*Cenchrus incertus* M. A. Curtis	一年生草本
17	草本层	白草	*Pennisetum flaccidum* Griseb.	多年生草本
18	草本层	三芒草	*Aristida adscensionis* L.	一年生草本
19	草本层	灰绿藜	*Chenopodium glaucum* L.	一年生草本

注：*为各层优势种。

21.3.3.2 群落结构

样地有明显分层结构，包含灌木层和草本层，群落外貌特征可参见彩图 21-2。灌木层盖度 19.5%，高度 0.78 m，地上生物量 73.045 g/m²，植物种仅有盐蒿（高度 0.49 m，密度 4.7 株/m²）和小叶锦鸡儿（高度 0.73 m，密度 1.5 株/m²）两种，其中盐蒿为优势种。草本层盖度 34.9%，高度 18.0 cm，密度 287 株/m²，地上生物量 53.7 g/m²，优势种为花苜蓿（高度 14.8 cm，密度 1.7 株/m²，地上生物量 34.5 g/m²），伴生种有地锦（高度 2.9 cm，密度 207 株/m²，地上生物量 6.3 g/m²）、止血马唐（高度 12.3 cm，密度 27.7 株/m²，地上生物量 2.7 g/m²）、大果虫实（高度 9.3 cm，密度 2.7 株/m²，地上生物量 1.9 g/m²）等。

21.3.3.3 植被分类地位

样地植物群落按照中国植被分类系统分类如下：

植被型组：草本植被（草地）Herbaceous Vegetation（Grassland）

植被型：半灌木草地 Semi-Shrubby Grassland

植被亚型：半灌木草甸草原 Semi-Shrubby Meadow Steppe Grassland

群系：盐蒿+小叶锦鸡儿草甸草原 *Artemisia halodendron + Caragana microphylla* Semi-Shrubby Meadow Steppe Grassland Alliance

群丛：盐蒿+小叶锦鸡儿-花苜蓿 半灌木草甸草原 *Artemisia halodendron + Caragana microphylla - Medicago ruthenica* Semi-Shrubby Meadow Steppe Grassland

21.3.4　样地配置与观测内容

样地设置初期主要观测设施主要为中子管。2020 年在样地内选择 6 株小叶锦鸡儿，在每株冠幅下靠近基茎处安装植物根系观测系统微根管 3 根（长度：1 m，安装角度：45°），共 18 根，用于观测样地内灌木根系生长动态，2021 年开始观测。样地的观测项目和采样设计与奈曼站沙地综合观测场生物土壤长期采样地相同，观测内容包括生物、土壤和水分要素，全部按照 CERN 综合观测场指标体系观测。采样设计按照 CERN 统一规范。

21.4　奈曼站流动沙丘辅助观测场生物土壤采样地

21.4.1　样地代表性

样地（NMDFZ03ABC_01）建于 2005 年，面积为 2 500 m²，地理位置为 120°42′58″～120°43′00″E、42°55′50″～42°56′48″N。样地为半干旱沙质草地生态系统中流动沙丘景观，地表植被稀疏，可在风力作用下顺风向移动，基本代表了科尔沁沙地流动沙丘植被群落分布、土壤类型和土壤水分状况。

21.4.2　自然环境背景与管理

样地距站区东北部 1.5 km，地貌为风积流动沙丘，地表完全被流沙覆盖，地形起伏较大，相对高差＞2 m。为保持流动沙丘景观，样地建立时仅确定边界坐标，未进行围封。样地外是不同类型的沙丘和人工杨树片林，存在一定程度的人类活动干扰。样地与沙地综合观测场生物土壤长期采样地直线距离约 800 m，自然环境背景相同，详见 21.2.2 节。

21.4.3　植被特征

21.4.3.1　物种组成

根据 2005 年在样地范围内的调查，样地有植物 11 种，包含 2 种木本植物幼苗和 9 种草本植物，隶属 5 科、11 属。物种数大于 1 种的 3 个科为禾本科（3 种）、菊科（3 种）和苋科（3 种）。样地植物名录见表 21-5。

表 21-5 奈曼站流动沙丘辅助观测场生物土壤采样地植物名录

序号	层次	物种中文名	物种学名	生活型
1	草本层	沙蓬*	*Agriophyllum squarrosum*（L.）Moq.	一年生草本
2	草本层	蓼子朴	*Inula salsoloides*（Turcz.）Ostenf.	多年生草本
3	草本层	狗尾草	*Setaria viridis*（L.）P. Beauv.	一年生草本
4	草本层	光梗蒺藜草	*Cenchrus incertus* M. A. Curtis	一年生草本
5	草本层	盐蒿	*Artemisia halodendron* Turcz. ex Besser	小灌木
6	草本层	大果虫实	*Corispermum macrocarpum* Bunge ex Maxim.	一年生草本
7	草本层	苦苣菜	*Sonchus oleraceus* L.	一年生草本
8	草本层	止血马唐	*Digitaria ischaemum*（Schreb.）Muhl.	一年生草本
9	草本层	地梢瓜	*Cynanchum thesioides*（Freyn）K. Schum.	多年生草本
10	草本层	雾冰藜	*Bassia dasyphylla*（Fisch. & C. A. Mey.）Kuntze	一年生草本
11	草本层	小叶锦鸡儿	*Caragana microphylla* Lam.	落叶灌木

注：*为各层优势种。

21.4.3.2 群落结构

样地以流动沙丘草本植被为主，无明显分层结构，群落外貌特征可参见彩图 21-3。草本层盖度 6.5%，高度 25.6 cm，密度 72.8 株/m²，地上生物量 37.5 g/m²。其中，沙蓬为绝对优势种（高度 25.6 cm，密度 29.7 株/m²，地上生物量 19.1 g/m²），伴生有蓼子朴（高度 4.0 cm，密度 1.8 株/m²，地上生物量 6.0 g/m²）和狗尾草（高度 5.7 cm，密度 27.8 株/m²，地上生物量 4.2 g/m²）等。

21.4.3.3 植被分类地位

样地植物群落按照中国植被分类系统分类如下：

植被型组：草本植被（草地）Herbaceous Vegetation（Grassland）

植被型：半灌木草地 Semi-Shrubby Grassland

植被亚型：半灌木草甸草原 Semi-Shrubby Meadow Steppe Grassland

群系：沙蓬草甸草原 *Agriophyllum squarrosum* Semi-Shrubby Meadow Steppe Grasslandt Alliance

群丛：沙蓬+蓼子朴 半灌木草甸草原 *Agriophyllum squarrosum + Inula salsoloides* Semi-Shrubby Meadow Steppe Grassland

21.4.4 样地配置与观测内容

样地内无观测设施，所有观测项目均为人工观测。样地观测内容包括生物、水分和土壤要素，全部按照 CERN 综合观测场指标体系观测。采样设计按照 CERN 统一规范。该辅助观测场中各样地的观测项目和采样设计与奈曼站沙地综合观测场生物土壤长期采样地相同。

21.5 奈曼站灌溉农田观测场

21.5.1 样地代表性

奈曼站灌溉农田观测场包括奈曼站农田综合观测场生物土壤采样地（NMDZH01ABC_01）和奈曼站农田辅助观测场生物土壤采样地（NMDFZ01ABC_01），代表我国北方农牧交错带典型农田生态系统。其中，奈曼站农田综合观测场生物土壤采样地建立于 1997 年，面积为 40 m×40 m；奈曼站农田辅助观测场生物土壤采样地建立于 2005 年，面积为 60 m×40 m，两个样地均为灌溉农田，代表科尔沁沙地灌溉农田的养分水平、土壤类型、灌溉耕作制度。

21.5.2 自然环境背景

样地位于奈曼站站区内东南部，冲击平原地貌，周围是面积较大的草甸。年均气温 6.4℃，年降水量 362 mm，＞10℃有效积温 3 152℃。地下水位深度 5.10 m。地势平坦，易于灌溉，灌溉保证率大于 90%，排水率大于 90%。样地自然环境背景与奈曼站沙地综合观测场生物土壤长期采样地相同，详见 21.2.2 节。

21.5.3 耕作制度

（1）建立前的耕作制度

20 世纪 80 年代—90 年代初，样地为旱作撂荒农田，通常根据当年春季雨水情况间隔几年种植一次豆类作物。奈曼站于 1993 年将该地块改为灌溉农田，实施轮作制度，以春小麦-玉米-大豆 3 年为一个轮作周期。第一年种植春小麦，翌年小麦茬春翻起垄，播种玉米，第三年玉米茬春翻起垄，播种大豆。玉米、大豆 5 月中旬前种植，9 月底—10 月初收获，生育期约 120 d。春小麦 4 月中旬前种植，7 月中旬收获，生育期约 90 d。

土壤耕作方式为播前耕耙开沟，播种镇压；拔节前畜犁培土、施肥；收后流茬。灌溉制度为播前和拔节期畦灌，遇到降雨较少的年份根据土壤墒情增加灌溉次数。施肥制度为播种时沟施基肥，拔节前和灌浆期追肥。肥料为农家肥+化肥，化肥为尿素和磷酸二铵。样地建立前无详细的肥料施用量统计，据估算农家肥施用量为 2 000 kg/hm^2，化肥施用量为 200～300 kg/hm^2。

（2）建立后的耕作制度

1997 年建立奈曼站农田综合观测场生物土壤采样地。1997—2005 年，样地仍然施行春小麦-玉米-大豆轮作体系，土壤耕作、灌溉制度和建立前相同。2005 年播种前沟施底肥，施肥量为撒可富 22.5 kg/hm^2、磷酸二铵 75 kg/hm^2 和农家肥 2 000 kg/hm^2，拔节期追施玉米专用肥 75 kg/hm^2 和尿素 100 kg/hm^2。

2005 年建立奈曼站农田辅助观测场生物土壤采样地，遵循当地种植习惯施行玉米连年单作，土壤耕作、灌溉制度与农田综合观测场基本相同。2005 年播种前沟施撒可富 20 kg/hm^2 和磷酸二铵 70 kg/hm^2 为底肥，拔节期追施玉米专用肥 75 kg/hm^2 和尿素 105 kg/hm^2。

21.5.4　作物性状与产量

奈曼站农田综合观测场土壤生物采样地 2005 年种植春玉米"郑单 958"，种植密度 14 株/m^2，群体株高 260 cm，结穗高度 113 cm，结穗数 8 穗/m^2，百粒重 39 g，产量 13 281 kg/hm^2。2006 年种植小麦"铁春 1 号"，种植密度 30 株/m^2，株高 72 cm，每穗小穗数 14.7 穗，每穗结实小穗数 12.3 穗，每穗 32.2 粒，千粒重 30.3 g，地上部总干重 1.5 g/株，籽粒干重 0.87 g/株。

奈曼站农田辅助观测场土壤生物采样地 2005 年种植春玉米"北京德农"，种植密度 13 株/m^2，群体株高 261 cm，结穗高度 110 cm，结穗数 8 穗/m^2，百粒重 27 g，产量 10 460 kg/hm^2。

21.5.5　样地配置与观测内容

奈曼站农田综合观测场土壤生物采样地建立初期主要观测设施包括中子管、地下水观测水井和蒸渗仪。2015 年安装 3 套土壤温湿盐自动观测系统，用于自动观测土壤温湿盐变化动态。2018 年安装植物物候自动观测系统 1 套，用于观测样地内农作物生长发育节律的变化动态，同年开始观测。2021 年在观测场内安装 18 根植物根系观测系统微根管（6 个观测样方，每个样方 3 根，根管长 1 m，45°安装），同年开始观测样地内农作物根系的生长动态。

农田辅助观测场样地内无观测设施，所有观测项目均为人工观测。

农田综合观测场和农田辅助观测场的观测内容相同，包括生物、土壤和水分要素，全部按照 CERN 综合观测场指标体系观测，采样设计按照 CERN 统一规范。

21.6　奈曼站旱作农田生物土壤调查点

21.6.1　样地代表性

样地（NMDZQ01ABC_01）建立于 2005 年，面积为 40 m×40 m，是本区域粮食主要产区，代表了科尔沁沙地旱作农田的养分水平、土壤类型、耕作制度，代表我国北方农牧交错带典型的农田生态系统。

21.6.2　自然环境背景

样地位于奈曼站站区内西侧，冲击平原地貌。样地建立前因弃耕成为干草甸，建立后设为不具备灌溉能力的旱作农田。样地自然环境背景与奈曼站沙地综合观测场生物土壤长期采样地相同，详见 21.2.2 节。

21.6.3　耕作制度

（1）建立前的耕作制度

样地建立前为弃耕后的干草甸。

（2）建立后的耕作制度

2005 年建立奈曼旱作农田调查点。样地无固定轮作体系，一般在春季雨水充沛的年份开垦播种大秋或小秋作物如糜、谷、豆类、荞麦等；如果播种时节因干旱难以下种，则弃耕。样地采用单作种植模式，完全雨养，不施肥。

21.6.4　作物性状与产量

样地 2005 年种植大豆"吉 29"，播种量 75 kg/hm^2，群体株高 52 cm，平均茎粗 0.4 cm，平均单株荚数 2.2 荚，百粒重 18.0 g，平均地上总干重 9.6 g/株。

21.6.5　样地配置与观测内容

样地内无观测设施，所有观测项目均为人工观测。观测内容包括生物、水分和土壤要素，全部按照 CERN 综合观测场指标体系进行观测，采样设计按照 CERN 统一规范。生物采样设计为每年年初在样地内为每项监测内容随机选出 6 个一级样方（5 m × 5 m），具体观测取样时在 6 个一级样方内再随机选取二级样方（1 m × 1 m）进行操作，随后在样地地图中标记取样观测样方和时间。

第五篇

沼泽生态系统

22　三江站生物监测样地本底与植被特征*

22.1　生物监测样地概况

22.1.1　概况与区域代表性

　　三江平原沼泽湿地生态试验站（以下简称三江站）是基于近 30 年对三江平原沼泽湿地的研究、保护与利用的基础上，于 1986 年依托中国科学院东北地理与农业生态研究所（原中国科学院长春地理研究所）正式建立。三江站 1990 年加入 CERN，2005 年成为国家野外科学观测研究站。

　　三江站地处三江平原的中东部，位于黑龙江省佳木斯市同江市境内，地理位置为133°30′6.9″E、47°35′18.5″N。三江平原地区是我国中纬度冷湿低平原沼泽湿地的典型分布区，是黑龙江、松花江和乌苏里江冲积形成的低平原，总面积 1 089 万 hm^2。该地区自中生代以来缓慢沉降，地势低平，坡降 1/10 000，构成沼泽湿地、沼泽性河流与泡沼相间的景观格局（冯景兰，1958）。区内有高等植物 1 200 余种，其中多年生草本植物 220 种，是野生动物重要的栖息地和东北亚水鸟迁徙与繁殖地。沼泽湿地具有多种特殊的生态功能，对环境变化响应极为敏感。沼泽湿地不仅是许多珍稀和濒危水禽的栖息地，而且具明显的调节气候、均化洪水、提供水源和维护区域水平衡等重要功能。三江平原发育了多种典型类型草本沼泽，主要有毛薹草（*Carex lasiocarpa* Ehrh.）沼泽、漂筏薹草（*Carex pseudo-curaica* Fr. Schmidt）沼泽、乌拉草（*Carex meyeriana* Kunth）沼泽、芦苇 [*Phragmites australis*（Cav.）Trin. ex Steud.]沼泽、小叶章 [*Deyeuxia angustifolia*（Kom.）Y. L. Chang]沼泽等类型，与国内其他沼泽湿地分布区（如若尔盖高原沼泽湿地）相比，具有类型多、结构复杂、生物多样丰富等特点，具有典型性和代表性。

　　三江平原是中华人民共和国建立以来农业开发最剧烈的地区，1954—2015 年沼泽湿地面积减少了约 80%（Yan et al.，2017），沼泽湿地面积比例由 1954 年的 32.3%减少到 6.3%，且主要转化为耕地；耕地面积比例由 1954 年的 15.7%增加到 2015 年的 56.5%，耕地成为占绝对优势的景观类型（宋开山等，2008；何兴元等，2017）。20 世纪 90 年代以来，三江平原大面积实施"旱改水"工程，水田和旱地转换剧烈（张文琦等，2019）。特别是 2000

* 编写：谭稳稳（中国科学院东北地理与农业生态研究所）
　审稿：宋长春（中国科学院东北地理与农业生态研究所）

年以后，三江平原水旱比由 1996 年的 1：7 增加到 2005 年的 1：3，且后期持续增长（黄妮等，2009；吴文嘉等，2019）。因此，建立沼泽湿地垦殖后的农田生态系统长期观测样地也有助于深入了解气候变化和人类活动背景下三江平原不同生态系统类型的变化过程与机制。

22.1.2　生物监测样地设置

三江站先后共设置了 4 个长期生物监测样地，其中 2 个为沼泽生态系统样地，2 个为农田生态系统样地。沼泽生态系统生物监测样地为三江站常年积水区综合观测场土壤生物采样地和三江站季节性积水区辅助观测场土壤生物采样地，均设立于 1988 年，并于 2004 年重新规划（表 22-1）。农田生态系统生物监测样地设立于 1994 年并于 2004 年重新规划，分别是三江站湿地垦殖后旱田采样地和三江站湿地垦殖后水田采样地（表 22-2）。样地布局如图 22-1 所示。

表 22-1　三江站沼泽生态系统生物长期观测样地清单

序号	样地代码	样地名称	样地类别	植被类型	地理位置	海拔/m	面积及形状/(m×m)	建立时间与计划使用年数
1	SJMZH01ABC_01	三江站常年积水区综合观测场土壤生物采样地	综合观测场	毛薹草群落	133°29′55.40″～133°30′1.44″E，47°35′7.94″～47°35′11.97″N	52	125×125	1988 年（2004 年重新规划），100 年
2	SJMFZ01ABC_01	三江站季节性积水区辅助观测场土壤生物采样地	辅助观测场	小叶章群落	133°30′5.88″～133°30′12.16″E，47°35′4.41″～47°35′8.31″N	53	125×125	1988 年（2004 年重新规划），100 年

表 22-2　三江站农田生态系统生物长期观测样地清单

序号	样地代码	样地名称	样地类别	轮作体系	地理位置（样地中心点）	海拔高度/m	面积及形状	建立时间和设计使用年数
1	SJMFZ02B00_01	三江站湿地垦殖后旱田采样地	辅助观测场	连续种植大豆（每年1季）	133°30′7.62″E，47°35′17.1″N	56	约 6.7 hm², 多边形	1994 年（2004 年重新规划），100 年
2	SJMZQ03A00_01	三江站湿地垦殖后水田采样地	站区调查点	连续种植水稻（每年1季）	133°29′43.47″E，47°35′21.0″N	56	约 6.7 hm², 多边形	2004 年，100 年

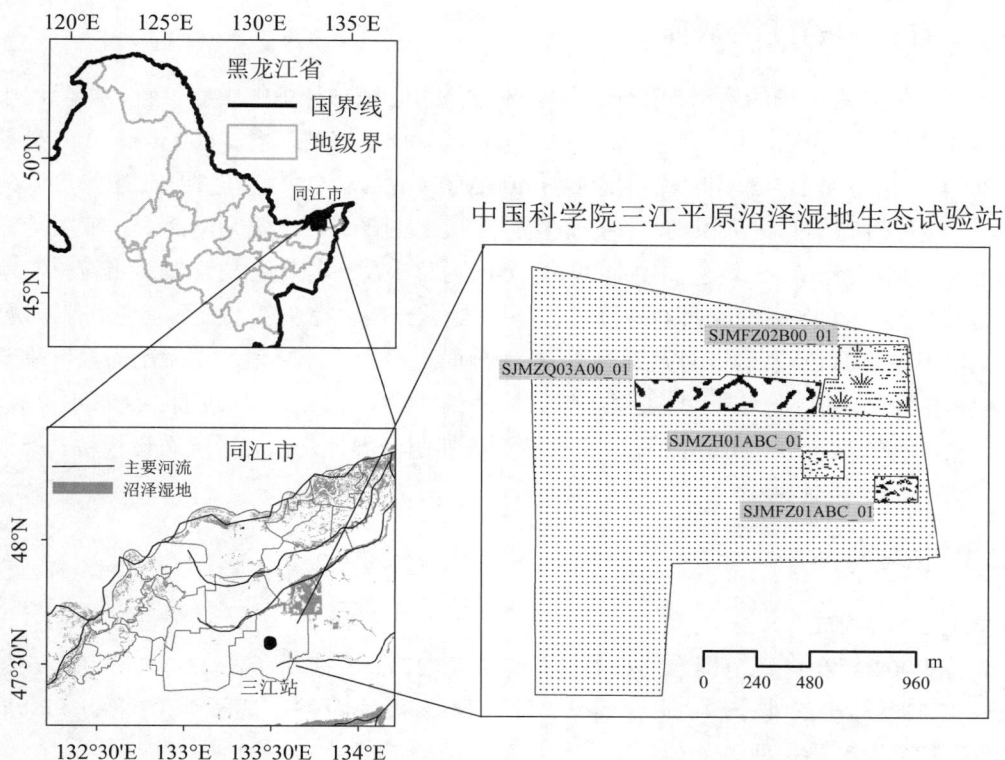

图 22-1　三江站生物长期观测样地布局

22.2　三江站常年积水区综合观测场土壤生物采样地

22.2.1　样地代表性

样地（SJMZH01ABC_01）建于 1988 年，2004 年重新规划，地理位置为 133°29′55.40″～133°30′1.44″E、47°35′7.94″～47°35′11.97″N，面积为 125 m × 125 m。样地位于三江站综合观测场中部，是典型的毛薹草沼泽（彩图 22-1）。毛薹草沼泽是三江平原代表性的沼泽类型（裘善文等，2008），主要分布于各类洼地中心及别拉洪河、挠力河、浓江等河道宽阔的河滩地上，具有分布广、面积大的特点。在三江平原中部地区，河滩和阶地上的大、小洼地之中均有毛薹草沼泽分布。毛薹草沼泽是组成三江平原沼泽的主体，其生态特征及生态过程变化能很好地反映三江平原湿地的演化过程及其对区域环境变化的响应。从区域位置上，样地位于三江平原低平原区别拉洪河与浓江河河间地带，与洪河国家级湿地自然保护区和三江国家级湿地自然保护区相距 15 km，属同一流域、同种湿地类型。

22.2.2　自然环境背景与管理

三江站综合观测场的地形为碟形洼地，本样地位于碟形洼地的中心位置，坡降比小于1/500。年均气温 1.9℃，年降水量 500～600 mm，>10℃有效积温 2 400℃，>0℃有效积温 3 000℃，无霜期 115 d，年净辐射总量 1 400 MJ/（m²·a），年均湿度 78%，干燥度 0.64～0.77。土壤母质为第四纪沉积物，根据全国第二次土壤普查，土类为沼泽土，亚类为泥炭沼泽土和草甸沼泽土。土壤剖面中间 0～20 cm 为草根层，棕褐色，含较多土粒，土壤水分过饱和；其下面 15～30 cm 为腐殖质层，多呈鲕状结构，棕灰色，根系较少，有铁锈斑；再下为潜育层，颜色较浅，小粒状结构。土壤剖面上多为还原环境。土壤剖面温度季节性变化呈 "U" 形特征，每年 11 月表层土壤开始冻结，7 月中旬冻土层融通。地下水位 8.5～10 m，常年积水深度 5～30 cm。样地建立前为天然沼泽湿地，建立后除布设栈桥、架设仪器外，人类活动轻微。

22.2.3　植被特征

22.2.3.1　物种组成

根据 2004 年在样地范围内的调查，样地共有 27 个植物种（表 22-3），隶属 16 科、21 属。物种数较多的 4 个科为莎草科（7 种）、禾本科（4 种）、蔷薇科（2 种）和伞形科（2 种），其余为单科单种。

表 22-3　三江站常年积水区综合观测场土壤生物采样地物种清单

序号	物种中文名	物种学名	生活型
1	毛薹草*	*Carex lasiocarpa* Ehrh.	根茎薹草
2	漂筏薹草	*Carex pseudo-curaica* Fr. Schmidt	根茎薹草
3	狭叶甜茅	*Glyceria spiculosa*（Schmidt）Roshev	疏丛禾草
4	乌拉草	*Carex meyeriana* Kunth	密丛薹草及蒿草
5	灰脉薹草	*Carex appendiculata*（Trautv.）Kukenth.	密丛薹草及蒿草
6	湿生薹草	*Carex limosa* L.	根茎薹草
7	大穗薹草	*Carex rhynchophysa* C. A. Mey.	根茎薹草
8	白毛羊胡子草	*Eriophorum vaginatum* L.	疏丛薹草
9	小叶章	*Deyeuxia angustifolia*（Kom.）Y. L. Chang	疏丛禾草
10	小花野青茅	*Deyeuxia neglecta*（Ehrh.）Kunth Rev. Gram.	疏丛禾草
11	芦苇	*Phragmites australis*（Cav.）Trin. ex Steud.	挺水植物
12	睡菜	*Menyanthes trifoliata* L.	挺水植物
13	缲瓣繁缕	*Stellaria radians* L.	直立茎杂类草
14	毛水苏	*Stachys baicalensis* Fisch. ex Benth.	直立茎杂类草
15	溪木贼	*Equisetum fluviatile* L.	蕨类

序号	物种中文名	物种学名	生活型
16	红花金丝桃	*Triadenum japonicum*（Blume）Makino	直立茎杂类草
17	燕子花	*Iris laevigata* Fisch.	挺水植物
18	异枝狸藻	*Utricularia intermedia* Hayne	沉水植物
19	球尾花	*Lysimachia thyrsiflora* L.	直立茎杂类草
20	驴蹄草	*Caltha palustris* L.	直立茎杂类草
21	沼委陵菜	*Comarum palustre* L.	挺水植物
22	小白花地榆	*Sanguisorba tenuifolia* var. *alba* Trautv. & C. A. Mey.	直立茎杂类草
23	北方拉拉藤	*Galium boreale* L,	直立茎杂类草
24	越橘柳	*Salix myrtilloides* L.	落叶阔叶小灌木
25	野苏子	*Pedicularis grandiflora* Fisch.	直立茎杂类草
26	毒芹	*Cicuta virosa* L.	直立茎杂类草
27	泽芹	*Sium suave* Walt.	直立茎杂类草

注：*为优势种。

22.2.3.2 群落结构

三江站常年积水区综合观测场土壤生物采样地植被是以毛薹草和漂筏薹草为主体的典型温带常年积水沼泽植被类型。生长季旺盛时期群落盖度约 90%。优势种为毛薹草，其次为漂筏薹草、狭叶甜茅和乌拉草等，并伴生有灰脉薹草、湿生薹草等。莎草科植物是构成群落的主体，其生物量占主要地位，其次为禾草类，其余物种的生物量占比较低。样地植物的生活型多为直立茎杂类草、根茎薹草，偶见密丛薹草及蒿草、挺水植物、疏丛禾草、沉水植物、落叶阔叶小灌木和蕨类。

22.2.3.3 植被的分类地位

样地植物群落按照中国植被分类系统分类如下：

植被型组：沼泽与水生植被 Swamp and Aquatic Vegetation

植被型：草本与苔藓沼泽 Herb and Moss Swamp

植被亚型：草本沼泽 Herb Swamp

群系：毛薹草沼泽 *Carex lasiocarpa* Herb and Moss Swamp Alliance

群丛：毛薹草+漂筏薹草+狭叶甜茅 草本与苔藓沼泽 *Carex lasiocarpa + Carex pseudo-curaica + Glyceria spiculosa*Herb and Moss Swamp

22.2.4 样地配置与观测内容

样地于 2004 年配置了小气候观测系统，2012 年配置了涡度协方差碳水通量测量系统，2017 年配置了植物物候自动观测系统。按照 CERN 综合观测场样地的指标和规范要求进行观测，观测内容包括生物、土壤、水分和大气四大要素。

22.3 三江站季节性积水区辅助观测场土壤生物采样地

22.3.1 样地代表性

样地（SJMFZ01ABC_01）建于 1988 年，2004 年重新规划，地理位置为 133°30′5.88″～133°30′12.16″E、47°35′4.41″～47°35′8.31″N，面积为 125 m × 125 m。样地位于三江站观测场东南部，是典型的小叶章沼泽（彩图 22-2）。三江平原的小叶章沼泽主要分布在各种洼地的边缘和河漫滩边缘，是草甸与沼泽之间的过渡类型。小叶章沼泽在碟形洼地的边缘一般呈很窄的环状分布，在线形洼地的边缘成条带状分布。洼地边缘积水较浅并有季节交迭，有明显的干湿交替现象。小叶章沼泽是三江平原重要的湿地类型，在周边湿地保护区内均有大面积分布，其生态特征及生态过程变化可以反映三江平原湿地的演化过程及其对区域环境变化的响应。

22.3.2 自然环境背景与管理

观测场为碟形洼地的边缘地带，生物监测样地位于其中心位置。气象环境信息与常年积水区综合观测场样地一致（参见 22.2.2 节）。土壤类型为草甸沼泽土。土壤剖面中，草根层和腐殖质层（A_1）比较薄，一般为 10～20 cm；在 20～40 cm 多出现白浆土层（A_w），白色或浅黄色，紧实，铁锰结核较多；黏化淀积层（B_t）厚度约 150 cm。11 月表层土壤冻结，冻土层融通时间多在 6 月下旬或 7 月初，早于毛薹草沼泽湿地土壤。干湿交替明显，氧化还原环境交替出现。土壤体积含水量为 23%～65%。地下水位深度为 8.5～10 m。地表季节性积水，积水时间为 4 月中旬和 5 月及 8 月，积水深度 5～10 cm。样地建立前为天然沼泽湿地，建立后除布设栈桥、架设仪器外，人类活动轻微。

22.3.3 植被特征

22.3.3.1 物种组成

根据 2004 年在样地范围内的调查，该样地共有 32 个植物种（表 22-4），隶属 14 科、23 属。物种数较多的科为莎草科（8 种）、毛茛科（4 种）和禾本科（3 种），其余科仅有 1 种或 2 种。

表 22-4 三江站季节性积水区辅助观测场土壤生物采样地物种清单

序号	物种中文名	物种学名	生活型
1	小叶章*	*Deyeuxia angustifolia*（Kom.）Y. L. Chang	疏丛禾草
2	狭叶甜茅	*Glyceria spiculosa*（Schmidt）Roshev.	疏丛禾草
3	芦苇	*Phragmites australis*（Cav.）Trin. ex Steud.	挺水植物
4	毛薹草	*Carex lasiocarpa* Ehrh.	根茎薹草
5	灰脉薹草	*Carex appendiculata*（Trautv.）Kukenth.	密丛薹草及蒿草

序号	物种中文名	物种学名	生活型
6	湿薹草	*Carex humida* Y. L. Chang & Y. L. Yang	根茎薹草
7	白毛羊胡子草	*Eriophorum vaginatum* L.	根茎薹草
8	乌拉草	*Carex meyeriana* Kunth	密丛薹草及蒿草
9	漂筏薹草	*Carex pseudo-curaica* Fr. Schmidt	根茎薹草
10	锥囊薹草	*Carex raddei* Kukenth.	根茎薹草
11	瘤囊薹草	*Carex schmidtii* Meinsh.	根茎薹草
12	白毛羊胡子草	*Eriophorum vaginatum* L.	根茎薹草
13	毛水苏	*Stachys baicalensis* Fisch. ex Benth.	直立茎杂类草
14	溪木贼	*Equisetum fluviatile* L.	蕨类
15	细叶繁缕	*Stellaria filicaulis* Makino	直立茎杂类草
16	缀瓣繁缕	*Stellaria radians* L.	直立茎杂类草
17	燕子花	*Iris laevigata* Fisch.	挺水植物
18	地笋	*Lycopus lucidus* Turcz.	直立茎杂类草
19	毛山鹨豆	*Lathyrus palustris* var. *pilosus*（Cham.）Ledeb.	蔓生茎杂类草
20	野火球	*Trifolium lupinaster* L.	直立茎杂类草
21	黄连花	*Lysimachia davurica* Ledeb.	直立茎杂类草
22	球尾花	*Lysimachia thyrsiflora* L.	直立茎杂类草
23	二歧银莲花	*Anemone dichotoma* L.	直立茎杂类草
24	驴蹄草	*Caltha palustris* L.	直立茎杂类草
25	箭头唐松草	*Thalictrum simplex* L.	直立茎杂类草
26	金莲花	*Trollius chinensis* Bunge	直立茎杂类草
27	小白花地榆	*Sanguisorba tenuifolia* var. *alba* Trautv. & C. A. Mey.	直立茎杂类草
28	绣线菊	*Spiraea salicifolia* L.	落叶阔叶中灌木
29	北方拉拉藤	*Galium boreale* L.	直立茎杂类草
30	越橘柳	*Salix myrtilloides* L.	落叶阔叶灌木
31	细叶沼柳	*Salix rosmarinifolia* L.	落叶阔叶小灌木
32	泽芹	*Sium suave* Walt.	直立茎杂类草

注：*为优势种。

22.3.3.2　群落结构

样地植被是以小叶章为主的典型温带季节性积水沼泽植被。生长旺盛时期群落盖度约90%。优势种为小叶章，其次为狭叶甜茅等。禾草类植物是构成群落的主体，其生物量占主要地位，其次为莎草科植物，其余物种的重要值较低。样地植物的生活型多为直立茎杂类草和根茎薹草，偶见密丛薹草及蒿草、挺水植物、疏丛禾草、沉水植物、落叶阔叶中灌木、落叶阔叶小灌木和蕨类。

22.3.3.3　植被的分类地位

样地植物群落按照中国植被分类系统分类如下：

植被型组：沼泽与水生植被　Swamp and Aquatic Vegetation

植被型：草本与苔藓沼泽　Herb and Moss Swamp

植被亚型：草本沼泽 Herb Swamp

群系：小叶章沼泽 *Deyeuxia angustifolia* Herb and Moss Swamp Alliance

群丛：小叶章+狭叶甜茅 草本与苔藓沼泽 *Deyeuxia angustifolia* + *Glyceria spiculosa* Herb and Moss Swamp

22.3.4 样地配置与观测内容

样地于 2003 年建立了地下水水位与水质观测样地，2017 年配置了植物物候自动观测系统。按照 CERN 辅助观测场样地的指标和规范要求进行观测，观测内容主要包括生物、土壤和水分三大要素。

22.4 三江站湿地垦殖后旱田采样地

22.4.1 样地代表性

样地（SJMFZ02B00_01）建于 1994 年，2004 年重新规划，地理位置为 133°30′7.62″E、47°35′17.1″N，面积约 6.7 hm²。样地在开垦前为沼泽化草甸，地势低平。样地土壤变化能够反映沼泽湿地垦殖后的变化特征。观测场周边有天然沼泽湿地、人工林及洪河农场垦殖农田（彩图 22-3）。

22.4.2 自然环境背景

样地位于三江站站内观测场的东北部。气象环境信息参见 22.2.2 节。土壤母质为第四纪沉积物，土壤类型为草甸白浆土，草根层消失。0～20 cm 为耕作层，20 cm 以下有明显的犁底层，铁锰结核较多。样地在开垦前为沼泽化草甸，垦殖后种植大豆，生育期约 125 d。垦殖后，耕层土壤变化较大，有机质含量明显下降，容重明显增加。地下水位 8.5～10 m，灌溉水源主要依赖降水，灌溉能力一般，排水保证率为 70%～90%。

22.4.3 耕作制度

垦殖后旱田样地建立前（1994 年）为天然沼泽湿地。样地建立后种植大豆，1 年 1 季，种植结构为单一作物。耕作措施为机械翻耕，施肥制度为播种期施用抗重迎茬豆类专用肥 450 kg/hm²，自然降水灌溉。

22.4.4 作物性状与产量

样地 2004 年种植的大豆品种为"垦农 18"，种植密度 30 株/m²，株高 50 cm，千粒重 131.6 g，产量 1 803 kg/hm²。

22.4.5　样地配置与观测内容

样地于 2003 年建立了地下水水位与水质观测样地，2004 年配置了小气候观测系统，2014 年配置了土壤温湿盐自动观测系统，2016 年配置了涡度协方差碳水通量测量系统、土壤蒸渗仪、地表-地下水垂直运移观测井，2017 年配置植物物候自动观测系统。样地按照 CERN 辅助观测场样地的指标和规范要求进行观测，观测内容包括生物、土壤、水分和大气四大要素。

22.5　三江站湿地垦殖后水田采样地

22.5.1　样地代表性

样地（SJMZQ03A00_01）建于 2004 年，地理位置为 133°29′43.47″E、47°35′21.0″N，面积为 6.7 hm²。三江平原自 2000 年左右开始大面积种植水稻，目前，黑龙江农垦总局建三江管局的水稻种植面积占耕地面积的 95%以上。样地在 1981 年由天然沼泽湿地开垦为农田（旱田），1995 年改为水田种植水稻，是洪河农场较早开垦的农田，水稻种植时间也较长，代表了当地土地利用的一种类型（彩图 22-4）。

22.5.2　自然环境背景

样地位于三江站站内观测场北部，海拔约 56 m，地势低平。气象环境信息参见 22.4.2 节。土壤类型为白浆土。耕层土壤相对较薄，一般约 20 cm，20 cm 以下有明显的犁底层，铁锰结核较多。1981 年由天然沼泽湿地开垦为农田（旱田），1995 年改为水田种植水稻，生育期约 115 d。垦殖后，耕层土壤变化较大，有机质含量明显下降，容重明显增加。地下水位 8.5～10 m，灌溉水源主要依赖地下水，灌溉能力高，排水保证率为 90%以上。

22.5.3　耕作制度

（1）建立前的耕作制度

垦殖后水田样地 1981 年由天然沼泽湿地开垦成农田（旱田），1995 年改为水田，种植水稻，2004 年建立采样地。采样地建立之前的轮作体系为旱田期间 3 年大豆、2 年小麦，改为水田后无轮作。耕作措施为机械翻耕。施肥制度为底肥+追肥。旱田期间以自然降水灌溉为主，水田以地下水灌溉为主。

（2）建立后的耕作制度

样地建立后轮作体系为连续种植水稻（每年 1 季），种植结构为单一。耕作措施为机械翻耕。施肥制度为插秧期施用底肥、分蘖期追肥，每次均施用尿素与撒可富水稻专用肥 225 kg/hm²。灌溉水源为以地下水灌溉为主，地下水经晒水池晾晒增温后自流进入水稻田。

22.5.4　作物性状与产量

样地 2004 年种植的水稻品种为"9031"，种植密度 26 穴/m^2，株高 54 cm，千粒重 36.5 g，产量 7 803 kg/hm^2。

22.5.5　样地配置与观测内容

样地 2004 年配置了小气候观测系统，2014 年配置了土壤温湿盐自动观测系统，2016 年布设地下水水位水质观测井群，2017 年配置了植物物候自动观测系统和水面蒸发自动观测系统。样地按照 CERN 站区调查点样地的指标和规范要求进行观测，观测内容包括生物、土壤、水分和大气四大要素。

参考文献

冯景兰，1958．黑龙江水系地区新构造运动的迹象及现代湿地形成的原因[J]．中国第四纪研究，1（1）：21-24．

何兴元，贾明明，王宗明，等，2017．基于遥感的三江平原湿地保护工程成效初步评估[J]．中国科学院院刊，32（1）：3-10．

黄妮，刘殿伟，王宗明，2009．1986—2005 年三江平原水田与旱地的转化特征[J]．资源科学，31（2）：324-329．

裘善文，孙广友，夏玉梅，2008．三江平原中东部沼泽湿地形成及其演化趋势的探讨[J]．湿地科学，6（2）：148-159．

宋开山，刘殿伟，王宗明，等，2008．1954 年以来三江平原土地利用变化及驱动力[J]．地理学报，63（1）：93-104．

吴文嘉，夏天，胡琼，2019．1980—2015 年黑龙江水田旱地转换格局及其水资源效应[J]．中国农业资源与区划，40（1）：142-151．

张文琦，宋戈，2019．三江平原典型区水田时空变化及驱动因素分析[J]．农业工程学报，35（6）：244-252．

YAN F Q，ZHANG S W，LIU X T，et al.，2017. Monitoring spatiotemporal changes of marshes in the Sanjiang Plain，China[J]. Ecological Engineering，104：184-194.

23　洞庭湖站生物监测样地本底与植被特征*

23.1　生物监测样地概况

23.1.1　概况与区域代表性

洞庭湖湿地生态系统观测研究站（以下简称洞庭湖站）位于湖南省岳阳市郊区采桑湖南岸（112°47′8.6″E、29°27′22.7″N），隶属中国科学院亚热带农业生态研究所，2008年选址和启动建设，与东洞庭湖国家级自然保护区管理局、世界自然基金会（WWF）合作共建，2009年成为三峡工程生态环境监测系统网络站成员，2010年成为国家外交部-科技部-湖南省共建的亚欧水资源研究中心的野外科研平台，2012年加入 CERN，2020年成为国家野外科学观测研究站。

洞庭湖是我国长江流域第二大淡水湖，也是我国仅存的两大自由通江湖泊之一，位于湖南省东北部，长江中游荆江南岸，承纳湘、资、沅、澧四大水系而吞吐长江，是兼具蓄、泄功能的过水性洪道型湖泊，素有"长江之肾"的美誉。由于地理位置的特殊性，洞庭湖的生态安全在长江中下游的社会经济可持续发展中占有独特而重要的战略地位。1994年洞庭湖被国务院确定为国家级自然保护区，1992年和2001年东洞庭湖湿地与西、南洞庭湖湿地被联合国教科文组织列入《国际重要湿地名录》。洞庭湖湿地生态系统以湖泊主体为核心，逐步向周边演变成滩地、平原、岗地、丘陵和山地，具有碟形盆地带状立体景观结构的特征。植物种类繁多，水域环境形成以挺水、浮叶（漂浮）及沉水植物群落为主的水生植被，湖洲滩地、湖滨低平原形成以多年生根茎薹草、根茎禾草和随洪水入侵的陆生杂草为主的草甸与沼泽植被，环湖平原和丘岗区则形成常绿阔叶林植被。生态系统类型多样，主要有河流、淡水湖泊、浅水（或季节性淹水）滩地（包括泥沙滩地、草甸滩地、芦荻滩地、森林滩地）、湿生林地和湿地农田等生态系统。土壤类型为江湖泛滥冲积沉积的潮土及水稻土，土层深厚，土壤 pH 为中性至微碱性。

23.1.2　生物监测样地设置

洞庭湖站自2010年开始，先后设置了3个长期生物长期观测样地，分别为洞庭湖站

* 编写：侯志勇（中国科学院亚热带农业生态研究所）
审稿：谢永宏（中国科学院亚热带农业生态研究所）

综合观测场薹草群落长期采样地、洞庭湖站综合观测场南荻群落长期采样地、洞庭湖站辅助观测场长期采样地（表 23-1）。样地布局如图 23-1 所示，样地群落外貌特征见彩图 23-1～彩图 23-3。

表 23-1 洞庭湖站生物长期观测样地清单

序号	样地代码	样地名称	样地类别	植被类型	地理位置（样地中心点）	海拔/m	面积及形状/（m×m）	建立时间与计划使用年数
1	DTMZH01ABC_01	洞庭湖站综合观测场薹草群落长期采样地	综合观测场	薹草为主的亚热带湿地	112°46′50.0″E，29°29′00.8″N	26～28	100×100	2010 年，100 年
2	DTMZH02ABC_01	洞庭湖站综合观测场南荻群落长期采样地	综合观测场	南荻为主的亚热带湿地	112°46′54.7″E，29°28′22.6″N	29～32.5	30×300	2010 年，100 年
3	DTMFZ01ABC_01	洞庭湖站辅助观测场长期采样地	辅助观测场	水蓼为主的亚热带湿地	113°04′13.1″E，29°14′33.7″N	27～30	100×100	2010 年，50 年

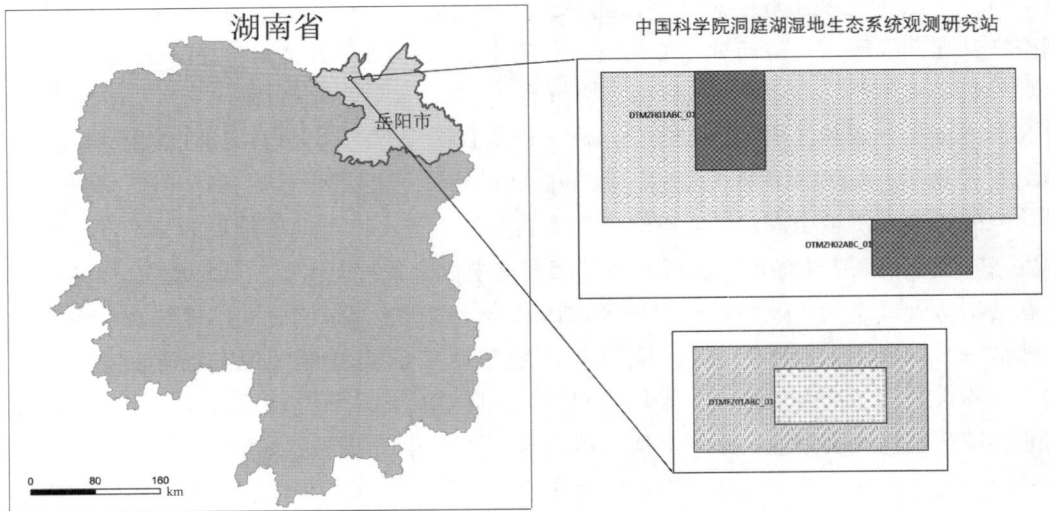

图 23-1 洞庭湖站生物长期观测样地布局

23.2 洞庭湖站综合观测场薹草群落长期采样地

23.2.1 样地代表性

样地（DTMZH01ABC_01）建于 2010 年，地理位置为 112°46′50.0″E、29°29′00.8″N，面积为 100 m ×100 m，位于中国东部南北样带中南段的中心区域。由于季节性淹水，洞庭湖湿地植被沿地势高程成条带状分布，主要分为 3 个梯度，其中中层梯度的代表植被类型为薹草群落，其受淹水影响的时长适中。薹草群落是洞庭湖湿地分布面积最广的典型植被之一，是部分候鸟的食物来源，具有重要的生态价值。洲滩湿地是洞庭湖湿地最具代表性的湿地生态系统类型，也是洞庭湖湿地生态系统结构和功能维持的重要基础。薹草作为洲滩湿地生态系统的最主要优势物种之一，在维系洞庭湖湿地生物多样性、固碳和水源涵养等功能方面发挥了重要的作用。因此，对薹草群落进行长期定位观测，对系统掌握洞庭湖洲滩湿地植被多样性和功能动态变化具有重要意义。

23.2.2　自然环境背景与管理

样地设在大小西湖。大小西湖是东洞庭湖冬候鸟的主要越冬区域之一，面积为1 409.09 hm^2，地貌为洲滩，地势较为平坦，海拔为 26～28 m。该区域属于亚热带季风气候，年均气温 16.7℃，最冷月（1 月）和最热月（7 月）平均气温分别为 4～8℃和 30～30.5℃；无霜期 260 d；日照时数 1 793.8 h；年降水量 1 350 mm，降水主要集中在 7—8 月，多年平均相对湿度 79%。洞庭湖水位季节性特征明显，总体上可分为平水期、丰水期和枯水期。平水期（3—5 月）水位随着四大流域（湘、资、沅、澧）降水量的增加开始上涨；丰水期（6—9 月）为多雨季节，长江进入汛期致使湖水水位连续上涨，至 7—8 月水位达到最高峰；枯水期（11 月—翌年 3 月）降水较少，水位降到年内最低。

样地土壤为湖冲积土，无土壤厚度。土壤类型按全国第二次土壤普查为潮土土类、湿潮土亚类。地下水位 1.4～1.6 m。样地属于东洞庭湖自然保护区核心区，该区域为自然状态，无人为干扰。动物活动主要有冬候鸟，对湿地生态系统影响较小。样地有围栏保护，并有专职人员对样地进行管理。

23.2.3　植被特征

23.2.3.1　物种组成

洞庭湖湿地薹草群落建群种为莎草科薹草属植物，以短尖薹草（*Carex brevicuspis* C. B. Clarke）、异鳞薹草（*Carex heterolepis* Bge.）、单性薹草（*Carex unisexualis* C. B. Clarke）为主。薹草属植物为多年生克隆繁殖草本植物，群落建群种密度大，盖度高，且薹草叶多呈条形或线性，易下垂，群落底层能获取的光资源非常有限，所以群落植物种类较少。2015年样地调查时，观测到 13 种植物，分属 11 科、12 属，其中菊科 2 属、2 种，毛茛科 1 属、2 种，其余各种分属不同科（表 23-2）。

表 23-2　洞庭湖站综合观测场薹草群落长期采样地主要植物名录

序号	物种中文名	物种学名	生活型
1	短尖薹草*	*Carex brevicuspis* C. B. Clarke	多年生草本植物
2	碎米荠	*Cardamine hirsuta* L.	一年生草本植物
3	肉根毛茛	*Ranunculus polii* Franch. ex Hemsl.	一年生草本植物
4	附地菜	*Trigonotis peduncularis*（Trev.）Benth. ex Baker & Moore	一年生或二年生草本植物

序号	物种中文名	物种学名	生活型
5	猪殃殃	*Galium spurium* L.	一年生草本植物
6	稻槎菜	*Lapsanastrum apogonoides*（Maxim.）Pak & K. Bremer	一年生草本植物
7	繁缕	*Stellaria media*（L.）Vill.	一年生或二年生草本植物
8	泥胡菜	*Hemisteptia lyrata*（Bunge）Bunge	一年生草本植物
9	紫云英	*Astragalus sinicus* L.	二年生草本植物
10	茵草	*Beckmannia syzigachne*（Steudel）Fernald	一年生草本植物
11	酸模	*Rumex acetosa* L.	多年生草本植物
12	通泉草	*Mazus pumilus*（N. L. Burm. f.）Steenis	一年生草本植物
13	石龙芮	*Ranunculus sceleratus* L	一年生草本植物

注：*为优势种。

23.2.3.2　群落结构

样地植被是以薹草为主的亚热带平原湿地草本植被。群落盖度 50%～100%，季节差异较明显，洪水前盖度最高达 100%，在洪水后及冬季，群落盖度最低约 50%。群落高度 60 cm。群落生物量 0.04～0.8 kg/m²，季节差异明显，退水后生物量增加，冬季降低，春季随温度升高，生物量再次逐渐增加，洪水前的 4 月或 5 月达到最大。群落物种 1～5 种/m²。物种丰富度季节差异较大，呈现退水后先增加后减小的倒"V"趋势，退水后薹草群落的物种丰富度逐渐增大，在 1 月或 2 月物种丰富度达到最高，然后逐渐下降。

薹草群落垂直结构比较简单，可大致分为两层，顶层主要是薹草、泥胡菜等，底层是紫云英、稻槎菜、附地菜、肉根毛茛、碎米荠等。稻槎菜、碎米荠、紫云英、繁缕、猪殃殃、附地菜和肉根毛茛等主要伴生种，酸模和通泉草等为偶见种。伴生种和偶见种以一、二年生草本植物为主。由于群落密度大，群落底层植物多不能正常完成生活史，伴生种种子主要依靠湿地水文波动输入。

23.2.3.3　植被分类地位

样地植物群落按照中国植被分类系统分类如下：

植被型组：沼泽与水生植被 Swamp and Aquatic Vegetation

　　植被型：草本与苔藓沼泽 Herb and Moss Swamp

　　　　植被亚型：草本沼泽 Herb Swamp

　　　　　群系：短尖薹草+异鳞薹草沼泽 *Carex brevicuspis* + *Carex heterolepis* Herb and Moss Swamp Alliance

　　　　　　群丛：短尖薹草+异鳞薹草+单性薹草-紫云英+稻槎菜 草本与苔藓沼泽 *Carex brevicuspis* + *Carex heterolepis* + *Carex unisexualis* - *Astragalus sinicus* + *Lapsanastrum apogonoides* Herb and Moss Swamp

23.2.4　样地配置与观测内容

样地 2015 年配置了水、热、碳通量观测系统。样地按照 CERN 综合观测场样地的指标和规范要求进行观测，观测内容包括生物、土壤和水分三大要素。

23.3 洞庭湖站综合观测场南荻群落长期采样地

23.3.1 样地代表性

样地（DTMZH01ABC_01）建于 2010 年，地理位置为 112°46′54.7″E、29°28′22.6″N，面积为 30 m ×300 m，位于中国东部南北样带中南段的中心区域。由于季节性淹水，洞庭湖湿地植被沿地势高程成条带状分布，主要分为 3 个梯度，其中最高层梯度的代表植被类型为根茎禾草南荻群落，受淹水影响的时长最短。南荻是优秀的制纸材料，曾在洞庭湖湿地广泛种植，在洞庭湖湿地生长繁殖面积不断扩大，是洞庭湖湿地分布面积最广的典型植物之一，也是洞庭湖洲滩湿地最主要的优势物种之一，在维系洞庭湖湿地生物多样性、固碳和水源涵养等功能方面发挥了重要的作用。因此，对南荻群落进行长期定位观测，对揭示洞庭湖洲滩湿地植被多样性和功能动态变化具有重要意义。

23.3.2 自然环境背景与管理

样地位置与洞庭湖站综合观测场薹草群落长期采样地薹草样地相近，海拔为 29～32.5 m，地貌地形、气候条件、土壤条件、水分条件与薹草样地相同（参见 23.2.2 节）。地下水位 3.3～3.7 m。2018 年前，每年 11 月后南荻作为经济植物地上部分被收割。收割有利于维持群落的稳定和健康，对湿地生态系统影响较轻。动物活动主要有冬候鸟，对湿地生态系统影响较轻。样地有围栏保护，并有专职人员对样地进行管理。

23.3.3 植被特征

23.3.3.1 物种组成

洞庭湖湿地南荻群落物种组成较为丰富，常见物种有附地菜、虎耳草（*Saxifraga stolonifera* Curtis）、黄鹌菜 [*Youngia japonica*（L.）DC.] 等；此外，薹草（*Carex*）、荔枝草（*Salvia plebeia* R. Br.）、紫云英、稻搓菜、朝天委陵菜（*Potentilla supina* L.）、蒌蒿（*Artemisia selengensis* Turcz. ex Bess.）等物种在调查中多次出现，为南荻群落中比较稳定的物种。在 2015 样地调查时，观测到 38 种植物，分属 26 科、38 属，其中禾本科 6 属、6 种，菊科 5 属、5 种，唇形科 3 属、3 种，伞形科 2 属、2 种，其余各种分属不同科（表 23-3）。

表 23-3 洞庭湖站综合观测场南荻群落长期采样地主要植物名录

序号	物种中文名	物种学名	生活型
1	南荻*	*Miscanthus lutarioriparius* L. Liu ex Renvoize & S. L. Chen	多年生草本植物
2	附地菜	*Trigonotis peduncularis*（Trev.）Benth. ex Baker & Moore	一年生或二年生草本植物
3	虎耳草	*Saxifraga stolonifera* Curtis	多年生草本植物
4	黄鹌菜	*Youngia japonica*（L.）DC.	一年生草本植物
5	鸡矢藤	*Paederia foetida* L.	草质藤本植物

序号	物种中文名	物种学名	生活型
6	薤白	*Allium macrostemon* Bunge	多年生草本
7	风轮菜	*Clinopodium chinense*（Benth.）O. Ktze.	多年生草本植物
8	荔枝草	*Salvia plebeia* R. Br.	一年生或二年生草本植物
9	活血丹	*Glechoma longituba*（Nakai）Kupr	多年生草本植物
10	泽漆	*Euphorbia helioscopia* L.	一年生草本植物
11	紫云英	*Astragalus sinicus* L.	二年生草本植物
12	海金沙	*Lygodium japonicum*（Thunb.）Sw.	蕨类植物
13	牛鞭草	*Hemarthria altissima*（Poir.）Stapf & C. E. Hubb.	多年生草本植物
14	鹅观草	*Roegneria kamoji* Ohwi	多年生草本植物
15	画眉草	*Eragrostis pilosa*（L.）P. Beauv.	一年生草本植物
16	虉草	*Phalaris arundinacea* L.	多年生草本植物
17	芦苇	*Phragmites australis*（Cav.）Trin. ex Steud.	多年生草本植物
18	盒子草	*Actinostemma tenerum* Griff.	一年生草本植物
19	铁苋菜	*Acalypha australis* L.	一年生草本植物
20	紫花地丁	*Viola philippica* Cav.	多年生草本植物
21	蒌蒿	*Artemisia selengensis* Turcz. ex Bess.	多年生草本植物
22	稻槎菜	*Lapsanastrum apogonoides*（Maxim.）Pak & K. Bremer	一年生草本植物
23	泥胡菜	*Hemisteptia lyrata*（Bunge）Bunge	一年生草本植物
24	水蓼	*Polygonum hydropiper* L.	一年生草本植物
25	扬子毛茛	*Ranunculus sieboldii* Miq.	多年生草本植物
26	乌蔹莓	*Cayratia japonica*（Thunb.）Gagnep.	一年生草本植物
27	猪殃殃	*Galium spurium* L.	一年生草本植物
28	龙葵	*Solanum nigrum* L.	一年生草本植物
29	蕺菜	*Houttuynia cordata* Thunb.	多年生草本植物
30	野胡萝卜	*Daucus carota* L.	二年生草本植物
31	水芹	*Oenanthe javanica*（Blume）DC.	多年生草本植物
32	短尖薹草	*Carex brevicuspis* C. B. Clarke	多年生草本植物
33	碎米荠	*Cardamine hirsuta* L.	一年生草本植物
34	龙舌草	*Ottelia alismoides*（L.）Pers.	一年生草本植物
35	半夏	*Pinellia ternata*（Thunb.）Breit.	一年生草本植物
35	毛地黄	*Digitalis purpurea* L.	一年生或多年生草本植物
37	通泉草	*Mazus pumilus*（Burm. f.）Steenis	一年生草本植物
38	一年蓬	*Erigeron annuus*（L.）Pers.	一年生或二年生草本植物

注：*为优势种。

23.3.3.2　群落结构

　　样地的优势种是南荻。群落垂直结构主要分为 3 层，上层主要为南荻和芦苇，中层主要为蒌蒿、虉草、水蓼、泥胡菜和野胡萝卜等，其余物种一般分布于底层。南荻群落的盖度、生物量和物种丰富度季节差异明显。南荻群落盖度介于 1%～100%，南荻群落盖度在洪水前达到最大，一般出现在 4—5 月，冬季随着温度降低，南荻逐渐枯萎，群落盖度逐渐减小。南荻群落平均高度 11 月最大，为 418 cm。南荻群落生物量介于 $0.009～1.560\ kg/m^2$，4 月最大。南荻群落每平方米的物种数介于 2～9 种，4 月最多。

23.3.3.3 植被分类地位

样地植物群落按照中国植被分类系统分类如下：

植被型组：沼泽与水生植被 Swamp and Aquatic Vegetation

　植被型：草本与苔藓沼泽 Herb and Moss Swamp

　　植被亚型：草本沼泽 Herb Swamp

　　　群系：南荻沼泽 *Miscanthus lutarioriparius* Herb and Moss Swamp Alliance

　　　　群丛：南荻+芦苇-蒌蒿+鹬草 草本与苔藓沼泽 *Miscanthus lutarioriparius + Phragmites australis - Artemisia selengensis + Phalaris arundinacea* Herb and Moss Swamp

23.3.4 样地配置与观测内容

样地按照 CERN 综合观测场样地的指标和规范要求进行观测，观测内容包括生物、土壤和水分三大要素。

23.4 洞庭湖站辅助观测场长期采样地

23.4.1 样地代表性

样地（DTMFZ01ABC_01）建于 2010 年，地理位置为 113°04′13.1″E、29°14′33.7″N，面积为 100 m×100 m，位于中国东部南北样带中南段的中心区域。由于季节性淹水，洞庭湖湿地植被沿地势高程成条带状分布，主要分为 3 个梯度，其中低层梯度的代表植被类型为多年生根茎水蓼群落，受淹水影响的时长最长。水蓼是洞庭湖洲滩湿地生态系统最主要的优势物种之一，在维系洞庭湖湿地生物多样性、固碳和水源涵养等功能方面发挥重要的作用。因此，对洞庭湖水蓼群落进行长期定位观测，对揭示洞庭湖洲滩湿地生物多样性和功能动态变化具有重要意义。

23.4.2 自然环境背景与管理

样地设在湖南省岳阳市麻塘镇春风村，地貌为洲滩，地势较为平坦，海拔为 27～30 m。样地气候条件、土壤条件、水分条件与薹草样地相同（参见 23.2.2 节）。地下水位 0～0.40 m。样地属于东洞庭湖自然保护区核心区，该区域处于自然演替状态，无人为干扰。样地禁止放牧和无关人员进入。动物活动主要为冬候鸟，偶尔有牛羊进入，对湿地生态系统影响较轻。

23.4.3 植被特征

23.4.3.1 物种组成

洞庭湖湿地水蓼群落物种组成较为单一，以一、二年生草本植物为主，菊科、禾本科和莎草科植物为主要伴生种。2015 年样地调查观测到 9 种植物，分属 6 科、9 属，其中禾本科、菊科和莎草科各 2 种，其余为单科单属单种（表 23-4）。

表 23-4　洞庭湖站辅助观测场长期采样地主要植物名录

序号	物种中文名	物种学名	生活型
1	水蓼*	*Polygonum hydropiper* L.	一年生草本植物
2	鹬草	*Phalaris arundinacea* L.	多年生草本植物
3	看麦娘	*Alopecurus aequalis* Sobol.	一年生草本植物
4	蒌蒿	*Artemisia selengensis* Turcz. ex Bess.	多年生草本植物
5	钻叶紫菀	*Symphyotrichum subulatum*（Michx.）G. L. Nesom	一年生草本植物
6	肉根毛茛	*Ranunculus polii* Franch. ex Hemsl.	一年生草本植物
7	具刚毛荸荠	*Heleocharis valleculosa* var setosa Owhi	一年生草本植物
8	短尖薹草	*Carex brevicuspis* C. B. Clarke	多年生草本植物
9	水田碎米荠	*Cardamine lyrata* Bunge	多年生草本植物

注：*为优势种。

23.4.3.2　群落结构

样地优势种为水蓼。群落的垂直结构比较简单，大致可分为两层，顶层主要为水蓼、蒌蒿、鹬草等草本植物；底层主要为肉根毛茛、具刚毛荸荠、水田碎米荠等草本植物。水蓼群落的盖度、生物量、物种丰富度季节差异明显。盖度介于 8.4%～100%，1 月最低，之后逐渐增加，3—4 月达到最大，冬季开始枯萎，群落盖度降低至 30% 左右。水蓼群落在 4 月平均高度最大，约 60 cm。群落生物量介于 0.008～0.794 kg/m^2，4 月最大。群落每平米物种数介于 3～6 种/m^2，12 月最多。

23.4.3.3　植被分类地位

样地植物群落按照中国植被分类系统分类如下：

植被型组：沼泽与水生植被 Swamp and Aquatic Vegetation

植被型：草本与苔藓沼泽 Herb and Moss Swamp

植被亚型：草本沼泽 Herb Swamp

群系：水蓼沼泽 *Polygonum hydropiper* Herb and Moss Swamp Alliance

群丛：水蓼+蒌蒿+鹬草-肉根毛茛+具刚毛荸荠 草本与苔藓沼泽 *Polygonum hydropiper* + *Artemisia selengensis* + *Phalaris arundinacea* - *Ranunculus polii* + *Heleocharis valleculosa* Herb and Moss Swamp

23.4.4　样地配置与观测内容

样地按照 CERN 辅助观测场样地的指标和规范要求进行观测，观测内容包括生物、土壤和水分三大要素。

附　录

（自然生态系统册）

附录 1　CERN 生物长期监测指标体系
（自然生态系统）

引自《陆地生态系统生物观测指标与规范》（吴冬秀主编，2019）

1　森林观测指标体系

以下观测指标的观测场地，除特别注明外，综合观测场、辅助观测场、站区调查点都进行监测，频度相同。关于观测频度，对于 5 年 1 次的观测指标，逢年份尾数为 0、5 的年份开展观测，如 2020 年、2025 年。对于 5 年观测两次的观测指标，逢年份尾数为 0、2、5、7 的年份开展观测，如 2020 年、2022 年、2025 年、2027 年。

1.1　生境要素

生境要素观测项目见附表 1-1。

附表 1-1　森林生物群落生境要素的观测项目

项目	频度	方法与操作要求	备注
植物群落名称 群落高度 水分条件 土壤侵蚀状况* 动物活动 人类活动 演替阶段或林龄 土壤类型 土壤剖面特征 土层厚度 土壤 pH 土壤有机碳 土壤全氮 土壤全磷 气候条件（年降水量、>0℃积温、无霜期、日照时数、湿度等） 样地管理制度 灾害记录 周围环境描述	1 次/5 a（人工林或幼龄次生林，2 次/5 a，1 次/2 a 和 1 次/3 a 轮换监测）	野外调查 土壤指标参照土壤的有关测定项目抄报	土壤指标测定表层土（0~20 cm）

注：*表示不属于 CERN 的核心项目，选做。

1.2 植物群落种类组成与物质生产

观测内容主要包括植物种类组成、种类成分的数量特征、群落特征、群落生物量、凋落物生物量季节动态、优势植物矿质元素含量与热值等（附表 1-2）。

附表 1-2 森林植物群落种类组成与物质生产的观测指标

项目	指标	频度	方法与操作要求	备注
乔木层种类组成与群落特征	观测指标： （1）每木调查：植物种名、胸径、高度、枝下高*、冠幅* （2）按Ⅱ级样方分植物种调查：盖度、生活型、物候期 （3）按Ⅱ级样方观测：群落郁闭度、倒木干重、立枯木干重 计算指标： （1）基于每木调查，用模型换算：个体生物量［包括树干干重、树枝干重、树叶干重、果（花）干重、树皮干重、气生根干重、地上部总干重、地下部总干重］ （2）基于每木调查，按Ⅱ级样方分种统计：密度、平均高度、平均胸径、生物量［包括树干干重、树枝干重、树叶干重、果（花）干重、树皮干重、气生根干重、地下部总干重］ （3）基于每木调查分种统计结果，按Ⅱ级样方统计：种数、优势种、优势种平均高度、密度、地上部总干重、地下部总干重	1 次/5 a（人工林或幼龄次生林 2 次/5 a）	生物量通过生物量模型求算	在所有Ⅱ级样方内调查；生物量模型可基于本站实测数据构建或基于文献
灌木层种类组成与群落特征	观测指标： （1）按样方分植物种观测：株（丛）数、多度、高度、基径、单丛茎数*、盖度、生活型、物候期、生物量（包括枝干重、叶干重、地上部总干重、地下部总干重） （2）按样方观测：群落盖度 计算指标： 基于分种调查，按样方统计：种数、优势种、优势种平均高度、密度/多度、地上部总干重、地下部总干重	1 次/5 a（人工林或幼龄次生林 2 次/5 a）	样方调查，综合观测场 13 个固定的Ⅱ级样方；辅助观测场 5～6 个固定的Ⅱ级样方。生物量通过模型求算	生物量模型可基于本站实测数据构建或基于文献

项目	指标	频度	方法与操作要求	备注
草本层种类组成与群落特征	观测指标： (1) 按样方分植物种观测：株（丛）数、多度、叶层平均高度、盖度、生活型、物候期、地上部总干重 (2) 按样方观测：群落盖度、地下部总干重 计算指标： 基于分种调查，按样方统计：种数、优势种、优势种平均高度、密度/多度、地上部总干重	群落调查 1 次/a；生物量调查 1 次/5 a	样方调查，在综合观测场中 13 个固定 II 级样方中设置 26 个固定的 2 m×2 m 样方，每个 II 级样方中设置 2 个； 在辅助观测场的 5～6 个固定 II 级样方中，设置 10～12 个固定的 2 m×2 m 样方，每个 II 级样方中设置 2 个； 生物量调查采用收割法，在破坏性采样地	
层间附（寄）生植物种类组成	分植物种观测： 附（寄）生植物的类别、植物种名、株（丛）数、生活型、附（寄）主种名、地上部总干重[*]	1 次/5 a	野外调查	在综合观测场和辅助观测场调查
层间藤本植物种类组成	分个体或分植物种观测：基径、1.3 m 处的粗度、估计的长度、地上部总干重[*]	1 次/5 a	野外调查，注明方法	在综合观测场和辅助观测场调查
苔藓植物[*]	植物种[*]、盖度[*]、厚度[*]、含水量[*]、生物量[*]	1 次/5 a	野外调查，注明方法	在综合观测场和辅助观测场调查
乔木径向生长自动监测	胸径	自动定时监测，建议 1 次/h	径向生长监测仪	统一配置仪器的生态站观测
群落根系生长原位观测	根生长图像、根长、根直径、根表面积、根体积等	原位定时监测	根生长监测系统	综合观测场，统一配置仪器的生态站观测
凋落物回收量季节动态	枯枝干重、枯叶干重、落花果干重、皮干重、苔藓地衣干重、杂物干重、种子干重[*]	每年观测；1 次/月	野外观测，收集框法，收集框面积 1 m×1 m	综合观测场
凋落物现存量	枯枝干重、枯叶干重、落花果干重、皮干重、苔藓地衣干重、杂物干重	1 次/a；在凋落物现存量最少时期观测（植物生长盛期）	野外观测，在每个凋落物收集框邻近观测	
叶面积指数	乔木层叶面积指数 灌木层叶面积指数 草本层叶面积指数	1 次/5 a [在观测年，生长季每月观测 1 次（生长盛期必须测定），非生长季观测 1 次]	在综合观测场中用于灌木调查的 13 个固定 II 级样方中观测	综合观测场

项目	指标	频度	方法与操作要求	备注
植物矿质元素含量和热值	全碳、全氮、全磷、全钾、全硫、全钙、全镁、干重热值、灰分	1 次/5 a，活体样品和现存凋落物样在生长盛期取样；在落叶期（10—11 月）取新增凋落物样	分器官测定，如地上部、根、茎、叶、种子、枝、枯枝等	

注：*表示不属于 CERN 的核心项目，选做。

1.3　植物群落动态与物候

植物群落动态与物候的观测指标见附表 1-3。

附表 1-3　森林植物群落动态与物候的观测指标

项目	指标	频度	方法与操作要求	备注
树种的更新状况	幼树（按灌木样方分种调查和统计）：幼树种名、株数（分实生苗和萌生苗）、平均基径、平均高度 树苗（按草本样方分种调查和统计）：树苗种名、株数（分实生苗和萌生苗）、平均高度	1 次/a	在综合观测场中用于灌木调查的 13 个固定Ⅱ级样方中调查；在辅助观测场中用于灌木调查的 5～6 个固定Ⅱ级样方中调查。幼苗比较多的南方站可以在草本调查样方中开展幼苗调查	胸径＜1 cm 或者 0.5 m ≤ 树高 ＜ 2.5 m 的为幼树；树高＜0.5 m 的为幼苗
物候（人工观测）	乔木和灌木植物：　树液流动开始日期*　芽开放期　展叶期　开花始期　开花盛期　果实或种子成熟期　果实或种子脱落期*　秋季叶变色期　落叶期 草本植物：　萌动期/返青期　开花期（观测开花盛期）　果实或种子成熟期　种子散布期　黄枯期	每年都做；动态观测	选择各层优势种和物候指示种，野外观察	综合观测场或站附近监测；"叶秋季变色期""落叶期"南方站如果不好观测，可不观测，或调整为其他物候期开展观测
物候（自动观测）	物候期图像、群落多光谱图像、植被指数	自动监测；2 次/d	生长节律观测系统，对象：优势植物或指示植物	仪器设在综合观测场、辅助观测场或站部附近
植被季相*	植被的春、夏、秋、冬季相变化	每 5 年做一个动态		野外调查，提供图片。在综合观测场和辅助观测场调查

注：*表示不属于 CERN 的核心项目，选做。

1.4　动物群落种类组成与结构

根据森林生态系统的特点，主要对鸟类、大型野生动物、大型土壤动物等进行观测（附表 1-4）。

附表 1-4　森林动物群落种类组成的观测指标

项目	指标	频度	方法与操作要求	备注
鸟类种类与数量	类别、名称、数量	1 次/5 a	野外调查，注明调查方法	综合观测场附近或专门的调查点
大型野生动物种类与数量	类别、名称、数量	1 次/5 a	野外调查，注明调查方法	综合观测场附近或专门的调查点
昆虫种类与数量*	类别*、名称*、数量*	1 次/5 a	野外调查，注明调查方法	在综合观测场和辅助观测场调查
土壤动物种类与数量*	类别*、名称*、数量*	1 次/5 a	野外调查，注明调查方法	在综合观测场和辅助观测场调查

注：*表示不属于 CERN 的核心项目，选做。

1.5　土壤微生物群落生物量与结构

根据森林生态系统的特点，主要对大型真菌、土壤微生物群落的生物量和结构进行观测，其中微生物生物量用生物量碳或生物量氮表示（附表 1-5）。

附表 1-5　土壤微生物群落生物量与结构的观测指标

项目	指标	频度	方法与操作要求	备注
土壤微生物群落生物量	土壤微生物生物量碳、土壤微生物生物量氮	2 次/5 a；季节动态（分别于 1 月、4 月、7 月、10 月中旬取样）	氯仿熏蒸提取法	有条件的生态站每年做月动态；1 月和 10 月北方站点可根据生长季调整；0～20 cm 可不分层
土壤微生物群落结构*	类别*、数量*、比率*	1 次/5 a（生长季末）	PLFA 法	在综合观测场和辅助观测场调查
大型真菌类与数量*	类别（寄生、腐生）*、名称*、数量*	1 次/5 a	野外调查，注明调查方法	在综合观测场和辅助观测场调查

注：*表示不属于 CERN 的核心项目，选做。

1.6　区域植被类型和空间分布

详见附表 1-6。

附表 1-6　植被类型和空间分布的观测指标

项目	指标	频度	方法与操作要求	备注
区域植被分布*	植被类型* 群落名称* 群落特征* 面积* 地理位置（经度和纬度范围）* 分布特征* 大比例尺植被图*	1 次/5 a； 夏季	遥感和地面调查 相结合	调查区域：站所代表的 区域或站所在的县域； 比例尺：1∶50 000 植被类型分类到群系

注：*表示不属于 CERN 的核心项目，选做。

1.7　指标体系补充说明

以上为常规指标体系，为了保证观测数据的完整性，需要注意以下事项：

①第一次上报数据时，提供生态站所代表区域的范围、自然条件（气候、土壤等）和土地利用方式概述，并提供一个包括所有样地范围的大比例尺的样地分布图（1∶10 000）。

②各个观测场地第一次出现或有变更时，提供观测场的相关背景和历史信息，包括建立时间和面积大小，地理位置（包括行政位置、经度、纬度、海拔高度），代表性，植被特征（植被类型、植物群落名称、群落分层特征、群落高度、植被演替背景），地形地貌（包括地貌特征、坡向、坡位、坡度），气候条件，土壤条件（土壤母质、土壤类型、土壤剖面特征、土壤 pH、土壤有机碳、土壤全氮、土壤全磷），水分状况，土地利用方式，选点依据等。

③除数值型数据外，要求生态站尽可能提供各种图形数据，如植被图、群落调查的树冠投影图、灌木投影图、土壤图、站区土地利用图、地理信息矢量图，图形数据至少每 5年更新一次。

④特殊事件需要及时记录和上报，如采伐、开垦、病虫害。

2　草地观测指标体系

以下观测指标的观测场地，除特别注明外，综合观测场、辅助观测场、站区调查点均监测，频度相同。关于观测频度，对于 5 年 1 次的观测指标，逢年份尾数为 0、5 的年份开展观测，如 2020 年、2025 年。对于 5 年观测两次的观测指标，逢年份尾数为 0、2、5、7 的年份开展观测，如 2020 年、2022 年、2025 年、2027 年。

2.1　生境要素

生境要素的观测项目见附表 1-7。

附表 1-7 草地生物群落生境要素的观测项目

项目	频度	方法与操作要求	备注
植物群落名称 群落高度 水分条件 动物活动 人类活动 利用方式 利用强度 演替阶段 土壤类型 土壤剖面特征 土层厚度 土壤 pH 土壤有机碳 土壤全氮 土壤全磷 气候条件［年降水量、＞0℃积温、无霜期（天）、日照时数、湿度等］ 样地管理制度 灾害记录 周围环境描述	1 次/5 a	野外调查 土壤指标参照土壤的有关测定项目抄报	土壤指标测定表层土（0～20 cm）

2.2 植物群落种类组成与物质生产

这部分的观测内容主要包括植物种类组成、植物种群的数量特征、群落特征、群落生物量、优势植物和凋落物矿质元素含量与热值等（附表 1-8）。

附表 1-8 草地植物群落种类组成与物质生产的观测指标

项目	指标	频度	方法与操作要求	备注
种类组成与群落特征	观测指标： (1)按样方分植物种观测：植物种名(中文名和拉丁名)、株数/多度、叶层平均高度、生殖枝平均高度、盖度、物候期、生活型、地上部活体鲜重、地上部活体干重 (2)按样方观测：优势种叶层高度、优势种生殖枝高度、群落盖度、立枯干重、凋落物干重、群落照片 计算指标： 基于分种观测，按样方计算：种数、优势种、密度、地上部活体鲜重、地上部活体干重	每年观测；1 次/月（生长季）	样方调查，每个观测点 10～20 个样方	每年 8 月，除常规观测取样外，同时在永久固定样方观测群落物种组成（只做非破坏性观测）

项目	指标	频度	方法与操作要求	备注
群落地下生物量	根干重（0～10 cm、10～20 cm、20～30 cm、30～40 cm）	取样分大小年，每5年一个大年，大年做月动态，1次/月（生长季）；小年，1～2次/a（生长季始末）	样方收获法，每个观测点10个重复样方	站区调查点可以不测
群落根系生长原位观测	根生长图像、根长、根直径、根表面积、根体积等	原位定时监测	根生长监测系统	综合观测场和辅助观测场，统一配置仪器的生态站观测
叶面积指数*	叶面积指数*	取样分大小年，每5年一个大年，大年做季节动态，2次/月；小年，1次/a（8月底取样）	叶面积仪法	综合观测场监测
植物和凋落物矿质元素含量与热值	全碳、全氮、全磷、全钾、全硫、全钙、全镁、干重热值、灰分	1次/5 a；生长季末取样	观测优势植物和凋落物；分器官测定，如：地上部、根、茎叶、种子、凋落物等	

注：*表示不属于 CERN 的核心项目，选做。

2.3 物候

主要对优势植物或指示植物的重要物候期进行观测（附表1-9）。

附表 1-9 草地植物群落物候的观测指标

项目	指标	频度	方法与操作要求	备注
物候（人工观测）	萌动期/返青期 开花期（观测开花盛期） 果实或种子成熟期 种子散布期 黄枯期	每年动态观测	人工观测，对象：优势植物或指示植物	在综合观测场、辅助观测场或站部附近观测
物候（自动观测）	物候期图像、群落多光谱图像、植被指数	自动监测；2次/d	采用生长节律观测系统观测，对象：优势植物或指示植物	仪器设在综合观测场、辅助观测场或站部附近

2.4 动物群落种类组成与结构

根据草地生态系统的特点主要对蝗虫、毛虫、啮齿动物、鸟类、家畜、土壤动物进行观测（附表 1-10）。

附表 1-10　草地动物群落种类组成的观测指标

项目	指标	频度	方法与操作要求	备注
蝗虫（毛虫）种类组成	动物种名数量	1 次/5 a；发生期（6—9 月的每月 15 日）连续调查	野外调查	调查位点：综合观测场和专设的固定调查点
啮齿动物种类组成	动物种名数量	1 次/5 a；高发期连续调查	野外调查	调查位点：综合观测场和专设的固定调查点
鸟类种类组成*	类别*名称*数量*	1 次/5 a	野外调查，记录样地点信息、调查方法	调查位点：综合观测场和专设的固定调查点
家畜种类组成	家畜种类数量载畜率喂养方式个体平均重量个体年耗草量	1 次/5 a；年末	社会调查，选择典型自然村或农户	调查位点：附近自然村或农户
土壤动物种类组成*	类别*名称*数量*	1 次/5 a	野外调查，记录样地点信息、调查方法	调查位点：植物调查长期样地或专设的固定调查点

注：*表示不属于 CERN 的核心项目，选做。

2.5 土壤微生物群落生物量与结构

主要对土壤微生物群落的生物量和结构进行观测，其中微生物生物量用生物量碳或生物量氮表示（附表 1-11）。

附表 1-11　土壤微生物群落生物量与结构的观测指标

项目	指标	频度	方法与操作要求	备注
土壤微生物群落生物量	土壤微生物生物量碳、土壤微生物生物量氮	2 次/5 a；生长季动态观测（1 月、4 月、7 月、10 月中旬）	氯仿熏蒸提取法	建议有条件的台站在监测年每月观测；0～20 cm 分 2 层取样
土壤微生物群落结构*	微生物类别*、数量*、比率*	1 次/5 a（生长季末）	PLFA 法	在综合观测场和辅助观测场调查

注：*表示不属于 CERN 的核心项目，选做。

2.6   区域植被类型与空间分布

区域植被的调查指标见附表 1-12。

附表 1-12   植被类型和空间分布的观测指标

项目	指标	频度	方法与操作要求	备注
区域植被分布*	植被类型* 群落名称* 群落特征* 面积* 地理位置（经度和纬度范围）* 分布特征* 大比例尺植被图*	1 次/5 a	遥感和地面调查相结合	调查区域：站所代表的区域或站所在的县域；比例尺：1∶50 000 群落名称到群系

注：*表示不属于 CERN 的核心项目，选做。

2.7   指标体系补充说明

以上为常规指标体系，为了保证观测数据的完整性，需要注意以下事项：

1）第一次上报数据时，提供生态站所代表区域的范围、自然条件（气候、土壤等）和土地利用方式概述，并提供一个包括所有样地范围的大比例尺的样地分布图（1∶10 000）。

2）各个观测场地第一次出现或有变更时，提供观测场的相关背景和历史信息，包括建立时间和面积大小，地理位置（包括行政位置、经度、纬度、海拔高度），代表性，植被特征（植被类型、植物群落名称、群落高度、植被演替背景），地形地貌（包括地貌特征、坡向、坡位、坡度），气候条件，土壤条件（土壤母质、土壤类型、土壤剖面特征、土壤 pH、土壤有机碳、土壤全氮、土壤全磷），水分状况，土地利用方式，选点依据等（参见《陆地生态系统生物观测指标与规范》第 3 章 3.1 节）。

3）除数值数据外，要求生态站尽可能提供各种图形数据，如植被图、土壤图、站区土地利用图、地理信息矢量或者栅格图，图形数据每 5 年更新一次。

4）特殊事件需要及时记录和上报，如草地开垦、病虫害。

3   荒漠观测指标体系

以下观测指标的观测场地，除特别注明外，综合观测场、辅助观测场、站区调查点均监测，频度相同。关于观测频度，对于 5 年 1 次的观测指标，逢年份尾数为 0、5 的年份开展观测，如 2020 年、2025 年。对于 5 年观测两次的观测指标，逢年份尾数为 0、2、5、7 的年份开展观测，如 2020 年、2022 年、2025 年、2027 年。

3.1　生境要素

生境要素的观测项目见附表 1-13。

附表 1-13　荒漠生物群落生境要素的观测项目

项目	频度	方法与操作要求	备注
植物群落名称 群落高度 水分条件 土壤侵蚀状况* 动物活动 人类活动 演替阶段或林龄 土壤类型 土壤剖面特征 土层厚度 土壤 pH 土壤有机碳 土壤全氮 土壤全磷 气候条件［年降水量、>0℃积温、无霜期（天）、日照时数、湿度等］ 样地管理制度 灾害记录 周围环境描述	1 次/5 a； 夏季	野外调查 土壤指标参照土壤的 有关测定项目抄报	土壤指标 测定表层土 （0~20 cm）

注：*表示不属于 CERN 的核心项目，选做。

3.2　植物群落种类组成与物质生产

这部分的观测内容主要包括植物种类组成、植物种群的数量特征、群落特征、群落生物量、凋落物生物量季节动态、优势植物矿质元素含量与热值等（附表 1-14）。

附表 1-14　荒漠植物群落种类组成与物质生产的观测指标

项目	指标	频度	方法与操作要求	备注
乔木层种类组成与群落特征*	观测指标： （1）每木调查：植物种*、胸径*、高度*； （2）按样方分植物种调查：盖度*、生活型*、物候期； （3）按Ⅱ级样方观测：群落郁闭度*、倒木干重*、立枯木干重*	1 次/5 a （生长旺季观测）	野外调查 生物量通过生物量模型求算	生物量模型可基于本站构建或基于文献

项目	指标	频度	方法与操作要求	备注
乔木层种类组成与群落特征*	计算指标： （1）基于每木调查，用模型换算：个体生物量［包括树干干重、树枝干重、树叶干重、果（花）干重、树皮干重、地下部总干重］*； （2）基于每木调查，按Ⅱ级样方分种统计：密度*、平均高度*、平均胸径*、生物量［包括树干干重、树枝干重、树叶干重、果（花）干重、树皮干重、地下部总干重］*； （3）基于每木调查分种统计结果，按Ⅱ级样方统计：种数*、优势种*、优势种平均高度*、密度*、地上部总干重*、地下部总干重*			
灌木层种类组成与群落特征	观测指标： （1）按样方分植物种观测：植物种名、株数/多度、平均高度、平均基径、单丛茎数、平均冠幅、盖度、生活型、物候期、生物量（包括枝干干重、叶干重、地上部总干重、地下部总干重）； （2）按样方观测：群落盖度、枯枝/立枯干重、凋落物干重、群落照片 计算指标： 基于分种调查，按样方统计：种数、优势种、优势种平均高度、密度/多度、枝干干重、叶干重、地上部总干重、地下部总干重	地上群落物种组成调查：1 次/a； 生物量观测： 1 次/5 a （生长旺季观测）	样方调查，每个观测点 10～20 个样方； 固定样方观测； 生物量可通过生物量模型求算	生物量模型可基于本站构建或基于文献
草本层种类组成与群落特征	观测指标： （1）按样方分植物种观测：植物种名、株数/多度、叶层平均高度、盖度、生活型、地上部活体干重； （2）按样方观测：群落盖度、立枯干重、凋落物干重、地下部总干重、群落照片。 计算指标： 基于分种调查，按样方统计：种数、优势种、优势种平均高度、密度/多度、地上部活体干重、地上部总干重	地上群落物种组成调查：1 次/1 a； 生物量观测： 1 次/5 a （生长旺季观测）	样方调查，每个观测点 10～20 个样方； 固定样方观测； 生物量在固定样方以外采用收获法观测	除常规样方观测外，同时在永久固定样方观测群落物种组成（只做非破坏性观测）
一年生植物种类组成*	按样方分植物种观测： 植物种名、株数*/多度、叶层平均高度*、生殖枝平均高度*、盖度*、物候期*、地上部活体鲜重*、地上部活体干重*	1 次/月		
群落根系生长原位观测	根生长图像、根长、根直径、根表面积、根体积等	原位定时监测	根生长监测系统	综合观测场和辅助观测场，统一配置仪器的生态站观测

项目	指标	频度	方法与操作要求	备注
凋落物回收量季节动态*	枝干重*、叶干重*、花果干重*、杂物干重*	每年观测；1 次/月		主要针对荒漠区以木本植物为优势的群落
凋落物现存量	枯枝干重、枯叶干重、落果（花）干重、杂物干重	1 次/a；在凋落物现存量最少时期观测（植物生长盛期）		综合观测场和辅助观测场（地面具有明显凋落层的样地观测）
土壤结皮*	盖度*、种类组成（蓝藻、地衣、苔藓）*、厚度*、生物量*	1 次/5 a；生长季		
植物矿质元素含量与热值	全碳、全氮、全磷、全钾、全硫、全钙、全镁、干重热值、灰分	1 次/5 a（生长季末取样）	分器官测定，如地上部、根、茎、叶、种子、枝、枯枝等	针对优势植物和凋落物

注：*表示不属于 CERN 的核心项目，选做。

3.3　种子产量与物候

这部分的观测内容主要包括种子产量、土壤种子库、优势植物或指示植物物候、短命植物生活周期等（附表 1-15）。

附表 1-15　荒漠种子产量与物候的观测指标

项目	指标	频度	方法与操作要求	备注
种子产量	植物种名、种子产量	1 次/5 a；秋季	野外调查，样方法。按样方分种调查和统计，分 3 次测定（成熟、成熟高峰期、落种期）	
土壤有效种子库	植物种名、有效种子数量	1 次/5 a；秋季	野外调查，样方法。按样方分种调查和统计	
物候（人工观测）	乔木和灌木： 树液流动开始日期* 芽开放期 展叶期 开花始期 开花盛期 果实或种子成熟期 果实或种子脱落期* 秋季叶变色期 落叶期	每年观测		观测群落优势种和指示种，综合观测场或站部附近

项目	指标	频度	方法与操作要求	备注
物候（人工观测）	草本： 萌动期/返青期 开花期（观测开花盛期） 果实或种子成熟期 种子散布期 黄枯期			
物候（自动观测）	物候期图像、群落多光谱图像、植被指数	自动监测； 2 次/d	生长节律观测系统，对象：优势植物或指示植物	仪器设在综合观测场、辅助观测场或站部附近
短命植物生活周期	植物种名、密度、冠层高度、盖度、地上生物量、萌动期、开花期*、果实或种子成熟期*、黄枯期	每年观测； 生长季		

注：*表示不属于 CERN 的核心项目，选做。

3.4   动物群落种类组成与结构

根据荒漠生态系统的特点主要对家畜等进行观测（附表 1-16）。

附表 1-16   荒漠动物群落种类组成的观测指标

项目	指标	频度	方法与操作要求	备注
家畜种类与数量	家畜种类、数量、载畜率、喂养方式、个体平均重量、个体年耗草量	1 次/5 a；年末	社会调查，附近自然村或农户	
土壤动物种类组成*	类别*、名称*、数量*、发育阶段*、分种平均重量*	1 次/5 a		

注：*表示不属于 CERN 的核心项目，选做。

3.5   土壤微生物群落生物量与结构

主要对土壤微生物群落的生物量和结构进行观测，其中微生物生物量用生物量碳或生物量氮表示（附表 1-17）。

附表 1-17   土壤微生物群落生物量与结构的观测指标

项目	指标	频度	方法与操作要求	备注
土壤微生物群落生物量	土壤微生物生物量碳、土壤微生物生物量氮	2 次/5 a；生长季动态观测（1 月、4 月、7 月、10 月中旬）	氯仿熏蒸提取法	建议有条件的台站在监测年每月观测；0～20 cm 分 2 层取样

项目	指标	频度	方法与操作要求	备注
土壤微生物群落结构*	类别* 数量* 比率*	1 次/5 a（生长季末）	PLFA 法	在综合观测场和辅助观测场调查

注：*表示不属于 CERN 的核心项目，选做。

3.6　植物空间格局与区域植被分布

植物空间格局与区域植被分布的调查指标见附表 1-18。

附表 1-18　植被类型和空间分布的观测指标

项目	指标	频度	方法与操作要求	备注
植物空间分布格局	位点 植物种 高度 密度	每年 8 月		综合观测场永久固定样地
区域植被分布	植被类型* 群落名称* 群落特征* 面积* 地理位置（经度和纬度范围）* 分布特征* 大比例尺植被图/土地利用图*	1 次/5 a；夏季	遥感和地面调查相结合	调查区域：站所代表的区域或站所在的县域； 比例尺：1：50 000 群落名称可以做到群系

注：*表示不属于 CERN 的核心项目，选做。

3.7　指标体系补充说明

以上为常规指标体系，为了保证观测数据的完整性，需要注意以下事项：

1）第一次上报数据时，提供生态站所代表区域的范围、自然条件（气候、土壤等）和土地利用方式概述，并提供一个包括所有样地范围的大比例尺的样地分布图（1：10 000）。

2）各个观测场地第一次出现或有变更时，提供观测场的相关背景和历史信息，包括建立时间和面积大小，地理位置（包括行政位置、经度、纬度、海拔高度），代表性，植被特征（植被类型、植物群落名称、群落高度、植被演替背景），地形地貌（包括地貌特征、坡向、坡位、坡度），气候条件，土壤条件（土壤母质、土壤类型、土壤剖面特征、土壤 pH、土壤有机碳、土壤全氮、土壤全磷），水分状况，土地利用方式，选点依据等。

3）除数值数据外，要求生态站尽可能提供各种图形数据，如植被图、土壤图、站区土地利用图、地理信息矢量或者栅格图，图形数据每 5 年更新一次。

4）特殊事件需要及时记录和上报，如采伐、开垦、病虫害。

4 沼泽观测指标体系

以下观测指标的观测场地，除特别注明外，综合观测场、辅助观测场、站区调查点均监测，频度相同。关于观测频度，对于 5 年一次的观测指标，逢年份尾数为 0、5 的年份开展观测，如 2020 年、2025 年。对于 5 年观测两次的观测指标，逢年份尾数为 0、2、5、7 的年份开展观测，如 2020 年、2022 年、2025 年、2027 年。

4.1 生境要素

生境要素的观测项目见附表 1-19。

附表 1-19 沼泽生物群落生境要素的观测项目

项目	频度	方法与操作要求	备注
植物群落名称 群落高度 泥炭层厚度* 地下水位或水深 土地利用方式 土地利用强度 人类活动 动物活动 演替阶段 土壤类型 土壤剖面特征 土层厚度 土壤 pH 土壤有机碳 土壤全氮 土壤全磷 气候条件［年降水量、>0℃积温、无霜期（天）、日照时数、湿度等］ 样地管理制度 灾害记录 周围环境描述	1 次/5 a	野外调查 土壤指标参照土壤的有关测定项目抄报	土壤指标测定表层土（0~20 cm）

注：*表示不属于 CERN 的核心项目，选做。

4.2 植物群落种类组成与物质生产

观测内容主要包括植物种类组成、植物种群的数量特征、群落特征、群落生物量、叶面积指数、优势植物矿质元素含量与热值等（附表 1-20）。

附表 1-20　沼泽植物群落种类组成与物质生产的观测指标

项目	指标	频度	方法与操作要求	备注
种类组成与群落特征	观测指标： （1）按样方分植物种观测：植物种名、株数/多度、叶层平均高度、生殖枝平均高度、盖度、物候期、地上部活体鲜重、地上部活体干重 （2）按样方观测：优势种叶层高度、优势种生殖枝高度、群落盖度、立枯干重、凋落物干重、群落照片 计算指标： 基于分种观测，按样方计算：种数、优势种、密度、地上部活体鲜重、地上部活体干重	1 次/a； 每 5 年做一个季节动态（在生长季 1 次/月）	样方调查，5～10 个重复；乔木和灌木的调查参见森林指标体系	按样方分植物种观测；除常规样方观测外，同时在永久固定样方观测群落种组成（只做非破坏性观测）；每 5 年做一个季节动态观测（生长季 1 次/月）
群落地下生物量	根干重（0～40 cm）	1 次/5 a	样方收获法，每个观测点 5～10 个重复样方	站区调查点可以不测
群落根系生长原位观测	根生长图像、根长、根直径、根表面积、根体积等	原位定时监测	根生长监测系统	综合观测场，统一配置仪器的生态站观测
浮游植物生物量*	生产力* 生物量*	1 次/5 a； 在生长期进行调查，每月 1 次	叶绿素测定法或黑白瓶测氧法	
叶面积指数*	叶面积指数*	取样分大小年，每 5 年一个大年，大年做季节动态，2 次/月；小年，1 次/a（8 月底取样）	叶面积仪法	综合观测场监测
植物矿质元素含量与热值	全碳、全氮、全磷、全钾、全硫、全钙、全镁、干重热值、灰分	1 次/5 a； 生长季末取样	观测优势植物和凋落物；分器官测定，如地上部、根、茎叶、种子、枯枝等	

注：*表示不属于 CERN 的核心项目，选做。

4.3　物候

主要对优势植物或指示植物的重要物候期进行观测（附表 1-21）。

附表 1-21　沼泽植物群落物候的观测指标

项目	指标	频度	方法与操作要求	备注
物候 （人工观测）	萌动期/返青期 开花期（观测开花盛期） 果实或种子成熟期 种子散布期 黄枯期	每年观测	人工观测，对象：优势植物或指示植物	在综合观测场、辅助观测场或站部附近观测
物候 （自动观测）	物候期图像、群落多光谱图像、植被指数	自动监测；2 次/d	生长节律观测系统，对象：优势植物或指示植物	仪器设在综合观测场、辅助观测场或站部附近

4.4　动物群落种类组成与结构

根据沼泽生态系统的特点主要对迁徙鸟类、底栖动物、土壤动物等进行观测（附表 1-22）。

附表 1-22　沼泽动物群落种类组成的观测指标

项目	指标	频度	方法与操作要求	备注
迁徙鸟类调查	动物类别、动物名称、居留型、数量	1 次/5 a	野外调查，水禽直数法及样线法	调查位点：植物调查长期样地或专设的固定调查点
底栖动物调查	种类 数量	1 次/5 a； 春、夏、秋 3 次采样（如在南方，可考虑冬季取样）	手检法及湿漏斗法	
鱼类*、两栖类*、爬行类调查*	种类* 数量*	1 次/5 a	野外调查，样方法及样线法；记录生境特点	
浮游动物种类与数量*	种类* 数量*	1 次/5 a； 春、夏、秋季进行观测（如在南方，可考虑冬季取样）	显微镜计数、测量法	

注：*表示不属于 CERN 的核心项目，选做。

4.5　土壤微生物群落生物量与结构

主要对土壤微生物群落的生物量和结构进行观测，其中微生物生物量用生物量碳或生物量氮表示（附表 1-23）。

附表 1-23　土壤微生物群落生物量与结构的观测指标

项目	指标	频度	方法与操作要求	备注
土壤微生物群落生物量	土壤微生物生物量碳、土壤微生物生物量氮	2 次/5 a；生长季动态观测（1 月、4 月、7 月、10 月中旬）	氯仿熏蒸提取法	建议有条件的台站在监测年每月观测；0～20 cm 分 2 层取样
土壤微生物群落结构*	类别*、数量*、比率*	1 次/5 a（生长季末）	PLFA 法	在综合观测场和辅助观测场调查

注：*表示不属于 CERN 的核心项目，选做。

4.6　区域植被类型与空间分布

区域植被类型与空间分布的调查指标见附表 1-24。

附表 1-24　植被类型和空间分布的观测指标

项目	指标	频度与层次	方法与操作要求	备注
区域植被分布	植被类型* 群落名称* 群落特征* 面积* 地理位置（经度和纬度范围）* 分布特征* 大比例尺植被图/土地利用图*	1 次/5 a	遥感和地面调查相结合，分别判读出典型沼泽等植被类型	调查区域：站所代表的区域或站所在的县域；比例尺：1∶50 000 群落名称做到群系

注：*表示不属于 CERN 的核心项目，选做。

4.7　指标体系补充说明

以上为常规指标体系，为了保证观测数据的完整性，需要注意以下事项：

1）第一次上报数据时，提供生态站所代表区域的范围、自然条件（气候、土壤等）和土地利用方式概述，并提供一个囊括所有样地范围的大比例尺的样地分布图（1∶10 000）。

2）各个观测场地第一次出现或有变更时，提供观测场的相关背景和历史信息，包括建立时间和面积大小，地理位置（包括行政位置、经度、纬度、海拔高度），代表性，植被特征（植被类型、植物群落名称、群落高度、植被演替背景），地形地貌（包括地貌特征、坡向、坡位、坡度），气候条件，土壤条件（土壤母质、土壤类型、土壤剖面特征、土壤 pH、土壤有机碳、土壤全氮、土壤全磷），水分状况，土地利用方式，选点依据，场地的地势图，监测样点分布图等。

3）除了数值数据，要求生态站尽可能提供各种图形数据，如植被图、土壤图、站区土地利用图、地理信息矢量或者栅格图，图形数据至少每 5 年更新一次。

4）特殊事件需要及时记录和上报，如开垦、病虫害。

附录2　中国植被分类系统高级分类单位划分方案

引自《中国植被分类系统修订方案》[郭柯、方靖云、王国宏等，植物生态学报，2020，44（2）：111-127]

附表 2-1　中国植被分类系统高级分类单位划分方案

植被型组 Vegetation Formation	植被型 Vegetation Formation	植被亚型 Vegetation Subformation
森林 Forest	1. 落叶针叶林 Deciduous Needleleaf Forest	寒温性与温性落叶针叶林 Cold-Temperate and Temperate Deciduous Needleleaf Forest
		暖性落叶针叶林 Subtropical Deciduous Needleleaf Forest
	2. 落叶与常绿针叶混交林 Mixed Deciduous and Evergreen Needleleaf Forest	
	3. 常绿针叶林 Evergreen Needleleaf Forest	寒温性常绿针叶林 Cold-Temperate Evergreen Needleleaf Forest
		温性常绿针叶林 Temperate Evergreen Needleleaf Forest
		暖性常绿针叶林 Subtropical Evergreen Needleleaf Forest
		热性常绿针叶林 Tropical Evergreen Needleleaf Forest
	4. 针叶与阔叶混交林 Mixed Needleleaf and Broadleaf Forest	温性针叶与落叶阔叶混交林 Temperate Mixed Needleleaf and Deciduous Broadleaf Forest
		暖性针叶与阔叶混交林 Subtropical Mixed Needleleaf and Broadleaf Forest
		亚热带山地针叶与阔叶混交林 Subtropical Montane Mixed Needleleaf and Broadleaf Forest
	5. 落叶阔叶林 Deciduous Broadleaf Forest	寒温性落叶阔叶林 Cold-Temperate Deciduous Broadleaf Forest
		温性落叶阔叶林 Temperate Deciduous Broadleaf Forest
		暖性落叶阔叶林 Subtropical Deciduous Broadleaf Forest
	6. 常绿与落叶阔叶混交林 Mixed Evergreen and Deciduous Broadleaf Forest	北亚热带常绿与落叶阔叶混交林 Northern Subtropical Mixed Evergreen and Deciduous Broadleaf Forest

植被型组 Vegetation Formation	植被型 Vegetation Formation	植被亚型 Vegetation Subformation
森林 Forest	6. 常绿与落叶阔叶混交林 Mixed Evergreen and Deciduous Broadleaf Forest	亚热带山地常绿与落叶阔叶混交林 Subtropical Montane Mixed Evergreen and Deciduous Broadleaf Forest
		亚热带石灰岩山地常绿与落叶阔叶混交林 Subtropical Limestone Montane Mixed Evergreen and Deciduous Broadleaf Forest
	7. 常绿阔叶林 Evergreen Broadleaf Forest	典型常绿阔叶林 Typical Evergreen Broadleaf Forest
		季风常绿阔叶林 Monsoon Evergreen Broadleaf Forest
		山地常绿阔叶林 Montane Evergreen Broadleaf Forest
		硬叶常绿阔叶林 Sclerophyllous Evergreen Broadleaf Forest
		山顶常绿阔叶矮林 Montane Ridge Evergreen Broadleaf Dwarf Forest
		滨海常绿阔叶矮林 Coast Dwarf Forest
	8. 雨林 Rainforest	雨林 Rainforest
		山地雨林 Montane Rainforest
	9. 季雨林 Monsoon Rainforest	
	10. 红树林 Mangrove Forest	
	11. 竹林 Bamboo Forest	暖性竹林 Subtropical Bamboo Forest
		热性竹林 Tropical Bamboo Forest
灌丛 Shrubland	12. 常绿针叶灌丛 Evergreen Needleleaf Shrubland	寒温性常绿针叶灌丛 Cold-Temperate Evergreen Needleleaf Shrubland
		温性常绿针叶灌丛 Temperate Evergreen Needleleaf Shrubland
	13. 落叶阔叶灌丛 Deciduous Broadleaf Shrubland	高寒落叶阔叶灌丛 Alpine Deciduous Broadleaf Shrubland
		温性落叶阔叶灌丛 Temperate Deciduous Broadleaf Shrubland
		暖性落叶阔叶灌丛 Subtropical Deciduous Broadleaf Shrubland
		热性落叶阔叶灌丛 Tropical Deciduous Broadleaf Shrubland
	14. 常绿阔叶灌丛 Evergreen Broadleaf Shrubland	寒温性常绿阔叶灌丛 Cold-Temperate Evergreen Broadleaf Shrubland
		暖性常绿阔叶灌丛 Subtropical Evergreen Broadleaf Shrubland
		热性常绿阔叶灌丛 Tropical Evergreen Broadleaf Shrubland
	15. 肉质刺灌丛 Succulent Thorny Shrubland	
	16. 竹丛 Bamboo Shrubland	温性竹丛 Temperate Bamboo Shrubland
		暖性竹丛 Subtropical Bamboo Shrubland

植被型组 Vegetation Formation	植被型 Vegetation Formation	植被亚型 Vegetation Subformation
草本植被（草地） Herbaceous Vegetation （Grassland）	17. 丛生草类草地 Tussock Grassland	丛生草类荒漠草原 Tussock Desert Steppe Grassland
		丛生草类典型草原 Tussock Typical Steppe Grassland
		丛生草类草甸草原 Tussock Meadow Steppe Grassland
		丛生草类高寒草原 Tussock Alpine Steppe Grassland
		丛生草类典型草甸 Tussock Typical Meadow Grassland
		丛生草类高寒草甸 Tussock Alpine Meadow Grassland
		丛生草类沼泽草甸 Tussock Swamp Meadow Grassland
		丛生草类盐生草甸 Tussock Halophytic Meadow Grassland
	18. 根茎草类草地 Rhizome Grassland	根茎草类典型草原 Rhizome Typical Steppe Grassland
		根茎草类草甸草原 Rhizome Meadow Steppe Grassland
		根茎草类高寒草原 Rhizome Alpine Steppe Grassland
		根茎草类典型草甸 Rhizome Typical Meadow Grassland
		根茎草类高寒草甸 Rhizome Alpine Steppe Grassland
		根茎草类沼泽草甸 Rhizome Swamp Meadow Grassland
		根茎草类盐生草甸 Rhizome Halophytic Meadow Grassland
	19. 杂类草草地 Forb Grassland	杂类草荒漠草原 Forb Desert Steppe Grassland
		杂类草典型草原 Forb Typical Steppe Grassland
		杂类草草甸草原 Forb Meadow Steppe Grassland
		杂类草高寒草原 Forb Alpine Steppe Grassland
		杂类草典型草甸 Forb Typical Meadow Grassland
		杂类草高寒草甸 Forb Alpine Meadow Grassland
		杂类草沼泽草甸 Forb Swamp Meadow Grassland
		杂类草盐生草甸 Forb Halophytic Meadow Grassland
	20. 半灌木草地 Semi-Shrubby Grassland	半灌木荒漠草原 Semi-Shrubby Desert Steppe Grassland
		半灌木典型草原 Semi-Shrubby Typical Steppe Grassland
		半灌木草甸草原 Semi-Shrubby Meadow Steppe Grassland
		半灌木高寒草原 Semi-Shrubby Alpine Steppe Grassland
	21. 灌草丛 Shrubby Grassland	温性灌草丛 Temperate Shrubby Grassland
		亚热带与热带灌草丛 Subtropical and Tropical Shrubby Grassland
	22. 稀树草丛 Savanna-like Grassland	热带滨海沙地稀树草丛 Tropical Coast Sandland Savanna-like Grassland
		干热河谷稀树草丛 Dry and Hot Valley Savanna-like Grassland
荒漠 Desert	23. 半乔木与灌木荒漠 Semi-Arbor and Shrub Desert	温性半乔木荒漠 Temperate Semi-Arbor Desert
		温性灌木荒漠 Temperate Shrub Desert
	24. 半灌木与草本荒漠 Semi-Shrub and Herb Desert	温性半灌木与草本荒漠 Temperate Semi-Shrub and Herb Desert
		高寒矮半灌木荒漠 Alpine Dwarf Semi-Shrub Desert

植被型组 Vegetation Formation	植被型 Vegetation Formation	植被亚型 Vegetation Subformation
高山冻原与稀疏植被 Alpine Tundra and Sparse Vegetation	25. 高山冻原 Alpine Tundra	矮灌木高山冻原 Alpine Dwarf Shrub Tundra
		草类高山冻原 Alpine Herb Tundra
		苔藓高山冻原 Alpine Moss Tundra
		地衣高山冻原 Alpine Lichen Tundra
	26. 高山垫状植被 Alpine Cushion Vegetation	
	27. 高山稀疏植被 Alpine Sparse Vegetation	
沼泽与水生植被 Swamp and Aquatic Vegetation	28. 木本沼泽 Woody Swamp	
	29. 草本与苔藓沼泽 Herb and Moss Swamp	草本沼泽 Herb Swamp
		苔藓沼泽 Moss Swamp
	30. 水生植被 Aquatic Vegetation	挺水植被 Emerged Aquatic Vegetation
		浮叶植被 Rooted Floating Leaf Aquatic Vegetation
		漂浮植被 Floating Aquatic Vegetation
		沉水植被 Submerged Aquatic Vegetation
农业植被 Agricultural Vegetation	31. 粮食作物 Food Crop	
	32. 油料作物 Oil Crop	
	33. 纤维作物 Fiber Crop	
	34. 糖料作物 Sugar Crop	
	35. 药用作物 Medicinal Crop	
	36. 饮料作物 Beverage Crop	
	37. 饲料作物 Forage Crop	
	38. 烟草作物 Tobacco Crop	
	39. 菜园 Vegetable Farm	
	40. 果园 Orchard	
	41. 花卉园 Flower Garden	
	42. 其他经济作物 Other Cash Crops	
城市植被 Urban Vegetation	43. 城市森林 Urban Forest	
	44. 城市草地 Urban Grassland	
	45. 城市湿地 Urban Wetland	
	46. 城市行道树 Urban Street Tree	
	47. 城市公园植被 Urban Park Vegetation	
无植被地段 Non-Vegetated Area	48. 无植被地段 Non-Vegetated Area	

彩 图

（自然生态系统册）

彩图 2-1　长白山站阔叶红松林观测场 1（2007 年）

彩图 2-2　长白山站阔叶红松林观测场 2（2007 年）

彩图 2-3　长白山站阔叶红松林观测场 3（2007 年）

彩图 2-4　长白山站次生白桦林观测场（2007 年）

彩图 2-5　长白山站暗针叶林（红松云冷杉林）观测场（2015 年）

彩图 2-6　长白山站暗针叶林（岳桦云冷杉林）观测场（2006 年）

彩图 2-7　长白山站岳桦林观测场（2008 年）

彩图 2-8　长白山站高山苔原观测场（2008 年）

彩图 2-9　长白山站高山苔原观测场（2006 年）

彩图 3-1　清原站综合观测场天然次生林永久样地（2020 年）

彩图 3-2　清原站辅助观测场落叶松人工林永久样地（2015 年）

彩图 3-3　清原站辅助观测场红松人工林永久样地（2020 年）

彩图 3-4　清原站辅助观测场落叶松人工林永久样地（2020 年）

彩图 4-1　北京森林站综合观测场土壤生物水分采样地（2005 年）

彩图 4-2　北京森林站油松辅助观测场Ⅰ土壤生物水分采样地（2009 年）

彩图 4-3　北京森林站落叶松林辅助观测场 II 土壤生物水分采样地（2005 年）

彩图 4-4　北京森林站辽东栎林辅助观测场 III 土壤生物水分采样地（2005 年）

彩图 4-5　北京森林站白桦林辅助观测场Ⅳ土壤生物水分采样地（2005 年）

彩图 5-1　神农架站常绿落叶阔叶混交林综合观测场永久样地（2010 年）

彩图 5-2　神农架站亚高山针叶林辅助观测场永久样地（2010 年）

彩图 5-3　神农架站常绿落叶阔叶混交林辅助观测场永久样地（2015 年）

彩图 6-1　茂县站综合观测场针叶林永久样地（2005 年）

彩图 6-2　茂县站辅助观测场灌木林永久样地（2005 年）

彩图 6-3　茂县站站区调查点油松人工林永久样地（2005 年）

彩图 7-1　贡嘎山站峨眉冷杉成熟林观景台综合观测场永久样地（2011 年）

彩图 7-2　贡嘎山站次生峨眉冷杉冬瓜杨演替林辅助观测场永久样地（2011 年）

彩图 7-3　贡嘎山站峨眉冷杉成熟林辅助观测场永久样地（2004 年）

彩图 7-4　贡嘎山站次生峨眉冷杉演替中龄林干河坝站区永久样地（2010 年）

彩图 8-1　会同站杉木人工林综合观测场永久样地（2020 年）

彩图 8-2　会同站常绿阔叶林综合观测场永久样地（2020 年）

彩图 8-3　会同站杉木人工林 1 号辅助观测场永久样地（2020 年）

彩图 9-1　普定站天龙山综合观测场喀斯特常绿落叶阔叶混交林永久样地（2012 年）

彩图 9-2　普定站陈旗辅助观测场灌草丛火烧迹地（自然恢复）样地（2021 年）

彩图 9-3　普定站陈旗辅助观测场灌草丛火烧迹地（人工干预恢复）样地（2021 年）

彩图 9-4   普定站陈旗辅助观测场常绿落叶阔叶混交林次生林（自然恢复）样地（2021 年）

彩图 9-5   普定站陈旗辅助观测场坡耕地人工林（人工恢复）样地（2021 年）

彩图 9-6　普定站陈旗辅助观测场灌丛（放牧干扰）样地（2021 年）

彩图 9-7　普定站陈旗辅助观测场常绿落叶阔叶混交林幼林（自然恢复）样地（2021 年）

彩图 10-1 鼎湖山站综合观测场季风常绿阔叶林永久样地（2004 年）

彩图 10-2 鼎湖山站辅助观测场马尾松林永久样地（2004 年）

彩图 10-3 鼎湖山站辅助观测场针阔叶混交林 II 号永久样地（2004 年）

彩图 10-4　鼎湖山站站区调查点针阔叶混交林 I 号永久样地（2004 年）

彩图 10-5　鼎湖山站站区调查点山地常绿阔叶林 I 号永久样地（2004 年）

彩图 10-6　鼎湖山站站区调查点针阔叶混交林 III 号永久样地（2002 年）

彩图 11-1　鹤山站荒山草坡（1984 年）

彩图 11-2　鹤山站草坡（2003 年）

彩图 11-3　鹤山站马占相思纯林（2003 年）

彩图 11-4　鹤山站乡土树种林（2003 年）

彩图 11-5　鹤山站针叶树种混交林（2003 年）

彩图 11-6　鹤山站桉树林（2003 年）

彩图 11-7　鹤山站豆科植物混交林（2003 年）

彩图 12-1　哀牢山站综合观测场中山湿性常绿阔叶林长期观测样地（2022 年）

彩图 12-2　哀牢山站综合观测场中山湿性常绿阔叶林土壤生物采样地（2022 年）

彩图 12-3　哀牢山站山顶苔藓矮林辅助长期观测样地（2020 年）

彩图 12-4 哀牢山站滇南山杨次生林辅助长期观测样地（2020 年）

彩图 12-6 哀牢山站茶叶人工林站区观测点（2020 年）

彩图 12-5　哀牢山站尼泊尔桤木次生林辅助长期观测样地

彩图 13-1　西双版纳站热带季雨林综合观测场土壤生物采样地 1 号永久样地（2023 年）

彩图 13-2　西双版纳站热带次生林辅助观测场（迁地保护区）土壤生物采样地 1 号永久样地（2023 年）

彩图 13-3　西双版纳站热带人工雨林辅助观测场（望江亭）土壤生物采样地 1 号永久样地（2023 年）

彩图 13-4　西双版纳站石灰山季雨林站区调查点土壤生物采样地 1 号永久样地（2023 年）

彩图 13-5　西双版纳站窄序崖豆树热带次生林站区调查点土壤生物采样地 1 号永久样地（2023 年）

彩图 13-6　西双版纳站曼安热带次生林站区调查点土壤生物采样地 1 号永久样地（2023 年）

彩图 13-7　西双版纳站次生常绿阔叶林站区调查点土壤生物采样地 1 号永久样地（2023 年）

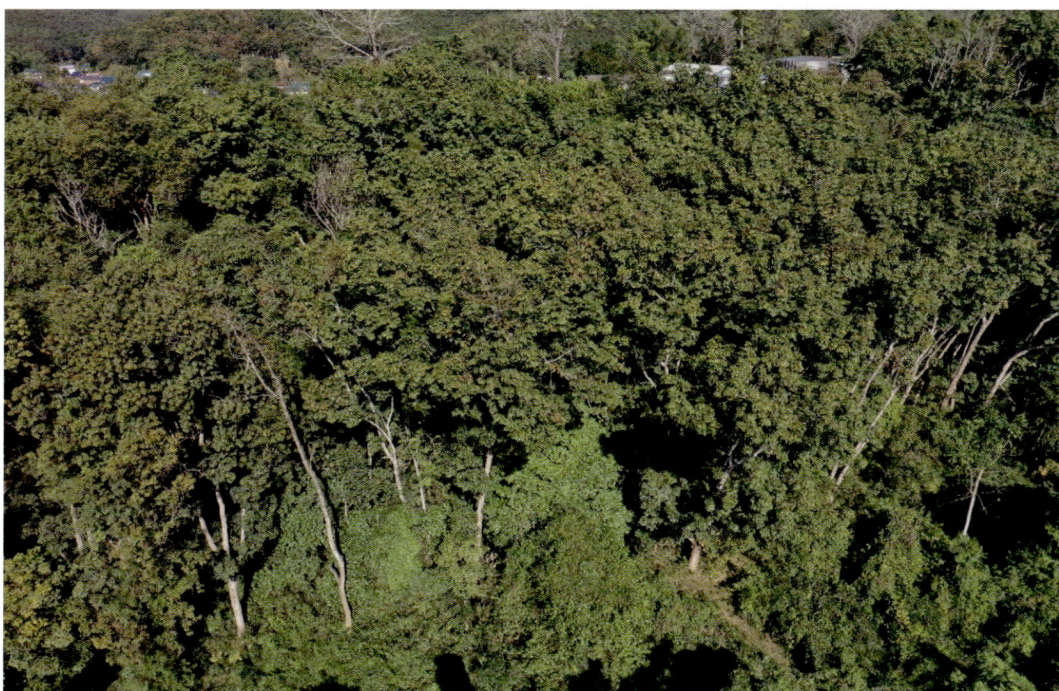

彩图 13-8　西双版纳站热带人工橡胶林（双排行种植）站区调查点土壤生物采样地 1 号永久样地（2023 年）

彩图 13-9　西双版纳站热带人工橡胶林（单排行种植）站区调查点土壤生物采样地 1 号永久样地（2023 年）

彩图 13-10　西双版纳站刀耕火种撂荒地（现为橡胶幼林地）站区调查点土壤采样地 1 号永久样地（2023 年）

彩图 14-1　内蒙站羊草样地（1980 年）

彩图 14-2　内蒙站大针茅样地（1980 年）

彩图 14-3　内蒙站站区样地 1（自由放牧）（2010 年）

彩图 14-4　内蒙站站区样地 2（站区气象观测场附近）（2017 年）

彩图 15-1　海北站高寒矮嵩草草甸综合观测场土壤生物水分采样地

彩图 15-2　海北站高寒金露梅灌丛草甸辅助观测场土壤生物采样地

彩图 15-3　海北站高寒小嵩草草甸站区调查点土壤生物采样地

彩图 16-1　阜康站荒漠综合观测场（2006 年）

彩图 16-2　阜康站农田综合观测场（2020 年）

彩图 17-1　策勒站荒漠综合观测场样地冬季景观（2004 年）

彩图 17-2　策勒站荒漠综合观测场样地夏季植被景观（2006 年）

彩图 17-3　策勒站绿洲农田综合观测场样地（2005 年）

彩图 18-1　临泽站荒漠综合观测场样地（2009 年）

彩图 18-2　临泽站荒漠辅助观测场样地（2008 年）

彩图 18-3　临泽站荒漠辅助观测场样地（新）（2015 年）

彩图 18-4　临泽站荒漠站区调查点样地（2008 年）

彩图 18-5　临泽站绿洲农田综合观测场样地（2006 年）

彩图 18-6　临泽站绿洲农田辅助观测场样地（2006 年）

彩图 18-7　临泽站新绿洲农田样地（2010 年）

彩图 18-8　临泽站老绿洲农田样地（2010 年）

彩图 19-1　沙坡头站荒漠生态系统综合观测场生物土壤长期采样地（2005 年）

彩图 19-2　沙坡头站荒漠生态系统辅助观测场生物土壤长期采样地（2006 年）

彩图 19-3　沙坡头站农田生态系统综合观测场（2005 年）

彩图 19-4　沙坡头站农田生态系统辅助观测场生物土壤长期采样地（2007 年）

彩图 19-5　沙坡头站养分循环场生物土壤长期采样地（2008 年）

彩图 20-1　鄂尔多斯站综合观测场样地（2004 年）

彩图 20-2　鄂尔多斯站辅助观测场样地（2004 年）

彩图 21-1　奈曼站沙地综合观测场生物土壤长期采样地（2005 年）

彩图 21-2　奈曼站固定沙丘辅助观测场生物土壤采样地（2005 年）

彩图 21-3　奈曼站流动沙丘辅助观测场生物土壤采样地（2005 年）

彩图 21-4　奈曼站灌溉农田观测场（农田综合、辅助观测场）（2005 年）

彩图 21-5　奈曼站旱作农田生物土壤调查点（2005 年）

彩图 22-1　三江站常年积水区综合观测场（2008 年）

彩图 22-2　三江站季节性积水区辅助观测场（2010 年）

彩图 22-3　三江站湿地垦殖后旱田采样地（2008 年）

彩图 22-4 三江站湿地垦殖后水田采样地（2009 年）

彩图 23-1 洞庭湖站综合观测场薹草群落长期采样地（2021 年）

彩图 23-2　洞庭湖站综合观测场南荻群落长期采样地（2021 年）

彩图 23-3　洞庭湖站辅助观测场长期采样地（2021 年）

"中国生态系统研究网络（CERN）长期观测数据"丛书·样地信息卷

中国科学院野外站基础研究项目（KFJ-SW-YW043-4）

科技基础资源调查专项（2021FY100705）　　资助

CERN 生物长期监测样地本底与植被特征

（农田生态系统册）

Background Information and Vegetation Classification Characteristics of Long-term Ecological Plots in CERN （Field Ecosystem Volume）

张 琳　吴冬秀　主编

中国环境出版集团·北京

图书在版编目（CIP）数据

CERN 生物长期监测样地本底与植被特征. 农田生态系统册 /
张琳，吴冬秀主编. —北京：中国环境出版集团，2023.12
ISBN 978-7-5111-5644-0

Ⅰ. ① C… Ⅱ. ①张…②吴… Ⅲ. ①农业生态系统—生
物监测②农业生态系统—植被—研究 Ⅳ. ①X835②Q948.1

中国国家版本馆 CIP 数据核字（2023）第 196497 号

审图号：京审字（2023）G 第 2330 号

出 版 人　武德凯
责任编辑　宾银平
封面设计　岳　帅

出版发行　中国环境出版集团
　　　　　（100062　北京市东城区广渠门内大街 16 号）
　　　　　网　　　址：http://www.cesp.com.cn
　　　　　电子邮箱：bjgl@cesp.com.cn
　　　　　联系电话：010-67112765（编辑管理部）
　　　　　发行热线：010-67125803，010-67113405（传真）
印　　刷　北京鑫益晖印刷有限公司
经　　销　各地新华书店
版　　次　2023 年 12 月第 1 版
印　　次　2023 年 12 月第 1 次印刷
开　　本　787×1092　1/16
印　　张　47
字　　数　1000 千字
定　　价　298.00 元（全两册）

中国环境出版集团郑重承诺：
中国环境出版集团合作的印刷单位、材料单位均具有中国环境标志产品认证。

序　言

地球系统及生物圈正经历和发生着重大变化，影响着人类生存环境及社会可持续发展。地球生态系统作为人类赖以生存和发展的基础保障，其结构和功能状态变化及其对人类福祉的影响受到学术界的广泛关注。在全球变化影响日趋严重的背景下，生态系统保护利用、生态环境治理都迫切需要有宏观生态系统科学理论及知识的指导，更需要及时准确、长期动态、科学权威的观测实验数据支撑。

多尺度联网观测是获取区域生态信息的基础手段，是精确把握区域生态系统质量和演变状态、理解生态系统变化过程机制、认识生态系统与全球环境变化及人类活动的相互关系，评估生态系统变化服务及对人类福祉影响的数据源泉。因此，随着社会经济和科学技术发展，不同区域、不同学科的观测研究站及其网络也应运而生，特别是近 40 年来得到快速发展，为理解全球生态系统的功能状态、质量演变以及生态过程机制提供了基础数据，也为理解生态系统与全球环境变化及人类活动的相互作用关系提供了科学认知。

为了全面、深入地认识我国生态系统的动态变化规律，研究生态系统建设与保护的重大科学问题，中国科学院于 1988 年开始筹建中国生态系统研究网络（Chinese Ecological Research Network，CERN）。CERN 的目标是以代表我国重要生态系统类型的野外观测试验站为基地，开展生态系统长期试验观测和联网综合研究，建立生态系统优化管理示范模式，为国家生态环境建设决策提供科学理论、技术和数据支撑。实现这一目标的基础保障就是要长期获取规范的、可比较的观测实验数据。因此，CERN 建立之初，就开始了网络层面的观测指标体系和观测规范研究制定，组织编写出版了系列"中国生态系统研究网络（CERN）长期观测规范"丛书，并为各野外站统一配置了完整的仪器设备。1998 年开始，CERN 的野外站采用统一指标和方法规范，对我国重要典型生态系统的生物、土壤、水分、大气要素开展长期联网观测，至今已持续了 25 年，积累了丰富的生态系统动态变化监测数据，开展了生态系统结构和功能动态变化规律综合研究，为国家生态文明建设重大决策提供科技服务。

为了促进 CERN 长期监测数据的开放共享，CERN 系统地组织了监测数据汇聚整理和挖掘分析工作，出版了系列数据产品，为生态系统科学研究及我国生态文明建设提供了重要数据支撑。很高兴看到本部"中国生态系统研究网络（CERN）长期观测数据"丛书·样地信息卷的问世，该专著系统梳理和整编了 CERN 的长期监测样地本底信息，是"中国生态系统研究网络（CERN）长期观测数据"丛书的重要组成部分。

野外样地是开展长期监测的场所，样地选址的合理性和长期稳定性是开展生态系统长期监测、高质量数据获取的基本保障。CERN 作为集生态监测、科学研究和科技示范为一体的国家尺度生态系统观测研究网络，一直致力于整个网络的标准化、规范化和制度化的联网观测和联网实验，在建立之初就对野外站的长期监测样地进行了系统规划和统一设计。CERN 长期监测样地包括气象观测场、综合观测场样地、辅助观测场样地、站区调查点四大类，共有 300 余个。"中国生态系统研究网络（CERN）长期观测数据"丛书·样地信息卷，系统介绍了 CERN 长期监测样地的建立时间、地理位置、代表性、样地设计、观测实验内容、基础设备配置，以及初始环境背景和植被特征等基础信息。我相信，该专著的出版将有助于公众更加充分地了解 CERN 长期观测和实验研究的样地系统及基础设施，更便于数据利用者理解诠释长期观测实验研究数据的科学价值及应用条件，促进 CERN 科学数据的共享服务事业的发展，为国家生态环境变化监测及生态治理作出贡献。

中国科学院院士

于贵瑞

2023 年 6 月于北京

前　言

现代生态学的不断发展，越来越强调不同来源观测研究数据的共享和集成分析。CERN 于 1998 年开始，采用统一的仪器，按照统一的指标和统一的方法规范，对我国重要生态系统开展长期联网观测，积累了丰富的长时间序列数据，是研究揭示生态系统动态过程和变化规律的宝贵数据资源。长期监测样地作为长期监测的场地，其地理位置、初始环境背景和植被特征等本底信息对监测数据使用者更好地理解和诠释数据具有重要意义。因此，CERN 生物分中心组织编写了《CERN 生物长期监测样地本底与植被特征》。

本书对 CERN 约 250 个生物长期监测数据样地的地理位置、地形地貌、气候条件、土壤条件、水分条件、代表性、样地配置与观测内容、耕作制度（农田）、样地管理等本底信息，以及自然生态系统样地建立之初的物种组成、群落结构、植被分类地位等，进行系统阐述，包括 37 个野外生态站，涵盖森林、草地、荒漠、沼泽、农田五大类生态系统。

本书分 6 篇 39 章。第一篇概述，简要介绍 CERN 生物长期监测样地概况、样地本底信息的描述内容与术语等；第二篇至第六篇，分别对森林、草地、荒漠、沼泽、农田五大类生态系统研究站的生物长期监测样地本底及其植被特征/耕作制度进行介绍，共 38 章，每个生态站 1 章，原则上每个样地 1 节。

本书由张琳和吴冬秀任主编，宋创业、杜娟、王志波和王书伟任副主编，负责大纲设计、编写要求和范式编制、全书统稿、各章样地布局图修改或重新绘制、相关章节撰写等。本书参与编写人员达 40 余人。各章编写人员如下：第 1 章，吴冬秀、张琳、宋创业、袁伟影；第 2 章，戴冠华；第 3 章，孙一荣；第 4 章，白帆；第 5 章，赵常明；第 6 章，周志琼；第 7 章，冉飞；第 8 章，黄苛；第 9 章，蔡先立；第 10 章，刘世忠；第 11 章，饶兴权；第 12 章，徐志雄；第 13 章，赵蓉；第 14 章，王小亮；第 15 章，兰玉婷；第 16 章，马健；第 17 章，李向义、林丽莎；第 18 章，杜明武；第 19 章，宋光；第 20 章，杜娟；第 21 章，王立龙；第 22 章，谭稳稳；第 23 章，侯志勇；第 24 章，王守宇；第 25 章，樊月玲；第 26 章，闫振兴；第 27 章，王吉顺；第 28 章，马力；第 29 章，吴瑞俊、王志波；第 30 章，张万红；第 31 章，王书伟；第 32 章，刘晓利；第 33 章，杨风亭；第 34 章，陈春兰；第 35 章，刘坤平；第 36 章，王艳强；第 37 章，李少伟；第 38 章，祁天会；第 39 章，吴冬秀。第 2 章～第 23 章各样地的"植被分类地位"部分由吴冬秀、张琳根据中国植被分类系统（2020 修订版）整理和编写。

本书样地本底的数据来源为 2004—2005 年 CERN 各生态站集中填报的样地背景信息表，以及后续补充的样地背景信息表。CERN 样地背景信息表模板由 CERN 综合中心及生物、土壤、水分、大气、水体 5 个分中心联合编制。此外，由于工作的变更，部分台站的样地背景信息表填写人没有参与本书稿的编写。在读研究生贾元和桑佳文绘制了部分插图。第 2 章～第 23 章各样地的植被分类地位信息经中国科学院郭柯研究员审核，植物名录信息经中国科学院植物研究所毕业博士生刘博依据《中国植物志》英文修订版（*Flora of China*）和"中国植物志"数据库审核。因此，本书凝聚了诸多专家和一线操作技术人员的智慧和辛劳，在此一并致谢。

样地背景信息涉及内容广泛，编者水平有限，书中错误和疏漏在所难免，希望使用者提出宝贵意见，以便进一步修订和完善（电子邮件请发至：zhanglin@ibcas.ac.cn）。

编　者

2023 年 6 月于北京

目　录

自然生态系统册

第一篇　概　述

第二篇　森林生态系统

第五篇 沼泽生态系统

农田生态系统册

第六篇　农田生态系统

农田生态系统

24 海伦站生物监测样地本底与耕作制度*

24.1 生物监测样地概况

24.1.1 概况与区域代表性

海伦农田生态系统观测研究站（以下简称海伦站）建于 1978 年，隶属中国科学院东北地理与农业生态研究所，位于黑龙江省海伦市，地理位置为 126°55′30″E、47°27′16″N，是中国科学院在我国东北黑土区设置的长期的农业资源、环境、生态多学科的综合研究基地。1990 年进入 CERN，2005 年成为国家野外科学观测研究站，2019 年成为农业农村部国家农业科学观测实验站。

海伦站所在的东北平原黑土区是世界四大黑土区之一，总面积约为 700 万 hm²，其中耕地面积约为 474 万 hm²，分布于黑龙江省、吉林省、内蒙古自治区东北部和辽宁省北部，其中黑龙江省黑土耕地面积为 360 万 hm²，占东北黑土总耕地面积的 76%。本地区属于温带大陆性季风气候，冬季寒冷干燥，夏季高温多雨，雨热同季。据近 60 年气象资料统计，年均气温为 2.1℃，极端最低日均气温为 −45.0℃，极端最高日均气温为 34.5℃，年均降水量为 540 mm，近 70%集中在 6—8 月，全年≥10℃积温 2 400～2 500℃，日照时数约为 2 700 h。

本地区的植被处于森林与草甸草原的交错地带，自 20 世纪大面积开垦以来，本地区植被产生巨大的变化，农田植被面积逐渐增加。本地区农作物为一年一熟制，主要栽培作物包括大豆、玉米、水稻和小麦，生长季从每年 4 月初—10 月中旬。

海伦站所在区域为小兴安岭向松嫩平原腹地的过渡带，属于温带大陆性季风气候，该区域土壤具有黑色的深厚腐殖质层，自然肥力高。经过 20 世纪大面积开垦后，东北黑土区已成为全国最大的商品粮生产基地，对国家粮食安全具有重要影响，成为全国著名的"北大仓"。海伦站所处区域地势比较平坦，在松嫩平原具有典型性和代表性，适合中国东北黑土区农田生态系统的各种类型研究。

---

* 编写：王守宇（中国科学院东北地理与农业生态研究所）
　审稿：郝翔翔（中国科学院东北地理与农业生态研究所）

24.1.2　生物监测样地设置

自 1992 年开始，海伦站共设置了 6 个生物长期观测样地，分别为海伦站综合观测场土壤生物长期观测采样地、海伦站辅助观测场土壤生物监测长期采样地（空白）、海伦站辅助观测场土壤生物监测长期采样地（秸秆还田）、海伦站水肥耦合长期定位试验辅助观测场、海伦站胜利村站区 76 号地调查点土壤生物采样地、海伦站光荣村小流域站区调查点土壤生物采样地（表 24-1）。样地布局见图 24-1，样地外貌见彩图 24-1 和彩图 24-2。

表 24-1　海伦站生物长期观测样地清单

序号	样地代码	样地名称	样地类别	轮作体系	地理位置	海拔/m	面积及形状/(m×m)	建立时间和设计使用年数
1	HLAZH01AB0_01	海伦站综合观测场土壤生物长期观测采样地	综合观测场	小麦-玉米-大豆3 年为一个轮作周期	126°55′30″～126°55′37″E，47°27′16″～47°27′20″N	234	40×60	1992 年，长期
2	HLAFZ01AB0_01	海伦站辅助观测场土壤生物监测长期采样地（空白）	辅助观测场	小麦-玉米-大豆3 年为一个轮作周期	126°55′32″～126°55′34″E，47°27′15″～47°27′17″N	234	30×60	2004 年，150 年
3	HLAFZ02AB0_01	海伦站辅助观测场土壤生物监测长期采样地（秸秆还田）	辅助观测场	小麦-玉米-大豆3 年为一个轮作周期	126°55′30″～126°55′33″E，47°27′14″～47°27′16″N	234	30×60	2004 年，150 年
4	HLAFZ03AB0_01	海伦站水肥耦合长期定位试验辅助观测场	辅助观测场	小麦-玉米-大豆3 年为一个轮作周期	126°55′36″～126°55′40″E，47°27′16″～47°27′18″N	234	48×16	1993 年，长期
5	HLAZQ01AB0_01	海伦站胜利村站区 76 号地调查点土壤生物采样地	站区调查点	玉米-大豆 2 年为一个轮作周期	126°44′46″～126°46′87″E，47°25′28″～47°27′34″N	210	55×100	2004 年，长期
6	HLAZQ02AB0_01	海伦站光荣村小流域站区调查点土壤生物采样地	站区调查点	玉米-大豆 2 年为一个轮作周期	126°48′01″～126°50′49″E，47°18′11″～47°21′06″N	206	21×100	2004 年，长期

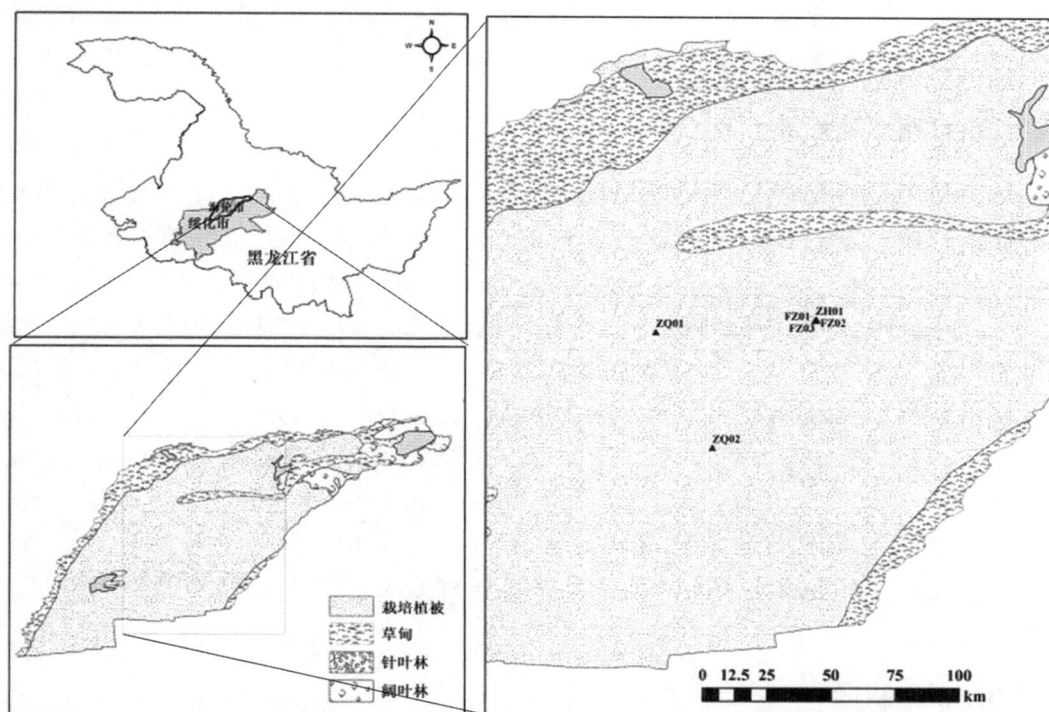

图 24-1 海伦站生物长期观测样地布局

24.2 海伦站综合观测场及辅助观测场

24.2.1 样地代表性

　　海伦站站区内 3 个样地位置紧邻。海伦站综合观测场土壤生物长期观测采样地（HLAZH01AB0_01）设于 1992 年，于 2004 年对长期采样地进行重新规划，扩大了原有面积（原来 400 m²，后扩至 2 400 m²），同时增加海伦站辅助观测场土壤生物监测长期采样地（空白）（HLAFZ01AB0_01）1 800 m² 和海伦站辅助观测场土壤生物监测长期采样地（秸秆还田）（HLAFZ02AB0_01）1 800 m²，设计使用 150 年。3 个样地自然环境背景、耕作制度、样地配置、观测项目等信息相同。

　　3 个样地均为旱田，肥力水平中等，作物生长季内无灌溉。轮作方式始于 1993 年，以小麦-玉米-大豆每 3 年为一个轮作周期。土壤耕作为，麦茬平翻秋起垄，第二年播种玉米，玉米茬秋深翻起垄，第三年播种大豆，大豆茬平翻耙茬，第四年种小麦。样地周围视野开阔，主要为农田。2003 年以后改为玉米-大豆轮作，小麦退出轮作不再种植。

　　综合观测场样地在施肥处理上基本与当地常规施肥水平保持一致，代表当地典型农业种植管理方式。辅助观测场样地（空白）长期不施任何肥料，作为常规施肥方式的对照。

辅助观测场样地（秸秆还田）在保持常规化肥施用水平基础上，再增加秸秆还田的施用，作为黑土农田常规施肥管理的一种补充方式。

24.2.2　自然环境背景

样地地貌为冲积平原。气候类型属于温带大陆性季风气候，年均气温 1.5℃，年降水550 mm，>10℃有效积温 2 450℃，无霜期 125 d，日照时数 2 600～2 800 h。冬季寒冷干燥，夏季高温多雨，雨热同季。地下水位 10～20 m，多年平均径流深由东北部的 250 mm逐降至西南部 30 mm。主要依赖降水，基本不具备灌溉能力，排水保证率大于 90%。土壤类型为黑土，土种为中厚黑土，母质为第四纪黄土。土壤剖面上部土层（A 层，AB 层）以壤质黏土为主，B 层和 C 层粉砂粒的含量高，质地大多为粉砂质黏壤土，以粉砂粒和黏粒两级为主，占 55%～80%。表层土壤比较肥沃，土壤有机质含量 50.64 g/kg、全氮含量 2.56 g/kg、全磷含量 0.61 g/kg、全钾含量 26.00 g/kg、速效氮含量 229.80 mg/kg、速效磷含量 9.45 mg/kg、速效钾含量 180.00 mg/kg、pH 为 6.80。土壤容重 1.08 g/cm^3、田间持水量 38.64%、饱和持水量 56.39%、总孔隙度 53.65%、凋萎湿度 12.72%，存在轻度风蚀（王建国，1996）。

24.2.3　耕作制度

（1）建立前的耕作制度

轮作制度为小麦-玉米-大豆轮作，3 年为一个轮作周期，一年种一季，玉米、大豆在5 月初种植，9 月 30 日—10 月 10 日收获，生育期约为 120 d，小麦在 4 月 1—10 日种植，为春小麦，8 月初收获。土壤耕作为，麦茬平翻秋起垄，第二年播种玉米，玉米茬秋深翻起垄，第三年播种大豆，大豆茬平翻耙茬，第四年种小麦。无灌溉，雨养农业。

施肥以尿素和磷酸二铵等化肥为主。1983—1992 年玉米施肥氮素为 86.0 kg/hm^2，磷素为 13.2 kg/hm^2；大豆施肥氮素为 18.0 kg/hm^2，磷素为 9.7 kg/hm^2；小麦施肥氮素为63.0 kg/hm^2，磷素为 8.9 kg/hm^2。

（2）建立后的耕作制度

海伦站综合观测场土壤生物长期观测采样地、海伦站辅助观测场土壤生物监测长期采样地（空白）、海伦站辅助观测场土壤生物监测长期采样地（秸秆还田）位于同一地块，轮作体系为春小麦-玉米-大豆，3 年一个轮作周期。耕作制度相同，麦茬平翻秋起垄，第二年播种玉米，玉米茬秋深翻起垄，第三年播种大豆，大豆茬平翻耙茬，第四年种小麦。2004 年开始轮作体系改为玉米-大豆轮作，不再种植小麦。无灌溉。各观测场具有不同的施肥制度：

1）海伦站综合观测场土壤生物长期观测采样地施肥制度：仅施化肥，化肥品种为尿素和磷酸二铵。尿素为大庆产尿素，含氮 46.1%，磷肥用复合肥美国产磷酸二铵，含氮18.0%、磷 20.1%。

1993—2000 年施肥量：玉米施肥量为氮素 96.0 kg/hm^2，磷素 15.1 kg/hm^2。大豆施肥

量为氮素 23.0 kg/hm²，磷素 11.7 kg/hm²；小麦施肥量为氮素 72.0 kg/hm²，磷素 9.6 kg/hm²。玉米施肥时，1/3 氮肥和全部磷肥一次性用作基肥施用，另外 2/3 氮肥在玉米拔节期追施。大豆、小麦施肥时，所有化肥以基肥一次性施入。

2001—2003 年施肥量：玉米施肥量为氮素 138.0 kg/hm²，磷素 16.3 kg/hm²；大豆施肥量为氮素 23.0 kg/hm²，磷素 11.7 kg/hm²；小麦施肥量为氮素 72.0 kg/hm²，磷素 9.6 kg/hm²。玉米施肥时，1/3 氮肥和全部磷肥一次性用作基肥施用，另外 2/3 氮肥在玉米拔节期追施。大豆、小麦施肥时，所有化肥以基肥一次性施入。

2004—2009 年施肥量：玉米施肥量为氮素 138.0 kg/hm²，磷素 30.2 kg/hm²；大豆施肥量为氮素 27.0 kg/hm²，磷素 30.2 kg/hm²。玉米施肥时，1/3 氮肥和全部磷肥一次性用作基肥施用，另外 2/3 氮肥在玉米拔节期追施。

2010 年后施肥量：玉米施肥量为氮素 138.0 kg/hm²，磷素 30.6 kg/hm²，钾素 16.6 kg/hm²；大豆施肥量为氮素 64.0 kg/hm²，磷素 30.6 kg/hm²，钾素 16.6 kg/hm²。玉米施肥时，1/3 氮肥和全部磷肥、钾肥一次性用作基肥施用，另外 2/3 氮肥在玉米拔节期追施。大豆施肥时，所有化肥以基肥一次性施入。

2）海伦站辅助观测场土壤生物监测长期采样地（空白）施肥制度：不施肥。

3）海伦站辅助观测场土壤生物监测长期采样地（秸秆还田）施肥制度：化肥+秸秆还田。其中化肥施用量及施肥量变化时间同综合观测场土壤生物长期观测采样地保持一致，同时将当年作物地上作物秸秆全部粉碎还田。

24.2.4　作物性状与产量

根据 2005、2006 年的观测，大豆、玉米和小麦的收获期性状及产量如下：

大豆品种为"黑农 35"，生育日数约 115 d，株高 80~85 cm，每荚粒数多为 2~3 粒，百粒重 15~17 g，产量 3 600~4 000 kg/hm²。

玉米品种为"海玉 6 号"，生育日数约 109 d，株高 190~250 cm，穗位高 110~150 cm，穗长 20~25 cm，粒行数 12~17 行，行粒数 40~50 粒，百粒重 29~35 g，播种密度 4.76 株/m²，产量 6 900~11 000 kg/hm²。

小麦品种："龙麦 19"，晚熟品种，生育日数约 90 d，千粒重 38~45 g，产量 4 000~4 400 kg/hm²。

24.2.5　样地配置与观测内容

综合观测场与辅助观测场共配置 5 个观测采样地：①土壤、生物长期观测采样地；②TDR 测管 1 号采样地；③蒸渗仪 1 号采样地；④地下水井 1 号采样地；⑤中子管 1 号采样地。各采样地配置必要设备可供生物、土壤、水分长期监测采样使用。生物样地每次取样范围为 5 m×5 m 的正方形，土壤样地剖面样品取样范围为 2 m×2 m 的正方形，土壤表层样品在 10 m×10 m 的正方形范围内多点取样。样地为永久试验用地，配备农田气候观测设备。样地配置多种观测设备，能够满足各种基本观测要求：①TDR 测管；②蒸渗仪；③地下水井；

④中子管；⑤植物物候自动观测系统（2017 年安装）；⑥土壤温湿盐自动观测系统（2018 年安装）；⑦植物根系观测系统（2019 年安装）。

观测内容包括生物、土壤和水分三大要素，全部按照 CERN 综合观测场指标与规范标准观测。

海伦站综合观测场土壤生物长期观测采样地采样区面积为 40 m×60 m，按 20 m×20 m 面积划分，可均分为 16 个 5 m×5 m 的采样区，每次采样从 6 个采样区随机取 6 份样品，即 6 次重复。

海伦站辅助观测场土壤生物监测长期采样地（空白）采样区面积为 30 m×60 m，均分为 16 个采样区，每次采样从 6 个采样区随机取 6 份样品，即 6 次重复。

海伦站辅助观测场土壤生物监测长期采样地（秸秆还田）采样区面积为 30 m×60 m，均分为 16 个采样区，每次采样从 6 个采样区随机取 6 份样品，即 6 次重复。

将采样区划分为 16 个区，以字母 A、B、C、D、E、F、G、H、I、J、K、L、M、N、O、P 标定范围，每个区又划分出 1 m×1 m 小区 25 个，行编号为①、②、③、④、⑤，行内小区编号为 1、2、3、4、5，见图 24-2。在取样时，通过对边拉线，确定每个小区的分界线，采样区名用字母表示，每个小区又通过拉线确定采样小区，采样小区用行和行内小区号表示。如编号为 03-A-3-1，表示 2003 年（03），采样区为 A，采样小区行内编号为 3、行号为①。

A	B	C	D
E	F	G	H
I	J	K	L
M	N	O	P

	1	2	3	4	5
①	1	2	3	4	5
②	3	4	1	5	2
③	5	1	2	3	4
④	4	3	5	2	1
⑤	2	5	4	1	3

图 24-2　综合观测场采样区中的小区编号

生物采样方法：结合土壤取样，在相应取样小区内同时取有代表性样品（数量根据作物不同而异），采样区均分为 16 个 5 m×5 m 的采样区，每次采样从 6 个采样区内取得 6 份样品，即 6 次重复。在长期监测过程中，对每一次采样点的地理位置、采样情况和采样条件作详细的定位记录，并在相应的土壤或地形图上作出标识。对于根系分布等破坏性取样，在保护行等样地外或同类有代表性样地进行，避免影响其他监测的执行。

24.3　海伦站水肥耦合长期定位试验辅助观测场

24.3.1　样地代表性

样地（HLAFZ03AB0_01）建于 1993 年，长方形，面积为 48 m×16 m，与综合观测场土壤生物长期观测采样地属于同一大地块，样地代表性与之相同，参见 24.2.1 节。

样地开展的长期定位试验包括水、肥 2 个因素，每个因素包括 4 个水平，共 16 个处理。4 个水分水平包括 S1 干旱，S2 自然降水，S3 适宜水分，S4 充足水分；4 个肥料水平包括 F1 无肥，F2 中肥，F3 高肥，F4 高肥+有机肥。

24.3.2　自然环境背景

本样地与综合观测场土壤生物长期观测采样地属于同一大地块，自然环境背景与之相同，参见 24.2.2 节。

24.3.3　耕作制度

（1）建立前的耕作制度

本样地与综合观测场土壤生物长期观测采样地属于同一大地块，耕作制度参见 24.2.3 节。

（2）建立后的耕作制度

轮作体系为小麦-玉米-大豆，每 3 年为一个轮作周期。土壤耕作为，麦茬平翻秋起垄，第二年播种玉米，玉米茬秋深翻起垄，第三年播种大豆，大豆茬平翻耙茬，第四年种小麦，由于小区池梗为钢筋混凝土浇灌而成，无法采用机械设备统一耕作，因此采用人工实现翻地、起垄等耕作措施。2004 年开始轮作体系改为大豆-玉米轮作，不再种植小麦。无灌溉。

施化肥，化肥品种为尿素，磷酸二铵，大豆、小麦的肥料在播种时全部作为基肥施入，玉米施肥时将氮肥的 1/3 和磷肥的全部作为基肥施入，其余 2/3 氮肥作为追肥施入，距根部 8～10 cm，深度以 10 cm 为宜。

24.3.4　作物性状与产量

参见 24.2.4 节。

24.3.5　样地配置与观测内容

小区间用防水材料隔离，小区池埂用钢筋混凝土浇灌（1993 年秋季建立）。在自然降水处理小区一端地下设一径流场，雨季监测径流情况。干旱控水处理配置滑道式防雨棚，防雨棚大小为 5 m×4.2 m（2000 年制作），下雨时推入小区遮挡雨水，雨停推开。样地配置 35 根中子水分管，定期进行人工观测。秋季在小区内随机采取 4 次重复样点或者整区采样进行测产。

生物观测包括作物产量、作物生物量、作物收获期植株性状、病虫害记录等。4—10 月利用小区内 35 根中子管每 5 天 1 次采集土壤水分数据，每月 1 次烘干法测定土壤含水量。每年秋季采集土壤样品风干后保存。

测产时在小区内随机选取 4 个样点，每样点 4 m²，或者采取整区收获测产的方法。

24.4　海伦站胜利村站区 76 号地调查点土壤生物采样地

24.4.1　样地代表性

样地（HLAZQ01AB0_01）建于 2004 年，长方形，面积为 55 m×100 m，与海伦站综合观测场土壤生物长期观测采样地生态条件基本一致，样地代表性与之相同，参见 24.2.1 节，样地管理方式为农户自主管理，代表当地农户自主管理方式下的黑土农田生态系统。

24.4.2　自然环境背景

胜利村站区调查点的原生植被为森林-草甸草原，在植物系上属于蒙古植物区系，由于原生植被在人为干扰下受到破坏，多以人工植被形式出现，只有一少部分为次生植被，如灌木丛、杂类草草甸。1897 年破土开荒，2004 年建立海伦站长期观测样地，自然环境背景与海伦站综合观测场土壤生物长期观测采样地基本一致，参见 24.2.2 节。

胜利村站区样地本底条件：1994 年测定表层土壤有机质含量 44.21 g/kg、全氮含量 2.31 g/kg、全磷含量 0.73 g/kg（王建国，1996）。2004 年测定表层土壤有机质含量 48.48 g/kg、全氮含量 2.87 g/kg、全磷含量 0.77 g/kg、全钾含量 21.55 g/kg、速效钾含量 131.70 mg/kg、pH 为 6.19、容重 1.16 g/cm³。

24.4.3　耕作制度

（1）建立前的耕作制度

本样地与综合观测场土壤生物长期观测采样地耕作基本一致，耕作制度参见 24.2.3 节。

（2）建立后的耕作制度

土壤耕作为玉米茬秋深翻起垄，次年播种大豆，大豆茬平翻耙茬，第三年种玉米。

轮作体系为玉米-大豆，每两年为一个轮作周期，不再种植小麦，无灌溉。

施化肥，化肥品种为尿素和磷酸二铵。玉米施肥量为氮素 96.0 kg/hm²，磷素 15.1 kg/hm²。大豆施肥量为氮素 23.0 kg/hm²，磷素 11.7 kg/hm²，秋翻秋起垄；肥料施用方式以基肥一次性于播种前施入。

上述施肥量为参考用量，具体情况由农户自主管理，可能会有一定的变化。

24.4.4　作物性状与产量

参见 24.2.4 节。

24.4.5　样地配置与观测内容

本样地设置土壤、生物长期观测采样地，用于生物、土壤长期观测采样。观测内容与采样设计参见 24.2.5 节。

24.5　海伦站光荣村小流域站区调查点土壤生物采样地

24.5.1　样地代表性

样地（HLAZQ02AB0_01）建于 2004 年，长方形，面积为 2 100 m^2（21 m×100 m），位于松嫩平原黑土区中部，为第四纪冰川湖积作用和现代河流剥蚀作用所形成，成土母质为黄土状亚黏土，是当地商品粮核心产区，代表松嫩平原黑土区的丘陵漫岗区农田生态系统（王占哲，1996）。样地管理方式为农户自主管理，代表当地丘陵漫岗区农户自主管理方式下的黑土农田生态系统。

24.5.2　自然环境背景

2004 年建立海伦站站区调查点土壤生物采样地。光荣村小流域处于松嫩平原黑土区的丘陵漫岗区，土地平均坡度 2.55°，土壤侵蚀模数大于 1 000 t/km^2，沟壑密度 2.27 km/km^2，垦殖率 80%，坡耕地占 90% 以上，主要作物为大豆和玉米，年均降雨 530 mm，平均气温 1.5℃。最早开垦于 1896 年，20 世纪 50 年代以后，由于扩大耕地面积的需求，大量坡地开垦成农田，同时由于当地不合理开发经营造成生态环境恶化，水土流失日益严重，土壤肥力不断下降，生态环境亟须治理。1994 年表层土壤有机质含量 40～50 g/kg、全氮含量 2.0 g/kg、全磷含量 0.5 g/kg、全钾含量 19～20 g/kg（王建国，1996）。2004 年测定表层土壤有机质含量 23.40 g/kg、全氮含量 1.51 g/kg、全磷含量 0.52 g/kg、全钾含量 28.14 g/kg、速效钾含量 180.40 mg/kg、pH 为 6.41、容重 1.12 g/cm^3。

24.5.3　耕作制度

（1）建立前的耕作制度

本样地海伦站样地耕作基本一致，耕作制度参见 24.2.3 节。

（2）建立后的耕作制度

土壤耕作为玉米茬秋深翻起垄，次年播种大豆，大豆茬平翻耙茬，第三年种玉米。

轮作体系为玉米-大豆，每两年为一个轮作周期，不再种植小麦，无灌溉。

施化肥，化肥品种为尿素和磷酸二铵。玉米施肥量为氮素 96.0 kg/hm^2，磷素 15.1 kg/hm^2。大豆施肥量为氮素 23.0 kg/hm^2，磷素 11.7 kg/hm^2，秋翻秋起垄；肥料施用方式以基肥一次性于播种前施入。

上述施肥量为参考用量，具体情况由农户自主管理，可能会有一定的变化。

24.5.4 作物性状与产量

参见 24.2.4 节。

24.5.5 样地配置与观测内容

本样地设置了土壤、生物长期观测采样地，用于生物、土壤长期观测采样。观测内容与采用设计参见 24.2.5 节。

参考文献

王建国，1996. 松嫩平原生态系统研究[M]. 哈尔滨：哈尔滨工程大学出版社.

王占哲，1996. 松嫩平原黑土区农业持续发展研究[M]. 北京：科学出版社.

25 沈阳站生物监测样地本底与耕作制度[*]

25.1 生物监测样地概况

25.1.1 概况与区域代表性

沈阳农田生态系统研究站（以下简称沈阳站）建于 1987 年，隶属中国科学院沈阳应用生态研究所，地理位置为 123°22′3″E、41°31′5″N。1990 年首批进入 CERN，2005 年被批准为国家野外科学观测研究站，2019 年入选农业农村部国家农业科学观测实验站。

沈阳站地处松辽平原南部的中心地带，位于辽河平原。辽河平原区介于辽东、辽西山地丘陵区之间，属于松辽平原南端，由辽河及其支流冲积而成，是东北水稻的重要产区，是辽宁的主要商品粮基地，也是我国重要的商品粮基地。辽河平原为冲积平原，地势开阔平坦，起伏不大，平均海拔 42 m，主要土壤类型为棕壤，属于温带半湿润大陆性季风气候，四季分明，雨热同期，夏季炎热多雨，冬季寒冷干燥，日照充足，冬季春季多大风，年均气温 7～8℃，大于 10℃的年活动积温 3 100～3 400℃，年总辐射量 5.02～5.64 KJ/m^2，无霜期 147～164 d，年降水量 650～700 mm，70%集中在 6—8 月，年蒸发量 1 480～1 756 mm。该地区农作物是一年一熟，农作物以玉米和水稻为主。此外国际地圈生物圈计划（IGBP）按照热量梯度条带（南北）和湿度梯度条带（东西）布局全球野外台站，穿过中国的有两条样带，沈阳站就在交叉点上。同时，沈阳站地处东北老工业基地的核心区域，因此，沈阳站具有重要的区域代表性和网络研究性。

25.1.2 生物监测样地设置

沈阳站总面积为 15 hm^2，具有永久土地使用权（有土地管理部门颁发的土地使用证），其中试验用地 12 hm^2。试验场地设有旱田试验区、水田试验区、污染生态试验区、智能玻璃联栋温室、阳光温室及自动气象观测场。沈阳站自 1998 年开始，先后设置了 10 个生物长期观测样地，在旱田试验区中有 6 个生物监测样地，其中有 2 个综合观测场和 4 个旱田土壤生物监测辅助观测场，分别为沈阳站水土生联合长期观测采样地 1、沈阳站水土生联合长期观测采样地 2、沈阳站土壤生物辅助观测场长期采样地 1（空白）、沈阳站土壤生物

---

* 编写：樊月玲（中国科学院沈阳应用生态研究所）
　审稿：郑立臣（中国科学院沈阳应用生态研究所）

辅助观测场长期采样地 2（秸秆还田）、沈阳站土壤生物辅助观测场长期采样地 3（一次性施肥区）、沈阳站土壤生物辅助观测场长期采样地 4（常规施肥玉米连作区）。水田试验区中有 1 个土壤生物监测辅助观测场，为沈阳站土壤生物辅助观测场长期采样地 5（水田）。3 个站区调查点是不同类型的农户自主土地，分别为沈阳站土壤生物站区调查点长期采样地 1（新庄村）、沈阳站土壤生物站区调查点长期采样地 2（十里河村）、沈阳站土壤生物站区调查点长期采样地 3（李双台子村）（表 25-1）。

沈阳站的综合观测采样地和辅助观测采样地均在站区内，而 3 块站区调查点分别位于站区的东北、东部和西北位置。样地布局如图 25-1 所示，样地外貌见彩图 25-1～彩图 25-10。

表 25-1 沈阳站生物长期观测样地清单

序号	样地代码	样地名称	样地类别	轮作体系	地理位置	海拔/m	面积及形状/（m×m）	建立时间和设计使用年数
1	SYAZH01ABC_01	沈阳站水土生联合长期观测采样地1	综合观测场	玉米→玉米→大豆,3年为一个轮作周期	123°22′3.70″～123°22′5.70″E,41°31′5.00″～41°31′5.95″N	42	48×32	1998 年,100 年
2	SYAZH01ABC_02	沈阳站水土生联合长期观测采样地2	综合观测场	玉米→玉米→大豆,3年为一个轮作周期	123°21′53″～123°21′56″E,41°31′2.0″～41°31′5.0″N	42	64.3× 56	2008 年,100 年
3	SYAFZ01AB0_01	沈阳站土壤生物辅助观测场长期采样地1（空白）	辅助观测场	玉米→玉米→大豆,3年为一个轮作周期	123°22′4.70″～123°22′5.30″E,41°31′3.85″～41°31′4.325″N	42	15.3×17	2004 年,长期
4	SYAFZ02AB0_01	沈阳站土壤生物辅助观测场长期采样地2（秸秆还田）	辅助观测场	玉米→玉米→大豆,3年为一个轮作周期	123°22′4.70″～123°22′5.30″E,41°31′4.325″～41°31′4.80″N	42	15.3×17	2004 年,长期
5	SYAFZ03AB0_01	沈阳站土壤生物辅助观测场长期采样地3（一次性施肥区）	辅助观测场	玉米→玉米→大豆,3年为一个轮作周期	123°22′4.10″～123°22′4.70″E,41°31′3.85″～41°31′4.325″N	42	15.3×17	2004 年,长期
6	SYAFZ04AB0_01	沈阳站土壤生物辅助观测场长期采样地4（常规施肥玉米连作区）	辅助观测场	连作玉米	123°22′4.10″～123°22′4.70″E,41°31′4.325″～41°31′4.80″N	42	15.3×17	2004 年,长期

序号	样地代码	样地名称	样地类别	轮作体系	地理位置	海拔/m	面积及形状/（m×m）	建立时间和设计使用年数
7	SYAFZ05AB0_01	沈阳站土壤生物辅助观测场长期采样地5（水田）	辅助观测场	连作水稻	123°22′6.25″～123°22′7.90″E，41°31′3.25″～41°31′3.95″N	42	56.9×21.6	2004年，长期
8	SYAZQ01AB0_01	沈阳站土壤生物站区调查点长期采样地1（新庄村）	站区调查点	无	123°23′12.8″～123°23′16.8″E，41°31′26.5″～41°31′33.6″N	42	200×20	2005年，长期
9	SYAZQ02AB0_01	沈阳站土壤生物站区调查点长期采样地2（十里河村）	站区调查点	无	123°21′50.45″～123°21′53.44″E，41°31′18.75″～41°31′20.30″N	42	92.3×47.8	2005年，长期
10	SYAZQ03AB0_01	沈阳站土壤生物站区调查点长期采样地3（李双台子村）	站区调查点	无	123°24′31.10″～123°24′33.65″E，41°31′55.20″～41°31′59.92″N	42	145.7×78.7	2005年，长期

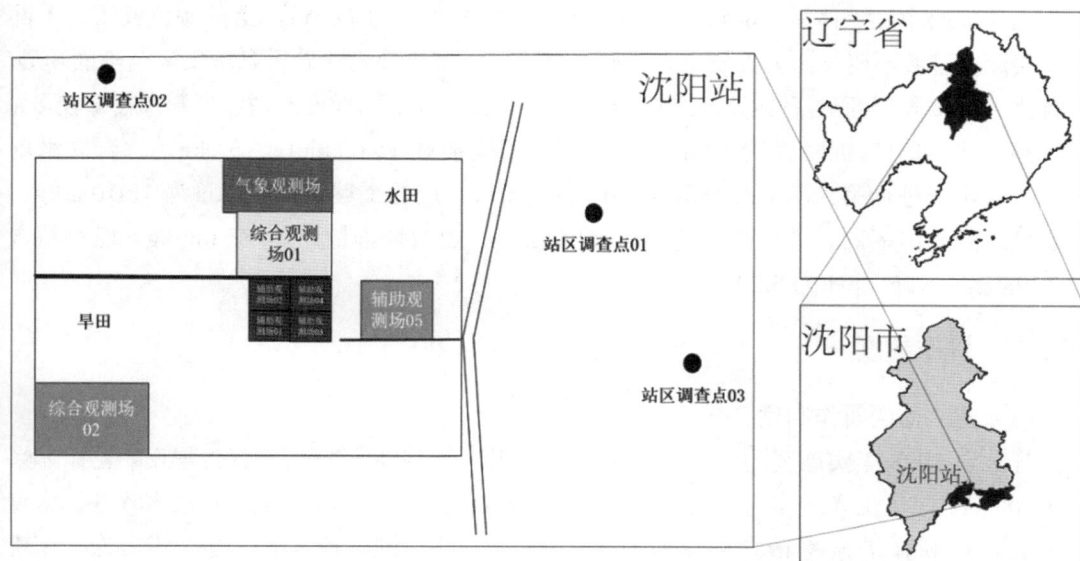

图 25-1　沈阳站生物长期观测样地布局

25.2   沈阳站水土生联合长期观测采样地 1

25.2.1   样地代表性

样地（SYAZH01ABC_01）于 1998 年建立，位于沈阳站站区内，地理位置 123°22′3.70″～123°22′5.70″E、41°31′5.00″～41°31′5.95″N，面积为 48 m×32 m，设计使用年限为 100 年，1998 年开始生物要素监测。

样地代表辽河平原农田生态系统，属于松辽平原南部农业生态区，是本区域粮食主产区。本观测场为旱田，养分水平较高。旱田为雨养农业，无其他灌溉。由于水热条件的限制，本地区复种指数低，一年种植一季作物。观测场建立后其轮作体系为玉米→玉米→大豆，单季种植玉米或大豆，采用垄作耕作方式。磷肥和钾肥为基施肥，尿素为基施肥加追肥。样地周边开阔，主要为农田。

25.2.2   自然环境背景

样地地貌为低海拔平坦的冲积洪积平原，母质为河流冲积物，平均海拔 42 m。样地属于温带半湿润大陆性季风气候，年平均气温 7～8℃，>10℃的年活动积温 3 300～3 400℃，无霜期 147～164 d，年降水量 650～700 mm，年蒸发量 1 480～1 756 mm，年日照时数平均为 2 372.5 h，地下水位深度 8～10 m。在中国土壤系统分类体系的名称为简育湿润淋溶土。土壤剖面中，土体呈 Ap-AB-Bt1-Bt2 构型；总体颜色为 7.5 Yr，上部颜色较淡，下部颜色较深，过渡不明显；上部质地为粉砂质壤土，下部质地为粉砂质黏壤土，全剖面粉砂/黏粒比>1.0，表层粉砂/黏粒比>3.0；全剖面自上而下有不同程度的锈纹锈斑，底部较多；0～18 cm 耕作层有机质含量 19.65 g/kg，阳离子交换量 15.6 cmol（+）/kg。综合观测场 01 在 2004 年进行第二次本底值调查，0～20 cm 耕作层的土壤有机质含量为 18.10 g/kg，全氮含量为 1.07 g/kg，速效磷含量为 15.50 mg/kg，速效钾含量为 84.82 mg/kg，碱解氮含量为 98.64 mg/kg，pH 为 5.20。

25.2.3   耕作制度

（1）建立前的耕作制度

样地自 1998 年实施观测。1988 年以前作水田，自 1988 年以后一直作旱田。轮作体系为 1988—1997 年玉米连作，一年一季，玉米春天 4 月末或 5 月初种植，9 月末收获，生育期为 150 d。耕作措施是 1988 年以前为春季翻耕，翻耕后泡田种水稻；1988 年后为垄作耕法，翻耕后起垄种植玉米。无灌溉，雨养农业。

施肥制度：磷肥和钾肥为基施肥，尿素为基施肥加追肥。1988—1997 年使用的氮、磷、钾肥分别是尿素、过磷酸钙、硫酸钾，每公顷施用氮、磷、钾含量分别为 150 kg、24.8 kg、60 kg。肥料施用方式为氮肥的 1/3 和全部磷肥、钾肥以基肥形式一次性在播种前施入，氮肥的 2/3 在玉米拔节期以追肥的形式施入。

（2）建立后的耕作制度

1998 年建立样地后，1998—2003 年继续采用玉米连作的方式，每年春季翻耕后起垄种植玉米，一年一季，玉米春天 4 月末或 5 月初种植，10 月初收获。2004 年开始采用玉米→玉米→大豆的轮作体系，一年一季，玉米春天 4 月末或 5 月初种植，9 月末收获；大豆 5 月初种植，9 月末收获。土壤耕作方式采用垄作耕作法，翻耕后起垄种植玉米或者大豆。无灌溉，雨养农业。

施肥制度以化肥为主。每年根据实际情况和种植作物的不同调整施肥量，具体如表 25-2 所示。

表 25-2　沈阳站综合观测场生物长期观测样地施肥情况

年份	种植作物	肥料品种	肥料名称	肥料折纯使用量/（kg/hm²）
1998—2002	玉米	氮（N）	尿素	150.00
		磷（P）	过磷酸钙	24.80
		钾（K）	硫酸钾	60.00
2003	玉米	氮（N）	尿素、磷酸二铵	165.00
		磷（P）	磷酸二铵	30.11
		钾（K）	氯化钾	37.35
2004	大豆	氮（N）	尿素、磷酸二铵	92.25
		磷（P）	磷酸二铵	45.17
		钾（K）	氯化钾	56.03
2005	玉米	氮（N）	尿素、磷酸二铵	165.00
		磷（P）	磷酸二铵	30.11
		钾（K）	氯化钾	37.35
2006	玉米	氮（N）	硫酸铵、磷酸二铵	179.99
		磷（P）	磷酸二铵	32.73
		钾（K）	氯化钾	62.26
2007	大豆	氮（N）	硫酸铵、磷酸二铵	74.55
		磷（P）	磷酸二铵	24.59
		钾（K）	氯化钾	78.44
2008	玉米	氮（N）	尿素、复合肥	247.50
		磷（P）	复合肥	32.73
		钾（K）	复合肥	62.26
2009	玉米	氮（N）	尿素、磷酸二铵	247.50
		磷（P）	磷酸二铵	32.73
		钾（K）	氯化钾	62.26
2010	大豆	氮（N）	硫酸铵、磷酸二铵	79.50
		磷（P）	磷酸二铵	30.11
		钾（K）	氯化钾	62.26

肥料施用方式：玉米季 1/3 氮肥和全部磷钾肥作为基肥一次性施用，另外 2/3 氮肥在玉米拔节期以追肥的形式施入。大豆季 1/4 氮肥、3/4 磷肥和 2/3 钾肥作为基肥一次性施用，剩余的 3/4 氮肥、1/4 磷肥和 1/3 钾肥在大豆分枝期以追肥的形式施入。

25.2.4 作物性状与产量

样地建立当年（1998 年）玉米品种为"沈试 29"，种植密度为 4 株/m^2，株高 264.1 cm，千粒重为 391.33 g，产量为 10 840 kg/hm^2。

25.2.5 样地配置与观测内容

样地 1998 年建立时面积为 400 m^2（20 m×20 m），2004 年扩大面积为 1 536 m^2（48 m×32 m）。在管理上，严格按照 CERN 样地的管理措施进行管理。

观测内容包括：①土壤、生物长期采样地，长期监测土壤肥力及作物生物量变化；②土壤体积含水量采样地，包括沈阳站综合观测场中子管 1 号、2 号、3 号，长期监测土壤体积含水量变化趋势；③土壤质量含水量采样地，长期监测土壤剖面不同层次土壤质量含水量变化趋势。除此之外，本样地自 2014 年开始陆续增添了土壤温湿盐自动观测系统、植物物候自动观测系统和植物根系观测系统微根管。

本样地观测生物、土壤、水分三大要素，全部按照 CERN 综合观测场指标体系和规范要求进行观测。

在采样设计上，生物样地与土壤表层样地为同一样地，为 6 m×4 m 的长方形。样地 48 m×32 m 被划分为 6 个 24 m×8 m 的采样区，每个采样区又分为 8 个 6 m×4 m 的采样小区（a～h）。采样小区尽量避免土层扰动，可代表综合观测场的土壤和作物水平（吴冬秀等，2007，2019）。

生物采样：结合土壤取样在相应的取样小区内同时取有代表性样品（数量根据作物不同而异），每次采样从 6 个采样区内取得 6 份样品，即 6 次重复。在长期监测过程中，对每一次采样点的地理位置、采样情况和采样条件作详细的定位记录，并在相应的土壤或地形图上作出标识（吴冬秀等，2007）。对于根系分布等破坏性取样，在保护行等样地外或同类有代表性样地进行，避免影响其他采样监测的执行（吴冬秀等，2019）。

采样设计严格按照 CERN 统一规范进行采样，见图 25-2。

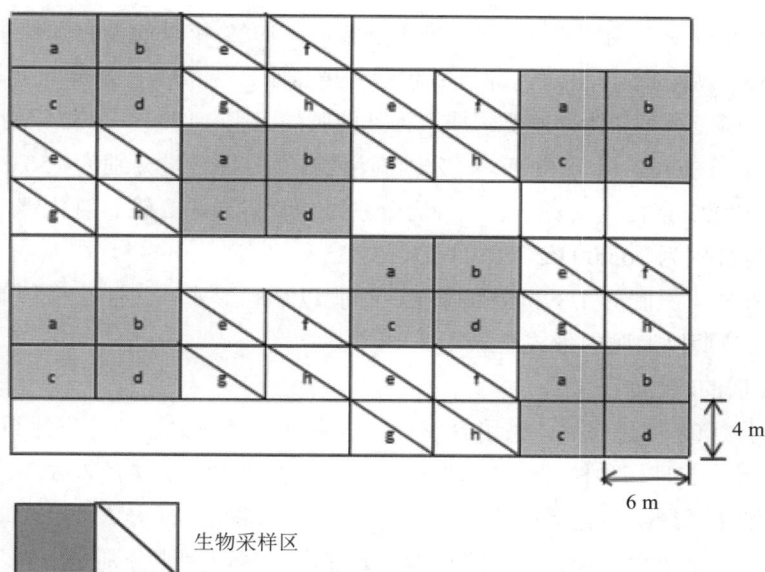

图 25-2　沈阳站水土生联合长期观测采样地 1 生物采样设计图

25.3　沈阳站水土生联合长期观测采样地 2

25.3.1　样地代表性

样地（SYAZH01ABC_02）位于沈阳站站区内，地理位置为 123°21′53″~123°21′56″E、41°31′2.0″~41°31′5.0″N，为 64.3 m×56 m 的长方形，面积约 3 600 m²。该观测场 2008 年建立，作为对沈阳站水土生联合长期观测采样地 1 的有效补充，代表该地区典型的农田生态系统，设计使用年限 100 年。本观测场的区域代表性与综合观测场土壤生物长期观测采样地 1 相同。

25.3.2　自然环境背景

本样地与沈阳站水土生联合长期观测采样地 1 属于同一大地块，自然环境背景与之相同，参见 25.2.2 节。此外，本样地在 2008 年开展试验前进行本底值调查：0~20 cm 耕作层的土壤有机质含量为 16.38 g/kg，全氮含量为 0.98 g/kg，速效磷含量为 17.80 mg/kg，速效钾含量为 79.25 mg/kg，缓效钾含量为 484.89 mg/kg，碱解氮含量为 113.26 mg/kg，pH 为 5.76。

25.3.3　耕作制度

（1）建立前的耕作制度

本观测场自 2008 年建立并实施观测。本观测场 1988 年以前作水田，自 1988 年以后一直作旱田。轮作体系为 1990—2007 年玉米连作，一年一季，玉米春天 4 月末或 5 月初种植，9 月末收获，生育期约为 150 d。耕作措施是：1988 年以前为春季翻耕，翻耕后泡田种水稻；1988 年后为垄作耕法，翻耕后起垄种植玉米。无灌溉，雨养农业。

施肥制度：磷肥和钾肥为基施肥，尿素为基施肥加追肥。1998—2002 年使用的氮、磷、钾肥分别是尿素、过磷酸钙、硫酸钾，每公顷施用氮、磷、钾含量分别为 150.0 kg、24.8 kg、60.0 kg。2003—2007 年使用的氮、磷、钾肥分别是尿素、磷酸二铵、氯化钾，每公顷施用氮、磷、钾含量分别为 165.00 kg、30.11 kg、37.35 kg。

肥料施用方式：氮肥的 1/3 和全部磷肥、钾肥以基肥形式一次性在播种前施入，氮肥的 2/3 在玉米拔节期以追肥的形式施入。

（2）　建立后的耕作制度

本观测场于 2008 年建立后，采用春季种植玉米→玉米→大豆的轮作体系，一年一季，玉米春天 4 月末或 5 月初种植，9 月末收获；大豆 5 月初种植，9 月末收获。土壤耕作方式采用垄作耕作法，翻耕后起垄种植玉米或者大豆。无灌溉，雨养农业。

施肥制度：以化肥为主。2008 年玉米季使用的氮、磷、钾肥分别是尿素、复合肥，每公顷施用氮、磷、钾含量分别为 247.50 kg、32.73 kg、62.26 kg。2009 年及以后玉米季使用的氮、磷、钾肥分别是尿素、磷酸二铵、氯化钾，每公顷施用氮、磷、钾含量分别为 247.50 kg、32.73 kg、62.26 kg。2010 年及以后大豆季使用的氮、磷、钾肥分别是磷酸二铵、氯化钾、硫酸铵，每公顷施用氮、磷、钾含量分别为 79.50 kg、30.11 kg、62.26 kg。

肥料施用方式：玉米季 1/3 氮肥和全部磷肥、钾肥作为基肥一次性施用，另外 2/3 氮肥在玉米拔节期以追肥的形式施入。大豆季 1/4 氮肥、3/4 磷肥和 2/3 钾肥作为基肥一次性施用，剩余的 3/4 氮肥、1/4 磷肥和 1/3 钾肥在大豆分枝期以追肥的形式施入。

25.3.4　作物性状与产量

样地建立当年（2008 年）玉米品种为"富友 1 号"，种植密度为 3.8 株/m²，株高 310.3 cm，百粒重为 32.45 g，产量为 9 359 kg/hm²。

25.3.5　样地配置与观测内容

本样地和沈阳站水土生联合长期观测采样地 1 配置大体一致，但有增加。观测内容包括：①土壤、生物长期采样地，长期监测土壤肥力及作物生物量变化；②土壤体积含水量采样地，包括沈阳站综合观测场 TDR 采样管 4 号、5 号、6 号，长期监测土壤体积含水量变化趋势；③土壤质量含水量采样地，长期监测土壤剖面不同层次土壤质量含水量变化趋势；④碳通量观测设备，长期监测土壤的碳通量变化趋势。除此之外，本样地自 2014 年开始陆续增添了土壤温湿盐自动观测系统、植物物候自动观测系统和植物根系观测系统微根管。

本样地观测生物、土壤、水分三大要素，全部按照 CERN 综合观测场指标体系进行观测。

在采样设计上，生物样地与土壤表层样地为同一样地，为 5 m×5 m 的正方形。样地选址尽量避免土层扰动、能代表综合观测场的土壤和作物水平。样地 40 m×40 m 被划分为 6 个 20 m×10 m 的采样区，每个采样区又分为 8 个 5 m×5 m 的采样小区（a～h）（吴冬秀等，2007，2019）。

生物、土壤、水分采样方法和采样设计见图 25-2。

25.4　沈阳站旱田辅助观测场

25.4.1　样地代表性

沈阳站辅助观测场（旱田）均位于辽宁省沈阳市苏家屯区十里河镇十里河村，沈阳站站区内，在同一块地共包含以下 4 块采样地，每块样地均近似 15.3 m×17 m 的长方形，面积约 260 m²。

（1）沈阳站土壤生物辅助观测场长期采样地 1（空白区）[简称沈阳站辅助观测场 01（CK 区）]，样地代码为 SYAFZ01AB0_01，地理位置为 123°22′4.70″～123°22′5.30″E、41°31′3.85″～41°31′4.325″N。

（2）沈阳站土壤生物辅助观测场长期采样地 2（秸秆还田区）（简称沈阳站辅助观测场 02），样地代码为 SYAFZ02AB0_01，地理位置为 123°22′4.70″～123°22′5.30″E、41°31′4.325″～41°31′4.80″N。

（3）沈阳站土壤生物辅助观测场长期采样地 3（一次性施肥区）（简称沈阳站辅助观测场 03），样地代码为 SYAFZ03AB0_01，地理位置为 123°22′4.10″～123°22′4.70″E、41°31′3.85″～41°31′4.325″N。

（4）沈阳站土壤生物辅助观测场长期采样地 4（常规施肥玉米连作区）（简称沈阳站辅助观测场 04），样地代码为 SYAFZ04AB0_01，地理位置为 123°22′4.10″～123°22′4.70″E、41°31′4.325″～41°31′4.80″N。

以上 4 块辅助观测场样地均为旱田，土壤类型为棕壤，亚类为潮棕壤，母质为冲积物，其养分水平较高。旱田以降雨为主，无灌溉。

2004 年设置了不施用化肥的试验区，监测本生态系统下土壤本身对作物产量的影响，即沈阳站土壤生物辅助观测场长期采样地 1（空白区）。

2004 年设置了沈阳站土壤生物辅助观测场长期采样地 2（秸秆还田区），以监测该区典型农田在秸秆还田管理模式下，土壤要素演变以及对生物的相关影响，并与长期观测采样地（只施用化肥）形成对比。

2004 年设置了沈阳站土壤生物辅助观测场长期采样地 3（一次性施肥区）进行一次性施肥处理，以监测该地区典型农田在一次性施肥管理模式下，土壤要素演变，并与长期观测采样地（施化肥加追肥）形成对比。

由于以上各样地采用春季种植玉米→玉米→大豆的轮作体系，因此 2004 年特设置沈阳站土壤生物辅助观测场长期采样地 4（常规施肥玉米连作区），以监测该区典型农田在玉米连作施肥管理模式下，土壤要素演变。

以上 4 块辅助观测场的土壤类型均为潮棕壤，养分水平较高，旱田以雨水为主，耕作上采用小型拖拉机。由于水热条件的限制，本地区复种指数相对较低，一年种植一季作物。观测场建立后，其轮作体系为单作玉米或大豆，采用垄作耕作方式。磷肥和钾肥为基施肥，尿素为基施肥加追肥。周围视野相对较开阔，主要为农田。

25.4.2　自然环境背景

本样地与两块综合观测场土壤生物长期观测采样地属于同一大地块，自然环境背景与之相同，参见 25.2.2 节。

25.4.3　耕作制度

（1）建立前的耕作制度

沈阳站旱田辅助观测场自 2004 年开始建立实施观测。本观测场 1988 年以前为水田，自 1988 年以后一直用作旱田。轮作体系为 1988—1998 年玉米连作，一年一季，玉米春天 4 月末或 5 月初种植，9 月末收获，生育期约 150 d。耕作措施是：1988 年以前为春季翻耕，翻耕后泡田种水稻；1988 年后为垄作耕法，翻耕后起垄种植玉米。无灌溉，雨养农业。

施肥制度：磷肥和钾肥为基施肥，尿素为基施肥加追肥。1988—2002 年使用的氮、磷、钾肥分别是尿素、过磷酸钙、硫酸钾，每公顷施用氮、磷、钾含量分别为 150 kg、24.8 kg、60 kg。2003 年使用的氮、磷、钾肥分别是尿素、磷酸二铵、氯化钾，每公顷施用氮、磷、钾含量分别为 165 kg、30.11 kg、37.35 kg。

肥料施用方式：氮肥的 1/3 和磷肥钾肥以基肥形式一次性全部在播种前施入，氮肥的 2/3 在玉米拔节期以追肥的形式施入。

（2）建立后的耕作制度

沈阳站辅助观测场 01、02、03 区自 2004 年建立后，均采用春季种植玉米→玉米→大豆的轮作体系，一年一季，玉米春天 4 月末或 5 月初种植，9 月末收获，大豆 5 月初种植，9 月末收获。而沈阳站辅助观测场 04 自 2004 年建立后，采用春季种植玉米连作体系，一年一季，玉米春天 4 月末或 5 月初种植，9 月末收获。土壤耕作方式均采用垄作耕作法，翻耕后起垄种植玉米或大豆。无灌溉，雨养农业。

在施肥制度上，4 个样地分别对应以下 4 种施肥处理：

（1）沈阳站辅助观测场 01（CK 区），由于本观测场监测的是该区域典型农田的不施肥管理模式，所以自 2004 年该观测场建立起就不施用任何肥料。

（2）沈阳站辅助观测场 02（秸秆还田区）的施肥制度为以化肥为主，并配合秸秆还田。2004 年大豆季使用的氮、磷、钾肥分别是尿素、磷酸二铵、氯化钾，每公顷施用氮、磷、钾含量分别为 92.25 kg、45.17 kg、56.03 kg。2005 年玉米季使用的氮、磷、钾肥分别是尿素、磷酸二铵、氯化钾，每公顷施用氮、磷、钾含量分别为 165.00 kg、30.11 kg、

37.35 kg。2006 年玉米季使用的氮、磷、钾肥分别是尿素、磷酸二铵、氯化钾，每公顷施用氮、磷、钾量分别为 179.99 kg、32.73 kg、62.26 kg。2007 年大豆季使用的氮、磷、钾肥分别是磷酸二铵、氯化钾、硫酸铵，每公顷施用氮、磷、钾含量分别为 74.55 kg、24.59 kg、78.44 kg。2008 年以后玉米季使用的氮、磷、钾肥分别是尿素、磷酸二铵、氯化钾，每公顷施用氮、磷、钾含量分别为 222.75 kg、29.46 kg、56.03 kg。2010 年以后大豆季使用的氮、磷、钾肥分别是磷酸二铵、氯化钾、硫酸铵，每公顷施用氮、磷、钾含量分别为 79.50 kg、30.11 kg、62.26 kg。肥料施用方式：玉米季 1/3 氮肥和全部磷肥、钾肥作为基肥一次性施用，另外 2/3 氮肥在玉米拔节期以追肥的形式施入。大豆季 1/4 氮肥、3/4 磷肥和 2/3 钾肥作为基肥一次性施用，剩余的 3/4 氮肥、1/4 磷肥和 1/3 钾肥在大豆分枝期以追肥的形式施入。

（3）沈阳站辅助观测场 03（一次性施肥区）的施肥制度为以化肥为主。2004 年大豆季使用的氮、磷、钾肥分别是尿素、磷酸二铵、氯化钾，每公顷施用氮、磷、钾含量分别为 92.25 kg、45.17 kg、56.03 kg。2005 年玉米季使用的氮、磷、钾肥分别是尿素、磷酸二铵、氯化钾，每公顷施用氮、磷、钾含量分别为 92.25 kg、45.17 kg、56.03 kg。2006 年玉米季使用的氮、磷、钾肥分别是尿素、磷酸二铵、氯化钾，每公顷施用氮、磷、钾含量分别为 44.98 kg、32.73 kg、62.26 kg。2007 年大豆季使用的氮、磷、钾肥分别是磷酸二铵、氯化钾、硫酸铵，每公顷施用氮、磷、钾含量分别为 18.90 kg、21.08 kg、52.30 kg。2008 年以后玉米季使用的氮、磷、钾肥分别是复混肥料、缓释尿素、氯化钾，每公顷施用氮、磷、钾含量分别为 199.92 kg、33.37 kg、51.02 kg。2010 年以后大豆季使用的氮、磷、钾肥分别是磷酸二铵、氯化钾、硫酸铵、抑制剂，每公顷施用氮、磷、钾含量分别为 79.50 kg、30.11 kg、62.26 kg、4.2 kg。肥料施用方式：玉米季 11/12 氮肥、3/4 磷肥和 7/8 钾肥作为基肥一次性施用，剩余的 1/12 氮肥、1/4 磷肥和 1/8 钾肥在播种时以口肥的形式施入。大豆季全部的氮肥和抑制剂充分混合均匀后再和全部的磷肥、钾肥作为基肥一次性施用。

（4）沈阳站辅助观测场 04（常规玉米连作区）的施肥制度为以化肥为主。2004—2005 年玉米季使用的氮、磷、钾肥分别是尿素、磷酸二铵、氯化钾，每公顷施用氮、磷、钾含量分别为 165.00 kg、30.11 kg、37.35 kg。2006 年玉米季使用的氮、磷、钾肥分别是尿素、磷酸二铵、氯化钾，每公顷施用氮、磷、钾含量分别为 179.99 kg、32.73 kg、62.26 kg。2007 年玉米季使用的氮、磷、钾肥分别是尿素、磷酸二铵、氯化钾，每公顷施用氮、磷、钾含量分别为 204.00 kg、35.13 kg、74.71 kg。2008 年以后玉米季使用的氮、磷、钾肥分别是尿素、磷酸二铵、氯化钾，每公顷施用氮、磷、钾含量分别为 222.75 kg、29.46 kg、56.03 kg。肥料施用方式：氮肥的 1/3 和全部磷肥、钾肥以基肥形式一次性在播种前施入，氮肥的 2/3 在玉米拔节期以追肥的形式施入。

25.4.4 作物性状与产量

样地建立当年（2004 年），4 个样地的作物性状与产量分别是：

沈阳站辅助观测场 01 大豆品种为"铁丰 29"，种植密度为 41.7 株/m^2，株高 49.3 cm，单株荚数为 28.1 个，每荚粒数为 2.0 粒，百粒重为 20.34 g，产量为 2 409 kg/hm^2；沈阳站辅助观测场 02 大豆品种为"铁丰 29",种植密度为 30.7 株/m²,株高为 53.7 cm,单株荚数为 35.0 个,每荚粒数为 2.0 粒,百粒重为 20.49 g,产量为 2 427 kg/hm²;沈阳站辅助观测场 03 大豆品种为"铁丰 29",种植密度为 27.0 株/m²,株高为 55.3 cm,单株荚数为 36.1 个,每荚粒数为 2.0 粒,百粒重为 19.99 g,产量为 2 367 kg/hm²;沈阳站辅助观测场 04 样地玉米品种为"富友 1 号",种植密度为 5.0 株/m²,株高为 250.3 cm,百粒重为 45.53 g,产量为 9 110 kg/hm²。

25.4.5 样地配置与观测内容

（1） 沈阳站辅助观测场 01（CK 区）

沈阳站辅助观测场 01（CK 区）观测生物和土壤两大要素,全部按照 CERN 辅助观测场指标体系进行观测。2017 年安装了植物物候自动观测系统,2020 年安装了植物根系观测系统微根管。

该辅助观测场 01 共划分为 3 个采样区,在采样设计上,生物样地与土壤表层样地为同一样地,样地选址尽量避免土层扰动、能代表本观测场的土壤和作物水平（吴冬秀等,2007,2019）。将采样地划分为 3 个 14 m×5 m 的采样区。从东到西每个小区编码分别为 1、2、3（图 25-3）。

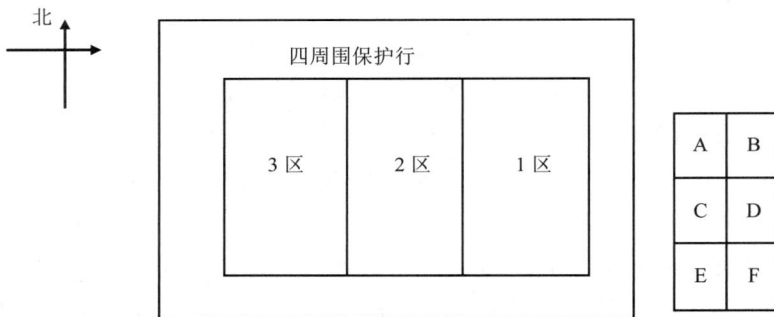

图 25-3 辅助观测场 01 土壤生物长期观测样地采样设计图

将每个小区划分为 6 个采样区,以字母 A、B、C、D、E、F 标定范围,在取样时,通过对边拉线,确定每个小区的分界线,采样区名用数字和字母表示。如编号为 03-A1,表示 2003 年（03）,在第一个小区内,编号为 A。

生物采样:生物采样结合土壤表层取样在相应的取样小区内同时取有代表性样品（数量根据作物不同而异）,每次采样从 3 个采样区内取得 3 份样品,即 3 次重复。在长期监测过程中,对每一次采样点的地理位置、采样情况和采样条件作详细的定位记录,并在相应的土壤或地形图上作出标识。对于根系分布等破坏性取样,在保护行等样地外或同类有代表性样地进行,避免影响其他采样监测的执行（吴冬秀,2019）。

（2）沈阳站辅助观测场 02（秸秆还田区）

沈阳站辅助观测场 02（秸秆还田区）,观测生物和土壤两大要素,全部按照 CERN 辅助观测场指标体系进行观测。2020 年安装了植物根系观测系统微根管。其他采样设计同沈阳站辅助观测场 01（CK 区），参见图 25-3。

（3）沈阳站辅助观测场 03（一次性施肥区）

沈阳站辅助观测场 03（一次性施肥区），观测生物和土壤两大要素，全部按照 CERN 辅助观测场指标体系进行观测。2020 年安装了植物根系观测系统微根管。其他采样设计同沈阳站辅助观测场 01（CK 区），参见图 25-3。

（4）沈阳站辅助观测场 04（常规玉米连作区）

沈阳站辅助观测场 04（常规玉米连作区），观测生物和土壤两大要素，全部按照 CERN 辅助观测场指标体系进行观测。2020 年安装了植物根系观测系统微根管。其他采样设计同沈阳站辅助观测场 01（CK 区），参见图 25-3。

25.5 沈阳站土壤生物辅助观测场长期采样地 5（水田）

25.5.1 样地代表性

样地（SYAFZ05AB0_01）于 2004 年建立，位于辽宁省沈阳市苏家屯区十里河镇十里河村，沈阳站站区内，地理位置为 123°22′6.25″～123°22′7.90″E、41°31′3.25″～41°31′3.95″N，近似 56.9 m×21.6 m 的长方形，面积约 1 229 m²。

本观测场代表辽河平原典型的农田生态系统，监测该区典型农田在水稻连作管理模式下，土壤要素演变以及作物生物量变化趋势。土壤类型为水稻土，养分水平较高，水田以灌溉为主，耕作上采用小型拖拉机。周围地势比较平坦，主要是农田。毗邻综合观测场和气象观测场，气候、水分等因素易于监测和管理。

25.5.2 自然环境背景

该样地地形和气候因素参见 25.2.2 节。主要依赖降水，水田用地下水灌溉，排水保证率较好。在中国土壤发生分类中，土壤类型属于水稻土。土壤剖面特征为：土体呈 Ap1-Ap2 -Br1- Br2 构型；总体颜色呈黄棕色 7.5 YR，上部颜色较淡，下部颜色较深，层次过渡明显；水耕表层为粉砂壤土，水耕氧化还原层为粉砂质黏壤土；全剖面见有绣纹锈斑及铁锰淀斑，尤以水耕氧化还原层较多。土体 pH 为 6.9～7.5，全剖面基本一致（耕层略低）；耕层的阳离子交换量为 14.9 cmol（＋）/kg，水耕氧化还原层为 17.1～20.6 cmol（＋）/kg；耕层有机碳含量 12.9 g/kg，全氮含量 1.1 g/kg，随深度增加逐渐减少。

25.5.3 耕作制度

（1）建立前的耕作制度

本观测场自 2004 年开始建立并观测。本观测场一直作水田，轮作体系为水稻连作，一年一季，一般在 5 月中下旬插秧，10 月上旬收获，生育期约为 180 d。耕作措施是春季翻耕，翻耕后泡田种水稻。地下水灌溉。

施肥制度：磷肥和钾肥为基施肥，尿素为基施肥加追肥。1988—2001 年使用的氮、磷、钾肥分别是尿素、过磷酸钙、硫酸钾，每公顷施用氮、磷、钾含量分别为 170.0 kg、24.2 kg、33.6 kg。2002 年使用的氮、磷、钾肥分别是尿素、过磷酸钙、硫酸钾，每公顷施用氮、磷、钾含量分别为 150.0 kg、24.8 kg、60.0 kg。2003 年使用的氮、磷、钾肥分别是尿素、磷酸二铵、氯化钾，每公顷施用氮、磷、钾含量分别为 234.00 kg、30.11 kg、56.03 kg。肥料施用方式：氮肥的 1/3 和全部磷、钾肥以基肥形式一次性在播种前施入，氮肥的 2/3 在水稻拔节期以追肥的形式施入。

（2）建立后的耕作制度

本观测场于 2004 年建立后，采用春季种植水稻连作的轮作体系，一年一季，一般在 5 月中下旬插秧，10 月上旬收获。土壤耕作方式采用春季翻耕，翻耕后泡田种水稻。采用地下水灌溉。采用稻田干湿交替灌溉技术为主的水管理技术。提倡水稻灌区格田化和采用水稻浅湿控制灌溉技术，推广水稻泡田与耕作相结合的技术，研究本区稻田适宜水层标准、土壤水分控制指标、晒田技术及相应的灌溉制度。

施肥制度：以化肥为主。2004—2005 年使用的氮、磷、钾肥分别是尿素、磷酸二铵、氯化钾，每公顷施用氮、磷、钾含量分别为 234.00 kg、30.11 kg、56.03 kg。2006 年使用的氮、磷、钾肥分别是尿素、磷酸二铵、氯化钾，每公顷施用氮、磷、钾量分别为 229.50 kg、45.17 kg、99.61 kg。2007 年使用的氮、磷、钾肥分别是硫酸铵、磷酸二铵、氯化钾，每公顷施用氮、磷、钾含量分别为 207.99 kg、45.17 kg、99.61 kg。2008 年以后使用的氮、磷、钾肥分别是硫酸铵、磷酸二铵、氯化钾，每公顷施用氮、磷、钾含量分别为 229.50 kg、45.17 kg、99.61 kg。

肥料施用方式：1/4 氮肥、2/3 磷肥和 1/2 钾肥作为基肥在翻地时一次性施入，剩余的 3/4 氮肥分别在返青期、分蘖期、拔节期和抽穗期按比例施入，1/3 磷肥在返青期施入和 1/2 钾肥在分蘖期施入。

25.5.4 作物性状与产量

沈阳站辅助观测场 05，建立当年（2004 年）的水稻品种为"辽粳 294-4"，种植密度为 20.3 穴/m^2，株高 94.0 cm，单穴总茎数为 20.8 个，每平方米穗数为 422.2 穗，千粒重为 24.05 g，产量为 7 586 kg/hm^2。

25.5.5 样地配置与观测内容

辅助观测场 05 在建立前种植水稻，于 2004 年建立后仍采用水稻连作，每年种植一季，小型拖拉机耕作，施用肥料为氮肥、磷肥和钾肥。土壤耕作方式采用春季翻耕，翻耕后泡田种水稻。采用地下水灌溉。

本辅助观测场样地观测生物和土壤两大要素，全部按照 CERN 辅助观测场指标体系进行观测。2017 年安装了植物物候自动观测系统，2020 年安装了植物根系观测系统微根管。

　　在采样设计上，生物样地与土壤表层样地为同一样地，样地选址尽量避免土层扰动、能代表本观测场的土壤和作物水平。将样地划分为 6 个 18 m×10 m 的采样区。每年在每区中随机取得一份样品（图 25-4）。

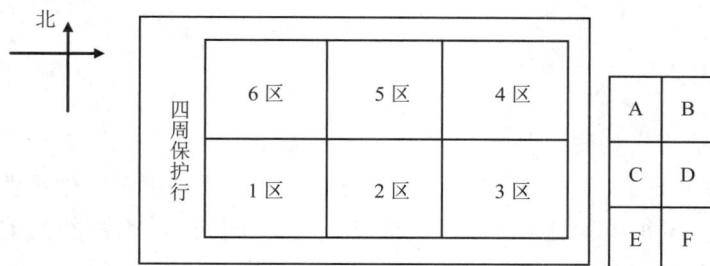

图 25-4　辅助观测场 05 土壤生物长期观测样地采样设计图

　　将每个采样区划分为 6 个小区，以字母 A、B、C、D、E、F 标定范围，在取样时，通过对边拉线，确定每个小区的分界线，采样区名用数字和字母表示。如编号为 04-A1，表示 2004 年（03），在第一个小区内，编号为 A。

　　生物采样设计为结合土壤取样相应在取样小区内同时取有代表性样品（数量根据作物不同而异），每次采样从 6 个采样区内取得 6 份样品，即 6 次重复。在长期监测过程中，对每一次采样点的地理位置、采样情况和采样条件作详细的定位记录，并在相应的土壤或地形图上作出标识。对于根系分布等破坏性取样，在保护行等样地外进行，避免影响其他采样监测的执行（吴冬秀等，2019）。

25.6　沈阳站土壤生物站区调查点长期采样地 1（新庄村）

25.6.1　样地代表性

　　样地（SYAZQ01AB0_01）于 2005 年建立，地理位置为 123°23′12.8″～123°23′16.80″E、41°31′26.5″～41°31′33.6″N，近似 200 m×20 m 的长方形，面积为 4 000 m²。为了在区域尺度上全面了解不同农田管理方式下土壤生态过程的演变，同时验证主要长期采样地中的观测结果，选择耕作以及土壤类型和主要长期采样地一致或者相近的、有代表性的农户田块作为区域调查点（吴冬秀等，2019），监测该区典型农田土壤要素的演变。本站区调查点的土壤类型为潮棕壤，养分水平较高，旱田以雨水灌溉为主，耕作上采用小型拖拉机。周围地势比较平坦，主要是农田。

25.6.2　自然环境背景

　　样地地形和气候因素参见 25.2.2 节。以降水为主，排水保证率较好。在中国土壤发生分类中土类为棕壤，亚类为潮棕壤。土壤剖面中，0～120 cm 层均为黏壤土，0～11 cm 层和 76~98 cm 层呈粒块状结构，而 11~54 cm 层和 54~76 cm 层则呈现块状结构。0~11 cm 层和 11~54 cm 层根系较多，54~76 cm 层和 76~98 cm 层有锈文锈斑，土壤质地紧实，而 98~120 cm 层则呈棱块状结构，不但有锈文锈斑而且有铁锰胶膜。以上各层均无石灰反应。轻度风蚀。

25.6.3　耕作制度

（1）建立前的耕作制度

样地于 2005 年建立，位于辽宁省沈阳市苏家屯区十里河镇新庄村。建立前种植玉米，每年种植一季，玉米每年 4 月末或 5 月初种植，9 月末收获，生育期约为 150 d。耕作措施是为垄作耕法，翻耕后起垄种植玉米。无灌溉，雨养农业。

本长期采样地由农户自行施肥管理等。施肥情况如下：磷肥和钾肥为基施肥，尿素为基施肥加追肥。1995—2001 年使用的氮、磷、钾肥分别是尿素、磷酸二铵、氯化钾，每公顷施用氮、磷、钾含量分别为 130.50 kg、30.11 kg、56.03 kg。2002—2004 年使用的氮、磷、钾肥分别是尿素、磷酸二铵、氯化钾，每公顷施用氮、磷、钾含量分别为 165.00 kg、30.11 kg、56.03 kg。肥料施用方式：磷肥（磷酸二铵）和钾肥（氯化钾）以基肥形式一次性全部在播种前施入，全部的尿素（氮肥）在玉米拔节期以追肥的形式施入。

（2）建立后的耕作制度

本样地 2005 年建立后—2009 年，采用春季植玉米→玉米→大豆的轮作体系，一年一季，玉米春天 4 月末或 5 月初种植，9 月末收获，大豆 5 月初种植，9 月末收获。2010 年后农户改为玉米连作。土壤耕作方式采用垄作耕作法：翻耕后起垄种植玉米或者大豆。无灌溉，雨养农业。

样地由农户自行施肥管理等（吴冬秀等，2007，2019）。

25.6.4　作物性状与产量

沈阳站站区调查点 01 样地建立当年（2005 年）玉米品种为"富友 1 号"，种植密度为 4.2 株/m^2，株高为 285.0 cm，百粒重为 26.90 g，产量为 5 009 kg/hm^2。

25.6.5　样地配置与观测内容

该样地主要进行收获期生物和土壤监测，全部按照 CERN 站区调查点的指标体系进行观测。该样地共划分为 6 个区采样区，分别在各个采样小区采集相应作物收获期的生物样品进行相关指标的调查、采样工作以及收获期的土壤样品。生物、土壤监测规范同综合观测场。

25.7 沈阳站土壤生物站区调查点长期采样地2（十里河村）

25.7.1 样地代表性

样地（SYAZQ02AB0_01）于 2005 年建立，地理位置为 123°21′50.45″～123°21′53.44″E、41°31′18.75″～41°31′20.30″N，近似 92.3 m×47.8 m 的长方形，面积为 4 410 m²。为了在区域尺度上全面了解不同农田管理方式下土壤生态过程的演变，同时验证主要长期采样地中的观测结果，选择耕作、轮作以及土壤类型和主要长期采样地一致或者相近的、有代表性的农户田块作为区域调查点，监测该区典型农田土壤要素的演变。土壤类型为水稻土，养分水平较高，水田以地下水灌溉为主，耕作上采用小型拖拉机。周围地势较平坦，主要是农田。

25.7.2 自然环境背景

样地自然环境信息与沈阳站土壤生物辅助观测场长期采样地 05 一致，参见 25.5.2 节。

25.7.3 耕作制度

（1）建立前的耕作制度

本站区调查点建立前种植水稻。轮作体系为水稻连作，一年一季，一般在 5 月中下旬插秧，10 月上旬收获，生育期约为 180 d。耕作措施是春季翻耕，翻耕后泡田种水稻。采用地下水灌溉。样地由农户自行施肥管理。

（2）建立后的耕作制度

2005 年建立后采用水稻连作，一年一季，一般在 5 月中下旬插秧，10 月上旬收获，生育期约为 180 d。耕作措施是春季翻耕，翻耕后泡田种水稻。地下水灌溉。2014—2016 年改为旱田种植玉米。2017 年以后又改为水田种植水稻。样地由农户自行施肥管理（吴冬秀等，2007，2019）。

25.7.4 作物性状与产量

样地建立当年（2005 年）水稻品种为"辽粳 294-4"，种植密度为 19.0 穴/m²，株高为 97.9 cm，单穴总茎数为 23.0 个，每平方米穗数为 431.1 穗，千粒重为 19.90 g，产量为 8 003 kg/hm²。

25.7.5 样地配置与观测内容

2005 年建立后—2013 年为水稻连作，2014—2016 年农户自行改为旱田种植玉米，2017 年以后又改为水田种植水稻。因此本调查点根据农户的种植情况，实施监测。该样地主要进行收获期生物和土壤监测，全部按照 CERN 站区调查点的指标体系进行观测。该样地共划分为 3 个采样区，分别在各个采样小区采集相应作物收获期的生物样品进行相关指标的调查、采样工作以及收获期的土壤样品。生物、土壤监测规范同综合观测场。

25.8 沈阳站土壤生物站区调查点长期采样地 3（李双台子村）

25.8.1 样地代表性

样地（SYAZQ03AB0_01）于 2005 年建立，地理位置为 123°24′31.10″～123°24′33.65″E、41°31′55.20″～41°31′59.92″N，近似 145.7 m×78.7 m 的长方形，面积为 11 466 m^2。为了在区域尺度上全面了解不同农田管理方式下土壤生态过程的演变，同时验证主要长期采样地中的观测结果，选择耕作、轮作以及土壤类型和主要长期采样地一致或者相近的、有代表性的农户田块作为区域调查点，监测该区典型农田土壤要素的演变。土壤类型为潮棕壤，养分水平较高，旱田以雨水灌溉为主，耕作上采用小型拖拉机。周围地势较平坦，主要是农田。

25.8.2 自然环境背景

样地自然环境信息与沈阳站土壤生物站区调查点长期采样地 1 一致，参见 25.6.2 节。

25.8.3 耕作制度

（1）建立前的耕作制度

本样地建立前种植玉米。轮作体系为玉米连作，一年一季，一般在 4 月下旬或者 5 月上旬播种，9 月下旬收获，生育期约为 150 d。土壤耕作方式采用垄作耕作法：翻耕后起垄种植玉米。小型拖拉机耕作，施用肥料为磷肥、钾肥和氮肥。无灌溉，雨养农业。

样地由农户自行施肥管理（吴冬秀等，2007，2019）。

（2）建立后的耕作制度

2005 年建立后采用玉米连作的轮作体系，一年一季，一般在 4 月末或 5 月上旬播种，9 月下旬收获，生育期约为 150 d。土壤耕作方式采用垄作耕作法：翻耕后起垄种植玉米或者大豆。小型拖拉机耕作，施用肥料为磷肥、钾肥和氮肥等。根据肥料施用种类的不同，有的肥料作基肥，有的作追肥，有的作口肥。无灌溉，雨养农业。

样地由农户自行施肥管理。

25.8.4 作物性状与产量

本样地建立当年（2005 年）玉米品种为"富友 1 号"，种植密度为 4.8 株/m^2，株高为 314.5 cm，百粒重为 27.06 g，产量为 7 783 kg/hm^2。

25.8.5　样地配置与观测内容

　　本样地主要进行收获期生物和土壤监测，全部按照 CERN 站区调查点的指标体系进行观测。该样地共划分为 6 个采样区，分别在各采样小区采集相应作物收获期的生物样品进行相关指标的调查、采样工作以及收获期的土壤样品。生物、土壤监测规范同综合观测场。

参考文献

吴冬秀，韦文珊，张淑敏，等，2007. 陆地生态系统生物观测规范[M]. 北京：中国环境科学出版社.

吴冬秀，张琳，宋创业，等，2019. 陆地生态系统生物观测指标与规范[M]. 北京：中国环境出版集团.

26　栾城站生物监测样地本底与耕作制度[*]

26.1　生物监测样地概况

26.1.1　概况与区域代表性

栾城农业生态系统试验站（以下简称栾城站）建于 1981 年，隶属中国科学院遗传与发育生物学研究所农业资源研究中心。1990 年加入 CERN，1999 年成为全球陆地生态系统观测网络（GTOS）成员，2005 年成为国家野外观测研究台站。栾城站位于河北省石家庄市栾城区，距省会石家庄市 27 km，地理位置为 37°53′19.6″N、114°41′34″E，海拔约为 50 m。

栾城站位于华北平原北部太行山山前冲洪积扇平原，属于暖温带半湿润季风气候。土壤类型以潮褐土为主，代表华北平原北部典型潮褐土集约高产农业生态类型。年平均气温 12.2℃，年降水量约 537 mm。山前平原总面积约 4.98 万 km²，耕地面积约 3 800 万亩，是我国重要的粮食产区，农业生产具有集约高产型、资源约束型、井灌农业类型和城郊型等生态特征。由于降水量不足，农业高产主要依赖抽取地下水灌溉和大量施肥，地下水超采严重；自 20 世纪 70 年代以来，地下水位持续波动下降，目前埋深已达 40 m。地下水超采引起了严重的生态环境问题，农业水资源高效利用是区域农业可持续发展的核心科技需求。

栾城站的定位是面向我国华北平原地下水超采地区，围绕国家水资源安全、粮食安全和农业高质量发展等国家战略需求，瞄准农业生态学的国际前沿，围绕华北平原地下水超采区的生态环境问题，开展区域农业生态系统结构、功能及其演变过程的长期综合观测及对全球变化与集约化过程中的响应机制研究；探索农田生态系统界面能量、水分、养分传输过程及其内在调节机制和农业生态-经济复合系统的结构功能优化调控机制；重点研发、集成现代节水农业技术、清洁施肥管理技术、分子育种技术和精准农业应用技术等资源节约高效利用与管理技术；发展华北平原可持续农业生态系统管理的理论体系和区域优化示范模式，继续引领华北地区的农业向"节水、优质、生态、循环"方向发展。

---

[*] 编写：闫振兴（中国科学院遗传与发育生物学研究所）
　审稿：沈彦军、闵雷雷（中国科学院遗传与发育生物学研究所）

26.1.2 生物监测样地设置

栾城站自 1998 年开始，先后设置了 7 个生物长期观测样地，分别为栾城站水土生联合长期观测采样地、栾城站土壤生物监测辅助观测场（有机循环长期定位试验）-空白对照不施肥、栾城站土壤生物监测辅助观测场（有机循环长期定位试验）-施用化肥+秸秆还田地、栾城站土壤生物监测辅助观测场（有机循环长期定位试验）-施用化肥、栾城站聂家庄西土壤生物长期观测采样地、栾城站聂家庄东土壤生物长期观测采样地、栾城站范台/聂家庄北土壤生物长期观测采样地（表 26-1）。样地布局如图 26-1 所示，各观测场位置示意图如图 26-2 所示，样地外貌见彩图 26-1～彩图 26-3。

表 26-1 栾城站生物长期观测样地清单

序号	样地代码	样地名称	样地类别	轮作体系	地理位置	海拔/m	面积及形状/（m×m）	建立时间和设计使用年数
1	LCAZH01ABC_01	栾城站水土生联合长期观测采样地	综合观测场	冬小麦-夏玉米	114°41′34.0″～114°41′36.3″E，37°53′19.6″～37°53′20.7″N	50.1	200×150	1998 年，永久
2	LCAFZ01AB0_01	栾城站土壤生物监测辅助观测场（有机循环长期定位试验）-空白对照不施肥	辅助观测场	冬小麦-夏玉米	114°41′34.8″～114°41′36.3″E，37°53′26.5″～37°53′31.3″N	50.1	144×24	2004 年，长期
3	LCAFZ02AB0_01	栾城站土壤生物监测辅助观测场（有机循环长期定位试验）-施用化肥+秸秆还田地	辅助观测场	冬小麦-夏玉米	114°41′34.8″～114°41′36.3″E，37°53′26.5″～37°53′31.3″N	50.1	144×24	2004 年，长期
4	LCAFZ03AB0_01	栾城站土壤生物监测辅助观测场（有机循环长期定位试验）-施用化肥	辅助观测场	冬小麦-夏玉米	114°41′34.8″～114°41′36.3″E，37°53′26.5″～37°53′31.3″N	50.1	144×24	2004 年，长期
5	LCAZQ01AB0_01	栾城站聂家庄西土壤生物长期观测采样地	站区调查点	冬小麦-夏玉米	114°40′21.3″～114°40′23.0″E，37°53′17.1″～37°53′23.0″N	50.1	0.27 hm²，长方形	2004 年，长期

序号	样地代码	样地名称	样地类别	轮作体系	地理位置	海拔/m	面积及形状/（m×m）	建立时间和设计使用年数
6	LCAZQ02AB0_01	栾城站聂家庄东土壤生物长期观测采样地	站区调查点	冬小麦-夏玉米	114°41′17.3″～114°41′19.8″E，37°53′24.4″～37°53′32.6″N	50.1	0.54 hm², 长方形	2004 年，长期
7	LCAZQ03AB0_01	栾城站范台/聂家庄北土壤生物长期观测采样地	站区调查点	冬小麦-夏玉米	114°41′38.5″～114°41′39.6″E，37°53′20.2″～37°53′26.6″N	50.1	0.54 hm², 长方形	2004 年，长期

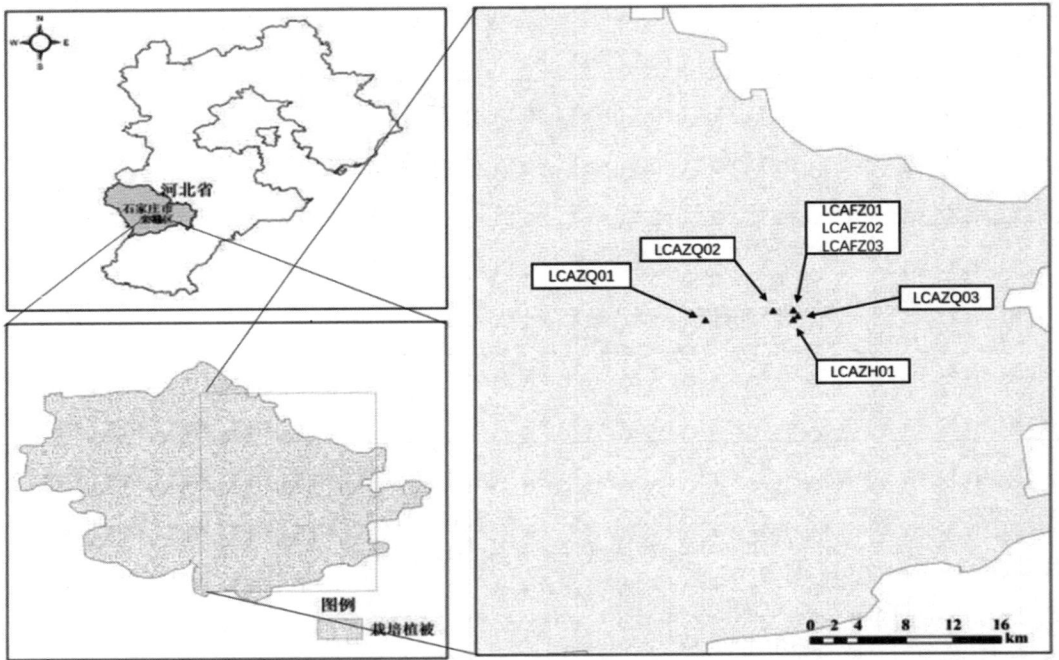

图 26-1 栾城站生物长期观测样地布局

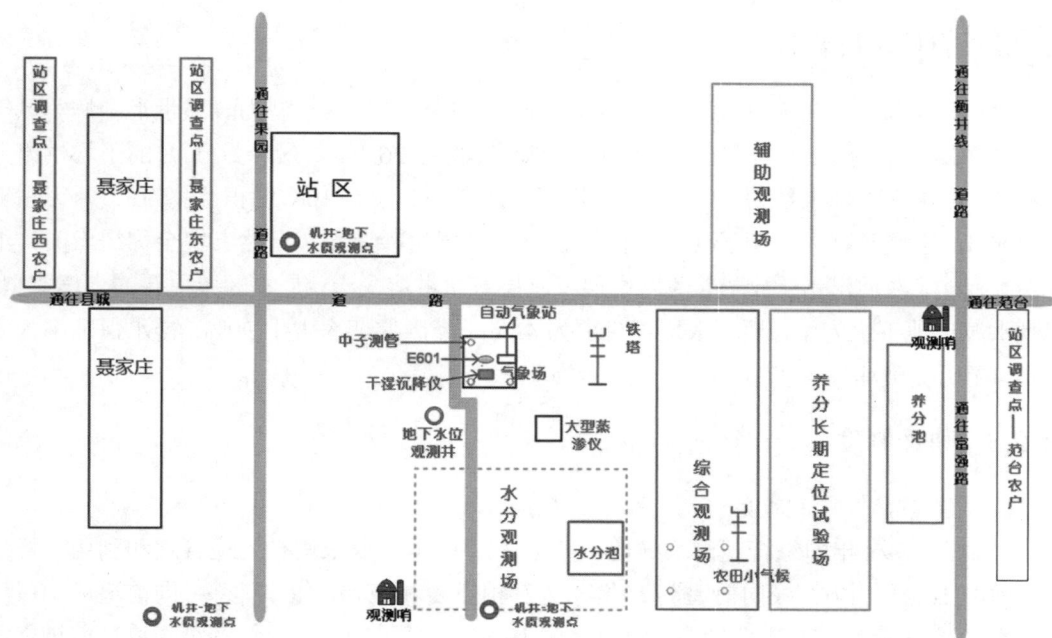

图 26-2 栾城站各观测场具体位置示意图

26.2 栾城站水土生联合长期观测采样地

26.2.1 样地代表性

样地（LCAZH01ABC_01）建于 1998 年，面积为 3 hm² （200 m×150 m），位于河北省石家庄市栾城县聂家庄村。样地所处区域代表了华北平原北部太行山山前平原典型潮褐土集约高产的农业生态类型，地势平坦而微有倾斜。该样地地势较高，排水条件良好，无盐分积累和盐碱化威胁，是典型的高产土壤。土壤类型主要为第四纪黄土性洪积冲积物发育的潮褐土，并伴有部分褐土、潮土、风沙土。土壤耕层深厚、质地轻壤、耕性良好，疏松多孔，心土有钙积层和黏粒淀积层，保水保肥性能好。在作物生长季节里，小麦季灌溉 3~4 次，分别于播种前、起身拔节、孕穗、灌浆期灌溉；玉米季灌溉 1~2 次，于苗期、大喇叭口期灌溉，并视降雨情况适当调整灌溉次数。1998 年开始轮作方式以冬小麦-夏玉米一年两熟轮作。土壤耕作为每年 10 月上旬冬小麦播种前进行深耕或旋耕。观测场与当地农户的施肥、灌溉、耕作、轮作等田间作业完全相同。综合观测场周遍均为农田，代表了本区域农业管理制度。为不破坏田间耕作管理，并与当地周围农田一致，小区未做隔离处理，但灌溉用垄沟长期固定，并沿垄沟中心线各向外延伸 1 m 作为保护行。

26.2.2   自然环境背景

样地地形地貌为冲积平原，海拔为 50.1 m，无侵蚀。气候类型为暖温带半湿润季风气候，年平均气温为 12.2℃，最热月 7 月的平均气温为 26.4℃，最冷月 1 月的平均气温为 –3.9℃，多年平均降水量为 537 mm，年日照时数 2 522 h，>10℃的积温 4 713℃，无霜期约 200 d。土壤类型为发源于滹沱河冲洪积物，表层为砂壤土。自然土壤全称褐土类，淋溶褐土亚类，灰质淋溶褐土属，薄腐中层或厚层灰质淋溶褐土，是本区域主要的土壤类型。灌溉水源以地下水为主，地下水埋深目前为 44 m，灌溉保证率大于 90%，排水保证率大于 90%。无历史破坏性灾害事件。

26.2.3   耕作制度

（1）建立前的耕作制度

样地自 1998 年即综合观测场样地，严格按照 CERN 要求进行土地管理和利用。样地建立前的土地利用方式（向前追溯 10 年）为种植小麦和玉米，轮作体系（向前追溯 10 年）为冬小麦-夏玉米轮作。耕作措施（向前追溯 10 年）为每年 10 月上旬冬小麦播种前进行深耕或镟耕。施肥制度（向前追溯 10 年）为小麦播种前施底肥，拔节期追肥，玉米大喇叭口期追肥。灌溉制度（向前追溯 10 年）为小麦季灌溉 4～5 次，分别于播种前、起身、拔节、孕穗、灌浆期灌溉；玉米季灌溉 1～2 次，于苗期、大喇叭口期灌溉，并视降雨情况适当调整灌溉次数。

（2）建立后的耕作制度

轮作体系为冬小麦-夏玉米轮作。种植结构为冬小麦和夏玉米。耕作措施为每年 10 月上旬冬小麦播种前进行深耕或旋耕。施肥制度为小麦播种前施底肥，拔节期追肥，玉米大喇叭口期追肥。灌溉制度为小麦季灌溉 4～5 次，分别于播种前、起身拔节、孕穗、灌浆期灌溉；玉米季灌溉 1～2 次，于苗期、大喇叭口期灌溉，并视降雨情况适当调整灌溉次数。

2002—2022 年度施肥量：以化肥为主，冬小麦底肥：纯氮 132.6 kg/hm²、纯五氧化二磷 161.25 kg/hm²，追肥：纯氮 138 kg/hm²；夏玉米追肥：纯氮 120 kg/hm²、纯五氧化二磷 60 kg/hm²、纯钾 60 kg/hm²。施肥方式：小麦底肥表面撒施随后深翻或旋耕，小麦、玉米追肥表面撒施随后畦灌。有机肥来源为秸秆还田，秸秆还田量：小麦 8 280 kg/hm²、玉米 5 193 kg/hm²。秸秆还田方式：小麦秸秆表面覆盖于玉米行间，玉米秸秆用秸秆粉碎机粉碎后翻压至耕层。

26.2.4   作物性状与产量

小麦-玉米一年两熟是本区主要的农田种植形式。2008 年至今，冬小麦（品种："科农 199"）产量 7 076 kg/hm²，播种量 120.00 kg/hm²，收获期群体高度 69.7 cm，密度 273 株或穴/m²，千粒重 39.5 g，穗数 558.5 穗/m²。夏玉米（品种："先玉 335"）产量 9 215 kg/hm²，播种量 30.00 kg/hm²，收获期密度 5.9 株/m²，收获期群体株高 276.8 cm，百粒重 34.1 g，穗数 5.9 穗/m^2。

26.2.5　样地配置与观测内容

栾城站综合观测场样地于 1998 年按照《中国生态系统研究网络农田生态站监测手册》要求选定，并在田埂作了永久性标记。2004 年按照新的监测规范扩大了观测场面积，水土生联合长期观测采样地均在此范围内。

样地布置有涡度相关仪、波文比观测系统、农田小气候梯度站，用于农田冠层水、热、CO_2 通量观测；中子水分仪、负压计、土壤溶液采集器，用于土壤水分动态监测和土壤溶质迁移测定。地下水水质监测取样点位于综合观测场南侧机井，观测场的灌溉用水来自该机井。蒸渗仪位于观测场和气象场之间，其周围农田管理模式与观测场相同。观测场中所有样地综合配置分布如图 26-3 所示。

本样地观测生物、土壤、水分和大气四大要素，全部按照 CERN 综合观测场指标体系观测。

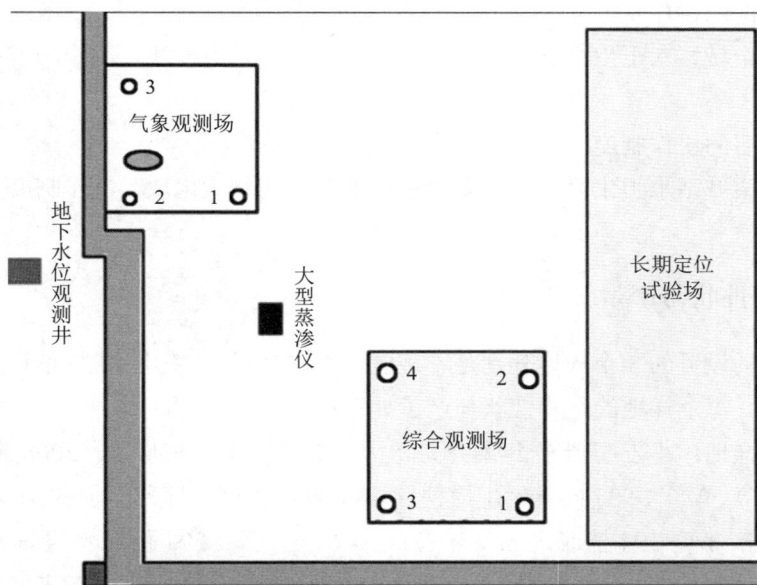

图 26-3　栾城站观测场中所有样地综合配置分布

26.3　栾城站土壤生物监测辅助观测场长期采样地

26.3.1　样地代表性

栾城站土壤生物监测辅助观测场共有 3 个样地，分别是栾城站土壤生物监测辅助观测场（有机循环长期定位试验）-空白对照不施肥（LCAFZ01AB0_01）、栾城站土壤生物监测辅助观测场（有机循环长期定位试验）-施用化肥+秸秆还田地（LCAFZ02AB0_01）、栾城站土壤生物监测辅助观测场（有机循环长期定位试验）-施用化肥（LCAFZ03AB0_01）。3 个辅助观测场长期采样地设置在有机循环长期定位试验区，呈 144 m×24 m 的长方形，总面积 3 456 m^2。辅助观测场设置是对综合观测场的有效补充，根据 CERN 要求设置了不施肥（空白对照）、施用化肥+秸秆还田、只施用化肥 3 个处理，每个处理 3 次重复。施肥处理于 2001 年 10 月开始，2004 年开始作为土壤生物监测辅助观测场。土壤类型、耕作、轮作制度与综合观测场及附近农田相同，在本区域具有一定的代表性。

26.3.2　自然环境背景

本样地与栾城站水土生联合长期观测采样地属于同一大地块，自然环境背景与之相同，参见 26.2.2 节。

26.3.3　耕作制度

（1）建立前的耕作制度

本样地与栾城站水土生联合长期观测采样地属于同一大地块，耕作制度与之相同，参见 26.2.3 节。

（2）建立后的耕作制度

本样地与栾城站水土生联合长期观测采样地属于同一大地块，耕作制度与之相同，参见 26.2.3 节。

26.3.4　作物性状与产量

辅助观测场设置的 3 个样地分别是不施肥（空白对照）、施用化肥+秸秆还田、只施用化肥 3 个处理，每个样地的作物性状与产量如下：

空白对照样地：小麦-玉米一年两熟是本区主要的农田种植形式。2008 年冬小麦（品种："石麦 12"）单产 1 937 kg/hm^2，播种量 180.00 kg/hm^2，播种面积 5.2 hm^2，收获期群体高度 52.1 cm，密度 294 株或穴/m^2，千粒重 34.61 g，穗数 277 穗/m^2。夏玉米（品种："浚单 20"）单产 3 448 kg/hm^2，播种量 52.50 kg/hm^2，播种面积 5.2 hm^2，收获期密度 4.9 株/m^2，收获期群体株高 169.0 cm，百粒重 23.5 g，穗数 4.9 穗/m^2。

施用化肥+秸秆还田：小麦-玉米一年两熟是本区主要的农田种植形式。2008 年冬小麦（品种："石麦 12"）单产 6 499 kg/hm^2，播种量 180.00 kg/hm^2，播种面积 5.2 hm^2，收获期群体高度 79.2 cm，密度 304 株或穴/m^2，千粒重 39.78 g，穗数 558 穗/m^2。夏玉米（品种："浚单 20"）单产 6 895 kg/hm^2，播种量 52.50 kg/hm^2，播种面积 5.2 hm^2，收获期密度 4.7 株/m^2，收获期群体株高 226.6 cm，百粒重 33.4 g，穗数 4.7 穗/m^2。

只施用化肥：小麦-玉米一年两熟是本区主要的农田种植形式。2008 年冬小麦（品种："石麦 12"）单产 6 236 kg/hm^2，播种量 180.00 kg/hm^2，播种面积 5.2 hm^2，收获期群体高度 74.9 cm，密度 308 株或穴/m^2，千粒重 38.88 g，穗数 599 穗/m^2。夏玉米（品种："浚单 20"）

单产 7 175 kg/hm^2，播种量 52.50 kg/hm^2，播种面积 5.2 hm^2，收获期密度 4.8 株/m^2，收获期群体株高 198 cm，百粒重 30.1 g，穗数 4.8 穗/m^2。

26.3.5　样地配置与观测内容

观测场中所有样地综合配置分布如图 26-4 所示。3 个辅助观测场具有 3 个重复小区作为采样区。

本样地观测生物、土壤要素，全部按照 CERN 综合观测场指标体系观测。

生物采样为小麦季在每个采样小区密度较均匀的 1 m×1 m 的样方采样，6 次重复，玉米季则在每个小区密度较均匀的 2.6 m×3 m 的样方采样，3 次重复。

sNPK1	NPK1	CK2	N1	mNPK1	mNP2	mN1	mNP1	m1
sNPK2	CK3	NPK2	NP3	mN3	mN2	mNPK2	NP2	CK1
sNPK3	NPK3	N2	N3	mNPK3	mNP3	m3	m2	NP1

图 26-4　栾城站辅助观测场所有样地综合配置分布

注：CK 为不施肥空白对照样地（LCAFZ01）；sNPK 为施用化肥+秸秆还田样地（LCAFZ02）；NPK 为只施用化肥样地（LCAFZ03）；m 为土壤肥力调查区域（LCAQY01）；mNPK 为水土生联合长期观测采样地（LCAZH01）；数字 1～3 表示小区重复。

26.4　栾城站站区调查点长期采样地

26.4.1　样地代表性

在栾城站周边同类型区选择 3 个有代表性的调查点。土壤类型、养分含量水平在本区域具有一定代表性，耕作、施肥、灌溉、轮作制度代表了本区域农民普遍采用的农业管理措施。

栾城站聂家庄西土壤生物长期观测采样地（LCAZQ01AB0_01），位于栾城县聂家庄村，地理位置为 114°40′21.3″～114°40′23.0″E、37°53′17.1″～37°53′23.0″N。2004 年设置为站区调查点长期采样地，样地面积为 0.27 hm^2。近 5 年的施肥、灌溉情况分别为：小麦底肥施尿素 150 kg/hm^2（纯氮量 69 kg/hm^2），磷酸二铵 300 kg/hm^2（纯氮量 192 kg/hm^2）；追肥施尿素 300 kg/hm^2（纯氮量 138 kg/hm^2）；玉米施尿素 450 kg/hm^2（纯氮量 207 kg/hm^2）。灌溉情况：小麦 4～5 次，玉米 1～3 次，视降雨情况而定。

栾城站聂家庄东土壤生物长期观测采样地（LCAZQ02AB0_01），位于栾城县聂家庄村，地理位置为 114°41′17.3″~114°41′19.8″E、37°53′24.4″~37°53′32.6″N。2004 年设置为站区调查点长期采样地，样地面积为 0.54 hm²。近 5 年的施肥、灌溉情况分别为：小麦底肥施尿素 225 kg/hm²，施磷酸二铵 375 kg/hm²；小麦追肥施尿素 262.5 kg/hm²；玉米施尿素 375~450 kg/hm²。灌溉情况：小麦 4~5 次，玉米 1~3 次，视降雨情况而定。

栾城站范台/聂家庄北土壤生物长期观测采样地（LCAZQ03AB0_01），位于栾城县范台村，地理位置为 114°41′38.5″~114°41′39.6″E、37°53′20.2″~37°53′26.6″N。2004 年设置为站区调查点长期采样地，样地面积为 0.24 hm²。近 5 年的施肥、灌溉情况分别为：小麦底肥施磷酸二铵（磷酸氢二铵，简称磷酸二铵或二铵）330 kg/hm²，追肥施碳铵（碳酸氢铵，简称碳铵）1 500 kg/hm²；玉米施碳铵 1 500 kg/hm²。灌溉情况：小麦 2 次，玉米 1~2 次，视降雨情况而定。

26.4.2　自然环境背景

本样地与栾城站水土生联合长期观测采样地属于同一大地块，自然环境背景与之相同，参见 26.2.2 节。

26.4.3　耕作制度

（1）建立前的耕作制度

本样地与栾城站水土生联合长期观测采样地属于同一大地块，耕作制度与之相同，参见 26.2.3 节。

（2）建立后的耕作制度

本样地与栾城站水土生联合长期观测采样地属于同一大地块，耕作制度与之相同，参见 26.2.3 节。

26.4.4　作物性状与产量

栾城站聂家庄西土壤生物长期观测采样地：小麦-玉米一年两熟是本区主要的农田种植形式。2008 年冬小麦（品种："科农 199"）单产 8 036 kg/hm²，播种量 135.00 kg/hm²，播种面积 0.27 hm²，收获期群体高度 71.4 cm，密度 305 株或穴/m²，千粒重 40.1 g，穗数 735 穗/m²。2008 年夏玉米（品种："先玉 335"）单产 8 073 kg/hm²，播种量 45.00 kg/hm²，播种面积 0.27 hm²，收获期密度 5.3 株/m²，收获期群体株高 305 cm，百粒重 35.83 g，穗数 5.3 穗/m²。

近 5 年的施肥、灌溉情况分别为：小麦底肥施尿素 150 kg/hm²、二铵 300 kg/hm²；小麦追肥施尿素 300 kg/hm²；玉米施尿素 450 kg/hm²。灌溉情况：小麦 4~5 次，玉米 1~3 次，视降雨情况而定。

栾城站聂家庄东土壤生物长期观测采样地：小麦-玉米一年两熟是本区主要的农田种植形式。2008 年冬小麦（品种："科农 199"）单产 6 725 kg/hm²，播种量 135.00 kg/hm²，播种面积 0.54 hm²，收获期群体高度 69.7 cm，密度 265 株或穴/m²，千粒重 40.35 g，穗数 508 穗/m^2。2007 年夏玉米（品种："浚单 20"）单产 9 397 kg/hm^2，播种量 45.00 kg/hm^2，播种面积 0.54 hm^2，收获期密度 7.5 株/m^2，收获期群体株高 265 cm，百粒重 28.42 g，穗数 7.5 穗/m^2。

近 5 年的施肥、灌溉情况分别为：小麦底肥施尿素 225 kg/hm^2，二铵 375 kg/hm^2；小麦追肥施尿素 262.5 kg/hm^2；玉米施尿素 375～450 kg/hm^2。灌溉情况：小麦 4～5 次，玉米 1～3 次，视降雨情况而定。

栾城站范台/聂家庄北土壤生物长期观测采样地：小麦-玉米一年两熟是本区主要的农田种植形式。2008 年冬小麦（品种："石新 733"）单产 7 011 kg/hm^2，播种量 187.50 kg/hm^2，播种面积 0.54 hm^2，收获期群体高度 70.0 cm，密度 293 株或穴/m^2，千粒重 43.3 g，穗数 619 穗/m^2。2008 年夏玉米（品种："先玉 335"和"浚单 20"）单产 9 433 kg/hm^2，播种量 45.00 kg/hm^2，播种面积 0.54 hm^2，收获期密度 6.0 株/m^2，收获期群体株高 263.4 cm，百粒重 35.83 g，穗数 6.0 穗/m^2。

近 5 年的施肥、灌溉情况分别为：小麦底肥施二铵 330 kg/hm^2；小麦追肥施碳铵 1 500 kg/hm^2；玉米施碳铵 1 500 kg/hm^2。灌溉情况：小麦 2 次，玉米 1～2 次，视降雨情况而定。

26.4.5　样地配置与观测内容

站区调查点的 3 个长期采样地样地配置与观测内容如下：

栾城站聂家庄西土壤生物长期观测采样地：本样地观测生物、土壤要素，全部按照 CERN 综合观测场指标体系观测。该样地采用设计为东西向 3 等分，南北向 6 等分划分成 18 个采样区，采样方式分为 3 种（图 26-5），每 3 年作为一个采样轮回周期。生物采样方法为在每个采样区中选取密度较均匀的 3 个 1 m×1 m 的样方采样点，其中玉米在每个采样区中选取密度较均匀的地块采样，采样面积为 10 m×3.78 m（6 行平均宽度）。土壤采样设计方法为在每个采样区内按"W"的路线布置采样点，共分 6 个线段采样。每线段采 5 个单点样，共采 30 个样，1.5 kg。每线段的 5 个单点样在田间混合，并经四分法选出一个混合样本。

栾城站聂家庄东土壤生物长期观测采样地：本样地与栾城站聂家庄西土壤生物长期观测采样地属于同一大地块，样地配置与观测内容与之相同。本样地观测生物、土壤要素，全部按照 CERN 综合观测场指标体系观测。玉米采样面积为 10 m×4.25 m（7 行平均宽度）。

栾城站范台/聂家庄北土壤生物长期观测采样地：本样地与栾城站聂家庄西土壤生物长期观测采样地属于同一大地块，样地配置与观测内容与之相同。本样地观测生物、土壤要素，全部按照 CERN 综合观测场指标体系观测。生物采样方法为：小麦在每个采样区中选取密度较均匀的 3 个 1 m×1 m 的样方采样；玉米在每个采样区中选取密度较均匀的地块采样，采样面积为 10 m×3.6 m（7 行平均宽度）。

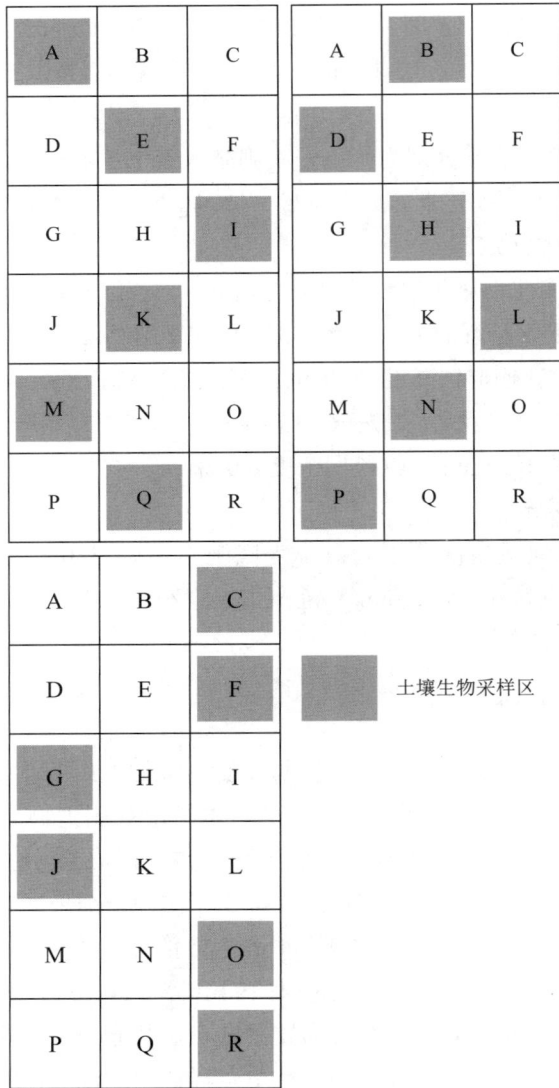

图 26-5　栾城站站区调查点所有样地生物采样设计图

27 禹城站生物监测样地本底与耕作制度*

27.1 生物监测样地概况

27.1.1 概况与区域代表性

禹城综合试验站（以下简称禹城站）隶属中国科学院地理科学与资源研究所，位于山东省禹城市，地理位置为 116°34′9.48″～116°34′15.24″E、36°49′39.36″～36°49′46.92″N。1966 年遵照周恩来总理指示，创建"禹城旱涝碱综合治理试验区"，1979 年中国科学院地理研究所建立禹城站，1990 年成为 CERN 第一批野外研究台站，2005 年正式成为国家野外科学观测研究站，2015 年成为国防科工委首批高分遥感地面真实性检验场站。

禹城站位于黄河下游第二大灌区（潘庄灌区），地下水位浅，地下水资源丰富。本地区属于暖温带半湿润半干旱季风气候区，光热资源丰富，四季分明，雨热同期，有利于农业生产。禹城市 20 世纪 60 年代有大面积的盐荒地未被利用，约占全市耕地面积的 30%以上，经过 20 世纪 60 年代后期至 80 年代中期的农田基本建设和综合治理改良，逐渐使土壤性状得到优化，土地利用率得到显著提高，加上化肥的施用量增大，土壤肥力增长迅速，粮食产量逐年提高，土地利用目前已是高产田的水平，能充分代表黄淮海平原冬小麦-夏玉米轮作种植为主体的一年两熟农田生态系统和高效农牧生态系统类型。

27.1.2 生物监测样地设置

根据 CERN 对长期监测样地的建设要求，禹城站于 1998—2004 年，先后设置了 6 个生物长期观测样地，分别为禹城站综合观测场土壤生物长期观测采样地、禹城站土壤监测辅助观测场（养分池）-空白、禹城站土壤监测辅助观测场（养分池）-秸秆还田、禹城站石屯示范区土壤生物长期观测采样地、禹城站小付土壤生物长期观测采样地、禹城站东店土壤生物长期观测采样地。禹城站生物监测样地布局见图 27-1，样地清单见表 27-1，样地外貌见彩图 27-1～彩图 27-5。

* 编写：王吉顺（中国科学院地理科学与资源研究所）
  审稿：李发东（中国科学院地理科学与资源研究所）

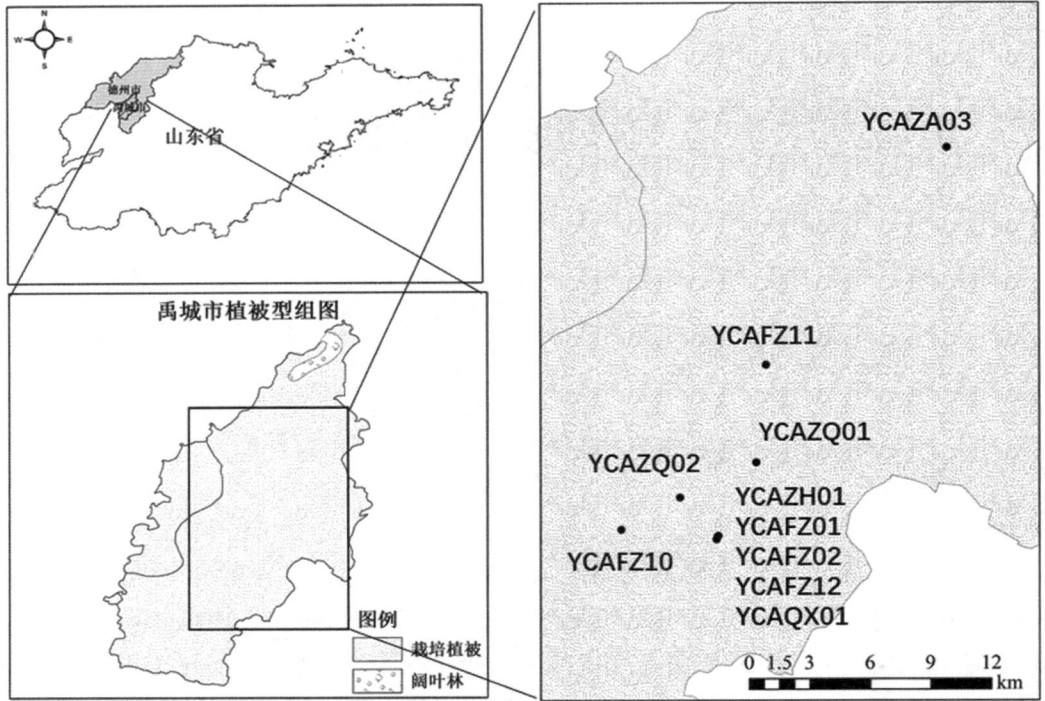

图 27-1　禹城站生物长期观测样地布局

注：YCAZH01—禹城站综合观测场；YCAFZ01—禹城站土壤监测辅助观测场（养分池）-空白；YCAQX01—禹城站气象观测场；YCAFZ02—禹城站土壤监测辅助观测场（养分池）-秸秆还田；YCAZQ01—禹城站石屯土壤；生物站区观测场；YCAZQ02—禹城站小付土壤；生物站区观测场；YCAZQ03—禹城站东店土壤；生物站区观测场；YCAFZ10—禹城站水分监测潘庄引黄黄庄流动地表水调查点；YCAFZ11—禹城站水分监测徒骇河南营流动地表水调查点；YCAFZ12—禹城站水分监测 E601 蒸发场。

表 27-1　禹城站生物长期观测采样地清单

序号	样地代码	样地名称	样地类别	轮作体系	地理位置	海拔/m	面积及形状/(m×m)	建立时间和设计使用年数
1	YCAZH01ABC_01	禹城站综合观测场土壤生物长期观测采样地	综合观测场	冬小麦-夏玉米	116°34′9.48″～116°34′15.24″E，36°49′39.36″～36°49′46.92″N	22	250×90	1998 年，100 年
2	YCAFZ01B00_01	禹城站土壤监测辅助观测场（养分池）-空白	辅助观测场	冬小麦-夏玉米	116°34′13.14″～116°34′14.88″E，36°49′47.64″～36°49′49.08″N	22	45×40	2004 年，50 年
3	YCAFZ02B00_01	禹城站土壤监测辅助观测场（养分池）-秸秆还田	辅助观测场	冬小麦-夏玉米	116°34′13.14″～116°34′14.88″E，36°49′47.64″～36°49′49.08″N	22	45×40	2004 年，50 年

序号	样地代码	样地名称	样地类别	轮作体系	地理位置	海拔/m	面积及形状/(m×m)	建立时间和设计使用年数
4	YCAZQ01AB0_01	禹城站石屯示范区土壤生物长期观测采样地	站区调查点	冬小麦-夏玉米	116°35′4.56″~116°35′26.52″E，36°51′46.08″~36°51′56.16″N	21.2	509×240	2004年，100年
5	YCAZQ02AB0_01	禹城站小付土壤生物长期观测采样地	站区调查点	冬小麦-夏玉米	116°33′0″~116°33′27.36″E，36°50′45.96″~36°51′1.8″N	21.4	620×274	2004年，100年
6	YCAZQ03AB0_01	禹城站东店土壤生物长期观测采样地	站区调查点	冬小麦-夏玉米	116°40′4.08″~116°40′21.36″E，37°0′27.72″~36°0′36.72″N	19.2	501×172	2004年，100年

27.2　禹城站综合观测场土壤生物长期观测采样地

27.2.1　样地代表性

样地（YCAZH01ABC_01）在禹城站站区内，位于山东省禹城市禹兴街道办事处南北庄村，地理位置为116°34′9.48″~116°34′15.24″E、36°49′39.36″~36°49′46.92″N。该样地是1998年建立的（彩图27-1），面积为2 250 m²（250 m×90 m），设计使用年限为100年。该采样地是水浇地农田，主要种植模式为冬小麦-夏玉米轮作。农田耕种均为机械化，冬小麦是夏玉米秸秆还田土地耕翻整平后播种，夏玉米是冬小麦秸秆还田铁茬播种。该观测场所在区域地形平坦，周围视野开阔，是粮食主要产区，在黄淮海平原地区具有良好的代表性，代表着当地最主要的种植模式。气候条件属于暖温带半湿润季风气候区，光热资源丰富，雨热同期，有利于农业生产，长期开展农田生态系统种植结构调整、水盐运移规律、土地改造优化利用研究具有重要意义。

27.2.2　自然环境背景

禹城站位于黄淮海平原，该样地地貌类型属黄河冲积平原洼坡地；地势开阔平坦，起伏不大，坡度为1/7 000~1/10 000，坡向西南-东北，海拔高度22 m。年均气温13.2℃，年降水量530 mm，>10℃有效积温4 559℃，无霜期200 d。作物耗水量全年850~900 mm，多年平均地下水位2.4 m。土类为潮土，亚类属盐化潮土，土壤母质是黄河冲积物，土壤肥力中等。土壤分层情况：0~15 cm为耕层，15~25 cm为犁底层，25~150 cm为心土层，以上土壤质地均为砂壤土，无侵蚀。耕层土壤平均含水量21.98%（体积分数），有丰富的地下水可用于灌溉，灌溉保证率>95%。破坏性灾害干热风常见，强风造成作物倒伏成灾和雹灾较少见。20 世纪 60 年代以前本地区涝害严重，20 世纪 60 年代中后期农田改造后未发生破坏性灾害事件。

综合观测场长期观测采样地耕作层土壤本底情况（土壤样品采集时间是 2005 年 10 月 18 日）：有机质含量 13.84 g/kg、全氮含量 0.82 g/kg、全磷含量 0.85 g/kg、全钾含量 19.12 g/kg、速效氮含量 75.59 mg/kg、速效磷含量 12.85 mg/kg、速效钾含量 127.75 mg/kg、缓效钾含量 1.30 g/kg、pH 为 8.33；阳离子交换量 118.54 mmol（+）/kg；土壤微量元素有效铁含量 12.57 mg/kg、有效铜含量 1.17 mg/kg、有效锰含量 6.37 mg/kg、有效锌含量 0.56 mg/kg；土壤耕作层容重 1.38 g/cm³、土壤全盐含量 1.08 g/kg。

27.2.3　耕作制度

（1）建立前的耕作制度

该样地建立前，20 世纪 70 年代前为盐碱荒地，20 世纪 70 年代逐渐进行农作物种植，为低产田，20 世纪 80 年代以来由于大规模的农田改造、因地制宜、合理种植、化肥的施入、种子的改良等，逐渐成为中高产田。21 世纪以后随着农业现代化程度的逐年提高，土地利用现状基本成为高产田。

耕作制度：样地的主要轮作方式是冬小麦-夏玉米轮作，每年 6 月上旬冬小麦收割，夏玉米是 6 月中旬冬小麦秸秆还田铁茬播种，当年 9 月底或 10 月初夏玉米收获，10 月上中旬土地翻耕冬小麦播种。1990 年和 1994 年该样地曾种植棉花和大豆。样地的耕作方式为机械翻耕，除草以人工或机械中耕为主。

施肥制度：20 世纪 90 年代中后期主要以碳酸氢铵、过磷酸钙、磷酸二铵、尿素为主，1998 年冬小麦季底肥为碳铵和过磷酸钙，施用量折合纯氮 127.5 kg/hm²、纯磷 54.8 kg/hm²，返青期追尿素，施用量为纯氮 186.3 kg/hm²；1998 年夏玉米施肥为尿素，在吐丝期前后施用，施肥量折合纯氮 207 kg/hm²，无磷钾肥施入。

灌溉制度：井灌为唯一灌溉方式，畦灌，冬小麦一般灌溉 2～3 次，越冬水、灌返青水和扬花水；夏玉米灌水根据降雨情况而定，正常年份不灌水，干旱年份灌溉 1～3 次。

（2）建立后的耕作制度

样地建立前后的耕作制度变化不大，土地的利用方式为农田，种植作物结构以粮食作物为主，占总播面积的 100%。轮作体系以冬小麦-夏玉米轮作为主，一年两熟，耕种情况与样地建立前基本相同，区别是耕作 2005 年以后多采用机械旋耕，作物秸秆全部还田，除草主要以地面除草剂喷雾灭杀为主，人工或机械中耕为辅。

施肥制度：冬小麦底肥是过磷酸钙、磷酸二铵、尿素及多元素作物专用肥、复合肥为主，追肥是尿素、多元素复合肥，钾肥也有施用。2005 年冬小麦底肥复合肥，施用量折合纯氮 187.5 kg/hm²、纯磷 25.8 kg/hm²、纯钾 43.58 kg/hm²，返青期追肥是硝酸磷钾肥，施用量是纯氮 84 kg/hm²、纯磷 7.74 kg/hm²、纯钾 14.94 kg/hm²；夏玉米施用肥料以氮、磷、钾三元素复合肥、掺混肥为主，追肥是尿素或复合肥，2005 年夏玉米施肥是硝酸磷钾肥，施用量折合纯氮 168 kg/hm²、纯磷 15.4 kg/hm²、纯钾 29.5 kg/hm²。2010 年前后由于播种机械的更新，夏玉米的肥料主要以种肥的形式施入，追肥很少施用，视作物生长状况如需追肥，结合降水或灌溉追施尿素或复合肥。该样地均进行作物秸秆还田。

灌溉制度：由于没有地表水水源引入，井灌为唯一灌溉水源，灌溉制度与样地建立前基本没有区别。

27.2.4 作物性状与产量

该样地建立当年的种植模式是冬小麦-夏玉米轮作，代表当地最主要的种植模式，作物长势均匀一致，产量水平中等。冬小麦种植品种是"高优 503"，群体株高 73.5 cm，种植密度 478.5 株/m^2，植株无倒伏，整齐度为 90%，结实小穗数 14.35 个，穗粒数 32.5 粒，千粒重 35.6 g，地上部总干重 1 048.0 g/m^2，产量 539.4 g/m^2（观测时间是 1998 年 6 月 4 日，平均值）。夏玉米种植品种是"鲁单 50"，群体密度 9.1 株/m^2，株高 237.2 cm，结穗高度 89.3 cm，空杆率 0.66%，无倒伏，整齐度 95%，茎粗 2.09 cm，果穗长度 19.7 cm，穗行数 14 行，穗粒数 487.8 粒，百粒重 25.56 g，出籽率 84.5%，地上部总干重 1 474.3 g/m^2，产量 947.6 g/m^2（观测时间是 1998 年 9 月 22 日，平均值）。

27.2.5 样地配置与观测内容

本观测场东侧自 1990 年 lysimeter 安装建成后就已作为禹城站综合观测场，并先后安装了农田小气候观测站，涡度相关仪、微气象观测仪，土壤温湿盐自动观测系统（2013 年）、植物物候自动观测系统（2017 年）、植物根系观测系统微根管等仪器设备，安装了土壤水分剖面观测的中子管（2015 年停测），打了地下水位观测井等设施，服务于 CERN 监测任务和禹城站试验研究的需要。1998 年按 CERN 要求建立综合观测场，观测场土地形状为矩形，土地面积 2.25 hm^2，并在东侧设置了 20 m×20 m 的综合观测场长期观测采样地，2004 年按照 CERN 要求扩大长期观测采样地的面积，在综合观测场西侧一方土地内建立了 40 m×40 m 的长期观测采样地至今。该样地禹城站安排专人进行管理，及时对所有的农事活动进行详细记录，观测任务按生长季制订观测计划，将观测项目、观测方法、观测频次、观测时间落实到位，确保观测任务的高质量按时完成。该观测场长期采样地水分、土壤、大气、生物的观测严格按照 CERN 综合观测场的指标体系要求规范进行，对涉及的所有要素进行观测。

综合观测场长期观测采样地生物监测在固定的 10 m×10 m 的样方内进行采样观测，夏玉米在编号为 A、D、F、K、M、P 的固定样方内采样观测，冬小麦在编号为 C、E、G、J、L、N 的固定样方内采样观测，冬小麦群体调查在编号为 J 的样方如图所示的一角上进行，具体见图 27-2。2020 年起在土壤微生物生物量碳的监测的基础上，又增加了土壤微生物生物量氮的测定，观测频度也由原来的每 5 年 1 次改为每 5 年 2 次。

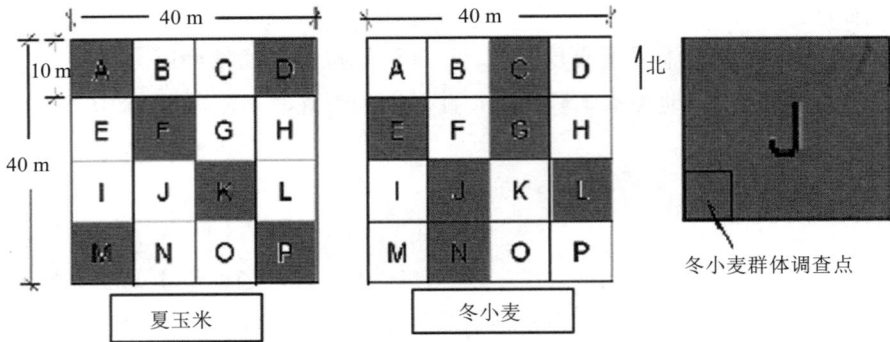

图 27-2 禹城站综合观测场长期观测采样地生物观测样品采集样方设置示意图

27.3 禹城站辅助观测场长期观测采样地

27.3.1 样地代表性

禹城站辅助观测场长期观测采样地包括 2 个样地，分别是禹城站土壤监测辅助观测场（养分池）-空白（YCAFZ01B00_01）和禹城站土壤监测辅助观测场（养分池）-秸秆还田（YCAFZ02B00_01），是在禹城站养分平衡长期试验场的基础上于 2004 年 6 月设立的，设计使用年限为 50 年（彩图 27-2）。该样地为水浇地农田，土壤类型是盐化潮土亚类，成土母质是黄河冲积物，土壤质地为砂壤土，土壤肥力中等，靠近站区主路，地势平坦，视野开阔。禹城站养分平衡试验场是 1990 年修建的，该试验场共建设 5 m×6 m 的试验小区 25 个，占地面积为 1 800 m²，小区间由高度 100 cm（地表下 80 cm，地表上 20 cm）的砖混结构墙体封闭隔离，不封底，养分平衡试验进行前（1990 年 7—9 月）种植红麻匀地，在此之前没有任何试验活动。

2004 年建立的土壤监测辅助观测场（养分池）-空白和秸秆还田样地，在养分平衡试验场设置的 4 个空白处理中选空白 3 和空白 4 作为土壤辅助观测场的空白样地，由于该样地在建立之前已有 10 年没有任何化肥和秸秆施入，符合该样地设置的观测条件。秸秆还田样地的设置是在养分平衡试验场的 5 个大田对照处理中 2 个相邻的小区建立的，增加秸秆还田后符合样地的观测条件。该场地是对综合观测场的补充，禹城站之所以在养分平衡试验场的基础上设置，主要是利用禹城站养分平衡试验场（早在 1990 年就进行相关的观测和研究）的工作基础，既符合土壤辅助观测场的设置要求，又能使养分平衡试验场长期观测的连续性和完整性不受影响。养分平衡场建立后就由专人管理，土地利用一直是冬小麦-夏玉米轮作，是禹城站长期观测的重要试验场之一，具备进行养分平衡试验的条件，场地相对独立，在土壤、灌溉、种植等方面都具有代表性。

27.3.2　自然环境背景

辅助观测场样地均位于山东省禹城市禹兴街道办事处镇南北庄村，地理位置为116°34′13.14″～116°34′14.88″E、36°49′47.64″～36°49′49.08″N。样地地貌类型属于黄河冲积平原洼坡地；样地海拔高程 22 m，自然环境条件参见 27.2.2 节。

（1）土壤监测辅助观测场（养分池）-空白样地耕作层土壤本底情况（土壤样品采集时间是 2005 年 9 月 26 日）：有机质含量 8.20 g/kg、全氮含量 0.60 g/kg、全磷含量 0.60 g/kg、全钾含量 18.56 g/kg、速效氮含量 44.25 mg/kg、速效磷含量 2.44 mg/kg、速效钾含量 96.83 mg/kg、缓效钾含量 1.35 g/kg、pH 为 8.24；阳离子交换量 93.54 mmol（+）/kg；土壤微量元素有效铁含量 9.14 mg/kg、有效铜含量 1.29 mg/kg、有效锰含量 4.21 mg/kg、有效锌含量 0.64 mg/kg；土壤耕作层容重 1.36 g/cm³、土壤全盐含量 0.66 g/kg。

（2）土壤监测辅助观测场（养分池）-秸秆还田样地的耕作层土壤本底情况（土壤样品采集时间是 2005 年 9 月 26 日）：有机质含量 12.79 g/kg、全氮含量 0.75 g/kg、全磷含量 0.87 g/kg、全钾含量 19.66 g/kg、速效氮含量 53.04 mg/kg、速效磷含量 29.45 mg/kg、速效钾含量 263.23 mg/kg、缓效钾含量 1.45 g/kg、pH 为 8.26；阳离子交换量 108.86 mmol（+）/kg；土壤微量元素有效铁含量 12.10 mg/kg、有效铜含量 1.17 mg/kg、有效锰含量 4.77 mg/kg、有效锌含量 0.54 mg/kg；土壤耕作层容重 1.35 g/cm³、土壤全盐含量 0.65 g/kg。

27.3.3　耕作制度

（1）土壤监测辅助观测场（养分池）-空白样地的耕作制度：样地建立前后耕作制度基本没有变化，耕作制度的基本情况是：自 1990 年以来样地没有任何肥料施入，也没任何秸秆还田，轮作体系一直是冬小麦-夏玉米轮作，每年 10 月上中旬播种冬小麦，次年 6 月上旬收获，6 月中旬冬小麦茬播种夏玉米，9 月底或 10 月上旬收获。用地下水灌溉，每小区（30 m²）每次灌水 2 m³，冬小麦灌水 2～3 次，夏玉米一般年份不灌水，遇干旱年份灌 1～3 次水。田间管理整个养分平衡观测场同步进行，耕种管理基本都是人工，只有耕地是小型旋耕机完成。样地建立前后的不同主要是杂草清除，样地建成前是人工除草，少有除草剂使用；样地建立后以除草剂防治为主，辅以人工除草。

（2）土壤监测辅助观测场（养分池）-秸秆还田样地的耕作制度：样地建立前后的耕作制度除增加秸秆还田外其他基本没有变化。样地建立前后种植方式都是冬小麦-夏玉米轮作，每年 10 月上中旬播种冬小麦，次年 6 月上旬收获，夏玉米是 6 月上旬冬小麦秸秆还田铁茬播种，9 月底或 10 月上旬收获。灌溉水源为地下水，低压输水灌溉，灌水量每次每小区（30 m²）灌水 2 m³，冬小麦灌水 2～3 次，夏玉米一般年份不灌水，遇干旱年份灌 1～3 次水。1994 年以来施用肥料品种一直是尿素、过磷酸钙、硫酸钾；施肥量是冬小麦底肥尿素和过磷酸钙，施用量折合纯氮 76.66 kg/hm²、纯磷 69.23 kg/hm²，追肥是尿素和硫酸钾肥，施用量是纯氮 176.43 kg/hm²、纯钾 172.93 kg/hm²；夏玉米施用肥料是尿素、过磷酸钙和硫酸钾，追肥施入，施用量折合纯氮 262 kg/hm²、纯磷 22.36 kg/hm²、纯钾 247.34 kg/hm²；

除个别涝灾年份夏玉米补施适量氮肥外，该施肥水平一直沿用至今。样地建立后，增加了作物秸秆还田，施用量每小区（30 m²）24 kg。田间管理方面同土壤监测辅助观测场（养分池）-空白样地。

27.3.4 作物性状与产量

该样地自 1990 年建立以来主要的种植模式是冬小麦-夏玉米轮作，同处理间作物长势均匀一致，除施肥以外的管理措施一致。2008 年开始进行生物要素的监测，土壤辅助观测场（养分池）-空白选取养分平衡试验场的 4 个空白处理，全部用于生物监测；土壤辅助观测场（养分池）-秸秆还田选取 5 个大田对照中的对照 1 和对照 2 用于生物监测。

土壤辅助观测场（养分池）-空白样地的植株性状与产量：2008 年冬小麦（品种："衡 5229"）收获期群体高度 23 cm，穗数 162.3 穗/m²，每穗小穗数 11.4 个，每穗结实小穗数 5.9 个，每穗粒数 9.3 粒，千粒重 38.7 g，地上部总干重 185 g/m²，产量 53 g/m²（观测时间是 2008 年 6 月 9 日，平均值）。夏玉米（品种："农大 108"）收获期群体株高 142.5 cm，结穗高度 45.3 cm，空杆率 22.5%，茎粗 1.3 cm，果穗长度 7.9 cm，穗粗 2.9 cm，穗行数 7.3 行，行粒数 9.4 粒，百粒重 15.8 g，地上部总干重 426.24 g/m²，产量 98.0 g/m²（观测时间是 2008 年 10 月 2 日，平均值）。

土壤辅助观测场（养分池）-秸秆还田样地的植株性状与产量：2008 年冬小麦（品种："衡 5229"）收获期群体高度 68.3 cm，穗数 621.7 穗/m²，每穗小穗数 17.8 个，每穗结实小穗数 13.8 个，每穗粒数 28.3 粒，千粒重 41.9 g，地上部总干重 1 652.9 g/m²，产量 737.5 g/m²（观测时间是 2008 年 6 月 9 日，平均值）。夏玉米（品种："农大 108"）收获期群体株高 253.0 cm，结穗高度 126.0 cm，无空杆，茎粗 2.1 cm，果穗长度 19.2 cm，穗粗 5.0 cm，穗行数 15.1 行，行粒数 34.4 粒，百粒重 29.6 g，地上部总干重 2 152.1 g/m²，产量 970.5 g/m²（观测时间是 2008 年 10 月 2 日，平均值）。

27.3.5 样地配置与观测内容

禹城站土壤辅助观测场观测内容主要是土壤和生物监测。土壤观测严格按照 CERN 综合观测场的指标体系要求规范进行，在图 27-3 中的阴影标注小区内进行样品采集。生物监测从 2008 年开始，空白处理是在图 27-3 中 4 个空白处理（4×30 m²）内进行样品采集，秸秆还田处理是在图 27-3 中的对照 1 和对照 2（2×30 m²）内进行样品采集，生物监测按照 CERN 的辅助观测场的指标体系监测规范要求进行，同时按综合观测场的监测要求加测了作物植株元素含量与热值测定和土壤微生物生物量碳氮动态测定。该观测场 2017 年安装了植物物候自动观测系统。

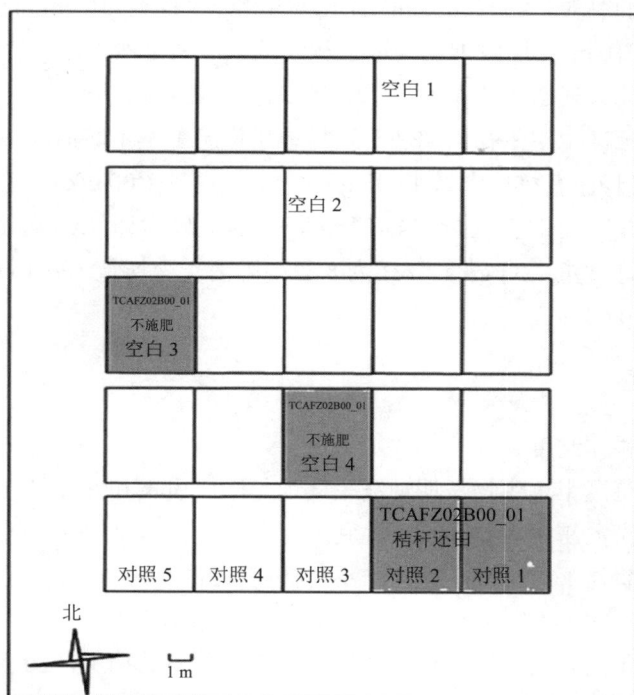

图 27-3 禹城站土壤监测辅助观测场样地平面布局

27.4 禹城站石屯示范区土壤生物长期观测采样地

27.4.1 样地代表性

样地（YCAZQ01AB0_01）位于山东省禹城市禹兴街道办事处邢庄村，样地类别属于站区调查点，地理位置为 116°35′4.56″～116°35′26.52″E、36°51′46.08″～36°51′56.16″N，样地面积为 12.2 hm² （509 m×240 m），2004 年 5 月建立，设计使用年限时 100 年。该采样地是水浇地农田，主要以冬小麦-夏玉米-冬小麦的轮作方式种植。样地所在区域是禹城市节水灌溉示范区，灌溉条件较好，有丰富的地下水灌溉资源，也有黄水引入，农田设施配套齐全，路、林、渠、井配置合理，地势平坦，视野开阔。此站区调查点土壤生物长期观测采样地能充分代表禹城市井渠结合农田种植区的生产条件和生产能力。

27.4.2 自然环境背景

样地海拔为 21.2 m，其他自然环境条件与综合观测场样地一致，参见 27.2.2 节。土壤类型属于盐化潮土，土质为壤土，母质是黄河冲积物，土壤肥力中等，土壤剖面分层情况是：0～15 cm 为耕层，15～25 cm 为犁底层，25～95 cm 为心土层，以上土壤质地均为壤土，但含一定比例的黏粒，95～105 cm 的土层内有一个厚约 10 cm 的黏土夹层，105 cm 以下为底土层，0～10 m 土层内土质为壤土和砂壤土，未见沙土，无侵蚀。破坏性灾害主要是干热风，强对流天气造成的作物严重倒伏和雹灾较少见。

禹城站石屯示范区土壤生物长期观测采样地耕作层土壤本底情况（土壤样品采集时间是 2005 年 10 月 5 日）：有机质含量 15.38 g/kg、全氮含量 1.00 g/kg、全磷含量 0.99 g/kg、全钾含量 19.78 g/kg、速效氮含量 74.18 mg/kg、速效磷含量 20.40 mg/kg、速效钾含量 96.77 mg/kg、缓效钾含量 1.38 g/kg、pH 为 8.31；阳离子交换量 126.46 mmol（+）/kg；土壤耕作层全盐含量 0.63 g/kg。

27.4.3　耕作制度

（1）建立前的耕作制度

禹城站石屯示范区土壤生物长期观测采样地是潘庄引黄和井灌结合区。历史上该地多为盐碱荒地，且是涝灾易发生地区，土地利用率较低，20 世纪 60 年代经过禹城县农田大改造后，土地利用率显著提高，产量水平不断提高，20 世纪 70 年代已利用土地在当时也是中低产田的水平，20 世纪 80 年代以来逐渐改造为中高产田。

耕作制度是一年两熟的大田平作，均属水浇地。种植结构上，20 世纪 80 年代前后以粮食作物和棉花种植为主，之后由于棉花价格下滑，基本以粮食种植为主，轮作体系以冬小麦-夏玉米轮作为主，冬小麦 10 月上中旬播种，次年 6 月上旬收获，夏玉米 6 月中旬冬小麦铁茬播种，9 月底或 10 月初收获。

施肥制度底肥是过磷酸钙、磷酸二铵、尿素以及多元素复合肥，追肥均以尿素为主，钾肥施用量较少，冬小麦季有少量有机肥施入。

灌溉制度：20 世纪 70 年代以来灌水以地表水为主，水源是引黄水，无地表水时采用井灌，灌溉方式是畦漫灌，小麦一般灌溉 2～3 次，返青水和扬花水，夏玉米正常年份不灌水，干旱年份灌 1～3 次水。观测场建立前的耕作措施以翻耕为主，少有作物秸秆还田，除草主要以人工和中耕完成，少有除草剂使用。

（2）建立后的耕作制度

采样地建立后土地利用仍以粮食作物为主，占总播种面积的 95%以上，主要轮作方式是冬小麦-夏玉米轮作，一年两熟，小麦 10 月中上旬种植，次年 6 月上旬收获，夏玉米 6 月中旬播种，9 月底或 10 月上旬收获。2005 年以后有农户种植蔬菜。冬小麦主要是土地翻耕和旋耕后播种，夏玉米是冬小麦铁茬播种。2010 年后作物秸秆还田成为当地秸秆利用的主要方式。随着除草剂的广泛普及，除草剂使用率显著提高，逐渐替代了以人工或机械中耕为主的除草方式。

施肥制度：冬小麦底肥主要是过磷酸钙、磷酸二铵、尿素及多元素作物专用肥，也有少量圈肥施用，追肥以尿素和复合肥为主；夏玉米以追肥为主，主要是多元素复合肥和尿素。样地建立后施肥制度没有具体要求和设计，以农户自主管理为主。2010 年前后作物秸秆以还田为主，夏玉米施肥以种肥施入为主。

灌溉制度：灌水以地表水为主，引黄水，无地表水时采用井灌、畦灌，小麦一般灌 2～3 次水，越冬水、返青水和扬花水；夏玉米灌水根据降水情况而定，正常年份不灌水，干旱年份灌 1～3 次水。目前，该区是禹城市节水灌溉示范区，农田设施齐全，路、林、渠、井配置合理，粮食作物年亩产量达到吨粮田水平。

27.4.4 作物性状与产量

该样地种植模式是冬小麦-夏玉米轮作，是当地最主要的种植模式，作物长势均匀，产量水平高。2005 年冬小麦种植品种是"95518"，群体株高 83.4 cm，穗数 484.0 穗/m²，植株无倒伏，每穗结实小穗数 17.1 个，穗粒数 43.4 粒，千粒重 42.88 g，地上部总干重 1 592.1 g/m²，产量 613.9 g/m²。2007 年夏玉米种植品种是"郑单 958"和"鲁单 981"，群体密度 7.4 株/m²，株高 237.5 cm，结穗高度 106.5 cm，无空秆，无倒伏，茎粗 1.97 cm，果穗长度 15.1 cm，穗行数 14 行，行粒数 27.25 粒，百粒重 29.12 g，地上部总干重 1 511.8 g/m²，产量 685.9 g/m²。

27.4.5 样地配置与观测内容

禹城站石屯示范区土壤生物长期观测采样地建于 2004 年，在该采样地内设计了生物、土壤、水分要素的观测，并按水分监测要求在观测场内打了一眼地下潜水采样 PVC 管井，管径 50 mm，深度 30 m，用于潜水水质采样。该观测场的形状是矩形，面积为 12.2 hm²。该观测场长期观测采样地生物和土壤监测是按 CERN 站区调查点指标体系的要求规范进行的，同时按综合观测场的监测要求加测了作物植株元素含量与热值测定和土壤微生物生物量碳氮动态测定。在观测场内选取农户种植的 6 个自然田块作为长期观测采样地，用于土壤、生物样品的采集和调查，样地布局见图 27-4。

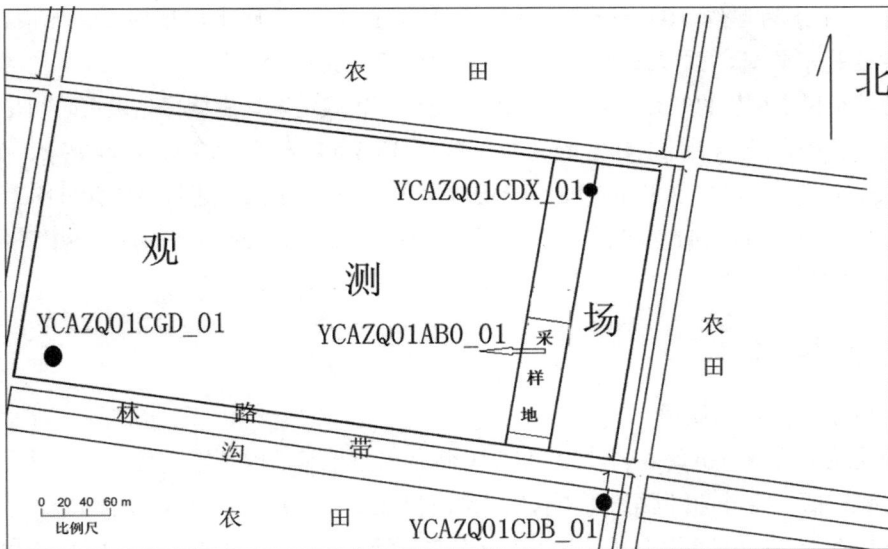

图 27-4　禹城站石屯示范区土壤生物长期观测采样地平面布局

生物观测的样品采集在固定的 6 个采样区内进行。作物植株性状与测产：每个采样区在收获期分南、北取 2 个重复样方，每个样方根据种植作物的株行距取 1～2 m² 的作物植株用于测产；作物植株性状样品采样株数大于 20 株，进行植株性状的要素分析测定，形成 6 组生物要素观测的数据，每年每季作物观测 1 次。

27.5 禹城站小付土壤生物长期观测采样地

27.5.1 样地代表性

样地（YCAZQ02AB0_01）位于山东省禹城市安仁镇小付村，样地类别属于站区调查点，地理位置为 116°33′0″～116°33′27.36″E、36°50′45.96″～36°51′1.8″N，样地面积为 17 hm²（620 m×274 m），2004 年 5 月建立，样地设计使用年限为 100 年。该样地毗邻引黄灌渠，是禹城市引黄灌溉种植区水分条件的代表地块，有丰富的地表水进行自流灌溉，干旱年份也可利用地下水进行灌溉。作物种植以冬小麦-夏玉米的轮作方式为主，为水浇地农田。土壤养分补给以化肥为主，也有少量有机肥施用。耕作措施主要是机耕机播。在此建立长期观测采样地，对有丰富地表水资源的农田种植区开展农田种植模式、作物生长机理、水盐运移规律研究具有重要意义，样地地貌见彩图 27-4。

27.5.2 自然环境背景

样地海拔为 21.4 m，其他自然环境条件因与综合观测场距离较近情况一致，参见 27.2.2 节。土壤类型是潮土土类，盐化潮土亚类。土壤剖面分层情况是 0～15 cm 为耕层，15～25 cm 为犁底层，25～95 cm 为心土层，以上土壤质地均为壤土，但含一定比例的黏粒，95～105 cm 土层有厚约 10 cm 的黏土夹层，105 cm 以下为底土层重壤土，无侵蚀。破坏性灾害主要是干热风，强风造成的作物严重倒伏和雹灾很少发生。

禹城站小付土壤生物长期观测采样地耕作层土壤本底情况（土壤样品采集时间是 2005 年 10 月 8 日）：有机质含量 17.45 g/kg、全氮含量 1.03 g/kg、全磷含量 1.00 g/kg、全钾含量 19.54 g/kg、速效氮含量 92.87 mg/kg、速效磷含量 32.44 mg/kg、速效钾含量 113.25 mg/kg、缓效钾含量 1.41 g/kg、pH 为 8.26；阳离子交换量 129.38 mmol（+）/kg；土壤耕作层全盐含量 0.64 g/kg。

27.5.3 耕作制度

（1）建立前的耕作制度

采样地属于禹城市引黄灌区。20 世纪 60 年代前该地是盐碱荒地，且是涝灾易发生地区，土地利用率较低，经过 20 世纪 60 年代的农田大改造后，土地利用率显著提高，产量水平不断提高，20 世纪 70 年代已利用土地在当时是中低产田的水平，20 世纪 80 年代以后逐渐改造为中高产田。该区种植结构上，20 世纪 80 年代前后以粮食作物和棉花种植为主，之后由于棉花价格下滑,基本以粮食种植为主,轮作体系以冬小麦-夏玉米轮作为主,冬小麦 10 月上中旬播种,次年 6 月上旬收获,夏玉米 6 月中旬冬小麦铁茬播种,9 月底或 10 月初收获。

施肥制度:施肥以氮、磷肥为主,也有少量钾肥施入;一般底肥主要是过磷酸钙、磷酸二铵、尿素,追肥以尿素为主,施用钾肥较少,冬小麦季有少量有机肥施入。

灌溉制度:灌水以地表水为主,水源引黄水,干旱年份用地下水井灌;地表水灌溉可实现引黄水自流灌溉,灌溉方式是畦漫灌,冬小麦一般灌 2～3 次水,返青水和扬花水,夏玉米灌水根据降雨情况而定,正常年份不灌水,干旱年份灌 1～3 次水。

耕作措施以机械翻耕为主,作物秸秆还田较少,田间除草主要靠人工和中耕完成,除草剂使用较少。

(2)建立后的耕作制度

采样地建立后土地利用以粮食作物为主,占总播种面积的 95%以上,耕作制度是一年两熟,主要轮作方式是冬小麦-夏玉米轮作,小麦 10 月中上种植,次年 6 月上旬收获,夏玉米 6 月中旬播种,9 月底或 10 月上旬收获。2005 年以后有小面积蔬菜种植。冬小麦季土地主要是翻耕和旋耕,夏玉米冬小麦铁茬播种。随着除草剂的市场投入,除草剂使用率显著提高,逐渐替代了以人工或机械中耕为主的除草方式。2010 年后作物秸秆还田成为当地秸秆利用的主要方式。目前样地所在区域粮食作物年亩产量达到吨粮田水平。

施肥制度:冬小麦底肥主要是过磷酸钙、磷酸二铵、尿素及多元素作物专用肥,也有少量圈肥施入,追肥以尿素和复合肥为主。夏玉米以追肥为主,主要是多元素复合肥和尿素。样地建立后施肥制度没有具体要求和设计,以农户自主管理为主。2010 年前后作物秸秆以还田为主,夏玉米施肥以种肥施入为主。

灌溉制度:灌水以地表水为主,引黄水自流灌溉,无地表水时采用井灌、畦灌。冬小麦一般灌溉 2～3 次,越冬水、返青水和扬花水;夏玉米正常年份不灌水,干旱年份视情况灌溉 1～3 次。

27.5.4 作物性状与产量

该样地作物种植模式是冬小麦-夏玉米轮作,是当地典型的种植模式,作物长势均匀,产量水平较高。2005 年冬小麦种植品种是"9401"和"鲁麦 23",群体株高 75.3 cm,穗数 587.0 穗/m²,植株无倒伏,每穗结实小穗数 15.9 个,每穗粒数 39.1 粒,千粒重 43.3 g,地上部总干重 1 465.9 g/m²,产量 593.3 g/m²(观测时间是 2005 年 6 月 10 日,平均值)。2007 年夏玉米种植品种是"郑单 958"和"鲁单 981",群体密度 6.1 株/m²,株高 247.5 cm,结穗高度 105.5 cm,无空秆,无倒伏,茎粗 2.2 cm,果穗长度 17.5 cm,穗行数 14 行,行粒数 28.5 粒,百粒重 29.4 g,地上部总干重 1 373.0 g/m²,产量 633.1 g/m²(观测时间是 2007 年 9 月 22 日,平均值)。

27.5.5 样地配置与观测内容

该观测场是 2004 年 5 月建立的,形状为矩形,土地面积为 17 hm²,在观测场内设置了长期观测采样地，由 6 个农户自主种植的自然田块组成，见图 27-5。

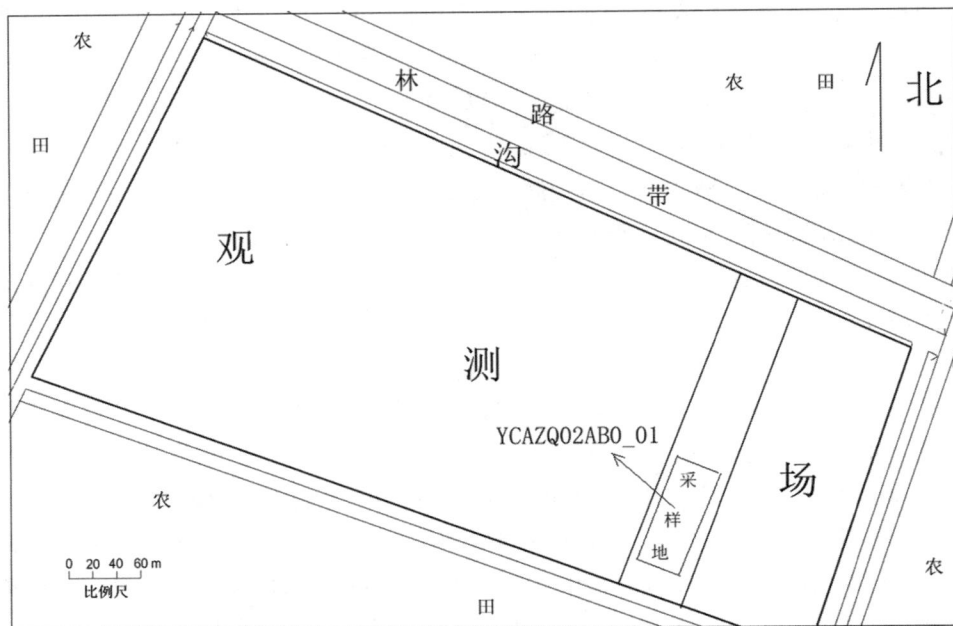

图 27-5 禹城站小付土壤生物长期观测采样地平面布局

该长期观测采样地观测内容是土壤和生物要素观测，观测内容、观测频度、样方设计与石屯示范区土壤生物长期观测采样地相同，详见 27.4.5 节。

27.6 禹城站东店土壤生物长期观测采样地

27.6.1 样地代表性

样地（YCAZQ03AB0_01）位于山东省禹城市梁家镇东店村，样地类别属于站区调查点，地理位置为 116°40′4.08″～116°40′21.36″E、37°0′27.72″～37°0′36.72″N，样地面积为 8.65 hm²（501 m×172 m），2004 年 5 月建立，观测场样地设计使用年限为 100 年。样地为水浇地农田，是徒骇河灌溉种植区水分条件的代表地块，作物种植模式是冬小麦-夏玉米轮作。土壤类型为盐化潮土亚类，土壤质地为壤土，成土母质是黄河冲积物，土壤肥力水平中等。农田耕作措施机耕机播，该区农田路、林、排、灌设施配套完善，地势平坦，周围视野开阔，样地地貌见彩图 27-5。

27.6.2 自然环境背景

样地海拔为 19.2 m，其他自然环境条件与综合观测场一致，参见 27.2.2 节。土壤剖面分层情况是：0～15 cm 为耕作层，质地为壤土；15～25 cm 为犁底层，质地为壤土；25～

100 cm 为心土层，质地为轻壤土；100～105 cm 有一黏土夹层，土壤质地为黏土，105 cm
以下为底土层；0～7 m 为壤土和砂壤土，7～18 m 为砂土，18 m 以下以砂壤土为主。水分
条件：灌溉以地表水为主，多年平均地下水位 2.4 m，耕层土壤水分平均体积分数为 21.98%。

　　禹城站东店土壤生物长期观测采样地耕作层土壤本底情况（土壤样品采集时间是
2005 年 10 月 7 日）：有机质含量 17.47 g/kg、全氮含量 1.18 g/kg、全磷含量 1.03 g/kg、
全钾含量 20.82 g/kg、速效氮含量 88.91 mg/kg、速效磷含量 28.83 mg/kg、速效钾含量
113.30 mg/kg、缓效钾含量 1.48 g/kg、pH 为 8.31；阳离子交换量 135.42 mmol（+）/kg；
土壤耕作层全盐含量 0.62 g/kg。

27.6.3　耕作制度

　　（1）建立前的耕作制度

　　本观测场属于禹城市徒骇河灌区。1978 年包产到户曾种过几年棉花，到 20 世纪 80 年代
初由于棉花价格下落，改种粮食作物至观测场建立。耕作制度是一年两熟的大田平作，均
属水浇地。1999 年以来一直是冬小麦-夏玉米轮作，基本没有其他杂粮种植。土壤耕作以
机械翻耕为主，作物播种均采用机械播种；农田杂草清除主要由人工和中耕完成，除草剂
杂草防治较少见。

　　施肥制度：20 世纪 90 年代中后期以碳铵、过磷酸钙、磷酸二铵、尿素为主，2000 年
以后，基肥是过磷酸钙、磷酸二铵、尿素及作物专用复混肥，有少量有机肥投入，大约每
公顷地 15 m³，基本没有秸秆还田。

　　灌溉制度：样地属徒骇河灌溉区，水源以徒骇河为主，辅以引黄水源，地表水灌溉农田，
灌水以地表水为主，极少有井水灌溉，因水量很少，灌溉保证率＞90%。小麦灌溉 2～3
次，灌返青水和扬花水，夏玉米正常年份生育期内不灌水，干旱年份灌溉 1～3 次。

　　（2）建立后的耕作制度

　　样地建成以后土地利用以农作物种植为主，粮食作物占总播种面积的 90% 以上，主要
以冬小麦-夏玉米的轮作方式种植，冬小麦 10 月上中旬播种，次年 6 月上旬收获，夏玉米
6 月中旬冬小麦铁茬播种，9 月底或 10 月初收获；2005 年以后有小面积蔬菜种植，主要蔬
菜种类是芹菜。耕作措施以机械旋耕为主，为保证土壤耕作层的深度，隔几年会进行深耕
翻耕，种植是机械播种；由于农耕机械的发展，农户基本不饲养耕牛等畜力，2010 年以后
作物秸秆基本全部用于还田处理。田间杂草的防治主要以地面除草剂、地面喷雾完成，替
代了人工除草的方式。

　　施肥制度：基肥是过磷酸钙、磷酸二铵、尿素及多元素作物专用肥，追肥以尿素为主，
硫酸钾较少。施肥以氮、磷为主，也有少量钾肥施入，有机肥施入；样地建立后施肥制度
没有具体要求和设计，以农户自主管理为主。2010 年前后大多数作物秸秆还田，夏玉米施
肥以种肥施入为主。

　　灌溉制度：基本灌溉条件与样地建立前相同，不同之处是土地旋耕致使表层土壤比较
疏松，加之作物秸秆还田，土壤密实度较差，灌溉上冬小麦季多浇越冬水，冬小麦灌水次

数仍为 2~3 次。夏玉米多不灌水，播种时遇干旱时灌水。

27.6.4 作物性状与产量

该样地作物长势均匀一致，产量水平比较高，种植模式是冬小麦-夏玉米轮作，是当地最主要的种植模式。2005 年冬小麦种植品种是 "9401" 和 "潍麦 8"，群体株高 71.1 cm，穗数 359.9 穗/m²，植株无倒伏，每穗结实小穗数 16.6 个，每穗粒数 42.1 粒，千粒重 53.9 g，地上部总干重 1 508.0 g/m²，产量 564.2 g/m²（观测时间是 2005 年 6 月 8 日，平均值）。2007 年夏玉米种植品种是 "浚单 20"，群体密度 5.8 株/m²，株高 233.8 cm，结穗高度 114.8 cm，无空杆，无倒伏，茎粗 2.23 cm，果穗长度 16.5 cm，穗行数 15.6 行，行粒数 31.8 粒，百粒重 29.46 g，地上部总干重 1 597.9 g/m²，产量 776.9 g/m²（观测时间是 2007 年 9 月 22 日，平均值）。

27.6.5 样地配置与观测内容

本观测场土地形状是矩形，面积 8.65 hm²，从未进行过任何小区试验，完全是农户自主的大田种植模式，粮食作物产量水平 15 t/hm² 左右。2004 年 5 月观测场建立，规划设计了长期观测采样地，由农户住种植的连续的 6 个自然地块组成，并按水分观测要素的需要，在样地边缘打了一眼 30 m 的地下潜水水质测定采样水井。见图 27-6。

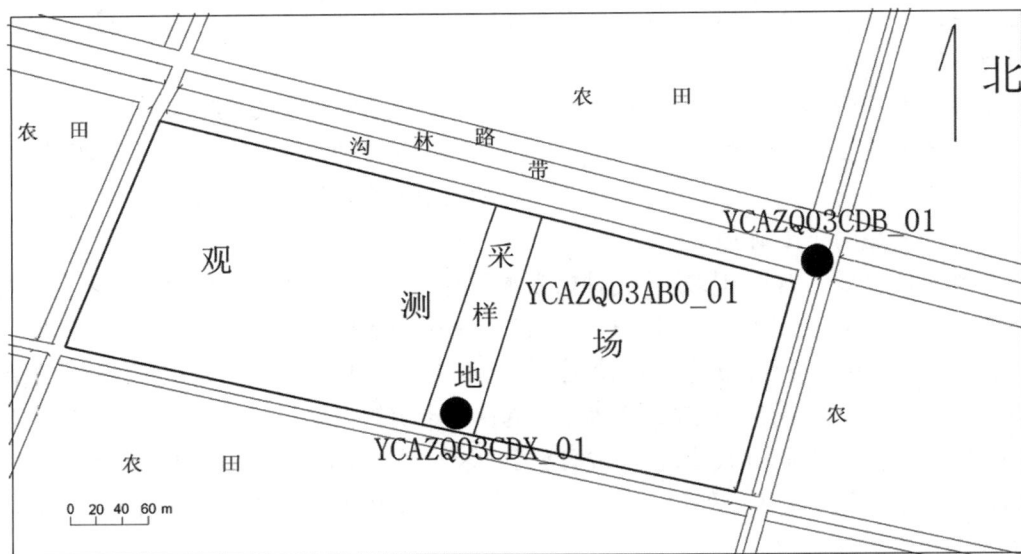

图 27-6 禹城站东店土壤生物监测长期观测样地平面布局

该样地的观测内容涉及土壤、水分和生物要素的观测，样地配置和观测内容与石屯示范区土壤生物长期观测采样地相同，参见 27.4.5 节。

28 封丘站生物监测样地本底与耕作制度*

28.1 生物监测样地概况

28.1.1 概况与区域代表性

封丘农业生态实验站（以下简称封丘站），建于 1983 年，隶属中国科学院南京土壤研究所，位于黄淮海平原腹地的河南省新乡市封丘县潘店镇（114°32′53″E、35°01′07″N）。1990 年被选为 CERN 台站，2005 年被科技部正式批准为国家野外科学观测研究站，2019 年被农业农村部批准为国家农业环境封丘观测实验站。

封丘站主站区位于黄河北岸，邻近 106 国道，距郑州市 130 km，新乡市 73 km，开封市 50 km。站区所处的河南省及周边黄淮海地区属于半干旱半湿润的暖温带季风气候区。站区海拔高度为 67.5 m，地貌具有典型的黄河泛滥区特征，微地形稍有起伏，而大地貌相对平坦。区域南部受黄河侧渗的影响，形成背河洼地以及滩地，而北部与华北平原腹地相连，干旱缺水。地下水位埋深变幅为 5～15 m。站区所在地区主要生态系统类型代表了黄淮海地区一年两熟、高集约化种植农田生态系统。从种植制度来说，代表了黄淮北部典型的冬小麦-夏玉米轮作农田生态系统以及黄淮南部稻麦轮作生态系统。自然植被主要为次生的乔灌草植物以及沼泽和水生植物等。该区域土壤类型主要为黄河沉积物发育的潮土，并伴有部分盐土、碱土、沙土和沼泽土的分布。从主要土壤类型来看，是我国潮土、砂姜黑土、褐土等的最主要分布地区，其中由黄河冲积物形成的 2.5 亿亩的潮土、由湖沼沉积物形成的 5 000 多万亩的砂姜黑土分布在该地区。由于受土壤母质及其发生过程等属性因素以及高强度种植等人为活动的影响，黄淮海平原农田生态系统的结构、功能特征及其演变规律与其他区域农田生态系统以及自然生态系统有着显著的分异。

28.1.2 生物监测样地设置

自封丘站建站以来，先后设置了 10 块长期生物监测样地，分别为封丘站综合观测场土壤生物采样地、封丘站辅助观测场（不施肥）土壤生物采样地、封丘站辅助观测场（优化）土壤生物采样地、封丘站辅助观测场（肥料长期试验地）土壤生物采样地、封丘站辅

---

* 编写：马　力（中国科学院南京土壤研究所）
　审稿：汪金舫（中国科学院南京土壤研究所）

助观测场（排水采集器）土壤生物采样地、封丘站辅助观测场（水平衡场）土壤生物采样地、封丘站辅助观测场（蒸渗仪）生物采样地、封丘站站区调查点 1 号样地、封丘站站区调查点 2 号样地、封丘站站区调查点 3 号样地。各生物监测样地建立时间跨度在 1989—2004 年，其中封丘站辅助观测场（肥料长期试验地）土壤生物采样地建立时间最早，为 1989 年。各生物监测长期样地清单和基本信息见表 28-1，全部生物监测样地均分布在站区内（图 28-1），样地外貌参见彩图 28-1～彩图 28-10。

表 28-1　封丘站生物监测样地清单

序号	样地代码	样地名称	样地类别	轮作体系	地理位置	海拔/m	面积及形状/（m×m）	建立时间与计划使用年数
1	FQAZH01ABC_01	封丘站综合观测场土壤生物采样地	综合观测场	冬小麦-夏玉米	114°32′53″～114°32′55″E，35°01′07″～35°01′08″N	67.5	1 750 m², 梯形	2004 年，100 年
2	FQAFZ01AB0_01	封丘站辅助观测场（不施肥）土壤生物采样地	辅助观测场	冬小麦-夏玉米	114°32′53″～114°32′54″E，35°01′06″～35°01′07″N	67.5	441 m²，21×21 正方形	2004 年，100 年
3	FQAFZ02ABC_01	封丘站辅助观测场（优化）土壤生物采样地	辅助观测场	冬小麦-夏玉米	114°32′52″～114°32′53″E，35°01′06″～35°01′07″N	67.5	441 m²，21×21 正方形	1999 年，100 年
4	FQAFZ03AB0_01	封丘站辅助观测场（肥料长期试验地）土壤生物采样地	辅助观测场	冬小麦-夏玉米	114°32′51″～114°32′54″E，35°01′09″～35°01′10″N	67.5	1 846.9 m²，77.6×23.8 长方形	1989 年，100 年
5	FQAFZ04AB0_01	封丘站辅助观测场（排水采集器）土壤生物采样地	辅助观测场	冬小麦-夏玉米	114°32′52″～114°32′53″E，35°01′05″～35°01′06″N	67.5	126 m²，21×6 长方形	1997 年，长期
6	FQAFZ05AB0_01	封丘站辅助观测场（水平衡场）土壤生物采样地	辅助观测场	冬小麦-夏玉米	114°32′50″～114°32′52″E，35°01′04″～35°01′05″N	67.5	2 500 m²，50×50 正方形	1997 年，长期
7	FQAFZ06AC0_01	封丘站辅助观测场（蒸渗仪）生物采样地	辅助观测场	冬小麦-夏玉米	114°32′53″～114°32′54″E，35°01′06″～35°01′07″N	67.5	3×6	1999 年，50 年
8	FQAZQ01AB0_01	封丘站站区调查点 1 号样地	站区调查点	冬小麦-夏玉米	114°32′52″E，35°01′05″N	67.5	1 000 m²，40×25 长方形	2003 年，长期
9	FQAZQ02AB0_01	封丘站站区调查点 2 号样地	站区调查点	冬小麦-夏玉米	114°32′51″E，35°01′04″N	67.5	600 m²，30×20 长方形	2003 年，长期
10	FQAZQ03AB0_01	封丘站站区调查点 3 号样地	站区调查点	冬小麦-夏玉米	114°32′52″E，35°01′04″N	67.5	750 m²，30×25 长方形	2003 年，100 年

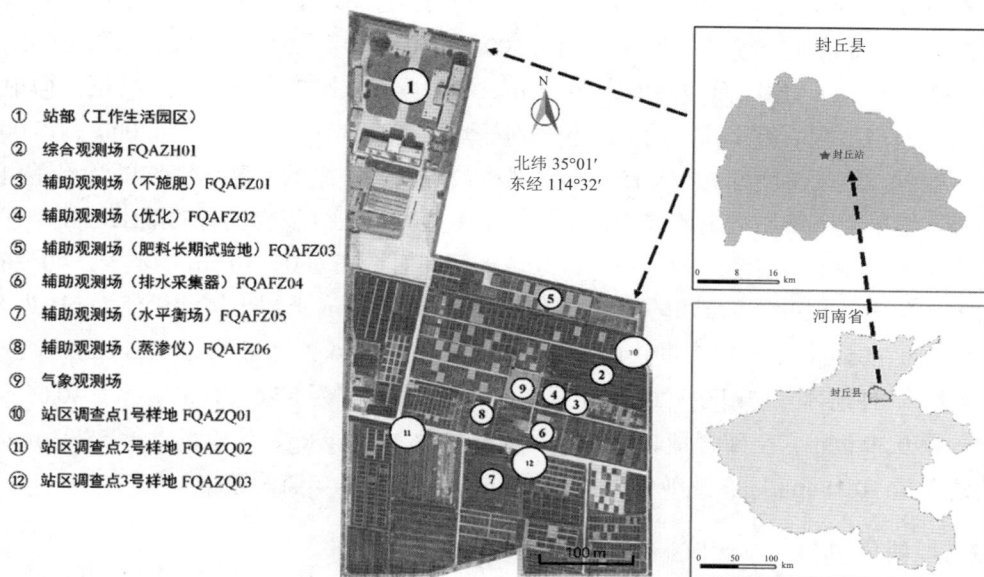

图 28-1 封丘站生物长期观测样地布局

① 站部（工作生活园区）
② 综合观测场 FQAZH01
③ 辅助观测场（不施肥）FQAFZ01
④ 辅助观测场（优化）FQAFZ02
⑤ 辅助观测场（肥料长期试验地）FQAFZ03
⑥ 辅助观测场（排水采集器）FQAFZ04
⑦ 辅助观测场（水平衡场）FQAFZ05
⑧ 辅助观测场（蒸渗仪）FQAFZ06
⑨ 气象观测场
⑩ 站区调查点1号样地 FQAZQ01
⑪ 站区调查点2号样地 FQAZQ02
⑫ 站区调查点3号样地 FQAZQ03

28.2 封丘站综合观测场土壤生物采样地

28.2.1 样地代表性

样地（FQAZH01ABC_01）位于河南省新乡市封丘县潘店镇站园区东部（彩图 28-2），面积为 1 750 m²，形状近似梯形，北边 65 m，南边 45 m，西边 20 m，东边 30 m，地理位置为 114°32′53″～114°32′55″E、35°01′07″～35°01′08″N。该综合观测场于 2004 年 6 月建立，自建立开始就作为长期定位观测样地，代表该地区典型的黄淮海平原农田生态系统，设计使用年限为 100 年，2004 年 6 月开始土壤和生物要素监测。

样地所属区域具有典型的黄河泛滥区特征，为地势平坦的冲积平原，该地区为粮食主产区，冬小麦-夏玉米轮作体系，是典型的一年两熟、高集约化种植农田生态系统。土壤为黄河冲积物发育的潮土，是当地主要土壤类型，样地具有很强的区域代表性。样地建立前施肥水平一般每年使用纯氮 450 kg/hm²、纯磷 180 kg/hm²。根据天气和作物情况，小麦一般灌溉 2～4 次，玉米灌溉 1～2 次，地下水畦灌，每次 1 200 m³/hm² 左右。机械耕地后播种小麦，机械收割，秸秆还田。小麦收获后人工播种玉米，玉米收获后秸秆还田。周边环境与观测场基本一致。

28.2.2 自然环境背景

综合观测场所在地区属半干旱半湿润的暖温带季风气候。年平均气温为 13.9℃，年平均降水量 615 mm，年蒸发量 1 875 mm，平均相对湿度 69%，≥0℃积温在 5 100℃以上，无霜期在 220 d 左右。全年日照时数为 2 300～2 500 h，日照率为 55%。太阳总辐射量达 4 731 MJ/（m²·a）。站区海拔高度为 67.5 m，地貌具有典型的黄河泛滥区特征，微地形稍有起伏，为倾（微）斜平原，而大地貌相对平坦，并自西南向东北有 1/6 000～1/8 000 的坡降。地下水位埋深变幅为 5～15 m。自然植被主要为次生的乔灌草植物以及沼泽和水生植物等。根据全国第二次土壤普查，土壤类型主要为黄河沉积物发育的潮土，并伴有部分盐土、碱土、沙土和沼泽土的分布。该区域土壤剖面特征为 0～40 cm 为壤土，40～60 cm 为黏土，60～150 cm 为粉砂壤土。本样地建立前 0～20 cm 土层土壤背景值为 pH 为 8.74、有机质含量 7.35 g/kg、全氮含量 0.45 g/kg、全磷含量 0.17 g/kg、全钾含量 17.46 g/kg（1999 年监测数据）。样地建立初期 0～20 cm 土层土壤背景值为 pH 为 8.76、有机质含量 10.66 g/kg、全氮含量 0.59 g/kg、全磷含量 0.62 g/kg、全钾含量 22.73 g/kg、速效氮含量 55.03 mg/kg、有效磷含量 10.18 mg/kg、速效钾含量 68.29 mg/kg（2005 年监测数据）。

28.2.3　耕作制度

（1）建立前的耕作制度

样地建立前的土地利用方式为农业种植，一直作为农田使用，轮作体系为玉米-小麦连作，其中只有 2000 年种植牧草（紫花苜蓿）。机械耕作种植小麦，玉米套作或小麦收获后人工播种玉米，人工中耕。施肥以氮肥、磷肥为主，氮肥以碳酸氢铵为主，每年 2 250 kg/hm²，磷肥以过磷酸钙为主，每年 750 kg/hm²。2000 年前作物秸秆全部不还田，2001 年和 2002 年小麦秸秆还田，2003 年以后小麦、玉米秸秆全部还田。根据作物、天气和土壤墒情，利用机井抽取地下水灌溉，每次漫灌 1 050～1 200 m³/hm²。

（2）建立后的耕作制度

样地建立后仍然保持小麦玉米轮作，机械耕地后播种小麦，机械收割，秸秆还田，小麦收获后人工点种玉米，玉米收获后秸秆还田。小麦基肥磷酸二铵 225 kg/hm²、尿素 225 kg/hm²，施用后耕翻于土壤中，返青追肥撒施尿素 225 kg/hm²；玉米苗肥磷酸二铵 150 kg/hm²、尿素 75 kg/hm²，穴施，大喇叭口期追肥穴施尿素 225 kg/hm²。根据气候和土壤水分与作物生长情况，利用地下水进行地表漫灌，小麦一般灌溉 2～4 次，玉米灌溉 1～2 次，每次 900～1 050 m³/hm²。农药拌种，病虫害防治、除草等其他田间管理措施同周边农田。

28.2.4　作物性状与产量

封丘站综合观测场 2004 年 6 月种植玉米品种为"郑单 958"，播种量为 37.5 kg/hm²，密度为 5 株/m²，群体株高为 235 cm，百粒重为 28.8 g，产量为 5 926 kg/hm²。2004 年 10 月种植小麦品种为"郑麦 9023"，播种量为 187.5 kg/hm²，密度为 194 株/m²，群体株高为 74 cm，穗数为 324.7 穗/m²，千粒重 42.2 g，产量为 4 552 kg/hm²。

28.2.5 样地配置与观测内容

封丘站综合观测场样地自 2014 年开始增加了土壤温湿盐自动观测系统、植物物候自动观测系统，2022 年开始增加了植物根系观测系统微根管。综合观测场样地在小麦和玉米各主要生育期开展生物和土壤要素监测，监测内容按照 CERN 统一规范要求。

本样地共分 16 个正方形的采样小区，每个小区面积为 100 m^2（10 m×10 m），再将每个采样区分成 100 个 1 m×1 m 的采样小区，观测场东边靠近道路留保护带 150 m^2（30 m×5 m），详见图 28-2 和图 28-3。

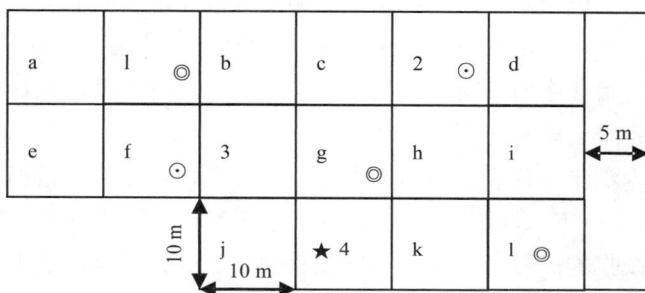

图 28-2 封丘站综合观测场采样地设置

注：字母标注为表层土壤、生物采样区；数字标注为剖面土壤采样区；采样区（a、b、f、g、i、k）为小麦采样区，采样区（c、d、e、h、j、l）为玉米采样区；◎中子管；★土壤水水质观测采样地；⊙地下水水位 1 号、2 号观测井。

1	2	3	4	5	6	7	8	9	10
11	12	13	14	15	16	17	18	19	20
21	22	23	24	25	26	27	28	29	30
31	32	33	34	35	36	37	38	39	40
41	42	43	44	45	46	47	48	49	50
51	52	53	54	55	56	57	58	59	60
61	62	63	64	65	66	67	68	69	70
71	72	73	74	75	76	77	78	79	80
81	82	83	84	85	86	87	88	89	90
91	92	93	94	95	96	97	98	99	100

图 28-3 综合观测场生物长期观测采样小区示意图

28.3　封丘站辅助观测场（不施肥）土壤生物采样地

28.3.1　样地代表性

样地（FQAFZ01AB0_01）位于河南省新乡市封丘县潘店镇站园区东部（彩图 28-3），综合观测场的南部，紧靠综合观测场。该观测场始建于 1999 年，面积为 441 m² （21 m×21 m）的正方形田块，地理位置为 114°32′53″～114°32′54″E、35°01′06″～35°01′07″N，在此辅助观测场的四角埋设水泥桩作永久固定标志。内侧四周留 1 m 宽保护行。共分 16 个正方形的采样小区，每个小区面积为 25 m²（5 m×5 m）。该辅助观测场于 2004 年 6 月开始土壤和生物监测，自建立开始就作为长期定位观测样地，设计使用年限为 100 年，重点监测不施肥条件下农田生态系统土壤-生物的变化规律。

该样地的土壤为潮土，代表了当地的主要土壤类型，不施肥。根据天气和作物情况，小麦一般灌溉 2～4 次，玉米灌溉 1～2 次，地下水漫灌，每次 1 200 m³/hm² 左右。机械耕地后播种小麦，机械收割，秸秆还田。小麦收获后人工点种玉米，玉米收获后秸秆还田。周边环境与观测场基本一致。本样地除施肥制度与综合观测场有差异外，其种植制度和田间管理同综合观测场。

28.3.2　自然环境背景

本样地自然环境背景与综合观测场一致，参见 28.2.2 节。

28.3.3　耕作制度

（1）建立前的耕作制度

建立前的土地利用方式为农业种植，一直作为农田使用，轮作体系为玉米-小麦连作，其中只有 2000 年种植牧草（紫花苜蓿）。机械耕作种植小麦，玉米套作或小麦收获后人工播种玉米，人工中耕。施肥以氮肥、磷肥为主，2000 年前作物秸秆全部不还田，2001 年和 2002 年小麦秸秆还田，2003 年以后小麦、玉米秸秆全部还田，2004 年玉米开始不施肥，根据作物、天气、土壤墒情，利用机井抽取地下水灌溉，每次漫灌 1 050～1 200 m³/hm²。

（2）建立后的耕作制度

建立后仍然保持小麦-玉米连作模式，机械耕作后种小麦，玉米人工铁铲点种，人工中耕，玉米收获后秸秆还田，不施肥。根据气候和土壤水分与作物生长情况，利用站区内已布设好在各田块前的灌溉网管，抽取地下水进行地表漫灌，小麦一般灌溉 2～4 次，玉米灌溉 1～2 次，每次 900～1 050 m³/hm²。农药拌种，病虫害防治、除草等其他田间管理措施同周边农田。

28.3.4　作物性状与产量

封丘站辅助观测场（不施肥）2004 年 6 月种植玉米品种为"郑单 958"，播种量为

37.5 kg/hm^2，密度为 5 株/m^2，群体株高为 230 cm，百粒重为 24.1 g，产量为 4 114 kg/hm^2。2004 年 10 月年种植小麦品种为"郑麦 9023"，播种量为 187.5 kg/hm^2，密度为 52 株/m^2，群体株高为 60 cm，穗数为 111.2 穗/m^2，千粒重为 45.2 g，产量为 1 667 kg/hm^2。

28.3.5 样地配置与观测内容

封丘站辅助观测场的四角埋设水泥桩作永久固定标志，内侧四周留 1 m 宽保护行。本样地自 2014 年开始增加了土壤温湿盐自动观测系统、植物物候自动观测系统，2022 年开始增加了植物根系观测系统微根管。样地在小麦和玉米各主要生育期开展土壤和生物要素监测，监测内容按照 CERN 统一规范要求。

样地共分 16 个正方形的采样小区，每个小区面积为 25 m^2（5 m×5 m），再将每个采样区分成 25 个 1 m×1 m 的采样小区，详见图 28-4 和图 28-5。

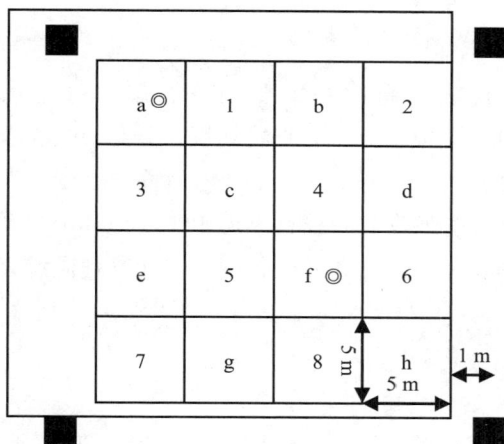

图 28-4　封丘站辅助观测场（不施肥）采样地设置

注：字母标注为表层土壤、生物采样区；数字标注为剖面土壤采样区；a、c、f 为小麦采样区，b、d、e 为玉米采样区；■水泥固定桩；◎中子管。

图 28-5　封丘站辅助观测场（不施肥）生物长期观测采样小区示意图

28.4　封丘站辅助观测场（优化）土壤生物采样地

样地（FQAFZ02ABC_01）位于河南省新乡市封丘县潘店镇潘店村站园区东部（彩图 28-4），综合观测场南部。该样地始建于 1999 年，该观测场为面积 441 m²（21 m×21 m）的正方形田块，为优化施肥长期实验辅助观测场，地理位置为 114°32′52″～114°32′53″E、35°01′06″～35°01′07″N。该辅助观测场自建立就作为长期定位观测样地，设计使用年限为 100 年。1999 年开始土壤和生物监测，重点监测优化施肥条件下农田生态系统土壤-生物的变化规律。该样地 1999 年建立时为综合观测场，2004 年麦收后由于面积不够大，无法满足综合观测场 100 年监测需要，在此观测场的北面新建了一个综合观测场，于是此观测场就改变为优化模式下的辅助观测场。

28.4.1　样地代表性

样地土壤为潮土，代表了当地的主要土壤类型。施肥水平一般每年使用纯氮 450 kg/hm²、纯磷 180 kg/hm²。根据天气和作物情况，小麦一般灌溉 2～4 次，玉米灌溉 1～2 次，地下水漫灌，每次 1 125 m³/hm²。人工翻地后播种小麦，人工收割，秸秆不还田。小麦收获后人工点种玉米，玉米收获后秸秆不还田。周边环境与观测场基本一致。本样地除施肥制度与综合观测场有差异外，其种植制度、田间管理同综合观测场，样地具有区域代表性。

28.4.2　自然环境背景

本样地自然环境背景值与综合观测场一致，参见 28.2.2 节。

28.4.3　耕作制度

（1）建立前的耕作制度

建立前的土地利用方式为农业种植，一直作为农田使用，轮作体系为玉米-小麦连作，其中只有 2000 年种植牧草（紫花苜蓿）。机械耕作种植小麦，玉米套作或小麦收获后人工播种玉米，人工中耕。施肥以氮肥、磷肥为主，氮肥以碳酸氢氨为主，每年 2 250 kg/hm²，磷肥以过磷酸钙为主，每年 750 kg/hm²，根据作物、天气、土壤墒情，利用机井抽取地下水灌溉，每次漫灌 1 050～1 200 m³/hm²。

（2）建立后的耕作制度

建立后仍然保持小麦-玉米连作模式，每年 10 月上旬人工翻地、播种小麦，6 月上旬播种玉米，人工中耕。小麦基肥施尿素 225 kg/hm²、磷酸二铵 225 kg/hm²、硫酸钾 150 kg/hm²；返青追肥撒施尿素 225 kg/hm²。玉米苗肥穴施尿素 75 kg/hm²、磷酸二铵 150 kg/hm²、硫酸钾 150 kg/hm²；大喇叭口期追肥穴施尿素 225 kg/hm²。根据气候和土壤水分与作物生长情况，利用站区内已布设好在各田块前的灌溉网管，抽取地下水进行地表漫灌，小麦一般灌溉 2~4 次，玉米灌溉 1~2 次，每次 900~1 050 m³/hm²。人工翻地后播种小麦，人工收割，秸秆不还田。小麦收获后人工点种玉米，玉米收获后秸秆不还田。农药拌种，病虫害防治、除草等其他田间管理措施同周边农田。

28.4.4 作物性状与产量

样地 2004 年 6 月种植玉米品种为"郑单 958"，播种量为 37.5 kg/hm²，密度为 5 株/m²，群体株高为 230 cm，百粒重为 22.67 g，产量为 6 134 kg/hm²。2004 年 10 月种植小麦品种是"郑麦 9023"，播种量为 187.5 kg/hm²，密度为 194 株/m²，群体株高为 71 cm，穗数为 395 穗/m²，千粒重为 47.3 g，产量为 5 727 kg/hm²。

28.4.5 样地配置与观测内容

本样地自 2014 年开始增加了土壤温湿盐自动观测系统、植物物候自动观测系统，2022 年开始增加了植物根系观测系统微根管。样地在小麦和玉米各主要生育期开展生物和土壤要素监测，监测内容按照 CERN 统一规范要求。

样地为正方形田块，四周采用长 100 cm、宽 45 cm、厚 5 cm 的水泥预制板围成观测场，水泥预制板埋入地下 35 cm，地上 10 cm。预制板外侧四周留 2 m 宽，内侧四周留 1 m 宽保护行。共分 16 个正方形的采样小区，每个小区面积为 25 m²（5 m×5 m），详见图 28-6。该样地原作为综合观测场，现由于要满足 100 年采样需求，面积不够，改为辅助观测场，用于优化模式（品种、施肥、灌溉等）下的水分、土壤、生物监测。沿西南至东北的对角线安装 3 个深 1.5 m 的中子管，用于观测土壤水分的变化。

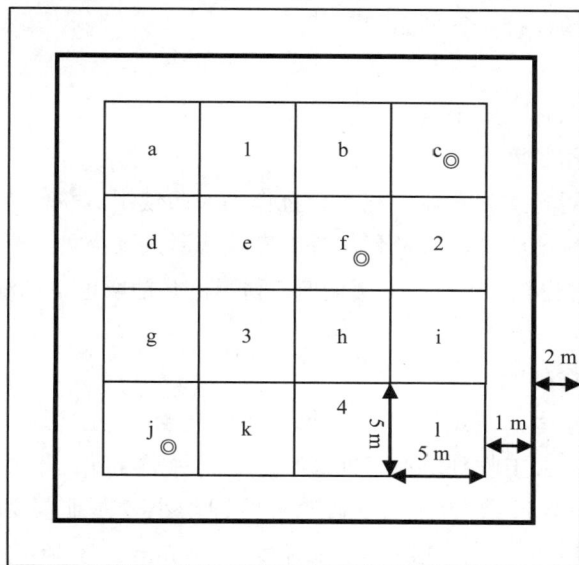

图 28-6 封丘站辅助观测场（优化）采样地设置

注：字母标注为表层土壤和生物采样小区；数字标注为剖面土壤采样小区；a、c、e、h、j、l 为小麦采样区，b、d、f、g、i、k 为玉米采样区；◎中子管。

28.5 封丘站辅助观测场（肥料长期试验地）土壤生物采样地

28.5.1 样地代表性

样地（FQAFZ03AB0_01）位于河南省新乡市封丘县潘店镇站园区东北部（彩图 28-5），综合观测场的北部。该观测场始建于 1989 年，面积为 1 846.9 m²（77.6 m×23.8 m）的长方形田块，地理位置为 114°32′51″～114°32′54″E、35°01′09″～35°01′10″N。该辅助观测场 1989 年开始土壤和生物监测，自建立开始就作为长期定位观测样地，设计使用年限为 100 年，重点监测长期不同施肥处理下农田生态系统土壤-生物的变化规律。

该观测场的土壤为潮土，代表了当地的主要土壤类型。施肥水平根据小区处理不同而不同。根据天气和作物情况，小麦一般灌溉 2～4 次，玉米灌溉 1～2 次，地下水漫灌，每次约 1 200 m³/hm²。人工翻地后播种小麦和玉米。不同小区除肥料处理不一样外，其他管理措施均相同。周边环境与观测场基本一致。本样地除施肥制度与综合观测场有差异外，其种植制度、田间管理同综合观测场，样地具有区域代表性。

28.5.2 自然环境背景

肥料长期试验开始于 1989 年秋天，试验前匀地 3 年，试验开始前 0～20 cm 土层的平均有机质、全氮、全磷、全钾、速效氮、有效磷、速效钾含量和 pH 分别为 5.83 g/kg、0.45 g/kg、0.50 g/kg、18.6 g/kg、9.51 mg/kg、1.93 mg/kg、78.8 mg/kg 和 8.65。本观测样地其他自然环境背景与综合观测场一致，参见 28.2.2 节。

28.5.3 耕作制度

（1）建立前的耕作制度

建立前的土地利用方式为农业种植，一直作为农田使用，轮作体系为玉米-小麦连作。耕作方式为机械耕作种植小麦，玉米套作或小麦收获后人工播种玉米，人工中耕。施肥以氮肥、磷肥为主。根据作物、天气、土壤墒情，利用机井抽取地下水灌溉，每次漫灌 900～1 050 m³/hm²。

（2）建立后的耕作制度

建立后仍然保持小麦-玉米连作模式，每年 10 月上旬人工翻地、播种小麦，6 月上旬播种玉米，人工中耕，人工收割。不同处理小区施肥种类和配比不同。肥料长期试验施用的氮肥为尿素，磷肥为过磷酸钙，钾肥为硫酸钾。小麦基肥量为氮 90 kg/hm²、P₂O₅ 75 kg/hm²、K₂O 150 kg/hm²，返青期追肥撒施氮 60 kg/hm²。玉米苗量为氮 60 kg/hm²、P₂O₅ 60 kg/hm²、K₂O 150 kg/hm²，大喇叭口期追肥穴施 90 kgN/hm²。有机肥以小麦秸秆为主，配以适当的棉粕和豆粕，按 100∶0∶45 的比例混合，以提高其中氮的含量，有机肥经发酵后施用。施肥前测定有机肥氮、磷、钾含量，有机肥用量以氮的含量为基准计算，磷、钾不足部分由磷肥和钾肥补充，有机肥用量约为 4 500 kg/hm²。试验采用小麦-玉米一年两熟轮作制。品种系当地大面积推广品种。灌溉视降水情况而定，一般小麦灌溉 2～3 次，玉米灌溉 1～2 次，每次灌水量为 900～1 200 m³/hm²，年灌溉量为 3 000～5 000 m³/hm²。农药拌种，病虫害防治、除草等其他田间管理措施同周边农田。

28.5.4　作物性状与产量

1989 年 10 月种植小麦品种为"豫麦 2 号"，播种量为 150 kg/hm²，产量为 4 986.7 kg/hm²。1990 年 6 月种植玉米品种为"沈单 7 号"，播种量为 52.5 kg/hm²，密度为 5.5 株/m²，产量为 5 585.3 kg/hm²。

28.5.5　样地配置与观测内容

样地观测生物和土壤要素观测项目。

样地用长 100 cm、宽 70 cm、厚 5 cm 的水泥预制板围成 1 330 m² 的长方形地块，水泥预制板埋入地下 60 cm，地上 10 cm。共分 28 个长方形的试验小区，每个小区面积为 47.5 m²（5 m×9.5 m），在试验小区四周留 2 m 的保护行。长期肥料试验设置了 7 个施肥处理，分别为：①CK（对照，不施肥）；②NK；③PK；④NP；⑤1/2 OM（有机肥）+1/2 NPK；⑥OM；⑦NPK，每个处理 4 次重复，试验小区随机排列，各处理小区分布详见图 28-7。小区四周埋设了水泥预制板隔层，埋入土中 60 cm，露出地面 10 cm，以防止水、肥及根系的互相渗透和穿透。在两层水泥板之间铺设水泥路面，形成宽 20 cm 的小区间小埂。试验区四周设 1.5 m 以上的保护行。保护行中埋设地下灌水管道，接上水表后可以进行定额灌溉，在保护行两侧铺设硬化排水沟。

1 1/2OM+ 1/2NPK	2 OM	3 NPK	4 CK	5 NP	6 NK	7 PK	8 NPK	9 1/2OM+ 1/2NPK	10 NP	11 PK	12 OM	13 CK	14 NK
					田　间　道　路								
15 NP	16 NPK	17 NK	18 OM	19 PK	20 1/2OM+ 1/2NPK	21 CK	22 NP	23 PK	24 CK	25 OM	26 NK	27 1/2OM+ 1/2NPK	28 NPK

图 28-7　封丘站肥料施肥长期实验辅助观测场处理分布图

28.6　封丘站辅助观测场（排水采集器）土壤生物采样地

28.6.1　样地代表性

样地（FQAFZ04AB0_01）位于河南省新乡市封丘县潘店镇站园区东北部，辅助观测场（优化）样地的正南面，紧靠辅助观测场（优化）样地（彩图 28-6）。该观测场于 1997 年建立，为面积 126 m²（6 m×21 m）的长方形田块，设置了 18 个施肥处理，地理位置为 114°32′52″～114°32′53″E、35°01′05″～35°01′06″N，该辅助观测场自 1997 年开始进行实验，自建立就作为长期定位观测样地。

土壤为潮土，代表了当地的主要土壤类型。施肥水平根据小区处理不同而不同。根据天气和作物情况，小麦一般灌溉 2～4 次，玉米灌溉 1～2 次，地下水漫灌，每次约 1 200 m³/hm²。人工翻地后播种小麦和玉米。不同小区除肥料处理不一样外，其他管理措施均相同。周边环境与观测场基本一致。本样地除施肥制度与综合观测场有差异外，其种植制度、田间管理同综合观测场，样地具有区域代表性。

28.6.2　自然环境背景

本样地自然环境背景与综合观测场一致，参见 28.2.2 节。

28.6.3　耕作制度

（1）建立前的耕作制度

建立前的土地利用方式为农业种植，一直作为农田使用，轮作体系为玉米-小麦连作。机械耕作种植小麦，玉米套作或小麦收获后人工播种玉米，人工中耕。施肥以氮肥、磷肥为主，根据作物、天气、土壤墒情，利用机井抽取地下水灌溉，每次漫灌 900～1 050 m³/hm²。

（2）建立后的耕作制度

建立后仍然保持小麦-玉米连作模式，每年 10 月上旬人工翻地、播种小麦，6 月上旬播种玉米，人工中耕。不同处理小区施肥种类和配比不同。根据气候和土壤水分与作物生长情况，利用站区内已布设好在各田块前的灌溉网管，抽取地下水进行地表漫灌，小麦一般灌溉 2～4 次，玉米灌溉 1～2 次，每次 900～1 050 m³/hm²。农药拌种，病虫害防治、除草等其他田间管理措施同周边农田。

该试验样地小麦基肥施尿素（1N、2N、3N）分别为 135 kg/hm²、195 kg/hm²、255 kg/hm²，过磷酸钙（P1、P2、P3）分别为 420 kg/hm²、630 kg/hm²、840 kg/hm²，硫酸钾（K1、K2、K3）分别为 120 kg/hm²、180 kg/hm²、240 kg/hm²；返青期追肥撒施尿素（1N、2N、3N）分别为 135 kg/hm²、195 kg/hm²、255 kg/hm²。玉米苗肥穴施尿素（1N、2N、3N）分别为 120 kg/hm²、180 kg/hm²、240 kg/hm²，过磷酸钙（P1、P2、P3）分别为 360 kg/hm²、540 kg/hm²、720 kg/hm²，硫酸钾（K1、K2、K3）分别为 105 kg/hm²、150 kg/hm²、210 kg/hm²；大喇叭口期追肥穴施尿素（1N、2N、3N）分别为 120 kg/hm²、180 kg/hm²、240 kg/hm²。有机肥只作基肥，以粉碎的麦秆为主，经过堆制发酵后施用，OM1 为 7 500 kg/hm²，OM2 为 3 750 kg/hm²。

28.6.4　作物性状与产量

2003 年 6 月种植玉米品种为"郑单 958"，播种量为 37.5 kg/hm²，密度为 7 株/m²，平均百粒重为 35.3 g，不同处理小区产量不同，平均产量为 5 474 kg/hm²。2003 年 10 月种植小麦品种为"郑麦 9023", 播种量为 187.5 kg/hm², 密度为 194 株/m², 平均株高为 65 cm, 穗数 421 穗/m², 平均千粒重为 48.8 g, 不同处理小区产量不同, 平均产量为 6 149 kg/hm²。

28.6.5 样地配置与观测内容

每年在小麦和玉米收获时将所有小区的作物全部单独收获、取样和测产。生物和土壤要素观测包括作物收获期植株性状、生物量与籽实产量、收获期植株各器官元素含量(氮、磷、钾)、土壤有机质、氮、磷、钾养分、pH、阳离子交换量等。

本样地为面积 126 m² 的长方形田块, 分 3 个土层(0～30 cm, 30～65 cm, 65～150 cm)将田间土壤全部挖出, 用水泥分别砌成 18 个 8 m³(2 m×2 m×2 m)的渗漏池, 再将土壤分层回填到各个渗漏池中, 并分别在各渗漏池的 20 cm、60 cm、120 cm、145 cm 处埋设微孔陶瓷滤管收集土壤渗漏液, 建成排水采集器长期定位实验辅助观测场, 观测场土壤为潮土, 小麦玉米轮作, 1997 年开始进行实验。设置了 18 个施肥处理, 分别为:(1)1NP1K1;(2)2NP2K2;(3)3NP3K3;(4)4NP4K4;(5)1NP1K1+OM1(有机肥);(6)3NP1K1;(7)1NP3K1;(8)1NP1K3;(9)3NP3K3+OM2;(10)2NP2;(11)2NK2;(12)P2K2;(13)CK;(14)OM1;(15)2NP2K2+OM1;(16)2NP2+OM1;(17)2NK2+OM1;(18)P2K2+OM1;无重复, 实验小区随机排列。各处理小区分布详见图 28-8。

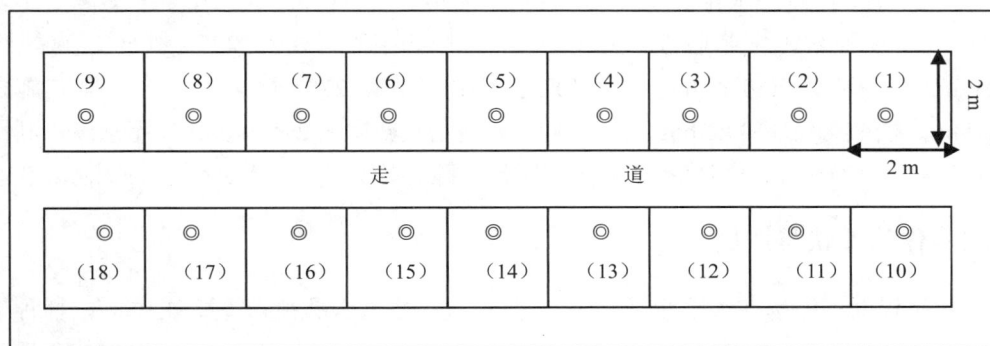

图 28-8　封丘站排水采集器长期实验辅助观测场设置(◎中子管)

28.7　封丘站辅助观测场(水平衡场)土壤生物采样地

28.7.1　样地代表性

样地(FQAFZ05AB0_01)位于河南省新乡市封丘县潘店镇站园区南部(彩图 28-7)。该观测场始建于 1989 年, 为面积 2 500 m²(50 m×50 m)的正方形田块, 地理位置为 114°32′50″～114°32′52″E、35°01′04″～35°01′05″N。该辅助观测场 1997 年开始土壤和生物监测, 自建立就作为长期定位观测样地, 重点监测雨养条件下农田生态系统土壤-生物的变化规律。

土壤为潮土，代表了当地的主要土壤类型。施肥水平一般每年使用纯氮 450 kg/hm²、纯磷 180 kg/hm²；雨养农田，不灌溉。机械耕地后播种小麦，机械收割，秸秆还田。小麦收获后人工点种玉米，玉米收获后秸秆还田。周边环境与观测场基本一致。本样地除灌溉方式与综合观测场有差异外，其种植制度、田间管理同综合观测场，样地具有区域代表性。

28.7.2　自然环境背景

本样地自然环境背景与综合观测场一致，参见 28.2.2 节。

28.7.3　耕作制度

（1）建立前的耕作制度

建立前的土地利用方式为农业种植，一直作为农田使用，小麦-玉米轮作为主。畜力或机械耕作种植小麦，玉米套作或小麦收获后人工点种，人工中耕。施肥以氮、磷肥为主，氮肥以碳酸氢铵为主，每年 2 250 kg/hm²，磷肥以过磷酸钙为主，每年 750 kg/hm²。根据作物、天气、土壤墒情，利用机井抽取地下水灌溉，每次漫灌 900～1 050 m³/hm²。

（2）建立后的耕作制度

建立后保持小麦-玉米轮作模式，机械耕地后播种小麦，机械收割，秸秆还田。小麦收获后人工点种玉米，玉米收获后秸秆还田。小麦基肥施尿素 225 kg/hm²、磷酸二铵 225 kg/hm²、硫酸钾 150 kg/hm²；返青期追肥撒施尿素 225 kg/hm²。玉米苗肥穴施尿素 75 kg/hm²、磷酸二铵 150 kg/hm²；大喇叭口期追肥穴施尿素 225 kg/hm²。不灌溉，利用降水进行雨养农田实验。农药拌种，病虫害防治、除草等其他田间管理措施同周边农田。

28.7.4　作物性状与产量

封丘站辅助观测场（水平衡场）2003 年 6 月种植玉米品种为"郑单 958"，播种量为 37.5 kg/hm²，产量为 5 841.66 kg/hm²。2002 年 10 月种植小麦品种为"郑麦 9023"，播种量为 187.5 kg/hm²，产量为 5 465.62 kg/hm²。

28.7.5　样地配置与观测内容

本样地自 2014 年开始增加了土壤温湿盐自动观测系统、植物物候自动观测系统，2022 年开始增加了植物根系观测系统。本样地在小麦和玉米各主要生育期开展生物和土壤要素监测，监测内容按照 CERN 统一规范要求。

样地为正方形田块，田块四周用水泥砌成宽 20 cm、深 15 cm 的排水渠，将地表径流导入 2.61 m³ 径流池中。共分 25 个正方形的采样小区，每个小区面积为 100 m²（10 m×10 m），再将每个采样区分成 100 个 1 m×1 m 的采样小区，田块四周用水泥砌成宽 20 cm、深 15 cm 的排水渠，将地表径流导入径流池中，详见图 28-9。

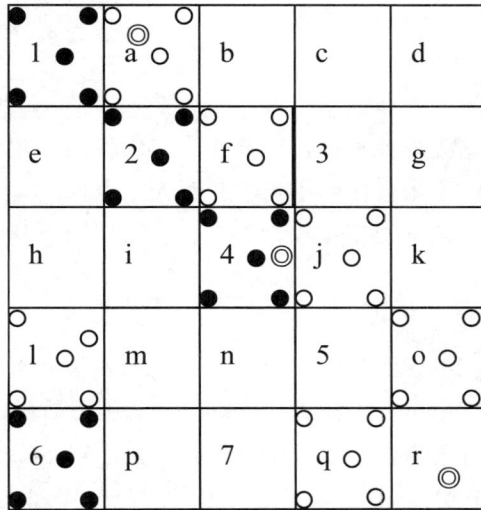

图 28-9　封丘站辅助观测场（水平衡场）采样地设置

注：字母标注为表层土壤、生物采样区；数字标注为剖面土壤采样区；a、f、j、l、o、q 为小麦采样区，c、e、i、k、n、p 为玉米采样区；◎中子管；○表层土壤采样点；●剖面土壤采样点。

28.8　封丘站辅助观测场（蒸渗仪）生物采样地

28.8.1　样地代表性

样地（FQAFZ06AC0_01）位于河南省新乡市封丘县潘店镇站园区中部。该观测场始建于 1999 年，建有由长 2 m、宽 1.5 m、深 2 m 的原状土柱组成的 6 组大型作物蒸渗仪（Lysimeter）和 30 个小型作物蒸渗仪设施，地理位置为 114°32′53″～114°32′54″E、35°01′06″～35°01′07″N。该辅助观测场 2011 年开始土壤和生物监测，自建立开始就作为长期观测样地，计划观测使用 50 年，重点监测农田土壤水分蒸渗变化规律。

土壤为潮土，代表了当地的主要土壤类型，施肥水平一般每年使用纯氮 450 kg/hm²、纯磷 180 kg/hm²，根据气候和土壤水分与作物生长情况，利用站区内灌溉网管抽取地下水进行地表漫灌，小麦一般灌溉 2～4 次，玉米灌溉 1～2 次，每次 900～1 050 m³/hm²。人工翻地，人工收割，小麦收获后人工点种玉米。农药拌种，病虫害防治、除草等其他田间管理措施同周边农田，周边环境与观测样地基本一致。本样地种植制度、田间管理同综合观测场，样地具有区域代表性。

28.8.2　自然环境背景

本样地自然环境背景与综合观测场一致，参见 28.2.2 节。

28.8.3 耕作制度

（1）建立前的耕作制度

建立前的土地利用方式为农业种植，一直作为农田使用，轮作体系为玉米-小麦连作。畜力或机械耕作种植小麦，玉米套作或小麦收获后人工点种，人工中耕。施肥以氮肥、磷肥为主，氮肥以碳酸氢铵为主。根据作物、天气、土壤墒情，利用机井抽取地下水灌溉，每次漫灌 $900 \sim 1\,050\ m^3/hm^2$。

（2）建立后的耕作制度

建立后仍然保持小麦-玉米连作模式，人工耕作后种小麦，玉米人工铁铲点种，人工中耕。小麦基肥磷酸二铵 $225\ kg/hm^2$、尿素 $225\ kg/hm^2$，施用后耕翻于土壤中，返青追肥撒施尿素 $225\ kg/hm^2$；玉米苗肥磷酸二铵 $150\ kg/hm^2$、尿素 $75\ kg/hm^2$，穴施，大喇叭口期追肥穴施尿素 $225\ kg/hm^2$。小麦、玉米秸秆全部还田。根据气候和土壤水分与作物生长情况，利用站区内已布设好在各田块前的灌溉网管，抽取地下水进行地表漫灌，小麦一般灌溉 $2 \sim 4$ 次，玉米灌溉 $1 \sim 2$ 次，每次 $900 \sim 1\,050\ m^3/hm^2$。人工翻地，人工收割，小麦收获后人工点种玉米。农药拌种，病虫害防治、除草等其他田间管理措施同周边农田。

28.8.4 作物性状与产量

2011 年 6 月种植玉米品种为"郑单 958"，播种量为 $37.5\ kg/hm^2$，密度为 5 株/m^2，百粒重为 25.51 g，产量为 $7\,320\ kg/hm^2$。2010 年 10 月种植小麦品种为"新麦 19"，播种量为 $225\ kg/hm^2$，穗数为 408.6 穗/m^2，群体株高为 61.6 cm，千粒重为 42.68 g，产量为 $5\,174\ kg/hm^2$。

28.8.5 样地配置与观测内容

样地建成后由地上部观测样地和地下室大型称重式土壤蒸渗观测设施组成。该观测场自 2011 年开始进行土壤蒸渗观测，人工每天（8：00 和 20：00）两次监测土壤水分蒸散量的变化，自 2019 年开始升级为在线自动观测，观测频率为每小时 1 次。每年在小麦和玉米收获时，将蒸渗仪地表部分 $3\ m^2$（2 m×1.5 m）面积上的作物全部单独收获、取样和测产。观测指标包括作物收获期植株性状、生物量与籽实产量、收获期植株各器官元素含量（氮、磷、钾）等。

28.9 封丘站站区调查点长期观测样地

28.9.1 样地代表性

封丘站站区调查点有 3 个样地，分别是封丘站站区调查点 1 号样地（FQAZQ01AB0_01）、封丘站站区调查点 2 号样地（FQAZQ02AB0_01）和封丘站站区调查点 3 号样地

（FQAZQ03AB0_01）均位于河南省新乡市封丘县潘店镇站园区附近（彩图 28-8～彩图 28-10）。1 号样地为面积 1 000 m²（40 m×25 m）的长方形地块，地理位置为 114°32′52″E、35°01′05″N；2 号样地为面积 600 m²（30 m×20 m）的长方形地块，地理位置为 114°32′51″E、35°01′04″N；3 号样地为面积 750 m²（30 m×25 m）的长方形地块，地理位置为 114°32′52″E、35°01′04″N。2003 年建立作为长期样地开始进行观测，计划观测使用 100 年。

样地所属区域具有典型的黄河泛滥区特征，为地势平坦的冲击平原，该地区为粮食主产区，冬小麦-夏玉米轮作体系，是典型的一年两熟、高集约化种植农田生态系统。该观测场的土壤为黄河冲积物发育的潮土，是当地的主要土壤类型，样地具有很强的区域代表性。样地建立前施肥水平一般每年使用纯氮 450 kg/hm²、纯磷 180 kg/hm²，根据天气和作物情况，小麦一般灌溉 2～4 次，玉米灌溉 1～2 次，地下水畦灌，每次约 1 200 m³/hm²。机械耕地后播种小麦，机械收割，秸秆还田。小麦收获后人工播种玉米，玉米收获后秸秆还田。周边环境与样地基本一致。

28.9.2 自然环境背景

样地自然环境背景与综合观测场一致，参见 28.2.2 节。

28.9.3 耕作制度

（1）建立前的耕作制度

建立前的土地利用方式为农业种植，一直作为农田使用，轮作体系为玉米-小麦连作。耕作方式为机械耕作种植小麦，机械收割，秸秆还田。小麦收获后人工点种玉米，玉米收获后秸秆还田，人工中耕。施肥以氮肥、磷肥为主，氮肥以碳酸氢氨为主，每年 2 250 kg/hm²，磷肥以过磷酸钙为主，每年 750 kg/hm²。根据作物、天气、土壤墒情，利用机井抽取地下水灌溉，每次漫灌 900～1 050 m³/hm²。

（2）建立后的耕作制度

建立后仍然保持小麦-玉米连作模式，机械耕地后播种小麦，机械收割，秸秆还田。小麦收获后人工点种玉米，玉米收获后秸秆还田。小麦基肥施尿素 225 kg/hm²、磷酸二铵 225 kg/hm²、硫酸钾 150 kg/hm²；返青追肥撒施尿素 225 kg/hm²。玉米苗肥穴施尿素 75 kg/hm²、磷酸二铵 150 kg/hm²。大喇叭口期追肥穴施尿素 225 kg/hm²。根据气候和土壤水分与作物生长情况，利用站区内已布设好在各田块前的灌溉网管，抽取地下水进行地表漫灌，小麦一般灌溉 2～4 次，玉米灌溉 1～2 次，每次 900～1 050 m³/hm²。

28.9.4 作物性状与产量

封丘站站区调查点 1 号样地 2003 年 6 月种植玉米品种为"豫玉 27"，播种量为 37.5 kg/hm²，密度为 6 株/m²，群体株高为 232 cm，百粒重为 29.9 g，产量为 6 962 kg/hm²。2003 年 10 月种植小麦品种为"郑麦 9023"，播种量为 187.5 kg/hm²，密度为 194 株/m²，群体株高为 61 cm，穗数为 371 穗/m²，千粒重为 40.9 g，产量为 4 904 kg/hm²。

封丘站站区调查点 2 号样地 2003 年 6 月种植玉米品种为"济单 7 号"，播种量为 37.5 kg/hm²，密度为 4.8 株/m²，群体株高为 243 cm，百粒重为 20.8 g，产量为 5 401 kg/hm²。2003 年 10 月种植小麦品种为"新麦 9 号"，播种量为 187.5 kg/hm²，密度为 194 株/m²，群体株高为 67 cm，穗数为 469 穗/m²，千粒重为 46.8 g，产量为 4 283 kg/hm²。

封丘站站区调查点 3 号样地 2003 年 6 月种植玉米品种为"豫玉 22"，播种量为 37.5 kg/hm²，密度为 4.2 株/m²，群体株高为 264 cm，百粒重为 30.1 g，产量为 6 420 kg/hm²。2003 年 10 月种植小麦品种为"开麦 13 号"，播种量为 187.5 kg/hm²，密度为 194 株/m²，群体株高为 64 cm，穗数为 337 穗/m²，千粒重为 46.3 g，产量为 6 242 kg/hm²。

28.9.5 样地配置与观测内容

本样地在小麦和玉米各主要生育期开展生物和土壤要素监测，监测内容按照 CERN 统一规范要求。

站区调查点样地均为小麦-玉米轮作，2003 年开始进行调查记录，见图 28-10。

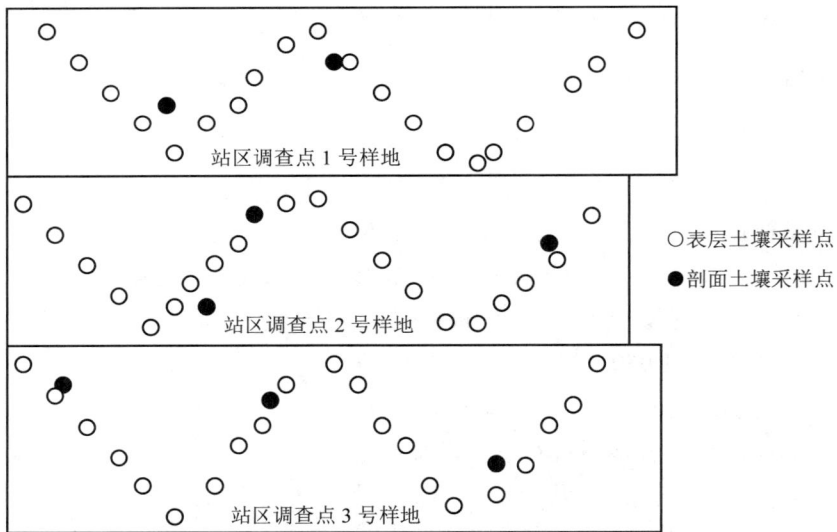

图 28-10 封丘站站区调查点 1～3 号样地土壤样品采集示意图

29　安塞站生物监测样地本底与耕作制度[*]

29.1　生物监测样地概况

29.1.1　概况与区域代表性

安塞水土保持综合试验站（以下简称安塞站）隶属中国科学院水利部水土保持研究所，位于陕西省延安市安塞区墩滩（109°19′32″E、36°48′44″N），位于黄土高原腹地，代表区域为黄土高原丘陵沟壑区。安塞站始建于 1973 年，是中国科学院在黄土高原丘陵沟壑区设立的第一个野外长期综合试验台站。依照"生态环境领域国家野外站布局分区图"，安塞站代表区域属于 IIC5 区，即中温带半干旱地区黄土高原北部草原-农业生态区，主要地貌类型为典型的梁峁状黄土丘陵沟壑区，是国家野外站在该类型区唯一的农业生态系统试验站。安塞站于 1990 年成为 CERN 第一批野外研究台站，2005 年成为国家野外科学观测研究站，2019 年成为农业农村部国家农业环境安塞观测实验站。

29.1.2　生物监测样地设置

安塞站自 1983 年开始，先后设置了 11 个生物长期观测样地，其中有综合观测场 1 个，为安塞站川地综合观测场土壤生物采样地；辅助观测场 7 个，分别为安塞站土壤监测辅助观测场-空白、安塞站土壤监测辅助观测场-秸秆还田、安塞站山地辅助观测场土壤生物采样地、安塞站墩滩川地养分长期定位试验场土壤生物采样地、安塞站墩山坡地养分长期定位试验场土壤生物采样地、安塞站墩山梯田养分长期定位试验场土壤生物采样地、安塞站寺崾岘坡地连续施肥试验场土壤生物采样地；站区调查点 3 个，分别为安塞站寺崾岘梯田土壤生物采样地、安塞站纸坊沟流域生物长期调查点、安塞站寺崾岘塌地梯田土壤生物采样地。安塞站样地清单详见表 29-1。

2014 年，因安塞区城市发展规划和建设需求，安塞站川地综合观测场土壤生物采样地和 3 个辅助观测场（安塞站土壤监测辅助观测场-空白、安塞站土壤监测辅助观测场-秸秆还田、安塞站墩滩川地养分长期定位试验场土壤生物采样地）被征用，2014—2017 年安塞站 4 块样地的水分、土壤、大气、生物监测工作暂停，2018 年新置换的样地分配到位后，

* 编写：吴瑞俊、王志波（中国科学院水利部水土保持研究所、西北农林科技大学水土保持研究所）
　审稿：王国梁（中国科学院水利部水土保持研究所、西北农林科技大学水土保持研究所）

重新开始监测工作。新样地位于延安市安塞区石窑沟村，距离原样地 6.5 km，种植结构为大豆→玉米→玉米，与原综合试验场保持一致。2018 年开始监测的新样地分别是安塞站石窑沟川地综合观测场土壤生物采样地、安塞站石窑沟土壤监测辅助观测场-空白、安塞站石窑沟土壤监测辅助观测场-秸秆还田。此外，安塞站寺嶝岘坡地连续施肥试验场因经常发生鸟害及周边种植果树导致监测作物产量不准确，于 2019 年停止监测。安塞站两个站区长期调查点于 2011 年改种果树，因果树较小继续作为农田监测，2015—2021 年两地块不再种粮食作物，作为果树地继续进行监测。2022 年 3 月因果树管理不善和品种老化等被砍伐又改种粮食作物。

安塞站川地综合观测场土壤生物采样地、安塞站土壤监测辅助观测场-空白、安塞站土壤监测辅助观测场-秸秆还田，均位于安塞站站区内，为同一地点一个大地块，统称为安塞站原川地生物长期观测场，一并介绍。安塞站石窑沟新川地生物长期观测场包括安塞站石窑沟川地综合观测场土壤生物采样地、安塞站石窑沟土壤监测辅助观测场-空白、安塞站石窑沟土壤监测辅助观测场-秸秆还田，均位于延安市安塞区沿河湾镇石窑沟村，3 块样地为同一地点一个大地块，统称为石窑沟新川地生物长期观测场，一并介绍。其他辅助观测场和站区调查点因地理位置和监测特点不同，分别介绍。安塞站长期生物样地布局见图 29-1，样地清单见表 29-1。

表 29-1　安塞站生物长期观测样地清单

序号	样地代码	样地名称	样地类别	轮作体系	地理位置	海拔/m	面积及形状/（m×m）	建立时间与计划使用年数
1	ASAZH01ABC_01	安塞站川地综合观测场土壤生物采样地	综合观测场	玉米→玉米→大豆	109°19′24″E，36°51′25″N	1 032	65×23	2005 年，2014 年终止观测
2	ASAFZ01B00_01	安塞站土壤监测辅助观测场-空白	辅助观测场	玉米→玉米→大豆	109°19′23″E，36°51′25″N	1 032	23×7	2005 年，2014 年终止观测
3	ASAFZ02B00_01	安塞站土壤监测辅助观测场-秸秆还田	辅助观测场	玉米→玉米→大豆	109°19′24″E，36°51′27″N	1 032	20×8	2005 年，2014 年终止观测
4	ASAZH02ABC_01	安塞站石窑沟川地综合观测场土壤生物采样地	综合观测场	大豆→玉米→玉米	109°20′32″E，36°48′44″N	1 009	42×42	2018 年，长期
5	ASAFZ08ABC_01	安塞站石窑沟土壤监测辅助观测场-空白	辅助观测场	大豆→玉米→玉米	109°20′31″E，36°48′44″N	1 009	42×11	2018 年，长期
6	ASAFZ09ABC_01	安塞站石窑沟土壤监测辅助观测场-秸秆还田	辅助观测场	大豆→玉米→玉米	109°20′31″E，36°48′43″N	1 009	42×12	2018 年，长期
7	ASAFZ03ABC_01	安塞站山地辅助观测场土壤生物采样地	辅助观测场	大豆→谷子	109°18′58″E，36°51′22″N	1 206	36×20	1997 年，长期

序号	样地代码	样地名称	样地类别	轮作体系	地理位置	海拔/m	面积及形状/（m×m）	建立时间与计划使用年数
8	ASAFZ04ABC_01	安塞站墩滩川地养分长期定位试验场土壤生物采样地	辅助观测场	玉米→玉米→大豆	109°19′23″E，36°51′30″N	1 083	25×20	1995 年，2014 年终止观测
9	ASAFZ05ABC_01	安塞站墩山坡地养分长期定位试验场土壤生物采样地	辅助观测场	谷子→糜子→谷子→大豆	109°18′36″E，36°51′22″N	1 210	37×20	1995 年，长期
10	ASAFZ06ABC_01	安塞站墩山梯田养分长期定位试验场土壤生物采样地	辅助观测场	谷子→糜子→谷子→黄豆	109°18′55″E，36°51′21″N	1 200	2 000 m²，多边形	1992 年，长期
11	ASAFZ07AB0_01	安塞站寺嵋岘坡地连续施肥试验场土壤生物采样地	辅助观测场	谷子→荞麦→谷子→糜子	109°14′59″E，36° 44′24″N	1 070	25×25	1983 年，2019 年终止观测
12	ASAZQ01ABC_01	安塞站寺嵋岘梯田土壤生物采样地	站区调查点	玉米→马铃薯→豆子	109°15′8.7″E，36°44′17.4″N	1 250	2 600 m²，多边形	2004 年，长期
13	ASAZQ02ABC_01	安塞站纸坊沟流域生物长期调查点	站区调查点	谷子、荞麦、玉米、糜子、黄豆等	109°14′59″E，36° 44′24″N	1 070	8.27 km²，多边形	2004 年，长期
14	ASAZQ03ABC_01	安塞站寺嵋岘塌地梯田土壤生物采样地	站区调查点	玉米→玉米	109°15′4.0″E，36°44′19.1″N	1 219	933 m²，多边形	2005 年，长期

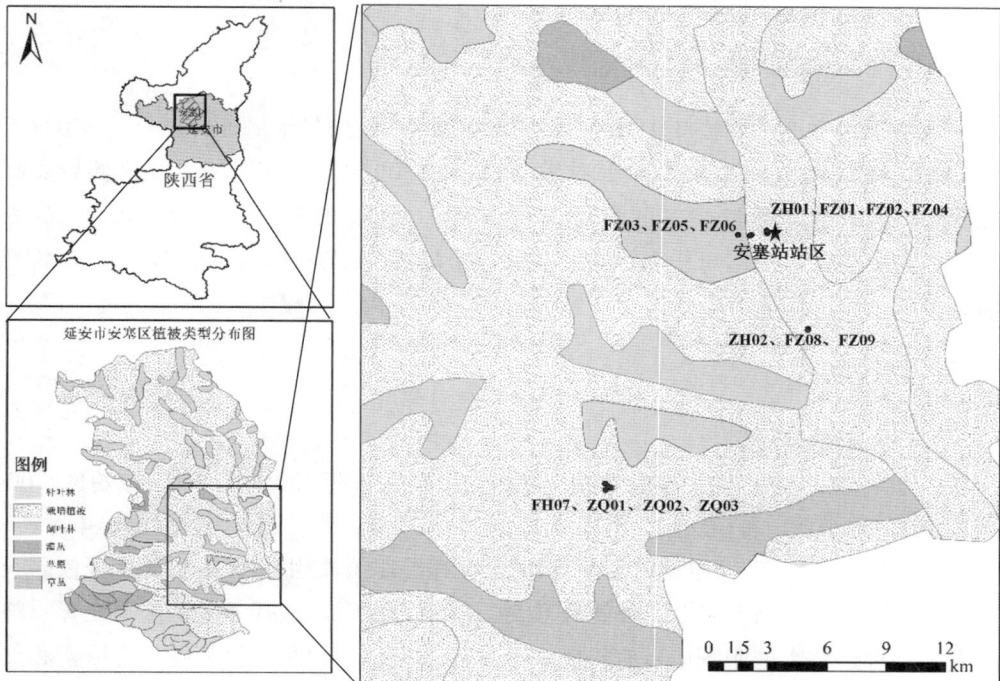

图 29-1 安塞站生物长期观测样地布局

29.2　安塞站原川地生物长期观测场

29.2.1　样地代表性

安塞站原川地生物长期观测场位于陕西省延安市安塞区墩滩，地理位置为109°19′24″～109°19′25″E、36°51′26″～36°51′28″N。安塞站原川地生物长期观测场主要包括 3 个样地，分别是安塞站川地综合观测场土壤生物采样地（ASAZH01ABC_01）、安塞站土壤监测辅助观测场-空白（ASAFZ01B00_01）、安塞站土壤监测辅助观测场-秸秆还田（ASAFZ02B00_01），均位于安塞站站区内，为同一地点一个大地块分隔的 3 块。由于安塞区土地征用，该观测场于 2014 年停止观测。

本样地为黄土丘陵沟壑区典型农田耕作类型的川台地，土壤养分比较贫瘠，无灌溉条件，靠天然降水，属于雨养农业地区，其代表一年一熟制的黄土丘陵沟壑区川台地旱作农田生态系统。本地块包括安塞站川地综合观测场土壤生物采样地（彩图 29-1）和辅助观测场，辅助观测场作为综合观测场的补充，分别设置土壤监测辅助观测场-空白（彩图 29-2）、土壤监测辅助观测场-秸秆还田（彩图 29-3）不同处理，以观测氮磷配施、氮磷配施+秸秆和不施肥 3 个不同施肥处理下区域典型农田生态系统土壤质量、作物生产力和品质的长期变化以及农田生态过程及其对环境的长期效应。本地块的种植制度、田间耕作管理和土壤类型都具有典型的区域代表性。

29.2.2　自然环境背景

样地属于川台地，海拔 1 032 m。年均温 8.8℃，年均降水量 500 mm，＞10℃有效积温 3 759℃，干燥度为 1.22，年日照时数 2 112～2 300 h，无霜期 160 d。观测场灌溉主要依赖降水，地下水埋深 18～20 m，排水能力一般。根据全国第二次土壤普查，土类为黄绵土，亚类为黄绵土；土壤母质为黄土。观测场土壤养分比较贫瘠，氮、磷缺乏，钾富足，无灌溉条件，属于雨养农业地区。土壤侵蚀类型主要为水力侵蚀。

29.2.3　耕作制度

（1）建立前的耕作制度

该大地块 2004 年以前为试验农田。试验农田严格按照试验设计要求（1991—2004 年）进行土地管理和监测。种植作物为玉米→大豆轮作，一年一熟，玉米、大豆每年 4 月底—5 月初播种，9 月底—10 月中旬收获，生育期约为 150 d，作物生长所需的水分依靠天然降水，无灌溉条件，为雨养农业。作物收获后，用畜力翻耕，进行冬季休闲。在春季整地施肥，人工播种作物。施肥制度以有机肥（冬羊粪）和化肥为主，化肥品种为尿素和过磷酸钙。播种时有机肥和磷肥作种肥一次性施入、尿素施为总量的 20%，剩余 80%的尿素在玉米拔节期和大豆开花期追施。病虫草害防治采用人工除草和农药防治病虫害。

（2）建立后的耕作制度

2005 年长期生物观测场地建立后一直按玉米→玉米→大豆 3 年为一个轮作周期进行监测，一年一熟，无灌溉条件。场地监测管理严格按照 CERN 要求进行观测，播种、收获与观测场建立前的耕作制度相同。施肥以化肥为主，化肥品种为尿素和重过磷酸钙。播种时重过磷酸钙作种肥一次性施入、种肥尿素施为总量的 20%，剩余 80% 的尿素在玉米拔节期和大豆开花期追施。安塞站川地综合观测场土壤生物采样地为每年施肥量为纯氮 90 kg/hm^2，施纯 P$_2$O$_5$ 为 45 kg/hm^2；安塞站土壤监测辅助观测场-空白为空白试验，不施任何化肥与有机肥；安塞站土壤监测辅助观测场-秸秆还田施肥处理为化肥+秸秆，施纯氮 90 kg/hm^2，施纯 P$_2$O$_5$ 为 45 kg/hm^2，当年玉米或大豆收获后，将秸秆称重粉碎，均匀地撒在地表，然后进行人工翻耕，将秸秆翻入土壤中。病虫草害防治采用人工除草和农药防治病虫害并建立监测档案。由于安塞区土地征用，观测场于 2014 年停止监测。

29.2.4　作物性状与产量

2005 年，安塞站川地综合观测场土壤生物采样地种植春玉米品种为"沈单 10 号"，密度为 5 株/m^2，株高为 243.2 cm，百粒重为 35.4 g，产量为 10 115 kg/hm^2。安塞站土壤监测辅助观测场-空白种植春玉米品种为"沈单 10 号"，密度为 5 株/m^2，株高为 238.4 cm，百粒重为 35.6 g，产量为 11 029 kg/hm^2。安塞站土壤监测辅助观测场-秸秆还田种植春玉米品种为"沈单 10 号"，密度为 5 株/m^2，株高为 243.3 cm，百粒重为 37.6 g，产量为 12 935 kg/hm^2。

29.2.5　样地配置与观测内容

安塞站原川地生物长期观测场设置综合观测场和辅助观测场，辅助观测场为综合观测场的补充，分别设置辅助观测场-空白、辅助观测场-秸秆还田不同处理。站内生物长期观测场布设图详见图 29-2。

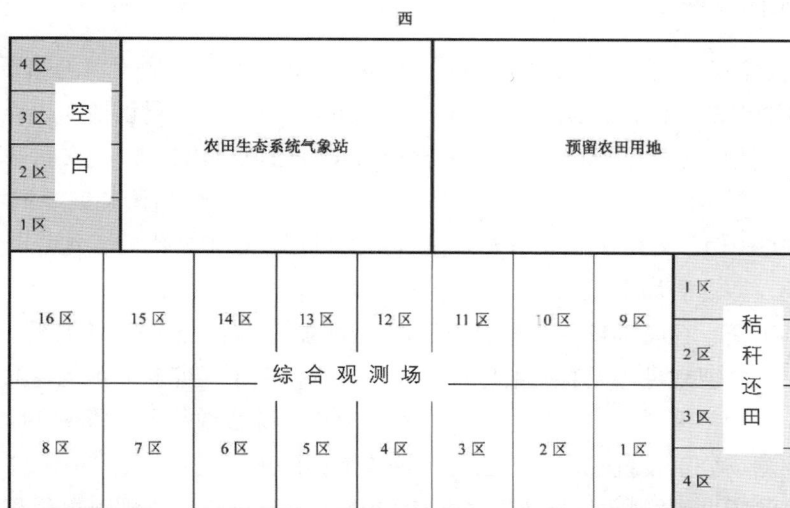

图 29-2　安塞站原川地生物长期观测场布设图

29.2.5.1 安塞站川地综合观测场土壤生物采样地

本样地观测生物、土壤、水分和大气四大要素，全部按照 CERN 综合观测场指标体系观测，观测内容包括：①生物监测采样；②土壤监测采样；③土壤水分监测（中子管法）；④水井水质监测采样；⑤大气观测。

本样地面积为 1 495 m^2（65 m×23 m）的长方形，共设置 16 个小区，每个小区面积为 70 m^2（7 m×10 m），保护区宽度为 1.5 m。其中 1～16 区为生物土壤采样区，15 区和 4 区为土壤剖面样品采集区。该观测场由于安塞区土地征用，于 2014 年停止观测。

29.2.5.2 安塞站土壤监测辅助观测场-空白

本样地观测生物、土壤、水分和大气四大要素，全部按照 CERN 综合观测场指标体系观测，观测内容包括：①生物监测采样；②土壤监测采样；③土壤水分监测（中子管法）；④水井水质监测采样；⑤气象观测。

本样地面积为 161 m^2（23 m×7 m），共设 4 个小区，每个小区面积为 40.25 m^2（7 m×5.75 m），1～4 区为生物土壤采样区。该观测场由于安塞区土地征用，于 2014 年停止观测。

29.2.5.3 安塞站土壤监测辅助观测场-秸秆还田

本样地观测生物、土壤、水分和大气四大要素，全部按照 CERN 综合观测场指标体系观测，观测内容包括：①生物监测采样；②土壤监测采样；③土壤水分监测（中子管法）；④水井水质监测采样；⑤气象观测。

本样地面积为 160 m^2（20 m×8 m），共设 4 个小区，每个小区面积为 40 m^2（8 m×5 m），1 区～4 区为土壤生物采样区。该观测场由于安塞区土地征用，于 2014 年停止观测。

29.3 安塞站石窑沟新川地生物长期观测场

29.3.1 样地代表性

安塞站石窑沟新川地生物长期观测场位于陕西省延安市安塞区沿河湾镇石窑沟村，地理位置为 109°20′32″～109°20′34″E、36°48′44″～36°48′43″N，主要包括 3 个样地，分别是安塞站石窑沟川地综合观测场土壤生物采样地（ASAZH02ABC_01）、安塞站石窑沟土壤监测辅助观测场-空白（ASAFZ08ABC_01）、安塞站石窑沟土壤监测辅助观测场-秸秆还田（ASAFZ09ABC_01），均位于延安市安塞区石窑沟村川台地上，为同一地点一个大地块分隔的 3 块样地，该观测场于 2018 年正式开始监测。

本观测场为黄土丘陵沟壑区典型农田耕作类型的川台地，土壤为黄绵土，养分比较贫瘠，氮、磷缺乏，钾富足，无灌溉条件，靠天然降水，属于雨养农业地区，其代表一年一熟制的黄土丘陵沟壑区旱作农田生态系统。本样地包括综合观测场（彩图 29-4）和辅助观测场，辅助观测场分别设置安塞站石窑沟土壤监测辅助观测场-空白（彩图 29-5）、安塞站石窑沟土壤监测辅助观测场-秸秆还田（彩图 29-6）不同处理，以观测氮磷配施、氮磷配施+秸秆和不施肥 3 个不同施肥处理下农田生态系统土壤质量、作物生产力和品质的长期变化以及农田生态过程及其对环境的长期效应。本地块的种植制度、田间耕作管理和土壤类型与安塞站原川地综合观测场保持一致，具有很强的区域代表性。

29.3.2　自然环境背景

新观测场地形地貌为川台地，海拔 1 009 m，年均气温 8.8℃，年平均降水量 505.3 mm，＞10℃有效积温 3 361℃，干燥度为 1.144，无霜期 174 d，年日照时数 2 210 h。观测场地下水埋深 8 m，主要依赖降水，不具备灌溉能力，排水保证率为 50%～70%。根据全国第二次土壤普查，土壤属于黄绵土土类，黄绵土亚类，土壤母质为黄土。土壤侵蚀类型主要为水力侵蚀。

29.3.3　耕作制度

（1）建立前的耕作制度

安塞站石窑沟新川地试验场 2018 年以前土地种植结构为农田和苗圃，为农户自行管理，具体耕作制度与施肥情况不详，土地置换后，利用推土机对新川地试验场进行了修建和平整。

（2）建立后的耕作制度

2018 年该观测场地建立后按大豆→玉米→玉米 3 年为一个轮作周期进行监测，作物为一年一熟，无灌溉条件。场地监测管理严格按照 CERN 要求进行观测，播种、收获与安塞站原川地综合观测场耕作制度相同。施肥制度以化肥为主，化肥品种为尿素和重过磷酸钙；播种时重过磷酸钙作种肥一次性施入、种肥尿素施入量为总量的 20%，剩余 80% 的尿素在玉米拔节期和大豆开花期追施。每年施肥量为纯氮 120 kg/hm²，施纯 P_2O_5 为 60 kg/hm²；辅助观测场-空白为空白试验不施任何化肥与有机肥；辅助观测场-秸秆还田施肥处理为化肥+秸秆，施纯氮 120 kg/hm²，施纯 P_2O_5 为 60 kg/hm²，当年玉米或大豆收获后，将秸秆称重粉碎，均匀地撒在地表，然后进行机械翻耕，将秸秆翻入土壤中。病虫草害防治采用人工除草和农药防治病虫害并建立监测档案。收获后用机械翻地，冬季休闲第二年春季整地、施肥、播种。

29.3.4　作物性状与产量

2018 年，安塞站石窑沟新川地综合观测场种植春大豆品种为"中黄 18 号"，密度为 12.4 株/m²，株高为 61.7 cm，百粒重为 23.3 g，产量为 2 961 kg/hm²。辅助观测场-空白种植春大豆品种为"中黄 18 号"，密度为 12.0 株/m²，株高为 50.1 cm，百粒重为 21.9 g，产量为 1 059 kg/hm²。辅助观测场-秸秆还田种植春大豆品种为"中黄 18 号"，密度为 12.7 株/m²，株高为 55.0 cm，百粒重为 21.7 g，产量为 1 850 kg/hm²。

29.3.5　样地配置与观测内容

安塞站石窑沟新川地生物长期观测场设置综合观测场和辅助观测场，辅助观测场为综合观测场的补充,分别设置安塞站石窑沟土壤监测辅助观测场-空白、安塞站石窑沟土壤监测辅助观测场-秸秆还田不同处理。安塞站石窑沟新川地长期观测场布设图见图 29-3。

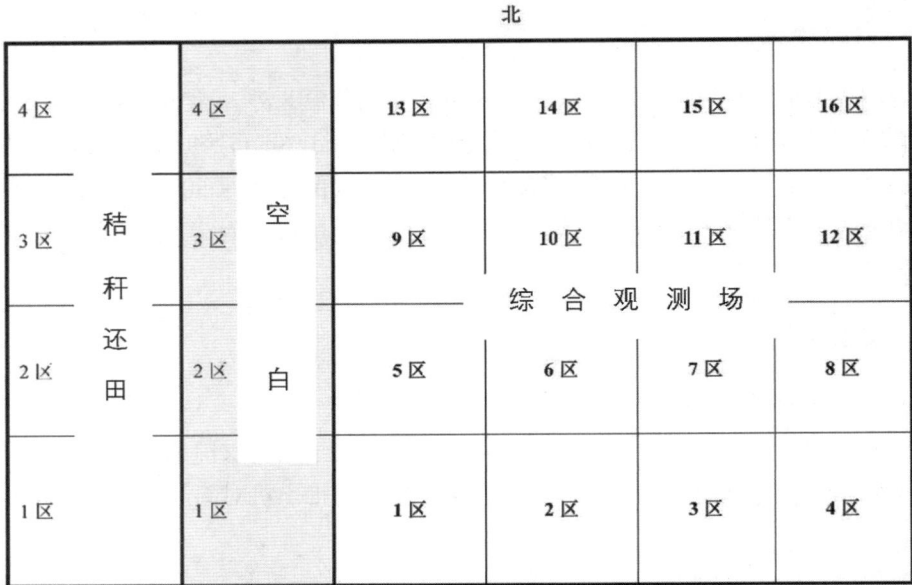

图 29-3 安塞站石窑沟新川地长期观测场布设图

29.3.5.1 安塞站石窑沟川地综合观测场土壤采样地

样地自 2019 年开始增加了土壤温湿盐自动观测系统、植物物候自动观测系统,2022 年开始增加了植物根系观测系统微根管。样地观测内容包括生物、土壤、水分和大气四大要素,全部按照 CERN 综合观测场指标体系观测。

样地面积为 1 764 m^2(42 m×42 m)的正方形,共设置 16 个小区,每个小区面积为 100 m^2(10 m×10 m),保护区宽度为 1 m。其中 1~16 区为生物土壤采样区。观测场布设图详见图 29-3。

29.3.5.2 安塞站石窑沟土壤监测辅助观测场-空白

样地自 2019 年开始增加了土壤温湿盐自动观测系统、植物物候自动观测系统,2022 年开始增加了植物根系观测系统微根管。样地观测内容包括生物、土壤、水分和大气四大要素,全部按照 CERN 综合观测场指标体系观测。

样地为空白试验,不施任何化肥与有机肥。样地面积为 462 m^2(42 m×11 m)的长方形,共设置 4 个小区,小区面积为 100 m^2(10 m×10 m),保护区宽度为 0.5~1 m。其中 1~4 区为生物、土壤采样区。

29.3.5.3 安塞站石窑沟辅助观测场-秸秆还田

样地自 2019 年开始增加了土壤温湿盐自动观测系统、植物物候自动观测系统,2022 年开始增加了植物根系观测系统微根管。样地观测内容包括生物、土壤、水分和大气四大要素,全部按照 CERN 综合观测场指标体系观测。

样地面积为 504 m^2（42 m×12 m）的长方形，共设置 4 个小区，小区面积为 100 m^2（10 m×10 m），保护区宽度为 1 m。其中 1～4 区为土壤和生物采样区。

29.4 安塞站山地辅助观测场土壤生物采样地

29.4.1 样地代表性

样地（ASAFZ03ABC_01）位于陕西省延安市安塞区墩山上，地理位置为 109°18′58″E、36°51′22″N，为黄土丘陵沟壑区典型基本农田耕作类型的山地梯田（彩图 29-7），样地面积为 720 m^2（36 m×20 m）的长方形。土壤为黄绵土，养分比较贫瘠，氮、磷缺乏，钾富足，无灌溉条件，靠天然降水，属于雨养农业地区，本样地为山地梯田地作为辅助观测场进行长期定位监测，是综合观测场的必要补充，其代表一年一熟制的黄土丘陵沟壑区山地梯田的旱作农田生态系统。本样地种植制度、施肥方式、田间耕作管理和土壤类型具有典型的区域代表性。本观测场于 1997 年开始监测，1997—2004 年为山地综合观测场，后因观测场面积较小不再适合做综合观测，自 2005 年以后改为山地辅助观测场继续观测使用，样地代码未变更。

29.4.2 自然环境背景

样地属于山地梯田，海拔 1 206 m，年均气温 8.8℃，年均降水量 500 mm，＞10℃有效积温 3 759℃，干燥度为 1.22，年日照时数 2 112～2 300 h，无霜期 160 d。观测场不具备灌溉能力，依赖降水，排水能力一般。根据全国第二次土壤普查，土类为黄绵土，亚类为黄绵土，土壤母质为黄土，土壤侵蚀类型主要为水力侵蚀。

29.4.3 耕作制度

（1）建立前的耕作制度

山地辅助观测场 1997 年以前作为预留农田使用。种植作物为谷子、大豆、马铃薯、荞麦，一年一熟。谷子、大豆每年 4 月底—5 月初播种，9 月底—10 月中旬收获，生育期约为 150 d。作物生长所需要的水分依靠天然降水，无灌溉条件，为雨养农业。作物收获后，用畜力翻耕，进行冬季休闲。在春季人工整地、施肥、播种。施肥以化肥为主，用量无标准，以当年播种作物而定，化肥品种为尿素和过磷酸钙。播种时磷肥作种肥一次性施入，尿素种肥施总量的 20%，剩余 80% 的尿素在谷子拔节期和大豆开花期追施。

（2）建立后的耕作制度

山地辅助观测场于 1997 年开始观测，种植制度为大豆→谷子轮作，一年一熟，无灌溉条件。施肥处理为化肥+有机肥（冬羊粪），施纯氮 90 kg/hm^2，施纯 P$_2$O$_5$ 为 45 kg/hm^2，有机肥（冬羊粪）12 000 kg/hm^2，播种时有机肥和磷肥作种肥一次性施入，种肥氮施总量的 20%，剩余 80% 的氮在谷子拔节期和大豆开花期追施。在 10 月谷子或大豆收获后，观测场冬季休闲，次年 4 月中旬将有机肥均匀地撒在地面上进行机械春耕。病虫草害防治采用人工除草和农药防治病虫害。

29.4.4 作物性状与产量

本观测场于 1997 年建立，当年种植春谷子品种为"晋汾 7 号"，密度为 15 株/m^2，株高为 116.8 cm，千粒重为 3.15 g，产量为 2 250 kg/hm^2。2005 年种植春谷子品种为"晋汾 7 号"，密度为 15 株/m^2，株高为 121.2 cm，千粒重为 3.32 g，产量为 4 386 kg/hm^2。

29.4.5 样地配置与观测内容

本样地观测生物、土壤、水分和大气四大要素，按照 CERN 综合观测场指标体系观测。观测内容包括：①生物监测采样；②土壤监测采样；③土壤水分监测（中子管法）；④蒸渗仪农田监测；⑤气象监测。

本观测场面积为 720 m^2（36 m×20 m）长方形，共设置 19 个小区。1～16 区为植物土壤采样区，每个小区面积为 16 m^2（4 m×4 m），保护区宽度为 1.5 m；17 区和 18 区为剖面样品采集区。观测场布设详见图 29-4。

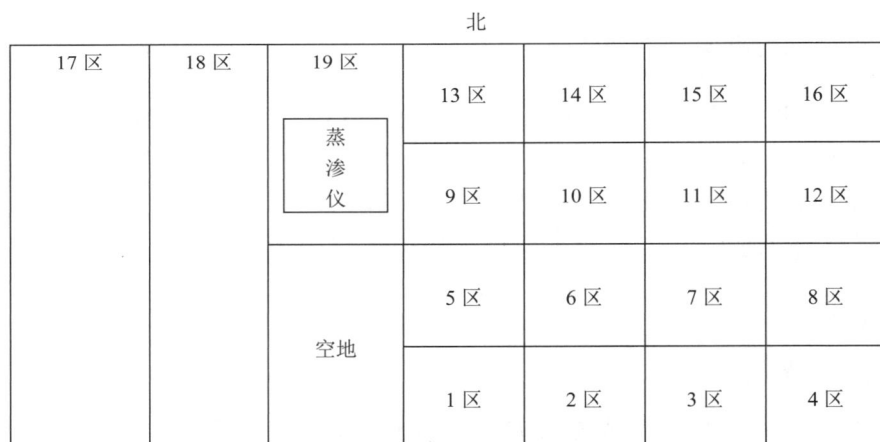

		北			
17 区	18 区	19 区	13 区	14 区	15 区	16 区
		蒸渗仪	9 区	10 区	11 区	12 区
		空地	5 区	6 区	7 区	8 区
			1 区	2 区	3 区	4 区

图 29-4　安塞站山地辅助观测场布设示意图

29.5　安塞站墩滩川地养分长期定位试验场土壤生物采样地

29.5.1 样地代表性

样地（ASAFZ04ABC_01）建于 1995 年，2014 年终止观测，地理位置为 109°19′23″E、36°51′30″N，面积为 500 m^2（25 m×20 m）的长方形。样地为黄土丘陵沟壑区典型农田耕作类型的川台地，土壤为黄绵土，养分比较贫瘠，氮、磷缺乏，钾富足，无灌溉条件，靠天然降水，属于雨养农业地区，其代表一年一熟制的黄土丘陵沟壑区旱作农田生态系统。本样地作为辅助观测场，是对黄土丘陵沟壑区川台地综合观测场的必要补充，以不同的施肥组合方式进行试验，了解连续施肥过程中土壤养分的消耗和累积情况，揭示土壤-作物体系中养分的循环和平衡，来指导本区域的施肥配施决策。本样地种植制度、施肥方式、田间耕作管理和土壤类型具有典型的区域代表性。2014 年安塞站川地被征用搬迁，该观测场停止监测。

29.5.2 自然环境背景

样地自然环境背景与安塞站原川地土壤生物长期观测场一致，详细信息参见 29.2.2 节。

29.5.3 耕作制度

（1）建立前的耕作制度

该地块 1997 年以前为预留试验地没有做过任何小区试验，实行玉米→大豆轮作制度。1997 年在此地块上建立辅助观测场，初始建立时，辅助观测场为 24 m×21 m 的地块，样地建立前—1996 年，玉米、大豆生长季施用的肥料为尿素和过磷酸钙。玉米施肥方法如下：基肥为过磷酸钙+尿素总量的 20%，拔节期追尿素总量的 80%；大豆施肥方法如下：基肥为过磷酸钙+尿素总量的 20%，开花期追尿素总量的 80%。无灌溉，雨养农业，人工翻耕，管理措施与当地生产相同，人工收割。

（2）建立后的耕作制度

1997 年辅助观测场建立后一直实行玉米→玉米→大豆轮作制度，未发生过变更。2004 年 4 月按照 CERN 要求开始监测并上报数据。玉米大豆施肥量（BL 为裸地，CK 为对照不施肥，M 为施有机肥，N 为施氮肥，P 为施磷肥）：MNP 基肥 42.39 kg/hm² 尿素+170.4 kg/hm² 重过磷酸钙+7 500 kg/hm² 有机肥；MP 基肥 170.4 kg/hm² 重过磷酸钙+7 500 kg/hm² 有机肥；MN 基肥 42.39 kg/hm² 尿素+7 500 kg/hm² 有机肥；M 基肥 7 500 kg/hm² 有机肥；NP 基肥 42.39 kg/hm² 尿素+170.4 kg/hm² 重过磷酸钙；N 基肥 42.39 kg/hm² 尿素；P 基肥 170.4 kg/hm² 重过磷酸钙；MNP、MN、NP、N 在玉米拔节期和大豆开花期追肥 169.56 kg/hm² 尿素。施肥方式为基肥混施，追肥撒施。无灌溉，雨养农业，人工翻耕收获。10 月玉米或大豆收获后，观测场冬季休闲，次年 4 月中旬将有机肥均匀地撒在地面上进行人工翻耕。

29.5.4 作物性状与产量

本观测场 2005 年种植春玉米品种为"沈单 10 号"，密度为 5 株/m²，MNP 处理小区株高为 264.8 cm，百粒重为 35.5 g，产量为 10 690 kg/hm²；MP 处理株高为 247.8 cm，百粒重为 29.6 g，产量为 8 895 kg/hm²；MN 处理株高为 240.2 cm，百粒重为 39.0 g，产量为 11 332 kg/hm²；M 处理株高为 241.3 cm，百粒重为 34.6 g，产量为 10 575 kg/hm²；NP 处理株高为 235.1 cm，百粒重为 36.3 g，产量为 10 757 kg/hm²；N 处理株高为 226.5 cm，百粒重为 31.7 g，产量为 7 294 kg/hm²；P 处理株高为 229.3 cm，百粒重为 26.0 g，产量为

7 538 kg/hm²；CK 处理株高为 222.8 cm，百粒重为 22.4 g，产量为 5 014 kg/hm²。

29.5.5 样地配置与观测内容

样地观测生物、土壤两大要素，按照 CERN 辅助观测场指标体系观测。观测内容包括：①生物监测采样；②土壤监测采样；③土壤水分监测（土钻法）。

该样地面积为 500 m²（25 m×20 m）的长方形。辅助观测场共分 27 个长方形的采样区，该观测场设 9 个施肥处理 3 次重复，每个小区面积为 14 m²（6 m×2.33 m）。辅助观测场四周设有 1.5 m 宽的保护行，长期采样地的四周田埂上竖有永久性标志。观测场布设图详见图 29-5。

北

9 区 MP	8 区 MNP	7 区 CK	6 区 NP	5 区 N	4 区 P	3 区 M	2 区 MN	1 区 BL
18 区 BL	17 区 M	16 区 MN	15 区 P	14 区 CK	13 区 N	12 区 NP	11 区 MNP	10 区 MP
27 区 MNP	26 区 MN	25 区 NP	24 区 N	23 区 BL	22 区 CK	21 区 P	20 区 MP	19 区 M

图 29-5 安塞站墩滩川地养分长期定位试验场布设图

注：BL 为裸地，CK 为对照不施肥，M 为施有机肥，N 为施氮肥，P 为施磷肥。

29.6 安塞站墩山坡地养分长期定位试验场土壤生物采样地

29.6.1 样地代表性

样地（ASAFZ05ABC_01）于 1995 年设立，地理位置为 109°18′36″E、36°51′22″N，面积为 740 m²（37 m×20 m）的长方形。样地为黄土丘陵沟壑区典型农田耕作类型的坡耕地（彩图 29-8），样地建立后一直实行谷子→糜子→谷子→黄豆轮作。土壤为黄绵土，养分比较贫瘠，氮、磷缺乏，钾富足，无灌溉条件，靠天然降水，属于雨养农业地区，代表一年一熟制的黄土丘陵沟壑区坡耕地旱作农田生态系统。

29.6.2 自然环境背景

样地自然环境背景与安塞站山地辅助观测场一致，详细信息参见 29.4.2 节。

29.6.3 耕作制度

（1）建立前的耕作制度

该地块 1992 年以前为农耕坡地，没有做过任何试验，1991 年种植大豆匀地一年。1992 年在此地块上建立辅助观测场，初始建立时，辅助观测场为 37 m×20 m 坡地，坡向东，坡度为 19°。从 1990 年样地购置到建立样地前均种植大豆，牲畜翻耕人工播种，生长季不施用肥料。无灌溉，雨养农业，人工收割。

（2）建立后的耕作制度

1993 年后一直施行谷子→糜子→谷子→大豆轮作制度，未曾发生过变更，2004 年 4 月按照 CERN 统一要求开始监测并上报数据，该辅助观测场监测不同氮肥梯度、不同磷肥梯度配施对作物产量和土壤的影响。建立当年此辅助观测场样地共设置了 10 个处理，除裸地外，相同氮肥梯度下磷肥用量不同，施用肥料品种为尿素和重过磷酸钙，肥料用量如下：N_0—不施氮肥；N_1—55.2 kg/hm²，N_2—110.4 kg/hm²，P_0—不施磷肥，P_1（P_2O_5）—45 kg/hm²，P_2（P_2O_5）—90 kg/hm²。施肥方式为基肥氮（20%）、磷混施，追肥尿素（80%）在谷子拔节期和大豆开花期有降雨时撒施。无灌溉，雨养农业。人工翻耕收获。

29.6.4 作物性状与产量

辅助观测场 2005 年种植春谷子品种为"晋汾 7 号"，密度为 14 株/m²，N_2P_2 株高为 98.8 cm，千粒重为 3.18 g，产量为 2 174 kg/hm²；N_2P_1 株高为 91.9 cm，千粒重为 3.24 g，产量为 1 971 kg/hm²；N_2P_0 株高为 69.1 cm，千粒重为 2.80 g，产量为 894 kg/hm²；N_1P_2 株高为 92.4 cm，千粒重为 3.30 g，产量为 1 857 kg/hm²；N_1P_1 株高为 99.6 cm，千粒重为 3.20 g，产量为 1 374 kg/hm²；N_1P_0 株高为 96.3 cm，千粒重为 2.95 g，产量为 873 kg/hm²；N_0P_2 株高为 72.1 cm，千粒重为 3.06 g，产量为 1 217 kg/hm²；N_0P_1 株高为 82.8 cm，千粒重为 3.10 g，产量为 1 163 kg/hm²；N_0P_0 株高为 71.0 cm，千粒重为 3.17 g，产量为 666 kg/hm²。

29.6.5 样地配置与观测内容

该样地是选用具有区域典型农田耕作类型的坡耕地，主要观测不同氮、磷梯度下配肥对作物产量及养分循环。在作物收获时分别在 18 个采样区取作物 10～20 株进行考种，2 行 3 m² 测产。土壤、生物监测按照 CERN 辅助观测场指标体系观测。

观测内容包括：①土壤、生物采样地，监测长期施肥对土壤肥力及作物产量的影响变化；②烘干法水分监测，监测播前和收获后不同土壤层含水量变化趋势；③径流监测，主要监测作物生育期土壤养分流失和径流量等。

样地面积为 740 m²（37 m×20 m），设 10 个处理 2 次重复共 20 个采样小区，小区设计为 7 m×3 m，坡向东，坡度为 19°。辅助观测场四周设有 1.5 m 宽的保护行，长期采样地的四周田埂上竖有永久性标志。观测场布设图详见图 29-6。

西

1 区	2 区	3 区	4 区	5 区	6 区	7 区	8 区	9 区	10 区
BL	N_0P_0	N_0P_1	N_0P_2	N_1P_0	N_1P_1	N_1P_2	N_2P_0	N_2P_1	N_2P_2
11 区	12 区	13 区	14 区	15 区	16 区	17 区	18 区	19 区	20 区
N_2P_2	N_2P_1	N_2P_0	N_1P_2	N_1P_1	N_1P_0	N_0P_2	N_0P_1	N_0P_0	BL

图 29-6　安塞站墩山坡地养分长期定位试验场小区布设图

29.7 安塞站墩山梯田养分长期定位试验场土壤生物采样地

29.7.1 样地代表性

样地（ASAFZ06ABC_01）设立于 1992 年，地理位置为 109°18′55″E、36°51′21″N，多边形，面积为 2 000 m²。样地为黄土丘陵沟壑区典型农田耕作类型的山地梯田（彩图 29-9）。土壤为黄绵土，养分比较贫瘠，氮、磷缺乏，钾富足。无灌溉条件，靠天然降水，属于雨养农业地区。样地代表一年一熟制的黄土丘陵沟壑区山地梯田旱作农田生态系统，是对黄土丘陵沟壑区典型农田耕作类型的必要补充。

29.7.2 自然环境背景

本样地自然环境背景与安塞站山地辅助观测场一致，详细信息参见 29.4.2 节。

29.7.3 耕作制度

（1）建立前的耕作制度

该地块 1992 年以前为农耕坡地，没有做过任何试验，1991 年开始修建梯田，1992 年在新梯田种植荞麦匀地一年。在此梯田上选地两台建立辅助观测场。初建时，辅助观测场为两个多边形梯田，从 1990 年样地购置到建立样地前均种植大豆，牲畜翻耕人工播种，生长季不施用肥料。无灌溉，雨养农业。人工收割。

（2）建立后的耕作制度

1993 年后一直实行谷子→糜子→谷子→大豆轮作制度，未曾发生过变更，2004 年 4月按照 CERN 要求开始监测并上报数据。该辅助观测场监测不同肥料配施对作物产量和土壤的影响，建立当年此辅助观测场样地共设置了 9 个处理，4 次重复。谷子、糜子和大豆施肥量（CK 为对照不是施肥，M 为施有机肥，N 为施氮肥，P 为施磷肥，K 为施钾肥）详见表 29-2。施肥方式为基肥混施，追肥雨后撒施。无灌溉，雨养农业。人工翻耕收获。

表 29-2　安塞站墩山梯田养分长期定位试验场施肥情况

作物名称	施肥处理	肥料名称	作物生育期	施用方式	施用量/（kg/hm²）	备注
谷子、糜子、大豆	MP	重过磷酸钙+有机肥	播种期	撒施，基肥	170.40+7 500.00	肥料名称与施用量相对应
	MN	尿素+有机肥	播种期	撒施，基肥	42.39+7 500.00	肥料名称与施用量相对应
		尿素	拔节期开花期	撒施，追肥	169.56	

作物名称	施肥处理	肥料名称	作物生育期	施用方式	施用量/（kg/hm²）	备注
谷子、糜子、大豆	PK	重过磷酸钙+硫酸钾	播种期	撒施，基肥	170.4 +120.00	肥料名称与施用量相对应
	NP	尿素+重过磷酸钙	播种期	撒施，追肥	42.39 + 170.40	肥料名称与施用量相对应
		尿素	拔节期开花期	撒施，追肥	169.56	
	CK	无	播种期	撒施，基肥	0.00	
	NPK	尿素+重过磷酸钙+硫酸钾	播种期	撒施，基肥	42.39 + 170.40 + 120.00	肥料名称与施用量相对应
		尿素	拔节期开花期	撒施，追肥	169.56	
	NK	尿素+硫酸钾	播种期	撒施，追肥	42.39 + 120.00	肥料名称与施用量相对应
		尿素	拔节期开花期	撒施，追肥	169.56	
	M	有机肥	播种期	撒施，追肥	7 500.00	
	MNP	尿素+重过磷酸钙+有机肥	播种期	撒施，追肥	42.39 + 170.40 + 7 500.00	肥料名称与施用量相对应
		尿素	拔节期开花期	撒施，追肥	169.56	

29.7.4 作物性状与产量

辅助观测场 2005 年种植春谷子品种为"晋汾 7 号"，密度为 14 株/m²，MNP 处理样地株高为 128.7 cm，千粒重为 3.24 g，产量为 2 916 kg/hm²；MP 处理样地株高为 117.7 cm，千粒重为 3.41 g，产量为 2 280 kg/hm²；MN 处理样地株高为 117.5 cm，千粒重为 3.30 g，产量为 2 805 kg/hm²；M 株高为 118.8 cm，千粒重为 3.23 g，产量为 2 207 kg/hm²；NP 处理样地株高为 121.1 cm，千粒重为 3.26 g，产量为 2 519 kg/hm²；NPK 处理样地株高为 117.4 cm，千粒重为 3.28 g，产量为 2 567 kg/hm²；NK 处理样地株高为 109.0 cm，千粒重为 3.09 g，产量为 1 460 kg/hm²；PK 处理样地株高为 96.0 cm，千粒重为 3.14 g，产量为 914 kg/hm²；CK 样地株高为 82.8 cm，千粒重为 3.07 g，产量为 824 kg/hm²。

29.7.5 样地配置与观测内容

该样地设置 9 个施肥处理、4 次重复试验共 36 个长方形的小区，每个小区面积为 30 m²（8.57 m×3.5 m），轮作体系为谷子→糜子→谷子→大豆，一年一熟。辅助观测场四周设有宽度＞2 m 的保护行，长期采样地的四周田埂上竖有永久性标志。观测场布设图详见图 29-7。

样地观测内容包括生物、土壤两大要素，全部按照 CERN 辅助观测场指标体系观测。在作物收获时分别在 10～27 采样区选取作物 10～20 株进行考种、3.5 m² 测产同时对表层土进行取样。

南

9区 MP	8区 MNP	7区 CK	6区 NP	5区 NK	4区 PK	3区 NPK	2区 M	1区 MN
18区 MNP	17区 M	16区 NK	15区 NPK	14区 CK	13区 NP	12区 PK	11区 MN	10区 MP
27区 M	26区 MN	25区 NPK	24区 PK	23区 NP	22区 NK	21区 CK	20区 MP	19区 MNP
36区 MN	35区 MP	34区 PK	33区 NK	32区 NPK	31区 CK	30区 NP	29区 MNP	28区 M

图 29-7　安塞站墩山梯田养分长期定位试验场布设图

29.8　安塞站寺嵋岘坡地连续施肥试验场土壤生物采样地

29.8.1　样地代表性

样地（ASAFZ07AB0_01）设立于 1983 年，位于安塞区沿河湾镇纸坊流域内，地理位置为 109°14′59″E、36°44′24″N，正方形（25 m×25 m），面积为 625 m²。样地为黄土丘陵沟壑区典型农田耕作类型的坡耕地（彩图 29-10），样地轮作体系为谷子→荞麦→谷子→糜子，一年一熟制。土壤为黄绵土，养分比较贫瘠，氮、磷缺乏，钾富足。无灌溉条件，靠天然降水，属雨养农业地区。样地代表一年一熟制的黄土丘陵沟壑区坡耕地旱作农田生态系统。本样地因经常发生鸟害并且周边果树对试验场作物生长的影响导致监测作物产量不准确，于 2019 年停止监测。

29.8.2　自然环境背景

试验场地形地貌为典型黄土高原丘陵沟壑区坡耕地，年均气温 8.8℃，年均降水量 500 mm，＞10℃有效积温 3 759℃，干燥度为 1.22，年日照时数 2 112～2 300 d，无霜期 160 d。根据全国第二次土壤普查名称，土壤属于黄绵土土类，黄绵土亚类，在中国土壤系统分类体系的名称为黄绵土，土壤母质为第四纪黄土。观测场地下水埋深 20～50 m，主要依赖降水，不具备灌溉能力，排水能力良好。

29.8.3　耕作制度

（1）建立前的耕作制度

该坡地 1983 年以前为农耕地，没有做过任何试验，1983 年选为长期试验用地，2005 年将此坡地作为辅助观测场开始监测。初建时，观测场为 25 m×25 m 坡地，坡向北，坡度 19°。样地建立前该坡地种植大豆、谷子、荞麦等作物，牲畜翻耕人工播种，生长季不施用肥料。无灌溉，雨养农业。人工收割。

（2）建立后的耕作制度

1983 年寺崾岘连续施肥辅助观测场建立后一直实行谷子→荞麦→谷子→糜子轮作制度，未曾发生过变更，2004 年 4 月按照 CERN 要求开始监测并上报数据。该辅助观测场监测不同肥料配施对作物产量和土壤的影响。建立当年此辅助观测场样地共设置了 7 个处理，3 次重复。谷糜荞麦施肥量如下：MNP 基肥 22.8 kg/hm^2 尿素+26.3 kg/hm^2 重过磷酸钙+7 500 kg/hm^2 有机肥；MN 基肥 22.8 kg/hm^2 尿素+7 500 kg/hm^2 有机肥；M 基肥 7 500 kg/hm^2 有机肥；NP 基肥 22.8 kg/hm^2 尿素+26.3 kg/hm^2 重过磷酸钙；N 基肥 22.8 kg/hm^2 尿素；P 基肥 26.3 kg/hm^2 重过磷酸钙；MNP、MN、NP、N 谷糜拔节期荞麦开花期追肥 91.4 kg/hm^2 尿素。施肥方式为基肥混施，追肥雨后撒施。无灌溉，雨养农业。人工翻耕、播种、收获。

29.8.4 作物性状与产量

本观测场 2005 年种植春谷子品种为"晋谷 7 号"，密度为 14 株/m^2，MNP 处理样地株高为 151.7 cm，千粒重为 3.28 g，产量为 2 612 kg/hm^2；MN 处理样地株高为 153.7 cm，千粒重为 3.24 g，产量为 2 451 kg/hm^2；M 处理样地株高为 122.7 cm，千粒重为 3.07 g，产量为 1 848 kg/hm^2；NP 处理样地株高为 125.3 cm，千粒重为 3.12 g，产量为 1 740 kg/hm^2；N 处理样地株高为 91.5 cm，千粒重为 3.13 g，产量为 578 kg/hm^2；P 处理样地株高为 104.9 cm，千粒重为 3.18 g，产量为 759 kg/hm^2；CK 样地株高为 93.8 cm，千粒重为 3.02 g，产量为 444 kg/hm^2。

29.8.5 样地配置与观测内容

样地为生物土壤长期采样地，主要观测内容为生物和土壤两大要素，监测内容按照 CERN 辅助观测场指标体系观测。

样地为坡耕地，样地面积为 625 m^2（25 m×25 m），设 7 个不同施肥组合处理，重复 3 次，共 21 个长方形的小区，每个小区面积为 18 m^2（6 m×3 m）。观测场四周设有 2 m 宽的保护行，长期采样地的四周田埂上竖有永久性标志。观测场布设图详见图 29-8。

南

1 区 N	2 区 CK	3 区 P	4 区 NP	5 区 M	6 区 MN	7 区 MNP
8 区 M	9 区 MNP	10 区 MN	11 区 N	12 区 CK	13 区 NP	14 区 P
15 区 NP	16 区 P	17 区 M	18 区 MNP	19 区 MN	20 区 N	21 区 CK

图 29-8 安塞站寺崾岘坡地连续施肥试验场布设图

29.9 安塞站寺嵋岘梯田土壤生物采样地

29.9.1 样地代表性

样地（ASAZQ01ABC_01）为安塞站纸坊沟流域站区调查点，设立于 2004 年，地理位置为 109°15′8.7″E、36°44′17.4″N，多边形，面积为 2 600 m²。样地是黄土丘陵沟壑区典型农田耕作类型的山地梯田（彩图 29-11），土壤为黄绵土，养分比较贫瘠，氮、磷缺乏，钾富足，无灌溉条件，靠天然降水，属于雨养农业地区，其代表一年一熟制的黄土丘陵沟壑区山地梯田旱作农田生态系统。站区调查点的农户种植制度、施肥制度、田间耕作和土壤类型具有典型的区域代表性。2011 年本调查点农户自行改种果树，因果树较小，该调查点 2011—2014 年继续作为农田监测，2015 年后调查点不再种粮食作物，作为果树地继续进行监测。

29.9.2 自然环境背景

样地地形地貌为典型黄土高原丘陵沟壑区，属于梯田地，海拔 1 070～1 350 m，年均气温 8.8℃，年均降水量 500 mm，>10℃有效积温 3 759℃，干燥度为 1.22，年日照时数 2 112～2 300 d，无霜期 160 d。根据全国第二次土壤普查名称，土壤属于黄绵土土类，黄绵土亚类。土壤母质为第四纪黄土。调查点地下水埋深 20～50 m，主要依赖降水，不具备灌溉能力，排水能力一般，属于雨养农业地区。观测场土壤养分比较贫瘠，氮、磷缺乏，钾富足。

29.9.3 耕作制度

（1）建立前的耕作制度

样地在 2004 年以前为农耕地。种植作物分别为玉米→马铃薯→豆子→谷子，玉米→玉米轮作，一年一熟。玉米、大豆、谷子每年 4 月底—5 月初播种，马铃薯 5 月底播种，9月底—10 月中旬收获，生育期约为 150 d。作物生长所需要的水分依靠天然降水，无灌溉条件，为雨养农业。作物收获后，用畜力翻耕，进行冬季休闲。在春季人工整地、施肥、播种。施肥以有机肥（冬羊粪）和化肥为主，用量无标准，以当年种植作物而定。化肥品种为尿素和过磷酸钙，播种时有机肥和磷肥作种肥一次性施入、尿素种肥施总量的 20%，剩余 80%的尿素在玉米拔节期和大豆开花期追施。

（2）建立后的耕作制度

样地在 2005 年开始观测调查，每年种植作物不确定，一年一熟，无灌溉条件。施肥以有机肥（冬羊粪）和化肥为主，用量无标准，以当年种植作物而定。化肥品种为尿素、磷二铵和过磷酸钙。播种时有机肥和磷肥作种肥一次性施入，尿素分两次施，种肥一次，追肥一次。2011 年改种苹果树，2015 年果树下不再种植农作物，作果树地使用，只对样地的土壤进行监测取样，其他耕种、施肥、除草等工作由农户自行管理，不加干涉。

29.9.4 作物性状与产量

2005 年本调查地种植春玉米品种为"中单 2 号"，密度为 4 株/m²，株高为 245 cm，百粒重为 42.1 g，产量为 10 464 kg/hm²。

29.9.5 样地配置与观测内容

样地主要监测农田作物产量、施肥和收获期采样考种，并测定收获后作物地下部 30 cm 深根的生物量，重复 6 次。2015 年后，因调查点农地改为果树地，只对土壤进行采样监测，生物只监测产量。

土壤采样在作物收获后进行，在采样区内按"S"形的线段布点采样，在同一孔内采两层土样，深度分别为 0～20 cm、20～40 cm。每个区取 5～6 个点，将点样混合，每个样方取土壤样品约 1 kg，共取 6 次重复。

29.10 安塞站纸坊沟流域生物长期调查点

样地（ASAZQ02ABC_01）作为安塞站长期监测的流域站区调查点，主要调查站区内作物种植结构、农户典型种植制度以及作物产量等信息，在纸坊沟流域内选取两块典型梯田地作为长期站区调查样地，分别为寺嵛岘梯田土壤生物采样地（ASAZQ01ABC_01）和寺嵛岘塌地梯田土壤生物采样地（ASAZQ03ABC_01），两块调查样地介绍详见 29.9 节和 29.11 节。

29.10.1 样地代表性

样地（ASAZQ02ABC_01）于 2004 年设立，地理位置为 109°14′59″E、36°44′24″N，多边形，面积为 8.27 km²。样地为黄土丘陵沟壑区典型农田耕作类型的小流域即纸坊沟小流域，土壤为黄绵土。养分比较贫瘠，氮、磷缺乏，钾富足。无灌溉条件，靠天然降水，属雨养农业地区，代表一年一熟制的黄土丘陵沟壑区小流域旱作农田生态系统。

29.10.2 自然环境背景

样地为典型黄土高原丘陵沟壑区，主要农田耕作类型为坡耕地和梯田地，海拔 1 070～1 350 m，年均气温 8.8℃，年均降水量 500 mm，>10℃有效积温 3 759℃，干燥度为 1.22，年日照时数 2 112～2 300 h，无霜期 160 d。根据全国第二次土壤普查名称，土壤属于黄绵土土类，黄绵土亚类，在土壤母质为第四纪黄土。观测场地下水埋深 20～50 m，主要依赖降水，不具备灌溉能力，属于雨养农业地区，排水能力 90%。观测场土壤养分比较贫瘠，氮、磷缺乏，钾富足。

29.10.3 耕作制度

（1）建立前的耕作制度

样地在 2004 年以前为农耕地。种植作物分别为玉米→马铃薯→豆子→谷子，玉米→玉米轮作，一年一熟，玉米、大豆和谷子每年 4 月底—5 月初播种，马铃薯 5 月底播种，9 月底—10 月中旬收获，生育期约为 150 d，作物生长所需要的水分依靠天然降水，无灌溉条件，为雨养农业。作物收获后，用畜力翻耕，进行冬季休闲。在春季人工整地、施肥、播种。施肥以有机肥（农家肥）和化肥为主，用量无标准，以当年种植作物而定。化肥品种为尿素和过磷酸钙，播种时有机肥和磷肥作种肥一次性施入，尿素种肥施总量的 20%，剩余 80% 的尿素在玉米拔节期和大豆开花期追施。

（2）建立后的耕作制度

样地在 2005 年开始观测调查，每年调查作物种植结构及产量。作物为一年一熟，无灌溉条件。施肥以有机肥（农家肥）和化肥为主，用量无标准，以当年种植作物而定。化肥品种为尿素、磷二铵和过磷酸钙。播种时有机肥和磷肥作种肥一次性施入，尿素分两次施，种肥一次、追肥一次。只对流域种植结构及产量进行调查记录，其他耕种、施肥、除草等工作由农户自行管理，不加干涉。

29.10.4 作物性状与产量

2005 年流域内种植有谷子、荞麦、玉米、糜子、大豆等。谷子品种为“晋汾谷 7 号”，产量为 2 618 kg/hm²；荞麦品种为“日本北海道”，产量为 1 200 kg/hm²；玉米品种为“中单 2 号”，产量为 7 296 kg/hm²；糜子为农家品种，产量为 2 557 kg/hm²；大豆为农家品种，产量为 1 267 kg/hm²；马铃薯为农家品种，产量为 12 000 kg/hm²；西瓜品种为“P2”，产量为 45 000 kg/hm²。

29.10.5 样地配置与观测内容

本流域只对流域种植结构及产量进行调查记录，同时选择两个典型调查点进行生物和土壤取样观测，详见 29.9.4 节和 29.11.4 节。观测内容包括：①气象监测；②流域把口站径流自动监测。

29.11 安塞站寺崾岘塌地梯田土壤生物采样地

29.11.1 样地代表性

样地（ASAZQ03ABC_01）设立于 2005 年，地理位置为 109°15′4.0″E、36°44′19.1″N，多边形，面积为 933 m²。样地为黄土丘陵沟壑区典型农田耕作类型的塌地梯田（彩图 29-12），土壤为黄绵土，养分比较贫瘠，氮、磷缺乏，钾富足。无灌溉条件，靠天然降水，土壤水分较好，属于雨养农业地区，代表一年一熟制的黄土丘陵沟壑区旱作农田生态系统。样地由农户自行管理和种植，其种植制度、施肥模式具有典型的区域代表性。

29.11.2 自然环境背景

本样地自然环境背景与安塞站寺嵋岘梯田站区调查点一致，详细信息参见 29.9.2 节。

29.11.3 耕作制度

（1）建立前的耕作制度

样地在 2004 年以前为农耕地。种植作物分别为玉米→马铃薯→豆子→谷子，玉米→玉米轮作，一年一熟。玉米、大豆、谷子每年 4 月底—5 月初播种，马铃薯 5 月底播种，9 月底—10 月中旬收获，生育期约为 150 d。作物生长所需要的水分依靠天然降水，无灌溉条件，为雨养农业。作物收获后，用畜力翻耕，进行冬季休闲。在春季人工整地、施肥、播种。施肥制度以有机肥（冬羊粪）和化肥为主，用量无标准，以当年种植作物而定。化肥品种为尿素和过磷酸钙，播种时有机肥和磷肥作种肥一次性施入、尿素种肥施总量的 20%，剩余 80% 的尿素在玉米拔节期和大豆开花期追施。

（2）建立后的耕作制度

样地在 2005 年开始观测调查，每年种植作物不确定，一年一熟，无灌溉条件。施肥以有机肥（冬羊粪）和化肥为主，用量无标准，以当年种植作物而定。化肥品种为尿素、磷酸二铵和过磷酸钙。播种时有机肥和磷肥作种肥一次性施入，尿素分两次施，种肥一次，追肥一次。2011 年改种苹果树，2015 年果树下不再种植农作物，作果树地使用，只对样地的土壤进行监测取样，其他耕种、施肥、除草等工作由农户自行管理，不加干涉。

29.11.4 作物性状与产量

该调查点 2005 年种植春玉米品种为"中单 2 号"，密度为 4 株/m²，株高为 255 cm，百粒重为 38.6 g，产量为 10 440 kg/hm²。

29.11.5 样地配置与观测内容

样地主要监测农田作物产量、农田施肥量和收获期采样拷种，并测定收获后作物地下部 30 cm 深根的生物量，重复 6 次。2015 年后，因调查点农地改为果树地，只对土壤进行采样监测，生物只监测产量。

本调查点土壤采样是作物收获期后，在采样区内按"S"形的线段布点采样，在同一孔内采两层土样，深度为 0～20 cm、20～40 cm。每个区取 5～6 个点，将点样混合，每个样方取土壤样品约 1 kg，共取 6 次重复。

30 长武站生物监测样地本底与耕作制度[*]

30.1 生物监测样地概况

30.1.1 概况与区域代表性

长武黄土高原农业生态试验站（以下简称长武站），位于黄土高原南部高塬沟壑区的陕西省咸阳市长武县境内。长武站于 1984 年由中国科学院水利部水土保持研究所建立，1990 年加入 CERN，2005 年成为农田生态系统国家野外科学观测研究站。

长武站所在区域为高塬沟壑区，是黄土高原主要的地貌类型，横跨晋、陕、甘三省，面积约 6.95 万 hm²，是我国历史悠久的旱作农业区之一，也是陕西省重要的粮食产区，20 世纪 80 年代以来，又发展成我国最大的优质苹果产区。该地区农民创造的丰富农耕经验，是我国传统农业的典型代表。高塬沟壑区农业生态系统也有其自身的特异性和典型性，历史上采用豆禾轮作（豆科与禾本科作物）和农畜结合维持肥力平衡，采用夏季休闲调蓄水分，实施一整套耕糖耙压耕作技术，构成了我国传统农业的精髓，具有极高的典型性。

长武站所在区域地貌代表黄土高原沟壑区，塬面和沟壑两大地貌的类型单元分别占 35%和 65%，有塬、梁、沟 3 种土地类型，面积各占约 1/3。属于暖温带半湿润大陆性季风气候。地带性土壤为黑垆土，母质是深厚的中壤质马兰黄土，土体疏松，通透性好。该区人口密度大，人均耕地少，水土流失严重，降水分布不均，干旱频繁，作物产量不高。本区沟坡土地资源相对丰富，开发潜力较大（刘文兆等，2012）。

30.1.2 生物监测样地设置

长武站自 1998 年开始，先后建立了 6 个生物长期观测样地，分别为长武站综合观测场土壤生物采样地、长武站前辅助观测场土壤生物采地、长武站杜家坪辅助观测场土壤生物采样地、长武站玉石圪崂站区调查点、长武站中台站区调查点、长武站早圈站区调查点，其中，前 2 个样地位于站内塬面，统称为长武站内塬面观测采样地，第 3 个样地位于沟谷地，后 3 个样地位于站外塬面，统称为长武站外塬面观测采样地。样地清单具体见表 30-1，长武站样地布局见图 30-1，样地外貌见彩图 30-1～彩图 30-6。

---

[*] 编写：张万红（中国科学院水利部水土保持研究所、西北农林科技大学水土保持研究所）
　审稿：姬洪飞（中国科学院水利部水土保持研究所、西北农林科技大学水土保持研究所）

表 30-1 长武站生物长期观测样地清单

序号	样地代码	样地名称	样地类别	轮作体系	地理位置	海拔/m	面积及形状/（m×m）	建立时间和设计使用年限
1	CWAZH01ABC_01	长武站综合观测场土壤生物采样地	综合观测场	冬小麦→春玉米	107°40′59″～107°41′01″E，35°14′24″～35°14′25″N	1 220	52×52	1998 年，长期
2	CWAFZ03ABC_01	长武站前辅助观测场土壤生物采样地	辅助观测场	冬小麦→春玉米	107°40′59″～107°41′02″E，35°14′27″～35°14′28″N	1 220	44.6×44.6	2002 年，50 年以上
3	CWAFZ04ABC_01	长武站杜家坪辅助观测场土壤生物采样地	辅助观测场	冬小麦	107°41′57″E，35°12′47″N	1 110	多边形	2002 年，50 年以上
4	CWAZQ01AB0_01	长武站玉石圪崂站区调查点	站区调查点	春玉米	107°40′47″～107°40′48″E，35°14′27″～35°14′30″N	1 220	111×18	2001 年，20 年以上
5	CWAZQ02AB0_01	长武站中台站区调查点	站区调查点	春玉米	107°40′52″～107°40′54″E，35°14′10″～35°14′17″N	1 220	133.2×10	2002 年，20 年以上
6	CWAZQ03AB0_01	长武站早圈站区调查点	站区调查点	春玉米	107°40′43″～107°40′50″E，35°14′11″～35°14′12″N	1 220	100×6	2004 年，20 年以上

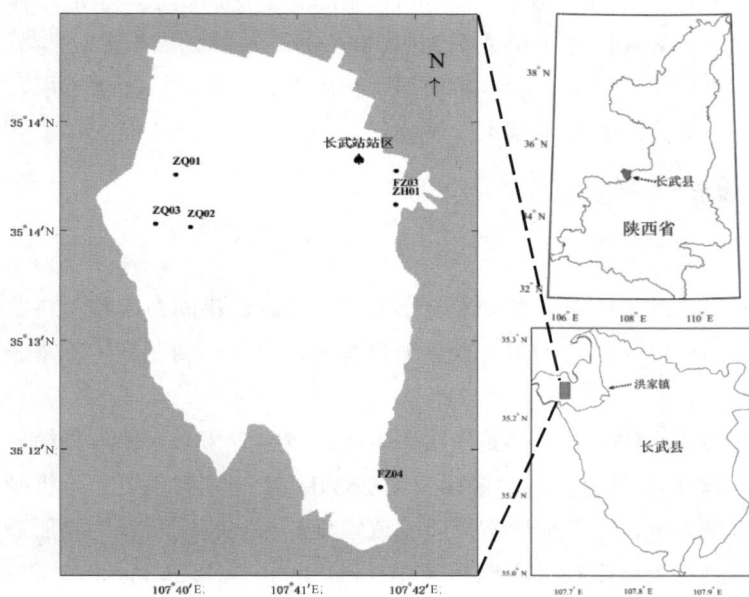

图 30-1 长武站生物长期观测样地布局

注：图中黑点为观测样地位置，ZH01 代表长武站综合观测场，FZ03 和 FZ04 代表长武站前辅助观测场和长武站杜家坪辅助观测场，ZQ01、ZQ02 和 ZQ03 分别代表长武站玉石圪崂站区、中台站区和早圈站区调查点。

30.2 长武站内塬面观测采样地

30.2.1 样地代表性

长武站内塬面观测采样地包括长武站综合观测场土壤生物采样地（CWAZH01ABC_01）和长武站前辅助观测场土壤生物采样地（CWAFZ03ABC_01），为同一地点一个大地块分隔为两块，二者紧邻。在一些年份，由于轮作，长武站综合观测场土壤生物采样地缺失冬小麦或春玉米，长武站前辅助观测场土壤生物采样地种植缺失的作物，实现对冬小麦和春玉米的连续观测。有时，两块样地种植同一种作物，但施肥略有差异。长武站前辅助观测场的设置是对长武站综合观测场施肥方式和轮作系统的完善。两块采样地为黄土高原沟壑区塬面农田，其土壤类型为黑垆土，田间种植方式为冬小麦和春玉米轮作，作物一年一熟，作物生长期间无灌溉。在观测场建立前，田间兼施有机肥和无机肥，耕作以畜耕结合机耕和人工耕作的方式展开。在观测场建立后，田间施无机肥，耕作以机耕为主，人工耕作为辅。该块样地的种植制度，田间管理方式为黄土高原沟壑区塬面旱作农田生态系统的典型代表。

30.2.2 自然环境背景

样地位于长武试验站站内，与周边农田自成一体，年均气温 9.1℃，年日照时数 2 226.5 h，无霜期 171 d，年均降水 580 mm，无灌溉条件，属于典型的旱作雨养农业区。样地地下水埋深 50～80 m，排水保证率为 70%～90%。土壤为黑垆土，亚类为黏化黑垆土，肥力水平中等。农田土壤剖面分层有耕作层、梨底层、古耕层、黑垆土层、过渡层、石灰沉淀层和母质层，观测场存在土壤水蚀现象。

30.2.3 耕作制度

（1）建立前的耕作制度

建立前 10 年间以冬小麦→春玉米轮作为主，并由畜耕向畜耕和机耕兼作转变、由有机肥与无机肥并用向以无机肥为主转变，无机肥又以氮肥、磷肥为主，基本不用钾肥（刘文兆等，2012）。

建立前，两块样地均为农田，轮作体系为冬小麦→春玉米，一年种植一季。冬小麦在当年 9 月种植，次年 6 月收获，生育期长约 265 d。田间施肥主要为无机肥，无机肥以施含氮和磷的无机肥为主，播种前通常以撒施或穴施的方式将肥料作为基肥施入土壤。1997年长武站综合观测场土壤生物采样地施氮 104 kg/hm²，施磷 59 kg/km²。2000 年长武站前辅助观测场土壤生物采样地施氮 173 kg/hm²，施磷 39 kg/hm²。田间土壤深翻、细耕和播种以畜耕或机耕的方式展开，或者以畜耕和机耕相结合的方式展开。冬小麦生长期间无灌溉，冬小麦收获采用人工收获的方式展开。

冬小麦收获后，观测场做休闲处理，直至第 3 年 4 月休闲结束。春玉米 4 月种植，9 月收获，生育期长约 163 d。玉米田施肥以无机肥为主，施肥通常以撒施和穴施的方式进行。1998 年长武站前辅助观测场土壤生物采样地施氮 173 kg/hm^2，施磷 39 kg/hm^2。玉米田土壤深翻、细耕以畜耕或机耕的方式进行，玉米播种则采用人工点播的方式展开。玉米生长期间无灌溉，田间水分由大气降水进行补充，玉米收获采用人工方式进行。

（2）建立后的耕作制度

建立后采用冬小麦—冬小麦→春玉米的耕作制度，一年一熟，小型拖拉机耕作或畜耕，施用肥料主要为氮肥和磷肥，肥料在作物播种前被作为基肥以撒施的方式施入农田。

建立后，冬小麦在当年 9 月种植，次年 6 月收获，生育期长约 265 d。冬小麦播种以机播为主，播种后，因为当地无灌溉条件，仅靠大气降水补充田间水分。冬小麦田施肥主要为无机肥，在 1999 年长武站综合观测场土壤生物采样地施氮 104 kg/hm^2，施磷 59 kg/hm^2。在 2004 年长武站前辅助观测场土壤生物采样地施氮 138 kg/km^2，施磷 39 kg/hm^2。冬小麦成熟后，以机器收获为主，人工收获为辅。

建立后，春玉米在当年 4 月种植，到当年的 9 月收获，生育期长约 163 d。春玉米播种采用机播和人工结合的方式进行，在前茬作物收获后，在春玉米播种前，采用拖拉机进行深翻，再细耕，然后以人工点播或机播方式进行玉米播种。因为无灌溉条件，玉米播种结束后，靠大气降水补充田间水分，但有时也采用人工覆膜的方式保持田间土壤水分。春玉米田施肥以无机肥为主，在 2000 年长武站综合观测场土壤生物采样地施氮 103.5 kg/hm^2，施磷 59 kg/hm^2。2003 年长武站前辅助观测场土壤生物采样地施氮 173 kg/km^2，施磷 39 kg/hm^2。春玉米成熟后人工收获。

30.2.4　作物性状与产量

长武站综合观测场土壤生物采样地于 1998 年种植了冬小麦，种植品种为"长武 89134"，收获期作物群体株高为 83 cm，千粒重为 54 g，穗数为 502 穗/m^2，产量为 2 625.1 kg/hm^2。在 2004 年种植的作物为春玉米，种植品种为"金穗 2001"，收获期作物群体株高为 195 cm，百粒重为 32.99 g，穗数为 5 穗/m^2，产量为 10 081 kg/hm^2。

长武站前辅助观测场土壤生物采样地在 2003 年种植了春玉米，种植品种为"金穗 2001"，收获期作物群体株高为 239.4 cm，百粒重为 30.9 g，穗数为 6 穗/m^2，产量为 11 600 kg/hm^2。在 2004 年种植的作物为冬小麦，种植品种为"长武 89134"，收获期作物群体株高为 54.3 cm，千粒重为 49.3 g，穗数为 446.3 穗/m^2，产量为 3 317 kg/hm^2。

30.2.5　样地配置与观测内容

（1）长武站综合观测场土壤生物采样地

长武站综合观测场在 2 m 保护区外设有 16 个 10 m×10 m 的采样区（图 30-2 所示，图中黑点为采样区内的采样点），每次从 6 个采样区内随机取 6 份样品，分别进行生物、土壤和水分的动态观测，所有的观测按照 CERN 综合观测场指标体系进行。

样地观测内容包括：①生物监测采样；②土壤监测采样；③植物物候自动观测；④土壤温湿盐自动观测；⑤气象观测。

（2）长武站前辅助观测场土壤生物采样地

长武站前辅助观测场在 2 m 保护区外设有 16 个 5 m×5 m 的采样区（图 30-3 所示，图中黑点为采样区内的采样点），在采样区内开展土壤、生物和水分的观测，所有的观测按照 CERN 综合观测场指标体系进行。

采样地观测内容包括：①生物监测采样；②土壤监测采样；③植物物候自动观测系统；④土壤温湿盐自动观测；⑤农田蒸散发观测；⑥气象观测。

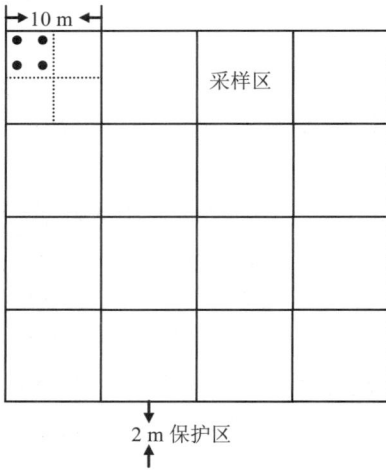

图 30-2　长武站综合观测场土壤
生物采样地生物采样布局

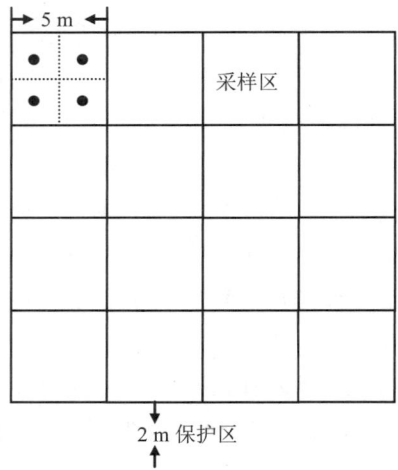

图 30-3　长武站前辅助观测场土壤
生物采样地生物采样布局

30.3　长武站杜家坪辅助观测场土壤生物采样地

30.3.1　样地代表性

样地（CWAFZ04ABC_01）位于长武县王东沟流域杜家坪，建于 2002 年，地理位置为107°41′57″E、35°12′47″N，观测场为梯田形式，该样地耕作方式是黄土高原沟壑区沟谷地农田生态系统田间耕作措施的重要组成部分。

30.3.2　自然环境背景

在长武站杜家坪辅助观测场梯田的上方，有通向梯田的缓坡，也有杂草地，在大雨期或积雪消融期间，雨及雪水通过缓坡可直达观测样地，使观测场的养分和土壤发生流失。在梯田的下方，为野生刺槐林，该刺槐林生长旺盛，常会吸引一些野生动物在林下栖息，这些动物有时会进入梯田对作物生长产生影响。梯田位于塬面 110 m 以下，因此，田间水循环与塬面农田也有差异。梯田所属区域年平均降水量约 580 mm，冬小麦生育期内，日照时数约 1 425 h，≥0℃积温约 1 950℃。该地区无灌溉条件，地下水埋深为 60～80 m，排水保证率为 70%～90%。梯田土壤为黄绵土，土壤剖面仅为耕层和母质层。

30.3.3　耕作制度

（1）建立前的耕作制度

观测场建立前，该地块一部分为荒地，另一部分为农田，农田按冬小麦→春玉米轮作，田间耕作以畜耕为主，机耕为辅。在作物生长期间，由于观测场无灌溉条件，因此对作物不进行灌溉。观测场以无机肥结合有机肥的方式进行田间施肥，2001 年，杜家坪地区麦田无机肥施氮约 91.5 kg/hm²，施磷 70.5 kg/hm²，有机肥施钾约 96 kg/hm²。

（2）建立后的耕作制度

观测场建立后，荒地被开辟为农田，使整个观测场形成了上、下两台的梯田形式。建场初期样地执行冬小麦→春玉米的轮作体系。该观测场种植春玉米的时间为 4 月，在此期间，气候变暖，动物活动频繁，加之观测场地处偏僻，相较塬地，该观测场的动物由于缺乏人为干扰，其活动更为频繁，在此期间，观测场种植的春玉米种子，大多被动物刨食。因此，在建场后的大多数年份，此观测场按冬小麦→冬小麦轮作，只在个别年份执行冬小麦→春玉米轮作。田间施肥以含氮、磷的无机肥为主，播种开始前，无机肥通常被作为基肥，以撒施的方式施入农田，2004 年样地施氮 173 kg/hm²，施磷 39 kg/hm²。田间耕作兼有机耕和畜耕。在一些年份，当观测场周边杂草生长旺盛时，为了抑制杂草的生长，常常会在样地周围喷施除草剂。

30.3.4　作物性状与产量

样地 2004 年种植作物为冬小麦，种植品种为"长武89134"，收获期作物群体株高为 67 cm，千粒重为 47.4 g，穗数为 607 穗/m²，产量为 4 138 kg/hm²。

30.3.5　样地配置与观测内容

样地观测生物、土壤和水分三大要素，全部按照 CERN 综合观测场指标体系进行，采样区沿梯田走向，在 2 m 保护区外成环带分布，采样工作在上下梯田间同时进行，如图 30-4 所示。该样地在建立后，田间设有中子管，后又废除中子管。在 2018 年，在该样地设置 1 套土壤水分自动观测系统，该系统对 0～100 m 内的土壤水分进行自动不间断观测。

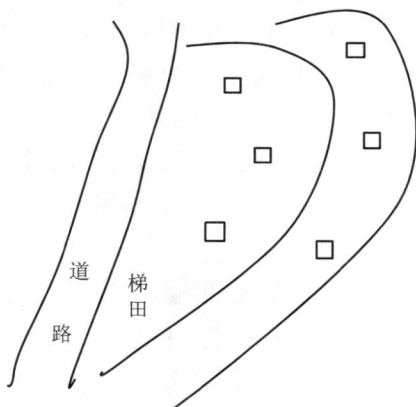

图 30-4　长武站杜家坪辅助观测场土壤生物采样地生物采样布局

30.4　长武站外塬面观测采样地

30.4.1　样地代表性

长武站外塬面观测采样地包括 3 个样地，分别是长武站玉石圪崂站区调查点（CWAZQ01AB0_01）、长武站中台站区调查点（CWAZQ02AB0_01）和长武站早圈站区调查点（CWAZQ03AB0_01）。为了在区域尺度上全面了解不同农田管理模式下土壤生物生态过程的演变规律与趋势，同时验证主要长期采样地中的观测结果，也为了掌握市场经济对当地种植结构的影响，在试验站周围选择耕作、轮作有代表性 3 块田块作为站区调查点。选择的调查点代表了当地大部分农田的田间管理及耕作水平，其种植结构的变化也充分体现了市场经济对当地农田种植结构变化的调节作用。

30.4.2　自然环境背景

选择的 3 个站区调查点为黄土高原沟壑区塬面农田，其位于长武试验站周边 3 个不同塬面位置，每个调查点周边都分布有果园或种植有小麦或玉米。调查点所在区域年均气温 9.1℃，年日照时数 2 226.5 h，无霜期 171 d，年均降水 580 mm。调查点均无灌溉条件，地下水埋深为 60～80 m。田间土壤为黑垆土，母质为黄土，土壤剖面分层为耕层、梨底层、古耕层、黑垆土层、过渡层、石灰淀积层、母质层。观测场有土壤水蚀现象发生。

30.4.3　耕作制度

30.4.3.1　长武站玉石圪崂站区调查点

（1）建立前的耕作制度

建立前，调查点为农田，按冬小麦→春玉米的种植方式进行轮作。田间施肥各年份之间有差异，在 1999 年，样地与周边大部分农田基本一致，以有机肥和无机肥并施为主，样地施无机肥，施用量约为氮 82.5 kg/hm²、磷 72 kg/hm²，施有机肥，施用量约为氮 144 kg/hm²、磷 63.6 kg/hm²、钾 220.8 kg/hm²。在 2001 年，样地施肥以含氮、磷的无机肥为主，含钾的无机肥施用量仅占样地所属地区无机肥施用量的 19.8%，施用量少，有机肥几乎不施。田间耕作以畜耕为主，机耕为辅，由于田间无灌溉条件，田间作物需水依靠大气降水。

（2）建立后的耕作制度

建立后的初期，样地按冬小麦→春玉米的种植方式进行轮作，其间样地也间作其他作物，在 2003 年样地除种植春玉米外，也间作西瓜和糜子，2004—2012 年，样地一直种植冬小麦。从 2013 年开始，随着苹果产业在当地的蓬勃发展，长武站玉石圪崂站区调查点被建设为经济林地，但林间空隙仍间种玉米，种植结构改变后的农田完全按春玉米→春玉米轮作。在 2020 年由于苹果产业在当地出现了颓势，长武站玉石圪崂站区调查点又变为农田，样地仍以春玉米→春玉米的模式进行轮作。样地建立初期，田间耕作以机耕为主，畜耕和人工耕作为辅。冬小麦连作期间，样地以机耕为主，人工耕作为辅，种植果树后，样地以人工耕作为主，机耕为辅。样地建立后，施肥以无机肥为主，施少量有机肥，肥料通常被作为基肥，以撒施的方式施入土壤。2003 年样地施无机肥和有机肥，无机肥施氮 172.5 kg/hm²、磷 39 kg/hm²，有机肥施氮 17.46 kg/hm²、磷 36 kg/hm²、钾 60 kg/hm²。样地建立后，田间无灌溉条件，作物需水依靠大气降水。

30.4.3.2　长武站中台站区调查点

（1）建立前的耕作制度

建立前，调查点为农田，样地主要按冬小麦→冬小麦的种植方式进行轮作，偶有年份样地也按照小麦→荞麦种植方式进行轮作，例如，1998 年样地耕作方式为冬小麦→荞麦。田间兼施无机肥和有机肥，2001 年样地无机肥施氮 67.5 kg/hm²、磷 58.5 kg/hm²，有机肥施氮 59 kg/hm²、磷 39.3 kg/hm²、钾 90.4 kg/hm²。田间耕作以畜耕为主，机耕为辅，样地无灌溉条件。

（2）建立后的耕作制度

建立后的初期，样地主要按冬小麦→冬小麦→春玉米的种植方式进行轮作，偶尔样地也间作其他作物。在 2003 年样地除种植冬小麦外，也种植油菜。样地建立的初期，田间施肥以含氮和磷的无机肥为主，偶尔施有机肥。2003 年样地无机肥施氮 138 kg/hm²、磷 39 kg/hm²，有机肥施氮 8.7 kg/hm²、磷 18 kg/hm²、钾 30 kg/hm²。在 2010 年，由于样地开始种植苹果树，冬小麦→冬小麦→春玉米的种植方式被改变，样地实行春玉米→春玉米的种植模式。种植模式改变后的田间主要施无机肥，2014 年样地施氮 246 kg/hm²，施磷 118.68 kg/hm²。在果树未种植前，田间耕作主要以机耕为主，人工耕作为辅，在种植果树后，果树行间的土壤深翻使用机器，田间其他耕作主要依靠人工展开。样地建立后，田间无灌溉条件，作物需水依靠大气降水。

30.4.3.3　长武站早圈站区调查点

（1）建立前的耕作制度

建立前，调查点为农田，按冬小麦→春玉米的种植方式进行轮作，田间耕作以畜耕为主，机耕为辅，样地无灌溉条件。

（2）建立后的耕作制度

建立后，样地主要以冬小麦→冬小麦的种植方式进行轮作，仅在个别年份，种植其他作物，例如，在 2008 年，样地种植油菜，在 2009 年样地又恢复到以前的种植模式。但从 2011 年开始，样地实行春玉米→春玉米的轮作。样地建立初期，田间主要施含氮和磷的无机肥，个别年份施含钾的复合肥，例如，在 2005 年，样地除施尿素外，也施用了复合肥，当年，样地施氮 216 kg/hm²，施磷 112.5 kg/hm²，施钾 112.5 kg/hm²。在实行冬小麦→冬小麦的种植模式时，田间耕作以机耕为主，人工为辅，实行春玉米→春玉米的种植模式时，田间耕作以人工为主，机器耕作为辅。在春玉米种植的有些年份，为了保墒和维持地温，样地也使用塑料覆膜的方式进行种植，在玉米收获后，田间覆膜被人工收拢并丢弃。建立后的样地无灌溉条件，田间需水靠大气降水。

30.4.4 作物性状与产量

长武站玉石圪崂站区调查点 2005 年种植的作物为冬小麦，种植品种为"长武 9934"，收获期作物群体株高为 69.7 cm，千粒重为 41.1 g，穗数为 361 穗/m²，产量为 5 300 kg/hm²。2013 年种植的作物为春玉米，种植品种为"榆单 9"，收获期作物群体株高为 266 cm，百粒重为 30.5 g，穗数为 8 穗/m²，产量为 9 313 kg/hm²。

长武站中台站区调查点 2006 年种植的作物为冬小麦，种植品种为"长武 89134"，收获期作物群体株高为 74.8 cm，千粒重为 44.5 g，穗数为 373 穗/m²，产量为 5 820 kg/hm²。2011 年种植的作物为春玉米，种植品种为"先玉 335"，收获期作物群体株高为 259 cm，百粒重为 28.4 g，穗数为 6 穗/m²，产量为 10 239 kg/hm²。

长武站早圈站区调查点 2005 年种植的作物为冬小麦，种植品种为"长武 89134"，收获期作物群体株高为 69.3 cm，千粒重为 46.5 g，穗数为 451 穗/m²，产量为 4 756 kg/hm²。2011 年种植的作物为春玉米，种植品种为"先玉 335"，收获期作物群体株高为 258 cm，百粒重为 25 g，穗数为 6 穗/m²，产量为 8 333 kg/hm²。

30.4.5 样地配置与观测内容

长武站玉石圪崂站区调查点、长武站中台站区调查点和长武站早圈站区调查点采样地用于监测生物和土壤的变化，监测要素全部按照 CERN 综合观测场指标体系观测。

参考文献

刘文兆，党廷辉，等，2012. 中国生态系统定位观测与研究数据集农田生态系统卷陕西长武站（1998—2008）[M]. 北京：中国农业出版社.

31　常熟站生物监测样地本底与耕作制度*

31.1　生物监测样地概况

31.1.1　概况与区域代表性

常熟农业生态实验站（以下简称常熟站）建于 1987 年 6 月，在总结 30 余年水稻土研究经验基础上，中国科学院南京土壤研究所根据长江三角洲地区经济快速发展、农业生产方式改变、生态环境问题突出的特点，为及时监测该地区农业与生态环境的变化，提出农业持续发展的对策，同时为满足农田生态学科研究的需要，建立中国科学院太湖农业生态实验站。常熟站于 1990 年被选为 CERN 第一批野外研究台站，同时根据中国科学院的意见由中国科学院太湖农业生态实验站更名为中国科学院常熟农业生态实验站，2005 年进入国家野外科学观测研究站行列。

常熟站位于苏州市常熟市，地理位置为 120°33′～121°03′E、31°31′～31°50′N，地处长江三角洲腹地，属于亚热带北部湿润季风气候区，年均气温 17.6℃，年降水量 1 457.0 mm，年无霜期 255 d，年日照时数 2 079 h，年平均太阳总辐射量 4.94×10^5 J/cm^2，无霜期 242 d（常熟市统计局，2018）。常熟全市行政区域土地面积为 1 276 km^2，其中平原圩区面积约占总面积的 80%，地势低平，水网交织，海拔为 3～7 m。所在地区的土壤主要为不同母质上发育的水稻土，有黄土状母质上发育的黄泥土，湖泊沉积物上发育的乌栅土、乌泥土，以及沿江冲积物上发育的灰潮土。本区域光、热、水、土资源丰富，适合于多种农作物生长，是我国著名的高产稳产地区。自然植被主要为次生的乔灌木和水生植物，栽培作物主要为水稻、小麦、玉米、油菜及棉花，熟制为一年两熟，主要实行以水稻为中心的水旱轮作制。

常熟站所在区域地形属阳澄湖低洼湖荡平原，海拔为 1.3 m（吴淞标高）。所在的区域土壤类型为典型水稻土（系统分类名为普通潜育水耕人为土），母质为湖积物，0～20 cm耕作层土壤有机碳含量为 26.6 g/kg，全氮含量为 2.83 g/kg，C∶N 为 9.4，pH 为 6.99，土壤粒径百分含量为黏粒 31.9%、粉粒 54.8%、砂粒 13.3%（王书伟等，2018）。常熟站地处北亚热带，雨、热资源丰富，近年来区域经济发达，城镇化速度快，生态环境具有区域代表性，常熟站作为生态特色观测研究示范站，以稻田为主，主要从事研究该地区农田生态

---

* 编写：王书伟（中国科学院南京土壤研究所）
　审稿：林静慧、赵旭（中国科学院南京土壤研究所）

系统的结构功能和物质循环及其对生物、土壤、水体和大气等影响。

31.1.2 生物监测样地设置

常熟站自 1987 年建站以来，先后设置了 6 块长期生物监测样地，分别为常熟站综合观测场长期采样地、常熟站土壤生物辅助观测场-空白、常熟站土壤生物辅助观测场-秸秆还田试验、常熟站土壤生物辅助观测场-排水采集器、常熟站土壤生物站区调查点东荡村样地和常熟站土壤生物站区调查点合泰村样地，各生物监测样地建立时间跨度于 1988—2008 年，其中常熟站土壤生物辅助观测场-空白、常熟站土壤生物辅助观测场-秸秆还田试验样地建立时间最早，为 1988 年。各生物监测长期样地清单和基本信息见表 31-1，除土壤生物站区调查点合泰村样地位于站外合泰村刘巷五组外，其他样地都在站区内（图 31-1）。

表 31-1　常熟站生物监测样地清单

序号	样地代码	样地名称	样地类别	轮作体系	地理位置	海拔/m	面积及形状/(m×m)	建立时间与计划使用年数
1	CSAZH01ABC_01	常熟站综合观测场长期采样地	综合观测场	水稻→冬小麦	120°41′52″～120°41′53″E，31°32′55″～31°32′56″N	1.3	40×30	1998 年，100 年
2	CSAFZ01AB0_01	常熟站土壤生物辅助观测场-空白	辅助观测场	水稻→冬小麦	120°41′52″～120°41′53″E，31°32′54″～31°32′55″N	1.3	17.5×17.5	1988 年，长期
3	CSAFZ02AB0_01	常熟站土壤生物辅助观测场-秸秆还田试验	辅助观测场	水稻→冬小麦	120°41′52″～120°41′53″E，31°32′54″～31°32′55″N	1.3	17.5×17.5	1988 年，长期
4	CSAFZ03AB0_01	常熟站土壤生物辅助观测场-排水采集器	辅助观测场	水稻→冬小麦	120°41′52″～120°41′53″E，31°32′57″～31°32′58″N	1.3	6×13.5	1996 年，长期
5	CSAZQ01AB0_01	常熟站土壤生物站区调查点东荡村样地	站区调查点	水稻→冬小麦	120°41′44″～120°41′47″E，31°32′46″～31°32′55″N	1.3	50×140	2004 年，长期
6	CSAZQ02AB0_01	常熟站土壤生物站区调查点合泰村样地	站区调查点	水稻→冬小麦为主，部分水稻→油菜	120°42′44″～120°43′05″E，31°32′43″～31°32′46″N	4.5	60×120	2008 年，长期

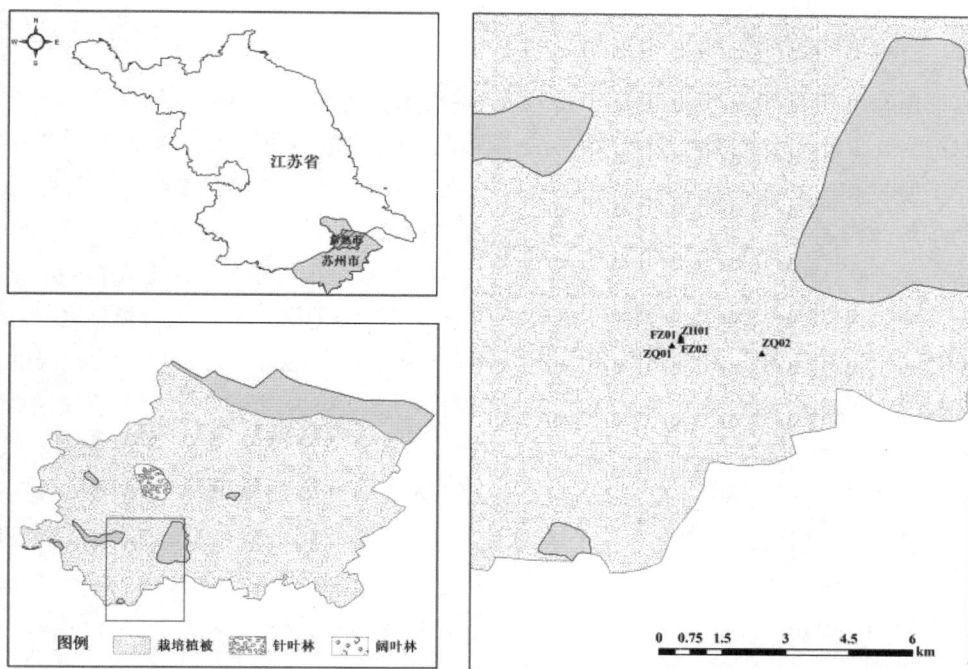

图 31-1　常熟站各生物长期监测样地布局

31.2　常熟站综合观测场长期采样地

31.2.1　样地代表性

样地（CSAZH01ABC_01）位于站区内，长 40 m、宽 30 m，地理位置为 120°41′52″～120°41′53″E、31°32′55″～31°32′56″N，1998 年建立，代表该地区典型的农田生态系统。设计使用年限为 100 年，1998 年水稻生长季开始生物要素监测（彩图 31-1）。

常熟站所在地区隶属长江三角洲地区与淮南农业-湿地生态区（IVA1），长江三角洲地区太湖平原是该区的主要部分，地势属于阳澄湖低洼湖荡平原，该地区复种指数高，大部分地区的种植条件可以满足作物一年两熟/三熟制的种植。该地区一年多熟制实行以水稻为中心的水旱轮作制，包括水稻→冬小麦、水稻→油菜、水稻→绿肥、水稻→蔬菜、水稻→马铃薯、水稻→棉花、水稻→烟草、水稻→豆类及水稻→饲料等多种形式的轮作复种制，其中水稻→冬小麦轮作是主导的种植方式。该观测场样地在所属区域有很强的样地代表性，在观测场建立前和建立后一直实行水稻→冬小麦轮作，水稻秧田育秧，稻田在泡田机械耙平后人工移栽，冬小麦在水稻收割后机械翻耕人工撒播，都采用机器收割，当季作物收割后的秸秆全部还田。此样地耕种历史久远，土壤类型为脱潜型水稻土，土种为乌栅土，母质为湖积物，田间管理、种植制度和土壤类型都有很强的区域代表性。

31.2.2   自然环境背景

本站所在地属阳澄湖低洼湖荡平原圩区，地势低平，水网交织，水量丰富，地下水位浅，海拔为 1.3 m，其气候类型属于北亚热带湿润性季风海洋性气候。根据《1999 年常熟市统计年鉴》和《2000 年常熟市统计年鉴》及常熟站 1998 年气象记录，综合观测场建立当年的年均气温为 16.1℃，年极端最高气温为 34.6℃，最低气温为 −5.7℃，年降水量为 1 442.6 mm，年日照为 1 558.7 h，无霜期为 231 d。土壤为石灰性湖积物上发育的脱潜型水稻土（全国土壤普查办公室，1998），土种为乌栅土，是该地区典型的土壤类型之一，表土呈石灰反应，pH 为 7.6，有机质含量 35.5 g/kg，全氮含量 2.33 g/kg、容重 1.22 g/cm^3，潜在养分较高。土壤剖面特征为 A-P-W-G-C，A 层，P 层和 W 层呈现灰色，有锈纹锈斑和螺蛳壳碎片，其中 W 层有明显的铁锰结核块，G 层青灰色，少量扩散锈斑，埋藏腐泥层，C 层黄橙色，颜色较上层偏淡，有锈斑和管状锈斑，A 层、P 层和 W 层质地是重壤土，G 层质地为轻黏土，C 层质地为中黏土，土壤受地下水位影响明显，存在明显的氧化还原过程。此样地建立前和建立后一直是农田用地，1998 年建立之初，样地面积为 20 m×20 m，2004 年稻季改成 40 m×30 m，样地施肥量及肥料种类在 2002 年前后发生变更，具体见 31.2.3 节。

31.2.3   耕作制度

（1）建立前的耕作制度

该地块自 1987 年建站以来都是实行水稻→冬小麦轮作制度。综合观测场建立前此块田地没有做过任何小区试验，1998 年在此地块上建立综合观测场，初始建立时，综合观测场为 20 m×20 m 的地块，样地建立前—2002 年，水稻生长季和冬小麦生长季施用的肥料品种有尿素、复合肥和碳酸氢铵等。水稻季施肥量如下：基肥 600 kg/hm^2 碳酸氢铵+300 kg/hm^2 复合肥，分蘖肥 300 kg/hm^2 碳酸氢铵+112.5 kg/hm^2 尿素，穗肥 187.5 kg/hm^2 尿素。冬小麦施肥量如下：基肥 150 kg/hm^2 尿素+900 kg/hm^2 复合肥，腊肥 150 kg/hm^2 尿素，拔节肥 150 kg/hm^2 尿素。根据水稻不同物候期灌溉方式执行泡田—灌溉—烤田—间歇灌溉的灌溉制度，小麦季不灌溉，在冬小麦播种后开挖排水沟进行田间排水，其余管理措施与当地生产相同，采用农机收割，秸秆全部还田。

（2）建立后的耕作制度

1998 年综合观测场建立后一直实行水稻→冬小麦轮作制度，未曾变更过，2004 年 7 月为了便于开展生物、土壤、水分、大气综合生态要素监测，在水稻生长季扩增为 40 m×30 m 地块。施肥制度在 2003 年水稻季发生变更，肥料品种变更为尿素、过磷酸钙和氯化钾，变更后的稻季施肥量如下：基肥 75 kg/hm^2 尿素+450 kg/hm^2 过磷酸钙+90 kg/hm^2 氯化钾，分蘖肥 150 kg/hm^2 尿素，拔节肥 150 kg/hm^2 尿素+90 kg/hm^2 氯化钾；变更后的冬小麦施肥量如下：基肥 195 kg/hm^2 尿素+600 kg/hm^2 过磷酸钙+150 kg/hm^2 氯化钾，越冬肥 150 kg/hm^2 尿素，拔节肥 150 kg/hm^2 尿素。水稻和冬小麦季基肥施肥方式为机械耙田混施，水稻季追肥方式为浅水人工撒施，冬小麦季追肥在物候期内在降雨前人工撒施。此后，综合观测场施肥制度未发生大的变更。根据水稻不同物候期灌溉方式执行泡田—灌溉—烤田—间歇灌溉的灌溉制度,采用河水灌溉,冬小麦季不灌溉,在冬小麦播种后开挖排水沟进行田间排水。水稻和冬小麦收获后的秸秆全部还田。

31.2.4　作物性状与产量

常熟站综合观测场长期采样地建立当年（1998 年）冬小麦品种为"苏麦 5 号",种植密度为 425 株/m²,株高为 70 cm,千粒重为 35.8 g,产量为 4 547 kg/hm²。水稻品种为"苏香粳 1 号",种植密度为 24 穴/m²,株高为 85 cm,千粒重为 28.7 g,产量为 7 650 kg/hm²。

31.2.5　样地配置与观测内容

常熟站综合观测场长期采样地共分 12 个正方形的采样区（图 31-2）,每个采样区面积为 10 m×10 m。综合观测场观测内容包括:①土壤、生物采样地,长期监测土壤肥力及作物生物量变化;②中子管采样地,长期监测土壤体积含水量变化趋势;③烘干法采样地,长期监测土壤剖面不同层次土壤质量含水量变化趋势;④地下水水位观测井,长期监测地下水位变化趋势。2014 年后综合观测场陆续增加了土壤温湿盐自动观测系统、植物物候自动观测系统和植物根系观测系统微根管。本样地观测生物、土壤、水分三大要素,全部按照 CERN 综合观测场指标体系观测。

综合观测场四周设有 3 m 宽的保护行,长期采样地的四周田埂上标上永久性刻度标志。观测场内埋设有中子水分管,用于测定土壤水分。还设有地下水位观测井。根据综合观测面积,均划分成 12 个采样区,每个采样区均分成两块,分别用大小写字母表示,用于不同观测内容的采样。在取样时,通过对边拉线,确定每个小区的分界线,各观测小区名用字母表示,大写字母表示生物物候期观测生物量采样区,小写字母表示剖面根系分布及作物收获期观测采样区,如图 31-2 所示。

A	B	C ⊕
a	b	c
D	E	F
d	e ⊕	f
⊙ G	H	I
g	h	i
J	K	L
j ⊕	k	l

图 31-2　综合观测场设施图

注:⊕ 表示中子管,⊙ 表示地下水位井。

31.3　常熟站土壤生物辅助观测场-空白

31.3.1　样地代表性

样地（CSAFZ01AB0_01）为肥料空白试验监测样地，不施用任何肥料，其余田间管理方式同综合观测场一致，实行稻麦两季轮作。2008 年以前，此监测样地与建于 1988 年 CSAFZ02 样地中的空白处理是同一块地，2008 年麦季开始，为了更好地开展空白样地的土壤、生物监测，建立新的空白样地，面积 20 m×10 m（彩图 31-2），属于长期定位观测样地，主要进行生物和土壤长期监测。

本样地为所属区域典型的水耕田，一直实行水稻→冬小麦轮作，耕种历史久远，土壤类型为脱潜型水稻土，土种为乌栅土，母质为湖积物。除施肥制度外，种植制度、田间耕作管理和土壤类型都有很强的区域代表性。因而，在此样地上进行非施肥条件下的生物、土壤监测具有很好的样地代表性。

31.3.2　自然环境背景

2008 年新空白样地建立之初的土壤背景信息 pH 为 7.51，有机质含量 39.34 g/kg，全氮含量 2.42 g/kg，全磷含量 0.64 g/kg，全钾含量 16.1 g/kg，潜在养分较高。其他自然环境背景参见 31.2.2 节。

31.3.3　耕作制度

（1）建立前的耕作制度

常熟站土壤生物辅助观测场-空白与建于 1988 年 CSAFZ02 样地中的空白处理是同一块地，2008 年麦季开始启用新建空白样地。1988—2008 年空白样地建立前的耕作制度可参照 31.4.3 节。2008 年新建空白样地建立前属综合观测场一小部分，样地建立前施用肥料品种为尿素、过磷酸钙和氯化钾，稻麦季施肥量、不同物候期灌溉方式、排水及管理与综合观测场相同［参见 31.2.3（2）节］。

（2）建立后的耕作制度

该样地建立后为土壤生物辅助观测场-空白，不施用任何肥料，与建于 1988 年 CSAFZ02 样地中的空白处理是同一块地，作物收获后秸秆不还田，2008 年小麦季以后，新的辅助观测场-空白样地采用农机收割，收割后的当季作物秸秆全部还田。灌溉制度与综合观测场一致，根据水稻不同物候期灌溉方式执行泡田—灌溉—烤田—间歇灌溉的灌溉制度，采用河水灌溉，小麦季不灌溉，在冬小麦播种后开挖排水沟进行田间排水。

31.3.4　作物性状与产量

2008 年，常熟站土壤生物辅助观测场-空白建立当年冬小麦品种为"扬麦 10 号"，种植密度为 207 株/m^2，株高为 88 cm，千粒重为 36.1 g，产量为 6 461 kg/hm^2。水稻品种为"苏香粳 1 号"，种植密度为 23 穴/m^2，株高为 91 cm，千粒重为 22.1 g，产量为 5 406 kg/hm^2。

31.3.5　样地配置与观测内容

常熟站土壤生物辅助观测场-空白主要进行收获期土壤和生物监测，田块共划分为 3 个采样区，分别在采样区取水稻和冬小麦收获期的生物考种样、测产样、根样和收获期的土壤样品。土壤、生物监测规范同综合观测场。

31.4　常熟站土壤生物辅助观测场-秸秆还田试验

31.4.1　样地代表性

样地（CSAFZ02AB0_01）建于 1988 年，属于长期定位观测场，2002 年开始土壤和生物监测。该观测场南北 17.5 m、东西 17.5 m，共设置 12 个监测小区（彩图 31-3），每个小区长 4 m、宽 5 m。该样地土壤类型为脱潜型水稻土，土种为乌栅土，耕作制度为水稻→冬小麦轮作，灌排能力好。该辅助观测场自建立开始就作为长期定位观测样地，在定量肥料用量水平下，重点监测秸秆还田对土壤-生物变化规律的影响。

本观测场为所属区域典型的水耕田，在观测场建立前和建立后一直实行水稻→冬小麦轮作，耕种历史久远，土壤类型为脱潜型水稻土，土种为乌栅土，母质为湖积物，样地有很强的区域代表性。本样地设置目的是观测区域长期秸秆还田对生态要素影响规律，除施肥制度与综合观测场有差异外，其种植制度、田间管理同综合观测场，样地具有区域代表性。

31.4.2　自然环境背景

样地建立最初的土壤 pH 为 7.76，有机质含量 37.98 g/kg，全氮含量 2.16 g/kg，全磷含量 0.825 g/kg，全钾含量 18.25 g/kg，CEC 20.52 cmol/kg，潜在养分较高。其他自然环境背景参见 31.2.2 节。

31.4.3　耕作制度

（1）建立前的耕作制度

该样地自 1988 年建立前都是实行水稻→冬小麦轮作制度。参照综合观测场样地建立前耕作制度，该样地水稻生长季和冬小麦生长季施用的肥料品种有尿素，复合肥和碳酸氢铵等，其施肥量参见 31.2.3 节。

（2）建立后的耕作制度

该样地自 1988 年建立—2001 年，一直作为科研研究样地用，2002 年开始作为长期土壤生物监测辅助样地，用于开展作物秸秆还田对作物生物量和土壤影响监测，一直实行水稻→冬小麦轮作制度。此辅助观测场样地共设置了 4 个施肥与秸秆还田处理，分别是 CK、

NPK、NPK+S1 和 NPK+S2，各处理分布见图31-3。CK 为不施肥空白，NPK 为施肥处理，施用的肥料品种为尿素，过磷酸钙、氯化钾，NPK+S1 为施肥和秸秆半量还田处理，NPK+S2 为施肥和秸秆全量还田处理，CK 和 NPK 处理当季作物秸秆全部移除。

肥料施用从2002年样地监测开始，当年的水稻生长季肥料用量为：CK（N：P：K=0：0：0）；NPK（N：P：K=180 kg/hm² : 60 kg/hm² : 150 kg/hm²）；NPK+S1（N：P：K=180 kg/hm² : 60 kg/hm² : 150 kg/hm²、S1=2 250 kg/hm²）；NPK+S2（N：P：K=180 kg/hm² : 60 kg/hm² : 150 kg/hm²、S2=4 500 kg/hm²）。冬小麦生长季肥料用量为：CK（N：P：K=0：0：0）；NPK（N：P：K=180 kg/hm² : 60 kg/hm² : 120 kg/hm²）；NPK+S1（N：P：K=180 kg/hm² : 60 kg/hm² : 120 kg/hm²、S1=2 250 kg/hm²）；NPK+S2（N：P：K=180 kg/hm² : 60 kg/hm² : 120 kg/hm²、S2=4 500 kg/hm²）。肥料施用方式：①冬小麦期为基肥和秸秆在翻地时施下，平整地块，再播种；分蘖肥和拔节肥分别在相应生育期在将有降雨时撒施。②水稻期为基肥和秸秆在泡田耙田整平后施下，分蘖肥和穗肥分别在相应生育期浅水撒施。

灌溉方式与常熟站综合观测场长期采样地一致，执行泡田—灌溉—烤田—间歇灌溉的灌溉制度。水稻季为河水灌溉，冬小麦不需灌溉。

31.4.4　作物性状与产量

常熟站农田辅助观测场-秸秆还田试验2004观测年份冬小麦品种为"扬麦10号"，种植密度为484株/m²，株高为84 cm，千粒重为39.5 g，产量为5 709 kg/hm²。水稻品种为"苏香粳2号"，种植密度为24穴/m²，株高为87.7 cm，千粒重为27.0 g，产量为7 045 kg/hm²。

31.4.5　样地配置与观测内容

主要观测不同秸秆还田量、空白处理和 NPK 处理对收获期土壤和作物生物量影响监测，分别在12个采样区取水稻和冬小麦收获期的生物考种样、测产样、根样和收获期的土壤样品，监测规范与综合观测场土壤生物监测规范一致。除此之外，此观测场还作为重要的科研样地进行科学研究观测，主要观测土壤呼吸通量、微生物群落结构等。小区排列见图31-3。

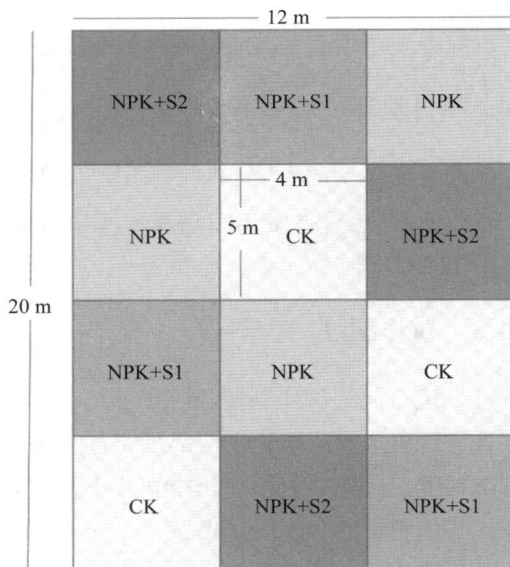

图31-3　常熟站土壤生物辅助观测场-秸秆还田试验小区排列

31.5 常熟站土壤生物辅助观测场-排水采集器

31.5.1 样地代表性

样地（CSAFZ03AB0_01），始建于 1996 年，建成于 1998 年，主要采用客土法，把常熟站所在地区常熟市另一种典型土壤类型黄泥土原状土柱整体搬移到常熟站站区，进行土壤生物监测，属于长期定位观测样地。1996 年从常熟谢桥镇典型黄泥土稻田取 12 个长×宽×高为 2 m×2 m×1 m 的原状土柱，然后转移到常熟站已建好的样地水泥池中，样地面积 81 m²，共设置了 12 个监测小区（彩图 31-4），每个小区面积为 4 m² 的正方形（2 m×2 m），经 1 年多的土壤平衡过程，于 1998 年稻季开展不同氮肥梯度对作物生物量和土壤影响的监测。

本辅助观测场土壤类型为黄泥土，代表常熟地区另一种典型土壤类型，因是采用客土法原位移植土壤，移植前土壤为当前典型水耕田，一直实行水稻→冬小麦轮作，耕种历史久远，土壤类型为潜育型水稻土，土种为黄泥土，母质为黄土状母质，具有区域代表性。除施肥制度与综合观测场有差异外，其他种植制度、田间管理同综合观测场一致，样地具有区域代表性。

31.5.2 自然环境背景

所处区域的自然环境背景参见 31.2.2 节。土壤为黄土状母质上发育的潜育型水稻土（全国土壤普查办公室，1999），土种为黄泥土，是该地区另一种典型的土壤类型之一，表土呈弱酸性，pH 为 5.7，有机质含量 18.73 g/kg，全氮含量 1.21 g/kg，全磷含量 0.56 g/kg，全钾含量 19.34 g/kg，CEC 17.74 cmol/kg，容重 1.40 g/cm³，土壤养分含量较乌栅土偏低。土壤剖面特征为：A-P-W-L-C，A 呈现暗灰黄，多鳝血与锈纹；P 层呈暗灰黄，稍紧实有锈纹；W 层呈灰白，有灰色胶膜，少量锈点斑点和铁锰结核；L 层呈黄褐色，有锈斑与结核状锈斑点；C 层呈褐黄，有潜育斑和结核状锈斑点。各层次都是重壤土质地。

31.5.3 耕作制度

（1）建立前的耕作制度

此样地 1996 年建立以前土地利用方式一直是基本农田，实行水稻→冬小麦和水稻→油菜种植模式，其中以水稻—冬小麦种植模式为主。水稻实行秧田育秧后，在秧苗三叶期进行移栽，移栽前先用拖拉机耙田，整平后移栽插秧。对采样地常熟谢桥镇水稻季和小麦季施肥状况进行调查，得到稻麦轮作两季肥料施用的大体情况。样地建立前水稻季施肥如下：基肥 375 kg/hm² 碳酸氢铵，分蘖肥 255 kg/hm² 尿素，拔节肥 450 kg/hm² 25%复合肥。基肥混施，追肥浅水撒施；小麦季施肥如下：基肥 750 kg/hm² 25%复合肥，腊肥 150 kg/hm² 尿素，拔节肥 150 kg/hm² 尿素。灌溉采用间歇方式，即灌溉后等田面水自然落干，再灌溉。

（2）建立后的耕作制度

本样地土壤属于用客土法移植的土壤类型,1996 年把常熟市另一种典型的黄泥土土壤类型移植到常熟站站区,经 1 年多土壤平衡过程,自 1998 年水稻季开始监测土壤和生物量动态变化,作为常熟站辅助观测场用于开展不同氮肥梯度对作物生物量和土壤影响监测,一直实行水稻→冬小麦轮作制度。建立当年此辅助观测场样地共设置了 5 个不同氮水平,除不施肥的空白对照 N_0 外,每种氮肥梯度下磷肥和钾肥用量相同,施用的肥料品种为尿素、过磷酸钙、氯化钾,当季作物秸秆全部移除。

样地开始监测当年的水稻生长季肥料用量如下:

N_0—不施任何肥料,N_1—180 kg/hm²,N_2—225 kg/hm²,N_3—270 kg/hm²,N_4—315 kg/hm²,P—20 kg/hm²,K—90 kg/hm²。

样地开始监测当年的小麦生长季肥料用量如下:

N_0—不施任何肥料,N_1—135 kg/hm²;N_2—180 kg/hm²,N_3—225 kg/hm²,N_4—270 kg/hm²,P—40 kg/hm²,K—60 kg/hm²。

施肥方式与灌溉管理参见 31.4.3（2）节。水稻季为自来水灌溉,冬小麦不需灌溉。

31.5.4 作物性状与产量

样地 2002 年冬小麦品种为"苏麦 5 号",种植密度为 425 株/m²,株高为 86.3 cm,千粒重为 43.8 g,产量为 4 500 kg/hm²;水稻品种为"武运粳 7 号",种植密度为 24 穴/m²,株高为 90.5 cm,千粒重为 24.7 g,产量为 9 005 kg/hm²。

31.5.5 样地配置与观测内容

该辅助观测场-排水采集器是选用当地典型的潜育水稻土,土种为黄泥土,小区排列如图 31-4 所示。

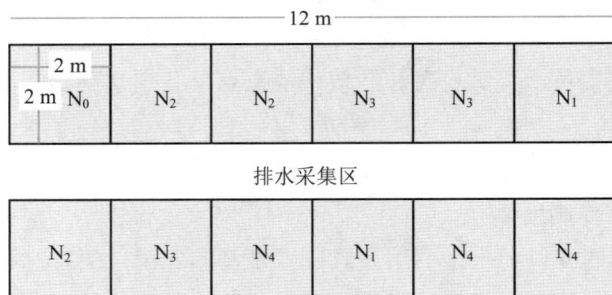

图 31-4 常熟站土壤生物辅助观测场-排水采集器小区排列

主要观测不同氮肥梯度下对收获期土壤和作物生物量影响监测,分别在 12 个采样区取水稻和冬小麦收获期的生物考种样、测产样、根样和收获期的土壤样品,土壤、生物监测规范同综合观测场长期采样地。

31.6 常熟站土壤生物站区调查点东荡村样地

31.6.1 样地代表性

样地（CSAZQ01AB0_01）于 2004 年建立，位于本站园区外西南，原属辛庄镇东荡村小农场（彩图 31-5）。地理位置为 120°41′44″～120°41′47″E、31°32′46″～31°32′55″N，长方形（140 m×50 m），面积约 0.7 hm²。耕作制度为水稻→冬小麦轮作，灌排能力好。麦季不需灌溉，稻季河水灌溉，执行泡田—灌溉—烤田—间歇灌溉的灌溉制度。水稻秧田育秧，稻田上水后拖拉机耙田，整平后移栽插秧，冬小麦在水稻收割后翻耕撒播，并开挖排水沟进行排水。

该样地为所在区域典型的水耕田，在站区调查点建立前和建立后一直实行水稻→冬小麦轮作，耕种历史久远，土壤类型为脱潜型水稻土，土种为乌栅土，母质为湖积物，田间管理制度、种植制度和土壤类型都有很强的区域代表性。

31.6.2 自然环境背景

所处区域的自然环境背景信息和土壤剖面特征参见 31.1.2 节。根据《2005 年常熟市统计年鉴》和常熟站 2004 年气象记录，站区调查点东荡村样地建立当年的年均气温为 17.1℃，年极端最高气温为 37.3℃，最低气温为 –5.8℃，年降水量为 1 147.8 mm，年日照为 1 842.3 h，无霜期为 225 d。土壤为石灰性湖积物上发育的脱潜型水稻土（全国土壤普查办公室，1998），土种为乌栅土，是该地区典型的土壤类型之一，表土呈石灰反应，pH 为 7.3，有机质含量 31.36 g/kg，全氮含量 1.90 g/kg，容重 1.45 g/cm³，潜在养分较高。其他自然环境背景参见 31.2.2 节。

31.6.3 耕作制度

（1）建立前的耕作制度

此站区调查点东荡村样地建立前为常熟市辛庄镇东荡村小农场，一直为基本农田，实行水稻→冬小麦轮作制度，水稻种植实行秧田育秧，稻田上水后拖拉机耙田，整平后移栽插秧，小麦在水稻收割后翻耕后撒播，并开挖排水沟进行排水。水稻灌溉方式按照灌溉—烤田—间歇灌溉的灌溉制度，小麦季不灌溉，水稻和冬小麦收获后的秸秆全部还田。

样地建立前水稻生长季施肥方式如下：

基肥 600 kg/hm² 碳酸氢铵；分蘖肥 300 kg/hm² 碳酸氢铵+120 kg/hm² 尿素；穗肥 225 kg/hm² 尿素。

样地建立前小麦生长季施肥量如下：

小麦：基肥 450 kg/hm² 复合肥；腊肥 150 kg/hm² 碳酸氢铵；拔节肥 187.5 kg/hm² 尿素。

水稻季和小麦季基肥施肥方式是人工撒施，然后用拖拉机进行耙田覆盖，水稻季追肥期施肥方式为田面浅水人工撒施，小麦季分蘖肥和拔节肥分别在相应生育期在将有降雨时人工撒施。

（2）建立后的耕作制度

此站区调查点东荡村样地 2004 年建立后一直维持水稻→冬小麦轮作制度不变，水稻种植实行秧田育秧，稻田上水后拖拉机耙田，整平后移栽插秧，小麦在水稻收割后翻耕后撒播，并开挖排水沟进行排水。灌溉制度与综合观测场一致，根据水稻不同物候期灌溉方式执行泡田—灌溉—烤田—间歇灌溉的灌溉制度，小麦季不灌溉，在小麦播种后开挖排水沟进行田间排水。水稻和冬小麦收获后的秸秆全部还田。

样地建立当年水稻生长季施肥量如下：

基肥 450 kg/hm² 高浓度复合肥（N：P：K=15：15：15），分蘖肥 112.5 kg/hm² 尿素，穗肥 150 kg/hm² 尿素。基肥混施，追肥浅水撒施。

样地建立当年小麦生长季施肥量如下：

基肥 450 kg/hm² 高浓度复合肥（N：P：K=15：15：15），腊肥 150 kg/hm² 尿素，拔节肥 150 kg/hm² 尿素。

水稻季和小麦季基肥施肥方式是人工撒施，然后用拖拉机进行耙田覆盖，水稻季追肥期施肥方式为田面浅水人工撒施，小麦季分蘖肥和拔节肥分别在相应生育期在将有降雨时人工撒施。

31.6.4　作物性状与产量

该站区调查点东荡村样地建立当年（2004 年）冬小麦品种为"扬麦 10 号"，种植密度为 495 株/m²，株高为 90.4 cm，千粒重为 36.4 g，产量为 5 524 kg/hm²；水稻品种为"常优1 号"，种植密度为 25 穴/m²，株高为 90.1 cm，千粒重为 26.9 g，产量为 7 994 kg/hm²。

31.6.5　样地配置与观测内容

样地主要进行收获期土壤和生物监测，田块共划分为 6 个区采样区，分别在采样区取水稻和冬小麦收获期的生物考种样、测产样、根样和收获期的土壤样品，土壤、生物监测规范同综合观测场。

31.7　常熟站土壤生物站区调查点合泰村样地

31.7.1　样地代表性

样地（CSAZQ02AB0_01）设于 2008 年，位于辛庄镇合泰村（彩图 31-6），田块面积约 0.72 hm²（60 m×120 m），地理位置为 120°42′44″～120°43′05″E、31°32′43″～31°32′46″N，该样地为所在区域典型水耕田，在站区调查点建立前和建立后一直实行水稻→冬小麦轮作，耕种历史久远，土壤类型为脱潜型水稻土，土种为乌栅土，母质为湖积物，田间管理措施、种植制度和土壤类型都有很强的区域代表性。

31.7.2　自然环境背景

所处区域的自然环境背景信息和土壤剖面特征参见 31.1.2 节。根据《2009 年常熟市统计年鉴》和常熟站 2008 年气象记录，该站区调查点——合泰村样地建立当年的年均气温为 16.6℃，年极端最高气温为 37.9℃，最低气温为 −5.7℃，年降水量为 1 196.5 mm，年日照为 1 799.7 h，无霜期为 244 d。土壤是石灰性湖积物上发育的脱潜型水稻土（全国土壤普查办公室，1998），土种为乌栅土，是该地区典型的土壤类型之一，表土呈石灰反应，pH 为 6.37，有机质含量 39.33 g/kg，全氮含量 2.21 g/kg，全磷含量 0.80 g/kg，容重 1.09 g/cm^3，潜在养分较高。

31.7.3　耕作制度

（1）建立前的耕作制度

此站区调查点 2008 年建立以前土地利用方式一直是基本农田，实行水稻→冬小麦和水稻→油菜种植模式，其中以水稻→冬小麦种植模式为主。水稻实行秧田育秧后，在秧苗三叶期进行移栽，移栽前先用拖拉机耙田，整平后移栽插秧。样地建立前水稻季施肥量如下：基肥 375 kg/hm^2 碳酸氢铵，分蘖肥 225 kg/hm^2 尿素，拔节肥 450 kg/hm^2 复合肥，基肥混施，追肥浅水撒施。冬小麦种植方式为在水稻收割前免耕套播，施肥量如下：基肥 750 kg/hm^2 复合肥，腊肥 150 kg/hm^2 尿素，拔节肥 150 kg/hm^2 尿素。水稻季灌溉执行间歇方式，即灌溉后等田面水自然落干，再灌溉，采用河水灌溉，小麦季不进行灌溉，需在播种后开沟排水。

（2）建立后的耕作制度

此站区调查点 2008 年建立后，实行水稻→冬小麦种植模式，种植的水稻品种为"常优 1 号"，冬小麦品种为"扬麦 10 号"。水稻实行秧田育秧后，在秧苗三叶期进行移栽，移栽前先用拖拉机耙田，整平后移栽插秧。小麦在水稻收割后免耕撒播，并开挖排水沟进行排水。样地建立当年水稻季施肥量如下：基肥 375 kg/hm^2 碳酸氢铵，分蘖肥 225 kg/hm^2 尿素，拔节肥 450 kg/hm^2 复合肥，基肥混施，追肥浅水撒施，灌溉采用间歇方式，即灌溉后等田面水自然落干，再灌溉，抽取河水进行灌溉。样地建立当年冬小麦季施肥量如下：基肥 750 kg/hm^2 复合肥，腊肥 150 kg/hm^2 尿素，拔节肥 150 kg/hm^2 尿素，施肥方式为田间撒施，小麦季不进行灌溉，需在播种后开沟排水。

31.7.4　作物性状与产量

2008 年，样地建立当年冬小麦品种为"扬麦 10 号"，种植密度为 200 株/m^2，株高为 90.9 cm，千粒重为 33.7 g，产量为 5 091 kg/hm^2。水稻品种为"常优 1 号"，种植密度为 13 穴/m^2，株高为 101 cm，千粒重为 25.6 g，产量为 7 259 kg/hm^2。

31.7.5　样地配置与观测内容

样地主要进行收获期土壤和生物监测，田块共划分为 6 个采样区，分别在采样区取水稻和冬小麦收获期的生物考种样、测产样、根样和收获期的土壤样品。土壤、生物监测规范同综合观测场。

参考文献

常熟市统计局，1999. 1999 年常熟统计年鉴[R]. 常熟：常熟统计局.

常熟市统计局，2000. 2000 年常熟统计年鉴[R]. 常熟：常熟统计局.

常熟市统计局，2003. 2003 年常熟统计年鉴[R]. 常熟：常熟统计局.

常熟市统计局，2005. 2005 年常熟统计年鉴[R]. 常熟：常熟统计局.

常熟市统计局，2018. 2018 年常熟统计年鉴[R]. 常熟：常熟统计局.

徐琪，1979. 中国太湖地区水稻土[M]. 上海：上海科学技术出版社.

全国土壤普查办公室，1999. 中国土壤[M]. 北京：中国农业出版社.

王书伟，颜晓元，单军，等，2018. 利用膜进样质谱法测定不同氮肥用量下反硝化 N 素损失[J]. 土壤，50（4）：664-673.

32 鹰潭站生物监测样地本底与耕作制度*

32.1 生物监测样地概况

32.1.1 概况与区域代表性

鹰潭红壤生态实验站（以下简称鹰潭站）隶属中国科学院南京土壤研究所，位于江西省余江县区刘家站，地理位置为 116°55′30″E、28°15′20″N，距南昌市 135 km，离鹰潭市 13 km。1985 年，在总结几十年红壤研究经验基础上，中国科学院根据监测站点布设布点的需要决定在江西省余江县区建立红壤生态实验站，1988 年鹰潭站初步建成，1990 年加入 CERN，2005 年成为国家野外科学观测研究站，2007 年被批准为第一批"水利部水土保持科技示范园区"。鹰潭站地处中亚热带湿润地湘赣丘陵常绿阔叶林-农业生态区（VA2）的红壤丘陵盆地和低山区，该区位于东南红壤丘岗地区的腹地，自然资源丰富，区位优势明显，连接环境污染高风险的沿海地区和生态环境脆弱的西部地区，处于国家生态安全建设的战略性区位，在赣东北、浙北、皖南、闽北以及广大的东南丘陵区有较强的代表性。因此，鹰潭站是该区域农业、资源、生态与环境多学科研究的理想场所。

鹰潭站以可变电荷土壤为核心，以复合农林果生态系统为重点，以土壤圈（pedosphere）和关键带（critical zone）为核心对象，以红壤生态过程长期监测为基础；面对红壤质量退化、季节性干旱、丘陵人工林果作系统退化、农业生态经济可持续发展模式不确定 4 个方面的问题，系统研究红壤生态环境要素演变规律、红壤生态系统结构和功能的演变机制、红壤生态环境效应退化机理与调控技术、红壤生态高值农业发展模式与配套技术。

32.1.2 生物监测样地设置

鹰潭站自 2000 年开始，共设置 9 个红壤区域农田生态系统长期观测采样地：2 个综合观测场水土生长期观测采样地（典型红壤旱耕地农田生态系统水土生长期观测采样地和红壤性水稻土农田生态系统水土生长期观测采样地），3 个红壤旱地辅助观测场土生长期观测采样地 [红壤旱耕地农田生态系统农户常规管理模式土生长期观测采样地、红壤旱耕地农田生态系统秸秆还田（有机肥）施肥管理模式土生长期观测采样地和红壤旱耕地农田生态

---

* 编写：刘晓利（中国科学院南京土壤研究所）
　审稿：刘　明（中国科学院南京土壤研究所）

系统不施肥管理模式土生长期观测采样地]，4 个站区调查点长期观测采样地（2 个红壤旱耕地农田生态系统典型农户管理模式下土生长期观测采样地，即站区第一调查点和站区第三调查点；2 个红壤区水稻土农田生态系统典型农户管理模式下土生长期观测采样地，即站区第二调查点和站区第四调查点）（表 32-1）。样地布局见图 32-1，样地外貌见彩图 32-1～彩图 32-7。

表 32-1　鹰潭站生物长期观测样地清单

序号	样地代码	样地名称	样地类别	轮作体系	地理位置	海拔/m	面积及形状/（m×m）	建立时间与计划使用年数
1	YTAZH01ABC_01	鹰潭站红壤旱地综合观测场水土生长期观测采样地	综合观测场	花生-冬闲	116°55.682′～116°55.665′E，28°12.349′～28°12.375′N	46	80×40	2005，长期
2	YTAZH02ABC_01	鹰潭站红壤水田综合观测场水土生长期观测采样地	综合观测场	中稻	116°55.441′～116°55.477′E，28°12.331′～28°12.358′N	42	50×50	1998，长期
3	YTAFZ01AB0_01	鹰潭站第一辅助观测场土生长期观测采样地	辅助观测场	花生-冬闲	116°55.679′～116°55.660′E，28°12.293′～28°12.303′N	44	20×50	2005，长期
4	YTAFZ02AB0_01	鹰潭站第二辅助观测场土生长期观测采样地	辅助观测场	花生-冬闲	116°55.668′～116°55.682′E，28°12.284′～28°12.297′N	48	20×50	2005，长期
5	YTAFZ03AB0_01	鹰潭站第三辅助观测场土生长期观测采样地	辅助观测场	花生-冬闲	116°55.684′～116°55.671′E，28°12.273′～28°12.284′N	48	20×50	2005，长期
6	YTAZQ01AB0_01	鹰潭站站区第一调查点土生长期观测采样地	站区调查点	花生-冬闲	116°53.735′E，28°14.326′N	64	不规则形状，0.05 hm²	2005，100 年
7	YTAZQ02AB0_01	鹰潭站站区第二调查点土生长期观测采样地	站区调查点	早稻-晚稻	116°57.607′E，28°14.005′N	44	不规则形状，0.06 hm²	2005，100 年
8	YTAZQ03AB0_01	鹰潭站站区第三调查点土生长期观测采样地	站区调查点	花生-冬闲	116°56.697′E，28°12.033′N	46	不规则形状，0.3 hm²	2005，100 年
9	YTAZQ04AB0_01	鹰潭站站区第四调查点土生长期观测采样地	站区调查点	早稻-晚稻	116°54.047′E，28°11.297′N	47	不规则形状，0.05 hm²	2005，100 年

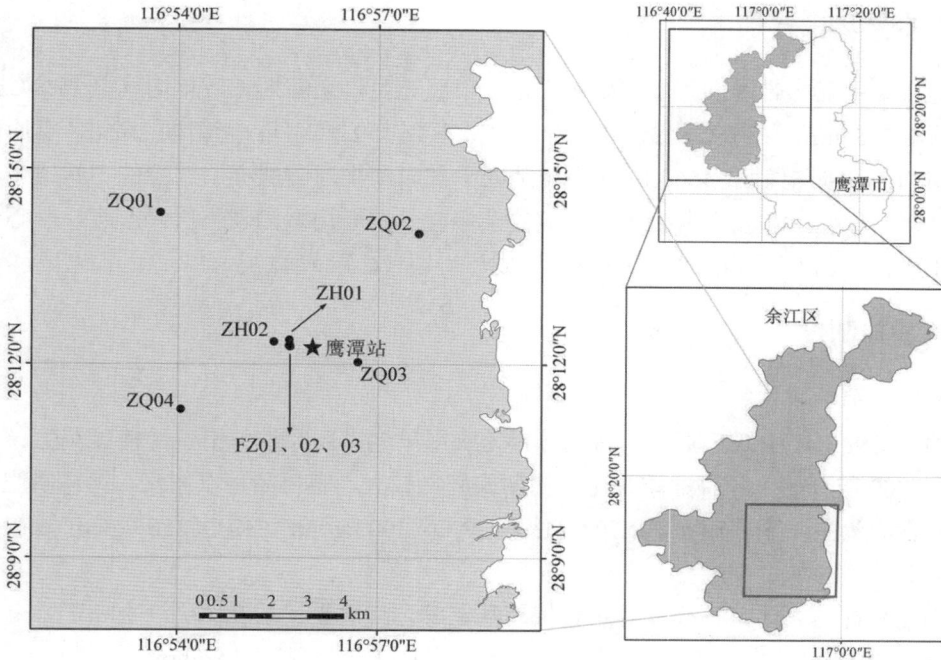

图 32-1 鹰潭站生物长期观测样地布局

32.2 鹰潭站红壤旱地综合观测场水土生长期观测采样地

32.2.1 样地代表性

样地（YTAZH01ABC_01）位于鹰潭站园区内（彩图 32-1），面积为 3 200 m² （80 m× 40 m），2005 年按照 CERN 的规范进行生物监测。样地长期以种植花生为主，一年一熟，冬季休闲。

样地所在区域自然条件优越，水热资源充沛，高温与多雨基本同期，生产潜力大。农作物生长季节光、热、水量均占全年总量的 70%～86%，有利于作物生长。区域地形变化缓慢，多以低丘地形为主，海拔高度一般＜300 m。地层受第四纪新构造的影响及后来的侵蚀地质作用，成土母质为第四纪红黏土发育的红壤，这类母质由于砂粒、粉粒和黏粒的含量比例比较适宜，耕性相对较好。土地利用方式多为花生种植，部分为稻田，红壤具有瘠、酸、黏、板（结）、旱等严重障碍，生产潜力难以发挥。花生在红壤旱地适应性强，号称红壤旱地的先锋作物。花生一直是江西主要的经济作物和油料作物，种植面积仅次于油菜，是继水稻、油菜之后的第三大作物。多年来，花生播种面积稳中有升，平均年栽培面积达 15.81 万 hm²，年平均单产达 2 303 kg/hm²。从自然条件、社会经济特征，以及农作制度的类型、模式等方面来看，样地代表了南方中部粮区典型红壤旱地农田生态系统。

32.2.2 自然环境背景

样地属于中亚热带湿润气候，雨水充足，日照充足，无霜期长，年均气温 17.8℃，年均降水量 1 795 mm，≥10℃积温 5 528℃，温暖指数 159.3℃/月，无霜期 262 d，年均日照时数 1 852 h，太阳辐射量 456 kJ/cm²。样地处于鄱阳湖平原向武夷山过渡的中间地带。母质以红砂岩、红黏土和花岗岩为主，土壤复杂多样。剖面构型为表土层（A 层）—心土淀积层（B 层）—底土层（BC 层）—母质层或母岩层（C 层或 D 层）。

32.2.3 耕作制度

（1）建立前的耕作制度

样地于 1987 年由低丘荒草地岗地开垦为农用旱地，后经过匀田，种植过花生、芝麻等作物。2000 年开始一年种一季花生，初期施肥量较大，肥料品种以尿素、钙镁磷肥、氯化钾及复合肥为主，肥料用量氮 250 kg/hm²、P_2O_5 300 kg/hm²、K_2O 250 kg/hm²，在播种前撒施。

作为观测样地之前，该样地偶尔种植过秋芝麻，播种期一般在 6 月下旬—7 月上旬，肥料用量氮 105 kg/hm²、P_2O_5 90 kg/hm²、K_2O 120 kg/hm²、硼肥 8 kg/hm²。

（2）建立后的耕作制度

2005 年样地作为鹰潭站主观测场长期采样地使用，长期种植经济作物为花生。条播，播种前机械翻耕。作物生长期为 4 月初—8 月初，冬闲期为 8 月中旬—次年 3 月底。每年施肥品种为尿素、钙镁磷肥、氯化钾和氮磷钾三元复合肥，肥料用量氮 205 kg/hm²、P_2O_5 190 kg/hm²、K_2O 215 kg/hm²，播种前沟施化肥。一般在花生开花期进行农药喷施，防治病虫害，种植过程中全年无灌溉，水分主要来源于降雨。

32.2.4 作物性状与产量

样地建立初期种植过花生和芝麻，当时种植的花生品种多为龙生型地方品种，主要是蔓生、晚熟，单产较低。1980—1990 年引进高产花生品种，其中多选用中熟品种为"赣花 8 号"，年产量 2 250～3 500 kg/hm²。花生采用双粒穴播方式种植，行距、株距分别为 40 cm、16 cm，种植密度约为 13 穴/m²。花生主茎高 45.1 cm，百仁重 78.3 g，百果重 209.4 g。建立初期芝麻的品种为"金黄麻"（地方优良品种），种植密度为 20.0 穴/m²，芝麻的单产为 970.0 kg/hm²。

32.2.5 样地配置与观测内容

按照 CERN 统一规范，生态站在所在区域内最具代表性的农田类型的典型地段设置综合观测场，进行生物采样区的设置和划分。综合观测场要求采用所在区域最具代表性的种植和栽培管理模式或者是优化管理模式进行管理。2014 年，旱地综合场观测场安装了土壤涡度自动观测系统，增加植被下垫面与大气中水和 CO_2 的通量观测；2012 年和 2016 年分两次安装了土壤温湿盐自动观测系统，观测不同土壤深度水分、温度和电导率；2017 年安装植物物候自动观测系统，观测花生的生长物候情况；2020 年安装植物根系观测系统微根管。

在观测样区内，设置 40 m×40 m 的采样区，分成 16 个 10 m×10 m 的中心采样小区。观测场周边用厚 10 cm、高 60 cm 的水泥隔板设置 3.5 m 宽的保护行，水泥隔板埋深 40 cm，地上高度 20 cm。样地观测内容全部按照 CERN 综合观测场指标体系观测。

32.3　鹰潭站红壤水田综合观测场水土生长期观测采样地

32.3.1　样地代表性

样地（YTAZH02ABC_01）建于 1998 年，面积为 2 500 m²（50 m×50 m），为典型红壤地区水稻田观测场（彩图 32-2）。样地参照当地农民典型耕作模式，种植单季稻（中稻），代表鹰潭站所在区域低丘红壤发育的红壤性水稻田。南方红壤地区是以水稻为主的重要粮食产区之一，水稻常年播种面积占粮食作物播种面积的 85%～90%，稻谷总产量约占粮食总产量的 95%，是江西粮食生产的主要品种，无论是种植面积还是总产量均是第一。江西水稻一般为单季稻和双季稻两种模式，单季稻播种面积约 40 万 hm²，样地主要针对当地单季稻的生长情况进行长期监测。

32.3.2　自然环境背景

样地位于中亚热带，气候温暖湿润，热量充足，十分有利于水稻的生长。该区域自然条件下淹水时间长于北亚热带水旱作交替区，又短于南亚热带双季稻区，更加适合水稻的生长和种植。红壤性水稻土是由第四纪红色黏土发育而来的，一般均很黏重，表土黏粒含量一般为 25%～30%，心土层可高达 40% 以上。表土层厚薄不一，有机质含量 1.0%～3.5%，心土层有机质含量显著减少，在 0.3%～0.5%。土壤呈强酸性至酸性反应，pH 为 4.0～5.5。盐基饱和度低，只有 10%～25%。土壤的风化程度较深，黏粒部分硅铝率为 2.1～2.2。黏土矿物组成以高岭石-石英-蒙脱石为主，这些特性对水稻土的发育和残留特性有显著的影响。

32.3.3　耕作制度

（1）建立前的耕作制度

样地是 1993 年由低丘荒坡地红壤堆积开垦为梯田。母质为第四纪红黏土发育的红壤。一年种一季水稻，冬闲。开垦初期偶尔旱作，其后一直种植水稻。水稻采用育苗移栽的方法，每年 6 月中下旬一次性完成移栽。建立初期施用氮肥（尿素）、钙镁磷肥和钾肥（氯化钾）为主，施入氮 230 kg/hm²、P_2O_5 68 kg/hm²、K_2O 84 kg/hm²。

（2）建立后的耕作制度

1998 年开始长期观测，一年种一季水稻，冬闲。样地多采用当地普遍种植的中晚熟品种。样地以施化肥为主，多年平均施肥量氮 255 kg/hm^2、P$_2$O$_5$ 120 kg/hm^2、K$_2$O 150 kg/hm^2，移栽前撒施复合肥和钙镁磷肥，返青期施尿素和氯化钾。单季稻采用育苗后移栽的播种办法，一般 6 月中旬播种，7 月初一次性移栽。

32.3.4　作物性状与产量

样地初期选用当地适宜种植的中稻品种为"鹰特 1 号"，株高 90～110 cm，多年产量 6 000～7 500 kg/hm^2，千粒重 21.6 g，结实率可达到 75%。

32.3.5　样地配置与观测内容

样地共设置 9 个 5.5 m×5.5 m 的采样小区，小区之间用水泥隔板隔开，地下深度 50 cm，地上部分 20 cm。样地观测生物、土壤、水分要素，全部按照 CERN 综合观测场指标体系观测。2017 年安装植物物候自动观测系统。

32.4　鹰潭站辅助观测场

32.4.1　样地代表性

20 世纪八九十年代，鹰潭站周边农户多种植经济作物花生，站区所在的刘家站镇是著名的花生生产基地，花生的面积较大。鹰潭站在站区内除设置综合旱地观测样地外，同时在站区设立了 3 个辅助观测场（彩图 32-3），分别为鹰潭站第一辅助观测场土生长期观测采样地（YTAFZ01AB0_01）、鹰潭站第二辅助观测场土生长期观测采样地（YTAFZ02AB0_01）和鹰潭站第三辅助观测场土生长期观测采样地（YTAFZ03AB0_01）。3 个样地位于同一块较大的旱地区域，样地之间相隔数米，均设立于 2005 年，面积均为 1 000 m^2（20 m×50 m）。3 个样地分别给予"常规施肥"、"施用有机肥"和"不施肥"处理，其他管理措施与综合观测场一致，以观测不同施肥措施对土壤肥力、作物产量和品质以及农田生态环境的长期效应。

32.4.2　自然环境背景

辅助观测场 3 个样地自然环境背景与旱地综合观测场相同，详细信息参见 32.2.2 节。

32.4.3　耕作制度

（1）建立前的耕作制度

辅助观测场 3 个样地于 1987 年由低丘荒草岗地红壤开垦为农用旱地，母质为第四纪红黏土。一年种一季花生（1996 年前偶尔种植芝麻、荞麦），冬闲（1997 年前偶尔种植肥田萝卜）。1998—2004 年，第三辅助观测场所在地块曾作为水土生长期观测采样地。施肥量氮 130～150 kg/hm^2、P$_2$O$_5$ 90～120 kg/hm^2、K$_2$O 90～150 kg/hm^2，以施用化肥为主，主要为尿素、钙镁磷肥和氯化钾或氮磷钾三元复合肥。另外，其间曾施入一次石灰调节酸度，施用量为 1 500 kg/hm^2。

（2）建立后的耕作制度

2005 年，将该地块分为两个 20 m×50 m 的独立样地，分别作为鹰潭站第一辅助观测场（常规施肥）和第二辅助观测场（有机肥——猪粪）。同时，设立第三辅助观测场作为不施肥的空白对照观测场样地。3 个样地保持一致的利用方式，花生（4 月初—8 月初）—冬闲（8 月中旬—次年 3 月底）。其中第一辅助观测场样地花生多年平均施肥量氮 130 kg/hm^2、P$_2$O$_5$ 90 kg/hm^2、K$_2$O 120 kg/hm^2，以施用化肥为主，主要为尿素、钙镁磷肥和氯化钾或氮磷钾三元复合肥。第二辅助观测场样地施用有机肥，猪粪在耕作前放置在样地附近腐熟，待翻耕时施入，每年施猪粪量 15 000 kg/hm^2。第三辅助观测场样地不施肥。

32.4.4 作物性状与产量

辅助观测场 3 个样地每年统一种植一季花生，中熟品种为"赣花 1 号"，条播方式，人畜耕作，种植密度约 11 穴/m^2。第一、第二、第三辅助观测场样地群体株高分别为 42.50 cm、36.23 cm、27.05 cm，产量分别为 2 500 kg/hm^2、2 200 kg/hm^2、1 350 kg/hm^2。

32.4.5 样地配置与观测内容

辅助观测场每个样地用红石围成长方形，面积为 20 m×50 m，四周留有 2 m 宽的保护行。样地全部按照 CERN 辅助观测场指标体系观测。

32.5 鹰潭站站区第一、第三调查点土生长期观测采样地

32.5.1 样地代表性

站区第一调查点（YTAZQ01AB0_01）和第三调查点（YTAZQ03AB0_01）土壤生物长期观测采样地，是基于站区内采样地的基础上，扩展到站区周边区域旱地种植模式的典型采样地（彩图 32-4、彩图 32-6）。第一调查点位于余江区刘家站镇三分场，不规则形状，面积为 0.05 hm^2，一年种植一季花生或一季花生和一季萝卜；第三调查点位于余江区刘家站镇一分场村上庄老屋底组，不规则形状，面积为 0.03 hm^2。

为了进一步扩宽低丘红壤地区农田生物观测类型的区域代表性，完成农户耕作和管理模式的调查，从而获得鹰潭站所在典型红壤地区旱地农田的整体变化信息。站区外两处花生样地，按照 CERN 站区观测指标体系进行观测，不实行任何管理干预。

32.5.2 自然环境背景

本样地自然环境背景与旱地综合观测场相同，详细信息参见 32.2.2 节。

32.5.3　耕作制度

（1）建立前的耕作制度

第一调查点和第三调查点样地均在 1970 年由荒地开垦为耕地。第一调查点位于刘垦三分场，该村镇大面积种植花生，是当地有名的花生生产和销售市场，该样地的选择充分代表了当地种植制度和习惯。第三调查点位于刘垦一分场，两块样地均根据当地农民的施肥习惯和施肥用量，进行花生的长期种植管理和采样。施肥主要以化肥为主，施肥量氮 160 kg/hm²、P_2O_5 70 kg/hm²、K_2O 170 kg/hm²，花生种植采用机械翻耕，萝卜种植采用人畜耕作。

（2）建立后的耕作制度

两个调查点样地 2005 年开始监测，利用方式为花生（4 月初—8 月初）—冬闲（8 月中旬—次年 3 月底）。第一调查点样地花生多年平均施肥量氮 130 kg/hm²、P_2O_5 110 kg/hm²、K_2O 130 kg/hm²，第三调查点样地花生多年平均施肥量氮 130 kg/hm²、P_2O_5 100 kg/hm²、K_2O 130 kg/hm²。肥料以施用化肥为主，主要为尿素、钙镁磷肥、氯化钾和氮磷钾三元复合肥，肥料在播种前撒施，全年无灌溉。

32.5.4　作物性状与产量

两块样地建立初期均采用"赣花 1 号"花生品种，群体株高平均为 44.60 cm，均为农户种植，种植密度偏高，达到 14 万穴/hm²，花生年平均产量 3 300 kg/hm²。

32.5.5　样地配置与观测内容

第一调查点和第三调查点采样地为附近村庄旱地（花生）用地，为不规则形状样地，主要用作土壤和生物采样及观测，严格按照 CERN 统一规范进行观测。

32.6　鹰潭站站区第二、第四调查点土生长期观测采样地

32.6.1　样地代表性

站区第二调查点（YTAZQ02AB0_01）土壤生物长期观测采样地从 1930 年开始种植水稻（彩图 32-5），位于余江区洪湖乡良种场村良种场组，不规则形状，面积为 0.06 hm²，采用渠道漫灌的方式耕作。第四调查点（YTAZQ04AB0_01）土壤生物长期观测采样地从 1940 年开始种植水稻（彩图 32-7），位于余江区洪湖乡新湖村山背源吴家组，不规则形状，面积为 0.05 hm²，采用渠道漫灌的方式耕作。双季稻在江西较为普遍，双季稻历史上最大种植面积达到 318.6 万 hm²。

为了进一步扩宽低丘红壤地区农田生物观测类型的区域代表性，获得完整水稻田观测信息。鹰潭站同时选择了站区外两处水稻田样地，按照 CERN 站区观测指标体系进行观测，

无任何管理干预。

32.6.2　自然环境背景

本样地自然环境背景与水田综合观测场相同，详细信息参见 32.3.2 节。

32.6.3　耕作制度

（1）建立前的耕作制度

建立前，两块采样地以种植双季水稻为主，稻田以施用化肥为主。站区调查点样地一直是农户自行种植管理，每年施肥的品种和用量有小幅的变动，一般施肥水平如下：早稻施肥量氮 130 kg/hm^2、P$_2$O$_5$ 50 kg/hm^2、K$_2$O 130 kg/hm^2；晚稻施肥量氮 220 kg/hm^2、P$_2$O$_5$ 50 kg/hm^2、K$_2$O 130 kg/hm^2。

（2）建立后的耕作制度

2005 年开始，第二调查点和第四调查点正式作为 CERN 观测采样地，种植模式为当地农民普遍使用的双季稻模式，利用方式为早稻—晚稻—冬闲。正式作为观测采样地后，农户对水稻田的施肥量保持当地的常规水平，不过量施用。同时农户上报每年的施肥种类、时间和用量，以及详细的其他田间管理信息，以便准确地上报双季稻的种植和管理情况。早、晚稻的施肥主要为尿素、氯化钾或氮磷钾三元复合肥，早稻施肥量氮 100 kg/hm^2、P$_2$O$_5$ 90 kg/hm^2、K$_2$O 105 kg/hm^2；晚稻施肥量氮 150 kg/hm^2、P$_2$O$_5$ 145 kg/hm^2、K$_2$O 105 kg/hm^2，其中早稻在移栽前撒施尿素，返青期追施钾肥，晚稻在移栽前施入钙镁磷肥，拔节期追施一次尿素和钾肥。

32.6.4　作物性状与产量

第二调查点和第四调查点采样地是江西典型的双季稻代表样地，种植密度均为 28 穴/m^2。早稻生育期为 110 d，品种为"中选 181"，株高 95～105 cm，千粒重 27～29 g，年平均产量 6 500 kg/hm^2；晚稻生育期为 120～125 d，品种为"特西籼粘 255 号"，株高 100～110 cm，千粒重 25～27 g，年平均产量 9 000 kg/hm^2。

32.6.5　样地配置与观测内容

第二调查点和第四调查点采样地均为附近村庄的典型双季稻田，形状不规则，按照 CERN 统一规范开展观测。

33　千烟洲站生物监测样地本底与耕作制度*

33.1　生物监测样地概况

33.1.1　概况与区域代表性

千烟洲红壤丘陵综合开发试验站（以下简称千烟洲站），位于江西省泰和县灌溪镇（115°04′3″E、26°44′44″N），隶属中国科学院地理科学与资源研究所，建于 1983 年，是 1990 年首批进入 CERN 的野外站，2020 年被遴选为国家野外科学观测研究站。

千烟洲站地处典型的红壤丘陵区，站区海拔多为 100 m 左右，相对高度为 20～50 m，成土母质多为红色砂岩、砂砾岩或泥岩，以及河流冲积物。主要的土壤类型有红壤、水稻土、潮土、草甸土等，具有典型亚热带季风气候特征，站区植被属于中亚热带常绿阔叶林带，植被属于中亚热带常绿阔叶林带，但原生植被已破坏殆尽，现以人工林为主，间有农田、果园等。其中，农田主要为水田，占站区总面积的 11%，多分布在雁门水西侧河谷地带和丘间谷地。与本站类似的生态区在江西、湖南、湖北、浙江、广东、福建与广西等地均集中连片分布，面积约 45 万 km²。

33.1.2　生物监测样地设置

千烟洲站农田综合观测场位于雁门水西侧河谷地带，建于 1995 年；1998 年，在综合观测场内建立辅助观测场（图 33-1）。观测场内长期种植水稻，布设了 3 个长期观测样地，分别为千烟洲站农田综合观测场土壤生物水分长期采样地、千烟洲站土壤生物监测辅助观测场-空白采样地和千烟洲站土壤生物监测辅助观测场-秸秆还田采样地（表 33-1）。样地布局见图 33-1，样地外貌见彩图 33-1～彩图 33-3。

* 编写：杨风亭（中国科学院地理科学与资源研究所）
　审稿：马泽清（中国科学院地理科学与资源研究所）

表 33-1　千烟洲站生物长期观测样地清单

序号	样地代码	样地名称	样地类别	轮作体系	地理位置	海拔/m	面积及形状/（m×m）	建立时间和设计使用年数
1	QYAZH01ABC_01	千烟洲站农田综合观测场土壤生物水分长期采样地	综合观测场	早稻-晚稻-冬闲	115°4′3″～115°4′5″E，26°44′44″～26°44′45″N	53.5	40×30	1998 年，长期
2	QYAFZ01AB0_01	千烟洲站土壤生物监测辅助观测场-空白采样地	辅助观测场	早稻-晚稻-冬闲	115°04′3″～115°04′5″E，26°44′45″～26°44′46″N	53.5	50×25	1998 年，长期
3	QYAFZ02AB0_01	千烟洲站土壤生物监测辅助观测场-秸秆还田采样地	辅助观测场	早稻-晚稻-冬闲	115°04′3″～115°04′5″E，26°44′45″～26°44′46″N	53.5	50×25	1998 年，长期

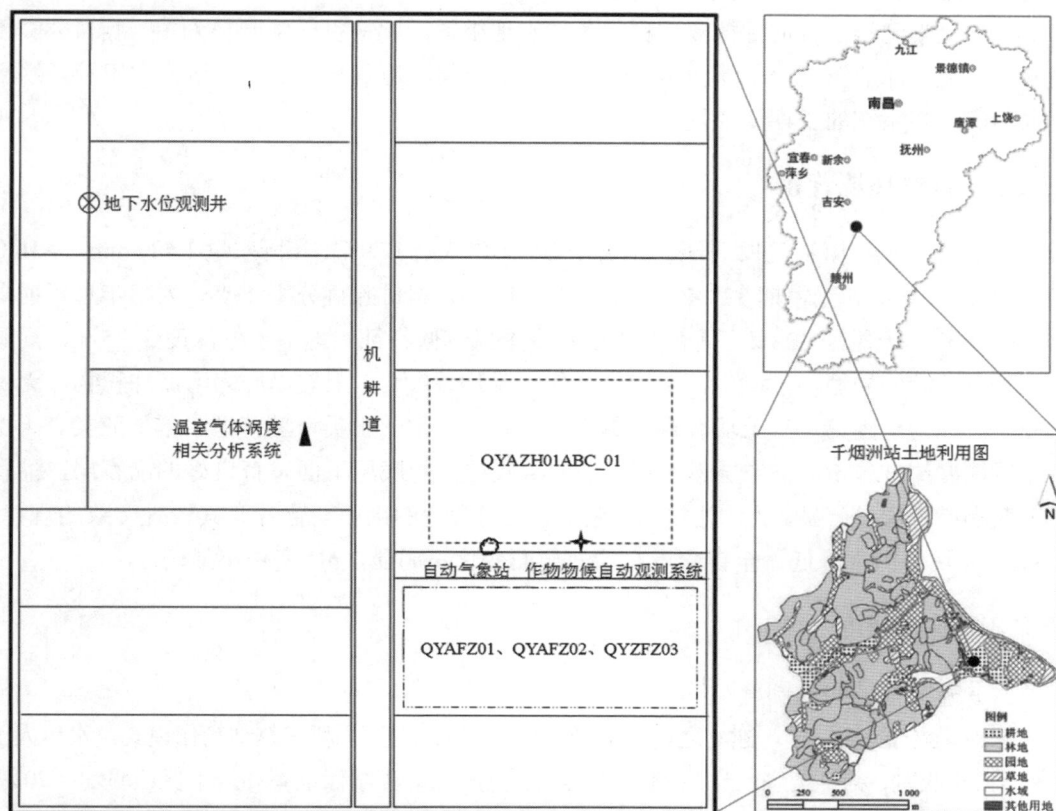

图 33-1　千烟洲站生物长期观测样地布局

33.2 千烟洲站农田综合观测场土壤生物水分长期采样地

33.2.1 样地代表性

样地（QYAZH01ABC_01）地理位置为 115°4′3″～115°4′5″E、26°44′44″～26°44′45″N，长方形，面积为 1 200 m²（40 m×30 m），代表我国红壤丘陵区吉泰盆地水稻田类型。吉泰盆地位于江西省中部，是一个典型的红层地貌发育区，地貌类型以丘陵为主，约占盆地面积的 52.5%，为典型的红壤丘陵区。吉泰盆地盛产水稻，是全国"七区二十三带"农业生产基地之一，也是江西省仅次于鄱阳湖平原的第二大商品粮基地。盆地内以种植双季稻为主，稻田多分布在河流两侧的河谷地带。

样地位于吉泰盆地雁门水河谷冲积平原，其自然条件和管理水平在吉泰盆地水稻田中都具有代表性。观测场海拔高程 53.5 m，长期以来为水稻种植用地，水稻土层厚 30～40 cm，肥力水平中等。灌溉水源来自上游的松塘水库，随气候的变化有轻微的水、旱、虫等灾害。样地建立之前和建立初期，以种植双季水稻为主，冬季多种红花草等绿肥作物，施肥包括农家肥和化学肥料；目前种植双季稻，冬季土地闲置，肥料以化学肥料为主。自 1983 年建站以来，采样地一直由千烟洲站管理，管理水平同周边农户，以监测研究大田管理水平下水稻田生态系统的长期演变规律。

33.2.2 自然环境背景

样地位于雁门水河流冲积平原，地势平坦。年均气温 17.9℃，年降水量 1 489 mm，＞10℃有效积温 6 015℃，无霜期 323 d，日照时数 1 406 h，年日照百分率 43%，太阳年总辐射量 4 349 MJ/m²，无霜期 323 d，具有典型亚热带季风气候特征。地下水位深度 3～5 m，灌溉水源来自上游的松塘，灌溉保证率和排水保证率均＞90%。土壤母质为河流冲积物，无土壤侵蚀。根据全国第二次土壤普查名称，土壤属于水稻土土类，潴育型水稻土亚类。土壤耕作层厚度约 15 cm，耕作层下面有完整的犁底层，犁底层下面发育良好的潴育层，潴育层下面为潜育层。土壤肥力水平中等，全氮、全磷含量的剖面变化各有其较为一致的规律，0～15 cm 耕层向下降低，全钾含量在同一剖面变化不明显，pH 变化不显著。

33.2.3 耕作制度

（1）建立前的耕作制度

样地建立于 1998 年。建立之前该区域种植制度为绿肥-稻-稻三熟制轮作模式。水稻人工插秧、人工收割，秸秆焚烧，土壤翻耕。灌溉方式为畦灌，灌溉保证率和排水保证率均＞90%。水稻分蘖盛期晒田，控制无效分蘖。施肥种类包括农家肥和化肥，化肥以氮肥为主。

（2）建立后的耕作制度

样地建立后轮作体系为稻-稻两熟制连作模式，冬季土地闲置，复种指数为 200%。水稻人工抛秧，机械收割，早稻秸秆焚烧（2018 年后粉碎还田），晚稻秸秆粉碎还田，土壤旋耕 2～3 遍，耕层深约 15 cm。灌溉方式为畦灌，灌溉保证率和排水保证率均＞90%。水稻分蘖盛期晒田，控制无效分蘖。每季水稻施肥两次，移栽期撒施复合肥作为基肥，分蘖期撒施尿素和复合肥作为追肥。每季水稻分蘖期施用一次除草剂，通常与分蘖期追肥混合撒施。病虫害各物候期均有发生，主要病虫种类有稻瘟病、纹枯病、卷叶螟、二化螟、稻象甲、稻飞虱、三化螟等，危害程度轻，通过喷洒化学农药进行防治。

33.2.4　作物性状与产量

样地长期种植水稻。样地建立之初种植早稻品种为"中优早 1 号"，群体高度 73.9 cm，产量 3 707.6 kg/hm^2，结实率 79%，穗长 23 cm，每穗粒数 66 粒，百粒重 3.05 g；晚稻品种为"汕优桂 33"，群体高度 104.9 cm，产量 6 473.7 kg/hm^2，结实率 79.1%，穗长 22 cm，每穗粒数 134 粒，百粒重 2.74 g。

33.2.5　样地配置与观测内容

样地位于农田综合观测场中部，采样地外配置自动气象站 1 套，植物物候自动观测系统 1 套，地下水位井 1 个，GHG-1 温室气体涡度相关分析系统 1 套。采样地面积为 40 m×30 m，分为 16 个采样小区。每个生长季的分蘖期、拔节期、抽穗期、乳熟期和收获期随机选取 5 个采小样区，每个采样小区内随机带土挖起植株 3～6 穴，带回室内测量分析作物叶面积与生物量动态等指标，耕层生物量及根系分布采取挖掘法调查。收获期在 5 个采样小区中央收获 1 m^2 内的所有植株，进行产量和植株性状测定，并从中随机多点采集秸秆、籽粒和根系样品，用于作物元素含量和能值的测定。每年采取耕层土壤，每 5 年采取 1 次剖面土壤，采样点在 16 个小区轮换。

本样地观测生物、土壤、水分和大气四大要素，全部按照 CERN 综合观测场指标体系观测。2012 年增加二氧化碳通量、甲烷通量、水汽通量、潜热通量和显热通量观测。

33.3　千烟洲站土壤生物监测辅助观测场-空白采样地

33.3.1　样地代表性

样地（QYAFZ01AB0_01）设立于 1998 年，长方形，面积为 1 250 m^2（50 m×25 m），与综合观测场土壤生物水分长期采样地属于同一大地块，样地代表性与之相同，参见 33.2.1 节。该样地与辅助观测场秸秆还田采样地对比观测，研究秸秆还田对作物产量、土壤肥力及理化性质的影响，为农田生态系统的优化管理提供科学数据支撑。

33.3.2　自然环境背景

本样地与综合观测场土壤生物长期观测采样地属于同一大地块，自然环境背景与之相同，参见 33.2.2 节。

33.3.3　耕作制度

（1）建立前的耕作制度

本样地与综合观测场土壤生物水分长期采样地属于同一大地块，建立前的耕作制度与之相同，参见 33.2.3 节。

（2）建立后的耕作制度

轮作体系为稻-稻两熟制连作模式，冬季土地闲置，复种指数为 200%。水稻人工插秧，人工收割，秸秆移除。种植前人工翻土或牛犁耕，2013 年以小型机械旋耕 2～3 遍，耕层深约 15 cm。无施肥。其他管理措施同综合观测场土壤生物水分长期采样地相同，参见 33.2.3 节。

33.3.4　作物性状与产量

本样地与综合观测场土壤生物水分长期采样地属于同一大地块，建立前的作物性状与产量与之相同，参见 33.2.4 节。

33.3.5　样地配置与观测内容

辅助观测场位于农田综合观测场之内，样地外配置自动气象站 1 套，植物物候自动观测系统 1 套，地下水位井 1 个，GHG-1 温室气体涡度相关分析系统 1 套。采样地共设有 11 个处理 33 个采样小区，其中 3 个采样小区为空白小区（图 33-2），采样小区名用数字表示，其中（4）、（15）、（29）小区为空白采样小区。收获期在 3 个采样区中央收获 1 m^2 内的所有植株，进行产量和植株性状测定，并从中随机多点采集秸秆、籽粒和根系样品，用于作物元素含量和能值的测定。每年采取耕层土壤，每 5 年采取 1 次剖面土壤，采样小区在 3 个小区轮换。

本样地观测生物、土壤、大气和水分四大要素，全部按照 CERN 综合观测场指标体系观测。2012 年增加二氧化碳通量、甲烷通量、水汽通量、潜热通量和显热通量观测。

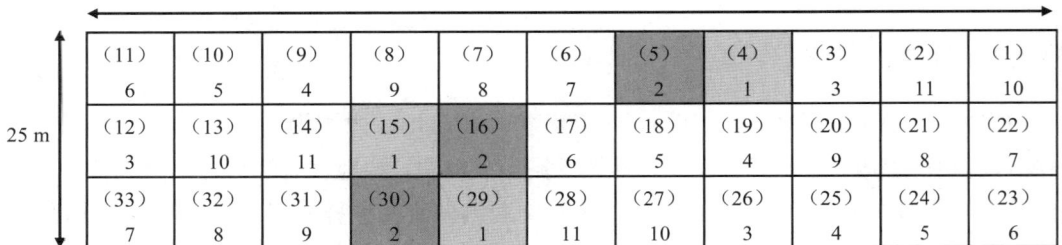

25 m	（11） 6	（10） 5	（9） 4	（8） 9	（7） 8	（6） 7	（5） 2	（4） 1	（3） 3	（2） 11	（1） 10
	（12） 3	（13） 10	（14） 11	（15） 1	（16） 2	（17） 6	（18） 5	（19） 4	（20） 9	（21） 8	（22） 7
	（33） 7	（32） 8	（31） 9	（30） 2	（29） 1	（28） 11	（27） 10	（26） 3	（25） 4	（24） 5	（23） 6

图 33-2　采样小区分布图

注：1～11 为处理号，（1）～（33）为采样小区编号。

33.4 千烟洲站土壤生物监测辅助观测场-秸秆还田采样地

33.4.1 样地代表性

样地（QYAFZ02AB0_01）设立于 1998 年，长方形，面积为 1 250 m²（50 m×25 m），与综合观测场土壤生物长期观测采样地属于同一大地块，样地代表性与之相同，参见 33.2.1 节。该样地与辅助观测场秸秆空白采样地对比观测，研究秸秆还田对作物产量、土壤肥力及理化性质的影响，为农田生态系统的优化管理提供科学数据支撑。

33.4.2 自然环境背景

本样地与综合观测场土壤生物长期观测采样地属于同一大地块，自然环境背景与之相同，参见 33.2.2 节。

33.4.3 耕作制度

（1）建立前的耕作制度

本样地与综合观测场土壤生物长期观测采样地属于同一大地块，建立前的耕作制度与之相同，参见 33.2.3 节。

（2）建立后的耕作制度

样地建立后轮作体系为稻-稻两熟制连作模式，冬季土地闲置，复种指数为 200%。水稻人工插秧，人工收割，秸秆还田。种植前人工翻土或牛犁耕，2013 年以小型机械旋耕 2～3 遍，耕层深约 15 cm。其他管理措施与综合观测场土壤生物水分长期采样地相同，参见 33.2.3 节。

33.4.4 作物性状与产量

本样地与综合观测场土壤生物水分长期采样地属于同一大地块，建立前的作物性状与产量与之相同，参见 33.2.4 节。

33.4.5 样地配置与观测内容

辅助观测场外配置自动气象站 1 套，植物物候自动观测系统 1 套，地下水位井 1 个，GHG-1 温室气体涡度相关分析系统 1 套。采样地（5）、（16）、（30）小区为秸秆还田采样小区，生物和土壤采样方法和观测内容同空白采样地，参见 33.3.5 节。

本样地观测生物、土壤、大气和水分四大要素，全部按照 CERN 综合观测场指标体系观测。2012 年增加二氧化碳通量、甲烷通量、水汽通量、潜热通量和显热通量观测。

34　桃源站生物监测样地本底与耕作制度[*]

34.1　生物监测样地概况

34.1.1　概况与区域代表性

桃源农业生态试验站（以下简称桃源站）成立于 1979 年，隶属中国科学院亚热带农业生态研究所，是中国科学院设在我国江南丘陵地区的一个集区域生态观测、研究与可持续农业发展优化模式示范功能为一体的研究机构，代表区域为亚热带江南红壤丘陵复合农业生态系统类型区（汪汉林等，2009）。桃源站 1990 年加入 CERN，2005 年成为国家野外科学观测研究站。

湖南省桃源县域处于湘西山地向洞庭湖滨湖平原的过渡带上，属于中亚热带季风气候，水、热和生物资源丰富，气候生产潜力高，植被为武陵山植被区系，农业为一年二熟或一年三熟。桃源县是国家重点农业大县，已形成水稻、棉花、柑橘、茶叶、油菜、苎麻六大农业支柱产业，是全国商品粮基地县、全国油料生产大县，同时也是湖南省第一产粮大县，被誉为"湘北粮仓"（陈章杰，2012）。

桃源站地处桃源县漳江镇（111°26′26″E、28°55′47″N），距长沙市 229 km，站部位于桃源县县城，核心试验场区位于宝洞峪村（111°30′E、28°55′N），两地相距 6.2 km。核心试验场是由 3 片丘岗地夹杂着两条冲峪农田和池塘所组成的自然集水区，土壤类型主要为第四纪红壤和红壤性水稻土，代表亚热带红壤丘陵复合农业生态系统类型区。核心试验场总面积为 12.3 hm²，其中水田 1.50 hm²，旱地 2.70 hm²，水面 0.75 hm²，坡地 6.06 hm²，其他用地 0.79 hm²，道路 0.50 hm²；海拔 89.4～123.0 m，坡地坡度为 4.5°～16°；年均气温 16.5℃，降水量 1 440 mm，日照 1 520 h，无霜期 283 d。

34.1.2　生物监测样地设置

自建站开始至 2005 年，桃源站先后共设置了 13 个生物长期监测采样地（2 个综合观测场、7 个辅助观测场、4 个站区调查点），其中综合观测场与辅助观测场位于宝洞峪核心试验场内，2 个站区调查点分别位于核心试验场以南（跑马岗）以北（官山）方向。13 个

* 编写：陈春兰（中国科学院亚热带农业生态研究所）
　审稿：秦红灵（中国科学院亚热带农业生态研究所）

采样地分别为桃源站稻田水土生联合观测采样地、桃源站坡地综合观测场水土生联合观测采样地、桃源站稻田土壤生物辅助观测采样地（不施肥）、桃源站稻田土壤生物辅助观测采样地（稻草还田）、桃源站稻田土壤生物辅助观测采样地（平衡施肥）、桃源站坡地辅助观测场恢复系统水土生辅助观测采样地、桃源站坡地辅助观测场退化系统水土生辅助观测采样地、桃源站坡地辅助观测场茶园系统水土生辅助观测采样地、桃源站坡地辅助观测场柑橘园系统水土生辅助观测采样地、桃源站督粮冲村稻田土壤生物长期采样地、桃源站督粮冲村坡地土壤生物长期采样地、桃源站跑马岗（组）稻田土壤生物长期采样地、桃源站跑马岗（组）坡地土壤生物长期采样地。其中督粮冲村坡地监测样地从2018年停止监测，跑马岗稻田与坡地2个监测样地于2017年停止监测工作（具体原因见样地介绍）。样地信息见清单表34-1。桃源站生物样地布局见图34-1，桃源站样地外貌见彩图34-1～彩图34-3。

表34-1　桃源站生物长期观测样地清单

序号	样地代码	样地名称	样地类别	轮作体系	地理位置	海拔/m	面积及形状/（m×m）	建立时间与计划使用年数
1	TYAZH01ABC_01	桃源站稻田水土生联合观测采样地	综合观测场	早稻-晚稻	111°26′27″～111°26′29″E，28°55′48″～28°55′48″N	94	45×30.5	1998年，2003年扩建；长期
2	TYAZH02ABC_01	桃源站坡地综合观测场水土生联合观测采样地	综合观测场	玉米-油菜→红薯-萝卜	111°26′26″～111°26′27″E，28°55′50″～28°55′51″N	106～120	20×50	1995年，长期
3	TYAFZ01AB0_01	桃源站稻田土壤生物辅助观测采样地（不施肥）	辅助观测场	早稻-晚稻	111°26′30″～111°26′30″E，28°55′46″～28°55′47″N	91.5	7.0×14.3	2004年，长期
4	TYAFZ02AB0_01	桃源站稻田土壤生物辅助观测采样地（稻草还田）	辅助观测场	早稻-晚稻	111°26′30″～111°26′30″E，28°55′46″～28°55′47″N	91.5	7.0×14.3	2004年，长期
5	TYAFZ03AB0_01	桃源站稻田土壤生物辅助观测采样地（平衡施肥）	辅助观测场	早稻-晚稻	111°26′30″～111°26′30″E，28°55′46″～28°55′47″N	91.5	7.0×14.3	2004年，长期
6	TYAFZ04ABC_01	桃源站坡地辅助观测场恢复系统水土生辅助观测采样地	辅助观测场	无	111°26′24″～111°26′28″E，28°55′49″～28°55′52″N	106～120	20×50	1995年，长期
7	TYAFZ05ABC_01	桃源站坡地辅助观测场退化系统水土生辅助观测采样地	辅助观测场	无	111°26′24″～111°26′28″E，28°55′49″～28°55′52″N	106～120	20×50	1995年，长期

序号	样地代码	样地名称	样地类别	轮作体系	地理位置	海拔/m	面积及形状/（m×m）	建立时间与计划使用年数
8	TYAFZ06ABC_01	桃源站坡地辅助观测场茶园系统水土生辅助观测采样地	辅助观测场	无	111°26′24″～111°26′28″E，28°55′49″～28°55′52″N	106～120	20×50	1995年，长期
9	TYAFZ07ABC_01	桃源站坡地辅助观测场柑橘园系统水土生辅助观测采样地	辅助观测场	无	111°26′24″～111°26′28″E，28°55′49″～28°55′52″N	106～120	20×50	1995年，长期
10	TYAZQ01AB0_01	桃源站督粮冲村稻田土壤生物长期采样地	站区调查点	稻-稻-油（肥）	111°27′16″E，28°57′33″N	65～100	27.0×50.5	1980年，>30年
11	TYAZQ01AB0_02	桃源站督粮冲村坡地土壤生物长期采样地	站区调查点	柑橘和花生间作	111°27′27″E，28°57′21″N	65～100	20×70	1980—2017年
12	TYAZQ02AB0_01	桃源站跑马岗（组）稻田土壤生物长期采样地	站区调查点	早稻-晚稻	111°26′60″E，28°51′55″N	约100	不规则四边形，900 m²	2004—2016年
13	TYAZQ02AB0_02	桃源站跑马岗（组）坡地土壤生物长期采样地	站区调查点	茶树连作	111°26′58″E，28°51′57″N	约100	30×43	2004—2016年

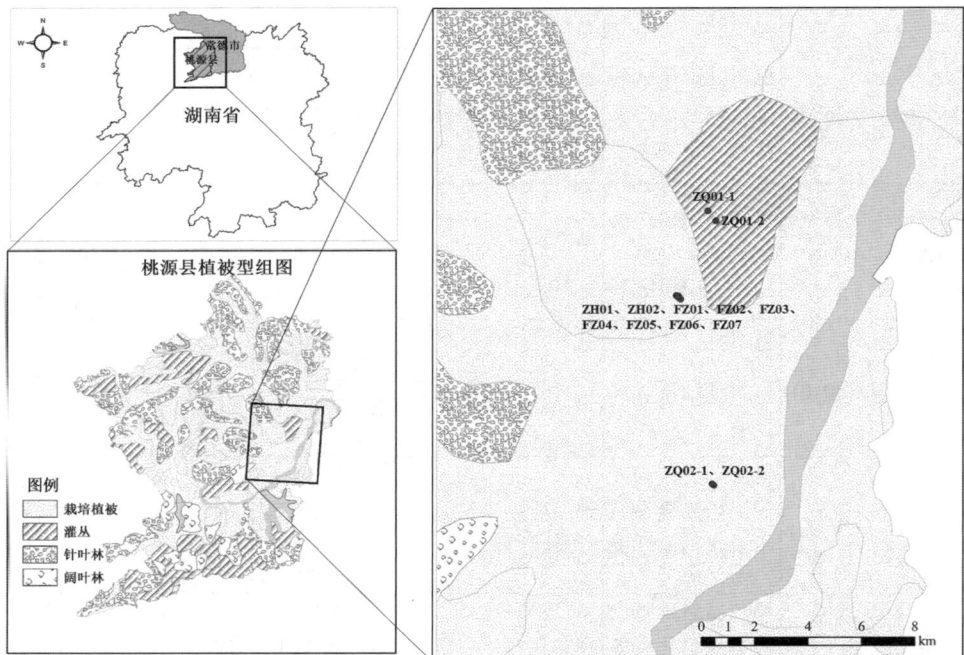

图 34-1 桃源站生物长期观测样地布局

34.2　桃源站稻田水土生联合观测采样地

34.2.1　样地代表性

样地（TYAZH01ABC_01）位于湖南省桃源县漳江镇宝洞峪村，设立于 1998 年，长方形，面积为 1 350 m²（45 m×30.5 m）。样地位于桃源县东部平原区与中部丘陵区的过渡带上，属于低丘岗地，该地区复种指数较高，一般可以满足作物一年两熟或一年三熟种植，水田一般利用方式为早稻-晚稻-冬闲、早稻-晚稻-绿肥和中稻-油菜等。水田综合观测场种植制度为一年两熟制（早稻-晚稻-冬闲），代表红壤丘陵区水田的主要利用方式。早晚稻连作种植是该地区主要的粮食作物种植模式，占农作物总播比的 46.4%，占粮食作物播种面积比的 76.0%，谷物播种面积比的 88.7%（桃源统计局，2015）。此样地土壤类型为第四纪红壤发育的水稻土，是该区域水田主要土壤类型，土壤养分水平中等。

34.2.2　自然环境背景

样地属于丘陵区冲垄梯田地貌，存在轻度片蚀。年均气温 16.5℃，降水量 1 440 mm，日照 1 520 h，无霜期 283 d，>10℃有效积温达 5 200℃。地下水埋深 1.72 m，灌溉水源以地表水为主，灌溉及排水保证率均>90%。根据全国第二次土壤普查，土类为水稻土，亚类为潜育性水稻土，土壤母质为第四纪红色黏土。土壤剖面发育层次包括耕种层 0～20 cm，犁底层 20～38 cm，淋溶层 38～100 cm，母质层 100 cm 以下。2005 年该样地土壤有机质含量 20.92 g/kg，全氮含量 1.42 g/kg，全磷含量 0.47 g/kg，pH 为 5.31，阳离子交换量 81.27 mmol（+）/kg，碱解氮含量 91.32 mg/kg，速效钾含量 68.20 mg/kg，速效磷含量 9.40 mg/kg。此样地未发生历史破坏性灾害事件。

34.2.3　耕作制度

（1）建立前的耕作制度

样地建立前向前追溯 10 年，土地利用方式均为双季稻，轮作体系为早稻-晚稻，冬季排水休闲。耕作方式以牛耕为主，施肥制度以化肥为主，少量有机肥为辅。样地以雨养为主，集雨自流灌溉。

（2）建立后的耕作制度

观测场自 1998 年即综合观测场（原 4 号田），由于原田（4 号田）面积仅有 26.0 m×27.0 m，不能满足 CERN 监测规范中综合观测场的要求，于 2003 年冬向西北进行改扩建，与原 3 号田合并，建立现在水田综合观测场，设计使用年数>99 年。

样地建立后仍为早稻-晚稻-冬闲的轮作方式，设计采用牛耕（2009 年以后，因无农户养牛耕田，采用柴油机耕田），代表当地农民常规的耕作利用模式。早晚稻均育苗，人工插田，人工收割。以雨水养田，集雨自流灌溉。施肥制度以化肥为主，少量有机肥为辅（2007

年开始晚稻稻草全量还田），2008 年将早稻孕穗期追施的尿素合并入返青期一同追施（原为返青期追施尿素 66.62 kg/hm^2，孕穗期追施尿素 55.13 kg/hm^2），即取消早稻孕穗期追肥，之后施肥方式及化肥施肥量保持不变，具体施肥量及施用方式等见表 34-2。

表 34-2　桃源站稻田水土生联合观测采样地施肥情况

作物名称	肥料名称	作物生育期	施用方式	施用量/（kg/hm^2）
早稻	尿素	移栽前	撒施，基肥	122.13
	氯化钾	移栽前	撒施，基肥	177.65
	过磷酸钙	移栽前	撒施，基肥	762.40
	尿素	返青期	撒施，追肥	121.75
晚稻	尿素	移栽前	撒施，基肥	162.83
	氯化钾	移栽前	撒施，基肥	225.69
	尿素	返青期	撒施，追肥	88.80
	稻草	收获后	稻草均匀覆盖	稻草全量还田，无施肥

34.2.4　作物性状与产量

样地 2005 年早稻品种为"宏丰早"，种植密度 26 穴/m^2，单穴总茎数 10.1 个，群体株高 87.8 cm，有效穗数 256.7 穗/m^2，每穗粒数 90.5 粒，每穗实粒数 66.4 粒，千粒重 27.42 g，产量为 4 125 kg/hm^2（晒谷场）；晚稻品种为"金优 207"，种植密度 20 穴/m^2，单穴总茎数 15.7 个，群体株高 107.4 cm，有效穗数 284.5 穗/m^2，每穗粒数 99.7 粒，每穗实粒数 87.8 粒，千粒重 24.00 g，产量为 4 800 kg/hm^2（晒谷场）。

34.2.5　样地配置与观测内容

样地设置了生物、土壤和水分监测内容，全部按照 CERN 综合观测场指标体系观测。另外，2018 年该样地安装土壤温湿盐自动观测系统，监测层次为 5 cm、10 cm、15 cm、20 cm、30 cm、40 cm、50 cm、70 cm、90 cm、110 cm、130 cm、150 cm、170 cm，每日 8：00 采集数据；2020 年安装植物根系观测系统微根管，于作物生育期监测根系生长状况。

34.3　桃源站坡地综合观测场水土生联合观测采样地

34.3.1　样地代表性

样地（TYAZH02ABC_01）设立于 1995 年，长方形，面积为 1 000 m^2（50 m×20 m），代表了桃源所属武陵山区向洞庭湖平原过渡的丘岗地带，坡地农业是丘陵区坡地的一种重要的土地利用方式。该样地设置"玉米-油菜→红薯-萝卜"二年四熟种植模式，萝卜作为绿肥于开花期收割，翻耕入土。土壤为第四纪红色黏土发育的红壤，土壤肥力水平中等。

34.3.2　自然环境背景

该样地与水田综合观测场在同一集水区，相距较近，气候环境背景参见 34.2.2 节。样地坡度 8°～11°，坡向 200°，坡长 62 m，共设 16 个梯级，梯土宽幅 3.0 m，投影面积 1 hm²。属于红壤丘陵区缓坡地，存在轻度浅沟侵蚀。地下水埋深 16～30 m，灌溉水源以降水为主，灌溉能力一般，排水能力保证率＞90%。根据全国第二次土壤普查，土类为红壤，亚类为红壤，土壤母质为第四纪红色黏土。土壤剖面发育层次包括表土层 0～18 cm，淋溶层 18～58 cm，60 cm 以下为母质层。2005 年该样地有机质含量为 23.20 g/kg，全氮含量 1.34 g/kg，全磷含量 0.42 g/kg，pH 为 4.72，阳离子交换量 108.11 mmol（+）/kg，碱解氮含量 116.20 mg/kg，速效钾含量 101.15 mg/kg，速效磷含量 13.26 mg/kg。此样地未发生历史破坏性灾害事件。人工耕作，施用肥料为化肥+有机肥。

34.3.3　耕作制度

（1）建立前的耕作制度

样地建立前向前追溯 10 年，土地利用以油茶（80%）为主的混交林，降雨灌溉，人工采油茶果实。

（2）建立后的耕作制度

样地建立后采用"玉米-油菜→红薯-萝卜"二年四熟轮作体系，人工耕作，灌溉制度为集雨灌溉、提水灌溉，没有固定的施肥制度，按需施肥，肥料种类主要为化肥和有机肥，其中萝卜是作为绿肥归还该样地土壤。

34.3.4　作物性状与产量

样地 2005 年种植玉米品种为"临奥 1 号"，种植密度为 5 株/m²，群体株高为 170.0 cm，结穗高度 55.0 cm，穗数 1.44 穗/m²，空杆率 70.7%，茎粗 2.1 cm，果穗长度 19.5 cm，穗粗 4.0 cm，穗行数 12.8 行，行粒数 29.2 粒，百粒重 20.60 g，产量为 250 kg/hm²（晒谷场）。油菜为跨年作物，品种为"蓉油 10 号"，根据 2006 年收获期调查数据，密度 5.3 株/m²，株高 126.3 cm，角果平均长度 6.5 cm，千粒重 2.93 g，产量为 1 250 kg/hm²（晒谷场）。2006 年红薯品种为"本地烤红薯"，密度 6.0 穴/m²，群体藤蔓长度为 148.2 cm，产量为 9 600 kg/hm²（鲜重）。

34.3.5　样地配置与观测内容

样地设置了生物、土壤和水分监测内容。全部按照 CERN 综合观测场指标体系观测。另外，2018 年该样地安装土壤温湿盐自动观测系统，监测层次为 10 cm、20 cm、30 cm、40 cm、50 cm、60 cm、70 cm，每日 8：00 采集数据；2018 年安装植物物候自动观测系统；2020 年安装植物根系观测系统微根管，于作物生育期监测根系生长状况。

34.4 桃源站稻田土壤生物辅助观测采样地

34.4.1 样地代表性

样地建于 2004 年，原为同一块水田，用水泥墙划分为 3 块独立的田块，作为综合观测场的补充及长期监测研究样地的完善，共设置了 3 个处理样地，分别为不施肥样地（TYAFZ01AB0_01）、稻草还田样地（TYAFZ02AB0_01）和平衡施肥样地（TYAFZ03AB0_01），3 个样地均设立于 2004 年，面积均为 100.1 m^2（7.0 m×14.3 m）。

样地种植双季稻，样地代表性参照 34.2.1 节。不施肥处理主要是作为监测研究的对照处理；稻草还田处理代表一种优化的施肥方式，拟通过加入稻草还田来减少化学肥料的使用；化肥处理代表一种追求高产的完全使用化肥的施肥方式。

34.4.2 自然环境背景

样地与水田综合观测场在同一集水区，相距较近，气候环境背景参见 34.2.2 节。本样地属于丘陵区冲垅梯田地貌，存在轻度片蚀。地下水埋深 1.5 m。2004 年该样地有机质含量为 29.07 g/kg，全氮含量 1.91 g/kg，全磷含量 0.48 g/kg，pH 为 5.61，阳离子交换量 95.31 mmol（＋）/kg，碱解氮含量 158.12 mg/kg，速效钾含量 81.79 mg/kg，速效磷含量 7.81 mg/kg。

34.4.3 耕作制度

（1）建立前的耕作制度
与稻田综合观测采样地相同，参见 34.2.3 节。

（2）建立后的耕作制度
样地 2004 年建立，为了满足监测要求，原田南面拓宽 2 m。样地建立后仍为早稻-晚稻-冬闲的轮作方式，设计采用牛耕（2010 年以后采用柴油机耕田）。早晚稻均育苗，人工插田，人工收割。以雨水养田，集雨自流灌溉。其他信息参见 34.2.3 节。从 2007 年开始将晚稻孕穗期追施尿素合并入返青期一同追施（稻草还田处理原为返青期追施尿素 51.87 kg/hm^2，孕穗期追施尿素 12.45 kg/hm^2；化肥处理原为返青期追施尿素 75.92 kg/hm^2，孕穗期追施尿素 18.44 kg/hm^2），即取消晚稻孕穗期追肥，之后施肥方式及化肥施肥量保持不变，具体施肥量及施用方式等见表 34-3。

表 34-3 桃源站稻田土壤生物辅助观测采样地施肥情况

样地代码	作物名称	肥料名称	作物生育期	施用方式	施用量/（kg/hm²）
TYAFZ02AB0_01	早稻	尿素	抛秧前	撒施，基肥	209.54
	早稻	氯化钾	抛秧前	撒施，基肥	124.48
	早稻	过磷酸钙	抛秧前	撒施，基肥	1 342.32
	早稻	尿素	返青期	撒施，追肥	113.07
	早稻	稻茬	收获期	撩穗留茬翻耕	无施肥，稻茬全量还田
	晚稻	尿素	移栽前	撒施，基肥	90.25
	晚稻	氯化钾	移栽前	撒施，基肥	74.69
	晚稻	尿素	返青期	撒施，追肥	64.30
	晚稻	稻茬	收获期	撩穗留茬	无施肥，稻茬全量还田
TYAFZ03AB0_01	早稻	尿素	抛秧前	撒施，基肥	324.30
	早稻	氯化钾	抛秧前	撒施，基肥	390.46
	早稻	过磷酸钙	抛秧前	撒施，基肥	2 075.92
	早稻	尿素	返青期	撒施，追肥	182.21
	晚稻	尿素	移栽前	撒施，基肥	151.15
	晚稻	氯化钾	移栽前	撒施，基肥	222.34
	晚稻	尿素	返青期	撒施，追肥	94.36

34.4.4 作物性状与产量

2005 年该辅助观测场各处理样地作物形状及产量如下：

不施肥处理样地早稻品种为"宏丰早"，种植密度 25 穴/m²，单穴总茎数 7.5 个，群体株高 78.9 cm，有效穗数 170.0 穗/m²，每穗粒数 91.2 粒，每穗实粒数 71.6 粒，千粒重 26.73 g，产量为 3 077 kg/hm²（晒谷场）；晚稻品种为"金优 207"，种植密度 25 穴/m²，单穴总茎数 9.8 个，群体株高 93.0 cm，有效穗数 233.3 穗/m²，每穗粒数 124.9 粒，每穗实粒数 83.1 粒，千粒重 23.27 g，产量为 3 996 kg/hm²（晒谷场）。

稻草还田处理样地早稻品种为"宏丰早"，种植密度 27 穴/m²，单穴总茎数 10.0 个，群体株高 91.2 cm，有效穗数 259.2 穗/m²，每穗粒数 105.1 粒，每穗实粒数 77.3 粒，千粒重 26.10 g，产量为 4 915 kg/hm²（晒谷场）；晚稻品种为"金优 207"，种植密度 24.3 穴/m²，单穴总茎数 12.9 个，群体株高 104.9 cm，有效穗数 306.6 穗/m²，每穗粒数 123.5 粒，每穗实粒数 74.7 粒，千粒重 25.33 g，产量为 5 495 kg/hm²（晒谷场）。

化肥处理样地早稻品种为"宏丰早"，种植密度 26.5 穴/m²，单穴总茎数 11.7 个，群体株高 97.0 cm，有效穗数 288.9 穗/m²，每穗粒数 108.8 粒，每穗实粒数 77.9 粒，千粒重 26.17 g，产量为 5 135 kg/hm²（晒谷场）；晚稻品种为"金优 207"，种植密度 27.3 穴/m²，单穴总茎数 14.3 个，群体株高 99.9 cm，有效穗数 373.5 穗/m²，每穗粒数 118.5 粒，每穗实粒数 75.6 粒，千粒重 24.7 g，产量为 5 594 kg/hm²（晒谷场）。

34.4.5   样地配置与观测内容

样地设置了生物、土壤监测内容。全部按照 CERN 综合观测场指标体系观测。2018 年安装植物物候自动观测系统；2020 年安装植物根系观测系统微根管，于作物生育期监测根系生长状况。

34.5   桃源站坡地辅助观测场

34.5.1   样地代表性

坡地辅助观测场共设置 4 个处理样地，分别为桃源站坡地辅助观测场恢复系统水土生辅助观测采样地（TYAFZ04ABC_01）、桃源站坡地辅助观测场退化系统水土生辅助观测采样地（TYAFZ05ABC_01）、桃源站坡地辅助观测场茶园系统水土生辅助观测采样地（TYAFZ06ABC_01）、桃源站坡地辅助观测场柑橘园系统水土生辅助观测采样地（TYAFZ07ABC_01），地理位置为 111°26′24″～111°26′28″E、28°55′49″～28°55′52″N，4 个样地均设立于 1995 年，面积均为 1 000 m^2（50 m×20 m），与坡地综合观测场（TYAZH02ABC_01）及油茶林、人工林构成桃源站"南方红壤丘陵利用模式长期定位试验"（共 7 个处理）。

辅助观测场是模拟丘陵区坡地具有代表性的生态系统类型构建的不同生态系统。恢复区是自然植被演替，作为研究坡地利用方式的对照处理；退化区代表原始利用的自然植被演替；茶园代表常绿灌丛植被；柑橘园代表常绿灌木植被。

34.5.2   自然环境背景

该样地与水田综合观测场在同一集水区，相距较近，气候环境背景参见 34.2.2 节，与坡地综合观测场属于同一个长期定位试验，相关背景信息参见 34.3.2 节。2005 年坡地辅助观测场基本理化性质如下：恢复系统样地土壤有机质含量为 21.54 g/kg，全氮含量 1.22 g/kg，全磷含量 0.30 g/kg，pH 为 4.60，阳离子交换量 109.77 mmol（+）/kg，碱解氮含量 83.06 mg/kg，速效钾含量 61.35 mg/kg，速效磷含量 0.79 mg/kg；退化系统样地土壤有机质含量为 26.13 g/kg，全氮含量 1.39 g/kg，全磷含量 0.27 g/kg，pH 为 4.63，阳离子交换量 116.87 mmol（+）/kg，碱解氮含量 88.51 mg/kg，速效钾含量 50.72 mg/kg，速效磷含量 0.68 mg/kg；茶园系统样地土壤有机质含量为 23.20 g/kg，全氮含量 1.25 g/kg，全磷含量 0.26 g/kg，pH 为 4.45，阳离子交换量 108.52 mmol（+）/kg，碱解氮含量 93.60 mg/kg，速效钾含量 80.98 mg/kg，速效磷含量 1.59 mg/kg；柑橘园系统样地土壤有机质含量为 28.01 g/kg，全氮含量 1.59 g/kg，全磷含量 0.33 g/kg，pH 为 4.52，阳离子交换量 129.64 mmol（+）/kg，碱解氮含量 124.32 mg/kg，速效钾含量 89.02 mg/kg，速效磷含量 3.20 mg/kg。各样地均未发生历史破坏性灾害事件。

34.5.3 耕作制度

（1）建立前的耕作制度

参见 34.3.3 节。

（2）建立后的耕作制度

恢复区样地在清除植被后停止人为干预，使植被自然恢复，1998 年该样地植被群落基本形成。退化区样地于每年 5 月和 11 月将地表植被砍光并移出试验区。茶园样地梯土撩壕，条植茶树，常规管理灌溉施肥。柑橘园样地梯土撩壕，3 m×3 m 栽种柑橘，常规管理。

34.5.4 样地配置与观测内容

样地设置了生物、土壤和水分监测内容。全部按照 CERN 综合观测场指标体系观测。另外，2018 年该样地设置土壤温湿盐自动观测系统，监测层次为 10 cm、20 cm、30 cm、40 cm、50 cm、60 cm、70 cm，每日 8：00 采集数据。

34.6 桃源站督粮冲村站区调查点

34.6.1 样地代表性

站区调查点设置了桃源站督粮冲村稻田土壤生物长期采样地（官山水田，TYAZQ01AB0_01）和桃源站督粮冲村坡地土壤生物长期采样地（官山坡地，TYAZQ01AB0_02）2 个样地。其中，稻田样地面积为 1 360 m²（27.0 m×50.5 m），坡地样地面积为 1 400 m²（20 m×70 m）。该调查点原名官山（岭）村站区调查点（因 2012 年村村合并，原官山村改名为督粮冲村），建于 1980 年（1998 年开始研究工作，2005 年纳入 CERN 监测系统），设计使用年限＞30 年，位于湖南省桃源县青林乡督粮冲村，距综合观测试验场以北约 6 km。

督粮冲村位于低丘区，稻田实行双季稻种植模式，是该区域常规模式。坡地样地种植柑橘，是该地区坡地利用的主要方式之一。

34.6.2 自然环境背景

官山水田属于丘陵区冲垅梯田地貌，存在浅沟侵蚀。地下水埋深 1.5 m，灌溉水源以地表水为主，集雨自流灌溉，灌溉及排水保证率均＞90%。根据全国第二次土壤普查，土类为水稻土，亚类为潜育性水稻土，土壤母质为第四纪红色黏土。2005 年官山村稻田采样地基本理化性质如下：土壤有机质含量为 32.84 g/kg，全氮含量 2.13 g/kg，全磷含量 0.56 g/kg，pH 为 5.28，阳离子交换量 95.24 mmol（+）/kg，碱解氮含量 84.64 mg/kg，速效钾含量 43.29 mg/kg，速效磷含量 9.11 mg/kg。此样地未发生历史破坏性灾害事件。

官山坡地属于红壤丘陵区缓坡地，坡度 6°～8°，坡向为南向，存在轻度浅沟侵蚀。地下水埋深 1.5 m，灌溉水源以降水为主，灌溉及排水保证率均＞90%，土壤肥力水平中等。根据全国第二次土壤普查，土类为红壤，亚类为红壤，土壤母质为第四纪红色黏土。2005年官山水田采样地基本理化性质如下：土壤有机质含量为 16.15 g/kg，全氮含量 1.07 g/kg，全磷含量 0.56 g/kg（2010 年），pH 为 4.81，阳离子交换量 113.46 mmol（+）/kg，碱解氮含量 79.10 mg/kg，速效钾含量 104.20 mg/kg，速效磷含量 9.06 mg/kg。其他自然环境背景参见 34.2.2 节。

34.6.3 耕作制度

（1）建立前的耕作制度

向前追溯 10 年，稻田样地种植双季稻，冬季种植油菜绿肥，牛耕，人工插秧收稻，施肥方式为化肥农家肥结合；灌溉制度为小流域自流灌溉。

向前追溯 10 年，坡地为自然林地，以灌丛为主。

（2）建立后的耕作制度

样地建立后，稻田种植双季稻，冬季休闲。施肥主要使用化肥，绿肥次之，少用农家肥，2012 年后收获期稻草全量还田；灌溉采用雨水或小流域自流灌溉。样地管理由农户自行安排，不加干预。

坡地种植制度为柑橘和花生、柑橘和大豆间作，人工耕种，主要施用化肥，绿肥次之，少用农家肥；以雨水或小流域自流灌溉。后因无人管理此样地，柑橘树陆续死亡，村民零散地自由种植作物，2017 年已无柑橘树，荒草丛生，且村级公路及坟墓占去部分样地，因此，2018 年停止对此样地的监测工作。

34.6.4 作物性状与产量

2005 年该站区调查点各样地作物形状及产量如下：

水田样地的早稻品种为"浙福七号"，种植密度 28 穴/m²，单穴总茎数 16.4，群体株高 95.2 cm，有效穗数 429.0 穗/m²，每穗粒数 112.9 粒，每穗实粒数 89.8 粒，千粒重 23.10 g，产量为 4 575 kg/hm²（晒谷场）；晚稻品种为"丝苗"，种植密度 30 穴/m²，单穴总茎数 13.9，群体株高 101.5 cm，有效穗数 408.0 穗/m²，每穗粒数 92.4 粒，每穗实粒数 78.7 粒，千粒重 16.50 g，产量为 3 750 kg/hm²（晒谷场）。

坡地样地的柑橘品种为"椪柑"，产量为 10 000 kg/hm²；花生品种为本地种（农户自留种，具体品种不知），产量为 4 500 kg/hm²；大豆品种为本地种，产量为 1 500 kg/hm²。

34.6.5 样地配置与观测内容

该调查点设置了生物、土壤监测内容。全部按照 CERN 综合观测场指标体系观测。

34.7 桃源站跑马岗站区调查点

34.7.1 样地代表性

该样地建于 2004 年，设计使用年限＞30 年，位于桃源县尧河乡黄简（溶）村跑马岗组，距综合观测试验场以南 6 km，设置了 2 个样地：桃源站跑马岗（组）稻田土壤生物长期采样地（跑马岗水田，TYAZQ02AB0_01）、桃源站跑马岗（组）坡地土壤生物长期采样地（跑马岗坡地，TYAZQ02AB0_02）。2 个样地均设立于 2004 年，其中稻田样地面积约为 900 m^2，坡地样地面积为 1 300 m^2。

本站区调查点属于低丘区，稻田样地种植双季稻，是该区域常规模式；坡地样地种植茶叶，是该地区坡地利用的主要方式之一。

34.7.2 自然环境背景

跑马岗水田属于丘陵区垄田，存在轻度片蚀。地下水埋深 1.5～1.9 m，灌溉水源以地表水为主，集雨自流灌溉，灌溉及排水保证率均＞90%。土壤养分水平中等。根据全国第二次土壤普查，土类为水稻土，亚类为潜育性水稻土，土壤母质为第四纪红色黏土。土壤剖面发育层次包括淹育层 0～23 cm，犁底层 23～38 cm，淋溶层 38～100 cm，100 cm 以下为母质层。2005 年跑马岗水田基本理化性质如下：土壤有机质含量为 30.01 g/kg，全氮含量 1.89 g/kg，全磷含量 0.45 g/kg，pH 为 4.86，阳离子交换量 102.69 mmol（+）/kg，碱解氮含量 134.10 mg/kg，速效钾含量 33.90 mg/kg，速效磷含量 102.69 mg/kg。其他参见 34.2.2 节。

跑马岗坡地属于丘陵区缓坡地，坡度 8°，坡面向东，存在轻度片蚀。地下水埋深 1.5～1.9 m，灌溉水源以地表水为主，集雨自流灌溉，灌溉及排水保证率均＞90%。土壤养分水平中等。根据全国第二次土壤普查，土类为红壤，亚类为红壤，土壤母质为第四纪红色黏土。土壤剖面发育层次包括 0～20 cm 表层，20～60 cm（根群），60 cm 以下为母质层。2005 年跑马岗坡地基本理化性质如下：土壤有机质含量为 22.96 g/kg，全氮含量 1.32 g/kg，全磷含量 0.37 g/kg（2010 年），pH 为 4.23，阳离子交换量 135.92 mmol（+）/kg，碱解氮含量 98.88 mg/kg，速效钾含量 44.70 mg/kg，速效磷含量 2.46 mg/kg。其他参见 34.2.2 节。

34.7.3 耕作制度

（1）建立前的耕作制度

向前追溯 10 年，该站点稻田样地种植双季稻，牛耕，以复合肥、氯化钾、尿素和过磷酸钙为主要肥料，农家肥使用较少。以雨养田，集雨自流灌溉。坡地样地于 1968—1972 年种植油茶树，1972 年后改为茶园，之后未做大的改动。改为茶园后采用人工耕作，施用尿素和复合肥，每年达 450～600 kg/hm^2。集雨自流灌溉。

（2）建立后的耕作制度

水田样地建立后的耕作制度与建立前没有变化，仍种植双季稻，冬季休闲。样地管理由农户自行安排。但从 2009 年开始，农户考虑经济收入及身体原因，样地耕作制度发生了变化，2009 年水旱轮作（早稻-玉米），2010 年种植西瓜-藠头。2017 年该样地被政府修建"3 所 1 队"征用，因此 2017 年停止对此样地的监测。

坡地样地设为监测样地后仍为茶园，耕作制度没有改变。2007 年台刈改造。随着附近茶厂倒闭，人力不足，茶树老龄化，茶叶品质变差，该样地缺少管理和投入逐渐荒芜。2015 年由于农户修房屋，将原来取样分区坡下部分占用，因此 2017 年终止对此样地的监测。

34.7.4　作物性状与产量

2005 年该站区调查点各样地作物形状及产量如下：

水田样地早稻品种为"浙福十号"，种植密度 25 穴/m^2，单穴总茎数 15.4，群体株高 70.4 cm，有效穗数 370.0 穗/m^2，每穗粒数 98.7 粒，每穗实粒数 87.7 粒，千粒重 21.09 g，产量为 4 500 kg/hm^2（晒谷场）；晚稻品种为"T 优 207"，种植密度 30 穴/m^2，单穴总茎数 11.6 个，群体株高 102.3 cm，有效穗数 339.0 穗/m^2，每穗粒数 127.0 粒，每穗实粒数 102.3 粒，千粒重 21.60 g，产量为 5 250 kg/hm^2（晒谷场）。

坡地样地茶叶品种为"除叶齐"，产量为 7 500 kg/hm^2。

34.7.5　样地配置与观测内容

该调查点设置了生物、土壤监测内容。全部按照 CERN 综合观测场指标体系观测。

参考文献

陈章杰，2012. 提升桃源县粮食产业化水平的路径探讨. 湖南农业科学，24（303）：20-22.

桃源县统计局，2015. 桃源统计年鉴（2015）.

汪汉林，谢小立，陈安磊，等，2009. 朝着农业生态系统研究前沿迈进——中国科学院桃源农业生态试验站三十周年纪实. 长沙：湖南科学技术出版社.

35　环江站生物监测样地本底与耕作制度[*]

35.1　生物监测样地概况

35.1.1　概况与区域代表性

环江喀斯特生态系统观测研究站（以下简称环江站）建于 2000 年，依托单位为中国科学院亚热带农业生态研究所，2005 年成为国家野外科学观测研究站，2007 年加入CERN。

环江站所在的喀斯特地区是类似沙漠边缘的生态环境脆弱区，是世界上最主要的生态脆弱带之一。我国是世界上喀斯特面积最大、分布最广的国家，主要集中于西南地区，其基岩裸露总面积达 54 万 km^2，面临环境退化和贫困的双重压力。该地区可溶岩造壤能力低，长期强烈的岩溶化作用产生地表、地下双层空间结构，导致水源漏失、深埋，形成水土资源不配套的基本格局，旱涝灾害频繁，石漠化现象十分严重。环江站位于广西自治区河池市环江毛南族自治县大才乡同进村木莲屯（108°18′～108°20′E、24°43′～24°45′N），占地总面积为 146.1 hm^2，海拔为 272～647.2 m，年均降水量为 1 389.1 mm，年均气温为 19.9℃。环江站位于云贵高原向广西丘陵过渡的九万大山坡麓地带，为典型喀斯特峰丛洼地景观，代表中亚热带湿润区-黔桂喀斯特常绿阔叶林-农业生态区。当地以种植水稻、玉米、红薯、桑叶、甘蔗为主，试验区范围内的维管束植物共有 241 种，隶属 91 科、206 属，其中草本植物 107 种，灌木 73 种，藤本 29 种，乔木 32 种。

35.1.2　生物监测样地设置

环江站自 2006 年开始先后设置了 8 个生物长期观测样地，分别为环江站旱地玉米/黄豆综合观测场土壤生物水分采样地、环江站旱地玉米/黄豆辅助观测场土壤生物水分采样地、环江站坡地草本饲料辅助观测场土壤生物水分采样地、环江站坡地玉米辅助观测场土壤生物水分采样地、环江站地罗村桑树土壤生物长期采样地、环江站地罗村玉米/黄豆土壤生物长期采样地、环江站清潭村甘蔗土壤生物长期采样地、环江站清潭村早稻-晚稻土壤生物长期采样地。以上各样地布局如图 35-1 所示。样地外貌见彩图 35-1～彩图 35-10。

---

[*] 编写：刘坤平（中国科学院亚热带农业生态研究所）
　审稿：张　伟（中国科学院亚热带农业生态研究所）

表 35-1   环江站生物长期观测样地清单

序号	样地代码	样地名称	样地类别	轮作体系	地理位置	海拔/m	面积及形状/（m×m）	建立时间和计划使用年数
1	HJAZH01ABC_01	环江站旱地玉米/黄豆综合观测场土壤生物水分采样地	综合观测场	玉米-黄豆	108°19′24.66″～108°19′26.64″E，24°44′20.09″～24°44′22.05″N	278	46×35	2006 年，长期
2	HJAFZ01ABC_01	环江站旱地玉米/黄豆辅助观测场土壤生物水分采样地	辅助观测场	玉米-黄豆	108°19′26.42″～108°19′27.80″E，24°44′21.90″～24°44′23.29″N	278	24×30	2006 年，长期
3	HJAFZ02ABC_01	环江站坡地草本饲料辅助观测场土壤生物水分采样地	辅助观测场	牧草	108°19′26.24″～108°19′29.11″E，24°44′25.28″～24°44′28.91″N	288.5～337	不规则长方形，2 054 m²	2006 年，长期
4	HJAFZ03ABC_01	环江站坡地玉米辅助观测场土壤生物水分采样地	辅助观测场	玉米	108°19′24.07″～108°19′26.24″E，24°44′25.28″～24°44′28.91″N	288.5～337	不规则长方形，1 718 m²	2006 年，长期
5	HJAZQ01AB0_01	环江站地罗村桑树土壤生物长期采样地	站区调查点	桑树	108°17′50.11″～108°17′52.44″E，24°42′44.22″～24°42′47.56″N	211	不规则四边形，1 186 m²	2006 年，>30 年
6	HJAZQ01AB0_02	环江站地罗村玉米/黄豆土壤生物长期采样地	站区调查点	玉米-黄豆	108°17′57.23″～108°17′59.42″E，24°42′46.21″～24°42′48.23″N	218	不规则四边形，1 041 m²	2006 年，>30 年
7	HJAZQ02AB0_01	环江站清潭村甘蔗土壤生物长期采样地	站区调查点	砂糖橘	108°17′44.30″～108°17′46.38″E，24°46′28.22″～24°46′30.48″N	330	不规则四边形，1 880 m²	2006 年，>30 年
8	HJAZQ02AB0_02	环江站清潭村早稻-晚稻土壤生物长期采样地	站区调查点	早稻-晚稻	108°17′23.56″～108°17′24.48″E，24°46′43.25″～24°46′45.24″N	316	长方形，750 m²	2006 年，>30 年

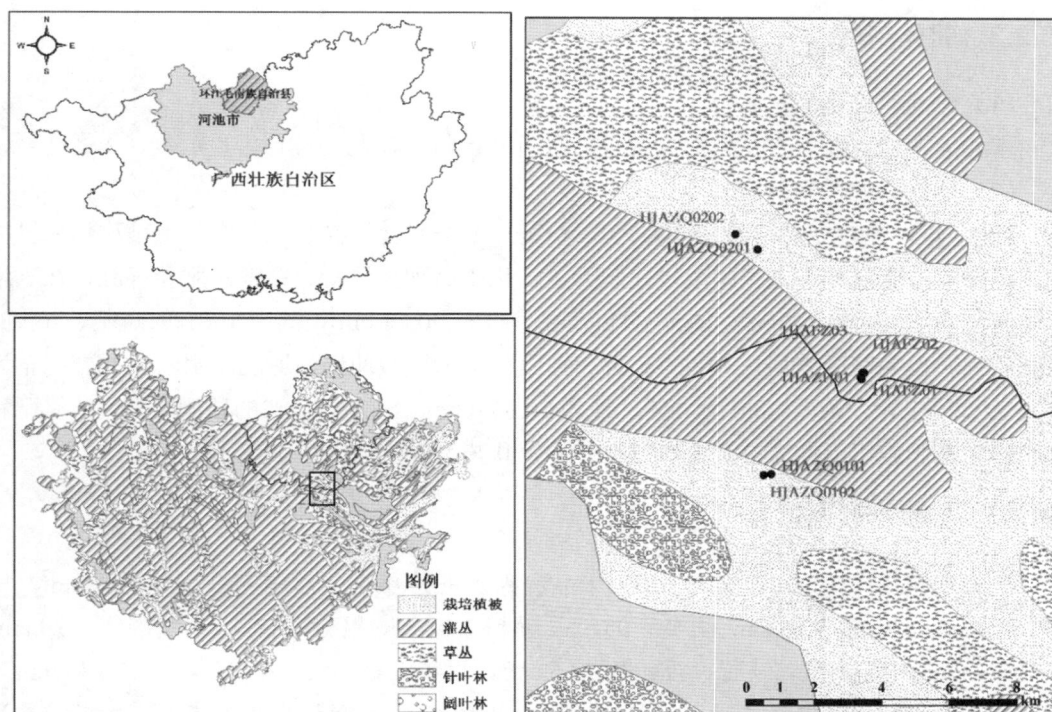

图 35-1　环江站生物长期观测样地布局

35.2　环江站旱地玉米/黄豆综合观测场土壤生物水分采样地

35.2.1　样地代表性

样地（HJAZH01ABC_01）位于环江县大才乡同进村木连屯，地理位置为 108°19′24.66″～108°19′26.64″E、24°44′20.09″～24°44′22.05″N，面积为 1 610 m²（46 m×35 m）。样地于 2006 年正式建成，之前为长期抛荒地，采用玉米-黄豆套种轮作的种植方式，一年之内种一季玉米和一季黄豆，没有灌溉水源，施肥方式为化肥，参照当地的主要施肥方式。样地代表了典型的喀斯特峰丛洼地生态系统。

35.2.2　自然环境背景

样地年均气温 19.9℃，年降水 1 389 mm，＞10℃有效积温 6 300℃，无霜期 329 d，日照时数 1 451.1 h。地下水位深度 5～8 m，排水较通畅，排水保证率＞90%。土壤母质为石灰岩。根据全国第二次土壤普查名称，土壤属于石灰土土类，棕色石灰土亚类。土壤剖面包括耕层 0～18 cm，亚耕层 18～35 cm，淋溶层 35～56 cm，淀积层 56～100 cm，母质层 100 cm 以下。存在轻度片蚀。

35.2.3 耕作制度

（1）建立前的耕作制度

本样地在建立前一直是自然撂荒地，只有本地村民在此处进行零星放牧。

（2）建立后的耕作制度

2006 年样地建立后，轮作体系为玉米-黄豆双季粮食作物套种轮作。土壤耕作为机械翻耕。降雨自流灌溉。施肥制度以化肥为主，化肥品种为尿素、钙镁磷肥和钾肥，在玉米季施肥量为氮素 160 kg/hm²，磷素 90 kg/hm²，钾素 90 kg/hm²，其中 100%的磷肥、70%的氮肥和钾肥作为基肥施用，30%的氮肥和钾肥在玉米拔节期作为追肥施用。黄豆施肥量为氮素 22.5 kg/hm²，磷素 60.0 kg/hm²，钾素 50.0 kg/hm²。其中 100%的磷肥、70%的氮肥和钾肥作为基肥施用，30%的氮肥和钾肥在黄豆开花-结荚期作为追肥施用。

35.2.4 作物性状与产量

综合观测场样地 2007 年第一季玉米品种为"正大 999"，种植密度为 4.25 株/m²，株高 253.3 cm，结穗高 93.5 cm，结实率 98.5%，茎粗 2.49 cm，果穗长 17.4 cm，结实长 16.4 cm，穗粗 4.93 cm，穗行数 15.9 行，行粒数 34.67 粒，百粒干重 27.77 g，产量 6 253.1 kg/hm²。第二季黄豆品种为"桂春 5 号"，群体株高为 63.46 cm，单株荚数为 31.5 个，每荚粒数为 1.75 粒，百粒干重 14.1 g，产量为 1 030.8 kg/hm²。

35.2.5 样地配置与观测内容

环江站综合观测场样地共分为 6 个采样样方，每个样方大小为 15 m×10 m，具体观测设施包括 TDR 管、地下水水位观测井、土壤温湿盐自动观测系统、植物物候自动观测系统和植物根系观测系统微根管。样地观测生物、土壤和水分三大要素，全部按照 CERN 综合观测场指标体系观测。

35.3 环江站旱地玉米/黄豆辅助观测场土壤生物水分采样地

35.3.1 样地代表性

样地（HJAFZ01ABC_01）和环江站综合观测场同处一处峰丛洼地，地理位置为 108°19′26.42″～108°19′27.80″E、24°44′21.9″～24°44′23.29″N，面积为 720 m²（24 m×30 m）。样地采用玉米-黄豆套种轮作的种植方式，一年之内种一季玉米和一季黄豆，代表了典型的喀斯特峰丛洼地生态系统。

35.3.2 自然环境背景

本样地与综合观测场土壤生物长期观测采样地属于同一大地块，气温、降水、日照、地下水位及土壤类型等自然环境背景与之相同，参见 35.2.2 节。样地土壤剖面包括耕作层 0～16 cm，亚耕作层 16～25 cm，淋溶层 25～43 cm，漂洗层 43～70 cm，淀积层 70 cm 以下。存在轻度片蚀。

35.3.3　耕作制度

（1）建立前的耕作制度

本样地在建立前是自然撂荒地，只有本地村民在此处进行零星放牧。

（2）建立后的耕作制度

施肥方式为化肥+有机肥，实验小区为 4 区组 6 处理，共 24 个实验小区，具体施肥方案如图 35-2 所示。

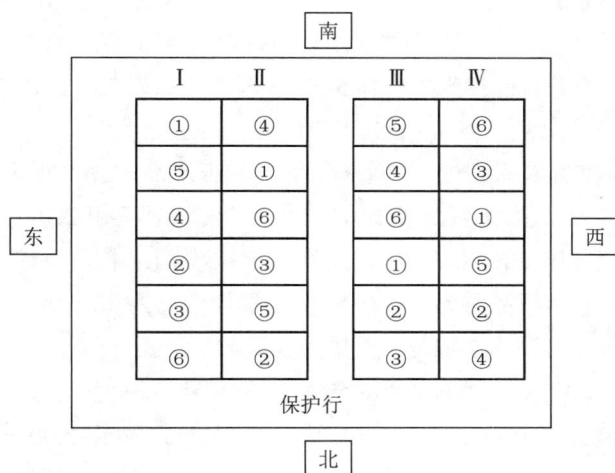

图 35-2　环江站旱地养分地位试验小区处理方案

施肥处理：①CK（不施肥）；②NPK：氮、磷、钾施用量分别为玉米每季 N 200.0 kg/hm^2、P 90.0 kg/hm^2 和 K 120.0 kg/hm^2，大豆每季 N 22.5 kg/hm^2、P 60.0 kg/hm^2 和 K 67.5 kg/hm^2；③70% NPK+30%秸秆（以 K 计算，不足的 NP 用无机肥补充；肥料总量与处理②相同，下同）；④70% NPK+30%农家肥（以 N 计算，不足的 PK 用无机肥补充）；⑤40% NPK+60%秸秆（以 K 计算，不足的 NP 用无机肥补充）；⑥40% NPK+60%农家肥（以 N 计算，不足的 PK 用无机肥补充）。

玉米种植时 100%的磷肥、70%的氮肥和钾肥作为基肥施用，30%的氮肥和钾肥在玉米拔节期作为追肥施用。黄豆种植时 100%的磷肥、70%的氮肥和钾肥作为基肥施用，30%的氮肥和钾肥在黄豆开花-结荚期作为追肥施用。

35.3.4　作物性状与产量

样地 CK 处理 2009 年第一季玉米品种为"正大 999"，种植密度为 3.9 株/m^2，株高

194.0 cm，接穗高 64.5 cm，结实率 93.8%，茎粗 1.60 cm，果穗长 15.4 cm，结实长 12.9 cm，穗粗 4.40 cm，穗行数 17.4 行，行粒数 32.7 粒，百粒干重 17.9 g，产量为 3 928.34 kg/hm²。第二季黄豆品种为"桂春 5 号"，群体株高为 36.6 cm，单株荚数为 11.0 个，每荚粒数为 1.10 粒，百粒干重 18.6 g，产量为 267.12 kg/hm²。

样地 NPK 处理 2009 年第一季玉米品种为"正大 999"，种植密度为 4.0 株/m²，株高 234.8 cm，接穗高 91.3 cm，结实率 98.3%，茎粗 2.00 cm，果穗长 18.7 cm，结实长 16.6 cm，穗粗 4.80 cm，穗行数 15.0 行，行粒数 39.7 粒，百粒干重 23.4 g，产量为 7 536.67 kg/hm²。第二季黄豆品种为"桂春 5 号"，群体株高为 33.9 cm，单株荚数为 24.3 个，每荚粒数为 3.70 粒，百粒干重 19.5 g，产量为 651.38 kg/hm²。

样地 70% NPK+30%秸秆处理 2009 年第一季玉米品种为"正大 999"，种植密度为 4.0 株/m²，株高 237.3 cm，接穗高 91.9 cm，结实率 98.0%，茎粗 2.10 cm，果穗长 20.0 cm，结实长 18.1 cm，穗粗 4.90 cm，穗行数 14.7 行，行粒数 42.0 粒，百粒干重 24.1 g，产量为 7 755.00 kg/hm²。第二季黄豆品种为"桂春 5 号"，群体株高为 35.6 cm，单株荚数为 23.4 个，每荚粒数为 3.50 粒，百粒干重 19.4 g，产量为 642.79 kg/hm²。

样地 70% NPK+30%农家肥处理 2009 年第一季玉米品种为"正大 999"，种植密度为 4.0 株/m²，株高 233.7 cm，接穗高 90.2 cm，结实率 96.3%，茎粗 2.10 cm，果穗长 19.7 cm，结实长 17.7 cm，穗粗 4.90 cm，穗行数 15.1 行，行粒数 41.1 粒，百粒干重 23.6 g，产量为 7 673.33 kg/hm²。第二季黄豆品种为"桂春 5 号"，群体株高为 36.6 cm，单株荚数为 21.2 个，每荚粒数为 2.80 粒，百粒干重 19.1 g，产量为 566.42 kg/hm²。

样地 40% NPK+60%秸秆处理 2009 年第一季玉米品种为"正大 999"，种植密度为 4.0 株/m²，株高 233.9 cm，接穗高 88.7 cm，结实率 95.8%，茎粗 2.00 cm，果穗长 19.6 cm，结实长 17.6 cm，穗粗 4.90 cm，穗行数 14.7 行，行粒数 41.5 粒，百粒干重 23.0 g，产量为 7 359.17 kg/hm²。第二季黄豆品种为"桂春 5 号"，群体株高为 39.8 cm，单株荚数为 22.1 个，每荚粒数为 2.90 粒，百粒干重 19.5 g，产量为 599.11 kg/hm²。

样地 40% NPK+60%农家肥处理 2009 年第一季玉米品种为"正大 999"，种植密度为 4.0 株/m²，株高 238.6 cm，接穗高 93.2 cm，结实率 97.5%，茎粗 2.20 cm，果穗长 20.0 cm，结实长 17.9 cm，穗粗 5.00 cm，穗行数 14.9 行，行粒数 43.8 粒，百粒干重 24.8 g，产量为 8 323.34 kg/hm²。第二季黄豆品种为"桂春 5 号"，群体株高为 43.1 cm，单株荚数为 28.4 个，每荚粒数为 3.70 粒，百粒干重 20.1 g，产量为 741.60 kg/hm²。

35.3.5 样地配置与观测内容

样地共分为 24 个采样样方，每个样方平均面积为 7.5 m×4 m，具体观测设施包括 TDR 管、地下水水位观测井、土壤温湿盐自动观测系统、植物物候自动观测系统和植物根系观测系统微根管。本样地观测生物和土壤、水分三大要素，全部按照 CERN 综合观测场指标体系观测。

35.4 环江站坡地草本饲料辅助观测场土壤生物水分采样地

35.4.1 样地代表性

样地（HJAFZ02ABC_01）位于环江县大才乡同进村木连屯，地理位置为 $108°19'26.24''\sim$ $108°19'29.11''E$、$24°44'25.28''\sim24°44'28.91''N$，不规则形状，面积为 2 054 m^2。于 2006 年正式建成样地，之前为自然长期抛荒地，在坡度平缓的山脚单一种植喀斯特地区的主要牧草品种为"桂牧 1 号"，无灌溉水源，施肥方式参照当地的管理模式。

35.4.2 自然环境背景

样地年均气温 19.9℃，年降水 1 389 mm，＞10℃有效积温 6 300℃，无霜期 329 d，日照时数 1 451.1 h。排水通畅，排水保证率＞90%。土壤母质为石灰岩。根据全国第二次土壤普查名称，土壤属于石灰土土类，棕色石灰土亚类。土壤剖面包括耕作层 0～15 cm，亚耕作层 15～24.5 cm，淋溶层 24.5～61 cm，漂洗层 61～87 cm，87 cm 以下为淀积层。存在轻度片蚀。

35.4.3 耕作制度

（1）建立前的耕作制度
本观测场在建立前一直是自然撂荒地，只有本地村民在此处进行零星放牧。
（2）建立后的耕作制度
该样地规划单种牧草，每年于牧草返青后撒施 $N:P_2O_5:K_2O=15:15:15$ 复合肥 300 kg/hm^2，氮（N）、磷（P_2O_5）、钾（K_2O）施用量均为 45 kg/hm^2，每次刈割后施用氮（尿素-N）和钾（氯化钾-K_2O）50 kg/hm^2 及磷（P_2O_5）15 kg/hm^2。

35.4.4 作物性状与产量

2007 年种植多年生牧草品种为"桂牧 1 号"，密度为 5.36 穴/m^2，第一次刈割时群体株高 141.0 cm，第二次刈割时群体株高 158.2 cm，全年总产量为 25 463.4 kg/hm^2。

35.4.5 样地配置与观测内容

该样地主要进行牧草全生长期的生物量调查取样，每年年底的植株性状考察，土壤样品采集，样地分为 6 个采样样方，生物、土壤监测规范同综合观测场。
坡地顺坡垦植辅助观测场土壤水分观测样地设置 TDR 测管 4 根和地表径流观测（测流池）。

35.5 环江站坡地玉米辅助观测场土壤生物水分采样地

35.5.1 样地代表性

样地（HJAFZ03ABC_01）位于环江县大才乡同进村木连屯，地理位置为 108°19′24.07″～108°19′26.24″E、24°44′25.28″～24°44′28.91″N，面积为 1 718 m²。样地于 2006 年正式建成，之前为长期抛荒地。样地为自然撂荒地，在坡度平缓的山脚每年种植一季玉米，第二季休耕，施肥方式参照当地的常规处理。样地和辅助观测场 02 号毗邻，均属于顺坡垦殖试验区。

35.5.2 自然环境背景

样地年均气温 19.9℃，年降水 1 389 mm，＞10℃有效积温 6 300℃，无霜期 329 d，日照时数 1 451.1 h。排水通畅，排水保证率＞90%。土壤母质为石灰岩。根据全国第二次土壤普查名称，土壤属于石灰土土类，棕色石灰土亚类。土壤剖面包括耕作层 0～15 cm，亚耕作层 15～24.5 cm，淋溶层 24.5～61 cm，漂洗层 61～87 cm，87 cm 以下为淀积层。存在轻度片蚀。

35.5.3 耕作制度

（1）建立前的耕作制度
样地在建立前一直是自然撂荒地，只有本地村民在此处进行零星放牧。
（2）建立后的耕作制度
样地每年规划种植一季玉米，下半年撂荒。在玉米整个生育期内，氮、磷、钾施用量分别为 160 kg/hm²、90 kg/hm² 和 90 kg/hm²，其中 100%的磷肥、70%的氮肥和钾肥作基肥，30%的氮肥和钾肥作追肥，其余样地管理同综合观测场。

35.5.4 作物性状与产量

2009 年第一季玉米品种为"正大 999"，种植密度为 4.20 株/m²，群体株高 190.63 cm，结穗高 57.4 cm，结实率 98.8%，茎粗 1.65 cm，果穗长 18.2 cm，结实长 14.0 cm，穗粗 4.56 cm，穗行数 14.25 行，行粒数 29.2 粒，百粒干重 23.2 g，籽粒产量为 3 616.0 kg/hm²。

35.5.5 样地配置与观测内容

样地配置 TDR 测管 4 根和地表径流观测（测流池）。
样地主要进行玉米全生长期的生育期调查，生物量取样，玉米收获期的植株性状考察和测产。土壤样品采集样地分为 6 个采样样方。生物、土壤监测规范同综合观测场。

35.6 环江站地罗村桑树土壤生物长期采样地

35.6.1 样地代表性

样地（HJAZQ01AB0_01）位于广西河池市宜州区德胜镇地罗村，地理位置为 108°17′50.11″～108°17′52.44″E、24°42′44.22″～24°42′47.56″N，面积为 1 186 m²。样地于 2006 年正式建成，建立前后均为种桑旱地，种植方式为桑树连作，没有灌溉水源，施肥方式参照当地的管理模式，由样地户主自行安排，环江站按样地租用协议定期进行生物量调查和土壤采样。

35.6.2 自然环境背景

样地年均气温 19.9℃，年降水 1 389 mm，>10℃有效积温 6 300℃，无霜期 329 d，日照时数 1 451.1 h。排水较通畅，排水保证率>90%。土壤母质为石灰岩。根据全国第二次土壤普查名称，土壤属于石灰土土类，棕色石灰土亚类。土壤剖面包括耕作层 0～13 cm，亚耕作层 13～27 cm，淋溶层 27～56 cm，淀积层 56～103 cm。存在轻度片蚀。

35.6.3 耕作制度

（1）建立前的耕作制度

样地在 2006 年建立前实行玉米-黄豆轮作，玉米播种时施用农家肥（5 000 kg/hm²）和尿素（480 kg/hm²）作为基肥，在玉米抽穗开花期施用 750 kg/hm² 复合肥（N：P：K=15：15：15）作为追肥。黄豆种植主要是以草木灰作基肥，并在开花结荚期施用 80 kg/hm² 钾肥作为追肥。

（2）建立后的耕作制度

样地在建立后仍由原户主作为桑树连作地进行管理，每年开春前施用 750 kg/hm² 尿素作为基肥，每年 7 月夏伐后施用 750 kg/hm² 复合肥作为追肥。其余种植制度、耕作措施等均不变。

35.6.4 作物性状与产量

2007 年桑树品种为"桂桑 12 号"，密度为 7.86 株/穴，供叶期群体株高 125.12 cm，冬伐时群体株高 130.52 cm，全年采集桑叶养蚕出产桑蚕茧为 4 950 kg/hm²。

35.6.5 样地配置与观测内容

样地主要进行桑树生长末期土壤和生物监测，田块共划分为 6 个采样区，分别在采样区取桑树植株样品、土壤样品。土壤、生物监测规范同综合观测场。

35.7 环江站地罗村玉米/黄豆土壤生物长期采样地

35.7.1 样地代表性

样地（HJAZQ01AB0_02）位于广西河池市宜州区德胜镇地罗村（108°17′57.23″～108°17′59.42″E、24°42′46.21″～24°42′48.23″N），面积为 1 041 m²。样地于 2006 年正式建成，之前为玉米-黄豆轮作双季粮食作物地，建立后采用玉米-黄豆套轮作的种植方式，一年之内种一季玉米和一季黄豆，没有灌溉水源，施肥方式参照当地的常规处理，由样地户主自行安排，环江站按样地租用协议定期进行生物量调查和土壤采样。

35.7.2 自然环境背景

样地年均气温 19.9℃，年降水 1 389 mm，＞10℃有效积温 6 300℃，无霜期 329 d，日照时数 1 451.1 h。排水保证率＞90%。土壤母质为石灰岩，在中国土壤系统分类体系的名称为棕色钙质湿润富铁土，根据全国第二次土壤普查名称，土壤属于石灰土土类，棕色石灰土亚类。土壤剖面包括耕作层 0～18.5 cm，淋溶层 18.5～55 cm，淀积层 55～91 cm，91 cm 以下为母质层。存在轻度片蚀。

35.7.3 耕作制度

（1）建立前的耕作制度

样地在建立前一直是玉米-黄豆轮作。玉米施用农家肥（5 000 kg/hm²）和尿素（480 kg/hm²）作为基肥，在玉米抽穗开花期施用 750 kg/hm² 复合肥（N：P：K=15：15：15）作为追肥。黄豆种植主要是以草木灰作基肥，并在开花结荚期施用 80 kg/hm² 钾肥作为追肥。

（2）建立后的耕作制度

样地在建立后仍由原户主进行管理，所有种植制度、耕作措施等均不变。

35.7.4 作物性状与产量

2007 年样地第一季玉米品种为"正大 619"，群体株高 256.8 cm，结穗高 93.5 cm，结实率为 100%，茎粗 2.00 cm，果穗长 17.1 cm，果穗结实长 14.0 cm，穗粗 4.20 cm，穗行数 13.7 行，行粒数平均为 34.6 粒，百粒干重为 24.2 g，籽粒产量为 6 301.0 kg/hm²；第二季黄豆品种为"桂春 5 号"，群体株高 51.0 cm，单株荚数 19.20 个，每荚粒数 1.8 粒，百粒干重为 16.9 g，籽粒产量为 1 319.0 kg/hm²。

35.7.5 样地配置与观测内容

样地主要进行玉米、黄豆收获期的生物、土壤监测。样地共分为 6 个采样样方，分别进行作物收获期的植株性状考察及作物测产，土壤样品采集等。生物、土壤监测规范同综合观测场。

35.8 环江站清潭村甘蔗土壤生物长期采样地

35.8.1 样地代表性

样地（HJAZQ02AB0_01）位于广西河池市环江县思恩镇清潭村（108°17′44.30″～108°17′46.38″E、24°46′28.22″～24°46′30.48″N），为典型喀斯特谷地，占地面积为 1 880 m²。样地于 2006 年正式建成，采用降雨和沟渠灌溉结合，施肥方式参照当地的管理模式，由样地户主自行安排。在启动观测后变更为甘蔗连作地，2007 年前后又变更为砂糖橘经济作物种植地，环江站按样地租用协议定期进行生物量调查和土壤采样。

35.8.2 自然环境背景

样地年均气温 19.9℃，年降水 1 389 mm，＞10℃有效积温 6 300℃，无霜期 329 d，日照时数 1 451.1 h。排水较通畅，排水保证率＞90%。土壤母质为石灰岩。根据全国第二次土壤普查名称，土壤属于石灰土土类，棕色石灰土亚类。土壤剖面包括耕作层 0～14 cm，亚耕作层 14～26 cm，淋溶层 26～42 cm，漂洗层 42～62 cm，沉积层 62～110 cm。

35.8.3 耕作制度

（1）建立前的耕作制度

样地在建立前一直是早稻-晚稻轮作双季粮食作物，按照当地种植习惯进行施肥和耕作，早稻以 225 kg/hm² 为基肥，在早稻返青后追施 750 kg/hm² 的钾肥和尿素；晚稻只需在插秧返青后追施 750 kg/hm² 的钾肥和尿素，并辅以适量农家肥施用。

（2）建立后的耕作制度

按样地租用协议规定，样地在建立后管理农户调整为甘蔗种植区，每年施用 15：15：15 复合肥 2 250 kg/hm² 和尿素 750 kg/hm²，并辅以适量农家肥等。

35.8.4 作物性状与产量

2007 年种植甘蔗品种为"台糖 16 号"，播种量为 22 500 kg/hm²，产量为 60 964.4 kg/hm²。

35.8.5 样地配置与观测内容

样地主要进行每年甘蔗收获期生物和土壤常规监测。样地共划分为 6 个采样样方，每次分别进行甘蔗收获期的植株性状调查、测产样品，收获期土壤样品采集等。生物、土壤监测规范同综合观测场。

35.9 环江站清潭村早稻-晚稻土壤生物长期采样地

35.9.1 样地代表性

样地（HJAZQ02AB0_02）位于广西河池市环江县思恩镇清潭村（108°17′23.56″～108°17′24.48″E、24°46′43.25″～24°46′45.24″N），面积为 750 m²。样地于 2006 年正式建成，之前为早稻-晚稻轮作双季粮食作物地。样地为早稻-晚稻轮作种植双季粮食作物，采用沟渠灌溉和降雨，施肥方式参照当地的常规处理，由样地户主自行安排。环江站按样地租用协议定期进行生物量调查和土壤采样。

35.9.2 自然环境背景

样地年均气温 19.9℃，年降水 1 389 mm，＞10℃有效积温 6 300℃，无霜期 329 d，日照时数 1 451.1 h。排水较通畅，排水保证率＞90%。土壤母质为石灰岩。根据全国第二次土壤普查名称，土壤属于水稻土土类，潜育性水稻土亚类。土壤剖面包括耕作层 0～15.0 cm，犁底层 15.0～23.0 cm，淋溶层 23.0～55.0 cm，沉积层 55.0～110 cm。

35.9.3 耕作制度

（1）建立前的耕作制度

样地在建立前一直是早稻-晚稻轮作。早稻以 225 kg/hm² 为基肥，在早稻返青后追施 750 kg/hm² 的钾肥和尿素；晚稻只需在插秧返青后追施 750 kg/hm² 的钾肥和尿素。

（2）建立后的耕作制度

按样地租用协议规定，样地在建立后仍由原户主进行管理，所有种植制度、耕作措施等均不变，均与观测样地建立前保持一致。

35.9.4 作物性状与产量

2007 年样地早稻品种为"宜香 99"，种植密度为 25 穴/m²，群体株高为 88.0 cm，每穴穗数为 15.8 穗，每穗粒数为 79.7 粒，每穗实粒数为 68.8 粒，千粒干重为 28.9 g，产量为 6 796.9 kg/hm²；晚稻品种为"湘优 24"，种植密度为 25 穴/m²，群体株高为 80.8 cm，每穴穗数为 8.6 穗，每穗粒数为 185.3 粒，每穗实粒数为 157.2 粒，千粒干重为 27.0 g，产量为 6 160 kg/hm²。

35.9.5 样地配置与观测内容

样地主要进行早稻、晚稻收获期生物和土壤常规监测。样地共划分为 6 个采样样方，每次分别进行早稻和晚稻收获期的植株性状考察样品、测产样品、收获期土壤样品采集等。生物、土壤监测规范同综合观测场。

36　盐亭站生物监测样地本底与耕作制度*

36.1　生物监测样地概况

36.1.1　概况与区域代表性

盐亭紫色土农业生态试验站（以下简称盐亭站）隶属中国科学院成都山地灾害与环境研究所，于 1980 年建站，1990 年加入 CERN，2005 年成为国家野外科学观测研究站，2007 年成为首批水利部水土保持科技示范园区，同时还是农业农村部重点野外台站和全球陆地生态系统（GTOS）骨干成员。自 1980 年建站以来，盐亭站在科技部、中国科学院等部门的持续支持下，不断加强基础设施建设，已建成生活条件良好、仪器设备先进、野外设施齐全、试验观测场地规范的基础性、公益性的长期试验与观测平台，这些野外观测设施和仪器设备不仅可以满足 CERN 和国家野外科学观测站的生物、土壤、水分和大气等要素的规范观测要求，也可以满足紫色土土壤肥力形成与演变、坡地水土流失、旱地、水田养分平衡、小流域生态和水文等野外观测研究的需求。

盐亭站位于四川盆地中北部的四川省绵阳市盐亭县大兴回族乡（105°27′22″E、31°16′16″N），所代表区域地处中国地势第二、第三阶梯的过渡地带，位于长江上游生态屏障的最前沿，紧靠三峡库区，具有特殊的生态与环境敏感性。同时本区人口密度大，人为活动强烈，水土流失与非点源污染问题突出，对当地和三峡库区乃至长江流域生态环境影响深远。本区地貌属典型丘陵，中亚热带季风气候，年均气温 17.3℃，年均降水量 826 mm。土壤为紫色土，由白垩纪和侏罗纪的紫色砂页岩发育而成。农业旱地作物以小麦、玉米、油菜为主，水田以水稻、油菜或小麦轮作为主，盐亭站代表了中亚热带四川盆地紫色土农田生态系统。

36.1.2　生物监测样地设置

盐亭站所代表区域的主要土地利用方式有林地、旱坡地、两季田和冬水田，长期观测的农作物主要是小麦、水稻、玉米和油菜。建站以来盐亭站设立生物观测样地 8 个，分别是盐亭站综合观测场土壤生物采样地、盐亭站农田土壤要素辅助长期观测采样地（CK）、

---

* 编写：王艳强（中国科学院、水利部成都山地灾害与环境研究所）
　　审稿：唐家良（中国科学院、水利部成都山地灾害与环境研究所）

盐亭站农田土壤要素辅助长期观测采样地（R+NPK）、盐亭站台地农田辅助观测场土壤生物采样地、盐亭站人工改造两季田辅助观测场土壤生物长期采样地、盐亭站沟底两季稻田站区调查点土壤生物采样地、盐亭站冬水田站区调查点土壤生物采样地、盐亭站高台位旱坡地站区调查点土壤生物长期采样地，样地清单见表 36-1。样地布局见图 36-1，样地外貌见彩图 36-1～彩图 36-8。

表 36-1　盐亭站生物长期观测样地清单

序号	样地代码	样地名称	样地类别	轮作体系	地理位置	海拔/m	面积及形状/(m×m)	建立时间和设计使用年数
1	YGAZH01ABC_01	盐亭站综合观测场土壤生物采样地	综合观测场	冬小麦-夏玉米	105°27′22.3″～105°27′24.5″E，31°16′16.7″～31°16′18.8″N	420	40×40	2004 年，100 年
2	YGAFZ01ABC_01	盐亭站农田土壤要素辅助长期观测采样地（CK）	辅助观测场	冬小麦-夏玉米轮作（A区），油菜-夏玉米轮作（B区）	105°27′20.9″～105°27′22.2″E，31°16′15.9″～31°16′16.7″N	420	11×15 12×15.5	1999 年，20 年
3	YGAFZ02B00_01	盐亭站农田土壤要素辅助长期观测采样地（R+NPK）	辅助观测场	冬小麦-夏玉米	105°27′23.04″～105°27′25.56″E，31°16′18.84″～31°16′20.28″N	420	60×20	2003 年，50 年
4	YGAFZ05ABC_01	盐亭站台地农田辅助观测场土壤生物采样地	辅助观测场	冬小麦（油菜）-夏玉米	105°27′23.76″～105°27′25.56″E，31°16′18.48″～31°16′19.92″N	420	16×50	1997 年，50 年
5	YGAFZ07AB_001	盐亭站人工改造两季田辅助观测场土壤生物长期采样地	辅助观测场	冬小麦-水稻轮作（A区），油菜-中稻轮作（B区）	105°27′27.2″～105°27′28.5″E，31°16′21.3″～31°16′22.6″N	420	32×18（A区），30×18（B区）	2005 年，20 年
6	YGAZQ01ABC_01	盐亭站沟底两季稻田站区调查点土壤生物采样地	站区调查点	油菜-水稻轮作	105°27′18.0″～105°27′18.8″E，31°16′20.5″～31°16′21.9″N	396	20×30	2004 年，30 年
7	YGAZQ02ABC_01	盐亭站冬水田站区调查点土壤生物采样地	站区调查点	水稻，冬闲田	105°27′4.1″～105°27′5.6″E，31°16′13.4″～31°16′15.3″N	365	长条形，1 367 m²	2004 年，70 年
8	YGAZQ03AB0_01	盐亭站高台位旱坡地站区调查点土壤生物长期采样地	站区调查点	冬小麦-夏玉米	105°27′14.2″～105°27′16.1″E，31°16′14.4″～31°16′16.1″N	420	20×40	2004 年，70 年

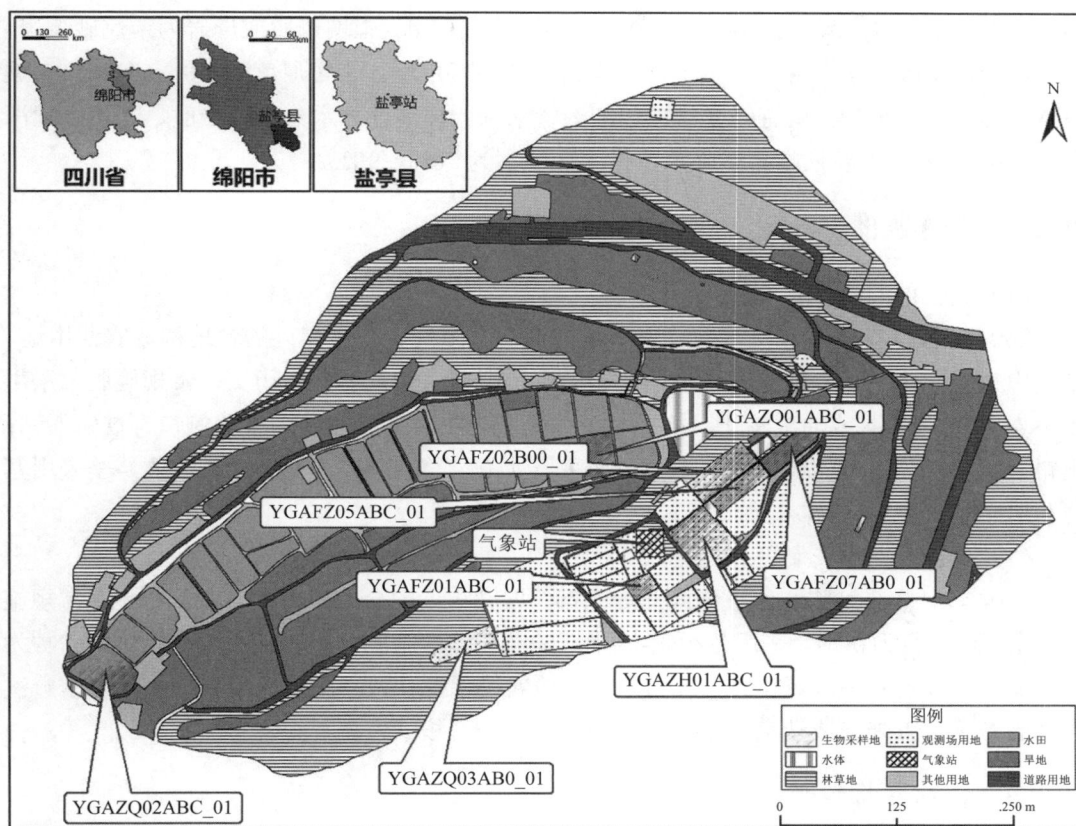

图 36-1　盐亭站生物长期观测样地布局

36.2　盐亭站综合观测场土壤生物采样地

36.2.1　样地代表性

样地（YGAZH01ABC_01）位于四川省绵阳市盐亭县大兴回族乡（2021 年前为林山乡截流村）林园村，地理位置为 105°27′22.3″～105°27′24.5″E、31°16′16.7″～31°16′18.8″N，面积为 1 600 m² （40 m×40 m），2004 年建立，设计使用年限为 100 年。样地由三块坡向西北—东南、坡度相近的台地经过深翻平整改建而成，坡度为 5%，面积为 1 600 m²，旱坡地，无灌溉，有垄作史，采用两年三季作物（冬小麦-夏玉米或甘薯轮作），是川中丘陵区主要的农田地貌地形和土地利用方式，具有典型性和代表性。综合观测场采样地四周设 2～5 m 保护带，周边为土地利用类型相同的农田。

36.2.2　自然环境背景

样地海拔为 420 m，典型的深丘低山地貌。样地所处区域年均气温 17.3℃，年降水

836 mm，＞10℃有效积温 5 000～6 000℃，无霜期 297 d。土壤母质或母岩为紫色砂页岩，全国第二次土壤普查名称为紫色土，亚类为石灰性紫色土。土壤厚度为 50～60 cm，土壤呈 A～C 剖面分布，土壤有轻度风蚀和细沟状水蚀。样地养分水分条件一般，地下水埋深大于 30 m，灌溉主要依靠自然降水，排水保证率为 70%～90%。

36.2.3　耕作制度

（1）建立前的耕作制度

2004 年设立综合观测场以前，三块坡向西北—东南、坡度相近的台地构成农业用地，是农田小气候观测场。采用畜力耕地，无灌溉，雨养农业，有垄作历史，常规施肥，采用冬小麦-玉米或甘薯或油菜轮作。施肥制度以化肥为主，化肥品种为碳酸氢铵、过磷酸钙；肥料施用方式为小麦（或甘薯）季一次性基肥撒施（条沟施），玉米（或油菜）季采用基肥和追肥结合模式穴施。

（2）建立后的耕作制度

2004 年，盐亭站将 3 块坡向西北—东南、坡度相近的台地改成综合观测样地。常规施肥，无灌溉，畜力耕地，采用冬小麦-玉米或油菜轮作。施肥制度以化肥为主，化肥品种为碳酸氢铵、过磷酸钙和氯化钾，施用量与当地农民保持一致；肥料施用方式为小麦季一次性基肥撒施，玉米（或油菜）季采用基肥和追肥结合模式穴施。

36.2.4　作物性状与产量

2004 年种植冬小麦品种为"01-3570"，2005 年群体株高 88.5 cm，密度 280 株/m²，结实率 100%，千粒重 20.83 g，产量为 5 533 kg/hm²；2005 年种植夏玉米品种为"正红 1 号"，群体株高 280 cm，密度 6 株/m²，结实率 100%，百粒重 25.31 g，产量为 4 350 kg/hm²。

36.2.5　样地配置与观测内容

2014—2021 年，样地先后增加了 4 套土壤温湿盐自动观测系统、1 套涡动相关系统、植物物候自动观测系统和植物根系观测系统微根管。

样地配置设有土壤、生物和水分观测（彩图 36-1），全部按照 CERN 综合观测场指标体系观测。生物采样有效面积为 40 m×40 m，周围设置保护行，分为 16 个 10 m×10 m 的大样方，用大写英文字母 A～L 表示，A、D、I、L、F、G 为组 1，B、C、E、H、J、K 为组 2；每个大样方又划分为 4 个 5 m×5 m 的小样方，区组 1 分别用小写英文字母 a～d 表示，组 2 分别用小写英文字母 e～h 表示，每年在 5 m×5 m 的小样方内随机取样，组 1 和组 2 每 4 年轮换一次，采样周期为每 8 年一个轮回（图 36-2）。

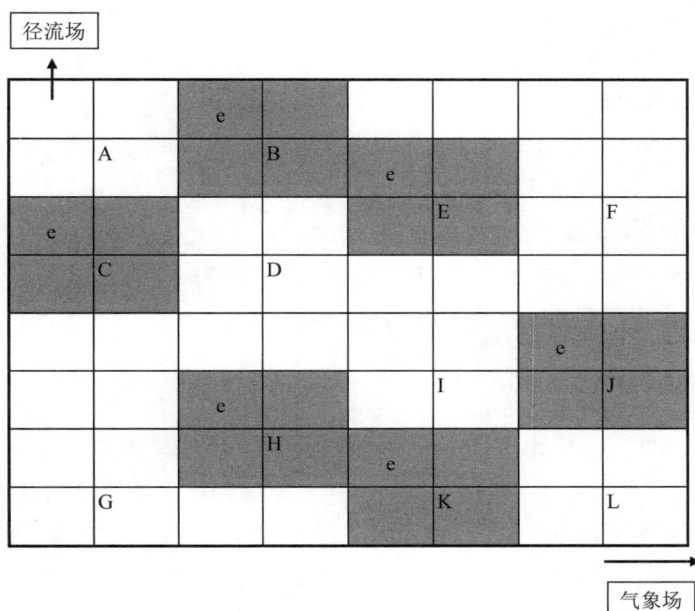

图 36-2　盐亭站综合观测场生物采样示意图

36.3　盐亭站农田土壤要素辅助长期观测采样地（CK）

36.3.1　样地代表性

样地（YGAFZ01ABC_01）为缓坡旱台地，于 1999 年建立，2004 年正式开始观测，分为 A（11 m×15 m）和 B（12 m×15.5 m）两个小区，其中 A 区为玉米-冬小麦轮作，B 区为玉米-油菜轮作（彩图 36-2），是川中丘陵区典型的轮作模式。采用不施肥，无灌溉平作，设计为坡地土壤生态系统的对照监测样地，可提供川中丘陵区典型旱坡地农业土壤生物背景监测数据。

36.3.2　自然环境背景

样地距综合观测场约 50 m，多年年均气温 17.3℃，年降水 836 mm，＞10℃有效积温 5 000～6 000℃，无霜期 297 d。土壤母质或母岩为紫色砂页岩，全国第二次土壤普查名称为紫色土，亚类为石灰性紫色土。土壤厚度为 50～60 cm，土壤呈 A～C 剖面分布，土壤有轻度风蚀和细沟状水蚀。样地养分水分条件差，灌溉主要依靠自然降水，排水保证率为 70%～90%。样地位于坡中部，为缓坡小台地。

36.3.3 耕作制度

（1）建立前的耕作制度

样地常年无灌溉，雨养农田，常规施肥，采用冬小麦-玉米或甘薯或油菜轮作。施肥以化肥为主，畜力耕地。

（2）建立后的耕作制度

1999 年样地建立后，该样地作为对照观测样地，分为 A 区玉米-冬小麦轮作和 B 区玉米-油菜轮作，不施肥，无灌溉，采用畜力或微耕机耕地。

36.3.4 作物性状与产量

样地（CK）早期只做土壤监测，2010 年正式按照 CERN 农田生物监测规范进行生物监测，其作物性状与产量基于 2010 年数据整理。A 区种植冬小麦"01-3570"品种，群体株高 64.7 cm，密度 235 株/m²，结实率 92%，千粒重 19.84 g，产量为 1 035 kg/hm²；夏玉米"雅玉 9 号"品种，群体株高 157.2 cm，密度 6 株/m²，结实率 100%，百粒重 22.92 g，产量为 2 060 kg/hm²。

B 区种植油菜"油研 10"品种，群体株高 123.4 cm，密度 20 株/m²，结实率 100%，千粒重 4.37 g，产量为 798 kg/hm²；夏玉米"雅玉 9 号"品种，群体株高 186.1 cm，密度 5 株/m²，结实率 100%，百粒重 25.25 g，产量为 2 548 kg/hm²。

36.3.5 样地配置与观测内容

样地观测项目与综合观测场相同，包括土壤和生物两部分观测内容。A 区和 B 区样方布置按照 CERN 规范要求实施。

36.4 盐亭站农田土壤要素辅助长期观测采样地（R+NPK）

36.4.1 样地代表性

样地（YGAFZ02B00_01）于 2003 年建立，2004 年试运行，2005 年正式开始观测，设计使用 50 年（彩图 36-3）。地理位置为 105°27′23.04″～105°27′25.56″E、31°16′18.84″～31°16′20.28″N。样地建有 24 个小区，每个小区面积为 50 m²（2.5 m×20 m）。试验设计为长期施肥制度对坡地土壤肥力的影响进行辅助监测，共计 8 种施肥制度处理并采用不同秸秆还田量（100%、50%、30%、CK、秸秆焚烧），每种处理设 3 个重复。轮作有冬小麦-夏玉米、冬小麦-夏玉米-甘薯、油菜-夏玉米、夏玉米-休闲，是四川盆地紫色土丘陵区农业的典型轮作模式。

36.4.2　自然环境背景

本样地与综合观测场相距约 3 m，两样地自然环境背景信息基本一致，详细信息参见 36.2.2 节。

36.4.3　耕作制度

（1）建立前的耕作制度

样地建立之前为无灌溉旱台地，采用冬小麦-玉米或油菜轮作。当地常规施肥，以化肥为主，畜力耕地。

（2）建立后的耕作制度

2003 年样地建立后，共设 24 个小区 8 种施肥处理，并结合不同秸秆还田量（100%、50%、30%、CK、秸秆焚烧）设计，每种处理设 3 个重复。采用四川盆地紫色土丘陵区农业的典型轮作模式：冬小麦-夏玉米、冬小麦-夏玉米-甘薯、油菜-夏玉米、夏玉米-休闲。样地主要依靠自然降水，采用常规施肥和畜力耕地，肥料种类主要为碳酸氢铵、过磷酸钙和氯化钾，施肥方式小麦季一次性基肥撒施，玉米（或油菜）季采用基肥和追肥穴施。

36.4.4　作物性状与产量

样地主要以土壤监测为主，正式按照 CERN 农田生物监测规范进行生物监测较晚。由于本观测样地处理设置较多，为此只选择了区域代表性较强的玉米-小麦 100%秸秆还田处理纳入 CERN 农田生物监测指标体系进行长期采样观测。2006 年样地（R+NPK）冬小麦"01-3570"品种，群体株高 90.5 cm，密度 343 株/m^2，结实率 98%，千粒重 39.33 g，产量为 5 818 kg/hm^2；夏玉米"川单 21 号"品种，群体株高 236.5 cm，密度 6 株/m^2，结实率 100%，百粒重 18.80 g，产量为 3 928 kg/hm^2。

36.4.5　样地配置与观测内容

样地土壤和生物的长期观测采样设置在 100%秸秆还田的冬小麦-夏玉米轮作处理，分布在 R2、R8、R22 小区。观测土壤和生物两部分观测内容。

36.5　盐亭站台地农田辅助观测场土壤生物采样地

36.5.1　样地代表性

样地（YGAFZ05ABC_01）于 1993 年由坡地开垦为平整旱地，1998—2004 年为综合观测场，因面积及代表性等，2004 年变更为台地长期辅助观测采样地，2005 年即按照 CERN 农田生物监测指标体系进行生物监测，设计使用 50 年（彩图 36-4）。样地为长方形，面积为 800 m^2（16 m×50 m），地理位置为 105°27′23.76″～105°27′25.56″E、31°16′18.48″～

31°16′19.92″N。样地采用冬小麦-夏玉米或油菜-夏玉米轮作，是四川盆地紫色土丘陵区农田的主要种植模式。

36.5.2   自然环境背景

样地与综合观测场平行且相距仅 10 m，两样地自然环境背景信息基本一致，详细信息参见 36.2.2 节。

36.5.3   耕作制度

（1）建立前的耕作制度

样地 1993 年由坡地开垦为平整旱地，1997 年开始观测，1998—2004 年作为综合观测场样地，因面积及代表性等，变更为台地辅助观测采样地。采用冬小麦-玉米或油菜轮作，常规施肥处理，以化肥为主，畜力耕作，无灌溉，有垄作史。

（2）建立后的耕作制度

2004 年设立样地，耕作方式为牲耕或微型农机耕种，常规施肥，无灌溉，排水状况和养分状况良好，采用冬小麦-夏玉米或油菜轮作模式。

36.5.4   作物性状与产量

样地 2004 年以前作为综合观测场使用，夏玉米有较早的监测记录。2004 年夏玉米"川单 21"品种，群体株高 264.6 cm，密度 3 株/m²，结实率 100%，百粒重 43.60 g，产量为 4 875 kg/hm²。2004 年冬小麦"川农 17 号"品种，群体株高 91.1 cm，密度 166 株/m²，结实率 100%，千粒重 43.06 g，产量为 4 188 kg/hm²。

36.5.5   样地配置与观测内容

样地监测项目包括生物和土壤监测要素，其中生物监测指标与 CERN 农田生物监测要求完全一致。生物采样区 A、D、E、H、I、L 和 B、C、F、G、J、K 以年为单位，整体轮换，即 A、D、E、H、I、L 采样区奇数年采样，B、C、F、G、J、K 采样区偶数年采样。图 36-3 中每个小方格表示 8 m×8 m 的采样小区，每个采样小区又均分为 64 个 1 m×1 m 的采样点，采用随机和不同年份不重复的采样原则采样。2018 年增设植物物候自动观测系统。

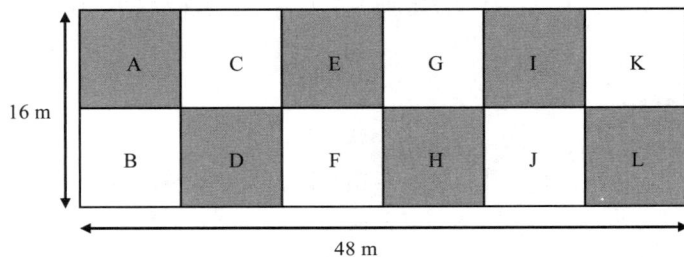

图 36-3   盐亭站台地农田辅助观测场土壤生物采样地样方示意图

36.6 盐亭站人工改造两季田辅助观测场土壤生物长期采样地

36.6.1 样地代表性

样地（YGAFZ07AB0_01）位于综合观测场以西，为人工改造的台式两季田，2005 年建立，2006 年正式开始观测，设计使用 20 年。土壤养分一般，地势较高，水分状况较差，排水良好，土壤为石灰性紫色土。设计有水稻-冬小麦轮作（A 区 32 m×18 m）和水稻-油菜（B 区 30 m×18 m）两个采样观测区（彩图 36-5），合计约 1 160 m²。样地采用水稻-冬小麦和水稻-油菜轮作是川中丘陵区典型的水旱轮作模式，旱地改水田在当地早期较为普遍，牛牲或者微耕机械耕地、人力栽种等耕作管理制度有很好的区域代表性。

36.6.2 自然环境背景

样年均气温 17.3℃，年降水 836 mm，＞10℃有效积温 5 000～6 000℃，无霜期 297 d。土壤母质或母岩为紫色砂页岩，全国第二次土壤普查名称为紫色土，亚类为石灰性紫色土。土壤呈 A—C 剖面分布。土壤有轻度风蚀和细沟状水蚀。微坡小台地地形，土壤养分一般，地势较高，水分状况较差，灌溉主要依靠自然降水，排水保证率为 70%～90%。

36.6.3 耕作制度

（1）建立前的耕作制度

在样地建立之前该地块为旱坡地，小麦-玉米轮作，采用牛耕和常规施肥，无灌溉。

（2）建立后的耕作制度

2005 年由旱地改建为水旱轮作稻田，设有 A 区水稻-冬小麦轮作和 B 区水稻-油菜轮作。两个试验区采用微耕机耕地，常规施肥，水稻季需灌溉，排水状况良好。

36.6.4 作物性状与产量

样地 2005 年由旱地改建为水旱轮作稻田，前期以匀地为主，未进行生物和土壤采样。2008 年该样地即按照 CERN 农田生物监测规范要求进行生物观测和数据填报工作。2008 年 A 区冬小麦"川 01-3570"品种，群体株高 69.1 cm，密度 175 株/m²，结实率 96%，千粒重 47.22 g，产量为 2 740 kg/hm²；水稻"国豪 5 号"品种，群体株高 105.7 cm，密度 179 株/m²，结实率 99%，千粒重 26.35 g，产量为 7 626 kg/hm²。B 区油菜"油研 10 号"品种，群体株高 184.1 cm，密度 22 株/m²，结实率 100%，千粒重 4.16 g，产量为 2 150 kg/hm²；水稻"国豪 5 号"品种，群体株高 105.2 cm，密度 215 株/m²，结实率 99%，千粒重 26.18 g，产量为 7 914 kg/hm²。

36.6.5 样地配置与观测内容

样地监测项目包括生物和土壤监测要素，其中生物监测指标与 CERN 农田生物监测要求完全一致。样地农田生物监测采样布点如图 36-4 所示，每个小方格代表 4 m×5 m 的采样小区，图中不同字母表示不同年份采样区，每次采 4 个样方（用同一字母表示），采用随机布点和不同年份不重复采样的原则采样，6 年完成一次全田采样小区轮换。人工改造两季田辅助观测场水稻小麦轮作（A 区）与水稻油菜轮作区（B 区）采样布点方法相同。

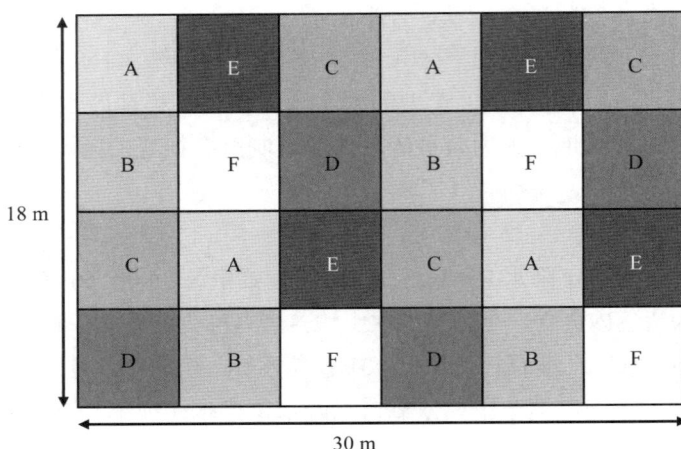

图 36-4 盐亭站人工改造两季田辅助观测场土壤生物采样布点示意图

36.7 盐亭站沟底两季稻田站区调查点土壤生物采样地

36.7.1 样地代表性

样地（YGAZQ01ABC_01）位于四川省绵阳市盐亭县大兴回族乡（2021 年前为林山乡截流村）林园村（彩图 36-6），地理位置为 105°27′18.2″E、31°16′20.5″N，面积为 600 m² （20 m×30 m），典型的深丘低山地貌。田间管理由农户自行管理。样地水稻-油菜轮作是川中丘陵区典型的水旱轮作模式，设立此调查点，与农田综合观测场和辅助观测场形成对照和补充。

36.7.2 自然环境背景

气候条件与综合观测场土壤生物采样地一致，参见本章 36.2.2 节。土壤母质或母岩为紫色砂页岩，全国第二次土壤普查名称为紫色土，亚类为石灰性紫色土，石灰性紫色土湿润雏形土。样地位于沟底部，养分和水分条件较好，灌溉主要依靠自然降水和地表水，排水保证率为 70%～90%。周边为土地利用类型相同的农田。

36.7.3 耕作制度

（1）建立前的耕作制度

样地建立之前该地块有冬水田栽种历史，单季水稻，采用常规施肥，无灌溉，后期改为两季田。

（2）建立后的耕作制度

2004 年设立站区调查点，采用畜力耕作，平作，常规施肥管理，旱作时无灌溉，栽种水稻时灌溉，少部分水源为堰塘集水，大多为莲花湖引水。常年灌水管理规律为水稻移栽前（每年 6 月）饱灌一次，田面水保持为 10 cm 深，分蘖前期（7 月）少量灌溉，8 月水稻灌浆期再灌溉一次，收获期前排水晒田数日。

36.7.4 作物性状与产量

样地于 2004 年设立，早期只观测水稻，后期由于油菜经济价值凸显，当地农民才开始广泛栽种。2004 年水稻"川香优 2 号"品种，群体株高 104.3 cm，密度 168 株/m²，结实率 99%，千粒重 27.45 g，产量为 8 109 kg/hm²。2010 年油菜"川油 11 号"品种，群体株高 179.9 cm，密度 17 株/m²，结实率 100%，千粒重 3.31 g，产量为 1 650 kg/hm²。

36.7.5 样地配置与观测内容

该样地作为两季稻田站区调查点土壤生物采样地，其生物、土壤观测布点与人工改造两季田辅助观测场土壤生物长期采样地保持一致，生物监测内容严格按照 CERN 农田生物监测指标中相关要求实施。

36.8 盐亭站冬水田站区调查点土壤生物长期采样地

36.8.1 样地代表性

样地（YGAZQ02AB0_01）位于截流小流域沟口处，两侧为排水沟道，地理位置为 105°27′3.96″E、31°16′13.44″N。2004 年开始观测，设计使用 70 年，似梯形，面积 1 367 m²。冬水田（彩图 36-7）是川中丘陵紫色土区流域重要的土地利用方式之一，具有一定的区域代表性，其观测数据是对其他主要土地利用类型的有益补充。但近年来，由于农村经济环境发生重大变化，冬水田单季稻利用模式已经被淘汰，原有冬水田大多被开挖为水库/塘/池，或者改种经济价值高的作物（如茭白）等，因此冬水田单季稻利用模式在川中丘陵区已经没有代表性。

36.8.2 自然环境背景

气候条件与综合观测场土壤生物采样地一致，参见本章 36.2.2 节。土壤母质或母岩为紫色砂页岩。全国第二次土壤普查土壤类型为紫色土，亚类为石灰性紫色土，石灰性紫色土湿润雏形土，中国土壤系统分类名称为水稻土，水耕人为土。样地位于沟底部，排水不畅，有灌溉，大部分水源为空闲时集水，小部分水源为上游堰塘集水。

36.8.3　耕作制度

（1）建立前的耕作制度

建立之前该地块为冬水田，常年处于淹水条件下，常规施肥，5—10 月种植水稻，其余季节休闲。

（2）建立后的耕作制度

2004 年设立为站区调查点，采用畜力耕作，常规施肥，5—10 月种植水稻，其余季节休闲。

36.8.4　作物性状与产量

样地 2005 年开始水稻生物性状与产量的观测，川中丘陵区冬水田只栽种一季水稻，11 月—次年 4 月为休闲期。2005 年水稻"川香优 2 号"品种，群体株高 127.3 cm，密度 152 株/m^2，结实率 97%，千粒重 25.59 g，产量为 5 250 kg/hm^2。

36.8.5　样地配置与观测内容

样地生物、土壤观测内容和布点与沟底两季稻田站区调查点土壤生物采样地保持一致。

36.9　盐亭站高台位旱坡地站区调查点土壤生物长期采样地

36.9.1　样地代表性

样地（YGAZQ03AB0_01）位于四川省绵阳市盐亭县大兴回族乡（2021 年前为林山乡截流村）林园村（彩图 36-8），田间管理人为当地农民。调查点采样地尺寸为 20 m×40 m，面积约 800 m^2，条形，位于丘陵区高台位、坡度 3% 的旱坡地，采用冬小麦-夏玉米轮作模式，其样地位置和轮作种植模式在川中丘陵区具有一定的代表性，同时也可作为综合观测场和辅助观测场的对照和补充。

36.9.2　自然环境背景

土壤和气候条件与综合观测场土壤生物采样地一致，参见本章 36.2.2 节。观测点样地位于丘陵区小流域高台位，养分水分条件一般，灌溉主要依靠自然降水，排水良好。周边为土地利用类型相同的农田和林地。

36.9.3 耕作制度

（1）建立前的耕作制度

样地建立之前该地块为旱坡地，冬小麦-夏玉米轮作，采用常规施肥，无灌溉。

（2）建立后的耕作制度

2004 年设立该样地，设计使用 70 年。样地观测点采用畜力耕作为主，平作，常规施肥管理，无灌溉，冬小麦-夏玉米轮作模式。

36.9.4 作物性状与产量

样地 2004 年选定设立，2005 年开始试验观测，2006 年正式按照 CERN 农田生物监测中站区调查点的要求进行日常采样观测。2006 年样地冬小麦"绵阳 15"品种，群体株高 80.0 cm，密度 336 株/m^2，结实率 98%，千粒重 37.06 g，产量为 3 600 kg/hm^2；夏玉米"正红 1 号"品种，群体株高 249.8 cm，密度 6 株/m^2，结实率 100%，百粒重 20.28 g，产量为 4 393 kg/hm^2。

36.9.5 样地配置与观测内容

样地生物、土壤观测内容和布点与台地农田辅助观测场土壤生物采样地保持一致，生物监项目严格按照 CERN 农田生物监测规范中相关要求实施。

37　拉萨站生物监测样地本底与耕作制度[*]

37.1　生物监测样地概况

37.1.1　概况与区域代表性

拉萨农业生态试验站（以下简称拉萨站）隶属中国科学院地理科学与资源研究所，是在 20 世纪 80 年代大规模青藏科学考察的基础上，为定位研究青藏高原科考中出现的一些重要科学问题，提供高原农牧业可持续发展的模式和样板，在孙鸿烈院士的主持下于1993 年 4 月建立。2002 年加入 CERN，2005 年成为国家野外科学观测研究站。

拉萨站位于拉萨市达孜县（91°20′34″E、29°44′35″N），海拔为 3 688 m，距西藏自治区首府拉萨市 25 km，地处青藏高原腹地的河谷农业区——"一江两河"（雅鲁藏布江、拉萨河、年楚河）流域中部地区，是目前该地区唯一的农田生态系统国家野外科学观测研究站，也是世界海拔最高的农业生态试验站之一。"一江两河"中部流域包括拉萨市、山南市和日喀则市共 18 个县（区），属于高原季风温带半干旱气候带，光能资源丰富，年总辐射量为 7 600～8 000 MJ/m²。年均气温为 4～8℃，生长季长，热量水平低，越冬条件较好。年降水量为 300～550 mm，降水主要集中于 6—9 月，水热同季，对农业生产极为有利。本区土壤属于高山灌丛草原土，土层薄，土壤肥力低。植被类型为高山灌丛草原，以西藏狼牙刺、三刺草灌丛为主。河谷地区水热条件较好，多垦殖为耕地，大多种植以小麦、青稞和油菜为主的喜凉作物。山地上部分布着高寒草原和高寒草甸，适宜牧业发展。作为西藏资源条件较好、开发最早、生产历史悠久、经济相对发达的地区，拉萨站在西藏主要农业区——"一江两河"地区具有很强的典型性和代表性（张宪洲，2011 年）。

37.1.2　生物监测样地设置

自 2003 年以来，拉萨站选取拉萨河谷农区的典型种植制度为研究对象，以冬小麦、青稞和油菜轮作为主要种植模式，先后在站区内设置了 8 块长期生物监测样地，分别为1 个综合观测场：拉萨站综合观测场水土生联合长期观测采样地；4 个辅助观测场：拉萨

---

* 编写：李少伟（中国科学院地理科学与资源研究所）
　 审稿：何永涛（中国科学院地理科学与资源研究所）

站农田土壤要素辅助长期观测采样地（CK）、拉萨站农田土壤要素辅助长期观测采样地（羊粪）、拉萨站农田土壤要素辅助长期观测采样地（化肥）、拉萨站农田土壤要素辅助长期观测采样地（羊粪+化肥）；3 个长期试验样地：拉萨站轮作模式土壤生物长期观测采样地（西）、拉萨站轮作模式土壤生物长期观测采样地（中）、拉萨站轮作模式土壤生物长期观测采样地（东）。在台站周边先后设立 6 个站区调查点，之前建设的 4 个站区调查点因修路、建大棚等客观原因多次被占用而更换。目前保留的调查点有 2 个，分别是达孜县塔杰乡土壤生物长期采样地、达孜县新仓村土壤生物长期采样地（新）。各生物长期监测样地清单和基本信息见表 37-1，布局见图 37-1，样地外貌见彩图 37-1～彩图 37-8。

表 37-1 拉萨站生物长期监测样地清单

序号	样地代码	样地名称	样地类别	轮作体系	地理位置	海拔/m	面积及形状/（m×m）	建立时间和计划使用年数
1	LSAZH01ABC_01	拉萨站综合观测场水土生联合长期观测采样地	综合观测场	一年一季冬小麦-青稞-油菜	91°20′34″～91°20′36″E，29°40′35″～29°40′36″N	3 688	40×40	2004 年，长期
2	LSAFZ01AB0_01	拉萨站农田土壤要素辅助长期观测采样地（CK）	辅助观测场	一年一季冬小麦-青稞-油菜	91°20′30″～91°20′32″E，29°40′35″～29°40′36″N	3 688	3 个 10×10 的试验小区	2008 年，长期
3	LSAFZ01AB0_02	拉萨站农田土壤要素辅助长期观测采样地（羊粪）	辅助观测场	一年一季冬小麦-青稞-油菜	91°20′30″～91°20′32″E，29°40′35″～29°40′36″N	3 688	3 个 10×10 的试验小区	2008 年，长期
4	LSAFZ01AB0_03	拉萨站农田土壤要素辅助长期观测采样地（化肥）	辅助观测场	一年一季冬小麦-青稞-油菜	91°20′30″～91°20′32″E，29°40′35″～29°40′36″N	3 688	3 个 10×10 的试验小区	2008 年，长期
5	LSAFZ01AB0_04	拉萨站农田土壤要素辅助长期观测采样地（羊粪+化肥）	辅助观测场	一年一季冬小麦-青稞-油菜	91°20′30″～91°20′32″E，29°40′35″～29°40′36″N	3 688	3 个 10×10 的试验小区	2008 年，长期
6	LSASY01AB0_01	拉萨站轮作模式土壤生物长期观测采样地（西）	长期试验观测场	一年一季春青稞-玉米-油菜	91°20′31.2″～91°20′33″E，29°40′36.12″～29°37′2″N	3 688	20×40	2007 年，长期

序号	样地代码	样地名称	样地类别	轮作体系	地理位置	海拔/m	面积及形状/（m×m）	建立时间和计划使用年数
7	LSASY01AB0_02	拉萨站轮作模式土壤生物长期观测采样地（中）	长期试验观测场	一年一季油菜-春青稞-玉米	91°20′31.2″～91°20′33″E，29°40′36.12″～329°7′2″N	3 688	20×40	2007 年，长期
8	LSASY01AB0_03	拉萨站轮作模式土壤生物长期观测采样地（东）	长期试验观测场	一年一季玉米-油菜-春青稞	91°20′31.2″～91°20′33″E，29°40′36.12″～29°37′2″N	3 688	20×40	2007 年，长期
9	LSAZQ01AB0_01	拉萨站站区调查点——达孜县德庆乡土壤生物长期采样地	站区调查点	农户决定，主要一年一季的冬小麦、春青稞等	91°20′45″～91°20′48″E，29°40′05″～29°40′08″N	3 698	多边形，0.4 hm²	2004 年建立，2013 年因修路占用废弃
10	LSAZQ02AB0_01	拉萨站站区调查点——达孜县邦堆乡土壤生物长期采样地	站区调查点	农户决定，主要一年一季的冬小麦、春青稞等	91°22′26″～91°20′30″E，29°41′46″～29°41′47″N	3 684	多边形，约0.4 hm²	2004 年建立，2012 年因修建蔬菜大棚废弃
11	LSAZQ04AB0_01	拉萨站站区调查点——达孜县新仓村土壤生物长期采样地	站区调查点	农户决定，主要一年一季的冬小麦、春青稞等	91°21′33.4″～91°21′31.7″E，29°37′46.2″～29°37′44.65″N	3 764	多边形，约0.35 hm²	2013 年建立，2018 年因修路占用废弃
12	LSAZQ05AB0_01	拉萨站站区调查点——达孜县塔杰乡土壤生物长期采样地	站区调查点	农户决定，主要一年一季的冬小麦、春青稞等	91°26′58″E，29°45′38″N	3 729	多边形，约0.35 hm²	2016 年新建，长期
13	LSAZQ06AB0_01	拉萨站站区调查点——达孜县新仓村土壤生物长期采样地（新）	站区调查点	农户决定，主要一年一季的冬小麦、春青稞等	91°20′45″E，29°40′05″N	3 698	多边形，约0.12 hm²	2018 年新建，长期

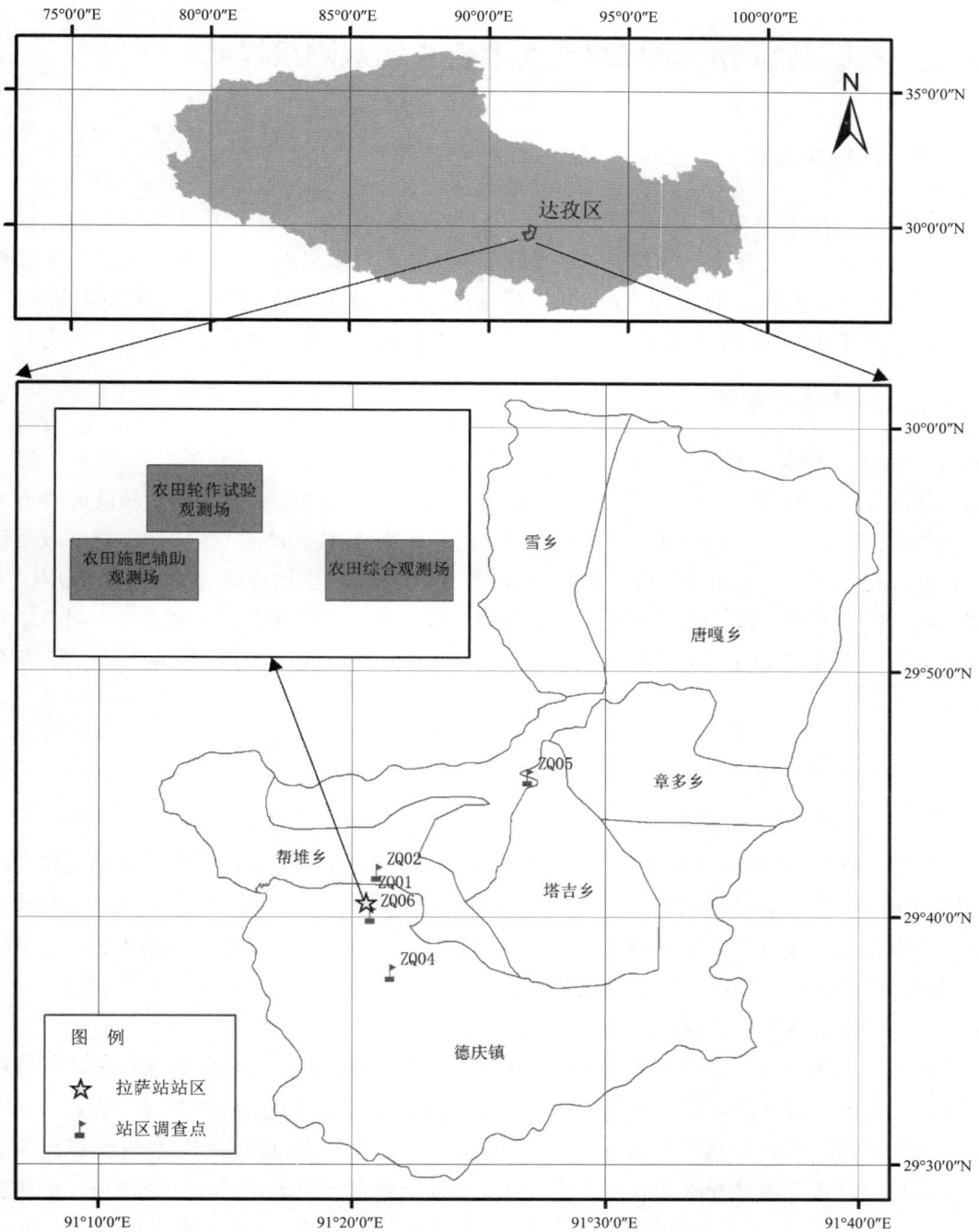

图 37-1　拉萨站生物监测样地布局

37.2　拉萨站综合观测场水土生联合长期观测采样地

37.2.1　样地代表性

样地（LSAZH01ABC_01）位于拉萨站站区内，面积为 1 600 m² （40 m×40 m），位于拉萨河下游南岸的河谷中，地势平坦，是西藏地区河谷农业区的典型代表，而河谷地区是西藏重要的农业基地。海拔为 3 688 m，昼夜温差大，水分条件较好，地下水位浅（2～3.5 m），且可引拉萨河水进行自流灌溉。主要种植小麦、青稞、油菜等一季喜凉作物。

37.2.2　自然环境背景

样地位于西藏自治区拉萨市达孜区德庆镇，洪积扇地貌，年均气温 7.7℃，年降水 425.4 mm，>10℃有效积温 2 227.5℃，太阳年总辐射 7 700 MJ/m²。样地距拉萨河较近，可引河水进行灌溉，灌溉保证率>90%，排水保证率为 70%～90%。该样地部分区域系建站初期（1994 年），从他处挖掘土壤，经填埋、平整而成。土壤母质为冲积物，在中国土壤系统分类体系的名称为潮土土类。土壤发育年轻，剖面发育微弱，层次过渡不明显，特别是 B 层发育不明显或无发育。下伏有极厚的砾石层，上面覆盖不足 60 cm 的土层。存在较强风蚀。

37.2.3　耕作制度

（1）建立前的耕作制度

样地 1994 年由河谷滩地填土改造为农用水浇地，2004 年确定为拉萨站长期采样地。2004 年前被分割为多个小区种植过小麦、青稞、蚕豆、豌豆、玉米、萝卜、土豆、向日葵等一季农作物。1994 年该地形成之后，曾多次施用羊粪作为基肥，化肥为追肥。耕作措施为机耕，人工施肥、播种、管理和收获。引拉萨河水自流灌溉。

（2）建立后的耕作制度

轮作体系为一年一季冬小麦-青稞-油菜轮作。耕作方式为麦茬平翻冬灌，第二年播种青稞，青稞茬平翻冬灌，第二年起垄播种油菜，油菜茬平翻耙茬，当年种冬小麦。

利用旋耕机进行翻耕，人工施肥、播种、管理、收获。引拉萨河水可保证全年自流灌溉的需要，每年大体分 6 次灌溉：播种后—上冻前—返青—拔节—扬花—成熟前。机耕前施羊粪（氮含量 1.014%）和磷酸二铵（氮含量 16%）为基肥，尿素（氮含量 46%）作为追肥分两次在作物关键生育期施入。施肥量每 2～3 年基施羊粪 9 000 kg/hm²，每年基施磷酸二铵 150 kg/hm²，追肥尿素 75 kg/hm²（冬小麦在返青期和拔节期分两次追施，青稞在拔节期和抽穗期分两次追施，油菜在苗期和蕾苔期分两次追施）。

37.2.4　作物性状与产量

综合观测场建立前一年（2003 年）冬小麦品种为"德国 Bussyd"，种植密度为 396 株/m^2，株高 105.2 cm，千粒重为 31.78 g，产量为 5 400 kg/hm^2。

37.2.5　样地配置与观测内容

综合观测场建立初期主要观测设施包括中子管和地下水水位观测井。2014 年安装 1 套土壤温湿盐自动观测系统。2017 年增加了 1 套土壤温湿盐自动观测系统。同年安装了 1 套植物物候自动观测系统，包括多光谱相机和可见光相机各 1 台。2020 年在观测场内安装植物根系观测系统微根管（6 个观测样方，每个样方 3 根根管，根管长 1 m，45°安装）。

样地观测内容包括生物、土壤和水分三大要素，全部按照 CERN 综合观测场指标体系观测，采样设计按照 CERN 统一规范。

37.3　拉萨站农田土壤要素辅助长期观测场

37.3.1　样地代表性

农田土壤要素辅助长期观测场建立于 2008 年，分为 4 个样地，分别是拉萨站农田土壤要素辅助长期观测采样地（CK）（LSAFZ01AB0_01）、拉萨站农田土壤要素辅助长期观测采样地（羊粪）（LSAFZ01AB0_02）、拉萨站农田土壤要素辅助长期观测采样地（化肥）（LSAFZ01AB0_03）、拉萨站农田土壤要素辅助长期观测采样地（羊粪+化肥）（LSAFZ01AB0_04），各样地面积均为 300 m^2（3 个 10 m×10 m 的小区），为综合观测场的对照，种植模式与综合观测场相同，但采用 4 种不同的施肥管理模式（空白、羊粪、化肥、羊肥+化肥），每个施肥处理 3 个重复，共分隔为 12 个小区，主要监测等氮条件下农田土壤肥力与理化性质的变化。

37.3.2　自然环境背景

观测场位于站区内综合观测场西侧，自然环境背景与综合观测场相同，详细信息参见 37.2.2 节。

37.3.3　耕作制度

（1）建立前的耕作制度

样地 1994 年由河谷滩地填土改造为农用水浇地，2008 年确定为拉萨站长期采样地。2008 年前被分割为多个小区种植过玉米等一季农作物。1994 年该地形成之后，曾多次施用羊粪作为基肥，化肥为追肥。样地建立前 5 年只施用化肥。耕作措施为机耕，人工施肥、播种、管理、收获。引拉萨河水自流灌溉。

（2）建立后的耕作制度

轮作体系同综合观测场，为一年一季冬小麦-青稞-油菜轮作。耕作方式为麦茬平翻冬灌，第二年播种青稞，青稞茬平翻冬灌，第二年起垄播种油菜，油菜茬平翻耙茬，当年种冬小麦。旋耕机翻耕，人工施肥、播种、管理、收获。引拉萨河水灌溉，每年大致灌溉 6 次。具体施肥情况见表 37-2。

表 37-2　辅助观测样地施肥情况

样地处理	肥料名称	施肥时期	施用方式	施用标准/（kg/hm²）	样地施肥量/（kg/小区）
空白	不施肥	—	—	—	—
羊粪	羊粪（湿）	播种	基肥	19 185	192.0
化肥	磷酸二铵	播种	基肥	210	2.10
	尿素	播种	基肥	105	1.05
	尿素	返青	追肥	75	0.75
	尿素	抽穗	追肥	75	0.75
羊粪+化肥	羊粪（湿）	播种	基肥	4 999.5	50.00
	磷酸二铵	播种	基肥	112.5	1.13
	尿素	播种	基肥	56.25	0.56
	尿素	返青	追肥	75	0.75
	尿素	抽穗	追肥	75	0.75

37.3.4　作物性状与产量

观测场建立当年（2008 年）种植油菜，品种为"中试品系"。空白样地种植密度为 19 株/m²，株高为 97.7 cm，千粒重为 4.06 g，产量为 241 kg/hm²。羊粪样地种植密度为 16 株/m²，株高为 93.7 cm，千粒重为 4.02 g，产量为 132 kg/hm²。化肥样地种植密度为 12 株/m²，株高为 145.3 cm，千粒重为 4.42 g，产量为 1 834 kg/hm²。羊粪+化肥样地种植密度为 18 株/m²，株高为 164.3 cm，千粒重为 4.30 g，产量为 2 162 kg/hm²。

37.3.5　样地配置与观测内容

观测场面积为 30 m×40 m，共分为 12 个小区，每个小区面积为 10 m×10 m，具体见图 37-2。

该观测场主要观测生物和土壤两项要素，按照 CERN 综合观测场指标体系观测，采样设计按照 CERN 统一规范。2017 年安装了 1 套植物物候自动观测系统。

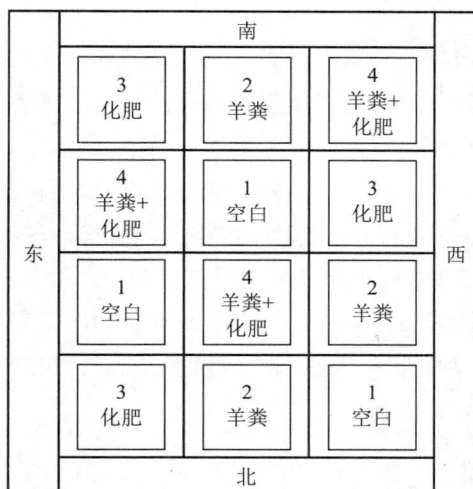

图 37-2　农田施肥辅助观测场样地小区布局

37.4　拉萨站轮作模式土壤生物长期观测场

37.4.1　样地代表性

轮作模式土壤生物长期观测场建立于 2007 年，位于拉萨站站区内，为一个大的地块分隔为 3 个样地，分别是拉萨站轮作模式土壤生物长期观测采样地（西）（LSASY01AB0_01）、拉萨站轮作模式土壤生物长期观测采样地（中）（LSASY01AB0_02）、拉萨站轮作模式土壤生物长期观测采样地（东）（LSASY01AB0_03）。以农户种植水平为代表，进行粮-经-油作物的长期轮作试验，依次种植春青稞-油菜-玉米。管理模式也采取当地农户的方式，监测当地农田作物和土壤养分的动态，从而分析优化后的轮作种植模式下农田生态系统的长期动态过程。该观测场充分考虑了河谷农区农户生产中不同轮作习惯，具有很强的代表性。

37.4.2　自然环境背景

观测场位于站区内综合观测场北侧，自然环境背景与综合观测场相同，详细信息参见 37.2.2 节。

37.4.3　耕作制度

（1）建立前的耕作制度

样地 1994 年由河谷滩地填土改造为农用水浇地，2001 年开始粮-经-油作物轮作试验，2007 年确定为拉萨站长期辅助采样地。1994 年该地形成之后，曾多次施用羊粪作为基肥，化肥为追肥。耕作措施为机耕，人工施肥、播种、管理、收获。引拉萨河水自流灌溉。

（2）建立后的耕作制度

该样地的轮作体系为一年一季玉米→青稞→油菜轮作。土壤耕作为玉米平翻冬灌，第二年播种青稞，青稞茬平翻冬灌，第二年起垄播种油菜，油菜茬平翻冬灌，第二年起垄覆膜种玉米。

利用旋耕机进行翻耕，人工施肥、播种、管理、收获。引拉萨河水可保证全年自流灌溉的需要，每年大致分 4～6 次灌溉：播种后—返青—拔节—扬花—成熟前。施肥制度为羊粪+化肥，羊粪施用量 15 000 kg/hm^2（氮含量 1.014%），每 2～3 年施用 1 次；氮施入量大约为 150 kg/hm^2，其中尿素 225 kg/hm^2（氮含量 46%），磷酸二铵 225 kg/hm^2（氮含量 16%）。施用方式为羊粪作为基肥一次施入；尿素和磷酸二铵分基肥和追肥两次分别施入。每次要记录每个小区的施肥种类和数量。

37.4.4 作物性状与产量

2007 年 LSASY01AB0_01（西）样地种植春青稞，品种为"3086"，种植密度为 286 株/m^2，株高 89.8 cm，千粒重为 43.30 g，产量为 3 222 kg/hm^2；LSASY01AB0_02（中）样地种植玉米，品种为"东农 248"，因乳熟时用作鲜食，未测产；LSASY01AB0_03（东）样地种植油菜，品种为"中试品系"，种植密度为 21 株/m^2，株高 147.2 cm，千粒重为 3.75 g，产量为 2 136 kg/hm^2。

37.4.5 样地配置与观测内容

观测场面积为 40 m×60 m，分为 3 个样地，每个样地面积为 40 m×20 m。具体见图 37-3。

西	北			东
	LSASY01AB0_01（西） 春青稞→玉米→油菜	LSASY01AB0_02（中） 油菜→春青稞→玉米	LSASY01AB0_03（东） 玉米→油菜→春青稞	
	南			

图 37-3 拉萨站轮作模式长期观测采样地平面示意图

观测场主要观测生物和土壤两项要素，全部按照 CERN 综合观测场指标体系观测，采样设计按照 CERN 统一规范。2017 年安装了 2 套土壤温湿盐自动观测系统，3 个样地各布设一个土壤剖面。2017 年安装了 1 套植物物候自动观测系统。

37.5 拉萨站站区调查点——达孜县德庆乡土壤生物长期采样地

37.5.1 样地代表性

2004 年，作为对长期观测采样的对照和补充，选择 1 户有代表性的农户土地建立样地（LSAZQ01AB0），其农田耕作方式、种植制度、土壤类型与长期观测采样地基本相近。该样地位于拉萨站附近的达孜县德庆镇，地处拉萨河下游南岸的阶地中，地势平坦，海拔3 698 m。样地为近似的矩形，面积约 0.4 hm²。样地为当地农户所有，种植冬小麦产量可达 6 300 kg/hm²。农户家庭 4 人，人均耕地约 0.13 hm²，大牲畜 2 头，人均年收入约 1 500 元。2013 年因修路占用废弃。

37.5.2 自然环境背景

样地距拉萨站站区约 3.5 km，自然环境背景与综合观测场相同，详细信息参见 37.2.2 节。

37.5.3 耕作制度

（1）建立前的耕作制度

样地作为农田耕种已久，由农户自己决定耕种和管理措施，主要种植当地的一年一季的粮食作物青稞、冬小麦、油菜、土豆等。样地建立前 5 年的土地利用历史为冬小麦—冬小麦—冬小麦—青稞—冬小麦。耕作措施为机耕，人工施肥、播种、管理、收获。施用羊粪作为基肥，化肥为追肥。根据需要引拉萨河水自流灌溉。

（2）建立后的耕作制度

样地系当地农户所有，其管理、耕种措施由农户决策，台站只负责记录、取样。

37.5.4 作物性状与产量

样地建立当年（2004 年）冬小麦品种为"德国 BUSSYD"，产量为 4 500 kg/hm²。2006年冬小麦品种为"肥麦"，种植密度为 461 株/m²，株高为 90.8 cm，产量为 4 200 kg/hm²。

37.5.5 样地配置与观测内容

样地的观测内容主要包括生物、土壤两项要素，全部按照 CERN 综合观测场指标体系观测，采样设计按照 CERN 统一规范。样地内无观测设施，所有观测项目均为人工观测。

37.6 拉萨站站区调查点——达孜县邦堆乡土壤生物长期采样地

37.6.1 样地代表性

2004 年，为对长期观测采样的对照和补充，选择 1 户有代表性的农户土地建立样地（LSAZQ02AB0_01），其农田耕作方式、种植制度、土壤类型与长期观测采样地基本相近。该样地位于拉萨站附近的达孜县邦堆乡，地处拉萨河下游南岸的河谷滩地中，地势平坦，海拔为 3 694 m。观测场为近似的矩形，面积约 0.4 hm²。农户家庭人口 3 人，人均耕地0.13 hm²，冬小麦产量可达 6 300 kg/hm²，大牲畜 1 头，人均年收入约 1 500 元。2012 年因修建蔬菜大棚废弃。

37.6.2　自然环境背景

样地距拉萨站站区约 4 km，自然环境背景与综合观测场相同，详细信息参见 37.2.2 节。

37.6.3　耕作制度

（1）建立前的耕作制度

样地作为农田耕种已久，由农户自己决定耕种和管理措施，主要种植当地的一年一季的粮食作物青稞、冬小麦、油菜、土豆等。样地建立前 5 年的土地利用历史为冬小麦—冬小麦—青稞—冬小麦—冬小麦。耕作措施为机耕，人工施肥、播种、管理、收获。施用羊粪作为基肥，化肥为追肥。根据需要引拉萨河水自流灌溉，每生长季灌溉 5~6 次。

（2）建立后的耕作制度

样地系当地农户所有，其管理、耕种措施由农户决策，台站只负责记录、取样。

37.6.4　作物性状与产量

样地建立当年（2004 年）冬小麦品种为"德国 BUSSYD"，产量为 4 500 kg/hm^2。2005 年马铃薯品种为"艾玛"，产量为 52 500 kg/hm^2。2006 年冬小麦品种为"肥麦"，种植密度为 507 株/m^2，株高为 82.3 cm，产量为 5 400 kg/hm^2。

37.6.5　样地配置与观测内容

样地配置与观测内容与达孜县德庆乡土壤生物长期采样地相同，详细信息参见 37.5.5 节。

37.7　拉萨站站区调查点——达孜县新仓村土壤生物长期采样地

37.7.1　样地代表性

样地（LSAZQ04AB0_01）为 2013 年建立样地。站区调查点——邦堆样地（LSAZQ02AB0）因政府统一规划被改造成设施蔬菜大棚，2012 年在原样地附近新建样地 LSAZQ03AB0，由于同样原因 LSAZQ03AB0 自 2014 年不再观测，2013 年在新仓村建立新样地 LSAZQ04AB0，2014 年更正样地名称。该样地位于拉萨站附近的达孜县德庆镇新仓村，地处拉萨河下游北岸的河谷滩地中，地势平坦，海拔为 3 764 m。土壤分层不明显且浅薄，约 50 cm，砾石含量多。样地为不规则的长方形，面积约 0.35 hm^2。样地为当地农户所有，农户家庭人口 4 人，人均耕地 0.1 hm^2，冬小麦产量可达 6 147 kg/hm^2，大牲畜 3 头，人均年收入约 5 200 元。

37.7.2　自然环境背景

样地距拉萨站站区约 4.5 km，自然环境背景与综合观测场相同，详细信息参见 37.2.2 节。

37.7.3 耕作制度

（1）建立前的耕作制度

样地作为农田耕种已久，由农户自己决定，主要种植当地的一年一季的粮食作物青稞、冬小麦、油菜、土豆等。样地建立前 5 年的土地利用历史为冬小麦—冬小麦—冬小麦—冬小麦—冬小麦。耕作措施为机耕，人工施肥、播种、管理、收获。施用羊粪作为基肥，化肥为追肥。根据需要引拉萨河水自流灌溉。

（2）建立后的耕作制度

样地系当地农户所有，其管理、耕种措施由农户决策。台站只负责记录、取样。

37.7.4 作物性状与产量

该样地建立当年（2014 年）冬小麦品种为"肥麦"，种植密度为 630 株/m^2，株高为 109.57 cm，千粒重为 35.2 g，产量为 5 714 kg/hm^2。

37.7.5 样地配置与观测内容

样地配置与观测内容与达孜县德庆乡土壤生物长期采样地相同，详细信息参见 37.5.5 节。

37.8 拉萨站站区调查点——达孜县塔杰乡土壤生物长期采样地

37.8.1 样地代表性

样地（LSAZQ05AB0_01）为 2016 年建立样地。站区调查点（样地代码 LSAZQ01AB0）原位于拉萨站附近的达孜县德庆乡，但由于修路被破坏而后新建。样地近似矩形，面积约 0.35 hm^2。地处拉萨河下游南岸的河谷滩地中，地势平坦。海拔为 3 729 m。土壤分层不明显且浅薄，约 50 cm，砾石含量多。农户家庭人口 3 人，人均耕地 0.12 hm^2，冬小麦产量可达 6 300 kg/hm^2，大牲畜 2 头，人均年收入约 8 500 元。

37.8.2 自然环境背景

样地距拉萨站站区约 15 km，自然环境背景与综合观测场相同，详细信息参见 37.2.2 节。

37.8.3 耕作制度

（1）建立前的耕作制度

样地作为农田耕种已久，由农户自己决定耕种和管理措施，主要种植当地的一年一季的粮食作物青稞、冬小麦、油菜、土豆等。样地建立前 5 年的土地利用历史为冬小麦—冬小麦—冬小麦—冬小麦—冬小麦。耕作措施为机耕，人工施肥、播种、管理、收获。施用羊粪作为基肥，化肥为追肥。根据需要引拉萨河水自流灌溉。

（2）建立后的耕作制度

样地系当地农户所有，其管理、耕种措施由农户决策，台站只负责记录、取样。

37.8.4　作物性状与产量

样地建立当年（2014 年）冬小麦品种为"山冬 7 号"，种植密度为 362 株/m²，株高为 149.5 cm，千粒重为 51.18 g，产量为 4 327 kg/hm²。

37.8.5　样地配置与观测内容

样地配置与观测内容与达孜县德庆乡土壤生物长期采样地相同，详细信息参见 37.5.5 节。

37.9　拉萨站站区调查点——达孜县新仓村土壤生物长期采样地（新）

37.9.1　样地代表性

LSAZQ06AB0_01 为 2018 年新建样地。由于修建高速公路被占，原站区调查点（样地代码 LSAZQ04AB0）废弃，该样地经 2012 年和 2018 年两次迁移，目前位于拉萨站附近的达孜县德庆镇新仓村，地处拉萨河下游南岸的阶地中，地势平坦。海拔为 3 698 m。观测场为近似的矩形，面积约 0.12 hm²。样地为当地农户所有，农户家庭人口 3 人，人均耕地 0.04 hm²，冬小麦产量可达 6 000 kg/hm²，大牲畜 1 头，人均年收入约 9 000 元。

37.9.2　自然环境背景

样地距拉萨站站区约 3 km，自然环境背景与综合观测场相同，详细信息参见 37.2.2 节。

37.9.3　耕作制度

（1）建立前的耕作制度

样地为当地农户所有，作为农田耕种已久。由农户自己决定耕种和管理措施，主要种植当地的一年一季的粮食作物青稞、冬小麦、油菜、土豆等。样地建立前 5 年的土地利用历史为冬小麦—冬小麦—冬小麦—冬小麦—冬小麦。耕作措施为机耕，人工施肥、播种、管理、收获。施用羊粪作为基肥，化肥为追肥。根据需要引拉萨河水自流灌溉。

（2）建立后的耕作制度

样地系当地农户所有，其管理、耕种措施由农户决策，台站只负责记录、取样。

37.9.4　作物性状与产量

样地建立当年（2018 年）冬小麦品种为"山冬 7 号"，种植密度为 596 株/m²，株高为 118.7 cm，千粒重为 38.15 g，产量为 3 717 kg/hm²。

37.9.5　样地配置与观测内容

本样地配置与观测内容与达孜县德庆乡土壤生物长期采样地相同，详细信息参见 37.5.5 节。

参考文献

张宪洲，何永涛，孙维，2011. 中国生态系统定位观测与研究数据集-农田生态系统卷-西藏拉萨站（1993—2008）[M].北京：中国农业出版社.

38 阿克苏站生物监测样地本底与耕作制度[*]

38.1 生物监测样地概况

38.1.1 概况与区域代表性

阿克苏水平衡试验站（以下简称阿克苏站）始建于 1982 年，隶属中国科学院新疆生态与地理研究所，2002 年成为新疆五大灌溉试验站和中国科学院特殊环境与灾害网络研究站，2005 年成为国家野外科学观测研究站，2007 年加入 CERN。

阿克苏站站区位于新疆阿拉尔市，距乌鲁木齐市 1 100 km，距阿克苏市 80 km，地理位置为 80°49′46″E、40°37′04″N，海拔为 1 028 m，位于塔里木河三大源流（阿克苏河、叶尔羌河、和田河）交汇点附近的平原荒漠绿洲区内，水系变迁剧烈，水分消耗量大。气候属于暖温带干旱型，与同纬度地区相比，夏季温度偏高，冬季偏低，春秋季节气温升降剧烈，常出现春季低温和秋季过早降温。该站所处平原地区年平均降水量 45.7 mm，水分供给依靠高山降水和冰雪消融，多年平均气温 11.2℃，无霜期 207 d，全年日照数 2 940 h，日照率 66%，年平均风速 2.4 m/s，春季有浮尘，夏季有冰雹，有时出现夏季持续高温天气。农作物一年一熟制，主要作物有棉花、水稻等，是国家重要的优质棉基地。

38.1.2 生物监测样地设置

阿克苏站自 2006 年开始，先后设置了 3 个生物长期观测样地，分别为阿克苏绿洲农田综合观测场土壤生物采样地、阿克苏绿洲农田辅助观测场土壤生物要素长期观测采样地、阿克苏绿洲农田土壤生物采样地。观测场布局如图 38-1 所示，观测样地清单见表 38-1，样地外貌见彩图 38-1～彩图 38-3。

---

[*] 编写：祁天会（中国科学院新疆生态与地理研究所）
  审稿：李新虎（中国科学院新疆生态与地理研究所）

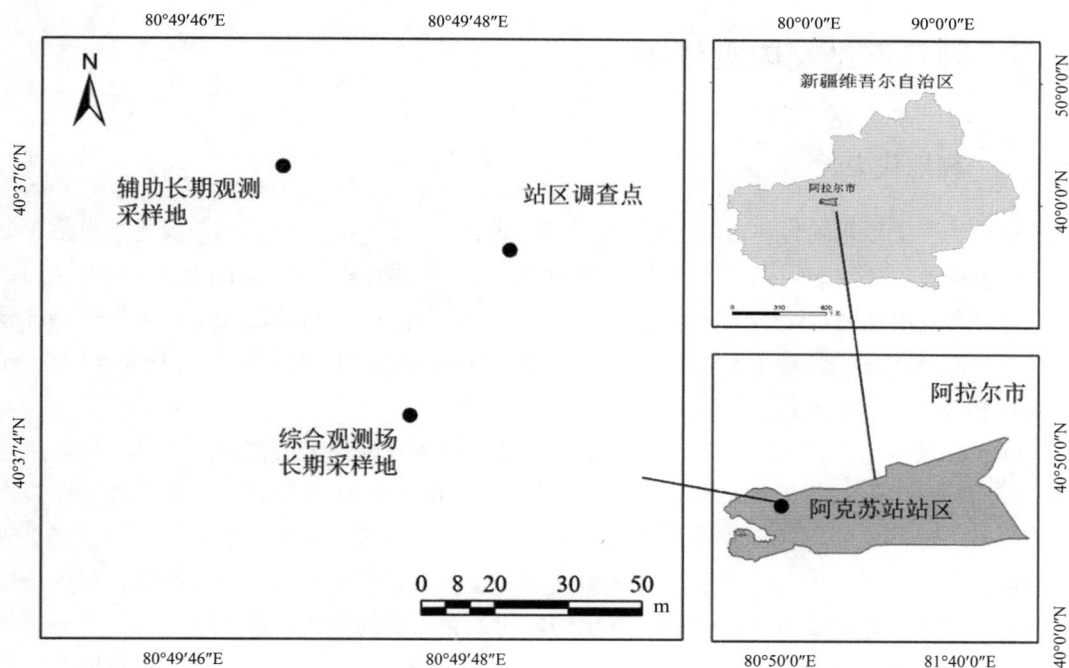

图 38-1 阿克苏站生物长期观测样地布局

表 38-1 阿克苏站生物长期观测样地清单

序号	样地代码	样地名称	样地类别	轮作体系	地理位置	海拔/m	面积及形状/（m×m）	建立时间和设计使用年数
1	AKAZH01ABC_01	阿克苏绿洲农田综合观测场土壤生物采样地	综合观测场	棉花	80°49′46.7″～80°49′48.3″E，40°37′04.3″～40°37′06.1″N	1 028	40×40	2006 年，长期
2	AKAFZ02AB0_01	阿克苏绿洲农田辅助观测场土壤生物要素长期观测采样地	辅助观测场	棉花	80°49′46.7″～80°49′48.3″E，40°37′04.3″～40°37′06.1″N	1 028	40×40	2006 年，长期
3	AKAZQ01B00_01	阿克苏绿洲农田土壤生物采样地	站区调查点	棉花	80°49′46.7″～80°49′48.3″E，40°37′04.3″～40°37′06.1″N	1 028	40×40	2006 年，长期

38.2　阿克苏站站内观测场

38.2.1　样地代表性

观测场位于新疆阿拉尔市，地理位置为 80°49′E、40°37′N。阿克苏站内观测场包括 3 个长期观测样地，分别是阿克苏绿洲农田综合观测场土壤生物采样地（AKAZH01ABC_01）、阿克苏绿洲农田辅助观测场土壤生物要素长期观测采样地（AKAFZ02AB0_01）和阿克苏绿洲农田土壤生物采样地（AKAZQ01B00_01），3 个样地均建立于 2006 年，面积均为 1 600 m²（40 m×40 m），其主要农作物为棉花。

阿克苏站区所在区域是塔里木盆地最大绿洲，也是我国最大的棉花生产区，是监测与研究极端干旱区绿洲农田生态系统水分、盐分和养分过程变化规律、节水灌溉理论和技术示范体系及绿洲农业可持续发展的理想场所，代表了世界极端干旱区农田生态系统类型。观测场主要任务是研究典型或优化管理模式对农田生态系统的长期、综合影响。观测场周围为大面积的农田以及纵横交错的灌溉渠网，间或有少量的荒漠植被和居民区，非正常的人为干扰和破坏较少，具有典型绿洲农田生态系统代表性。

38.2.2　自然环境背景

样地年均气温 11.2℃，年平均降水 45.7 mm，>10℃有效积温 4 428.7℃，无霜期 207 d，日照时数 2 940 h，年平均湿度 62%，年干燥度 15.51，地下水位平均深度<3 m，主要灌溉水源为地下水及多浪水库。土壤母质为砂质冲积物。根据全国第二次土壤普查名称，土壤属于草甸土土类，盐化灌漠土亚类。土壤剖面上部土层（A 层、AB 层）以壤质黏土为主，B 层和 C 层粉砂粒的含量高，质地大多为粉砂质黏壤土土粒组成，以粉砂粒和黏粒两级为主，占 55%～80%。轻度偏中度风蚀，地表存在轻度盐碱斑。样地建立后围栏围封，人员看护，内有野兔、老鼠、蛇、鸟类、野鸡、刺猬、蜥蜴和昆虫活动，人类活动主要为农田管理及生物、土壤监测取样，样地内无历史破坏性灾害事件发生。

38.2.3　耕作制度

（1）建立前耕作制度

阿克苏站观测场自 1982 年建站至今均作为耕地使用。种植作物以棉花为主，并根据农田土壤肥力轮作水稻，一年种一季，春季 4 月下旬播种，10 月下旬—11 月初收获。

（2）建立后耕作制度

种植作物以棉花为主，并根据农田土壤肥力轮作水稻，一年种一季，春季 4 月下旬播种，10 月下旬—11 月初收获。耕作以机耕为主，春耕秋起垄。施肥以化肥为主，化肥品种为尿素、磷酸二铵和磷酸二氢钾；肥料施用方式以基肥于播种前施入，其后随水滴灌进行追肥。灌溉制度每年 2—3 月进行春灌，综合观测场棉花现蕾期至开花期共进行 3 次漫灌，辅助观测场和站区调查点则从现蕾期至开花期进行 7～8 次滴灌，11 月进行冬灌，冬春灌水量约 3 000 m³/hm²，生长期灌水量约 2 250 m³/hm²，灌溉水以水库水和地下水为主。

38.2.4　作物性状与产量

2006 年阿克苏站综合观测场和辅助观测场种植作物品种为"中棉 35 号"棉花，播种量 60 kg/hm²，种植面积 0.16 hm²，种植密度为 21 株/m²。综合观测场棉花群体株高 62.8 cm，单产 5 472.25 kg/hm²，辅助观测场棉花群体株高 65.7 cm，单产 5 031.21 kg/hm²。

38.2.5　样地配置与观测内容

综合观测场针对绿洲农业生态系统设置，用来监测绿洲农业生态系统生物、土壤、水分和小气候等要素的长期演变。样地内主要观测设施包括中子管和地下水观测水井。观测内容包括生物、土壤和水分三大要素，全部按照 CERN 综合观测场指标体系观测，采样设计按照 CERN 统一规范执行。

辅助长期观测采样地为了使监测数据具有可比性，是对综合监测场监测类型的一种必要补充。在辅助观测场内代表性的地段设置了 40 m×40 m 采样地，按 10 m×10 m 的面积划分为 16 个采样区，每次采样从 6 个采样区内取得 6 份样品，即 6 次重复。观测项目包括生物和土壤监测。

站区调查点采样地，根据当地农户管理模式，按照 CERN 监测规范要求进行生物和土壤监测。

39　复合站的农田生物监测样地本底与耕作制度*

39.1　CERN 复合站概况

复合站指同时对两类生态系统进行长期监测和研究的台站。CERN 的 38 个陆地台站中有 6 个为复合站，具体包括阜康站、策勒站、临泽站、沙坡头站、奈曼站、三江站，其中，前 5 个台站为荒漠农田复合站，三江站为沼泽农田复合站。荒漠农田复合站在对荒漠生态系统开展长期监测的同时，还对站所在区域的农田生态系统开展长期监测。沼泽农田复合站在对沼泽生态系统开展长期监测的同时，还对站所在区域的农田生态系统开展长期监测。6 个复合站共设置了 24 个农田生态系统长期监测样地（表 39-1）。

表 39-1　复合站的农田生物长期观测样地

序号	台站	样地代码	样地名称	样地类别	轮作体系	建立时间和设计使用年数
1	阜康站	FKDZH01ABC_01	阜康站农田综合观测场	综合观测场	棉花-棉花	2004 年，150 年
2	阜康站	FKDFZ01AB0_01	阜康站农田辅助观测场——土壤生物要素长期观测采样地 1	辅助观测场	棉花-棉花	2004 年，150 年
3	阜康站	FKDZQ01ABC_01	破城子村样地	站区调查点	玉米-玉米	2004 年，150 年
4	阜康站	FKDZQ02ABC_01	222 团农七队样地	站区调查点	酿酒葡萄-酿酒葡萄	2004 年，150 年
5	策勒站	CLDZH01ABC_01	策勒站绿洲农田综合观测场土壤生物采样地（常规）	综合观测场	棉花单作	2004 年，100 年
6	策勒站	CLDFZ01AB0_01	策勒站绿洲农田辅助观测场（高产）土壤生物要素长期观测采样地	辅助观测场	棉花单作	2004 年，100 年
7	策勒站	CLDFZ02AB0_01	策勒站绿洲农田辅助观测场（对照）土壤生物要素长期观测采样地	辅助观测场	棉花单作	2004 年，100 年

---

* 编写：吴冬秀（中国科学院植物研究所）
　审稿：吴冬秀（中国科学院植物研究所）

序号	台站	样地代码	样地名称	样地类别	轮作体系	建立时间和设计使用年数
8	策勒站	CLDFZ03AB0_01	策勒站绿洲农田辅助观测场（空白）土壤生物采样地	辅助观测场	自然环境	2004 年，100 年
9	策勒站	CLDZQ01AB0_01	策勒站农户农田（一）土壤生物采样地	站区调查点	棉花-石榴间作	2004 年，100 年
10	策勒站	CLDZQ02AB0_01	策勒站农户农田（二）土壤生物采样地	站区调查点	棉花-石榴间作	2004 年，100 年
11	策勒站	CLDZQ03AB0_01	策勒站农户农田（三）土壤生物采样地	站区调查点	棉花-石榴间作	2004 年，100 年
12	临泽站	LZDZH01ABC_01	临泽站荒漠绿洲农田生态系统综合观测场土壤生物采样地	综合观测场	春小麦-春玉米	2004 年，100 年
13	临泽站	LZDFZ01AB0_01	临泽站荒漠绿洲农田生态系统辅助观测场土壤生物采样地	辅助观测场	春玉米-春小麦	2004 年，100 年
14	临泽站	LZDZQ01AB0_01	临泽站新绿洲农田土壤生物采样地	站区调查点	制种玉米-春小麦	2004 年，100 年
15	临泽站	LZDZQ02AB0_01	临泽站老绿洲农田土壤生物采样地	站区调查点	春玉米-春小麦带田，带间轮作	2004 年，100 年
16	沙坡头站	SPDZH01ABC_01	沙坡头站农田生态系统综合观测场生物土壤长期采样地	综合观测场	春小麦-玉米，轮作周期为两年	2001 年，100 年
17	沙坡头站	SPDFZ02AB0_01	沙坡头站农田生态系统生物土壤辅助长期采样地	辅助观测场	春小麦-玉米，轮作周期为两年	2004 年，100 年
18	沙坡头站	SPDZQ01AB0_01	沙坡头站养分循环场生物土壤长期采样地	站区调查点	玉米-春小麦，轮作周期为两年	1995 年，100 年
19	沙坡头站	SPDZQ02A00_01	沙坡头站农田生态系统站区生物采样点	站区调查点	水稻	2003 年，长期
20	奈曼站	NMDZH01ABC_01	奈曼站农田综合观测场生物土壤采样地	综合观测场	春小麦-玉米	1997 年，100 年
21	奈曼站	NMDFZ01ABC_01	奈曼站农田辅助观测场生物土壤采样地	辅助观测场	玉米	2005 年，100 年
22	奈曼站	NMDZQ01ABC_01	奈曼站旱作农田生物土壤调查点	站区调查点	干旱年份弃耕，春季降雨较多时播种糜谷或豆类，春旱但夏季雨水较多时播荞麦	2005 年，100 年
23	三江站	SJMFZ02B00_01	三江站湿地垦殖后旱田采样地	辅助观测场	连续种植大豆（每年 1 季）	1994 年（2004年重新规划），100 年
24	三江站	SJMZQ03A00_01	三江站湿地垦殖后水田采样地	站区调查点	连续种植水稻（每年 1 季）	2004 年，100 年

39.2 阜康站的农田生物监测样地

阜康站位于新疆维吾尔自治区阜康市范围内的新疆生产建设兵团 222 团（北亭镇），建于 1987 年，隶属中国科学院新疆生态与地理研究所，1990 年加入 CERN，2005 年成为国家野外科学观测研究站。阜康站所在区域属于温带大陆性干旱半干旱气候区，位居欧亚大陆中心地带，在世界和中国荒漠-绿洲生态系统中具有典型代表性。

阜康站除开展荒漠生态系统长期监测外，在古尔班通古特沙漠南缘设置了 4 个农田生物监测样地，对的绿洲生态系统的作物发育动态、叶面积指数、生物量、产量、籽粒元素含量、土壤微生物生物量等开展长期监测。4 个农田生物监测样地的本底信息和耕作制度详见第 16 章。

39.3 策勒站的农田生物监测样地

策勒站位于新疆塔里木盆地南缘和田地区的策勒县，建于 1983 年，隶属中国科学院新疆生态与地理研究所，2003 年加入 CERN，2005 年成为国家野外观测研究站。研究区域处于以昆仑山脉为界的青藏高寒区和世界第二大流动沙漠——塔克拉玛干沙漠之间，该区域绿洲面积不足区域总面积的 10%，但承载着区域 90%以上的人口。绿洲生态系统的稳定维持，是该地区社会经济发展的重要基础和保障。

策勒站除开展荒漠生态系统长期监测外，设置了 7 个农田生物监测样地，对绿洲生态系统的作物发育动态、叶面积指数、生物量、产量、籽粒元素含量、土壤微生物生物量等开展长期监测。农田样地代表新疆南疆地区不同垦殖阶段的绿洲农田生态系统，样地的本底信息和耕作制度详见第 17 章。

39.4 临泽站的农田生物监测样地

临泽站位于黑河流域中游的甘肃省河西走廊中部的临泽县平川镇，建于 1975 年，隶属中国科学院西北生态环境资源研究院，2003 年加入 CERN，2005 年成为国家野外科学观测研究站。2007 年成为第一批"水利部水土保持科技示范园区"。临泽站地处荒漠绿洲过渡带，区域上属于中温带干旱区河西走廊绿洲农业生态区。绿洲区农田作物以春玉米和春小麦为主。

临泽站除开展荒漠生态系统长期监测外，设置了 4 个农田生物监测样地，对绿洲生态系统的作物发育动态、叶面积指数、生物量、产量、籽粒元素含量、土壤微生物生物量等开展长期监测。4 个农田生物监测样地的本底信息和耕作制度详见第 18 章。

39.5　沙坡头站的农田生物监测样地

沙坡头站位于宁夏中卫市，地处腾格里沙漠东南缘，建于 1955 年，现隶属中国科学院西北生态环境资源研究院，是中国科学院最早建立的野外台站之一，1990 年加入 CERN，2005 年成为国家野外科学观测研究站。沙坡头站注重沙区农业技术开发、试验示范和技术推广，为沿黄沙区农业生态系统研究提供研究平台。

沙坡头站除开展荒漠生态系统长期监测外，设置了 4 个农田生物监测样地，对作物发育动态、叶面积指数、生物量、产量、籽粒元素含量、土壤微生物生物量等开展长期监测。农田样地代表了宁夏中卫平原以风成沙为成土母质的沿黄灌区 20 年以上的灌溉地，农田类型有水田和旱田两种，栽培作物主要为水稻、小麦和玉米，一年一熟。样地的本底信息和耕作制度详见第 19 章。

39.6　奈曼站的农田生物监测样地

奈曼站位于内蒙古自治区通辽市奈曼旗，地处中国四大沙地之一的科尔沁沙地腹地，建于 1985 年，隶属中国科学院西北生态环境资源研究院，1990 年加入 CERN，1999 年加入全球陆地观测系统，2003 年加入国家林业局荒漠化监测网络，2005 年成为国家野外科学观测研究站。科尔沁沙地是北方农牧交错带的典型区，区域内畜牧业和种植业契合发展，土地利用方式多样。栽培作物有玉米、荞麦、糜谷和豆类等，实行以玉米为主的春小麦-玉米-大豆轮作制度。

奈曼站除开展荒漠生态系统长期监测外，设置了 3 个农田生物监测样地，对作物发育动态、叶面积指数、生物量、产量、籽粒元素含量、土壤微生物生物量等开展长期监测。3 个农田生物监测样地的本底信息和耕作制度详见第 21 章。

39.7　三江站的农田生物监测样地

三江站位于黑龙江省佳木斯市同江市，地处三江平原的中东部，于 1986 年依托中国科学院东北地理与农业生态研究所（原中国科学院长春地理研究所）正式建立，1990 年加入 CERN，2005 年成为国家野外科学观测研究站。三江平原地区是我国中纬度冷湿低平原沼泽湿地的典型分布区，新中国成立以来农业开发剧烈，1954—2015 年沼泽湿地面积减少了约 80%，耕地成为占绝对优势的景观类型。因此，建立沼泽湿地垦殖后的农田生态系统长期观测样地有助于深入了解气候变化和人类活动背景下三江平原不同生态系统类型的变化过程与机制。三江站除开展沼泽生态系统长期监测外，设置了 2 个农田生物监测样地，对作物发育动态、叶面积指数、生物量、产量、籽粒元素含量、土壤微生物生物量等开展长期监测。2 个农田生物监测样地的本底信息和耕作制度详见第 22 章。

附 录

（农田生态系统册）

附录 3　CERN 生物长期监测指标体系
（农田生态系统）

引自《陆地生态系统生物观测指标与规范》（吴冬秀主编，2019）

以下观测指标的观测场地，除特别注明外，综合观测场、辅助观测场、站区调查点均监测，频度相同。关于观测频度，对于 5 年 1 次的观测指标，逢年份尾数为 0、5 的年份开展观测，如 2020 年、2025 年。对于 5 年观测两次的观测指标，逢年份尾数为 0、2、5、7 的年份开展观测，如 2020 年、2022 年、2025 年、2027 年。

1　农田环境

农田环境的观测项目见附表 3-1。

附表 3-1　农田生态系统环境要素的观测项目

项目	频度	方法与操作要求
农田类型 灌溉方式 作物布局 耕作方式	1 次/作物季	野外调查和自测，土壤指标测定表层土（0～20 cm）环境要素指标参照相关环境因子的监测数据抄报
土壤类型 土壤质地 土壤 pH 土壤有机质 土壤全氮 土壤全磷	2 次/5 a	
土壤有效氮 土壤速效磷 土壤速效钾	分别于每季作物的播种前和收获期观测	
气候条件（降水量、＞0℃积温、无霜期、日照时数、湿度等） 水分条件	1 次/作物季	
灾害情况 病虫害情况 人为干扰	发生时记录	
田间管理 周围环境	1 次/作物季	

2 耕作制度

耕作制度的观测指标见附表 3-2。

附表 3-2　农田生态系统耕作制度的观测指标

项目	指标	频度	方法与操作要求
作物种类组成与产值	作物种/品种 作物类别 播种量 播种面积 占总播比率 单产 直接成本 产值	1 次/作物季；收获期；直接成本根据作物全生育期平时记录	综合观测场和辅助观测场自测，站区调查点可选取代表农户或区域调查
复种指数与作物轮作体系	农田类型、复种指数、轮作体系、当年作物	1 次/a	综合观测场和辅助观测场自测；站区调查点选择典型地块，农户调查和自测相结合；跨年作物以收获年记录
主要作物肥料投入情况	作物名称 肥料名称 施用时间 作物生育时期 施用方式 施用量 肥料折合纯氮量 肥料折合纯磷量 肥料折合纯钾量	每年观测；作物季动态记录	综合观测场和辅助观测场自测；秸秆还田按照肥料填报；站区调查点选择典型地块，农户调查
主要作物农药、除草剂、生长剂等的投入情况	作物名称 药剂类别（农药/除草剂/生长剂等） 药剂名称 主要有效成分 施用时间 作物生育时期 施用方式 施用量	每年观测；作物季动态记录	综合观测场和辅助观测场自测；站区调查点选择典型地块，农户调查
主要作物灌溉制度	作物名称 灌溉时间 作物生育时期 灌溉水源 灌溉方式 灌溉量	每年观测；作物季动态记录	综合观测场和辅助观测场自测；站区调查点选择典型地块，农户调查

项目	指标	频度	方法与操作要求
病虫害记录	病虫种类 危害程度 发生时间 持续时间	事件发生时记录	

3　作物生育动态

作物生育动态的观测指标详见附表 3-3。

附表 3-3　农田生态系统主要作物生育动态的观测指标

项目	指标	频度	方法与操作要求	备注
作物生育动态（人工观测）	水稻：播种期、出苗期、三叶期、移栽期、返青期、分蘖期、拔节期、抽穗期、蜡熟期、收获期 小麦：播种期、出苗期、三叶期、分蘖期、返青期、拔节期、抽穗期、蜡熟期、收获期 玉米：播种期、出苗期、五叶期、拔节期、抽雄期、吐丝期、成熟期、收获期 棉花：播种期、出苗期、现蕾期、开花期、打顶期、吐絮期、最终收获期 大豆：播种期、出苗期、开花期、结荚期、鼓粒期、成熟期、收获期 油菜：播种期、出苗期、蕾苔期、开花期、成熟期、收获期 花生：播种期、出苗期、开花期、成熟期、收获期 甘薯：出苗期、移栽期、发根还苗期、分枝结薯期、茎叶盛长块根膨大期、茎叶渐衰块根盛长期、成熟期、收获期 糜子（谷子）：播种期、出苗期、拔节期、孕穗期、抽穗期、成熟期、收获期	每季作物观测；生育期动态调查	选择本区代表作物，野外调查和自测	辅助观测场和站区调查点可以不做
作物生育动态（自动观测）	作物群体生育期图像、作物群体多光谱图像、作物个体生育期图像、植被指数	自动监测，2 次/d	生长节律观测系统，对象：本区代表作物	综合观测场和辅助观测场，站区调查点可以不布设仪器

4 作物叶面积与生物量动态

作物叶面积与生物量动态的观测指标详见附表 3-4。

附表 3-4 农田生态系统主要作物叶面积与生物量动态的观测指标

项目	指标	频度	方法与操作要求	备注
作物叶面积与地上部生物量动态	密度 单株分蘖茎数 （小麦、水稻） 群体株高 叶面积指数 地上部总鲜重 叶干重 茎干重 地上部总干重	每季作物动态观测	自测，其中，叶面积指数、地上部总鲜重、叶干重、茎干重在收获期可以不测	辅助观测场和站区调查点可以不做
作物耕作层根生物量	耕作层根生物量以及占总根比例	每季作物，根量最大期、收获期 2 次观测	根钻法或挖掘法自测，耕作层深度一般要求为 30 cm，具体根据不同地区耕作层深度确定	辅助观测场和站区调查点可以不做
作物根系分布	0～100 cm 各土层（分层：0～10 cm，10～20 cm，20～30 cm，30～40 cm，40～60 cm，60～80 cm，80～100 cm）中的根生物量	1 次/5 a 作物根量最大时期或作物成熟期观测	调查年所处轮作体系的每季作物均监测	辅助观测场和站区调查点可以不做
根系生长原位观测	根生长图像、根长、根直径、根表面积、根体积等	自动定时监测，1 次/月或者根据作物生育时期	根生长监测系统	综合观测场，统一配置仪器的生态站观测

注：对于作物叶面积与地上部生物量的动态观测，选择本区代表作物观测，各作物观测时期分别为：

1 水稻：移栽期、返青期、分蘖期、拔节期、抽穗期、蜡熟期、收获期；

2 小麦：分蘖期、返青期、拔节期、抽穗期、收获期；

3 玉米：五叶期、拔节期、抽雄期、成熟期；

4 棉花：苗期、现蕾期、开花期、吐絮期、最终收获期；

5 大豆：苗期、开花期、结荚期、鼓粒期、成熟期。

5 作物收获期植株性状与产量

作物收获期植株性状与产量的观测指标详见附表 3-5。

附表 3-5　农田生态系统主要作物收获期性状与产量的观测指标

项目	指标	频度	方法与操作要求	备注
作物收获期植株性状	水稻：株高、单穴总茎数、单穴总穗数、每穗粒数、每穗实粒数、千粒重、地上部总干重、籽粒干重 小麦：株高、单株总茎数、单株总穗数、每穗小穗数、每穗结实小穗数、每穗粒数、千粒重、地上部总干重、籽粒干重 玉米：株高、结穗高度、茎粗、单株穗数、空秆率、果穗长度、果穗结实长度、穗粗、穗行数、行粒数、百粒重、地上部总干重、籽粒干重 棉花：株高、第一果枝着生位、单株果枝数、单株铃数、脱落率、铃重、衣分、籽指、霜前花百分率、地上部总干重、籽棉干重、皮棉干重 大豆：株高、茎粗、单株荚数、每荚粒数、百粒重、地上部总干重、籽粒干重 油菜：株高、角果平均长、每角籽粒数、千粒重、地上部总干重、籽粒干重 花生：株高、单穴总分枝数、单穴荚果数、每荚果籽粒数、百粒重、地上部总干重、籽粒干重 甘薯：藤蔓平均长度、单株红薯数、每红薯均重、地上部总鲜重、红薯鲜重 糜子（谷子）：株高、每穗长度、千粒重、地上部总干重、籽粒干重	每季作物收获期观测	选择本区代表作物，野外调查和自测，每个样方取数个代表株/穴进行观测；收获期植株性状除千粒重、百粒重、铃重用风干干重，其他用烘干干重	站区调查点可以不做
作物产量	作物种/品种 产量	1 次/作物季	作物收获期测产用风干干重；果实产量采用鲜重	

6　作物元素含量与热值

作物元素含量与热值的观测指标详见附表 3-6。

附表 3-6　农田生态系统作物元素含量与热值的观测指标

项目	指标	频度	方法与操作要求	备注
作物元素含量与热值	全碳、全氮、全磷、全钾、全硫、全钙、全镁、全铁、全锰、全铜、全锌、全钼、全硼、全硅、干重热值、灰分	全碳，全氮，全磷，全钾，2 次/5 a；其他元素含量 1 次/5 a；收获期样品	器官：根、茎、叶、籽粒等分别测定；常规元素分析法	辅助观测场可以只测定全碳、全氮、全磷、全钾、热值
籽粒重金属含量*	铬*、镉*、铅*、汞*、砷*	1 次/5 a	水稻、小麦、玉米、大豆、花生主要粮食作物籽粒	辅助观测场、站区调查点可以只收集籽粒长期保存，不当年测定

注：*表示不属于 CERN 的核心项目，选做。

7 土壤微生物群落生物量与结构

主要对土壤微生物群落的生物量和结构进行观测，其中微生物生物量用生物量碳或生物量氮表示（附表 3-7）。

附表 3-7 农田土壤微生物群落生物量与结构的观测指标

项目	指标	频度	方法与操作要求
土壤微生物群落生物量	土壤微生物生物量碳、土壤微生物生物量氮	2 次/5 a，生长季动态（1 月、4 月、7 月、10 月中旬观测）	氯仿熏蒸提取法；0～20 cm 可不分层
土壤微生物群落结构*	类别（真菌、细菌、放线菌）* 数量* 比率（真菌、细菌、放线菌之间的比率）*	1 次/5a；收获期	PLFA 法或高通量测序

注：*表示不属于 CERN 的核心项目，选做。

8 区域种植结构和土地利用

区域种植结构和土地利用的观测指标详见附表 3-8。

附表 3-8 区域种植结构和土地利用的观测指标

项目	指标	频度	方法与操作要求	备注
区域种植结构和土地利用*	土地利用类型* 作物名称* 面积* 地理位置（经度和纬度范围）* 分布特征* 大比例尺种植结构/土地利用图*	1 次/5 a，夏季	遥感和地面调查相结合	调查区域：站所代表的区域或站所在的县域；比例尺：1：50 000

注：*表示不属于 CERN 的核心项目，选做。

9 指标体系补充说明

以上为常规指标体系，为了保证观测数据的完整性，需要注意以下事项：

1）第一次上报数据时，提供生态站所代表区域的范围、自然条件（气候、土壤等）和土地利用方式的概述，并提供一个包括所有样地范围的大比例尺的样地分布图（1：1 000）；

2）各个观测场地第一次出现或有变更时，提供观测场的相关背景和历史信息，包括位置、面积大小、地理位置（包括经度、纬度、海拔高度）、作物栽培历史、作物种植模式、管理制度说明、土壤条件（土壤母质、土壤类型、土壤剖面特征、土壤 pH、土壤有机碳、土壤全氮、土壤全磷、土壤全钾）、选点依据等；

3）除了数值数据，要求生态站尽可能提供各种图形数据，如植被图、土壤图、站区土地利用图、数值化的地理信息系统生成图，图形数据至少每 5 年更新一次；

4）特殊事件需要及时记录和上报，如严重灾害、病虫害、农田改造等，其中病虫害记录病虫类别、危害程度、发生时间、持续时间等。

（农田生态系统册）

彩图 24-1　海伦站综合观测场土壤生物长期观测采样地、辅助观测场土壤生物监测长期采样地-空白、
辅助观测场土壤生物监测长期采样地-秸秆还田（2005 年）

彩图 24-2　海伦站水肥耦合长期定位试验辅助观测场（2005 年）

彩图 25-1　沈阳站水土生联合长期观测采样地 1（2018 年）

彩图 25-2　沈阳站水土生联合长期观测采样地 2（2012 年）

彩图 25-3　沈阳站土壤生物辅助观测场长期采样地 1（2018 年）

彩图 25-4　沈阳站土壤生物辅助观测场长期采样地 2（2011 年）

彩图 25-5　沈阳站土壤生物辅助观测场长期采样地 3（2012 年）

彩图 25-6　沈阳站土壤生物辅助观测场长期采样地 4（2019 年）

彩图 25-7　沈阳站土壤生物辅助观测场长期采样地 5（2008 年）

彩图 25-8　沈阳站土壤生物站区调查点长期采样地 1（2018 年）

彩图 25-9 沈阳站土壤生物站区调查点长期采样地 2（2018 年）

彩图 25-10 沈阳站土壤生物站区调查点长期采样地 3（2012 年）

彩图 26-1 栾城站站区全貌（2010 年）

彩图 26-2 栾城站综合观测场（2010 年）

彩图 26-3　栾城站辅助观测场（2021 年）

彩图 27-1　禹城站综合观测场（2019 年）

彩图 27-2　禹城站土壤监测辅助观测场（2016 年）

彩图 27-3　禹城站石屯示范区土壤生物长期观测采样地（2015 年）

彩图 27-4　禹城站小付土壤生物长期观测采样地（2015 年）

彩图 27-5　禹城站东店土壤生物监测长期观测采样地（2016 年）

彩图 28-1　封丘站观测样地外貌航拍（2022 年）

彩图 28-2　封丘站综合观测场（2005 年）

彩图 28-3　封丘站辅助观测场（不施肥）（2005 年）

彩图 28-4　封丘站辅助观测场（优化）（2005 年）

彩图 28-5　封丘站辅助观测场肥料长期试验地（2019 年）

彩图 28-6　封丘站辅助观测场（排水采集器）（2005 年）

彩图 28-7　封丘站辅助观测场（水平衡场）（2005 年）

彩图 28-8　封丘站站区调查点 1 号样地（2005 年）

彩图 28-9 封丘站站区调查点 2 号样地（2005 年）

彩图 28-10 封丘站站区调查点 3 号样地（2005 年）

彩图 29-1　安塞站川地综合观测场土壤生物采样地（2009 年）

彩图 29-2　安塞站土壤监测辅助观测场-空白（2009 年）

彩图 29-3　安塞站土壤监测辅助观测场-秸秆还田（2009 年）

彩图 29-4　安塞站石窑沟川地综合观测场土壤生物采样地（2018 年）

彩图 29-5　安塞站石窑沟土壤监测辅助观测场-空白（2018 年）

彩图 29-6　安塞站石窑沟土壤监测辅助观测场-秸秆还田（2018 年）

彩图 29-7　安塞站山地辅助观测场土壤生物采样地（2011 年）

彩图 29-8　安塞站墩山坡地养分长期定位试验场土壤生物采样地（2008 年）

彩图 29-9　安塞站墩山梯田养分长期定位试验场土壤生物采样地（2008 年）

彩图 29-10　安塞站寺嵋岘坡地连续施肥试验场土壤生物采样地（2008 年）

彩图 29-11　安塞站寺嵋岘梯田土壤生物长期采样地（2008 年）

彩图 29-12　安塞站寺嵋岘塌地梯田土壤生物长期采样地（2008 年）

彩图 30-1　长武站综合观测场土壤生物采样地（2012 年）

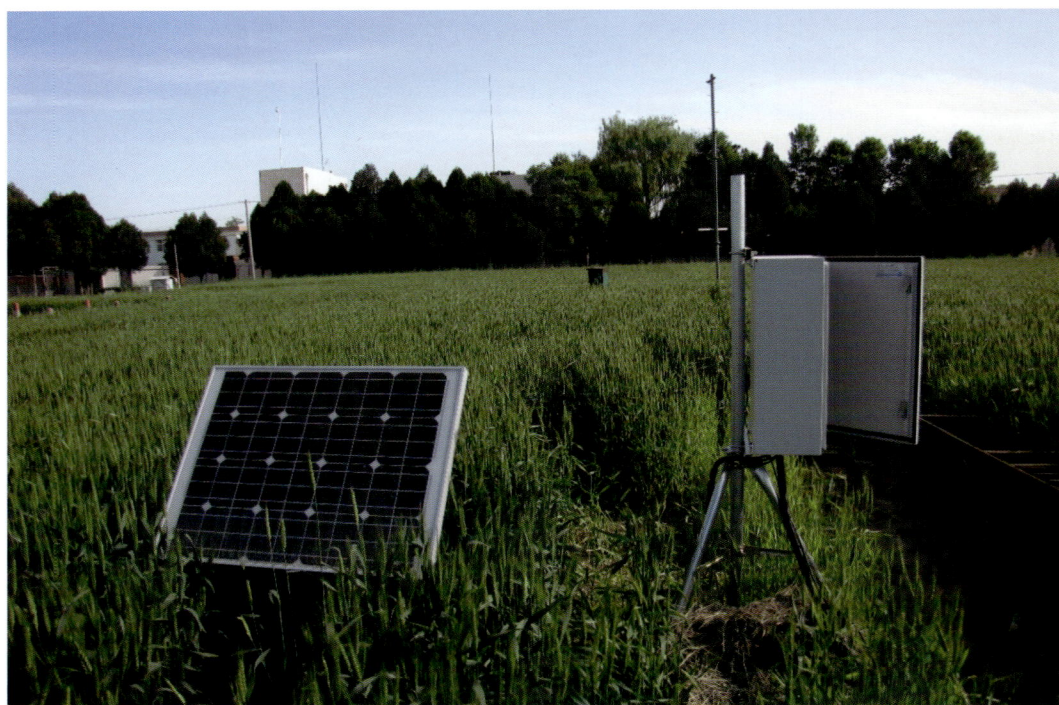

彩图 30-2　长武站前辅助观测场土壤生物采样地（2012 年）

彩图 30-3　长武站杜家坪辅助观测场土壤生物采样地（2020 年）

彩图 30-4　长武站玉石圪崂站区调查点（2022 年）

彩图 30-5　长武站中台站区调查点（2022 年）

彩图 30-6　长武站早圈站区调查点（2022 年）

彩图 31-1　常熟站综合观测场长期采样地（2005 年）

彩图 31-2　常熟站土壤生物辅助观测场-空白（2021 年）

彩图 31-3　常熟站土壤生物辅助观测场-秸秆还田试验（2005 年）

彩图 31-4　常熟站土壤生物辅助观测场-排水采集器（2005 年）

彩图 31-5　常熟站土壤生物站区调查点东荡村样地（2004 年）

彩图 31-6　常熟站土壤生物站区调查点合泰村样地（2009 年）

彩图 32-1　鹰潭站红壤旱地综合观测场水土生长期观测采样地（2008 年）

彩图 32-2　鹰潭站红壤水田综合观测场水土生长期观测采样地（2005 年）

彩图 32-3　鹰潭站第一、第二、第三辅助观测场土生长期观测采样地（2003 年）

彩图 32-4　鹰潭站站区第一调查点土生长期观测采样地（2010 年）

彩图 32-5　鹰潭站站区第二调查点土生长期观测采样地（2010 年）

彩图 32-6　鹰潭站站区第三调查点土生长期观测采样地（2005 年）

彩图 32-7　鹰潭站站区第四调查点土生长期观测采样地（2009 年）

彩图 33-1　千烟洲站农田综合观测场土壤生物水分长期采样地（2004 年）

彩图 33-2　千烟洲站土壤生物监测辅助观测场-空白采样地（2002 年）

彩图 33-3 千烟洲站土壤生物监测辅助观测场-秸秆还田采样地（QYAFZ02AB0_01）（2002 年）

彩图 34-1 桃源站稻田水土生联合观测采样地（2004 年）

彩图 34-2　桃源站稻田土壤生物辅助观测采样地（2012 年）

彩图 34-3　桃源站南方红壤丘陵利用模式长期定位试验（2005 年）

彩图 35-1　环江站综合试验区远眺（2018 年）

彩图 35-2　环江站综合试验区航拍（2020 年）

彩图 35-3　环江站旱地玉米/黄豆综合观测场土壤生物水分采样地（2014 年）

彩图 35-4　环江站旱地玉米/黄豆辅助观测场土壤生物养分采样地（2012 年）

彩图 35-5　环江站坡地草本饲料辅助观测场土壤生物养分采样地（2008 年）

彩图 35-6　环江站坡地玉米辅助观测场土壤生物养分采样地（2008 年）

彩图 35-7　环江站地罗村桑树土壤生物长期采样地（2014 年）

彩图 35-8　环江站地罗村玉米/黄豆土壤生物长期采样地（2014 年）

彩图 35-9　环江站清潭村甘蔗土壤生物长期采样地（2008 年）

彩图 35-10　环江站清潭村早稻-晚稻土壤生物长期采样地（2019 年）

彩图 36-1　盐亭站综合观测场土壤生物采样地（2004 年）

彩图 36-2　盐亭站农田土壤要素辅助长期观测采样地（2019 年）

彩图 36-3　盐亭站农田土壤要素辅助长期观测采样地（2005 年）

彩图 36-4　盐亭站台地农田辅助观测场土壤生物采样地（2005 年）

彩图 36-5　盐亭站人工改造两季田辅助观测场土壤生物长期采样地（2008 年）

彩图 36-6　盐亭站沟底两季稻田站区调查点土壤生物采样地（2009 年）

彩图 36-7　盐亭站冬水田站区调查点土壤生物长期采样地（2003 年）

彩图 36-8　盐亭站高台位旱坡地站区调查点土壤生物长期采样地（2007 年）

彩图 37-1 拉萨站综合观测场水土生联合长期观测采样地（2008 年）

彩图 37-2 拉萨站农田土壤要素辅助长期观测场（2010 年）

彩图 37-3　拉萨站轮作模式土壤生物长期观测场（2010 年）

彩图 37-4　拉萨站站区调查点——达孜县德庆乡土壤生物长期采样地（2009 年）

彩图 37-5 拉萨站站区调查点——达孜县邦堆乡土壤生物长期采样地（2009 年）

彩图 37-6 拉萨站站区调查点——达孜县新仓村土壤生物长期采样地（2014 年）

彩图 37-7　拉萨站站区调查点——达孜县塔杰乡土壤生物长期采样地（2017 年）

彩图 37-8　拉萨站站区调查点——达孜县乡新仓村土壤生物长期采样地（新）（2020 年）

彩图 38-1　阿克苏站绿洲农田综合观测场土壤生物采样地（2021 年）

彩图 38-2　阿克苏站绿洲农田辅助观测场土壤生物要素长期观测采样地（2021 年）

彩图 38-3　阿克苏站绿洲农田土壤生物采样地（2021 年）